Elastizität und Festigkeit.

Die für die Technik wichtigsten Sätze und deren erfahrungsmäßige Grundlage.

Von

C. Bach und **R. Baumann.**

Neunte, vermehrte Auflage.

Mit in den Text gedruckten Abbildungen,
2 Buchdrucktafeln und 25 Tafeln
in Lichtdruck.

Springer-Verlag Berlin Heidelberg GmbH
1924.

Additional material to this book can be downloaded from http://extras.springer.com

ISBN 978-3-662-23791-5 ISBN 978-3-662-25894-1 (eBook)
DOI 10.1007/978-3-662-25894-1

Ursprünglich erschienen bei Julius Springer in Berlin 1924
Softcover reprint of the hardcover 9th edition 1924

Vorwort zur ersten Auflage.

Die vorliegende Arbeit, welche in zwei Lieferungen erschienen ist, von denen die erste, bis § 40 reichend, Ende Februar und die zweite Ende September 1889 abgeschlossen wurde, war — in beschränkterem Umfange und mit Hinweglassung dessen, was sonst anderwärts zusammengestellt zu finden ist — ursprünglich nur für die Zuhörer meines Vortrags über die Elastizitätslehre bestimmt, mit dem Ziele, ihnen die erfahrungsmäßigen Grundlagen der technischen Elastizitäts- und Festigkeitslehre zu bieten, ohne hierzu die für die Vorlesung verfügbare Zeit (3 Stunden im Sommersemester), welche mit Rücksicht auf die Behandlung der schwierigen Aufgaben dieses Gebiets an und für sich knapp bemessen erscheint, in Anspruch nehmen zu müssen. Wiederholten Anregungen schließlich Folge leistend, übergebe ich dieselbe mit den hierdurch bedingten Erweiterungen an die Öffentlichkeit.

Sie geht davon aus, daß es in erster Linie auf die Erkenntnis des tatsächlichen Verhaltens der Materialien ankommt.

In Gemäßheit dieses Standpunktes war zunächst der unanschauliche Begriff des Elastizitätsmoduls fallen zu lassen. Selbst wenn man von der verbreiteten und angesichts des wirklichen Verhaltens der Stoffe höchst bedenklichen Begriffsbestimmung absieht, nach der unter Elastizitätsmodul diejenige Kraft zu verstehen ist, welche ein Prisma vom Querschnitte 1 um seine eigene Länge ausdehnen würde, falls dies ohne Überschreitung der Elastizitätsgrenze möglich wäre, so erweist sich der Umstand, daß der als Maß der Elastizität für die Betrachtungen und Rechnungen geschaffene Elastizitätsmodul umgekehrt proportional der Elastizität ist, als außerordentlich störend. Durch Einführung des Dehnungskoeffizienten (§ 2), dessen Größe in geradem Verhältnisse zur Formänderung steht, läßt sich dieser Übelstand auf einfache Weise beseitigen. Demgemäß sind sämtliche Rechnungen und Erörterungen mittels des Dehnungskoeffizienten durchgeführt. Die Gewinnung von Maßen für den Dehnungsrest und für die Federung, d. i. die eigentliche Elastizität zum Unterschied von dem Maße für die Gesamtdehnung, ist damit ohne weiteres gesichert.

An die Stelle des der Anschauung unzugänglichen Schubelastizitätsmoduls tritt der Schubkoeffizient (§ 29), dessen Bedeutung unmittelbar aus dem Vorgange der Schiebung folgt.

Sodann war der mit der Längsdehnung (Zusammendrückung) verknüpften Querzusammenziehung (Querdehnung) (§ 1) und deren Einfluß (§ 7, § 9, Ziff. 1, § 14, § 20, Ziff. 2, S. 82 usw.) mehr Beachtung zu schenken, als dies sonst zu geschehen pflegt; zumal in weiten Kreisen z. Z. noch die Auffassung besteht, daß die Proportionalität zwischen Dehnungen und Spannungen innerhalb gewisser Spannungsgrenzen allgemein gültig sei, gleichgültig, ob außer der Zug- und Druckkraft, welche in Richtung der Stabachse wirkt, auch noch Kräfte senkrecht zu letzterer tätig sind oder nicht.

Ferner mußten aus der meist ganz unbeachtet gelassenen Tatsache, daß die eben erwähnte Proportionalität überhaupt nicht für alle der Technik wichtigen Materialien vorhanden ist, die nötigen Folgerungen gezogen werden. Dies trifft beispielsweise zu für das dem Maschinenbau unentbehrliche und daselbst so vielfach verwendete Gußeisen, bei dem die Dehnungen rascher wachsen als die Spannungen; für das als Kraftübertragungsmittel so wichtige Leder, bei welchem das Umgekehrte stattfindet, usf. (insbesondere § 2, § 20, Ziff. 4, S. 85 u. f., § 22, Ziff. 2, § 26, S. 113, Fußbemerkung 1, § 35 und § 36, § 40, § 41, § 56, S. 324 u. f., § 58, S. 344, Fußbemerkung usw.).

Was Einzelheiten anlangt, so glaubte ich Wert legen zu sollen auf die Klarlegung von Begriffen wie Festigkeit (§ 3), Proportionalitäts- und Elastizitätsgrenze (§ 2, § 4), Knickbelastung (§ 23), Zerknickungskoeffizient (§ 26), zulässige Anstrengung (§ 48, Ziff. 1), Einspannung (§ 53) usw. sowie auf die Beseitigung von eingebürgerten Irrtümern. Wie oft wird beispielsweise die Berechnung auf Schub vorgeschrieben, wo Biegung maßgebend ist (§ 40, § 52); wie allgemein ist bei Ermittlung des Dehnungskoeffizienten (Elastizitätsmoduls) aus Biegungsversuchen der Einfluß der Schubkraft vernachlässigt worden (§ 22, Ziff. 1, § 52, Ziff. 2b); wie verbreitet ist die Auffassung der unbedingten Gültigkeit der Gleichung der einfachen Zug- und Druckfestigkeit, nach welcher es nur auf die Größe des Querschnittes ankommt (§ 9, § 13, § 14); wie selten wird erkannt, daß die Druckfestigkeit bei Materialien, wie weichem Stahl usw., die Fließ- oder Quetschgrenze ist (§ 11, Schluß; § 27, Ziff. 1, S. 122 usf.).

Die bedeutende Abhängigkeit der Biegungsfestigkeit des Gußeisens von der Querschnittsform war so weit festzustellen, daß sie rechnungsmäßig berücksichtigt werden kann (§ 20, § 22, Ziff. 2).

Das immer dringender gewordene Bedürfnis, die Anstrengung auf Drehung beanspruchter Körper von nichtkreisförmigem Querschnitt mit mehr Sicherheit feststellen zu können, als dies bisher möglich war, verlangte eine eingehende Behandlung der hierher gehörigen Aufgaben (§ 32 bis § 36, § 43, § 47, § 49, § 50, § 52, Fußbemerkung S. 281 und 282). Dabei ergab sich die Notwendigkeit, Formänderungen ins Auge zu fassen, die bisher bei Beurteilung der Materialanstrengung ganz unbeachtet gelassen worden waren (§ 34, Ziff. 3).

Dem Umstande, daß die zulässige Schubspannung zur zulässigen Normalspannung ziemlich häufig nicht in dem Verhältnisse steht, wie dies die Elastizitätslehre ermittelte (Gleichung 101, 102 [§ 31, Gleichung 5 und 6]), habe ich — wie bereits in meinen Maschinenelementen 1880 getan (S. 11, S. 205 u. f. daselbst) — durch Einführung des Anstrengungsverhältnisses Rechnung getragen (α_0 in § 48 Ziff. 2, auch β_0 in § 45, Ziff. 1).

Die Außerachtlassung der schon ursprünglich vorhandenen Krümmung der Mittellinie bei auf Biegung beanspruchten Körpern erschien nicht mehr in dem Maße zulässig, wie dies bisher bei Berechnung von Kettenhaken und dergleichen ziemlich allgemein üblich war. Wenn auch die Endergebnisse der mit Rücksicht hierauf in § 54 angestellten Erörterungen nichts Neues bieten, so dürfte doch der hierbei eingeschlagene Weg zur Gewinnung eines besseren Einblicks in die Anstrengungsverhältnisse sowie dazu beitragen, daß mancher, welcher bisher die ursprüngliche Krümmung nicht berücksichtigte, sie mindestens schätzungsweise bei Wahl der zulässigen Anstrengung in Betracht zieht.

In § 60 war die Anstrengung der elliptischen Platte zu bestimmen; außerdem waren bisher nicht beachtete Einflüsse festzustellen. Weitergehende Ermittlungen mußten namentlich bei den großen Schwierigkeiten, welche hierauf bezüglichen Versuchen begegnen, zunächst unterbleiben.

Gern hätte ich Versuche der in § 56 behandelten Art in größerem Umfange sowie auch solche zu § 57 durchgeführt. Da mir aber weder für meine Lehrtätigkeit noch für meine Versuchsarbeiten ein Assistent zur Verfügung steht, und der eigenen Arbeitskraft durch die Natur eine Grenze gezogen ist, auch die übrigen Mittel sehr knapp bemessen sind, so mußte wenigstens vorerst Beschränkung geübt werden. Dieselbe Bemerkung hat auch Geltung für andere Abschnitte, insbesondere für § 61.

Im ganzen habe ich mich namentlich im Hinblick auf die Bedürfnisse der mitten in der Ausführung stehenden Ingenieure bestrebt, die einzelnen Entwicklungen so viel als tunlich für sich allein verständlich durchzuführen und den hierzu erforderlichen mathematischen Apparat unter Heranziehung von Versuchen nach Möglichkeit zu beschränken. Daß sich auf diesem Wege Aufgaben, welche sonst trotz ihrer großen Wichtigkeit gar nicht oder nur ganz ausnahmsweise behandelt zu werden pflegen, recht klar und dazu fruchtbringender, als es bisher geschehen ist, erörtern lassen, davon dürften beispielsweise die § 33, 34 und 43, S. 220 u. f., sowie § 52, Ziff. 2, Zeugnis ablegen. Die Tatsache, daß die vor vier Jahrzehnten von de Saint Venant gegebene Lösung der Torsionsaufgabe — ungeachtet ihrer wissenschaftlichen Strenge — nur ganz vereinzelt Eingang in die technische Literatur gefunden hat, dürfte vorzugsweise in dem Mangel an verhältnismäßiger Einfachheit der zur Lösung führenden Rechnung begründet sein.

Um den Umfang des Buches innerhalb einer gewissen Grenze zu halten, wurde die zweite Lieferung etwas weniger umfassend gestaltet, als ursprünglich geplant war, wodurch übrigens die Anschauung über die wirklichen Vorgänge, über das tatsächliche Verhalten des Materials eine Beeinträchtigung nicht erfährt. Es erschien dies um so mehr zulässig, als seit Abschluß der ersten Lieferung das v. Tetmajersche Werk: „Die angewandte Elastizitäts- und Festigkeitslehre“ mit einer Fülle von Beobachtungsmaterial zur Ausgabe gelangt ist (siehe auch des Verfassers Besprechung dieses Buches in der Zeitschrift des Vereines deutscher Ingenieure 1889, S. 452—455 und S. 473—479), und überdies die wertvollen Arbeiten von Mehrtens vorliegen. Beispiele und Erfahrungszahlen glaubte ich ohnehin als naturgemäß in meine Maschinenelemente gehörig dahin verweisen zu sollen.

Möge auch diese Arbeit, welche nicht mehr als ein Schritt in neuer Richtung sein soll, zur Förderung der Technik und damit der Industrie beitragen, indem sie die Bedeutung der Erkenntnis des tatsächlichen Verhaltens der Materialien klarlegt, und indem aus ihr erhellt,

daß es nicht genügt, von dem Satze der Proportionalität zwischen Dehnungen und Spannungen allein ausgehend, das ganze Gebäude der Elastizität und Festigkeit auf mathematischer Grundlage aufzubauen,

daß es vielmehr für den Konstrukteur — namentlich wenn er in voller Erkenntnis der wirklichen Verhältnisse die Abmessungen festsetzen und sich nicht in dem Geleise hergebrachter Formen halten will — notwendig erscheint, immer und immer wieder die Voraussetzungen der einzelnen Gleichungen, welche er benützt, im Spiegel der Erfahrungen, soweit solche vorliegen, sich zu vergegenwärtigen und die auf dem Wege der Überlegung, der mathematischen Ableitung gewonnenen Beziehungen hinsichtlich des Grades ihrer Genauigkeit zu beurteilen, soweit dies bei dem jeweiligen Stande unserer Erkenntnis überhaupt möglich ist,

und daß da, wo die letzteren und die Überlegung — Aufsuchung und Ausbildung neuer Methoden eingeschlossen — nicht ausreichen, in erster Linie durch den Versuch Fragestellung an die Natur zu erfolgen hat.

Stuttgart, den 30. September 1889.

Vorwort zur zweiten Auflage.

Die zweite Auflage unterscheidet sich von der ersten — abgesehen von der Umarbeitung des Abschnittes über die plattenförmigen Körper — in der Hauptsache durch Ergänzungen, entsprechend einer Vermehrung des Textes um 56 Seiten. Beschränkung in dieser Hinsicht zu üben, erschien schon deshalb angezeigt, um dem Buche das Eindringen in weitere Kreise zu sichern, wozu gehört, daß der Preis desselben eine gewisse Grenze nicht überschreitet. Hierin lag auch der Grund, der veranlaßte, davon abzusehen, die ursprüngliche Idee, eine Anzahl von Aufgaben nebst Lösungen aufzunehmen, zur Ausführung zu bringen.

Die Grundgedanken, welche bei Abfassung der ersten Auflage maßgebend waren, sind die leitenden geblieben, weshalb ich in dieser Beziehung nichts hinzuzufügen habe. Daß die Ersetzung des Elastizitätsmoduls durch den Dehnungskoeffizienten nicht ohne Bemängelung abgehen würde, war vorauszusehen. Demgegenüber kann ich nur auf die Arbeit selbst, insbesondere auf die Fußbemerkung zu § 2, verweisen, welche durch Übernahme einer bereits in der zweiten Auflage meiner Maschinenelemente gegebenen Darlegung ergänzt worden ist. Im Laufe der Zeit wird sich von selbst entscheiden, ob die Begriffe „Elastizitätsmodul“ und „Schubelastizitätsmodul“ das Feld behaupten, oder ob die Begriffe „Dehnungskoeffizient“ und „Schubkoeffizient“ an deren Stelle treten werden.

Im ganzen hat sich die Arbeit einer so wohlwollenden Aufnahme seitens der Fachgenossen zu erfreuen gehabt, daß ich nicht umhin kann, für die außerordentliche Förderung, welche hierin liegt, zu danken. Die Arbeitskraft des einzelnen ist eine begrenzte und das Arbeitsfeld des Maschineningenieurwesens ein so ausgedehntes, daß der einzelne selbst nur einen kleinen Beitrag durch das in seinen Arbeiten enthaltene Neue zu leisten vermag, infolgedessen dieses der entschiedenen Förderung durch die Fachgenossen bedarf, soll der Fortschritt ein allgemeiner und damit ein erheblicher werden.

Stuttgart, den 1. Juni 1894.

Vorwort zur dritten Auflage.

Die dritte Auflage ist, abgesehen von einer Anzahl rechnerischer Ergänzungen, vorzugsweise durch Aufnahme von Versuchsergebnissen und den hierzu gehörigen Darlegungen in Zahl, Wort und Bild ergänzt worden. Ich halte es für zweckmäßig, den Leser geistig teilnehmen zu lassen an den wesentlichen Einzelheiten des Versuchs und ihn auf diese

Weise zu befähigen, sich nach Möglichkeit ein eigenes, auf die tatsächlichen Verhältnisse gegründetes Urteil zu bilden. Dem jungen Fachgenossen kommt dabei von Anfang an zum Bewußtsein, daß es sich nicht um ein Gebiet handelt, das zu einem großen Teil bereits abgeschlossen ist, wie man vielfach anzunehmen pflegt, sondern daß er sich auf einem Gebiet befindet, welches selbst hinsichtlich der Feststellung seiner erfahrungsmäßigen Grundlagen noch in lebhafter Entwicklung begriffen ist.

In dieser Richtung weiterzuschreiten, dazu veranlaßte nicht bloß der leitende Grundgedanke des ganzen Buches (vgl. Vorwort zur ersten Auflage), sondern auch der Umstand, daß in mathematischer Hinsicht ausführliche und vorzügliche Werke vorliegen: die Arbeiten von Grashof, Keck, Müller-Breslau, Ritter, Weyrauch, Winkler u. a.

Eine vorurteilsfreie Überprüfung des Standes der Elastizitäts- und Festigkeitslehre zeigt, daß die physikalische Seite gegenüber der mathematischen Behandlung in gewissen Richtungen recht erheblich zurückgeblieben war. Damit hängt es dann auch teilweise zusammen, daß mancher der an und für sich richtigen, aber nicht auf ausreichend sicherer physikalischer Grundlage ruhenden mathematischen Entwicklungen der Vorwurf des Zuweitgehens oder gar der Unbrauchbarkeit gemacht werden konnte. Andererseits ließ man bei der mathematischen Bearbeitung Aufgaben von großer praktischer Bedeutung so gut wie unbeachtet, oder man sah bei ihrer Einkleidung in das mathematische Gewand von Wesentlichem ab, ließ wohl auch im Laufe der Rechnung mehr oder minder weitgehende Vernachlässigungen eintreten, ohne dann die Ergebnisse durch den Versuch einer Prüfung und nötigenfalls einer Berichtigung zu unterziehen.

Auf diesem Boden gedieh der Satz von dem Widerspruch zwischen Wissenschaft und Praxis. Man übersah dabei allerdings, daß eine Wissenschaft, die im Widerspruch steht mit der Wirklichkeit, d. h. mit dem, was tatsächlich ist, oder deren Folgerungen zu solchen Widersprüchen führen, nicht den Anspruch machen kann, wirklich Wissenschaft zu sein, mindestens nicht in Beziehung auf diejenigen Punkte, welche der Wirklichkeit zuwiderlaufen. Wo ein Gegensatz zwischen Wissenschaft und Praxis in die Erscheinung tritt, da zeigt eine scharfe Untersuchung meist sehr bald, daß entweder die Annahmen, die Grundlagen, von denen die wissenschaftliche Betrachtung ausgegangen ist, fehlerhaft waren, oder daß die Schlußfolgerungen mit Mängeln behaftet sind.

Ich habe es mir von vornherein, d. h. mit Eintritt in die Lehrtätigkeit im Jahre 1878, zur Aufgabe gestellt, mein bescheidenes Teil dazu beizutragen, daß solche Gegensätze verschwinden[1]). Wissenschaft

[1]) Vgl. z. B. Zeitschrift des Vereines deutscher Ingenieure 1894, S. 1361 und 1362; 1895, S. 1215 und 1216; 1896, S. 268 und 269, S. 1571.

und ausführende Technik müssen naturgemäß Hand in Hand gehen. Wo dieser Zustand nicht besteht, da muß von beiden Seiten mit Eifer und Ausdauer daran gearbeitet werden, ihn herbeizuführen. Wer in dieser Richtung kräftig strebt, wird sehr bald zu der Erkenntnis gelangen, daß den Ingenieurwissenschaften in erster Linie eine Sicherung und Erweiterung ihrer erfahrungsmäßigen Grundlagen, d. h. eine besondere Pflege ihrer physikalischen und chemischen Seite, not tut. Die Mathematik wird hierbei nicht nur ein sehr oft außerordentlich wertvolles Hilfsmittel sein, sondern sie wird häufig das Werkzeug bilden, ohne dessen Vorhandensein eine tiefere Erkenntnis überhaupt unerreichbar bliebe.

Die ausführende Technik ist nach meinen Erfahrungen immer dankbar, wenn ihr die Wissenschaft Hilfe leistet: sie läßt sich nicht — wie wohl zuweilen gemeint wird — durch das Schlagwort von dem Widerspruch zwischen Theorie und Praxis abhalten, die wissenschaftlichen Darlegungen zu studieren und zu verwerten, vorausgesetzt, daß diese die Anforderung der Klarheit und genügender Einfachheit befriedigen. Sie weiß ihr Interesse, welches die volle Beachtung der Wissenschaft verlangt, wohl wahrzunehmen. Aber sehr empfindlich ist sie, wenn ihr von wissenschaftlicher Seite Darlegungen geboten werden, durch deren Befolgung Schaden entsteht. Bei der unmittelbaren und oft recht weitgehenden Verantwortlichkeit, welche die ausführende Technik zu tragen hat, erscheint dies durchaus begreiflich. Jeder Verstoß, den der Ingenieur gegen die Wirklichkeit begeht, pflegt bei der Ausführung seines Werkes als Fehler an das Tageslicht zu treten und in irgendeiner Form Strafe nach sich zu ziehen. In der hieraus folgenden Notwendigkeit, möglichst zuverlässig zu arbeiten, liegt auch einer der Gründe, weshalb schon seit längerer Zeit die Technik und ihre wissenschaftlichen Vertreter nicht bloß manche in das Gebiet der Physik und Chemie gehörige Zahl genauer festgestellt haben, als dies von der Physik beziehungsweise von der Chemie selbst geschehen ist, sondern daß sie auch manches bisher überhaupt nicht Erkannte aufgefunden sowie manchen ins Dunkle gehüllten Vorgang aufgeklärt und ganz wesentlich zur Entwicklung und Förderung dieser Wissenschaften an sich beigetragen haben. Ein weiterer Grund dafür, daß die Technik der Wissenschaft an sich häufiger vorauseilt, als man anzunehmen pflegt, ist dadurch gegeben, daß ihr Aufgaben entgegengebracht werden, die sie lösen muß — möglichst vollkommen, namentlich auch in wirtschaftlicher Beziehung —, ohne sich auf wissenschaftlich Erkanntes stützen zu können. Die deutsche Industrie und die technischen Staatsbetriebe Deutschlands besitzen eine vergleichsweise große Anzahl von Ingenieuren, die in einer Weise streng wissenschaftlich arbeiten, wie vielfach selbst von Vertretern der Wissenschaft nicht vermutet wird.

Inwieweit es mir mit der Bearbeitung der dritten Auflage gelungen ist, zur Klarstellung schwebender oder aufgeworfener Fragen (vgl. z. B. den Inhalt von § 4 und § 5, ferner S. 116 u. f., S. 192 u. f., S. 211 u. f., S. 470 u. f., usw.) zur Vertiefung unserer Erkenntnisse auf dem Gebiet der Elastizität und Festigkeit beizutragen, muß ich dem wohlwollenden Urteil der Fachgenossen zur Entscheidung anheimstellen. Gern hätte ich noch weiteres aufgenommen, aber die starke Inanspruchnahme durch die unmittelbare Berufstätigkeit, zu welcher sich z. Z. noch die Errichtung eines Laboratoriums für Maschineningenieure gesellt hat, im Zusammenhange damit, daß das Buch schon seit längerer Zeit vergriffen ist, nötigten zur Beschränkung.

Stuttgart, Anfang Januar 1898.

Vorwort zur vierten Auflage.

Die vierte Auflage wurde, abgesehen von einer größeren Anzahl von Ergänzungen in allen bisher vorhandenen Abschnitten des Buches (vgl. z. B. § 13, Ziff. 3, § 22, Ziff. 4 usw.), durch Aufnahme eines neuen (achten) Abschnittes: „Allgemeine Beziehungen über Spannungen und Formänderungen im Innern eines elastischen Körpers“ erweitert. Hierzu veranlaßte in erster Linie der Umstand, daß ich seit Erscheinen der dritten Auflage infolge des wachsenden Umfanges der mir sonst obliegenden Verpflichtungen u. a. auch die Vorlesung über Elastizitätslehre abgegeben habe. In diesem Vortrag, der im Jahre 1878 an unserer technischen Hochschule mit besonderer Rücksichtnahme auf die dem Maschinenkonstrukteur sich bietenden Aufgaben zur Einführung gelangte, habe ich in den 21 Jahren, während deren ich ihn gehalten, auch das gegeben, was der genannte Abschnitt bietet. Die Aufnahme in das Buch ist bisher unterblieben, weil, wie schon in dem Vorwort zur ersten Auflage ausgesprochen, dasselbe ursprünglich nur für die Zuhörer dieses Vortrages bestimmt war.

Ich weiß recht wohl, daß die Anzahl derjenigen Studierenden und Ingenieure, welche sich mit den allgemeinen Betrachtungen über den Spannungs- sowie Formänderungszustand und insbesondere den aus ihnen sich ergebenden Gleichungen zu beschäftigen pflegen, verhältnismäßig gering ist, und ich bin der Überzeugung, daß dies auch voraussichtlich so bleiben wird, ohne daß hierin ein schwerwiegender Nachteil für die Technik erblickt werden kann. Es setzt dies allerdings voraus, daß sich eine, wenn auch kleine, Minderzahl erfolgreich mit Bearbeitung des hier zur Erörterung stehenden Gebietes befaßt. Der großen Mehrzahl der mitten in der Ausführung stehenden Ingenieure, welche auf den Gebieten des wirtschaftlichen Lebens leitend oder auch noch schöpferisch tätig sein müssen, liegen andere Aufgaben ob[1]), und bei der Begrenztheit der Arbeitskraft des einzelnen einerseits und angesichts der ungeheueren Ausdehnung des Ingenieurwesens andererseits wird die Arbeitsteilung zur Notwendigkeit.

Diese Verhältnisse haben mich jedoch niemals abgehalten, mit meinen Zuhörern die Betrachtungen durchzunehmen, welche zu den allgemeinen Gleichungen der Elastizitätslehre führen. Der zukünftige Ingenieur muß — auch wenn er keine Neigung hat, an der Entwicklung der wissenschaftlichen Grundlagen des Ingenieurwesens mitzuarbeiten —, die allgemeinen Grundlagen der Gebiete, die er studiert, ausreichend kennen. Im vorliegenden Sonderfalle heißt dies, daß ihm die allgemeinen Gleichungen der Elastizitätslehre, wenn sie ihm in der Literatur entgegentreten, nicht fremd sein dürfen. Er soll — wenn auch nur in beschränktem Sinne — ein Urteil darüber haben, wie sicher oder unsicher die Grundlagen sind, auf denen sich derartige Rechnungen aufbauen, und ob aus der einen oder anderen solcher Rechnungen ein brauchbares Ergebnis für das Ingenieurwesen zu erwarten steht. Es ist für den ausführenden Ingenieur nicht selten außerordentlich wichtig, ein Urteil, wenn auch nur einigermaßen, darüber zu haben, was man überhaupt nicht oder doch nicht sicher weiß, gegebenenfalls nicht sicher ermitteln kann.

Außerdem kommt in Betracht, daß eine strenge Behandlung verschiedener, für die ausführende Technik wichtiger Aufgaben von den allgemeinen Gleichungen der Elastizitätslehre auszugehen oder doch auf sie zurückzugreifen hat, wenn auch nur, um zu prüfen, ob die gemachten Annahmen mit ihnen in Widerspruch stehen oder nicht. Es sei hier erinnert an die Aufgaben der Drehungselastizität, deren strenge Lösung allerdings bisher nur für wenige der in Betracht kommenden Querschnitte ausreichend gelungen ist, sowie an die Aufgaben, bei denen Normal- und Schubspannungen in den Querschnitten stabförmiger Körper gleichzeitig auftreten, an die Aufgaben, welche plattenförmige Körper und Gefäße vielfach bieten usw.

Wenn auch manche Entwicklungen in dem bisherigen Inhalt des Buches (Abschnitt 1 bis 7) auf die Ergebnisse des neuen achten Abschnittes hätten gestützt werden können, so habe ich dies doch absichtlich unterlassen, weil ich es für den Ingenieur als wertvoll erachte, jede Untersuchung für sich so weit selbständig durchzuführen, als es die Verhältnisse gestatten und als im Einzelfalle zweckmäßig erscheint, und zweitens, weil ich der Überzeugung bin, daß die Elastizität und Festigkeit am erfolgreichsten zunächst in der Weise studiert wird, daß man von den einfachen Fällen ausgeht und unter Benutzung der hierbei

[1]) Vgl. z. B. das Vorwort zur achten Auflage der Maschinenelemente des Verfassers.

gewonnenen Ergebnisse zu zusammengesetzteren fortschreitet. Ich halte dieses Vorgehen auch dann für richtig, wenn der Studierende über gute Kenntnisse auf dem Gebiete der höheren Mathematik verfügt. Die Auffassung, daß der wissenschaftliche Gang bei der Behandlung der Elastizitäts- und Festigkeitslehre auch für den Ingenieur vom Allgemeinen zum Besonderen zu führen habe, vermag ich nicht zu teilen. Derjenige Studierende, welcher beim erstmaligen Studium des Gebietes zunächst die seinem Verständnis näher liegenden Sonderfälle mit den verschiedenen Abweichungen von den Voraussetzungen, welche die Elastizitätslehre bei ihren allgemeinen Entwicklungen notwendigerweise machen muß, gründlich studiert hat und sodann fortschreitend schließlich bis zur Klarheit über die allgemeinen Beziehungen der Elastizitätslehre gelangt ist, wird bei demselben Zeitaufwand in der Regel einen weiter- und tiefergehenden Einblick gewonnen haben als derjenige, welcher den umgekehrten Weg eingeschlagen hat. Insbesondere wird dies zutage treten, wenn es sich um die Verwendung der Kenntnisse auf dem Gebiete des Ingenieurwesens handelt, also um das Können gegenüber den tausendfältigen Aufgaben, die das Leben fortgesetzt bietet.

Stuttgart, Anfang September 1901.

Vorwort zur siebenten Auflage.

Die siebente Auflage mußte während der Kriegszeit hergestellt werden: in der zweiten Hälfte des Jahres 1916 und in dem ersten Drittel des Jahres 1917. So sehr ich mich mit meinem Mitarbeiter[1]) auch bemüht habe, die nachteiligen Einwirkungen dieser Zeit abzuschwächen, so ist dies doch nicht ganz gelungen. Immerhin hat eine bedeutende Zahl von Ergänzungen stattgefunden, wie ein Blick auf den Umfang des Textes, der von 642 Seiten auf 703 Seiten gestiegen ist, sowie ein Vergleich der Lichtdrucktafeln, deren Anzahl von 20 auf 26 vermehrt wurde, erkennen lassen.

Zu den eigentlichen Prüfungsarbeiten, die uns in der Materialprüfungsanstalt obliegen: Prüfung der Materialien, Untersuchung von Konstruktionsteilen und ganzen Konstruktionen hat sich bald nach Beginn des Krieges — bei sehr weitgehender Verminderung der Arbeitskräfte infolge der Einberufung zum Heeresdienste — noch eine an Umfang und Tiefe stetig gewachsene Beratung der Antragsteller gesellt: zu einem Teil die Folge der Absperrung vom Auslande,

---

[1]) Wie im Vorwort zur 6. Auflage (1911), die unter Mitwirkung von Prof. R. Baumann erschien, ausgesprochen, war die Heranziehung eines Mitarbeiters bei meiner großen Inanspruchnahme im Interesse der Sache geboten.

also die Folge der Notwendigkeit, andere Materialien und andere Konstruktionen zu verwenden als bisher, zu einem anderen Teile die Folge des Umstandes, daß für die Heereslieferungen eine große Zahl von Werkstätten herangezogen werden mußte, die vorher auf ganz anderen Gebieten tätig gewesen waren und denen daher für die Herstellung der von den Militärbehörden verlangten Gegenstände zunächst die Erfahrungen fehlten, die erforderlich sind, um den ungewohnten und scharfen Abnahmebestimmungen zu entsprechen, die von der Heeres- und der Marineverwaltung gestellt werden. Dazu kamen die gesteigerten Anforderungen in bezug auf die Raschheit, mit der die Untersuchungen gemäß den Bedürfnissen der Antragsteller und ihrer Auftraggeber durchgeführt werden mußten. Die neue Auflage weist infolgedessen nicht alle die Ergänzungen, überhaupt nicht diejenige Vollkommenheit auf, die wir ihr unter anderen Verhältnissen gern gegeben hätten. Inwieweit es uns und dem Verleger gelungen ist, die Schwierigkeiten bei der Herstellung guter Abbildungen im dritten Jahre des Krieges zu überwinden, sei dem Urteil der Fachgenossen anheimgestellt.

Die Kriegszeit und ihre Anforderungen haben in noch weit höherem Grade als die Entwicklung während der Friedenszeit gezeigt, daß die Grundgedanken, die für das vorliegende Buch von Anfang an maßgebend gewesen sind, recht fruchtbar gewirkt haben, wie ein kurzer Rückblick erkennen läßt. Als ich mich vor nahezu drei Jahrzehnten zur Abfassung und Herausgabe des Buches entschloß, da war der Stand im allgemeinen der, daß man auf dem Gebiete der Elastizität und Festigkeit der Konstruktionsmaterialien die mathematischen Entwicklungen als die Hauptsache und das Material, für das diese Entwicklungen gemacht wurden, als Nebensache behandelte. Ausgehend von dem Satze der Proportionalität zwischen Dehnung und Spannung, den man als allgemein gültiges Gesetz für das Material annahm und diese Annahme der heranwachsenden Jugend durch Worte, wie „Hookesches Gesetz: ut tensio sic vis“ als ein Naturgesetz[1]) hinstellte, während es in Wirklichkeit nur eine Minderzahl von Stoffen ist, für welche diese Proportionalität gilt, wurde mit solchen Rechnungen der ganze Bau aufgeführt. Wie ich in dem Vorwort zur ersten Auflage ausgeführt habe, hatte das Buch u. a. den Zweck, diesem für

[1]) Eine geschichtliche Klarstellung, die recht lehrreich ist, bietet in dieser Hinsicht der Vortrag meines Mitarbeiters „Wissenschaft, Geschäftsgeist und Hookesches Gesetz“, veröffentlicht in der Zeitschrift des Vereines deutscher Ingenieure 1917, S. 117 u. f. Vgl. auch dessen Abhandlung „Das Materialprüfungswesen und die Erweiterung der Erkenntnisse auf dem Gebiet der Elastizität und Festigkeit in Deutschland während der letzten 4 Jahrzehnte“ in dem Jahrbuch des Vereines deutscher Ingenieure, herausgegeben von Conrad Matschoß 1912, 4. Band.

die ausführende Technik, namentlich für die Industrie, unhaltbaren Zustand ein Ende zu machen. Ich glaube, daß das zu einem großen Teile gelungen ist, und daß man heute das Material, mit dem sich die Elastizitäts- und Festigkeitslehre befaßt, mindestens ebenso als eine Hauptsache ansieht, wie die Entwicklungen der mathematischen und zeichnerischen Methoden. Daß ich diese Entwicklungen hoch einschätze, ergibt sich aus dem im Vorwort zur dritten und vierten Auflage Gesagten. Sie würden nicht selten einen weit größeren Wert besitzen — zuweilen haben sie solchen für den Ingenieur überhaupt nicht —, wenn man sich nicht mit ihrer Aufstellung begnügen, sondern sie auch prüfen, namentlich in ihren Konsequenzen verfolgen würde. Damit soll kein Vorwurf ausgesprochen, sondern nur eine Feststellung gemacht werden; denn der Grund, weshalb das nicht geschieht, liegt eben in der Verschiedenheit der Berufsziele. Der Vertreter der reinen Wissenschaft begnügt sich mit der Erkenntnis, zu der ihn die Entwicklungen geführt haben, während der Ingenieur das nicht kann. Dem Ingenieur stellt sein Beruf das Ziel, durch Beherrschung des Stoffes dem Einzelnen oder der Allgemeinheit — in der Regel gemäß eines bestimmten Auftrages, der ausgeführt werden muß — zu dienen. Er hat Werke oder Teile solcher zu entwerfen und auszuführen, für die er eine oft recht weitgehende Verantwortlichkeit — nicht nur in wirtschaftlicher, sondern auch in strafrechtlicher Hinsicht — übernehmen muß.

Dabei ist es von Interesse, zu beachten, daß, während zur Zeit der ersten Herausgabe des Buches der Mangel an Erfahrungsmaterial, an Versuchsergebnissen es war, der die mathematischen Entwicklungen häufig von vornherein nicht fruchtbar werden ließ, heute und schon seit längerer Zeit ein solcher Mangel nicht mehr besteht, vielmehr die Sachlage derart ist, daß recht viele Versuchsergebnisse der weiteren mathematischen oder, allgemeiner gesprochen, der zusammenfassenden geistigen Verarbeitung harren[1]).

---

[1]) Dieser Umstand hat mich schon seit rund einem Vierteljahrhundert veranlaßt, zu solcher Verarbeitung anzuregen. Siehe z. B. die Zeitschrift für Mathematik und Physik 1897, S. 280, oder aus neuerer Zeit das Jahrbuch der Schiffbautechnischen Gesellschaft 1915, S. 546 (Vortrag vom 27. Mai 1914). Dasselbe bezweckt der von mir im Deutschen Ausschuß für Eisenbeton (mit dem Sitze im Ministerium der öffentlichen Arbeiten in Berlin) am 2. Mai 1917 gestellte Antrag, betreffend Zusammenstellung unserer derzeitigen Erkenntnisse auf dem Gebiete des Eisenbetonbaues und Feststellung dessen, was noch fehlt, um die wissenschaftlichen Grundlagen für die Berechnung der einzelnen Konstruktionselemente des Eisenbetonbaues (Säulen, Balken, Platten usw.) als ausreichend gesichert betrachten zu können. Der Antrag wurde angenommen und ihm durch Ausschreiben entsprochen (vgl. z. B. Zentralblatt der Bauverwaltung, Anzeiger vom 16. Mai 1917, S. 350).

Der Umstand, daß bei Ausbruch des Krieges, dank der Schulung, Ingenieure vorhanden waren, welche die Fähigkeit besaßen, neue Aufgaben planmäßig und selbständig zu bearbeiten, die das tatsächliche Verhalten der Materialien ausreichend kannten und die insbesondere auch wußten, daß ein und dasselbe Metall in vergütetem Zustande weit höheren Anforderungen gerecht werden kann, als in natürlichem Zustande (vgl. z. B. sechste Auflage, S. 157 u. f.: Fig. 16 bis 21, siebente Auflage, S. 57: Fig. 16, S. 65: Fig. 20, S. 177 u. f.: Fig. 16 bis 18, 21 bis 24, 29 bis 32), erleichterte den Übergang von der Friedens- zur Kriegsindustrie ganz bedeutend.

Es genügt für den heutigen Ingenieur nicht mehr, daß er die Elastizitäts- und Festigkeitseigenschaften eines bestimmten Metalls, z. B. eines Stahles, für den Zustand kennt, in dem das Material von ihm gekauft wird. Es ist vielmehr nötig, daß er weiß, was sich aus dem gegebenen Material bei verschiedener Behandlung machen läßt. Die Entscheidung darüber, welche Behandlung dem gewählten Material zuteil werden soll, um einen Höchstwert der Widerstandsfähigkeit zu erzeugen, ist nicht unabhängig von der Gestalt (Form und Größe) des Gebrauchsstückes und von den Einflüssen, die sich im Betriebe auf das Gebrauchsstück geltend machen. Auf diesem Wege der dem jeweiligen Verwendungszweck angepaßten Materialbehandlung wird es auch möglich, weniger teueres Material zu benützen und dem Gebrauchsstück doch eine ausreichende Widerstandsfähigkeit zu sichern.

Die Absicht, dem mitten in der ausführenden Technik stehenden Ingenieur die Möglichkeit zu bieten, sich tunlichst rasch über das Tatsachenmaterial zu unterrichten, das auf dem Gebiete der Elastizität und Festigkeit der Konstruktionsmaterialien vorhanden ist, haben mich und meinen Mitarbeiter zur Herausgabe der im Jahre 1915 erschienenen Schrift „Festigkeitseigenschaften und Gefügebilder der Konstruktionsmaterialien" veranlaßt. In die Darlegungen eines Lehrbuches über Elastizität und Festigkeit kann dieses Material nur zu einem kleinen Bruchteil aufgenommen und auch nicht derart angeordnet werden, wie es die rasch zu befriedigenden Bedürfnisse des Ingenieurs verlangen. Dem gleichen Zweck, dessen Bedeutung durch die Anforderungen, die der Krieg an die Industrie stellt, noch ganz außerordentlich gesteigert worden ist, dient ferner der gegen Ende 1916 gehaltene und 1917 im Buchhandel erschienene Vortrag meines Mitarbeiters über das Vergüten von Eisen und Stahl.

Stuttgart, Mitte Mai 1917.

Vorwort zur neunten Auflage.

Der Umstand, daß die achte Auflage (1920) bereits gegen Ende des Jahres 1922 vergriffen war, nötigte, früher an die Ausarbeitung und Fertigstellung einer neuen Auflage heranzutreten, als erwartet worden war. Ferner mußte die fortgesetzte und überaus starke Steigerung der Herstellungskosten zu möglichst rascher Herausgabe sowie zu tunlichster Beschränkung in bezug auf Ergänzungen und Änderungen veranlassen. Das in dieser Hinsicht für notwendig Erkannte durfte natürlich nicht darunter leiden, wie z. B. ein Blick auf den Abschnitt „Knickung“ erkennen lassen wird.

Gegenüber der Anregung, den neunten Abschnitt zum ersten zu machen, verweise ich auf die Darlegungen im Vorwort zur vierten Auflage, auf die in Betracht kommenden Teile des Vorwortes der ersten Auflage sowie auf den zweiten Satz des Buchtitels.

Im ganzen bin ich — wie bei allen Veröffentlichungen — für jede Mitteilung dankbar, die bezweckt, meine Arbeiten vollkommener und wirksamer zu gestalten.

Stuttgart, im September 1923.

C. Bach.

Inhaltsverzeichnis.

Erster Abschnitt.

Die einfachen Fälle der Beanspruchung gerader stabförmiger Körper durch Normalspannungen (Dehnungen).

Einleitung.

I. Zug.

IV. Knickung.

Zweiter Abschnitt.

Die einfachen Fälle der Beanspruchung gerader stabförmiger Körper durch Schubspannungen (Schiebungen).

Einleitung.

Vierter Abschnitt.

Zusammengesetzte Beanspruchung gerader stabförmiger Körper.

VII. Beanspruchung durch Normalspannungen (Dehnungen). Zug, Druck und Biegung.

VIII. Beanspruchung durch Schubspannungen (Schiebungen).

IX. Beanspruchung durch Normalspannungen (Dehnungen) und Schubspannungen (Schiebungen).

Fünfter Abschnitt.

Stabförmige Körper mit gekrümmter Mittellinie.

I. Die Mittellinie ist eine einfach gekrümmte Kurve, ihre Ebene Ort der einen Hauptachse sämtlicher Stabquerschnitte sowie der Richtungslinien der äußeren Kräfte.

Sechster Abschnitt.

Hohlkörper. Gefäße.

Siebenter Abschnitt.

Plattenförmige Körper.

Achter Abschnitt.

Durch die Fliehkraft beanspruchte Körper.

Neunter Abschnitt.

Allgemeine Beziehungen über Spannungen und Formänderungen im Innern eines elastischen Körpers.

Tafelverzeichnis.

Druckfehlerverzeichnis.

Seite	Zeile		
Seite 40,	Zeile 18	von unten	lies „0,326“ statt „0,236“.
„ 46,	„ 22	„ „	„ „ entlastet“ statt „belastet“.
„ 61,	„ 8	„ „	„ „762,2“ statt „766,2“
„ 61,	„ 10	„ „	„ „3,10“ statt „3,30“.
„ 67,	„ 14	„ „	„ „2,44“ statt „2,41“.
„ 97,	„ 13	„ oben	„ „gr/ccm“ statt „k/qcm“.
„ 156,	„ 11	„ unten	„ „Abb. 6“ statt „Abb. 7“.
„ 341,	„ 11	„ oben	„ „S. 461“ statt „S. 465“.
„ 341,	„ 1	„ unten	„ „$\frac{\operatorname{tg}\alpha - \operatorname{tg}\beta}{1 + \operatorname{tg}\alpha\operatorname{tg}\beta}$“ statt „$\frac{\operatorname{tg}\alpha + \operatorname{tg}\beta}{1 + \operatorname{tg}\alpha\operatorname{tg}\beta}$“.
„ 377,	„ 4	„ „	„ „$K_d : K_z$“ statt „$K_b : K_z$“.
„ 411,	„ 3	„ „	„ „$\tau_{\max} \leqq k_s$“ statt „$\tau_{\max} \leqq k_z$“.
„ 412,	„ 8	„ oben	„ „S. 411“ statt „S. 413“.
„ 420,	„ 3	„ „	„ „$\varepsilon\, dx$“ statt „dx“.
„ 435,	„ 7	„ unten	„ „a_2“ statt „α_2“.
„ 441,	„ 1	„ „	„ „$\frac{e}{l} > \sqrt{\frac{1}{27}\alpha\sigma}$“ statt „$\frac{e}{l} > \sqrt{\frac{1}{27}}\alpha\sigma$“.
„ 457,	„ 9	„ oben	ist zu streichen: „(S. auch die erste Fußbemerkung zu § 26, vierten Absatz.)“
„ 457,	„ 19	„ „	ist zu streichen: „Einbeulung dünnwandiger Hohlgefäße bei äußerem Überdruck, vgl. § 26, erste Fußbemerkung“.
„ 458,	„ 6	„ „	ist zu streichen: „S. 462“.
„ 462,	„ 4	„ unten	lies „331“ statt „311“.
„ 467,	„ 13	„ „	„ „$= \frac{4\,M_b}{\pi a^3 b}\left[0{,}35\,z' + \ldots\right.$“ statt „$= \frac{4\,M_b}{\pi a^3 b}\,0{,}35\,z' \ldots$“
„ 525,	„ 19	„ „	„ „$\Delta x_c = \frac{\alpha}{\Theta} Q \int_0^{\varphi_c} z \cdot u \cdot r\, d\varphi$“ statt „$\Delta x_c = -\frac{\alpha}{\Theta} Q \int_0^{\varphi_c} z \cdot u \cdot r\, d\varphi$“.

Seite 565, Zeile 10 von oben lies „$\vartheta ds = \vartheta \varrho d\varphi$" statt „$\vartheta ds = \pi \varrho d\varphi$".

„ 601, „ 1 „ unten „ „$\varepsilon_y = \ldots$" statt „$\varepsilon = \ldots$".

„ 640, „ 9 „ oben „ „$2x = c \cdot e^{-\frac{\gamma}{g} \frac{\omega^2}{\sigma} \frac{z^2}{2}}$" statt $2x = c \cdot e^{-\frac{\gamma}{g} \frac{\omega^2}{\sigma} \frac{x^2}{2}}$".

„ 659, „ 9 „ unten „ „$\left(\tau_{yx} + \frac{\partial \tau_{yx}}{\partial y} dy\right) dz\, dx$" statt „$\left(\tau_{yx} + \frac{\partial \tau_{yz}}{\partial y} dy\right) dz\, dx$".

„ 660, „ 6 „ oben „ „z-Achse" statt „x-Achse".

„ 660, „ 1 „ unten „ „$\tau_{xy} = \tau_{yx} = \tau_z$" statt „$\tau_{xy} = \tau_{yx} = \tau$".

Erster Abschnitt.

Die einfachen Fälle der Beanspruchung gerader stabförmiger Körper durch Normalspannungen (Dehnungen).

Einleitung.

§ 1. Formänderung. Spannung.

Der gerade stabförmige Körper, Abb. 1, den wir uns als Kreiszylinder vorstellen wollen, besitze die Länge l und den Durchmesser d, also den Querschnitt $f = \frac{\pi}{4} d^2$. Von seinem Material wird vorausgesetzt, daß es das Stabvolumen stetig erfüllt und in allen Punkten, sowohl in Richtung der Stabachse als auch senkrecht dazu, je gleiches Verhalten zeigt. Der Körper werde jetzt — Abb. 2 — von zwei ziehenden Kräften PP ergriffen, die gleichmäßig über die beiden Endquerschnitte verteilt angreifen, und deren Richtung mit der Stabachse zusammenfällt. Ihre Größe liege unterhalb der Grenze, bei welcher eine Aufhebung des Zusammenhanges des Stabes, ein Zerreißen des letzteren, eintreten würde, sie halten sich demnach an dem Stabe das Gleichgewicht.

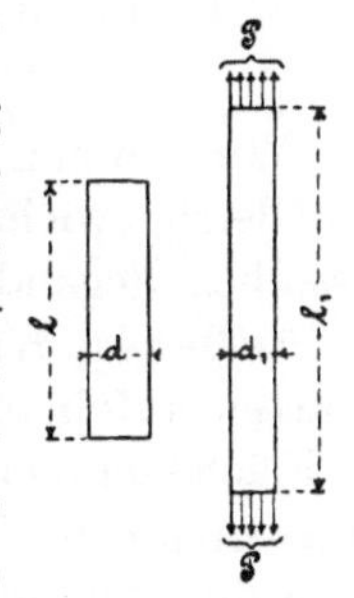
Abb. 1. Abb. 2.

Unter der Einwirkung dieser Kräfte

a) vergrößert sich die Länge des Stabes von l auf l_1, d. h. um $l_1 - l = \lambda$

und

b) vermindert sich der Durchmesser des Stabes von d auf d_1, d. h. um $d - d_1 = \delta$.

Es finden also gleichzeitig zwei Formänderungen statt: eine Ausdehnung in Richtung der Stabachse und eine Zusammenziehung (Kontraktion) senkrecht zu derselben. Die letztere erweist sich übrigens weit kleiner als die erstere (vgl. § 7).

Wirken die beiden Kräfte PP nicht ziehend, wie in Abb. 2 angenommen, sondern **drückend** auf den als kurz vorausgesetzten Körper, wie in Abb. 3 dargestellt ist, so besteht die eintretende Formänderung

a) in einer **Verkürzung** der **Länge** des Zylinders von l auf l_2, also um $\lambda = l - l_2$,

und

b) in einer **Vergrößerung** des **Durchmessers** des Zylinders von d auf d_2, also um $\delta = d_2 - d$.

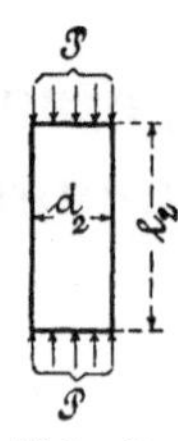

Abb. 3.

Es findet somit gleichzeitig eine **Zusammendrückung** in Richtung der Zylinderachse und eine **Ausdehnung** senkrecht zu derselben, eine **Querdehnung**, statt.

Der Vergleich dieser bei der Druckwirkung auftretenden Erscheinungen mit den bei der Zugwirkung sich einstellenden zeigt, daß die Umkehrung der Kraftrichtung auch die Formänderung umkehrt. Wird die Richtung der ziehenden Kraft als positiv, diejenige der drückenden Kraft als negativ bezeichnet, so hat zur Folge

$+ P$	eine positive	Ausdehnung	in Richtung der	Stabachse und
	,, negative	,,	senkrecht zur	,, ,
$- P$	eine negative	Ausdehnung	in Richtung der	Stabachse und
	,, positive	,,	senkrecht zur	,, .

Wir denken uns in dem Stabe, an welchem sich die Kräfte PP das Gleichgewicht halten, einen Querschnitt. Die auf beiden Seiten desselben liegenden Stabteile werden infolge des Vorhandenseins dieser **äußeren** Kräfte mit gewissen über den Querschnitt verteilten Kräften aufeinander einwirken. Diese **inneren** Kräfte, bezogen auf die Flächeneinheit, heißen **Spannungen**, und zwar **Zugspannungen**, **Spannungen im engeren Sinne**, **positive Spannungen** wenn die äußeren Kräfte ziehend wirken (Abb. 2), oder **Druckspannungen**, **Pressungen**, **negative Spannungen**, wenn die äußeren Kräfte drückend tätig sind (Abb. 3).

Insoweit zum Ausdruck gebracht werden soll, daß diese inneren Kräfte senkrecht zum Querschnitt, d. h. senkrecht zu den Flächenelementen, in denen sie wirken, gerichtet sind, werden sie als **Normalspannungen** bezeichnet.

Unter den Voraussetzungen gleichmäßiger Verteilung der Kräfte PP über die Endquerschnitte des Stabes und durchaus gleichartiger Beschaffenheit des Stabmaterials wird auch die Spannung für die einzelnen Teile des in Betracht gezogenen Stabquerschnittes, d. h. für die einzelnen Flächenelemente desselben, gleich groß sein. Bezeichnen wir dieselbe mit σ, so erscheint sie bestimmt durch die Gleichung

$$\sigma = \frac{P}{f} \quad \ldots \ldots \ldots \ldots \quad 1)$$

Streng genommen müßte hierin f denjenigen Querschnitt bedeuten, den der Stab tatsächlich besitzt, während er durch P belastet ist. Wie wir oben (S. 1 und 2) bei b) sahen, ändert sich unter Einwirkung der äußeren Kräfte nicht bloß die Länge, sondern auch der Durchmesser des Körpers und damit auch der Querschnitt. Unter Umständen kann diese Querschnittsänderung, die abhängt von der verhältnismäßigen Größe der Belastung und der Art des Materials, von Bedeutung werden. Aus diesem Grunde ist es notwendig festzuhalten, daß die Gleichung 1 die Spannung σ bezogen auf den ursprünglichen Stabquerschnitt liefert, sofern, wie oben angenommen, f den Querschnitt des unbelasteten Stabes bezeichnet.

§ 2. Dehnung. Dehnungszahl. Proportionalitätsgrenze.

Die absolute Größe λ der Längenänderung (vgl. § 1, a) hängt ab von der ursprünglichen Länge l des Stabes. Um sich für Zwecke der Rechnung von dieser Abhängigkeit zu befreien, pflegt man die auf die Längeneinheit bezogene Längenänderung

$$\varepsilon = \frac{\lambda}{l} \quad \ldots \ldots \ldots \ldots \quad 1)$$

anzugeben. Diese verhältnismäßige (spezifische) Längenänderung ε wird dann kurz mit Dehnung bezeichnet, und zwar als positive oder negative, je nachdem es sich um Verlängerung (durch eine Zugkraft) oder um Verkürzung (durch eine Druckkraft) handelt.

Die Bestimmung der Dehnung durch die Gleichung 1 setzt voraus: es sei die Dehnung an allen Stellen der Strecke l gleich groß.

Hinsichtlich des Zusammenhanges zwischen der Dehnung ε und der zugehörigen Spannung σ (vgl. § 1) pflegt angenommen zu werden, daß innerhalb gewisser Belastungsgrenzen Proportionalität zwischen ihnen bestehe, entsprechend der Gleichung

$$\varepsilon = \alpha \sigma, \quad \ldots \ldots \ldots \ldots \quad 2)$$

worin

$$\alpha = \frac{\varepsilon}{\sigma} = \frac{\lambda}{l} \frac{1}{\sigma} = \frac{\lambda}{l} \frac{f}{P} \quad \ldots \ldots \ldots \quad 3)$$

eine innerhalb der erwähnten Belastungsgrenzen konstante Erfahrungszahl bedeutet, nämlich diejenige Zahl, die angibt, um welche Strecke ein Stab von der Länge 1 bei einer Belastung gleich der Krafteinheit (Kilogramm) auf die Flächeneinheit (Quadratzentimeter) seine Länge ändert; oder kurz: die Änderung der Längeneinheit, d. h. die Dehnung, für das Kilogramm Spannung. Diese Erfahrungszahl sei demgemäß als Dehnungszahl bezeichnet.

Diese Begriffsbestimmung liefert die Dehnung unmittelbar als Produkt aus Spannung und Dehnungszahl, und die Änderung der Länge des Stabes, die ursprünglich l betrug,

$$\lambda = \alpha \sigma l, \qquad \qquad 4)$$

sowie die Spannung als den Quotienten: Dehnung durch Dehnungszahl, d. i.

$$\sigma = \frac{\varepsilon}{\alpha} \qquad \qquad 5)$$

Die Spannung, bis zu der hin die Proportionalität zwischen Dehnungen und Spannungen als vorhanden vorausgesetzt wird, führt den Namen Proportionalitätsgrenze. Je nachdem es sich hierbei um Zug- oder Druckspannungen handelt, kommt die Proportionalitätsgrenze gegenüber Zug bzw. Druck in Betracht. α pflegt innerhalb dieser beiden Spannungsgrenzen als gleichbleibend, also unabhängig von der Größe und dem Vorzeichen von σ vorausgesetzt zu werden. Inwieweit diese Voraussetzungen zutreffend sind, darüber gibt das in § 4 enthaltene Versuchsmaterial Auskunft. Bemerkt sei jedoch schon hier, daß es nur eine Minderzahl von Stoffen ist, für die innerhalb gewisser Belastungsgrenzen Proportionalität zwischen Dehnungen und Spannungen besteht, und daß demzufolge die große Mehrzahl der Körper auch keine Proportionalitätsgrenze besitzt. Je nachdem bei der Feststellung, ob für ein gegebenes Material die Proportionalität besteht, die gesamten oder die federnden Dehnungen (vgl. § 4 und 5) zugrunde gelegt werden, kann das Ergebnis verschieden ausfallen. Da die Entwicklungen der Elastizitätslehre nur auf elastische Formänderungen sich zu erstrecken pflegen, so ist es das Gegebene, die federnden Dehnungen zugrunde zu legen. Der Unterschied kann sehr bedeutend ausfallen; unter Umständen über die Hälfte des Wertes betragen, der sich bei Zugrundelegung der federnden Dehnungen ergibt. Vgl. z. B. C. Bach und R. Baumann, Festigkeitseigenschaften und Gefügebilder der Konstruktionsmaterialien, Abb. 1 und 2.

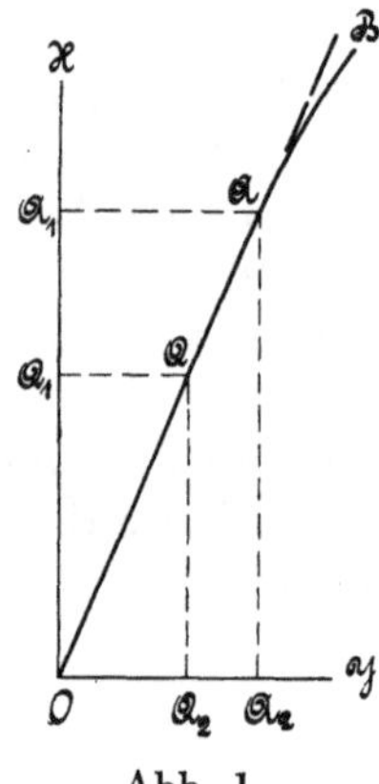

Abb. 1.

Behufs Gewinnung eines anschaulichen Bildes über das Gesetz, nach dem sich Dehnungen und Spannungen ändern, greifen wir zur bildlichen Darstellung.

Auf der Abszissenachse OX, die senkrecht angenommen sein soll, werden die Belastungen P aufgetragen, auf der wagrechten Ordinatenachse OY die durch diese Belastungen veranlaßten Verlängerungen λ. Der Betrachtung werde ein Körper aus zähem Flußeisen zugrunde gelegt und der Maßstab für die Verlängerungen verhältnismäßig sehr groß gewählt. Wir erhalten die in Abb. 1 dargestellte Schaulinie $OQAB$. Für den beliebigen Punkt Q ist $\overline{OQ_1} = \overline{Q_2Q}$ die Belastung P und $\overline{OQ_2} = \overline{Q_1Q}$ die zugehörige Verlängerung λ.

Wie ersichtlich, verläuft die Linie bis zum Punkte A als Gerade, entsprechend dem Umstande, daß von der Belastung $P = 0$ bis $P = OA_1$ Proportionalität zwischen Belastungen (Spannungen) und Verlängerungen (Dehnungen) besteht. Bei höherer Belastung (über $P = OA_1$ hinaus) beginnt die Verlängerung rascher zu wachsen: die Schaulinie löst sich tangential von der Geraden OQA nach der Ordinatenachse OY hin, den Punkt A als Grenze der Proportionalität kennzeichnend.

Dehnungszahl und Elastizitätsmodul.

Der Ausdruck Gl. 4 entspricht ganz demjenigen, der sich für die Ausdehnung eines Stabes durch die Wärme oder auch für die Zusammenziehung infolge Abkühlung ergibt, wie folgende Betrachtung zeigt.

Ein Stab von der Länge l_a und der Temperatur t_a wird auf die Temperatur t_e gebracht. Hierbei dehnt sich derselbe aus um

$$\alpha_w (t_e - t_a) l_a,$$

sofern α_w die Längenausdehnungszahl durch die Wärme, d. h. die Zunahme der Längeneinheit für 1^0 Erwärmung bedeutet.

Ein Stab, welcher anfangs so belastet ist, daß in seinen Querschnitten die Spannung σ_a herrscht, besitzt in diesem Zustande die Länge l_a. Durch Vermehrung der Belastung steigt die Spannung auf σ_e. Hierbei dehnt sich der Stab aus um

$$\alpha (\sigma_e - \sigma_a) l_a,$$

worin α die oben erörterte Dehnungszahl bedeutet.

Wie ersichtlich, tritt einfach an die Stelle des Temperaturunterschiedes $t_e - t_a$ der Spannungsunterschied $\sigma_e - \sigma_a$ und an die Stelle der Längenausdehnungszahl durch die Wärme die Dehnungszahl. Beide Erfahrungswerte sind hierbei allerdings als unveränderlich vorausgesetzt, wenigstens innerhalb dieser Temperatur- beziehungsweise Spannungsunterschiede.

Es ist bis zum Erscheinen der ersten Auflage dieses Buches in der technischen Literatur ganz allgemein üblich gewesen, nicht mit der Dehnungszahl α, sondern mit dem reziproken Werte derselben,

d. h. mit $\frac{1}{\alpha}$, zu rechnen und für diesen den Begriff des Elastizitätsmodul einzuführen. Derselbe ist dann erklärt worden als diejenige Kraft, die ein Prisma vom Querschnitt 1 um seine eigene Länge ausdehnen würde, falls dies ohne Überschreitung der Elastizitätsgrenze möglich wäre. Das liefert für das schmiedbare Eisen rund 2000000 kg. Man hat sich also diese Kraft von zwei Millionen Kilogramm auf ein schmiedeisernes Prisma von 1 qcm Querschnitt wirkend vorzustellen. In Wirklichkeit würde bei etwa 1500 kg schon die Proportionalitätsgrenze, innerhalb der überhaupt die Gleichungen 2 bis 5 für schmiedbares Eisen als gültig angenommen werden dürfen, überschritten und voraussichtlich bei 4000 kg der Stab bereits zerrissen sein! Wie man sich die Zusammendrückung eines Körpers um seine ganze Länge vorstellen soll, darf unerörtert bleiben.

Verfasser ist der Ansicht, daß eine solche, mit dem tatsächlichen Verhalten des Materials nicht im Einklang stehende Begriffsbestimmung höchst bedenklich erscheint und jedenfalls nicht ohne den dringendsten Zwang oder ohne durchschlagende Nützlichkeitsgründe als zulässig bezeichnet werden kann. Seines Erachtens muß der Grundbegriff der ganzen Elastizitäts- und Festigkeitslehre, d. i. nach dem bisherigen Stande dieses Teiles der Mechanik die Erfahrungszahl, die Dehnung und Spannung verbindet, so erklärt werden, wie es dem tatsächlichen Verhalten des Materials entspricht, damit dieser Grundbegriff und mit ihm die Hauptgesetze dieses Verhaltens in Fleisch und Blut übergehen. Das ist für den mitten in der Ausführung stehenden, zu raschen Entschlüssen veranlaßten Techniker eine Notwendigkeit. Die Bedeutung von α als Zunahme der Längeneinheit für das Kilogramm Spannung ist eine so einfache und natürliche, daß wenn nicht die Macht der Gewohnheit in Betracht käme, es nicht erklärlich erscheinen würde, daß der unanschauliche Begriff des Elastizitätsmodul — dieses bleibt er, auch wenn andere Erklärungen als die oben besprochene aufgestellt werden — nicht schon längst von der gesamten technischen Literatur über Bord geworfen ist. Zu einem bedeutenden Teile ist dies allerdings seit Erscheinen der ersten Auflage dieses Buches geschehen.

Der Umstand, daß es an einzelnen Stellen für Rechnungszwecke bequemer erscheint, an Stelle von α mit $\frac{1}{\alpha}$ zu rechnen, wobei übrigens wieder die Macht der Gewohnheit, und zwar ganz erheblich, einwirkt, berechtigt noch lange nicht dazu, $\frac{1}{\alpha}$ zum Grundbegriff der Elastizitäts- und Festigkeitslehre zu machen, deren Aufgabe doch schließlich darin besteht, das wirkliche Verhalten des Materials gegenüber der Einwirkung äußerer Kräfte klarzulegen und nicht bloß der Rechnung, sondern namentlich auch der Anschauung möglichst zugänglich zu machen.

Weiter kommt in Betracht, daß die Zahl, welche Dehnungen und Spannungen verbindet, naturgemäß ein Maß für die Formänderung des Materials zu bilden hat, und zwar derart, daß sie, je nachgiebiger ein Stoff ist, um so größer sein muß. Nun ist aber der Elastizitätsmodul, d. h. $\frac{1}{\alpha}$, umgekehrt proportional der Größe der Längenänderung, so daß einem Material, das eine größere Dehnung ergibt, dessen Nachgiebigkeit also bedeutender ist, ein kleinerer Elastizitätsmodul entspricht, und umgekehrt. Dies erweist sich oft recht unbequem, namentlich für den, der sich mit dem Material selbst zu beschäftigen hat. Die Dehnungszahl α dagegen steht in geradem Verhältnisse zur Formänderung, ist also tatsächlich ein unmittelbares Maß derselben.

Gegenüber dem für die Beibehaltung des Begriffs „Elastizitätsmodul" geltend gemachten Grund, daß sich seine Größe leichter dem Gedächtnis einprägt — man pflegt seinen Wert in abgerundeten Zahlen anzugeben: für Holz 100000, für Gußeisen 1000000, für Schmiedeisen 2000000 usw. — sei darauf hingewiesen, daß bei zweckmäßiger Schreibung der Dehnungszahl sich noch mehr erreichen läßt. Schreibt man, wie das im späteren geschehen soll, die Dehnungszahl in Milliontel, so erhält man beispielsweise

für Holz $\frac{10}{1000000}$ = 10 Milliontel[1])

„ Gußeisen $\frac{1}{1000000}$ = 1 „

„ Flußeisen $\frac{0,5}{1000000}$ = 0,5 „

„ Stahl, der bei der Prüfung $\alpha = \frac{1}{2170000}$ lieferte, = 0,46 „

Die Zahlen 10, 1, 0,5 und 0,46 lassen in gerader Linie anschaulich die verschiedene Größe der Elastizität der bezeichneten Stoffe erkennen und sich dem Gedächtnis mindestens ebenso leicht und bleibend einprägen wie die Werte 100000, 1000000, 2000000, 2170000.

Diese Schreibweise hat überdies den Vorteil, daß in den Zahlen 10, 1, 0,5 und 0,46 die Genauigkeit sichtbar zum Ausdruck gebracht

---

[1]) Man könnte diese Zahlen auch schreiben:

$$10 \cdot 10^{-6},\ 1 \cdot 10^{-6},\ 0{,}5 \cdot 10^{-6},\ 0{,}46 \cdot 10^{-6},$$

doch verdient die oben angegebene Schreibweise den Vorzug, wie man sofort erkennt, wenn man sich daran gewöhnt, auch die Wärmeausdehnungszahlen in Milliontel anzugeben, beispielsweise

bei Gußeisen, für das in runden Zahlen ermittelt wurde

$\alpha_w = 0{,}000010 = 10$ Milliontel

werden kann, mit der die Erfahrungszahl α bestimmt worden ist, und daß sie bei Versuchen mit dem gleichen Material Mittelbildungen der gemessenen Elastizität ohne weiteres zuläßt. In dieser Hinsicht werden bei Angabe des Elastizitätsmodul nicht selten Fehler gemacht; beispielsweise findet man in der Literatur angegeben für die beiden aus Versuchen ermittelten Einzelwerte des Elastizitätsmodul

$$E_1 = 2120000 \text{ und } E_2 = 2035000$$

als Mittelwert

$$E_m = \frac{2120000 + 2035000}{2} = 2077500.$$

Bei Benutzung dieses Mittelwertes erhält man jedoch nicht den Mittelwert der gemessenen elastischen Dehnungen, wie man eigentlich haben will, sondern einen davon abweichenden Wert. Um die mittlere elastische Dehnung zu erhalten, ist der mittlere Elastizitätsmodul zu berechnen aus

$$E_m = \frac{2 E_1 E_2}{E_1 + E_2} \quad \text{. . . . . 6)}$$

Bei Verwendung des Mittelwertes aus den Dehnungszahlen wird kein Fehler begangen.

§ 3. Fließgrenze. Bruchbelastung. Zugfestigkeit. Querschnittsverminderung. Bruchdehnung. Arbeitsvermögen.

Die bisherigen Betrachtungen setzten stillschweigend vollkommen elastische Formänderungen voraus, derart, daß, wenn der Stab von $P = \overline{OQ_1}$ entlastet wird, er sich um den vollen Betrag $\lambda = \overline{OQ_2}$, um den er sich gedehnt hatte, federnd verkürzen, also seine ursprüngliche Länge l wieder annehmen würde. In Wirklichkeit stellen sich jedoch außer der federnden Dehnung auch solche Verlängerungen ein, die nach Aufhören der belastenden Kraft nicht wieder verschwinden und deshalb als **bleibende** Dehnungen bezeichnet werden (Näheres § 4). Diese pflegen um so größere Bedeutung zu erlangen, je höher die Belastung gesteigert wird. Während sie zu Anfang der Belastung so klein sind, daß sie nicht festgestellt werden können, so daß also nur federnde Dehnungen er-

---

bei Flußeisen, für das in runden Zahlen ermittelt wurde,

$\alpha_w = 0{,}0000115 = 11{,}5$ Milliontel,

bei Kupfer, für das in runden Zahlen ermittelt wurde,

$\alpha_w = 0{,}000016 = 16$ Milliontel,

bei Aluminium, für das in runden Zahlen ermittelt wurde,

$\alpha_w = 0{,}000024 = 24$ Milliontel.

Die Zahlen 10, 11,5, 16 und 24 zeigen ein sich leicht einprägendes Bild über das Verhältnis der Längenänderungen der verschiedenen Stoffe zueinander, herbeigeführt durch die Änderungen der Temperatur. Dazu kommt, daß es für den Ingenieur zweckmäßig ist, Längenänderungen, herbeigeführt durch Temperaturänderungen, möglichst vergleichen zu können mit Längenänderungen, herbeigeführt durch die Änderung der Spannungen.

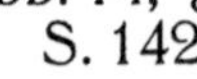

Abb. 2, § 3, S. 9.

Abb. 3, § 3, S. 9.

Abb. 5, § 3, S. 9.

Abb. 13, § 8, S. 142, 144, 146

Abb. 14, § 8, S. 142.

Abb. 6, § 3, S. 9.

Abb. 4, § 3, S. 9.

Abb. 15, § 8, S. 142, § 58, S. 582.

Abb. 17, § 8, S. 142.

Abb. 16, § 8, S. 142, § 58, S. 582.

mittelt werden, erreichen sie z. B. bei Flußeisen für starke Belastungen Werte, die die federnden Dehnungen weit überschreiten.

Um das Verhalten des Flußeisenstabes bei starker Belastung zu verfolgen, messen wir bei fortschreitender Belastung die gesamten Verlängerungen und stellen diese dar, wie in Abb. 1, § 2, geschehen, jedoch mit weit kleinerem Maßstab der Dehnungen, und erhalten auf diesem Wege Abb. 1 auf S. 11. Wie ersichtlich, nehmen die gesamten Verlängerungen des Stabes anfangs langsam zu. Die Dehnungslinie verläuft zunächst steil und geradlinig, biegt hierauf unter etwas rascherer Zunahme der Dehnung in leichter Krümmung ab bis zum Punkte B, von B an verläuft sie (auf eine längere Strecke) fast parallel zur Achse der Verlängerungen, wie zunächst angenommen werden möge, entsprechend einem außerordentlich starken Wachstum der Verlängerungen bei sehr geringer Steigerung der Belastung: der Stab streckt sich. Der Eintritt des Streckens zeigt sich beispielsweise bei den Materialprüfungsmaschinen mit Waghebel durch Fallen desselben, bei den Maschinen mit Messung der Belastung mittels Quecksilbersäule (Bauart Amsler-Laffon) durch Sinken der letzteren usw. Der Stab streckt sich weiter unter einer Belastung, die häufig kleiner zu sein pflegt als diejenige, bei der das Strecken begann. Verfolgt man den Verlauf des Linienzuges in solchen Fällen näher, so zeigt sich z. B. für zähes Flußeisen ein ziemlich plötzlicher Abfall bei B und darauffolgendes langsames Ansteigen, etwa wie in Abb. 1 durch den gestrichelten gebrochenen Linienzug BDC angedeutet ist. Häufig wird wiederholter Abfall und darauffolgendes Ansteigen, d. h. mehrfaches Auf- und Niederschwanken im Verlauf der Dehnungslinie während der Streckperiode beobachtet.

Die Spannung, bei der dieses bedeutende Verlängern, das Strecken oder Fließen des Materials beginnt, also die zum Punkt B gehörige Spannung, wird als Streck- oder Fließgrenze bezeichnet.

Nach dem Eintreten der Streckgrenze lassen sich auf der vorher glatten Staboberfläche Linien beobachten, die gegen die Richtung der Stabachse unter etwa 45^0 geneigt sind. Sie werden als Streck- oder Fließfiguren bezeichnet. Besaß der Flußeisenstab die Walzhaut, so springt diese längs der Linien ab, wie z. B. aus Abb. 2, Taf. I, deutlich zu erkennen ist; war die Staboberfläche glatt, so treten die Streckfiguren als Furchen hervor, vgl. Abb. 3, Taf. I. Abb. 4, Taf. I, zeigt die 4 Seiten eines quadratischen Stabes nach Eintreten der Streckgrenze. Abb. 5 und 6, Taf. I geben einen Rundstab von zwei Seiten gesehen wieder. Deutlich ist zu erkennen, daß jeweils mehrere Systeme von Streckfiguren entstehen. Die Beobachtung der Streckfiguren besitzt eine größere Bedeutung deshalb, weil sie ermöglicht, festzustellen, ob und unter Umständen bei welcher Belastung in einem solchen Stabe die Streckgrenze erreicht oder überschritten worden ist. Gibt man z. B. einem Konstruktionsteil veränderlichen Querschnitt und beobachtet, bis zu welchem Querschnitt die Streckfiguren eintreten, so läßt sich mit Annäherung von dem Produkt aus der Größe des betreffenden Querschnittes und der bekannten Spannung an der Streckgrenze auf die Höhe der Kraft schließen, welche gewirkt hat.

Streckfiguren treten in entsprechender Weise auch bei Beanspruchung auf Biegung, Drehung usw. auf. Dabei ist es wesentlich zu beachten, daß sie mit der Richtung der größten auftretenden Dehnung einen Winkel von ungefähr 45^0 einschließen, so daß aus dem Verlauf der Streckfiguren auch auf die Richtung der Beanspruchung geschlossen werden kann, welche gewirkt hat.

Wie aus den Abbildungen ersichtlich, machen die Streckfiguren dem Auge diejenigen Stellen kenntlich, an denen das Material zuerst fließt, d. h. große bleibende Streckungen ausführt. Die letzteren erfolgen also nicht gleichförmig über den Querschnitt verteilt, sondern zunächst spärlich an einigen Stellen. Nach Maßgabe des Fortschreitens von Beanspruchung und Formänderung nehmen dann weitere Stellen Anteil usf. Die Überlegung läßt daher erkennen, daß das Auftreten der Streckfiguren die Spannungsverteilung im Stabe mehr oder minder stark zu beeinflussen vermag, indem jeweils zu den elastischen Dehnungen dem Auge sichtbarere, bleibende Dehnungen treten. Das ist bei Schlüssen, die aus an Konstruktionsteilen beobachteten Fließbildern gezogen werden, scharf im Auge zu behalten.

Streckt sich der Stab weiter unter einer Belastung, die erheblich kleiner ist als diejenige, bei der das Strecken begann, wie in Abb. 1 durch den gebrochenen Linienzug *BDC* angedeutet wird, so kann eine obere und eine untere Streckgrenze unterschieden werden derart, daß die obere Streckgrenze aufgefaßt wird als diejenige Spannung, bei der das Strecken beginnt, und die untere Streckgrenze als der kleinste Wert der Spannung, auf den die Belastung während des Streckens sinkt, oder als die kleinste Spannung, unter der das Strecken noch vor sich geht. (Erstmals dargelegt Zeitschrift des Vereins deutscher Ingenieure 1904, S. 1040 u. f.)

Handelt es sich um Druckbelastung, so tritt an die Stelle des Streckens des Körpers ein Zusammenquetschen desselben. Man spricht dann von Fließ- oder Quetschgrenze und versteht darunter diejenige Druckspannung, bei der das Material verhältnismäßig rasch nachzugeben beginnt, ohne daß Zerstörung eintritt.

Wie bereits erwähnt, besitzen nicht alle Stoffe Proportionalitätsgrenzen. Dasselbe ist auch hinsichtlich der Streck- und Quetsch- oder Fließgrenze zu bemerken. In ausgeprägtem Maße pflegt sie nur bei wenigen Stoffen aufzutreten, so z. B. bei zähem Flußeisen.

Es ist üblich geworden, bei Metallen, auch wenn sie keine ausgeprägte Streckgrenze besitzen, doch von einer solchen zu sprechen. Als Streckgrenze pflegt dann die Spannung angesehen zu werden, die eine bleibende Verlängerung von bestimmter Größe im Vergleich zur ursprünglichen Länge hervorruft. Das Maß dieser bleibenden Verlängerung ist willkürlich. Nach dem heutigen Stand schwanken die Annahmen zwischen 0,2 und 0,5%. Die Firma Fried. Krupp A.-G. in Essen nimmt 0,3% an.

Die Fließgrenze und die Proportionalitätsgrenze werden nicht selten als nahe beieinander liegend ermittelt, so z. B. bei weichem Stahl.

Wird die Belastung des Stabes, die wir uns im folgenden zunächst nur als Zug vorstellen, fortgesetzt gesteigert, so findet schließlich eine Trennung desselben, ein Zerreißen (Zerbrechen), statt.

Denken wir uns den in § 2 erwähnten Flußeisenstab in eine Materialprüfungsmaschine eingespannt, welche die Linie der Verlängerungen selbsttätig aufzeichnet derart, daß die Belastungen die senkrechten Abszissen bilden, während die Verlängerungen λ die zugehörigen wagrechten Ordinaten liefern, und sodann die Belastung allmählich bis zum Zerreißen gesteigert, so erhalten wir die Schaulinie *OBDCEF* in Abb. 1.

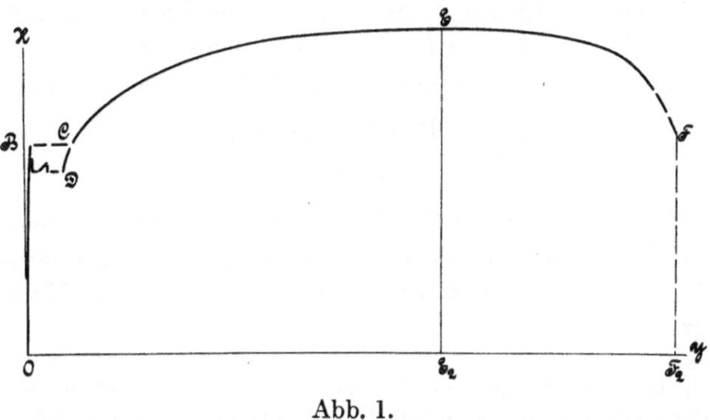

Abb. 1.

Zuverlässiger als durch eine solche mechanische Vorrichtung, die Selbstzeichner genannt wird, läßt sich die Dehnungslinie dadurch festlegen, daß für verschiedene Belastungen die zugehörigen Verlängerungen bestimmt und damit die erforderlichen Punkte für die Kurve erlangt werden. Nach Überschreitung der Streckgrenze verfährt man dabei zweckmäßig derart, daß jeweils die Belastung abgelesen wird, bei der eine angenommene Verlängerung eintritt. Nach einiger Übung läßt sich auf diese Weise die Dehnungslinie bis in die Nähe des Bruches mit ausreichender Genauigkeit feststellen. Eine gewisse Unsicherheit pflegt nur an den in Abb. 1 durch Strichelung hervorgehobenen Stellen, d. i. auf der Strecke *BC* (Abb. 1), und in der Nähe des Bruches zu bestehen. Doch läßt sich der Verlauf an der zuerst bezeichneten Stelle mit ausreichender Genauigkeit feststellen, wenn man den Selbstzeichner verwendet und für die in der Mitte des Stabes gelegene Meßstrecke das soeben angegebene Verfahren benutzt. Die Dehnungslinien Abb. 13 und 14 in § 4 sind auf diese Weise gewonnen.

Von der Verlängerung $\lambda = \overline{OE_2}$, welche die der Messung unterworfene Stabstrecke unmittelbar bei der Belastung $P = \overline{E_2E}$ ergibt, wird angenommen, daß sie sich gleichmäßig über die ganze Länge dieser Strecke verteilt.

Nachdem diese Verlängerung $\overline{OE_2}$ eingetreten ist, beginnt der Stab an einer Stelle sich einzuschnüren, also hier seinen Querschnitt stärker zu vermindern, Abb. 7 (vgl. auch Abb. 13 auf Tafel I und Abb. 23 auf Tafel V). Die Belastung P, die von jetzt an zu weiterer Verlängerung erforderlich ist, nimmt ab, bis sich schließlich der Stab bei $\lambda = \overline{OF_2}$ trennt[1]). Die Belastung im Augenblicke des Zerreißens ist $\overline{F_2F} < \overline{E_2E}$.

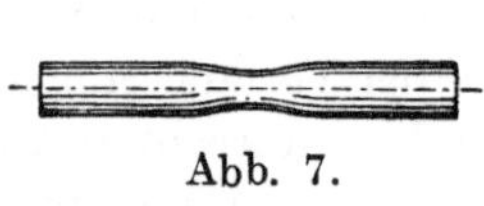

Abb. 7.

Die größte zur Aufhebung des Zusammenhanges des Stabes erforderlich gewesene Kraft $\overline{E_2E} = P_{max}$ wird als Bruchbelastung bezeichnet[2]). Die Spannung, die dieser zum Zerreißen nötigen Belastung entspricht, heißt Zugfestigkeit. Dieselbe ist hiernach unter der Voraussetzung gleichmäßiger Lastverteilung über den Querschnitt

$$K_z = \frac{\text{Bruchbelastung}}{\text{Stabquerschnitt}}.$$

Materialprüfungsmaschinen mit Waghebel lassen den Eintritt der höchsten Belastung dadurch erkennen, daß nach Überschreitung derselben der Waghebel zu sinken beginnt, je nach dem Material mehr oder minder rasch.

[1]) Es ist noch nachzuweisen, ob der Größtwert der Belastung des Stabes genau mit dem Beginn der örtlichen Einschnürung zusammenfällt (vgl. hierzu Abb. 9, S. 14). Für die Notwendigkeit eines solchen Nachweises spricht auch die Beobachtung, daß zuweilen bei zähem Material, wie z. B. weichem Stahl, Bronze, Kupfer usw. die Erscheinung mehr oder minder großer Einschnürung an mehreren Stellen des Stabes nacheinander auftritt; es bilden sich, wie Abb. 8, Taf. II deutlich zeigt, gewissermaßen Knoten, bis schließlich der Bruch an der zuletzt oder am stärksten eingeschnürten Stelle erfolgt. Hierbei nimmt die Geschwindigkeit, mit der das Strecken erfolgt, sowie der Grad der Gleichartigkeit des Materials Einfluß.

[2]) Liegt die Veranlassung vor, diese Belastung von derjenigen im Augenblicke des Bruches, d. h. von $P = \overline{F_2F}$ zu unterscheiden, so muß das ausdrücklich hervorgehoben werden. In der Regel wird nur $P_{max} = \overline{E_2E}$ angeführt und als Bruchbelastung bezeichnet. Zutreffender wäre die Bezeichnung Höchstlast; bei den Versuchen auf dem Gebiete des Eisenbetonbaues pflegt Verfasser diese Bezeichnung zu verwenden, um volle Klarheit zu erzielen.

Hierbei erhebt sich die schon bei Gleichung 1, § 1 berührte Frage, mit welchem Querschnitt die Bruchbelastung zu teilen ist: Soll der ursprüngliche Querschnitt des Stabes, oder soll derjenige Querschnitt gewählt werden, den der Stab an der Bruchstelle in dem Augenblicke besaß, in welchem die Bruchbelastung wirkte? Streng genommen wäre der letztere Querschnitt in die Rechnung einzuführen, da der Quotient durch gleichzeitig vorhandene Größen gebildet werden sollte. Dieser Querschnitt ist jedoch schwer zu ermitteln. Tatsächlich benutzt man den ersteren Querschnitt als Nenner und erhält in

$$K_z = \frac{P_{max}}{f} \qquad \text{1)}$$

die Zugfestigkeit, bezogen auf den ursprünglichen Stabquerschnitt.

Dieses Verfahren pflegt im Sinne des Zweckes unserer Festigkeitsrechnungen zu liegen, die von dem ursprünglichen Querschnitt auszugehen oder diesen zu ermitteln haben.

Handelt es sich um die technologische Aufgabe der Ermittelung der Materialeigenschaften an sich, so kann die Bestimmung des Quotienten: Zugkraft geteilt durch den kleinsten zugehörigen Stabquerschnitt, geboten erscheinen. Dabei wird allerdings die Eigenartigkeit der Beanspruchung im kleinsten Querschnitt im Auge zu behalten sein.

Um den Unterschied, der sich für den Verlauf der Dehnungslinie ergibt, wenn die Spannungen das einemal auf den ursprünglichen, das anderemal auf den jeweils kleinsten Stabquerschnitt bezogen werden, zu veranschaulichen, sind in Abb. 9 die beiden Linienzüge für denselben Stab aus Flußstahl aufgezeichnet. Deutlich ist zu erkennen, daß sie sich an der Streckgrenze zu trennen beginnen und nach Überschreiten der Höchstlast völlig auseinanderstreben.

Der größere Teil der Konstruktionstoffe zeigt keine örtliche Einschnürung; er liefert Schaulinien, die Wachstum der Spannungen bis zum Zerreißen aufweisen. Dann fallen die Punkte *E* und *F* (Abb. 1) zusammen. Vgl. hierüber z. B. § 4, Abb. 8, 19, 21 bis 23[1]).

---

[1]) Die scharfe Beachtung des Vorstehenden sowie der späteren Erörterungen über Festigkeit läßt deutlich erkennen, daß die durch den Versuch bestimmten Zugfestigkeiten abhängen müssen von den Umständen, unter denen der Versuch durchgeführt wurde, und von den Voraussetzungen, die bei der Ermittlung gemacht worden sind. Dasselbe gilt auch für die später zu erörternde Druckfestigkeit. Es gibt keine tatsächlich bestimmte Zug- oder Druckfestigkeit, die als vollständig losgelöst von diesen Umständen und Voraussetzungen angesehen werden darf.

Ganz allgemein empfiehlt es sich, folgenden vom Verfasser bereits früher an anderer Stelle (Zeitschr. des Vereins deutscher Ingenieure 1895, S. 417, S. 489 Fußbemerkung) ausgesprochenen Satz im Auge zu behalten, wenn es sich um Übertragung von Versuchsergebnissen auf Ausführungen handelt: Die Ver-

Linie der Spannungen, bezogen auf den kleinsten Querschnitt
Linie der Spannungen, bezogen auf den ursprünglichen Querschnitt
Linie der Durchmesser
Linie der Querschnitte
Achse der Spannungen kg/qcm, der Durchmesser cm, der Querschnitte qcm
Achse der Verlängerungen %
3,01 qcm
1,96 cm
5623 kg/qcm
[10165 kg/qcm]
[4344 kg/qcm]

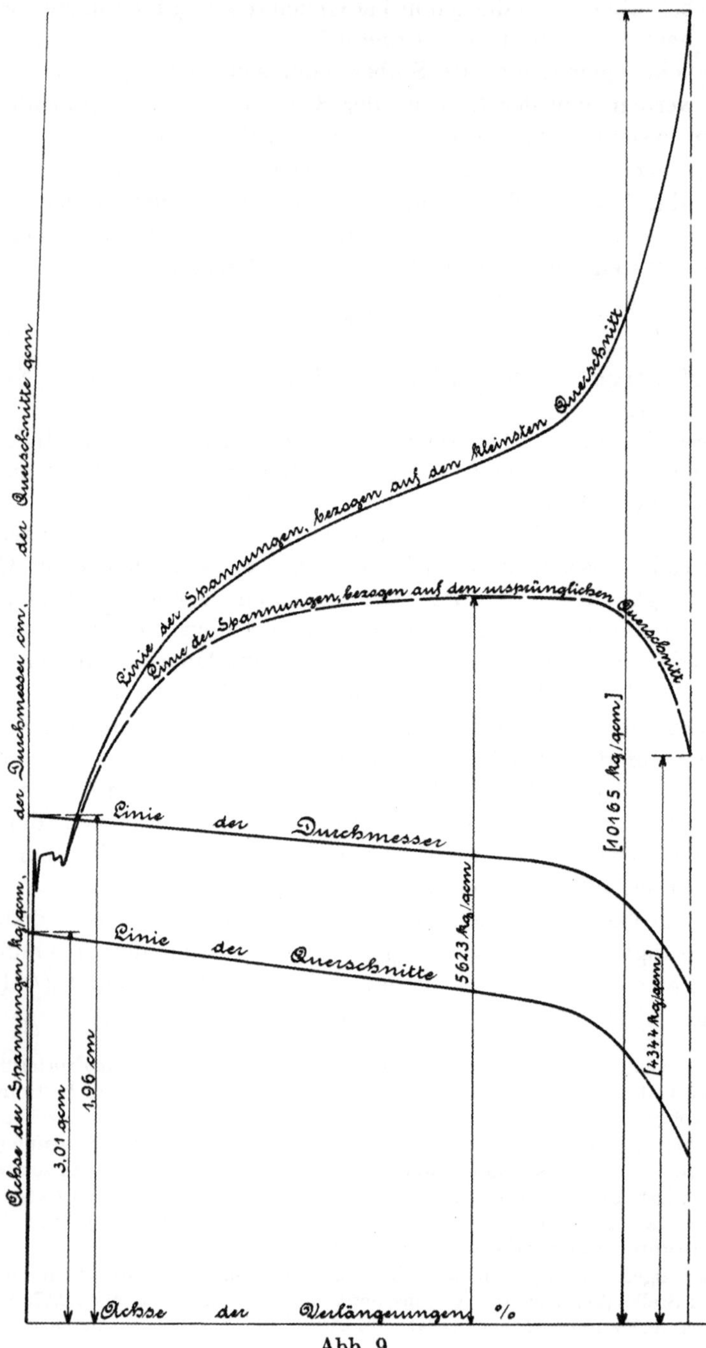

Abb. 9.

Wird der Querschnitt des Stabes an der Bruchstelle (an der Stelle der Einschnürung, Abb. 7) mit f_b bezeichnet, so findet sich in

$$\psi = 100 \frac{f - f_b}{f} \qquad \qquad 2)$$

die Verminderung des Querschnittes an der Bruchstelle in Hundertteilen des ursprünglichen Querschnittes, die Bruchzusammenziehung oder Bruchkontraktion oder kurz die Zusammenziehung, Einschnürung oder Kontraktion genannt. Klarer und schärfer erscheint die Bezeichnung Querschnittsverminderung des zerrissenen Stabes, da f_b an dem zerrissenen Stabe gemessen wird.

Bezeichnet l_b die Länge, die das ursprünglich l lange Stabstück nach dem Zerreißen besitzt, wobei man sich vorstellt, der Bruch erfolge in der Mitte von l[1]), so wird in

$$\varphi = 100 \frac{l_b - l}{l} \qquad \qquad 3)$$

die Verlängerung der der Messung unterworfenen Stabstrecke in Hundertteilen der ursprünglichen Länge, die Dehnung des zerrissenen Stabes, die Bruchdehnung oder auch kurz die Dehnung erhalten[2]),

Die mechanische Arbeit, die das Zerreißen des ursprünglich l langen Stabes, dessen Verlängerungen der Dehnungslinie $OBDCEF$ zugrunde liegen, fordert, wird dargestellt durch die Größe der Fläche $OBDCEFF_2$. Die mechanische Arbeit bis zum Eintritt der größten Belastung gemäß der Zugfestigkeit wird durch die Fläche $OBDCEE_2$ gemessen. Nach Aufnahme dieser Arbeit ist die der Zugfestigkeit entsprechende Widerstandsfähigkeit des Stabes erschöpft; denn nach Überschreitung des Punktes E sinkt die Widerstandsfähigkeit, der Stab schnürt sich ein, und die mechanische Arbeit, wie sie durch die Fläche EFF_2E_2 bestimmt erscheint, wird in der Hauptsache auf die örtliche Formänderung an der Einschnürungsstelle verwendet, also vorzugsweise nur von demjenigen Material verbraucht, das an der sich zusammenziehenden Stelle vorhanden ist[3]). Die mechanische Arbeit, welche die Dehnung des zylindrischen Stabes bis zum Eintritt der Bruchbelastung P_{max} für die Kubikeinheit der ursprünglichen

---

suche sind in der Regel unter solchen Verhältnissen anzustellen, wie sie bei den wichtigeren technischen Anwendungen vorzuliegen pflegen, so daß die ermittelten Erfahrungszahlen auf diese mit ausreichender Sicherheit übertragen werden können.

[1]) Über das Vorgehen, wenn dieses nicht der Fall ist, vgl. das S.150 Bemerkte.

[2]) Da l_b nach dem Zerreißen des Stabes gemessen wird, so enthält es nur die bleibende Verlängerung in sich, wird also um die federnde Verkürzung kleiner sein müssen als die Verlängerung, die die Dehnungslinie Abb. 1, gültig für die gesamten Verlängerungen, liefert.

[3]) Von dem Ausnahmefall, daß sich der Stab an mehreren Stellen nacheinander einschnürt, darf hier abgesehen werden.

Stabmasse fordert, wird als **Arbeitsvermögen** des Materials bezeichnet. Seine Größe ergibt sich zu

$$A = \frac{\text{Fläche } OBDCEE_2}{fl} \quad \ldots\ldots\ldots\ldots \quad 4)$$

Kilogrammeter für das Kubikzentimeter Material, sofern die Belastungen P in kg, die Verlängerungen λ in m aufgetragen, der Querschnitt f in qcm und die Stablänge l in cm eingeführt werden.

Das häufig anzutreffende Vorgehen, das Arbeitsvermögen durch die ganze Fläche $OBDCEFF_2$ zu messen und zu beurteilen, erscheint unrichtig. Da die Einschnürung sich auf eine ganz bestimmte, vom Stabmaterial und vom Durchmesser abhängige, dagegen von der Länge des verwendeten Stabes unabhängige Länge erstreckt (sofern die Meßlänge nicht zu kurz genommen wird), so ist ihr Einfluß auf die gesamte Streckung verhältnismäßig um so größer, je kürzer die Meßlänge gewählt wurde. Erfolgt, was zur Erlangung vergleichbarer Bilder erforderlich ist, Aufzeichnung der Verlängerung in Hundertteilen der Meßlänge, so fällt nur das Stück $OBDCE$ der Dehnungslinie bei kurzen und langen Stäben gleich aus, während das Stück EF um so kürzer wird, je länger der Stab ist.

Um dies nachzuweisen, wurden Versuche mit 7 Stäben aus derselben Stange Siemens-Martinstahl vorgenommen, deren Ergebnisse in der folgenden Zahlentafel zusammengestellt sind. Durchmesser je 20,0 mm.

Stab Nr.	Meßlänge l mm	Streckgrenze kg/qcm	Zugfestigkeit kg/qcm	Bruchdehnung auf 100 mm %	Querschnittsverminderung %	Arbeitsvermögen $OBDCEE_2$ kgm/ccm	$OBDCEFF_2$ kgm/ccm	EFF_2E_2 kgm/ccm
1	100	5207 o. 4994 u.	8732	20,4	37,6	8,78	16,30	7,52
2	100	5303 o. 5000 u.	8656	21,7	38,2	9,04	16,50	7,46
7	100	5439 o. 5032 u.	8583	19,5	36,0	8,59	14,39	5,80
	Durchschnitt	5316 o. 5009 u.	8657	20,5	37,3	8,80	15,73	6,93
3	200	5255 o. 5000 u.	8592	16,6	37,6	9,19	13,04	3,85
4	200	5382 o. 4968 u.	8631	16,0	37,6	9,04	12,60	3,56
	Durchschnitt	5319 o. 4984 u.	8612	16,3	37,6	9,12	12,82	3,70

Stab Nr.	Meßlänge l mm	Streckgrenze kg/qcm	Zugfestigkeit kg/qcm	Bruchdehnung auf 100 mm %	Querschnittsverminderung %	Arbeitsvermögen		
						$OBDCEE_2$ kgm/ccm	$OBDCEFF_2$ kgm/ccm	EFF_2E_2 kgm/ccm
5	1000	5121 o. 5010 u.	8503	11,6	39,2	8,19	8,84	0,65
6	1000	5194 o. 5000 u.	8516	12,5	34,4	8,37	9,74	1,37
	Durchschnitt	5158 o. 5005 u.	8510	12,1	36,8	8,28	9,29	1,01

Werden die Durchschnittswerte ins Auge gefaßt, so zeigt sich, daß die Werte des Arbeitsvermögens der Fläche $OBDCEE_2$ in allen drei Fällen sich nur so weit unterscheiden, als der Ungleichförmigkeit des Materials entspricht — in bezug auf diese geben die Werte von Streckgrenze, Zugfestigkeit, Bruchdehnung und Querschnittsverminderung Auskunft — während das Arbeitsvermögen der ganzen Fläche $OBDCEFF_2$ in kgm/ccm um so größer ausfällt, je kürzer die Meßlänge ist: 15,73 für $l = 100$ mm, 12,82 für $l = 200$ mm, 9,29 für $l = 1000$ mm. Ebenso ist die zusätzliche Fläche EFF_2E_2 um so größer, je kürzer der Stab.

Um dies zu veranschaulichen, sind in Abb. 10, 11 und 12 die Dehnungslinien für die Stäbe Nr. 7 (100 mm), 4 (200 mm) und 6 (1000 mm) wiedergegeben. (Aufzeichnung der Verlängerungen in Teilen der ursprünglichen Länge.) Außerdem wurden in Abb. 13 zu den Meßlängen als wagrechten Abszissen die Werte des Arbeitsvermögens aufgezeichnet. Der für die Fläche $OBDCEE_2$ gültige Linienzug ist ausgezogen; er verläuft nahezu wagerecht, d. h. eine Abhängigkeit des Arbeitsvermögens von der Meßlänge ist nicht zu erkennen. Dagegen fallen die Linienzüge für das gesamte Arbeitsvermögen (—·—·—) und für die Überschußfläche EFF_2E_2 (— — —) stark; die Werte hängen also in hohem Maße von der Größe der Meßlänge ab.

Da verlangt werden muß, daß die an verschieden langen Stäben ermittelten Werte des Arbeitsvermögens vergleichbar sind, so erscheint es geboten, seiner Bestimmung die Fläche $OBDCEE_2$ zugrunde zu legen. Dazu kommt noch folgendes. Einmal ist die Widerstandsfähigkeit des Materials unter der Belastung EE_2 erschöpft. Sodann ist die Fläche EFF_2E_2 weniger genau zu ermitteln als die Fläche $OBDCEE_2$. Daß die — nach Maßgabe des Erörterten mit der Stablänge veränderliche — Fläche EFF_2E_2 zu einem Teile einen gewissen Arbeitsüberschuß darstellt, ist nicht zu verkennen; die Nichtberücksichtigung dieses Teiles erscheint jedoch ganz im Sinne des Zweckes unserer technischen Rechnungen gelegen.

Angaben von Zahlenwerten für Zugfestigkeit, Querschnittsverminderung, Bruchdehnung, Arbeitsvermögen usw., welche die für den Konstrukteur vorzugsweise in Betracht kommenden Materialien liefern, finden sich außer in § 4 in des Verfassers Maschinenelementen im ersten

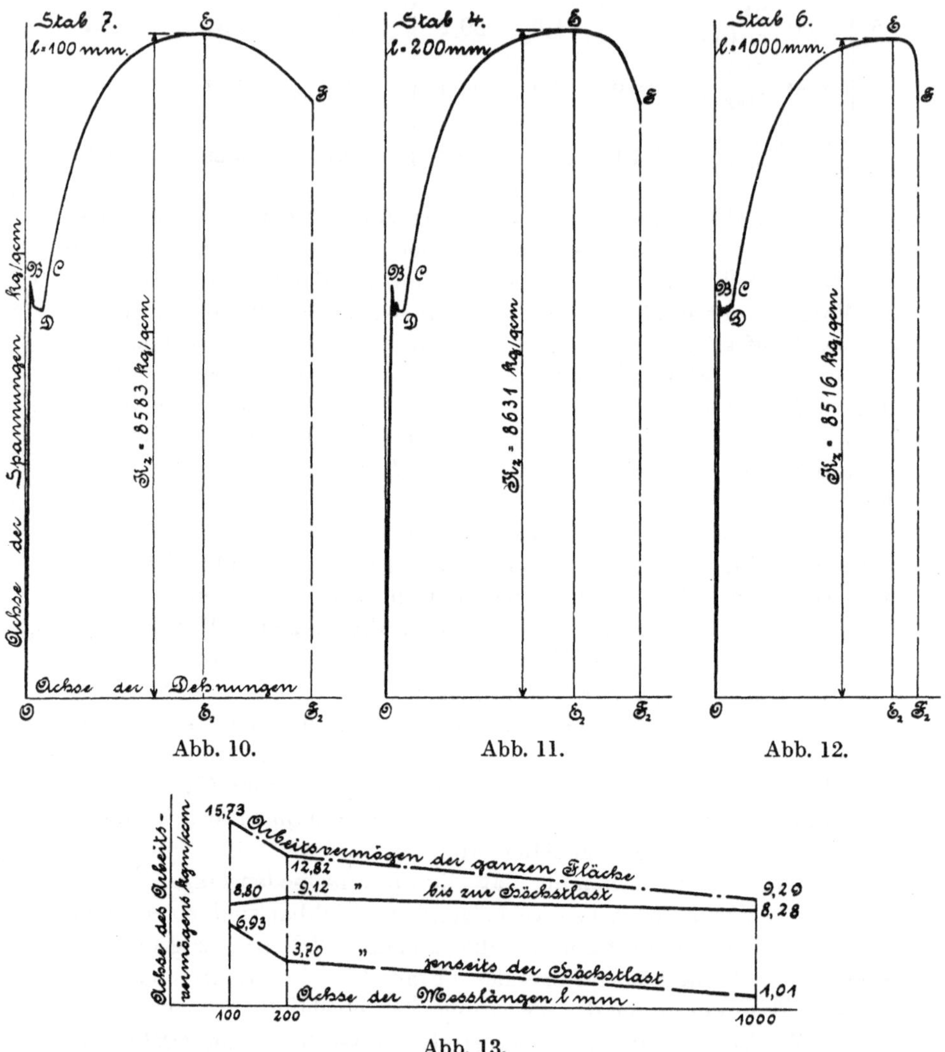

Abb. 10. Abb. 11. Abb. 12.

Abb. 13.

Abschnitt unter „E. Zahlenwerte der Elastizität und Festigkeit“. Eine umfassende Zusammenstellung mit zahlreichen Abbildungen enthält das Buch von C. Bach und R. Baumann, Festigkeitseigenschaften und Gefügebilder der Konstruktionsmaterialien.

§ 4. Längenänderungen verschiedener Stoffe. Gesamte, bleibende und federnde Längenänderungen. Elastizitätsgrenze.

1. Versuche mit Gußeisen.

Gußeisenkörper I. (1895.)

(Druck.)

Wir nehmen einen aus zähem, grauem Gußeisen, wie es zu Maschinenteilen Verwendung findet, hergestellten sowie abgedrehten Zylinder und unterwerfen ihn in einer senkrechten Prüfungsmaschine der Druckprobe.

Die vorher stattgehabte Messung ergibt:

Durchmesser des Zylinders . . . . $d =$ 8,00 cm

Querschnitt . . . . $f = \frac{\pi}{4} 8^2 =$ 50,27 qcm

Länge . . . . 62,15 cm

Länge der mittleren Strecke, für welche die Zusammendrückung bestimmt werden soll, d. i. die Meßlänge . . . . $l =$ 50,00 cm[1])

Temperatur unveränderlich 16,3° C.

Belastung in kg		Länge der Meßstrecke in cm	Zusammendrückungen in $^1/_{1200}$ cm		
P	$\sigma = \frac{P}{f}$		gesamte λ	bleibende λ'	federnde $\lambda - \lambda'$
1	2	3	4	5	6
0	0	l	—	—	—
10000	198,9	$l - \frac{13,86}{1200}$	13,86		
0	0	$l - \frac{0,75}{1200}$		0,75	13,11
10000	198,9	$l - \frac{13,94}{1200}$	13,94		

[1]) Die Meßlänge ist mindestens um einen Betrag etwa gleich d kleiner zu wählen als die Stablänge, um die Unregelmäßigkeiten auszuscheiden, die in der Nähe der Druckflächen auftreten (vgl. § 13, § 14). Letztere sind sorgfältig eben, parallel zueinander und senkrecht zur Stabachse zu bearbeiten, so daß gleichförmige Druckverteilung erwartet werden kann; andernfalls sind mehr oder minder ungenaue Versuchsergebnisse zu verzeichnen, was auch heute noch häufiger eintritt, als man geneigt ist anzunehmen.

Belastung in kg		Länge der Meßstrecke in cm	Zusammendrückungen in $^1/_{1200}$ cm		
P	$\sigma = \frac{P}{f}$		gesamte λ	bleibende λ'	federnde $\lambda - \lambda'$
1	2	3	4	5	6
0	0	$l - \frac{0,89}{1200}$		0,89	13,05
10000	198,9	$l - \frac{14,00}{1200}$	14,00		
0	0	$l - \frac{1,00}{1200}$		1,00	13,00
10000	198,9	$l - \frac{14,03}{1200}$	14,03		
0	0	$l - \frac{1,04}{1200}$		1,04	12,99
10000	198,9	$l - \frac{14,03}{1200}$	14,03		
0	0	$l - \frac{1,04}{1200}$		1,04	12,99

Der neue, noch keiner Belastung unterworfen gewesene Zylinder wird abwechselnd in Zeiträumen von 1,5 Minuten zunächst mit der Kraft $P = 10000$ kg belastet und bis auf $P = 0$ entlastet[1]). Hierbei ergeben sich aus den Beobachtungen die vorstehend zusammengestellten Zahlen.

Wie hieraus ersichtlich, erfährt der Zylinder durch die erstmalige Belastung mit $P = 10000$ kg auf die Erstreckung von 50 cm eine Zusammendrückung um $\lambda = \frac{13,86}{1200}$ cm. Nach der hieran sich schließenden Entlastung zeigt sich noch eine Verkürzung um $\lambda' = \frac{0,75}{1200}$ cm.

[1]) Eine vollständige Entlastung des in der Prüfungsmaschine senkrecht stehenden Zylinders ist, streng genommen, nicht möglich, da er durch das eigene Gewicht sowie durch das in Betracht kommende Gewicht der Meßvorrichtung belastet wird. Diese Belastung beträgt im vorliegenden Falle für den mittleren, d. h. in der halben Höhe liegenden Querschnitt rund 17 kg, entsprechend $\frac{17}{50,27} = 0,34$ kg/qcm. Sie wurde hier vernachlässigt; bei späteren Versuchen wird sie Berücksichtigung erfahren.

Der Zylinder hat also infolge der einmaligen Belastung eine bleibende Zusammendrückung um diesen Betrag erlitten. Die sich wieder verlierende, d. h. federnde Zusammendrückung beträgt hiernach $\frac{13,86 - 0,75}{1200} = \frac{13,11}{1200}$ cm.

Die erste Wiederholung des Belastungswechsels mit $P = 10000$ kg ergibt die gesamte Zusammendrückung zu $\frac{13,94}{1200}$ cm, die bleibende zu $\frac{0,89}{1200}$ cm und die federnde zu $\frac{13,94 - 0,89}{1200} = \frac{13,05}{1200}$ cm. Hiernach ist gewachsen:

die gesamte Zusammendrückung um $\frac{13,94 - 13,86}{1200} = \frac{0,08}{1200}$ cm,

„ bleibende „ „ $\frac{0,89 - 0,75}{1200} = \frac{0,14}{1200}$ „

dagegen hat abgenommen:

die federnde Zusammendrückung um $\frac{13,11 - 13,05}{1200} = \frac{0,06}{1200}$ cm.

Die fernere Wiederholung des Wechsels zwischen Belastung mit $P = 10000$ kg und Entlastung führt schließlich zu dem Ergebnis, daß sich nach viermaliger Belastung und Entlastung die gesamten, bleibenden und federnden Zusammendrückungen nicht mehr oder — mit Rücksicht auf den Genauigkeitsgrad unserer Messungen — doch nur noch unerheblich ändern[1]). Ihre Endwerte betragen

$$\lambda = \frac{14,03}{1200} \text{ cm}, \quad \lambda' = \frac{1,04}{1200} \text{ cm}, \quad \lambda - \lambda' = \frac{12,99}{1200} \text{ cm}.$$

Wir unterwerfen jetzt den Zylinder einem Belastungswechsel zwischen $P = 20000$ kg, entsprechend

$$\sigma = \frac{P}{f} = \frac{20000}{50,27} = 397,9 \text{ kg/qcm}$$

und $P = 0$ mit dem Erfolg, daß der erste Wechsel

$$\lambda = \frac{30,42}{1200} \text{ cm}, \quad \lambda' = \frac{3,06}{1200} \text{ cm}, \quad \lambda - \lambda' = \frac{27,36}{1200} \text{ cm}$$

ergibt, und daß der elfte Wechsel zu den Endwerten

$$\lambda = \frac{31,20}{1200} \text{ cm}, \quad \lambda' = \frac{3,95}{1200} \text{ cm}, \quad \lambda - \lambda' = \frac{27,25}{1200} \text{ cm}$$

---

[1]) Rasches Erreichen des Endzustandes pflegt sich — selbst wenn es der Natur des Materials entspricht — nur im Falle sehr sorgfältiger Durchführung des Versuches einzustellen. Bei Fehlern in dieser Richtung schwanken die Werte für λ bei den einzelnen Belastungswechseln mehr oder minder auf und nieder, ohne daß diese Abweichungen durch das untersuchte Material bedingt werden.

führt. Die Temperatur im Versuchsraum steigt während des 12 maligen Belastungswechsels von 16,3 auf 16,4° C, also um $^1/_{10}{}^0$ C.

Der Belastungswechsel zwischen $P = 30000$ kg, entsprechend

$$\sigma = \frac{30000}{50,27} = 596,8 \text{ kg/qcm}$$

und $P = 0$ liefert zu Anfang die Zahlen

$$\lambda = \frac{48,66}{1200}\text{ cm}, \qquad \lambda' = \frac{6,18}{1200}\text{ cm}, \qquad \lambda - \lambda' = \frac{42,48}{1200}\text{ cm},$$

nach zwölfmaliger Wiederholung, die noch immer eine geringe Neigung zum Wachsen der gesamten Zusammendrückungen erkennen läßt, die Werte

$$\lambda = \frac{49,50}{1200}\text{ cm}, \qquad \lambda' = \frac{7,49}{1200}\text{ cm}, \qquad \lambda - \lambda' = \frac{42,01}{1200}\text{ cm}.$$

Die Temperatur bleibt während des ganzen Versuchs unveränderlich 16,4° C.

Aus dem Vorstehenden erkennen wir folgendes.

Es sind dreierlei Längenänderungen zu unterscheiden: die gesamte, die bleibende und die federnde Längenänderung.

Werden für den untersuchten Gußeisenzylinder die Endwerte ins Auge gefaßt, so beträgt die bleibende Längenänderung

bei $\sigma = 198,9$ kg/qcm $\frac{1,04}{14,03}100 = 7,4\%$ der Gesamtlängenänderung,

„ $\sigma = 397,9$ „ $\frac{3,95}{31,20}100 = 12,7$ „ „ „ ,

„ $\sigma = 596,8$ „ $\frac{7,49}{49,50}100 = 15,1$ „ „ „ .

Je größer die Belastung des Stabes, um so bedeutender fällt die bleibende Längenänderung aus; sie beginnt bei dem untersuchten Gußeisen schon für sehr kleine Belastungen. Um so mehr Belastungswechsel werden auch unter sonst gleichen Umständen zur Erreichung des Endzustandes (Ausgleichs) erforderlich.

Die federnden Längenänderungen bleiben um so mehr hinter den gesamten zurück, je stärker der Körper belastet wird. Wir sehen, daß die Änderungen, die die Zylinderlänge infolge der Belastung erfahren hat, um so vollständiger verschwinden, je weniger groß sie waren.

Jedem Körper wohnt die Eigenschaft inne, unter der Einwirkung äußerer Kräfte eine Änderung seiner Gestalt zu erfahren und mit dem Aufhören dieser Einwirkung die erlittene Formänderung mehr oder minder vollständig wieder zu verlieren. Insoweit er die erlittene Formänderung wieder verliert, d. h. zurückfedert, wird er als elastisch bezeichnet. Ist die Rückkehr in die ursprüngliche Form eine vollständige, so spricht man von „vollkommen elastisch“. Bei den vorstehend besprochenen Versuchen ist die federnde Längenänderung diejenige, die hiernach als die elastische gelten kann.

Stellen wir die für den untersuchten Gußeisenzylinder gewonnenen Ergebnisse in Abb. 1 bildlich dar derart, daß zu den Belastungen oder Spannungen als senkrechten Abszissen (nach abwärts gehend,

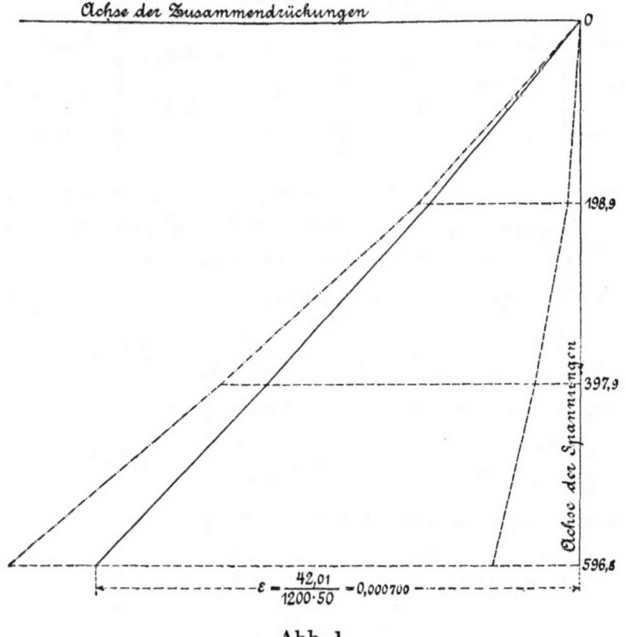

Abb. 1.

da es sich um Druckspannungen handelt) die jeweils erhaltenen Endwerte der Zusammendrückungen als wagrechte Ordinaten aufgetragen werden, so erhalten wir den strichpunktierten (— · — · —) Linienzug als Linie der gesamten Zusammendrückungen, den gestrichelten (— — — —) als Linie der bleibenden und den ausgezogenen als Linie der federnden Zusammendrückungen. Deutlich erhellt aus dieser Darstellung, daß die Zusammendrückungen, sowohl die gesamten als auch die federnden — jedenfalls innerhalb der Spannungsgrenze, bis zu der sich die Untersuchung erstreckt hat — stärker wachsen als die Belastungen, daß also bei dem untersuchten Gußeisen Proportionalität zwischen beiden nicht besteht. Ebenso scharf zeigt dies die folgende Zusammenstellung, die in den Spalten 3, 5 und 7 die Unterschiede der Zusammendrückungen für das Fortschreiten der Belastung um je 10000 kg angibt.

Belastungsstufe kg/qcm	Zusammendrückungen auf 50 cm in $^1/_{1200}$ cm					
	gesamte		bleibende		federnde	
		Unterschied		Unterschied		Unterschied
1	2	3	4	5	6	7
0	0		0		0	
		14,03		1,04		12,99
0 und 198,9	14,03		1,04		12,99	
		17,17		2,91		14,26
0 „ 397,9	31,20		3,95		27,25	
		18,30		3,54		14,76
0 „ 596,8	49,50		7,49		42,01	

Berechnet man die durch Gleichung 3, § 2 bestimmte Dehnungszahl α unter Zugrundelegung der f e d e r n d e n Z u s a m m e n d r ü c k u n g e n[1]) für die erste Belastungsstufe, so findet sich:

für Belastungsstufe 0 und 10000 kg

$$\alpha = \frac{12\;99}{1200 \cdot 50} \; \frac{1}{10000:50{,}27} = \sim \frac{1}{919000} = 1{,}088 \text{ Milliontel,}$$

für die Belastungsstufe 0 und 20000 kg

$$\alpha = \frac{27{,}25}{1200 \cdot 50} \; \frac{1}{20000:50{,}27} = \sim \frac{1}{876000} = 1{,}142 \quad „ \quad ,$$

für die Belastungsstufe 0 und 30000 kg

$$\alpha = \frac{42{,}01}{1200 \cdot 50} \; \frac{1}{30000:50{,}27} = \sim \frac{1}{852000} = 1{,}173 \quad „ \quad ^{2}).$$

[1]) Sofern im späteren nicht ausdrücklich etwas anderes bemerkt wird, sollen der Bestimmung des Zusammenhanges zwischen Dehnungen und Spannungen immer die federnden (elastischen) Dehnungen zugrunde gelegt werden.

In Sonderfällen kann Veranlassung vorliegen, neben der so bestimmten Dehnungszahl auch noch diejenige für die gesamten Dehnungen oder die Dehnungsreste zu verwenden, dann wird allerdings eine Unterscheidung notwendig; etwa Dehnungszahl der Federungen, Dehnungszahl der gesamten Dehnungen und Dehnungszahl der Dehnungsreste oder der bleibenden Dehnungen. Der Begriff Elastizitätsmodul würde für diese Unterscheidung nicht wohl verwendet werden können.

Dabei ist im Auge zu behalten, daß die Entwicklungen der Elastizitätsehre nur elastische Formänderungen vorauszusetzen pflegen, von denen überdies angenommen wird, daß sie bei Wiederholung der Belastung die gleiche Größe behalten.

[2]) Wie ersichtlich, läuft dieses Verfahren darauf hinaus, daß die Kurve der Dehnungen $OP_1P_2P_3$, Abb. 2, für diese Belastungsstufe durch die gerade Strecke (Sehne) OP_3 ersetzt wird. Die so ermittelte Dehnungszahl

$$\alpha = \frac{\varepsilon_3}{\sigma_3}$$

d. i. ausgesprochen wachsend mit höher liegender Spannungsstufe, d. h. mit zunehmender Spannung.

Hiernach ist festzustellen, daß durch Gleichung 2, § 2, d. h. durch $\varepsilon = \alpha\,\sigma$, worin α als Konstante gilt, der Zusammenhang zwischen den Dehnungen ε und den Spannungen σ für das untersuchte Material nicht zum Ausdruck gebracht wird.

Legt man die allgemeinere Gesetzmäßigkeit (vgl. S. 104 u. f.)

$$\varepsilon = \alpha\,\sigma^m \quad \ldots \ldots \ldots \ldots \quad 1)$$

zugrunde und wählt man für das geprüfte Gußeisen

$$\alpha = \frac{1}{1\,320\,000}, \qquad m = 1{,}0685,$$

setzt also

$$\varepsilon = \frac{1}{1\,320\,000}\,\sigma^{1{,}0685} \quad \ldots \ldots \ldots \ldots \quad 2)$$

so zeigt folgende Zusammenstellung:

---

ist dann gleich der Tangente des Winkels, unter dem die betreffende Sehne gegen die α-Achse geneigt erscheint, während der richtige Wert für Punkt P_3 der Dehnungskurve die Neigung der Tangente an dieselbe sein wird, d. h.

$$\alpha = \frac{d\varepsilon}{d\sigma}.$$

Um eine bessere Annäherung zu erhalten, kann man auch so vorgehen, daß die Kurve $OP_1P_2P_3$ durch gerade Strecken ersetzt wird, die Sehnen derselben bilden. Beispielsweise für die Stufe der Spannungen σ_1 und σ_2, denen die Dehnungen ε_1 und ε_2 entsprechen,

$$\alpha = \frac{\varepsilon_2 - \varepsilon_1}{\sigma_2 - \sigma_1}.$$

Je kleiner man die Strecken, d. h. je niedriger man die Höhe der betreffenden Spannungsstufe wählt, um so genauer erhält man α für diese Strecke. Im Grenzfall wird $\alpha = \dfrac{d\varepsilon}{d\sigma}$.

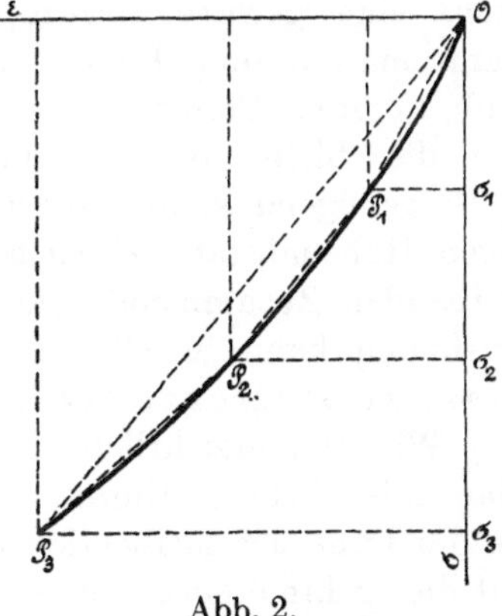

Abb. 2.

Im Falle von vornherein keine ausreichende Sicherheit dafür besteht, daß die Dehnungslinie $OP_1P_2P_3$ unabhängig von der Art der Versuchsdurchführung erhalten wird (Belastungswechsel zwischen O und P_1, O und P_2, O und P_3 oder zwischen O und P_1, P_1 und P_2, P_2 und P_3), so empfiehlt es sich, die Berechnung der Dehnungszahl der Versuchsdurchführung entsprechend vorzunehmen (vgl. in bezug hierauf S. 28 und 29, sowie S. 111 und 112). Um die Krümmung der Dehnungslinien der Rechnung deutlicher hervortreten zu lassen, wird trotzdem häufig anders verfahren.

Spannungsstufe in kg/qcm	Federung auf 50 cm in $^1/_{1200}$ cm	
	beobachtet	berechnet nach Gl. 2
0 und 198,9	12,99	12,99
0 „ 397,9	27,25	27,25
0 „ 596,8	42,01	42,03

eine sehr gute Übereinstimmung zwischen dem, was beobachtet wurde, und dem, was die Rechnung liefert.]

Die Linie der bleibenden Zusammendrückungen in Abb. 1 löst sich schon bei kleinen Spannungen von der senkrechten Abszissenachse, um sich nach der Achse der Zusammendrückungen zu krümmen. Das vorliegende Gußeisen, in dem Zustande, in dem es sich befindet, erweist sich demnach selbst für diese kleinen Spannungen nicht als vollkommen elastisch.

Die Linie der bleibenden Zusammendrückungen kann insofern von praktischer Wichtigkeit erscheinen, als sie Auskunft darüber gibt, welche bleibende Zusammendrückung bei einer bestimmten Inanspruchnahme des Körpers zu erwarten ist. Zu diesem Zwecke ließe sich in ganz gleicher Weise, wie dies oben für die federnden Zusammendrückungen durch Gleichung 2 geschehen ist, eine Beziehung zwischen Spannung und bleibender Zusammendrückung feststellen.

In der Regel muß von den Konstruktionen gefordert werden, daß bleibende Formänderungen so gut wie nicht auftreten oder wenigstens eine gewisse Grenze nicht überschreiten. Dementsprechend kann man in der Linie der bleibenden Zusammendrückungen (vgl. Abb. 1) einen Punkt, den wir Z nennen wollen, annehmen, bis zu dem hin die bleibenden Zusammendrückungen als verschwindend oder doch genügend klein erscheinen; man erhält dadurch in dem zugehörigen Höhenabstand einen Spannungsgrenzwert, unterhalb dessen die bleibenden Zusammendrückungen vernachlässigbar erscheinen. Diese Spannung kann in Übereinstimmung mit bisheriger Auffassung als Elastizitätsgrenze bezeichnet werden.

Wie klar ersichtlich, ist der Punkt Z nicht durch die Natur des Materials allein bestimmt. Diese setzt nur seinen geometrischen Ort — die Linie der bleibenden Zusammendrückungen — fest; seine Lage auf dieser Linie erscheint, sofern die bleibenden Zusammendrückungen nicht verschwindend klein sind, zu einem bedeutenden Teile von dem persönlichen Ermessen desjenigen abhängig, der über die höchste noch für zulässig erachtete Größe der bleibenden Zusammendrückung zu entscheiden hat. Daß hierbei auch der besondere Zweck des Gegenstandes, um den es sich handelt, sowie die gewählte Meßlänge der Probestäbe und der Genauigkeitsgrad der verwendeten Meßinstrumente Einfluß nehmen können, ist selbstverständlich. In neuerer Zeit bezeichnen einzelne Werke, wie z. B. die Firma Fried. Krupp A. G. in Essen, als Elastizitätsgrenze diejenige Spannung, bei der die bleibende Dehnung den Betrag von 0,03 $^0/_0$ der Meßlänge des Probestabes erreicht. Über ähnliche Festsetzungen hinsichtlich der Streckgrenze vgl. S. 11.

Ganz das gleiche, was hier zunächst hinsichtlich Zusammendrückungen gesagt worden ist, gilt auch in bezug auf Verlängerungen, weshalb in den folgenden Bemerkungen ganz allgemein von Dehnungen (positiven und negativen) gesprochen werden soll.

Die Vermengung der Elastizitätsgrenze mit der Proportionalitätsgrenze, indem man ausspricht: die Elastizitätsgrenze ist diejenige Spannung, bis zu der die Dehnungen nach dem Entlasten vollständig oder doch nahezu ganz wieder verschwinden, d. h. sich also das Material vollkommen oder doch nahezu vollkommen elastisch verhält, und ferner, daß innerhalb der Elastizitätsgrenze Proportionalität zwischen Dehnungen und Spannungen bestehe, erscheint hiernach mindestens im allgemeinen unzulässig. Sie läuft selbst in den meisten derjenigen Fälle, in denen Proportionalität zwischen Dehnungen und Spannungen besteht, darauf hinaus, daß durch das mehr oder minder willkürliche Festlegen des oben genannten Punktes Z auf der Linie der bleibenden Dehnungen oder Dehnungsreste gleichzeitig der Linie der Federungen oder auch der Gesamtdehnungen, falls man diese zur Grundlage nehmen will, vorgeschrieben wird, auf welche Strecke sie mit einer Geraden zusammenzufallen hat, oder daß dem Punkte Z der Dehnungsrest-Linie dieselbe Abszisse aufgezwungen wird, die der Endpunkt der geraden Strecke in der Kurve der Federungen bzw. der Gesamtdehnungen besitzt[1]).

Gußeisenkörper II. (1910.)

(Zug.)

Material: Graues Gußeisen, wie es zu Maschinenteilen Verwendung findet, in Form eines abgedrehten Rundstabes.

Durchmesser des mittleren zylindrischen Teiles . . . 2,00 cm
Querschnitt . . . . 3,14 qcm
Meßlänge . . . . 10,00 cm

Der Stab, der schon mehrfach Zugbeanspruchungen bis zu 637 kg/qcm erfahren hatte, wurde in einer liegenden Prüfungsmaschine der Zugprobe unterworfen. Die Belastung und Entlastung wurde — wie beim Gußeisenkörper I — jeweils so oft wiederholt, bis die ge-

[1]) Über die Unzulässigkeit der Verwechslung der Elastizitätsgrenze mit der Streckgrenze vgl. Fußbemerkung S. 56.

samten, bleibenden und federnden Verlängerungen sich nicht mehr änderten. Als Anfangsbelastung des Stabes diente nicht, wie beim Gußeisenkörper I, $P = 0$, sondern $P = 400$ kg entsprechend $\sigma = 400:3{,}14 = 127$ kg/qcm, um Bewegungen (Verschiebungen) des wagrecht liegenden Stabes, die sich bei vollständiger Entlastung einzustellen pflegen, fernzuhalten. Bei der ersten Spannungsstufe fand Wechsel statt zwischen $P = 400$ und $P = 800$ kg, bei der zweiten zwischen 800 und 1200 kg, bei der dritten zwischen 1200 und 1600 kg und bei der vierten zwischen 1600 und 2000 kg. Im Gegensatz zu dem Verfahren beim Gußeisenkörper I begann hier jede Belastungsstufe mit derjenigen Kraft, mit der die vorhergehende Stufe geendet hatte. Die Schlußergebnisse sind im folgenden zusammengestellt:

1. Versuchsreihe.

Spannungsstufe kg/qcm	Verlängerungen auf 10 cm Länge in $^1/_{1000}$ cm				
	gesamte	bleibende		federnde	
		Einzelstufe	Summe	Einzelstufe	Summe
1	2	3	4	5	6
127 und 255	1,24	0,02	0,02	1,22	1,22
255 „ 382	1,38	0,09	0,11	1,29	2,51
382 „ 510	1,46	0,14	0,25	1,32	3,83
510 „ 637	1,46	0,16	0,41	1,30	5,13

Derselbe Stab wurde hierauf nochmals geprüft, jedoch derart, daß jeweils beim Entlasten auf die Anfangsbelastung $P = 400$ kg, entsprechend $\sigma = 127$ kg/qcm, zurückgegangen wurde, d. h. Wechsel stattfand zwischen

$$P = 400 \text{ und } 800 \text{ kg}, \quad P = 400 \text{ und } 1200 \text{ kg}, \quad P = 400 \text{ und } 1600 \text{ kg}, \quad P = 400 \text{ und } 2000 \text{ kg}.$$

Die Ergebnisse sind die nachstehenden:

2. Versuchsreihe.

Spannungsstufe kg/qcm	Verlängerungen auf 10 cm in $^1/_{1000}$ cm			
	gesamte	bleibende	federnde	
			Summe	Unterschied
1	2	3	4	5
127 und 255	1,22	0,00	1,22	1,22
127 „ 382	2,57	0,00	2,57	1,35
127 „ 510	4,04	0,00	4,04	1,47
127 „ 637	5,53	0,00	5,53	1,49

Vergleicht man die Werte der Spalte 6 der ersten Zusammenstellung mit denjenigen der Spalte 4 der zweiten Zusammenstellung, so erkennt man, daß der erste und zweite Versuch das gleiche nur für die erste Spannungsstufe ergeben haben. Dagegen zeigt der Vergleich der Spalten 2 fast genau denselben Endwert, nämlich

$$1{,}24 + 1{,}38 + 1{,}46 + 1{,}46 = 5{,}54 \text{ gegen } 5{,}53.$$

Berechnet man die durch Gleichung 3, § 2, bestimmte Dehnungszahl α unter Zugrundelegung der federnden Verlängerungen für die 4 Belastungsstufen, so findet sich aus dem 1. Versuch für die einzelnen Belastungsstufen:

$$\text{erste } \alpha = \frac{1{,}22}{1000 \cdot 10} \frac{1}{(800-400):3{,}14} = \sim \frac{1}{1\,044\,000}{}^{1)} = 0{,}958 \text{ Milliontel}$$

$$\text{zweite } \alpha = \frac{1{,}29}{1000 \cdot 10} \frac{1}{(1200-800):3{,}14} = \sim \frac{1}{987\,500}{}^{1)} = 1{,}013 \quad ,,$$

$$\text{dritte } \alpha = \frac{1{,}32}{1000 \cdot 10} \frac{1}{(1600-1200):3{,}14} = \sim \frac{1}{965\,000}{}^{1)} = 1{,}036 \quad ,,$$

$$\text{vierte } \alpha = \frac{1{,}30}{1000 \cdot 10} \frac{1}{(2000-1600):3{,}14} = \sim \frac{1}{980\,000}{}^{1)} = 1{,}021 \quad ,,$$

Die Dehnungszahl wächst also zunächst und nimmt später wieder ab. Das Potenzgesetz $\varepsilon = \alpha \sigma^m$ würde daher in diesem Falle nur dann anwendbar sein, wenn die oberste Belastungsstufe nicht in Betracht gezogen wird.

Gußeisenkörper III. (1896.)

(Druck.)

Material: Graues, zähes Gußeisen, wie es zu Maschinenteilen Verwendung findet, in Form eines Hohlzylinders, der innen sorgfältig ausgebohrt und außen abgedreht ist.

Äußerer Durchmesser . . . . 20,50 cm
Innerer Durchmesser . . . . 18,54 ,,
Mittlere Wandstärke . . . . 0,98 ,,
Querschnitt . . . . $\frac{\pi}{4}(20{,}5^2 - 18{,}54^2) = 60{,}1$ qcm
Länge . . . . 100,00 cm
Meßlänge . . . . 75,00 ,,

Der Zylinder, der bereits vorher mehrfach Druckversuchen bis reichlich 1000 kg/qcm Belastung unterworfen worden war, wurde in einer senkrechten Prüfungsmaschine der Druckprobe unterzogen. Die Belastung und Entlastung wurde dabei — ganz wie beim Gußeisen-

[1]) Vgl. Fußbemerkung 2, S. 24.

körper I — jeweils so oft wiederholt, bis die gesamten bleibenden und federnden Zusammendrückungen sich nicht mehr änderten. Die Endergebnisse der 6 Versuche sind im folgenden zusammengestellt.

Spannungsstufe kg/qcm	Zusammendrückungen auf 75 cm Länge in $^1/_{600}$ cm		
	gesamte	bleibende	federnde
0 und 166	7,72	0,12	7,60
0 „ 333	16,07	0,19	15,88
0 „ 499	24,79	0,19	24,60
0 „ 666	33,65	0,23	33,42
0 „ 832	42,61	0,27	42,34
0 „ 998	51,67	0,36	51,31

Hiernach betragen die Unterschiede der federnden Zusammendrückungen

für den Spannungsunterschied	0	und 166	kg/qcm	7,60
„ „ „	166	„ 333	„	8,28
„ „ „	333	„ 499	„	8,72
„ „ „	499	„ 666	„	8,82
„ „ „	666	„ 832	„	8,92
„ „ „	832	„ 998	„	8,97

zeigen also — ganz in Übereinstimmung mit dem für den Gußeisenkörper I Gefundenen — namentlich zu Anfang ausgeprägt stärkere Zunahme als die Spannungen.

Die bleibenden Zusammendrückungen sind hier weit kleiner, was eine Folge davon ist, daß der Zylinder bereits vorher mehrfach stark belastet worden war.

Werden zur Prüfung der Brauchbarkeit der durch Gleichung 1 ausgesprochenen Gesetzmäßigkeit die mittels der Methode der kleinsten Quadrate bestimmten Werte

$$\alpha = \frac{1}{1\,381\,700}, \quad m = 1{,}0663$$

in die Rechnung eingeführt, wird also

$$\varepsilon = \frac{1}{1\,381\,700} \sigma^{1,0663} \quad \ldots\ldots\ldots\ldots 3)$$

gesetzt, so findet sich die folgende Zusammenstellung:

Spannung σ	Federung auf 75 cm in $^1/_{600}$ cm			
	beobachtet	berechnet nach Gl. 3	Unterschied	
166 kg/qcm	7,60	7,59	— 0,01 d. s.	— 0,13 %
333 ,,	15,88	15,94	+ 0,06 ,,	+ 0,38 ,,
499 ,,	24,60	24,54	— 0,06 ,,	— 0,24 ,,
666 ,,	33,42	33,38	— 0,04 ,,	— 0,12 ,,
832 ,,	42,34	42,32	— 0,02 ,,	— 0,05 ,,
998 ,,	51,31	51,38	+ 0,07 ,,	+ 0,14 ,,

Die Übereinstimmung der Werte in der zweiten und dritten Spalte muß ebenfalls als eine sehr gute bezeichnet werden.

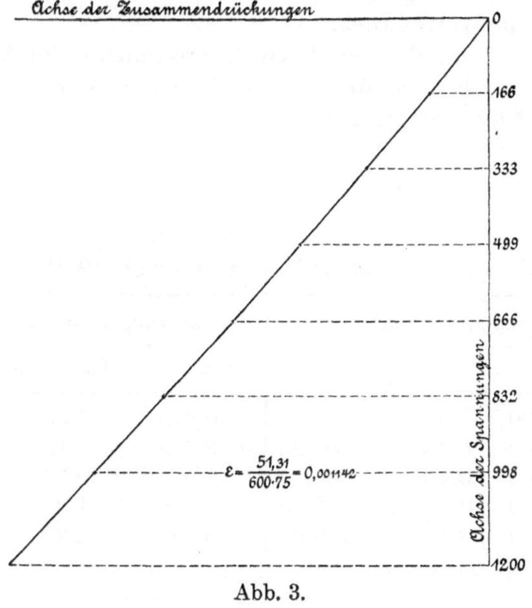

Abb. 3.

In Abb. 3 sind nach dem durch Abb. 1 gegebenen Vorgange zu den Spannungen als senkrechten Abszissen die Federungen als wagrechte Ordinaten aufgetragen und so die durch Kreuze hervorgehobenen Punkte erhalten worden. Die ausgezogene Kurve ist die durch Gleichung 3 bestimmte Linie. Wie ersichtlich, treffen die durch Beobachtung erhaltenen Punkte fast ganz genau auf diese Linie.

Gußeisenkörper IV. (1898.)

Material wie unter I und III bezeichnet, durch Bearbeitung am prismatischen, der Messung unterworfenen Teile von der Gußhaut befreit.

Querschnitt des mittleren prismatischen Teiles 6,99 . 7,00 = 48,9 qcm
Länge „ „ „ „ 54,5 cm
Meßlänge . . . . 50,0 „
Gewicht . . . . 29,55 kg

Belastung und Entlastung wurden — ganz wie im Fall I, II und III — so oft gewechselt, bis die gesamten, bleibenden und federnden Dehnungen sich nicht mehr änderten.

Der vorher noch nicht belastet gewesene Körper wurde zunächst in einer senkrechten Maschine auf

Zug

beansprucht und dabei jeweils vollständig von der Zugkraft der Maschine entlastet, so daß sein Querschnitt in der Mitte nur noch belastet war durch das halbe Eigengewicht und durch die in Betracht kommenden Teile der Meßvorrichtung.

Diese Belastung des mittleren Querschnittes durch das Eigengewicht und durch den Anteil des Gewichtes der Meßvorrichtung betrug rund 21 kg, entsprechend

$$\frac{21}{48,9} = 0,43 \text{ kg/qcm}.$$

1. Versuchsreihe:

Temperatur nahezu unveränderlich 19,2° C.

Belastungsstufe in kg		Verlängerungen auf 50 cm in $^1/_{600}$ cm		
P	σ	gesamte	bleibende	federnde
21 und 1000	0,43 und 20,45	0,575	0,00	0,575
21 „ 5000	0,43 „ 102,25	3,405	0,105	3,30
21 „ 10000	0,43 „ 204,5	7,55	0,565	6,985
21 „ 15000	0,43 „ 306,75	12,405	1,385	11,02
21 „ 20000	0,43 „ 409,0	18,255	2,82	15,435

Der Versuch wird wiederholt.

2. Versuchsreihe.

Temperatur nahezu unveränderlich 19,1° C.

Belastungsstufe in kg		Verlängerungen auf 50 cm in $^1/_{600}$ cm		
P	σ	gesamte	bleibende	federnde
21 und 500	0,43 und 10,22	0,245	0,00	0,245
21 „ 1000	0,43 „ 20,45	0,59	0,00	0,59
21 „ 5000	0,43 „ 102,25	3,37	0,01	3,36
21 „ 10000	0,43 „ 204,5	7,105	0,02	7,085
21 „ 15000	0,43 „ 306,75	11,14	0,035	11,105
21 „ 20000	0,43 „ 409,0	15,465	0,10	15,365

Hiernach ergibt die zweite Versuchsreihe eine ganz bedeutende Herabminderung der bleibenden Dehnungen, eine Folge des Umstandes, daß der Körper bereits einmal den Belastungen ausgesetzt gewesen ist. Ungefähr den Beträgen entsprechend, um welche die bleibenden Dehnungen zurückgegangen sind, erscheinen die gesamten Dehnungen kleiner. Die federnden Dehnungen haben sich nur wenig geändert, wie folgende Zusammenstellung erkennen läßt:

1. Versuch	0,575	3,30	6,985	11,02	15,435
2. Versuch	0,59	3,36	7,085	11,105	15,365
Unterschied	+ 0,015	+ 0,06	+ 0,100	+ 0,085	— 0,070
in $^0/_0$	2,6	1,8	1,4	0,8	— 0,45.

Bis auf das letzte Zahlenpaar zeigt sich eine kleine Zunahme der Federung. Bei Beurteilung dieser Ausnahme muß im Auge behalten werden, daß das Material bei dem zweiten Versuch bereits allen Belastungen bis 20000 kg (409 kg/qcm) vorher unterworfen gewesen war, infolgedessen, wie schon bemerkt, seine Neigung zu bleibenden Formänderungen vermindert worden ist. Sein Zustand erscheint deshalb nicht mehr als der gleiche wie bei der ersten Versuchsreihe. Erwartet darf werden, daß der Unterschied in den Federungen verhältnismäßig um so kleiner ausfällt, je mehr sich die Beanspruchung der Endbelastung nähert, die bereits vorher wirksam gewesen war. Das zeigen aber auch die Zahlen, die den Unterschied in Hundertteilen angeben.

Ferner darf bei Beurteilung des Unterschiedes nicht übersehen werden, daß die Beobachtung nur bis zur Feststellung der Zahlen der zweiten Dezimalreihe reicht, daß also nur bis 0,01 abgelesen werden kann, und daß die hierbei auftretenden Unsicherheiten, sofern noch der Grad der Genauigkeit, mit der die belastende Kraft bestimmt werden kann, Berücksichtigung findet, bei kleinen Belastungen 1 $^0/_0$ recht erheblich überschreiten können.

Werden für die Koeffizienten α und m der Gleichung 1 solche Werte eingeführt, daß

$$\varepsilon = \frac{1}{1338000}\sigma^{1,083} \quad . \; . \; . \; . \; . \; . \; . \; . \; . \; . \quad 4)$$

und sodann die aus Gleichung 4 berechneten Längenänderungen mit den arithmetischen Mitteln aus den federnden Dehnungen der beiden Versuchsreihen in Vergleich gestellt, so ergibt sich:

Spannungsstufe in kg/qcm	Versuchsmittelwert	Berechnet nach Gl. 4	Unterschied
0,43 und 10,22	0,245	0,269	+ 0,024
0,43 „ 20,45	0,58	0,580	0,000
0,43 „ 102,25	3,33	3,357	+ 0,027
0,43 „ 204,5	7,035	7,122	+ 0,087
0,43 „ 306,75	11,06	11,054	— 0,006
0,43 „ 409,0	15,40	15,097	— 0,303

Die Übereinstimmung zwischen den Versuchsmittelwerten und den berechneten Größen befriedigt hier, namentlich bei der untersten und der obersten Belastungsstufe, nicht ganz.

Der Körper wird hierauf in einer senkrechten Prüfungsmaschine auf

Druck

beansprucht und darauf jeweils ganz vom Druck der Maschine entlastet, so daß als Belastung des mittleren Querschnittes sein halbes Eigengewicht und das Gewicht des oberen Teiles der Meßvorrichtung verbleibt, zusammen 24 kg, entsprechend

$$\frac{24}{48,9} = 0,49 \text{ kg/qcm}.$$

Die Ergebnisse, welche die zunächst durchgeführten zwei Versuchsreihen 3 und 4 lieferten, sind im folgenden zusammengestellt.

Belastungsstufe in kg		3. Versuchsreihe Temperatur nahezu unveränderlich 19,3° C. Zusammendrückungen auf 50 cm in $^1/_{600}$ cm			4. Versuchsreihe Temperatur nahezu unveränderlich 19,2° C. Zusammendrückungen auf 50 cm in $^1/_{600}$ cm		
P	σ	gesamte	bleibende	federnde	gesamte	bleibende	federnde
24 u. 3024	0,49 u. 61,84	—	—	—	2,05	0,00	2,05
24 „ 5024	0,49 „ 102,74	3,75	0,285	3,465	3,45	0,00	3,45
24 „ 10024	0,49 „ 204,99	8,11	1,095	7,015	7,02	0,00	7,02
24 „ 15024	0,49 „ 307,24	12,75	2,02	10,73	10,75	0,00	10,75
24 „ 20024	0,49 „ 409,49	17,555	3,005	14,55	14,48	0,00	14,48
24 „ 25024	0,49 „ 511,74	22,335	4,01	18,325	18,34	0,09	18,25

Die 3. Versuchsreihe zeigt sehr bedeutende bleibende Zusammendrückungen, was zu erwarten stand, nachdem der Körper vorher Zugbelastungen ausgesetzt worden war. Während der darauf folgenden Belastungen der 4. Versuchsreihe wurden bleibende Zusammendrükkungen nur noch bei der höchsten Belastung beobachtet. Die federnden Zusammendrückungen stimmen gut überein, wie die folgende Zusammenstellung erkennen läßt.

3. Versuchsreihe	3,465	7,015	10,73	14,55	18,325
4. „	3,45	7,02	10,75	14,48	18,25
Unterschied	— 0,015	+ 0,005	+ 0,02	— 0,07	— 0,075
in %	— 0,4	+ 0,07	+ 0,2	— 0,5	— 0,4

Werden für die Zahlen α und m der Gleichung 1 die Werte

$$\alpha = \frac{1}{1043000} \text{ und } m = 1{,}035$$

eingeführt, also

$$\varepsilon = \frac{1}{1043000} \sigma^{1,035} \quad \ldots\ldots\ldots\ldots \quad 5)$$

gesetzt und sodann die hiermit berechneten Zusammendrückungen mit den arithmetischen Mitteln aus den federnden Zusammendrückungen der beiden Versuchsreihen in Vergleich gebracht, so findet sich:

Spannungsstufe in kg/qcm	Versuchsmittelwert	Berechnet nach Gl. 5	Unterschied
0,49 und 61,84	2,05	2,04	— 0,01
0,49 „ 102,74	3,46	3,46	0,00
0,49 „ 204,99	7,02	7,09	+ 0,07
0,49 „ 307,24	10,74	10,78	+ 0,04
0,49 „ 409,49	14,515	14,52	+ 0,005
0,49 „ 511,74	18,288	18,297	+ 0,009

Die Übereinstimmung zwischen den Versuchsmittelwerten und den berechneten Größen muß als eine gute bezeichnet werden.

In Abb. 4 sind nach dem durch Abb. 1 gegebenen Vorgange für den ersten Zug- und für den ersten Druckversuch (Versuchsreihe 1 und 3) die Linienzüge der gesamten, bleibenden und federnden Dehnungen eingetragen: Zugspannungen nach oben, positive Dehnungen nach rechts und Druckspannungen nach unten, negative Dehnungen nach links. Abb. 5 gibt die gleiche Darstellung für den zweiten Zug- und für den zweiten Druckversuch (Versuchsreihe 2 und 4).

Fassen wir den ausgezogenen Linienzug von Abb. 4 ins Auge, so zeigt sich, daß die Linie der Federungen auf der Zugseite zu Anfang, d. h. in der Nähe des Koordinatenanfangs, also für kleine Spannungen, etwas steiler verläuft als auf der Druckseite. Für größere Spannungen kehrt sich das Verhältnis um. Zu dem gleichen Ergebnis führt eine scharfe Betrachtung von Abb. 5.

Das gleiche lehren auch die Gleichungen

$$\varepsilon = \frac{1}{1338000} \sigma^{1,083}, \text{ gültig für Zugbelastung} \quad \ldots\ldots \quad 4)$$

und

$$\varepsilon = \frac{1}{1043000} \sigma^{1,035}, \text{ gültig für Druckbelastung} \quad \ldots \quad 5)$$

Aus ihnen folgt, daß die Federung für die Spannung 1 beträgt

$$\text{gegenüber Zug} \quad \frac{1}{1\,338\,000} = 0{,}747 \text{ Milliontel},$$

$$\text{gegenüber Druck} \quad \frac{1}{1\,034\,000} = 0{,}959 \quad \text{,,} \quad ,$$

also im letzten Falle erheblich mehr als im ersten.

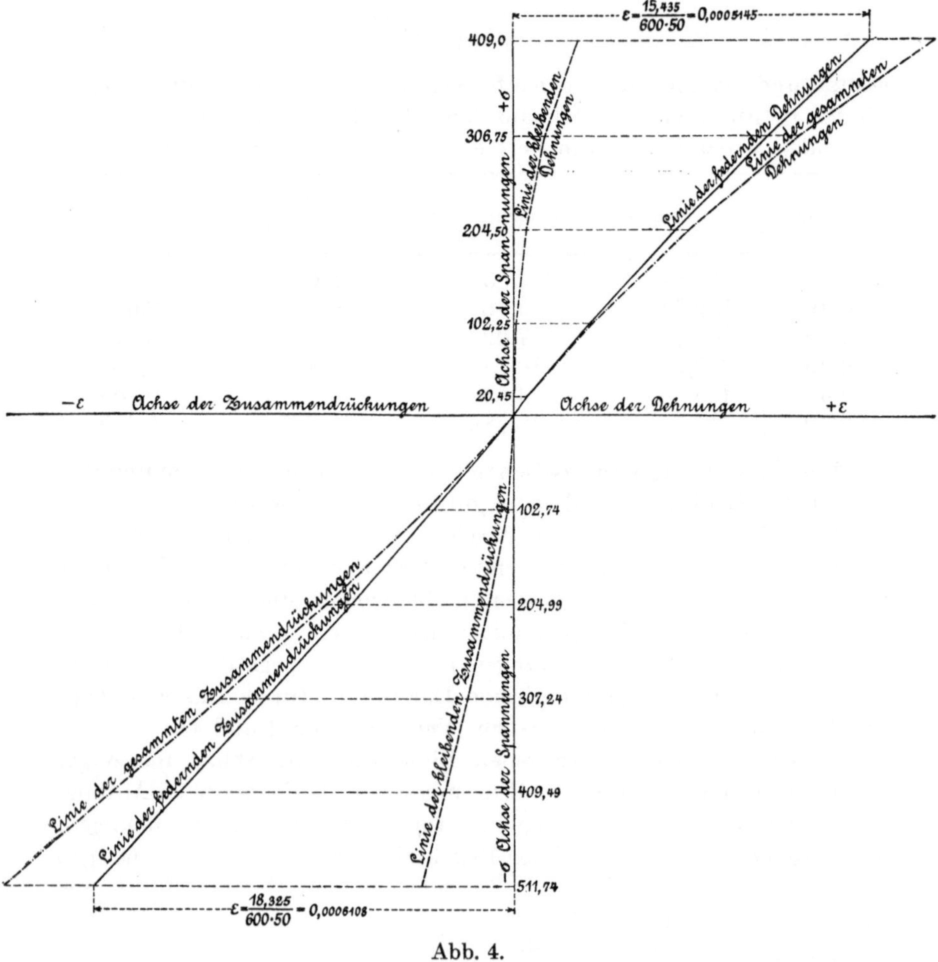

Abb. 4.

Für Spannungen größer als 1 wird der größere Exponent 1,083 auf rascheres Wachstum der durch Zugkräfte veranlaßten Federungen hinwirken. Aus

$$\frac{1}{1\,338\,000}\,\sigma^{1,083} = \frac{1}{1\,043\,000}\,\sigma^{1,035}$$

ergibt sich die Spannung

$$\sigma = 179{,}4 \text{ kg/qcm},$$

nach deren Überschreitung die Federungen gegenüber Zugkräften größer werden als diejenigen gegenüber Druckbelastungen.

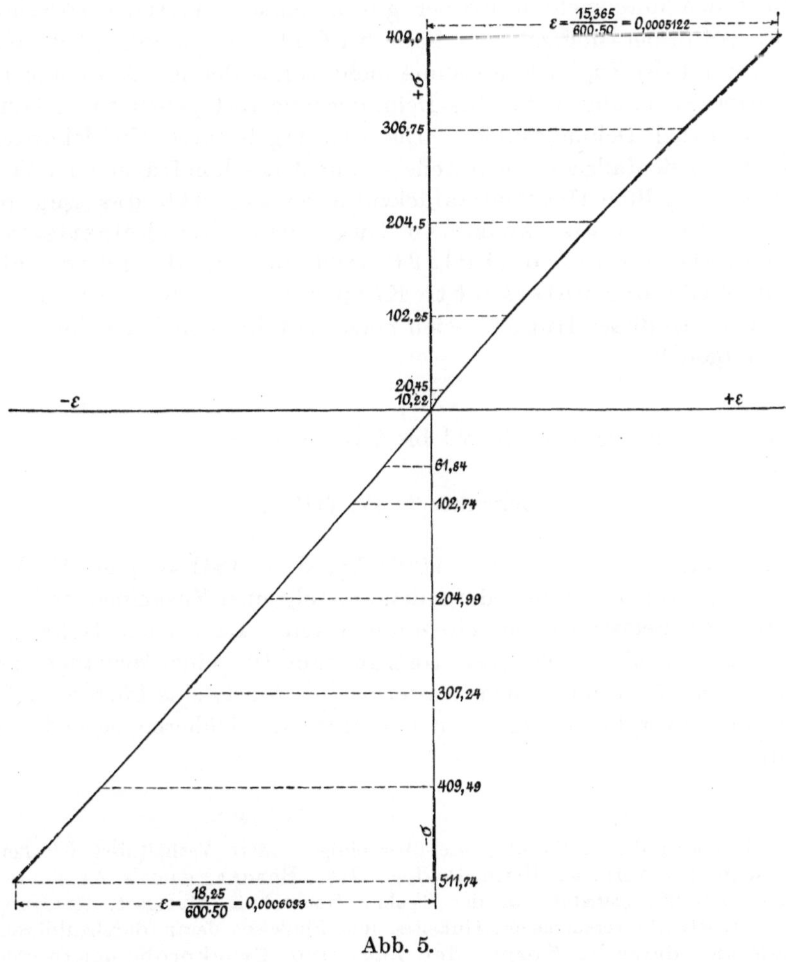

Abb. 5.

Die gemachte Feststellung betreffend den anfänglich steileren Verlauf der Linie der Federungen gegenüber Zugkräften, widerspricht dem, was man bisher angenommen hatte. Sie widerspricht auch den

Werten der Koeffizienten α und m, welche Verfasser früher für einen der Zugprobe unterworfenen Gußeisenstab in der Zeitschrift des Vereines deutscher Ingenieure 1897, S. 250, Gl. 9, sowie in der 6. Auflage seiner Maschinenelemente, S. 687, veröffentlicht hat. Eine dahin gehende Untersuchung hat dazu geführt, daß hinsichtlich dieses Gußeisenstabes sich ein Irrtum eingeschlichen hat, so daß dieser Widerspruch entfällt. Es muß zunächst dahingestellt bleiben, ob die bezeichnete Feststellung allgemeine Gültigkeit für Gußeisen besitzt oder nur für den untersuchten Körper gilt[1]). Andere Versuche sprechen dafür, daß in der Mehrzahl der Fälle bei Gußeisen ein anfänglich steilerer Verlauf der Zug-Dehnungslinie nicht vorhanden ist, daß vielmehr für kleine Spannungen die Zug-Dehnungslinie fast genau so verläuft wie die Druck-Dehnungslinie. Die sich ergebenden Abweichungen dürften — jedenfalls zu einem Teile — auf den schon früher vom Verfasser festgestellten Umstand zurückzuführen sein, daß das gegenseitige Verhältnis zwischen Zug- und Druckelastizität bei Gußeisen stark beeinflußt wird davon, ob und in welchem Maße der untersuchte Körper vorher belastet worden war. In dieser Hinsicht seien noch die folgenden Versuchsergebnisse mitgeteilt.

Der zu den Versuchsreihen 1 bis 4 verwendete

Gußeisenkörper IV. (1898.)

wurde einem Druck von $P = 90000$ kg, d. i. 1841 kg/qcm, 15 Minuten lang ausgesetzt und sodann den aus folgender Zusammenstellung ersichtlichen Belastungswechseln unterworfen. Da bei der Höhe der Belastung der Meßbereich des Instrumentes für eine Meßlänge des Körpers von 50 cm nicht mehr ausreichte, so wurde eine kürzere Meßlänge, und zwar $l = 15$ cm — in der Mitte der früheren liegend —, gewählt.

---

[1]) Um über diesen Punkt sowie über einige andere Verhältnisse Klarheit zu schaffen, hat Verfasser Herrn Dr.-Ing. Otto Berner, damals Assistenten der Materialprüfungsanstalt an der Techn. Hochschule Stuttgart, Anregung gegeben, Elastizitätsversuche mit Gußeisen und Flußeisen derart durchzuführen, daß ein und derselbe Körper der Zug- und Druckprobe unterworfen wird, wie in § 8 näher angegeben ist. Die Ergebnisse dieser Versuche sind in der 1903 erschienenen Schrift von Berner: „Untersuchungen über den Einfluß der Art und des Wechsels der Belastung auf die elastischen und bleibenden Formänderungen“ veröffentlicht worden. Hinsichtlich der Klarstellungen, die die Schrift bringt, muß auf diese verwiesen werden.

Temperatur schwankt zwischen 19,3 und 19,2° C.

Belastungsstufe in kg		Zusammendrückungen auf 15 cm in $^1/_{600}$ cm		
P	σ	gesamte	bleibende	federnde
24 und 5024	0,49 und 102,74	0,96	0,00	0,96
24 „ 10024	0,49 „ 204,99	2,00	0,00	2,00
24 „ 20024	0,49 „ 409,49	4,15	0,00	4,15
24 „ 30024	0,49 „ 613,99	6,375	0,04	6,335
24 „ 40024	0,49 „ 818,49	8,61	0,065	8,545
24 „ 50024	0,49 „ 1022,99	10,92	0,10	10,82
24 „ 60024	0,49 „ 1227,48	13,265	0,14	13,125
24 „ 70024	0,49 „ 1431,98	15,66	0,21	15,45

Werden für die Koeffizienten α und m der Gleichung 1 solche Werte eingeführt, daß

$$\varepsilon = \frac{1}{1217000} \sigma^{1,052} \quad \ldots\ldots\ldots\ldots 6)$$

und werden sodann die hieraus berechneten Zusammendrückungen mit den beobachteten verglichen, so ergibt sich die folgende Zusammenstellung.

Spannungsstufe in kg/qcm	Versuchswert	Berechnet nach Gl. 6	Unterschied
0,49 und 102,74	0,960	0,963	+ 0,003
0,49 „ 204,99	2,00	1,995	— 0,005
0,49 „ 409,49	4,15	4,137	— 0,013
0,49 „ 613,99	6,335	6,336	+ 0,001
0,49 „ 818,49	8,545	8,575	+ 0,030
0,49 „ 1022,99	10,82	10,814	— 0,006
0,49 „ 1227,48	13,125	13,136	+ 0,011
0,49 „ 1431,98	15,45	15,449	— 0,001

Auch hier ist die Übereinstimmung der beobachteten und der auf Grund der Gleichung 6 berechneten Zusammendrückungen eine sehr gute.

Gleichung 5 verglichen mit Gleichung 6 lehrt, daß durch vorhergegangene starke Druckbelastung α von $\frac{1}{1043000}$ auf $\frac{1}{1217000}$ vermindert, m dagegen von 1,035 auf 1,052 vergrößert wird. Hierdurch wird die Federung gegenüber Druck (Gleichung 5 und 6) der Federung gegenüber Zug (Gleichung 4) genähert.

Gußeisenkörper V. (1895.)

Material von dem gleichen Guß wie Körper IV, bearbeitet.
Querschnitt des mittleren prismatischen Teiles 6,99 · 7,00 = 48,9 qcm
Gewicht . . . . 29,81 kg.

Zug.

Nach vorhergegangener Belastung mit 40000 kg, entsprechend 818 kg/qcm, was in der Regel bei Gußeisen für Zug als Überlastung bezeichnet werden muß, wurde der Körper den aus folgender Zusammenstellung ersichtlichen Belastungswechseln unterworfen.

Temperatur schwankt zwischen 19,5 und 19,6 ⁰ C.

Belastungsstufe in kg		Federnde Verlängerungen auf 50 cm in $^1/_{600}$ cm		
P	σ	beobachtet	berechnet nach Gl. 7	Unterschied
21 und 500	0,43 und 10,22	0,33	0,236	— 0,004
21 „ 1000	0,43 „ 20,45	0,695	0,711	+ 0,016
21 „ 2000	0,43 „ 40,90	1,53	1,536	+ 0,006
21 „ 3000	0,43 „ 61,35	2,41	2,405	— 0,005
21 „ 4000	0,43 „ 81,80	3,295	3,304	+ 0,009
21 „ 5000	0,43 „ 102,25	4,185	4,226	+ 0,041
21 „ 10000	0,43 „ 204,50	8,96	9,072	+ 0,112
21 „ 20000	0,43 „ 409,00	19,49	19,457	— 0,033

Die Übereinstimmung der beobachteten Federungen mit den auf Grund der Gleichung

$$\varepsilon = \frac{1}{1150000} \sigma^{1,1} \quad . \; . \; . \; . \; . \; . \; . \; . \; . \; . \; . \; . \quad 7)$$

berechneten muß als eine befriedigende bezeichnet werden.

Der Vergleich der Zahlenwerte in Gleichung 7 mit denjenigen in Gleichung 4 zeigt, daß sich für den vorher überlasteten Körper sowohl α als auch m größer ergeben haben.

Druck.

Nach vorhergegangener Belastung durch 90000 kg, entsprechend 1841 kg/qcm.

Temperatur schwankt zwischen 19,3 und 19,2 ^{0} C.

Belastungsstufe in kg		Federnde Zusammendrückungen auf 15 cm in $^1/_{600}$ cm		
P	σ	beobachtet	berechnet nach Gl. 8	Unterschied
24 und 5024	0,49 und 102,74	1,012	1,024	+ 0,012
24 „ 10024	0,49 „ 204,99	2,122	2,115	— 0,007
24 „ 20024	0,49 „ 409,49	4,445	4,373	— 0,072
24 „ 30024	0,49 „ 613,99	6,80	6,687	— 0,113
24 „ 40024	0,49 „ 818,49	9,11	9,039	— 0,071
24 „ 50024	0,49 „ 1022,49	11,47	11,420	— 0,050
24 „ 60024	0,49 „ 1227,48	13,845	13,824	— 0,021
24 „ 70024	0,49 „ 1431,98	16,245	16,247	+ 0,002

Eine Prüfung der dritten und vierten Spalte zeigt auch hier, daß die aus

$$\varepsilon = \frac{1}{1124000}\,\sigma^{1,048} \quad \text{. . . . . 8)}$$

berechneten Werte befriedigend mit den beobachteten übereinstimmen.

Der Vergleich von Gleichung 7 mit Gleichung 8 bestätigt sodann die früher gemachte Beobachtung, daß die Linie der Federungen auf der Zugseite in der Nähe des Koordinatenanfanges etwas steiler verläuft als auf der Druckseite.

Doch ist der Unterschied hier weit geringer als im Falle des Gußeisenkörpers IV (s. Gl. 4 und 5). Es steht dies damit in Übereinstimmung, daß auch bei letzterem durch vorherige starke Belastung der Unterschied vermindert wurde (s. Gl. 5 und 6).

Zusammenstellung der für die besprochenen Gußeisenkörper I, IV und V erhaltenen Elastizitätsgleichungen:

Für **Zug**,

wenn vorher nicht belastet

(Körper IV) $$\varepsilon = \frac{1}{1338000}\,\sigma^{1,083} \quad \text{. . . . . 4)}$$

wenn vorher stark belastet

(Körper V) $$\varepsilon = \frac{1}{1150000}\,\sigma^{1,1} \quad \text{. . . . . 7)}$$

Für **Druck**,

wenn vorher nicht belastet

(Körper I) $$\varepsilon = \frac{1}{1320000}\,\sigma^{1,0685} \quad \text{. . . . . 2)}$$

wenn vorher auf Zug und noch nicht durch Druck belastet

(Körper IV) $$\varepsilon = \frac{1}{1043000}\sigma^{1,035} \qquad \text{5)}$$

wenn vorher stark durch Druck belastet

(Körper IV) $$\varepsilon = \frac{1}{1217000}\sigma^{1.052} \qquad \text{6)}$$

(Körper V) $$\varepsilon = \frac{1}{1124000}\sigma^{1,048} \qquad \text{8)}$$

Wie bereits oben bemerkt, muß es zunächst noch dahingestellt bleiben, inwieweit die Ermittlungen, betr. das Verhältnis zwischen Zug- und Druckelastizität, allgemeine Gültigkeit haben, oder ob sie nur für die untersuchten Gußeisenkörper Geltung besitzen.

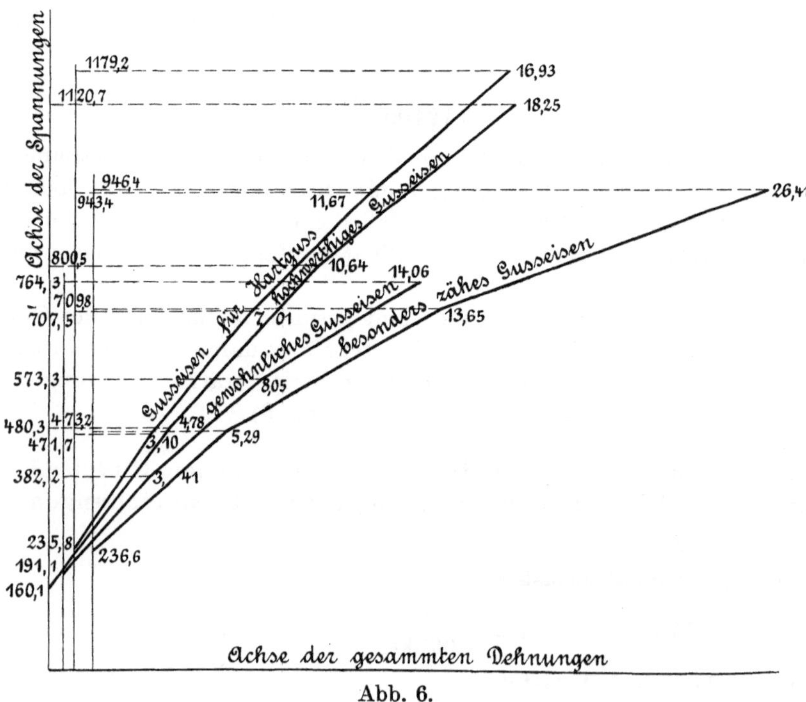

Abb. 6.

Bei der Beurteilung der für α und m der Gleichung 1 gewonnenen Zahlenwerte ist überdies im Auge zu behalten, daß sie sich unter der Voraussetzung ergeben, das Material sei auf der Meßlänge l von gleicher Beschaffenheit und gleich dicht, es seien also bei prismatischer Form des Versuchskörpers vom Querschnitt f sowohl die Spannung

$\sigma = \frac{P}{f}$ als auch Dehnung $\varepsilon = \frac{\lambda}{l}$ an allen Stellen der Strecke l gleich groß. Daß diese Voraussetzung namentlich bei gegossenen Körpern von größerem Querschnitt, die Hohlstellen im Innern besitzen können und auch hinsichtlich der Dichte Veränderlichkeit zu zeigen pflegen derart, daß dieselbe von außen nach innen abnimmt, im allgemeinen nicht — jedenfalls nicht streng — erfüllt sein wird, liegt bei der Natur solcher Gußstücke auf der Hand.

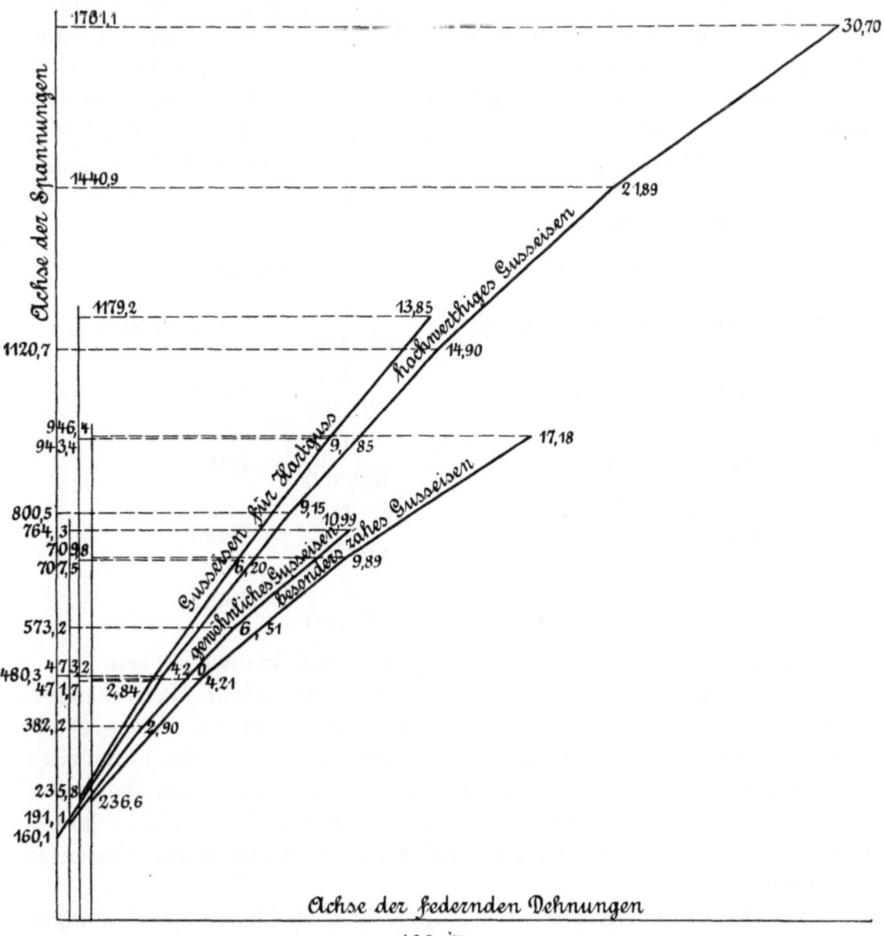

Abb. 7.

Im allgemeinen ist festzuhalten, daß die Dehnungszahl auch mit der Beschaffenheit des Gußeisens ganz erheblich schwankt, und zwar viel stärker als bei dem schmiedbaren Eisen und Stahl. Dies ist in erster Linie der verschiedenen Größe des Graphitgehaltes zuzuschreiben. Gußeisen, das von Graphit frei wäre, würde sich ähnlich wie Stahl verhalten, also eine kleinere und weniger veränderliche Dehnungszahl besitzen. (Vgl. das unten zu Hartguß Bemerkte.) Auch die Dichte des Gusses, soweit sie von der Druckhöhe beim Gießen abhängt, scheint die Dehnungszahl zu beeinflussen. Vgl. C. Bach, Die Widerstandsfähigkeit von Rohren mit und ohne Rippen, Zeitschrift des Vereines deutscher Ingenieure 1907, S. 1700 u. f.

1898 und 1899 durchgeführte Versuche mit Gußeisen von hoher Festigkeit (hochwertiges Gußeisen,) ferner mit Gußeisen, das für Hartguß bestimmt, und mit solchem, das durch ganze oder teilweise Abschreckung in Hartguß übergeführt worden war, gewähren einen lehrreichen Einblick nach dieser Richtung hin. So fand sich beispielsweise für das hochwertige Gußeisen (durchschnittliche Zugfestigkeit bis rund 2400 kg/qcm, durchschnittliche Biegungsfestigkeit unbearbeiteter Quadratstäbe bis rund 4400 kg/qcm) bei der Zugprobe die Dehnungszahl der Federung:

Spannungsstufe	Dehnungszahl
160,1 und 480,3 kg/qcm	$\frac{1}{1143000} = 0{,}875$ Milliontel
480,3 „ 800,5 „	$\frac{1}{970300} = 1{,}031$ „
800,5 „ 1120,7 „	$\frac{1}{835300} = 1{,}197$ „
1120,7 „ 1440,9 „	$\frac{1}{687100} = 1{,}455$ „
1440,9 „ 1761,1 „	$\frac{1}{545200} = 1{,}834$ „

Das zu Hartguß bestimmte Gußeisen zeigt kleinere Werte, während das Gußeisen, wie es für gewöhnlich zu gutem Maschinenguß Verwendung findet, erheblich größere Werte und besonders zähes Gußeisen noch größere Werte besitzt. Abb. 6, welche die Linienzüge der gesamten Dehnungen, und Abb. 7, die diejenigen der federnden Dehnungen, je in $^1/_{1000}$ cm für 15 cm Meßlänge gültig, enthält, lassen dies deutlich an der mehr oder minder großen Steilheit des Verlaufes erkennen.

Der Hartguß ergab bei der Zugprobe weit kleinere und weniger veränderliche Dehnungszahlen, z. B.

Spannungsstufe	Dehnungszahl
13,3 und 133,0 kg/qcm	$\frac{1}{1870000} = 0{,}535$ Milliontel

Spannungsstufe	Dehnungszahl
133,0 und 266,1 kg/qcm	$\frac{1}{1775000} = 0{,}563$ Milliontel
266,1 „ 532,2 „	$\frac{1}{1750000} = 0{,}571$ „
532,2 „ 798,3 „	$\frac{1}{1710000} = 0{,}585$ „

Hiernach hat das Abschrecken des Gußeisens einen sehr großen Einfluß auf die Größe der Dehnungszahl. Näheres vgl. in § 10 unter 3.

Hinsichtlich weiterer Einzelheiten, namentlich über die Elastizitätsverhältnisse der nur einseitig abgeschreckten Stäbe, muß auf des Verfassers Arbeiten in der Zeitschrift des Vereines deutscher Ingenieure 1899, S. 857 u. f. (Hartguß), und 1900, S. 409 u. f. (hochwertiges Gußeisen), verwiesen werden. (Vgl. auch Mitteilungen über Forschungsarbeiten, Heft 1.)

Für die Dehnungslinie bis zum Bruch ergibt sich bei Gußeisen, wie es für gewöhnlich zu gutem Maschinenguß verwendet wird, die Linie OG in Abb. 8[1]). Für andere Gußeisensorten ergeben sich Linien von dem gleichen Verlaufe. Das Arbeitsvermögen (§ 3) wird demnach bei Gußeisen durch eine Fläche von der Gestalt OGG_2 gemessen. Ihre Größe — etwa 0,08 kgm/ccm für das in den Abb. 6 und 7 als gewöhnliches Gußeisen bezeichnete Material und etwa 0,14 kgm/ccm für das daselbst genannte hochwertige Gußeisen — beträgt nur einen sehr kleinen Bruchteil von der Fläche, welche z. B. das Arbeitsvermögen des Flußeisens (Abb. 10) liefert (Abb. 10 und 8 sind in demselben Maßstab gezeichnet).

Abb. 8.

Querschnittsverminderung und Bruchdehnung sind selbst bei zähem Gußeisen so gering, daß für gewöhnlich eine Bestimmung unterbleiben kann.

Über die Ergebnisse neuerer Versuche mit Gußeisen, das von fünf verschiedenen Firmen geliefert wurde, ist in der Zeitschrift des Vereines deutscher Ingenieure 1908, S. 2061 u. f., 1909, S. 299 u. f., sowie § 22 unter Ziff. 3 berichtet.

Im Zusammenhange werden die Versuchsergebnisse mit Gußeisen behandelt in der Schrift von Nonnenmacher „Über den der-

[1]) In dieser Darstellung ist genau bestimmt die Höhe G_2G und der Verlauf der Linie OG, soweit sie ausgezogen ist. Vor Eintritt des Bruches müssen die Instrumente zum Messen der Verlängerungen abgenommen werden, damit sie durch den Bruch nicht beschädigt werden; infolgedessen kann die Bestimmung der Verlängerung in der Nähe des Bruches nicht mehr genau erfolgen, was durch Strichelung in Abb. 8 angedeutet ist. Doch läßt sich der Verlauf der Dehnungslinie ausreichend festlegen.

zeitigen Stand unserer Erkenntnisse hinsichtlich der Elastizität und Festigkeit von Gußeisen", Stuttgart 1916.

2. Versuche mit Flußeisen.

Rundstab I. (1895.)

Wir unterwerfen den aus zähem Flußeisen hergestellten Stab in einer liegenden Prüfungsmaschine der Zugprobe.

Durchmesser des mittleren zylindrischen Teiles . . . . 2,007 cm
Querschnitt „ „ „ „ . . . . 3,16 qcm
Meßlänge . . . . 15,00 cm

Der neue, noch keiner Belastung unterworfen gewesene Stab wird zunächst mit $P = 1000$ kg und sodann abwechselnd mit $P = 3000$ kg belastet und bis auf $P = 1000$ kg entlastet[1]). Hieran schließt sich der Belastungswechsel $P = 1000$ und 5000 kg sowie $P = 1000$ und 6000 kg. In jedem Falle wurden Belastung und Entlastung so oft gewechselt, bis sich die gesamten, die bleibenden und die federnden Verlängerungen nicht mehr änderten, somit der Wechsel zwischen Belastung und Entlastung zu einem bestimmten Endzustand führte, also Ausgleich eintrat. Dazu ist auch hier schon zu Anfang mehrmaliger Belastungswechsel erforderlich[2]).

---

[1]) Wenn ein Stab in liegender Maschine der Prüfung unterworfen wird, und man belastet ihn vollständig, d. h. bis die in der Einspannvorrichtung gehaltenen Stabköpfe sich zu lösen beginnen, so liegt die Gefahr vor, daß die Anzeigen der Meßeinrichtung (hier Spiegelapparat, vgl. Abb. 2 und 4, § 8, S. 127 u. f.) ungenau werden. Das läßt sich dadurch vermeiden, daß man mit der Entlastung nicht bis Null zurückgeht, sondern einen erheblichen Betrag darüber bleibt. Hierfür wurde im vorliegenden Falle $P = 1000$ kg gewählt, entsprechend $\sigma = \frac{1000}{3,16} = 316,5$ kg/qcm.

Beim Entlasten ist die Vorsicht zu gebrauchen, daß man jeweils etwas unter die Anfangsbelastung, d. i. hier 1000 kg, zurückgeht und alsdann vorwärtsschreitend auf dieselbe einstellt. Dadurch wird erreicht, daß die Meßeinrichtung innerhalb des Meßbereichs sich stets in der gleichen Richtung bewegt; Fehler infolge toten Ganges usw., die bei den üblichen Einrichtungen in der Regel befürchtet werden müssen, werden auf diese Weise von den Ergebnissen ferngehalten.

[2]) Wird dieser vom Verfasser bereits seit 1885 geübte Belastungswechsel nicht angewendet, der Berechnung der Dehnungszahl α also die gesamte Dehnung zugrunde gelegt, so erhält man für α einen zu großen Wert. Auf diese Weise erklären sich die in der älteren Literatur und leider auch in der neueren Literatur für die Dehnungszahl von schmiedbarem Eisen zu findenden viel zu großen Werte von α. Der Belastungswechsel läßt auch den Einfluß von Temperaturänderungen auf die Ablesungen leichter erkennen und damit das Versuchsergebnis zuverlässiger gestalten.

Die Ablesungen der Dehnungen erfolgen in Zwischenräumen von 3 Minuten.

Temperatur schwankt zwischen 17,6 und 17,8° C.

Belastungsstufe in kg		Verlängerung auf 15 cm $^1/_{1000}$cm		
P	σ	gesamte	bleibende	federnde
1000 und 3000 kg	316,5 und 949,4	4,61	0,17	4,44
1000 „ 5000 „	316,5 „ 1582,3	9,21	0,22	8,99
1000 „ 6000 „	316,5 „ 1898,7	11,90	0,63	11,27

Wie ersichtlich, wachsen die federnden Dehnungen etwas rascher als die Spannungen, denn es beträgt

für die erste Stufe von 2000 kg die Federung 4,44
„ „ zweite „ „ 2000 „ „ „ 8,99 — 4,44 = 4,55
„ „ dritte „ „ 1000 „ „ „ 11,27 — 8,99 = 2,28

In Abb. 9 sind die Verlängerungen nach dem in Abb. 1 u. f. gegebenen Vorgange eingetragen, und zwar von $\sigma = 316{,}5$ kg/qcm an gerechnet (vgl. Fußbemerkung 1, S. 46).

Unter der Belastung von 6850 kg sinkt der Waghebel der Maschine auf seine Unterlage; beim Nachspannen verschwindet die Skala in den beiden Spiegeln der Meßvorrichtung: die Fließ- oder Streckgrenze (§ 3) ist erreicht. Sie liegt demgemäß bei

$$\sigma = \frac{6850}{3{,}16} = 2168 \text{ kg/qcm}^{1)}.$$

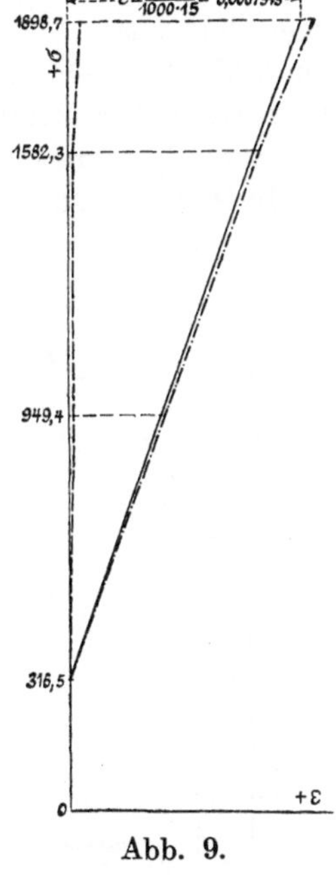

Abb. 9.

Nach dieser Feststellung wird der Stab entlastet und hierauf der Versuch, wie vorher durchgeführt, wiederholt. Dabei ergibt sich

für den Belastungswechsel

1000/3000 1000/5000 1000/6000 kg

die Federung

4,50 9,01 11,28

somit Unterschied

4,51 2,27

also die Federung nur wenig stärker wachsend als die Spannung.

[1]) Auf die Ermittlung auch der unteren Streckgrenze (vgl. § 3, S. 10) wird S. 52 bis 54 eingegangen werden.

Mit der Federung 4,50 für die erste Belastungsstufe der zweiten Versuchsreihe findet sich die durch Gleichung 3, § 2 bestimmte Dehnungszahl zu

$$\alpha = \frac{4{,}50}{1000 \cdot 15\,(949{,}4 - 316{,}5)} = \frac{1}{2109700} = 0{,}474 \text{ Milliontel.}$$

Bei erneuter Steigerung der Belastung über 6000 kg hinaus ist die Streckgrenze — durch Sinken des Waghebels auf seine Unterlage — jetzt bei $P = 6500$ kg zu beobachten, entsprechend

$$\sigma = \frac{6500}{3{,}36} = 2057 \text{ kg/qcm.}$$

Nachdem durch Nachspannen eine Verlängerung der Meßstrecke $l = 15$ cm um 0,14 cm erfolgt ist, beginnt der Waghebel wieder zu steigen und einzuspielen, hierdurch anzeigend, daß die inneren Kräfte, mit denen der Stab der Verlängerung widersteht, die Größe von 2057 kg/qcm wieder erreicht haben und zu überschreiten anfangen. Bei Fortsetzung des Nachspannens steigt die Belastung stetig, bis sie mit $P_{max} = 11\,840$ kg ihren Größtwert erreicht hat (vgl. § 3, Abb. 1). Alsdann sinkt der Waghebel — nachdem er vorher einige Zeit hindurch eingespielt hatte —, der Stab beginnt sich einzuschnüren (vgl. § 3), und schließlich erfolgt der Bruch an der stark eingeschnürten Stelle unter rund $P = 8700$ kg Belastung. Eine genaue Feststellung dieser Belastung begegnet Schwierigkeiten. (Vgl. S. 11.)

In Abb. 10 ist der Verlauf der Linie der gesamten Dehnungen, wie

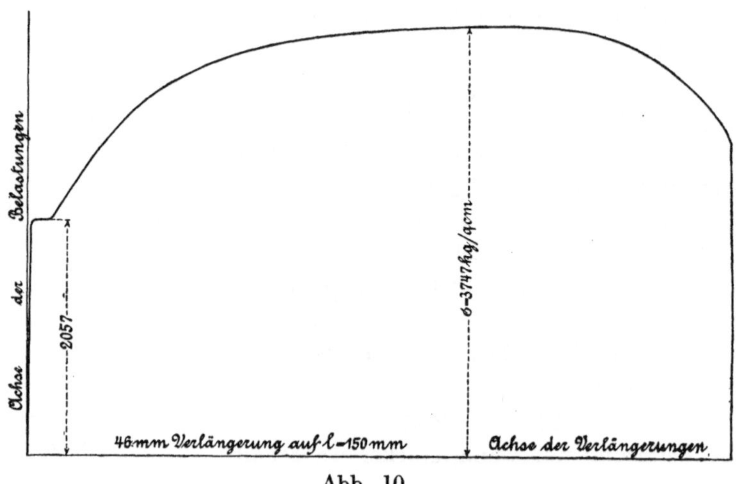

Abb. 10.

sie sich für den untersuchten Flußeisenstab bei dem zweiten Versuch ergab, unter Zugrundelegung der Meßlänge von ursprünglich 15 cm eingetragen. Derselbe ist nicht unabhängig von der Geschwindigkeit, mit der die Belastung gesteigert, d. h. von der Raschheit, mit der der Stab gedehnt wird.

Die Zugfestigkeit beträgt

$$K_z = \frac{11\,840}{3{,}16} = 3747 \text{ kg/qcm.}$$

Die Messung des mittleren Durchmessers des Bruchquerschnittes liefert 1,23 cm, entsprechend $f_b = \frac{\pi}{4}\, 1{,}23^2 = 1{,}19$ qcm (vgl. § 3); somit ist nach Gleichung 2, § 3 die Querschnittsverminderung

$$\psi = 100 \frac{3{,}16 - 1{,}19}{3{,}16} = 62{,}3\,\%.$$

Nach dem Bruche zeigt das mittlere, ursprünglich 20 cm lange Stabstück 25,48 cm Länge; infolgedessen ergibt sich nach Gleichung 3, § 3 die Bruchdehnung zu

$$\varphi = 100 \frac{25{,}48 - 20{,}0}{20{,}0} = 27{,}4\,\%.$$

Das nach Maßgabe der Gleichung 4, § 3 bestimmte Arbeitsvermögen beträgt $A = 6{,}76$ kgm/ccm.

Rundstab II. (1895.)

Durchmesser des mittleren zylindrischen Teiles . .	2,495 cm
Querschnitt „ „ „ „ . .	4,89 qcm
Meßlänge	15,00 cm

Der Stab, der aus ausgeglühtem Material besteht und vorher noch keiner Prüfung unterworfen worden ist, wird in derselben Weise wie Rundstab I geprüft und liefert folgende Ergebnisse:

1. Versuchsreihe 1.

Temperatur schwankt zwischen 17,0 und 17,2° C.

Belastungsstufe in kg		Verlängerung auf 15 cm in $^1/_{1000}$ cm		
P	σ	gesamte	bleibende	federnde
1000 und 3000 kg	204,5 und 613,5	2,99	0,05	2,94
1000 „ 5000 „	204,5 „ 1022,5	5,98	0,11	5,87
1000 „ 7000 „	204,5 „ 1431,5	8,95	0,16	8,79
1000 „ 9000 „	204,5 „ 1840,5	11,92	0,21	11,71

Die Wiederholung des Versuchs liefert:

Versuchsreihe 2.

Temperatur schwankt zwischen 17,2 und 17,4⁰ C.

Belastungsstufe in kg		Verlängerung auf 15 cm in $^1/_{1000}$ cm		
P	σ	gesamte	bleibende	federnde
1000 und 3000 kg	204,5 und 613,5	2,93	0,00	2,93
1000 ,, 5000 ,,	204,5 ,, 1022,5	5,89	0,02	5,87
1000 ,, 7000 ,,	204,5 ,, 1431,5	8,85	0,06	8,79
1000 ,, 9000 ,,	204,5 ,, 1840,5	11,80	0,09	11,71

Hiernach betragen die gesamten Verlängerungen:

1. Versuchsreihe	2,99	5,98	8,95	11,92
Unterschied	2,99	2,99	2,97	2,97
2. Versuchsreihe	2,93	5,89	8,85	11,80
Unterschied	2,93	2,96	2,96	2,95

Die federnden Verlängerungen:

1. Versuchsreihe	2,94	5,87	8,79	11,71
Unterschied	2,94	2,93	2,92	2,92
2. Versuchsreihe	2,93	5,87	8,79	11,71
Unterschied	2,93	2,94	2,92	2,92

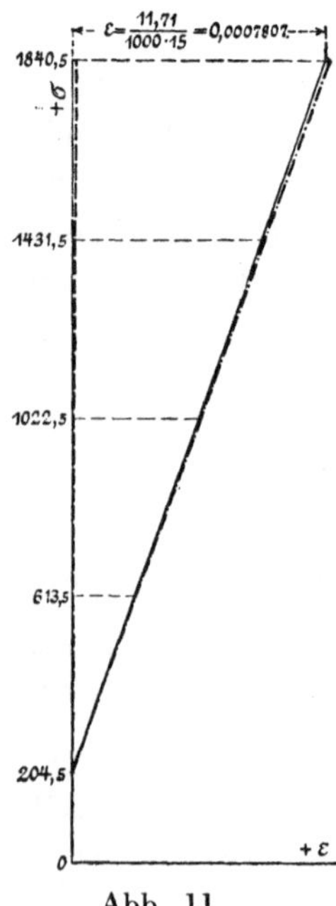

Abb. 11.

Mit Rücksicht auf den Grad der Genauigkeit, mit der bei den Prüfungsmaschinen die Einstellung auf eine bestimmte Belastung erfolgt, und mit der sodann die Dehnung selbst ermittelt werden kann, sowie in Anbetracht des Einflusses der nicht ganz fernzuhaltenden kleinen Temperaturänderungen[1]) — hier um 0,2⁰ C — während einer Versuchsreihe, darf die Unveränderlichkeit der Federungen bis $\sigma = \frac{9000}{4,89} = 1840,5$ kg/qcm als wirklich vorhanden angesehen werden. Abb. 11, die mit den

[1]) Bei dem verwendeten Meßinstrument, dessen in Betracht kommende Teile wegen der geringen Querschnittsabmessungen den Temperaturänderungen rascher folgen als der verhältnismäßig dicke Versuchsstab (vgl. Abb. 2, S. 128), äußert sich der Einfluß der kleinen Temperaturzunahme in einer solchen Weise, daß eine kleine Abnahme der beobachteten Dehnungen zu erwarten steht. Tatsächlich zeigt sich auch eine solche Abnahme. Vgl. auch das in § 8, S. 130 u. f. Gesagte.

bei der ersten Versuchsreihe gewonnenen Verlängerungen hergestellt wurde, bestätigt dies.

Mit der Federung 2,93 folgt nach Gleichung 3, § 2:

$$\alpha = \frac{2,93}{1000 \cdot 15\,(613,5 - 204,5)}$$

$$= \frac{1}{2\,094\,000} = 0,478 \text{ Milliontel.}$$

Die bleibenden Dehnungen ergeben sich für die zweite Versuchsreihe weit geringer als bei der ersten, was zu erwarten war.

Bei Steigerung der Belastung über $P = 9000$ kg hinaus zeigt sich plötzliches Sinken des Waghebels der Maschine bei $P = 10\,500$ kg, die obere Streckgrenze wurde somit bei

$$\frac{10\,500}{4,89} = 2147 \text{ kg/qcm}$$

erreicht.

Um die Kraft festzustellen, welcher der sich streckende Stab unmittelbar nach Sinken des Waghebels das Gleichgewicht hält, wird die Wage stetig entlastet, bis wieder Einspielen stattfindet[1]). Dies tritt ein bei $P = 9900$ kg, d. i. für $\sigma = \frac{9900}{4,89} = 2025$ kg/qcm. Bei längerer Fortsetzung des Nachspannens beginnt die Widerstandsfähigkeit des Stabes zu steigen, wie dies Abb. 12, die auch den Belastungsabfall von 10500 kg auf 9900 kg zeigt, erkennen läßt. Nach Erreichung der Belastung von 11000 kg, d. i. $\frac{11\,000}{4,89} = 2249$ kg/qcm, fällt der

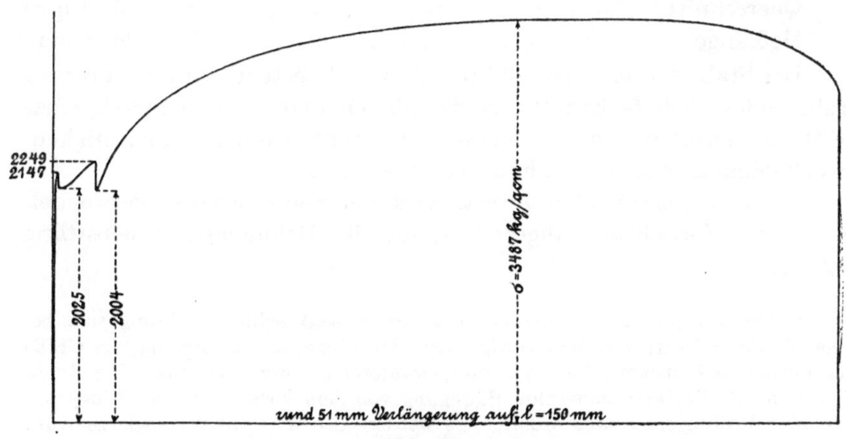

Abb. 12.

[1]) Im Falle der Abb. 10 geschah diese Feststellung nicht.

Waghebel zum zweiten Male plötzlich, und zwar auf $P = 9800$ kg, entsprechend $\frac{9800}{4,89} = 2004$ kg/qcm. Bei dem nun folgenden Nachspannen steigt die Belastung ziemlich rasch, wie Abb. 12 deutlich angibt.

P_{max} tritt bei 17050 kg ein, entsprechend der Zugfestigkeit $K_z = \frac{17050}{4,89} = 3487$ kg/qcm.

Die Belastung hält sich ziemlich lange auf dieser Höhe, wie ebenfalls aus Abb. 12 zu ersehen ist. Die letzte Belastung, die unmittelbar vor dem Bruche und nach weitgehender Einschnürung des Bruchquerschnittes beobachtet werden konnte, beträgt $P = 13500$ kg.

Da $f_b = \frac{\pi}{4}\, 1,54^2 = 1,86$ qcm, so liefert Gleichung 2, § 3 die Querschnittsverminderung

$$\psi = 100\,\frac{4,89 - 1,86}{4,89} = 62\,\%$$

und wegen $l_b = 323,7$ bei 250 mm ursprünglicher Länge findet sich nach Gleichung 3, § 3 die Bruchdehnung

$$\varphi = 100\,\frac{323,7 - 250}{250} = 29,5\,\%.$$

Rundstab III. (1904.)

Durchmesser des mittleren zylindrischen Teiles . . .	2,60 cm
Querschnitt ,, ,, ,, ,, . . .	5,31 qcm
Meßlänge	26,00 cm

Der Stab, der aus ausgeglühtem Material besteht, wird der Prüfung insbesondere behufs Ermittlung der oberen und unteren Streckgrenze (§ 3) unterworfen; weiter sollen festgestellt werden: Zugfestigkeit, Bruchdehnung und Querschnittsverminderung.

Zu dem bezeichneten Zweck wird ein Selbstzeichner verwendet, d. h. eine Vorrichtung angeordnet, die die Dehnungslinie selbsttätig aufzeichnet[1]).

[1]) Die Einrichtung ist derart, daß der in senkrechter Richtung sich bewegende Schreibstift von dem Laufgewicht der Wage, dessen Stellung die Größe der Belastung bestimmt, betätigt wird, während die um eine senkrechte Achse sich drehende Papiertrommel ihre Bewegung von dem fortschreitenden Einspannkopf der Prüfungsmaschine erhält. Es werden also nicht bloß — wie zu wünschen ist — die Dehnungen des mittleren zylindrischen Teiles des Versuchsstabes auf die Papiertrommel übertragen, sondern auch die übrigen Formänderungen, die sich unter der jeweiligen Belastung einstellen, insoweit sie die Lage des unteren Einspannkopfes der stehenden Maschine beeinflussen. Die Darstellung der Dehnungen ist somit keine reine und auf die Meßlänge des Stabes beschränkte, ganz abgesehen von den etwaigen Unvollkommenheiten der Übertragung der Bewegung von dem Einspannkopf auf die Papiertrommel. Um die

Der Versuch liefert die in Abb. 13 dargestellte Dehnungslinie mit den eingetragenen Spannungen. Die Dehnungen sind zurückgeführt

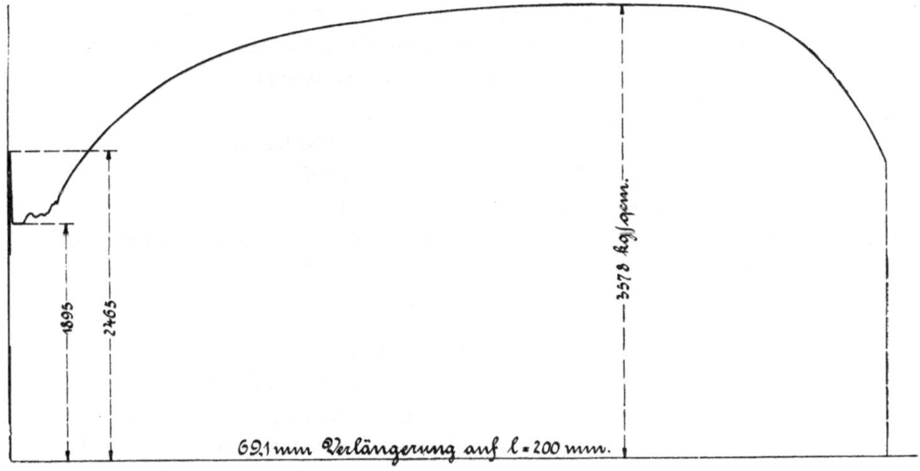

Abb. 13.

auf die in der Mitte des Stabes gelegene Meßstrecke von ursprünglich 26 cm Länge (vgl. S. 15).

---

letzteren zu vermindern, ist die Trommel leicht drehbar zu lagern (Kugellager, Spitzenlagerung) und zur Übertragung der Bewegung ein wenig elastischer Faden (Draht, dünnes Drahtseil, Kette) zu verwenden.

In bezug auf die Darstellung der Belastungen ist zu beachten, daß das Laufgewicht, von dem aus der Schreibstift seine Bewegung erhält, jeweils von Hand so eingestellt werden muß, daß die Wage einspielt. Bei rasch vor sich gehender Änderung der Kraft, die eben durch Verstellung des Laufgewichts gemessen werden soll, kann die Einstellung des letzteren mit einiger Schwierigkeit verknüpft sein. Aus diesem Grunde werden in solchen Fällen Ungenauigkeiten hinsichtlich der Darstellung der Belastungsänderungen nicht zu vermeiden sein. Bei vorhandener Übung und bei sorgfältigem Verfahren desjenigen, der den Versuch durchzuführen hat, pflegen diese Ungenauigkeiten übrigens nicht bedeutend zu sein. Vorrichtungen zur selbsttätigen Verstellung des Laufgewichtes geben häufig größere Fehler, namentlich an solchen Stellen der Dehnungslinie, an denen die Belastung rasch wechselt, wie das der Fall ist bei Material mit ausgeprägter Streckgrenze.

Ist hiernach die Darstellung des Verlaufs der Dehnungslinie während der Streckperiode durch den Selbstzeichner nicht vollständig genau, so gewährt sie doch ein anschauliches Bild von dem eigenartigen Verhalten des Materials unter den Verhältnissen, bei denen die Streckung vor sich geht.

Die Zurückführung auf die Meßlänge des Stabes, also die Ausscheidung der außerhalb dieser Strecke auftretenden Formänderungen, erfolgt nach Maßgabe des auf S. 11 und 12 angegebenen Verfahrens oder dadurch, daß an den Enden der Meßstrecke des Stabes Bügel angeklemmt werden, deren gegenseitige Bewegung auf den Schreibstift übertragen wird.

Wir erkennen: Beginn des Streckens bei 2465 kg/qcm Belastung, sofortiges Fallen der letzteren auf 1895 kg/qcm, Fortsetzung des Streckens unter dieser Belastung, später geringes Ansteigen und folgendes Schwanken der Belastung, bis sich schließlich wieder stetiges und ausgeprägtes Wachstum der letzteren einstellt, das bis zur Überwindung der Zugfestigkeit von 3578 kg/qcm andauert.

Somit ergibt sich

die obere Streckgrenze zu $\sigma_o = 2465$ kg/qcm,
,, untere ,, ,, $\sigma_u = 1895$,, ,
,, Zugfestigkeit ,, $K_z = 3578$,, .

Die Querschnittsverminderung und die Bruchdehnung werden auf dem bereits für Rundstab I und II angegebenen Weg ermittelt zu

$$\psi = 71{,}0\,\% \qquad \varphi = 31{,}9\,\%.$$

Rundstab IV. (1904.)

Abmessungen und Untersuchung des Stabes IV genau wie bei Rundstab III; beide sind derselben Stange Flußeisen entnommen.

Der Versuch (vgl. Zeitschrift des Vereines deutscher Ingenieure 1904, S. 1040 u. f.) liefert die Größen:

$$\sigma_o = 2407 \text{ kg/qcm},$$
$$\sigma_u = 2075 \quad ,,$$
$$K_z = 3667 \quad ,,$$
$$\psi = 69{,}7\,\%,$$
$$\varphi = 33{,}8\,\%$$

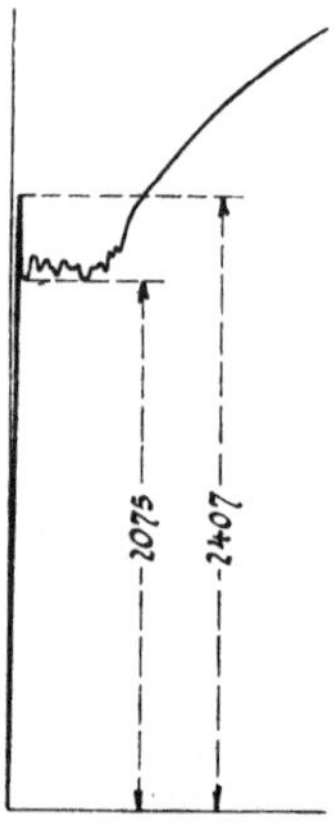

Abb. 14.

und die Dehnungslinie Abb. 14, deren Vergleich mit Abb. 13 erkennen läßt, daß sich das Material aus einer und derselben Stange innerhalb der Periode des Streckens oder Fließens nicht gleich verhält. Die Unterschiede sind oft noch weit erheblicher. Ausnahmsweise ist sogar die obere Streckgrenze höher als die Zugfestigkeit festgestellt worden, die nach weiterer Streckung des Stabes für diesen ermittelt wurde.

3. Versuche mit Flußstahl.

Rundstab I. (1895.)

Durchmesser des mittleren zylindrischen Teiles	2,00 cm
Querschnitt ,, ,, ,, ,,	3,14 qcm
Meßlänge	15,00 cm

Der Stab wird in einer liegenden Prüfungsmaschine der Zugprobe unterworfen, jeweils unter Wechsel zwischen Belastung und Entlastung, so oft, bis sich die gesamten, bleibenden und federnden Dehnungen nicht mehr ändern.

Die Ablesungen der Längenänderungen erfolgen in Zeiträumen von 3 Minuten. Die Ergebnisse sind in folgender Zusammenstellung angegeben.

Temperatur schwankt zwischen 16,4 und 16,5° C.

Belastungsstufe in kg		Verlängerung auf 15 cm in $^1/_{1000}$ cm				
P	σ	gesamte		bleibende	federnde	
			Unterschied			Unterschied
1000 und 3000	318,5 und 955,4	4,47	4,47	0,00	4,47	4,47
1000 „ 5000	318,5 „ 1592,4	9,19	4,72	0,25	8,94	4,47
1000 „ 7000	318,5 „ 2229,3	13,73	4,54	0,30	13,43	4,49
1000 „ 9000	318,5 „ 2866,2	18,49	4,76	0,57	17,92	4,49
1000 „ 11000	318,5 „ 3503,2	23,28	4,79	0,88	22,40	4,48
1000 „ 13000	318,5 „ 4140,1	27,88	4,60	1,00	26,88	4,48
1000 „ 14000	318,5 „ 4458,6	30,19	2,31	1,07	29,12	2,24
1000 „ 15000	318,5 „ 4777,1	33,74	3,55			

Nachdem $P = 15000$ kg eingestellt und die Verlängerung abgelesen ist, sinkt der Waghebel plötzlich, so daß die Streckgrenze bei

$$\sigma = \frac{15000}{3,14} = 4777 \text{ kg/qcm}$$

erreicht ist.

Bei Fortsetzung des Nachspannens beginnt die Belastung wieder zu steigen und erlangt mit $P_{max} = 22720$ kg ihren Größtwert; alsdann sinkt der Waghebel, der Stab beginnt sich einzuschnüren, und schließlich erfolgt der Bruch.

Wie die letzte Spalte der Zusammenstellung zeigt, wachsen die Federungen bis $P = 14000$ kg unter Berücksichtigung des tatsächlich erreichbaren Genauigkeitsgrades recht befriedigend in gleichem Verhältnis wie die Spannungen. Die gesamten Verlängerungen tun dies weniger. Abb. 15, die nach dem Vorgange von Abb. 1 u. f. die Schaulinien der gesamten, bleibenden und federnden Dehnungen enthält, zeigt den geradlinigen Verlauf der Federungen. Wir haben demgemäß Proportionalität jedenfalls bis zur Spannung

$$\sigma = \frac{14000}{3,14} = \sim 4459 \text{ kg/qcm}.$$

Da auf der folgenden Belastungsstufe $P = 15000$ kg die Erscheinung des Fließens eintrat, so ist anzunehmen, daß die Proportionalität sich nur unerheblich über $P = 14000$ kg hinaus erstreckt

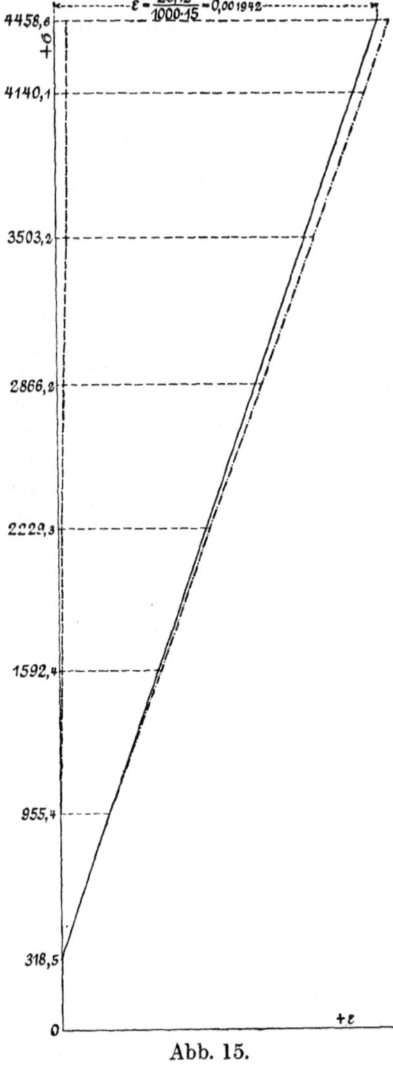

Abb. 15.

haben wird, weshalb die **Proportionalitätsgrenze** als nur wenig oberhalb 4459 kg/qcm liegend angenommen werden kann[1]).

Die **Dehnungszahl** berechnet sich mit $\frac{4,48}{1000}$ cm Federung auf 15 cm bei 2000 kg Belastungsunterschied nach Gleichung 3, § 2 zu

$$\alpha = \frac{4,48 \cdot 3,14}{1000 \cdot 15 \cdot 2000}$$

$$= \frac{1}{2\,133\,000} = 0,469 \text{ Milliontel.}$$

Die **Streckgrenze** ist bei

$$\frac{15\,000}{3,14} = 4777 \text{ kg/qcm}$$

anzunehmen.

Die **Zugfestigkeit** beträgt

$$K_z = \frac{22\,720}{3,14} = 7236 \text{ kg/qcm.}$$

Die durch Gleichung 2, § 3 bestimmte Querschnittsverminderung ergibt sich, da

$$f_b = \frac{\pi}{4} 1,51^2 = 1,79 \text{ qcm,}$$

zu

$$\psi = 100 \frac{3,14 - 1,79}{3,14} = 43\%$$

und die Bruchdehnung nach Gleichung 3, § 3 mit $l = 238$ mm auf 200 mm ursprüngliche Länge zu

$$\varphi = 100 \frac{238 - 200}{200} = 19\%.$$

[1]) Scharf tritt hier die Unzulässigkeit hervor, die Begriffe der Proportionalitäts- und Elastizitätsgrenze (vgl. S. 26 und 27) miteinander zu vermengen. Die erstere liegt hier nahe bei 4459 kg, während die letztere, aufgefaßt als diejenige Spannung, bis zu der die bleibenden Formänderungen Null oder doch verschwindend klein sind, weit tiefer liegt (vgl. die Werte in der Spalte der bleibenden Verlängerungen). Die gleichfalls nicht selten anzutreffende Verwechslung der Elastizitätsgrenze mit der Streckgrenze ist natürlich ebenso unzulässig.

Rundstab II. (1910.)

Da beim Rundstab I Proportionalitäts- und Streckgrenze nahezu zusammenfielen, so seien noch die Ergebnisse eines Stabes aus Chromnickelstahl angeführt, die den Unterschied deutlich erkennen lassen.

Durchmesser des mittleren zylindrischen Teiles . . . 1,99 cm
Querschnitt „ „ „ „ . . . 3,11 qcm
Meßlänge . . . . 15,00 cm

Spannungsstufe in kg/qcm	Verlängerung auf 15 cm in $^1/_{1000}$ cm				
	gesamte		bleibende	federnde	
		Unterschied			Unterschied
322 und 965	4,54	4,54	0,09	4,45	4,45
322 „ 1608	9,19	4,65	0,29	8,90	4,45
322 „ 2251	13,85	4,66	0,49	13,36	4,46
322 „ 2894	18,55	4,70	0,65	17,90	4,54
322 „ 3537	23,91	5,36	1,39	22,52	4,62
322 „ 4180	39,69	15,78	12,33	27,36	4,84

Unter der Belastung $P = 13000$ kg, entsprechend 4180 kg/qcm, dehnt sich der Stab langsam und fortgesetzt, so daß ein Ausgleich nicht mehr erreicht wird. Unter $P = 13280$ kg, d. i. 4270 kg/qcm, sinkt der Waghebel entsprechend dem Eintritt der oberen Streckgrenze; die untere Streckgrenze ergab sich zu 4248 kg/qcm.

Bei Inbetrachtziehung der federnden Dehnungen war die Proportionalität zwischen Dehnungen und Spannungen bei $\sigma = 2251$ kg/qcm noch vorhanden, bei $\sigma = 2894$ sicher verschwunden. Für die gesamten Dehnungen läßt sich überhaupt keine Proportionalität erkennen.

Bei der Fortsetzung des Versuchs bis zum Bruch ergab sich

Zugfestigkeit . . . . 6640 kg/qcm
Bruchdehnung auf 200 mm 18,6%
Querschnittsverminderung . . . . 61,7 „

Rundstab III. (1910.)

Abmessungen und Material wie unter II, jedoch nach Angabe bei 780° C gehärtet (vergütet).

Spannungsstufe in kg/qcm	Verlängerung auf 15 cm in $^{1}/_{1000}$ cm				
	gesamte		bleibende	federnde	
		Unter-schied			Unter-schied
325 und 1299	6,77	6,77	0,00	6,77	6,77
325 ,, 2273	13,63	6,86	0,01	13,62	6,85
325 ,, 3247	20,51	6,88	0,01	20,50	6,88
325 ,, 4221	27,49	6,98	0,01	27,48	6,98
325 ,, 5195	34,53	7,04	0,01	34,52	7,04
325 ,, 6169	43,21	8,68	1,35	41,86	7,34

Von besonderem Interesse scheint das fast vollständige Fehlen der bleibenden Dehnungen bis $\sigma = 5195$ kg/qcm, sowie daß sowohl bei den gesamten wie für die federnden Dehnungen Proportionalität überhaupt nicht festgestellt wurde; die Proportionalitätsgrenze, falls eine solche vorhanden ist, muß somit unterhalb $\sigma = 1299$ kg/qcm liegen. Die Elastizitätsgrenze war bei $\sigma = 5195$ kg/qcm noch nicht erreicht. Bei Fortsetzung des Versuchs ergab sich die Streckgrenze zu 6494 kg/qcm (nicht ausgeprägt, sehr kurzes Stehenbleiben des Waghebels bei Steigerung der Belastung) die Zugfestigkeit zu 8136 kg/qcm; die Bruchdehnung betrug (Meßlänge 20 cm) 13,2 %, die Querschnittsverminderung 52,9 %. Die Linie der gesamten Dehnungen ist in Abb. 16 dargestellt. In dieselbe Abbildung ist auch die Dehnungslinie für den Rundstab II (aus dem gleichen Material, jedoch ungehärtet) eingetragen. Sie zeigt obere und untere Streckgrenze bei 4270 bzw. 4248 kg/qcm, also weit unterhalb der des gehärteten Stahles, bedeutend größere Dehnung und weit geringere Festigkeit.

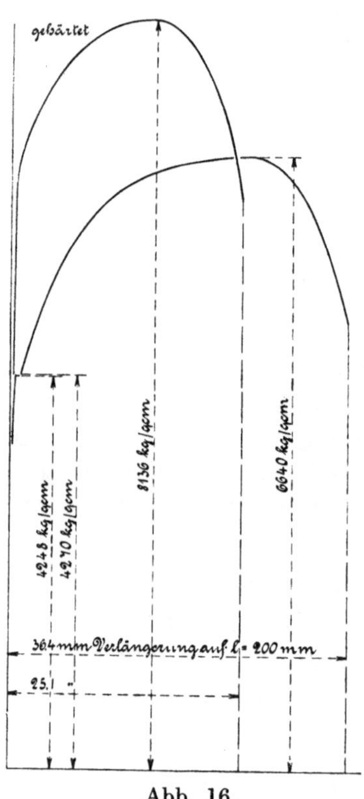

Abb. 16.

Über den Einfluß verschiedener Behandlung des Materials auf die Festigkeitseigenschaften vgl. § 10.

Über die Ergebnisse der Untersuchung von Stahlguß hat Verfasser in der Zeitschrift des Vereines deutscher Ingenieure 1898, S. 694 u. f. berichtet. Bei diesem Material pflegen sich bleibende Dehnungen bei weit geringeren Spannungen in größerem Maße einzustellen als bei Flußeisen von gleicher Festigkeit. Auch das Aussehen der Oberfläche zerrissener Stahlgußstäbe ist nicht selten ein ganz anderes als dasjenige von Flußeisenstäben. Vgl. S. 176 u. f.

4. Versuche mit Kupfer.

Rundstab I. (1895.)

Material: weiches Kupfer.

Durchmesser des mittleren zylindrischen Teiles . . . . . 2,502 cm

Querschnitt „ „ „ „ $0,25\,\pi\,2,502^2 = 4,92$ qcm

Die Prüfung erfolgte zunächst ganz wie unter Ziff. 3 bemerkt, und wurde sodann wiederholt. Die Ergebnisse sind im folgenden zusammengestellt.

Belastungsstufe in kg		1. Versuchsreihe Temperatur 16,8 bis 17,1° C			2. Versuchsreihe Temperatur 17,4 bis 17,5° C		
		Verlängerung auf 10 cm in $^1/_{1000}$ cm			Verlängerung auf 10 cm in $^1/_{1000}$ cm		
P	σ	gesamte λ	bleibende λ'	federnde $\lambda - \lambda'$	gesamte λ	bleibende λ'	federnde $\lambda - \lambda'$
750 und 1500	152,4 und 304,9	1,41	0,11	1,30	1,32	0,00	1,32
750 „ 2250	152,4 „ 457,3	3,18	0,53	2,65	2,68	0,00	2,68
750 „ 3000	152,4 „ 609,8	5,38	1,33	4,05	4,11	0,04	4,07
750 „ 3750	152,4 „ 762,2	8,05	2,52	5,53	5,68	0,15	5,53

In Abb. 17 sind die Schaulinien, die sich hiernach für die gesamten, die bleibenden und die federnden Dehnungen aus der 1. Versuchsreihe ergeben, dargestellt.

Wie ersichtlich, stellen sich bei der ersten Versuchsreihe bleibende Dehnungen außerordentlich früh und überhaupt von bedeutender Größe ein. Bei der zweiten Versuchsreihe dagegen treten die bleibenden Dehnungen ganz in den Hintergrund, eine Folge davon, daß der Stab schon einmal den Belastungswechseln ausgesetzt gewesen ist.

Proportionalität zwischen Dehnungen und Spannungen besteht nicht; denn es betragen die Unterschiede

	der gesamten Verlängerungen				der federnden Verlängerungen			
bei der 1. Versuchsreihe	1,41	1,77	2,20	2,67	1,30	1,35	1,40	1,48
„ „ 2. „	1,32	1,36	1,43	1,57	1,32	1,36	1,39	1,46

d. h. ausgeprägt wachsend mit den Spannungen.

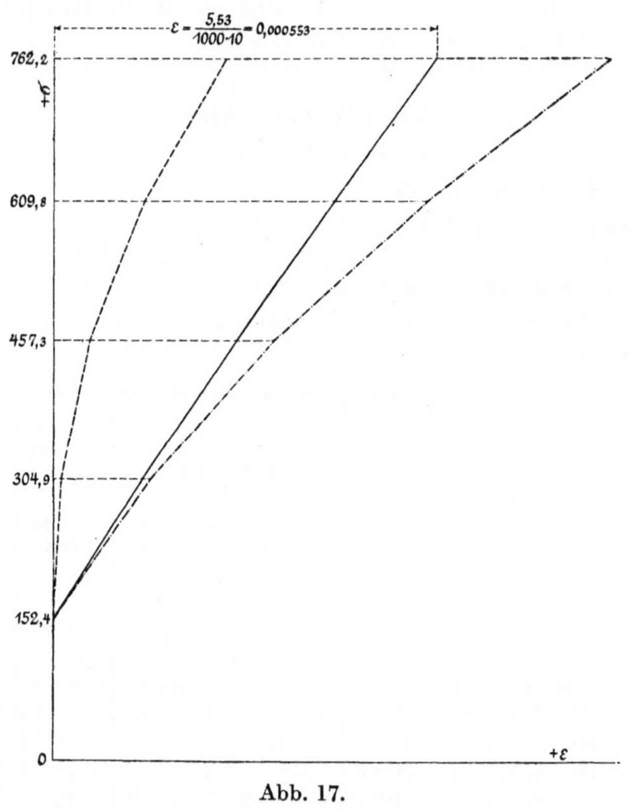

Abb. 17.

Wird den Federungen die durch Gleichung 1 ausgesprochene Gesetzmäßigkeit zugrunde gelegt, und werden dabei die Koeffizienten α und m so gewählt, daß für die erste Versuchsreihe

$$\varepsilon = \frac{1}{2195000}\,\sigma^{1,098} \qquad \text{9)}$$

und für die zweite Versuchsreihe

$$\varepsilon = \frac{1}{1865000}\,\sigma^{1,074} \qquad \text{10)}$$

so zeigt folgende Zusammenstellung:

Spannungsstufe in kg/qcm	Federungen auf 10 cm in $^1/_{1000}$ cm			
	1. Versuchsreihe		2. Versuchsreihe	
	beobachtet	berechnet nach Gl. 9	beobachtet	berechnet nach Gl. 10
152,4 und 304,9	1,30	1,30	1,32	1,32
152,4 „ 457,3	2,65	2,66	2,68	2,69
152,4 „ 609,8	4,05	4,07	4,07	4,09
152,4 „ 762,2	5,53	5,52	5,53	5,52

eine befriedigende Übereinstimmung zwischen Beobachtung und Rechnung.

Der Unterschied in den Zahlenwerten der Koeffizienten α und m der Gleichungen 9 und 10 läßt den Einfluß der vorhergegangenen Belastung auf die Federung deutlich erkennen.

Über die Anzahl der Spannungswechsel, die jeweils erforderlich waren, um festzustellen, daß sich die gesamten, die bleibenden und die federnden Dehnungen nicht mehr ändern, gibt die folgende Zusammenstellung Auskunft. Ebenso darüber, wie sich die Verlängerungen bei dem erstmaligen Wechsel (Anfangswerte) von denjenigen bei dem letzten Wechsel (Endwerte) unterscheiden.

Spannungsstufe in kg/qcm	Zahl der Spannungswechsel	Anfangswerte			Endwerte		
		λ	λ'	$\lambda-\lambda'$	λ	λ'	$\lambda-\lambda'$
	1. Versuchsreihe						
152,4/304,9	2	1,41	0,11	1,30	1,41	0,11	1,30
152,4/457,3	5	3,30	0,47	2,63	3,18	0,53	2,65
152,4/609,8	7	5,13	1,16	3,97	5,38	1,33	4,05
152,4/766,2	7	7,60	2,15	5,45	8,05	2,52	5,53
	2. Versuchsreihe						
152,4/304,9	2	1,32	0,00	1,32	1,32	0,00	1,32
152,4/457,3	2	2,68	0,00	2,68	2,68	0,00	2,68
152,4/609,8	4	4,13	0,03	4,10	4,11	0,04	4,07
152,4/762,2	4	5,60	0,07	5,53	5,68	0,15	5,53

Für die zweite Spannungsstufe findet sich die durchschnittliche Dehnungszahl zu

$$\alpha = \frac{2,68}{10 \cdot 1000\,(457,3 - 152,4)} = \frac{1}{1138000} = 0,879 \text{ Milliontel.}$$

Die weitere Untersuchung des Stabes führte zur Erlangung der Dehnungslinie Abb. 18 sowie zur Festellung:

der Zugfestigkeit

$$K_z = \frac{10980}{4,92} = 2232 \text{ kg/qcm},$$

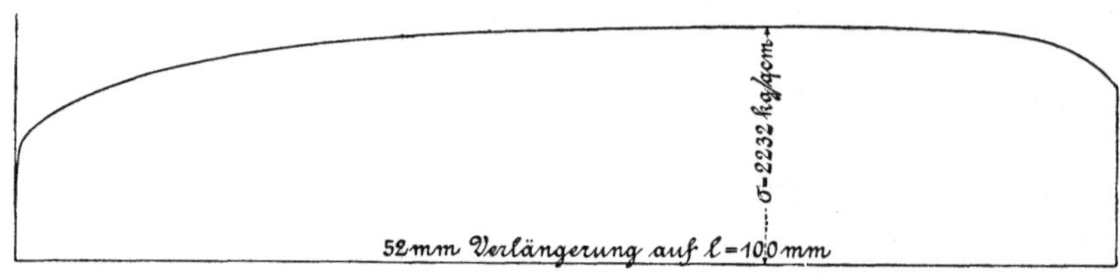

Abb. 18.

der Querschnittsverminderung

$$\psi = 100 \frac{4,92 - 1,89}{4,92} = 61,6\,\%,$$

da

$$f_b = \frac{\pi}{4} 1,55^2 = 1,89 \text{ qcm},$$

und der Bruchdehnung auf 200 mm

$$\varphi = 100 \frac{292,2 - 200}{200} = 46,1\,\%.$$

Die unmittelbar vor dem Bruch beobachtete Belastung betrug rund 8200 kg.

Eine ausgeprägte Streckgrenze in dem Sinne, wie in § 3 erklärt, und wie wir sie bei Flußeisen und bei Flußstahl kennen lernten, besitzt hiernach das Kupfer nicht.

Das Arbeitsvermögen gemäß Gleichung 4, § 3, ergibt sich zu $A = 7,11$ kgm/ccm.

Rundstab II. (1895.)

Material: weiches Kupfer, jedoch von anderer Herkunft als Stab I, bereits einmal bis $\sigma = 964,4$ kg/qcm beansprucht gewesen.

Durchmesser des mittleren zylindrischen Teiles . . .	1,99 cm
Querschnitt „ „ „ „ . . .	3,11 qcm
Meßlänge	10,00 cm.

Die Untersuchung führt ganz wie beim Rundstab I zu dem Ergebnis, daß die federnden Verlängerungen rascher wachsen als die Spannungen, entsprechend

$$\varepsilon = \frac{1}{2084000} \sigma^{1,093} \quad \ldots\ldots\ldots\ldots \quad 11)$$

Nachdem für den Rundstab I ausführliche Besprechung stattgefunden hat, wird es genügen, die folgende Zusammenstellung anzuführen.

Spannungsstufe kg/qcm	Federnde Verlängerung in $^1/_{1000}$ cm	
	beobachtet	berechnet nach Gl. 11
160,75 und 321,5	1,40	1,40
160,75 „ 482,25	2,89	2,87
160,75 „ 643,0	4,39	4,39
160,75 „ 803,75	5,95	5,94
160,75 „ 964,6	7,53	7,53

Die Übereinstimmung zwischen dem, was beobachtet wurde, und dem, was Gleichung 11 liefert, muß als eine sehr gute bezeichnet werden.

5. Versuche mit Bronze.

Rundstab I. (1895.)

Material: Gegossene Bronze, vorher noch nicht belastet.

Durchmesser des mittleren zylindrischen Teiles . . . 2,20 cm
Querschnitt „ „ „ „ . . . 3,80 qcm
Meßlänge . . . . 15,00 cm.

Die Prüfung wurde in gleicher Weise, wie unter Ziff. 3 angegeben, durchgeführt mit den aus folgender Zusammenstellung ersichtlichen Zahlenergebnissen.

Temperatur schwankt zwischen 15,4 und 15,6° C.

Belastungsstufe in kg		Verlängerung auf 15 cm in $^1/_{1000}$ cm		
P	σ	gesamte	bleibende	federnde
750 und 1500	197,4 und 394,7	3,31	0,07	3,24
750 „ 2250	197,4 „ 592,1	6,61	0,09	6,52
750 „ 3000	197,4 „ 789,5	10,33	0,48	9,85

Hiernach wachsen die Federungen rascher als die Belastungen. Wird

$$\varepsilon = \frac{1}{733800}\sigma^{1,028} \quad \ldots\ldots\ldots \quad 12)$$

gesetzt, so ergeben sich die Federungen

nach Gleichung 12 . . . . 3,24 6,53 9,85
gegenüber den beobachteten Werten . 3,24 6,52 9,85

also in guter Übereinstimmung.

Die Wiederholung des Versuchs liefert:

Belastungsstufe in kg		Verlängerung auf 15 cm in $^1/_{1000}$ cm		
P	σ	gesamte	bleibende	federnde
750 und 1500	197,4 und 394,7	3,30	0,01	3,29
750 „ 2250	197,4 „ 592,1	6,60	0,01	6,59
750 „ 3000	197,4 „ 789,5	9,89	0,03	9,86

Somit betragen die Unterschiede

in den gesamten Verlängerungen	3,30	3,30	3,29
„ „ federnden „	3,29	3,30	3,27

d. i. in Berücksichtigung aller Verhältnisse nahezu so gut wie Unveränderlichkeit. Hiernach zeigt der Bronzestab, für den die erste Versuchsreihe die Gleichung 12 lieferte, im Falle vorhergegangener Belastung Proportionalität zwischen Dehnungen und Spannungen[1]). Mit der Federung 3,29 für das Material in dem Zustande, in dem es sich während der zweiten Versuchsreihe befindet, bestimmt sich die Dehnungszahl nach Gleichung 3, § 2, zu

$$\alpha = \frac{3{,}29}{15000 \cdot 197{,}4} = \sim \frac{1}{900000} = 1{,}11 \text{ Milliontel.}$$

Wird die Belastung weiter gesteigert, so stellt sich schließlich der Bruch bei 7500 kg ein, entsprechend der Zugfestigkeit

$$K_z = \frac{7500}{3{,}80} = 1974 \text{ kg/qcm.}$$

Die Querschnittsverminderung nach Gleichung 2, § 3, ergibt sich, da

$$f_b = \frac{\pi}{4} 2{,}08^2 = 3{,}40 \text{ qcm,}$$

zu

$$\psi = 100 \frac{3{,}80 - 3{,}40}{3{,}80} = 10{,}5\,\%$$

und die Bruchdehnung auf 20 cm nach Gleichung 3, § 3 zu

$$\varphi = 100 \frac{212{,}0 - 200}{200} = 6\,\%.$$

[1]) Diese Erscheinung, daß durch die vorhergegangene starke Belastung die Krümmung der Linie der federnden Dehnungen stark vermindert, hier die Kurve nahezu in eine Gerade übergeführt worden ist, zeigt sich nach den bis heute vorliegenden Erfahrungen überhaupt bei den Stoffen mit veränderlicher Dehnungszahl, sofern die Vorbelastung genügend hoch war.

Bei den Materialien, die Proportionalität zwischen Spannungen und Dehnungen aufweisen, führt hohe Vorbelastung zur Verschiebung der Proportionalitätsgrenze nach oben.

Über den Verlauf der Linie der gesamten Dehnungen gibt Abb. 19 Auskunft. Wie ersichtlich, besitzt die untersuchte Bronze gleich dem untersuchten Kupfer keine ausgeprägte Streckgrenze.

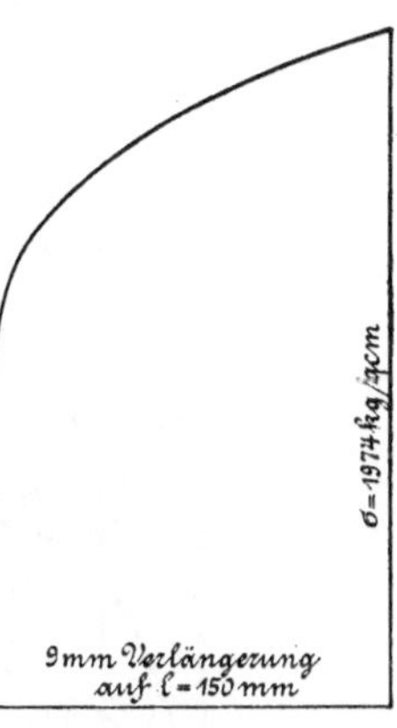

Abb. 19.

Rundstab II. (1895.)

Material wie bei Stab I.

Durchmesser des mittleren zylindrischen Teiles . . . . 1,99 cm

Querschnitt des mittleren zylindrischen Teiles . . . . 3,11 qcm

Meßlänge . . . . 15,00 cm

Prüfung wie Stab, I, jedoch ohne Wiederholung des Versuchs.

Belastungsstufe in kg		Verlängerung auf 15 cm in $^1/_{1000}$ cm		
P	σ	gesamte	bleibende	federnde
750 und 1500	241,2 und 482,3	3,98	0,02	3,96
750 „ 2250	241,2 „ 723,5	8,99	0,93	8,06
750 „ 3000	241,2 „ 964,6	17,81	5,63	12,18

Hiernach wachsen die Dehnungen, ganz wie in Versuchsreihe 1 des Stabes I, rascher als die Spannungen.

Ferner ergibt sich

$$K_z = \frac{6500}{3,11} = 2090 \text{ kg/qcm},$$

$$\psi = 100 \frac{3,11 - \frac{\pi}{4} 1,91^2}{3,11} = 100 \frac{3,11 - 2,87}{3,11} = 7,7\,^0/_0,$$

$$\varphi = 100 \frac{216,2 - 200}{200} = 8,1\,^0/_0.$$

Eine große Zahl von weiteren Untersuchungen des Verfassers über Bronze sowohl bei gewöhnlicher Temperatur als auch bei höheren Temperaturen finden sich veröffentlicht in der Zeitschrift des Vereines deutscher Ingenieure 1899, S. 354, 1900, S. 1745 u. f., 1901, S. 1477

u. f. sowie Mitteilungen über Forschungsarbeiten, Heft 1, Heft 4. Vgl. auch § 10, sowie in „Festigkeitseigenschaften und Gefügebilder“, IX. Kupferlegierungen.

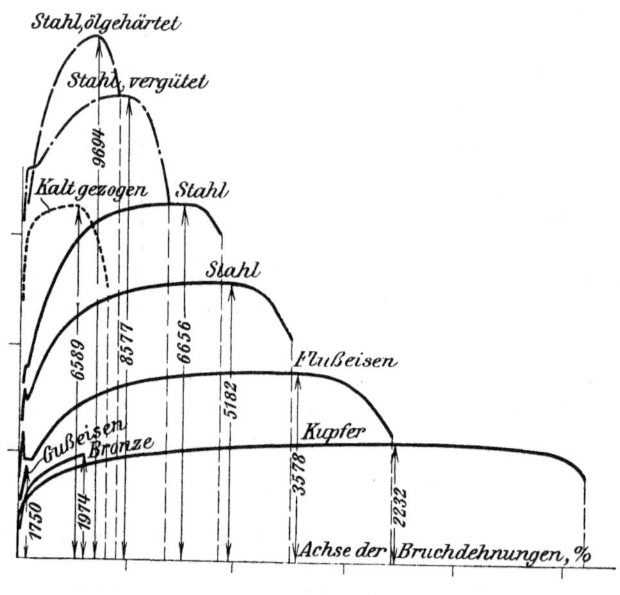

Abb. 20.

Um einen Überblick über die bisher besprochenen Metalle zu gewähren, sind in Abb. 20 die Dehnungslinien für verschiedene derselben eingetragen:

das untersuchte Kupfer	zeigt	$K_z = 2232$ kg/qcm,		$\varphi = \sim 52$	%
„ „ Flußeisen	„	$K_z = 3578$	„	$\varphi = \sim 34$	„
der „ Stahl I, ausgeglüht	„	$K_z = 5182$	„	$\varphi = \sim 25$	„
„ „ II, „	„	$K_z = 6656$	„	$\varphi = \sim 18{,}5$	„
„ „ „ I, kalt gezogen	„	$K_z = 6589$	„	$\varphi = \sim 8$	„
„ „ „ II, vergütet (wasser-gehärtet und bei 680 ° C angelassen)	„	$K_z = 8577$	„	$\varphi = \sim 13{,}5$	„
„ „ „ II, ölgehärtet	„	$K_z = 9694$	„	$\varphi = \sim 9$	„

Die letztere Zahl 9694 kg/qcm begrenzt die Zugfestigkeit von Stahl nicht; nach eigenen Versuchen ergeben sich für Stahl Werte für K_z bis über 20000 kg/qcm.

6. Versuche mit Messing. (1895.)

Rundstab (Messingguß).

Durchmesser des mittleren zylindrischen Teiles	2,20 cm
Querschnitt „ „ „ „	3,80 qcm

Prüfung genau wie bei Bronzestab I (Ziff. 5).

Belastungsstufe in kg		1. Versuchsreihe Temperatur 15,4—15,6° Verlängerung auf 15 cm in $^1/_{1000}$ cm			2. Versuchsreihe Temperatur 14,8—15,1° Verlängerung auf 15 cm in $^1/_{1000}$ cm		
P	σ	gesamte	bleibende	federnde	gesamte	bleibende	federnde
500 u. 1000	131,6 u. 263,2	2,57	0,21	2,36	2,44	0,00	2,44
500 u. 1500	131,6 u. 394,7	5,34	0,54	4,80	4,91	0,00	4,91
500 u. 2000	131,6 u. 526,3	8,61	1,24	7,37	7,39	0,02	7,37

Wie ersichtlich, wachsen bei der ersten Versuchsreihe (Stab war vorher noch nicht belastet gewesen) die Dehnungen rascher als die Spannungen; denn es betragen die Unterschiede

der gesamten Verlängerungen			der federnden Verlängerungen		
2,57	2,77	3,27	2,36	2,41	2,57

Den Federungen der ersten Versuchsreihe entspricht die Gleichung

$$\varepsilon = \frac{1}{947\,000}\sigma^{1,085} \quad \ldots\ldots\ldots\ldots \quad 13)$$

Sie liefert die Federungen	2,36	4,82	7,36,
während die Beobachtung ergab .	2,36	4,80	7,37.

Die zweite Versuchsreihe (der Stab war vorher durch die Belastungen der ersten Versuchsreihe in Anspruch genommen gewesen) liefert die Unterschiede

der gesamten Verlängerungen			der federnden Verlängerungen		
2,44	2,47	2,48	2,44	2,47	2,46

also nahezu Unveränderlichkeit. Diese Ergebnisse stehen in Übereinstimmung mit dem, was für Bronze festzustellen war.

Die Dehnungszahl für das Material in dem Zustand, in dem sich dasselbe während der Durchführung der zweiten Versuchsreihe befand, ergibt sich bei Zugrundelegung der Federung von 2,46 nach Gleichung 3, § 2 zu

$$\alpha = \frac{2{,}46}{15000 \cdot 131{,}6} = \sim \frac{1}{802000} = 1{,}25 \text{ Milliontel}$$

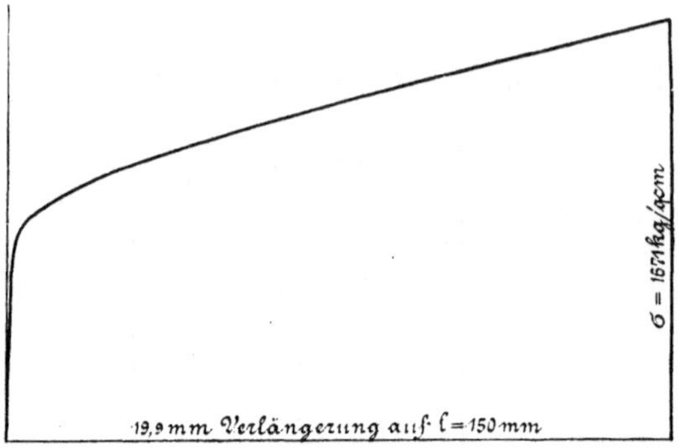

Abb. 21.

Die weitere Fortsetzung der Belastungen bis zum Bruche ergibt für den Verlauf der Linie der gesamten Dehnungen Abb. 21 und

$$K_z = \frac{6350}{3{,}80} = 1671 \text{ kg/qcm},$$

$$\psi = 100 \frac{3{,}80 - \frac{\pi}{4} 2{,}00^2}{3{,}80} = 100 \frac{3{,}80 - 3{,}14}{3{,}80} = 17{,}4\,\%,$$

$$\varphi = 100 \frac{226 - 200}{200} = 13\,\%.$$

Eine ausgeprägte Streckgrenze ist nicht vorhanden.

7. Versuche mit Leder. (1885 u. f.)

Für einen schon früher vielfach belasteten Riemen von 6,44 qcm Querschnitt ergaben Zugversuche folgendes. Einstellung erfolgte von 3 zu 3 Minuten.

Spannungsstufe in kg/qcm	Federnde Verlängerung in mm
3,88 und 11,65	5,5
3,88 „ 19,4	10,0
3,88 „ 27,2	14,0

Hiernach nehmen die Dehnungen mit wachsender Spannung ab.

Unter Zugrundelegung einer ursprünglichen Meßlänge des Riemens von 780,7 mm entsprechen diese Ergebnisse der Beziehung

$$\varepsilon = \frac{1}{415} \sigma^{0,7} \quad \ldots \ldots \ldots \ldots \quad 14)$$

worin die Zahlenwerte abgerundet worden sind.

Die durchschnittliche Dehnungszahl für die erste Spannungsstufe berechnet sich zu

$$\alpha = \frac{5{,}5 : 780{,}7}{11{,}65 - 3{,}88} = \frac{1}{1100} = 907 \text{ Milliontel.}$$

Gleichung 14 liefert für die Verlängerungen

5,6 mm	gegen	5,5 mm	beobachtet
10,1 „	„	10,0 „	„
14,1 „	„	14,0 „	„

Diese Übereinstimmung ist mit Rücksicht auf die vorgenommene Abrundung der Zahlenwerte in Gleichung 14 sowie in Anbetracht des bedeutenden Einflusses, den die Zeit auf die Formänderungen

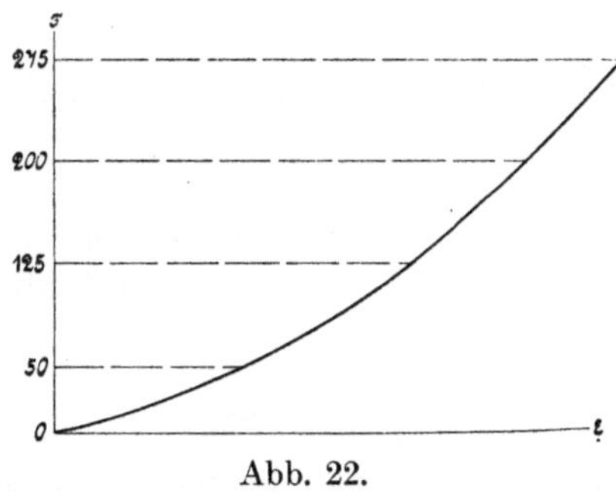

Abb. 22.

des Leders äußert, und auf den an anderer Stelle eingegangen werden soll, recht befriedigend.

In Abb. 22 ist die Linie der gesamten Dehnungen für einen anderen, vorher stark gespannt gewesenen Riemen dargestellt; sie kehrt der Achse der Belastungen ihre hohle Seite zu, krümmt sich demnach entgegengesetzt wie die Linie der Dehnungen bei Gußeisen, Kupfer, Bronze, Messing usw.

Abb. 23 zeigt die Linie der gesamten Verlängerungen für einen neuen Riemen von ursprünglich 49,6 mm Breite und 6,5 mm mittlerer Stärke, entsprechend $f = 4{,}96 \cdot 0{,}65 = 3{,}224$ qcm, auf 500 mm ursprünglicher Länge. Die Belastungen wurden anfangs je um 25 kg gesteigert, später je um 50 kg. Nach 35 Minuten erfolgte der Bruch unter 760 kg Belastung, wobei unmittelbar vorher die Länge der Meßstrecke des Riemens zu 602,2 mm gemessen worden war. Unmittelbar nach dem Zerreißen zeigte die Meßstrecke, durch Aneinanderstoßen der Bruchflächen hergestellt, 520 mm, 40 Stunden später 516,8 mm, 10 Tage darauf 515,6 mm und 23 Tage später 515 mm Länge.

Bei Beurteilung der Spannungen darf die weitgehende Verminderung des Querschnittes mit steigender Belastung nicht außer acht gelassen werden. So beträgt beispielsweise bei $P = 400$ kg die Breite

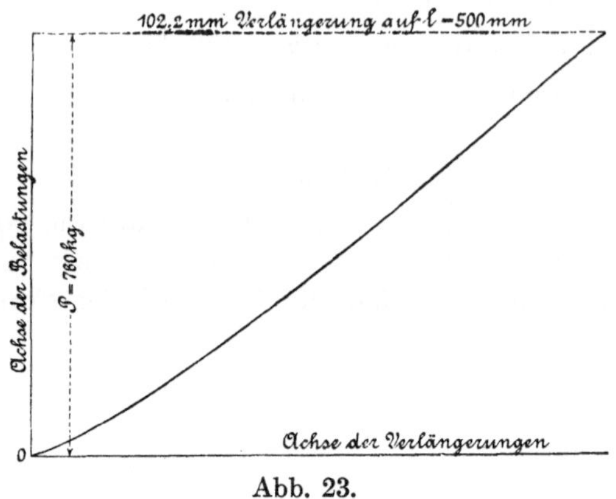

Abb. 23.

47,5 mm und die Stärke 6,0 mm, also $f = 4{,}75 \cdot 0{,}60 = 2{,}85$ qcm gegen ursprünglich 3,224 qcm. Mit dem ursprünglichen Querschnitt ergibt sich somit die Spannung

$$\sigma = \frac{400}{3{,}224} = 124 \text{ kg/qcm},$$

dagegen mit dem Querschnitt, der tatsächlich unter der Belastung $P = 400$ kg vorhanden war,

$$\sigma = \frac{400}{2{,}85} = 140 \text{ kg/qcm}.$$

Bei $P = 600$ kg war $f = 4{,}66 \cdot 0{,}59 = 2{,}75$ qcm,
„ $P = 700$ kg „ $f = 4{,}59 \cdot 0{,}59 = 2{,}70$ qcm.

Da das Reißen des Riemens unerwartet bei $P = 760$ kg eintrat, so war $f = 2{,}70$ qcm der letzte der bestimmten Querschnitte des gespannten Riemens.

Je nachdem nun dieser Wert $f = 2{,}70$ qcm oder der ursprüngliche Querschnitt $f = 3{,}224$ qcm zur Ermittlung der Zugfestigkeit in Rechnung gestellt wird, ergibt sich diese zu

$$\frac{760}{2{,}70} = 281 \text{ kg/qcm},$$

bzw.

$$\frac{760}{3{,}224} = 236 \text{ kg/qcm}.$$

Über die Elastizität des Leders an den verschiedenen Stellen einer und derselben Haut berichtet Verfasser in der

Zeitschrift des Vereines deutscher Ingenieure 1902, S. 1446 und 1447 oder auch in den „Mitteilungen über Forschungsarbeiten", Heft 5.

Ähnlich wie Lederriemen verhalten sich Hanfseile und dergl. Siehe hierüber die Ergebnisse der eigenen Versuche in der Zeitschrift des Vereines deutscher Ingenieure 1887, S. 221 u. f., S. 241 u. f., S. 891 und 892, oder auch „Abhandlungen und Berichte" 1897, S. 5 u. f., S. 59 u. f.

Ausnahmsweise wurde an Riemen, die jahrelang sehr häufige und starke Belastungswechsel erfahren hatten, Proportionalität zwischen Dehnungen und Spannungen gefunden, ja sogar eine gewisse Neigung dahingehend, daß die Dehnungen etwas rascher wachsen als die Spannungen.

Außergewöhnlich hohe Zugfestigkeit ergaben Versuche mit Aalhaut. Zwei Versuche lieferten die Zugfestigkeit, bezogen auf den ursprünglichen Querschnitt, zu 906 und 806 kg/qcm, die Bruchdehnung zu 19,8 und 18,6 %.

8. Versuche mit Körpern aus Gummi. (1909 und 1910.)

A. Körper aus weichem Gummi (Raumgewicht 1,03).

a) Zugversuche.

Als Probekörper diente Rundgummi von 1,6 cm Stärke.

Bei der Belastung	0,5	2,5	4,5	6,5	8,5	10,5 kg
betrug						
die Meßlänge . .	82,07	89,36	98,16	108,98	121,71	136,48 cm,
der Durchmesser .	1,54	1,47	1,40	1,33	1,27	1,20 cm,
der Querschnitt .	1,863	1,697	1,539	1,389	1,267	1,131 qcm.

Mit Rücksicht auf diese bedeutende Veränderlichkeit der Abmessungen des Probekörpers bei steigender Belastung scheint es notwendig, Spannung, Dehnung und Dehnungszahl auf zwei verschiedene Weisen zu berechnen:

α) unter Zugrundelegung der bei der Anfangsbelastung (hier 0,5 kg) vorhandenen „ursprünglichen" Abmessungen des Versuchskörpers, wie es für Festigkeitsrechnungen üblich ist, und

β) unter Verwendung der bei P kg jeweils vorhandenen Abmessungen.

Bei den Versuchen wurde das S. 20 u. f. besprochene Verfahren des Belastungswechsels angewendet. Die angegebenen Zahlen sind die erlangten Ausgleichswerte.

1. Versuchsreihe.

Belastungswechsel innerhalb 2 Minuten (Ausgleichswerte).

α) Spannungen sind bezogen auf den ursprünglichen Querschnitt von 1,863 q
Dehnungen sind bezogen auf die ursprüngliche Meßlänge „ 82,07 c

Belastungsstufe		Meßstrecke	Verlängerung der Meßstrecke in cm			Dehnungszahl der Federung
P kg	kg/qcm	l cm	gesamte	federnd	bleibende	
0,5	0,5 : 1,863 = 0,268	82,07	3,50			
1,5	1,5 : 1,863 = 0,805	85,57				$\alpha = \frac{3,20}{82,07} : (0,805 - 0,26$
0,5	0,268	82,37		3,20	0,30	$= 1 : 13,8 = 72600$ Milli
1,5	0,805	85,57	3,79			
2,5	2,5 : 1,863 = 1,342	89,36				$\alpha = \frac{3,65}{82,07} : (1,342 - 0,80$
1,5	0,805	85,71		3,65	0,14	$= 1 : 12,1 = 82800$ Milli
2,5	1,342	89,36	4,14			
3,5	3,5 : 1,863 = 1,879	93,50				$\alpha = \frac{3,92}{82,07} : (1,879 - 1,34$
2,5	1,342	89,58		3,92	0,22	$= 1 : 11,2 = 88900$ Milli
3,5	1,879	93,50	4,66			
4,5	4,5 : 1,863 = 2,415	98,16				$\alpha = \frac{4,34}{82,07} : (2,415 - 1,87$
3,5	1,879	93,82		4,34	0,32	$= 1 : 10,1 = 98700$ Milli
4,5	2,415	98,16	5,16			
5,5	5,5 : 1,863 = 2,952	103,32				$\alpha = \frac{4,80}{82,07} : (2,952 - 2,41$
4,5	2,415	98,52		4,80	0,36	$= 1 : 9,2 = 108900$ Milli
5,5	2,952	103,32	5,66			
6,5	6,5 : 1,863 = 3,489	108,98				$\alpha = \frac{5,23}{82,07} : (3,489 - 2,95$
5,5	2,952	103,75		5,23	0,43	$= 1 : 8,4 = 118700$ Milli
6,5	3,489	108,98	6,17			
7,5	7,5 : 1,863 = 4,026	115,15				$\alpha = \frac{5,63}{82,07} : (4,026 - 3,48$
6,5	3,489	109,52		5,63	0,54	$= 1 : 7,8 = 127700$ Milli
7,5	4,026	115,15	6,56			
8,5	8,5 : 1,863 = 4,563	121,71				$\alpha = \frac{6,00}{82,07} : (4,563 - 4,02$
7,5	4,026	115,71		6,00	0,56	$= 1 : 7,4 = 136100$ Milli
8,5	4,563	121,71	7,18			
9,5	9,5 : 1,863 = 5,099	128,89				$\alpha = \frac{6,29}{82,07} : (5,099 - 4,56$
8,5	4,563	122,60		6,29	0,89	$= 1 : 7,0 = 143000$ Millio
9,5	5,099	128,89	7,59			
10,5	10,5 : 1,863 = 5,636	136,48				$\alpha = \frac{6,48}{82,07} : (5,636 - 5,09$
9,5	5,099	130,00		6,48	1,11	$= 1 : 6,8 = 147000$ Millio

β) Spannungen sind bezogen auf den jeweiligen Querschnitt,

Dehnungen sind bezogen auf die jeweilige Meßlänge.

Belastungsstufe kg/qcm	Meß- strecke l cm	Verlängerungen der Meßstrecke in cm			Dehnungszahl der Federung
		gesamte	federnde	bleibende	
0,5 : 1,863 = 0,268 1,5 : 1,791 = 0,838 0,268	82,07 85,57 82,37	3.50	3,20	0,30	$\alpha = \frac{3,20}{82,37} : (0,838 - 0,268)$ $= 1 : 14,7 = 68200$ Milliontel
0,838 2,5 : 1,697 = 1,473 0,838	85,57 89,36 85,71	3,79	3,65	0,14	$\alpha = \frac{3,65}{85,71} : (1,473 - 0,838)$ $= 1 : 14,9 = 67100$ Milliontel
1,473 3,5 : 1,629 = 2,149 1,473	89,36 93,50 89,58	4,14	3,92	0,22	$\alpha = \frac{3,92}{89,58} : (2,149 - 1,473)$ $= 1 : 15,4 = 64700$ Milliontel
2,149 4,5 : 1,539 = 2,924 2,149	93,50 98,16 93,82	4,66	4,34	0,32	$\alpha = \frac{4,34}{93,82} : (2,924 - 2,149)$ $= 1 : 16,8 = 59700$ Milliontel
2,924 5,5 : 1,453 = 3,785 2,924	98,16 103,32 98,52	5,16	4,80	0,36	$\alpha = \frac{4,80}{98,52} : (3,785 - 2,924)$ $= 1 : 17,7 = 56600$ Milliontel
3,785 6,5 : 1,389 = 4,680 3,785	103,32 108,98 103,75	5,66	5,23	0,43	$\alpha = \frac{5,23}{103,75} : (4,680 - 3,785)$ $= 1 : 17,8 = 56300$ Milliontel
4,680 7,5 : 1,327 = 5,652 4,680	108,98 115,15 109,52	6,17	5,63	0,54	$\alpha = \frac{5,63}{109,52} : (5,652 - 4,680)$ $= 1 : 18,9 = 52900$ Milliontel
5,652 8,5 : 1,267 = 6,709 5,652	115,15 121,71 115,71	6,56	6,00	0,56	$\alpha = \frac{6,00}{115,71} : (6,709 - 5,652)$ $= 1 : 20,4 = 49100$ Milliontel
6,709 9,5 : 1,208 = 7,864 6,709	121,71 128,89 122,60	7,18	6,29	0,89	$\alpha = \frac{6,29}{122,60} : (7,864 - 6,709)$ $= 1 : 22,5 = 44400$ Milliontel
7,864 10,5 : 1,131 = 9,284 7,864	128,89 136,48 130,00	7,59	6,48	1,11	$\alpha = \frac{6,48}{130,00} : (9,284 - 7,864)$ $= 1 : 28,5 = 35100$ Milliontel

In Abb. 24 sind die Linien der bleibenden, federnden und gesamten Dehnungen verzeichnet, und zwar je doppelt: einmal entsprechend der Berechnungsweise α, unter Zugrundelegung der ursprünglichen Abmessungen (dünne Linien), das zweitemal unter Bezugnahme auf die jeweiligen Abmessungen, gemäß der Zusamenmstellung β (stärkere

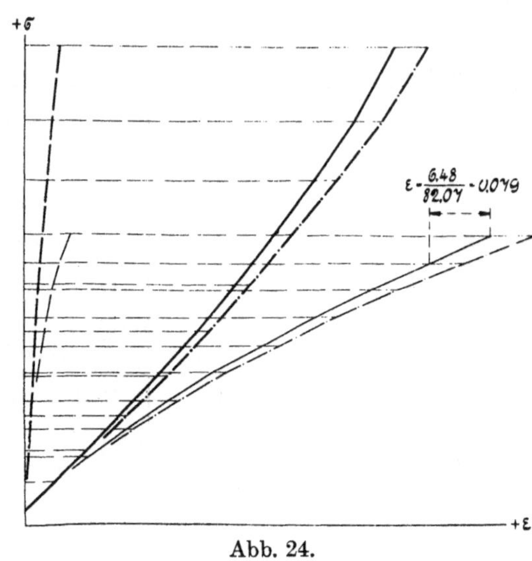

Abb. 24.

Linien). Im ersten Falle scheinen die Dehnungen weit rascher zu wachsen als die Spannungen; die Betrachtung der stärkeren Linien zeigt das Gegenteil. Somit erweist sich die Dehnungszahl abnehmend oder wachsend, je nachdem der tatsächliche oder der ursprüngliche Querschnitt bei Bestimmung der Spannungen zugrunde gelegt wird.

Die in Abb. 24 schwach ausgezogenen Linien stellen auch den Zusammenhang zwischen den wirkenden Kräften und den Verlängerungen dar. Sie rufen den Eindruck wach, daß die Dehnungen bei höheren Belastungen rascher als die Spannungen wachsen, während bei Einführung des tatsächlichen Querschnitts in die Rechnung das Umgekehrte der Fall ist.

2. Versuchsreihe.

Derselbe Probekörper wurde einen Tag später derart beansprucht, daß Entlasten jedesmal auf die Anfangslast (hier 0,5 kg) erfolgte, wie beim Versuch 2 mit Gußeisenkörper II auf S. 28 besprochen.

Versuchsergebnisse.

Belastungswechsel innerhalb 2 Minuten (Ausgleichswerte).

α) Spannungen sind bezogen auf den ursprünglichen Querschnitt von 1,815 qcm, Dehnungen sind bezogen auf die ursprüngliche Meßlänge von 82,27 cm.

Belastungsstufe		Meß-strecke	Verlängerungen der Meßstrecke				Dehnungszahl der Federung
				federnde			
kg	kg/qcm	l cm	gesamte		Unterschied	bleibende	
0,5	0,5 : 1,815 = 0,275	82,27	3,52		3,47		$\alpha = \frac{3,47}{82,27} : (0,826 - 0,275)$
1,5	1,5 : 1,815 = 0,826	85,79					
0,5	0,275	82,32		3,47		0,05	$= 1 : 13,1 = 76500$ Milliontel
0,5	0,275	82,32	7,21		3,63		$\alpha = \frac{7,10}{82,27} : (1,377 - 0,275)$
2,5	2,5 : 1,815 = 1,377	89,53					
0,5	0,275	82,43		7,10		0,11	$= 1 : 12,8 = 78300$ Milliontel
0,5	0,275	82,43	11,27		4,04		$\alpha = \frac{11,14}{82,27} : (1,928 - 0,275)$
3,5	3,5 : 1,815 = 1,928	93,70					
0,5	0,275	82,56		11,14		0,13	$= 1 : 12,2 = 81900$ Milliontel
0,5	0,275	82,56	15,76		4,55		$\alpha = \frac{15,69}{82,27} : (2,479 - 0,275)$
4,5	4,5 : 1,815 = 2,479	98,32					
0,5	0,275	82,63		15,69		0,07	$= 1 : 11,6 = 86500$ Milliontel
0,5	0,275	82,63	20,79		5,00		$\alpha = \frac{20,69}{82,27} : (3,030 - 0,275)$
5,5	5,5 : 1,815 = 3,030	103,42					
0,5	0,275	82,73		20,69		0,10	$= 1 : 11,0 = 91300$ Milliontel
0,5	0,275	82,73	26,28		5,43		$\alpha = \frac{26,12}{82,27} : (3,581 - 0,275)$
6,5	6,5 : 1,815 = 3,581	109,01					
0,5	0,275	82,89		26,12		0,16	$= 1 : 10,4 = 96000$ Milliontel
0,5	0,275	82,89	32,24		6,00		$\alpha = \frac{32,12}{82,27} : (4,132 - 0,275)$
7,5	7,5 : 1,815 = 4,132	115,13					
0,5	0,275	83,01		32,12		0,12	$= 1 : 9,9 = 101200$ Milliontel
0,5	0,275	83,01	38,54		6,36		$\alpha = \frac{38,48}{82,27} : (4,683 - 0,275)$
8,5	8,5 : 1,815 = 4,683	121,55					
0,5	0,275	83,07		38,48		0,06	$= 1 : 9,4 = 106100$ Milliontel
0,5	0,275	83,07	45,34		6,71		$\alpha = \frac{45,19}{82,27} : (5,234 - 0,275)$
9,5	9,5 : 1,815 = 5,234	128,41					
0,5	0,275	83,22		45,19		0,15	$= 1 : 9,0 = 110800$ Milliontel
0,5	0,275	83,22	52,18		6,95		$\alpha = \frac{52,14}{82,27} : (5,785 - 0,275)$
0,5	10,5 : 1,815 = 5,785	135,40					
0,5	0,275	83,26		52,14		0,04	$= 1 : 8,7 = 115000$ Milliontel

β) Spannungen sind bezogen auf den jeweiligen Querschnitt, Dehnungen sind bezogen auf die jeweilige Meßlänge.

Belastungsstufe		Meß-strecke	Verlängerungen der Meßstrecke fn cm				Dehnungszahl der Federung
				federnde			
P kg	kg/qcm	l cm	gesamte		Unterschied	bleibende	
0,5	0,5 : 1,815 = 0,275	82,27	3,52		3,47		$\alpha = \frac{3,47}{82,32}$: (0,849 — 0,2
1,5	1,5 : 1,767 = 0,849	85,79					
0,5	0,275	82,32		3,47		0,05	= 1 : 13,6 = 73400 Mil
0,5	0,275	82,32	7,21		3,63		$\alpha = \frac{7,10}{82,43}$: (1,473 — 0,2
2,5	2,5 : 1,697 = 1,473	89,53					
0,5	0,275	82,43		7,10		0,11	= 1 : 13,9 = 71900 Mil
0,5	0,275	82,43	11,27		4,04		$\alpha = \frac{11,14}{82,56}$: (2,149 — 0,2
3,5	3,5 : 1,629 = 2,149	93,70					
0,5	0,275	82,56		11,14		0,13	= 1 : 13,9 = 72000 Mil
0,5	0,275	82,56	15,76		4,55		$\alpha = \frac{15,69}{82,63}$: (2,924 — 0,2
4,5	4,5 : 1,539 = 2,924	98,32					
0,5	0,275	82,63		15,69		0,07	= 1 : 14,0 = 71700 Mil
0,5	0,275	82,63	20,79		5,00		$\alpha = \frac{20,69}{82,73}$: (3,785 — 0,2
5,5	5,5 : 1,453 = 3,785	103,42					
0,5	0,275	82,73		20,69		0,10	= 1 : 14,0 = 71300 Mil
0,5	0,275	82,73	26,28		5,43		$\alpha = \frac{26,12}{82,89}$: (4,680 — 0,2
6,5	6,5 : 1,389 = 4,680	109,01					
0,5	0,275	82,89		26,12		0,16	= 1 : 14,0 = 71500 Mil
0,5	0,275	82,89	32,24		6,00		$\alpha = \frac{32,12}{83,01}$: (5,652 — 0,2
7,5	7,5 : 1,327 = 5,652	115,13					
0,5	0,275	83,01		32,12		0,12	= 1 : 13,9 = 72000 Mil
0,5	0,275	83,01	38,54		6,36		$\alpha = \frac{38,48}{83,07}$: (6,709 — 0,2
8,5	8,5 : 1,267 = 6,709	21,55					
0,5	0,275	83,07		38,48		0,06	= 1 : 13,9 = 72000 Mil
0,5	0,275	83,07	45,34		6,71		$\alpha = \frac{45,19}{83,22}$: (7,864 — 0,2
9,5	9,5 : 1,208 = 7,864	128,41					
0,5	0,275	83,22		45,19		0,15	= 1 : 14,0 = 71600 Mil
0,5	0,275	83,22	52,18		6,95		$\alpha = \frac{52,14}{83,26}$: (9,284 — 0,2
10,5	10,5 : 1,131 = 9,284	135,40					
0,5	0,275	83,26		52,14		0,04	= 1 : 14,4 = 69500 Mil

Die vorstehenden Ergebnisse sind in Abb. 25 zeichnerisch dargestellt. (Dabei mußte die Linie der bleibenden Dehnungen entsprechend der Berechnungsweise α weggelassen werden, weil sie zu nahe mit

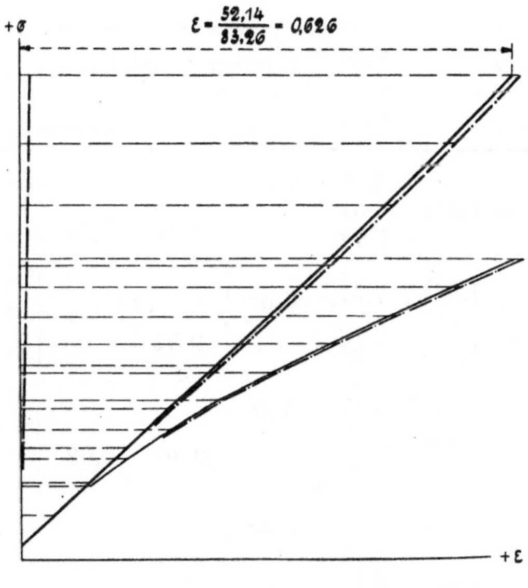

Abb. 25.

der eingezeichneten Kurve nach der Berechnungsart β zusammenfällt.) Bei der Versuchsreihe 2 ergaben sich die bleibenden Dehnungen weit kleiner als bei Versuchsreihe 1.

Zu Abb. 25 sind die gleichen Bemerkungen zu machen wie S. 74 zu Abb. 24.

Die Linie der federnden Dehnungen, bezogen auf den jeweils vorhandenen Querschnitt, bildet hier nahezu eine Gerade.

b) Druckversuche.

Durchmesser des verwendeten Körpers rd. 6,9 cm, Höhe desselben rd. 18 cm, Meßlänge ursprünglich 8,0 cm.

1. Versuchsreihe, durchgeführt wie Zugversuch 1.

Belastungswechsel innerhalb 2 Minuten (Ausgleichswerte).

α) Spannungen sind bezogen auf den ursprünglichen Querschnitt von 37,28 qcm
Dehnungen „ „ „ die ursprüngliche Meßlänge von 8,00 cm.

Belastungsstufe P kg	Belastungsstufe kg/qcm	Meß-strecke l cm	Znsammendrückungen der Meßstrecke in cm gesamte	federnde	bleibende	Dehnungszahl der Federung
0 50 0	0 50 : 37,28 = 1,341 0	8,00 7,31 7,98	0,69	0,67	0,02	$\alpha = \frac{0,67}{8,00} : 1,341$ $= 1 : 16,0 = 62500$ Million
50 100 50	1,341 100 : 37,28 = 2,682 1,341	7,31 6,73 7,25	0,58	0,52	0,06	$\alpha = \frac{0,52}{8,00}(2,682 - 1, 341)$ $= 1 : 20,6 = 48500$ Milliont
100 150 100	2,682 150 : 37,28 = 4,024 2,682	6,73 6,19 6,65	0,54	0,46	0,08	$\alpha = \frac{0,46}{8,00} : (4,024 - 2,682)$ $= 1 : 23,3 = 42800$ Milliont
150 200 150	4,024 200 : 37,28 = 5,365 4,024	6,19 5,70 6,11	0,49	0,41	0,08	$\alpha = \frac{0,41}{8,00} : (5,365 - 4,024)$ $= 1 : 26,2 = 38200$ Milliont

β) Spannungen sind bezogen auf den jeweiligen Querschnitt,
Dehnungen „ „ „ die jeweilieg Meßlänge.

P kg	kg/qcm	l cm	gesamte	federnde	bleibende	Dehnungszahl der Federung
0 50 0	0 50 : 40,49 = 1,235 0	8,00 7,31 7,98	0,69	0,67	0,02	$\alpha = \frac{0,67}{7,98} :1,235$ $= 1 : 14,7 = 68000$ Milliont
50 100 50	1,235 100 : 44,65 = 2,240 1,235	7,31 6,73 7,25	0,58	0,52	0,06	$\alpha = \frac{0,52}{7,25} : (2,240 - 1,235)$ $= 1 : 14,0 = 71400$ Milliont
100 150 100	2,240 150 : 48,89 = 3,068 2,240	6,73 6,19 6,65	0,54	0,46	0,08	$\alpha = \frac{0,46}{6,65} : 3,068 - 2,240)$ $= 1 : 12,0 = 83500$ Milliont
150 200 150	3,068 200 : 53,59 = 3,732 3,068	6,19 5,70 6,11	0,49	0,41	0,08	$\alpha = \frac{0,41}{6,11} :(3,732 - 3,068)$ $= 1 : 9,9 = 101100$ Milliont

2. Versuchsreihe, durchgeführt wie Zugversuch 2.

Belastungswechsel innerhalb 2 Minuten (Ausgleichswerte).

pannungen sind bezogen auf den ursprünglichen Querschnitt von 37,28 qcm, ehnungen sind bezogen auf die ursprüngliche Meßlänge von 7,99 cm.

Belastungsstufe kg/qcm	Meß-strecke l cm	Zusammendrückungen der Meßstrecke in cm: gesamte	federnde	federnde: Unterschied	bleibende	Dehnungszahl der Federung
0 50 : 37,28 = 1,341 0	7,99 7,26 7,97	0,73	0,71	0,71	0,02	$\alpha = \frac{0,71}{7,99} : 1,341$ $= 1 : 15,1 = 66300$ Milliontel
0 100 : 37,28 = 2,682 0	7,97 6,63 7,94	1,34	1,31	0,60	0,03	$\alpha = \frac{1,31}{7,99} : 2,682$ $= 1 : 16,3 = 61100$ Milliontel
0 150 : 37,28 = 4,024 0	7,94 6,10 7,91	1,84	1,81	0,50	0,03	$\alpha = \frac{1,81}{7,99} : 4,024$ $= 1 : 17,7 = 56300$ Milliontel
0 200 : 37,28 = 5,365 0	7,91 5,63 7,89	2,28	2,26	0,45	0,02	$\alpha = \frac{2,26}{7,99} : 5,365$ $= 1 : 19,0 = 52700$ Milliontel

β) Spannungen sind bezogen auf den jeweiligen Querschnitt.
Dehnungen sind bezogen auf die jeweilige Meßlänge.

Belastungsstufe kg/qcm	Meß-strecke l cm	gesamte	federnde	Unterschied	bleibende	Dehnungszahl der Federung
0 50 : 40,49 = 1,235 0	7,99 7,26 7,97	0,73	0,71	0,71	0,02	$\alpha = \frac{0,71}{7,97} : 1,235$ $= 1 : 13,9 = 72100$ Milliontel
0 100 : 44,65 = 2,240 0	7,97 6,63 7,94	1,34	1,31	0,60	0,03	$\alpha = \frac{1,31}{7,94} : 2,240$ $= 1 : 13,6 = 73700$ Milliontel
0 150 : 48,89 = 3,068 0	7,94 6,10 7,91	1,84	1,81	0,50	0,03	$\alpha = \frac{1,81}{7,91} : 3,068$ $= 1 : 13,4 = 74600$ Milliontel
0 200 : 53,59 = 3,732 0	7,91 5,63 7,89	2,28	2,26	0,45	0,02	$\alpha = \frac{2,26}{7,89} : 3,732$ $= 1 : 13,0 = 76800$ Milliontel

er Vergleich der beiden Versuchsreihen führt zu denselben Beobachtungen wie en Zugversuchen.

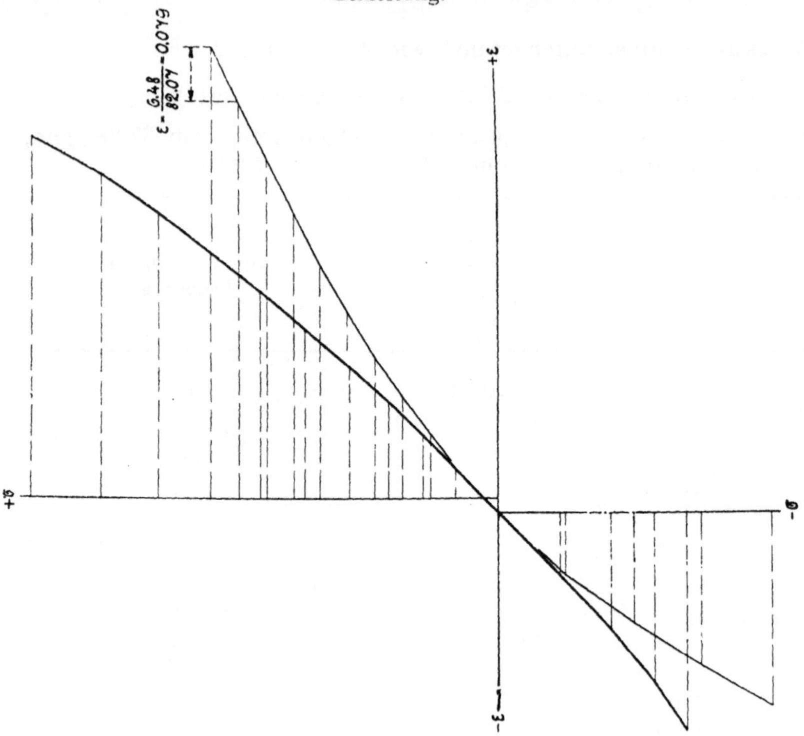

$\varepsilon = \frac{6{,}48}{82{,}07} = 0{,}079$

Abb. 26.

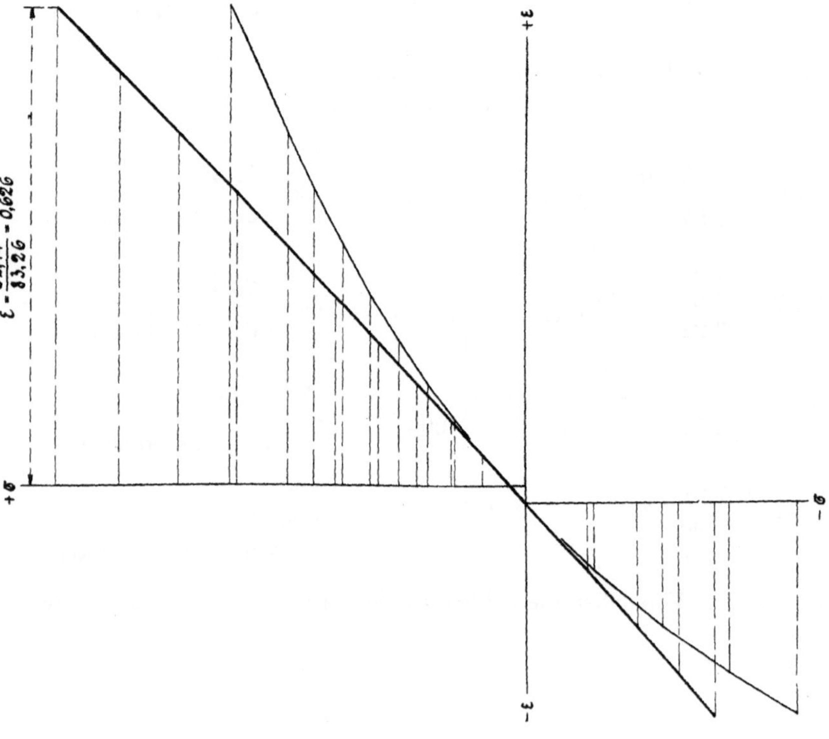

$\varepsilon = \frac{52{,}14}{83{,}26} = 0{,}626$

Abb. 27.

b) Zusammenfügung der Ergebnisse der Zug- und Druckversuche.

Verlängert man in Abb. 24 und 25 die Linien der federnden Dehnungen sinngemäß, bis sie die wagrechte Achse der Dehnungen schneiden — dies ist mit um so größerer Sicherheit möglich, je geradliniger diese Kurven in der Nähe des Ursprungs verlaufen —, so lassen sich die Ergebnisse der Druckversuche an diejenigen der Zugversuche anschließen, wie es in Abb. 26 und 27, gültig für die Versuche 1 bzw. 2, geschehen ist.

Von besonderem Interesse erscheint in Abb. 27 der fast geradlinige Verlauf der stark ausgezogenen Linie.

c) Einfluß des Alters.

Die Probekörper, über die unter a) und b) berichtet ist, waren $^1/_2$ Jahr früher bereits denselben Versuchen unterworfen worden. Dabei hatten sich für gleiche Beanspruchungen etwas größere Formänderungen ergeben. Bei Zugversuch 1 z. B. war die Dehnungszahl von 77500 Milliontel bis 164000 Milliontel veränderlich gewesen, gegenüber 72600 Milliontel bis 147000 Milliontel bei den späteren Versuchen.

B. Körper aus hartem Gummi. (Raumgewicht 1,48.)

Ein Teil der Ergebnisse ist in den folgenden Zusammenstellungen enthalten.

a) Zugversuche.

1. Versuchsreihe, durchgeführt wie Versuchsreihe 1 unter A.

pannungen sind bezogen auf den ursprünglichen Querschnitt von 1,767 qcm,
Dehnungen ,, ,, ,, die ursprüngliche Meßlänge von 80,25 cm.

Belastungsstufe kg/qcm	Meßstrecke l cm	Verlängerungen der Meßstrecke in cm gesamte	federnde	bleibende	Dehnungszahl der Federung
0,5 : 1,767 = 0,283	80,25	0,53			$\alpha = \frac{0,46}{80,25} : (0,849 - 0,283)$
1,5 : 1,767 = 0,849	80,78				
0,283	80,32		0,46	0,07	= 1 : 99 = 10100 Milliontel
5,5 : 1,767 = 3,113	83,21	0,70			$\alpha = \frac{0,51}{80,25} : (3,679 - 3,113)$
6,5 : 1,767 = 3,679	83,91				
3,113	83,40		0,51	0,19	= 1 : 89 = 11200 Milliontel
11,5 : 1,767 = 6,508	87,66	0,81			$\alpha = \frac{0,54}{80,25} : (7,074 - 6,508)$
12,5 : 1,767 = 7,074	88,47				
6,508	87,93		0,54	0,27	= 1 : 84 = 11900 Milliontel

β) Spannungen sind bezogen auf den jeweiligen Querschnitt,
Dehnungen „ „ „ die jeweilige Meßlänge.

Belastungsstufe		Meß-strecke	Verlängerung der Meßstrecke in cm			Dehnungszahl der Federung
P kg	kg/qcm	l cm	gesamte	federnde	bleibende	
0,5	0,5 : 1,767 = 0,283	80,25	0,53			$\alpha = \frac{0,46}{80,32}$: (0,860 — 0,
1,5	1,5 : 1,744 = 0,860	80,78				
0,5	0,283	80,32		0,46	0,07	= 1 : 101 = 9900 Mill
5,5	5,5 : 1,710 = 3,216	83,21	0,70			$\alpha = \frac{0,51}{83,40}$: (3,830 — 3,
6,5	6,5 : 1,697 = 3,830	83,91				
5,5	3,216	83,40		0,51	0,19	= 1 : 100 = 10000 Mill
11,5	11,5 : 1,629 = 7,060	87,66	0,81			$\alpha = \frac{0,54}{87,93}$: (7,783 — 7,
12,5	12,5 : 1,606 = 7,783	88,47				
11,5	7,060	87,93		0,54	0,27	= 1 : 118 = 8490 Mill

2. Versuchsreihe, durchgeführt wie Versuchsreihe 2 unter A.

α) Spannungen sind bezogen auf den ursprünglichen Querschnitt von 1,767 c
Dehnungen „ „ „ die ursprüngliche Meßlänge von 80,35 cm.

Belastungsstufe		Meß-strecke	Verlängerung der Meßstrecke in cm				Dehnungszahl der Federung
P kg	kg/qcm	l cm	ge-samte	federnde	für 1 kg	blei-bende	
0,5	0,5 : 1,767 = 0,283	80,35	0,47		0,46 : 1		$\alpha = \frac{0,46}{80,35}$: (0,849 — 0,
1,5	1,5 : 1,767 = 0,849	80,82					
0,5	0,283	80,36		0,46	= 0,46	0,01	= 1 : 99 = 10100 Mil
0,5	0,283	80,53	3,34		3,30 : 6		$\alpha = \frac{3,30}{80,35}$: (3,679 — 0
6,5	6,5 : 1,767 = 3,679	83,87					
0,5	= 0,283	80,57		3,30	= 0,55	0,04	= 1 : 83 = 12100 Mil
0,5	0,283	80,65	7,40		7,36 : 12		$\alpha = \frac{7,36}{80,35}$: (7,074 — 0
12,5	12,5 : 1,767 = 7,074	88,05					
0,5	0,283	80,69		7,36	= 0,61	0,04	= 1 : 74 = 13500 Mil

β) Spannungen sind bezogen auf den jeweiligen Querschnitt,
Dehnungen „ „ „ die jeweilige Meßlänge.

Belastungsstufe kg/qcm	Meßstrecke l cm	Verlängerungen der Meßstrecke in cm: gesamte	federnde	federnde für 100 kg	bleibende	Dehnungszahl der Federung
0,5 : 1,767 = 0,283 1,5 : 1,744 = 0,860 0,283	80,35 80,82 80,36	0,47	0,46	0,46 : 1 = 0,46	0,01	$\alpha = \frac{0,46}{80,36} : (0,860 - 0,283)$ = 1 : 101 = 9920 Milliontel
0,283 6,5 : 1,697 = 3,830 0,283	80,53 83,87 80,57	3,34	3,30	3,30 : 6 = 0,55	0,04	$\alpha = \frac{3,30}{80,57} : (3,830 - 0,283)$ = 1 : 87 = 11 500 Milliontel
0,283 12,5 : 1,606 = 7,783 0,283	80,65 88,05 80,69	7,40	7,36	7,36 : 12 = 0,61	0,04	$\alpha = \frac{7,36}{80,69} : (7,783 - 0,283)$ = 1 : 82 = 12 200 Milliontel

b) Druckversuch,

durchgeführt wie die Versuchsreihen 2.

[Sp]annungen sind bezogen auf den ursprünglichen Querschnitt von 39,04 qcm.
[De]hnungen „ „ „ die ursprüngliche Meßlänge von 8,00 cm.

Belastungsstufe kg/qcm	Meßstrecke l cm	Zusammendrückungen der Meßstrecke in cm: gesamte	federnde	federnde für 100 kg	bleibende	Dehnungszahl der Federung
0 100 : 39,04 = 2,561 0	8,00 7,70 7,97	0,30	0,27	0,27 : 1 = 0,27	0,03	$\alpha = \frac{0,27}{8,00} : 2,561$ = 1 : 76 = 13 200 Milliontel
0 500 : 39,04 = 12,807 0	7,95 6,56 7,93	1,39	1,37	1,37 : 5 = 0,27	0,02	$\alpha = \frac{1,37}{8,00} : 12,807$ = 1 : 75 = 13 400 Milliontel
0 900 : 39,04 = 23,053 0	7,90 5,61 7,86	2,29	2,25	2,25 : 9 = 0,25	0,04	$\alpha = \frac{2,25}{8,00} : 23,053$ = 1 : 82 = 12 200 Milliontel

β) Spannungen sind bezogen auf den jeweiligen Querschnitt.
Dehnungen „ „ „ die jeweilige Meßlänge.

Belastungsstufe		Meß- strecke	Zusammendrückungen der Meßstrecke in cm				Dehnungszahl der Federung
P kg	kg/qcm	l cm	ge- samte	federnde	für 100 kg	blei- bende	
0 100 0	0 100 : 39,82 = 2,511 0	8,00 7,70 7,97	0,30	0,27	0,27 : 1 = 0,27	0,03	$\alpha = \frac{0,27}{7,97} : 2,511$ $= 1 : 74 = 13500$ Mil
0 500 0	0 500 : 47,29 = 10,573 0	7,95 6,56 7,93	1,39	1,37	1,37 : 5 = 0,27	0,02	$\alpha = \frac{1,37}{7,93} : 10,573$ $= 1 : 61 = 16300$ Mil
0 900 0	0 900 : 55,02 = 16,358 0	7,90 5,61 7,86	2,29	2,25	2,25 : 9 = 0,25	0,04	$\alpha = \frac{2,25}{7,86} : 16,358$ $= 1 : 57 = 17500$ Mil

C. Körper aus Hartgummi (Ebonit).

Beim Druckversuch erwiesen sich die Dehnungen den Spannungen fast genau proportional. Die Dehnungszahl ergab sich für Beanspruchungen bis 108 kg/qcm zu 1 : 2630 = 380 Milliontel[1]).

9. Versuche mit Körpern aus reinem Zement, Zementmörtel, Beton.

Die zahlreichen vom Verfasser mit solchen Körpern durchgeführten Druckversuche, hinsichtlich welcher auf die früheren Veröffentlichungen verwiesen werden muß[2]), ergeben für nicht vorher belastete Körper ausnahmslos, daß die Zusammendrückungen rascher wachsen als die Spannungen.

Die erlangten Versuchsergebnisse lieferten innerhalb der für die ausführende Technik in Betracht kommenden Spannungsgrenzen beispielsweise die aus dem Folgenden ersichtlichen Beziehungen, in denen die Zahlenwerte abgerundet sind.

Körper aus reinem Zement.

$$\varepsilon = \frac{1}{250000}\sigma^{1,09} \quad \ldots\ldots\ldots\ldots \quad 15)$$

[1]) Die Zugfestigkeit, ermittelt an 2 Streifen, betrug 514 und 590, im Mittel 552 kg/qcm. Die Druckfestigkeit von 2 Würfeln ergab sich zu 875 und 865, im Mittel 870 kg/qcm. Weitere eigene Versuche, namentlich über das Verhalten bei höherer Temperatur, s. Zeitschr. des Vereines deutscher Ingenieure 1913, S. 907 u. f.

[2]) Zeitschrift des Vereines deutscher Ingenieure 1895, S. 489 u. f., 1896, S. 1381 u. f., 1897, S. 248 u. f.; oder „Abhandlungen und Berichte" 1897, S. 230 u. f., 268 u. f., S. 289 u. f.; C. Bach, Mitteilungen über die Herstellung und die Untersuchung von Betonkörpern mit verschiedenem Wasserzusatz, Stuttgart, I. Teil 1903, II. Teil 1906, III. Teil 1909.

Körper aus Zementmörtel.

1 Zement, $1^1/_2$ Donausand: $\varepsilon = \frac{1}{356000}\sigma^{1,11}$ . . . 16)[1])

1 „ 3 „ $\varepsilon = \frac{1}{315000}\sigma^{1,15}$ . . . 17)[1])

1 „ $4^1/_2$ „ $\varepsilon = \frac{1}{230000}\sigma^{1,17}$ . . . 18)[1])

Körper aus Beton.

1 Zement, $2^1/_2$ Donausand, 5 Donaukies:

$$\varepsilon = \frac{1}{298000}\sigma^{1,145} \quad \ldots\ldots \quad 19)$$

1 Zement, $2^1/_2$ Egginger Sand, 5 Kalksteinschotter:

$$\varepsilon = \frac{1}{457000}\sigma^{1,157} \quad \ldots\ldots \quad 20)$$

1 Zement, 5 Donausand, 6 Donaukies:

$$\varepsilon = \frac{1}{280000}\sigma^{1,137} \quad \ldots\ldots \quad 21)$$

1 Zement, 3 Donausand, 6 Kalksteinschotter:

$$\varepsilon = \frac{1}{380000}\sigma^{1,161} \quad \ldots\ldots \quad 22)$$

1 Zement, 5 Donausand, 10 Donaukies:

$$\varepsilon = \frac{1}{217000}\sigma^{1,157} \quad \ldots\ldots \quad 23)$$

1 Zement, 5 Egginger Sand, 10 Kalksteinschotter:

$$\varepsilon = \frac{1}{367000}\sigma^{1,207} \quad \ldots\ldots \quad 24)$$

Die Größe der Dehnungszahl des Zementmörtels und des Betons erweist sich in hohem Maße abhängig von der Zusammensetzung, der Behandlung, dem Alter usw. Beispielsweise lieferten eigene Druckversuche mit Zementmörtel für die Dehnungszahl der Fede-

[1]) Es ist von Interesse, zu beachten, wie ausgeprägt sich der Einfluß des Sandzusatzes auf die Größe der Exponenten m und die Größe von α äußert. Darin liegt überhaupt ein Vorteil der Beziehung 1, daß ihre beiden Koeffizienten α und m sehr empfindlich sind gegenüber Verschiedenheiten in der Zusammensetzung des Materials (Gußeisen, Kupfer, Bronze, Messing, Zementmörtel, Beton, Granit usw.) sowie gegenüber den Verschiedenheiten des Zustandes, in dem es sich jeweils in dem untersuchten Körper befindet (z. B. ob — bei Eisen — vorher ausgeglüht, ob kalt bearbeitet, oder vorher belastet, ob — bei Beton — trocken oder feucht usw.). Es erscheint wahrscheinlich, daß durch genaue Feststellungen in dieser Richtung in manche Materialien Einblicke erlangt werden können, die bisher auf physikalischem Wege sich nicht gewinnen ließen.

rung im Alter von 100 Tagen für die Spannungsstufe 0,1—15 kg/qcm folgende Werte (Armierter Beton, 1911, Heft 9).

Zusammensetzung	Dehnungszahl der Federung			
	nach feuchter Lagerung	Raumgewicht	nach feuchter Lagerung während 7 Tagen und anschließender trockenen Lagerung	R v
1 Zement, 0,5 Rheinsand	1:236800 = 4,22 Milliontel	2,16	1:201700 = 4,97 Milliontel	2
1 „ 1 „	1:273100 = 3,66 „	2,20	1:247500 = 4,04 „	2
1 „ 1,5 „	1:284600 = 3,52 „	2,20	1:263200 = 3,80 „	2
1 „ 2 „	1:283900 = 3,52 „	2,20	1:277800 = 3,60 „	2
1 „ 3 „	1:276700 = 3,62 „	2,22	1:248300 = 4,02 „	2
1 „ 5 „	1:228800 = 4,37 „	2,19	1:208900 = 4,79 „	2
1 „ 7 „	1:190800 = 5,24 „	2,14		
1 „ 10 „	1:158800 = 6,30 „	2,10		

Für Beton ergab sich nach feuchter Lagerung:

Zusammensetzung	Spannungsstufe kg/qcm	Dehnungszahl der Feder
1 Zement, 2 Rheinsand, 3 Rheinkies, Stampfbeton	0,1—24,5	1:372500=2,68 Millior
1 „ 2 „ 3 „ Gußbeton	0,1—24,7	1:310700=3,22 „
1 „ 3 „ 4 „ Stampfbeton	0,1—24,5	1:338100=2,96 „
1 „ 3 „ 4 „ Gußbeton	0,1—24,4	1:301900=3,32 „
1 „ 2,5 Sand, 2,25 Feinkies, 3 Grobkies, Stampfbeton	0,2—20,5	1:371000=2,70 „
1 „ 2,5 „ 2,25 Feinschotter, 3 Maschinengrobschotter, Stampfbeton	0,2—20,7	1:491000=2,04 „

Umfangsreiches Zahlenmaterial über die Elastizität und Festigkeit von Beton verschiedener Zusammensetzung unter Anwendung verschiedenen Wasserzusatzes findet sich in den in Fußbemerkung 2 auf Seite 84 zuletzt genannten Schriften, ferner in Heft 22, 29, 39, 45 bis 47, 72 bis 74, 90, 91, 95, 122, 123, 166 bis 169, 217 und 232 der Mitteilungen über Forschungsarbeiten, herausgegeben vom Vereine deutscher Ingenieure, sowie in den Heften des deutschen Ausschusses für Eisenbeton: 9, 10, 12, 16, 19, 20, 24, 27, 30, 38, 43, 44, 45 und A.

Von den Feststellungen, zu denen diese Versuche geführt haben, seien mit Rücksicht auf die Bedeutung, die der Beton an sich und sodann in Verbindung mit Eisen erlangt hat, die folgenden angeführt.

a) Probekörper aus Beton müssen ausreichend große Abmessungen erhalten, wenn die Versuchsergebnisse zuverlässig ausfallen sollen und Übertragung der erlangten Erfahrungszahlen auf Bauten beabsichtigt wird (1895).

b) Für die Ermittlung des elastischen Verhaltens ist das S. 19 u. f. sowie in der Fußbemerkung 2 S. 46 hervorgehobene Belastungswechselverfahren anzuwenden. Zur Erreichung des Ausgleichszustandes sind um so mehr Lastwechsel erforderlich, je höher die Belastung ist. Der Einfluß der Belastungszeit macht sich insbesondere bei stärkerer Beanspruchung geltend (1895).

c) Die gesamten, bleibenden und federnden Längenänderungen wachsen ausgeprägt rascher als die Spannungen. Die Größe und die Veränderlichkeit der Dehnungszahl hängen in hohem Maße von dem Alter ab, in dem die Prüfung erfolgt; die Krümmung der Dehnungslinie nimmt ab und diese nähert sich der Geraden, wenn der Beton älter wird, die federnden Dehnungen fallen kleiner aus, dasselbe gilt von den bleibenden Dehnungen (1906).

Sind höhere Belastungen vorausgegangen, so tritt die Veränderlichkeit der Dehnungszahl mit steigender Inanspruchnahme zurück; unter Umständen erweist sich die Dehnungszahl innerhalb des Bereichs der Vorbelastung als nahezu unabhängig von der Druckspannung[1]).

d) Die Zusammensetzung beeinflußt die Dehnungen in verschiedenartiger Weise. Kiesbeton ergab z. B. größere Dehnungen als Beton aus Muschelkalkschotter (1895). Das Verhalten von Mörtelkörpern mit verschiedenem Sandzusatz unter Druck geht aus der oben angeführten Zahlentafel sowie aus folgenden älteren Versuchswerten hervor.

Zusammensetzung	Reiner Portlandzement	1 Zement, 1 Sand	1 Zement, 3 Sand	1 Zement, $4^1/_2$ Sand	
Durchschnittliche Dehnungszahl α, auf der Spannungsstufe 0—7,8 kg/qcm	4,74	3,56	4,31	6,29	Milliontel
Raumgewicht	2,07	2,12	2,04	1,91	kg/cdm

Die Dehnungszahl nimmt also zunächst ab, bei weiterem Sandzusatz aber rasch zu. Bemerkenswert ist das umgekehrte Verhalten der Werte des Raumgewichts. Näheres s. Zeitschrift des Vereines deutscher Ingenieure 1896, S. 1381 u. f. Neue Versuche: Armierter Beton 1911, Heft 9.

Die Druckfestigkeit des Mörtels nimmt mit steigendem Sandgehalt ab (Armierter Beton 1914, Heft 6 und 7).

Von sehr bedeutendem Einfluß erweist sich die Größe des Wasserzusatzes. Bei geeigneter Zusammensetzung des Betons liefert die geringste Wassermenge, die eben noch ausreicht, um einen vollkommenen Stampfbeton zu erzeugen, bei sachgemäßer Herstellung die

---

[1]) Mitteilungen über Forschungsarbeiten Heft 227, S. 15 u. f.

größte Festigkeit. Zur Verarbeitung eines solchen Betons gehören aber zuverlässige und geübte Arbeiter. Beton mit größerem Wasserzusatz ist leichter zu verarbeiten; seine Festigkeit ist jedoch je nach der Größe des Wasserzusatzes mehr oder weniger bedeutend kleiner. Bei Beton mit sehr großem Wasserzusatz tritt die Gefahr der Entmischung ein, d. h. der Beton erweist sich an verschiedenen Stellen sehr verschieden zusammengesetzt, hat somit nicht die Zusammensetzung, die ihm zu geben beabsichtigt war. Andererseits darf nicht übersehen werden, daß sehr geringer Wasserzusatz zu unvollkommen und ungleichmäßig abgebundenem Beton führen kann.

Bei der Beurteilung des Wasserzusatzes kommt es nicht darauf an, wieviel Wasser zugesetzt wird, sondern darauf, wieviel Wasser schließlich im Beton verbleibt (dichte und undichte Formen). Trockene Holzformen entziehen dem Beton Wasser, eiserne Formen tun das nicht. Beton, in letzteren hergestellt, enthält also mehr Wasser; er weist deshalb unter sonst gleichen Umständen eine geringere Druckfestigkeit auf als Beton in Holzformen. Mangelhafte Holzformen lassen durch Risse und Spalten Zementbrühe verloren gehen, wodurch Verminderung der Festigkeit sich einstellen kann.

Zahlenmäßig geht der Einfluß des Wasserzusatzes z. B. aus folgenden Werten der Druckfestigkeit hervor, denen auch die Raumgewichte beigefügt sind. (Beton aus 1 Raumteil Zement, 2 Raumteilen Rheinsand und 3 Raumteilen Rheinkies; Heft 72/74 der Mitteilungen über Forschungsarbeiten.)

Wasserzusatz	6,8	7,8	9,0	10,0	%
Druckfestigkeit	274	224	201	166	kg/qcm
Raumgewicht	2,34	2,33	2,33	2,32	kg/cdm

Die Beziehungen zwischen der Größe des Wasserzusatzes und der Druckfestigkeit hat Graf näher verfolgt. Näheres s. in dessen Schrift: „Der Aufbau des Mörtels im Beton“, Berlin 1923, S. 3 u. f.

e) Je größer die auf die Raumeinheit entfallende Stampfarbeit ist, desto dichter und fester fällt der Beton aus. Kleine Probekörper weisen bei gleichem Stampfverfahren unter sonst gleichen Umständen größere Werte der Druckfestigkeiten auf als größere. Es fanden sich z. B. folgende Werte für Körper aus 1 Teil Zement und 3 Teilen Sand:

Handmischung:	Würfel 50 qcm Querschnitt	Zylinder, 25 cm hoch 480 qcm Querschnitt	Verhältniszahlen
Druckfestigkeit, kg/qcm	285	165	1 : 0,58
Raumgewicht, kg/cdm	2,28	2,23	1 : 0,98
Maschinenmischung:			
Druckfestigkeit, kg/qcm	292	203	1 : 0,70
Raumgewicht, kg/cdm	2,32	2,25	1 : 0,97

Die Ergebnisse lassen auch die Überlegenheit guter Maschinenmischung gegenüber der Handmischung erkennen.

Näheres s. Zeitschrift des Vereines deutscher Ingenieure 1898, S. 238 u. f. Über neuere eigene Versuche mit Betonwürfeln von 12,5, 30 und 40 cm Seitenlänge berichtet O. Graf unter: Druckversuche mit Betonwürfeln. Zusammenfassung von Ergebnissen, ermittelt in der Materialprüfungsanstalt an der K. Technischen Hochschule Stuttgart, in Armierter Beton 1914, Heft 6 und 7. Diese Arbeit enthält eine Zusammenstellung aller Einflüsse, die für die Druckfestigkeit des Betons von Bedeutung sind.

Ähnlich wie vermehrte Stampfarbeit wirken Erschütterungen der Betonmasse. Die erste Veröffentlichung über diesbezügliche Beobachtungen aus dem Jahr 1904 ist in Heft 22 der Mitteilungen über Forschungsarbeiten erfolgt.

f) Die Druckfestigkeit wächst mit zunehmendem Alter. Mit Annäherung kann die Druckfestigkeit K in kg/qcm, die nach A Monaten Erhärtungsdauer vorhanden ist, aus der Beziehung

$$K = a\left(1 - \sqrt[6]{\frac{1}{mA + 1}}\right)$$

berechnet werden, in der a und m Erfahrungszahlen bedeuten. Sie betragen z. B.

$a = 786$, $m = 9$ (Beton $1 : 2^1/_2 : 5$, $5{,}7\,^0/_0$ Wasser, Maschinenmischung)
$a = 897$, $m = 6$ („ $1 : 2^1/_2 : 5$, $3{,}5\,^0/_0$ „ „)
$a = 874$, $m = 6$ („ $1 : 2^1/_2 : 5$, $3{,}5\,^0/_0$ „ „)

Näheres s. z. B. in der Zeitschrift des Vereines deutscher Ingenieure 1909, S. 828 u. f.

g) Die Art der Lagerung (trocken oder feucht) äußert verschiedenen Einfluß, je nachdem es sich um fette oder magere Mischungen handelt. Auch das Alter ist hierbei von Bedeutung.

Von sehr bedeutendem Einfluß kann die Behandlung der Körper unmittelbar vor dem Versuch ausfallen, insbesondere bei Zugversuchen. Werden die Körper z. B. aus dem Wasser genommen und einige Zeit vor der Prüfung liegen gelassen, so trocknen sie an der Oberfläche aus. Infolgedessen schwindet der Beton an der Oberfläche (Näheres hierüber s. Mitteilungen über Forschungsarbeiten, Heft 72/74, Anhang). Dies hat das Auftreten großer Zugspannungen in den äußeren Schichten zur Folge, die sich zu den durch die Belastung bei der Prüfung hervorgebrachten Zugspannungen addieren und die Tragfähigkeit bedeutend vermindern. Dasselbe tritt ein, wenn trockene Körper vor der Prüfung befeuchtet werden. Zugspannung stellt sich dann im Innern ein. Näheres s. das eben erwähnte Heft 72/74, Anhang.

h) Über den Einfluß der Höhe der Probekörper vgl. § 13 unter 1, g.

i) Die Belastungsgeschwindigkeit äußert ebenfalls Einfluß, wie z. B. aus folgenden Zahlen hervorgeht:

Würfel aus Normalsand, Mörtel 1 : 3, 7 cm Kantenlänge.

Steigerung der Belastung in 1 Sek. um .	1	3	13 kg/qcm
Druckfestigkeit	313	319	326 „

Würfel aus Kiesbeton, 1 : 4, 30 cm Kantenlänge.

Steigerung der Belastung in 1 Sek. um .	1	4	12 kg/qcm
Druckfestigkeit	254	267	276 „

10. Versuche mit Granit. (1896.)

Die vom Verfasser durchgeführten Versuche liefern

bei Zug Dehnungslinien, wie z. B. in Abb. 28 dargestellt,
„ Druck „ „ „ „ „ 29 „

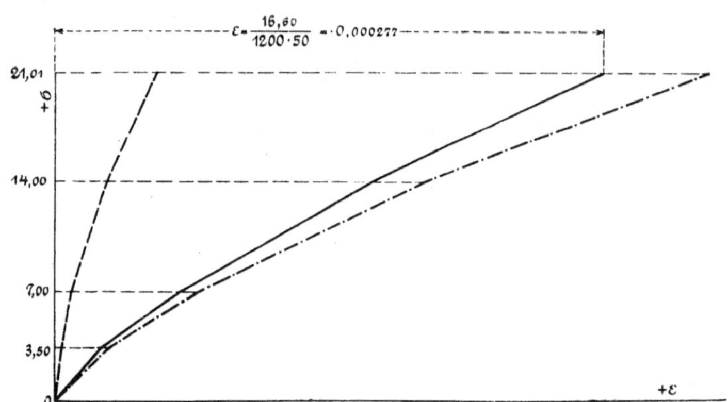

Abb. 28.

Hiernach kehrt die Linie der gesamten und der federnden Zusammendrückungen (Abb. 29) der Achse der Spannungen zunächst ihre erhabene Seite und später ihre hohle Seite zu, d. h. zu Anfang wachsen die Zusammendrückungen rascher als die Spannungen und später langsamer. Die Linienzüge besitzen demnach Wendepunkte; diese liegen oberhalb der für die ausführende Technik in Betracht kommenden Spannungsgrenze, die gegenüber Druck in der Regel bei etwa 50 kg/qcm angenommen werden darf. Innerhalb dieser Grenzen fand sich, wenn die Zahlen abgerundet werden

$$\text{für Granitkörper I (Druck) } \varepsilon = \frac{1}{250000}\,\sigma^{1,132} \quad . \; . \; . \; . \; . \quad 25)$$

$$\text{für Granitkörper II (Druck) } \varepsilon = \frac{1}{340000} \sigma^{1,109} \quad \ldots \quad 26)$$

$$\text{,, \quad ,, \quad III (Zug) } \varepsilon = \frac{1}{235000} \sigma^{1,374} \quad \ldots \quad 27)$$

Mit welcher Genauigkeit diese Beziehungen die beobachteten Federungen wiedergeben, darüber gibt die in der Fußbemerkung angeführte

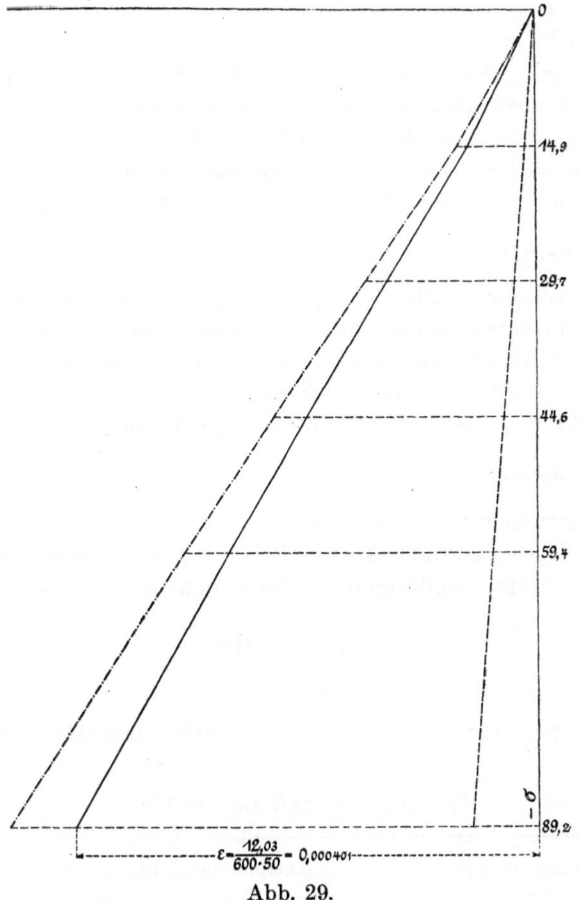

Abb. 29.

Stelle Auskunft, auf die auch hinsichtlich der weiteren Einzelheiten verwiesen werden darf[1]).

---

[1]) Zeitschrift des Vereines deutscher Ingenieure 1897, S. 241 u. f., oder auch des Verfassers „Abhandlungen und Berichte" 1897, S. 281 u. f.

Übrigens ergeben sich nach Versuchen des Verfassers selbst für Granit aus einem und demselben Bruch die Federungen recht verschieden[1]).

11. Versuche mit Marmor. (1897.)

Querschnitt des mittleren prismatischen Teiles 9,115 · 9,13 = 83,2 qcm
Länge ,, ,, ,, ,, 54 cm,
Meßlänge . . . . 50 cm,
Gesamtlänge des Körpers . . . . 74,5 cm,
Gewicht des Körpers . . . . 17,715 kg.

Der Körper wird zunächst in einer stehenden Prüfungsmaschine auf Druck beansprucht und dabei jeweils vollständig von der Druckkraft der Maschine entlastet, so daß als Belastung des mittleren Querschnitts sein halbes Eigengewicht und das Gewicht des oberen Teiles der Meßvorrichtung verbleiben, zusammen rund 18 kg, entsprechend $\frac{18}{83,2} = 0,22$ kg/qcm.

Hieran schließt sich Beanspruchung auf Zug in einer zweiten stehenden Maschine, ganz wie dies bei dem Gußeisenkörper IV (S. 31 u. f.) beschrieben worden ist. Die Belastung des mittleren Querschnitts durch das halbe Eigengewicht und durch den Anteil des Gewichts der Meßvorrichtung beträgt hierbei rund 15 kg, d. i. $\frac{15}{83,2} = 0,19$ kg/qcm.

Der Zugversuch wird wiederholt.

Darauf folgt abermals Druckbelastung usw., wie dies aus den folgenden Zusammenstellungen der Versuchsergebnisse erhellt.

1. Versuchsreihe.

Druck.

Der Körper war vorher mit rd. 6000 kg belastet, entsprechend 72,1 kg/qcm.

Temperatur 20,0 bis 20,1° C.

Belastungsstufe in kg		Zusammendrückungen in $^1/_{600}$ cm auf 50 cm		
P	σ	gesamte	bleibende	federnde
18 und 2018	0,22 und 24,25	4,10	0,25	3,85
18 ,, 4018	0,22 ,, 48,29	7,265	0,315	6,95
18 ,, 6018	0,22 ,, 72,33	10,035	0,33	9,705

[1]) Zeitschrift des Vereines deutscher Ingenieure 1903, S. 1445 u. f., oder auch „Mitteilungen über Forschungsarbeiten", Heft 17, S. 78 und 79.

Die Unterschiede der Federung sind

3,85 3,10 2,755,

sie nehmen also ausgeprägt ab bei wachsender Spannung. Der Marmor verhält sich hiernach umgekehrt wie z. B. das Gußeisen.

2. Versuchsreihe.

Zug.

Der Körper wurde kurze Zeit mit rund 2000 kg belastet, entsprechend 24 kg/qcm.

Temperatur 20,0⁰ C.

Belastungsstufe in kg		Verlängerungen in $^1/_{600}$ cm auf 50 cm		
P	σ	gesamte	bleibende	federnde
15 und 300	0,19 und 3,61	0,82	0,085	0,735
15 „ 600	0,19 „ 7,21	1,935	0,115	1,820
15 „ 900	0,19 „ 10,82	3,365	0,18	3,185
15 „ 1200	0,19 „ 14,42	4,96	0,215	4,745

Eine Wiederholung des Versuchs — 3. Versuchsreihe — ergab nahezu die gleichen federnden Dehnungen.

Die Unterschiede der Federungen

0,735 1,085 1,365 1,560

zeigen deutliche Zunahme der Verlängerungen mit wachsender Spannung.

4. Versuchsreihe.

Druck.

Temperatur 20,0 bis 20,1⁰ C.

Belastungsstufe in kg		Zusammendrückungen in $^1/_{600}$ cm auf 50 cm		
P	σ	gesamte	bleibende	federnde
18 und 2018	0,22 und 24,25	7,77	3,295	4,475
18 „ 4018	0,22 „ 48,29	11,63	3,795	7,835
18 „ 6018	0,22 „ 72,33	14,54	4,125	10,415

Die großen bleibenden Zusammendrückungen sind die Folge des Vorhergehens von Zugbelastung. Auch die federnden Zusammendrückungen zeigen größere Werte als Versuchsreihe 1. Doch hat sich daran, daß sie langsamer als die Spannungen wachsen, nichts geändert. Denn es betragen die Unterschiede:

4,475 3,360 2,580

Dieselben unterscheiden sich hier noch bedeutender voneinander als bei der Versuchsreihe 1.

5. Versuchsreihe.

Druck.

Temperatur 20,1° C.

Belastungsstufe in kg		Zusammendrückungen in $^{1}/_{600}$ cm auf 50 cm		
P	σ	gesamte	bleibende	federnde
18 und 2018	0,22 und 24,25	4,185	0,025	4,16
18 „ 4018	0,22 „ 48,29	7,54	0,05	7,49
18 „ 6018	0,22 „ 72,33	10,30	0,09	10,21

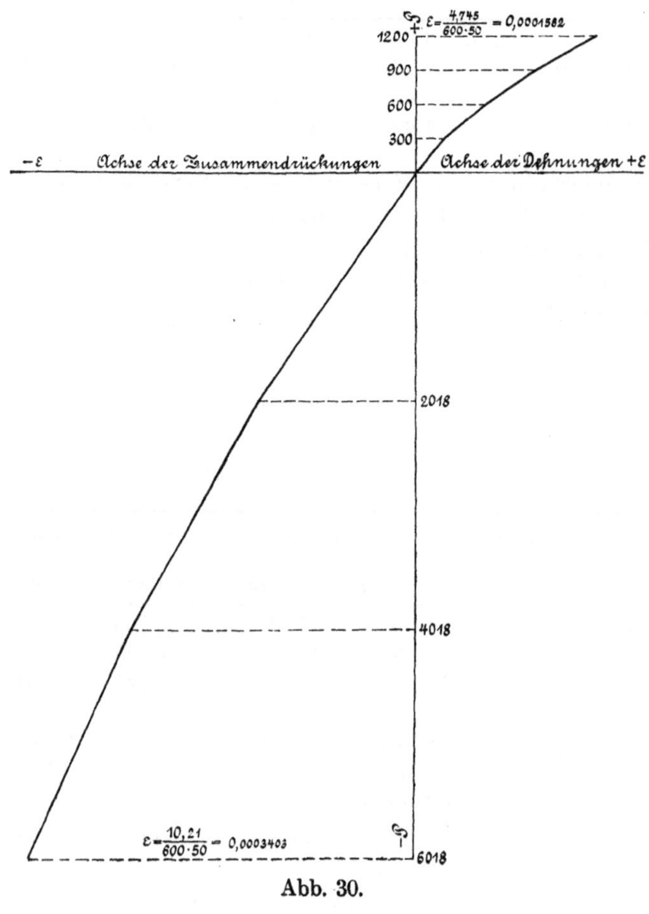

Abb. 30.

Die bleibenden Zusammendrückungen ergeben sich jetzt klein; die federnden haben sich ebenfalls etwas geändert, sie sind aber noch etwas größer als bei der 1. Versuchsreihe. Von Interesse ist, zu beachten, daß sich die Federung der obersten Stufe derjenigen genähert hat, die bei der 1. Versuchsreihe erhalten wurde; dort waren die Unterschiede

3,85 3,10 2,755

hier betragen sie

4,16 3,33 2,72.

Eine Wiederholung des Versuchs — 6. Versuchsreihe — ergab die gleichen federnden Zusammendrückungen.

In Abb. 30 sind die federnden Dehnungen der 2. Versuchsreihe (Zug) und die federnden Zusammendrückungen der 5. Versuchsreihe in der mehrfach erörterten Weise eingetragen und die so erhaltenen Punkte verbunden. Der so erlangte Linienzug hat die Eigentümlichkeit, daß er der Achse der Spannungen auf der Zugseite seine erhabene, dagegen auf der Druckseite seine hohle Seite zukehrt. Für $\sigma = 0$ darf nach dem Verlauf der beiden Kurvenzweige mit Annäherung eine gemeinschaftliche Tangente angenommen werden.

Werte der Dehnungszahlen α,

unter Zugrundelegung der Federungen berechnet für die einzelnen Belastungsstufen. (Vgl. S. 24 und 25, insbesondere auch die Fußbemerkungen daselbst.)

Druck.

Spannungsstufe kg/qcm	1. Versuchsreihe	4. Versuchsreihe	5. (6.) Versuchsreihe
$\frac{0,22}{24,25}$	$\frac{3,85}{600 \cdot 50\,(24,25 - 0,22)} = \begin{cases} 1 : 187\,200 \\ 5,34 \text{ Milliontel} \end{cases}$	1 : 161100 6,21 Milliontel	1 : 173300 5,77 Milliontel
$\frac{24,25}{48,29}$	$\frac{6,95 - 3,85}{600 \cdot 50\,(48,29 - 24,25)} = \begin{cases} 1 : 232\,600 \\ 4,30 \text{ Milliontel} \end{cases}$	1 : 214600 4,66 Milliontel	1 : 216600 4,62 Milliontel
$\frac{48,29}{72,33}$	$\frac{9,705 - 6,95}{600 \cdot 50\,(72,33 - 48,29)} = \begin{cases} 1 : 261\,800 \\ 3,82 \text{ Milliontel} \end{cases}$	1 : 279500 3,58 Milliontel	1 : 265100 3,77 Milliontel

Zug.

Spannungsstufe kg/qcm	2. (3.) Versuchsreihe
$\frac{0{,}19}{3{,}61}$	$\frac{0{,}735}{600 \cdot 50\,(3{,}61 - 0{,}19)} = \begin{cases} 1 : 139600 \\ 7{,}16 \text{ Milliontel} \end{cases}$
$\frac{3{,}61}{7{,}21}$	$\frac{1{,}82 - 0{,}735}{600 \cdot 50\,(7{,}21 - 3{,}61)} = \begin{cases} 1 : 99500 \\ 10{,}05 \text{ Milliontel} \end{cases}$
$\frac{7{,}21}{10{,}82}$	$\frac{3{,}185 - 1{,}82}{600 \cdot 50\,(10{,}82 - 7{,}21)} = \begin{cases} 1 : 79300 \\ 12{,}60 \text{ Milliontel} \end{cases}$
$\frac{10{,}82}{14{,}42}$	$\frac{4{,}745 - 3{,}185}{600 \cdot 50\,(14{,}42 - 10{,}82)} = \begin{cases} 1 : 69200 \\ 14{,}44 \text{ Milliontel} \end{cases}$

12. Versuche mit Sandstein. (1898.)

Die vom Verfasser durchgeführten Versuche ergaben für Sandstein im ursprünglichen Zustande ausnahmslos, daß die Dehnungen weit rascher wachsen als die Spannungen. Da grundsätzlich Neues hierbei nicht auftritt, so darf auf die dahingehenden Veröffentlichungen des Verfassers verwiesen werden: Zeitschrift des Vereines deutscher Ingenieure 1899, S. 1402; 1900, S. 1169 u. f. Mitteilungen über Forschungsarbeiten 1901, Heft 1, und 1904, Heft 20.

13. Versuche mit Kiefernholz.

1. Zugversuch.

Durchmesser des Stabes . . . . 1,35 cm
Meßlänge . . . . 10,00 „

Spannungsstufe kg/qcm	Längenänderungen in % gesamte	bleibende	federnde	Dehnungszahl der Federung
105 — 245	0,086	0,002	0,084	1:166300 = 6,01 Milliontel
105 — 385	0,177	0,009	0,168	
105 — 524	0,304	0,045	0,259	

Bei Steigerung der Belastung erfolgte der Bruch des Stabes nahe der Einspannstelle unter der Belastung von 1353 kg/qcm, ein anderer Stab ergab 1437 kg/qcm[1]).

2. Druckversuch.

Das Material wurde derselben Bohle entnommen wie das für den Zugstab.

[1]) Ehe man solche große Festigkeiten auf Bauausführungen übertragen darf, muß im Auge behalten werden, daß Aststellen, Verwachsungen usw. stark herabsetzend wirken können. Sinngemäß gilt diese Bemerkung, betreffend Übertragung von Versuchszahlen auf Ausführungen, ganz allgemein.

Durchmesser des Probekörpers . . . . . 3,70 cm
Meßlänge . . . . 10,00 „
Gewicht der Raumeinheit . . . . 0,55 g/ccm

Spannungsstufe kg/qcm	Längenänderungen in %			Dehnungszahl der Federung
	gesamte	bleibende	federnde	
47 — 140	0,059	0,001	0,058	1:161700 = 6,18 Millontel
47 — 233	0,116	0,001	0,115	
47 — 326	0,172	0,001	0,171	
47 — 419	0,231	0,002	0,229	

Die Druckfestigkeit ergab sich zu 577 kg/qcm.

3. Biegungsversuch.

Breite des Stabes $b = 4{,}12$ cm Höhe des Querschnittes 4,03 cm
Auflagerentfernung 80,0 cm Gewicht der Raumeinheit 0,51 k/qcm

Auch dieser Stab bestand aus demselben Holz, weshalb das Folgende schon hier angeführt sei.

Spannungsstufe kg/qcm	Durchbiegungen in mm			Dehnungszahl der Federung
	gesamte	bleibende	federnde	
90 — 179	1,57	0,04	1,53	1:155100 = 6,45 Milliontel
90 — 269	3,14	0,08	3,06	
90 — 359	4,73	0,13	4,60	

Die Biegungsfestigkeit, berechnet aus Gl. 9, § 16, ergab sich zu 908 kg/qcm.

Hiernach erweisen sich die Formänderungen den Spannungen beim Zug- und Biegungsversuch nur je auf den beiden ersten Spannungsstufen proportional. Bei höheren Belastungen wachsen die Dehnungen etwas rascher als die Spannungen, doch ist der Unterschied nicht groß. Beim Druckversuch besteht bis zur Spannung 419 kg/qcm angenäherte Proportionalität.

Die Höhe der Dehnungszahlen für Zug, Druck und Biegung ist ungefähr gleich groß, am kleinsten beim Zugversuch. Vergl. jedoch die Versuchsergebnisse in § 22 unter 5. B.

Die Zugfestigkeit erweist sich, obwohl Zerreißen nahe der Einspannstelle erfolgte, ihr Wert also etwas vermindert erscheint, bedeutend größer als die Druckfestigkeit. Die Biegungsfestigkeit liegt zwischen beiden. Dies rührt zu einem Teile daher, daß sie unter Verwendung der üblichen Gleichungen berechnet worden ist. — Näheres s. § 22.

Um zu zeigen, daß auch für ein und dieselbe Holzart sehr verschiedene Werte der Dehnungszahlen und der Festigkeiten erlangt werden, sind im folgenden die Ergebnisse mit gutem und schlechtem Eschenholz besprochen.

14. Versuche mit gutem und schlechtem Eschenholz.

1. Zugversuch.

Gutes Holz.

Durchmesser des Stabes . . . . 1,45 cm
Meßlänge . . . . 10,00 „

Spannungsstufe kg/qcm	Längenänderungen in %			Dehnungszahl der Federung
	gesamte	bleibende	federnde	
152 — 303	0,116	0,002	0,114	
152 — 455	0,238	0,010	0,228	1 : 132 900 = 7,53 Milliontel
152 — 606	0,360	0,018	0,342	
152 — 758	0,485	0,029	0,456	

Zugfestigkeit: 1519 kg/qcm.
Ein zweiter Stab ergab 1481 kg/qcm.

Schlechtes Holz.

Breite und Dicke des Stabes . . 0,50 und 1,51 cm
Meßlänge . . . . 5,00 „

Spannungsstufe kg/qcm	Längenänderungen in %			Dehnungszahl der Federung
	gesamte	bleibende	federnde	
66 — 99	0,080	0,002	0,078	
66 — 132	0,170	0,010	0,160	1 : 40 160 = 24,90 Milliontel
66 — 164	0,260	0,016	0,244	
66 — 197	0,356	0,028	0,328	
66 — 230	0,466	0,052	0,414	

Zugfestigkeit: 353 kg/qcm.

2. Druckversuch.

Gutes Holz.

Breite und Dicke des Versuchskörpers 7,92 und 7,96 cm
Meßlänge . . . . 75,00 „
Raumgewicht . . . . 0,66 g/ccm

Spannungsstufe kg/qcm	Längenänderungen in %			Dehnungszahl der Federung
	gesamte	bleibende	federnde	
16 — 64	0,035	0,000	0,035	1 : 137 140 = 7,29 Milliontel
16 — 111	0,071	0,000	0,071	
16 — 159	0,108	0,001	0,107	

Druckfestigkeit: 592 kg/qcm.

Schlechtes Holz.

Breite und Dicke des Versuchskörpers 3,50 und 3,50 cm
Moßlänge . . . . 5,00 ,,
Raumgewicht . . . . 0,44 g/ccm

Spannungsstufe kg/qcm	Längenänderungen in %			Dehnungszahl der Federung
	gesamte	bleibende	federnde	
41 — 82	0,098	0,002	0,096	1 : 42700 = 23,41 Milliontel
41 — 122	0,204	0,014	0,190	
41 — 163	0,354	0,062	0,292	

Druckfestigkeit: 392 kg/qcm.

Der Vergleich dieser Zahlen zeigt deutlich, innerhalb welch weiter Grenzen bei Holz gleicher Art die Eigenschaften verschieden sein können. Gutes und schlechtes Eschenholz unterscheidet sich mehr als z. B. Eschenholz und Kiefernholz (vgl. Ziff. 13 und 14).

Bemerkenswert erscheint ferner, daß sich für Holz die Dehnungszahl für Zug- und Druckbeanspruchung ungefähr gleich groß ergibt. Auf den großen Einfluß, den die Faserrichtung auf die Werte der Dehnungszahl und der Festigkeit äußert, kann an dieser Stelle nicht eingegangen werden; über umfassende Versuche ist in den Mitteilungen über Forschungsarbeiten Heft 231 berichtet.

Hinsichtlich des Verhaltens beim Biegungsversuch vgl. § 22.

§ 5. Gesetz der Längenänderungen. Vollkommenheit und Größe der Elastizität. Gesetz der elastischen Dehnung. Einfluß der Zeit. Elastische Nachwirkung.

1. Gesetz der Längenänderungen.

Wie wir in § 4 sahen, sind bei einem in Richtung seiner Achse durch Zug oder Druck beanspruchten Körper dreierlei Änderungen der Länge desselben zu unterscheiden:

1. die gesamte Längenänderung λ,
2. ,, bleibende ,, λ',
3. ,, federnde ,, $\lambda - \lambda' = \lambda''$.

Ein Blick auf Abb. 1, S. 23, in der die Linien der gesamten (—·—·—), der bleibenden (— — — —) und der federnden Längenänderungen (—) eingetragen sind, lehrt, daß zur Feststellung des Zusammenhanges zwischen diesen drei Arten von Längenänderungen und den zugehörigen Spannungen im allgemeinen drei Funktionen erforderlich sind:

$$\lambda = f_1(\sigma), \qquad \lambda' = f_2(\sigma), \qquad \lambda'' = f_3(\sigma).$$

Die erste Funktion bestimmt die Linie der gesamten, die zweite diejenige der bleibenden und die dritte diejenige der federnden Längenänderungen.

Früher pflegte man nur die erste dieser Funktionen zu bestimmen und sie zur Grundlage der Elastizitäts- und Festigkeitslehre zu machen. Daß dies unter Umständen zu recht groben Fehlern führen mußte, liegt auf der Hand. Deshalb ging Verfasser dazu über, λ' und damit auch $\lambda'' = \lambda - \lambda'$ in der Weise zu bestimmen, wie dies in § 4 mehrfach besprochen worden ist (vgl. z. B. daselbst Ziff. 1, Gußeisenkörper I): man wechselt für jede Spannungsstufe Belastung und Entlastung so oft, bis die gesamten, bleibenden und federnden Dehnungen sich nicht mehr ändern, und erhält so für die betreffende Spannungsstufe in λ'' die Federung, d. h. die eigentliche elastische Dehnung, die der Körper unter den Verhältnissen, unter denen die Untersuchung stattfindet, aufweist.

Die Bestimmung von Maßzahlen für die Federung, d. h. für die Elastizität, die bei mehr oder minder rasch aufeinander folgenden Spannungsänderungen vorhanden ist, wurde vom Verfasser bereits in den Jahren 1885 und 1886 aufgenommen. Seines Wissens waren dies die ersten derartigen Versuche. Als Material wurden zunächst diejenigen Stoffe gewählt, für die das Bedürfnis nach dem Elastizitätsmaß am dringendsten war: Lederriemen, Hanf- und Drahtseile. Über einen Teil dieser Versuche ist in der Zeitschrift des Vereines deutscher Ingenieure 1887, S. 221 bis 225, S. 241 bis 245, S. 891 und 892 (oder auch „Abhandlungen und Berichte“ 1897, S. 5 u. f., S. 59 und 60) berichtet. Daselbst findet sich u. a. angegeben, daß in manchen Fällen die Federung nicht viel mehr als die Hälfte der gesamten Dehnung beträgt, übrigens in hohem Maße eine Funktion der Spannung ist (mit Zunahme der letzteren abnimmt), und daß sie auch von der Zeit abhängt. Bis dahin war ganz allgemein mit einer konstanten Dehnungszahl oder mit konstantem Elastizitätsmodul gerechnet worden. Die genannten Versuche wiesen beispielsweise nach, daß die Dehnungszahl der Federung, d. i. die Federung der Längeneinheit für das Kilogramm Spannung, betrug:

für einen neuen Lederriemen

$\frac{1}{1250} = 800$ Milliontel bei der Spannungsstufe $\sigma_1 = 7{,}5$ u. $\sigma_2 = 18{,}75$ kg/qcm,

$\frac{1}{1890} = 529$ „ „ „ „ $\sigma_2 = 18{,}75$ „ $\sigma_3 = 30{,}0$ „ ;

für einen gebrauchten Lederriemen

$\frac{1}{2680} = 373$ Milliontel bei der Spannungsstufe $\sigma_1 = 7{,}2$ u. $\sigma_2 = 21{,}6$ kg/qcm.

$\frac{1}{3600} = 278$ „ „ „ „ $\sigma_2 = 21{,}6$ „ $\sigma_3 = 36{,}0$ „ ,

$\frac{1}{4130} = 242$ „ „ „ „ $\sigma_3 = 36{,}0$ „ $\sigma_4 = 50{,}4$ „ .

Dabei erfolgten die Wechsel in der Belastung durchschnittlich während der Zeit von 1,5 Minuten, die zur Vornahme der Messungen erforderlich war.

Leder, das vorher nicht gestreckt war (Ledertreibriemen werden vor der Verwendung kräftig gestreckt), lieferte unter Umständen für die gesamte, d. h. bleibende und federnde Dehnung Werte, die die Dehnungszahl von rund 10000 Milliontel ergaben.

Später hat Martens das gleiche Verfahren aufgenommen (vgl. Mitteilungen aus den Königl. Technischen Versuchsanstalten 1888, S. 2, sowie 1904, S. 202).

Einige Zeit darauf hat sich auch Hartig auf den Standpunkt des Verfassers gestellt und ist dafür eingetreten, daß die federnde Dehnung bestimmt werde. Doch muß dem von Hartig im Zivilingenieur 1893, S. 126 Bemerkten gegenüber hervorgehoben werden, daß es im allgemeinen nicht ausreichend ist, der Bestimmung des Elastizitätsgesetzes nur einen einmaligen Spannungswechsel unmittelbar vorhergehen zu lassen. Für manche Materialien, z. B. Stahl von großer Festigkeit, ist es innerhalb der Belastungsgrenzen, für die die Dehnungszahl bestimmt zu werden pflegt, unter Umständen überhaupt nicht nötig, diesen vorbereitenden Spannungswechsel auszuführen; für Materialien dagegen wie Gußeisen (vgl. z. B. § 4, Ziffer 1), zähes (ausgeglühtes) Flußeisen, Kupfer, Bronze, Messing, Beton usw., also ganz abgesehen von Stoffen wie Leder u. dgl., erweist sich der einmalige Wechsel meist als durchaus ungenügend.

Das Verfahren, die — für die Untersuchung oft recht unerwünschten und Zeitaufwand verursachenden — bleibenden Dehnungen dadurch zu beseitigen, daß man den Versuchskörper von vornherein weit über die Spannung hinaus belastet, mit der das Material später im Gebrauchsstück beansprucht wird, d. h. daß man ihn vorher überlastet, läuft — je nach der Höhe der vorherigen Belastung — unter Umständen auf eine Mißhandlung des Materials hinaus. Jedenfalls wird dasselbe hierdurch oft in einen Zustand versetzt, der von dem mehr oder weniger verschieden ist, in dem sich das normal behandelte Material in den eigentlichen Gebrauchsstücken befindet, während doch die Untersuchung des Materials zu dem Zwecke zu erfolgen pflegt, sein Verhalten in den Gebrauchsstücken möglichst richtig beurteilen zu können. Ziemlich häufig erwidert das überlastet gewesene Material diese Behandlung durch elastische Nachwirkung (§ 5, Ziffer 4), indem es sich dem ursprünglichen Zustand wieder nähert, also den verläßt, für den die ermittelten Zahlen gelten.

Die Zahlenwerte in den Gleichungen 4 bis 8, S. 41, lassen deutlich den Einfluß der vorhergegangenen Belastungen bei Gußeisen erkennen, noch empfindlicher pflegen Steine, insbesondere aber Leder zu sein. Man erhält für solche Stoffe nach vorhergegangenen starken Belastungen Federungen, die sich außerordentlich stark von denjenigen unterscheiden können, die das gleiche Material im ursprünglichen Zustande lieferte.

Vgl. auch die Fußbemerkung 1, S. 85, sowie S. 111 und 112.

Der gemachte Einwand gegen das Verfahren entfällt natürlich in Fällen, in denen das Material auch in den Gebrauchsstücken vorher überlastet wird, was z. B. zu dem Zwecke geschehen kann, bleibende Formänderungen später von ihnen fernzuhalten.

Unter diesen Umständen erscheint es als das Richtige, die Funktion $f_3(\sigma)$ zur Grundlage der Elastizitätslehre zu nehmen.

Die zweite Funktion $f_2(\sigma)$, die die Linie der bleibenden Längenänderungen oder kurz der Dehnungsreste bestimmt, kann zur Beurteilung des Materials an sich oder auch des Zustandes herangezogen werden, in dem sich das letztere in dem untersuchten Körper befindet. Insofern die Linie der Dehnungsreste Auskunft darüber erteilt, welche bleibende Dehnung bei einer gewissen Belastung des Körpers zu erwarten steht, kann sie überdies noch weitere Bedeutung erlangen, worauf bereits S. 26 hingewiesen worden ist[1]).

---

[1]) In neuerer Zeit ist es in gewissen Kreisen üblich geworden, die bleibende Formänderung als Hysteresis zu bezeichnen in Anlehnung an das Verhalten des Eisens bei der Magnetisierung, also von einer Hysteresis des Leders usw. zu sprechen. Dies sei besonders bemerkt, um feststellen zu können, daß es sich dabei nicht um eine neue Erscheinung handelt. Verfasser hält die alte Bezeichnung „bleibende Formänderung" für anschaulicher und treffender.

Die Erkenntnis der Gesetze der bleibenden Formänderungen bildet vorwiegend eine Aufgabe der mechanischen Technologie. Erst in neuerer Zeit ist derselben die ihr gebührende Wertschätzung zuteil geworden (Tresca, dem wohl die ersten Erkenntnisse hinsichtlich des Fließens fester Körper zu verdanken sind, Kick, Gesetz der proportionalen Widerstände und seine Anwen-

2. Maß der Volkommenheit und der Größe der Elastizität.

Wie bereits S. 22 bemerkt, wohnt jedem Körper die Eigenschaft inne, unter der Einwirkung äußerer Kräfte eine Änderung der Gestalt zu erfahren und mit dem Aufhören dieser Einwirkung die erlittene Formänderung mehr oder minder vollständig wieder zu verlieren. Insoweit er die erlittene Formänderung wieder verliert, d. h. insoweit sein Material zurückfedert, wird er als elastisch bezeichnet. Ist die Rückkehr in die ursprüngliche Form eine vollständige, so spricht man von „vollkommen elastisch".

Hieraus erhellt, daß der Grad der Vollkommenheit der Elastizität eines Körpers oder kurz der Elastizitätsgrad desselben zum Ausdruck gebracht werden kann durch den Quotienten:

$$\mu = \frac{\text{federnde Dehnung}}{\text{gesamte Dehnung}},$$

wenn nur die Längenänderung eines auf Zug oder Druck beanspruchten Körpers ins Auge gefaßt wird. Hiernach würde beispielsweise der in § 4 unter Ziff. 1 besprochene Gußeisenkörper IV auf der mit $P = 20000$ kg schließenden Belastungsstufe folgende Elastizitätsgrade aufweisen:

bei der ersten Versuchsreihe

$$\frac{15{,}435}{18{,}255} = \sim 0{,}845,$$

bei der zweiten

$$\frac{15{,}365}{15{,}465} = \sim 0{,}996,$$

bei der dritten

$$\frac{18{,}325}{22{,}335} = \sim 0{,}826,$$

bei der vierten

$$\frac{18{,}25}{18{,}34} = \sim 0{,}995.$$

Der in § 4 unter Ziff. 4 behandelte Kupferrundstab weist auf der obersten Belastungsstufe einen Elastizitätsgrad auf

bei der ersten Versuchsreihe von

$$\frac{5{,}53}{8{,}05} = \sim 0{,}687,$$

---

dungen 1885, sowie die späteren Veröffentlichungen Kicks, Rejtö: Die innere Reibung der festen Körper, 1897, sowie die späteren Arbeiten dieses Forschers (s. „Baumaterialienkunde" 1900 und folgende Jahrgänge), Ludwik: Technische Blätter 1903 und 1904 sowie Elemente der technologischen Mechanik, Berlin 1909, usw.).

bei der zweiten von

$$\frac{5{,}53}{5{,}68} = \sim 0{,}974.$$

Je niedriger die Spannung liegt, mit der die Belastungsstufe abschließt, um so mehr pflegt unter sonst gleichen Verhältnissen sich μ der Einheit zu nähern. Die Spannung, bis zu der hin $\mu = 1$ ist oder sich doch nur sehr wenig von 1 unterscheidet, kann nach Maßgabe des S. 26 und 27 Gesagten als Elastizitätsgrenze bezeichnet werden.

Dieses Maß der Vollkommenheit der Elastizität eines Körpers ist zu unterscheiden von dem Maße der Größe der Elastizität, als das die Federung der Längeneinheit für das Kilogramm Spannung oder allgemein für das Kilogramm Spannungsunterschied, d. i. die Dehnungszahl, angesehen werden kann. So wird beispielsweise von dem unter § 4, Ziff. 7, zuerst besprochenen Riemen sowie von den beiden S. 101 angeführten Riemen zu sagen sein, daß die Größe ihrer Elastizität oder kurz ihre Elastizität mit wachsender Spannung abnimmt. Damit wird eben ausgesprochen, daß die Federung, d. i. die Größe der Elastizität für das Kilogramm (Spannungsunterschied) um so kleiner ausfällt, je höher die Spannungsstufe (vgl. S. 24, Fußbemerkung 2) liegt, d. h. in der Sprache des gewöhnlichen Lebens, je stärker der Riemen angespannt ist. In gleicher Weise wird man von einem Gußeisenkörper (vgl. z. B. § 4, Ziff. 1, Gußeisenkörper III, S. 29 u. f.), einem Kupferstab (vgl. z. B. § 4, Ziff. 4, Rundstab I und II, S. 59 u. f.), einem Betonkörper usw. sagen, daß die Größe seiner Elastizität, kurz seine Elastizität, mit wachsender Spannung zunimmt. Bei Besprechung der Elastizität von Körpern aus Zementmörtel mit verschiedenem Sandzusatz, wie solche in § 4, Ziff. 9 angeführt sind, wird man festzustellen haben, daß die Elastizität mit (über $1^1/_2$ Teile hinaus) wachsendem Sandzusatz unter sonst gleichen Verhältnissen zunimmt, daß beispielsweise Zementmörtel mit 3 Teilen Sandzusatz mehr Elastizität zeigt als solcher mit 1,5 Teilen Sand. Ebenso wird man beispielsweise den Gummi als sehr elastisch, Bausteine als weniger elastisch bezeichnen. Von der Größe der Elastizität eines Körpers zu sprechen, liegt im praktischen Leben vielfach Bedürfnis vor, wie bereits angedeutet worden ist, und wie sich auch ergibt, wenn man der Fälle gedenkt, in denen der Ingenieur bei der Auswahl von Material darauf bedacht sein muß, daß es ausreichende Elastizität besitzt.

3. Allgemeinere Gesetzmäßigkeit der elastischen Dehnung.

Wie bereits in § 2 bemerkt, pflegt hinsichtlich des Zusammenhanges zwischen der Dehnung ε, die stillschweigend als vollkommen elastisch vorausgesetzt wird, und der zugehörigen Spannung σ angenommen zu werden, daß innerhalb eines gewissen Spannungsgebietes, das nach oben durch die positive Spannung σ' und nach unten durch die negative Spannung σ'' begrenzt werden möge, Proportionalität zwischen ε und σ bestehe entsprechend der Gleichung

$$\varepsilon = \alpha \sigma \qquad 2\ (\S\,2)$$

Hierin wird dann α als eine innerhalb dieser beiden Grenzspannungen σ' (Proportionalitätsgrenze gegenüber Zug) und σ'' (Proportionalitätsgrenze gegenüber Druck) gleichbleibende, somit von der Größe und dem Vorzeichen von σ oder ε unabhängige Erfahrungszahl angesehen.

Diese angenommene Gesetzmäßigkeit zwischen ε und σ, bekannt unter dem Namen „Hookesches Gesetz", wurde bis zum letzten Jahrzehnt des vorigen Jahrhunderts noch in weiten Kreisen als allgemein gültig angesehen[1]). Das in § 4 niedergelegte Erfahrungsmaterial, das

[1]) Daß dies selbst in den Kreisen der Physiker bis vor einiger Zeit noch der Fall gewesen zu sein scheint, erhellt aus einer Arbeit von Thompson in Wiedemanns Annalen der Physik und Chemie 1891, S. 555 u. f.: „Über das Gesetz der elastischen Dehnung". Er sagt daselbst: „Meines Wissens hat bis jetzt jeder für selbstverständlich gehalten, daß das alte Gesetz gültig sei, und es ist nie versucht worden, dasselbe einer Kritik zu unterziehen." Daß dies nicht ganz zutreffend, daß vielmehr bereits im Jahre 1891 die Erkenntnis in der Tat erheblich weiter vorgeschritten war, ergibt sich aus den Darlegungen des Verfassers in der Zeitschrift des Vereines deutscher Ingenieure 1897, S. 248 u. f., oder in „Abhandlungen und Berichte" 1897, S. 289 u. f.

In dem hervorragenden Handbuch der Physik, das von Winkelmann unter Mitwirkung einer größeren Anzahl von Physikern herausgegeben wurde, heißt es im ersten Band (1891), S. 218: „Dieses Gesetz ist schon von Hooke, und zwar in der Form ‚Ut tensio, sic vis' ausgesprochen worden, in die heutige Redeweise übersetzt, lautet es: Zwischen Zwang und Veränderung, zwischen Veränderung und elastischer Kraft besteht Proportionalität. Schon aus dem Umstande, daß man es hier meist mit kleinen Veränderungen zu tun hat, könnte man nach dem Prinzipe, daß kleine Wirkungen sich einfach addieren, auf jene Proportionalität schließen, und die Erfahrung bestätigt sie durchaus, vielleicht mit Ausnahme einiger in elastischer Hinsicht anormaler Stoffe (z. B. Kautschuk)".

Diese Auffassung gehört auch heute noch nicht zu den Seltenheiten; ziemlich häufig wird sie stillschweigend als richtig angenommen.

Wie in der Zeitschrift des Vereines deutscher Ingenieure 1917, S. 117 u. f., an Hand der in Betracht kommenden Veröffentlichungen Hookes nachgewiesen, kann die weitverbreitete Annahme, Hooke sei durch Versuche mit verschiedenen Materialien zur Aufstellung des Satzes von der Proportionalität zwischen Dehnungen und Spannungen gelangt, nicht als zutreffend angesehen werden. Er hat solche Versuche nur beschrieben; hätte er sie ausgeführt, so würde er gefunden haben, daß bei vielen der von ihm erwähnten Stoffe (Metalle, Holz, Steine, gebrannter Ton, Haare, Horn, Seide, Bein, Sehnen, Glas) dieser einfache Zusammenhang zwischen Kraft und Formänderung nicht besteht, daß die nach ihm benannte lineare Beziehung kein Naturgesetz ist und nur für wenige Stoffe als zutreffend angesehen werden kann. Es wird also richtiger sein, überhaupt nicht von einem „Hookeschen Gesetz" zu sprechen.

noch bedeutend hätte vermehrt werden können, wäre nicht Nötigung vorhanden, Beschränkung zu üben, beweist deutlich, daß für die Mehrzahl der Stoffe Proportionalität zwischen Dehnungen und Spannungen nicht besteht, und daß somit die Hookesche Beziehung, d. h. die Proportionalität zwischen Dehnungen und Spannungen, in der Tat nur für wenige Baustoffe, zu denen übrigens die hervorragend wichtigen Materialien: Schmiedeisen und Stahl gehören, als ausreichend zutreffend angenommen werden kann; aber im allgemeinen auch für diese nur mit Annäherung. Denn selbst bei Schmiedeisen und Stahl führt eine scharfe Prüfung nicht selten zu dem Ergebnis, daß die Dehnungslinie von $\sigma = 0$ an eine Kurve, wenn auch eine sehr flach gekrümmte, ist.

Bei dieser Sachlage erscheint es begreiflich, daß das Bedürfnis sich einstellte, die Dehnungszahl α (oder ihren reziproken Wert, den Elastizitätsmodul E) als Funktion der Spannung σ zu kennen, oder auch eine Beziehung zwischen ε und σ aufzusuchen, die die Versuchsergebnisse befriedigt. Bis dahin stellte Verfasser die Veränderlichkeit von α dadurch fest und tut dies zum Teil auch heute noch, daß er die elastischen Längenänderungen für verschiedene Belastungsstufen ermittelt und dafür α berechnet, wie in der Fußbemerkung 2 S. 24 und 25 angegeben ist.

W. Schüle ermittelte auf Grund des ihm vom Verfasser 1896 zur Verfügung gestellten Versuchsmaterials, gewonnen in den Jahren 1885 bis 1896, daß die Gleichung

$$\varepsilon = \alpha \sigma^m \quad . \; . \; . \; . \; . \; . \; . \; . \; . \; . \; . \; 1 \ (\S\,4)$$

gute Übereinstimmung ergab. Seine Arbeit beschränkte sich dabei auf Gußeisen, Granit, Körper aus Zement, Zementmörtel und Beton gemäß den Gleichungen 2, 9, 10, 14 bis 16, 18 bis 26 in des Verfassers „Abhandlungen und Berichte", S. 291 u. f., und gemäß dem zugehörigen Versuchsmaterial.

Die Prüfung des Verfassers führte zu dem Ergebnis, daß — wenigstens für die durch das vorliegende Versuchsmaterial gedeckten Gebiete — Gleichung 1, § 4, die gesuchte Gesetzmäßigkeit innerhalb der für die ausführende Technik in Betracht kommenden Spannungsgebiete befriedigend zum Ausdruck bringt[1]). Ein großer Teil der in § 4 aufgenommenen Versuchsergebnisse lag damals noch nicht vor.

---

[1]) Verfasser glaubt auch hier hervorheben zu sollen, was er bereits an anderer Stelle („Abhandlungen und Berichte" 1897, S. 294) bemerkt hat, nämlich, daß das Zutreffen der Beziehung $\varepsilon = \alpha \sigma^m$ nach Maßgabe des von ihm Gesagten ausdrücklich beschränkt erscheint: zunächst auf das Gebiet, das durch das vorgelegte Versuchsmaterial gedeckt wird, und sodann auf solche Verhältnisse, die Spannungen liefern, die innerhalb der für die ausübende Technik in Betracht kommenden Grenzen liegen. Die Notwendigkeit der zweiten Beschränkung erhellt schon ohne weiteres — ganz abgesehen von anderem —

Um so lehrreicher ist es, festzustellen, daß, wie die Bemerkungen in § 4 zu den Gleichungen 2 bis 27 zeigen, auch die späteren Untersuchungen von Gußeisen, Kupfer, Bronze, Messing usw. die Brauchbarkeit der Gleichung 1, § 4, bestätigen[1]).

Für $m = 1$ geht Gleichung 1, § 4, in Gleichung 2, § 2, über. Die Proportionalität zwischen Dehnungen und Spannungen bildet somit einen Sonderfall der durch Gleichung 1, § 4, bestimmten Gesetzmäßigkeit. Die Abweichung des Exponenten m von der Einheit bringt die Veränderlichkeit der Dehnungen zum Ausdruck. Für $m > 1$ wachsen die Dehnungen rascher als die Spannungen, für $m < 1$ langsamer. Je größer die Abweichung des Exponenten m von der Einheit ist, um so mehr wölbt sich die Dehnungslinie Gleichung 1, § 4, gegen die ε-Achse, also dieser ihre hohle Seite zukehrend, wenn $m > 1$, und hohl gegen die σ-Achse, wenn $m < 1$.

Der Koeffizient α hat die Bedeutung der Dehnung für

---

aus dem Vorhandensein von Wendepunkten in den Linienzügen für Granit (vgl. Abb. 29, § 4, oder auch „Abhandlungen und Berichte", 1897, S. 283 u. f.: Abb. 2, 3, 4 und 5). Inwieweit die erste Beschränkung Berechtigung hat, wird durch weitere Versuche, namentlich auch mit anderen Stoffen, festzustellen sein. Bei der großen Masse von Materialien und der Verschiedenheit ihrer Eigenschaften erscheint es wahrscheinlich, daß das elastische Verhalten aller Materialien durch eine einfache mathematische Funktion überhaupt nicht genau zum Ausdruck gebracht werden kann.

Wie aus den Arbeiten des Verfassers, betr. die Elastizität der Materialien, hervorgeht, handelt es sich für ihn in erster Linie nicht um Auffindung einer neuen Gesetzmäßigkeit, sondern vielmehr darum, durch den Versuch das tatsächliche Verhalten der Stoffe festzustellen und dazu beizutragen, daß die Beziehung $\varepsilon = \alpha\,\sigma$, die nur für eine Minderheit von Stoffen innerhalb gewisser Grenzen zutreffend erscheint, nicht mehr als allgemein gültiges Gesetz angesehen (vgl. in dieser Hinsicht auch Fußbemerkung S. 105) und ohne weiteres zur Grundlage der gesamten Elastizitäts- und Festigkeitslehre gemacht wird. Die Anforderungen, die die Technik an den Ingenieur stellt, gestatten dies — wenigstens in verschiedenen Fällen der Anwendung — heute nicht mehr. Sollte sich das tatsächliche elastische Verhalten aller Materialien durch irgendeine andere Funktion zwischen ε und σ ausreichend genau zum Ausdruck bringen lassen, die noch dazu den Vorteil böte, für die Entwicklungen, betreffend die Ermittlung der Anstrengung von auf Biegung oder Drehung beanspruchten Körpern, bequemer zu sein als $\varepsilon = \alpha\,\sigma^m$, so würden seines Erachtens Wissenschaft und ausübende Technik die Aufstellung einer solchen Funktion willkommen heißen.

[1]) Vgl. auch die Darlegungen Schüles in der Zeitschrift des Vereines deutscher Ingenieure 1898, S. 855 u. f., sowie die Fußbemerkung 1, S. 109.

Ausnahmen wurden festgestellt für Marmor (vgl. S. 92), für Gußeisen (im Falle gewisser Belastung (vgl. S. 29), Gummi (vgl. S. 71 u. f.).

Siehe ferner die klarstellende Mitteilung in der Zeitschrift des Vereines deutscher Ingenieure 1902, S. 25 und 26.

die Spannung 1, und nicht für die Spannungszunahme 1, wie bei vorhandener Proportionalität zwischen Dehnungen und Spannungen.

Aus Gleichung 1, § 4, folgt

$$\frac{d\,\varepsilon}{d\,\sigma} = m\,\alpha\,\sigma^{m-1},$$

d. i. die Tangente des Winkels, unter dem die durch Gleichung 1, § 4, bestimmte Dehnungskurve gegen die σ-Achse geneigt ist.

Für $m > 1$, was z. B. für Gußeisen der Fall, und $\sigma = 0$ ergibt sich

$$\frac{d\,\varepsilon}{d\,\sigma} = 0,$$

d. h. die Dehnungslinie hat im Koordinatenanfang die σ-Achse zur Tangente, gleichgültig, wie groß α und m, sofern nur $m > 1$.

Für $m < 1$, was z. B. bei Leder zutrifft, findet sich mit $\sigma = 0$

$$\frac{d\,\varepsilon}{d\,\sigma} = m\,\frac{\alpha}{\sigma^{1-m}} = \infty,$$

d. h. die ε-Achse ist Tangente im Koordinatenanfang, ebenfalls unabhängig von den Sonderwerten von α und m.

Wir würden also beispielsweise für Gußeisen erhalten, daß die Dehnungslinie in senkrechter Richtung durch den Koordinatenanfang geht[1]), und für Leder, daß diese Kurve in wagerechter Richtung den Koordinatenanfang verlassend emporsteigt.

Gerade mit Rücksicht auf diese Eigenschaft der Kurve Gleichung 1, § 4, scheint es angezeigt, die Dehnung auch für verhältnismäßig kleine Spannungen zu ermitteln. Das ist z. B. geschehen für den Gußeisenkörper IV, indem die unterste Spannungsstufe bei Versuchsreihe 1 mit $\sigma = 20{,}45$ kg/qcm, bei Versuchsreihe 2 mit

[1]) Für den ersten Augenblick könnte diese Folgerung wohl befremden, namentlich wenn man sich an die Darstellungen mit übertrieben großem Maßstabe für die Dehnungen hält. Wenn beispielsweise für Schmiedeeisen die Linie $\varepsilon = \alpha\,\sigma$ mit $\alpha = 0{,}5$ Milliontel als Gerade dargestelllt wird, die gegen die α-Achse unter einem Winkel geneigt ist, dessen Tangente gleich 0,5, so entspricht dies einer Vergrößerung der Dehnungen auf das 1000000 fache. In Verbindung mit einer so gezeichneten Geraden ist es allerdings schwer, sich $\frac{d\,\varepsilon}{d\,\sigma} = 0$ für $\sigma = 0$ vorzustellen. Anders liegt die Sache, wenn man den Maßstab nicht übertreibt, sich also die Gerade unter einem solchen Winkel gegen die σ-Achse gezogen denkt, daß dessen Tangente = 0,5 Milliontel ist.

Überdies wendet sich die Linie nach Verlassen des Koordinatenanfangs außerordentlich rasch; denn während für $\sigma = 0$ $\frac{d\,\varepsilon}{d\,\sigma} = 0$, ergibt sich für das Gußeisen IV nach Gleichung 4, § 4, für $\sigma = 1$ kg/qcm bereits $\frac{d\,\varepsilon}{d\,\sigma} = 0{,}747$ Milliontel, d. i. erheblich mehr, als der Neigung der Geraden entspricht, die gemäß $\varepsilon = \alpha\,\sigma$ für Schmiedeeisen gelten würde.

$\sigma = 10{,}22$ kg/qcm abschließend angenommen wurde. Abb. 5, § 4, läßt erkennen, daß die beobachteten kleinen Dehnungen in der Tat auf starke Nährung an die σ-Achse hindeuten; der Grad der Genauigkeit, mit dem die Längenänderungen bei so kleinen Spannungen festgestellt werden können, ist jedoch nicht sehr weitgehend, weshalb dieser Ermittlung eine durchschlagende Bedeutung nicht zuerkannt werden kann.

Wie S. 106 hervorgehoben, steht die Gleichung 1, § 4, in guter Übereinstimmung mit den Ergebnissen der vom Verfasser bisher in großer Anzahl durchgeführten Elastizitätsversuche bis auf die daselbst angegebenen Ausnahmen. Die erste Ausnahme bildet der in § 4 unter Ziff. 11 behandelte Marmorkörper. Abb. 30, § 4, zeigt, daß hier die Dehnungslinie der σ-Achse auf der Zugseite ihre erhabene und auf der Druckseite ihre hohle Seite zukehrt. Demgemäß müßte der Exponent m in der Gleichung 1, § 4, für die Zugseite größer als 1 und für die Druckseite kleiner als 1 sein, d. h. nach dem Obigen: auf der Zugseite wäre die σ-Achse im Koordinatenanfang Tangente der Dehnungslinie, auf der Druckseite müßte dies die ε-Achse sein. Da ein solcher Verlauf der Dehnungskurve aus dem Gebiete der Zugspannungen in das Gebiet der Druckspannungen nicht angenommen werden kann, — wie ersichtlich, ist der Verlauf der beiden Linienzüge in Abb. 30 vielmehr derart, daß im Koordinatenanfang eine gemeinschaftliche Tangente zu erwarten ist —, so muß geschlossen werden, daß für den untersuchten Marmor die Gleichung 1, § 4, nicht als zutreffend erscheint.

Hinsichtlich der beiden anderen Ausnahmen darf auf die betreffenden Stellen verwiesen werden.

Verfasser muß es unter Bezugnahme auf das S. 106 und 107 Fußbemerkung Gesagte zunächst dahingestellt sein lassen, ob sich im Laufe der Zeit noch andere Ausnahmen zu den bis jetzt ermittelten gesellen werden; ebenso, ob es überhaupt gelingen wird, eine genügend einfache Funktion[1]) ausfindig zu machen, die das

---

[1]) Die Zeitschrift für Mathematik und Physik (begründet von Schlömilch) bringt im Schlußheft des Jahrganges 1897 eine Arbeit von R. Mehmke: „Zum Gesetz der elastischen Dehnungen", die u. a. eine zeitgemäße Zusammenstellung der bis dahin vorgeschlagenen Formeln zur Darstellung der Abhängigkeit zwischen Dehnungen und Spannungen enthält. Aus derselben geht hervor, daß das Potenzgesetz $\varepsilon = \alpha\,\sigma^m$ bereits im Jahre 1729 von Bülffinger für die Zugelastizität in Vorschlag gebracht worden war, und daß es 1822 auch Hodgkinson aufgenommen hatte. Das Ergebnis der bis jetzt vorliegenden rechnerischen Untersuchungen von Mehmke besteht darin, daß — soweit diese reichen — das Potenzgesetz die Beziehungen zwischen Spannungen und Dehnungen im ganzen genauer zum Ausdruck bringt als die parabolische Gleichung $\varepsilon = \alpha\,\sigma + b\,\sigma^2$.

elastische Verhalten aller Materialien genügend genau zum Ausdruck bringt[1]).

4. Einfluß der Zeit. Elastische Nachwirkung.

Wie in § 4 hervorgehoben, wohnt jedem Körper — allerdings in verschiedenem Grade — die Eigenschaft inne, unter der Einwirkung äußerer Kräfte eine Änderung der Gestalt zu erfahren und mit dem Aufhören dieser Einwirkung die erlittene Formänderung mehr oder weniger vollständig wieder zu verlieren. Eine klar zutage liegende Folge dieser Eigenschaft ist es, daß der Körper bei plötzlicher Einwirkung der Kräfte oder bei plötzlicher Entlastung in Schwingungen versetzt wird. Aus diesem Zustande geht er, indem die Schwingungen kleiner und kleiner werden, nach mehr oder minder langer Zeit in den Ruhezustand über.

Aber auch dann, wenn die Inanspruchnahme oder die Entlastung des Körpers allmählich erfolgt, wenn also derartige Schwingungen nicht beobachtet werden, erweist sich die Formänderung im allgemeinen nicht unabhängig von der Zeit. Die durch eine bestimmte Belastung erzeugbare Formänderung bedarf zu ihrer Ausbildung einer gewissen, zuweilen kurzen, unter Umständen aber auch sehr langen Zeit. Beispielsweise wird ein Stab aus Werkzeugstahl schon unmittelbar nach allmählich erfolgter Belastung die überhaupt durch diese erreichbare Dehnung aufweisen, während ein belasteter Lederriemen nach Monaten, ja selbst nach Jahren noch Längenzunahmen, wenn auch immer

---

In neuerer Zeit findet ziemlich häufig das Hyperbelgesetz

$$\varepsilon = \frac{\sigma}{a - b\sigma}$$

Anwendung, worin

$$\alpha = \frac{1}{a - b\,\sigma}, \text{ wenn } \varepsilon = \alpha\,\sigma \text{ gesetzt wird.}$$

Auch für diese Gesetzmäßigkeit können innerhalb der durch den Versuch festgelegten Grenzen a und b so gewählt werden, daß die Dehnungslinie dem tatsächlichen Verhalten des Stoffes innerhalb dieser Grenzen befriedigend entspricht.

Die Anwendung über dieselben hinaus kann allerdings zu Fehlern führen; keinesfalls erscheint es zulässig, mit σ bis $\sigma = \frac{a}{b}$ zu gehen, was geschehen ist, um aus Elastizitätsversuchen die Bruchfestigkeit zu berechnen.

[1]) Hieraus geht deutlich hervor, daß die Gleichung 1, § 4, in den Augen des Verfassers nichts weiter ist als eine Gesetzmäßigkeit, durch die sich die bis dahin über den Zusammenhang zwischen Dehnungen und Spannungen vorliegenden Versuchsergebnisse innerhalb gewisser Grenzen, mit Ausnahme von Marmor und Gummi, befriedigend zum Ausdruck bringen lassen. S. dagegen Zeitschrift des Vereines deutscher Ingenieure 1902, S. 25 sowie S. 1512; 1903, S. 1014; Dinglers polyt. Journal, Bd. 317, S. 149 u. f.

kleiner werdende, zeigt. In Fällen letzterer Art führt die Zeit asymptotisch zum Endzustand. Ähnlich verhält sich auch Holz. So lieferte z. B. ein Stab aus gutem Eschenholz (Biegungsversuch) nach 1,5 Minuten dauernder Belastung mit 148 kg/qcm eine bleibende Durchbiegung von 0,10 mm. Nach 22stündiger Belastung war die bleibende Durchbiegung auf 0,34 mm gestiegen, entsprechend einer Zunahme um $\frac{0,34 - 0,10}{0,10}\, 100 = 240$ Prozent.

Ganz das Entsprechende gilt hinsichtlich der Entlastung: der allmählich entlastete Stab nähert sich dem ursprünglichen Zustande — je nach der Art des Materials — mit verschiedener Geschwindigkeit, um so langsamer, je größer die erlittene Formänderung war und je länger sie angedauert hatte. So nahm z. B. bei dem oben erwähnten Holzstab die bleibende Durchbiegung im Laufe von 51stündiger Entlastung von 0,34 mm auf 0,14 mm ab. Versuche mit anderen Holzstäben zeigten, daß dieser Ausgleich selbst nach 162 Stunden noch nicht zum Abschluß gelangt war.

Diese Erscheinung der allmählichen Ausbildung und der allmählichen Rückbildung der Formänderungen wird elastische Nachwirkung genannt. Sie beeinträchtigt namentlich dadurch, daß sie das Verhalten des untersuchten Körpers unter einer neuen Belastung von den Belastungen oder Entlastungen abhängig macht, denen er vorher unterworfen war, die Genauigkeit der Beobachtungen bei Versuchen zur Bestimmung der Formänderungen mehr oder minder. Insbesondere bei wechselnden Belastungen kann dieselbe zu eigentümlichen Abweichungen führen, entsprechend einem gleichzeitigen, beiderseits mit veränderlicher Geschwindigkeit erfolgenden Verlaufe entgegengesetzter Änderungen, oder kurz entsprechend einem Übereinanderlagern von Nachwirkungen.

Hiermit hängt es auch zusammen, daß die Federung (§ 4) bei manchen Körpern verschieden erhalten wird, je nachdem man die Untersuchung, wie in der Fußbemerkung 2 S. 24 und 25 angegeben ist, in der einen oder anderen Weise durchgeführt. Besonders stark tritt dieser Unterschied bei Riemen auf. Beispielsweise fand sich für einen Ledertreibriemen, der in der Weise geprüft wurde, daß für jede Belastungsstufe mit Belastung und Entlastung so oft gewechselt wurde, bis sich die gesamten, die bleibenden und die federnden Dehnungen nicht mehr änderten:

1. Versuchsreihe		2. Versuchsreihe	
Belastungsstufe	federnde Verlängerung	Belastungsstufe	federnde Verlängerung
50 und 150 kg	6,0 mm	50 und 150 kg	5,5 mm
150 „ 250 „	3,6 „	50 „ 250 „	10,0 „
250 „ 350 „	2,7 „	50 „ 350 „	14,0 „

Wir erkennen folgendes:

Für die gleiche Belastungsstufe 50 und 150 kg liefert die erste Versuchsreihe eine um 6 — 5,5 = 0,5 mm größere Federung als die zweite Versuchsreihe.

Für die Belastungsstufe 150 und 250 kg liefert die erste Versuchsreihe unmittelbar 3,6 mm Federung, während die Ermittlung aus der zweiten Versuchsreihe durch Bildung des Unterschiedes 10,0 — 5,5 zu 4,5 mm führt, also mehr ergibt.

Für die dritte Belastungsstufe 250 und 350 kg liefert die erste Versuchsreihe unmittelbar 2,7 mm Federung, während die zweite Versuchsreihe zu 14,0 — 10,0 = 4 mm führt.

Die Summe der Federungen der ersten Versuchsreihe ergibt 6,0 + 3,6 + 2,7 = 12,3 mm gegen 14,0 mm bei der zweiten Versuchsreihe.

Siehe auch die Angaben über das Kürzerwerden der beiden Bruchstücke eines zerrissenen Riemens mit der Zeit auf S. 69.

Auch bei der Untersuchung von anderen Stoffen fand sich ein, wenn auch meist weit kleinerer Unterschied, z. B. bei Steinen. Selbst Gußeisen ist nicht frei hiervon. (Vgl. S. 28.) Auch bei gehärtetem Werkzeugstahl sind häufig elastische Nachwirkungen zu verzeichnen, was sich z. B. bei der Herstellung genauer Maße, die unveränderlich sein sollen, unangenehm fühlbar macht. Da ein Eingehen an dieser Stelle zu weit führen würde, so muß sich der Verfasser hier auf diese Feststellung beschränken.

Dieser Einfluß der Zeit auf die Formänderungen wie auch auf die Festigkeit des Stoffes macht es notwendig, daß im allgemeinen den Ergebnissen von Versuchen auf diesem Gebiete die erforderlichen Angaben über die Zeit beigefügt werden. Nähere Angaben hierüber finden sich in § 10.

Aus dem Vorstehenden folgt ferner, daß die im § 4 erörterten Längenänderungen sowie die aus ihnen ableitbaren Maßzahlen der Gesamtdehnung, des Dehnungsrestes und der Federung, d. h. die Dehnungszahlen, streng genommen Funktionen der Zeit sein müssen. Praktische Bedeutung erlangt diese Abhängigkeit von der Zeit jedoch in der Regel erst für solche Stoffe, bei denen die elastische Nachwirkung von Erheblichkeit ist (vgl. § 10 unter Hanfseile sowie S. 101).

Bei Leder, das für das Maschineningenieurwesen eine große Bedeutung hat, pflegt die elastische Nachwirkung so stark zu sein, daß sich die Frage aufdrängt, ob es überhaupt berechtigt ist, die elastischen Dehnungen in zwei Teile zu zerlegen, von denen der eine als plötzlich oder doch sehr rasch eintretend und wieder verschwindend angesehen, der andere als nachwirkend, d. h. als allmählich mit abnehmender Geschwindigkeit verlaufend aufgefaßt wird. Daß hierin — streng genommen — eine Willkürlichkeit liegt, bedarf keiner Erörterung. Doch wird auf diesem Wege zunächst wohl noch am ehesten Einblick in das tatsächliche Verhalten des Materials erlangt. Zulässig ist es natürlich nicht, elastische Nachwirkung und bleibende Formänderung als identisch zu betrachten, wie es zuweilen geschieht.

I. Zug.

Die auf den geraden stabförmigen Körper wirkenden äußeren Kräfte ergeben für jeden Querschnitt desselben eine Kraft, deren Richtungslinie in die Stabachse fällt, und die diese zu verlängern strebt.

§ 6. Gleichungen der Zugelastizität und Zugfestigkeit.

1. Es bedeute für den prismatischen Stab:

P die ziehende Kraft,

f die Größe des ursprünglichen Stabquerschnittes,

l die ursprüngliche Länge des Stabes,

λ die Verlängerung, die der Stab durch die Einwirkung der Kraft P erfährt,

$\varepsilon = \frac{\lambda}{l}$ die Dehnung (§ 2),

α die Dehnungszahl (§ 2),

σ die Spannung, die durch die Belastung P hervorgerufen wird, und die mit der Dehnung ε verknüpft ist, bezogen auf den ursprünglichen Querschnitt (§ 1),

k_z die zulässige Anstrengung des Materials gegenüber Zugbeanspruchung.

Dann ist nach Gleichung 1, § 1,

$$P = \sigma f \quad \ldots \ldots \ldots \ldots \quad 1)$$

$$P \leqq k_z f \quad \ldots \ldots \ldots \ldots \quad 2)$$

Die Benutzung von Gleichung 2 für einen auf Zug beanspruchten Körper mit k_z als zulässiger Anstrengung des Materials setzt voraus, daß die Inanspruchnahme nur durch die Kraft P veranlaßt wird. Ist der Stab nicht frei, sondern mit andern Teilen derart verbunden, daß bereits vor Angriff von P Spannungen in ihm vorhanden sind, die kurz als Vorspannungen bezeichnet werden sollen, so treten diese zur Spannung $\sigma = \frac{P}{f}$ hinzu: positiv, wenn sie Zugspannungen, und negativ, wenn sie Druckspannungen sind. Diese Bemerkung ist sinngemäß bei allen späteren Entwicklungen, die Spannungslosigkeit voraussetzen, im Auge zu behalten und dabei zu beachten, daß im Material auch von Haus aus Spannungen vorhanden sein können, wie das z. B. bei Körpern aus Gußeisen, gehärtetem Stahl, kalt bearbeitetem Flußeisen usw. in mehr oder minder hohem Maß häufig der Fall zu sein pflegt. In solchen Fällen treten neben den Zugspannungen auch Druckspannungen auf.

Unmittelbar aus dem Begriff der Dehnungszahl folgt

$$\lambda = \alpha\, l\, \sigma = \alpha\, l \frac{P}{f} \qquad \text{3)}$$

Soll das eigene Gewicht G des senkrecht hängend gedachten Stabes berücksichtigt werden, so ergibt sich für den obersten Querschnitt

$$P + G = \sigma f \qquad \text{4)}$$

$$P + G \leqq k_z f \qquad \text{5)}$$

oder, sofern γ das Gewicht der Raumeinheit des Stabmaterials bedeutet,

$$P + \gamma f l \leqq k_z f \qquad \text{6)}$$

Ist $P = 0$, d. h. wird der Stab nur durch sein Eigengewicht belastet, so findet sich

$$k_z \geqq \gamma\, l \quad \text{oder} \quad l \leqq \frac{k_z}{\gamma} \qquad \text{7)}$$

Der durch Gleichung 7 bestimmte Wert von l gibt diejenige Länge an, die der Stab höchstens besitzen darf, wenn die zulässige Beanspruchung nicht überschritten werden soll. Wird in Gleichung 7 an Stelle von k_z die Zugfestigkeit K_z des Materials eingeführt, so ergibt sich in dem zugehörigen Wert von l gleich dem Verhältnis: Zugfestigkeit durch Gewicht der Raumeinheit die sogenannte „Reißlänge", d. i. diejenige Länge, die der Stab besitzen muß, damit sein Eigengewicht eben zum Zerreißen führt[1]). Die Reißlänge bildet ein Maß für die ver-

[1]) Die Reißlänge weist beispielsweise folgende Werte auf:

Material	Raumgewicht	Zugfestigkeit	Reißlänge
Aluminium geglüht	2,7	900 kg/qcm	3300 m
„ kalt gewalzt . .	2,7	4000 „	14800 „
Stahldraht geglüht	7,8	9000 „	11500 „
„ gezogen	7,8	25000 „	32000 „
Gutes Eschenholz	0,7	1700 „	24300 „

hältnismäßige Tragfähigkeit in Fällen, in denen das Eigengewicht des gezogenen Körpers von Bedeutung wird.

Die Verlängerung λ des Stabes infolge des Eigengewichtes G und der Last P berechnet sich, wenn ε die Dehnung in dem Querschnitt ist, der um x von dem freien Stabende absteht, zu

$$\lambda = \int_0^l \varepsilon\, dx = \int_0^l \left[\alpha \frac{P}{f} + \alpha \gamma x\right] dx = \alpha l \left[\frac{P}{f} + \gamma \frac{l}{2}\right]$$

$$= \alpha \frac{l}{f}\left[P + \frac{G}{2}\right] \quad \ldots \ldots \ldots \ldots \quad 8)$$

2. Diese zunächst nur für prismatische Stäbe entwickelten Beziehungen werden dann auch auf gerade stabförmige Körper von veränderlichem Querschnitte übertragen.

Es bezeichne, Abb. 1,

P die Kraft, die den Körper auf Zug in Anspruch nimmt,

f die Größe des beliebigen, um x von der einen Stirnfläche abstehenden Querschnittes,

f_0 den kleinsten Stabquerschnitt,

l die Länge des Stabes vor der Dehnung,

λ die Zunahme der Stablänge infolge der Einwirkung der Kraft P,

ε die Dehnung im Querschnitt f,

$\sigma = \frac{P}{f}$ die Spannung im Querschnitt f,

α die Dehnungszahl,

k_z die zulässige Anstrengung des Materials gegenüber Zugbeanspruchung.

Die Dehnung ε ist hier von Querschnitt zu Querschnitt als veränderlich aufzufassen, weshalb in bezug auf die Größe l und λ der Bestimmungsgleichung 1, § 2, die Vorschrift getroffen werden muß, daß die Stablänge unendlich klein, also im vorliegenden Falle $d\,x$ ist. Wird die Längenänderung, die dx erfährt, mit $\Delta\, dx$ bezeichnet, so folgt

$$\varepsilon = \frac{\Delta\, d\,x}{d\,x}.$$

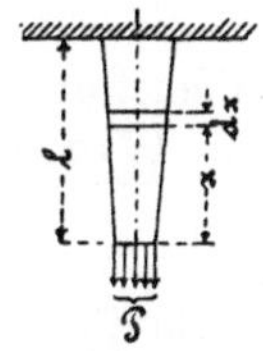

Abb. 1.

Dann gelten außer der Gleichung 1) die folgenden Beziehungen:

$$P \leqq k_z f_0, \quad \ldots \ldots \ldots \quad 9)$$

$$\lambda = \int_0^l \varepsilon\, d\,x = P \int_0^l \alpha \frac{dx}{f} \quad \ldots \ldots \ldots \quad 10)$$

Ist α unveränderlich, was bei Spannungen innerhalb der Proportionalitätsgrenze zutrifft, falls dem in Frage stehenden Material eine solche überhaupt eigentümlich (§ 2), so darf α vor das Integralzeichen gesetzt werden.

Soll das eigene Gewicht G des Körpers berücksichtigt werden, so ergibt sich für den obersten Querschnitt von der Größe f_1 in Abb. 1

$$\sigma = \frac{P + G}{f_1}, \qquad k_z \geqq \frac{P + G}{f_1}.$$

Von dem Querschnitte f (im Abstande x) bis zu dem um dx davon entfernten Querschnitt ändert sich die Gesamtzugkraft $f\sigma$ um $\gamma f\,dx$, sofern γ das Gewicht der Raumeinheit des Stabmaterials bedeutet. Hieraus folgt

$$d\,(f\sigma) = \gamma f\,dx.$$

Wird nun verlangt, die Stabquerschnitte derartig nach oben zunehmen zu lassen, daß σ für alle Querschnitte den gleichen Wert k_z hat, so ergibt sich

$$k_z\,df = \gamma f\,dx,$$

und hieraus

$$\ln f = \frac{\gamma x}{k_z} + C_1.$$

Für $x = 0$ muß sein $f = P : k_z$, d. h.

$$C_1 = \ln \frac{P}{k_z}.$$

Hiermit wird schließlich in

$$f = \frac{P}{k_z} e^{\frac{\gamma x}{k_z}} \qquad \qquad 11)$$

die Gleichung erhalten, nach der der gezogene Stab als Körper gleichen Widerstandes zu formen wäre.

Die Voraussetzungen, die den vorstehenden Beziehungen 1 bis 11 zugrunde liegen, sind in manchen Fällen der Verwendung sehr unvollkommen erfüllt. Mit Rücksicht auf diesen Umstand seien sie hier kurz zusammengestellt.

1. Die äußeren Kräfte ergeben für jeden Querschnitt nur eine in die Stabachse fallende Zugkraft.
2. Auf die Mantelfläche des Stabes wirken Kräfte nicht.

3. Die Dehnungen und die Spannungen sind in allen Punkten eines beliebigen Stabquerschnittes gleich groß und senkrecht zu letzterem gerichtet. (Gleichmäßige Verteilung der Zugkraft über den Querschnitt[1].)
4. Die Form des Querschnittes ist gleichgültig.

[1]) Diese Voraussetzung ist in der Mehrzahl der Fälle weit unvollkommener erfüllt, als man anzunehmen pflegt. So ist z. B. — streng genommen — überall da, wo die äußere Kraft in den Stab eintritt, gleichmäßige Verteilung der Spannungen über den ganzen Querschnitt nicht vorhanden, allerdings wird dabei der Grad der Ungleichmäßigkeit sehr verschieden sein können.

Bei den Schrauben, Abb. 2 und 3, tritt die Kraft durch den Kopf in den Schaft über; in dem Querschnitt des Schaftes da, wo dieser an den Kopf anschließt, werden die nach dem Umfange zu gelegenen Fasern mehr zur Übertragung herangezogen werden als die nach der Achse zu gelegenen. Bei Schraube Abb. 3 wird diese Ungleichmäßigkeit noch bedeutender sein müssen als bei Schraube Abb. 2, weil bei der ersteren zunächst nur ein Teil des Umfanges zum Eintritt der Kraft herangezogen wird.

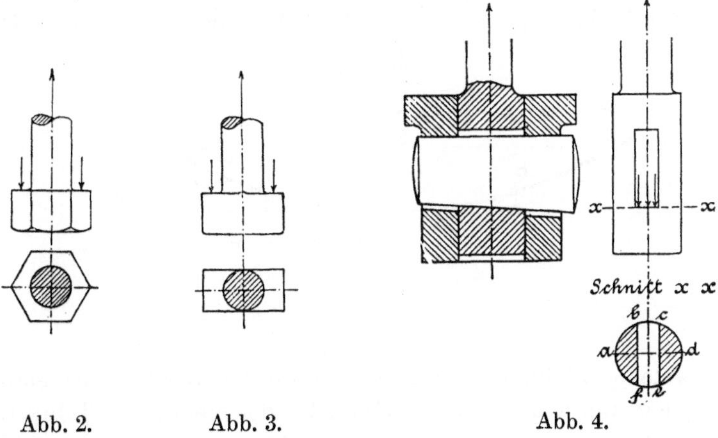

Abb. 2. Abb. 3. Abb. 4.

Bei der Kraftübertragung durch Keil oder Splint, Abb. 4, legt sich der Keil oder Splint gegen die angenähert rechteckige Fläche $b\,c\,e\,f$. Die Beanspruchung der beiden Kreisabschnitte $a\,b\,f$ und $c\,d\,e$ im Querschnitt $x\,x$ muß dabei eine ungleichmäßige derart sein, daß die Spannungen in den dem Keilloche, d. h. $b\,f$ und $c\,e$ am nächsten gelegenen Flächenelementen größer ausfallen als in den nach dem Umfange, d. h. nach a und d hin gelegenen Elementen.

Weitere Beispiele ungleichmäßiger Spannungsverteilung finden sich in des Verfassers Maschinenelementen, z. B. S. 150, Abb. 127; S. 206, Abb. 257 (13. Aufl.).

Mit Rücksicht auf diese Sachlage ist es bei Zugversuchen eine der Hauptaufgaben, die Form der Probestäbe so zu wählen, daß die Zugkraft möglichst gleichmäßig über die Querschnitte des der Messung unterworfenen mittleren Stückes verteilt wird (vgl. § 8). Von besonderer Wichtigkeit erweist sich diese Forderung bei Stäben aus sprödem Material.

Sie wird im Falle der Abb. 1, § 8, für den zylindrischen Teil in der Mitte des Stabes erfüllt durch Anordnung eines ausreichend allmählichen (kegeligen)

Dabei ist im Auge zu behalten, daß den Entwicklungen der Elastizitäts- und Festigkeitslehre allgemein die Vorstellung stetiger Erfüllung des Raumes durch das Material zugrunde liegt, die streng genommen für kein bekanntes Material zutrifft.

Damit ein Stab nur auf Zug beansprucht wird, reicht es nicht aus, daß die beiden äußeren Kräfte, die sich an ihm das Gleichgewicht halten, genau in die geometrische Achse des Stabes fallen; es wird vielmehr auch noch erforderlich, daß das Material das Stabvolumen stetig erfüllt und in allen Punkten desselben in Richtung der Stabachse gleiches Verhalten zeigt. Nur dann wird die Resultante der inneren Kräfte, die in den Flächenelementen eines Querschnittes wachgerufen werden, für alle Querschnitte in die geometrische Achse fallen.

3. Beispiel der Zugelastizität mit Rücksicht auf den Einfluß der Temperatur.

Der Draht einer elektrischen Leitung zum Zwecke der Arbeitsübertragung wird von Stangen getragen, die je um $2\,l$ voneinander abstehen. Die Aufhängepunkte A und B, Abb. 5, liegen in gleicher Höhe.

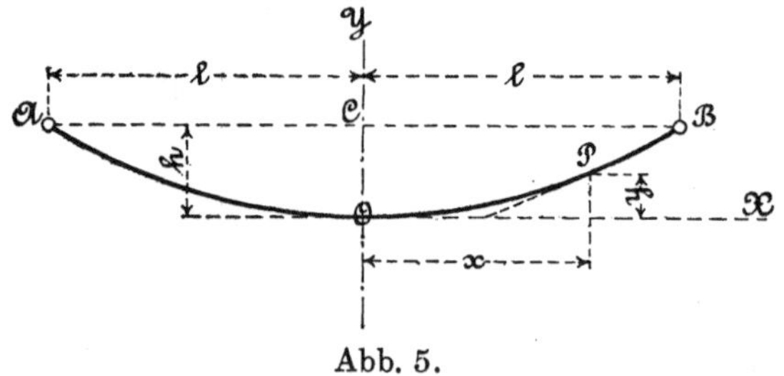

Abb. 5.

Mit welcher Pfeilhöhe h muß der Draht bei der Sommertemperatur t ausgelegt werden, damit im Winter bei der niedrigsten Temperatur t_0 die Spannung σ_0 nicht überschritten wird?

Überganges zwischen dem zylindrischen Teil und dem Kopfe. Ausrundung, welche einerseits an die Meßstrecke, und andererseits an den Kopf anschließt, genügt nicht.

Vergleiche auch den Einfluß der Hinderung der Querzusammenziehung § 9, Ziff. 1.

Bei Stäben mit veränderlichem Querschnitt, Abb. 1, können die Spannungen in den sämtlichen Elementen eines Querschnittes nicht die gleiche Richtung haben. Die Spannung im Schwerpunkte des Querschnittes wird allerdings in die Stabachse fallen, also senkrecht zu dem letzteren stehen, dagegen werden beispielsweise die Spannungen in den auf der Umfangslinie des Querschnittes liegenden Flächenelementen die Richtung der Mantellinie des Stabes besitzen, somit geneigt gegen die Stabachse sein müssen. Ähnliches wird auch bei prismatischen Stäben aus zähem Material nach Beginn der örtlichen Einschnürung eintreten.

Es sei

H die Kraft, mit welcher der Draht im Scheitel O, und

S ,, ,, ,, ,, ,, ,, ,, beliebigen Punkte P, bestimmt durch die Koordinaten x und y, gespannt ist,

h die Pfeilhöhe $\overline{CO}$, d. i. der Höhenabstand zwischen dem Scheitel O und der durch die Aufhängepunkte A und B bestimmten Wagrechten,

$q = f\gamma$ das Gewicht der Längeneinheit des Drahtes vom Querschnitt f und dem spezifischen Gewicht γ.

Unter der Voraussetzung, daß der Draht vollkommen biegsam sei und nach einem so flachen Bogen durchhänge, daß das Gewicht des Drahtstückes von der Länge $\widehat{OP}$ mit Annäherung gleich dem Produkte aus q und der Horizontalprojektion des Drahtes, d. h. gleich qx gesetzt werden darf, folgt unter Beachtung von Abb. 6

$$S \sin\varphi = q \cdot \widehat{OP} = \sim q\,x$$
$$S \cos\varphi = H.$$

Somit

$$\operatorname{tg}\varphi = \frac{q\,x}{H} = \frac{d\,y}{d\,x},$$

wie auch

$$y = \frac{1}{2}\frac{q\,x^2}{H}, \qquad 12)$$

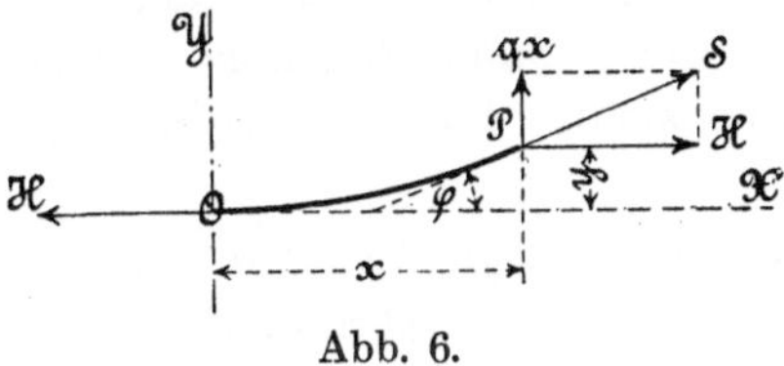

Abb. 6.

da die Integrationskonstante wegen $y = 0$ bei $x = 0$ zu Null wird. Die Drahtkurve ist hiernach mit der Annäherung, die der Rechnung zukommt, eine Parabel, für die

$$h = \frac{q\,l^2}{2\,H} \quad \text{oder} \quad H = \frac{q\,l^2}{2\,h} \qquad 13)$$

sowie

$$y = \frac{q\,x^2}{2\,\frac{ql^2}{2\,h}} = h\left(\frac{x}{l}\right)^2.$$

Die Länge $OB = s$ ergibt sich aus

$$s = \int_0^l \sqrt{1+\left(\frac{dy}{dx}\right)^2}\,dx = \int_0^l \sqrt{1+\left(2\frac{hx}{l^2}\right)^2}\,dx = \sim \int_0^l \left[1+2\left(\frac{hx}{l^2}\right)^2\right] dx$$

$$= \int_0^l \left(1+2\frac{h^2}{l^4}x^2\right) dx = l\left[1+\frac{2}{3}\left(\frac{h}{l}\right)^2\right] \quad . \; . \; . \; . \; . \; . \; . \; . \; . \; . \; . \; . \quad 14)$$

Mit der Temperatur der Luft wird sich die Länge des Drahtes ändern, damit auch nach Gleichung 14 die Pfeilhöhe des Bogens und mit dieser nach Gleichung 13 die Spannung $\sigma = \frac{H}{f}$ des Drahtes. Je mehr die Temperatur sinkt, um so höher steigt die Beanspruchung des Materials. Die letztere werde, da es sich um einen flachen Bogen handelt, mit Annäherung als gleich groß in allen Punkten des Drahtes aufgefaßt, und zwar gleich $\frac{H}{f}$ gesetzt.

Nehmen wir an, daß die Größen H, h, s und σ, die bei der Temperatur t gelten, bei der niedrigsten Temperatur t_0 die Werte H_0, h_0, s_0 und σ_0 besitzen. Steigt die Temperatur von t_0 auf t, so vermindert sich infolge der Verlängerung des Drahtes aus Anlaß der Ausdehnung des Drahtes durch die Wärme die Spannung von σ_0 auf σ. Diese Verminderung der Spannung wirkt gleichzeitig zurück auf die elastische Dehnung. Der Zusammenhang zwischen den einzelnen Größen läßt sich leicht feststellen, wenn man zunächst die Längenänderung infolge der Spannungsänderung und sodann diejenige infolge der Temperaturänderung in Betracht zieht. Das gibt, sofern α_w die Wärmeausdehnungszahl bedeutet,

$$s = s_0[1+\alpha(\sigma-\sigma_0)][1+\alpha_w(t-t_0)]$$
$$= \sim s_0[1+\alpha(\sigma-\sigma_0)+\alpha_w(t-t_0)])^{1)}.$$

---

[1]) Zu demselben Ergebnis gelangt man, wenn man sich ein Stück spannungslosen Draht von der Länge 1 denkt. Wird derselbe der Spannung σ und sodann der Spannung σ_0 unterworfen, so steigt seine Länge auf $1+\alpha\sigma$ bzw. $1+\alpha\sigma_0$. Demnach gilt bei Unveränderlichkeit der Temperatur

$$\frac{s}{s_0} = \frac{1+\alpha\sigma}{1+\alpha\sigma_0} \quad \text{oder} \quad s = s_0\frac{1+\alpha\sigma}{1+\alpha\sigma_0}$$

und bei Steigerung der Temperatur von t_0 und t, wobei die Längeneinheit um $\alpha_w(t-t_0)$ zunimmt

$$s = s_0\frac{1+\alpha\sigma}{1+\alpha\sigma_0}[1+\alpha_w(t-t_0)] = s_0\left[1-\alpha\frac{\sigma_0-\sigma}{1+\alpha\sigma_0}\right][1+\alpha_w(t-t_0)]$$

$$s = \sim s_0[1-\alpha(\sigma_0-\sigma)][1+\alpha_w(t-t_0)],$$

was sich, wie wir oben sahen, fast unmittelbar anschreiben läßt.

Unter Beachtung von Gleichung 14 folgt hiermit

$$s = l\left(1 + \frac{2}{3}\frac{h_0^2}{l^2}\right)[1 + \alpha(\sigma - \sigma_0) + \alpha_w(t - t_0)]$$

$$= \sim l\left[1 + \frac{2}{3}\frac{h_0^2}{l^2} + \alpha(\sigma - \sigma_0) + \alpha_w(t - t_0)\right]$$

und unter Beachtung von Gleichung 13, nach der

$$h_0 = \frac{q\,l^2}{2H_0} = \frac{f\gamma\,l^2}{2f\sigma_0} = \frac{\gamma\,l^2}{2\sigma_0},$$

$$h = \frac{\gamma\,l^2}{2\sigma} \quad \text{oder} \quad \sigma = \frac{\gamma\,l^2}{2h},$$

ergibt sich

$$s = \sim l\left[1 + \frac{1}{6}\frac{\gamma^2 l^2}{\sigma_0^2} + \alpha\left(\frac{\gamma\,l^2}{2h} - \sigma_0\right) + \alpha_w(t - t_0)\right]$$

$$= l\left(1 + \frac{2}{3}\frac{h^2}{l^2}\right)$$

$$h^3 - \frac{3}{2}l^2\left[\frac{1}{6}\frac{\gamma^2 l^2}{\sigma_0^2} + \alpha_w(t - t_0) - \alpha\sigma_0\right]h = \frac{3}{4}\alpha\gamma l^4 \quad . \; . \; . \; 15^{1)}$$

Hieraus läßt sich die gesuchte Pfeilhöhe berechnen.

Soll der im Winter zuweilen eintretende Fall berücksichtigt werden, daß der Draht noch durch auf ihm hängenden Schnee belastet wird, so läßt sich dies leicht dadurch bewerkstelligen, daß γ oder $q = f\gamma$ entsprechend höher in die Rechnung eingeführt wird.

Will man die — unter den gewöhnlichen Verhältnissen übrigens außerordentlich geringe — Biegungsbeanspruchung, die der Draht infolge der Durchbiegung erfährt, feststellen, so kann das am einfachsten in der Weise geschehen, daß man den Krümmungshalbmesser ϱ für den Scheitel der Parabel, deren Gleichung nach Beziehung 12

$$x^2 = \frac{2H}{q}y$$

ist, als Halbparameter zu

$$\varrho = \frac{H}{q} \quad . \; . \; . \; . \; . \; . \; . \; . \; . \; . \; . \; . \; 16)$$

---

1) Grashof hat diese Aufgabe in seiner 1878 erschienenen Theorie der Elastizität und Festigkeit S. 46 und 47 behandelt, dabei jedoch den Einfluß der Spannungsänderung auf die Drahtlänge außer acht gelassen und kommt infolgedessen für h zu einer quadratischen Gleichung. Hierauf machte zuerst Wehage im Zivilingenieur 1879, S. 619 u. f., aufmerksam und gab daselbst die vollkommene Lösung.

ermittelt und sodann unter Beachtung von Gleichung 10, § 16, und Gleichung 13, § 16, die Biegungsanstrengung für den $2\,e$ dicken Draht zu

$$\sigma_b = \frac{q e}{\alpha H} = \frac{\gamma}{\alpha}\frac{e f}{H} = \frac{\gamma}{\alpha}\frac{e}{H:f} \qquad \text{17)}$$

bestimmt, also unabhängig von der Spannweite.

Für

$$\gamma = 0{,}008, \qquad \alpha = \frac{1}{2\,200\,000} = 0{,}455 \text{ Milliontel}, \qquad H:f = 1000 \text{ kg/qcm.}$$

$$e = 0{,}2 \text{ cm},$$

ergibt sich beispielsweise

$$\sigma_b = \frac{0{,}008}{\dfrac{1}{2\,200\,000}} \cdot \frac{0{,}2}{1000} = 3{,}5 \text{ kg/qcm.}$$

§ 7. Maß der Zusammenziehung. Kräfte senkrecht zur Stabachse. Gehinderte Zusammenziehung.

Wie wir in § 1, b sahen, findet mit der Ausdehnung des nur in der Richtung der Achse gezogenen Stabes Abb. 2, § 1, gleichzeitig eine Zusammenziehung senkrecht zur Achse statt. Beträgt die durch Gleichung 1, § 2, bestimmte Dehnung ε, so werden die nach jeder zur Achse senkrechten Richtung eintretenden Zusammenziehungen, be-

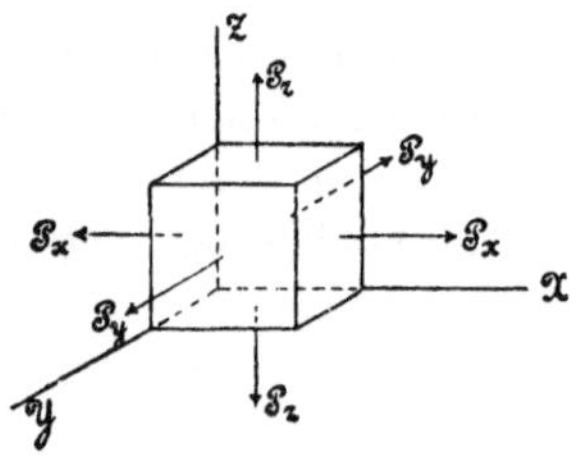

Abb. 1.

zogen auf die Längeneinheit, d. s. die verhältnismäßigen Zusammenziehungen $\left(\text{im Falle § 1, b gleich } \frac{\delta}{d}\right)$, als gleichgroß betrachtet und durch

$$\varepsilon_q = \frac{\varepsilon}{m} \qquad \text{1)}$$

gemessen. Die Größe m pflegt als eine zwischen 3 und 4 liegende Konstante aufgefaßt zu werden, so daß hiernach die verhältnismäßige Zusammenziehung $^1/_4$ bis $^1/_3$ der Dehnung beträgt.

Der in Abb. 1 dargestellte Würfel, bestehend aus Material, das in jedem Punkte nach allen Richtungen hin gleich beschaffen, also isotrop ist und Proportionalitätsgrenze (§ 2) besitzt, werde innerhalb der letzteren zunächst nur in Richtung der x-Achse auf Zug (durch P_x, P_x) in Anspruch genommen. Die in dieser Richtung eintretende Dehnung sei durch ε_x und die damit verknüpfte Spannung durch $\sigma_x = \frac{\varepsilon_x}{\alpha}$ bezeichnet. Nach Maßgabe des Erörterten beträgt dann:

in Richtung der y-Achse

die verhältnismäßige Zusammenziehung $\frac{\varepsilon_x}{m}$, die Spannung 0,

in Richtung der z-Achse

die verhältnismäßige Zusammenziehung $\frac{\varepsilon_x}{m}$, die Spannung 0.

Wird der Würfel nur in der Richtung der y-Achse (von P_y, P_y) gezogen, und werden die hierdurch in dieser Richtung veranlaßte Dehnung und Spannung ε_y beziehungsweise $\sigma_y = \frac{\varepsilon_y}{\alpha}$ genannt, so findet sich:

in Richtung der x-Achse

die verhältnismäßige Zusammenziehung $\frac{\varepsilon_y}{m}$, die Spannung 0,

in Richtung der z-Achse

die verhältnismäßige Zusammenziehung $\frac{\varepsilon_y}{m}$, die Spannung 0.

Wird schließlich der Würfel nur in Richtung der z-Achse auf Zug in Anspruch genommen (durch P_z, P_z) und die hiermit in dieser Richtung verknüpfte Dehnung durch ε_z, die Spannung durch $\sigma_z = \frac{\varepsilon_z}{\alpha}$ gemessen, so müßte betragen:

in Richtung der x-Achse

die verhältnismäßige Zusammenziehung $\frac{\varepsilon_z}{m}$, die Spannung 0,

in Richtung der y-Achse

die verhältnismäßige Zusammenziehung $\frac{\varepsilon_z}{m}$, die Spannung 0.

Wirken die Kräfte $P_x P_x$, $P_y P_y$, $P_z P_z$ gleichzeitig, so beträgt die resultierende Dehnung

$$\left.\begin{array}{ll}\text{in Richtung der } x\text{-Achse} & \varepsilon_1 = \varepsilon_x - \frac{\varepsilon_y + \varepsilon_z}{m} \\ \text{,, \quad ,, \quad ,, } y\text{- ,,} & \varepsilon_2 = \varepsilon_y - \frac{\varepsilon_z + \varepsilon_x}{m} \\ \text{,, \quad ,, \quad ,, } z\text{- ,,} & \varepsilon_3 = \varepsilon_z - \frac{\varepsilon_x + \varepsilon_y}{m} \end{array}\right\} \quad \ldots \quad 2)$$

woraus unter Berücksichtigung, daß

$$\varepsilon_x = \alpha\,\sigma_x \qquad \varepsilon_y = \alpha\,\sigma_y \qquad \varepsilon_z = \alpha\,\sigma_z \quad \ldots\ldots \quad 3)$$ [1]

folgt

$$\left.\begin{array}{ll} \varepsilon_1 = \alpha\left(\sigma_x - \frac{\sigma_y + \sigma_z}{m}\right) \text{ oder } \frac{\varepsilon_1}{\alpha} = \sigma_x - \frac{\sigma_y + \sigma_z}{m} \\ \varepsilon_2 = \alpha\left(\sigma_y - \frac{\sigma_z + \sigma_x}{m}\right) \text{ oder } \frac{\varepsilon_2}{\alpha} = \sigma_y - \frac{\sigma_z + \sigma_x}{m} \\ \varepsilon_3 = \alpha\left(\sigma_z - \frac{\sigma_x + \sigma_y}{m}\right) \text{ oder } \frac{\varepsilon_3}{\alpha} = \sigma_z - \frac{\sigma_x + \sigma_y}{m} \end{array}\right\} \quad \ldots \quad 4)$$

Die Beziehungen 4 lehren, daß die einfache Proportionalität, die bei dem ausschließlich in der Richtung seiner Achse gezogenen Stabe nach Maßgabe der Gleichungen 2 § 2, und 3 dieses Paragraphen zwischen Dehnungen und Spannungen — unter der Voraussetzung, daß α konstant — vorhanden ist, zu bestehen aufhört, sobald auch Kräfte senkrecht zur Stabachse den Körper angreifen. Die resultierende Dehnung wird durch solche Kräfte, wenn sie ziehend wirken, vermindert; sind Druckkräfte senkrecht zur Stabachse tätig, so wird die resultierende Dehnung vergrößert.

In Anbetracht, daß derartige Kräfte eine mehr oder minder große Hinderung der Zusammenziehung zur Folge haben, erkennen wir, daß Erschwerung oder teilweise Hinderung der Zusammenziehung (Kontraktion) des Stabes (senkrecht zu dessen Achse) die Dehnung (in Richtung der Achse) ver-

---

[1]) Besitzt das Material keine Proportionalitätsgrenze, so wird die Dehnungszahl α nicht konstant, sondern eine Funktion von σ oder ε sein. Es würde dann heißen müssen etwa:

$$\varepsilon_x = \alpha_1\,\sigma_x, \qquad \varepsilon_y = \alpha_2\,\sigma_y, \qquad \varepsilon_z = \alpha_3\,\sigma_z.$$

Hierin würden je nach der Verschiedenheit der Spannungen $\sigma_x\ \sigma_y\ \sigma_z$ die Dehnungszahlen $\alpha_1\ \alpha_2\ \alpha_3$ verschieden große Werte aufweisen, d. h. $\alpha_1 \alpha_2 \alpha_3$ würden Funktionen von σ oder ε sein.

ringert und damit bei solchen Materialien, die im Falle des Zerreißens eine erhebliche Querzusammenziehung erfahren, auch die Festigkeit erhöht, wie Versuche nachweisen[1]) (§ 9, Ziff. 1).

§ 8. Zugproben.

Der Zugprobe werden die Metalle, auf die sich das Nachstehende zunächst nur bezieht, meist in Form von Rundstäben (Abb. 1) oder in Form von Flachstäben unterworfen.

Probestäbe und deren Einspannung.

Die Form der Probestäbe muß so gewählt werden, und die zum Einspannen in die Prüfungsmaschine benutzten Vorrichtungen müssen so beschaffen sein,

1. daß die Zugkraft möglichst gleichförmig über die Querschnitte des der Messung unterworfenen mittleren Stückes des Probekörpers d. i. der Meßlänge, verteilt wird (vgl. Fußbemerkung S. 117 und 118),

2. daß der Bruch des Körpers innerhalb der Meßlänge erfolgt, sofern das nicht durch Mängel im Material u. dgl. verhindert wird.

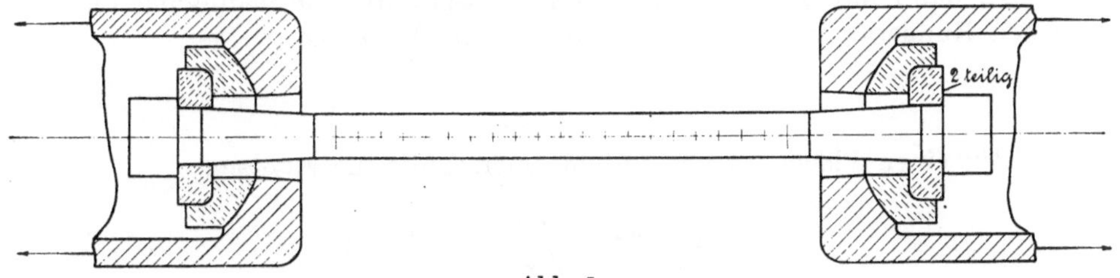

Abb. 1.

Der ersten Bedingung läßt sich bei Rundstäben oder Flachstäben, die mit Köpfen oder auch durch Gewinde festgehalten werden, durch die kugelige Lagerung oder Aufhängung entsprechen (Abb. 1), bei Flachstäben durch Befestigung mittels Loch und Bolzen, wenn die Löcher genau in der Stabachse liegen, oder durch Einlegen der mit gefrästen Nuten versehenen Enden in Gebißkeile, wenn schiefe Beanspruchung vermieden wird, oder durch Einbeißkeile, wenn sie den Stab in der Mitte der Kopffläche fassen. Die Herstellung und Einspannung der Flachstäbe fordert jedoch unter allen Umständen besondere Sorgfalt, wenn den aufgestellten Bedingungen genügt sein soll.

---

[1]) Hinsichtlich der ersten dahingehenden Darlegung des Verfassers, die sich auf die Ergebnisse der von Kirkaldy 1862 angestellten Versuche stützt, über die § 9, Ziff. 1 berichtet ist, s. Zeitschrift des Vereines deutscher Ingenieure 1880, S. 285 u. f.

In bezug auf die Gestalt des Probestabes sucht man diese Bedingungen dadurch zu erfüllen, das man das prismatische Mittelstück des Stabes etwas länger macht als die Meßlänge, und daß man die Querschnitte des Stabes von dem Mittelstück nach den Einspannstellen hin zunehmen läßt, wie dies Abb. 1 für den Rundstab zeigt. (Vgl. auch Fußbemerkung S. 117 und 118.)

Eine zutreffende Vergleichung der Ergebnisse mehrerer Versuche setzt voraus, daß diese unter den gleichen Verhältnissen durchgeführt worden sind. Wie aus dem in § 9 und § 10 Erörterten hervorgeht, gehört hierzu, daß die Stäbe gleiche oder wenigstens geometrisch ähnliche Querschnitte besitzen und im allgemeinen gleich lange Zeit den Versuchen unterworfen werden.

Die der Messung unterzogene Strecke l, die Meßlänge, pflegt — insoweit es sich um die Ermittlung der durch Gleichung 3, § 3, bestimmten Bruchdehnung handelt — zu 200 mm angenommen und das mittlere Stück um wenigstens 20 mm länger, d. h. $l + 20$ mm, prismatisch gehalten zu werden.

Wird für den Rundstab von 20 mm Durchmesser — wie in Deutschland, Österreich, der Schweiz usw. üblich — $l = 200$ mm zugrunde gelegt, dann fordert die S. 168 unter e ausgesprochene Bedingung für einen Rundstab von d mm Durchmesser als Meßlänge

$$l = 200 \frac{d}{20} = 10\,d \quad \ldots\ldots\ldots \quad 1)$$

und für einen Flachstab von f qmm Querschnitt die Meßlänge

$$l = 200 \frac{\sqrt{f}}{\sqrt{\frac{\pi}{4} \cdot 20^2}} = 11{,}3 \sqrt{f} \quad \ldots\ldots \quad 2)$$

Bei der großen Masse der Zugproben pflegt nur festgestellt zu werden:

a) die Bruchbelastung P_{max} (§ 3) und damit die Zugfestigkeit K_z (§ 3),

b) der Querschnitt f_b an der Bruchstelle (an der Stelle der Einschnürung, Abb. 7, § 3, sofern eine solche eintritt),

c) die Länge l_b, die das ursprünglich l lange Stabstück nach dem Zerreißen besitzt.

Die Beobachtung nach a liefert durch Gleichung 1, § 3, die Zugfestigkeit, bezogen auf den ursprünglichen Stabquerschnitt.

Die Ermittlung nach b ergibt durch Gleichung 2, § 3, die Querschnittsverminderung des zerrissenen Stabes.

Die Feststellung nach c liefert durch Gleichung 3, § 3, die Bruchdehnung.

Einrichtungen zum Messen der Längenänderungen bei Zug und Druck.

Zur Bestimmung der Längenänderungen hat Bauschinger den aus Abb. 2a sowie Abb. 3, Taf. II ersichtlichen Apparat ausführen lassen, der zu den besten gehört, die für den Zweck benutzt werden können.

Der zu untersuchende Stab, auf dessen richtige Lagerung in der Prüfungsmaschine besondere Sorgfalt zu verwenden ist, wird an den Enden A und B der Strecke AB, für welche die Längenänderungen bestimmt werden sollen, durch die Reißnadel mit zwei leichten Querrissen versehen. In die Ebene des einen Querrisses, etwa bei A, legen sich pressend die Stahlschneiden der beiden schraubstockartig verbundenen Backen CC, die damit am Versuchsstabe festgeklemmt werden. Diese Backen bilden die Träger zweier rechts und links vom Versuchsstab befindlichen senkrechten Achsen, auf denen unten kleine Rollen (aus Hartgummi) vom Halbmesser r sitzen, während sie oben stellbare Spiegel tragen, wie aus den Abbildungen hervorgeht. An die kleinen Rollen legen sich Stahlstäbchen DE, deren Schneiden durch Kräfte GG, ausgeübt mittels Stellschrauben, in den Querriß des anderen Endes B der Meßlänge gedrückt werden. Damit nun bei einer Änderung der Meßlänge l die beiden kleinen Rollen von den Stahlblättern DE mitgenommen werden, sind diese auf dem Rücken da, wo sie die Hartgummirollen berühren, mit feinem Schmirgelpapier belegt. Einer stetig erfolgten Längenänderung λ des Stabes wird unter diesen Umständen eine Drehung der Rollen und damit auch der Spiegel um den Winkel α entsprechen, derart, daß $\lambda = \alpha r$ ist. Mit den Fernrohren FF sieht man durch die Spiegel auf den im Abstande L aufgestellten geraden Maßstab $HJJH$. Waren die Spiegel bei Beginn des Versuches so eingestellt, daß man mit dem Fernrohr die Stelle J des Maßstabes sah, so wird bei einer Drehung des Spiegels um α der Beobachter mit dem Fernrohr durch den Spiegel die Stelle H des Maßstabes sehen, die dadurch bestimmt ist, daß

$$\overline{JH} = a = L \operatorname{tg} 2\alpha.$$

Damit ergibt sich

$$\frac{\lambda}{a} = \frac{r\alpha}{L \operatorname{tg} 2\alpha}$$

$$\lambda = a \frac{r}{L} \frac{\alpha}{\operatorname{tg} 2\alpha} \quad \ldots\ldots\ldots\ldots \quad 3)$$

woraus für kleine Werte von α, wenn mit Annäherung

$$\frac{\alpha}{\operatorname{tg} 2\alpha} = \frac{1}{2}$$

gesetzt wird,

$$\lambda = a \frac{r}{2L} \quad \ldots\ldots\ldots\ldots \quad 4)$$

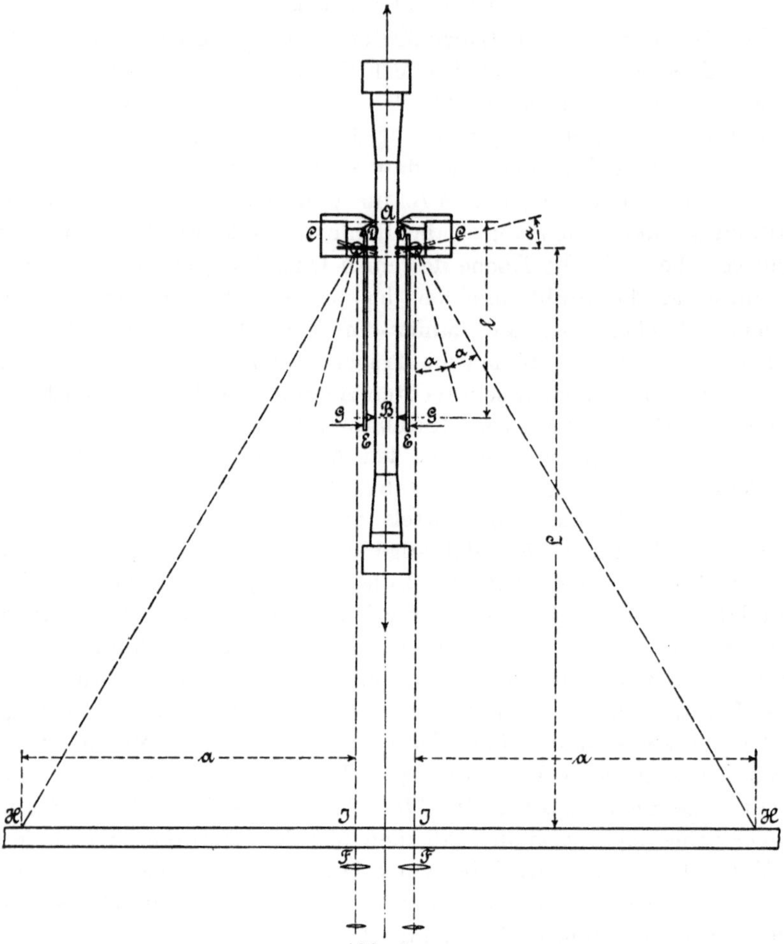

Abb. 2a.

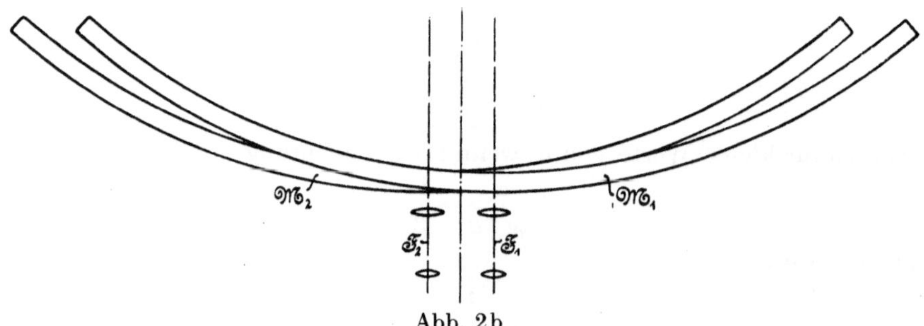

Abb. 2b

Somit erscheint der Apparat als ein Fühlhebel, dessen kleiner Arm gleich dem Halbmesser r der Rolle und dessen großer Arm gleich der doppelten Entfernung des Maßstabes von dem Spiegel ist. Für $r = 3{,}500$ mm und $L = 3500$ mm ergibt sich somit die Übersetzung $3{,}500 : 2 \cdot 3500$ wie $1 : 2000$. Bei Einteilung der Skala des Maßstabes derart, daß die Teilstriche um 4 mm voneinander entfernt sind, hat demnach der Teilstrichabstand auf dem Maßstabe den Wert von $\frac{1}{500}$ mm für die Längenänderung, und da im Gesichtsfelde des Fernrohres $^1/_{10}$ Teilstrichabstand noch mit ausreichender Sicherheit geschätzt werden kann, so geht in diesem Fall die Messung auf $\frac{1}{5000}$ mm, d. i. bei $l = 150$ mm gleich $\frac{1}{750\,000}$ der Meßlänge.

Um zu beurteilen, mit welcher Annäherung die Gleichung 4 für den geraden Maßstab zutreffend ist, sei folgende Zusammenstellung angefügt:

$\alpha =$	1^0	2^0	3^0	4^0	5^0
$\frac{\alpha}{\operatorname{tg} 2\alpha} =$	0,4998	0,4992	0,4982	0,4967	0,4949
Fehler gegenüber 0,5 in $^0/_0$ =	0,04	0,16	0,36	0,66	1,02

Will man den Fehler bei Rechnung mit Gleichung 4 nach Möglichkeit gering erhalten, so muß der Spiegel bei Beginn des Versuchs ungefähr so eingestellt werden, daß der größte in Betracht zu ziehende Wert von α etwa zur einen Hälfte links von J und zur anderen rechts von J zu liegen kommt. Dann bleibt, da der Gesamtdrehungswinkel der Rolle und des Spiegels kleiner als 4^0 zu sein pflegt, der Fehler kleiner als $0{,}16\,^0/_0$. Gleichung 4 ergibt genau richtige Werte, wenn statt des Maßstabes $HJJH$ zwei nach einem Kreisbogen gekrümmte Maßstäbe verwendet werden, wie Abb. 2b zeigt und zweckmäßigerweise in neuerer Zeit auch geschieht.

Wie aus dem Vorstehenden erhellt, geschieht die Messung der Verlängerung doppelt: auf zwei Seiten des Versuchskörpers. Das arithmetische Mittel wird als die Verlängerung des Stabes angesehen. Die Messung auf nur einer Seite würde in den meisten Fällen zu Irrtümern führen:

1. Weil auf genau zentrische Kraftübertragung von vornherein nicht mit Sicherheit gerechnet werden kann (ein sich einstellendes Biegungsmoment liefert für die eine Seite eine zusätzliche Streckung und auf der entgegengesetzten Seite eine Zusammendrückung von der gleichen Größe; infolgedessen führt die Bildung des Durchschnitts

aus beiden Messungen zur Ausschaltung des Einflusses der Biegung. Sind die für beide Seiten ermittelten Einzelwerte bekannt, so geben sie Auskunft über die Größe des Unterschiedes und damit Anhalt über die Bedeutung der Einflüsse, die diese Einseitigkeit veranlaßt haben. Wird die Meßeinrichtung so getroffen, wie es in neuerer Zeit vorgeschlagen und zum Teil auch geübt wird, daß nur die Summe abgelesen werden kann, so geht die Möglichkeit verloren, diese Einflüsse ihrer Größe nach zu beurteilen

2. Weil sich die Manteloberfläche — deren Dehnung doch allein durch den Apparat gemessen wird — nicht an allen Stellen um gleich viel dehnt;

3. Weil das Versuchsstück mit dem aufgeklemmten Meßinstrument einschließlich des letzteren nicht selten kleine Bewegungen ausführt.

Es empfiehlt sich, die beiden Endquerschnitte der Meßstrecke je in mehr als zwei Punkten zu fassen, was durch V-förmige Ausbildung der Schneiden an den Backen C und den Stahlblättern DE geschehen kann.

Für genauere Elastizitätsbeobachtungen ist es nicht bloß notwendig, daß die in der Fußbemerkung S. 46 angegebene Vorsichtsmaßregel beachtet wird, sondern es erweist sich auch als ganz wesentlich, daß Temperaturänderungen während eines Versuches möglichst vollständig vermieden werden, namentlich deshalb, weil die dünnen Stahlstäbchen DE viel rascher die neue Temperatur annehmen als der Versuchsstab, und der so entstehende Unterschied in dem Wärmezustand das Ergebnis des Versuchs — selbst wenn der Stab aus dem gleichen Material bestände wie die Stahlstäbchen DE — erheblich beeinträchtigen kann. Man muß sich eben immer vergegenwärtigen, daß bei der Wärmeausdehnungszahl von rund $\frac{1}{80000} = 12{,}5$ Milliontel und der Dehnungszahl von rund $\frac{1}{2000000} = 0{,}5$ Milliontel die Verlängerung durch 1^0 C Temperaturzunahme gleich derjenigen ist, die durch 25 kg/qcm Spannung herbeigeführt wird. Selbst $^1/_{10}{}^0$ C Temperaturunterschied entspricht noch 2,5 kg/qcm Spannungsunterschied.

Diesem Punkte wird, nach den Erfahrungen des Verfassers, selbst heute noch viel zu wenig Beachtung zuteil. Dabei reicht es nicht aus, daß man die Temperatur im Versuchsraum während einer Untersuchung möglichst unveränderlich erhält. Eine Berührung mit der Hand, ein Anhauchen, ein Luftzug usw. äußern ihren die Genauigkeit der Messung herabsetzenden Einfluß. Im Falle einer solchen Störung des Wärmezustandes, die auch vom Versuchskörper selbst herrühren kann, z. B. dann, wenn dieser eine andere Temperatur besitzt als im

Versuchsraum herrscht, ist es angezeigt, zu warten, bis der Apparat in Hinsicht auf seinen Wärmezustand zu ausreichender Ruhe gelangt ist. Dies gilt namentlich auch unmittelbar nach dem Ansetzen des Spiegelapparates, weil hierbei Erwärmungen durch die Berührung mit den Händen einzutreten pflegen, die erst durch Abkühlung wieder verschwinden müssen.

Falls mit ausreichender Sicherheit darauf zu rechnen ist, daß die Raumtemperatur gleichbleibend gehalten werden kann, so empfiehlt es sich, als Material für die Meßstäbchen Nickelstahl mit möglichst geringer Wärmeausdehnungszahl (etwa nur ein Zwölftel des für den gewöhnlichen Kohlenstoffstahl gültigen Wertes) zu verwenden (vgl. des Verfassers Maschinenelemente, 13. Aufl., S. 124 u. f.).

Ist auf Temperaturgleichheit im Versuchsraum nicht zu rechnen, so sollten die Meßstäbchen aus einem Material bestehen, dessen Ausdehnungszahl sich möglichst wenig von derjenigen unterscheidet, die dem Versuchsstab eigen ist. Daß auch dann rasche Temperaturänderungen Fehler von erheblicher Größe hervorrufen müssen, ergibt sich aus dem oben Bemerkten.

Bei Anwendung des S. 19 u. f., sowie S. 100 u. f. hervorgehobenen Verfahrens des Belastungswechsels wird der Versuchsdurchführende durch die Versuchsergebnisse auf das Auftreten von Temperaturschwankungen eindringlich aufmerksam gemacht. Auch auf das Gleichhalten der Belastungszeit ist im allgemeinen zu achten.

Die Sicherheit der Messung hängt natürlich davon ab, daß die Reibung die Rolle mitnimmt. Da nun bei Beschleunigung von Massen durch Mitnahme mittels Reibung unbedingt ein Gleiten eintreten muß, wenn die Reibungskraft kleiner ist als das Produkt aus Masse und Beschleunigung, so muß bei genauen Elastizitätsmessungen, namentlich wenn es sich um eine genaue Bestimmung der bleibenden Dehnungen handelt, mit größter Sorgfalt auf ganz allmähliche Steigerung der Belastung oder Verlängerung geachtet werden.

Auch dieser Punkt, auf dessen Bedeutung man erst dann zu treffen pflegt, wenn zum Zwecke der Ermittlung der elastischen Längenänderungen die bleibenden Dehnungen genau festgestellt werden sollen, ist viel zu wenig beachtet, was den Verfasser veranlaßt, ihn hier besonders hervorzuheben. Erst durch volle Beachtung desselben werden Instrumente, welche die Dehnung oder Zusammendrückung der Versuchskörper unter Zuhilfenahme der Reibung als Übertragungsmittel messen, zu Versuchen mit fortgesetztem Wechsel von Belastung und Entlastung verwendbar. Sie besitzen aber bei sorgfältiger Anwendung einen hohen Grad der Zuverlässigkeit.

Der Spiegelapparat ist seiner Natur nach eine Meßeinrichtung, die eine weitgehende Genauigkeit ermöglicht. Sollen nur Annäherungs-

A
A
Instrument links
l
Instrument rechts
B
B
Instrument links
Instrument rechts

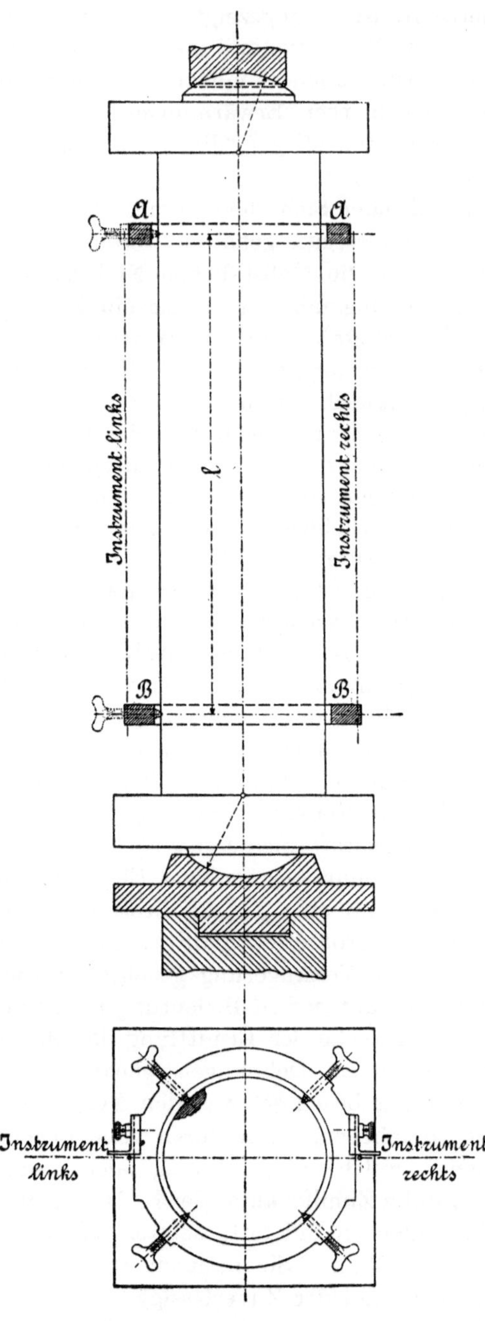

Abb. 5.

werte erzielt werden, was für praktische Zwecke häufig ausreicht, so können Meßgeräte mit entsprechend geringerer Empfindlichkeit verwendet werden; man wird dann auch nicht mit der großen Sorgfalt arbeiten müssen, wie bei den Feinmessungen.

Abb. 3, Taf. II zeigt den Bauschingerschen Spiegelapparat in seiner ursprünglichen, von C. Klebe herrührenden Gestalt. Die demselben von O. Haberer in der Materialprüfungsanstalt Stuttgart gegebene Ausführungsform geht aus Abb. 4, Taf. II hervor. Auf Abb. 3 ist eine Schrägstellung der Spiegelachsen zu erkennen, die daher rührt, daß die zur Befestigung des Apparates am Probestab dienenden Spannbacken, die eben angepreßt werden müssen, eine Aufbiegung hervorbringen, womit der Parallelismus verloren geht. Dieser Mangel ist bei Abb. 4 durch die geschlossene Bauart verhindert. Bei ihr sind auch die Spannbacken besser zugänglich, das Eigengewicht ließ sich durch Ausarbeiten bedeutend vermindern. Um beim Anbringen des Apparates an dünnen Stäben gegenseitige Berührung der Spiegel zu verhüten, sind diese bei Abb. 4 in der Höhenlage versetzt angeordnet. Bei Verwendung an stehenden Prüfungsmaschinen werden die langen Spiegelachsen gegen kurze ausgewechselt, die Spiegel rechts und links vom Stabe angeordnet.

Der Bauschingersche Spiegelapparat kann auch zur Ermittlung der Zusammendrückung von Körpern benutzt werden, doch zieht Verfasser hier in der Regel vor, eine andere, für stehende Prüfungsmaschinen und für Versuchskörper von größeren Querschnittsabmessungen geeignete Einrichtung zu verwenden. Die Abbildungen 5 bis 7 zeigen dieselbe, wie sie zur Bestimmung der Elastizität von Körpern aus Zement, Zementmörtel, Beton, Sandstein usw. in den Abmessungen: rund 250 mm Durchmesser[1]) und 1000 mm Höhe[1]) seit 1894 benutzt worden ist und heute noch Verwendung findet.

Die Versuchskörper sind mit genau parallelen und zur Körperachse senkrechten Stirnflächen (Druckflächen) zu versehen, so daß bei der vorhandenen kugeligen Lagerung der Druckplatten der Maschine (vgl. Abb. 5) eine gleichmäßige Druckverteilung, soweit sie

---

[1]) Verwendet man zu Elastizitätsversuchen mit Betonkörpern Prismen von Querschnitten bis etwa 12 cm Seite und 15 cm Meßlänge, wie dies bis zur Aufnahme der Untersuchung der Elastizität des Betons durch den Verfasser (1894) geschehen war, so können die Versuche bei der Ungleichartigkeit des Materials — man denke an die einzelnen Schotterstücke (Steine, Ziegelbrocken, Kiesel bis Apfelgröße) — wenigstens im allgemeinen nicht zu Ergebnissen führen, die mit ausreichender Genauigkeit auf die praktischen Anwendungen, d. h. auf auszuführende Betonbauten, übertragen werden dürfen.

überhaupt zu erreichen ist, erwartet werden darf. Auf selbsttätiges Einstellen, d. h. Parallelstellen der Druckplatten zu rechnen, erscheint nicht richtig; diese Stellung ist vielmehr vor dem Versuch mit Sorgfalt herbeizuführen; man stellt zunächst die untere Platte gemäß der Wasserwage und richtet nach Einbauen des Versuchskörpers, wobei besonders darauf zu achten ist, daß dessen Achse in die Achse der Maschine fällt, die obere Platte genau parallel zur oberen Fläche desselben[1]). Die Messung der Zusammendrückung erfolgt stets durch zwei einander gegenüberliegende Instrumente, welche die Endquerschnitte der Meßstrecke in je 4 Punkten fassen. Über die Berechtigung, die Messung an der Oberfläche vorzunehmen, vgl. A. Menzel, Untersuchungen über das bei der Bestimmung der Druckelastizität übliche Verfahren, die Dehnungen auf der Mantelfläche des Versuchskörpers zu messen, 1902.)

Die Meßvorrichtung, vgl. Abb. 5 bis 7, besteht aus dem oberen Ring *AA* und dem unteren Ring *BB*, die je durch 4 im rechten Winkel zueinander stehende Schrauben am Versuchskörper festgestellt werden, und zwar um l (bei Betonkörpern u. dgl. in der Regel gleich 750 mm) übereinander.

Abb. 6 und 7 zeigen die eigentliche Meßvorrichtung. Erfolgt eine Zusammendrückung des Versuchskörpers, so wird der obere Endpunkt der Stange *C*, die ihre Länge beibehält, gegenüber dem Ringe *AA* und dem daran befestigten Meßinstrument um den Betrag der Verkürzung nach oben rücken; dadurch dreht sich der Hebel *DEF*, der gegen das Ende der Meßstange *C* durch eine Feder gedrückt wird, um seine bei *E* gelegene Achse und nimmt durch das auf dem segmentartigen Ende *F* befestigte dünne Metallbändchen das Röllchen *G* mit, auf dessen Achse der an einer Bogenskala entlang laufende Zeiger

---

[1]) In neuerer Zeit ist ausgesprochen worden, daß es genügt, wenn nur eine der beiden Druckplatten, und zwar die obere, kugelig gelagert wird. Dies erscheint zutreffend, wenn die Druckflächen am Probekörper genau senkrecht zu dessen Achse stehen. Kann hierauf nicht mit voller Sicherheit gerechnet werden, was in der Mehrzahl der Fälle zutreffen dürfte, so wird der Eintritt von Biegungsspannungen unvermeidlich, und zwar werden diese unter sonst gleichen Umständen von um so größerer Bedeutung sein, je länger die Stabachse ist.

Die Annahme, daß die Druckplatten sich infolge der kugeligen Lagerung selbsttätig den Druckflächen der Probekörper parallel stellen, insbesondere an der oberen Fläche, trifft meist durchaus nicht mit der erforderlichen Annäherung zu; das Moment, welches von der Reibung im Kugelgelenk herrührt, pflegt zu bedeutend zu sein. Mängel in dem Parallelstellen von Druckplatte und Druckfläche vor dem Versuch können zu erheblichen Fehlern führen.

Längere Säulen usf. werden zweckmäßigerweise in stehender Lage geprüft mit Rücksicht auf die Wirkungen des Eigengewichts, es sei denn, daß dieser Einfluß absichtlich zur Geltung gelangen soll.

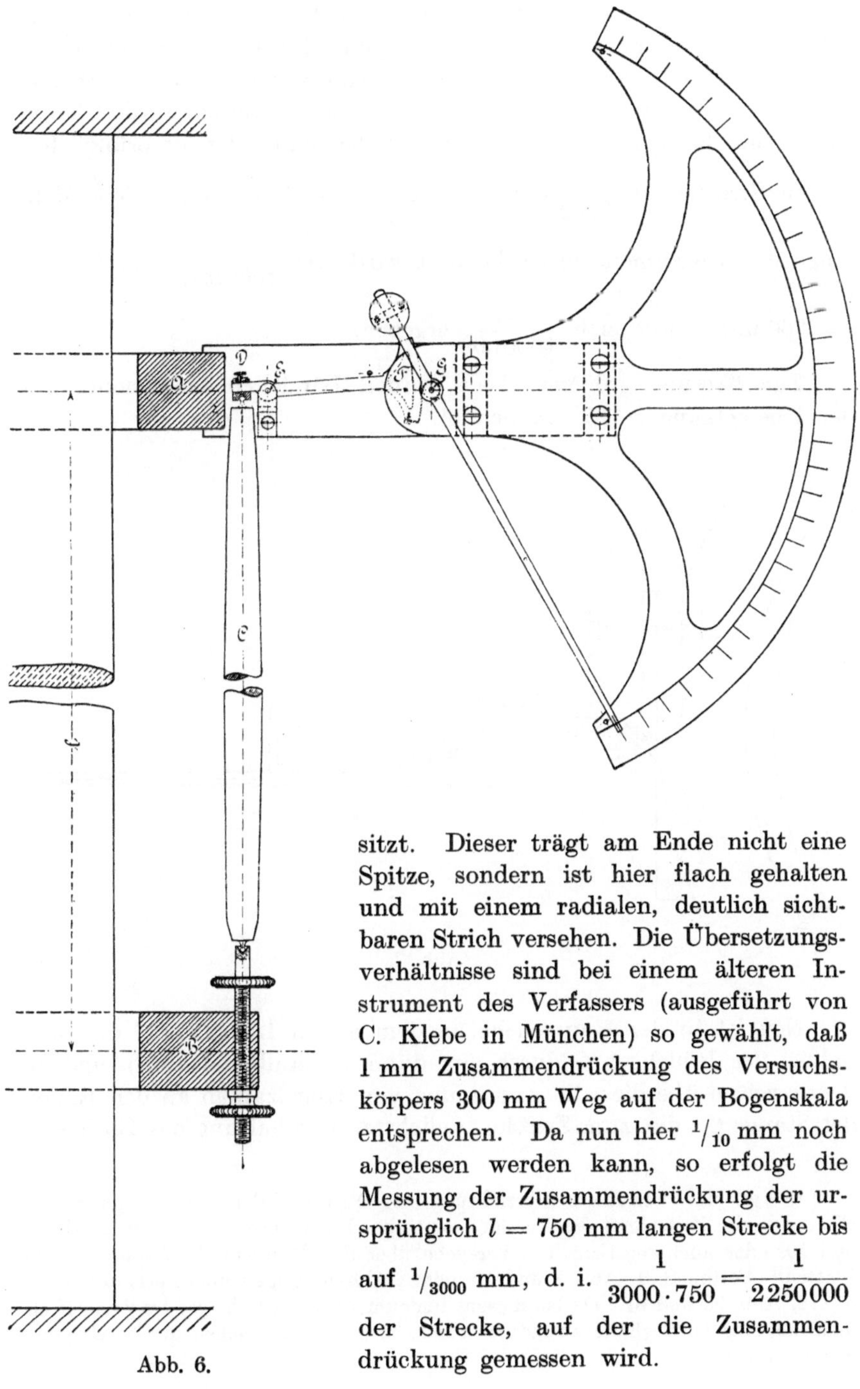

Abb. 6.

sitzt. Dieser trägt am Ende nicht eine Spitze, sondern ist hier flach gehalten und mit einem radialen, deutlich sichtbaren Strich versehen. Die Übersetzungsverhältnisse sind bei einem älteren Instrument des Verfassers (ausgeführt von C. Klebe in München) so gewählt, daß 1 mm Zusammendrückung des Versuchskörpers 300 mm Weg auf der Bogenskala entsprechen. Da nun hier $^1/_{10}$ mm noch abgelesen werden kann, so erfolgt die Messung der Zusammendrückung der ursprünglich $l = 750$ mm langen Strecke bis auf $^1/_{3000}$ mm, d. i. $\frac{1}{3000 \cdot 750} = \frac{1}{2250000}$ der Strecke, auf der die Zusammendrückung gemessen wird.

Bei neueren in der Materialprüfungsanstalt Stuttgart selbst ausgeführten Instrumenten entspricht $^1/_2$ mm Zusammendrückung des untersuchten Körpers einem Skalenweg von 300 mm, das ist 600 mal mehr. Da nun auf der Skala noch $^1/_{10}$ mm abgelesen werden kann, so erfolgt die Messung der Zusammendrückung der ursprünglich l langen Strecke auf $\frac{1}{6000}$ mm, d. i. bei $l = 500$ mm, für welche Meßlänge das Instrument meist benutzt wird, auf $\frac{1}{3000000}$ von l. Für $l = 750$ mm würde sich $\frac{1}{4500000}$ ergeben.

Zur Messung größerer Wege werden Bändchen-Instrumente mit der Übersetzung 1 : 100 verwendet.

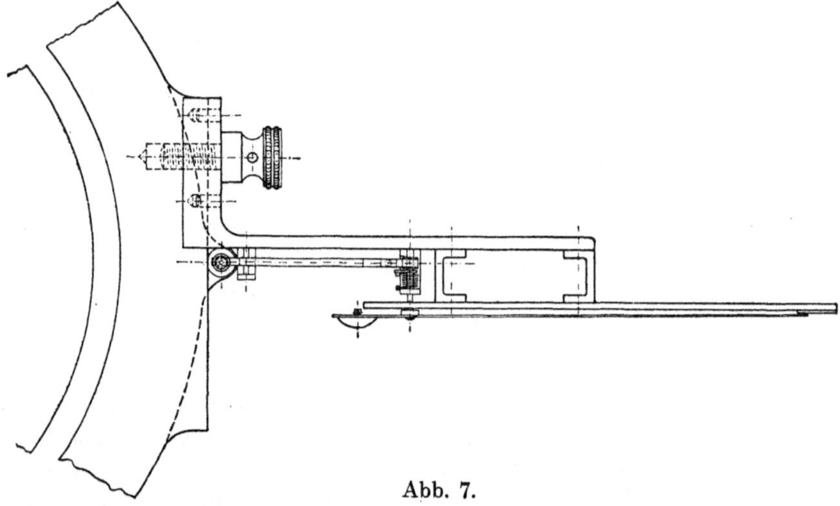

Abb. 7.

Neu ist in der Hauptsache an dem ersten Instrumente die Mitnahme des Röllchens G durch ein dünnes Metallbändchen[1]), und an dem zweiten überdies die Anordnung von Kugelzapfen an den Enden der Stange C, die zum Zwecke tunlichster Fernhaltung des Einflusses

[1]) Vgl. des Verfassers Vorrichtung zur Messung der Durchbiegung von Platten in der Zeitschrift des Vereines deutscher Ingenieure 1890, S. 1042, Abb. 9 und 10, oder auch die Schrift: „Versuche über die Widerstandsfähigkeit ebener Platten" Berlin, S. 4, Abb. 9 und 10, oder „Abhandlungen und Berichte" 1897, S. 112, Abb. 90 und 91. Da bei diesem Instrument die den Zeiger tragende Rolle mehr als eine Umdrehung auszuführen hat, so ist das Bändchen in Gestalt eines Y ausgeführt.

Abb. 3, § 8, S. 133. Abb. 12, § 8, S. 141. Abb. 4, § 8, S. 133.

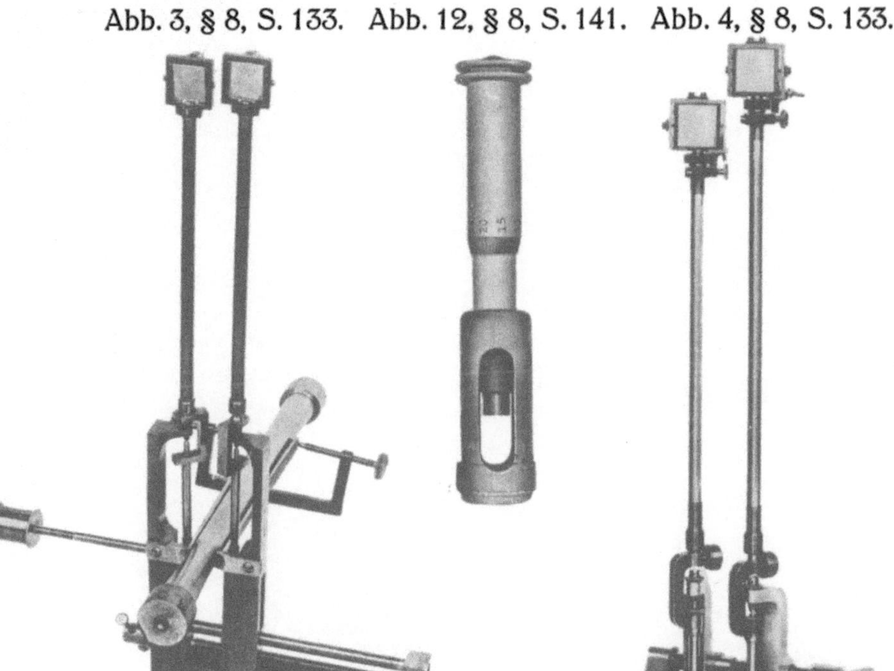

Abb. 8, § 3, S. 12, § 8, S. 142.

Abb. 19, § 8, S. 143. Abb. 23, § 8, S. 144. Abb. 24, § 8, S. 144.

von Temperaturänderung aus Holz besteht (vgl. das S. 130 hinsichtlich des Einflusses der Temperaturänderungen Gesagte). Die Bändchen-

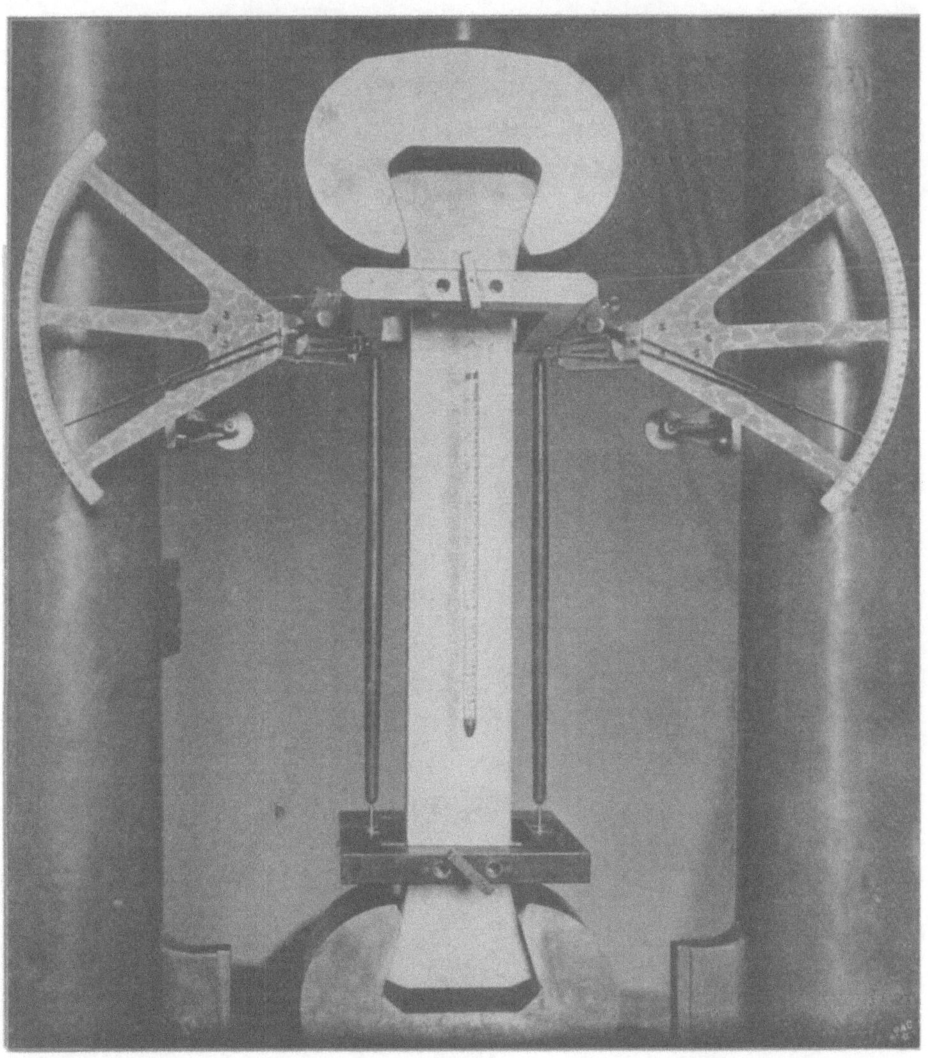

Abb. 8.

instrumente besitzen den Vorteil, daß sie nicht wie Spiegelapparate die getrennte Aufstellung von Ablesefernrohr und Skala erfordern. Ihre Zuverlässigkeit steht nicht hinter der der Spiegelapparate zurück.

Verfasser benützt diese Meßvorrichtung auch zur Ermittlung der Zugelastizität. Wie ersichtlich, besteht der einzige Unterschied

Abb. 9.

darin, daß, während bei Druckbelastung der Zeiger auf der Bogenskala von unten nach oben sich bewegt, er bei Zugbelastung von oben nach unten schwingt. Da die Berührung zwischen Hebel und Stange bei D, Abb. 6, durch Federkraft gesichert ist, so findet in beiden Fällen die Messung mit der gleichen Zuverlässigkeit statt. Dadurch läßt es sich in bequemer Weise ermöglichen, daß ein und derselbe Körper der Zug- und der Druckprobe unterworfen und dabei die Dehnung, bzw. die Zusammendrückung, mit denselben Instrumenten genau auf die gleiche Erstreckung gemessen wer-

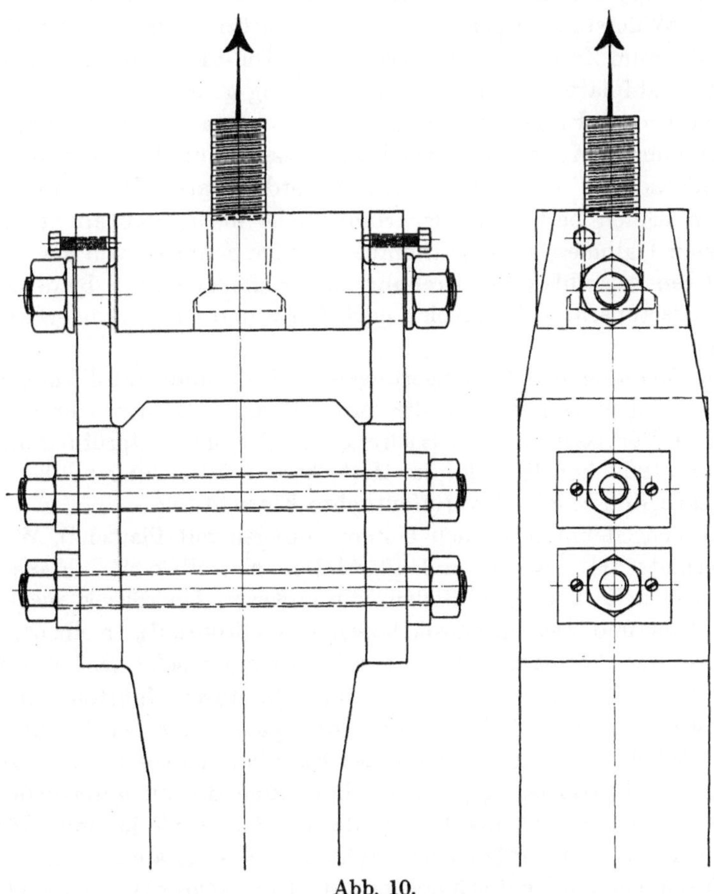

Abb. 10.

den kann. Will man vom Zug- zum Druckversuch oder von diesem zum Zugversuch übergehen, so bedarf es jeweils nur der Versetzung des Körpers mit den angeschraubten Instrumenten aus der Zug- in die Druckmaschine bzw. aus der letzteren in die erstere. Abb. 8 zeigt den Körper (Marmor) mit dem zweiten der Instrumente in der Zug- und Abb. 9 in der Druckmaschine.

Da bei den in Abb. 8 dargestellten Versuchskörpern die genaue Bearbeitung der Keilflächen recht viel Zeit erforderte und der Bruch häufig an der Einspannstelle eintrat, was auch leicht stattzufinden pflegt, wenn die Befestigung der Zugkörper aus Beton, Steinen u. dgl. mittels Klauen erfolgt, so ist Verfasser in neuerer Zeit zu der in Abb. 10 gezeichneten Einspannvorrichtung übergegangen. Der Körper wird durch die beiden seitlichen, innen geriffelten Stahlplatten, die durch Schrauben gegen ihn gepreßt werden, gepackt; der hierdurch wachgerufene Widerstand gegen Gleiten muß natürlich größer sein als die Kraft, die zum Zerreißen erforderlich ist. Die vier Flächen, gegen die sich die Stahlplatten legen, werden sorgfältig gehobelt.

Neben dem Bauschingerschen Spiegelapparat steht der Spiegelapparat von A. Martens, hinsichtlich dessen auf A. Martens, Materialienkunde, S. 477 u. f. verwiesen werden darf. Der Unterschied zwischen beiden besteht in der Hauptsache darin, daß an Stelle der Rolle vom Halbmesser r eine rhombenförmige Schneide von der Höhe z tritt, deren Ausschlag die Drehung der Rolle ersetzt. Beide Arten von Spiegelapparaten lassen sich nach Form und Größe Sonderzwecken anpassen.

Zur Messung der Verlängerungen und Zusammendrückungen an den Oberflächen von Balken, die durch Biegung beansprucht werden, verwendet Verfasser die von Haberer in der Materialprüfungsanstalt Stuttgart 1902 konstruierte, in Heft 39 der Mitteilungen über Forschungsarbeiten S. 8 u. f. veröffentlichte Einrichtung.

Die ausgedehnten eigenen Untersuchungen mit Platten[1]), Wasserkammerplatten[2]), ebenen und gewölbten Kesselböden[3]), Flanschenverbindungen[4]), kugeligen Böden, die äußerem Überdruck ausgesetzt sind[5]), Ein- und Zweiflammrohrböden[6]), Wellrohren[7]), Kolben[8]) usf., bei denen die Formänderungen jeweils an einer sehr großen Anzahl von Stellen ausreichend genau zu ermitteln waren, führten seit 1889 zur Anwendung der „Stiftmessung“, die später auch bei den umfangreichen Arbeiten auf dem Gebiete des Eisenbetonbaues benutzt wurde.

Bei der Stiftmessung wird die Bewegung des zu untersuchenden Punktes auf einen Stift übertragen, dessen eines Ende in einer Körnervertiefung auf dem Probekörper steht und dessen anderes Ende über einen feststehenden Meßtisch hervorragt. Die Länge x (vgl. Abb. 11) des

---

[1]) Zeitschrift des Vereines deutscher Ingenieure, 1890, S. 1041 u. f.

[2]) Ebenda 1893, S. 489 u. f., 526 u. f.

[3]) Ebenda 1897, S. 1157 u. f., 1899, S. 1585 u. f.

[4]) Ebenda 1899, S. 321 u. f., 1912, S. 161 u. f.

[5]) Ebenda 1902, S. 333 u. f.

[6]) Ebenda 1908, S. 792 u. f., 1649 u. f. Mitteilungen über Forschungsarbeiten Heft 51, 52.

[7]) Ebenda 1904, S. 1227 u. f., 1905, S. 2062 u. f.

[8]) Mitteilungen über Forschungsarbeiten, Heft 31.

überstehenden Teiles wird mittels einer Mikrometerschraube, wie sie in Abb. 12, Taf. II abgebildet ist, gemessen. Ihre Änderung gibt die gesuchte Formänderung.

Abb. 11 zeigt die Anwendung des Verfahrens auf die Bestimmung des Betrages, um den das Ende eines einbetonierten Eisens *E* durch die Kraft *P* sich gegenüber der Stirnfläche des Betonkörpers *B* bewegt[1]). Der Meßtisch ist hier auf der oberen Fläche desBetonkörpers befestigt. Bei den S. 140 unter[1]) bis [7]) erwähnten Versuchen war für zahlreiche Meßpunkte ein gemeinsamer Meßtisch vorhanden.

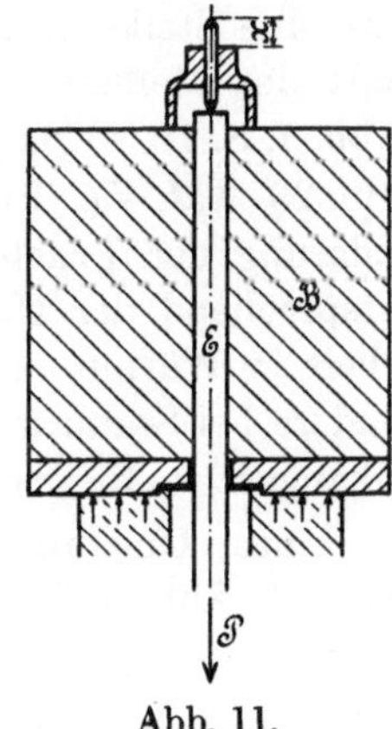

Abb. 11.

Die Genauigkeit der Messung reicht bei vorhandener Übung bis etwa 0,005 mm.

In neuerer Zeit ist die Zahl der Meßvorrichtungen im Wachsen begriffen.

Für Sonderzwecke können auch Mikroskope entsprechende Verwendung finden.

Brucherscheinungen.

Die Vorgänge während der Streckung und beim Bruch sind für die einzelnen Metalle verschieden; sie werden auch von Ungleichförmigkeiten und Materialfehlern beeinflußt, worauf jedoch an dieser Stelle nicht eingegangen zu werden braucht. Unter stetiger Streckung der Stäbe zeigen sich dann in der Hauptsache folgende Erscheinungen.

Bei spródem Material, wie z. B. Gußeisen, nimmt die Kraft stetig zu, bis die Widerstandsfähigkeit des Stabes erschöpft ist (vgl. die Dehnungslinie Abb. 8, § 4). Der Bruch erfolgt ungefähr in einer zur Stabachse senkrecht verlaufenden Ebene, wie erwartet zu werden pflegt. Nennenswerte bleibende Querschnittsverminderung und erhebliche Bruchdehnung sind nicht zu beobachten. Die ursprünglich glatte Oberfläche erfährt keine sichtbare Veränderung.

Bei zähem Flußeisen tritt, wie in § 3 besprochen, eine Unterbrechung der stetigen Belastungszunahme ein, wenn die Streckgrenze erreicht ist (Abb. 1, § 3, Abb. 10, 12, 13 und 14, § 4). Gleichzeitig sind an der Staboberfläche die auf S. 9 erwähnten Streckfiguren zu beobachten, die schräg, unter ungefähr 45°, gegen die Stabachse geneigt verlaufen und den Beginn der bedeutenderen bleibenden Dehnungen ohne weiteres sichtbar zeigen. Die ursprünglich glatte Stab-

[1]) Mitteilungen über Forschungsarbeiten, Heft 22.

oberfläche rauht sich auf, vorhandener Walzzunder springt ab usf. Mit Fortschreiten der Streckung, die sich auf den ganzen prismatischen Teil des Stabes auszudehnen pflegt, vermindert dieser seinen Durchmesser, und zwar derart, daß das Stabvolumen nur geringe Veränderung erfährt. Schließlich bei Erreichen der Höchstlast (EE_2 in Abb. 1, § 3) tritt eine Stelle am Stab hervor, die sich mehr streckt als die übrigen Teile der Meßlänge und infolgedessen örtliche Einschnürung erfährt (Abb. 7, S. 12, sowie die Abbildungen gebrochener Stäbe Abb. 13, Taf. I, Abb. 23, Taf. V). In der Regel erfolgt dort nach ausreichender Formänderung der Bruch, begleitet von einer Erhöhung der Temperatur, entsprechend der Umsetzung eines Teiles der aufgewendeten Zerreißarbeit in Wärme. Nach dem Zerreißen pflegen die Stabenden, insbesondere bei Stahl, magnetisch zu sein. Abb. 14, Taf. I läßt das an den anhängenden Eisenspänen erkennen.

Unter Umständen schnürt sich der Stab an mehr als einer Stelle ein (vgl. Abb. 8, Taf. II).

Abb. 15, Taf. I zeigt die beiden Hälften eines zerrissenen Rundstabes. Deutlich ist in der Mitte je eine kreisförmige, zur Stabachse senkrecht stehende Fläche zu erkennen, an die sich am rechten Bruchstück ein kegelförmiger Rand, am linken die entsprechende Hohlform anschließt. In der Regel sind die Flächen nicht so regelmäßig gestaltet, vgl. z. B. Abb. 16 und 17, Taf. I. Der mittlere Teil ist weniger eben, ein Stück des Randes weist die Hohlform, das andere die Kegelgestalt auf. Das deutet darauf hin, daß an beiden Stabenden eine Kegelfläche in der Ausbildung begriffen ist, so daß zwischen diesen beiden Flächen ein wulstartiger Ring mit dreieckigem Querschnitt stehenbleibt. Dieser Ring pflegt je zu einem Teil an einem der Bruchstücke festzusitzen. Abb. 10, Taf. V zeigt den seltenen Fall, daß sich ein Stück des Ringes ganz losgelöst hat.

Ausnahmsweise fehlt auch der ebene Teil der Bruchflächen. Die eine der letzteren besteht dann aus einem Vollkegel, die andere aus einem entsprechenden Trichter.

Die Trennung der Stabhälften erfolgt also nicht oder nicht ausschließlich in der Richtung senkrecht zur größten Zugspannung, sondern schräg dazu, ganz wie das bei den Streckfiguren an der Außenfläche des Stabes zu beobachten war.

Erfährt Flußeisen ausreichende Härtung oder wird es bei hoher Temperatur zerrissen, so verschwindet die ausgeprägte Streckgrenze (vgl. § 10, Ziff. 3 unter B, a, 2, Versuchsreihe 1, Stab 2a, Versuchsreihe 2, Stab 2 und 5, Versuchsreihe 3, Stab 2, 4, 5 und 6, sowie § 10, Abb. 4 gegenüber Abb. 1, 2 und 3). Auch Kupfer und die meisten anderen Metalle zeigen keine ausgeprägte Streckgrenze (vgl. § 4, Abb. 18, bis

21). Im übrigen spielt sich der Streckvorgang und der Bruch ganz ähnlich ab wie bei Flußeisen.

Um die Veränderlichkeit der Dehnung, überhaupt die Formänderung zu zeigen, die ein der Zugprobe unterworfener Flachstab aufweist, wurde (1885) die in Abb. 18 (Taf. III) wiedergegebene Zusammenstellung gefertigt. Auf zwei Flachstäben aus Flußstahl von genau 60 mm Breite und 12 mm Stärke waren durch Längs- und Querlinien im Abstande von 10 mm Quadrate von 10 mm Seitenlänge gezeichnet worden. Alsdann wurde der eine Stab der Zugprobe unterworfen. Derselbe erfuhr die aus Abb. 18 deutlich ersichtliche Formänderung. Der Bruch erfolgte an einer Stelle, die durch eine der eingerissenen Querlinien etwas verletzt worden war. Man erkennt an dem Klaffen in der Mitte der Bruchstelle, daß die Widerstandsfähigkeit des Stabes zuerst in der Mitte überwunden wurde, und daß sich von hier aus der Bruch nach den Kanten hin fortsetzt (vgl. § 9 unter 3, A, sowie Abb. 24 bis 26, Taf. V). Bei zähem Material ergibt sich diese Erscheinung oft noch viel ausgeprägter. Die Bruchflächen weisen bei Flachstäben an Stelle der oben bei den Rundstäben erwähnten Kegelflächen Pyramidenflächen auf. Bemerkenswert ist die Gestalt des Querschnittes am Bruch. Das ursprünglich vorhandene Rechteck hat eine Veränderung seiner Gestalt erfahren, derart, daß die Langseiten nach innen hohl gekrümmt, die kurzen Seiten dagegen nach außen gewölbt sind; Länge und Breite des Querschnittes haben aber infolge der Einschnürung Verminderung erfahren. Für die Berechnung der Größe des Bruchquerschnittes sind also Durchschnittswerte von Dicke und Breite zu verwenden.

Die Prüfung der in Abb. 18 wiedergegebenen Flachstäbe lieferte folgende Ergebnisse:

Höchste Belastung (EE_2 in Abb. 1, § 3) . . . . 37460 kg
ursprünglicher Querschnitt f . . . . $6 \cdot 1{,}2 = 7{,}20$ qcm
Bruchquerschnitt f . . . . $4{,}82 \cdot 0{,}94 = 4{,}53$ qcm
Dehnung auf 100 mm . . . . 27,5 mm

Demnach beträgt:

die Zugfestigkeit . . . . $K_z = 37460 : 7{,}20 = 5203$ kg/qcm
,, Querschnittsverminderung ψ $100\ (7{,}20 - 4{,}53) : 7{,}20 = 37\,\%$
,, Bruchdehnung φ auf 100 mm $100\ (127{,}5 - 100) : 100 = 27{,}5\,\%$.

Harter Stahl zeigt entweder einen ähnlichen Bruch wie Gußeisen, der oft durch kleine Verletzungen an der Staboberfläche eingeleitet wird (vgl. Abb. 19, Taf. II), oder schwache Kegelbildung; dünne Stahlbänder brechen nicht selten schräg zur Stabachse, wie Abb. 20 und 21, Taf. III zeigen. Dasselbe ist häufig bei Blechbändern, Aluminiumstäben (Abb. 22, Taf. III), bei gewalztem Messing usf. zu beobachten.

Vergüteter Stahl zeigt oft das fräserartige Bruchaussehen, das aus Abb. 23 und 24, Taf. II, sowie Abb. 24, Taf. VI hervorgeht.

Material mit ausgeprägten, großen Kristallen läßt diese nach weitgehender Formänderung deutlich sichtbar werden, vgl. Abb. 15 bis 18, Taf. VII.

Bei zäher Bronze, Messing usf. ist häufig bedeutende über die ganze Stablänge gleichförmige Streckung und Querschnittsverminderung zu beobachten. Die örtliche Einschnürung tritt dann nicht mehr ausgeprägt auf.

Einige Prüfungsergebnisse und Bilder zerrissener Stäbe aus verschiedenem Material sind im folgenden zusammengestellt. Zahlreiche weitere Beispiele sind in „Festigkeitseigenschaften und Gefügebilder" enthalten.

Abb. 13 (Taf. I) zeigt einen Flußeisen- und Abb. 25 (Taf. III) einen Schweißeisenrundstab nach dem Zerreißen. Die Verschiedenheit der Oberfläche der Stäbe kennzeichnet die beiden Materialien. Weitere Unterscheidungsmerkmale liefert die metallographische Untersuchung (s. das eben erwähnte Buch unter VI). Ein zerrissener Stab aus Chromnickelstahl ist in Abb. 26, Taf. III abgebildet.

Abb. 27 und 28 (Taf. IV) geben zwei Stücke von Aluminiumbronze wieder, die beide nach Angabe 90 % Kupfer enthalten sollen.

Abb. 29 (Taf. IV) läßt einen Bronzestab (gegossen) und Abb. 30 einen Messingstab (gegossen) erkennen.

Die Prüfung dieser Stäbe hat ergeben:

Stab	Abb. 19	Abb. 23	Abb. 24	Abb. 26	Abb. 27	Abb. 28	Abb. 29	Abb. 30
Durchmesser . . cm	2,00	2,00	2,00	2,00	1,50	1,50	1,99	1,97
Querschnitt . . . qcm	3,14	3,14	3,14	3,14	1,77	1,77	3,11	3,05
Streckgrenze obere kg/qcm	6646	6414	4936	8137	Streckgrenze nicht ausgeprägt vorhanden			
Streckgrenze untere „	6156	6111	4713	8121				
Zugfestigkeit „	8057	7914	7029	9398	3983	3232	2090	1472
Bruchdehnung auf 100 mm %	—	—	—	20,2	64	50	—	—
Bruchdehnung „ 200 „ „	11,8	15,4	16,0	13,9	—	—	8,1	11,5
Querschnittsverminderung „	27,7	61,5	57,6	53,2	—	—	7,7	15,7

Ein Flußeisenstab mit Fehlstelle („Naht") ist in Abb. 31, Taf. III abgebildet.

Die Beschaffenheit des Materials wird im allgemeinen beurteilt nach den für K_z, φ und ψ erhaltenen Werten. Dem Arbeitsvermögen (§ 3) wird ein Gewicht namentlich in den Fällen eingeräumt, in denen es sich um Widerstandsfähigkeit gegenüber dynamischen Wirkungen (lebendigen Kräften) oder gegenüber den Einwirkungen von Span-

Abb. 18, § 8, S. 143.

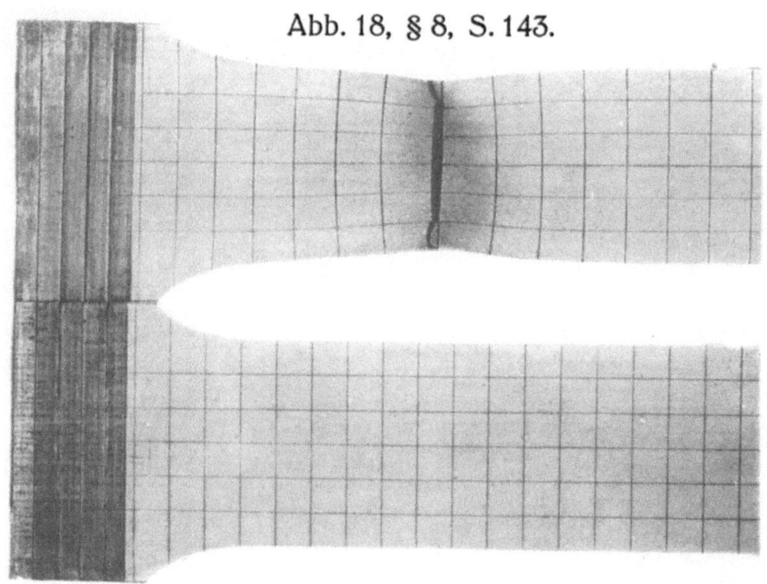

Abb. 21, § 8, S. 143, Abb. 22, § 58, S. 582.

Abb. 25, § 8, S. 144.

Abb. 26, § 8, S. 144.

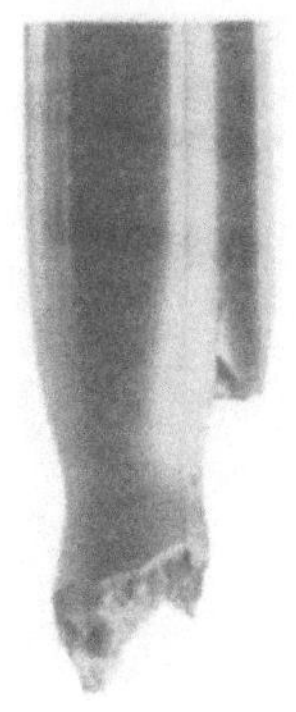

Abb. 20, § 8, S. 143, § 58, S. 582.

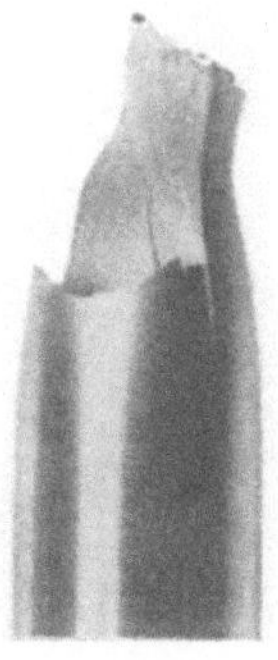

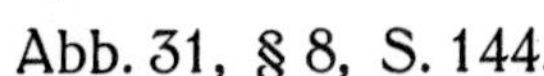

Abb. 31, § 8, S. 144.

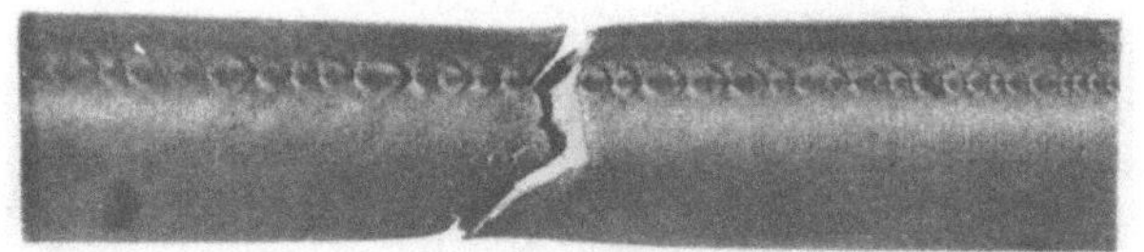

§ 8, S. 144.

Abb. 27. Abb. 28.  Abb. 29. 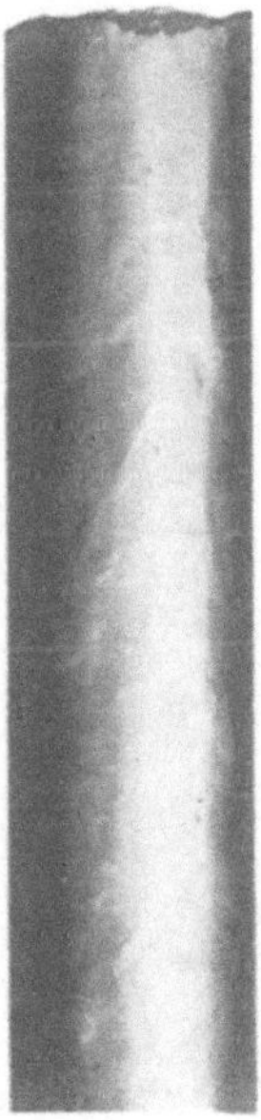 Abb. 30.

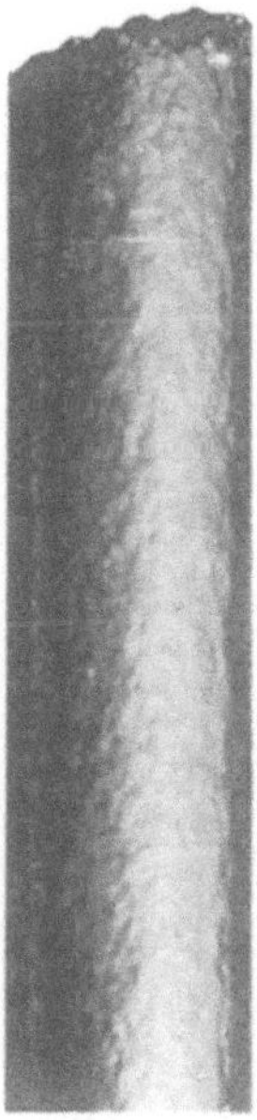

§ 9, S. 155.

Abb. 5a. Abb. 6a.  Abb. 6b.

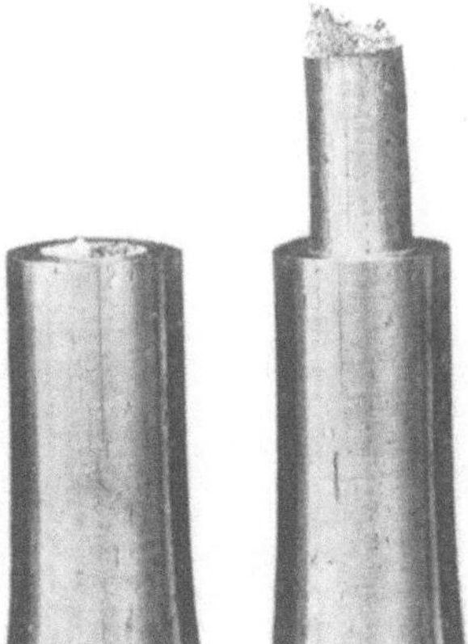

Abb. 5b.

nungen handelt, die durch stark wechselnde Belastungen oder durch große Temperaturunterschiede veranlaßt werden.

Da für ein bestimmtes, gleichartiges Material das Arbeitsvermögen mit Annäherung proportional dem Produkt aus Zugfestigkeit und Bruchdehnung gesetzt werden darf, so kann auch dieses Produkt an Stelle des Arbeitsvermögens als ein Maß der Materialgüte angesehen werden (vgl. Maschinenelemente, 13. Aufl., S. 85 u. f.).

Nach heutigem Stand bieten Zugfestigkeit, Bruchdehnung, Querschnittsverminderung und Arbeitsvermögen keine ausreichende Grundlage zur Beurteilung des Materials. Ob die zur Beurteilung der Zähigkeit vorgeschlagene und auch vielfach gehandhabte Kerbschlagprobe[1])

[1]) Stäbe, deren Gestalt aus Abb. 32 hervorgeht, werden im Abstand $A = 120$ mm auf zwei Auflager gelegt und durch einen Schlag eines pendelnd aufgehängten Hammers zum Bruch gebracht unter Messung der hierfür erforderlichen

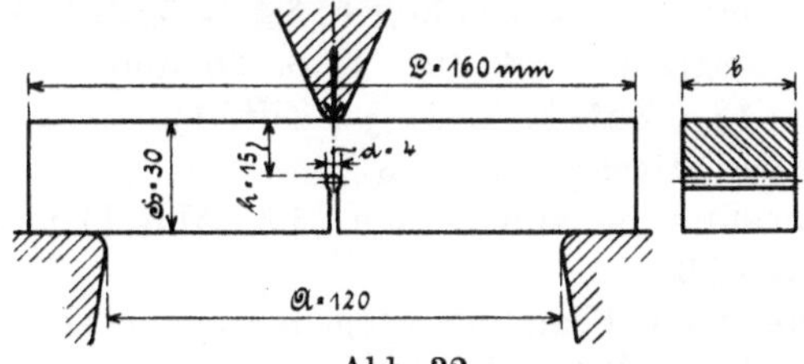

Abb. 32.

Arbeit A. Die Stabbreite b soll 30 mm betragen, welche Forderung sich jedoch oft, z. B. bei Blechen, nicht erfüllen läßt. In solchen Fällen wird dann die Breite gleich der Blechdicke gewählt. Reicht das Material zur Herstellung so großer Stäbe nicht aus, so kann $L = 120$, $a = 70$, $H = 10$, $d = 1{,}3$, $b = 10$ mm (oder weniger) gewählt werden. Der Quotient $A_k = A : b\,h$ kgm/qcm wird als „Kerbzähigkeit" bezeichnet und in ihm ein Maß für die Zähigkeit des Materials erblickt.

Wie in der Zeitschrift des Vereines deutscher Ingenieure 1912, S. 1311 u. f. dargelegt, ist der Wert von A_k nicht unabhängig von der Stabbreite, derart, daß diese Abhängigkeit für verschiedenes Material sehr verschieden ausfällt. Bei Flußeisen pflegt sogar bei Überschreitung einer gewissen, von der Art und Behandlung desselben abhängigen Breite die Kerbzähigkeit sprungweise abzunehmen. Die angegebenen kleinen Stäbe liefern weniger stark veränderliche Werte für A_k, die kleiner, oft ungefähr halb so groß sind, als die mit den großen Stäben erlangten. Bei Angaben über die Kerbzähigkeit ist also stets die Stabform mitzuteilen.

Neuerdings ist von verschiedenen Seiten versucht worden, die sprungweise Veränderlichkeit von den Versuchsergebnissen fernzuhalten (vgl. z. B. die Arbeit von Moser in den Kruppschen Monatsheften 1921, S. 225 u. f., bisher jedoch ohne durchschlagenden Erfolg. S. auch die Arbeit von Stribeck, „Die unerforschte Kerbschlagprobe" in „Stahl und Eisen" 1922, S. 405 u. f.

Wird, wie namentlich im Ausland nicht selten geschieht, der Bruch der Stäbe nicht durch einen Schlag, sondern durch zahlreiche schwache Schläge herbeigeführt, so ergibt sich die Schlagarbeit naturgemäß um so größer, je größer die Schlagzahl, d. h. je geringer die Wucht des einzelnen Schlages gewählt wurde, weil der Anteil des elastischen Arbeitsvermögens ein um so größerer ist.

Ebenso muß im Auge behalten werden, daß, wenn andere Kerbenformen gewählt werden, auch A_k bedeutende Änderung erfahren kann.

die in sie gesetzten Erwartungen befriedigen wird, erscheint noch unsicher. Hat ein und dasselbe Material, z. B. Flußeisen, verschiedene Behandlung erfahren, so pflegt diese Verschiedenheit in den Ergebnissen der Kerbschlagprobe besonders scharf sich auszuprägen. Ferner ergibt sich bei Blechen die Kerbzähigkeit für Querstäbe um etwa $^{1}/_{4}$ kleiner als für Längsstäbe. Zugversuche lassen so ausgeprägte Unterschiede nicht erkennen. Näheres s. in „Festigkeitseigenschaften und Gefügebilder", 2. Aufl., S. 16 u. f., 66, 148.

Bei umfassenden Versuchen tritt zu den oben angegebenen Ermittlungen, zu denen sich noch die Beurteilung des Aussehens der Bruchflächen fügen läßt, die Bestimmung

der Längenänderungen (§ 4 und 5) und aus ihnen zutreffendenfalls der Dehnungszahl (§ 2, § 4 Ziff. 1, Fußbemerkung 2, S. 24, § 5 Ziff. 3, und der Proportionalitätsgrenze oder der Koeffizienten α und m der Gleichung 1, § 4 (§ 5, Ziff. 3),

der Elastizitätsgrenze (§ 4 Ziff. 1, S. 26 und 27) und der Dehnungsreste (§ 4 Ziff. 1, S. 27 § 5 Ziff. 1),

der Fließ- oder Streckgrenze (§ 3),

der Dehnungslinie bis zum Bruch (§ 3, Abb. 1) und des Arbeitsvermögens (§ 3).

Zur erschöpfenden Klarstellung gehören im allgemeinen ferner die chemische und metallographische Untersuchung des Materials, sowie die Prüfung des Verhaltens gegenüber Biegung, gebotenenfalls auch im gehärteten Zustand (Hartbiegeprobe), insbesondere gegenüber Schlagwirkungen. Viele hierhergehörige Angaben finden sich in „Festigkeitseigenschaften und Gefügebilder".

Bruchdehnung.

Wie wir in § 3 sahen, dehnt sich zunächst die ganze Stabstrecke mehr oder minder gleichmäßig bis zum Eintritt der Bruchbelastung, dann folgt die Einschnürung des Stabes — falls eine solche überhaupt eintritt —, die mit einer verhältnismäßig großen Ausdehnung an dieser besonderen Stelle verknüpft ist. Diese erstreckt sich über eine Länge, die für ein und dasselbe Material um so größer ausfällt, je größer der Stabquerschnitt ist (vgl. Abb. 13, Taf. I und Abb. 23, Taf. V). Die durch Gleichung 3, § 3, gemessene Dehnung setzt sich hiernach im allgemeinen zusammen: aus der Dehnung der ganzen Strecke bis zum Eintritt der höchsten Belastung und aus der örtlichen Dehnung an

---

Sind hiernach die Ergebnisse der Kerbschlagprobe nicht, wie zu wünschen wäre, unabhängig von der Versuchsanordnung, so liefern sie doch dem Sachkundigen Einblicke in das Verhalten und den Zustand des Materials, die als eine Ergänzung der Aufschlüsse anzusehen sind, die die andern Versuche liefern, namentlich in den Fällen, welche Beurteilung der Widerstandsfähigkeit des Materials gegenüber dynamischen Wirkungen oder häufigen Temperaturänderungen verlangen.

der Einschnürungsstelle, vermindert um die (elastische) Verkürzung, die aus Anlaß der mit dem Zerreißen erfolgten Entlastung des Stabes eintritt. Wird zunächst angenommen, der Bruch erfolge in der Mitte der Strecke l, so ergibt Gleichung 3, § 3, bei vorhandener Einschnürung einen um so größeren Wert für φ, je kleiner l ist, weil die örtliche Dehnung an der Einschnürungsstelle verhältnismäßig um so mehr ausmacht, je geringer die Meßlänge l ist. Im allgemeinen gehört hiernach zur Angabe von φ auch die Größe von l neben f.

Wie bemerkt, pflegt man in Deutschland, der Schweiz, Österreich usw. l nach Maßgabe der Gleichung 1 bzw. 2 zu wählen. In Frankreich ist es üblich geworden, l kleiner zu nehmen, nämlich $l = 7{,}235\ d$, bzw. $l = 8{,}2\sqrt{f}$; infolgedessen ergeben sich dort im allgemeinen größere Werte für die Bruchdehnung des gleichen Materials; somit liefert ein und dasselbe Material, in Deutschland mit $l = 10\ d$ und in Frankreich mit $l = 7{,}235\ d$ geprüft, an letzterer Stelle eine größere Bruchdehnung, erscheint also hier, wenn φ als Maß der Zähigkeit angesehen wird, zäher. Dies muß im Auge behalten werden, wenn man die Angaben über die Bruchdehnung (Zähigkeit) des Materials aus den verschiedenen Ländern vergleichen will. In Nordamerika wird vielfach die Meßlänge noch kleiner gewählt als in Frankreich. Auch in Deutschland sind jetzt Bestrebungen mit Aussicht auf Erfolg im Gange, die Meßlänge kleiner zu wählen, was im Interesse der Ersparnis an Material und Arbeitszeit, sowie dann geboten erscheint, wenn das zu prüfende Material lange Stäbe herzustellen nicht gestattet und aus diesen Gründen vom Verfasser schon 1905 beim Deutschen Verband für die Materialprüfungen der Technik — leider nur mit einem teilweisen Erfolg — angeregt worden ist (vgl. Protokoll der 6. Hauptversammlung des Verbandes am 16. Oktober 1905 in Dresden, S. 8).

Um sich bei kurzen Stäben ein Urteil darüber zu verschaffen, wie groß — wenigstens angenähert — die Bruchdehnung sich ergeben haben würde, wenn die Meßlänge nach Gleichung 2 gewählt worden wäre, kann in der Weise vorgegangen werden, daß man an dem zerrissenen Stab für zwei genügend weit auseinander liegende Meßlängen l_1 und l_2 die Bruchdehnungen φ_1 und φ_2 unmittelbar mißt, alsdann die Gleichung

$$\varphi = A + \frac{B}{\sqrt{l}} \qquad \qquad 5)$$

benutzt, zunächst, um aus

$$\varphi_1 = A + \frac{B}{\sqrt{l_1}} \text{ und } \varphi_2 = A + \frac{B}{\sqrt{l_2}}$$

die dem vorliegenden Material entsprechenden Erfahrungswerte A und B zu ermitteln, und sodann, um durch Einführung desjenigen

Wertes von l in Gleichung 5, für den φ bestimmt werden soll, diese Größe selbst zu berechnen.

Beispielsweise ergab sich für Rundstäbe von 26 mm Durchmesser

bei	$l = 50$	70	100	150	200	260 mm,
durch Messung	$\varphi = 62,0$	53,7	46,3	39,3	35,2	31,9 %.

Wird in Gleichung 5 $A = 8,3$ und $B = 380$ gesetzt, so findet sich aus ihr

$\varphi = 62,1$	53,3	46,3	39,7	35,3	31,9 %.

(Näheres über diese im Jahre 1905 durchgeführten Versuche siehe des Verfassers Darlegungen in Heft 29 der Mitteilungen über Forschungsarbeiten S. 69 u. f.).

Weitere eigene Versuche (1914) mit 6 Kruppschen Kesselblechen ($K_z = 3800$, 4500 und 6000 kg/qcm) (Zeitschrift des Vereines deutscher Ingenieure 1916, S. 854 u. f.) bestätigen diese Ergebnisse. Sie zeigen darüber hinaus, daß für das untersuchte Material mit ausreichender Genauigkeit die Umrechnung der Bruchdehnungen auf eine andere Meßlänge auch in folgender, rascher zum Ziel führenden Weise erfolgen kann. Der Übersicht halber seien zwei Fälle unterschieden.

a) Die Meßlänge beträgt 200 mm, wie bei Kesselblechen üblich, der Querschnitt ist aber größer als 314 qmm, nach Gleichung 2 wäre also $l > 200$ mm zu wählen.

Mit Annäherung kann für das untersuchte Material gesetzt werden

$$\varphi_{11,3\sqrt{f}} = y \cdot \varphi_{200} \quad \ldots \ldots \ldots \ldots \quad 6)$$

worin y entsprechend der folgenden Zahlentafel zu wählen ist.

Stab-querschnitt qmm	314	500	750	1000	1250	1500	1750	2000	2250	2500	2750	3000	3250	3500
y	1,00	0,93	0,86	0,81	0,77	0,74	0,71	0,685	0,66	0,64	0,63	0,62	0,61	0,60

Für das vorstehende Beispiel findet sich z. B., da $26^2 \frac{\pi}{4} = 531$ qmm, also (durch geradlinige Interpolation) $y = 0,92$, mit $\varphi_{200} = 35,2\%$

$$\varphi_{260} = 0,92 \cdot 35,2 = 32,4\%.$$

Beobachtet war (s. o.) 31,9 %.

Statt der Zahlentafel kann mit Annäherung die Gleichung

$$y = 0,25 + \frac{22,5}{\sqrt{f} + 600} \quad \ldots \ldots \ldots \ldots \quad 7)$$

Verwendung finden, in die f in qmm einzuführen ist.

b) Die Meßlänge l ist von 200 mm verschieden.

Dann ist zu setzen

$$\varphi_{11,3\sqrt{f}} = y \cdot \varphi_l \quad \ldots \ldots \ldots \ldots \quad 8)$$

Hierin ist y der folgenden Zahlentafel zu entnehmen oder aus Gleichung 9 zu bestimmen.

$l:\sqrt{f} =$	11,3	8,9	7,3	6,3	5,7	5,2	4,8	4,5	4,2	4,1	3,8	3,6	3,5	3,4
$y =$	1,00	0,93	0,86	0,81	0,77	0,74	0,71	0,685	0,66	0,64	0,63	0,62	0,61	0,60

$$y = 0{,}25 + \frac{22{,}5}{\sqrt{\left(\frac{200}{l}\right)^2 f + 600}} \quad \ldots \ldots \quad 9)$$

Dies liefert z. B. für das oben angeführte Beispiel mit $f = 531$ qmm und $l = 100$ mm, also $\varphi_{100} = 46{,}3\,\%$

$$y = 0{,}25 + \frac{22{,}5}{\sqrt{4 \cdot 531 + 600}} = 0{,}25 + 0{,}43 = 0{,}68$$

$$\varphi_{11,3\sqrt{f}} = \varphi_{260} = 0{,}68 \cdot 46{,}3 = 31{,}5\,\%.$$

Beobachtet war (s. o.) $31{,}9\,\%$.

Während das zuerst beschriebene Verfahren nach Gleichung 5 sich auch bei Anwendung auf andere Stoffe als Flußeisen bewährt hat, muß bei Gleichung 8 und 9 abgewartet werden, wie sich anderes Material als das untersuchte verhält.

Ganz allgemein ist festzuhalten, daß brauchbare Werte für die Bruchdehnung nur dann erhalten werden, wenn die Enden der verwendeten Meßlänge so weit von den Einspannköpfen oder von den verdickten Teilen des Probestabes entfernt sind, daß eine Beeinflussung der Streckung durch diese nicht mehr erfolgt. Soll also die Meßlänge z. B. 200 mm betragen, so muß die prismatische Länge des Stabes größer als 200 mm sein. Meist wird etwa 220 mm genügen.

Geht der Bruch außerhalb der Mitte vor sich — was in der Regel der Fall ist —, so wird φ um so kleiner ausfallen, je mehr die Bruchstelle an das Ende von l rückt.

Mit Rücksicht auf diesen Übelstand und sonstige Unsicherheiten hat man in bezug auf die Messung von l_b folgende Vorschriften vereinbart:

Die Dehnung ist auf zwei entgegengesetzten Seiten des Rundstabes so zu messen, daß beiderseits auf jedem der Bruchstücke von dem Ende der Meßlänge bis zur Bruchstelle gemessen und aus den zwei Summen der zusammengehörigen Stücke das Mittel genommen wird.

Erfolgt der Bruch außerhalb des mittleren Drittels der Meßlänge, so ist der Versuch auszuschließen oder das folgende Verfahren anzuwenden.

Die Meßlänge l ist von 10 zu 10 mm einzuteilen, Abb. 33 (s. die unterhalb stehenden Zahlen).

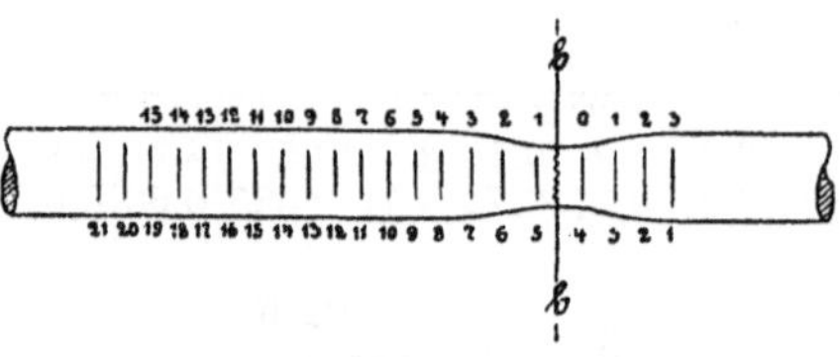

Abb. 33.

Es erfolge der Bruch im Querschnitt $b\,b$. Von der Bruchstelle ausgehend, werden zunächst die Teilstriche nach links und rechts hin neu bezeichnet, so wie über der Abbildung eingeschrieben ist. Sodann wird links die Länge zwischen den Teilstrichen 1—10 gemessen und zu ihr $\overline{b0} + \overline{b1}$ addiert; hierauf rechts die Entfernung der Teilstriche 0 3 bestimmt und zu ihr die von links zu entnehmende Strecke 3—10 hinzugefügt. Die Summe der so erhaltenen beiden Größen ergibt l_b. Hiernach ist

l_b = [Länge zwischen den Teilstrichen 1—10 (links vom Bruch) + $(\overline{b0} + \overline{b1})$] + [Länge zwischen den Teilstrichen 0—3 (rechts vom Bruch) + Länge zwischen den Teilstrichen 3—10 (links vom Bruch)].

Würde im vorliegenden Falle die Länge l nicht 200 mm, sondern 100 mm betragen, so würde sein

l_b = [Länge zwischen den Teilstrichen 1—5 (links vom Bruch) + $(\overline{b0} + \overline{b1})$] + [Länge zwischen den Teilstrichen 0—3 (rechts vom Bruch) + Länge zwischen den Teilstrichen 3—5 (links vom Bruch)].

Auf diese Weise hat man unter der Voraussetzung, daß die Längenänderungen zu beiden Seiten des Bruches einen symmetrischen Verlauf haben, den Stab nahezu so ausgemessen, wie wenn der Bruch in der Mitte erfolgt wäre.

Im Falle sich der Stab an mehr als einer Stelle besonders stark zusammengezogen hat (vgl. die Fußbemerkung 1 S. 12), verliert allerdings das angegebene Verfahren an Wert.

Die Einteilung der Strecke l wie auch die Bestimmung von l_b nach dem Bruche sind immer auf zwei entgegengesetzten Seiten des Stabes vorzunehmen.

Bei Flachstäben wird empfohlen, die Dehnung sowohl auf beiden Schmalseiten als auch auf einer Breitseite zu messen und das Mittel aus den beiden ersteren Messungen sowie das Ergebnis der letzteren getrennt anzugeben. Im Allgemeinen erscheint es richtiger, die durchschnittliche Dehnung durch Messung nach den Breitseiten zu ermitteln. Zeigt sich dort in der Mitte ein klaffender Spalt (Abb. 18, Taf. III, Abb. 24, 25, Taf. V), so ist dessen Breite, da sie keine Verlängerung der jeweils betrachteten Faser bedeutet, abzuziehen. Meist wird es genügen, die Dehnung an den beiden Rändern und die in der Stabmitte (die tatsächliche) zu messen, die letztere doppelt zu bewerten und den Durchschnitt zu bilden. (Vgl. hiermit das in § 9 unter C. f Gesagte.)

Über die Veränderlichkeit der Dehnung auf der Meßlänge vgl. Abb. 18, Taf. III sowie Abb. 13, § 9.

Die Bruchdehnung ist hiernach in nicht unerheblichem Grade von den Abmessungen des Stabes und von dem Vorgehen bei der Ermittlung von dessen Verlängerung abhängig.

Ein solches Maß kann, streng genommen, nicht als richtiges bezeichnet werden. Trotzdem ist es heute noch üblich, die Dehnung in der angegebenen Weise zu messen und die erhaltene Größe der Beurteilung der Güte des Materials zugrundezulegen (s. oben). Ein weniger beeinflußtes aber kaum klareres Maß würde erhalten, wenn, wie auch von Hartig vorgeschlagen wurde, diejenige Dehnung bestimmt würde, die im Augenblicke des Auftretens des größten Zugwiderstandes oder unmittelbar vor Beginn der Einschnürung vorhanden ist. Es wäre dies die Größe OE_2 in Abb. 1, § 3, die mit den üblichen Prüfungsmaschinen schwer zu bestimmen ist. Wenn der gezogene Stab sich an einer Stelle einschnürt, hierauf eine noch weiter wachsende Belastung verträgt, dann an einer zweiten Stelle eine Einschnürung erfährt und in dieser bei sinkender Belastung zerreißt, so wäre das Dehnungsmaß unmittelbar vor Beginn der ersten Einschnürung zu Grunde zu legen[1]).

Über die Abhängigkeit der Dehnung φ von der Querschnittsform, den Abmessungen usw. s. § 9.

§ 9. Einfluß der Form des Stabes.

Die Aufstellungen in § 6 enthalten nur die Größe f des Stabquerschnittes; die Form desselben wäre hiernach vollständig gleichgültig. Tatsächlich ist sie es jedoch nicht, wenn auch ihr Einfluß nicht

[1]) Über die nachträgliche Bestimmung dieser Dehnung bei Duranametall s. Stribeck, Zeitschrift des Vereines deutscher Ingenieure 1904, S. 897 u. f.

Vgl. auch die Darlegungen von P. Ludwik in dessen Schrift „Elemente der technologischen Mechanik", Berlin 1909.

bedeutend erscheint. Daß die Querschnittsform nicht gleichgültig ist, erhellt, abgesehen von Versuchsergebnissen, schon aus folgender Erwägung.

Den Entwicklungen der üblichen Gleichungen für die Zugelastizität und Zugfestigkeit, wie sie in § 6 und § 8 aufgeführt sind, liegt zunächst die Voraussetzung zugrunde, daß die Dehnungen und Spannungen in allen Punkten des Stabquerschnittes gleich groß sind, daß sich alle Fasern, aus denen der Stab bestehend gedacht werden kann, ganz gleich verhalten und nicht gegenseitig aufeinander einwirken. Es ändert an jenen Gleichungen nichts, ob eine Kraft P — gleichmäßig verteilt — getragen wird von einem Stab, dessen Querschnitt 10 qcm beträgt, oder von 100 Stäben von je 1 qmm Querschnitt. In dem einen Fall ist $f = 10$ qcm, in dem anderen $f = 1000 \cdot 0{,}01 =$ 10 qcm, d. h. in beiden Fällen gleich. In Wirklichkeit aber — immer gleichmäßige Verteilung der Last und gleiches Material vorausgesetzt — werden sich die 1000 Metallfäden von je 1 qmm Querschnitt unabhängig voneinander (senkrecht zur Achse) zusammenziehen können; sie werden, wenn sie sich vorher gerade berührten, die Berührung infolge der mit der Dehnung (Belastung) verknüpften Querzusammenziehung aufgeben. Die einzelnen Fasern des Stabes von 10 qcm Querschnitt jedoch besitzen eine solche Unabhängigkeit nicht; sie wirken senkrecht zur Achse aufeinander ein. Das Ergebnis dieser Einwirkung aber muß ein verschiedenes sein, je nach der Form des Querschnittes, es wird ein anderes sein bei einem kreisförmigen als bei einem langgestreckt rechteckigen oder einem I-förmigen, es wird ein anderes sein bei einem dünnwandigen Hohlzylinder als bei einem Vollzylinder, bei einem Stab ohne Unterbrechung der Stetigkeit des Querschnittes als bei einem Stab, bei dem sich der Querschnitt sprungweise ändert usw. Daß aber die bezeichnete seitliche Einwirkung Dehnung und Festigkeit beeinflußt, ergibt sich aus den Betrachtungen, die in § 7 angestellt wurden.

Derselbe Gedankengang führt zu dem Ergebnis, daß auch die verhältnismäßige Größe der Abmessungen bei einer und derselben Querschnittsform — streng genommen — nicht ganz gleichgültig sein wird.

Bei Beurteilung von Versuchsergebnissen in dieser Hinsicht ist allerdings im Auge zu behalten, daß der Unterschied in der Materialbeschaffenheit, bedingt durch die Verschiedenheit der Querschnittsabmessungen, von großer Bedeutung sein kann (Unterschied der Dichte und Festigkeit bei Gußstücken verschiedener Stärke, Unterschied in der Zusammensetzung von Kern und Randzone bei Flußeisen usw.).

Versuchsergebnisse.

1. Einfluß der Stabform, die der Querschnittsverminderung (Zusammenziehung) hinderlich ist.

Kirkaldy stellte 1862 Zerreißversuche mit Rundstäben aus Schweißeisen nach Abb. 1, 2 und 3 an. Die Stäbe Abb. 2 sind entstanden aus Zylindern Abb. 1, je durch Eindrehen einer schmalen Nute auf den Durchmesser d, die Stäbe Abb. 3 aus solchen Abb. 1 durch Abdrehen auf den Durchmesser d.

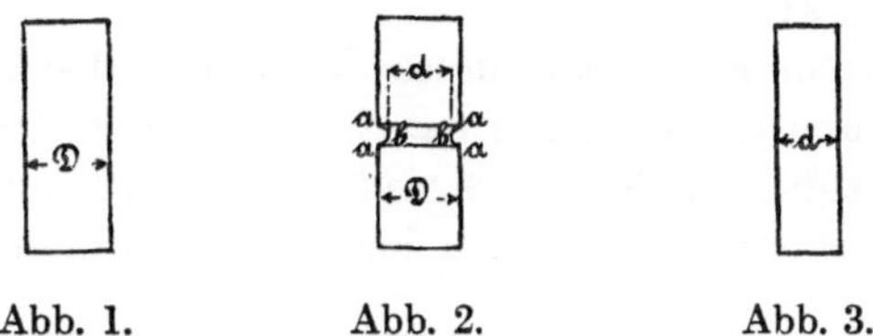

Abb. 1. Abb. 2. Abb. 3.

Ein Teil der Ergebnisse dieser Versuche ist in folgender Zahlentafel zusammengestellt. Sie zeigen die für den ersten Augenblick schlagende Eigentümlichkeit, daß die Festigkeit, d. h. Bruchbelastung, geteilt durch den kleinsten ursprünglichen Querschnitt, bei den nach Abb. 2 eingedrehten Stäben weit größer ist als bei den nicht eingedrehten.

Material	Form des Stabes	Zugfestigkeit K_z (Gl. 1, § 3) in kg/qcm	Querschnittsverminderung ψ (Gl. 2, § 3)
Low Moor	Abb. 1, $D = 2{,}54$ cm	4560	51,0%
Walzeisen,	„ 2, $d = 1{,}85$ „	6420	8,0 „
härteste Sorte	„ 3, $d = 1{,}85$ „	4920	49,2 „

Die Erklärung ergibt sich unmittelbar aus dem in § 7 Gesagten. Unter Einwirkung der Belastung dehnen sich die Fasern, die durch den kleinsten Querschnitt bb, Abb. 2, gehen; gleichzeitig tritt eine Zusammenziehung senkrecht hierzu ein. Das bei aa aa an den kleinsten Querschnitt sich anschließende Material setzt dieser Zusammenziehung Widerstand entgegen, d. h. übt in senkrechter Richtung zur Achse des Stabes Zugspannungen auf die durch den kleinsten Querschnitt gehenden und gespannten Längsfasern aus, welche Zugspannungen, wie die Gleichungen 4 in § 7 lehren, eine Verminderung der Längsdehnung zur Folge haben. Demnach greift das bei aa aa an den Querschnitt $0{,}25\,\pi\,d^2$ anschließende Material, indem es der Ausbildung der Zusammenziehung sowie der Dehnung hinderlich in den Weg tritt, gewissermaßen unterstützend gegenüber dem kleinsten Querschnitt ein und erhöht dessen Festigkeit. Daß die Zusammenziehung gehindert wurde, darüber geben die Werte für ψ deutlich Auskunft.

Hieraus folgt im allgemeinen für das untersuchte Material: Erschwerung oder teilweise Hinderung der Zusammenziehung senkrecht zur Stabachse (Querschnittsverminderung) verringert die Dehnung in Richtung der letzteren und erhöht die Zugfestigkeit.

Zur Untersuchung des Einflusses der Länge der Eindrehung sowie der Ausrundung der letzteren hat Verfasser 1889/90 folgende Versuche mit Rundstäben nach Abb. 4 bis 7, je aus dem gleichen Material von bemerkenswerter Gleichartigkeit hergestellt, ausgeführt.

Stabform	Flußeisen			Schweißeisen		
	Zugfestigkeit K_z (Gl. 1, § 3) in kg/qcm	Querschnittsverminderung ψ (Gl. 2, § 3)	Dehnung auf 100 mm φ (Gl. 3, § 3)	Zugfestigkeit K_z (Gl. 1, § 3) in kg/qcm	Querschnittsverminderung ψ (Gl. 2, § 3)	Dehnung auf 100 mm φ (Gl. 3, § 3)
Abb. 4	4239	66 %	33 %	3664	34 %	28 %
	4242	66 „	36 „	3674	27 „	24 „
	4281	65 „	33 „	3676	28 „	26 „
Durchschnitt	4254	66 %	34 %	3671	30 %	26 %
Abb. 5	4428	62 %	—	3738	13 %	—
	4380	65 „	—	3701	12 „	—
	4447	63 „	—	3622	10 „	—
Durchschnitt	4418	63 %	—	3687	12 %	—
Abb. 6	5082	55 %	—	4154	25 %	—
	4935	55 „	—	4029	21 „	—
	5031	54 „	—	3925	24 „	—
Durchschnitt	5016	55 %	—	4036	23 %	—
Abb. 7	5894	50 %	—	4474	14 %	—

Die eingedrehten Flußeisenstäbe rissen sämtlich in der Mitte der Eindrehung oder in der Nähe derselben; gleich verhielten sich die Schweißeisenstäbe nach Abb. 6 und 7. Die Schweißeisenstäbe nach Abb. 5 dagegen rissen nach Angabe der Abb. 8 am Ende der Eindrehung unter Bildung eines größeren Spaltes, wie in der Abbildung angedeutet ist, eine Folge der ausgeprägten Fasernatur des Schweißeisens, wozu sich noch der Einfluß der Schlackeneinschlüsse gesellt. Dadurch erklärt sich auch die vergleichsweise geringe Querschnittsverminderung. Die scharfe Eindrehung führt also hier beim Schweißeisen zum Bruch, bei dem zähen Flußeisen dagegen nicht. Der nachteilige Einfluß, den die Ungleichförmigkeit der Spannungsverteilung in dem Bruchquerschnitt des Schweißeisenstabes äußern muß (vgl. Fußbemerkung S. 117 und 118), wird fast ganz aufgehoben durch den Einfluß der Hinderung der Querzusammenziehung; denn die Festigkeit ist im Falle der Stabform Abb. 4 nahezu die gleiche wie im Falle der Stabform Abb. 5. Bei dem Flußeisen überwiegt in dem Querschnitte der scharfen Eindrehung der Einfluß der gehinderten Querzusammenziehung, eine Folge der Gleichartigkeit und der großen Zähigkeit des Materials. Die Abb. 5a, 5b, 6a und 6b auf Taf. IV geben Bilder der Probestäbe nach dem Zerreißen, und zwar

Abb. 5a einen Flußeisenstab, Abb. 5b einen Schweißeisenstab nach Abb. 5
Abb. 6a „ „ , Abb. 6b „ „ „ Abb. 6.

Die in vorstehender Zusammenstellung enthaltenen Ergebnisse zeigen, daß bei einer Eindrehungslänge von 25 mm der Einfluß der gehinderten Querzusammenziehung noch nicht erheblich ist, daß er dagegen mit Abnahme dieser Länge rasch wächst. Im übrigen bestätigen sie das oben hinsichtlich dieses Einflusses Ausgesprochene vollständig.

Der letztere ist auch der Grund, weshalb die der Messung unterworfene Strecke der Probestäbe — Abb. 1, § 8 — kürzer gewählt werden muß als der prismatische Teil derselben. Man hat sich eben zu sichern, daß ein solcher Einfluß innerhalb der der Beobachtung unterworfenen Strecke nicht mehr Geltung erlangen kann.

Zur Feststellung des Einflusses solcher Eindrehungen auf die Festigkeit von Stäben aus nichtzähem Material hat Verfasser Versuche mit grauem Gußeisen angestellt, und zwar unter Zugrundelegung

a) der Stabform Abb. 4, jedoch Durchmesser des mittleren zylindrischen Teils 2 cm,

b) der Stabform Abb. 5, jedoch Durchmesser der Eindrehung 2 cm bei 2,9 cm Stabstärke,

c) der Stabform Abb. 7, jedoch Durchmesser der Eindrehung 2 cm bei 2,9 cm Stabstärke.

Die Ergebnisse mit den 10 Stäben, hergestellt bei demselben Guß aus dem gleichen Material, sind dem Folgenden zu entnehmen.

Stabform	a (Abb. 4)	b (Abb. 5)	c (Abb. 6)
Zugfestigkeit	1557	1446	1508
	1557	1583	1350
		1417	
	1521	1439	1449
Durchschnitt	1545	1471	1436

Der Bruch erfolgte bei den Stäben a (Abb. 4) innerhalb des zylindrischen Teiles, bei den Stäben b (Abb. 5) am Ende der Eindrehung,

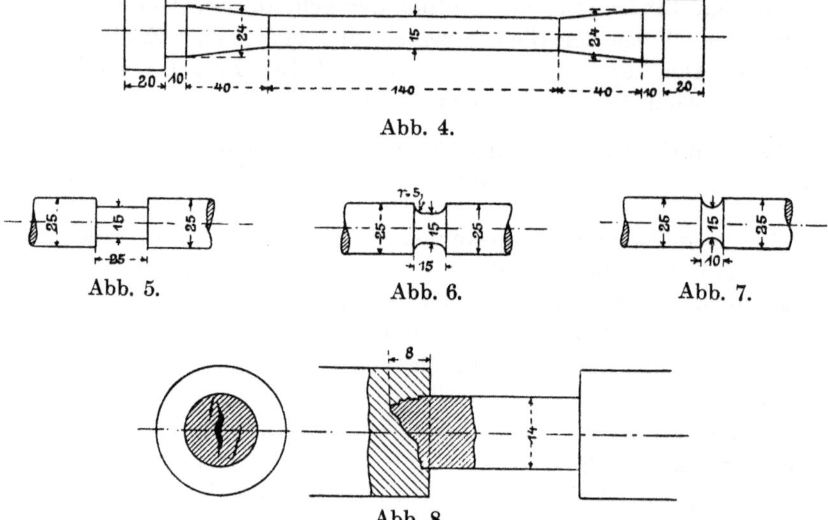

Abb. 4.

Abb. 5. Abb. 6. Abb. 7.

Abb. 8.

d. h. da, wo der 20 mm starke Zylinder aus dem 29 mm dicken heraustritt, und bei den Stäben c (Abb. 7) in der Mitte der Eindrehung.

Wie ersichtlich, ist die durchschnittliche Festigkeit der Stäbe mit Eindrehung geringer als diejenige der glatten Stäbe, Abb. 4. Der Einfluß, welchen die Ungleichförmigkeit der Spannungsverteilung über den Bruchquerschnitt äußert, überwiegt den hier nicht bedeutenden Einfluß der gehinderten Querzusammenziehung.

Zur weiteren Verfolgung des Einflusses der Länge der Eindrehung bei zähem Material (Flußeisen) wurden 1912[1]) eigene Versuche mit Stäben von 48 bzw. 24 mm äußerem Durchmesser D angestellt, die scharfe Eindrehungen auf d cm Durchmesser aufwiesen, wie die folgende Zahlentafel zeigt, aus der auch die Länge l der Eindrehungen hervor-

[1]) Zeitschrift des Vereines deutscher Ingenieure 1912, S. 1314 u. f.

geht. Die Probekörper mit gleichem Durchmesser D waren je aus einer Stange herausgearbeitet.

Von den erlangten Ergebnissen sind die folgenden Durchschnittswerte angeführt.

Eindrehung l cm	Streckgrenze obere kg/qcm	Streckgrenze untere kg/qcm	Zugfestigkeit kg/qcm	Eindrehung l cm	Streckgrenze obere kg/qcm	Streckgrenze untere kg/qcm	Zugfestigkeit kg/qcm
D = 4,8 cm und d = 4,0 cm				D = 2,4 cm und d = 2,0 cm			
25,10	2423	2182	3543	12,49	3086	2715	4096
10,13	2495	2272	3751	5,01	3021	2694	4054
5,12	2487	2117	3874	2,51	3039	2753	4130
2,60	2510	2406	4049	1,26	3086	2918	4287
1,00	2769	2744	4419	0,53	3405	3288	4804
0,31	2859	2818	4773	0,10	3578	3419	5157
D = 4,8 cm und d = 2,5 cm				D = 2,4 cm und d = 1,25 cm			
25,11	2542	2302	3819	12,49	3295	2868	4250
10,04	2606	2356	3940	5,00	3301	2866	4167
5,06	2579	2374	3981	2,50	3212	2793	4082
2,50	2566	2276	3914	1,26	3102	2712	4163
1,00	2741	2708	4487	0,51	3493	3318	4925
0,30	—	—	5622	0,10	5432	—	6243
D = 4,8 cm und d = 1,0 cm				D = 2,4 cm und d = 0,5 cm			
25,12	2474	2156	3627	12,48	3003	2593	3725
10,06	2483	2225	3661	5,01	3290	2545	3745
5,05	2430	2190	3731	2,52	3073	2618	3828
2,52	2429	2210	3754	1,25	2765	2495	3830
1,00	2388	2251	4019	0,51	2695	2608	4048
0,30	3214	—	5025	0,10	—	—	5918

Die vorstehenden Zahlen lassen erkennen:

1. daß die Zugfestigkeit, bezogen auf den Querschnitt in der Eindrehung, erst dann erheblich größer ausfällt als diejenige prismatischer Stäbe, wenn die Länge l der Eindrehung kleiner ist als ihr Durchmesser d,
2. daß die Zunahme der Zugfestigkeit bei gleicher Verminderung des Verhältnisses $l : d$ um so größer ausfällt, je tiefer die Eindrehung ist; z. B. findet sich für die 2,4 cm starken Stäbe bei $l : d$ = rd. 2,5 und rd. 0,2, d. h.

   bei d = 2,0 cm für l = 5,01 und 0,53 cm, die Zunahme zu
   4804 — 4054 = 750 kg/qcm,
   bei d = 0,5 cm für l = 1,25 und 0,10 cm, die Zunahme zu
   5918 — 3830 = 2088 kg/qcm,

3. daß die Streckgrenze meist in ähnlicher Weise erhöht wird wie die Zugfestigkeit.

Die Zunahme $\varDelta K_z$ von K_z gegenüber dem prismatischen Stab kann durch die Beziehung

$$\varDelta K_z = \frac{D}{d+1} \frac{a}{\left(\frac{l}{d}\right)^2 + 0{,}1} \, \% \quad \ldots \ldots \ldots \; 1)$$

zum Ausdruck gebracht werden. In ihr ist zu setzen

$a = 3{,}5$ für die Stäbe mit $D = 4{,}8$ cm, $d = 2{,}5$ und 1,0 cm,
$a = 5$ „ „ „ „ $D = 2{,}4$ „ , $d = 1{,}25$ „ 0,5 „ ,
$a = 4$ „ „ „ „ $D = 4{,}8$ „ , $d = 4{,}0$ „
$D = 2{,}4$ „ , $d = 2{,}0$ cm.

Bei letzteren erfuhr der dicke Teil Beanspruchung über die Streckgrenze und weitgehende Formänderung, wie Abb. 9, Taf. V erkennen läßt. In der Regel erfolgte der Bruch der Stäbe, wie Abb. 10, Taf. V zeigt, ausschließlich im eingedrehten Teil. Auch bei Abb. 9 begann der Bruch an den Ecken der kurzen Eindrehung. Dort löst sich der Zusammenhang des Materials, lange ehe die Höchstlast, aus der K_z berechnet wird, erreicht ist, so daß ein Ring entsteht, dessen dreieckiger Querschnitt (nach dem Bruch) aus Abb. 10 links oben hervorgeht. Unter diesem Ring streckt sich das Material noch erheblich weiter, ehe der Bruch erfolgt. Die eintretende Formänderung geht aus Abb. 9 anschaulich hervor.

Auch bei Probekörpern mit längeren Eindrehungen ist deutlich zu beobachten, daß schon bei verhältnismäßig niederer Belastung an den Ecken sehr hohe Beanspruchung stattfindet, indem die Oberfläche dort Aufrauhung erfährt, eine Folge der obenerwähnten Ungleichförmigkeit der Spannungsverteilung.

Abb. 11, Taf. V zeigt die Ansicht der Stirnfläche eines der geprüften Stäbe. Auf der Stirnfläche der Eindrehung sind schräg nach innen verlaufende Streckfiguren vorhanden. Diese sind ein Zeichen dafür, daß der eingedrehte Stabteil, wenn er sich einschnürt, bedeutende Kräfte auch in radialer Richtung auf das außerhalb der Eindrehung gelegene Material ausübt.

In Abb. 12 sind die Dehnungslinien für Stäbe mit $D = 4{,}8$ cm und $d = 2{,}5$ cm für verschiedene Längen l der Eindrehung wiedergegeben. Als wagrechte Abszissen sind die Verlängerungen von l, als Ordinaten die zugehörigen Spannungen $P : \frac{\pi}{4} d^2$ aufgetragen. Die das Arbeitsvermögen messende Fläche (vgl. Abb. 1, S. 11) nimmt sehr stark ab, wenn l kleiner wird. Dies erscheint nicht nur im

Hinblick auf stoßweise Beanspruchung von Bedeutung, sondern überhaupt als eine der am schwersten wiegenden Folgen der Anordnung von kurzen Eindrehungen usf. bei hoch beanspruchten Konstruk-

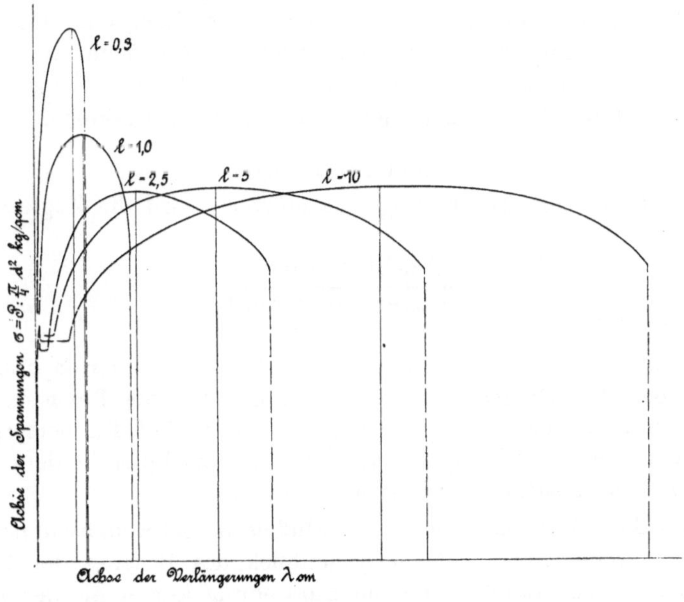

Abb. 12.

tionsteilen (vgl. § 41). Von Interesse ist auch der Verlauf der Dehnungslinien nach Überschreiten der Höchstlast. Der alsdann noch ver-

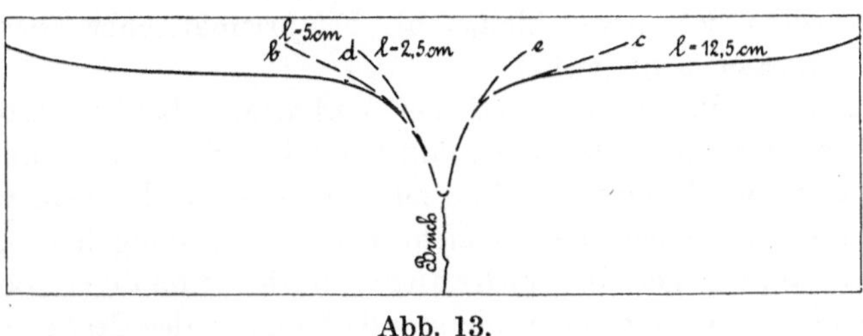

Abb. 13.

bleibende Teil des Arbeitsvermögens ist bei kurzen Eindrehungen verhältnismäßig klein.

Trägt man in Abb. 13 auf dem eingedrehten Teil des Stabes von der Eindrehungslänge $l = 12{,}5$ cm an den Stellen der vor dem Zerreißen angebrachten Teilung die Größe der Querschnittsfläche auf, die sich nach dem Zerreißen je an der betreffenden Stelle vorfindet, so ergibt sich die durch „$l = 12{,}5$ cm“ gekennzeichnete Linie. Sie zeigt ausgeprägt die Änderungen, welche die Größe der Querschnitte auf der eingedrehten Strecke beim Zerreißen erfährt. Erst gegen die Enden der Eindrehung hin macht sich dagegen die Hinderung der Querdehnung bemerkbar; dort ist auch die Längsdehnung beeinträchtigt. Die Linie bc gilt für einen Stab mit $l = 5$ cm, die Linie de für einen solchen mit $l = 2{,}5$ cm Eindrehungslänge. Ungehinderte Dehnung hat bei diesen an keiner Stelle stattfinden können.

Zusammenfassung.

Bei Stäben mit Eindrehung, wie erörtert, wird die Zugfestigkeit, d. h.

$$\frac{\text{Bruchbelastung}}{\text{kleinster Querschnitt}}$$

beeinflußt

1. von der Ungleichförmigkeit der Verteilung der Spannungen über den Querschnitt in dem Sinne, daß die Festigkeit Verminderung erfährt (vgl. auch § 6, S. 117 und 118, Fußbemerkung),
2. von der Hinderung der Querzusammenziehung in dem Sinne, daß die Festigkeit erhöht wird.

Bei zähem Material, wie es als Flußeisen, Schweißeisen usw. gegeben sein kann, überwiegt im Augenblick des Bruches der Einfluß Ziff. 2 namentlich dann, wenn die Eindrehung kürzer als der Durchmesser ist (Abb. 2, Abb. 7); die Zugfestigkeit ergibt sich dann bedeutend größer als diejenige prismatischer Stäbe (Abb. 4).

Bei Material, das eine merkbare Querschnittsverminderung im Bruchquerschnitt nicht zeigt, wie z. B. graues Gußeisen, scheint der Einfluß Ziff. 1 das Übergewicht zu erlangen; die durchschnittliche Festigkeit ergibt sich etwas kleiner als bei prismatischer Form, doch ist der Unterschied sehr gering.

Hinsichtlich dieses verschiedenen Verhaltens beider Arten von Material kommt auch in Betracht, daß bei zähen Stoffen die am stärksten angestrengten Fasern — ohne zu reißen — nachgeben, wodurch die weniger stark beanspruchten mehr zur Übertragung herangezogen werden, wodurch gegenüber r u h e n d e r, d. h. einmaliger Belastung in der gleichen Richtung, die Widerstandsfähigkeit des Stabes gehoben wird.

Hieraus folgt, daß in bezug auf die Zugfestigkeit von Körpern mit Eindrehungen oder Einkerbungen nicht allgemein gesagt werden kann: sie ist größer oder kleiner als diejenige von prismatischen Körpern aus dem gleichen Material. Es erscheint unstatthaft, das für ein zähes Material gewonnene Ergebnis ohne weiteres auf ein weniger zähes

Abb. 9, § 9, S. 158.

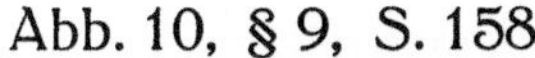

Abb. 10, § 9, S. 158.

Abb. 11, § 9, S. 158.

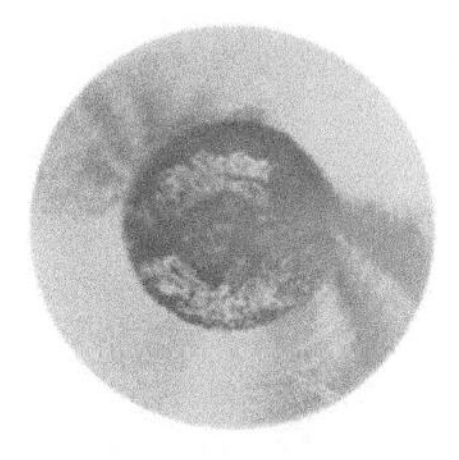

§ 8, S. 142, 143, 146. § 9, S. 162.

Abb. 23.

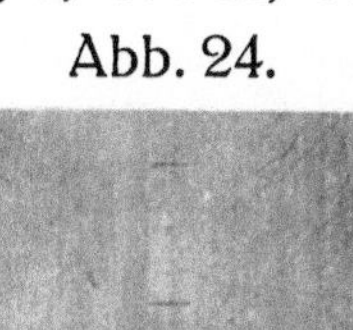

Abb. 24.

Abb. 25.

Abb. 26.

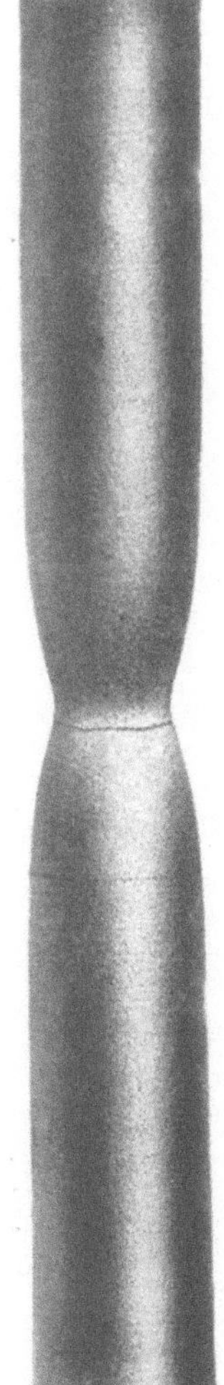

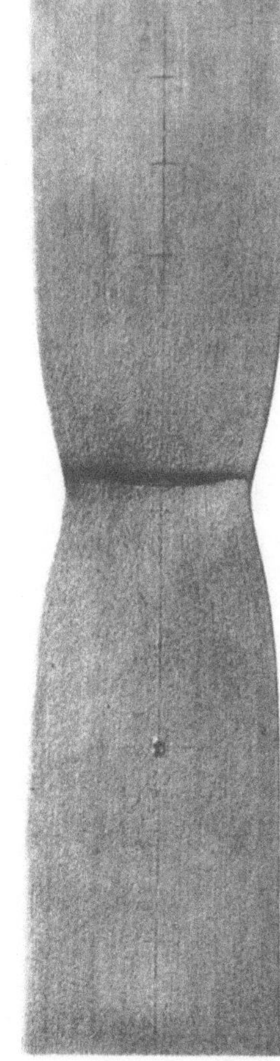

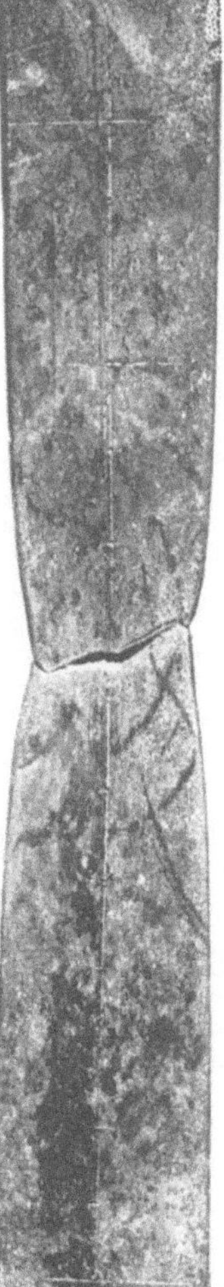

oder ein sehr sprödes zu übertragen und umgekehrt[1]). In bezug auf den Grad der Ungleichmäßigkeit der Spannungsverteilung über den Querschnitt bei Belastungen unterhalb des Bruches ist hiermit kein Urteil ausgesprochen[2]).

Ähnlich wie bei den Stäben mit Eindrehungen liegen die Verhältnisse bei Stäben mit Bohrungen, seitlichen Kerben usf. Zerreißversuche mit solchen Stäben liefern für zähes Material eine höhere Festigkeit, eine Folge der Hinderung der Querzusammenziehung, wie Verfasser bereits in der Zeitschrift des Vereines deutscher Ingenieure 1889, S. 478 darzulegen veranlaßt war. Bei sprödem Material ist Verminderung der Festigkeit zu erwarten, entsprechend den oben angeführten Ergebnissen mit Gußeisenstäben.

2. Einfluß der Länge und des Durchmessers.

Versuche von Barba, die in der Hauptsache von Coureau und Biguet durchgeführt wurden (Barba, Mémoires et compte rendu des travaux de la Société des Ingénieurs Civils 1880, S. 682 bis 714), sowie von Bauschinger (Mitteilungen aus dem mechanisch-technischen Laboratorium der K. technischen Hochschule in München, 1892, Heft XXI), zeigen:

α) eine, allerdings nicht bedeutende Abnahme der Festigkeit mit wachsendem Durchmesser, welche Verminderung auch von Ungleichartigkeit des Materials herrühren kann[3]),

β) Unabhängigkeit der Querschnittsverminderung ψ vom Durchmesser,

γ) Wachsen der Dehnung φ, wenn bei gleicher Meßlänge der Stab stärker gewählt wird (vgl. die Darlegungen S. 146 u. f.).

δ) Unabhängigkeit der Dehnung φ vom Durchmesser d und der Länge l, sofern das Verhältnis $l : d$ das gleiche bleibt.

---

[1]) Über die aus dem Einfluß der Stabform auf die Zugfestigkeit hergeleiteten Begriffe „scheinbare" und „wahre" Zugfestigkeit s. des Verfassers Darlegungen in der Zeitschrift des Vereines deutscher Ingenieure 1898, S. 238 u. f. Vgl. auch Fußbemerkung 1, S. 13.

[2]) Vgl. in dieser Hinsicht § 56, Ziff. 3.

[3]) Bei Untersuchungen der vorliegenden Art, für die die Probestäbe in der Regel aus Stangen von solchem Querschnitt herausgearbeitet werden, daß der Stab mit den größten Querschnittsabmessungen entnommen werden kann, darf nicht übersehen werden, daß die Beschaffenheit des Materials im Kern der Stange abweichen kann von derjenigen des Randmaterials, wie bereits S. 152 hervorgehoben worden ist.

3. Einfluß der Querschnittsform.

A. Die Versuchsstäbe haben verschiedene Querschnittsform, jedoch gleich große Querschnittsfläche.
(Eigene Versuche 1904.)

Aus einer und derselben Stange Flußeisen von 40 mm Quadratseite wurden hergestellt:

3 Rundstäbe von 26 mm Durchmesser,
3 Flachstäbe von 40 mm Breite und 13 mm Stärke,
3 ausgefräste Stäbe mit Querschnitt nach Abb. 14.

Die mittlere prismatische Länge betrug 290 mm, die Meßlänge 260 mm, entsprechend der Gleichung 2 in § 8.

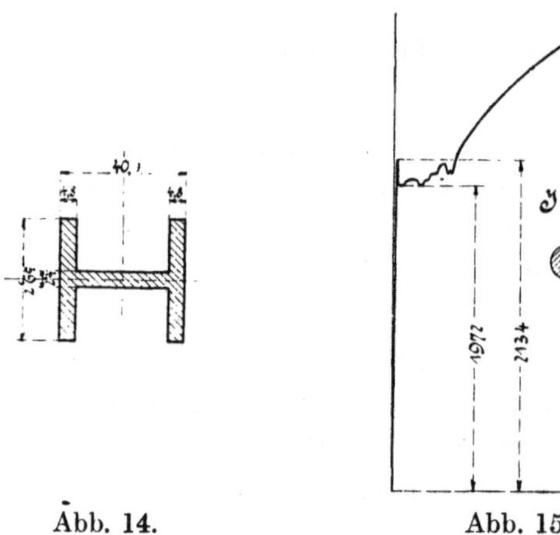

Abb. 14. Abb. 15.

Die Stäbe wurden der Stange so entnommen, daß zunächst ein Rundstab, sodann ein Flachstab, hierauf ein Stab mit Querschnitt nach Abb. 14, alsdann wieder ein Rundstab usw. aufeinander folgten.

Die Ergebnisse der Untersuchung, der das Material in ausgeglühtem Zustande unterworfen wurde, sind in den folgenden Zusammenstellungen und den Schaulinien: § 4, Abb. 13 und 14 sowie Abb. 15 bis 21 dieses Paragraphen niedergelegt.

Abb. 23 (Stab J_1), Abb. 24 (J_8), Abb. 25 und 26 (J_9) Taf. V geben die photographischen Bilder der zerrissenen Stäbe; insbesondere läßt Abb. 23 die Güte des Materials erkennen.

Die Durchschnittswerte der Zusammenstellungen S. 165, die in Abb. 22 zeichnerisch dargestellt sind, lassen beim Vorwärtsschreiten von den Rundstäben zu den Rechteckstäben und von diesen zu den Stäben mit dem Querschnitt Abb. 14 deutlich erkennen:

1. bedeutendes Sinken der oberen Streckgrenze σ_o,
2. weit geringeres Sinken der unteren Streckgrenze σ_u,
3. erhebliche Verminderung des Unterschiedes $\sigma_o - \sigma_u$,
4. Abnahme der Zugfestigkeit K_z.

Hiernach erweist sich die Streckgrenze, namentlich der Wert σ_o, abhängig von der Querschnittsform; sie liegt

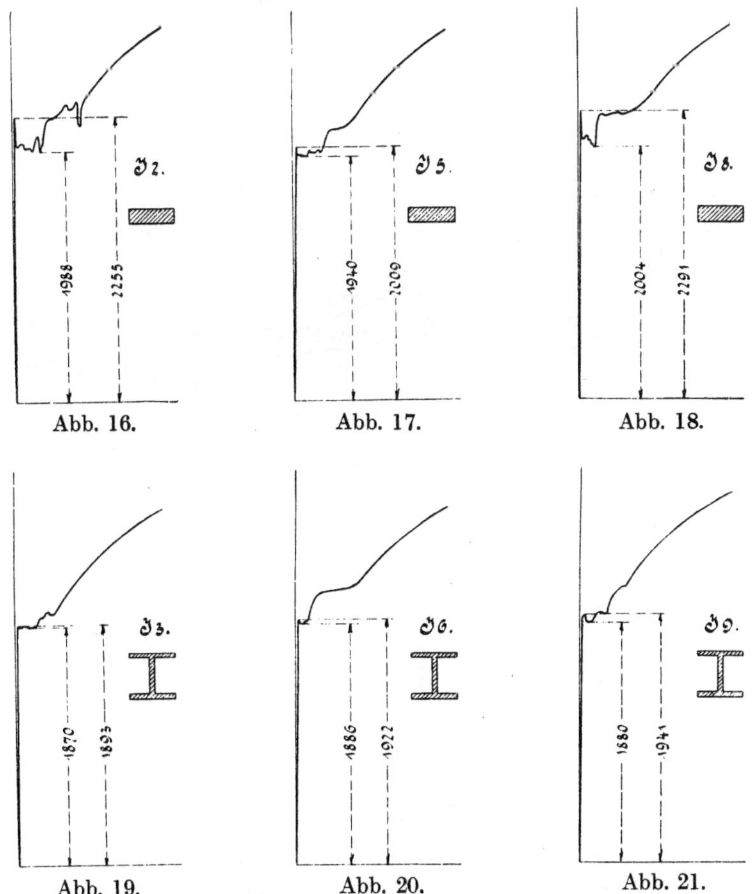

Abb. 16. Abb. 17. Abb. 18.

Abb. 19. Abb. 20. Abb. 21.

am höchsten für die Rundstäbe, dann folgen die Flachstäbe und hierauf die Stäbe mit dem Querschnitt Abb. 14. Diese Abhängigkeit besteht auch hinsichtlich der Zugfestigkeit, wenn auch in geringerem Maße.

Nach der S. 152 u. f. angestellten Erwägung steht ein solcher Einfluß der Querschnittsform zu erwarten. Die Fasern, die bei dem Zugversuch das Bestreben haben, sich senkrecht zu ihrer Achse zusammenzuziehen, sind hieran bei dem kreisförmigen Querschnitt mehr gehindert als im Durchschnitt bei dem rechteckigen und bei diesem mehr als bei dem Querschnitt Abb. 14.

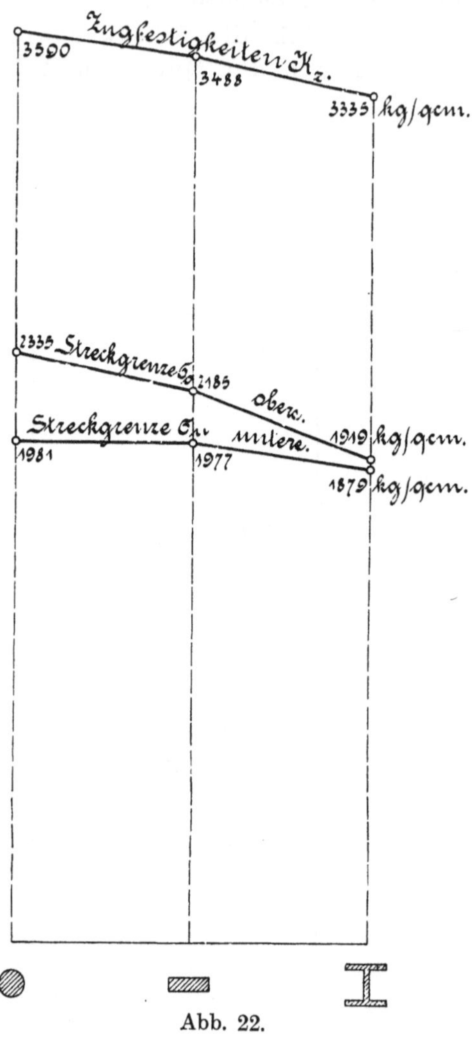

Abb. 22.

Von Interesse ist es, den Einfluß der Querschnittsform auf den Verlauf der Dehnungslinie während der Periode des Streckens des Materials in den Abb. 13 und 14, § 4, und den vorstehenden Abb. 15 bis 21 zu verfolgen.

Lehrreich ist ferner die Verfolgung des Vorganges beim Zerreißen der Stäbe mit dem Querschnitt Abb. 14: zunächst reißt der Steg in der

Mitte, dann erweitert sich der Riß nach den Flanschen hin, diese beginnen in der Mitte zu reißen, und zuletzt erfolgt der Bruch an den Flanschecken; die beiden photographischen Bilder, Abb. 25 und 26, Taf. V, deuten auf diese Aufeinanderfolge hin.

Querschnittsform	Streckgrenze obere σ_o kg/qcm	Streckgrenze untere σ_u kg/qcm	Zugfestigkeit K_z kg/qcm	Bruchdehnung φ %	Querschnittsverminderung ψ %	Schaulinie
Rundstab J_1	2407	2075	3667	33,8	69,7	Abb. 14, § 4
„ J_4	2465	1895	3578	31,9	71,0	„ 13, § 4
„ J_7	2134	1972	3525	30,0	70,2	„ 15, § 9
Durchschnitt	2335	1981	3590	31,9	70,3	
Flachstab J_2	2255	1988	3507	30,4	62,6	Abb. 16, § 9
„ J_5	2009	1940	3474	30,5	63,7	„ 17, § 9
„ J_8	2291	2004	3484	26,3	61,4	„ 18, § 9
Durchschnitt	2185	1977	3488	29,1	62,6	
Stab nach Abb. 14 J_3	1893	1870	3333	35,3	62,7	Abb. 19, § 9
„ „ „ 14 J_6	1922	1886	3320	30,4	59,5	„ 20, § 9
„ „ „ 14 J_9	1941	1880	3353	26,6	61,0	„ 21, § 9
Durchschnitt	1919	1879	3335	30,8	61,1	

B. Die Flachstäbe haben verschiedene Breite (1885).

Nummer des Versuches	Stärke a cm	Breite b cm	Verhältnis $b : a$	Festigkeit K_z kg/qcm	Dehnung $\varphi = 100 \frac{l_b - l}{l}$ %	Material
1	1,015	2,000	1,98	4270	29,5	Flußeisen
2	0,995	5,985	6,02	4130	35,0	
3	1,017	9,980	9,81	4020	40,0	
1	1,310	2,000	1,53	2400	51,5	Kupfer
2	1,308	5,980	4,57	2380	55,2	
3	1,313	9,990	7,61	2315	59,0	

Nach diesen Versuchen nimmt die Festigkeit mit der Breite etwas ab.

Hierbei ist nicht außer acht zu lassen, daß dieser Einfluß, wenn von der Möglichkeit geringer Materialunterschiede abgesehen wird, auch von der Einspannung herrühren kann, und daß es überhaupt nicht leicht ist, bei verhältnismäßig breiten Stäben eine gleichmäßige Verteilung der Zugkraft über den Querschnitt zu sichern.

Wir schließen aus den im vorstehenden niedergelegten Versuchsergebnissen, daß Ergebnisse von Zugversuchen, streng genommen, nur dann unmittelbar verglichen werden können, wenn die Versuchsstäbe, sofern sie nicht dieselben Abmessungen besitzen, wenigstens geometrisch ähnlich sind.

	Meß-länge	Querschnitts-abmessung	Querschnitt
Gelten für 2 Rundstäbe die Größen	$l_1 l_2$	$d_1 d_2$	$f_1 = \frac{\pi}{4} d_1^2, \quad f_2 = \frac{\pi}{4} d_2^2$
und für 2 Flachstäbe die Größen	$l_1 l_2$	$a_1 b_1 \; a_2 b_2$	$f_1 = a_1 b_1, \quad f_2 = a_2 b_2$

so findet sich als Bedingung der Vergleichbarkeit der ermittelten Dehnungen für Rundstäbe

$$l_1 : l_2 = d_1 : d_2 = \sqrt{\frac{\pi}{4} d_1^2} : \sqrt{\frac{\pi}{4} d_2^2} = \sqrt{f_1} : \sqrt{f_2},$$

und für Flachstäbe mit Annäherung

$$l_1 : l_2 = \sqrt{a_1 b_1} : \sqrt{a_2 b_2} = \sqrt{f_1} : \sqrt{f_2}.$$

Der Satz, der soeben hinsichtlich der Vergleichbarkeit der Ergebnisse von Zugversuchen festzustellen war, gilt mit der in § 10 ausgesprochenen Ergänzung dahin gehend, daß auch die Geschwindigkeiten, mit denen die Versuche durchzuführen sind, ausreichend übereinstimmen müssen, gleichfalls für alle anderen Beanspruchungsarten.

Bei den Versuchen, über die im vorstehenden berichtet worden ist, durfte angenommen werden, daß sich das Material in allen Stabteilen im gleichen Zustande befand. Bei Probekörpern, die Querschnittsteile sehr verschiedener Dicke aufweisen, wie z. B. die Schaufeln von Dampfturbinen, ist diese Voraussetzung häufig nicht erfüllt; an den dünnen Stellen besitzt dann das Material oft größere Festigkeit und kleinere Dehnung als an den dickeren (infolge stärkerer Bearbeitung durch Ziehen, Walzen oder infolge rascher Abkühlung, Härtung usw.). Wird der ganze Stab zerrissen, so beginnt der Bruch an der Stelle, an der das Material die geringste Zähigkeit besitzt, und pflanzt sich von dort aus fort; die Festigkeit und die Zähigkeit aller

Teile wird nicht ausgenutzt. Zur richtigen Beurteilung des Materials gehört in solchem Falle, daß Stäbe aus den verschiedenen Stellen der Gebrauchsgegenstände entnommen und geprüft werden. (Vgl. auch das unter C sowie auf S. 187 u. f. Gesagte.)

C. Versuche mit Rund- und Flachstäben aus Fluß- und Schweißeisen.

Bauschinger gelangte hinsichtlich des Einflusses der Form der Probestäbe zu folgenden Ergebnissen, die hier angeführt seien, obwohl neuere Untersuchungen sie nicht ganz bestätigen.

a) Die Dehnungszahl (α, Gleichung 3, § 2), wie sie durch die üblichen Messungen an der Oberfläche der Stäbe erhalten wird, ist bei Rundstäben etwas kleiner als bei Flachstäben aus dem gleichen Material; bei dicken Flachstäben etwas kleiner als bei dünnen und überhaupt bei größeren Querschnittsabmessungen ein wenig geringer als bei kleineren Querschnitten. Diese Unterschiede sind jedoch nur gering und werden durch zufällige, von Materialungleichheiten herrührende Abweichungen weit übertroffen (die Ergebnisse dürften durch die Versuchsausführung etwas beeinflußt worden sein).

b) Die Zugfestigkeit (K_z, Gleichung 1, § 3) erscheint von der Querschnittsform nicht beeinflußt. (Vgl. dagegen die Versuchsergebnisse unter A, insbesondere Abb. 22.)

c) Die Querschnittsverminderung (ψ, Gleichung 2, § 3) ist bei Flachstäben von der Form und Größe des Querschnittes unabhängig. Stärkere Rundstäbe geben etwas kleinere Werte für dieselbe als schwächere aus dem gleichen Material, doch ist der Unterschied nicht bedeutend.

d) Die Dehnung (φ, Gleichung 3, § 3), gemessen für eine bestimmte ursprüngliche Länge, ist von der Querschnittsform, von dem Verhältnis der Breite zur Dicke bei Flachstäben, also davon, ob der Querschnitt überhaupt kreisrund oder rechteckig ist, nicht abhängig; aber sie wächst mit der Größe f des Querschnittes derart, daß

$$\varphi = a + b\sqrt{f}$$

gesetzt werden kann, worin die Koeffizienten a und b wesentlich von der Beschaffenheit des Materials abhängen. (Vgl. hierzu S. 146 u. f.)

e) Vergleichbare Ergebnisse für die Dehnung (φ, Gleichung 3, § 3) werden erhalten, wenn man die Meßlänge der Probestäbe proportional der Quadratwurzel aus dem Querschnitt wählt. Unter Zugrundelegung eines Normal-Rundstabes von 20 mm

Stärke und 200 mm Meßlänge ergibt sich die proportionale Länge eines Probestabes vom Querschnitt f gleich

$$200 \frac{\sqrt{f}}{\sqrt{\frac{\pi}{4} \cdot 20^2}} = 11{,}3 \sqrt{f}\,\text{mm},$$

sofern f in qmm eingesetzt wird.

f) Das auf S. 149 und 150 zuerst angegebene Verfahren zur Messung der Dehnung erscheint genügend genau, solange die Bruchstelle noch wenigstens ein Viertel der Meßlänge von den Enden der letzteren abliegt. Dabei sind Rundstäbe auf zwei entgegengesetzten Seiten, Flachstäbe auf einer Breitseite gemessen worden.

g) Querschnittsverminderung (ψ, Gleichung 2, § 3) und Dehnung (φ, Gleichung 3, § 3) stehen in keinem Zusammenhang.

h) Proportionalitäts- und Streckgrenze können auch dann, wenn die Probestäbe sorgfältig ausgeglüht worden sind, in einem und demselben Eisenstück oder in Stücken der nämlichen Erzeugungsfolge in so hohem Grade verschieden sein, daß dagegen alle anderen Einflüsse, diejenigen der Form und der Größe des Querschnittes, falls sie überhaupt vorhanden sind, verschwinden[1]).

Wird die Proportionalitätsgrenze von zerrissenen Stäben gleichen Materials bestimmt, so ergibt sie sich nahezu gleich hoch gehoben, wie hoch oder niedrig sie auch ursprünglich gelegen war[2]).

§ 10. Versuchsergebnisse über den Einfluß der Zeit auf Festigkeit, Dehnung und Querschnittsverminderung. Einfluß der Temperatur und der Behandlung des Materials.

1. Einfluß der Zeit.

Von Untersuchungen, die den schon längst bekannten, auch in § 5, Ziff. 4 bereits erörterten Einfluß der Zeitdauer des Versuchs nachweisen, seien die folgenden angeführt.

---

[1]) Vgl. dagegen die Ergebnisse der unter 3 A besprochenen Versuche.

[2]) Dieses Ergebnis dürfte in erster Linie eine Folge des Umstandes sein, daß das Material beim erstmaligen Zerreißen den weitaus größten Teil der bleibenden Dehnung erfahren hat, deren es überhaupt fähig war, ehe die Einschnürung beginnt. Bei derartigen Untersuchungen kann die Dauer der Ruhe, die zwischen dem ersten und zweiten Versuch liegt, einen bedeutenden Einfluß nehmen.

Versuchsreihen mit Rundstäben von 1,6 cm Stärke aus Flußeisen.

Dauer des Versuchs	Festigkeit K_z	Dehnung, gemessen auf 10 cm
2,5 Minuten	3935 kg/qcm	32 %
75 „	3720 „	34 „

(Barba, Mémoires et compte rendu des travaux de la Société des Ingénieurs Civils 1880, S. 710.)

Feinkorneisen.

Dauer des Versuchs	Festigkeit K_z	Dehnung φ	Festigkeit K_z	Dehnung φ
Rasch zerrissen	4990 kg/qcm	22 %	4340 kg/qcm	23,3 %
Langsam zerrissen	4493 „	25,2 „	3770 „	28,8 „

Gewöhnliches Puddeleisen.

Dauer des Versuchs	Festigkeit K_z	Dehnung φ
Rasch zerrissen	3720 kg/qcm	30,4 %
Langsam zerrissen	3516 „	35,2 „

Harter Wolframstahl.

Dauer des Versuchs	Festigkeit K_z	Festigkeit K_z	Festigkeit K_z
Rasch zerrissen	14 350 kg/qcm	13 270 kg/qcm	11 359 kg/qcm
Langsam zerrissen	12 300 „	11 339 „	10 230 „

Dehnung 1 bis 1,5 %.

(Goedicke, Österr. Zeitschrift für Berg- u. Hüttenwesen 1883, S. 578.)

Hiernach ergaben für schmiedbares Eisen rascher durchgeführte Versuche eine größere Festigkeit sowie eine kleinere Dehnung. Dadurch erklärt es sich, daß die Prüfung eines und desselben Materials, die an der einen Stelle sehr rasch durchgeführt worden ist, daselbst ungenügende Dehnung ergibt, an einer zweiten Stelle, langsamer vorgenommen, die bedungene Dehnung aufweisen kann.

Eigene Versuche mit Rundstäben von 20 mm Durchmesser aus Flußeisen und Flußstahl (1913).

Versuchsdauer	20 Sek.	18 Sek.	2 Min. 14 Sek.	2 Min. 56 Sek.	23 Min. 53 Sek.	19 Min.
K_z in kg/qcm	3997	4010	3961	3897	3847	3862
Mittel . .	4004		3929		3855	
φ in % . . .	35,0	33,8	31,4	30,1	33,8	31,1
Mittel . .	34,4		30,8		32,5	
ψ in % . .	70,4	68,5	70,1	71,1	70,4	70,4
Mittel . .	69,5		70,6		70,4	

Versuchsdauer	16 Sek.	18 Sek.	2 Min. 32 Sek.	2 Min. 33 Sek.	21 Min. 39 Sek.	23 Min. 41 Sek.
K_z in kg/qcm	5653	5583	5494	5522	5338	5331
Mittel . .	5618		5508		5335	
φ in % . .	26,9	24,4	25,6	25,4	25,8	28,0
Mittel . .	25,7		25,5		26,9	
ψ in % . .	52,2	52,2	54,5	55,1	58,3	54,5
Mittel . .	52,2		54,8		56,4	

Eigene Versuche mit Rundstäben von 8 mm Durchmesser aus Flußeisen (1919).

Versuchsdauer	<1 Sek (Fallwerk)				rund 6 Sek.				rund 20 Min.	
K_z in kg/qcm	—	—	—	—	5788	5569	5495	5515	5340	5308
Mittel . .	—				5592				5324	
φ in % . .	29,0	28,8	29,8	27,0	29,6	26,5	29,0	29,3	29,0	29,5
Mittel . .	28,7				28,6				29,3	
ψ in % . .	58,4	61,0	60,7	61,0	59,3	59,3	58,8	58,8	60,8	61,0
Mittel . .	60,3				59,1				60,9	

Diese Ergebnisse bestätigen für Flußeisen und Flußstahl, daß rascher durchgeführte Versuche größere Festigkeit liefern.

Die Vergleichbarkeit der Bruchdehnungen wird nicht selten dadurch beeinträchtigt, daß einzelne der Flußeisenstäbe ausgeprägt zwei oder mehr Einschnürungen aufweisen. Bei den 1919 durchgeführten Versuchen war letzteres nicht der Fall. Sie lassen bedeutendere Abnahme der Bruchdehnung und Querschnittsverminderung für kurze Versuchsdauer nicht erkennen. Ähnliches gilt für die Flußstahlstäbe. Dabei ist im Auge zu behalten, daß auch die größte hierbei verwendete Versuchsgeschwindigkeit noch nicht so bedeutend war, wie sie bei dynamischer Beanspruchung und insbesondere bei Beanspruchung durch Explosionsdruck usw. vorkommen kann. Die in § 58 besprochenen Ergebnisse deuten darauf hin, daß hierbei erhebliche Unterschiede im Verhalten der Materialien zu erwarten sind.

Bei höherer Temperatur pflegt der Einfluß der Zerreißgeschwindigkeit viel erheblicher zu sein (vgl. S. 176, Fußbemerkung 1). Beispielsweise fanden sich für Stahlguß aus eigenen Versuchen (1903) folgende Werte:

Versuchsdauer	300° C		400° C		500° C	
	wie üblich	bedeutend länger	wie üblich	bedeutend länger	wie üblich	bedeutend länger
K_z in kg/qcm	4242	4107	3473	2866	2043	1565
φ „ % . .	19,0	23,8	33,3	38,5	51,3	41,4
ψ „ % . .	49,4	52,8	58,0	63,8	75,7	57,0

Kupfer.

Den Einfluß der Belastungsdauer bei höherer Temperatur stellte zuerst Stribeck fest (Zeitschrift des Vereines deutscher Ingenieure 1903, S. 559 u. f.). Er fand z. B. bei 317° C

Versuchsdauer 2 Min.	$K_z = 1580$ kg/qcm	$\varphi = 41{,}5\,\%$	$\psi = 72\,\%$
„ lang	$K_z = 820$ „	$\varphi = 28{,}4\,\%$	$\psi = 30\,\%$.

Ludwik (Zeitschrift des Vereines deutscher Ingenieure 1913, S. 209 u. f.) ermittelte bei gewöhnlicher Temperatur für Versuchsdauer von 5 Minuten bis 14½ Monate

$$K_z = 2530 \text{ bis herunter auf } 2020 \text{ kg/qcm.}$$

Auch für die Kupferlegierungen ergibt sich der Einfluß der Versuchsdauer im Falle höherer Temperatur weit erheblicher als bei gewöhnlicher Temperatur.

Leder.

Dauer des Versuchs	Festigkeit K_z
1 Stunde 26 Minuten	301 kg/qcm
166 Tage	200 „

(George Leloutre, Les transmissions par courroies, cordes et cables métalliques, Paris 1884, oder des Verfassers Bericht hierüber in der Zeitschrift des Vereines deutscher Ingenieure 1884, S. 871. Daselbst finden sich auch Mitteilungen über das asymptotische Wachstum der Verlängerung mit der Dauer der Belastung sowie über das dementsprechende Verhalten bei Entlastung.)

Versuche des Verfassers über den Einfluß der Zeit auf die Festigkeit des Leders bestätigen das von Leloutre Gefundene. Vergleiche auch den dritten, in § 4, Ziff. 7, besprochenen Riemen.

Hanfseile (1886).

Die ursprünglich 750 mm lange, der Beobachtung unterworfene Strecke eines 55 mm starken Seiles aus badischem Schleißhanf, das nach und nach bis zu 500 kg belastet worden ist, zeigt, nachdem diese Belastung 10 Minuten gewirkt hat, die Länge 788,4 mm. Das Seil bleibt längere Zeit hindurch derselben Anstrengung ausgesetzt.

Es beträgt	nach 10 Minuten	1	7	26	50	82	120 Std.
die Seillänge . .	788,4	789,7	791,8	793,2	794,5	795,8	796,5 mm
entsprechend einer weiteren Verlängerung um . .	0	1,3	3,4	4,8	6,1	7,4	8,1 „

Hierauf wurde das Seil bis auf 100 kg entlastet.

Es beträgt	unmittelbar nach der Entlastung	nach 34 Stunden
die Seillänge . . .	791,9 mm	790,8 mm
entsprechend einer Verkürzung um	4,6 „	5,7 „

(Des Verfassers Versuche über die Elastizität von Treibriemen und Treibseilen in der Zeitschrift des Vereines deutscher Ingenieure 1887, S. 221 u. f.)

Vgl. auch die Versuche mit Eschenholz auf S. 111.

Hieraus folgt, daß die Gesamtdehnung, der Dehnungsrest wie auch die Federung Funktionen der Zeit sind.

Nach Maßgabe des im vorstehenden enthaltenen Materials wird behufs Erlangung vergleichbarer Versuchsergebnisse davon auszugehen sein, daß auch die Geschwindigkeit bei der Durchführung der Versuche entsprechend gewesen sein muß (vgl. § 9, Ziff. 3). Dabei ist, wie bereits in § 5, Ziff. 4, hinsichtlich des Einflusses der Zeit bemerkt wurde, die Art des Stoffes im Auge zu behalten. Beispielsweise wird ein Stab aus Stahl bei gewöhnlicher Temperatur rasch zerrissen werden müssen, soll ein bedeutender Einfluß der Zeit auf das Ergebnis hervortreten. Dagegen wird sich dieser bei einem Lederriemen auch noch im Falle längerer Versuchsdauer feststellen lassen.

Die unmittelbare Vergleichbarkeit der Prüfungsergebnisse setzt somit voraus: entweder es ist jeweils die Versuchsdauer so lang, daß der Einfluß der Zeit ein unmerklicher, oder es muß die Geschwindigkeit, mit der die Dehnung erfolgt, wenigstens angenähert die gleiche Größe besitzen.

Von Bauschinger ausgeführte Versuche über den Einfluß der Zeit bei Zugproben mit verschiedenen Metallen haben nach dessen Mitteilung zu dem Ergebnisse geführt, daß bei Fluß- und Schweißeisen, bei Kupfer, bei Messingblech und bei Bronzeguß ein Einfluß der Zeit oder der Geschwindigkeit, mit der die Dehnung vorgenommen wird, nicht oder kaum merklich ist innerhalb der Grenzen, in denen diese Versuche durchgeführt worden sind. Bei Messingguß ist er sehr gering und wird, wenn überhaupt vorhanden, leicht durch zufällige Ungleichmäßigkeiten des Materials verdeckt; ebenso bei Zinkguß und Gußeisen. Bei Zinkblech dagegen ist er im Verlaufe der Dehnungslinie (vgl. § 3, Abb. 1, S. 11) sowohl als auch bei der Bruchbelastung (E_2E, Abb. 1, § 3) deutlich erkennbar, nicht aber an der Dehnung (φ, Gleichung 3, § 3) und Querschnittsverminderung (ψ, Gleichung 2, § 3). Bei Blei (Guß- und Walzblei) ist der Einfluß der Zeit unsicher gegenüber dem Verlaufe des Arbeitsdiagramms, unverkennbar an der Bruchbelastung und kaum bemerkbar an der Bruchdehnung. Am größten erwies sich der in Rede stehende Einfluß bei gegossenem Zinn. (Mitteilungen aus dem mechanisch-technischen Laboratorium der k. technischen Hochschule in München 1891, Heft XX.)

Die Dauer dieser Bauschingerschen Versuche z. B. mit den 4 Flußeisenstäben betrug nach Überschreiten der Streckgrenze und unter Abrechnung der Ruhepausen (von 30 Min., 17 Min., 22 Std. 32 Min., 22 Min.) 26, 41, 46 und 77 Minuten, d. s. Zeiträume, von denen der kleinste noch bedeutend größer erscheint als derjenige, innerhalb dessen sich bei Flußeisen der Einfluß der Dauer des Versuchs durch die Prüfungsergebnisse überhaupt deutlich äußert; sie liegen somit außerhalb des Gebietes, das für die obigen Darlegungen wie auch für diejenigen des § 5, Ziff. 4, in Betracht kommt. Bei Beachtung dieses Umstandes klärt sich der Widerspruch auf, der zwischen den Ergebnissen der Bauschingerschen Versuche und dem oben angeführten zu bestehen scheint. Eigene Versuche aus neuester Zeit (1918) haben auch für Zinkguß erhebliche Zunahme der Zugfestigkeit ergeben wenn die Versuche rasch durchgeführt wurden.

Zu beachten ist im allgemeinen, daß mit der Formänderung beim Zerreißen eine Erwärmung des Materials verknüpft ist, insbesondere an der Einschnürungsstelle. Diese Erwärmung fällt unter sonst gleichen Verhältnissen um so höher aus, je weniger Zeit für die Ableitung der Wärme zur Verfügung steht; sie ist also bei rascher Versuchsdurchführung größer als bei langsamer Streckung des Stabes. Tritt Erwärmung von Erheblichkeit auf, so wird, auch wenn der Stab ursprünglich die gewöhnliche Temperatur des Versuchsraumes besaß, doch die Festigkeit bei höherer Temperatur ermittelt. Bei manchen Metallen kann hierdurch eine erhebliche Beeinflussung der Festigkeit bewirkt werden (vgl. Ziff. 2).

2. Einfluß der Temperatur.

Die Angaben, die über die Elastizitäts- und Festigkeitseigenschaften der Materialien gemacht werden, gelten, sofern nichts anderes bemerkt ist, für die gewöhnliche Temperatur, d. i. bei etwa 20^0 C. Zur Klarstellung, daß sich diese Eigenschaften bei höheren Temperaturen wesentlich ändern, seien die folgenden Versuche des Verfassers angeführt[1]).

---

[1]) Über die Versuche anderer finden sich Angaben in des Verfassers Maschinenelementen, 13. Aufl., S. 75 u. f. Vgl. namentlich auch die daselbst angegebene Schrift von R. Baumann, Die Festigkeitseigenschaften der Metalle in Wärme und Kälte, Stuttgart 1907. Hinsichtlich der Abhängigkeit der Dehnungszahl von der Temperatur s. u. a. Martens, Mitteilungen usw. 1890,

a) Versuchsreihen mit Rundstäben aus demselben Flußeisenblech (1903).

Bei jeder Temperatur wurden 4 Stäbe geprüft; die angegebenen Größen sind Durchschnittswerte.

Versuchs-tempe-ratur	Streckgrenze		Zug-festigkeit	Bruch-dehnung	Quer-schnitts-verminde-rung	Be-lastungs-dauer	Schau-linie
	obere	untere					
°C	kg/qcm	kg/qcm	kg/qcm	%	%	Minuten	
20	2649	2176	3561	28,4	69,3	27	Abb. 1
200	2391	2105	5140	18,9	55,1	22	„ 2
300	1373	—	4352	34,8	63,7	29	„ 3
400	—	—	3200	38,2	64,6	20	„ 4

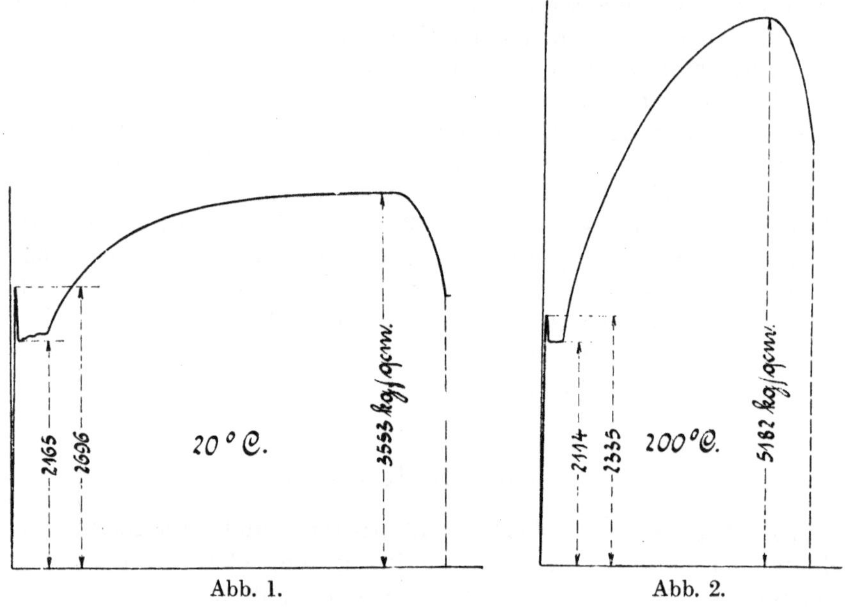

Abb. 1. Abb. 2.

Heft 4; Paul A. Thomas, Annalen der Physik, vierte Folge, Bd. 1, 1900, S. 232 u. f.

Über Versuche bis in die Nähe des Schmelzpunktes von Metallen berichtet P. Ludwik in der Zeitschrift des Vereines deutscher Ingenieure 1915, S. 657 u. f.

Auskunft über die Dehnungszahlen bei Flußeisen und Flußstahl, über die Größe der bleibenden Dehnungen bei verschiedenen Temperaturen gibt das Buch „Festigkeitseigenschaften und Gefügebilder“, in der 1. und 2. Auflage.

S. auch des Verfassers Maschinenelemente, 13. Aufl., S. 75 u. f.

Eine Betrachtung der Schaulinien Abb. 1 bis 4 zeigt, daß der Vorgang des Streckens oder Fließens (§ 3) mit steigender Temperatur immer mehr an Ausdehnung verliert; die Streckgrenze sinkt und ist bei 400° C überhaupt nicht mehr ausgeprägt vorhanden.

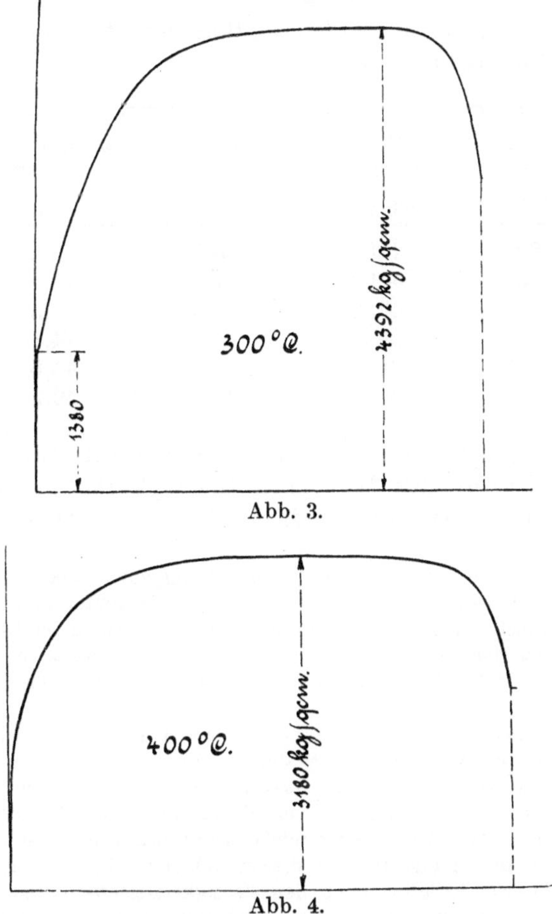

Abb. 3.

Abb. 4.

Die Zahlen der Zusammenstellung lassen erkennen

1. zunächst starkes Wachsen der Zugfestigkeit von 3561 kg/qcm (bei 20° C) auf 5140 kg/qcm (bei 200° C), sodann Wiederabnahme derselben,

2. zunächst starke Abnahme der Bruchdehnung von 28,4 auf 18,9%, alsdann Wiederzunahme derselben,

3. Änderung der Querschnittsverminderung in demselben Sinn wie die der Bruchdehnung.

Die Schaulinien Abb. 1 bis 4 zeigen durch ihren Verlauf sowie in der Größe der umschlossenen Fläche die Änderungen der Festigkeit, der Bruchdehnung und des Arbeitsvermögens (§ 3) deutlich[1]).

b) Versuchsreihen mit Rundstäben aus dem gleichen Stahlguß (1903).

Bei jeder Temperatur werden 4 Stäbe geprüft. Die angegebenen Größen sind Durchschnittswerte.

Versuchs-temperatur ⁰ C	Zug-festigkeit kg/qcm	Bruch-dehnung %	Querschnitts-verminderung %
20	4285	25,5	50,4
200	4502	7,7	15,9
300	4788	12,0	15,8
400	3984	15,3	24,1
500	2691	33,3	44,6
550	2071	39,5	49,2

Die Ergebnisse lassen eine sehr bedeutende Abnahme der Bruchdehnung des Materials (Zähigkeit) bei rund 200⁰ C erkennen, und zwar auf weniger als ein Drittel[2]).

[1]) Über die Einzelheiten dieser Untersuchung sowie über die Ergebnisse der Prüfung von weiteren 14 Flußeisenblechen ist berichtet in der Zeitschrift des Vereines deutscher Ingenieure 1904, S. 1300 u. f. An dieser Stelle ist auch über den Einfluß der Dauer der Belastung berichtet; derselbe beginnt sich zwischen 300⁰ und 400⁰ C geltend zu machen durch wesentliche Abnahme der Zugfestigkeit.

[2]) Die Ergebnisse der unter a besprochenen Versuche mit Flußeisenblech sowie die angeführten Versuche mit Stahlguß führen u. a. zu der Schlußfolgerung: für Dampfkessel, Dampfgefäße usw., welche Gegenstände im Betriebe höhere Temperaturen annehmen, und von denen man natürlich verlangt, daß sie in diesem Zustande volle Widerstandsfähigkeit besitzen, müssen die Festigkeitseigenschaften der Baustoffe bei diesen höheren Temperaturen beachtet werden. Das Material lediglich nach den Festigkeitseigenschaften bei gewöhnlicher Temperatur zu beurteilen, was jetzt noch geschieht, erscheint nicht richtig. Jedenfalls muß im Falle der Verwendung von Flußeisen und Stahlguß zu Dampfkesseln usw. die Zähigkeit des Materials bei höherer Temperatur und nicht diejenige bei gewöhnlicher Temperatur als maßgebend angesehen werden. (Über Material, das noch in hohen Temperaturen größere Widerstandsfähigkeit besitzt, vgl. „Festigkeitseigenschaften und Gefügebilder", 1. Aufl. S. 86, 2. Aufl. S. 104).

Gegen die hier ausgesprochene Vorsicht ist der Umstand geltend gemacht worden, daß der Arbeitsverbrauch bei der Kerbschlagprobe für 200⁰ bis 300⁰ C einen Höchstwert erreicht, was darauf hindeute, daß das Flußeisen in diesem Temperaturgebiete zäher, also auch weniger zur Rißbildung geneigt sei, als bei gewöhnlicher Temperatur. Demgegenüber muß festgestellt werden, daß Nietköpfe, die am Übergange des Schaftes in den Kopf nur wenig gerundet sind,

In Abb. 5 bis 7 sind die Linienzüge der Zugfestigkeiten, der Bruchdehnungen und der Querschnittsverminderungen dargestellt.

Weiteres s. Zeitschrift des Vereines deutscher Ingenieure 1903, S. 1762 u. f., 1904, S. 385 u. f.

Schraubenbolzen usw. in dem bezeichneten Temperaturgebiet viel leichter abspringen. Über die hierhergehörigen Versuche mit Nieten ist im Protokoll der 42. Delegierten- und Ingenieurversammlung des internationalen Verbandes der

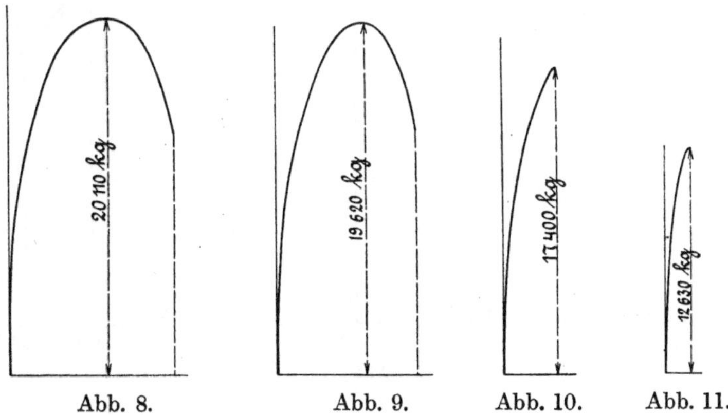

Abb. 8. Abb. 9. Abb. 10. Abb. 11.

Dampfkessel-Überwachungsvereine in München 1912, S. 76 u. f. berichtet. Abb. 8, 9, 10 und 11 zeigen die vom Schaubildzeichner der Prüfungsmaschine gezeichneten Dehnungslinien, die an folgenden Probekörpern erlangt wurden:

Abb. 8. Nietschaft mit Übergang am Kopf; Niete beim Nieten auf die ganze Länge erwärmt.

„ 9. Nietschaft mit Übergang am Kopf; Niete beim Nieten nur an dem zur Nietbildung erforderlichen Schaftstück glühend gemacht.

„ 10. Nietschaft ohne Übergang am Kopf; Niete auf die ganze Länge erwärmt.

„ 11. Nietschaft ohne Übergang am Kopf; Niete wie bei Abb. 9 erwärmt.

Deutlich tritt die Wirkung der scharfen Ecke am Nietkopf (Abb. 10 und 11) sowie der Einfluß der teilweisen Erwärmung (Abb. 9 und 11) in die Erscheinung.

Bis auf weiteres wird der Konstrukteur gut tun, Anzeichen für weniger günstiges Verhalten voll zu würdigen, gleichgültig ob sie sich bei der Zug- oder bei der Kerbschlagprobe gezeigt haben.

Beachtung in bezug hierauf verdient noch der Umstand, daß Flußeisen, das im kalten Zustande Quetschung erfahren hat, oft sich spröde erweist, wenn es später Erwärmung auf 200 bis 400° C erfährt. Vgl. hierüber Zeitschrift des Vereines deutscher Ingenieure 1911, S. 1296; 1915, S. 628 u. f. sowie Jahrbuch der Schiffsbautechnischen Gesellschaft 1915, S. 479 u. f.

4285
4302
4788
3984
2691
2071 kg/qcm
Achse der Zugfestigkeiten.
Achse der Temperaturen.
20
200
300
400
500
550 °C.

Abb. 5.

25,5
7,7
12,0
15,3
33,3
39,5%.
Achse der Bruchdehnungen.
Achse der Temperaturen.
20
200
300
400
500
550 °C.

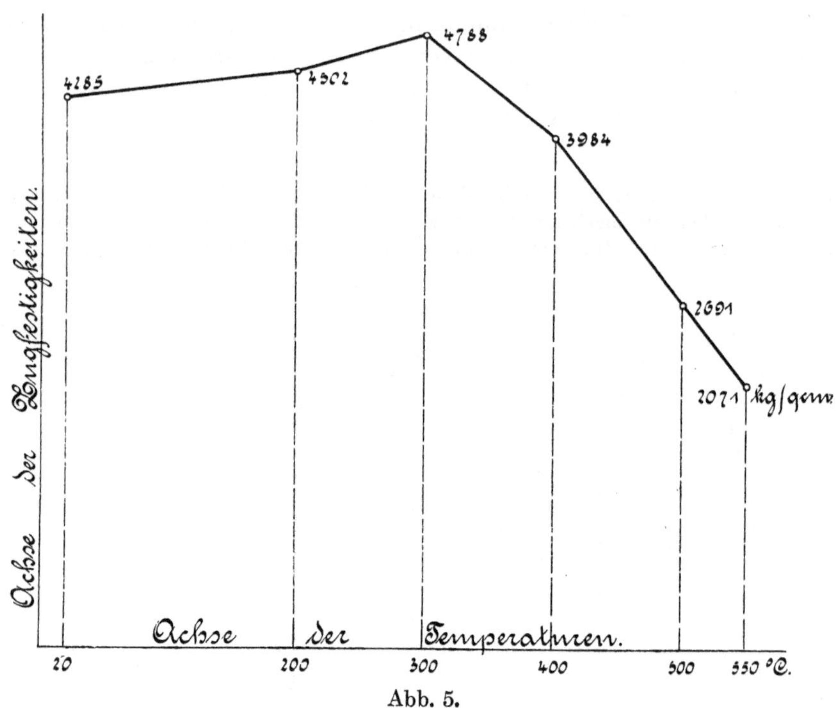

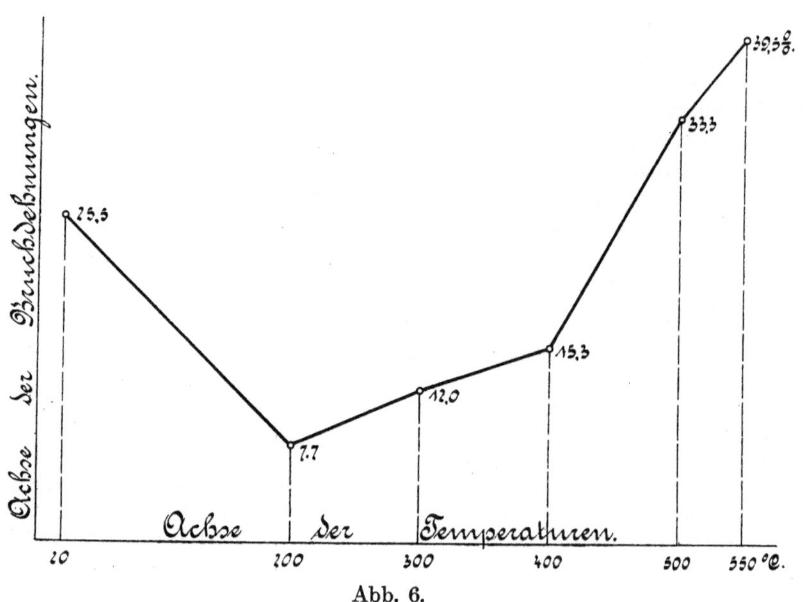

Abb. 6.

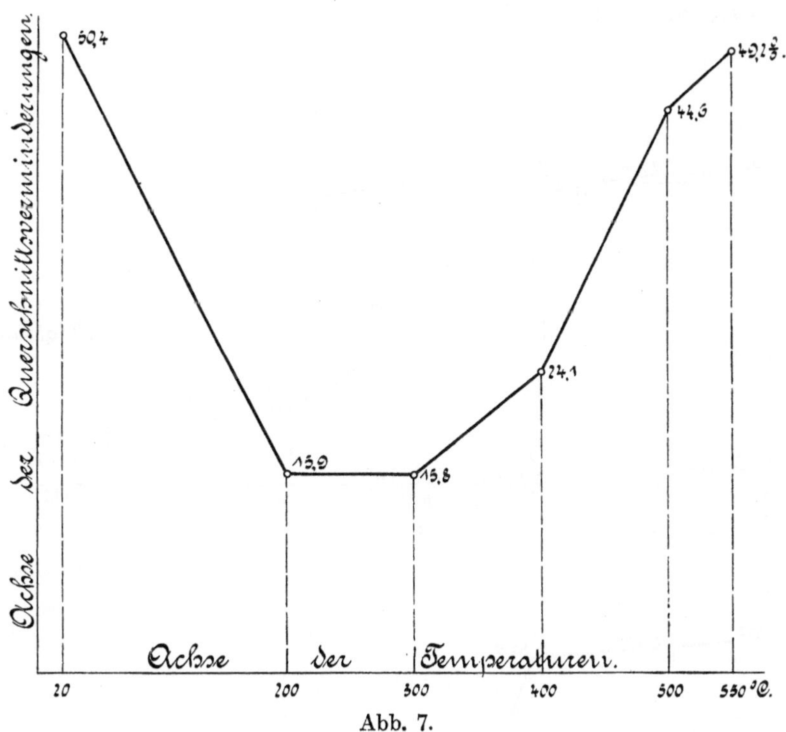

Abb. 7.

c) Versuchsreihen mit Rundstäben aus Bronze (1900).

Die Bronze, deren Analyse die Zusammensetzung: 91,35 Kupfer, 5,45 Zinn, 2,87 Zink, 0,28 Blei, 0,025 Eisen ergab, lieferte unter der üblichen Belastungsdauer im Durchschnitt

	bei 20°	100°	200°	300°	400°	500° C	
Zugfestigkeit	2395	2424	2245	1368	625	441	kg/qcm
	1	1,01	0,94	0,57	0,26	0,18	
Bruchdehnung	36,3	35,4	34,7	11,5	0	0	%
	1	0,98	0,96	0,32	0	0	
Querschnitts-verminderung	52,1	47,4	48,2	16,2	0	0	%
	1	0,91	0,93	0,31	0	0	

Die Verhältniszahlen bringen die Veränderlichkeit deutlich zum Ausdruck.

In Abb. 12 und 13 sind die Linienzüge der Zugfestigkeiten und Bruchdehnungen dargestellt.

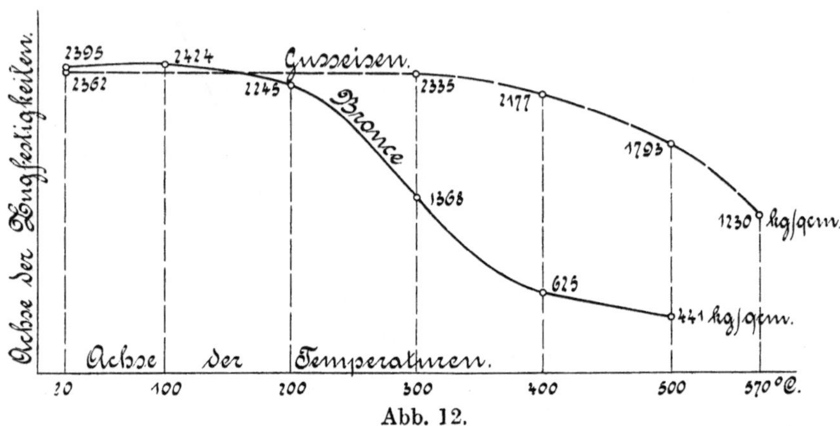

Abb. 12.

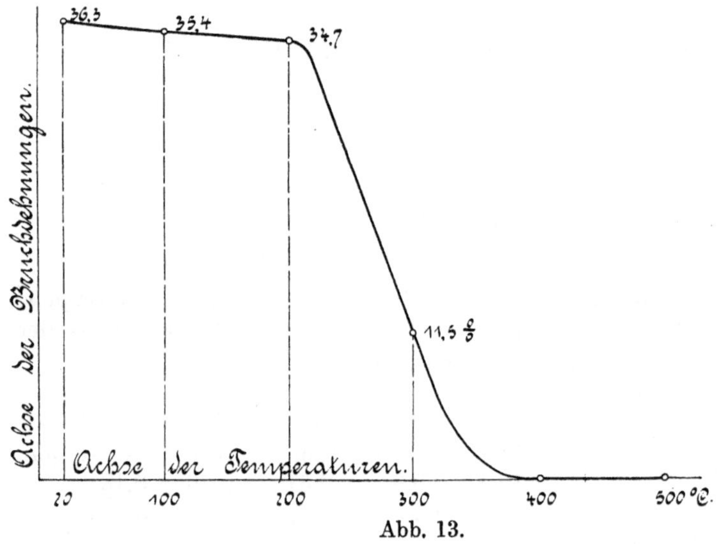

Abb. 13.

Nach Überschreiten der Temperatur von 200° C beginnt die Zugfestigkeit ausgeprägt abzunehmen, die Bruchdehnung (das übliche Maß der Zähigkeit) außerordentlich stark abzufallen.

Lehrreich ist das Aussehen der Oberfläche der Stäbe:

Abb. 14, Taf. VII zeigt den gedrehten Stab vor dem Versuch,
,, 15, ,, VII ,, ,, ,, ,, nach ,, ,, bei 20° C.

(Der Aufbau des Materials aus Kristallen, die weitgehende Form änderung erfahren haben, tritt deutlich zutage. Näheres s. ,,Festig keitseigenschaften und Gefügebilder" unter IX.)

Abb. 16, Taf. VII zeigt den gedrehten Stab nach dem Versuch bei 100° C
,, 17, ,, VII ,, ,, ,, ,, ,, ,, ,, ,, 200° C
,, 18, ,, VII ,, ,, ,, ,, ,, ,, ,, ,, 300° C
,, 19, ,, VII ,, ,, ,, ,, ,, ,, ,, ,, 400° C

Abb. 18 läßt deutlich die Querrissigkeit erkennen, Abb. 19 (Formänderung der Kristalle nicht mehr erkennbar) zeigt keine Formänderung mehr, wohl aber die Sprödigkeit des Materials.

Das bei gewöhnlicher Temperatur außerordentlich zähe Material hat mit steigender Temperatur seine ganze Zähigkeit verloren.

Weiteres hierüber siehe Zeitschrift des Vereines deutscher Ingenieure 1900, S. 1745 u. f., 1901, S. 1477 u. f.

d) *Versuchsreihen mit hochwertigem Gußeisen* (1900).

Die Ergebnisse lieferten die in Abb. 12 gestrichelt eingetragene Kurve.

Weiteres s. Zeitschrift des Vereines deutscher Ingenieure 1901, S. 168 u. f.

Mit *Kupfer* und *Duranametall* hat *Stribeck* eingehende Versuche ausgeführt. Näheres hierüber s. Zeitschrift des Vereines deutscher Ingenieure 1903, S. 559 u. f., bzw. 1904, S. 897 u. f.

Eigene Versuche mit *Preßmessing* ergaben innerhalb des Temperaturgebietes 20 bis 400° C angenähert geradlinigen Abfall der Zugfestigkeit (also nicht den raschen Abfall bei rund 200° C, den Abb. 12 zeigt) und Ansteigen der Bruchdehnung; bei der Kerbschlagprobe fand sich zwischen 200 und 300° C rascher Abfall der Widerstandsfähigkeit. Näheres s. ,,Festigkeitseigenschaften und Gefügebilder" unter IX.

3. Einfluß der Behandlung des Materials.

A. Gußeisen.

Schon in § 4, S. 44 u. f., war auf den Einfluß hinzuweisen, den das Abschrecken auf die Größe der Dehnungszahl und die Festigkeitseigenschaften äußert. Durch das Abschrecken wird die Ausscheidung des Graphits mehr oder minder vollständig verhindert. Hartguß muß sich deshalb ähnlich verhalten, wie ein kohlenstoffreicher Stahl, der in gleicher Weise abgekühlt, also einer Härtung unterworfen worden ist. Die in § 4 angegebenen Zahlen lassen in der Tat erkennen, daß die Dehnungszahl des Hartgusses klein und mit der Spannung nur wenig veränderlich ist.

B. Flußeisen und Stahl.

a) Härten und Anlassen.

1. Elastizitätsversuche.

Bei schmiedbarem Stahl tritt eine so starke Änderung des inneren Materialaufbaues durch die Härtung nicht ein wie bei dem flüssigen Gußeisen durch Abschrecken. Für ihn sind auch nur vergleichsweise unerhebliche Unterschiede der Dehnungszahl festgestellt worden, wenn er im gehärteten und ungehärteten Zustand untersucht wird; und zwar ergibt sich die Dehnungszahl des gehärteten Materials meist größer als die des ungehärteten.

Stribeck ermittelte für Gußstahl, wie er von den Deutschen Waffen- und Munitionsfabriken in Berlin zu Stahlkugeln für Lager verwendet wird, durch Druckversuche mit 48 mm hohen Zylindern (Meßlänge 32 mm):

1. ungehärtet

$$\alpha = \frac{1}{2127000} = 0{,}470 \text{ Milliontel,}$$

2. in Öl gehärtet

$$\alpha = \frac{1}{2128000} = 0{,}470 \text{ Milliontel}$$

3. in Wasser gehärtet

$$\alpha = \frac{1}{2102000} = 0{,}476 \text{ Milliontel.}$$

Dagegen ergab sich die Proportionalitätsgrenze, die im Falle Ziff. 1 zwischen 5500 und 6000 kg/qcm lag, im Falle Ziff. 3 bei etwa 9000 kg/qcm. In ähnlichem Maße zeigte sich die Elastizitätsgrenze nach oben verschoben (Zeitschrift des Vereines deutscher Ingenieure 1901, S. 73 u. f.).

Eine spätere Arbeit Stribecks ergibt aus Druckversuchen für Zylinder je aus derselben Stange Chromstahl

	ungehärtet	vollgehärtet	ungehärtet	vollgehärtet
$\alpha =$	$\frac{1}{2206000}$	$\frac{1}{2096000}$	$\frac{1}{2227000}$	$\frac{1}{2120000}$
	$= 0{,}453$	$= 0{,}477$	$= 0{,}449$	$= 0{,}472$ Milliontel
Elastizitätsgrenze	4400 und 5000	< 10000	3800 und 4000	< 10000

Die Biegungsversuche lieferten (Zeitschrift des Vereines deutscher Ingenieure 1907, S. 1445 u. f.):

$$\text{Ölhärtung (d} = 1{,}2\text{ cm)}\ \alpha = \frac{1}{2044000} = 0{,}489 \text{ Milliontel}$$

Wasserhärtung

d =	1,2	1,2	1,0	1,0	0,8	0,8
$\alpha =$	$\frac{1}{2032000}$	$\frac{1}{1988000}$	$\frac{1}{2011000}$	$\frac{1}{2011000}$	$\frac{1}{1984400}$	$\frac{1}{1984000}$
	= 0,492	= 0,503	= 0,497	= 0,497	= 0,504	=0,504 Mill.

Zu ähnlichen Ergebnissen führten eigene Versuche, über die in „Festigkeitseigenschaften und Gefügebilder", 1. Aufl. S. 42 u. f. sowie Abb. 225, 2. Aufl. S. 52 u. f. sowie Abb. 314 berichtet ist. Vgl. auch das am Schlusse von Ziff. 2 Bemerkte.

2. Eigene Zugversuche (1910).

Aus demselben Material wurden durch Drehen auf angenähertes Maß Stäbe hergestellt und sodann folgenden Behandlungen unterworfen.

1. Stab: auf Kirschrotglut erwärmt, langsam in Asche abgekühlt („ausgeglüht");
2. Stab: auf Kirschrotglut erwärmt, in Wasser von 15° C abgekühlt („gehärtet");
3. Stab: zuerst gehärtet (wie Stab 2), hierauf dunkelkirschrot erwärmt und in Wasser von 15° C abgekühlt;
4. Stab: auf Kirschrotglut erwärmt, in Öl abgekühlt („ölgehärtet");
5. Stab: zuerst gehärtet (wie Stab 2), sodann erwärmt, bis blaue Anlauffarbe eintrat, und in Wasser abgekühlt („gehärtet und blau angelassen").

Die Stäbe wurden alsdann auf den genauen Durchmesser abgedreht bzw. geschliffen und der Zugprobe unterworfen. Die Ergebnisse der letzteren sind in der Zahlentafel, S. 184, enthalten.

Die Dehnungslinien der Stäbe der Versuchsreihe 1 sind in Abb. 20, diejenigen der Stäbe 1, 2, 4 und 5 der Versuchsreihe 2 in Abb. 21 und die der Stäbe 1, 4, 6 und 7 der Versuchsreihe 3 in Abb. 22 dargestellt. Diese Linien lassen den Einfluß der Behandlung auf das untersuchte Material deutlich erkennen. (Vgl. auch Abb. 16, § 4, S. 58, die den Einfluß des Härtens bei Chromnickelstahl zeigt. Die dortigen Linienzüge sind den für die Stäbe 1 und 7 in Abb. 22 dargestellten sehr ähnlich.

Das Aussehen der zerrissenen Stäbe 1 und 3 der Versuchsreihe 3 zeigen die Abb. 23 und 24 auf Tafel VI.

Material	Stab Nr.	Streckgrenze kg/qcm	Zugfestigkeit kg/qcm	Bruchdehnung auf 10 d %	Querschnittsverminderung %	Arbeitsvermögen kgm/ccm
Versuchsreihe 1	1	{2445 o. 2252 u.	3498	34,5	72,2	8,3
	2	3344	4538	16,7	70,8	4,5
	2a[1])	nicht ausgeprägt vorhanden	5228	16,7	35,3	6,6
Flußeisen	4	{3089 o. 2994 u.	4169	25,3	69,7	7,4
	5	{3248 o. 3169 u.	4312	21,9	70,8	5,7
Versuchsreihe 2	1	{3217 o. 2962 u.	5182	26,05	57,0	9,3
	2	nicht ausgeprägt vorhanden	8945	0,7	0	1,4
Siemens-Martin-Stahl- „Härte III“	3	(5318)[2])	7197	11,0	62,7	nicht ermittelt
	4	4554	6847	12,4	59,6	4,7
	5	nicht ausgeprägt vorhanden	7427	8,5	52,3	3,7
Versuchsreihe 3	1	{3656 o. 3624 u.	6656	18,9	36,7	8,9
	2	nicht ausgeprägt vorhanden	10047	1,05	7,2	1,2
	3	7261	8815	7,5	47,5	nicht ermittelt
Siemens-Martin-Stahl, „Härte V“	4	nicht ausgeprägt vorhanden	9694	9,4	31,9	6,0
	5	„	12787	0,7	1,0	—
	6[3])	„	13181	5,3	32,0	3,8
	7[4])	7291	8577	13,6	49,5	7,9
	8[5])	5714	8754	32,0	49,0	—

[1]) Gehärtet nach Erhitzung auf rund 860° C, d. i. höher als bei Stab 2.
[2]) Streckgrenze schwach ausgeprägt.
[3]) Behandlung wie bei 5, jedoch mit Anlassen auf rund 450° C.
[4]) Behandlung wie bei 5, jedoch mit Anlassen auf rund 680° C.
[5]) Behandlung wie bei 7, geprüft bei 300° C.

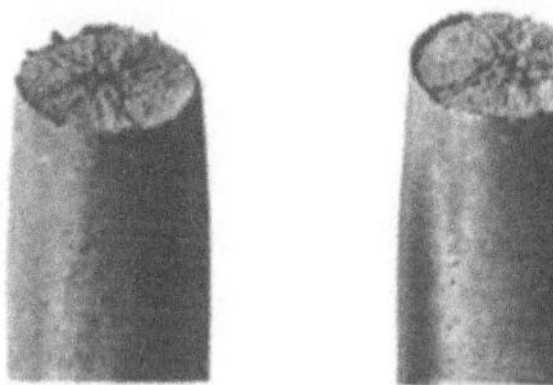
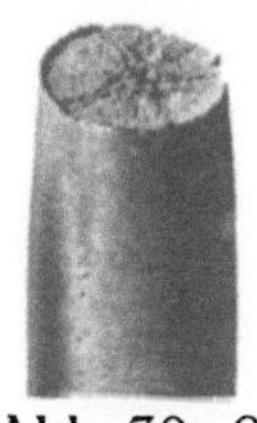

Abb. 23, § 10, S. 184.

Abb. 24, § 10, S. 184, § 8, S. 144.

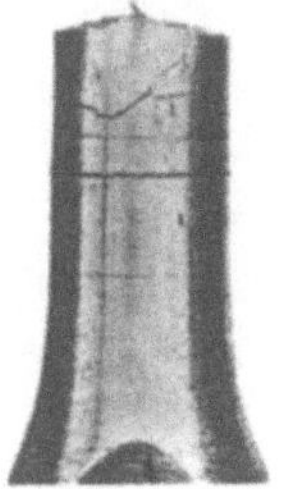

Abb. 29, § 10, S. 189.

Abb. 30, § 10. S. 187, 189.

Abb. 32, § 10, S. 189.

Abb. 31, § 10, S. 189.

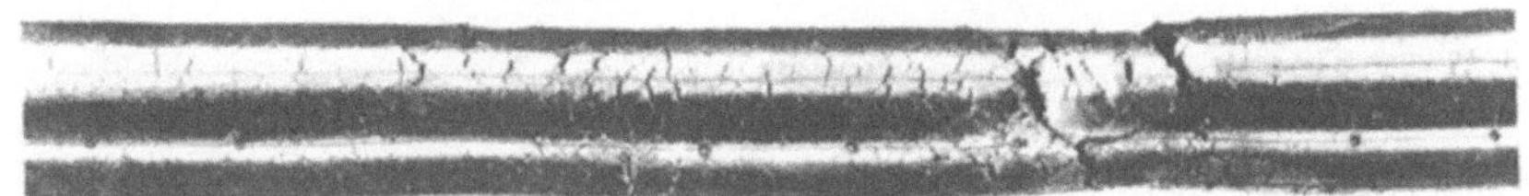

Abb. 11, § 13, S. 212.

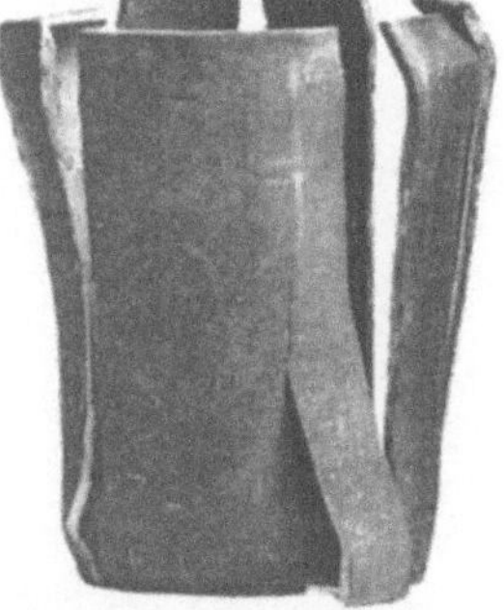
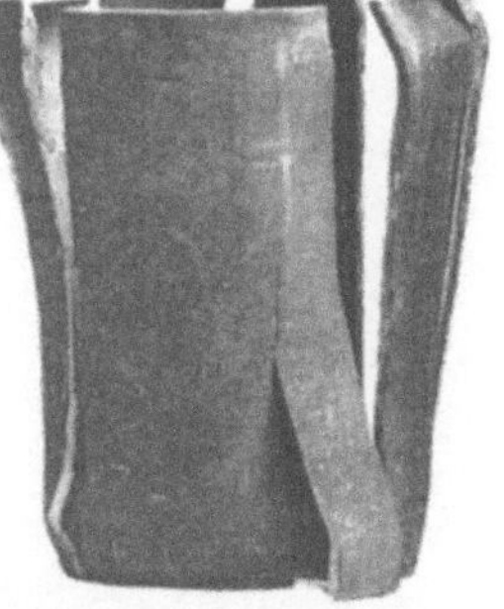

Abb. 12, § 13, S. 212.

Abb. 13, § 13, S. 212.

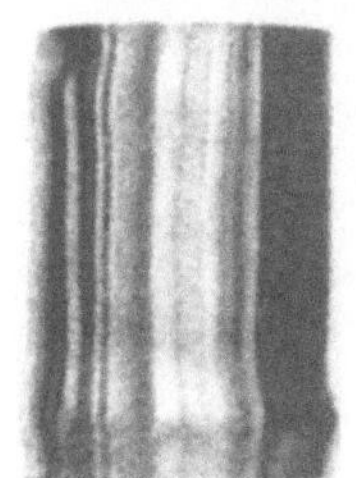

Abb. 14, § 13, S. 212.

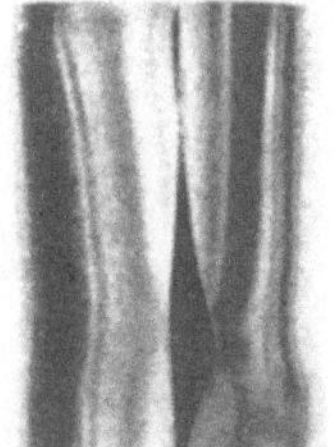

Abb. 15, § 13, S. 212.

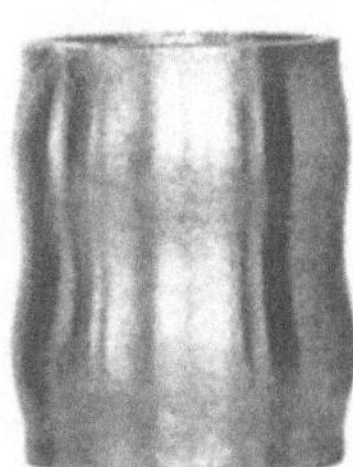

Abb. 16, § 13, S. 212.

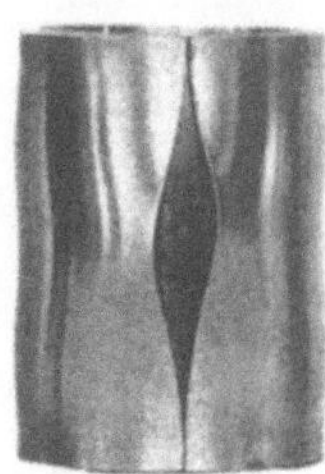

Abb. 17, § 13, S. 212.

§ 8, S. 144, § 10, S. 181.

Abb. 14. Vor dem Versuch

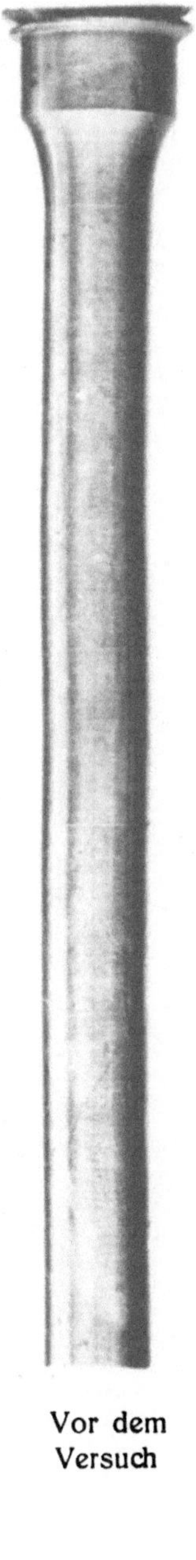

Abb. 15. bei 20° C zerrissen

Abb. 16. bei 100° C zerrissen

Abb. 17. bei 200° C zerrissen

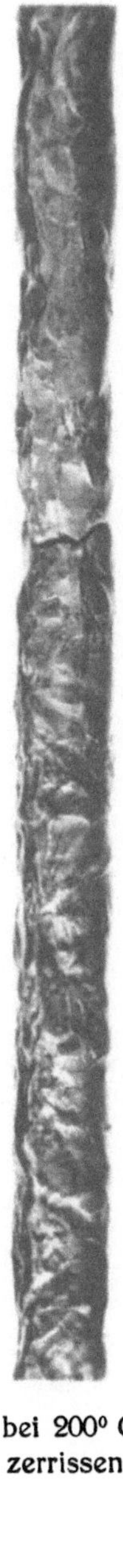

Abb. 18. bei 300° C zerrissen

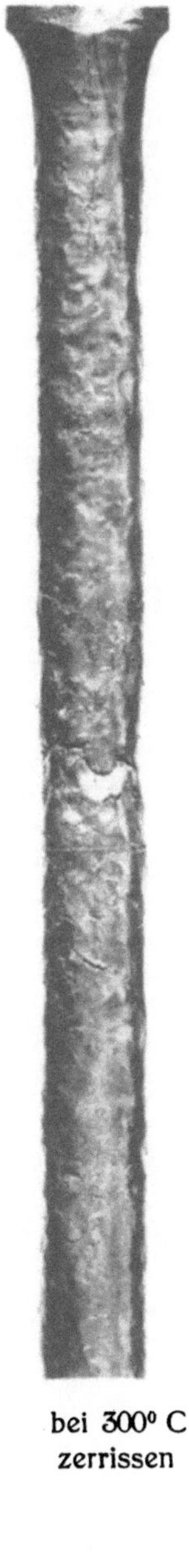

Abb. 19. bei 400° C zerrissen

Stab 2a. gehärtet
bei 860° C
Stab 2, gehärtet bei kirschrot
Stab 5, gehärtet und blau angelassen
Stab 4, ölgehärtet
Stab 1, ausgeglüht
3344
3169
2984
3248
3089
2445
2252
4538 kg/qcm
5228 kg/qcm
4312 "
4169 kg/qcm
3498 kg/qcm
65,4 mm Verlängerung auf l = 200 mm
50,0 "
39,5 "
33,3 "
31,6 "

Abb. 20.

Stab 2. gehärtet
Stab 5, gehärtet und blau
angelassen
Stab 4, ölgehärtet
Stab 1, ausgeglüht
4554
3217
2962
8945 kg/qcm
7424 kg/qcm
6847 kg/qcm
5182 kg/qcm
50,6 mm Verlängerung auf l = 200 mm
24,5 "
17,2 "
1,6 "

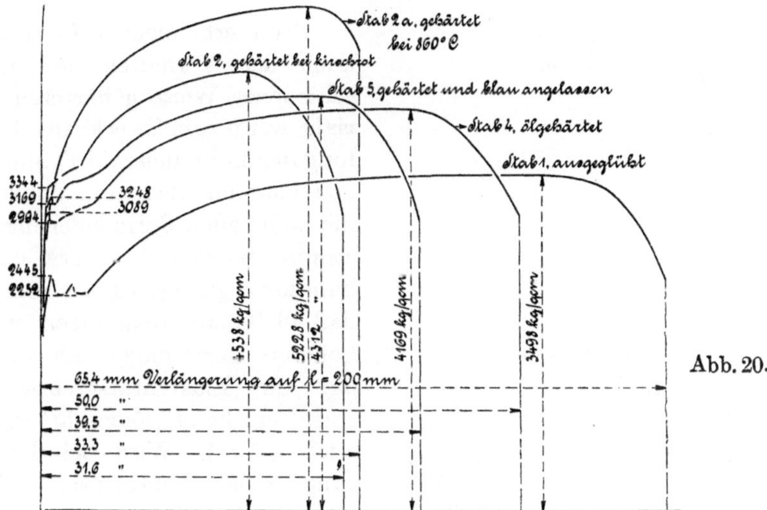

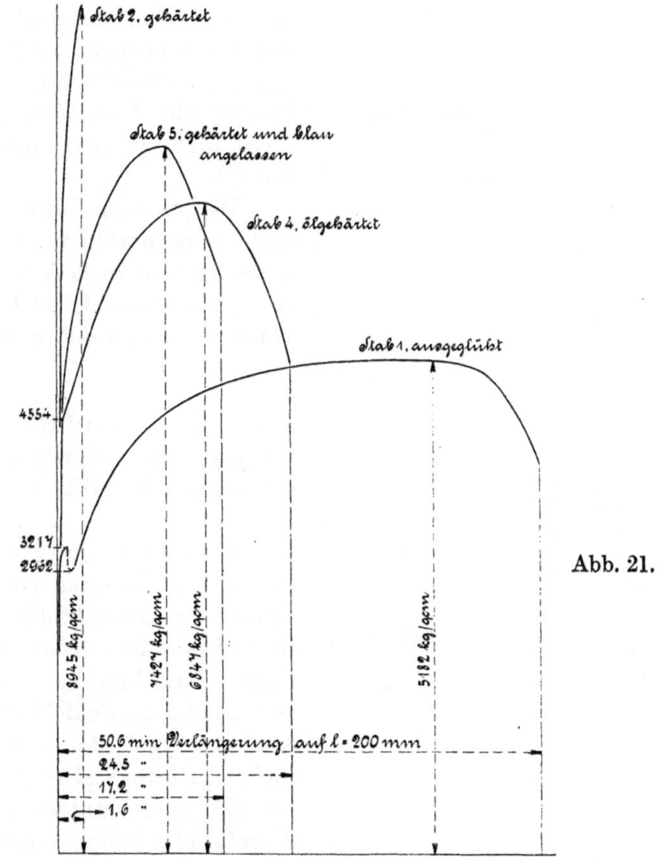

Abb. 21.

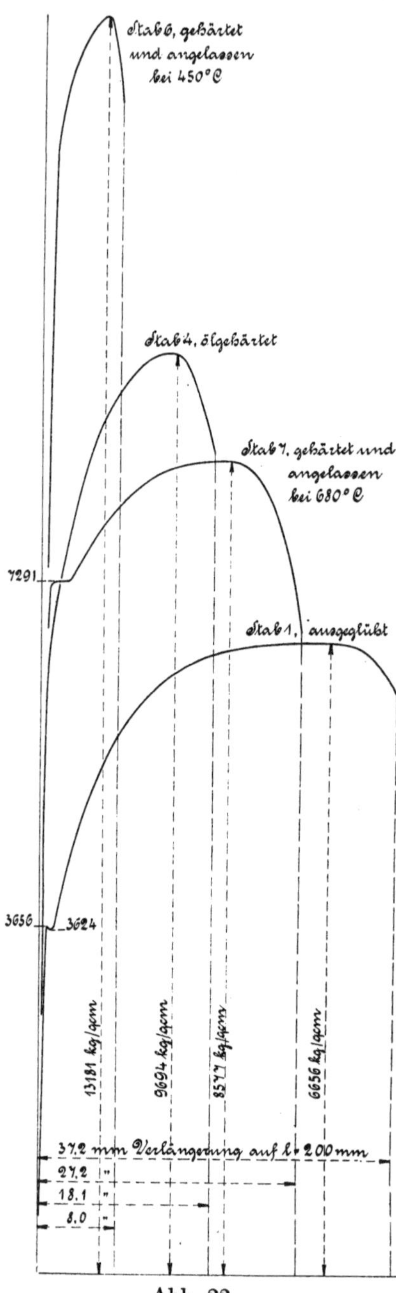

Abb. 22.

Von erheblichem Interesse ist auch das Verhalten des in verschiedener Weise gehärteten Materials, wenn zum Zwecke der Ermittlung der Dehnungszahl Feinmessungen vorgenommen und dabei auch die bleibenden Formänderungen bestimmt werden. Je nach der Behandlung gelingt es, zu erreichen, daß bleibende Dehnungen erst bei höheren Belastungen eintreten, so daß die Elastizitätsgrenze höher gelegt erscheint (Federhärtung, vgl. auch S. 58). Wird bei der Härtung hohe Temperatur gewählt und die Wärme rasch entzogen, so zeigen sich bei verhältnismäßig niedrigen Belastungen bleibende Dehnungen. Überdies ergeben sich sehr häufig die federnden Dehnungen nicht mehr proportional den Spannungen.

Weitere Einzelheiten s. „Festigkeitseigenschaften u. Gefügebilder" unter Ic und in dem Vortrage von R. Baumann: „Über das Vergüten von Eisen und Stahl", Stuttgart 1917.

b) Einsetzen und Härten (1914). (Jahrbuch der Schiffbautechnischen Gesellschaft 1915, S. 156 u. f.)

Rundstäbe aus Flußeisen von 15 mm Durchmesser wurden durch Glühen in Einsatzpulver (in der Hauptsache aus Kohle von Leder, Horn, Knochen usw. bestehend) außen mit einer Schicht von höherem Kohlenstoffgehalt versehen und zunächst im ausgeglühten Zustande der Zugprobe unterworfen. Die Einsatztiefe betrug ungefähr 0,4,

1,1 und 1,6 mm. Zum Vergleich wurde auch ein Stab geprüft, der nicht eingesetzt war.

Die für den letzteren erlangte Dehnungslinie (vgl. § 3, Abb. 1) ist in Abb. 25 mit a, die zu dem 1,1 mm tief eingesetzten Stab gehörige mit b bezeichnet. Während die Linie a nach Erreichung der Höchstlast EE_2 wieder absinkt, wobei sich der Stab örtlich einschnürt, bricht

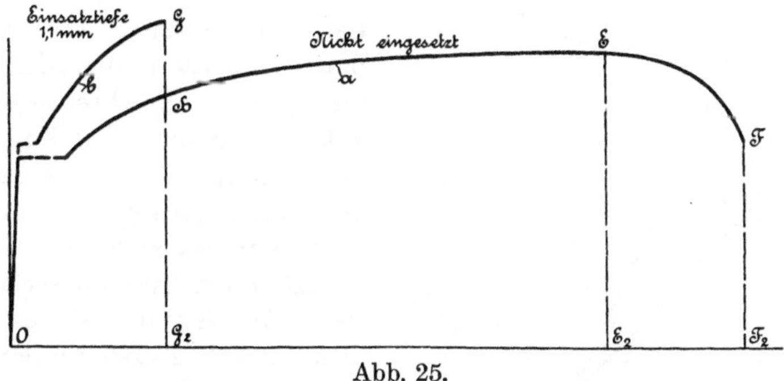

Abb. 25.

die Linie b unter der Belastung GG_2 plötzlich ab. Dies erklärt sich aus der Art, wie das Rand- und Kernmaterial zusammenwirken, was im folgenden besprochen sei.

Die am Stab angreifende Kraft überträgt sich, solange vorwiegend federnde Dehnungen entstehen, ziemlich gleichmäßig auf die Randschicht und das Kernmaterial, weil die Dehnungszahlen für beide ziemlich gleich groß sind (s. u.). Bei weiterer Steigerung der Belastung, wenn die bleibenden Verlängerungen Bedeutung erlangen, findet eine gemeinsame Streckung beider statt. Dies ist aber nur so lange möglich, als die Dehnungsfähigkeit der weniger zähen Randschicht nicht überschritten wird. Erfolgt dies, so reißt die Randschicht ein, es bildet sich ein feiner Riß (vgl. Abb. 30, Taf. VI), der sich in das Kernmaterial fortpflanzt und damit den Bruch des ganzen Stabes bewirkt, obgleich der Kern, falls eben der Riß nicht vorhanden wäre, noch eine weit größere Streckung vertragen würde.

Dabei wird auch die Zugfestigkeit des Kernmaterials nicht voll ausgenutzt. Einen Anhalt dafür, welche Spannung im Kern bei Eintritt des Bruches wirksam geworden ist, bietet die Länge HG_2 in Abb. 25, d. i. diejenige Ordinate der Dehnungslinie a, die zu der Streckung OG_2 im Augenblick des Bruches von Stab b gehört.

Hiernach besitzt im a u s g e g l ü h t e n Zustande der eingesetzte Stab zwar eine höhere Zugfestigkeit als das Kernmaterial, aber eine weit geringere Dehnung. Auch seine Querschnittsverminderung ist sehr klein, weil das Auftreten des Risses in der Außenschicht das Zustandekommen der örtlichen Einschnürung verhindert.

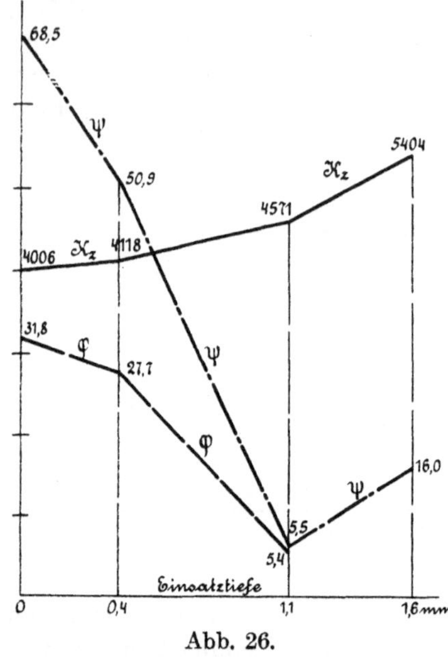

Abb. 26.

Dies geht anschaulich aus Abb. 26 hervor, in der zu den Einsatztiefen als wagrechten Ordinaten die Werte K_z, φ (diese nur für die Stäbe mit 0, 0,4 und 1,1 mm Einsatztiefe, der 1,6 mm tief eingesetzte Probekörper brach außerhalb der Meßlänge) und ψ als senkrechte Ordinaten aufgetragen sind. Die Zugfestigkeit nimmt mit der Einsatztiefe zu; damit gelangt die größere Festigkeit des mehr Kohlenstoff enthaltenden Randmaterials so weit zur Geltung, als es nach dem zur Abb. 25 Bemerkten möglich ist. Die Werte von φ und ψ dagegen nehmen mit wachsender Einsatztiefe bis zur Versuchsgröße 1,1 mm stark ab.

Noch viel ausgeprägter treten diese Erscheinungen auf, wenn die eingesetzten Stäbe nicht im ausgeglühten Zustande, sondern ge-

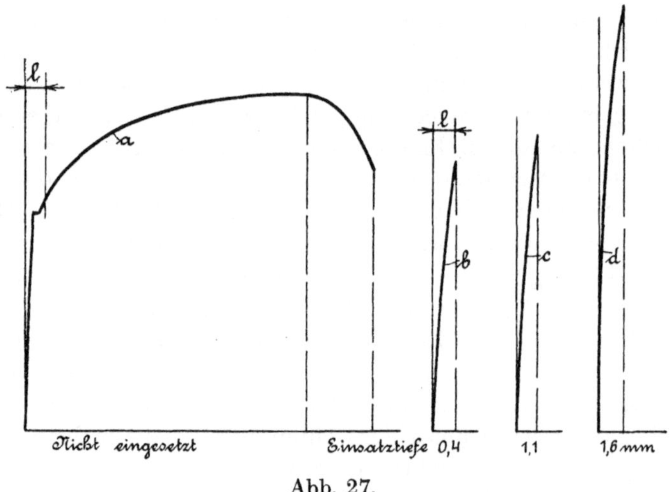

Abb. 27.

härtet zerrissen werden. Abb. 27 und 28 enthalten die Ergebnisse der Prüfung von Probekörpern, die in gleicher Weise eingesetzt waren wie oben bemerkt, hierauf jedoch Härtung in Wasser erfahren hatten, gefolgt von Anlassen bei 200° C.

Die Dehnungsfähigkeit der Außenschicht, die dabei große Härte annimmt, ist dann sehr klein. Infolgedessen tritt schon nach geringer Streckung des Stabes Anreißen und damit der Bruch des Stabes ein, was an dem Verlauf der Dehnungslinien *b*, *c* und *d*, Abb. 27, zu erkennen ist. Die Ausnutzung der Zähigkeit sowie der Festigkeit des Kernmaterials ist entsprechend der unbedeutenden Streckung eine sehr unvollkommene. Ein Bild hierfür wird erlangt, wenn z. B. die Verlängerung des Stabes *b*, d. i. die Strecke *l*, in die Dehnungslinie *a* des nicht eingesetzten, sonst gleich behandelten Stabes übertragen wird. So kommt es, daß die Stäbe mit 0,4 und 1,1 mm Einsatztiefe sogar eine kleinere Zugfestigkeit ergeben haben, als der nicht eingesetzte Stab. Erst wenn die Einsatztiefe so groß ist, daß die höhere Festigkeit der harten Außenschicht die Einbuße an Tragkraft infolge der schlechten Ausnützung des Kernmaterials überwiegt, ist die Festigkeit des 1,6 mm tief eingesetzten Stabes — im gehärteten Zustande — höher als die des nicht eingesetzten.

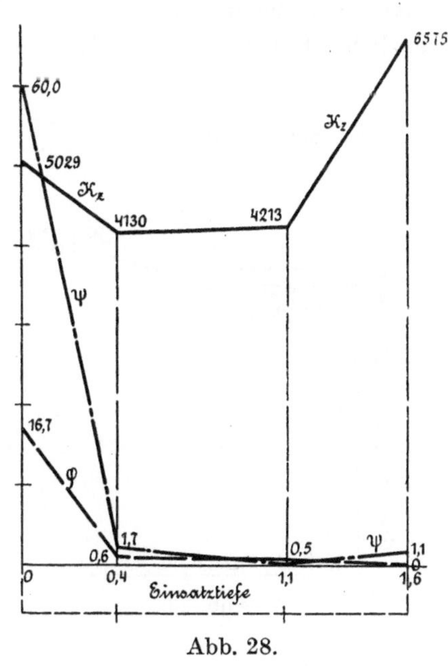

Abb. 28.

Abb. 28, die in gleicher Weise entstanden ist wie Abb. 26, zeigt, daß dies bei 1,6 mm Einsatztiefe erreicht worden ist. Sie läßt auch erkennen, wie außerordentlich klein die Werte von φ und ψ für die eingesetzten, gehärteten Stäbe sind. Entsprechend klein ist auch das Arbeitsvermögen solcher Stäbe, was darauf hindeutet, daß sie gegenüber stoßweiser Beanspruchung sehr wenig widerstandsfähig sein werden, obgleich das Kernmaterial große Zähigkeit besitzt.

Diese Eigenschaften gehen auch aus dem Aussehen der zerrissenen Stäbe hervor. Abb. 29 und 30, Taf. VI geben je eine Hälfte von solchen wieder, Abb. 32, Taf. VI zeigt eine Bruchfläche. In Abb. 31 ist ein bei 400° C geprüfter Stab abgebildet, der in der Einsatzschicht zahlreiche Risse enthält.

Die Dehnungszahl erfährt durch das Einsetzen keine nennenswerte Veränderung, wie aus folgender Zusammenstellung hervorgeht,

Einsatztiefe, mm	—	0,4	1,1	1,6
	Werte der Dehnungszahl α, Milliontel			
Material ausgeglüht	0,463	0,467	0,452	0,454
Material gehärtet und angelassen bei 200 ° C	0,456	0,462	0,465	0,455

Hiernach beeinflußt auch die Härtung den Wert von α nicht wesentlich. Dagegen ist dies für die Werte der bleibenden Dehnungen

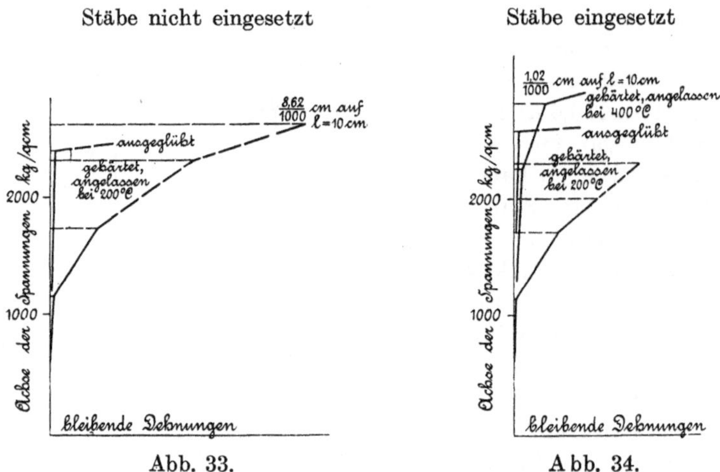

Abb. 33. Abb. 34.

in ausgeprägtem Maße der Fall, wie ein Blick auf Abb. 33, 34 und 35 zeigt. Sowohl bei den eingesetzten wie bei den nicht eingesetzten Stäben sind die bleibenden Dehnungen für die gehärteten und bei 200 ° C angelassenen Probekörper weit größer als für das stärker angelassene und für das ausgeglühte Material. Abb. 35 läßt erkennen, daß dies auch für Sondermaterial (Nickelstahl) zutrifft.

Hinsichtlich aller weiteren Einzelheiten, insbesondere des Verhaltens in höheren Wärmegraden — bei diesen ist die Anlaßwirkung zu beachten —, sowie bei Schlagversuchen muß auf das S. 186 angeführte Jahrbuch verwiesen werden. Dort ist auch über Versuche mit Nickel- oder Chromnickeleinsatzmaterial berichtet, sowie über die Eigenschaften eines hochwertigen Sonderstahles, der an Stelle von Einsatzmaterial zu verwenden ist, wenn größere Widerstandsfähigkeit gegenüber stoßweiser Beanspruchung angestrebt wird.

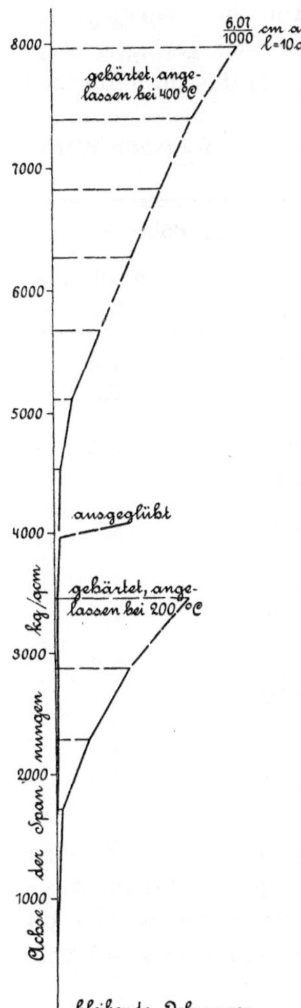

Abb. 35.

c) Kaltbearbeitung.

Von einer Stange kalt gezogenem Flußeisendraht, Stärke rund 8,5 mm, wurden 2 Abschnitte entnommen (1910). Der eine erfuhr Ausglühen, der andere verblieb im Anlieferungszustand. Bei den mit beiden Stäben vorgenommenen Zugversuchen ergaben sich die folgenden Werte.

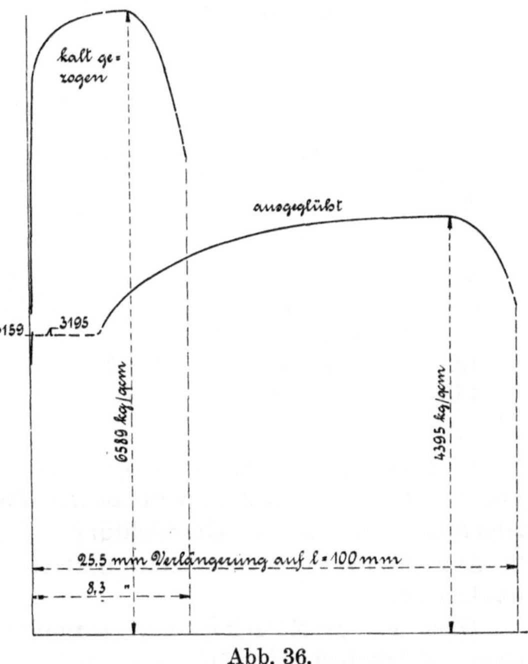

Abb. 36.

Material	Streckgrenze kg/qcm	Zugfestigkeit kg/qcm	Bruchdehnung auf 100 mm %	Querschnittsverminderung %	Arbeitsvermögen kgm/ccm
kaltgezogen	nicht deutlich ausgeprägt vorhanden	6589	8,8	46,4	3,3
ausgeglüht	3195 o. 3159 u.	4395	26,6	64,4	8,7

Die zugehörigen Dehnungslinien sind in Abb. 36 wiedergegeben. Wie ersichtlich, besitzt das ausgeglühte Material weit geringere Zugfestigkeit und bedeutend größere Bruchdehnung als das im gezogenen Zustand belassene Flußeisen.

Eigene Versuche mit Stahldraht (1916) ergaben folgende Werte.

Durchmesser	Kaltgezogen		Ausgeglüht	
	K_z	φ auf 100 mm	K_z	φ auf 100 mm
mm	kg/qcm	%	kg/qcm	%
1	24560	0,8	7848	7,5
1	24110	1,2	8608	7,0
1,5	21530	1,0	7345	5,5
1,5	23080	1,5	8814	5,6
2	18620	3,0	6688	8,7
2,5	18010	2,2	8859	7,1
2,5	18560	2,5	9409	7,7
3,0	17540	3,9	8062	8,2
3,0	17360	3,4	8840	8,5
4,0	16110	3,7	8274	6,0
4,0	17600	2,3	8473	7,0

Im allgemeinen wird zu erwägen sein, ob die mit dem Kaltziehen (überhaupt Kaltbearbeiten) verbundene Minderung der Zähigkeit — namentlich auch in der Querrichtung — zulässig erscheint oder ob die Anwendung des Vergütens (d. i. Härten und Anlassen s. o.) vorzuziehen ist.

Über den die Zähigkeit stark vermindernden Einfluß der Erwärmung kaltbearbeiteten Flußeisens auf 200 bis 400° C vgl. das S. 177, Fußbemerkung, Gesagte.

Der Einfluß der Versuchstemperatur auf Material, das nach Maßgabe des hier unter a und b Angeführten behandelt (vergütet) worden ist, wird durch besondere Untersuchungen festzustellen sein. Nach den bisher gewonnenen Ergebnissen kann dieser Einfluß recht bedeutend sein.

Abb. 1, § 11, S. 194.

Abb. 2, § 11, S. 194.

Abb. 6, § 11, S. 195, 200.

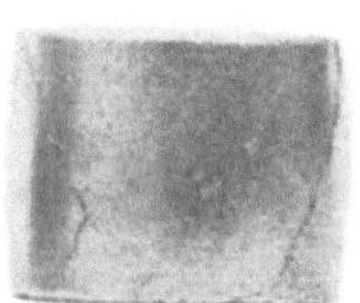

Abb. 3, § 11, S. 195.

Abb. 7, § 11, S. 196.

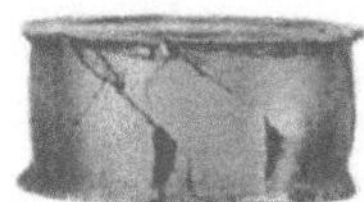
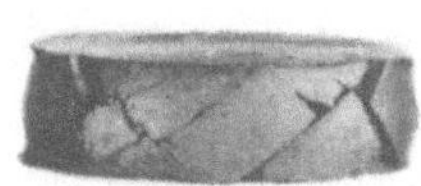

Abb. 8, § 11, S. 196.

Abb. 25, § 13, S. 217.

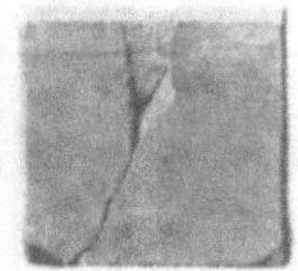
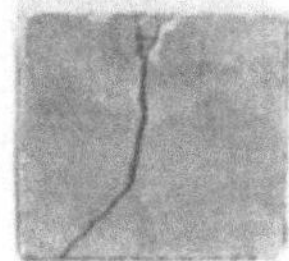

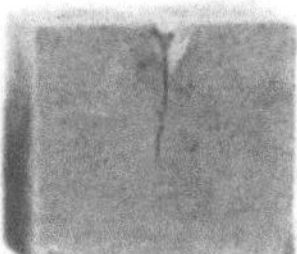

II. Druck.

Die auf den geraden stabförmigen Körper wirkenden äußeren Kräfte ergeben für jeden Querschnitt desselben eine Kraft, deren Richtungslinie in die Stabachse fällt, und die diese zu verkürzen strebt. Die Querschnittsabmessungen werden als so bedeutend vorausgesetzt, daß der Fall der Knickung (§ 23) nicht vorliegt.

§ 11. Formänderung. Druckfestigkeit.

Wie wir in § 1 und § 2 sahen, erfährt der Stab unter Einwirkung der Druckkraft gleichzeitig eine Zusammendrückung in Richtung der Achse und eine Vergrößerung der Querschnitte, eine Querausdehnung. Die Umkehrung der Spannungsrichtung hat auch eine Umkehrung der Formänderung zur Folge.

Dementsprechend werden für den auf Druck in Anspruch genommenen Körper die zur Beurteilung nötigen Beziehungen sich durch Umkehrung der im Bisherigen für Zugbeanspruchung aufgestellten Gleichungen gewinnen lassen, in welcher Beziehung auf § 12 zu verweisen ist.

Wir erhalten so — indem wir zum Teil früher Bemerktes wiederholen — die Größen:

negative Dehnung, d. i. die auf die Einheit der ursprünglichen Länge l bezogene Verkürzung,

Dehnungszahl gegenüber Druck, d. i. die Verkürzung eines Stabes von der ursprünglichen Länge 1 bei der Belastung von 1 Kilogramm auf die Flächenheinheit, oder kurz: die Verkürzung der Längeneinheit für das Kilogramm Pressung, und für den Fall, daß diese Zahl bis zu einer gewissen Pressung konstant ist, in der letzteren die

Proportionalitätsgrenze gegenüber Druck,

Elastizitätsgrenze gegenüber Druck, d. i. diejenige Druckspannung, bis zu der hin das Material sich als vollkommen oder doch als nahezu vollkommen elastisch erweist,

Fließ- oder Quetschgrenze, d. i. diejenige Druckspannung, bei der das Material beginnt, verhältnismäßig rasch nachzugeben, ohne daß Zerstörung eintritt.

Hinsichtlich dieser Größen gelten sinngemäß dieselben Bemerkungen, die in §§ 2 und 3 über sie für den Fall gemacht worden sind, daß es sich um Belastung durch eine Zugkraft handelt.

Wird die Belastung des in eine Prüfungsmaschine gespannten Prisma fortgesetzt gesteigert, so tritt schließlich der Augenblick ein, in dem der Widerstand des gedrückten Körpers aufhört, der Belastung das Gleichgewicht zu halten; der Widerstand erscheint überwunden: das Prima wird zerdrückt, d. h. mehr oder minder vollständig zertrümmert, wie z. B. harte Gesteine, oder es wird zerquetscht, d. h. sein Material weicht nach den Seiten aus, fließt seitlich ab, wie z. B. Blei. Streng genommen wird in beiden Fällen der Widerstand dadurch überwunden, daß das Material nach den Seiten ausweicht: im ersteren Falle erfolgt diese Ausweichung nach vorhergegangener oder gleichzeitiger Zertrümmerung, im letzteren dagegen behält der Stoff, weil er weich und bildsam ist, seinen Zusammenhang bei.

Beobachten wir einen dem Zerdrücken ausgesetzten Sandsteinwürfel, so sieht man bei normalem Verlaufe an den Mantelflächen Platten sich ablösen, die in der Mitte stärker sind als nach den in die Druckflächen verlaufenden Rändern hin. Im Innern dagegen bilden sich zwei pyramidale Bruchstücke aus, wie dies Abb. 1 auf Taf. VIII deutlich erkennen läßt; die Platten, die sich seitlich lösten, sind hierbei weggenommen. Man erkennt, wie das Material von den beiden Stirnflächen aus je in pyramidaler Form in das Innere gedrückt worden ist. (Vgl. auch § 13, Ziff. 2, a, D.) Werden die Druckplatten der Prüfungsmaschine einander noch weiter genähert, so pflegt sich der Zusammenhang der beiden Pyramiden durch Abschiebung zu lösen.

Ein dem Zerdrücken ausgesetzter Bleizylinder baucht sich zunächst aus, wie Abb. 2 auf Taf. VIII zeigt, und geht schließlich bei fortgesetzter Näherung der Druckplatten in eine immer dünner werdende Scheibe über. Ursprünglich besaß der wiedergegebene Zylinder einen Durchmesser und eine Höhe von je 80 mm; sein Material war durch 7 Parallelkreise in Abständen von je 10 mm und durch 25 senkrechte Gerade in Abständen von je $\frac{\pi 80}{25} = 10{,}05$ mm in 200 Quadrate eingeteilt. Abb. 2 stellt den Zylinder dar, nachdem er auf 64 mm, d. i. 0,8 seiner ursprünglichen Höhe, zusammengedrückt ist. Wie ersichtlich, haben sich die Höhen der beiden End- oder Stirnschichten am stärksten vermindert: von 10 mm auf 6,5 mm, d. h. um 35 % gegen 20 % durchschnittliche Verringerung, entsprechend einer Bewegung des Materials in das Innere des Körpers, von wo aus der Stoff nach dem Umfange zu ausweicht. Diese Einwärtsbewegung des Materials in der Richtung des Druckes ist offenbar in der Mitte der Druckfläche am stärksten und nimmt nach außen ab, infolgedessen erscheint auch die Druckverteilung über den Querschnitt — jedenfalls während des

Fließens — nicht mehr als gleichmäßig, sondern derart ungleichförmig, daß die Pressung von innen nach außen abnimmt[1]).

Abb. 3 auf Taf. IX und Abb. 4 geben einen Bleiwürfel wieder, der ursprünglich 80 mm Seitenlänge besaß, und dessen 6 Begrenzungsebenen je in 64 gleiche Quadrate eingeteilt worden waren. Abb. 3 zeigt den stark zusammengedrückten Körper und läßt deutlich die Figuren erkennen, in welche die kleinen Quadrate übergegangen sind, sowie den Umstand, daß auch hier die beiden Stirnschichten am meisten zusammengepreßt wurden, oder richtiger, daß deren Material zum Teil in das Innere gedrückt worden ist. Der Grundriß Abb. 4 gibt die eigentümliche Wölbung wieder, die die ursprünglich ebenen vier Seitenflächen bei der Zusammendrückung angenommen haben.

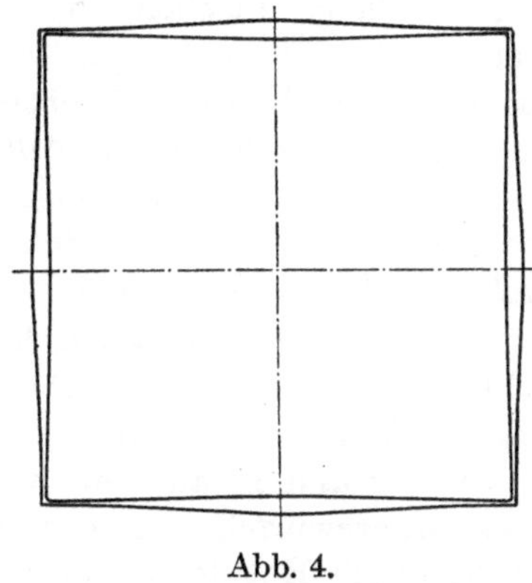
Abb. 4.

Abb. 5 zeigt einen Gummizylinder von ursprünglich 6,9 cm Durchmesser und 18 cm Höhe, welchen Abmessungen die gestrichelte Abbildung entspricht. Unter Einwirkung der Druckbelastung geht der Zylinder in die durch ausgezogene Linien dargestellte eigenartige Form über.

Die 3 in Abb. 6 auf Taf. IX dargestellten Bruchstücke gehören Gußeisenzylindern von verschiedener Höhe an. Auch hier ist zunächst eine Ausbauchung zu beobachten, die schließlich in Zerstörung übergeht. Die höheren Zylinder (40 mm bei 19,9 mm Durchmesser) schieben sich ab, die niederen (19,8 mm Höhe bei 19,8 mm Durchmesser) erfahren die aus der Abbildung ersichtliche eigenartige Zertrümmerung. (Vgl. § 13, Ziff. 1a.) Bemerkenswert erscheint, daß das Gußeisen, das beim Zugversuch nur sehr geringe Formänderungen aus-

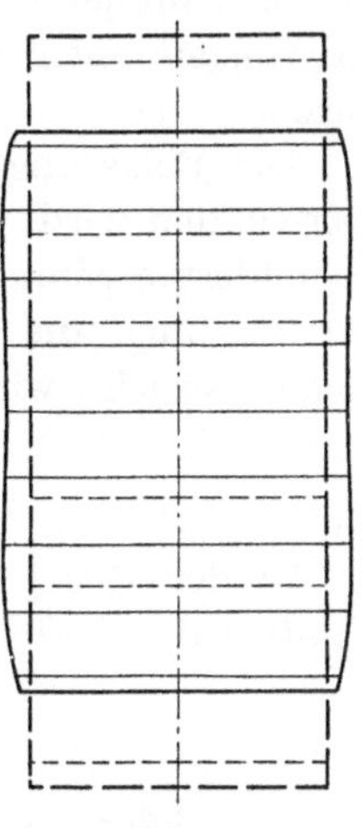
Abb. 5.

[1]) Dies hängt jedenfalls zu einem Teile zusammen mit dem Einfluß der Reibung zwischen Druckplatte der Versuchsmaschine und Stirnfläche des geprüften Körpers (vgl. § 14). Die obenerwähnte Druckverteilung zeigt sich auch bei dem Schmiermaterial, das sich zwischen Zapfen und Lagerschale befindet (vgl. Fußbemerkung S. 199).

hält, ehe es bricht, sich beim Druckversuch weniger spröde verhält, eine Folge des Umstandes, daß die Graphitteilchen, mit denen das Gußeisen durchsetzt ist, dem Druck gegenüber widerstandsfähiger sind, als dem Zug gegenüber. Die Zerstörung erfolgt schließlich durch Abschieben längs Flächen, die gegen die Druckrichtung geneigt sind (vgl. das in § 3 zu Abb. 2, Taf. I Bemerkte). Noch ausgeprägter ist das bei Lagermetall zu beobachten, bei dem sich in einem Fall ein Druckkegel ausbildete, wie Abb. 7, Taf. IX erkennen läßt.

Zähes Flußeisen in genügend kurzen Stücken verhält sich ähnlich wie Blei. Die Versuchszylinder nehmen faßartige Gestalt an, ohne daß eine Zerstörung eintritt.

Bei Schweißeisen läßt sich in der Regel Aufspalten in der Längsrichtung beobachten (vgl. Abb. 8, Taf. IX), eine Folge der geringeren Zugfestigkeit quer zur Walzrichtung.

Abb. 9 und 10 auf Taf. X stellen zwei verschiedene Seitenflächen eines Bronzewürfels dar, der, bevor er der Druckprobe unterworfen wurde, durch Hobeln mit ebenen Flächen versehen worden war. Die Gestaltung, die die Seitenflächen unter Einwirkung des Druckes gegen die Stirnflächen angenommen haben, ist eine eigenartige, die inneren Strukturverhältnisse nach außen übertragende und deshalb außerordentlich lehrreich. Der Umstand, daß die vom Hobelstahl herrührenden, ursprünglich genau wagrechten, also parallel zu den Stirnflächen laufenden Striche noch deutlich zu sehen sind, läßt die Formänderungen noch deutlicher hervortreten, als es sonst der Fall sein würde.

Die Belastung, bei der der Widerstand des gedrückten Körpers überwunden wird, dieser also der Zertrümmerung verfällt oder in dem geschilderten Sinne nach der Seite abfließt, heißt Bruchbelastung. Die Pressung, die dieser Belastung, die mit P_{max} bezeichnet werden mag, entspricht, wird Druckfestigkeit genannt. Dieselbe ist hiernach

$$K = \frac{\text{Bruchbelastung}}{\text{Stabquerschnitt}}.$$

In der Regel pflegt man als Nenner den ursprünglichen Querschnitt f des Stabes in die Rechnung einzuführen und erhält dann in

$$K = \frac{P_{max}}{f} \quad \text{. . . . . 1)}$$

die Druckfestigkeit, bezogen auf den ursprünglichen Stabquerschnitt (vgl. das in § 3 über die Zugfestigkeit Bemerkte).

Wie aus dem Späteren sich ergibt, ist die so ermittelte Druckfestigkeit abhängig von der Höhe des gedrückten Körpers, derart, daß sie abnimmt mit zunehmender Höhe desselben. In der großen Mehrzahl der Fälle wird das Material der Druckprobe in Form von

Würfeln unterworfen, weshalb man die hierbei ermittelte Druckfestigkeit auch als „Würfelfestigkeit" bezeichnet, falls es zur Vermeidung von Mißverständnis geboten erscheint, das hervorzuheben. Wird die Druckfestigkeit an Körpern von großer Höhe bestimmt, was z. B. dann ein Bedürfnis ist, wenn das Material in Form von Säulen Verwendung finden soll, so kann nach dem Vorschlage des Verfassers von „Prismen-" oder „Säulenfestigkeit" gesprochen werden (vgl. S. 208 u. f.). Wo von Druckfestigkeit schlechthin die Rede ist, darf man annehmen, daß die an Würfeln oder an Zylindern, deren Höhe gleich dem Durchmesser, ermittelte gemeint ist.

Wenn für ein Material das Verhältnis der Säulenfestigkeit zur Würfelfestigkeit zutreffend angegeben werden soll, so muß daran festgehalten werden, daß es sich um das Verhältnis der Druckfestigkeiten zweier Körper handelt, die sich nur durch ihre Höhe voneinander unterscheiden dürfen. Hiergegen wird häufig gefehlt (vgl. „Armierter Beton", Heft 7 und 8, 1916).

Körper aus Materialien, die unter Einwirkung der Druckbelastung nach der Seite ausweichen, ohne daß hierbei eine Zerstörung eintritt, vergrößern ihren Querschnitt; infolgedessen wächst die zu weiterer Zusammendrückung erforderliche Kraft. In solchen Fällen ist es unzulässig, die am Ende einer weitgetriebenen Zusammendrückung beobachtete Kraft P_{max} durch den ursprünglichen Querschnitt zu dividieren und in diesem Quotienten ein Maß der Widerstandsfähigkeit des Materials erblicken zu wollen.

Diese erscheint gegenüber den Zwecken der Konstruktion erschöpft, sobald das Abfließen nach der Seite beginnt; die Druckfestigkeit ist dann die Fließ- oder Quetschgrenze.

§ 12. Gleichungen der Druckelastizität und Druckfestigkeit.

1. Es bedeuten für den **prismatischen Stab**

P die auf Druck wirkende Kraft,

f die Größe des ursprünglichen Querschnitts,

l die Länge des Stabes vor Einwirkung der Kraft,

λ die Verkürzung, die der Stab durch P erfährt,

$-\varepsilon = \frac{\lambda}{l}$ die negative Dehnung, d. i. die verhältnismäßige Zusammendrückung oder Verkürzung,

α die Dehnungszahl gegenüber Druckbeanspruchung, d. i. die Verkürzung der Längeneinheit für das Kilogramm Spannung,

$-\sigma$ die Spannung, die mit der Dehnung $-\varepsilon$ verknüpft ist, also durch P hervorgerufen wird,

k die zulässige Anstrengung des Materials gegenüber Druckbeanspruchung.

Dann gilt

$$P = -\sigma f \quad \ldots\ldots\ldots\ldots \quad 1)$$

$$P \leqq k f \quad \ldots\ldots\ldots\ldots \quad 2)$$

$$\lambda = -\alpha l \sigma = \alpha l \frac{P}{f} \quad \ldots\ldots\ldots \quad 3)$$

2. Für einen gedrückten **Stab mit veränderlichem Querschnitt,** entsprechend der Abb. 1 in § 6, jedoch mit auf Verkürzung hinwirkender Kraft P, gelangt man bei Benutzung der daselbst eingeführten Größen f_0 und x zu den Beziehungen

$$P \leqq k f_0 \quad \ldots\ldots\ldots\ldots \quad 4)$$

$$\lambda = P \int_0^l \alpha \frac{dx}{f} \quad \ldots\ldots\ldots\ldots \quad 5)$$

Die Voraussetzungen, die diesen Gleichungen zugrunde liegen, sind:

1. Die äußeren Kräfte ergeben für jeden Querschnitt nur eine in die Stabachse fallende Druckkraft.
2. Auf die Stirnflächen des Stabes wirken nur senkrecht gegen dieselben gerichtete Kräfte.
3. Auf die Mantelfläche des Stabes wirken Kräfte nicht.
4. Der Einfluß des Eigengewichtes des Körpers kommt nicht in Betracht.
5. Die Abmessungen des Querschnittes sind so bedeutend, daß der Fall der Knickung (§ 23) nicht vorliegt.
6. Die Dehnungen und Spannungen sind in allen Punkten des beliebigen Querschnittes gleich groß. (Gleichmäßige Verteilung der Druckkraft über den Querschnitt.)
7. Die Form des Querschnittes ist gleichgültig (vgl. § 13, 1, *h*, S. 209).
8. Sofern nur die Voraussetzung 5 erfüllt wird, ist die Länge oder Höhe des Stabes ohne Einfluß.

§ 13. Druckversuche.
Einfluß der Gestalt des Körpers auf die Druckfestigkeit.

Der Probekörper muß so in die Prüfungsmaschine eingespannt werden, daß die Druckkraft sich möglichst gleichmäßig über den Querschnitt verteilt. Zur Erfüllung dieser Bedingung werden die beiden Druckplatten der Einspannvorrichtung möglichst leicht beweglich angeordnet (kugelige Lagerung, vgl. § 8, Abb. 5); außerdem werden die Probekörper je mit zwei möglichst genau parallelen ebenen Druckflächen (durch Hobeln — erforderlichenfalls mit Diamant — oder durch Abdrehen auf der Planscheibe, durch Schleifen usw.) versehen. Das zuweilen noch gebrauchte Verfahren, die Befriedigung der letzteren Forderung dadurch zu umgehen, daß zwischen Druckplatte und Probekörper nachgiebige Scheiben, wie z. B. Bleiplatten, gelegt werden, erscheint unzulässig. Dieses bildsame, unter der hohen Pressung wie dicke Flüssigkeit sich verhaltende Material wird bei Probekörpern aus einigermaßen festen und dichten Stoffen wie Eisen, Basalt u. dgl. herausgequetscht, also nicht nur nichts nützen, sondern vielmehr zu einer ungleichmäßigen Verteilung des Druckes über die Stirnfläche Veranlassung geben[1]), bei Probekörpern aus porösen oder Vertiefungen besitzenden Steinen u. dgl. überdies in die Poren sowie Vertiefungen eindringen und auf Sprengung hinwirken, also zu dem Vorgange des Zerdrückens andere Wirkungen hinzufügen.

Die in § 11 besprochenen Erscheinungen beim Zerdrücken der Körper treten in der geschilderten Reinheit nur dann auf, wenn die Probewürfel mit ihren parallelen, ebenen Stirnflächen gleichmäßig und unmittelbar an den Druckplatten anliegen.

Die in den §§ 11 und 12 enthaltenenen Gleichungen lassen die Gestalt des Körpers gleichgültig erscheinen, sofern nur nicht der Fall der Knickung (§ 23) vorliegt. Tatsächlich entspricht dies jedoch nicht der Wirklichkeit: die Querschnittsform ist nicht ganz gleichgültig, ganz besonders aber beeinflußt die Höhe des Körpers dessen Druckfestigkeit, wobei die in § 14 erörterte Hinderung der Querdehnung an den Stirnflächen einflußnehmend auftritt. In dieser Beziehung geben die nachstehenden Versuchsergebnisse deutlich Auskunft.

---

[1]) Vergleiche in dieser Hinsicht die Ergebnisse der Versuche von Tower, betreffend die Verteilung des Zapfendrucks bei geschmierten Traglagern über die Länge des Zapfens. Die Pressung nimmt von der Mitte des Zapfens nach den Stirnflächen hin ab, zuerst langsam und später ziemlich rasch. (S. des Verfassers Maschinenelemente im vierten Abschnitt unter „2. Tragzapfen", 2. (1892) bis 12. (1922) Auflage.)

Vergleiche ferner im Zentralblatt der Bauverwaltung 1899, S. 590 und 591; sowie 1900, S. 402 und 403 die Darlegungen in der Frage der Verwendung weicher Körper oder von Schmiermaterial zwischen Druckplatte und Versuchskörper, sowie die S. 182 erwähnte Arbeit von Stribeck.

1. Die Belastung trifft die ganze Stirnfläche des Probekörpers.

a) Eigene Versuche mit Gußeisen (1884).

Zylinder aus einem und demselben Gußeisen-Rundstab, der bei 2,00 cm Durchmesser (bearbeitet) eine Zugfestigkeit von 1860 kg/qcm ergeben hatte.

Die Zahlen sind das Mittel aus je 3 Versuchen.

Versuchsreihe	Höhe cm	Durchmesser cm	Querschnitt qcm	Druckfestigkeit nach Gl. 1, § 11 kg/qcm
1	4,00	1,99	3,11	7232
2	1,98	1,98	3,08	7500
3	1,00	1,99	3,11	8579

Die Druckfestigkeit wächst hiernach mit abnehmender Höhe der Versuchskörper, in der Hauptsache eine Folge der in § 14 erörterten Hinderung der Querdehnung an den Stirnflächen, die gegen die beiden Platten der Versuchsmaschine gepreßt werden, also nicht einer Eigenschaft des Materials an sich.

Sie beträgt für den Fall, daß die Höhe des Zylinders gleich dem Durchmesser desselben ist, das

$$\frac{7500}{1860} = \sim 4\text{fache}$$

der Zugfestigkeit.

Bei den Versuchsreihen 1 und 2 erhaltene Bruchstücke sind in Abb. 6, Taf. IX, dargestellt.

Weitere Versuche mit Gußeisen s. S. 204 u. f.

Bei dem hochwertigen Gußeisen, das in § 22 unter 2 mit B_2 bezeichnet ist, fand sich für Kreiszylinder von 2 cm Durchmesser und 2 cm Höhe

1. Druckfestigkeit $= (8710 + 8714 + 8762) : 3 = 8728$ kg/qcm
   $= 8728 : 2535 = 3{,}44 \cdot$ Zugfestigkeit.

2. Druckfestigkeit $= (8133 + 8101 + 8048) : 3 = 8094$ kg/qcm
   $= 8094 : 2334 = 3{,}46 \cdot$ Zugfestigkeit.

3. Druckfestigkeit $= (8032 + 8127 + 8035) : 3 = 8065$ kg/qcm
   $= 8065 : 2261 = 3{,}57 \cdot$ Zugfestigkeit.

Abb. 9, § 11, S. 196.

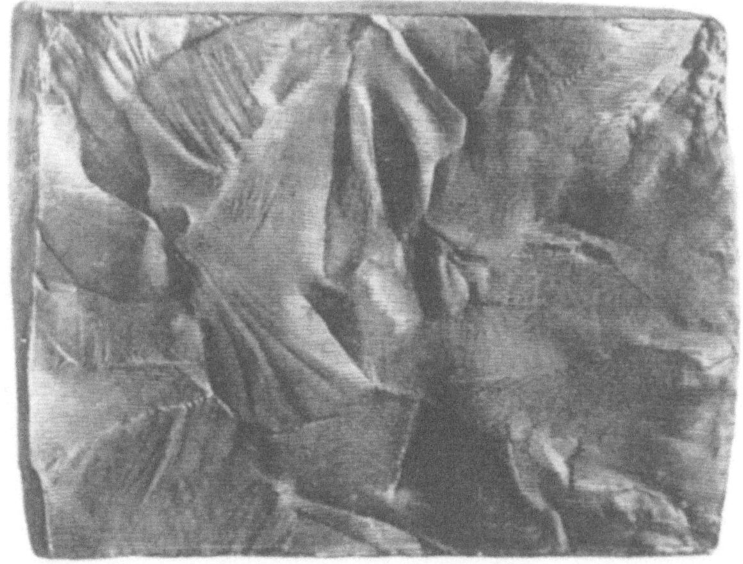

Abb. 10, § 11, S. 196.

Prismen von kreisförmigem und von quadratischem Querschnitt aus einem und demselben Gußeisen-Rundstab, dessen Zugfestigkeit zu 2082 kg/qcm ermittelt worden war.

Querschnittsform	Durchmesser	Quadratseite	Höhe	Querschnitt	Druckfestigkeit nach Gl. 1, § 11
	cm	cm	cm	cm	kg/qcm
○	1,70	—	1,70	2,27	7771
□	—	1,70	1,70	2,89	7509

Die Druckfestigkeit ergibt sich demnach für den kreisförmigen Querschnitt etwas größer als für den quadratischen. Der Unterschied ist jedoch nicht bedeutend: 3,5 %.

b) Versuche von Bauschinger mit Sandstein.
(Mitteilungen aus dem mechanisch-technischen Laboratorium der Königl. polytechnischen Schule in München. 6. Heft. München 1876.)

Bauschinger stellte auf Grund der Ergebnisse seiner eigenen Versuche (s. S. 202 u. f.) und derjenigen anderer für die Druckfestigkeit die Gleichung

$$K = \left(\alpha + \beta \frac{\sqrt{f}}{h}\right) \sqrt{\frac{\sqrt{f}}{\frac{u}{4}}} \quad \ldots\ldots\ldots \quad 1)$$

auf, gültig für Prismen, bei denen

$$h \leqq 5\,a, \text{ sofern } a^2 = f, \text{ d. i. } a = \sqrt{f}.$$

Hierin bedeutet

f den Querschnitt des Prisma in qcm,
u den Umfang dieses Querschnittes in cm,
h die Höhe des Prisma in cm,
K die Bruchbelastung in kg/qcm,
α und β Zahlenwerte, die von der Art des Materials abhängen.

Bauschinger hält übrigens die einfachere Gleichung

$$K = \left(\alpha + \beta \frac{\sqrt{f}}{h}\right) \frac{\sqrt{f}}{\frac{u}{4}} \quad \ldots\ldots\ldots \quad 2)$$

für ausreichend: nur wenn die Ergebnisse der Versuche von Rondelet und Vicat einbezogen werden sollen, erscheint es nötig, auf Gleichung 1 zurückzugreifen.

A. Prismen von rechteckigem Querschnitt, hergestellt aus einer und derselben Platte von sehr feinem graublauem Schweizer Sandstein.

Druckrichtung senkrecht zum Lager.

Nr.	Seite a cm	Seite b cm	Höhe h cm	Querschnitt ab qcm	Druckfestigkeit K in kg/qcm	
					beobachtet Gl. 1, § 11	berechnet nach Gl. 3, § 13
1	2	3	4	5	6	7
1	9,95	9,85	9,6	98,01	680	666
2	10,0	9,85	9,7	98,50	685	663
3	6,0	5,85	5,7	35,10	670	670
4	5,2	5,2	5,05	27,04	690	666
5	4,8	4,7	1,1	22,56	1950	1805
6	5,0	4,6	1,1	23,00	1910	1818
7	4,4	9,7	1,1	42,68	2140	2273

Die Versuche Nr. 1 bis 4 sind angestellt mit Prismen, deren Querschnitt als quadratisch angesehen werden darf, und deren Höhe angenähert gleich der Seite des Quadrates ist. Die Werte der Spalte 6 für diese 4 Versuche lassen erkennen, daß Würfel von verschiedener Größe, jedoch aus gleichem Material hergestellt, die gleiche Druckfestigkeit besitzen.

Die Versuche Nr. 5 und 6 beziehen sich auf Prismen mit angenähert quadratischem Querschnitt und einer Höhe, die weit kleiner ist als die Querschnittsabmessungen. Die Zahlen in der Spalte 6 lehren, daß die Druckfestigkeit unter sonst gleichen Verhältnissen mit abnehmender Höhe wächst, mit zunehmender Höhe sich vermindert.

Das Ergebnis des Versuches Nr. 7, verglichen mit den Ergebnissen, die für Nr. 5 und 6 erlangt wurden, zeigt, daß die Druckfestigkeit bei gleicher Höhe mit wachsender Grundfläche, d. i. mit verhältnismäßiger Abnahme der Höhe, zunimmt.

Aus 18 derartigen Versuchen (Tab. III, S. 10 der Mitteilungen), wobei die Höhe h die Länge der Seiten nicht überschreitet, berechnen sich die Größen α und β der Gleichung 1 zu $\alpha = 310$ und $\beta = 346$, so daß diese übergeht in

$$K = \left(310 + 346 \frac{\sqrt{f}}{h}\right) \sqrt{\frac{\sqrt{f}}{\frac{u}{4}}} \quad . \quad . \quad . \quad . \quad . \quad . \quad . \quad 3)$$

Die Übereinstimmung der hieraus ermittelten und in Spalte 7 eingetragenen Werte mit den beobachteten (Spalte 6) ist eine recht gute.

B. Prismen wie unter A.

Druckrichtung parallel zum Lager.

Nr.	Seite a cm	Seite b cm	Höhe h cm	Querschnitt ab qcm	Druckfestigkeit K in kg/qcm beobachtet Gl. 1, § 11	berechnet nach Gl. 4, § 13
1	2	3	4	5	6	7
1	10,0	9,9	29,5	99	444	371
2	10,0	9,8	9,7	98	602	588
3	6,6	6,5	4,75	42,9	676	684
4	4,8	4,6	1,4	22,08	1540	1337
5	4,7	10,0	1,4	47,00	1850	1767

Aus 17 derartigen Versuchen (Tab. II, S. 9 der Mitteilungen), wobei die Höhe h die Querschnittsabmessungen bedeutend überschreitet, ergibt sich $\alpha = 262$ und $\beta = 320$, also

$$K = \left(262 + 320 \frac{\sqrt{f}}{h}\right) \sqrt{\frac{\sqrt{f}}{\frac{u}{4}}} \quad \ldots \ldots \ldots \quad 4)$$

C. Prismen von kreisförmigem und von rechteckigem Querschnitt, hergestellt aus feinkörnigem gelbem Buntsandstein (Heilbronn).

Aus 18 solchen Versuchen (Tab. V, S. 11 der Mitteilungen) wird unter Anwendung der Methode der kleinsten Quadrate zur Bestimmung der Werte α und β in Gleichung 1 erhalten

für die rechteckigen Prismen:

$$K = \left(347 + 121 \frac{\sqrt{f}}{h}\right) \sqrt{\frac{\sqrt{f}}{\frac{u}{4}}} \quad \ldots \ldots \ldots \quad 5)$$

für die Kreiszylinder:

$$K = \left(369 + 115 \frac{\sqrt{f}}{h}\right) \sqrt{\frac{\sqrt{f}}{\frac{u}{4}}} \quad \ldots \ldots \ldots \quad 6)$$

für sämtliche Prismen:

$$K = \left(358 + 118 \frac{\sqrt{f}}{h}\right) \sqrt{\frac{\sqrt{f}}{\frac{u}{4}}} \quad \ldots \ldots \ldots \quad 7)$$

Im ganzen erweist sich hiernach der Einfluß der Querschnittsform auf die Festigkeit kurzer Prismen — im Gegensatz zu demjenigen der Höhe als nicht bedeutend.

Druckrichtung parallel zum Lager.

Nr.	Querschnittsform	Durchmesser d cm	Seite a cm	Seite b cm	Höhe h cm	Querschnitt $\frac{\pi}{4} d^2$ bzw. $a\,b$ qcm	Druckfestigkeit in kg/qcm beobachtet Gl. 1, § 11	berechnet Gl. 5 bzw. 6	berechnet Gl. 7
1	2	3	4	5	6	7	8	9	10
1	□	—	9,25	9,18	36,3	84,91	381	377	387
2	○	9,2	—	—	36,25	66,47	451	418	407
3	□	—	9,05	9,17	12,45	82,99	440	436	444
4	○	9,22	—	—	12,20	66,76	463	473	473
5	□	—	9,20	9,22	2,73	84,82	790	754	755
6	○	9,15	—	—	2,90	65,75	806	733	729

Der Vergleich der Ergebnisse für 1 und 2, 3 und 4, 5 und 6 zeigt die Druckfestigkeit bei kreisförmigem Querschnitt größer als bei quadratischem, und zwar um 15% bzw. 5% bzw. 2%.

c) Eigene Versuche zur Prüfung der Gleichungen 1 und 2 (1910).

Gußeisen, je 3 Versuchskörper.

Durchmesser	2,8	2,8	2,8	2,8	2,8	cm
Höhe	1,0	2,8	4,0	6,0	15,0	„
Druckfestigkeit nach Gl. 1, § 11	8528	6911	6621	6512	6216	kg/qcm
	8585	6956	6789	6537	6208	„
	8325	7065	6732	6325	6166	„
Durchschnitt	8479	6977	6714	6458	6197	„
Gleichung 1 liefert mit $\alpha = 5700$ u. $\beta = 920$	8479	6921	6661	6458	6216	„
Gleichung 2 liefert mit $\alpha = 5365$ u. $\beta = 867$	8481	6920	6661	6458	6215	„

Hiernach ergibt bereits Gleichung 2 eine sehr gute Übereinstimmung mit den Versuchswerten. In Abb. 1 ist die Kurve nach Gleichung 2 (mit $\alpha = 5365$, $\beta = 867$, $\sqrt{f} = 2{,}4814$, $\frac{u}{4} = 2{,}1991$) dargestellt. Die eingetragenen Punkte entsprechen den Einzelwerten der Versuche.

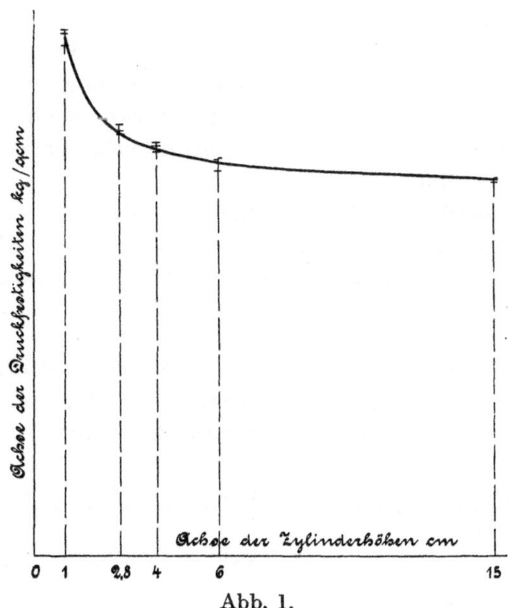

Abb. 1.

Das S. 209 besprochene Verhältnis der Säulenfestigkeit zur Würfelfestigkeit (vgl. S. 197) findet sich bei Zugrundelegung der Werte für den 2,8 cm und den 15 cm hohen Körper (15 : 2,8 = 5,36) zu 6197 : 6977 = 0,89.

d) Eigene Versuche mit Blei (1884).

Zylinder aus einem und demselben Gußbleikörper durch Drehen hergestellt.

Nr.	Höhe cm	Durchmesser cm	Querschnitt qcm	Raumgewicht	Belastung in kg/qcm, bei der das Material	
					noch nicht ausweicht	ausweicht, d. h. seitlich abfließt
1	7,05	3,525	9,76	11,37	46	51
2	3,47	3,53	9,79	11,36	59	69
3	1,01	3,48	9,51	11,35	105	126

Hiernach steigt bei nahezu gleichem Durchmesser von rund 3,5 cm die Belastung, die das Blei erträgt, ohne nach der Seite auszuweichen von 46 kg/qcm auf 105 kg/qcm, wenn die Höhe des Zylinders von 7,05 cm auf 1,01 cm vermindert wird.

Gußblei in Würfeln von rund 8 cm Seitenlänge ertrug Belastung von 50 kg/qcm; mit 72 kg/qcm belastet, wich dasselbe fortgesetzt, wenn auch sehr langsam aus.

Gußblei in Form von Scheiben, deren Durchmesser 16 cm und deren Stärke 1,5 cm, vertrug eine Belastung von 100 kg/qcm; bei 150 kg/qcm wich das Material sehr langsam nach der Seite aus.

Weichwalzblei in Form von Scheiben verhielt sich nicht wesentlich anders als Gußblei.

Aus den angeführten Zahlen erhellt deutlich die Zunahme der Druckfestigkeit bei Abnahme der Höhe der Bleikörper.

(S. auch Zeitschrift des Vereines deutscher Ingenieure 1885, S. 629 u. f.)

e) Eigener Versuch mit Kupfer (1910).

Ein Zylinder aus geglühtem Kupfer von 10,0 mm Durchmesser und 15,00 mm Höhe wurde der Druckprobe unterworfen und dabei

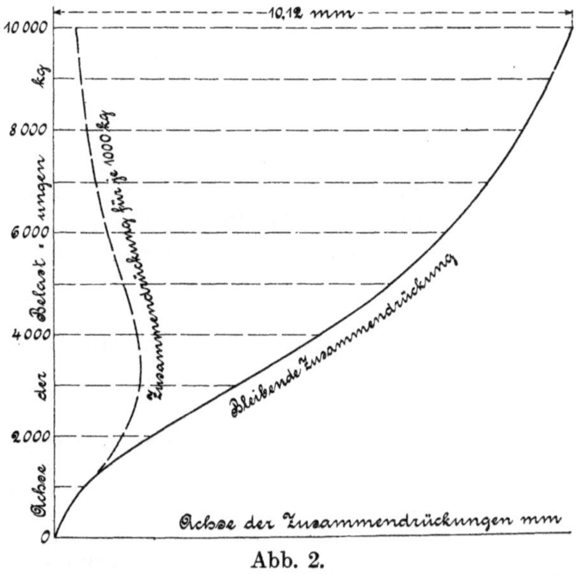

Abb. 2.

bestimmt 1. die wirkende Kraft, 2. die bleibende Zusammendrückung des Zylinders, nachdem die Lasten von 1000, 2000, 3000 kg usf. je 30 Sekunden lang gewirkt hatten, 3. der Durchmesser des Zylinders in der Mitte der eingetretenen Ausbauchung. Die Ergebnisse sind in Abb. 2 zeichnerisch dargestellt; gestrichelt ist in dieser die Linie der bleibenden Zusammendrückungen für je 1000 kg eingezeichnet. Diese nehmen zunächst infolge der stärkeren Nachgiebigkeit des Kupfers zu, später jedoch ab, weil der Durchmesser des Zylinders stark gewachsen ist.

Belastung kg	Höhe des Zylinders mm	Bleibende Zusammen-drückung mm	Zunahme der bleibenden Zusammen-drückung für 1000 kg mm	Größter Durchmesser des Zylinders mm
0	15,00	—		10,0
1000	—	—	0,59	
0	14,41	0,59		
2000	—	—	1,32	
0	13,09	1,91		
3000	—	—	1,68	
0	11,41	3,59		
4000	—	—	1,64	
0	9,77	5,23		
5000	—	—	1,36	
0	8,41	6,59		
6000	—	—	1,05	
0	7,36	7,64		14,5
7000	—	—	0,85	
0	6,51	8,49		
8000	—	—	0,66	
0	5,85	9,15		
9000	—	—	0,54	
0	5,31	9,69		
10000	—	—	0,43	
0	4,88	10,12		18,0

f) Eigene Versuche mit Holz (1910).

a) Würfel aus Buchenholz (Raumgewicht 0,66) in Richtung der Fasern gedrückt. Die Druckfestigkeit ergab sich zu 499 kg/qcm. Das Aussehen des Körpers nach der Prüfung zeigt Abb. 3, Taf. XI. Die einzelnen Fasern sind örtlich ausgeknickt.

b) Würfel aus Tannenholz (Raumgewicht 0,46), in Richtung der Fasern gedrückt. Die Druckfestigkeit ergab sich zu 459 kg/qcm. Abb. 4, Taf. XI, zeigt den Körper nach der Prüfung. Auch hier sind die einzelnen Fasern ausgeknickt. Außerdem ist Spaltung eingetreten infolge der geringen Festigkeit in Richtung quer zur Faser.

c) Würfel aus Buchenholz (Raumgewicht 0,77), quer zur Richtung der Fasern gedrückt. Die Druckfestigkeit ergab sich zu 144 kg/qcm. Abb. 5, Taf. XI, zeigt den Körper nach der Prüfung und läßt die längs den Jahresringen eingetretene Verschiebung erkennen.

Weitere Versuchsergebnisse und Zahlenwerte für die häufig zur Verwendung gelangenden Hölzer s. Mitteilungen über Forschungsarbeiten Heft 131 und Heft 231, sowie „Festigkeitseigenschaften und Gefügebilder", Abschnitt XII.

g) Eigene Versuche mit Beton (1913).

Betonkörper quadratischen Querschnitts von $a = 32$ cm Seite und in Höhen von $h = 16$ bis 384 cm, somit $h:a = 0{,}5$ bis 12, wurden im Alter von 45 Tagen senkrecht stehend, zwischen oben und unten

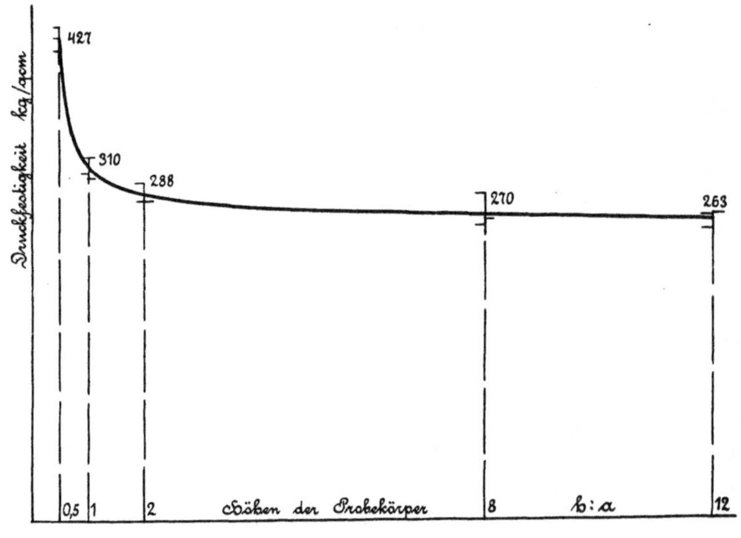

Abb. 6.

kugelig gelagerten Druckplatten der Druckprobe unterworfen. Sie ergaben — ohne daß bei den hohen Körpern der Fall des Ausknickens eintrat —

bei der Körperhöhe h =	16	32	64	256	384 cm
die Druckfestigkeiten	416	302	283	288	266 kg/qcm
	427	306	283	258	268 „
	438	321	299	265	254 „
Mittel	427	310	288	270	263 kg/qcm
für $h:a$	0,5	1	2	8	12

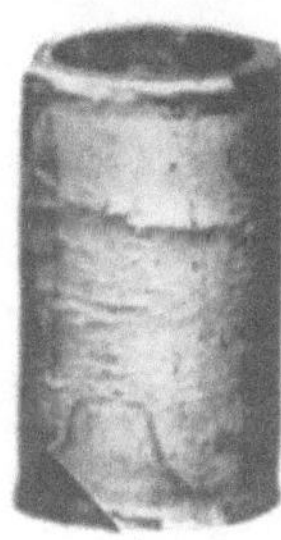

Abb. 18,

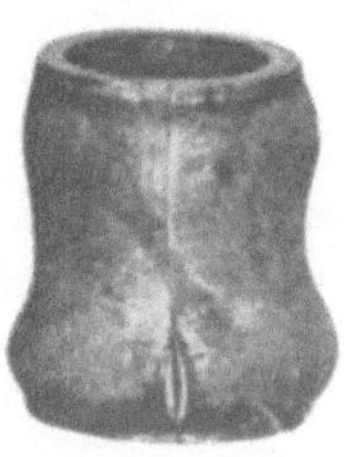

Abb. 19.
§ 13, S. 213.

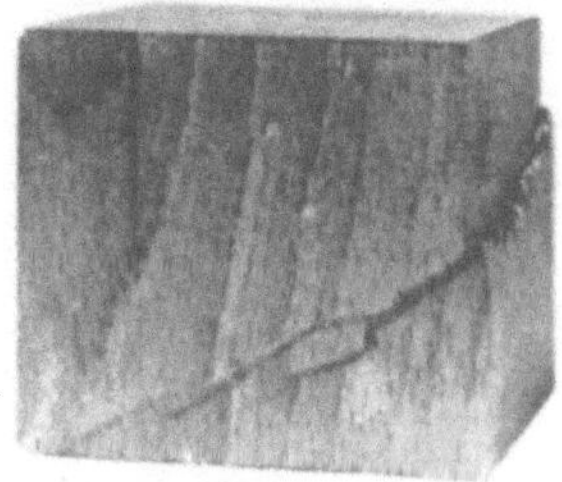

Abb. 3, § 13, S. 207.

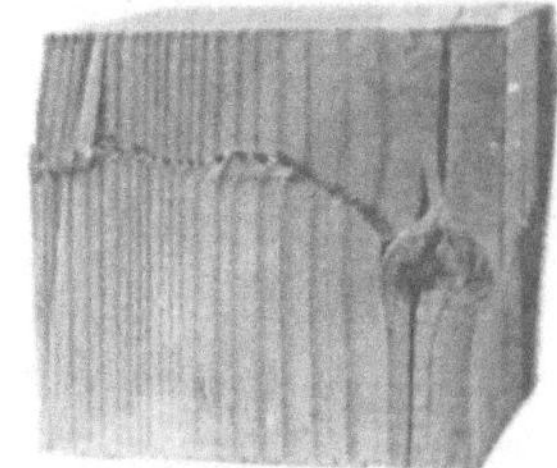

Abb. 4, § 13, S. 207.

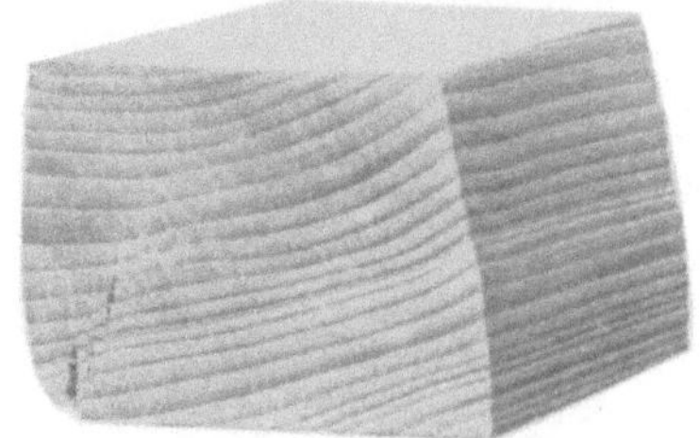

Abb. 5, § 13, S. 208.

Abb. 7, § 13, S. 209.

Abb. 8, § 13, S. 209.

Werden zu den Werten von h (oder $h:a$) als wagrechten Abszissen die zugehörigen Druckfestigkeiten als senkrechte Ordinaten aufgetragen, so findet sich mit den Mittelwerten in Abb. 6 die ausgezogene Linie; die Einzelwerte sind gleichfalls eingetragen.

Die Linie verläuft ganz ähnlich wie diejenige in Abb. 1, gültig für Gußeisen.

Das Verhältnis der Säulenfestigkeit zur Würfelfestigkeit ergibt

sich für	$h = 8\,a$	$h = 12\,a$
zu	0,87	0,85

infolgedessen bei sorgfältiger Herstellung des Betons man ausreichend sicher gehen wird, wenn die Säulenfestigkeit zu 0,8 der Würfelfestigkeit angenommen wird. (Näheres s. Deutsche Bauzeitung, Mitteilungen über Zement, Beton- und Eisenbetonbau 1914, Nr. 5.)

h) Eigene Versuche mit dünnwandigen Hohlzylindern aus Flußeisen (1910).

Wird ein Rohr in Richtung seiner Achse gedrückt, so treten bei nicht zu kurzer Länge des Rohres wellenförmige Wülste auf, die sich zuerst in der Nähe der Rohrenden bilden (vgl. Abb. 7 und 8, Taf. XI); die Rohrwand knickt hier aus. Diese Erscheinung läßt sich der Anschauung näher bringen, wenn man sich das Rohr der Länge nach durch Einschnitte von beiden Enden her in einzelne schmale Streifen, deren Querschnitt Ringsektorenform besitzt, zerlegt denkt, auf die je eine Druckkraft wirkt. Jeder dieser Streifen hat das Bestreben, auszuknicken, dem der in Wirklichkeit vorhandene Zusammenhang mit dem Nachbarmaterial entgegenwirkt. Daß das Ausknicken in der Nähe der Enden zuerst erfolgt, hat seinen Grund in der größeren Nachgiebigkeit der Streifenenden an den Stirnflächen. Die Länge, auf die die Ausbauchung der Rohrwand eintritt, hängt ab von der Wirksamkeit der Versteifung durch den seitlichen Materialzusammenhang (d. h. vom Rohrdurchmesser) und von der Wandstärke; dieselben Größen beeinflussen auch die Widerstandsfähigkeit gegen Druck.

Zum Zwecke der Ermittlung dieser Widerstandsfähigkeit wurden aus Flußeisen von etwa 4800 kg/qcm Zugfestigkeit Hohlzylinder von 34 mm mittlerem Durchmesser bei verschiedenen Wandstärken hergestellt und in der aus Abb. 9, S. 211, ersichtlichen Weise der Druckprobe unterworfen, wobei sich der Druck auf den mittleren Kreis von 34 mm Durchmesser überträgt. Die Versuche mit den 50 mm hohen Zylindern ergaben die in der folgenden Zahlentafel enthaltenen und in Abb. 10 eingetragenen Werte. (Körper mit 100 und 150 mm Höhe lieferten fast genau dieselben Festigkeiten.)

Äußerer Durchmesser D	Wandstärke s	Querschnitt $f = \pi (D - s)s$	Belastung, bei welcher die Quetschgrenze des Materials erreicht ist (Belastung hört vorübergehend auf zu steigen)		die Widerstandsfähigkeit des Rohres gegenüber Druck endgültig erschöpft ist (vgl. Abb. 8, Taf. XI)	
cm	cm	qcm	P_q kg	$P_q : f$ kg/qcm	P kg	$P : f$ kg/qcm
3,89	0,50	5,325	15000	2817	36480	6851
3,89	0,50	5,325	15200	2854	37150	6977
3,70	0,30	3,20	10800	3375	19280	6025
3,70	0,30	3,20	9650	3016	16800	5250
3,60	0,20	2,14	7215	3371	11340	5299
3,60	0,20	2,14	7030	3285	11100	5187
3,50	0,10	1,07	3430	3206	4390	4103
3,50	0,10	1,07	3550	3318	4540	4243
3,43	0,052	0,55	1730	3145	1730	3145
3,43	0,053	0,56	1810	3234	1850	3304
3,40	0,020	0,212	—	—	462	2179
3,40	0,020	0,212	—	—	380	1792

Wie ersichtlich, sinkt die Widerstandsfähigkeit gegen Druck von rund 6900 kg/qcm (bei 5 mm Wandstärke) fortgesetzt; bei dem 0,52 mm starken Körper der 5. Versuchsreihe ist $P : f$ nicht größer als $P_q : f$, bei dem zweiten 0,53 mm starken Körper dieser Reihe fand sich $P : f$ nur wenig größer als $P_q : f$, und bei 0,2 mm Wandstärke ist die Widerstandsfähigkeit des Rohres durch Ausbauchen (Wulstbildung) längst erschöpft, ehe die Quetschgrenze des Materials erreicht wird.

Rohre, die gegenüber Druckbeanspruchung widerstandsfähig sein sollen, dürfen also im Verhältnis zum Durchmesser nicht zu dünnwandig gewählt werden.

Soll die Widerstandsfähigkeit des Hohlzylinders erst mit Erreichen der Quetschgrenze erschöpft werden, und geht man davon aus, daß das der Fall sei bei dem ersten der Versuchskörper der 5. Reihe, so muß für das untersuchte Material die Wandstärke mindestens

$$\frac{0{,}052}{3{,}43 - 0{,}052} = \frac{1}{65} \text{ des mittleren Durchmessers}$$

betragen[1]). Dabei ist einseitiger Belastung sowie der Möglichkeit des

[1]) Im Fahrradbau usw. werden vielfach dünnwandige Rohre angewendet, die nicht selten durch Einknicken zugrunde gehen, weil bei ihnen übersehen wurde, was im vorstehenden festzustellen war. Selbstverständlich darf, um eine

seitlichen Eindrückens der Rohrwand durch äußere Kräfte noch nicht Rechnung getragen. Überschreitet dabei die Beanspruchung den Wert, der der Widerstandsfähigkeit entspricht (Kurve in Abb. 10), so knickt das Rohr einseitig ein (vgl. Fußbemerkung), wie aus Abb. 24, S. 244 hervorgeht.

Über das Verhalten bei Biegungsbeanspruchung vgl. § 17, S. 244.

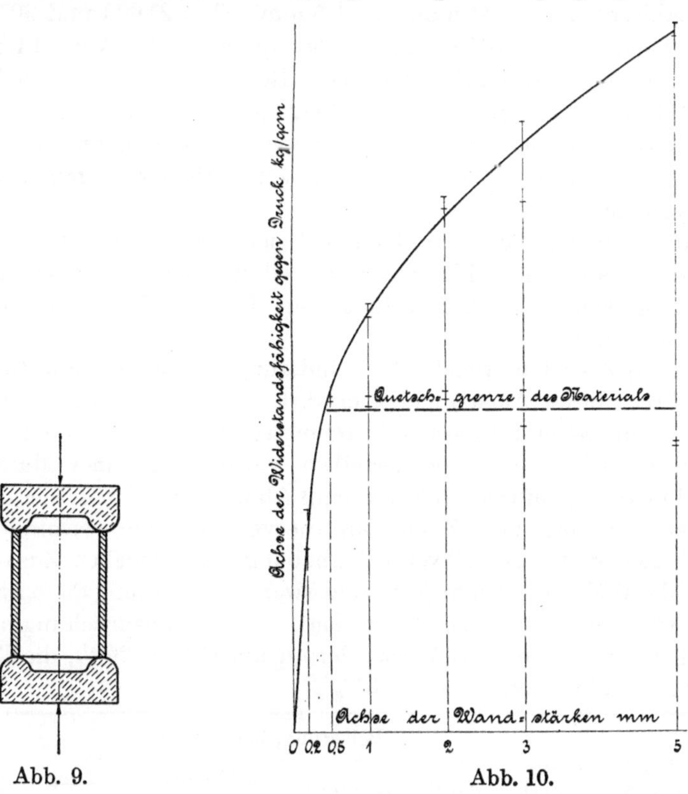

Abb. 9. Abb. 10.

Eigene Versuche mit Rohren anderer Abmessungen und aus verschiedenen Materialien bestehend, lieferten Ergebnisse, die sich mit Annäherung durch die Beziehung zusammenfassen lassen

$$\frac{P}{f} = 4\,\sigma_s \sqrt[3]{\frac{s}{d}} \quad \ldots\ldots\ldots \quad 8)$$

---

gewisse Sicherheit zu schaffen, für das vorliegende Material mit s nicht bis auf $\frac{1}{65}\,d$ herabgegangen werden. Soll für dasselbe die Druckbeanspruchung ungefähr 5000 kg/qcm, was etwa seiner Zugfestigkeit entsprechen würde, nicht überschreiten, so hätte Wahl des Verhältnisses $s:d$ nach der 3. Versuchsreihe zu erfolgen, d. h.

$$\frac{s}{d} \geq \frac{0{,}2}{3{,}6 - 0{,}2} = \frac{1}{17}.$$

worin bezeichnen:

σ_s die Quetschgrenze des Materials,

s und d die Wandstärke, bzw. den mittleren Durchmesser des Rohres.

Abb. 11 und 12, Taf. VI, zeigen die Bruchstücke vergüteten Chromnickelstahlrohres ($d = 34$ mm, $s = 1{,}5$ mm), $P = 27600$ und 30720 kg, entsprechend $P:f = 16932$ und 18847 kg/qcm. In Abb. 13 ist ein nicht vergüteter Abschnitt desselben Rohres nach der Druckprobe dargestellt ($P = 16270$ kg, $P:f = 9982$ kg/qcm).

Gehärtete Chromnickelstahlrohre von $d = 58$ mm und $s = 2$ mm, aus Material mit rund 17000 kg/qcm Zugfestigkeit, ergaben $P:f = 14600$ kg/qcm.

Ganz ähnlich, jedoch in der Regel noch weit ungünstiger, liegen die Verhältnisse bei Hohlkörpern mit elliptischer oder auch anderer Begrenzung sowie bei aufgeschnittenen Rohren, bei dünnwandigen Profilstäben usw.

Um festzustellen, welche Verminderung die Widerstandsfähigkeit von Rohren durch Aufschneiden erfährt, wurden Rohrabschnitte aus Flußeisen mit 34 mm äußerem Durchmesser bei 1 und 2,5 mm Wandstärke hergestellt. Je einer derselben wurde längs einer Mantellinie aufgeschnitten. Prüfung erfolgte gemäß Abb. 9. Die Versuchsergebnisse gehen aus der folgenden Zahlentafel hervor. Danach vermindert das Aufschlitzen, d. h. die teilweise Aufhebung des seitlichen Zusammenhanges, die Widerstandsfähigkeit, und zwar die Belastung an der Streckgrenze wie die Höchstlast, bedeutend. Die Beanspruchung an der Quetschgrenze $P_q:f$ erfährt Verminderung um 25 bzw. 29 %, die Höchstlast $P:f$ Abnahme um 15 bzw. 16 %.

Äußerer Durchmesser D	Wandstärke s	Querschnitt f	Belastung, bei welcher die Quetschgrenze des Materials erreicht ist		die Widerstandsfähigkeit des Rohres gegenüber Druck endgültig erschöpft ist		Abgebildet auf Taf. VI
cm	cm	qcm	P_q kg	$P_q:f$ kg/qcm	P kg	$P:f$ kg/qcm	
			Rohr nicht geschlitzt				
3,40	0,10	1,04	3290	3163	4305	4139	Abb. 14
			Rohr geschlitzt				
3,395	0,10	1,02	2590	2539[1])	3770	3676	Abb. 15
			Rohr nicht geschlitzt				
3,405	0,25	2,47	8080	3271	14230	5761	Abb. 16
			Rohr geschlitzt				
3,40	0,25	2,47	6250	2530	12290	4976	Abb. 17

[1]) Unter der Belastung P_q beginnt sich der Schlitz an den beiden Rohrenden zu schließen und die Wellenbildung zu entstehen, vgl. Abb. 14 bis 17, Tafel VI.

Abb. 18, Taf. XI, zeigt einen Abschnitt eines im Feuer verzinkten Rohres nach Vornahme der Druckprobe. Deutlich ist zu sehen, wie der Zinkbelag an den Stellen abspringt, an denen sich Wülste (Abb. 8) auszubilden beginnen.

Abb. 19, Taf. XI, gibt das Aussehen eines galvanisch verzinkten Rohrstückes wieder. Abspringen des Belags ist hier nicht erfolgt. Die Schweißnaht hat sich geöffnet (Zähigkeitsprobe).

2. Die Belastung trifft unmittelbar nur einen Teil der Querschnittsfläche des Probekörpers.

a) Versuche von Bauschinger.

Mitteilungen usw., 6. Heft, 1876, S. 13 u. f.

D. Würfel mit einer durch Abschrägung der Kanten verkleinerten Stirnfläche.

Der Bruch erfolgte immer in der Weise, daß von der kleinen Druckfläche aus eine Pyramide in das Innere des Probestückes hineingetrieben und das umliegende Material auseinandergesprengt wurde.

Material wie oben unter A bezeichnet.
Druckrichtung senkrecht zum Lager.

Nummer	Höhe h	Würfelquerschnitt			Abschrägung $x:y$ abgerundet	Stirnfläche			Belastung P	Druckfestigkeit K in kg/qcm bezogen auf	
		a	b	ab		a'	b'	$a'b'$		den Querschnitt ab $P:ab$	den Querschnitt $a'b'$ $P:a'b'$
	cm	cm	cm	qcm		cm	cm	qcm	kg		
1	2	3	4	5	6	7	8	9	10	11	12
1	9,8	10,1	9,9	100,0	1:1	8,0	7,9	63,2	51000	510	807
2	9,7	9,8	9,9	97,0	2:1	7,9	8,0	63,2	45000	460	712
3	9,7	9,95	9,9	98,5	3:1	8,05	8,05	64,8	45500	460	702
4	9,85	10,0	9,75	97,5	1:2	6,2	6,0	37,2	34500	350	927
5	9,90	10,1	10,05	101,5	2:2	6,3	6,25	39,4	35000	345	888
6	9,80	10,1	9,8	99,0	3:2	6,2	6,0	37,2	32000	325	860
7	9,80	9,9	10,0	99,0	4:2	5,9	6,1	36,0	31500	320	875
8	9,75	10,0	9,8	98,0	1:3	4,4	4,2	18,5	23000	235	1243
9	9,75	9,95	9,9	98,5	2:3	4,2	4,2	17,6	20500	210	1165
10	9,75	10,05	10,0	100,5	3:3	4,4	4,2	18,5	23000	230	1243
11	9,85	10,10	9,75	98,5	5:3	4,25	4,1	17,4	19700	200	1132

Bei den Versuchen 1 bis 3 war die Stirnfläche von durchschnittlich 98,5 qcm (Spalte 5) vermindert auf im Mittel 63,7 qcm (Spalte 9); die Festigkeit, die bei Würfelgestalt z. B. nach dem unter 1, b, A, 2 angegebenen Versuch 685 kg (Spalte 6, S. 202) beträgt, sinkt beispielsweise bei Versuch 3 auf 460 kg, sofern sie auf den Querschnitt ab bezogen wird, und steigt auf 702 kg bei Beziehung auf den Querschnitt $a'b'$. Hiernach würde sich die Druckfestigkeit eines solchen Körpers (Abb. 20) zu groß ergeben, wenn man, von der an Würfeln ermittelten

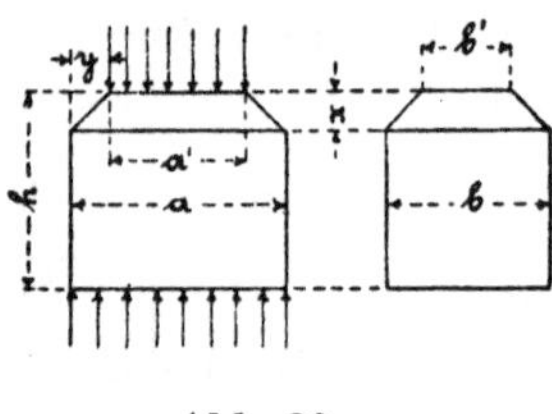

Abb. 20.

Festigkeit ausgehend, die Fläche ab der Rechnung zugrunde legt, und zu klein, wenn die Fläche $a'b'$ in die Rechnung eingeführt wird. Dieses vorauszusehende Ergebnis tritt um so schärfer hervor, je kleiner die Stirnfläche $a'b'$. Für Versuch Nr. 11 erscheint die aus Versuchen mit Würfeln gewonnene Druckfestigkeit von 685 kg einerseits vermindert auf 200 kg, andererseits vergrößert auf 1132 kg, je nachdem die Bruchbelastung durch ab oder $a'b'$ dividiert wird.

Der Einfluß des Abschrägungsverhältnisses (Spalte 6) läßt sich zwar erkennen, wie ein Vergleich der Versuche 1 bis 3, 4 bis 7, 8 bis 11 je unter sich lehrt, ist jedoch nicht sehr bedeutend.

E. Würfel aus dem unter A genannten Material.

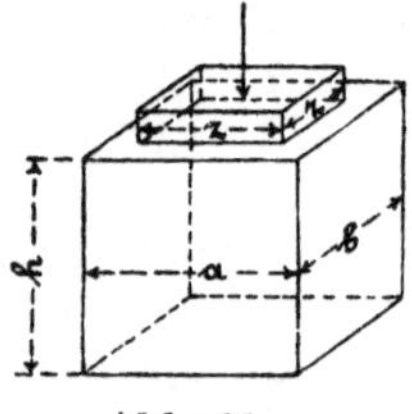

Abb. 21.
Stahlprisma (von 39 mm Höhe) nur auf einer Seite.

Der Druck wird durch Stahlprismen, deren Achsen mit denjenigen der Würfel zusammenfallen, und deren Kanten den Würfelkanten parallel laufen, nur auf einen Teil der Stirnfläche übertragen.

Nr.	Höhe h	Würfelquerschnitt a	b	ab	Stahlprisma z	z^2	Bruch-belastung P	Druckfestigkeit $P:ab$	$P:z^2$
	cm	cm	cm	qcm	cm	qcm	kg	kg/qcm	kg/qcm
1	2	3	4	5	6	7	8	9	10
1	9,65	10,0	9,9	99,0	3,9	15,21	16000	162	1052
2	9,70	9,85	9,9	97,5	5,7	32,49	30000	308	923
3	9,75	10,0	9,85	98,5	7,8	60,84	47000	477	772

Der Bruch erfolgte auch hier wieder in der Weise, daß von der Stirnfläche des Stahlprisma aus eine Pyramide in das Innere des Prisma getrieben und das umliegende Material auseinander gesprengt wurde.

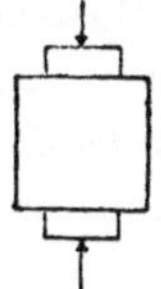

Abb. 22.
Stahlprismen auf beiden Stirnflächen.

Nr.	Höhe h	Würfelquerschnitt a	b	ab	Stahlprisma z	z^2	Bruch-belastung P	Druckfestigkeit $P:ab$	$P:z^2$
	cm	cm	cm	qcm	cm	qcm	kg	kg/qcm	kg/qcm
1	2	3	4	5	6	7	8	9	10
1	9,7	9,9	10,0	99,0	5,7	32,49	16000	162	492
2	9,75	9,65	9,9	95,5	7,8	60,84	36000	377	592

Wie ersichtlich, ist die Bruchbelastung weit kleiner, wenn der Druck auf b e i d e Stirnflächen durch die Stahlprismen wirkt.

Diese Ergebnisse sind in folgender Beziehung noch besonders bemerkenswert. Wird nach Gleichung 3

$$K = \left(310 + 346\frac{\sqrt{f}}{h}\right)\sqrt{\frac{\sqrt{f}}{\frac{u}{4}}}$$

für ein quadratisches Prisma berechnet, dessen Querschnitt gleich dem der Stahlprismen und dessen Höhe gleich der Würfelhöhe ist, d. h., da dann $\sqrt{f} = z$ und $u = 4z$,

$$K = 310 + 346 \frac{\sqrt{f}}{h},$$

so ergibt sich

für Versuch 1 $$K = 310 + 346 \frac{5{,}7}{9{,}7} = 513,$$

„ „ 2 $$K = 310 + 346 \frac{7{,}8}{9{,}75} = 587.$$

Diese Werte unterscheiden sich von den beobachteten Größen 492 bzw. 592 nur um wenig. Hiernach hätte also das Material, das dasjenige Prisma umschließt, das im Innern des geprüften Würfels erhalten wird, wenn man sich die Seitenflächen der aufgesetzten Stahlprismen fortgesetzt denkt, keinen merkbaren Einfluß auf die Druckfestigkeit. Dieses Ergebnis, das Bauschinger auch durch Versuche mit Granit angenähert bestätigt fand, dürfte sich durch die verhältnismäßig geringe Zugfestigkeit des Materials erklären lassen. Mit demselben steht in Übereinstimmung, daß unter D die Zunahme des Wertes x in dem Abschrägungsverhältnis $x : y$ (Spalte 6) bei gleichbleibender Größe von y nur einen untergeordneten Einfluß besitzt.

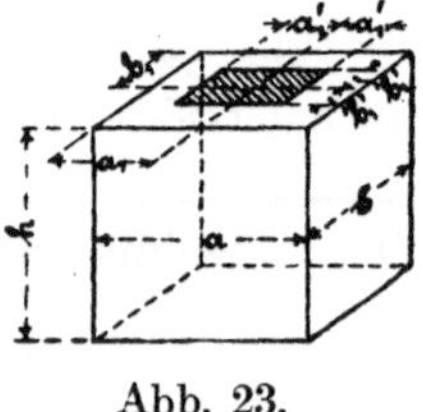

Abb. 23.

F. Wird die eine Stirnfläche des Würfels (hier die untere) vollständig, dagegen die andere nur über eine kleinere, im allgemeinen einseitig gelegene Fläche, die in Abb. 23 durch Strichlage hervorgehoben ist, belastet, so gilt nach Bauschinger — zunächst immer nur für Sandstein —

$$K = K_w \sqrt[3]{\frac{a_1 b_1}{a_1' b_1'}} \quad \dots\dots\dots \quad 9)$$

Hierin bedeutet:

K die Druckfestigkeit bei Belastung des Würfels in der schraffierten Fläche, bezogen auf die Flächeneinheit der letzteren,

K_w die Druckfestigkeit für den Fall, daß die Belastung über die ganze Stirnfläche gleichmäßig verteilt ist (Würfelfestigkeit).

Im Einklang hiermit stehen die Ergebnisse neuerer Versuche mit Betonquadern[1]).

[1]) O. Graf im Handbuch für Eisenbetonbau, 3. Aufl., I. Bd. S. 352, Abb. 668.

b) Eigene Versuche (1887).
Material: Buntsandstein.
Druckrichtung senkrecht zum Lager.

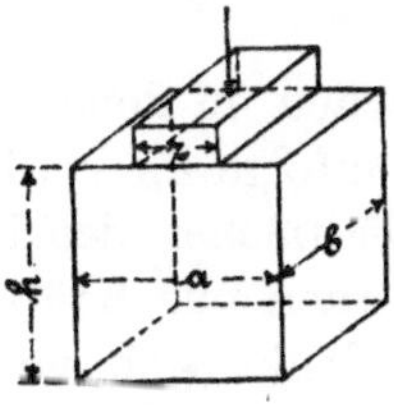

Abb. 24.

Stahlprisma nur auf einer Seite.

Versuchsreihe, je 3 bis 5 Körper	1	2	3	4	5	6
Seite a durchschnittlich	6,03	9,99	10,01	10,03	9,95	10,02 cm
„ b „	6,46	10,04	10,01	10,02	9,99	9,96 „
Höhe h „	6,00	9,89	9,85	9,82	9,84	9,84 „
Breite z des Prisma. . .	6,03	2,50	2,00	1,50	1,00	0,50 „
Bruchbelastung auf 1 qcm des Querschnitts ab. .	653	232	188	156	120	102 kg
Bruchbelastung auf 1 qcm des Querschnitts bz. .	653	926	943	1044	1193	2050 „
Gleichung 9 liefert . . .	653	1038	1117	1230	1406	1770 „

Abb. 25, Taf. IX, zeigt Steine der Versuchsreihe 2 bis 6. Wie ersichtlich, erfolgte der Bruch in der Weise, daß von der Stirnfläche der Stahlplatte aus ein keilförmiger Körper in das Innere des Versuchswürfels getrieben und so das umliegende Material auseinandergesprengt wurde.

Über Versuche mit Beton- und Eisenbetonquadern aus neuster Zeit ist in Heft 232 (1921) der Mitteilungen über Forschungsarbeiten berichtet.

3. Die Belastung trifft einen Körper mit gewölbter Oberfläche (Kugel, Zylinder).

Die hier vorliegende allgemeine Aufgabe: Ermittlung der Beanspruchung und der Formänderung zweier beliebig gestalteten Körper, die gegeneinander gedrückt werden und sich dabei nur in einem sehr kleinen Teile ihrer gewölbten Oberflächen berühren, ist trotz ihrer großen Schwierigkeit einer strengen Lösung zugänglich, wie zuerst Hertz (1881) gezeigt hat[1]). Ausgehend von den Voraussetzungen:

[1]) H. Hertz, Gesammelte Werke, Bd. 1, S. 155 u. f. oder auch Verhandlungen des Vereines zur Beförderung des Gewerbefleißes in Preußen 1882, S. 449 u.f. Eine Ergänzung der Hertzschen Arbeit lieferte M. T. Huber in den Annalen der Physik, Bd. 14, 1904, S. 153 u. f.
Über die Kugeldruckprobe s. S. 219, Fußbemerkung.

1. die Stoffe beider Körper sind in allen Punkten nach allen Richtungen hin gleich beschaffen (isotrop),
2. zwischen Dehnungen und Spannungen besteht Proportionalität, die Dehnungszahl α besitzt gegenüber Druck denselben Wert wie gegenüber Zug,
3. die Größe der Druckflächen, in denen sich die Körper unter Einwirkung der Belastung infolge ihrer Elastizität berühren, ist sehr klein gegenüber den Oberflächen der Körper,
4. in den Druckflächen wirken nur Kräfte, die senkrecht zu diesen gerichtet sind (Hertz denkt sich vollkommen glatte, also reibungsfreie Oberflächen),

und den allgemeinen Gleichungen der Elastizitätslehre (vgl. Abschnitt IX) gelangt Hertz zu den im nachstehenden zusammengestellten Ergebnissen.

a) Zwei Kugeln

werden mit der Kraft P gegeneinander gedrückt. Es seien

$r_1\, r_2$ die Halbmesser der beiden Kugeln,

$\alpha_1\, \alpha_2$ die Dehnungszahlen der Stoffe, aus denen die Kugeln bestehen,

$m_1\, m_2$ die Zahlen, durch die das Verhältnis der Längsdehnung zur Querzusammenziehung bei diesen Stoffen gemessen wird (§ 7, § 14).

Dann beträgt:

die Strecke y, um die sich die beiden Kugeloberflächen unter der Belastung P einander nähern (Summe der Zusammendrückungen an beiden Oberflächen — S. 183 bei Hertz — strenggenommen nicht die Änderung von $r_1 + r_2$),

$$y = \sqrt[3]{\left[\frac{3}{4} P \left\{\left(1 - \frac{1}{m_1^2}\right)\alpha_1 + \left(1 - \frac{1}{m_2^2}\right)\alpha_2\right\}\right]^2 \left(\frac{1}{r_1} + \frac{1}{r_2}\right)}, \quad . \quad 10)$$

der Halbmesser a der Druckfläche

$$a = \sqrt[3]{\frac{3}{4} P \frac{\alpha_1\left(1 - \frac{1}{m_1^2}\right) + \alpha_2\left(1 - \frac{1}{m_2^2}\right)}{\frac{1}{r_1} + \frac{1}{r_2}}}, \quad . \quad . \quad . \quad 11)$$

die größte Pressung σ_{max} in der Mitte der Druckfläche

$$\sigma_{max} = 1{,}5 \frac{P}{\pi a^2}, \quad . \quad . \quad . \quad . \quad . \quad . \quad . \quad . \quad . \quad 12)$$

d. i. 1,5 mal so groß als bei gleichmäßiger Verteilung des Druckes P über die Berührungsfläche.

Mit $m_1 = m_2 = m \qquad \alpha_1 = \alpha_2 = \alpha$

geht Gleichung 12 nach Einführung von a aus Gleichung 11 über in

$$\sigma_{max} = \frac{1}{\pi} \sqrt[3]{\frac{3}{2} \frac{P\left(\frac{1}{r_1} + \frac{1}{r_2}\right)^2}{\alpha^2 \left(1 - \frac{1}{m^2}\right)^2}} \quad \ldots \ldots \quad 12a)$$

und für $m = \frac{10}{3}$ (es empfiehlt sich, festzuhalten, daß selbst erhebliche Abweichungen hinsichtlich der Größe von m [vgl. § 7] einen bedeutenden Einfluß auf das Ergebnis nicht äußern; dies gilt auch für die folgenden Gleichungen)

$$\sigma_{max} = 0{,}388 \sqrt[3]{\frac{P}{\alpha^2}\left(\frac{1}{r_1} + \frac{1}{r_2}\right)^2} \quad \ldots \ldots \quad 12b)$$

Mit

$$m_1 = m_2 = \frac{10}{3} \text{ und } \alpha_1 = \alpha_2 = \alpha$$

folgt aus den Gleichungen 10 und 11

$$y = 1{,}23 \sqrt[3]{P^2 \alpha^2 \left(\frac{1}{r_1} + \frac{1}{r_2}\right)} \quad \ldots \ldots \quad 10a)$$

$$a = 1{,}11 \sqrt[3]{\frac{P\alpha}{\frac{1}{r_1} + \frac{1}{r_2}}} \quad \ldots \ldots \quad 11a)$$

b) Kugel und ebene Platte[1]).

Mit $r_1 = r$ und $r_2 = \infty$ folgt aus Gleichung 12a

$$\sigma_{max} = \frac{1}{\pi} \sqrt[3]{\frac{3}{2} \frac{P}{\alpha^2 \left(1 - \frac{1}{m^2}\right)^2 r^2}},$$

[1]) Die gegebenen Ableitungen beziehen sich auf das Gebiet der federnden Formänderungen. Bei der zur Materialprüfung in steigendem Maße verwendeten Kugeldruckprobe dagegen wird die Größe der bleibenden Formänderung als Maß der Härte herangezogen, indem man setzt die Härtezahl

$$H = P : f,$$

worin bedeutet

P die Kraft, mit der die Kugel gegen den Probekörper, der in der Regel als eben vorausgesetzt wird, gedrückt wurde,

f die Oberfläche des erzeugten kugeligen Eindruckes.

Die so bestimmte Härtezahl hängt in höherem Maße, als man anzunehmen

somit

$$P = \frac{2}{3}\pi^3 \alpha^2 \left(1 - \frac{1}{m^2}\right)^2 \sigma_{max}^3 r^2$$

und nach Einführung des Kugeldurchmessers $d = 2r$

$$P = kd^2, \quad \ldots \ldots \ldots \ldots \quad 13)$$

wenn

$$k = \frac{\pi^3}{6} \alpha^2 \left(1 - \frac{1}{m^2}\right)^2 \sigma_{max}^3 \quad \ldots \ldots \quad 14)$$

c) Zwei Zylinder,

parallel liegend und von der Länge l, werden so stark gegeneinander gepreßt, daß auf die Längeneinheit die Kraft $P : l$ entfällt, gleichmäßige Verteilung der Belastung P über die Länge l vorausgesetzt. Es seien

$r_1\, r_2$ die Halbmesser der beiden Zylinder,
$\alpha_1\, \alpha_2$ die Dehnungszahlen,
$m_1\, m_2$ die bereits unter a bezeichneten Zahlenwerte.

Die Breite b der durch die Belastung erzeugten Berührungsfläche beträgt

$$b = 4 \sqrt{\frac{P}{\pi l} \frac{\alpha_1 \left(1 - \frac{1}{m_1^2}\right) + \alpha_2 \left(1 - \frac{1}{m_2^2}\right)}{\frac{1}{r_1} + \frac{1}{r_2}}} \quad \ldots \quad 15)$$

---

pflegt, ab von der Größe der verwendeten Stahlkugel, der Höhe des Druckes P sowie von der Dauer der Einwirkung des letzteren. Zur Prüfung von Flußeisen wird eine Stahlkugel von 10 mm Durchmesser mit $P = 3000$ kg eine Minute lang angepreßt. Die so gefundene Härtezahl ist für Flußeisen usw. mit einer für manche Zwecke ausreichenden Annäherung der Zugfestigkeit proportional, wie folgende Zusammenstellung aus eigenen Versuchen erkennen läßt. (Weitere Werte s. in Festigkeitseigenschaften und Gefügebilder.)

	K_z	H	$K_z : H$
Flußeisen, ausgeglüht	4006	105	38
Nickelstahl, ausgeglüht . . .	5135	148	35
Chromnickelstahl, ausgeglüht	7918	241	33
Federstahl, gehärtet	14275	401	36
Sonderfederstahl, gehärtet . .	19520	534	37

Näheres s. z. B. Brinell, Mitteilungen des Intern. Verbandes für die Materialprüfungen der Technik 1901; Meyer und Kürth, Mitteilungen über Forschungsarbeiten, Heft 65/66 usw. Waizenegger (Dissertation, Stuttgart 1920) führt den Begriff der Größthärtezahl ein, die den Vergleich der Härtezahlen verschiedener Stoffe ermöglicht.

Eine Abänderung der Kugeldruckprobe in eine Kegeldruckprobe wurde von Ludwik vorgeschlagen (vgl. Ludwik, Die Kegeldruckprobe, Berlin 1908).

Neuerdings finden Schlaghärteprüfer in steigendem Maße Verwendung, bei denen statt einer bestimmten Kraft eine bestimmte Arbeitsmenge zur Erzeugung des Kugeleindrucks benutzt wird. Hierzu gehört in erster Linie der Baumannsche Schlaghärteprüfer.

die größte Pressung in der Mitte der Berührungsfläche

$$\sigma_{max} = \frac{4}{\pi}\frac{P}{b\,l}, \qquad 16)$$

d. i. $\frac{4}{\pi}$ mal so groß als bei gleichmäßiger Druckverteilung.

Für gleiches Material, d. h. für

$$m_1 = m_2 = m \qquad \alpha_1 = \alpha_2 = \alpha$$

wird

$$b = 4\sqrt{\frac{2P}{\pi l}\,\frac{\alpha\left(1-\frac{1}{m^2}\right)}{\frac{1}{r_1}+\frac{1}{r_2}}} \qquad 15a)$$

Die Bestimmung der Strecke, um die sich die beiden Zylinderoberflächen einander nähern, unterläßt Hertz, indem er bemerkt, daß sie nicht allein abhängig von den Vorgängen an der Druckstelle ist, sondern wesentlich bedingt wird durch die Form des ganzen Körpers (a. a. O. S. 187).

d) Zylinder und ebene Platte.

Mit $r_1 = r$ und $r_2 = \infty$ ergibt sich aus Gleichung 15a

$$b = 4\sqrt{\frac{2}{\pi}\,\alpha\left(1-\frac{1}{m^2}\right)\frac{P}{l}\,r} \qquad 15b)$$

und damit aus Gleichung 16

$$\sigma_{max} = \sqrt{\frac{P}{2\pi\alpha\left(1-\frac{1}{m^2}\right)l\,r}}.$$

Nach Einführung des Zylinderdurchmessers $d = 2r$

$$P = k\,l\,d, \qquad 17)$$

sofern

$$k = \pi\alpha\left(1-\frac{1}{m^2}\right)\sigma_{max}^2 \qquad 18)$$

Die Gleichungen 11 und 12, 15 und 16 werden vielfach, namentlich im Bauingenieurwesen, als solche angesehen, die die unmittelbare Ermittlung der zulässigen Belastung ermöglichen, indem man für α sowie m die den betreffenden Materialien eigentümlichen Werte und für σ_{max} die größte, noch für zulässig erachtete Spannung gegenüber Druck einsetzt[1]).

[1]) Vgl. z. B. Zeitschrift des Hannoverschen Ingenieur- und Architektenvereins 1894, S. 131 u. f.

Nun liegen ausgedehnte und gründliche Versuche von Stribeck mit Stahlkugeln vor[1]), durch die u. a. nachgewiesen wird, daß bei vorzüglicher Ausführung der Kugeln und ihrer Laufflächen (beiderseits gehärteter Stahl) die zulässige Belastung für ebene Laufflächen noch zu $P = 50\,d^2$ gewählt werden darf, sofern an der Druckstelle nur rollende Reibung auftritt. Nach Maßgabe der Gleichungen 13 und 14 entspricht diese Belastung mit

$$\alpha = \frac{1}{2120000} = 0{,}472 \text{ Milliontel,}$$

welchen Wert Stribeck für das Stahlmaterial der Kugeln bestimmte, und mit

$$m = \frac{10}{3}$$

zufolge

$$50 = \frac{\pi^3}{6} \frac{0{,}472^2}{1000000^2} (1 - 0{,}3^2)^2 \sigma_{max}^3$$

einer Druckspannung von

$$\sigma_{max} = 37450 \text{ kg/qcm.}$$

Diese Zahl geht weit über das hinaus, was man bisher als zulässige Anstrengung angesehen hat, selbst wenn berücksichtigt wird, daß im vorliegenden Falle nicht die größte Pressung, sondern die betreffende Hauptdehnung als maßgebend anzusehen ist (§ 48, § 69 und § 70). (Bei späteren Versuchen ermittelte Stribeck die Druckfestigkeit vollständig durchgehärteter Zylinder von 12 mm Durchmesser und 12 mm Höhe aus Chromstahl zu durchschnittlich 45540 kg/qcm [erstes Härteverfahren] und zu durchschnittlich 47700 kg/qcm [zweites Härteverfahren]. Näheres s. Zeitschrift des Vereines deutscher Ingenieure 1907, S. 1445 u. f.)

Stribeck bestimmte durch unmittelbare Druckversuche die Proportionalitätsgrenze für den in Wasser gehärteten Stahl zu rund 9000 kg/qcm (die Elastizitätsgrenze lag noch ein wenig tiefer).

Dieser Wert wäre unter Berücksichtigung, daß im mittleren Ele-

---

[1]) Stribeck, Mitteilungen aus der Zentralstelle für wissenschaftlich-technische Untersuchungen, Heft 1, Mai 1900, oder auch Zeitschrift des Vereines deutscher Ingenieure 1901, S. 73 u. f., 1907, S. 1445 u. f., sowie Schwinning, am gleichen Ort 1901, S. 332 u. f.; ferner Stribeck, Glasers Annalen für Gewerbe und Bauwesen 1901, Bd. 49, Nr. 577.

ment der Berührungsfläche zwischen Kugel und Platte drei Hauptspannungen

$$\sigma_{max} \qquad 0{,}8\,\sigma_{max} \qquad 0{,}8\,\sigma_{max}$$

vorhanden sind, infolgedessen die Hauptdehnung senkrecht zur Oberfläche nach Gleichung 1, § 69 mit $m = \frac{10}{3}$

$$\alpha\,(1 - 2 \cdot 0{,}8 \cdot 0{,}3) \cdot \sigma_{max} = 0{,}52\,\alpha\,\sigma_{max},$$

also nur das 0,52fache der Zusammendrückung beträgt, die die Pressung σ_{max} für sich allein erzeugen würde, auf

$$\frac{9000}{0{,}52} = \sim 17\,300 \text{ kg/qcm}$$

zu erhöhen. Diese Größe führt (Gleichungen 13 und 14) zu

$$k = \frac{\pi^3}{6}\,\frac{0{,}472^2}{1\,000\,000^2}\,(1 - 0{,}3^2)^2 \,.\, (17\,300)^3 = \sim 5,$$

somit

$$P = 5\,d^2,$$

gegenüber $P = 50 d^2$, durch unmittelbaren Versuch ermittelt, d. h. wird in der Hertzschen Gleichung 12 in Verbindung mit 11 für die größte Druckspannung diejenige Zahl eingeführt, die der Zusammendrückung an der Proportionalitätsgrenze, die hier noch oberhalb der Elastizitätsgrenze liegend festgestellt worden ist, entspricht, und die noch eine höhere Anstrengung liefert, als man nach bisheriger Auffassung für zulässig erachtet, so ergibt sich die zulässige Belastung P der Kugeln zu einem Zehntel derjenigen, die durch unmittelbaren Versuch noch als zulässig festgestellt worden ist.

Daraus folgt, daß die Hertzschen Gleichungen nicht in der eingangs bezeichneten Weise zur Bestimmung der zulässigen Belastung P benutzt werden können, d. h. daß der Wert k der Gleichung 13 nicht aus Gleichung 14 berechnet, sondern daß diese Belastung nur durch unmittelbare Versuche bestimmt werden kann. Daß diese Versuche unter solchen Verhältnissen anzustellen sind, die denjenigen entsprechen, unter denen die Kugeln in den betreffenden Konstruktionen sich befinden, ist selbstverständlich.

Sodann ist in bezug auf die Verwendung der Hertzschen Gleichungen noch folgender Punkt im Auge zu behalten.

Werden gehärtete Stahlkugeln unter steigender Belastung gegeneinander gepreßt, so tritt zunächst ein die Druckfläche umgebender Kreissprung ein, zuweilen unter Belastungen, denen noch weniger als ein Zehntel der Belastung entspricht, bei der die Kugel auseinanderbricht[1]). Meridianrisse treten erst später auf.

Das Entstehen der Umfangrisse ist die Folge von Zugspannungen, die sich nach dem Umfange der Druckfläche hin einstellen. In der Tat pflegen auch in Kugellagern stark überlastete Kugeln durch Absplittern kleiner Teilchen unbrauchbar zu werden, nicht aber durch Bruch.

Für die bezeichnete Zugbeanspruchung, durch die die gehärtete Stahlkugel zuerst der Unbrauchbarkeit zugeführt wird, gibt Hertz eine Gleichung nicht; er hat die Rechnung nur für das am stärksten gedrückte Flächenelement durchgeführt. Er sagt, nachdem er über das Verhalten plastischer Körper gesprochen hat (S. 167): „Schwieriger ist es, die Erscheinung in spröden Körpern wie hartem Stahl, Glas, Kristallen zu bestimmen, in denen eine Überschreitung der Elastizitätsgrenze nur als Entstehung eines Risses oder Sprunges, also nur unter dem Einflusse von Zugkräften auftritt. Von dem oben betrachteten Elemente, als von einem allseitig komprimierten, kann ein solcher Sprung nicht ausgehen, und es ist bei unserer heutigen Kenntnis von der Festigkeit spröder Körper überhaupt nicht möglich, genau dasjenige Element zu bestimmen, in welchem die Bedingungen für das Zustandekommen eines Sprunges bei wachsendem Druck zuerst auftreten. Indessen zeigt eine eingehendere Diskussion so viel, daß in Körpern, die in ihrem elastischen Verhalten dem Glase oder hartem Stahle ähnlich sind, bei weitem die stärksten Zugkräfte in der Oberfläche, und zwar am Rande der Druckfläche auftreten[2]).

[1]) Für gute Kugeln bis etwa $1^1/_4''$ engl. (31,8 mm) Durchmesser ist $P = 550\,d^2$ bis $700\,d^2$ als Belastung zu fordern, bei welcher der Umfangssprung eintritt. Grenzzahlen: $^7/_8''$ (22,2 mm-) Kugeln brachen erst bei $P = 38000$ bis 40000 kg, entsprechend $P =$ rund $8000 d^2$, während der erste Sprung bereits bei 2700 kg, also bei $500\,d^2$ eintrat. $1^1/_4''$ (31,8 mm)-Kugeln, deren Bruchbelastung nur $P = 3500\,d^2 =$ rund 35000 kg war, zeigten die hohe Sprungbelastung von $1000\,d^2 = 10000$ kg. (S. die in der Fußbemerkung S. 222 angegebenen Quellen.)

[2]) Wenn nun Hertz zur Bestimmung der Härte eines Materials den Vorschlag macht, aus ihm zwei Körper herzustellen und ihre Oberflächen dabei so zu wählen, daß die beim Aufeinanderpressen sich bildende Druckfläche kreisförmig ausfällt, sodann (S. 193) bestimmt: „Die Härte eines Körpers wird gemessen durch den Normaldruck auf die Flächeneinheit, der im Mittelpunkte einer kreisförmigen Druckfläche herrschen muß, damit in einem Punkte der Körper die Spannungen eben die Elastizitätsgrenze erreichen" und dann später bemerkt (S. 195): „Im Glase und allen ähnlichen Körpern besteht die erste Überschreitung der Elastizitätsgrenze in einem kreisförmigen Sprunge, der in der Oberfläche am Rande der Druckellipse entsteht", ohne festzustellen, in welchem Punkte des Körpers die Elastizitätsgrenze überschritten wird — der mittlere Punkt der Druckfläche ist es eben nicht — und von welchen Größen die Spannung in diesem Punkte beeinflußt wird, sowie welche Beziehungen zwischen diesen Größen bestehen, so tritt hier mindestens eine Lücke zutage; man

Vorbehaltlich der Prüfung durch Versuche wird man gut tun, anzunehmen, daß die Zugspannung, die am Rande der Druckfläche sich einstellt, namentlich bei Materialien mit geringer Zugfestigkeit, die zulässige Druckbelastung beeinflussen, d. h. diese herabdrücken kann.

Versuche, die Verfasser mit Quadern aus Granit (Mitteilungen über Forschungsarbeiten, Heft 17) und Sandstein (ebenda, Heft 20) zu Brückengelenken (Quader mit zylindrischer Fläche auf ebenem Quader) durchgeführt hat, lehren, daß die Zerstörung der Granit- bzw. Sandsteinkörper nicht durch die in der Mitte der Berührungsfläche sich einstellende, von Hertz bestimmte größte Druckspannung

$$\sigma_{max} = \frac{4}{\pi} \frac{P}{b\,l},$$

worin b durch Gleichung 15b bestimmt ist, sondern durch auftretende Zugspannungen herbeigeführt wird. Die photographischen Abbildungen Abb. 3 und 4 bzw. Abb. 4 und 9 in den beiden Veröffentlichungen lassen das deutlich erkennen.

gelangt damit auf ein Gebiet, das jedenfalls noch der Klarstellung bedarf. Ob diese zur Aufklärung der Tatsache, daß Versuche mit verschieden gekrümmten Körpern aus gleichem Material keine übereinstimmenden Pressungen für die Elastizitätsgrenze und somit keine übereinstimmenden Werte für die Härte des gleichen Materials ergaben, beitragen wird, mag zunächst dahingestellt bleiben.

Hinsichtlich der Versuche, die Härte auf dem von Hertz vorgeschlagenen Wege zu bestimmen, sei insbesondere auf die Arbeiten von Auerbach in Wiedemanns Annalen verwiesen.

In bezug auf die Härteprüfung von Kugeln s. die in der Fußbemerkung 1, S. 222 angegebenen Veröffentlichungen. Stribeck sagt hierüber: „Werden 2 Kugeln aus gleichem Material mit der Kraft P gegeneinander gedrückt, so bildet sich eine kreisförmige Druckfläche aus, deren Halbmesser a mm beträgt. Läßt man die Belastung von Null an stetig wachsen, so nimmt die Druckfläche zunächst nach Maßgabe von $\sqrt[3]{P^2}$“ (vgl. Gleichung 11) „und die durchschnittliche Pressung $\sigma = \frac{P}{\pi a^2}$ entsprechend $\sqrt[3]{P}$ zu. Aber schon nach Überschreitung der Proportionalitätsgrenze ändert sich die Abhängigkeit von P in dem Sinne, daß die Druckfläche rascher und demgemäß die Pressung langsamer zunimmt, und zwar solange, bis sich schließlich die Druckfläche im gleichen Verhältnis wie die Kraft ändert, und demzufolge die Pressung konstant bleibt. Diese konstante Pressung, die sich auch durch eine Steigerung der Belastung bis zum Eintritt des Bruches nicht mehr vergrößern läßt, wird die Druckhärte oder kurz die Härte der Kugeln (Widerstand gegen Eindringen) genannt. Sie ergibt sich für gute Kugeln aus gehärtetem Gußstahl zwischen 780 und 850 kg/qmm. Von kleinen Kugeln wird man die größere Härte, von 2″ (50,8 mm-) Kugeln noch etwa 780 erwarten dürfen. Bei Kugeln, die nach innen zu weicher werden, nimmt die Pressung nachdem sie ihren größten Betrag erreicht hat, sogar wieder ab.“

Über die übliche Kugeldruckprobe s. S. 219 Fußbemerkung.

Wie sich aus dem Vorstehenden ergibt, ist die entwerfende und ausführende Technik genötigt, die Koeffizienten k der Gleichungen 13 und 17, die von ihr schon seit langer Zeit auf Grund von gewissen Annahmen entwickelt worden waren, nach wie vor durch unmittelbare Versuche festzustellen.

Mit Rücksicht hierauf und in Anbetracht, daß den älteren Betrachtungen, die zu den Gleichungen 13 und 17 führten, schon wegen ihrer Einfachheit eine gewisse Bedeutung zuerkannt werden muß, sei im nachstehenden der Fall, daß Kugeln gegeneinander gepreßt werden, Abb. 26, in der älteren Weise behandelt.

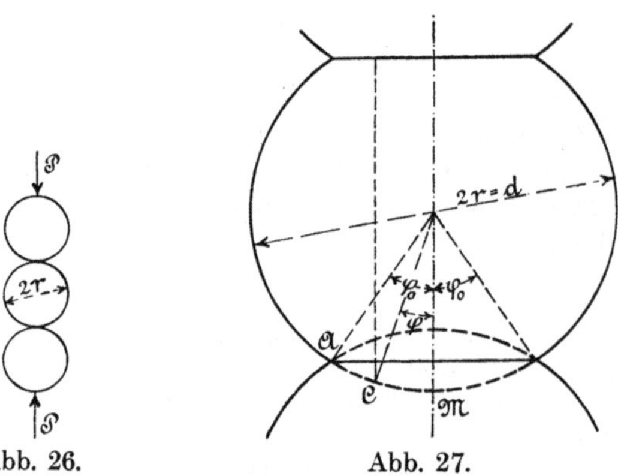

Abb. 26. Abb. 27.

Infolge der Zusammendrückbarkeit des Materials berühren sich die Kugeln unter der Einwirkung der Belastung in einer kleinen Kreisfläche gemäß der in übertriebenem Maße gegebenen Darstellung Abb. 27, wobei wir die mittlere der drei Kugeln, die gleichen Durchmesser besitzen, ins Auge fassen wollen.

Für den beliebigen Punkt C der ursprünglichen Kreislinie MCA sei die Zusammendrückung in Richtung der Belastung

$$x = r\,(1 - \cos\varphi_0) - r\,(1 - \cos\varphi) = r\,(\cos\varphi - \cos\varphi_0),$$

woraus bei Beachtung, daß

$$\cos\varphi = \sqrt{1 - \sin^2\varphi}$$

und φ sowie φ_0 sehr kleine Winkel sind, also

$$\cos\varphi = \sim \sqrt{1 - \varphi^2} = \sim 1 - \frac{\varphi^2}{2}$$

$$\cos\varphi_0 \qquad = \sim 1 - \frac{\varphi_0^2}{2},$$

folgt

$$x = r\,\frac{\varphi_0^2 - \varphi^2}{2}.$$

Unter der Voraussetzung, daß sich diese Zusammendrückung gleichmäßig durch die Kugel hindurch fortpflanzt, fände sich die verhältnismäßige Zusammendrückung in C

$$\varepsilon = \frac{x}{r} = \frac{\varphi_0^2 - \varphi^2}{2},$$

der die Normalspannung

$$\sigma = \frac{\varphi_0^2 - \varphi^2}{2\alpha}$$

entsprechen würde, falls die bezeichnete Voraussetzung erfüllt wäre und Kräfte senkrecht zur Richtung von x nicht einwirkten. Letzteres erkennt man sofort als unzutreffend, da die Faser, die im Punkte C in Richtung der Belastung gedacht werden kann, durch das sie umschließende Material bei der Zusammendrückung gehindert ist, sich quer zu dehnen. Dieser seitliche Zusammenhang mit dem Material wird auch eine gleichmäßige Fortpflanzung der Zusammendrückung der Faser durch die Kugel hindurch hindern. Infolge dieser Umstände muß der Ausdruck für σ mit einem aus Versuchen zu bestimmenden Berichtigungskoeffizienten ψ multipliziert werden, der ganz allgemein den Abweichungen Rechnung zu tragen hat, die zwischen der Wirklichkeit und den gemachten Voraussetzungen bestehen. Aller Wahrscheinlichkeit nach ist ψ mit φ veränderlich, wohl auch sonst noch von den Umständen beeinflußt. Nichtsdestoweniger wurde der Koeffizient ψ, um die Rechnung überhaupt und einfach durchführen zu können, als Konstante angenommen und ihre mittlere Größe bis zur Ermittlung durch Versuche auf etwa 3 geschätzt.

Damit ergibt sich

$$\sigma = \psi \frac{\varphi_0^2 - \varphi^2}{2\alpha} \quad \dots\dots\dots\dots \quad 19)$$

Den größten Wert erlangt σ für $\varphi = 0$, d. i. in der Mitte,

$$\sigma_{max} = \psi \frac{\varphi_0^2}{2\alpha}.$$

Der Gleichgewichtszustand bedingt

$$P = \int_0^{\varphi_0} \sigma \cdot 2\pi r \varphi \cdot r d\varphi = \frac{\psi\pi}{\alpha} r^2 \int_0^{\varphi_0} (\varphi_0^2 - \varphi^2)\varphi d\varphi = \frac{\psi\pi}{4\alpha} \varphi_0^4 r^2,$$

woraus mit

$$\varphi_0 = \sqrt{\frac{2\alpha}{\psi}\sigma_{max}} \quad \dots\dots\dots\dots \quad 20)$$

$$P = \frac{\pi}{\psi} \alpha \sigma_{max}^2 r^2 = \frac{\pi}{4\psi} \alpha \sigma_{max}^2 d^2 \quad \ldots \ldots \quad 21)$$

$$P = kd^2, \quad \ldots \ldots \ldots \ldots \quad 22)$$

sofern

$$k = \frac{\pi}{4\psi} \alpha \sigma_{max}^2 \quad \ldots \ldots \ldots \quad 23)$$

Gleichung 22 stimmt mit Gleichung 13 vollständig überein.

In ähnlicher Weise läßt sich auch die Entwicklung für den Zylinder durchführen. Sie führt zu

$$P = kld, \quad \ldots \ldots \ldots \ldots \quad 24)$$

wenn l die Länge des Zylinders ist, und P die Gesamtbelastung für den Zylinder bedeutet, also ganz zum gleichen Ergebnis, wie oben in Gleichung 17 ausgesprochen. Für den Wert k der Gleichung 24 ergibt sich der Ausdruck

$$k = 0{,}94 \sqrt{\frac{\alpha \sigma_{max}^3}{\psi}} \quad \ldots \ldots \ldots \quad 25)$$

Dabei ist jedoch die Größe von k ebensowenig aus Gleichung 23 bzw. 25 zu berechnen, wie dies aus Gleichung 14 oder 18 zu geschehen hat, k ist vielmehr durch Versuch unmittelbar zu bestimmen, wie S. 222 u. f. angegeben wurde.

Daß die Gesetzmäßigkeit, wie sie in den Gleichungen 23 bzw. 25 für k zum Ausdruck gelangt, nicht beanspruchen kann, genau zu sein, folgt aus dem Gange der Rechnung.

Eine Beziehung für die größte am Rande der Druckfläche auftretende Zugbeanspruchung liefert die Annäherungsrechnung ebensowenig wie die Hertzschen Entwicklungen; doch läßt, wie schon oben angedeutet, Abb. 27 deutlich erkennen, daß infolge der starken Abbiegung, die die Körperelemente am Rande der Druckfläche (bei A) erfahren, bedeutende Zugspannungen auftreten werden, die bei spröden Materialien zu dem beobachteten Kreissprung (S. 223) führen können.

§ 14. Hinderung der Querdehnung.

Wie wir in § 11 sahen, wird der Widerstand, den ein auf Druck in Anspruch genommener Körper leistet, schließlich dadurch überwunden, daß das Material nach der Seite hin ausweicht. Daraus folgt, daß der Widerstand an sich unüberwindbar erscheint, wenn das Material gehindert wird, nach der Seite auszuweichen, d. h. wenn genügend große Druckkräfte auf die Mantelflächen wirken.

Dieser Satz gilt nicht bloß für feste, sondern auch für flüssige

Körper. Denken wir uns beispielsweise einen genügend festen Hohlzylinder, zum Teil gefüllt mit Wasser, auf dem ein gegen die Zylinderwandung vollkommen abdichtender Kolben ruht. Wie stark wir auch — innerhalb der Widerstandsfähigkeit des Hohlzylinders — den Kolben belasten, das nach allen Seiten hin am Entweichen gehinderte Wasser trägt die Belastung, weist also trotz seiner tropfbar flüssigen Natur unter diesen Umständen eine große Widerstandsfähigkeit gegen Druck auf.

Die Erscheinung ist eine ähnliche wie die in § 7 erörterte. Dort handelt es sich um den Einfluß gehinderter Zusammenziehung, hier um denjenigen der Hinderung der Querdehnung, die die Druckkraft zur Folge haben würde, wenn Kräfte auf die Mantelfläche senkrecht zur Achse nicht tätig wären. Die in § 7 enthaltenen Gleichungen gelten in sinngemäßer Weise auch hier. Insbesondere folgt daraus, daß die Beziehung

$$\sigma = \frac{\varepsilon}{\alpha} \text{ oder } \varepsilon = \alpha\sigma,$$

die bei dem nur in Richtung der Achse gedrückten Stab zwischen der Spannung — σ (Pressung) und der Dehnung — ε (Kürzung) sowie der Dehnungszahl α gegenüber Druckbeanspruchung besteht, nicht mehr gültig ist, sobald auch Kräfte senkrecht zur Stabachse angreifen[1]). Solche Kräfte wirken bei den Versuchskörpern in der Regel auf die Stirnflächen; sie rühren hier her von der Reibung, die bei der Pressung zwischen Druckplatte der Prüfungsmaschine und Stirnfläche des Probekörpers durch das Bestreben des letzteren, sich quer auszu-

[1]) Damit hängt es dann auch zusammen, daß die zulässige Druckanstrengung im Falle gehinderter Querdehnung größer genommen werden darf. Die in Abb. 1 auf Druck beanspruchte Bleischeibe vom Durchmesser $d = 35$ mm und der Höhe $h = 10$ mm würde nach den Versuchen § 13, Ziff. 1 d, eine Belastung von

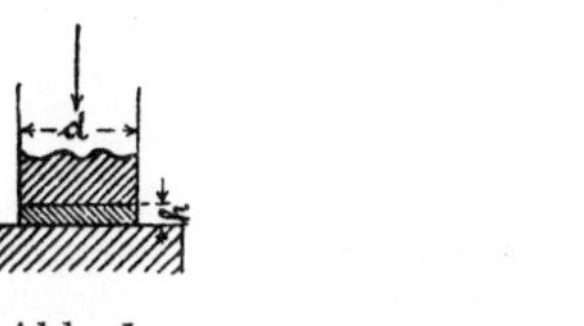

Abb. 1.

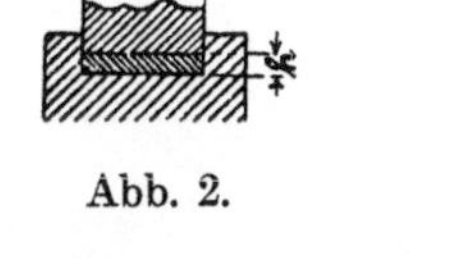

Abb. 2.

126 kg/qcm nicht mehr vertragen. Dieselbe Bleischeibe, nach Abb. 2 vertieft eingelegt, so daß das Blei nach der Seite nicht ausweichen kann, verträgt die doppelte Belastung und mehr.

Mörtel in Mauerfugen zeigt eine höhere Widerstandsfähigkeit als seine Druckfestigkeit, ermittelt am Würfel, erwarten läßt.

Eingehende Versuche mit Marmorkörpern unter der Einwirkung allseitigen Druckes sind von v. Karmán angestellt worden, über deren Ergebnisse in Heft 118 (1912) der Mitteilungen über Forschungsarbeiten berichtet ist.

dehnen, wachgerufen wird. Infolge dieser Reibung, die die volle Reinheit der Erscheinung der Druckelastizität und Druckfestigkeit mehr oder weniger beeinträchtigen muß[1]), beträgt die Querdehnung in der Mitte des Probekörpers mehr als an den Stirnflächen, wie die Abb. 2, Taf. VIII, und 3, Taf. IX, deutlich erkennen lassen; ferner muß infolge der an den Stirnflächen vorhandenen Hinderung der Querdehnung die Druckfestigkeit niederer Körper sich größer ergeben als diejenige höherer Körper, bei denen der Einfluß dieser Hinderung um so mehr zurücktritt, je größer die Höhe ist. (Vgl. Abb. 1, S. 205, Abb. 6, S. 208.)

Ist ε die durch eine Druckkraft in Richtung der Stabachse veranlaßte Zusammendrückung für die Länge 1, so wird die hiermit verknüpfte Querdehnung ε_q nach allen zur Achse senkrechten Richtungen als gleich groß angesehen und, bezogen auf die Längeneinheit, gemessen durch

$$\varepsilon_q = \frac{\varepsilon}{m} \quad \ldots \ldots \ldots \ldots \quad 1)$$

Für ein und dasselbe Material pflegt man die Größe m in Gleichung 1, § 7, und 1, § 14, als gleich zu betrachten, also das Verhältnis der Dehnung (in Richtung der Stabachse) zur Zusammenziehung (senkrecht zur Achse) bei Zugbeanspruchung gleichzusetzen dem Verhältnis der verhältnismäßigen Zusammendrückung zur Querdehnung bei Druckbeanspruchung. (Vgl. § 7.)

§ 15. Theorien der Druckfestigkeit.

Über den Vorgang des Zerdrückens sind zwei Hauptanschauungen geltend gemacht worden.

Die ältere, von Coulomb herrührende, denkt sich nach Maß-

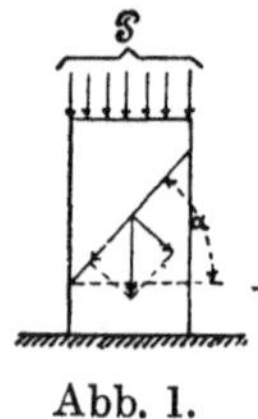

Abb. 1.

[1]) Auf der Hinderung der Querdehnung beruht auch die Wirksamkeit der Eisenspiralen, die in Betonsäulen am Umfange derselben eingelegt sind.

Da die Körper, welche Druckversuchen unterworfen werden, verhältnismäßig kurz zu sein pflegen, so wird die Bestimmung der Querdehnung durch unmittelbare Messung derselben für die verschiedenen Querschnitte leicht zu verschiedenen Werten führen können. Man wird deshalb bei Dehnungsmessungen die Meßlänge ausreichend kleiner als die Stablänge, somit diese entsprechend groß wählen müssen.

gabe der Abb. 1 das Zerdrücken durch Abschieben erfolgend und dabei die Druckkraft P in zwei Seitenkräfte

$P \sin \alpha$, wirkend in der Gleitungsebene,

$P \cos \alpha$, senkrecht dazu,

zerlegt. Wird der Widerstand gegen Gleiten für das Quadratzentimeter mit K_s (Schubfestigkeit) bezeichnet, so findet sich, sofern f den Querschnitt des Prisma bedeutet:

$$P \sin \alpha = K_s \frac{f}{\cos \alpha}$$

$$\frac{P}{f} = K_s \frac{2}{\sin 2\alpha}.$$

Das Gleiten wird die kleinste Kraft P erfordern, wenn $\sin 2\alpha$ am größten ausfällt, d. i., wenn $\alpha = 45^0$; womit nach Einführung der Druckfestigkeit

$$K = \frac{P}{f}$$

sich ergibt

$$K = 2\,K_s,$$

d. h. die Druckfestigkeit müßte gleich dem Doppelten der Schubfestigkeit sein.

Diese Theorie wurde später durch Hereinziehung der von $P \cos \alpha$ veranlaßten Reibung ergänzt.

Die zweite Anschauung faßt die Querdehnung ins Auge (§ 11) und nimmt an, daß das Zerdrücken stattfinde, wenn dieselbe so groß geworden wie die Längsdehnung beim Zerreißen im Falle von Zugbeanspruchung. Mit der Genauigkeit, mit der die Längsdehnung drei- bis viermal so groß angenommen werden darf wie die Querdehnung, findet sich auf diesem Wege die Druckfestigkeit gleich dem Drei- bis Vierfachen der Zugfestigkeit, was beispielsweise für das Gußeisen § 13, Ziff. 1a, mit Annäherung zutreffen würde.

Beide Lehren haben durch Druckversuche nicht die erforderliche Bestätigung erfahren.

Eine neuere Theorie geht von der z. B. aus Abb. 1, Taf. VIII, ersichtlichen Rutschkegelbildung aus und nimmt auch Rücksicht auf das Verhalten zäher Stoffe, doch dürfte noch weitere Klarstellung abzuwarten sein, weshalb zunächst der Hinweis auf die Arbeiten von Riedel, Mitt. über Forschungsarbeiten, Heft 141 (1913) und Zeitschrift des Vereines deutscher Ingenieure 1922, S. 566, sowie von Tafel, Stahl und Eisen 1914, S. 19 genügen dürfte.

Eine befriedigende Theorie der Druckfestigkeit würde diese jedenfalls als Funktion der Höhe geben müssen (§ 13).

III. Biegung.

Die auf den geraden stabförmigen Körper wirkenden Kräfte treffen dessen Achse rechtwinklig und geben für jeden Querschnitt ein Kräftepaar, dessen Ebene senkrecht auf demselben steht.

§ 16. Gleichungen der Biegungsanstrengung und der elastischen Linie unter der Voraussetzung, daß der Stabquerschnitt symmetrisch ist, und daß die Ebene des Kräftepaares in die Symmetrie-Ebene des Stabes fällt oder ihr parallel ist[1]).

Bei der Entwicklung dieser Beziehung pflegt man von der durch Abb. 1 dargestellten Sachlage aus in folgender Weise vorzugehen.

Der bei A als eingespannt vorausgesetzte Balken AB ist am freien Ende B durch die Kraft P belastet, hinsichtlich welcher angenommen wird, daß sie in die Ebene und Richtung der einen Hauptachse des Stabquerschnittes falle. (Über das Kennzeichen der beiden Hauptachsen eines Querschnittes vgl. § 21, Ziff. 1.) Die Kraft P ergibt dann für den beliebigen, um x von A abstehenden Querschnitt CC ein Kräftepaar, dessen Moment $P\,(l - x)$ ist, und dessen Ebene den Querschnitt senkrecht schneidet, sowie eine in die Querschnittsebene fallende Kraft P. Die letztere wird als nicht vorhanden angesehen und damit die oben als Voraussetzung der einfachen Biegung hingestellte

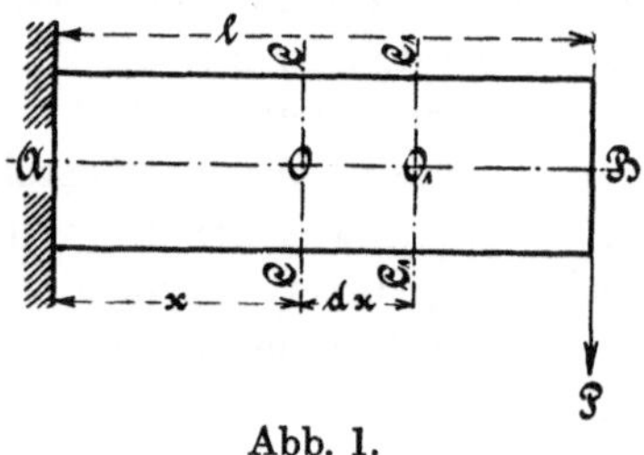

Abb. 1.

Bedingung, daß sich die äußeren Kräfte für jeden Querschnitt durch ein Kräftepaar ersetzen lassen, dessen Ebene den letzteren rechtwinklig schneidet, erfüllt gedacht.

[1]) Den Nachweis, daß die Hauptgleichungen 12 (S. 236) der Biegungslehre Symmetrie des Querschnittes, wie oben angegeben, voraussetzen, hat Verfasser durch die S. 267 u. f. besprochenen Versuche erbracht. Bis dahin wurde allgemein angenommen, daß die Symmetrie nicht nötig sei, daß es ausreiche, wenn die Ebene des Kräftepaares den Querschnitt in einer der beiden Hauptachsen schneide.

Es bezeichne mit Bezugnahme auf die Abb. 1 bis 7:

M_b das Moment des biegenden Kräftepaares hinsichtlich des in Betracht gezogenen Querschnittes,

η den Abstand eines Flächenstreifens $df = z d\eta$ im letzteren von derjenigen Hauptachse, die senkrecht zur Ebene des Kräftepaares steht, d. i. hier OO (Abb. 7),

$\Theta = \int \eta^2 df = \int \eta^2 \, z d\eta$ das Trägheitsmoment des Querschnittes hinsichtlich dieser Hauptachse,

e_1 den größten positiven Wert von η (Abstand der am stärksten gezogenen oder gespannten Faser),

e_2 den größten negativen Wert von η (Abstand der am stärksten gedrückten Faser),

$e = e_1 = e_2$, sofern der Querschnitt so beschaffen ist, daß beide Abstände gleich groß sind,

σ die durch M_b im Abstand η, d. h. im Flächenstreifen $df = z d\eta$ hervorgerufene Spannung,

k_z bzw. k die zulässige Anstrengung des Materials auf Zug bzw. Druck,

x und y die Koordinaten des beliebigen Punktes O der elastischen Linie, d. h. der Kurve, in die die ursprünglich gerade Stabachse bei der Biegung übergeht, bezogen auf das aus Abb. 2 ersichtliche Koordinatensystem,

ϱ den Krümmungshalbmesser der elastischen Linie in dem beliebigen Punkte O,

α die Dehnungszahl, d. i. die Änderung der Längeneinheit für das Kilogramm Spannung.

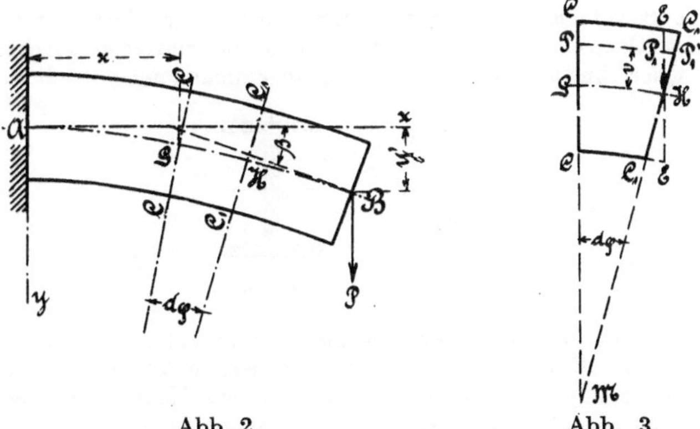

Abb. 2. Abb. 3.

Unter der Einwirkung der Kraft P biegt sich der Stab, wie Abb. 2 erkennen läßt. Infolgedessen werden ursprünglich parallele Querschnitte CC und C_1C_1, Abb. 1, die um $dx = OO_1$ voneinander abstehen, diesen Parallelismus verloren haben und einen gewissen Winkel $CMC_1 = d\varphi$, Abb. 2 und 3, miteinander einschließen. Daß sie eben und senkrecht zur Mittellinie bleiben, wird vorausgesetzt. Die oberhalb einer gewissen Faserschicht, die sich in $\overline{GH}$, Abb. 2 und 3, darstellt, liegenden Fasern haben sich gedehnt, die unterhalb gelegenen verkürzt. In der bezeichneten Faserschicht ist die Dehnung gleich Null, weshalb sie „neutrale Schicht" genannt wird.

Für den in Betracht gezogenen Querschnitt CGC findet sich die verhältnismäßige Dehnung ε im Abstand v von der Geraden, die sich in G projiziert, aus der Erwägung, daß bei EHP_1E $CGPC$ die Strecke $\overline{PP_1} = \overline{CE} = \overline{GH} = dx$ infolge der Biegung übergegangen ist in $\overline{PP_1'}$, also

$$\varepsilon = \frac{\overline{PP_1'} - \overline{PP_1}}{\overline{PP_1}} = \frac{\overline{P_1P_1'}}{\overline{GH}} = \frac{v\,d\varphi}{dx} \quad \ldots\ldots\ldots \quad 1)^{1)}$$

Die hiermit verknüpfte Spannung σ ergibt sich unmittelbar aus dem Begriff der Dehnungszahl α nach Gleichung 2, § 2, zu

$$\sigma = \frac{\varepsilon}{\alpha} = \frac{v}{\alpha}\frac{d\varphi}{dx}, \quad \ldots\ldots\ldots\ldots \quad 2)$$

sofern Kräfte senkrecht zur Stabachse auf die Faserschicht nicht einwirken (vgl. § 7 und § 14).

Die so im Innern des Stabes durch das Moment M_b wachgerufenen Kräfte müssen sich mit diesem im Gleichgewicht befinden. Dazu gehört, daß die algebraische Summe dieser inneren Kräfte in Richtung der Stabachse gleich Null, und daß sie ein Moment liefern, das gleich

[1]) Diese Beziehung wird nur dann für sämtliche im Abstande v gelegenen Elemente des Querschnittes richtig sein, wenn die einzelnen Flächenelemente des ganzen Querschnittes ausreichend innig zusammenhängen. Für volle Quer-

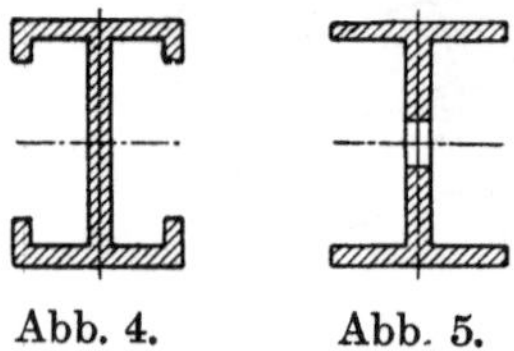

Abb. 4. Abb. 5.

schnitte, wie Kreis, Rechteck usw., ist diese Voraussetzung erfüllt, für Querschnitte, wie z. B. Abb. 4, um so unvollkommener, je dünner die Rippen sind und je weiter sie ausladen. In noch weit höherem Maße kann diese Unvollkommenheit sich einstellen bei getrennten Querschnitten, wie z. B. Abb. 5, deshalb, weil die Flächenelemente der beiden Querschnittsteile bei vorhandener Schubkraft nicht in derselben Ebene verbleiben. (Vgl. § 52.) In solchen Fällen kann die Benutzung der Gleichungen 9 bis 12 unter Umständen zu einer außerordentlich weitgehenden Überschätzung der Widerstandsfähigkeit führen.

und entgegengesetzt M_b ist. Die erste Forderung gibt, wenn der im Abstande v von der neutralen Schicht liegende Flächenstreifen mit df bezeichnet wird,

$$\int \sigma \, d f = 0, \quad \ldots \ldots \ldots \ldots \quad 3)$$

genommen über den ganzen Querschnitt. Mit Rücksicht auf Gleichung 2 sowie in Anbetracht, daß der Quotient $\frac{d\varphi}{dx}$ für sämtliche Streifen eines und desselben Querschnittes den gleichen Wert besitzt, findet sich aus der Gleichung 3

$$\int \frac{1}{\alpha} v \, d f = 0 \quad \ldots \ldots \ldots \ldots \quad 4)$$

Unter der Voraussetzung, daß die Dehnungszahl α für alle Punkte des Querschnittes gleich groß, also unabhängig von der Größe und dem Vorzeichen der Spannung σ oder der Dehnung ε ist, folgt

$$\int v \, d f = 0, \quad \ldots \ldots \ldots \quad 5)$$

d. h. die Gerade, in der die Dehnungen und die Spannungen den Wert Null besitzen, die sogenannte „neutrale Achse“ oder „Nullachse“, geht durch den Schwerpunkt des Querschnittes und ist, da die Ebene der äußeren Kräfte den letzteren in der einen Hauptachse schneidet, die andere Hauptachse desselben. Somit ist unter Beachtung von Abb. 6 und 7, worin $\overline{OO}$ die Nullachse bedeutet, zu setzen

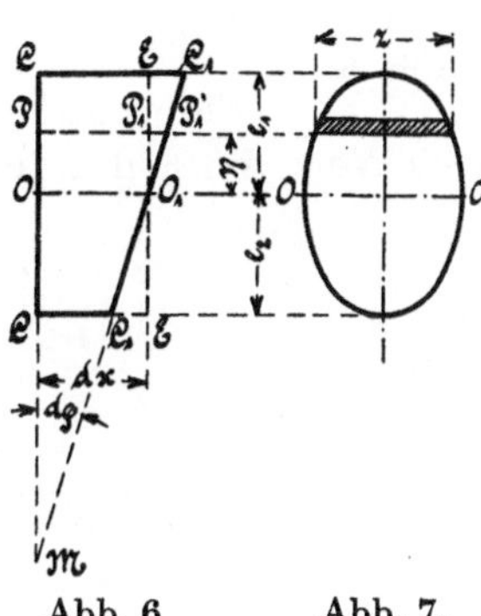

Abb. 6 Abb. 7.

$$v = \eta.$$

Die zweite Bedingung liefert

$$\int \sigma \, d f \cdot \eta = M_b \quad \ldots \ldots \ldots \ldots \quad 6)$$

und nach Maßgabe der Gleichung 2 unter der bezüglich α unmittelbar vorher ausgesprochenen Voraussetzung

$$M_b = \frac{1}{\alpha} \frac{d\varphi}{dx} \int \eta^2 \, d f,$$

woraus mit

$$\int \eta^2 \, d f = \Theta, \quad \ldots \ldots \ldots \ldots \quad 7)$$

d. i. das Trägheitsmoment des Querschnittes in bezug auf OO,

$$M_b = \frac{\Theta\, d\varphi}{\alpha\, dx} \quad \ldots\ldots\ldots\ldots \quad 8)$$

oder

$$\frac{d\varphi}{dx} = \alpha \frac{M_b}{\Theta},$$

womit Gleichung 2 übergeht in

$$\sigma = \frac{M_b}{\Theta} \eta \quad \ldots\ldots\ldots\ldots \quad 9)$$

Hiernach sind die Spannungen proportional dem Abstande der Flächenelemente von der Nullachse, wie in Abb. 8 dargestellt ist.

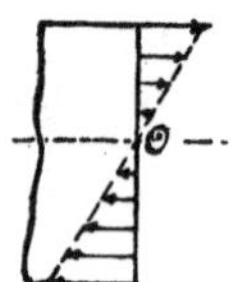

Abb. 8.

Damit ergibt sich die größte Zugspannung σ_1 für den größten positiven Wert von η, d. i. nach Abb. 7 für $\eta = + e_1$, zu

$$\sigma_1 = \frac{M_b}{\Theta} e_1, \quad \ldots\ldots\ldots \quad 10)$$

die größte Druckspannung σ_2 für den größten negativen Wert von η, d. i. für $\eta = - e_2$, zu

$$\sigma_2 = -\frac{M_b}{\Theta} e_2, \quad \ldots\ldots\ldots\ldots \quad 11)$$

so daß

$$\left.\begin{array}{ll} k_z \geqq \dfrac{M_b}{\Theta} e_1 & k \geqq \dfrac{M_b}{\Theta} e_2 \\ \text{oder} & \\ M_b \leqq k_z \dfrac{\Theta}{e_1} & M_b \leqq k \dfrac{\Theta}{e_2}. \end{array}\right\} \quad \ldots\ldots \quad 12)$$

Ist ϱ der Abstand des Punktes M, in dem sich die Durchschnittslinie der beiden Querschnitte (Abb. 3 und 6) projiziert, von dem Punkte O, Abb. 6, also der Krümmungshalbmesser der jetzt gekrümmten Stabachse, d. h. der elastischen Linie im Punkte O, so findet sich

$$dx = \varrho\, d\varphi$$

$$\varrho = \frac{dx}{d\varphi} = \frac{\Theta}{\alpha M_b}$$

oder

$$\frac{1}{\varrho} = \alpha \frac{M_b}{\Theta} \quad \ldots\ldots\ldots\ldots \quad 13)$$

Der reziproke Wert des Krümmungshalbmessers, d. h. die Krümmung, ist hiernach proportional der Dehnungszahl α, dem biegenden Moment M_b und umgekehrt proportional dem Trägheitsmoment Θ.

Mit der Annäherung, mit welcher der allgemein gültige Ausdruck

$$\frac{\left[1+\left(\frac{dy}{dx}\right)^2\right]^{\frac{3}{2}}}{\pm\frac{d^2y}{dx^2}}=\varrho$$

ersetzt werden darf durch

$$\frac{1}{\varrho}=\pm\frac{d^2y}{dx^2}, \quad \ldots\ldots\ldots\ldots \quad 14)$$

was wegen $1+\left(\frac{dy}{dx}\right)^2 = \sim 1$ zulässig erscheint für Durchbiegungen des Stabes, die klein sind im Verhältnis zur Stablänge, findet sich

$$M_b=\pm\frac{\Theta}{\alpha}\frac{d^2y}{dx^2} \quad \text{oder} \quad \frac{d^2y}{dx^2}=\pm\frac{\alpha}{\Theta}M_b \quad \ldots\ldots \quad 15)$$

§ 17. Trägheitsmomente.

Die in § 16 entwickelten Hauptgleichungen setzen im Falle ihrer Benutzung die Kenntnis des betreffenden Trägheitsmomentes voraus. Hinsichtlich der Berechnung desselben sei folgendes bemerkt.

Ist

Θ das Trägheitsmoment des Querschnittes in bezug auf die Schwerpunktsachse OO, Abb. 1, also $\Theta=\int\eta^2\,df=\int\eta^2 z\,d\eta$,

Θ_1 das Trägheitsmoment desselben Querschnittes in bezug auf die Achse QQ, die im Abstande a zu OO parallel läuft, demnach $\Theta_1=\int(\eta+a)^2\,df$,

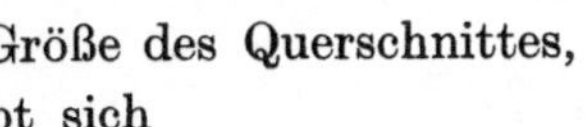

f die Größe des Querschnittes,

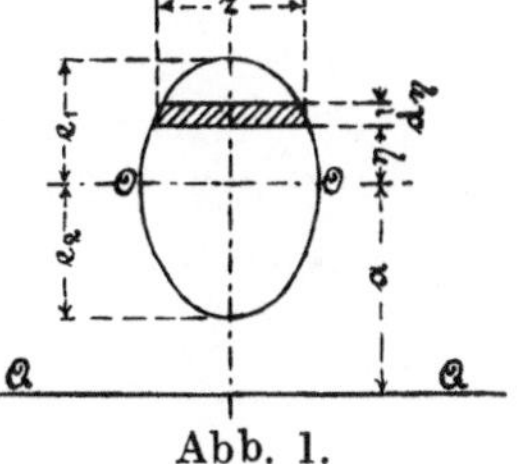

Abb. 1.

so ergibt sich

$$\Theta_1=\int(\eta+a)^2\,df=\int\eta^2\,df+2a\int\eta\,df+a^2\int df$$

und unter Beachtung, daß

$$\int\eta^2\,df=\Theta \qquad \int\eta\,df=0 \qquad \int df=f$$

$$\Theta_1=\Theta+a^2f \quad \ldots\ldots\ldots\ldots \quad 1)$$

Von diesem Hilfssatz, der ausspricht, daß das Trägheitsmoment in bezug auf die Achse QQ gleich ist dem Trägheitsmoment hinsichtlich der zu QQ parallelen Schwerpunktsachse OO, vermehrt um das Produkt aus Querschnittsfläche und Quadrat des Abstandes der beiden Achsen, läßt sich oft mit Vorteil Gebrauch machen.

Bei der Anwendung dieser Beziehung, sowie überhaupt der Trägheitsmomente sind die Voraussetzungen im Auge zu behalten, die in § 16 zur Gleichung 9 führen. (Vgl. Fußbemerkung S. 234, sowie § 20.)

1. Rechteck, Abb. 2.

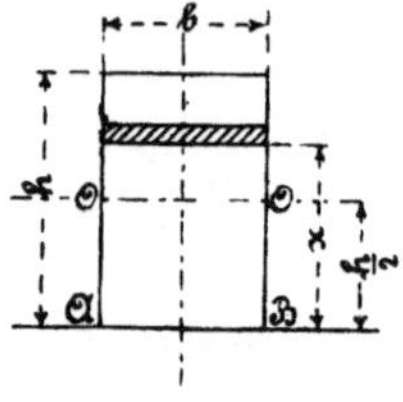

Abb. 2.

Das Trägheitsmoment in bezug auf die Seite AB beträgt

$$\Theta_1 = \int_0^h x^2\, b\, d x = \frac{1}{3}\, b h^3$$

folglich in bezug auf die um $\frac{h}{2}$ davon abstehende Schwerpunktsachse OO

$$\Theta = \Theta_1 - a^2 f = \frac{1}{3}\, b h^3 - \left(\frac{h}{2}\right)^2 b\, h = \frac{1}{12}\, b h^3 \quad . \; . \; . \; . \quad 2)$$

und

$$\frac{\Theta}{e} = \frac{\Theta}{\frac{h}{2}} = \frac{1}{6}\, b\, h^2 \quad . \; . \; . \; . \; . \; . \; . \; . \; . \; . \; . \; . \quad 3)$$

2. Dreieck, Abb. 3.

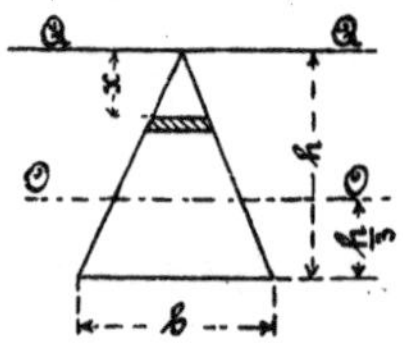

Abb. 3.

Für die Achse QQ

$$\Theta_1 = \int_0^h x^2 \left(b\, \frac{x}{h}\right) d x = \frac{1}{4}\, b\, h^3.$$

Für die um $\frac{2}{3}h$ davon abstehende Schwerpunktsachse OO

$$\Theta = \frac{1}{4}b h^3 - \left(\frac{2}{3}h\right)^2 \cdot \frac{1}{2}b h = \frac{1}{36}b h^3 \quad \text{. . . . . 4)}$$

3. Kreis, Abb. 4.

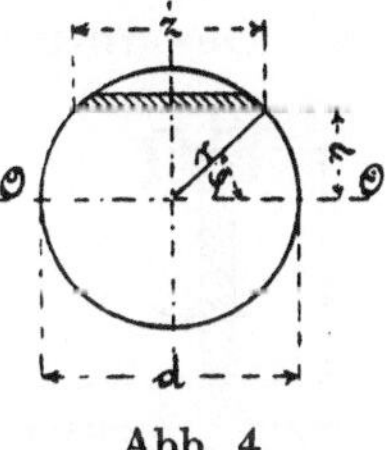

Abb. 4.

Für die Schwerpunktsachse OO wegen $\eta = r \sin\varphi$, $z = 2r\cos\varphi$

$$\Theta = \int_{-r}^{+r} \eta^2 z\, d\eta = 4r^4 \int_0^{\frac{\pi}{2}} \sin^2\varphi \cos^2\varphi\, d\varphi = \frac{\pi}{4} r^4$$

$$\Theta = \frac{\pi}{64} d^4 \quad \text{. . . . . 5)}$$

$$\frac{\Theta}{e} = \frac{\Theta}{\frac{d}{2}} = \frac{\pi}{32} d^3 = \sim \frac{1}{10} d^3 \quad \text{. . . . . 6)}$$

4. Ellipse, Abb. 5.

Wir denken uns die Ellipse in Verbindung gebracht mit dem sie umschließenden Kreis vom Radius a und beide Querschnitte in

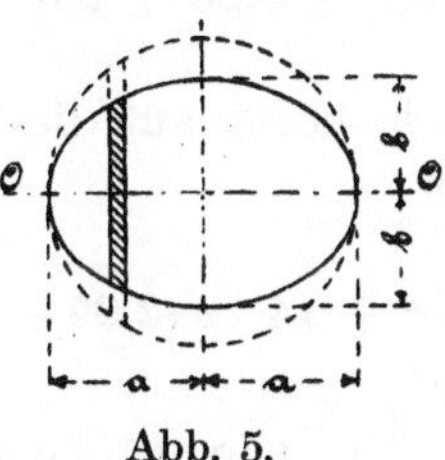

Abb. 5.

unendlich schmale Streifen senkrecht zur Achse OO geschnitten. Das Trägheitsmoment eines jeden Kreisstreifens verhält sich nach Gleichung 2 zu demjenigen des Ellipsenstreifens wie

$$1 : \left(\frac{b}{a}\right)^3.$$

Folglich ergibt sich das auf OO bezogene Trägheitsmoment der Ellipse nach Gleichung 5 zu

$$\Theta = \frac{\pi}{64}(2a)^4\left(\frac{b}{a}\right)^3 = \frac{\pi}{4}ab^3 \quad \ldots\ldots\ldots \quad 7)$$

5. Zusammengesetzte Querschnitte.

a) Rechnerische Bestimmung, Abb. 6.

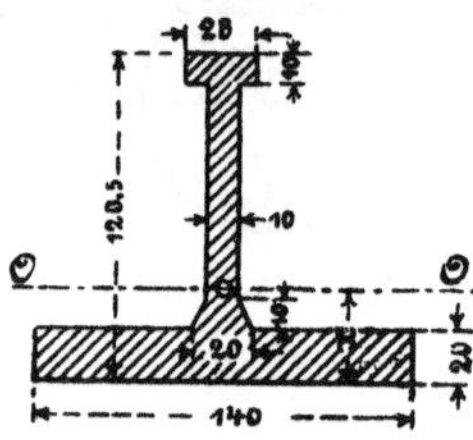

Abb. 6.

Der Querschnitt kann zusammengesetzt gedacht werden aus

dem liegenden Rechteck	$14 . 2 = 28$	qcm,
,, Dreieck	$\frac{1}{2} \cdot 1 \cdot 1 = 0{,}5$	,,
,, stehenden Rechteck	$1 \cdot (12{,}05 - 2 - 1) = 9{,}05$	,,
,, liegenden Rechteck	$2{,}8 \cdot 1 = 2{,}8$	,,

Die Lage der Schwerpunktsachse OO bestimmt sich aus

$$x = \frac{28\,\frac{2}{2} + 0{,}5\left(2+\frac{1}{3}\right) + 9{,}05 \cdot (2 + 9{,}05 \cdot 0{,}5) + 2{,}8 \cdot (12{,}05 - 0{,}5)}{28 + 0{,}5 + 9{,}05 + 2{,}8} = 2{,}99 \text{ cm}$$

und das Trägheitsmoment in bezug auf diese Achse nach Maßgabe der Gleichungen 2, 4 und 1 zu

$$\begin{aligned}\Theta = {} & \frac{1}{12}\,14{,}0 \cdot 2{,}0^3 + 14 \cdot 2\,(2{,}99 - 1)^2 \\ & + \frac{1}{36}\,1 \cdot 1^3 + \frac{1}{2}1 \cdot 1\,(2{,}99 - 2{,}33)^2 \\ & + \frac{1}{12}\,1 \cdot 9{,}05^3 + 1 \cdot 9{,}05\,(6{,}525 - 2{,}99)^2 \\ & + \frac{1}{12}\,2{,}8 \cdot 1^3 + 2{,}8 \cdot 1\,(11{,}55 - 2{,}99)^2 = 500{,}7 \text{ cm}^4.\end{aligned}$$

b) Zeichnerische Bestimmung, Abb. 7 bis 9.

Bei zusammengesetzten, insbesondere unregelmäßig begrenzten Querschnitten pflegt das folgende, von Mohr angegebene zeichnerische Verfahren rascher zum Ziele zu führen als der Weg der Rechnung.

Die Querschnittsfläche von der Größe f (im Falle des gewählten Beispiels Querschnitt einer Eisenbahnschiene) wird parallel zur Achse,

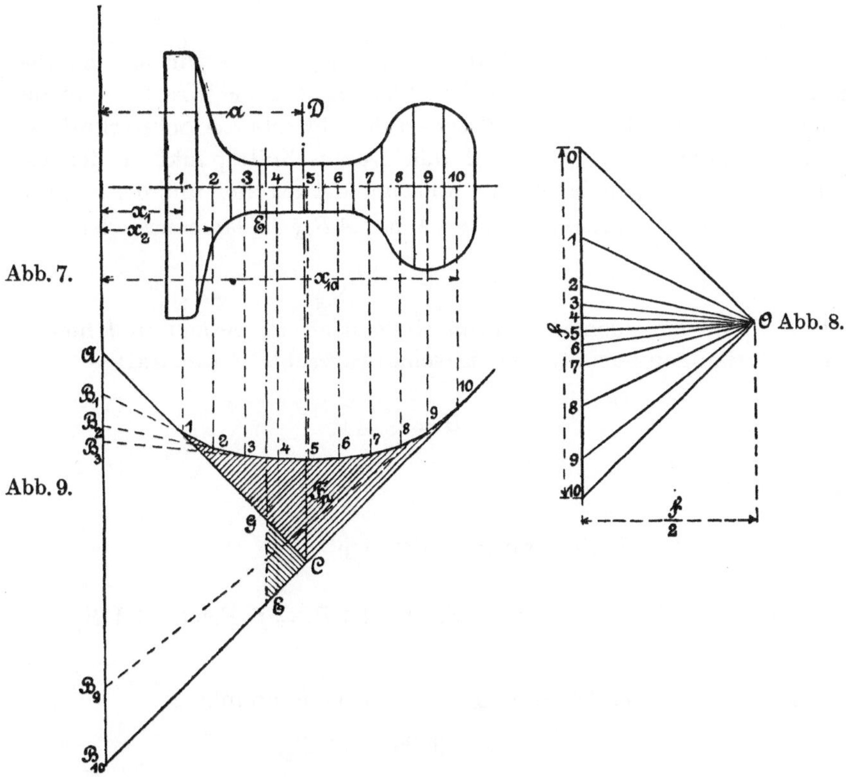

Abb. 7. Abb. 8. Abb. 9.

in bezug auf die das Trägheitsmoment gesucht werden soll, in eine Anzahl Streifen zerlegt; hierauf trägt man die Querschnitte $f_1 f_2 f_3 \dots f_{10}$ dieser Streifen als Strecken $f_1 = \overline{0\,1}$, $f_2 = \overline{1\,2}$, $f_3 = \overline{2\,3} \dots f_{10} = \overline{9\,10}$ auf einer zur genannten Achse parallelen Geraden auf (Abb. 8) und stellt sich diese Flächen als Schwerkräfte vor, die in den Schwerpunkten der Streifen angreifen; konstruiert mit dem symmetrisch zu 0 10 gelegenen und von dieser Linie um $\frac{f}{2}$ abstehenden Punkt O als Pol Kräfte- und Seilpolygon, Abb. 8 bzw. Abb. 9. In dem Schnittpunkt C (Abb. 9) der äußersten Polygonseiten 1 C und 10 C wird alsdann — wie ohne weiteres aus der Natur des Seilpolygons folgt — ein Punkt der gesuchten Schwerlinie $C D$ erhalten, während die von dem Seilpolygon 1 2 3...10 und den beiden Polygonseiten 1 C und 10 C eingeschlossene Fläche F_p (in Abb. 9 durch Strichlage, von links nach rechts ansteigend, bezeichnet) mit f multipliziert das Trägheitsmoment bezüglich der Schwerachse $C D$ liefert.

Beweis:

Auf den Knotenpunkt 1 des Seilpolygons, den wir uns herausgeschnitten denken, wirken in der Richtung C 1 die Kraft S_0, in der Richtung 1 2 die Kraft S_1 und senkrecht abwärts die Schwerkraft f_1. Dieselben ergeben in bezug auf den Durchschnittspunkt A der Geraden C 1 mit der beliebigen, zur Richtung der Streifen und der Schwerpunktsachse $C D$ parallel laufenden Achse $\overline{A B_{10}}$ die Momentengleichung

$$f_1 x_1 = H \cdot A B_1,$$

sofern S_1 in der eigenen Richtungslinie nach B_1 verlegt und hier in seine Vertikalkomponente und in seine wagrechte Seitenkraft

$$H = \frac{f}{2}$$

zerlegt wird..

Durch Multiplikation mit x_1 findet sich

$$f_1 x_1^2 = 2\,H \frac{\overline{AB_1} \cdot x_1}{2} = 2\,H \cdot \text{Fläche } A\,1\,B_1 = f \cdot \text{Fläche } A\,1\,B_1 .$$

In ganz gleicher Weise folgt für den Knotenpunkt 2

$$f_2 x_2^2 = f \cdot \text{Fläche } B_1\,2\,B_2,$$

für die folgenden Knotenpunkte

$$f_3\,x_3^2 = f \cdot \text{Fläche } B_2\,3\,B_3.$$

$$\vdots \qquad \vdots$$

$$f_{10}\,x^2_{10} = f \cdot \text{Fläche } B_9\,10\,B_{10}.$$

Nun ist das Trägheitsmoment Θ_1 des ganzen Querschnittes in bezug auf die Achse $A B_{10}$ — streng genommen allerdings nur unter Voraussetzung unendlich schmaler Streifen —

$$\begin{aligned}\Theta_1 &= f_1 x_1{}^2 + f_2 x_2{}^2 + f_3 x_3{}^2 + \ldots . + f_{10}\, x^2{}_{10}{}^{1)} \\ &= f \cdot (\text{Fläche } A\,1\,B_1 + \text{Fläche } B_1\,2\,B_2 + \text{Fläche } B_2\,3\,B_3 + \\ &\quad \ldots . + \text{Fläche } B_9\,10\,B_{10}) \\ &= f \cdot \text{Fläche } A\,1\,5\,10\,C\,B_{10}\end{aligned}$$

und in Hinsicht auf die Schwerpunktsachse CD nach Gleichung 1

$$\Theta = \Theta_1 - f a^2.$$

Unter Beachtung, daß Fläche $AB_{10}C = a^2$ (wegen $\sphericalangle\ ACB_{10} = 90^0$), wird

$$\begin{aligned}\Theta &= f \cdot (\text{Fläche } A\,1\,5\,10\,CB_{10} - \text{Fläche } ACB_{10}) \\ &= f \cdot \text{Fläche } 1\,5\,10\,C = f \cdot F_p,\end{aligned}$$

wie das Mohrsche Verfahren voraussetzt.

Für die Achse EE CD ist, wie nach Maßgabe des Erörterten ohne weiteres klar, das Trägheitsmoment

$$f \cdot (F_p + \text{Fläche } CEG),$$

d. h. gleich dem Produkt aus Stabquerschnitt und der Summe der beiden in Abb. 9 durch Strichlage hervorgehobenen Flächen.

c) Ermittlung durch Instrumente.

Durch Umfahren des Querschnittes mittelst „Integrators" lassen sich die Trägheitsmomente beliebig gestalteter Flächen rasch und ausreichend genau ermitteln. Solche Instrumente werden z. B. von der Firma J. Amsler-Laffon & Sohn in Schaffhausen a. Rh. geliefert.

---

[1]) Gemäß diesem Satze läßt sich beispielsweise für den Querschnitt Abb. 6 das Trägheitsmoment leicht in folgender Weise rechnerisch feststellen:

Nach Zerlegung des Querschnittes in 10 mm hohe Streifen findet sich

$$\begin{aligned}\Theta = \sim\ & 10 \cdot 28 \cdot 85{,}6^2 + 10 \cdot 10 \cdot 75{,}6^2 + 10 \cdot 10 \cdot 65{,}6^2 + 10 \cdot 10 \cdot 55{,}6^2 \\ & + 10 \cdot 10 \cdot 45{,}6^2 + 10 \cdot 10 \cdot 35{,}6^2 + 10 \cdot 10 \cdot 25{,}6^2 + 10 \cdot 10 \cdot 15{,}6^2 \\ & + 10 \cdot 10 \cdot 5{,}6^2 + 0{,}5 \cdot 10 \cdot 0{,}35^2 + 0{,}5\,(10 + 20)\,5{,}5^2 + 10 \cdot 140 \cdot 14{,}9^2 \\ & + 10 \cdot 140 \cdot 24{,}9^2 = 4970000 \text{ mm}^4 = 497 \text{ cm}^4.\end{aligned}$$

Wird der Steg in 20 mm hohe Streifen zerlegt, so ergibt sich

$$\begin{aligned}\Theta = \sim\ & 10 \cdot 28 \cdot 85{,}6^2 + 20 \cdot 10 \cdot 70{,}6^2 + 20 \cdot 10 \cdot 50{,}6^2 + 20 \cdot 10 \cdot 30{,}6^2 \\ & + 20 \cdot 10 \cdot 10{,}6^2 + 0{,}5 \cdot 10 \cdot 0{,}35^2 + 0{,}5\,(10 + 20) \cdot 5{,}5^2 + 10 \cdot 140 \cdot 14{,}9^2 \\ & + 10 \cdot 140 \cdot 24{,}9^2 = 4950000 \text{ mm}^4 = 495 \text{ cm}^4.\end{aligned}$$

Bei Anwendung von 20 mm Höhe auch für die untere Fläche findet sich

$\Theta = \sim 488 \text{ cm}^4$.

6. Zusammenstellung.

Querschnittsform	Trägheitsmoment Θ	Schwerpunkts-abstand	Größe des Querschnittes f
Abb. 10.	$\frac{\pi}{64} d^4$	$e = \frac{d}{2}$	$\frac{\pi}{4} d^2$
Abb. 11. [1]	$\frac{\pi}{64} (d^4 - d_0^4)$	$e = \frac{d}{2}$	$\frac{\pi}{4} (d^2 - d_0^2)$
Abb. 12.	$\frac{\pi}{4} a^3 b$	$e = a$	$\pi a b$
Abb. 13. [1]	$\frac{\pi}{4} (a^3 b - a_0^3 b_0)$	$e = a$	$\pi (ab - a_0 b_0)$
Abb. 14.	$\frac{5\sqrt{3}}{16} b^4 = 0{,}54 b^4$	$e = 0{,}866 b$	$\frac{3\sqrt{3}}{2} b^2 = 2{,}6 b^2$
Abb. 15.	$0{,}54 b^4$	$e = b$	$2{,}6 b^2$
Abb. 16.	$\frac{1}{12} b h^3$	$e = \frac{h}{2}$	$b h$

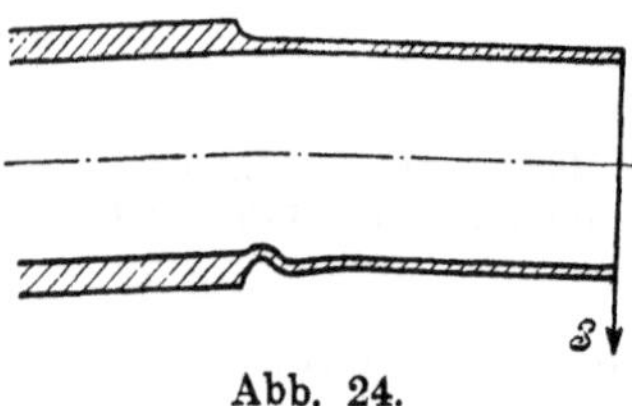

Abb. 24.

[1]) Ist die Wandstärke verhältnismäßig gering, so ist auf der Druckseite Wellenbildung zu erwarten, ähnlich wie in § 13 für Druckbeanspruchung besprochen. Abb. 24 zeigt den Längsschnitt durch eine dem Biegungsversuch unterworfene Hohlwelle aus vergütetem Chromnickelstahl und läßt die Wellenbildung an der am stärksten auf Druck beanspruchten Stelle deutlich erkennen.

Querschnittsform	Trägheitsmoment Θ	Schwerpunktsabstand	Größe des Querschnittes f
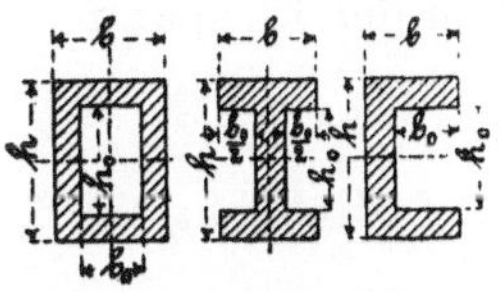 Abb. 17. Abb. 18. Abb. 19.[1])	$\frac{1}{12}(b\,h^3 - b_0\,h_0^3)$	$e = \frac{h}{2}$	$b\,h - b_0\,h_0$
Abb. 20. 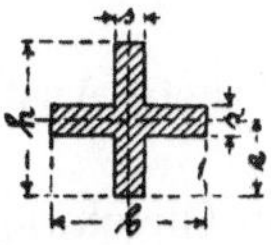	$\frac{1}{12}[h^3\,s + (b-s)\,s^3]$	$e = \frac{h}{2}$	$h\,s + (b-s)\,s$
Abb. 21. 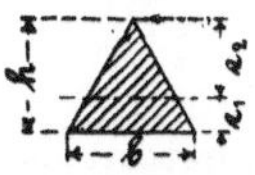	$\frac{1}{36}\,b\,h^3$	$e_1 = \frac{1}{3}h$ $e_2 = \frac{2}{3}h$	$\frac{1}{2}\,b\,h$
Abb. 22. 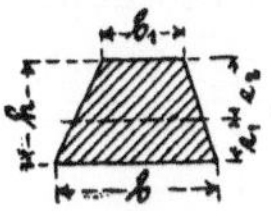	$\frac{1}{36}\,\frac{b^2 + 4\,b\,b_1 + b_1^2}{b + b_1}\,h^3$	$e_1 = \frac{b + 2b_1}{b + b_1}\,\frac{h}{3}$ $e_2 = \frac{2b + b_1}{b + b_1}\,\frac{h}{3}$	$\frac{b + b_1}{2}\,h$
Abb. 23. 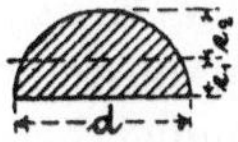	$0{,}0069\,d^4$	$e_1 = 0{,}212\,d$ $e_2 = 0{,}288\,d$	$\frac{\pi}{8}\,d^2$

Über die beiden Hauptträgheitsmomente eines Querschnittes vgl. § 21, Ziffer 1.

[1]) Für Stäbe, deren Querschnitt in bezug auf die Ebene, in der die äußeren Kräfte wirken, unsymmetrisch ist, wie das z. B. bei Abb. 19 zutrifft, liefern die Entwicklungen in § 16, die zu den Gleichungen 12 daselbst führen, die Inanspruchnahme zu gering; vgl. die Darlegungen S. 267 u. f.

In bezug auf Hohlquerschnitte, solche mit Rippen und getrennte Querschnitte, sind die Fußbemerkungen S. 234, 244 zu beachten, auch wenn die Querschnitte symmetrisch gestaltet sind.

§ 18. Fälle bestimmter Belastungen.

1. Der Stab (vgl. Abb. 1 und Abb. 2, § 16) ist an dem einen Ende eingespannt, am freien Ende mit P belastet. Außerdem trägt derselbe eine gleichmäßig über seine Länge l verteilte Belastung $Q = p\,l$.

Für den beliebigen Querschnitt CC, der um x von der Einspannstelle absteht, ergibt sich

$$M_b = P\,(l - x) + p\,\frac{(l - x)^2}{2}.$$

Den größten Wert erlangt M_b für $x = 0$, nämlich

$$\max\,(M_b) = P\,l + \frac{p\,l^2}{2} = \left(P + \frac{Q}{2}\right) l.$$

Demnach findet nach den Gleichungen 12, § 16, die stärkste Anstrengung im Querschnitt der Einspannstelle A statt.

Zur Feststellung der elastischen Linie ergibt sich mit Gleichung 15, § 16,

$$\frac{d^2 y}{d\,x^2} = \frac{\alpha}{\Theta}\left[P\,(l - x) + p\,\frac{(l - x)^2}{2}\right]$$

und für Materialien, für welche die Dehnungszahl α konstant ist — Gleichung 15, § 16, gilt zunächst auch nur für solche — sowie unter der Voraussetzung der Unveränderlichkeit des Trägheitsmomentes Θ

$$\frac{dy}{dx} = \frac{\alpha}{\Theta}\left[P\left(l\,x - \frac{x^2}{2}\right) + \frac{p}{2}\left(l^2 x - l\,x^2 + \frac{x^3}{3}\right) + C\right],$$

sofern die Integrationskonstante C genannt wird. Dieselbe bestimmt sich aus folgender Erwägung. Mit der Bezeichnung der Einspannung verknüpft man den Begriff, daß an der Einspannstelle die elastische Linie (in Abb. 2, § 16, $AGHB$) von der ursprünglich geraden Stabachse (AX) berührt wird[1]), d. h.

$$\text{für } x = 0 \quad \text{ist} \quad \frac{dy}{dx} = 0.$$

Damit folgt $C = 0$, so daß

$$\frac{dy}{dx} = \frac{\alpha}{\Theta}\left[P\left(l - \frac{x}{2}\right) + \frac{p}{2}\left(l^2 - lx + \frac{x^2}{3}\right)\right] x. \quad \ldots\ldots \quad 1)$$

Hieraus läßt sich für jeden beliebigen Punkt der elastischen Linie der Winkel berechnen, den die Tangente an letzterer in dem betreffen-

---

[1]) Über die Zulässigkeit dieser nur ausnahmsweise tatsächlich vollkommen erfüllten Voraussetzung vgl. § 53.

den Punkt mit der ursprünglich geraden Stabachse einschließt. Beispielsweise findet sich für das freie Ende B, Abb. 2, § 16, dieser Winkel β mit $x = l$ zu

$$\operatorname{tg}\beta = \frac{\alpha}{2\Theta}\left(P + \frac{Q}{3}\right) l^2$$

und angenähert, da es sich nur um sehr kleine Werte von β zu handeln pflegt,

$$\beta = \frac{\alpha}{2\Theta}\left(P + \frac{Q}{3}\right) l^2 \quad \ldots\ldots\ldots \quad 2)$$

Aus Gleichung 1 folgt unter Beachtung, daß

für $x = 0$ auch $y = 0$,

die Gleichung der elastischen Linie

$$y = \frac{\alpha}{\Theta}\left[\frac{P}{2}\left(l - \frac{x}{3}\right) + \frac{p}{4}\left(l^2 - \frac{2}{3}\,l\,x + \frac{x^2}{6}\right)\right] x^2 \quad \ldots\ldots \quad 3)$$

Die Durchbiegung des freien Endes, also im Punkt B, beträgt, da hierfür $x = l$,

$$y_B = \frac{\alpha}{\Theta}\left(\frac{P}{3} + \frac{pl}{8}\right) l^3 = \frac{\alpha}{\Theta}\left(\frac{P}{3} + \frac{Q}{8}\right) l^3 \quad \ldots\ldots \quad 4)$$

Sehr anschaulich läßt sich die Durchbiegung und Winkeländerung mit dem in § 54 unter 5 angegebenen Verfahren ermitteln, wie daselbst gezeigt ist. Dasselbe bietet namentlich bei veränderlichem Querschnitt Vorteile.

2. Der Stab liegt beiderseits auf Stützen, Abb. 1. Er ist belastet durch die gleichmäßig über ihn verteilte Last $Q = p\,(a + b) = pl$ und durch die im Punkte C angreifende Kraft P.

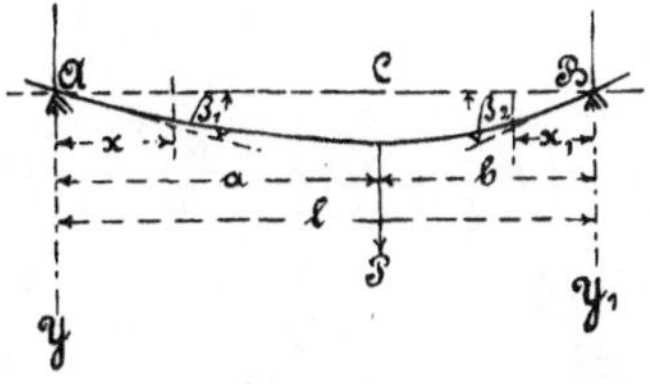

Abb. 1.

Die Auflagerdrücke der Stützen A und B sind

$$A = P\frac{b}{l} + \frac{Q}{2}, \qquad B = P\frac{a}{l} + \frac{Q}{2}.$$

Für den innerhalb der Strecke AC um x vom Auflager A abstehenden Querschnitt ist das biegende Moment

$$M_b = Ax - p\frac{x^2}{2} = \left(P\frac{b}{l} + \frac{Q}{2}\right)x - \frac{p\,x^2}{2}.$$

Dasselbe erlangt innerhalb der Strecke $\overline{AC} = a$ einen größten Wert für

$$P\frac{b}{l} + \frac{Q}{2} = px$$

$$x = \frac{P}{Q}b + \frac{l}{2},$$

sofern

$$a > \frac{l}{2}.$$

Der gesuchte Querschnitt könnte hiernach nur in der größeren der beiden Strecken a und b liegen, und zwar zwischen der Balkenmitte und dem Angriffspunkt C der Kraft P, vorausgesetzt, daß

$$\frac{P}{Q}b < a - \frac{l}{2} \quad \text{oder} \quad \frac{P}{Q} < \frac{2a - l}{2b} = \frac{a-b}{2b}$$

$$pa > P\frac{b}{l} + \frac{Q}{2},$$

d. h. daß die über die Strecke a gleichmäßig verteilte Last größer ist als der Auflagerdruck A.

Für den Fall, daß

$$\frac{P}{Q} \geqq \frac{a-b}{2b},$$

liegt der durch die Biegung am stärksten beanspruchte Querschnitt im Angriffspunkte C der Kraft P.

Demnach ergibt sich,

wenn
$$\frac{P}{Q} \geqq \frac{a-b}{2b},$$

für den Querschnitt C

$$\max(M_b) = \left(P\frac{b}{l} + \frac{Q}{2}\right)a - \frac{p\,a^2}{2} = \left(P + \frac{Q}{2}\right)\frac{ab}{l}; \quad \ldots \quad 5)$$

wenn $\dfrac{P}{Q} < \dfrac{a-b}{2b}$; für $x = \dfrac{P}{Q}b + \dfrac{l}{2}$

$$\max(M_b) = \left(P\frac{b}{l} + \frac{Q}{2}\right)\left(\frac{P}{Q}b + \frac{l}{2}\right) - \frac{p}{2}\left(\frac{P}{Q}b + \frac{l}{2}\right)^2$$

$$= \left(P\frac{b}{l} + \frac{Q}{2}\right)^2 \frac{l}{2Q} \quad \ldots \ldots \ldots \ldots \quad 6)$$

Für $Q = 0$ wird

$$\max(M_b) = P\,\frac{b}{l}\cdot a$$

und, wenn

$$a = b = \frac{l}{2},$$

$$\max(M_b) = \frac{P\,l}{4} \qquad \ldots\ldots\ldots\ldots \quad 7)$$

Für $P = 0$ wird

$$\max(M_b) = \frac{Q\,l}{8} = \frac{p\,l^2}{8} \qquad \ldots\ldots\ldots\ldots \quad 8)$$

Zur Bestimmung der e l a s t i s c h e n L i n i e innerhalb der Strecke AC ergibt sich nach Gleichung 15, § 16,

$$\frac{d^2 y}{d x^2} = -\frac{\alpha}{\Theta}\left(A\,x - p\,\frac{x^2}{2}\right)$$

und unter der Voraussetzung der Unveränderlichkeit von α und Θ[1]) (vgl. Ziff. 1)

$$\frac{dy}{dx} = -\frac{\alpha}{\Theta}\left(\frac{1}{2}\,A\,x^2 - \frac{1}{6}\,p x^3 + C_1\right),$$

$$y = -\frac{\alpha}{\Theta}\left(\frac{1}{6}\,A\,x^3 - \frac{1}{24}\,p x^4 + C_1 x + C_2\right).$$

---

[1]) Ist der Querschnitt des Stabes s t e t i g o d e r s p r u n g w e i s e v e r ä n d e r l i c h, so können zur Ermittlung der Durchbiegung und der Neigung der elastischen Linie verschiedene Wege eingeschlagen werden. Die Grundlage für rein rechnerisches Verfahren findet sich z. B. in der Arbeit von W e y r a u c h: „Die Gleichung der elastischen Linie willkürlich belasteter Stäbe" unter III. „Homogene Stäbe mit sprungweise veränderlichem Querschnitt" (Zeitschrift für Mathematik und Physik 1874, S. 392 u. f.), L a n d (Zentralblatt der Bauverwaltung 1886, S. 249: „Die Durchbiegung voller Träger mit veränderlichem Querschnitt") und später unabhängig von ihm E n s s l i n (Dinglers polyt. Journal 1901, S. 341 u. f.: „Die Durchbiegung ungleich starker Wellen"; ferner: „Mehrfach gelagerte Kurbelwellen mit einfacher und doppelter Kröpfung. Ihre Formänderung und Anstrengung", Stuttgart 1902) gehen von dem M o h r schen Satz aus, daß die elastische Linie des ursprünglich geraden Stabes als Seilkurve aufgefaßt werden kann, während K l o ß („Analytisch-graphisches Verfahren zur Bestimmung der Durchbiegung zwei- und dreifach gestützter Träger". Berlin 1902) Einfachheit der Lösung durch Verbindung von rechnerischem und zeichnerischem Verfahren auf etwas anderem Wege anstrebt. Auch das in § 54 unter 5 besprochene Verfahren kann angewendet werden. In nicht wenigen Fällen führt schätzungsweiser Ersatz des Stabes mit veränderlichem Querschnitt durch einen prismatischen zu genügend genauer Ermittlung der Durchbiegung und der Neigung der elastischen Linie.

Über das Bedürfnis, die Durchbiegung von Wellen oder auch die Winkel zu bestimmen, unter denen die elastische Linie der Welle in den Lagern gegen den Horizont geneigt ist, vgl. des Verfassers Maschinenelemente, 4. Abschnitt unter „B. Achsen und Wellen" (1892, S. 317 u. f., S. 324 u. f., 12. Aufl. 1922, 2. Band, S. 58 u. f.).

Wegen

$$y = 0 \quad \text{für} \quad x = 0 \quad \text{wird} \quad C_2 = 0.$$

Für die Strecke BC findet sich entsprechend

$$\frac{d^2 y_1}{dx_1^2} = -\frac{\alpha}{\Theta}\left(B x_1 - p\frac{x_1^2}{2}\right),$$

$$\frac{d y_1}{d x_1} = -\frac{\alpha}{\Theta}\left(\frac{1}{2} B x_1^2 - \frac{1}{6} p x_1^3 + C'\right),$$

$$y_1 = -\frac{\alpha}{\Theta}\left(\frac{1}{6} B x_1^3 - \frac{1}{24} p x_1^4 + C' x_1 + C''\right),$$

$$C'' = 0.$$

Die Senkung im Punkte C muß für beide Strecken gleich erhalten werden, d. h.

$$\frac{1}{6} A a^3 - \frac{1}{24} p a^4 + C_1 a = \frac{1}{6} B b^3 - \frac{1}{24} p b^4 + C' b\,.$$

Ferner muß der Neigungswinkel der elastischen Linie im Punkte C der Strecke AC gleich dem negativen Wert des Neigungswinkels der elastischen Linie im Punkte C der Strecke BC sein, d. h.

$$\frac{1}{2} A a^2 - \frac{1}{6} p a^3 + C_1 = -\frac{1}{2} B b^2 + \frac{1}{6} p b^3 - C'.$$

Nach Beseitigung von C_1 und C' mittelst der beiden letzten Gleichungen findet sich

für die Strecke AC

$$\left.\begin{aligned}
\beta_1 - \frac{dy}{dx} &= \left(\frac{1}{2} A x^2 - \frac{1}{6} p x^3\right)\frac{\alpha}{\Theta} \\
\beta_1 x - y &= \left(\frac{1}{6} A x^3 - \frac{1}{24} p x^4\right)\frac{\alpha}{\Theta} \\
\beta_1 &= \left(P\frac{ab(a+2b)}{6l} + \frac{Ql^2}{24}\right)\frac{\alpha}{\Theta}; \\
&\text{für die Strecke } BC \\
\beta_2 - \frac{dy_1}{dx_1} &= \left(\frac{1}{2} B x_1^2 - \frac{1}{6} p x_1^3\right)\frac{\alpha}{\Theta} \\
\beta_2 x_1 - y_1 &= \left(\frac{1}{6} B x_1^3 - \frac{1}{24} p x_1^4\right)\frac{\alpha}{\Theta} \\
\beta_2 &= \left(P\frac{ab(2a+b)}{6l} + \frac{Ql^2}{24}\right)\frac{\alpha}{\Theta}
\end{aligned}\right\} \quad \ldots\ldots \quad 9)$$

Die Durchbiegung y_c im Angriffspunkte C der Kraft P ergibt sich zu

$$y_C = \left(P + \frac{l^2 + ab}{8ab} Q\right) \frac{a^2 b^2}{3l} \frac{\alpha}{\Theta} \quad \text{. . . . . 10)}$$

Für den Fall, daß

$$a = b = \frac{l}{2},$$

folgt

$$\beta_1 = \beta_2 = \beta = \left(P + \frac{2}{3} Q\right) \frac{\alpha}{\Theta} \frac{l^2}{16} \quad \text{. . . . . . . 11)}$$

$$y_C = \left(P + \frac{5}{8} Q\right) \frac{\alpha}{\Theta} \frac{l^3}{48} \quad \text{. . . . . . . 12)}$$

und, sofern $Q = 0$,

$$\beta = \frac{\alpha}{16} \frac{P l^2}{\Theta}, \quad \text{. . . . . 13)}$$

$$y_C = \frac{\alpha}{48} \frac{P l^3}{\Theta} \quad \text{. . . . . 14)}$$

In vielen Fällen, namentlich bei Belastung durch zahlreiche Einzelkräfte, führt das in der Fußbemerkung 1, S. 249 erwähnte Mohrsche Verfahren rascher zum Ziele als die Rechnung. Über die Anwendung desselben auf mehrfach gelagerte Wellen, gekröpfte Wellen usw. finden sich Beispiele in des Verfassers Maschinenelementen, 12. u. 13. Aufl., S. 25 u. f.

3. Der Stab ist beiderseits wagerecht eingespannt, Abb. 2, und belastet durch die gleichmäßig über ihn verteilte Last $Q = pl$, sowie durch die in der Mitte C angreifende Kraft P.

Wie bereits unter Ziff. 1 erörtert, wird mit der Bezeichnung der Einspannung der Begriff verknüpft, daß die elastische Linie an der

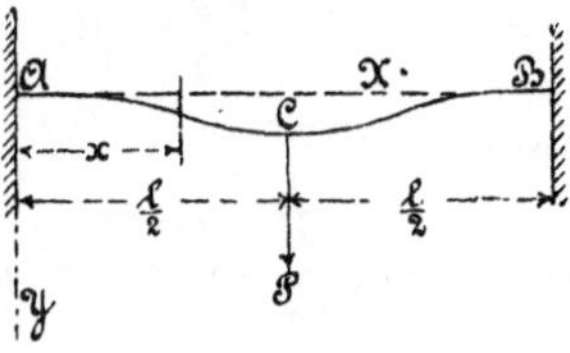

Abb. 2.

Einspannstelle die ursprünglich gerade Stabachse zur Tangente hat. Die vorausgesetzte Einspannung in A und B bedingt hiernach, daß die gerade Stabachse AB die elastische Linie ACB in A und B berührt. Inwieweit sich dies tatsächlich erreichen läßt, darüber wird in § 53 das Nötige erörtert werden. Bemerkt sei jedoch schon hier, daß nur in sehr seltenen Fällen von wirklicher Einspannung in dem bezeichneten Sinne gesprochen werden kann.

Bei der Symmetrie der Belastung genügt es, nur die Hälfte AC des Stabes in Betracht zu ziehen.

An der Einspannstelle A wirken auf den Balken
ein Kräftepaar vom Moment M_A
,, Auflagerdruck $A = \frac{P}{2} + \frac{Q}{2}$.

Für den beliebigen, um x von der Einspannstelle A abstehenden Querschnitt ist das biegende Moment

$$M_b = M_A + A\,x - \frac{p x^2}{2}.$$

Hiermit liefert die Gleichung 15, § 16,

$$\frac{d^2 y}{d x^2} = -\frac{\alpha}{\Theta}\left(M_A + A x - \frac{p x^2}{2}\right),$$

woraus unter Voraussetzung, daß α und Θ unveränderlich sind,

$$\frac{d y}{d x} = -\frac{\alpha}{\Theta}\left(M_A\, x + \frac{1}{2} A\, x^2 - \frac{p x^3}{6}\right).$$

Die Integrationskonstante ist wegen der angenommenen Befestigungsweise der Stabenden, d. h. wegen

$$\frac{d y}{d x} = 0 \quad \text{für} \quad x = 0,$$

ebenfalls gleich Null.

Die unbekannte Größe des Momentes M_A ergibt sich durch die Erwägung, daß für

$$x = \frac{l}{2} \qquad \frac{d y}{d x} = 0$$

sein muß, aus der Gleichung

$$0 = M_A \frac{l}{2} + \frac{1}{2}\left(\frac{P}{2} + \frac{Q}{2}\right)\frac{l^2}{4} - p\,\frac{l^3}{48}$$

zu

$$M_A = -\left(\frac{P l}{8} + \frac{Q l}{12}\right) \quad . \quad . \quad . \quad . \quad . \quad . \quad . \quad . \quad . \quad 15)$$

also links drehend, wie nach der Form der elastischen Linie erwartet werden mußte.

Hiermit das biegende Moment im Abstande x von A

$$M_b = -\left(\frac{Pl}{8} + \frac{Ql}{12}\right) + \left(\frac{P}{2} + \frac{Q}{2}\right)x - \frac{px^2}{2}.$$

Für die Stabmitte $x = \frac{l}{2}$ folgt

$$M_b = \frac{Pl}{8} + \frac{Ql}{24}, \quad \text{. . . . .} \quad 16)$$

d. i. absolut genommen $\frac{Ql}{24}$ weniger als das Moment M_A an der Einspannstelle.

Da M_b für die Mitte C positiv ist, so muß das Moment für einen Querschnitt zwischen A und C Null sein, entsprechend einem Wendepunkt der elastischen Linie. (In Gleichung 13, § 16, wird $\varrho = \infty$ für $M_b = 0$.)

Für den Fall, daß $Q = 0$, ergibt sich das Moment

im Punkte A zu	$-\frac{Pl}{8}$,
,, ,, C ,,	$+\frac{Pl}{8}$,
,, Abstande $x = \frac{l}{4}$ (Wendepunkt)	0.

Für den Fall, daß $P = 0$, wird das Moment

im Punkte A	$-\frac{Ql}{12} = -\frac{pl^2}{12}$,
,, ,, C	$+\frac{Ql}{24} = +\frac{pl^2}{24}$,
,, Abstande $x = 0{,}2113\,l$ (Wendepunkt)	0.

Die Gleichung der elastischen Linie wird erhalten durch nochmalige Integration des für den ersten Differentialquotienten erlangten Ausdruckes unter Beachtung, daß für $x = 0$ auch $y = 0$,

$$y = -\frac{\alpha}{\Theta}\left(\frac{1}{2}M_A x^2 + \frac{1}{6}A x^3 - \frac{px^4}{24}\right).$$

Hieraus findet sich die größte Durchbiegung y_C für $x = \frac{l}{2}$ zu

$$y_C = \left(P + \frac{Q}{2}\right)\frac{\alpha}{\Theta}\frac{l^3}{192} \quad \text{. . . . .} \quad 17)$$

Sehr anschaulich gestaltet sich auch im vorliegenden Falle das in § 54 unter 5 angegebene Verfahren.

4. Der Stab werde als senkrecht stehende, an den Enden frei beweglich gelagerte und mit n Umdrehungen in der Minute umlaufende Welle angenommen, die durch die Fliehkraft eines mit ihr in der Mitte fest verbundenen Körpers, dessen Masse $m = G : g$ ist und dessen Schwerpunkt um die sehr kleine Größe a von der Stabachse absteht, belastet wird.

Die eigene Masse der Welle werde vernachlässigt, ebenso der Einfluß des Momentes $G \cdot a$.

Infolge der Fliehkraft biegt sich die Welle in der Mitte um y durch, so daß die Fliehkraft beträgt

$$P = (a + y)\left(\frac{2\pi n}{60}\right)^2 m \quad \ldots \ldots \ldots 18)$$

Ihr entgegen wirkt die Elastizitätskraft der Welle, die nach Gleichung 14 sich zu

$$P = y \frac{48}{\alpha} \frac{\Theta}{l^3}$$

berechnet, also y proportional ist.

Da beide Werte von P einander gleich sein müssen, folgt

$$y \frac{48}{\alpha} \frac{\Theta}{l^3} = (a + y)\left(\frac{\pi n}{30}\right)^2 m$$

$$y = \frac{a \cdot m \left(\frac{\pi n}{30}\right)^2}{\frac{48}{\alpha} \frac{\Theta}{l^3} - \left(\frac{\pi n}{30}\right)^2 m} \quad \ldots \ldots \ldots 19)$$

Durch Einführung dieses Wertes in Gleichung 18 ergibt sich die auf Biegung wirkende Kraft und damit auch das biegende Moment.

Für

$$\frac{48}{\alpha} \frac{\Theta}{l^3} - \left(\frac{\pi n}{30}\right)^2 m = 0, \quad \ldots \ldots \ldots 20)$$

d. i. für

$$n = \frac{30}{\pi} \sqrt{\frac{48}{\alpha} \frac{\Theta}{l^3} \frac{1}{m}} \quad \ldots \ldots \ldots 21)$$

wird $y = \infty$, d. h. das Gleichgewicht zwischen Fliehkraft und Elastizitätskraft hört auf zu bestehen. Diese Umdrehungszahl wird als kritische Umdrehungszahl bezeichnet[1]).

[1]) Über die eingehende Behandlung dieser für rasch umlaufende Wellen bedeutungsvollen Aufgabe s. Föppl, Civilingenieur 1895, Heft 4; Mitteilungen aus dem mechanisch-technischen Laboratorium der Techn. Hochschule München, 24. Heft, 1896; Klein, Zeitschrift des Vereines deutscher Ingenieure 1895, S. 1191; Kirsch, ebenda 1895, S. 702; insbesondere Stodola, Die Dampfturbinen, ferner Schweizerische Bauzeitung 1916, S. 197 u. f. (kurze Mitteilung in der Zeitschrift des Vereines deutscher Ingenieure 1916, S. 971); sowie Grammel in „Ergebnisse der exakten Naturwissenschaften", Berlin 1922, Band I, S. 92 u. f.

Die vorstehende Rechnung ist natürlich nur mit der Genauigkeit zutreffend, die den Voraussetzungen entspricht, die bei der Entwicklung gemacht wurden. Diese nimmt, ganz abgesehen von anderem, insbesondere auf die Kräfte nicht Rücksicht, die an den Lagerstellen wirksam werden, sobald Durchbiegungen von Erheblichkeit sich einstellen. Die gemachten Voraussetzungen müssen im Auge behalten werden, wenn die vorstehenden Rechnungsergebnisse auf die im Maschinenbau vorkommenden Wellen übertragen werden sollen. Das gilt auch hinsichtlich der Betrachtung, die man anstellen kann, wenn in Gleichung 19

$$\left(\frac{\pi n}{30}\right)^2 m > \frac{48}{\alpha}\frac{\Theta}{l^3}$$

wird. Dann erhält y, das im Falle der Gleichung 20 ∞ wurde, plötzlich einen kleinen negativen Wert.

Für kreiszylindrische Wellen aus Flußeisen von der Länge l geht Gleichung 21 mit $\alpha = 0{,}47$ Milliontel über in

$$n = 21380 \frac{d^2}{l\sqrt{m\,l}} = 670000 \frac{d^2}{l\sqrt{G \cdot l}} \quad . \; . \; . \; . \; . \quad 22)$$

§ 19. Körper von gleichem Widerstande.

Körper dieser Art sind so geformt, daß die Belastung in sämtlichen Querschnitten eines und desselben Körpers die gleiche Größtspannung hervorruft. Unter Bezugnahme auf die Beziehungen 12, § 16, heißt dies, daß für sämtliche Querschnitte

$$k_z = \frac{M_b}{\dfrac{\Theta}{e_1}} \quad \text{bzw.} \quad k = \frac{M_b}{\dfrac{\Theta}{e_2}}$$

konstant ist. Daraus folgt, daß die Querschnitte mit M_b sich derart ändern müssen, daß der Quotient

$$M_b : \frac{\Theta}{e_1} \quad \text{bzw.} \quad M_b : \frac{\Theta}{e_2}$$

für alle Querschnitte gleich bleibt.

Hiermit führt Gleichung 13, § 16, zu

$$\frac{1}{\varrho} = \alpha \frac{M_b}{\Theta} = \alpha \frac{M_b}{\dfrac{\Theta}{e_1}} \frac{1}{e_1} = \alpha \frac{k_z}{e_1},$$

woraus ersichtlich, daß im Falle eines konstanten Abstandes e_1 und bei Unveränderlichkeit von α die elastische Linie zum Kreise wird.

1. Der einerseits eingespannte, andererseits freie Körper mit rechteckigem Querschnitt von konstanter Breite b ist am freien Ende durch P belastet, Abb. 1.

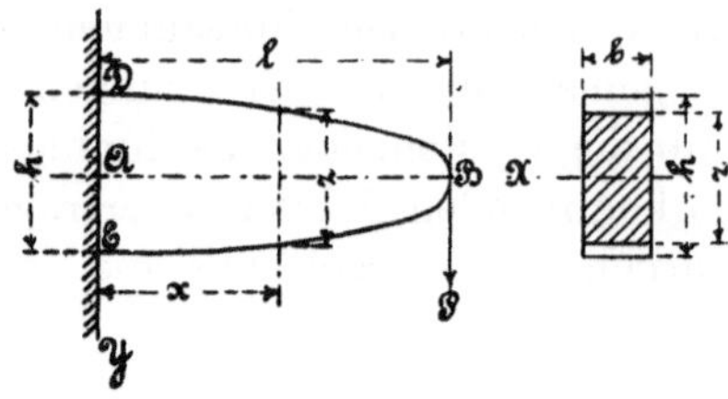

Abb. 1.

Für den um x von A abstehenden Querschnitt beträgt

$$M_b = P(l - x), \quad \Theta = \frac{1}{12} b z^3, \quad e_1 = e_2 = \frac{z}{2}, \quad \frac{\Theta}{e_1} = \frac{1}{6} b z^2.$$

Folglich

$$k_z = \frac{P(l-x)}{\frac{1}{6} b z^2} = \text{konstant},$$

woraus mit $l - x = x_1$

$$z^2 = \frac{6P}{k_z b}(l-x) = \frac{6P}{k_z b} x_1,$$

d. i. die Gleichung einer Parabel. Demnach ist in Abb. 1 die Begrenzung EBD nach einer Parabel zu gestalten, für die BA die Hauptachse, B der Scheitel und E (D) ein zweiter Punkt ist, dessen Lage bestimmt erscheint durch

$$\overline{AE} = AD = \frac{h}{2} = \frac{1}{2}\sqrt{\frac{6Pl}{k_z b}}.$$

Die Durchbiegung y_B am freien Ende ergibt sich unter Zugrundelegung des Koordinatensystems xy (vgl. Abb. 2, § 16) nach Gleichung 12 und 15, § 16, unter Beachtung des S. 255 Bemerkten aus

$$\frac{d^2 y}{d x^2} = \frac{\alpha k_z}{e^1} = \frac{\alpha k_z}{\frac{z}{2}} = \frac{\alpha k_z}{\frac{1}{2}\sqrt{\frac{6P}{k_z b}(l-x)}} = \frac{2\alpha k_z \sqrt{l}}{h\sqrt{l-x}},$$

$$y = \alpha\left(\frac{16 P l \sqrt{l}}{b h^3}\sqrt{(l-x)^3} + \frac{24 P l^2}{b h^3} x - \frac{16 P l^3}{b h^3}\right),$$

sofern α als unveränderlich betrachtet und im Auge behalten wird, daß für

$$x = 0 \qquad \frac{dy}{dx} = 0 \qquad y = 0\,.$$

zu

$$y_B = \alpha \frac{8 P l^3}{b h^3} \quad \ldots \ldots \ldots \ldots \quad 1)$$

Für den gleichbelasteten, jedoch prismatischen Stab ergab Gleichung 4, § 18,

$$y_B = \frac{\alpha}{\frac{1}{12} b h^3} \frac{P l^3}{3} = \alpha \frac{4 P l^3}{b h^3},$$

d. i. die Hälfte des Wertes von Gleichung 1.

Nach Maßgabe der vorstehenden Rechnung würde der Querschnitt im Angriffspunkte der Kraft P gleich Null sein. Dieses natürlich unzulässige Ergebnis ist die Folge der Vernachlässigung der Schubkraft.

Unter „Biegung und Schub" wird in § 52 das zur Feststellung der Querschnittsabmessungen gegen das Ende des Stabes hin Erforderliche bemerkt werden.

2. Der Stab belastet wie unter 1, jedoch von konstanter Höhe h, Abb. 2.

Für den um x_1 vom freien Ende B abstehenden Querschnitt ergibt sich

$$M_b = P x_1\,, \qquad \Theta = \frac{1}{12} h^3 z\,, \qquad e_1 = e_2 = \frac{h}{2}\,, \qquad \frac{\Theta}{e_1} = \frac{1}{6} h^2 z\,,$$

$$k_z = \frac{P x_1}{\frac{1}{6} h^2 z} = \text{konstant},$$

$$z = \frac{6 P}{k_z h^2} x_1\,,$$

d. h. die Begrenzungslinien BC und BD sind Gerade, deren Lage durch

$$AC = AD = \frac{b}{2} = \frac{3}{k_z} \frac{P l}{h^2}$$

bestimmt wird.

Die elastische Linie ist nach Maßgabe der Gleichung

$$\frac{1}{\varrho} = \alpha \frac{k_z}{e_1} = 2\alpha \frac{k_z}{h}$$

infolge der konstanten Höhe des Stabes ein Kreis vom Halbmesser

$$\varrho = \frac{h}{2\alpha k_z}.$$

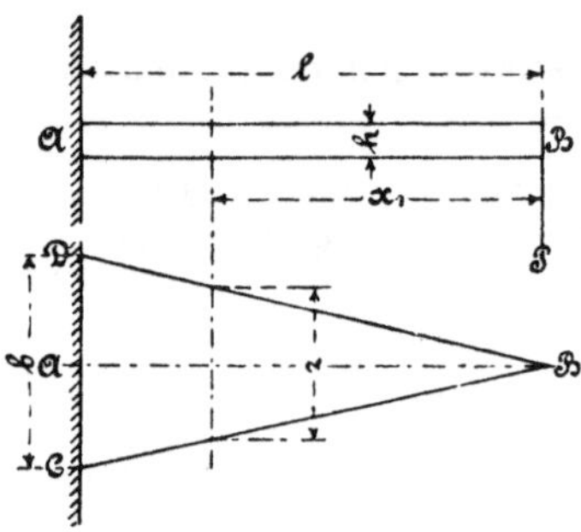

Abb. 2.

Die Durchbiegung y_B am freien Ende B wird daher

$$y_B = \frac{l^2}{2\varrho} = \alpha k_z \frac{l^2}{h} = \alpha \frac{6Pl^3}{bh^3} \quad \ldots \ldots \ldots \quad 2)$$

d. i. 1,5 mal so groß, wie die Durchbiegung (nach Gleichung 4, § 18) unter sonst gleichen Verhältnissen bei konstanter Breite sein würde.

Vgl. Schlußbemerkung zu Ziff. 1.

3. Der Stab liegt beiderseits auf Stützen, Abb. 3, und ist durch die im Punkte *C* angreifende Kraft *P* belastet.

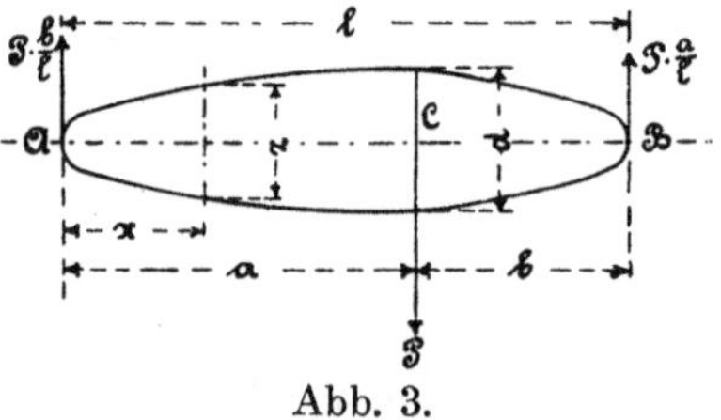

Abb. 3.

Der Teil AC verhält sich wie ein bei C befestigter und bei A durch $P\frac{b}{l}$ belasteter Stab, der Teil BC wie ein bei C befestigter und bei B mit $P\frac{a}{l}$ belasteter Balken (Fall wie bei Ziff. 1 und 2).

Ist der Querschnitt kreisförmig, so findet sich für den beliebigen, um x von A abstehenden Querschnitt der Strecke AC

$$M_b = P\frac{b}{l}x, \qquad \frac{\Theta}{e_1} = \frac{\pi}{32}z^3.$$

Damit wird

$$k_z = \frac{P\frac{b}{l}x}{\frac{\pi}{32}z^3} = \text{konstant},$$

$$z^3 = \frac{32\,P\,b}{\pi\,k_z\,l}\,x,$$

d. i. die Gleichung einer kubischen Parabel, für die AC die Hauptachse, A der Scheitel ist, und deren Ordinate im Querschnitt bei C durch die Gleichung

$$d = \sqrt[3]{\frac{32\,P\,a\,b}{\pi\,k_z\,l}}$$

bestimmt wird.

Da sich für die Strecke BC ein ganz entsprechendes Ergebnis findet, so besteht der gesuchte Körper AB aus zwei nach kubischen Parabeln, die sich im Querschnitt bei C schneiden, geformten Umdrehungskörpern.

Vgl. Schlußbemerkung zu Ziff. 1.

§ 20. Die bei der Entwicklung der Gleichungen in § 16 gemachten Voraussetzungen und ihre Zulässigkeit. Der durch Biegung in Anspruch genommene Stab auf Grund des Gesetzes $\varepsilon = \alpha\sigma^m$.

Die Voraussetzungen, die in § 16 zur Bestimmung der Biegungsanstrengung, Gleichung 12, führten, sind:

1. Die auf den geraden stabförmigen Körper wirkenden äußern Kräfte ergeben für jeden Querschnitt nur ein Kräftepaar.
2. Die Fasern, aus denen der Stab bestehend gedacht werden kann, wirken nicht aufeinander ein, sind also unabhängig voneinander.
3. Die ursprünglich ebenen Querschnitte des Stabes bleiben eben.
4. Der Stabquerschnitt ist symmetrisch, und die Ebene des Kräftepaares fällt mit der Symmetrieebene des Stabes zusammen oder ist ihr parallel.

5. Die Dehnungszahl ist für alle Fasern gleich groß, also auch unabhängig von der Größe und von dem Vorzeichen der Dehnungen oder Spannungen.

Von Fällen, in denen infolge übergroßer Höhenabmessungen des Querschnitts im Verhältnis zu den Breitenabmessungen Ausknicken zu erwarten steht, oder in denen die auf S. 234, 244, Fußbemerkung, berührten Verhältnisse in Betracht kommen, ist hierbei abgesehen.

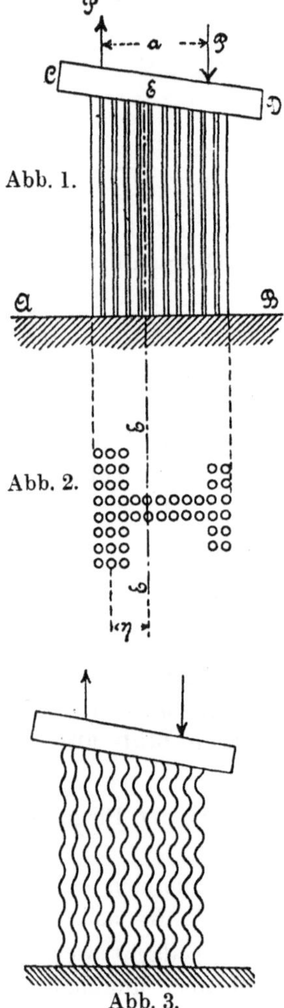
Abb. 1.
Abb. 2.
Abb. 3.

Diese Annahmen treten am deutlichsten vor das Auge, wenn wir uns einen Körper so ausgeführt und beansprucht denken, daß sie erfüllt sind. Zu dem Zwecke stellen wir uns vor, der Stab bestehe aus einzelnen, voneinander unabhängigen, ursprünglich gleichlangen Fasern, etwa wie die Abb. 1 und 2 (Durchschnitt) erkennen lassen. Mit dem einen Ende seien dieselben im Boden AB befestigt, mit dem anderen an der Platte CD. Die letztere, die wir uns gewichtslos denken wollen, werde in der Mittelebene von einem Kräftepaar PP, dessen Moment $M_b = Pa$ ist, ergriffen. Sie dreht sich infolgedessen um eine Achse EE. Die links von dieser gelegenen Fasern werden gedehnt, die rechts davon befindlichen erfahren eine Verkürzung. Von den gedrückten Fasern werde vorausgesetzt, daß sie sich nach der Seite hin nicht ausbiegen. Die Auffassung der Fasern als vollkommen gleicher Spiralfedern, etwa wie in Abb. 3 gezeichnet, wird diese Vorstellung erleichtern.

Wie ohne weiteres ersichtlich, sind bei dieser Sachlage die Veränderungen bzw. Verkürzungen der Fasern proportional dem Abstande von der Achse EE.

Bedeutet λ die Längenänderung, welche die ursprünglich l langen und im Abstande η von der Achse EE gelegenen Fasern erfahren haben, so ist

$$\varepsilon = \frac{\lambda}{l}$$

die verhältnismäßige Längenänderung, d. h. die Dehnung im Abstande η. Wird diese Größe im Abstande 1 mit ε' bezeichnet, so findet sich

$$\varepsilon = \varepsilon' \eta.$$

Hiermit ist eine Spannung

$$\sigma = \frac{\varepsilon}{\alpha} = \frac{\varepsilon'}{\alpha} \eta$$

verknüpft, der bei dem Querschnitt f_0 der im Abstande η gelegenen Fasern eine Kraft

$$\sigma f_0 = \frac{\varepsilon'}{\alpha} \eta f_0$$

entspricht.

Die Gesamtheit dieser inneren Kräfte muß sich mit den äußeren Kräften im Gleichgewicht befinden. Infolgedessen muß sein:

die algebraische Summe dieser inneren Kräfte in Richtung der Stabachse gleich Null, d. h.

$$\Sigma \sigma f_0 = \Sigma \frac{\varepsilon'}{\alpha} \eta f_0 = 0,$$

und ferner die Summe der Momente dieser inneren Kräfte gleich dem Moment des Kräftepaares $P a = M_b$, d. h.

$$\Sigma \sigma f_0 \cdot \eta = \Sigma \frac{\varepsilon'}{\alpha} f_0 \eta^2 = M_b.$$

Aus der ersten Bedingungsgleichung folgt bei Unveränderlichkeit von α

$$\Sigma f_0 \eta = 0,$$

d. h. die Nullachse EE geht durch den Schwerpunkt sämtlicher Faserquerschnitte, bildet also die zweite Hauptachse des Gesamtquerschnittes.

Die zweite Bedingungsgleichung führt unter der soeben genannten Voraussetzung, α betreffend, und bei Beachtung, daß $\Sigma f_0 \eta^2 = \Theta$, zu

$$M_b = \frac{\varepsilon'}{\alpha} \Theta.$$

Beträgt der Abstand η der am stärksten gezogenen Fasern e_1, der am stärksten gedrückten $-e_2$, so erfahren diese Fasern die Spannungen

$$\sigma_1 = \frac{\varepsilon'}{\alpha} e_1 \quad \text{bzw.} \quad \sigma_2 = -\frac{\varepsilon'}{\alpha} e_2,$$

woraus folgt

$$\frac{\varepsilon'}{\alpha} = \frac{\sigma_1}{e_1} \qquad \frac{\varepsilon'}{\alpha} = -\frac{\sigma_2}{e_2}$$

und hiermit

$$M_b = \sigma_1 \frac{\Theta}{e_1} \qquad M_b = -\sigma_2 \frac{\Theta}{e_2}$$

Bei Berücksichtigung, daß

$$\sigma_1 \leqq k_z \qquad -\sigma_2 \leqq k\,,$$

folgt

$$M_b \leqq k_z \frac{\Theta}{e_1}\,, \qquad M_b \leqq k \frac{\Theta}{e_2}$$

oder

$$k_z \geqq \frac{M_b}{\Theta} e_1\,, \qquad k \geqq \frac{M_b}{\Theta} e_2\,,$$

d. s. die in § 16 entwickelten Gleichungen 12.

Wir bemerken — wie hervorgehoben sei —, daß bei der vorausgesetzten Sachlage — die einzelnen Fasern sind gelenkig an die Platte angeschlossen — die Stabachse gerade bleibt, daß also das Kräftepaar *PP* mit dem Momente *Pa* eine Krümmung derselben nicht veranlaßt.

An die Stelle der Krümmungsachse, die sich im Krümmungsmittelpunkt projiziert, tritt hier der Durchschnitt der Ebenen *CD* und *AB*[1]).

Weiter bemerken wir, daß hier die Ebene *CD* aufhört, senkrecht zur Faserrichtung und zur Stabachse zu stehen.

Die Beziehung 1, § 16, die für den gebogenen Stab, Abb. 2, § 16, unter der Voraussetzung abgeleitet worden war, daß die Querschnitte senkrecht zur gekrümmten Mittellinie stehen, gilt eben auch dann, wenn die Achse gerade bleibt, Abb. 1, nur müssen dann die einzelnen Querschnitte sich gegen die Achse derart neigen, daß ihre Ebenen sich sämtlich in derselben Geraden schneiden, die den Durchschnitt der Ebenen *AB* und *CD* bildet.

---

[1]) Der Winkel ψ, den beide Ebenen miteinander einschließen, läßt sich durch folgende Erwägung leicht feststellen.

Es beträgt die Spannung im Abstande 1 von der Nullachse $\frac{M_b}{\Theta}$ und die Dehnung dieser Faser $\varepsilon = \alpha \frac{M_b}{\Theta}$, somit die Längenänderung der ursprünglich l langen Faser im Abstande 1 von der Nullachse

$$\alpha \frac{M_b}{\Theta} l\,,$$

d. i. aber auch gleich dem Maß des Drehungswinkels der einen Ebene gegen die andere, also

$$\psi = \alpha \frac{M_b}{\Theta} l \quad \ldots\ldots\ldots\ldots \quad 1)$$

Die Tangente des Neigungswinkels eines beliebigen, zwischen AB und CD gelegenen Querschnittes ist proportional dem Abstand des Schwerpunktes desselben über AB. ϱ hat dann hierbei allerdings nicht mehr die Bedeutung des Krümmungshalbmessers, sondern bezeichnet den Abstand der Schwerachse EE von der Durchschnittslinie der Ebenen AB und CD. Eine Ersetzung von $\frac{1}{\varrho}$ durch $\pm \frac{d^2 y}{d x^2}$ ist dann natürlich unzulässig.

1. Was nun zunächst die Voraussetzung unter 1 betrifft, daß die auf den Stab wirkenden äußeren Kräfte für jeden Querschnitt nur ein Kräftepaar liefern, so ist festzustellen, daß dieselbe nicht erfüllt zu sein pflegt. Die Erzeugung des biegenden Momentes erfordert Kräfte, die nur ganz ausnahmsweise, etwa wie im Falle der Abb. 1, oder im Falle der Abb. 4 oder 5 für den mittleren Teil AB, der dann wegen $M_b =$ konstant nach einem Kreise gekrümmt ist, nicht mehr als ein Kräftepaar ergeben. In der Regel

Abb. 4.

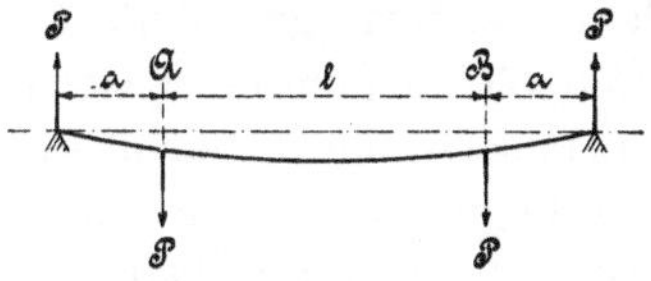

Abb. 5.

ist immer eine Schubkraft oder eine Normalkraft vorhanden (vgl. Einleitung zu § 16), deren Einfluß allerdings in vielen Fällen in den Hintergrund tritt.

Hinsichtlich der Fälle, in denen die Schubkraft Bedeutung erlangt, muß auf ,,Biegung und Schub'' in § 52 verwiesen werden.

2. Was sodann die unter 2 genannte Voraussetzung anbelangt, daß die Fasern eine gegenseitige Wirkung aufeinander nicht ausüben, so erkennt man sofort, daß dieselbe für einen aus dem Ganzen bestehenden Stab nicht erfüllt ist. Wie wir in § 1 bzw. §§ 7 und 11 sahen, ist verbunden: mit der Dehnung in Richtung der Stabachse eine Zusammenziehung senkrecht zu derselben, also eine Verminderung des Faserquerschnittes, und mit der Verkürzung eine Querdehnung, demnach eine Vergrößerung des Faserquerschnittes. Diese Formänderungen senkrecht zur Stabachse sind um so bedeutender, je mehr die Dehnungen (positive wie negative) in Richtung der Fasern betragen. Da nun hier diese Längsdehnungen mit dem Abstande von der Nullachse in absoluter Hinsicht zunehmen, so werden die von der letzteren weiter abstehenden Fasern sich quer auch mehr zusammenziehen bzw. mehr dehnen wollen als

die unmittelbar benachbarten und nach der Nullachse hin gelegenen. Infolgedessen werden diese der angestrebten Querzusammenziehung bzw. Querdehnung zu einem Teile hinderlich sein. Dieser gegenseitige Einfluß der Fasern senkrecht zu ihrer Richtung muß nach dem Früheren (§ 7 bzw. 14) die Beziehung $\sigma = \frac{\varepsilon}{\alpha}$, also im Falle der Unveränderlichkeit von α die Proportionalität zwischen Dehnungen und Spannungen beeinträchtigen und die Festigkeit etwas erhöhen (§ 9, Ziff. 1, bzw. § 14). Er wird allerdings nicht bedeutend sein.

Außerdem werden aber auch die fest miteinander verbundenen Fasern noch dadurch aufeinander einwirken müssen, daß sich die weiter von der Nullachse abstehenden mehr ausdehnen bzw. verkürzen und deshalb gegenüber den unmittelbar benachbarten, dieser Achse näher gelegenen, ein Bestreben zu gleiten haben.

In bezug auf den gegenseitigen Einfluß der Fasern werden sich verschiedene Querschnittsformen verschieden verhalten (vgl. auch § 9). Vergleichen wir beispielsweise den rechteckigen Querschnitt (Abb. 6) mit dem ⊢⊣-förmigen Abb. 7, so erkennt man sofort, daß die auf der Linie GG liegenden Fasern des ersteren von ihren benachbarten inneren Fasern mehr beeinflußt werden müssen als die in gleichem Abstand liegenden Fasern $BCCB$ des anderen Querschnittes. Diese sind eben zum größten Teile nach innen frei. (Vgl. auch S. 234, Fußbemerkung.)

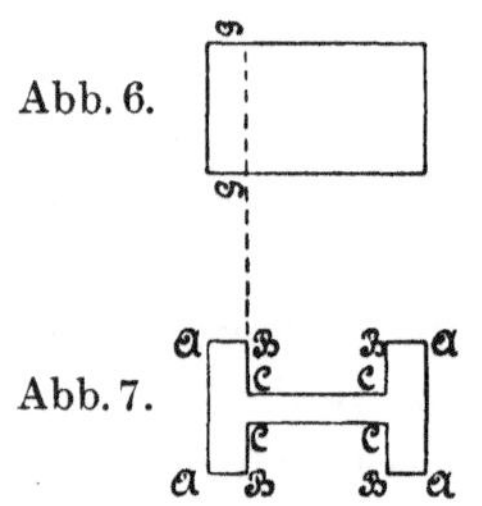

Abb. 6.
Abb. 7.

Werden aus einem und demselben Material zwei Stäbe vom Querschnitt Abb. 6 und Abb. 7 hergestellt, beide sodann der Biegungsprobe mit stetig wirkender Belastung unterworfen und werden hierauf die beobachteten Durchbiegungen mit denjenigen verglichen, welche die Rechnung liefert, so ergibt sich für den Querschnitt Abb. 6 ein vergleichsweise etwas geringerer Wert als für den Querschnitt Abb. 7, entsprechend einer etwas größeren Widerstandsfähigkeit gegen Biegung, vollständige Gleichartigkeit des Materials in beiden Stäben vorausgesetzt.

Die Ergebnisse von Versuchen des Verfassers mit breitflanschigen I-Trägern aus Flußeisen deuten darauf hin, daß dieser Einfluß innerhalb des Gebietes der elastischen Dehnungen sehr gering ist (s. Zeitschrift des Vereines deutscher Ingenieure 1910, S. 382 u. f.). Je nach der Stärke des Steges und der Flanschen kann er allerdings auch erheblich werden.

Größer als bei statischer Beanspruchung steht er bei dynamischer Wirkung der belastenden Kräfte zu erwarten.

Aus dem Erörterten folgt weiter beispielsweise für die breitbasige Eisenbahnschiene, Abb. 8, daß die im Kopfe des Querschnittes zusammengedrängte Masse der Dehnung (positiven wie negativen) einen verhältnismäßig (im Vergleich zu dem, was bei den Entwicklungen im § 16 vorausgesetzt wird) größeren Widerstand entgegensetzt als das Material in dem breiten, wenig hohen Fuß, und daß infolgedessen die tatsächliche Nullachse oberhalb der horizontalen Schwerpunktachse des Querschnittes gelegen sein muß. Wird der letztere so bestimmt, daß diese Achse in halber Höhe liegt, so kann hiernach der Querschnitt nicht als ganz zweckmäßig bezeichnet werden, namentlich dann nicht, wenn der Fuß sehr breit ist. In solchem Falle muß die wagrechte Hauptachse des Querschnittes entsprechend tiefer als in halber Höhe sich befinden. Hierdurch erklärt sich auch eine verhältnismäßig größere Widerstandsfähigkeit starkköpfiger Stahlschienen usw. sowohl gegenüber gewöhnlicher Biegungsbeanspruchung als auch gegenüber Schlagproben.

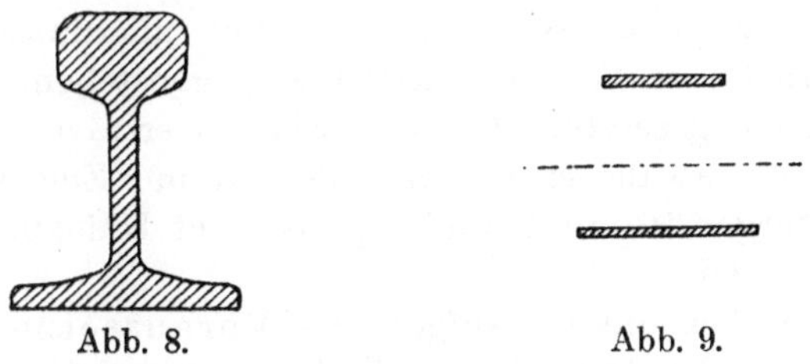

Abb. 8. Abb. 9.

Je mehr sich die Querschnittfläche in zwei schmale, der Nullachse parallele Streifen zusammendrängt, Abb. 9, um so geringer wird der gegenseitige Einfluß der Fasern aufeinander, um so zutreffender erscheinen unter sonst gleichen Verhältnissen die Beziehungen, die auf Grund der Voraussetzung Ziff. 2 entwickelt wurden, vorausgesetzt, daß nicht ein anderer Umstand in Betracht kommt, der sofort erörtert werden wird.

Ohne den Querzusammenhang der Fasern müßten diejenigen von ihnen, die gedrückt werden, in der Mitte nach der Seite ausweichen (Fall der Knickung, vgl. § 23). In der Tat kann diese Neigung der gedrückten Fasern, nach der Seite auszuweichen, bei verhältnismäßig großer Länge des auf Biegung beanspruchten Stabes und bei entsprechender Querschnittsform des letzteren, wie z. B. Abb. 9, dessen Widerstandsfähigkeit erheblich vermindern. (Vgl. auch § 13 unter h, S. 209 u. f.)

Der Querzusammenhang der Fasern kann infolge des örtlichen Angriffs der Kräfte, welche das biegende Moment liefern, noch einen weiteren, zunächst die Form des Querschnittes und sodann auch die Widerstandsfähigkeit des Stabes ändernden Einfluß äußern.

Überblicken wir das hinsichtlich des gegenseitigen Einflusses der Fasern Gefundene, so erkennen wir, daß im allgemeinen die Anstrengungen k_z bzw. k, wie sie sich nach den Gleichungen 12, § 16 ergeben, nicht mehr den Charakter der reinen Zug- bzw. Druckbeanspruchung besitzen, und daß es deshalb im allgemeinen als richtig erscheint, bei Ermittelung der Abmessungen eines auf Biegung in Anspruch genommenen Stabes als zulässige Anstrengung des Materials Werte einzuführen, die aus Biegungsversuchen gewonnen wurden. Inwieweit es zutreffend ist, wenn an Stelle dieser Biegungsanstrengung die aus Zugversuchen abgeleitete Größe k_z gesetzt wird, muß — streng genommen — durch Vergleichung der Ergebnisse von Zug- und von Biegungsversuchen für jedes Material und die einzelnen Querschnittsformen festgestellt werden. Hierbei ist im Auge zu behalten, daß es sich empfiehlt, die Versuche in der Regel unter solchen Verhältnissen anzustellen, wie sie bei den technischen Anwendungen vorliegen, auf welche die ermittelten Zahlen übertragen werden sollen. Der Beschreitung dieses Weges können sich allerdings in manchen Fällen sehr erhebliche Schwierigkeiten entgegenstellen.

Bei zusammengesetzten Körpern wie Gitterträgern usw., die so konstruiert sind, daß die einzelnen Teile fast nur Zug und Druck erfahren, ist naturgemäß mit k_z und k (falls nicht Knickung in Betracht kommt) zu rechnen.

3. Was die oben unter 3 aufgeführte Voraussetzung anlangt, daß die Querschnitte eben bleiben, so ist festzustellen, daß auch sie nicht genau zutrifft; die Schubkraft, die mit dem biegenden Moment verknüpft zu sein pflegt, wirkt auf Krümmung der ursprünglich ebenen Querschnitte hin (vgl. „Biegung und Schub" in § 52); doch scheint, soweit das bis heute vorliegende Material ein Urteil gestattet, die Annahme des Ebenbleibens der Querschnitte in vielen Fällen bei ausschließlich oder wenigstens in entschieden vorwiegender Weise auf Biegung beanspruchten Stäben, die aus einem Material bestehen, für das die Voraussetzung Ziff. 5 erfüllt ist, zulässig zu sein.

Für einen rechteckigen Stab aus weichem Bessemerstahl von 140 mm Höhe bei 55 mm Breite und 1200 mm Länge, der sich bei einer Auflagerentfernung von 1000 mm um 241,5 mm durchgebogen hatte, ohne zu brechen, stellte Bauschinger fest, daß bei dieser ganz bedeutenden Durchbiegung die ursprünglich ebenen Querschnitte eben sowie senkrecht zur elastischen Linie geblieben waren, und die Länge der früher geraden, 1000 mm langen elastischen Linie sich nicht geändert hatte.

Versuche des Verfassers mit allerdings weniger hohen Stäben rechteckigen Querschnittes aus Schmiedeeisen führten zu dem gleichen Ergebnis.

Das Ebenbleiben der Querschnitte bei Materialien, die Proportionalität zwischen Dehnungen und Spannungen überhaupt nicht aufweisen, wird nach dem in der Fußbemerkung 2, S. 289 Bemerkten und nach dem, was aus dem bis heute vorliegenden Versuchsmaterial geschlossen werden kann[1]), bis auf weiteres gleichfalls als zulässig angenommen werden dürfen.

Bei Querschnittsformen, wie in der Fußbemerkung S. 234 hervorgehoben, wird Ebenbleiben der Querschnitte im allgemeinen nicht stattfinden. Das daselbst hinsichtlich der Überschätzung der Widerstandsfähigkeit Gesagte wird fest im Auge zu behalten sein.

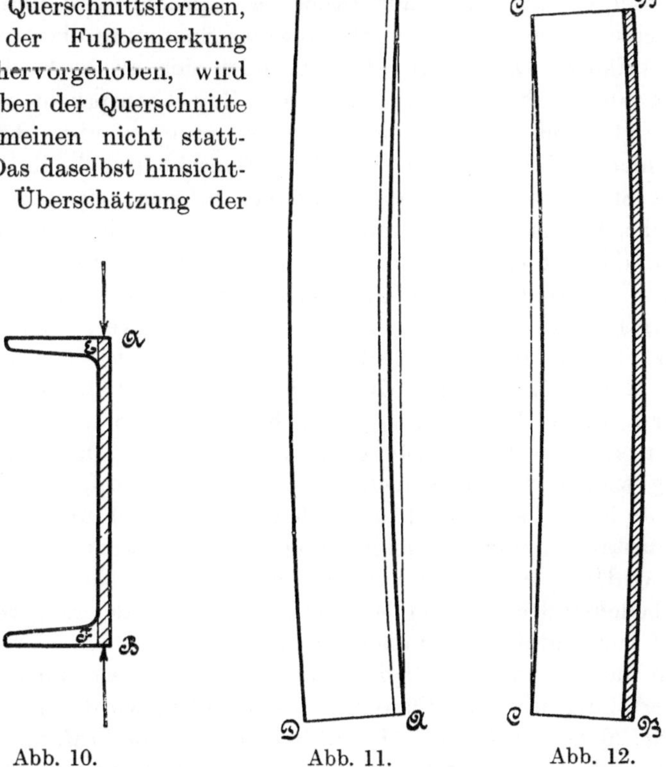

Abb. 10. Abb. 11. Abb. 12.

4. Um die Bedeutung der unter 4, S. 259 angegebenen Voraussetzungen möglichst einfach und deutlich klarzulegen, sollen die folgenden Betrachtungen an einen bestimmten Fall angeknüpft werden. Wir denken uns einen Stab vom Querschnitt Abb. 10, in der Mittelebene der Stegmitte belastet[2]) gemäß Abb. 5, so daß für den mittleren Stabteil, den wir allein ins Auge fassen wollen, die äußeren Kräfte nur ein Kräftepaar ergeben.

[1]) Vgl. in dieser Hinsicht u. a. E. Meyer in der Zeitschrift des Vereines deutscher Ingenieure 1908, S. 197 u. f.

[2]) Auf den Fall der Belastung in der senkrechten Hauptachsenebene wird S. 270 eingegangen werden.

Der Kern des auf Biegung beanspruchten Stabes ist der Steg, wie in der Abbildung durch Strichlage hervorgehoben ist. Bei der Durchbiegung in senkrechter Richtung werden die Fasern in E verkürzt und bei F gedehnt. Damit wirkt der Steg bei E auf die obere Flansche ED drückend und bei F auf die untere Flansche FC ziehend. Die obere Flansche erscheint als ein Stab, der durch eine exzentrisch angreifende Kraft auf Druck beansprucht wird und infolgedessen eine ungleichmäßige Verteilung der Spannung über den Querschnitt erfährt. Die untere Flansche zeigt sich als Stab, der durch eine exzentrisch wirkende Kraft auf Zug beansprucht wird und deshalb gleichmäßige Verteilung der Spannungen über den Querschnitt nicht aufweisen kann. Die obere Flansche und mit ihr der obere Teil des Steges wird sich daher krümmen müssen, wie in Abb. 11 in übertriebenem Maße für ein mittleres Stück des Stabes angegeben ist, während die untere Flansche sich in entgegengesetzter Richtung zu krümmen bestrebt ist, wie Abb. 12 darstellt. Der Steg selbst wird sich also oben nach links, unten nach rechts ausbiegen, seine ursprünglich eine senkrechte Gerade bildende Mittellinie wird eine S-förmige Gestalt annehmen; er wird eine Verdrehung erfahren, seine Querschnitte werden sich wölben müssen (vgl. Taf. XIII). Durch diese Verdrehung werden natürlich auch die Flanschen in Mitleidenschaft gezogen. Je höher der Steg ist, um so leichter wird sich unter sonst gleichen Umständen seine Formänderung vollziehen können. Die Stegstärke wird den entgegengesetzten Einfluß äußern, je größer sie ist, um so bedeutender wird der Widerstand sein, den der Steg gegenüber der ihm zugemuteten Formänderung leistet.

Um den Grad der Ungleichmäßigkeit der bezeichneten Spannungsverteilung über die Flanschen festzustellen, wurde ein]-Träger Profil Nr. 30, $\Theta = 7975\ \mathrm{cm}^4$, Abb. 13 in eine stehende Prüfungsmaschine gebracht und darin belastet, gemäß Abb. 5, $l = 1000$ mm, $a = 1000$ mm. Durch Spiegelapparate wurden gemessen: die Längenänderungen der Fasern auf 200 mm Erstreckung an den in Abb. 13 bezeichneten 4 Stellen: $M_1 M_2 M_3$ und M_4, die um je 145 mm von der wagrechten Hauptachsenebene abstehen. Die Untersuchung lieferte für die Belastungsstufe $P = 250/1750$ kg die Beanspruchungen in der Richtung in der die Dehnungen gemessen worden waren,

in M_1 $\sigma_1 = -417$ kg/qcm
in M_2 $\sigma_2 = -\ \ 45$ „
in M_3 $\sigma_3 = +370$ „
in M_4 $\sigma_4 = +113$ „

Die Zahlen zeigen deutlich die außerordentlich ungleichmäßige Verteilung der Beanspruchung über die Flanschen, während die übliche Rechnung (in § 16) im gleichen Abstand von der Nullebene die gleiche Beanspruchung annimmt.

Wenn geradliniger Verlauf der Beanspruchungen von M_1 nach M_2 und von M_3 nach M_4 angenommen werden darf (in Wirklichkeit wird der Verlauf — mindestens durch den Steg hindurch — voraussicht-

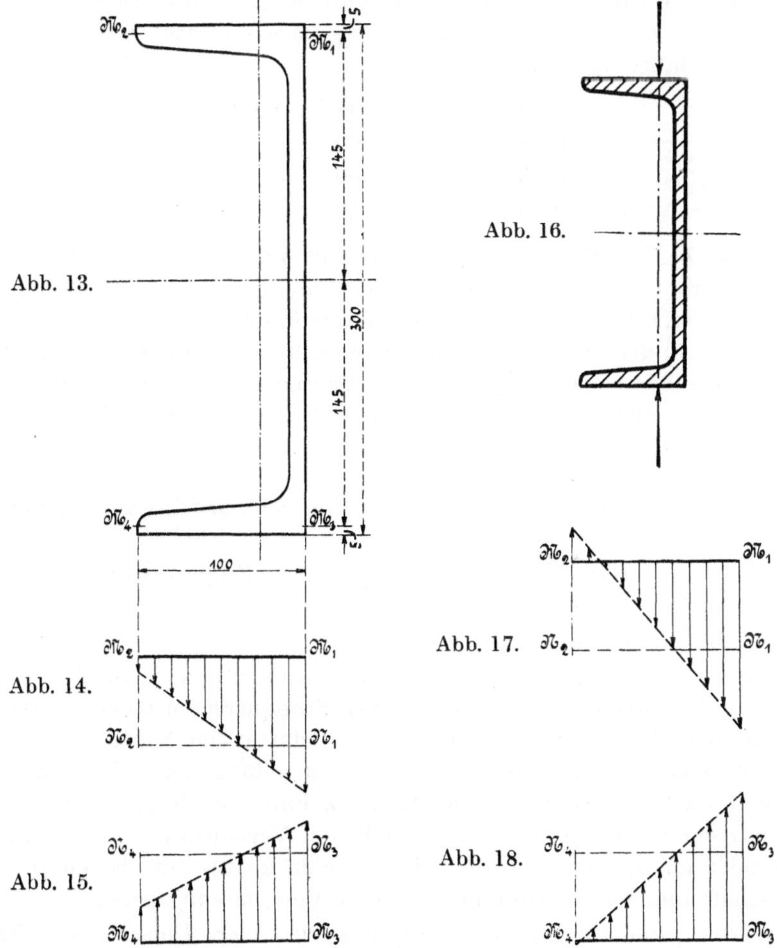

Abb. 13. Abb. 14. Abb. 15. Abb. 16. Abb. 17. Abb. 18.

lich ein etwas anderer sein), so wird sich für die obere Flansche die Druckverteilung nach Abb. 14 und für die untere die Zugverteilung nach Abb. 15 ergeben, während die übliche Rechnung (§ 16) den Verlauf der Beanspruchung nach den Geraden $N_1 N_2$ bzw. $N_3 N_4$ voraussetzt, entsprechend $\sigma = 273$ kg/qcm. Somit führt der Versuch für

M_1 zu einer um $100 \frac{417 - 273}{273} = 53\,\%$ höheren Druckbeanspruchung

M_3 ,, ,, ,, $100 \frac{370 - 273}{273} = 36\,\%$,, Zugbeanspruchung.

Außer der Untersuchung mit Belastung des Trägers in der Stegmittelebene wurden noch Versuche durchgeführt mit Belastung in der senkrechten Hauptachsenebene des Querschnitts, wie Abb. 16 andeutet. Dabei ergab sich

in M_1 $\sigma_1 = -518$ kg/qcm
in M_2 $\sigma_2 = +104$,,
in M_3 $\sigma_3 = +456$,,
in M_4 $\sigma_4 = -16$,,

Diese Zahlen liefern die Abb. 17 und 18; sie zeigen noch eine weit größere Ungleichmäßigkeit der Verteilung der Beanspruchungen über die Flanschen, als diejenigen, die sich im Falle der Belastung des Trägers in der Stegmittelebene ergaben; in der gedrückten Flansche zeigt sich außen sogar eine Zugspannung und in der gezogenen Flansche eine — allerdings sehr kleine — Druckspannung. Hier führt der Versuch für

M_1 zu einer um $100 \frac{518 - 273}{273} = 90\,\%$ höheren Druckbeanspruchung

M_3 ,, ,, ,, $100 \frac{456 - 273}{273} = 67\,\%$,, Zugbeanspruchung

als die übliche Rechnung.

Hiernach ist festzustellen, daß die Entwicklungen in § 16 nur unter der Voraussetzung gelten, daß der Stabquerschnitt symmetrisch ist, und daß die Kraftebene (Ebene der belastenden Kräfte) mit der Symmetrieebene zusammenfällt. Die Beurteilung der Widerstandsfähigkeit nach den Gleichungen 12, § 16, kann bei Körpern mit unsymmetrischem Querschnitt — je nach den Verhältnissen — zu einer mehr oder minder großen, unter Umständen zu überaus bedeutender Überschätzung der Widerstandsfähigkeit Veranlassung geben.

Werden die infolge der Unsymmetrie oder Einseitigkeit des Querschnittes auftretenden Formänderungen mehr oder weniger (z. B. durch Verbindung mit anderen Teilen) gehindert, so wird dadurch die Widerstandsfähigkeit erhöht. So wird das z. B. eintreten, wenn zwei]-Träger mit dem Rücken ihrer Stege zusammengenietet werden usw.

Der im vorstehenden besprochene nachteilige Einfluß der Unsymmetrie des Querschnittes ist vom Verfasser auch noch festgestellt worden durch Bruchversuche mit Gußeisen und aus Durchbiegungsversuchen mit Flußeisenträgern. Näheres hierüber sowie über die oben erwähnten Untersuchungen findet sich in der Zeitschrift des Vereines deutscher Ingenieure 1909, S. 1790 u. f. und 1910, S. 382 u. f. Vgl. auch das nach Durchführung dieser Versuche erschienene Buch von Sonntag, Biegung, Schub und Scherung, Berlin 1909.

5. Die Voraussetzung 5, daß die Dehnungszahl α konstant ist, also gleich für Zug und für Druck, sowie unabhängig von der Größe der Spannungen oder Dehnungen, erscheint nach Maßgabe der in § 4 niedergelegten Versuchsergebnisse und der hierauf bezüglichen Darlegungen in § 5 nur für manche Materialien,

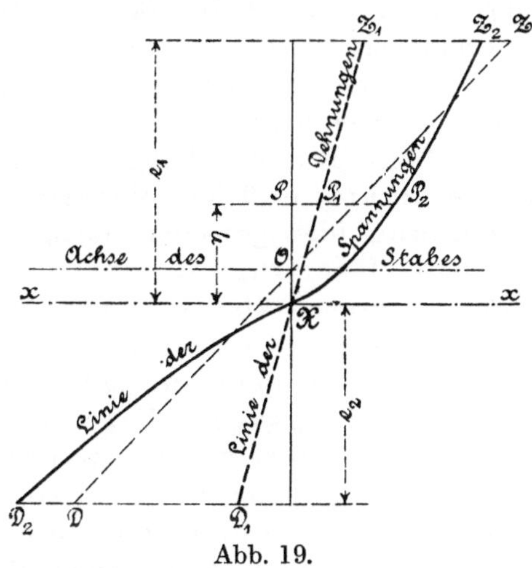

Abb. 19.

beispielsweise für Schmiedeeisen und Stahl, zulässig, solange die Spannungen gewisse Grenzen nicht überschreiten. Bei Gußeisen z. B. ist sie dagegen nicht zutreffend; hier wachsen die Dehnungen rascher als die Spannungen. Dasselbe ist der Fall bei weichem Kupfer; auch bei Legierungen desselben wie Bronze, Messing usw. wird in der Regel rascheres Wachstum der Dehnungen beobachtet. Gleich verhält sich Sandstein, Granit, Zementmörtel, Beton usw.

Nach Maßgabe des Gesagten werden für einen auf Biegung beanspruchten Stab aus Gußeisen unter der Annahme, daß die Querschnitte eben bleiben, zwar die Dehnungen proportional mit dem Abstande η von der Nullachse wachsen, nicht aber die Spannungen; letztere müssen vielmehr langsamer zunehmen, entsprechend dem Umstande, daß α in $\sigma = \varepsilon : \alpha$ mit wachsender Dehnung (Spannung) zunimmt (vgl. z. B. S. 23). Abb. 19 veranschaulicht dies unter Voraussetzung starker Beanspruchung des Stabes. Für die beliebig um η

von der in X sich projizierenden Nullachse[1]) abstehende Faserschicht sei $\overline{PP_1}$ die Dehnung und $\overline{PP_2}$ die Spannung; dann ist für Gußeisen der geometrische Ort aller Punkte P_2 eine gegen die Achse der η gekrümmte, in $D_2XP_2Z_2$ sich projizierende Fläche, wenn auch die Punkte P_1 auf der durch die Nullachse gehenden Ebene D_1XZ_1 liegen. Bei Proportionalität zwischen ε und σ, d. h. auf Grund der gewöhnlichen Biegungsgleichung

$$M_b = \sigma \frac{\Theta}{\eta},$$

würde sich die Spannungsverteilung nach Maßgabe der gestrichelt eingetragenen Geraden DOZ gestalten. Wie ersichtlich, weicht die Spannungsverteilung, wie sie sich unter Berücksichtigung der Veränderlichkeit der Dehnungen mit den Spannungen ergibt, bedeutend ab von derjenigen, die unter der üblichen Voraussetzung der Unveränderlichkeit von α gewonnen wird. Die Abweichung ist — unter der Voraussetzung größerer Beanspruchung — hinsichtlich der Lage der Nullachse derart, daß das Material auf der Seite der größeren Dehnung (der größeren Nachgiebigkeit, der geringeren Festigkeit) zur Übertragung des Momentes einen größeren Querschnitt bietet als auf der anderen Seite; in bezug auf die Zunahme der Spannungen zeigt sich, daß das nach der Nullachse hin gelegene Material besser ausgenutzt wird. Die Spannungskurve kehrt der senkrechten Abszissenachse ihre hohle Seite zu, die Spannungen nehmen also nicht mit der ersten Potenz von η zu, sondern wachsen langsamer. Beides hat zur Folge, daß die Widerstandsfähigkeit eines solchen Balkens gegenüber Biegung größer sein muß, als es die übliche Biegungsgleichung erwarten läßt. Infolgedessen liefern die Gleichungen 10 und 12, § 16, die Zugspannungen größer, als sie tatsächlich sind. Ein und dasselbe Gußeisen muß deshalb bei Biegungsversuchen eine höhere Festigkeit ergeben als bei Zugversuchen, wenn dieselbe auf Grund der Gleichung 10, § 16, berechnet wird.

Aus dem Erörterten folgt dann weiter, daß Stäbe mit Querschnitten, bei denen sich das Material nach der Nullachse hin zusammendrängt, widerstandsfähiger sein müssen, als nach Gleichung 12, § 16, zu schließen ist. Beispielsweise wird ein Stab mit kreisförmigem Querschnitt eine größere Bruchbelastung, bestimmt nach Gleichung 10,

---

[1]) Daß diese hier nicht mehr durch den Schwerpunkt des Querschnittes geht, folgt unmittelbar aus dem, was S. 235 und S. 261 in bezug auf die Gleichungen $\int v\,df = 0$ bzw. $\Sigma f_0 \eta = 0$ gesagt ist. Dieselben wurden nur erhalten unter der Voraussetzung, daß die Dehnungszahl α konstant ist.

§ 16, liefern müssen als ein Stab mit quadratischem Querschnitt, dieser wird dagegen eine größere Biegungsfestigkeit aufzuweisen haben als der ⊥-förmige Querschnitt usw. Hiermit stehen die Ergebnisse der vom Verfasser in den Jahren 1885 u. f. durchgeführten Biegungsversuche mit Gußeisen in voller Übereinstimmung. Siehe „Zeitschrift des Vereines deutscher Ingenieure" 1888, S. 193 u. f., S. 221 u. f., S. 1089 u. f., oder auch „Abhandlungen und Berichte" 1897, S. 60 u. f., sowie § 22, Ziff. 2 dieses Buches.

Will man den Einfluß der Veränderlichkeit der Elastizität mit der Spannung schärfer verfolgen, so hat das unter Zugrundelegung der Gesetzmäßigkeit zu geschehen, die zwischen ε und σ besteht. Im nachfolgenden soll das in Kürze ausgeführt und demgemäß

der durch Biegung in Anspruch genommene Stab auf Grund des Gesetzes

$$\varepsilon = \alpha \sigma^m$$ [1]

rechnerischer Betrachtung unterworfen werden.

a) Allgemeine Gleichungen.

Wir gehen von der zu Anfang des § 16 dargestellten Sachlage aus.

Der einerseits eingespannte und am freien Ende mit P belastete prismatische Stab biegt sich unter Einwirkung dieser Kraft. Hierdurch werden zwei ursprünglich parallele, um $dx = \overline{OO_1}$ voneinander abstehende Querschnitte CC und C_1C_1, Abb. 1, § 16, sowie Abb. 20

[1] Wie Verfasser bei Veröffentlichung betreffend das Potenzgesetz $\varepsilon = \alpha \sigma^m$ in der „Zeitschrift des Vereines deutscher Ingenieure" 1897, S. 248 u. f. am Schlusse ausgesprochen, erscheint durch dasselbe eine Grundlage gewonnen, um an Entwicklungen heranzutreten, die sich die Aufgabe zu stellen haben, die Anstrengung von solchen auf Biegung oder Drehung beanspruchten Körpern zu ermitteln, für deren Material Proportionalität zwischen Dehnungen und Spannungen nicht besteht. Verfasser hoffte durch diese Hervorhebung noch besonders zu dahin gehenden Arbeiten anzuregen. In der Tat erwies sich diese Erwartung als berechtigt, denn bereits im Juni 1897 wurde ihm von Ingenieur Ensslin eine Arbeit vorgelegt, die sich mit der Biegungsaufgabe auf Grund des Gesetzes $\varepsilon = \alpha \sigma^m$ und insbesondere mit der Untersuchung des auf Biegung beanspruchten gußeisernen Balkens mit rechteckigem Querschnitt beschäftigte, und in der „Zeitschrift des Vereines deutscher Ingenieure" 1897, S. 941 u. f. behandelt Latowski die gleiche Aufgabe unter Anwendung der allgemeinen Sätze auf Granitbalken. Beide Arbeiten gelangen in der Hauptsache zu den gleichen Ergebnissen. Eine weitere Darlegung von Latowski s. Zeitschrift des österr. Ingenieur- und Architektenvereins 1898, S. 56, und am gleichen Ort, S. 249, den Aufsatz von W. Carling.

Vgl. auch die Arbeit von L. Geusen in der „Zeitschrift des Vereines deutscher Ingenieure" 1898, S. 463 u. f., sowie S. 516; ferner die Arbeit von Fr. Engesser am gleichen Ort, S. 903 u. f.: „Widerstandsmomente und Kernfiguren bei beliebigem Formänderungs- und Spannungsgesetz".

und 21, sich unter einem gewissen Winkel OMC'_1 gegeneinander neigen. Daß sie eben bleiben, werde vorausgesetzt; mit welcher Berechtigung, ergibt sich aus dem am Schlusse von Ziff. 3, S. 267 Bemerkten.

Die oberhalb einer gewissen Linie, die mit xx bezeichnet sein möge, liegenden Fasern haben sich gedehnt, die unterhalb liegenden zusammengedrückt. Demgemäß sind im Querschnitt oberhalb xx Zugspannungen σ_z und unterhalb xx Druckspannungen σ_d wachgerufen worden, für die im allgemeinen die Beziehungen gelten

$$\varepsilon = \alpha_1 \sigma_z^{m_1}, \qquad \varepsilon = \alpha_2 \sigma_d^{m_2} \quad \ldots \ldots \ldots \quad 2)$$

Wird der Abstand des Punktes M, in dem sich die Durchschnittslinie der beiden Querschnitte projiziert, von der Linie $x\,x$, in der die Spannungen gleich Null sind, und die deshalb „Nullachse" genannt werden soll, mit ϱ bezeichnet, so ergibt sich für den Querschnitt COC die verhältnismäßige Dehnung im Abstande η von xx zu

$$\varepsilon = \frac{\overline{PP_1'} - \overline{PP_1}}{\overline{PP_1}} = \frac{\overline{PP_1'}}{\overline{PP_1}} - 1 = \frac{\varrho + \eta}{\varrho} - 1 = \frac{\eta}{\varrho}.$$

Infolgedessen findet sich für die beliebige um η von der Nullachse xx abstehende Faserschicht

$$\left.\begin{array}{l} \text{auf der Zugseite} \\ \varepsilon = \alpha_1 \sigma_z^{m_1} = \dfrac{\eta}{\varrho}; \qquad \sigma_z = \left(\dfrac{\eta}{\alpha_1 \varrho}\right)^{\frac{1}{m_1}}, \\ \text{auf der Druckseite} \\ \varepsilon = \alpha_2 \sigma_d^{m_2} = \dfrac{\eta}{\varrho}; \qquad \sigma_d = \left(\dfrac{\eta}{\alpha_2 \varrho}\right)^{\frac{1}{m_2}}, \end{array}\right\} \quad \ldots \ldots \quad 3)$$

und für die äußersten, um e_1 bzw. e_2 von der Nullachse abstehenden Fasern, sofern deren Dehnungen mit ε_1 bzw. ε_2 und deren Spannungen mit σ_1 bzw. σ_2 bezeichnet werden,

$$\left.\sigma_1 = \left(\frac{e_1}{\alpha_1 \varrho}\right)^{\frac{1}{m_1}} \qquad \sigma_2 = \left(\frac{e_2}{\alpha_2 \varrho}\right)^{\frac{1}{m_2}}\right\} \quad \ldots \ldots \quad 4)$$

woraus durch Division

$$\frac{\sigma_2^{m_2}}{\sigma_1^{m_1}} = \frac{\alpha_1}{\alpha_2} \frac{e_2}{e_1} \qquad \sigma_2 = \left(\frac{\alpha_1}{\alpha_2} \frac{e_2}{e_1}\right)^{\frac{1}{m_2}} \sigma_1^{\frac{m_1}{m_2}} \quad \ldots \ldots \quad 5)$$

Das Gleichgewicht zwischen dem äußeren biegenden Moment M_b — von dem Einfluß der Schubkraft P werde abgesehen — und den inneren, durch dasselbe wachgerufenen Kräften verlangt, sofern der im Abstande η liegende und in Abb. 20 durch Strichlage hervorgehobene Flächenstreifen mit df bezeichnet wird,

$$\int_0^{e_1} \sigma_z df - \int_0^{e_2} \sigma_d df = 0 \quad \ldots \ldots \ldots \quad 6)$$

und

$$M_b = \int_0^{e_1} \sigma_z df \cdot \eta + \int_0^{e_2} \sigma_d df \cdot \eta \quad \ldots \ldots \ldots \quad 7$$

Aus Gleichung 6 folgt unter Beachtung der Gleichung 3

$$0 = \int_0^{e_1} \left(\frac{\eta}{\alpha_1 \varrho}\right)^{\frac{1}{m_1}} df - \int_0^{e_2} \left(\frac{\eta}{\alpha_2 \varrho}\right)^{\frac{1}{m_2}} df = \left(\frac{1}{\alpha_1 \varrho}\right)^{\frac{1}{m_1}} \int_0^{e_1} \eta^{\frac{1}{m_1}} df - \left(\frac{1}{\alpha_2 \varrho}\right)^{\frac{1}{m_2}} \int_0^{e_2} \eta^{\frac{1}{m_2}} df$$

und mit Rücksicht auf die Gleichung 4 sowie Gleichung 5

$$0 = \frac{\sigma_1}{e_1^{\frac{1}{m_1}}} \int_0^{e_1} \eta^{\frac{1}{m_1}} df - \frac{\sigma_2}{e_2^{\frac{1}{m_2}}} \int_0^{e_2} \eta^{\frac{1}{m_2}} df = \frac{\sigma_1}{e_1^{\frac{1}{m_1}}} \int_0^{e_1} \eta^{\frac{1}{m_1}} df - \left(\frac{\alpha_1}{\alpha_2} \frac{1}{e_1}\right)^{\frac{1}{m_2}} \sigma_1^{\frac{m_1}{m_2}} \int_0^{e_2} \eta^{\frac{1}{m_2}} df \quad 8)$$

Diese Gleichung bestimmt durch den Abstand e_1 die Lage der Nullachse. Sie zeigt, daß dieselbe hier abhängt von der Größe der Spannung σ_1, also von der Größe des biegenden Momentes. Da nun dieses für die verschiedenen Querschnitte des Stabes verschieden ist, so muß bei gleichbleibender Belastung derselben die Nullachse ihre Lage von Querschnitt zu Querschnitt ändern. Wird die Belastung des Balkens eine andere, d. h. ändert sich die belastende Kraft P, so verschiebt sich auch die Nullachse in den auf Biegung beanspruchten Querschnitten.

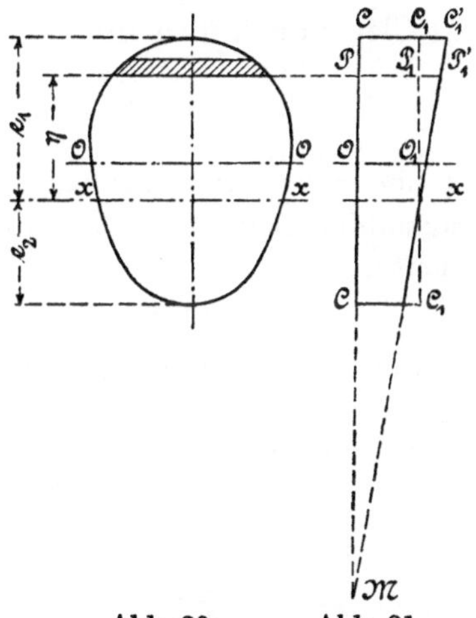

Abb. 20. Abb. 21.

Bei Voraussetzung von Proportionalität zwischen Dehnungen und Spannungen (§ 16) war die Lage der Nullachse unabhängig von der Spannung; sie fiel mit der einen Hauptachse zusammen; sie änderte sich deshalb nicht von Querschnitt zu Querschnitt und auch nicht mit der Belastung, wie dies hier der Fall ist.

Infolge der Abhängigkeit der Lage der Nullachse, d. h. der Größe e_1 von dem biegenden Moment, muß Gleichung 7 zur Bestimmung herangezogen werden. Dieselbe ergibt unter Berücksichtigung der Gleichungen 3 und 4

$$M_b = \left(\frac{1}{\alpha_1 \varrho}\right)^{\frac{1}{m_1}} \int_0^{e_1} \eta^{1+\frac{1}{m_1}} df + \left(\frac{1}{\alpha_2 \varrho}\right)^{\frac{1}{m_2}} \int_0^{e_2} \eta^{1+\frac{1}{m_2}} df$$

$$= \frac{\sigma_1}{e_1^{\frac{1}{m_1}}} \int_0^{e_1} \eta^{1+\frac{1}{m_1}} df + \frac{\sigma_2}{e_2^{\frac{1}{m_2}}} \int_0^{e_2} \eta^{1+\frac{1}{m_2}} df$$

und nach Ersetzung von σ_2 durch den Wert Gleichung 5

$$M_b = \frac{\sigma_1}{e_1^{\frac{1}{m_1}}} \int_0^{e_1} \eta^{1+\frac{1}{m_1}} df + \left(\frac{\alpha_1}{\alpha_2} \frac{1}{e_1}\right)^{\frac{1}{m_2}} \sigma_1^{\frac{m_1}{m_2}} \int_0^{e_2} \eta^{1+\frac{1}{m_2}} df \quad . \quad . \quad . \quad . \quad 9)$$

Für den Fall der Proportionalität zwischen Dehnungen und Spannungen, d. h. für

$$\alpha_1 = \alpha_2 = \alpha \quad \text{und} \quad m_1 = m_2 = 1$$

geht Gleichung 9 über in

$$M_b = \frac{\sigma_1}{e_1} \left(\int_0^{e_1} \eta^2 df + \int_0^{e_2} \eta^2 df\right),$$

d. i. die bekannte Biegungsgleichung, da der Klammerausdruck das Trägheitsmoment des Querschnittes in bezug auf die Hauptachse OO bedeutet.

b) Rechteckiger Querschnitt.

Für einen rechteckigen Querschnitt von der Breite b und der Höhe $h = e_1 + e_2$ gehen die Gleichungen 8 und 9 unter Beachtung, daß $df = b\, d\eta$, über in

$$0 = \frac{\sigma_1}{e_1^{\frac{1}{m_1}}} \int_0^{e_1} \eta^{\frac{1}{m_1}} d\eta - \left(\frac{\alpha_1}{\alpha_2} \frac{1}{e_1}\right)^{\frac{1}{m_2}} \sigma_1^{\frac{m_1}{m_2}} \int_0^{e_2} \eta^{\frac{1}{m_2}} d\eta,$$

$$M_b = \frac{\sigma_1}{e_1^{\frac{1}{m_1}}} b \int_0^{e_1} \eta^{\frac{m_1+1}{m_1}} d\eta + \left(\frac{\alpha_1}{\alpha_2} \frac{1}{e_1}\right)^{\frac{1}{m_2}} \sigma_1^{\frac{m_1}{m_2}} b \int_0^{e_2} \eta^{\frac{m_2+1}{m_2}} d\eta.$$

Für die Integralwerte wird erhalten

$$\int_0^{e_1} \eta^{\frac{1}{m_1}} d\eta = \frac{m_1}{m_1+1} e_1^{\frac{m_1+1}{m_1}}, \qquad \int_0^{e_2} \eta^{\frac{1}{m_2}} d\eta = \frac{m_2}{m_2+1} e_2^{\frac{m_2+1}{m_2}},$$

$$\int_0^{e_1} \eta^{\frac{m_1+1}{m_1}} d\eta = \frac{m_1}{2\,m_1+1} e_1^{\frac{2\,m_1+1}{m_1}}, \quad \int_0^{e_2} \eta^{\frac{m_2+1}{m_2}} d\eta = \frac{m_2}{2\,m_2+1} e_2^{\frac{2\,m_2+1}{m_2}}.$$

Damit folgt aus der ersten der beiden Gleichungen

$$\sigma_1 = \left(\frac{\alpha_2}{\alpha_1}\right)^{\frac{1}{m_1-m_2}} \left[\frac{m_1\,(m_2+1)}{m_2\,(m_1+1)}\right]^{\frac{m_2}{m_1-m_2}} \left(\frac{e_1}{e_2}\right)^{\frac{m_2+1}{m_1-m_2}} \quad \ldots \quad 10)$$

oder

$$\frac{e_1}{e_2} = \left\{\frac{\alpha_1}{\alpha_2}\left[\frac{m_2\,(m_1+1)}{m_1\,(m_2+1)}\right]^{m_2} \sigma_1^{m_1-m_2}\right\}^{\frac{1}{m_2+1}} \quad \ldots \ldots \quad 11)$$

Aus der zweiten Gleichung wird

$$M_b = \sigma_1\, b \left\{\frac{m_1}{2\,m_1+1} e_1^2 + \left(\frac{\alpha_1\, e_2}{\alpha_2\, e_1}\right)^{\frac{1}{m_2}} \frac{m_2}{2\,m_2+1} \sigma_1^{\frac{m_1-m_2}{m_2}} e_2^2\right\}$$

und nach Beseitigung von σ_1 mittels der Gleichung 10

$$M_b = \left(\frac{\alpha_2}{\alpha_1}\right)^{\frac{1}{m_1-m_2}} m_1 \left[\frac{m_1\,(m_2+1)}{m_2\,(m_1+1)}\right]^{\frac{m_2}{m_1-m_2}} b \left(\frac{e_1}{e_2}\right)^{\frac{m_2+1}{m_1-m_2}} \left\{\frac{1}{2\,m_1+1} + \frac{m_2+1}{(m_1+1)\,(2\,m_2+1)} \frac{e_2}{e_1}\right\} e_1^2 \quad \ldots \ldots \ldots \quad 12)$$

Sind für ein bestimmtes Material die Werte α_1 α_2 m_1 und m_2 bekannt, so liefert Gleichung 11 mit einem bestimmten Wert von σ_1 das Verhältnis $\frac{e_1}{e_2} = \varphi$, womit die Lage der Nullachse bestimmt erscheint; denn es ist

$$\frac{e_1}{e_2} + 1 = \varphi + 1 \qquad \frac{e_1+e_2}{e_2} = \varphi + 1 = \frac{h}{e_2}$$

$$e_2 = \frac{h}{1+\varphi} \quad \text{und} \quad e_1 = h\,\frac{\varphi}{1+\varphi}.$$

Durch Einführung von e_1 und e_2 in Gleichung 12 erhält man den Wert des Biegungsmomentes, das in dem betrachteten Querschnitt die Zugspannung σ_1 im Abstande e_1 hervorruft.

Mit dem angenommenen Werte von σ_1 (gleich der zulässigen Zuganstrengung) ergibt Gleichung 5 die größte Druckspannung σ_2.

Behufs Gewinnung eines anschaulichen Bildes hinsichtlich der Spannungsverteilung über den Querschnitt ist auf die Gleichungen 3 und 4 zurückzugehen, nach denen

$$\sigma_z = \sigma_1 \left(\frac{\eta}{e_1}\right)^{\frac{1}{m_1}}, \qquad \sigma_d = \sigma_2 \left(\frac{\eta}{e_2}\right)^{\frac{1}{m_2}}.$$

Abb. 19, S. 271, zeigt ein solches Schaubild für Materialien, wie z. B. Gußeisen (vgl. das auf S. 272 und 273 zu dieser Abbildung Bemerkte).

Wie oben erkannt wurde, hängt die Lage der Nullachse in dem prismatischen Stab, Abb. 2, § 16, von der Größe des biegenden Momentes für den betreffenden Querschnitt ab[1]). Denkt man sich den Stab stark belastet, so zeigt sich bei näherer Verfolgung, daß ein um so größerer Teil des Querschnittes an der Übertragung der Zugspannungen, gegenüber denen das Gußeisen, der Sandstein, der Granit usw. weniger widerstandsfähig sind, teilnimmt, je größer das biegende Moment ist: die Nullachse rückt aus der Mitte des Querschnittes nach der Druckseite hin, wie in Abb. 19 angenommen ist. Je nach den Zahlenwerten, welche die Größen α_1 m_1 α_2 m_2 der Beziehungen 2 besitzen, kann die Nullachse zu Anfang, d. h. für kleinere Beanspruchung nach der Zugseite hin aus der Mitte gelegen sein und erst mit Steigerung der auf Biegung wirkenden Last durch die Mitte nach der Druckseite hin sich bewegen.

Die Strecke, um welche die Nullachse in dem am stärksten beanspruchten Querschnitt selbst bei hoher Belastung des Stabes aus der Mitte gelegen ist, ergibt sich für Stoffe wie Gußeisen und Sandstein usw. nicht sehr groß. Sie beträgt — soweit das Versuchsmaterial des Verfassers reicht — gegen den Bruch hin noch keine 10 % der Höhe des rechteckigen Querschnittes.

Indem man z. B. für ein und dasselbe Gußeisen durch Zugversuche den Zusammenhang zwischen Dehnungen und Zugspannungen sowie die Zugfestigkeit, durch Druckversuche die Beziehung zwischen Zusammendrückungen und Druckspannungen, durch Biegungsversuche die zu den einzelnen Belastungen gehörigen Durchbiegungen und

---

[1]) Eine kritische Besprechung über „die bis jetzt vorliegenden Versuche zur unmittelbaren Bestimmung der Lage der neutralen Achse im gebogenen Stab aus Stein und Gußeisen“ von E. Roser findet sich in der Zeitschrift des Vereines deutscher Ingenieure 1899, S. 205 u. f., und dazu gehörig die hieran sich schließende Auseinandersetzung am gleichen Ort, S. 371 und 372. Ferner ist die Arbeit von O. Hönigsberg: „Über die unmittelbare Beobachtung der Spannungsverteilung und Sichtbarmachung der neutralen Schichte an beanspruchten Körpern“ (Zeitschrift des österr. Ingenieur- und Architektenvereines 1904, Nr. 11) hervorzuheben.

schließlich die Bruchbelastung feststellt, erhält man das zu einer Prüfung nötige Versuchsmaterial. Durch die Zug- und Druckversuche sind $\alpha_1 m_1 \alpha_2 m_2$ der Gleichung 2 und damit auch die Durchbiegungen bestimmt, die bei dem Biegungsstab für gewisse Belastungen erwartet werden dürfen. Da nun diese Durchbiegungen beim Biegungsversuch unmittelbar gemessen worden sind, so ist eine Vergleichung, d. h. eine Prüfung gegeben. Eine zweite Prüfung ermöglicht der Umstand, daß aus den Zugversuchen die Zugfestigkeit und bei den Biegungsversuchen die Bruchbelastung ermittelt worden ist. Das setzt allerdings voraus, daß die Werte $\alpha_1 m_1 \alpha_2 m_2$ für genügend hoch gesteigerte Belastungen, d. h. daß insbesondere $\alpha_1 m_1$ noch für Zugkräfte bestimmt worden sind, die nahe an diejenige Belastung heranreichen, die das Zerreißen herbeiführt. Der Natur der Sache nach sind der vorstehend angedeuteten Untersuchung die gesamten Dehnungen, Zusammendrückungen und Durchbiegungen zugrunde zu legen.

Statt des Potenzgesetzes kann eine andere Funktion verwendet werden, die den Zusammenhang zwischen Dehnungen und Spannungen ausreichend genau zum Ausdruck bringt und die Durchführung der Rechnungen ermöglicht. S. 298 u. f. ist eine zweite Prüfung ohne Zuhilfenahme einer Funktion auf zeichnerischem Wege an zwei Beispielen durchgeführt.

Die auf S. 272 erörterte Abweichung der Spannungsverteilung fällt demnach um so größer aus, je stärker die Beanspruchung wird. Die gewöhnliche Biegungsgleichung $M_b = \sigma \frac{\Theta}{e}$ wird deshalb um so weniger zutreffende Ergebnisse liefern, je mehr sich die Anstrengung derjenigen beim Bruche nähert.

Aus diesem nach dem Vorstehenden schon lange bekannten Umstand sind in neuester Zeit Bedenken gegen die Verwendung von aus Bruchversuchen mit Gußeisen gewonnenen Versuchsergebnissen erhoben worden; hierbei ist insbesondere auf die Gleichung 1 in § 22 (S. 293) Bezug genommen worden[1]), weshalb folgendes bemerkt sein möge.

Die einzige hier in Betracht kommende Folge der Zunahme der Dehnungzahl des Gußeisens mit wachsender Belastung besteht darin, daß die Beanspruchung σ bei niederer Belastung einen größeren Teil der Bruchfestigkeit ausmacht. Die „Sicherheitszahl", die aus den Ergebnissen von Bruchversuchen abgeleitet worden ist, fällt in Wirklichkeit geringer aus. Dieser Umstand wird mit steigender Belastung immer kleiner; infolgedessen gleicht er sich in den Fällen,

[1]) Eingehend ist diese Frage behandelt in der auf S. 45 bezeichneten Schrift von Nonnenmacher.

in denen er von Bedeutung werden könnte, mehr oder minder vollständig aus. Es erscheint deshalb richtiger, die Veränderlichkeit von α in der Weise, wie in § 22 geschehen ist, zu berücksichtigen, als sie vollständig außer acht zu lassen. (Vgl. auch das in § 48 unter Ziff. 1 über Bruchversuche Bemerkte.)

6. Zusammenfassung.

Bedeutet

k_b die im allgemeinen aus Biegungsversuchen abgeleitete zulässige Anstrengung des Materials,

e den Abstand der am stärksten angestrengten Faser des auf Biegung in Anspruch genommenen Stabes,

so wird nach Maßgabe des unter 2 und 5 Erkannten an Stelle der Beziehungen 12, § 16, zu setzen sein

$$M_b \leqq k_b \frac{\Theta}{e} \quad \ldots\ldots\ldots\ldots \quad 13)$$

Hierin ist k_b — streng genommen für alle Materialien — abhängig von der Querschnittsform. Von größerer Bedeutung wird diese Abhängigkeit — wie das vorliegende Versuchsmaterial schließen läßt — jedoch erst bei solchen Materialien, für welche die Dehnungszahl α veränderlich ist (Gußeisen); bei Materialien mit konstantem α (Schmiedeeisen, Stahl) tritt sie zurück.

Die Feststellung der elastischen Linie auf Grund der Gleichung 15, § 16, liefert für den Fall, daß α konstant ist, befriedigende Ergebnisse. Trifft jedoch diese Voraussetzung nicht zu, so kann bei starker Beanspruchung des Materials der Unterschied zwischen Rechnung und tatsächlichem Ergebnis erheblich ausfallen[1]).

Streng genommen, wären für Stäbe aus Materialien mit veränderlichen Dehnungszahlen die in §§ 16, 18 und 19 gegebenen Entwicklungen unter Beachtung der zwischen ε und σ bestehenden Gesetzmäßigkeit (Gl. 1, § 4, S. 25) durchzuführen, wie es beispielsweise

---

[1]) Nach Gleichung 14, § 18,

$$y_c = \frac{\alpha}{48} \frac{Pl^3}{\Theta}$$

kommt es bezüglich der Durchbiegung y_c eines in der Mitte mit P belasteten Stabes nur auf das Trägheitsmoment Θ des Querschnittes an; infolgedessen es z. B. gleichgültig erscheint, ob bei einem Querschnitte wie Abb. 6, § 17, die breite oder die schmale Flansche als die gezogene auftritt, wenn nur P und l die gleichen Werte besitzen. Tatsächlich erweist sich bei gußeisernen Trägern wegen der Veränderlichkeit von α die Durchbiegung im letzteren Falle entschieden größer als im ersteren. (Vgl. des Verfassers Arbeit „Die Biegungslehre und das Gußeisen" in der Zeitschrift des Vereines deutscher Ingenieure 1888, S. 224, oder auch „Abhandlungen und Berichte" 1897, S. 72 und 73.)

oben für Gußeisen geschehen ist. Die Rücksicht auf die erforderliche Einfachheit unserer technischen Rechnungen hält jedoch im allgemeinen zurzeit noch davon ab, in dieser Weise vorzugehen; nur in denjenigen Fällen, in denen die Anforderungen der Technik das bisherige Verfahren nicht mehr gestatten, wird die strengere Rechnung anzulegen sein. Hinsichtlich des vom Verfasser vor reichlich drei Jahrzehnten eingeschlagenen Annäherungsweges, der Veränderlichkeit von α bei Gußeisen Rechnung zu tragen, sei auf § 22, Ziff. 2, verwiesen.

§ 21. Biegungsanstrengung und Durchbiegung unter der Voraussetzung, daß die Ebene des Kräftepaares keine der beiden Hauptachsen des Querschnittes in sich enthält.

Die im nachstehenden wiedergegebenen Entwicklungen sind die üblichen; sie lassen im allgemeinen die unter 4. S. 259 aufgeführte und S. 267 u. f. näher erörterte Voraussetzung der Symmetrie des Querschnittes außer Betracht. Das ist bei Beurteilung oder Verwendung der Ergebnisse, zu denen die Entwicklungen unter Ziffer 2 und 3 gelangen, im Einzelfalle zu beachten.

1. Hauptachsen eines Querschnittes. Hauptträgheitsmomente.

In der durch Abb. 1 dargestellten Fläche sei O ein beliebiger Punkt, OX und OY ein rechtwinkliges, sonst jedoch beliebig gelegenes Achsenkreuz; die Koordinaten des mit dem Flächenpunkte P zusammenfallenden Flächenelementes df seien x und y. Dann ist das Trägheitsmoment der Fläche

in bezug auf die X-Achse $\Theta_x = \int y^2\,df$,

„ „ „ „ Y- „ $\Theta_y = \int x^2\,df$

und hinsichtlich der unter dem Winkel φ gegen die X-Achse geneigten Geraden OO, von der P, demnach auch df, um $z = y\cos\varphi - x\sin\varphi$ absteht,

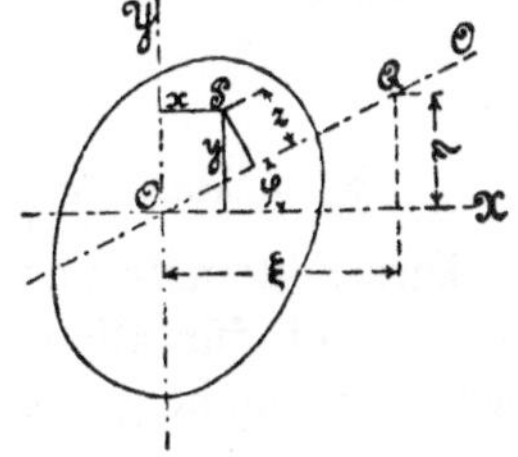

Abb. 1.

$$\Theta = \int z^2 df = \int (y\cos\varphi - x\sin\varphi)^2 df$$

$$\Theta = \Theta_x \cos^2\varphi + \Theta_y \sin^2\varphi - 2Z\sin\varphi\cos\varphi, \quad \ldots \quad 1)$$

sofern

$$Z = \int x\,y\,df \quad \ldots \quad 2)$$

Auf der Achse OO werde nun von O aus die Strecke $\overline{OQ} = \varrho = \sqrt{\frac{1}{\Theta}}$ aufgetragen und den Koordinaten des so erhaltenen Punktes Q

in bezug auf OX und OY die Bezeichnung ξ und η erteilt, so daß

$$\xi = \varrho \cos \varphi \qquad \eta = \varrho \sin \varphi.$$

Aus Gleichung 1 folgt dann mit Rücksicht darauf, daß

$$\Theta = \frac{1}{\varrho^2}$$

$$1 = \Theta_x \varrho^2 \cos^2 \varphi + \Theta_y \varrho^2 \sin^2 \varphi - 2 Z \varrho^2 \sin \varphi \cos \varphi,$$
$$1 = \Theta_x \xi^2 + \Theta_y \eta^2 - 2 Z \xi \eta.$$

Diese Beziehung zwischen den Veränderlichen ξ und η ist die Gleichung einer Ellipse. Hiernach findet sich der geometrische Ort aller derjenigen Punkte Q, die erhalten werden, wenn auf jeder durch O möglichen Geraden die Wurzel aus dem reziproken Werte des für diese Gerade sich ergebenden Trägheitsmomentes aufgetragen wird, als Ellipse, mit O als Mittelpunkt, d. i. die sogenannte Trägheitsellipse. Nun sind in einer Ellipse zwei senkrecht aufeinander stehende Achsen vorhanden — die große und die kleine Achse —, für die das Glied mit dem Produkt der beiden Koordinaten verschwindet. Dies tritt ein, wenn $Z = 0$. Werden demnach diese beiden Achsen zu Achsen der x und der y gewählt, so wird der Ausdruck Gleichung 2 zu Null.

Ferner ist bekannt, daß die große Halbachse der Ellipse der größte und die kleine Halbachse der kleinste der möglichen Werte von ϱ ist. Diese beiden ausgezeichneten Richtungen werden als die beiden Hauptachsen der Fläche für den Punkt O bezeichnet. Sie sind nach Maßgabe des Vorstehenden gekennzeichnet durch

$$Z = \int x\, y\, d f = 0$$

und

$$\Theta_x = \text{Max.},\ \Theta_y = \text{Min.} \quad \text{oder} \quad \Theta_x = \text{Min.},\ \Theta_y = \text{Max.}$$

Dieser kleinste und dieser größte Wert unter den Trägheitsmomenten, die sich für alle Geraden ergeben, die durch den Punkt O in der Ebene der Fläche gezogen werden können, heißen die beiden Hauptträgheitsmomente der Fläche für den Punkt O derselben.

Werden die beiden Hauptträgheitsmomente mit Θ_1 und Θ_2 bezeichnet, so findet sich das Trägheitsmoment Θ für eine beliebige durch O gehende Gerade, die mit der Achse des Hauptträgheitsmomentes Θ_1 den Winkel φ einschließt, nach Gleichung 1 zu

$$\Theta = \Theta_1 \cos^2 \varphi + \Theta_2 \sin^2 \varphi \quad \ldots \ldots \ldots \quad 3)$$

Besitzen Θ_1 und Θ_2 gleiche Größe, so folgt

$$\Theta = \Theta_1 = \Theta_2,$$

d. h. die Trägheitsmomente für alle durch O möglichen Geraden sind einander gleich. Die Trägheitsellipse geht dann in einen Kreis über.

Das Vorstehende gilt für einen beliebigen Punkt der Fläche. Dementsprechend hat eine Fläche unendlich viele Hauptachsen und Hauptträgheitsmomente. Wird von den Hauptachsen oder den Hauptträgheitsmomenten eines Querschnittes kurzhin gesprochen, so sind hierunter die entsprechenden Größen für den Schwerpunkt des letzteren verstanden.

2. Biegungsanstrengung.

Wir wählen die beiden Hauptachsen des Querschnittes Abb. 2 zu Achsen der y und z. Θ_1 gelte als das Trägheitsmoment in bezug auf die Hauptachse OY und Θ_2 als dasjenige hinsichtlich der Hauptachse OZ. Ferner sei $\overline{OM_b}$ die Paarachse des biegenden Kräftepaares vom Momente M_b, d. h. diejenige Gerade, die in O senkrecht zur Paarebene steht, mit ihrer Größe OM_b das Moment M_b darstellt und derart eingetragen wird, daß, von M_b nach O hin gesehen, das Moment M_b rechtsdrehend erscheint. Die zur Krümmungsachse, die um ϱ von O absteht, parallele Nullachse besitze die Lage NN, schließe also mit OY den Winkel φ ein, während OM_b um β gegen OY geneigt ist.

Nach Abb. 6, § 16 ist

$$\overline{P_1 P'_1} : \overline{P_1 O_1} = \overline{O O_1} : \overline{OM}$$
$$\varepsilon\, dx : \eta = dx : \varrho$$

und daher mit:

$$\varepsilon = \alpha\,\sigma$$

für das Flächenelement df, dessen Lage durch y und z bestimmt ist,

$$\sigma = \frac{1}{\alpha}\,\frac{\eta}{\varrho} = \frac{1}{\alpha}\,\frac{z\cos\varphi - y\sin\varphi}{\varrho}$$

Je die Summe der Momente, die diese Spannung für alle Flächenelemente in bezug auf die y- und die z-Achse ergibt, muß sich im Gleichgewicht befinden mit den Komponenten des Kräftepaares M_b, d. i. mit

$$M_b \cos\beta \quad \text{bzw.} \quad M_b \sin\beta .$$

Folglich

$$M_b \cos\beta = \int \sigma\, df \cdot z = \int \frac{1}{\alpha}\,\frac{z\cos\varphi - y\sin\varphi}{\varrho}\, z\, df,$$

$$M_b \sin\beta = -\int \sigma\, df \cdot y = -\int \frac{1}{\alpha}\,\frac{z\cos\varphi - y\sin\varphi}{\varrho}\, y\, df .$$

Unter Voraussetzung der Unveränderlichkeit der Dehnungszahl α und unter Beachtung, daß OY und OZ die Hauptachsen des Querschnittes sind, für welche die Größe Z (Gleichung 2) verschwindet, ergibt sich

$$M_b \cos\beta = \frac{1}{\alpha\varrho}\Theta_1 \cos\varphi \quad \text{oder} \quad \frac{\cos\varphi}{\varrho} = \alpha\frac{M_b}{\Theta_1}\cos\beta\,,$$

$$M_b \sin\beta = \frac{1}{\alpha\varrho}\Theta_2 \sin\varphi \quad \text{oder} \quad \frac{\sin\varphi}{\varrho} = \alpha\frac{M_b}{\Theta_2}\sin\beta\,,$$

und hieraus

$$\operatorname{tg}\varphi = \frac{\Theta_1}{\Theta_2}\operatorname{tg}\beta\,, \quad \ldots \ldots \quad 4)$$

$$\frac{1}{\varrho} = \alpha M_b \sqrt{\frac{\cos^2\beta}{\Theta_1^2} + \frac{\sin^2\beta}{\Theta_2^2}}\,, \quad \ldots \ldots \quad 5)$$

$$\sigma = \frac{1}{\alpha}\frac{\eta}{\varrho} = M_b\,\eta\sqrt{\frac{\cos^2\beta}{\Theta_1^2} + \frac{\sin^2\beta}{\Theta_2^2}}\,, \quad \ldots \ldots \quad 6)$$

oder

$$\sigma = \frac{1}{\alpha}\frac{z\cos\varphi - y\sin\varphi}{\varrho} = M_b\left(\frac{z\cos\beta}{\Theta_1} - \frac{y\sin\beta}{\Theta_2}\right) \quad \ldots \quad 7)$$

Die Gleichung 6 geht in Gleichung 9, § 16, über, wenn

$$\beta = 0,$$

d. h. wenn die Paarachse mit einer der beiden Hauptachsen zusammenfällt, oder wenn

$$\Theta_1 = \Theta_2 = \Theta,$$

d. h. wenn die Hauptträgheitsmomente und damit alle Trägheitsmomente gleich sind, was beispielsweise zutrifft für den Kreis, das

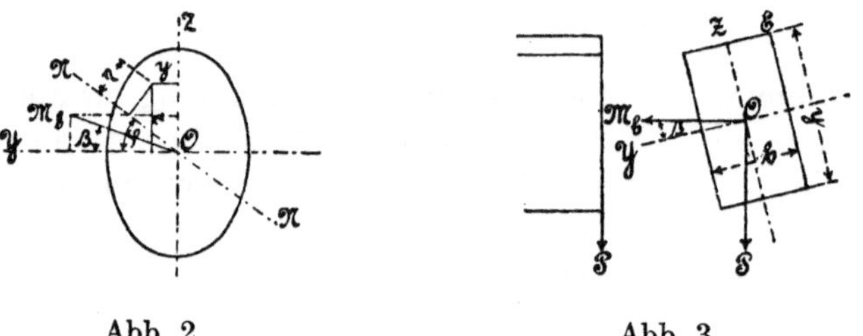

Abb. 2. Abb. 3.

gleichseitige Dreieck, das Quadrat, überhaupt für alle regelmäßigen Vielecke, für den kreuzförmigen Querschnitt bei gleichen Abmessungen der Rippen usf.

Für den besonderen Fall des Rechteckes, Abb. 3, folgt wegen

$$\Theta_1 = \frac{1}{12}b\,h^3 \qquad \Theta_2 = \frac{1}{12}b^3 h$$

aus Gleichung 4

$$\operatorname{tg}\varphi = \left(\frac{h}{b}\right)^2 \operatorname{tg}\beta .$$

Die größte Spannung σ_{max} wird auftreten im Punkte E, für den $z = 0{,}5\,h$, $y = -0{,}5\,b$

$$\sigma_{max} = \frac{6\,M_b}{b\,h}\left(\frac{\cos\beta}{h} + \frac{\sin\beta}{b}\right)$$

und mit Rücksicht auf § 20, Ziff. 6 ,

$$k_b \geqq \frac{6\,M_b}{b\,h}\left(\frac{\cos\beta}{h} + \frac{\sin\beta}{b}\right) \quad \text{. . . . . 8)}$$

Zu demselben Wert für k_b läßt sich gelangen, wenn man M_b in seine beiden Komponenten, parallel und senkrecht zur Höhenrichtung des Querschnittes, zerlegt, die sich für sie ergebenden Spannungen ermittelt und sie addiert.

3. Durchbiegung.

Die Durchbiegung eines Stabes, dessen Belastungsebene die Querschnitte nicht in einer der beiden Hauptachsen schneidet, pflegt nur insofern praktisches Interesse zu haben, als unter Umständen der Stab gehindert sein kann, sich in der Richtung zu bewegen, in

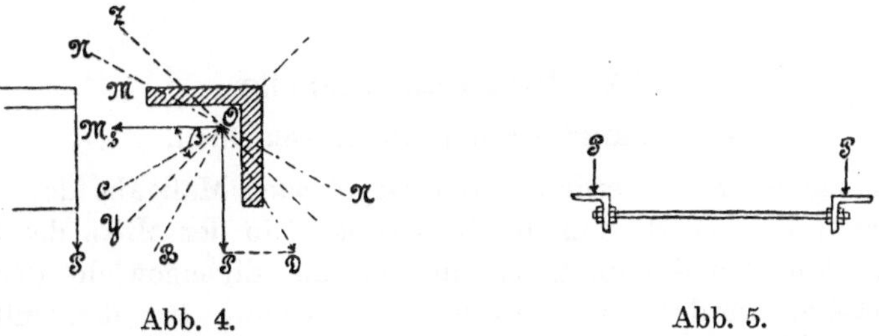

Abb. 4. Abb. 5.

der er sich durchbiegen will, wodurch Zusatzkräfte wachgerufen werden. Denken wir uns beispielsweise einen l langen Stab von dem in Abb. 4 gezeichneten Querschnitt an einem Ende eingespannt und am anderen Ende mit P belastet, so ergibt sich für die senkrechte Belastungsebene OP die horizontale Paarachse $\overline{OM_b} = M_b = Pl$. Unter der Voraussetzung, daß der winkelförmige Querschnitt gleiche Schenkel besitzt, werden die beiden Hauptachsen OY und OZ unter 45^0 gegen den Horizont geneigt sein. Bezeichnet nun Θ_1 das Trägheitsmoment in bezug auf die Hauptachse OY und Θ_2 dasjenige hinsichtlich der zweiten Hauptachse OZ, so folgt die Lage der Nullachse NN nach Gleichung 4 unter Beachtung, daß $\beta = 45^0$. Da die Krümmungsachse parallel zu NN läuft, so ergibt sich die Durchbiegungsrichtung in der zu NN senkrechten Geraden OB. Hiermit wird sich das eine Ende des Stabes unter Einwirkung der vertikalen Belastung P in der Richtung OB durchbiegen.

Wenn nun zwei solche Stäbe miteinander verbunden sind, wie z. B. Abb. 5 erkennen läßt, so wird diese Durchbiegung infolge der Verbindung mehr oder minder vollständig gehindert, d. h. auf die beiden Stäbe wirkt noch je eine horizontale, nach innen gerichtete Kraft H, die unter Umständen, namentlich dann, wenn sie nicht durch den Schwerpunkt des Querschnittes geht — und damit auch auf Verdrehung hinwirkt —, die Anstrengung des Materials wesentlich beeinflussen kann.

Unter der Annahme, daß die Abweichung der Träger in horizontaler Richtung durch ihre Verbindung vollständig gehindert wird, würde sich H aus der Erwägung ergeben, daß die Durchbiegungsrichtung mit OP zusammenfallen muß. Damit dies eintritt, müßte $\sphericalangle YON = \varphi = 45^0$ sein, also nach Gleichung 4

$$\operatorname{tg} 45^0 = \frac{\Theta_1}{\Theta_2} \operatorname{tg} \beta, \qquad \operatorname{tg} \beta = \frac{\Theta_2}{\Theta_1}.$$

Die hierdurch bestimmte Lage der Paarachse OC liefert in der zu ihr Senkrechten OD die Richtung der Belastung (für vertikale Durchbiegung) und damit in $\overline{PD}$ die gesuchte Horizontalkraft H.

§ 22. Biegungsversuche.

1. Biegungsversuche im allgemeinen.

Biegungsversuche werden in der Regel nach Maßgabe der Abb. 1, § 18, angestellt, derart, daß die Belastung P in der Mitte des Stabes angreift. Mit der Genauigkeit, mit der das Eigengewicht desselben vernachlässigt werden darf, ergibt sich alsdann für den mittleren Querschnitt die Durchbiegung y_C der Mittellinie des Stabes nach Gleichung 14, § 18, zu

$$y_C = \frac{\alpha}{48} \frac{P l^3}{\Theta}$$

und die Spannung σ_1 der um e_1 von der Nullachse abstehenden und am stärksten gespannten Fasern nach Gleichung 7, § 18, und Gleichung 10, § 16, zu

$$\sigma_1 = \frac{P l}{4 \Theta} e_1,$$

unter den Voraussetzungen, die zu diesen beiden Gleichungen führten: Ebenbleiben der Querschnitte und Unabhängigkeit der Dehnungszahl α von der Größe und dem Vorzeichen der Spannungen oder Dehnungen.

Durch Beobachtung der zu einer gewissen Belastung P gehörigen Durchbiegung y_C läßt sich für einen bestimmten Stab die Dehnungszahl

$$\alpha = 48 \frac{\Theta}{l^3} \frac{y_C}{P}$$

oder auch deren reziproker Wert (Elastizitätsmodul)

$$\frac{1}{\alpha} = \frac{l^3}{48\,\Theta} \frac{P}{y_C}$$

innerhalb des Spannungsgebietes, für das α als unveränderlich angesehen werden kann, ermitteln.

Es ist bis vor nicht zu langer Zeit allgemein üblich gewesen, α bzw. $\frac{1}{\alpha}$ in dieser Weise zu bestimmen, gleichgültig, wie groß die Höhe des Stabes im Verhältnis zur Entfernung der Auflager war. Ist sie verhältnismäßig bedeutend, so verliert die Gleichung 14 § 18, an Genauigkeit, da die Durchbiegung des Stabes nicht bloß von dem biegenden Moment, sondern auch von der Schubkraft abhängt. Die Vernachlässigung des Einflusses der Schubkraft liefert α zu groß und $\frac{1}{\alpha}$ zu klein. Wie Verfasser in der Zeitschrift des Vereines deutscher Ingenieure 1888, S. 222 u. f., erstmals nachgewiesen hat, beträgt der hierdurch begangene Fehler in Fällen stattgehabter Ermittelung des Wertes $\frac{1}{\alpha}$ über 30 %.

Diese Außerachtlassung der Schubkraft vorzugsweise ist es gewesen, die zu dem Irrtum Veranlassung gegeben hat, daß der Elastizitätsmodul, d. i. $\frac{1}{\alpha}$, für Biegung entschieden geringer sei als für Zug und Druck[1]). Die Erwägung des in § 20 unter 2 Erörterten führt übrigens ohne weiteres zu der Erkenntnis, daß genaue Biegungsversuche und strenge Rechnung α eher ein wenig kleiner, also $\frac{1}{\alpha}$ eher etwas größer als Zug- und Druckversuche liefern müssen.

Unter Umständen kann der nach Gleichung 14, § 18, ermittelte Wert von α noch durch einen anderen Einfluß ungenau geworden

[1]) Hiernach ist auch die ältere Angabe zu beurteilen, daß der Elastizitätsmodul für Biegung um etwa ein Zehntel geringer als für Zug und Druck zu wählen sei.

sein. Infolge der Durchbiegung gleitet die Staboberfläche auf den Auflagern; hierdurch werden Reibungskräfte wachgerufen, die auf die Größe des biegenden Momentes je nach den Verhältnissen mehr oder minder abändernd einwirken. (Vgl. Zeitschrift des Vereines deutscher Ingenieure 1888, S. 224 u. f.) Sie so klein zu halten, daß ihre Vernachlässigung statthaft wird, ist Aufgabe bei Biegungsversuchen.

Im vierten Abschnitt unter „Biegung und Schub" (§ 52) sowie unter „Zug, Druck, Biegung" (§ 46, Ziff. 1) wird auf den Einfluß der Schubkraft bzw. der zuletzt erwähnten Reibung näher einzugehen sein.

Die Beobachtung der Belastung P_{max}, bei welcher der Bruch des durchgebogenen Stabes erfolgt, führt mittels der Gleichung

$$K_b = \frac{P_{max} l}{4 \Theta} e_1$$

zur Biegungsfestigkeit K_b, bezogen auf den ursprünglichen Stabquerschnitt.

In Hinsicht auf diese Bestimmung der Biegungsfestigkeit sei Nachstehendes zur Klarstellung hervorgehoben, wobei zähes und nicht zähes Material unterschieden werden soll.

a) Zähes Material, wie z. B. Flußeisen.

Der der Biegungsprobe unterworfene Körper, den wir uns der Einfachheit der Betrachtung wegen als Prisma mit rechteckigem Querschnitt vorstellen wollen, sei so belastet, daß die Spannung in

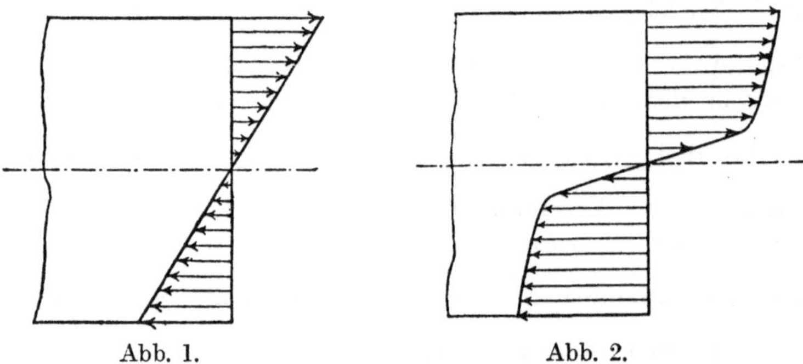

Abb. 1. Abb. 2.

der äußersten Faser gerade der Proportionalitätsgrenze entspricht. Dann erfolgt die Spannungsverteilung im Querschnitt nach Maßgabe der Abb. 1. Steigern wir die Belastung derart, daß in den äußersten Fasern die Streck- bzw. Quetschgrenze überschritten wird, so geben die außen gelegenen Fasern verhältnismäßig rasch nach[1]). Die nach innen gelegenen Fasern werden dagegen verhältnismäßig stark zur Übertragung des biegenden Momentes herangezogen: die Spannungsverteilung gestaltet sich etwa, wie in Abb. 2 dargestellt, gleiche Verhältnisse für Zug und Druck vorausgesetzt[2]). Sie weicht weit ab von derjenigen in Abb. 1, die bei Entwicklung der oben angegebenen Gleichung für K_b vorausgesetzt wurde. Durch weitere Erhöhung der Belastung wird diese Abweichung noch gesteigert werden. In dem Maße, wie die Durchbiegung fortschreitet, also die gezogenen Fasern gedehnt, die gedrückten verkürzt werden, beginnt auch noch die Querzusammenziehung der ersteren und die Querdehnung der letzteren eine Änderung der Querschnittsform des Stabes im mittleren Teil herbeizuführen derart, daß sie trapezförmig wird: auf der Zugseite nimmt die Breite ab, auf der Druckseite wächst sie. (Vgl. Abb. 9, Taf. XX.) Ein Bruch tritt meist überhaupt nicht ein, nur eine große Durchbiegung. Dabei erlangt die Belastung eine Höhe, die bei der Beurteilung mittels der Gleichung

$$K_b = \frac{P_{max} l}{4 \Theta} e$$

zu Biegungsfestigkeiten führt, die nach den vorstehenden Darlegungen — der Versuch lehrt das gleiche — mehr oder minder weit über die Zugfestigkeit des gleichen Materials hinausgehen müssen.

---

[1]) Vgl. die Dehnungslinien § 4, Abb. 10, 12, 13 usw. (S. 48 bzw. 50 u. f.). Dieses Nachgeben erfolgt allerdings nicht ganz so rasch, als diese Linien schließen lassen, da die nach außen liegenden Fasern durch die benachbarten inneren, noch nicht über die Streck- und Quetschgrenze hinaus beanspruchten Fasern im Fließen eine gewisse Hinderung und damit eine gewisse Erhöhung der Widerstandsfähigkeit erfahren. Biegungsversuche mit Stäben, deren Material bei Zugversuchen Dehnungslinien wie in Abb. 10 oder 12 liefert, also sehr deutlich die Fließgrenze hervortreten läßt, ergeben keine derart ausgeprägte Streck- oder Quetschgrenze; es wird eben zunächst nur in der Mitte des Stabes und hier wieder nur in der äußersten Faserschicht die dieser Grenze entsprechende Spannung und Formänderung eintreten.

[2]) Es ist von Interesse, zu beachten, daß, wie Versuche Bauschingers und des Verfassers nachweisen, die Querschnitte von Stäben aus zähem Stahl oder Schmiedeeisen (Fluß- oder Schweißmaterial) selbst bei sehr weit getriebener Durchbiegung eben und senkrecht zur Mittellinie bleiben. Wenigstens läßt sich dies mit großer Annäherung aussprechen. Dieses Verhalten — bei einer Spannungsverteilung, wie in Abb. 2 dargestellt — läßt vermuten, daß auch bei Materialien, bei denen Proportionalität zwischen Dehnungen und Spannungen überhaupt nicht besteht, Ebenbleiben der Querschnitte mit Annäherung wird vorausgesetzt werden dürfen, insoweit es sich um den Einfluß eines biegenden Momentes handelt.

Die Zulässigkeit dieser Voraussetzung folgt auch aus den Darlegungen auf S. 298 u. f.

Ähnliches tritt, wenn auch weniger ausgeprägt, bei Flußeisen usw. schon nach Überschreiten der Streckgrenze ein. (Vgl. das in § 48 unter Ziff. 1 Bemerkte, dahingehend, daß die zulässige Biegungsanstrengung höher gewählt werden darf, als die zulässige Zuganstrengung.)

Streng genommen, läuft die übliche Rechnung eben darauf hinaus, daß man die Dehnungslinie bis zum Eintritt der größten Belastung als Gerade ansieht, also beispielsweise im Falle der Abb. 1, § 3, auf S. 11 (gültig für Flußeisen) die Kurve *OBCE* als gerade Linie auffaßt.

Wird der weitdurchgebogene Stab (vgl. Abb. 2) entlastet, so haben nur die federnden Dehnungen das Bestreben, zurückzugehen; die bleibenden nicht. Die in der Mitte des gebogenen Stabes gelegenen Fasern sind nur innerhalb der Elastizitätsgrenze beansprucht worden; sie haben also das Bestreben, vollständig zurückzufedern. Darin werden sie durch das nach dem Rande zu gelegene Material, das sich bleibend um so mehr gedehnt oder verkürzt hat, je weiter es von der Mitte absteht, gehindert. Infolgedessen entstehen auf der Zugseite des Querschnittes: in der Mitte Zugspannungen, außen Druckspannungen und auf der Druckseite: in der Mitte Druckspannungen, außen Zugspannungen. Diese Spannungen, die im Innern des Stabes nach dem Versuch vorhanden sind und durch diesen wachgerufen wurden, können unter Umständen von Bedeutung werden.

Verwandt mit diesen „inneren" Spannungen sind in gewissem Sinne die „Gußspannungen", die beim Erstarren und Abkühlen von Gußstücken, sowie die Spannungen, die beim Härten von Stahl, ferner beim Walzen usw. entstehen.

Welch bedeutende Kräfte im letzteren Falle zur Auslösung gelangen können, läßt Abb. 3, Taf. XVII, erkennen, die eine durch Härtespannungen zum Zerreißen gebrachte Feile zeigt. Die Feile zersprang, nachdem sie längere Zeit nach der Herstellung gelagert hatte. (Länge der Feile 35 cm, Breite 3,5 cm.) Weitere Beispiele s. F. und G.

b) Material, wie z. B. Gußeisen, Beton, Granit, Sandstein, und dergl.

Biegungsversuche mit Körpern aus solchen Stoffen führen zum Bruch, infolgedessen hier die Beobachtung einer tatsächlichen Bruchbelastung möglich ist. Auch zeigen die Dehnungslinien dieser Materialien einen gleichmäßigeren, stetigeren Verlauf (§ 4, Abb. 8) als zähe Materialien wie Flußeisen (§ 4, Abb. 10, 12, 13 usw.), bei denen an der Fließgrenze eine Stetigkeitsunterbrechung auftritt. Die Formänderung, die der Stab bis zum Bruch erleidet, ist eine weit geringere.

Infolge dieser Umstände gestatten die Ergebnisse von Biegungs-Bruchversuchen mit Körpern aus solchen Materialien — trotz der

Veränderlichkeit von α — in der einen oder anderen Hinsicht meist eher einen — wenn auch beschränkten — Schluß auf die Widerstandsfähigkeit eines Körpers innerhalb der üblichen Anstrengung als die Ergebnisse von Biegungsversuchen mit zähen Körpern. (Vgl. die Spannungsverteilung § 20, Abb. 19, mit derjenigen in Abb. 2, hier.) Immerhin müssen solche Schlüsse auch hier mit großer Vorsicht und mit Rücksicht auf die wesentlichen Einfluß nehmenden Verhältnisse gezogen werden (vgl. S. 278 u. f.); es sei denn, daß man die Veränderlichkeit von α in der Rechnung oder zeichnerischen Ermittlung berücksichtigt (vgl. den Schluß von S. 278).

2. Abhängigkeit der Biegungsfestigkeit des Gußeisens von der Querschnittsform.

Nach § 20, Ziff. 5, muß Gußeisen infolge der Veränderlichkeit der Dehnungszahl gegenüber den Konstruktionsmaterialien, die innerhalb gewisser Spannungsgrenzen konstante Dehnungszahlen besitzen, ein abweichendes Verhalten bei Biegungsversuchen zeigen; namentlich muß trotz der vergleichsweise geringen Formänderungen, die Gußeisen erfährt, die Biegungsfestigkeit K_b, berechnet auf Grund der Gleichung 10, § 16,

$$M_b = K_b \frac{\Theta}{e_1}$$

sich wesentlich größer ergeben als die Zugfestigkeit und in bedeutendem Maße abhängig sein von der Querschnittsform.

In diese Verhältnisse gewähren die vom Verfasser in den Jahren 1885 u. f. angestellten Versuche Einblick. Ausführlich ist hierüber berichtet in der Zeitschrift des Vereines deutscher Ingenieure 1888, S. 193 bis 199, S. 221 bis 226, S. 1089 bis 1094; 1889, S. 137 bis 145.

Aus neuester Zeit liegt die S. 45 genannte Schrift Nonnenmachers vor.

Die im folgenden je unter einer Bezeichnung aufgeführten Versuchskörper sind aus dem gleichen Material bei einem und demselben Gusse hergestellt worden.

Gußeisen A.

Zug- und Biegungsstäbe bearbeitet.

Zugversuche zur Ermittlung der Zugfestigkeit.

$$\text{Zugfestigkeit} = \frac{1445 + 1355 + 1409 + 1377}{4} = 1396 \text{ kg/qcm}$$

$$\text{Zugfestigkeit} = \frac{1369 + 1303 + 1355}{3} = 1342 \quad ,,$$

$$K_z = 1369 \text{ kg/qcm.}$$

47 Biegungsversuche zur Bestimmung der Biegungsfestigkeit.

Nr.	Querschnittsform	Biegungsfestigkeit $K_b = \frac{P_{max}\, l}{4\, \Theta}\, e_1$ in kg/qcm	Biegungsfestigkeit $K_b = \frac{P_{max}\, l}{4\, \Theta}\, e_1$ in Teilen der Zugfestigkeit	$\frac{6}{5}\sqrt{\frac{e}{z_0}}$ bzw. $\frac{4}{3}\sqrt{\frac{e}{z_0}}$	Bemerkungen
1	2	3	4	5	6
1	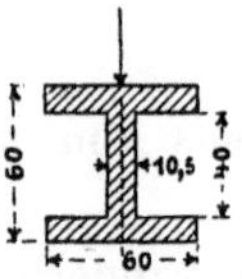	1979	1,45	1,43	
2	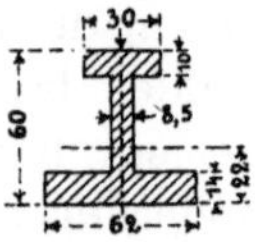	2081	1,52	1,49	
3	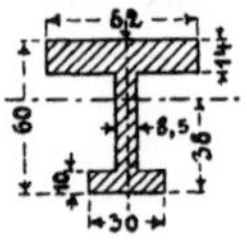	2076	1,52	1,49	Es zerreißt die schmale Flansche, die breite bleibt unverletzt
4	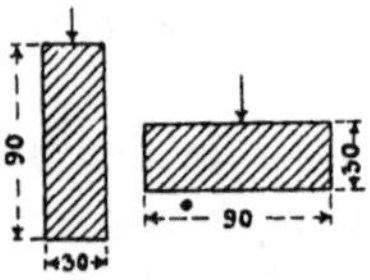	2395	1,75	1,70	
5	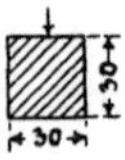	2372	1,73	1,70	
6		2905	2,12	2,05	
7	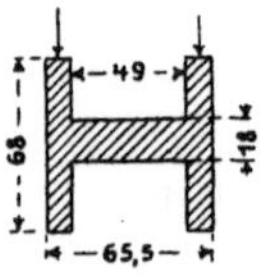	2929	2,14	2,06	
8	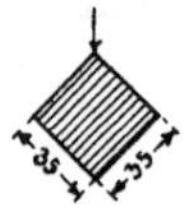	3218	2,35	2,31	

Die in der bezeichneten Weise ermittelte Biegungsfestigkeit überschreitet hiernach die für dasselbe Gußeisen ermittelte Zugfestigkeit um so bedeutender, je mehr sich das Material verhältnismäßig nach der Nullachse hin zusammendrängt. (Vgl. § 20, Ziff. 5.)

Die hiernach festgestellte Abhängigkeit der Biegungsfestigkeit K_b von der Querschnittsform und der Zugfestigkeit K_z läßt sich mit guter Annäherung zum Ausdruck bringen durch die Beziehung

$$K_b = \mu_0 \sqrt{\frac{e}{z_0}} \cdot K_z \quad . \quad . \quad . \quad . \quad . \quad . \quad . \quad . \quad . \quad . \quad 1)$$

die im Jahre 1887 aufgestellt wurde und sich auch bei neueren und den neuesten bis in die Gegenwart reichenden Versuchen mit Gußeisen, dessen Festigkeitseigenschaften von denen des Gußeisens der älteren Untersuchungen bedeutend abweichen, als zutreffend erwiesen hat.

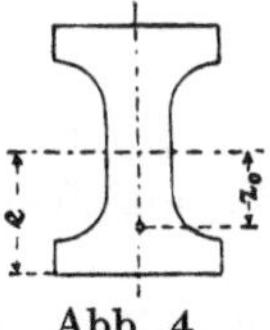

Abb. 4.

In ihr bedeutet

z_0 den Abstand des Schwerpunktes des auf der einen Seite der Schwerlinie (Nullachse) gelegenen Teiles der Querschnittsfläche von dieser Linie, Abb. 4,

μ_0 einen Koeffizienten, der im vorliegenden Falle (vgl. die Werte der Spalte 4 und 5, S. 292) gewählt werden darf

a) für diejenigen Querschnitte, die oben und unten durch eine wagrechte Gerade begrenzt sind, wie Nr. 1, 2, 3, 4, 5 und 7, etwa $\frac{6}{5} = 1{,}2$,

b) für die beiden Querschnitte Nr. 6 und 8, die oben und unten nicht durch wagrechte Gerade begrenzt sind, bei denen — streng genommen — nur eine einzige Faser am stärksten gespannt ist, etwa $\frac{4}{3} = 1{,}33$.

Über den Einfluß der Gußhaut auf μ_0 vgl. Ziff. 4, Schluß.

Gußeisen B_1.

Zug- und Biegungsstäbe bearbeitet.

Querschnitt kreisförmig, 36 mm Durchmesser.

Zugfestigkeit = (1893 + 1847 + 1805 + 1846) : 4 = 1848 kg/qcm.
Biegungsfestigkeit = (4321 + 4148 + 4073 + 3930 + 4295 + 3903 + 4513 + 3920) : 8 = 4138 kg/qcm = 2,24 · Zugfestigkeit.

Gußeisen B2 von hoher Festigkeit.

Zeitschrift des Vereines deutscher Ingenieure 1900, S. 409 u. f. (Mitteilungen über Forschungsarbeiten auf dem Gebiete des Ingenieurwesens, Berlin, Heft 1, S. 49.)

Biegungsstäbe von 30 mm Quadratseite mit Gußhaut.
Zugstäbe von 20 mm Kreisdurchmesser bearbeitet.

Material 1.

Zugfestigkeit = (2535 + 2312 + 2334) : 3 = 2394 kg/qcm.
Biegungsfestigkeit = (4294 + 4347 + 4305) : 3 = 4315 kg/qcm
= 1,80 · Zugfestigkeit[1]).
Arbeitsvermögen = (0,120 + 0,126 + 0,132) : 3 = 0,126 kgm/ccm.

Material 2.

Zugfestigkeit = (2379 + 2354 + 2261) : 3 = 2331 kg/qcm.
Biegungsfestigkeit = (4392 + 4442 + 4472) : 3 = 4435 kg/qcm
= 1,90 · Zugfestigkeit[1]).
Arbeitsvermögen = (0,142 + 0,136 + 0,116) : 3 = 0,131 kgm/ccm.

Über die Abnahme der Zugfestigkeit dieses Gußeisens für Temperaturen bis 570° C findet sich berichtet in der Zeitschrift des Vereines deutscher Ingenieure 1900, S. 168 u. f. (Mitteilungen über Forschungsarbeiten auf dem Gebiete des Ingenieurwesens, Heft 1, S. 61 u. f.). S. auch Abb. 12, S. 180.

Gußeisen C.

Zugstäbe bearbeitet, Biegungsstab unbearbeitet (also mit Gußhaut).

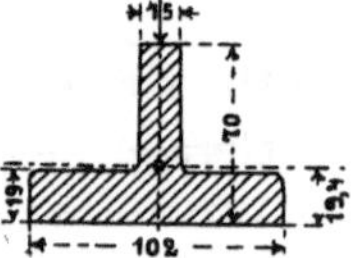

Abb. 4a.

Zugfestigkeit	1310 kg/qcm,
Biegungsfestigkeit	2114 kg/qcm,
Verhältnis beider	2114 : 1310 = 1,61 : 1.

[1]) Diese Verhältniszahlen 1,8 und 1,9 sind ganz erheblich größer, als sie sich für gewöhnliches Maschinen-Gußeisen ergeben (Quadratische Biegungsstäbe mit Gußhaut, kreisförmige Zugstäbe ohne Gußhaut). Inwieweit hierbei der Umstand mitgewirkt haben kann, daß kleine Ungleichmäßigkeiten im Guß die Zugfestigkeit stärker zu beeinflussen vermögen als die Biegungsfestigkeit, muß dahingestellt bleiben.

Gußeisen D.

Zug- und Biegungsstäbe bearbeitet.

a) Querschnitt: Abb. 6, § 17.

Die schmale Flansche ist die gezogene, die breite die gedrückte. Beim Biegungsversuch reißt die schmale Flansche, die breite bleibt unverletzt.

Zugfestigkeit	1418 kg/qcm,
Biegungsfestigkeit	2077 kg/qcm,
Verhältnis beider	2077 : 1418 = 1,46 : 1.

b) Quadratischer Querschnitt:

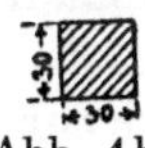

Abb. 4b.

Biegungsfestigkeit	2539 kg/qcm
Verhältnis	2539 : 1418 = 1,78 : 1.

3. Durchbiegung und Festigkeit von Gußeisen bei quadratischem und kreisförmigem Querschnitt.

Es war üblich, das Gußeisen nach den Ergebnissen von statischen Biegungsversuchen zu beurteilen, die mit unbearbeiteten, also die Gußhaut besitzenden Stäben von quadratischem Querschnitt, dessen Seitenlänge 30 mm beträgt, bei $l = 1000$ mm Entfernung der Auflager durchgeführt wurden. Ermittelt wurde dabei die in der Mitte des Stabes wirkende Kraft P, die den Bruch herbeiführt, und die Durchbiegung y des Stabes in der Mitte unmittelbar vor dem Bruch. Hieraus wird gemäß der Gleichung

$$\frac{Pl}{4} = K_b \frac{\Theta}{e} = K_b \frac{1}{6} b h^2,$$

worin b die Breite und h die Höhe des Bruchquerschnittes bezeichnet, die Biegungsfestigkeit K_b berechnet, in ihr das Maß der Festigkeit und in der Durchbiegung y das Maß der Zähigkeit des Materials erblickt. In neuerer Zeit wurde vorgeschlagen, zur Prüfung kreiszylindrischer Stäbe überzugehen, und zwar

Stäbe von 40 mm Durchmesser bei 800 mm Auflagerentfernung,
„ „ 30 „ „ „ 600 „ „ ,
„ „ 20 „ „ „ 400 „ „ .

Drei verschieden starke Stäbe glaubte man wählen zu sollen, weil Gußeisenstäbe, aus derselben Pfanne gegossen, bei größeren Stärken geringere Festigkeit besitzen.

Es entstand nun das Bedürfnis, zu bestimmen: welche Werte von K_b und y ergeben sich für diese runden Biegungsstäbe im Vergleich zu denjenigen Größen, die quadratische Stäbe lieferten, und welche Werte von K_b und y können von runden Biegungsstäben aus gutem zähen Gußeisen gemäß den Leistungen der heutigen Technik verlangt werden. Zur Befriedigung dieses Bedürfnisses beizutragen, hat Verfasser eine größere Anzahl von Versuchen durchgeführt, über die in der Zeitschrift des Vereines deutscher Ingenieure 1908, S. 2061 u. f., und 1909, S. 299 u. f., berichtet worden ist. Die Hauptergebnisse sind die folgenden, wobei die Biegungsstäbe die Gußhaut besaßen, während die Zugstäbe aus den Bruchstücken der Biegungsproben herausgearbeitet worden waren, also Gußhaut nicht mehr aufwiesen.

Biegungsversuche.

Bezeichnung des Materials	K_b in kg/qcm				y in mm			
	30 mm □	40 mm ○	30 mm ○	20 mm ○	30 mm □	40 mm ○	30 mm ○	20 mm ○
a	3831	4370	4568	4957	23,9	16,7	11,6	6,9
b	3988	4561	4855	5739	23,7	15,6	11,2	7,5
c	3476	4109	4571	4786	23,4	16,0	12,6	8,0
d	3013	3011	3678	4793	19,4	10,1	9,5	6,7
e	4072	4264	4138	4991	25,1	15,1	9,1	6,3

Zugversuche.

Bezeichnung des Materials	Zugfestigkeit			Arbeitsvermögen in kgm/ccm		
	30 □	40 ○	30 ○	30 □	40 ○	30 ○
a	2666	2233	2547	0,140	0,118	0,119
b	2542	2377	2801	—	—	—
c	2381	2118	2484	—	—	—
d	1956	1670	2001	0,100	0,071	0,081
e	2750	2608	2757	0,197	0,166	0,145

Die vorstehenden Zahlen, die für die 30 mm starken Rundstäbe, auf die man sich geeinigt hat, beim Material b die durchschnittliche Biegungsfestigkeit zu 4855 kg/qcm und die durchschnittliche Zugfestigkeit zu 2801 kg/qcm zeigen, stellen noch nicht die Grenze des Erreichbaren dar. In der Materialprüfungsanstalt Stuttgart wurden für Gußeisen schon Zugfestigkeiten bis 4366 kg/qcm an Stäben von 18 mm Durchmesser ermittelt.

4. Einfluß der Gußhaut.

Gußeisen E.

Zugstäbe (3 Stück) bearbeitet.
Biegungsstäbe (14 Stück), zum Teil bearbeitet (5 Stück), zum Teil unbearbeitet (9 Stück).

$$\text{Zugfestigkeit } K_z = \frac{1560 + 1586 + 1640}{3} = 1595 \text{ kg/qcm.}$$

Der Vergleich der Spalten 4 und 6 (s. folgende Seite) zeigt deutlich, daß die Biegungsfestigkeit der bearbeiteten, also von der Gußhaut befreiten Stäbe entschieden größer ist als diejenige der unbearbeiteten Stäbe. Das Vorhandensein der Gußhaut wirkt demnach auf Verminderung der Biegungsfestigkeit hin.

Diese Erscheinung läßt sich erklären einmal durch den Einfluß etwa vorhandener Gußspannungen und zweitens dadurch, daß die Dehnungszahl — der federnden und der bleibenden Dehnungen — für das Gußhautmaterial geringer ist als diejenige für das weiter nach dem Innern des Stabes zu gelegene Gußeisen. Für die letztere Erklärung spricht insbesondere die Beobachtung, daß die Durchbiegungen, namentlich die bleibenden, bei den bearbeiteten Stäben verhältnismäßig weit größer sind als bei den unbearbeiteten. Die geringere Nachgiebigkeit der an und für sich am stärksten beanspruchten äußeren Fasern hat zur Folge, daß die Festigkeit der inneren Fasern weniger ausgenützt wird[1]).

Die Größe des hiermit festgestellten Einflusses der Gußhaut auf die Biegungsfestigkeit hängt jedenfalls auch z. T. davon ab, ob die Gußstücke in frischem Sand oder in getrockneten Formen gegossen werden. Unter Umständen wird dieser Einfluß sehr bedeutend werden können.

Hieraus folgt, daß nur bearbeitete Stäbe der Prüfung unterworfen werden sollten, falls man Zahlen erhalten will, die unter sich mit voller Berechtigung verglichen werden können. Rücksicht auf die Kosten veranlaßt häufig, hiervon abzuweichen.

Demgemäß ergibt sich der Koeffizient μ_0 der Gleichung 1 für unbearbeitete Stäbe kleiner als für bearbeitete. Den Werten in Spalte 6

[1]) Den vom Verfasser aus Biegungsversuchen in der Mitte der achtziger Jahre gezogenen Schluß, daß die Gußhaut eine kleinere Dehnungszahl besitze als das weiter nach dem Stabinnern gelegene Material, haben unmittelbare Zugversuche, über die er in der Zeitschrift des Vereines deutscher Ingenieure 1899, S. 857 u. f. (Mitteilungen über Forschungsarbeiten auf dem Gebiete des Ingenieurwesens, Heft 1, S. 1 u. f.) berichtet, bestätigt.

Nr.	Querschnittsform	Biegungsfestigkeit $K_b = \frac{P_{max}\,l}{4\,\Theta}\,e_1$			
		Stäbe bearbeitet		Stäbe unbearbeitet	
		in kg/qcm	in Teilen von K_z	in kg/qcm	in Teilen von K_z
1	2	3	4	5	6
1	 30 × 30	2765	1,73	—	—
2	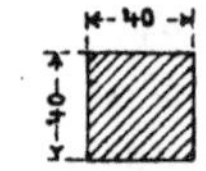 40 × 40	—	—	2295	1,44
3	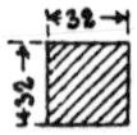 32 × 32	—	—	2390	1,50
4	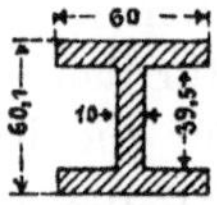 I-Querschnitt: 60; 60,1; 10; 39,5	2254	1,41	—	—
5	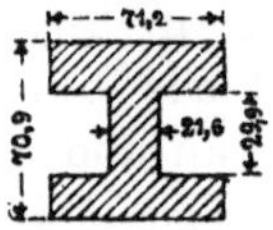 I-Querschnitt: 71,2; 70,9; 21,6; 29,9	—	—	2026	1,27

würde ein Wert μ_0 im Mittel reichlich 1 entsprechen, d. i. nahezu $^1/_6$ kleiner als für die bearbeiteten Stäbe.

5. Versuche zur Klarstellung des Zusammenhangs zwischen Zug- und Biegungsfestigkeit und der Spannungsverteilung über den Querschnitt des gebogenen Stabes.

A. Gußeisen.

Zu diesen Versuchen wurden von Gußeisen bei dem gleichen Guß (aus derselben Pfanne), also aus dem gleichen Material, soweit sich dies überhaupt erreichen läßt, hergestellt:

Zylinder von 90 mm Durchmesser und rund 950 mm Länge,
quadratische Stäbe von 90 mm Seite und rund 1100 mm Länge.

Durch Bearbeitung dieser Körper auf der Drehbank bzw. Hobelmaschine fand Überführung derselben in Zylinder von 80 mm Durchmesser bzw. in quadratische Stäbe von 80 mm Seitenlänge statt.

Von den Zylindern wurden sodann Stücke in der Länge von ungefähr 320 mm abgestochen und aus ihnen zu Zugversuchen je 4 Rundstäbe von 20 mm Durchmesser im mittleren Teile herausgearbeitet. Das jeweils verbleibende Zylinderstück von rund 620 mm Länge wurde zu Druckversuchen verwendet.

Die quadratischen Stäbe dienten den Biegungsuntersuchungen.

Die Belastung wurde von Stufe zu Stufe gesteigert und dabei — ohne Zurückgehen auf die erste Belastungsstufe — jeweils die gesamte Längenänderung bzw. Durchbiegung festgestellt.

Sowohl bei den Zug- als auch bei den Druck- und Biegungsversuchen wurden die Verlängerungen bzw. Zusammendrückungen und Durchbiegungen je nach 5 Minuten Belastungsdauer abgelesen.

Von den Ergebnissen seien die folgenden hier mitgeteilt.

a) Zugversuche.

Belastungsstufe in kg/qcm	Gesamte Verlängerungen in $^1/_{1000}$ cm auf 10 cm Länge	Unterschied der Verlängerungen
159,15 und 318,3	2,14	
159,15 „ 477,5	4,99	2,85
159,15 „ 636,6	8,83	3,84
159,15 „ 795,8	14,15	5,32
159,15 „ 954,9	21,60	7,45
159,15 „ 1114,1	33,31	11,71
159,15 „ 1273,2	55,58	22,27

Die Zugfestigkeit des Stabes ergab sich zu

$$K_z = 1315 \text{ kg/qcm},$$

diejenige von zwei anderen Stäben zu

1289 und 1273 kg/qcm.

b) Druckversuche.

Belastungsstufe in kg/qcm	Gesamte Zusammendrückungen in $^1/_{200}$ cm auf 29,0 cm	Unterschied der Zusammendrückungen
0,46 und 298,4	2,13	
0,46 „ 596,8	4,63	2,50
0,46 „ 895,2	7,20	2,57
0,46 „ 1193,6	10,45	3,25
0,46 „ 1531,9	14,54	4,09
0,46 „ 1790,4	18,51	3,97
0,46 „ 2088,8	24,10	5,59
0,46 „ 2387,2	31,08	6,98
0,46 „ 2685,6	41,20	10,12
0,46 „ 2984,0	56,72	15,52

c) Biegungsversuche.

Stabbreite $b = 8{,}01$ cm, Stabhöhe $h = 8{,}005$ cm.
Entfernung der Auflager $l = 1000$ mm.
Belastung erfolgt in der Mitte durch die Kraft P.

Belastung P kg	$\dfrac{0{,}25\,P\,l}{\frac{1}{6}\,b\,h^2}$	Gesamte Durchbiegungen der Stabachse in der Mitte in mm	Unterschied der Durchbiegungen in mm
500	146,1	0	
1000	292,2	0,355	0,355
2000	584,4	1,227	0,872
3000	876,6	2,226	0,999
4000	1168,8	3,392	1,166
5000	1461,0	4,830	1,438
6000	1753,2	6,698	1,868
7000	2045,4	9,143	2,445

Der Bruch erfolgt bei $P = 7380$ kg. Die für Proportionalität zwischen Dehnungen und Spannungen gültige Gleichung 10, § 16 würde liefern

$$K_b = \frac{25 \cdot 7380}{\frac{1}{6} \cdot 8{,}01 \cdot 8{,}005^2} = 2157 \text{ kg/qcm.}$$

d) Prüfung des Zusammenhanges der Versuchsergebnisse.

Es liegt nahe, die Prüfung in der Art auszuführen, daß auf die Entwicklungen S. 273 u. f. zurückgegriffen und ermittelt wird:

aus den Zugversuchen α_1 und m_1,
„ „ Druckversuchen α_2 „ m_2,
„ Gl. 11 (S. 277) mit $\sigma_1 = 1315$ kg/qcm die Lage der Nullachse,
„ Gl. 12 (S. 277) die Größe des biegenden Momentes, das mit $\sigma_1 = 1315$ kg/qcm den Bruch herbeiführen würde.

Dieses Moment wäre sodann mit dem tatsächlichen Bruchmoment

$$\frac{P\,l}{4} = \frac{100}{4} \cdot 7380 = 184500 \text{ kg} \cdot \text{cm}$$

zu vergleichen.

Die Beschreitung dieses Weges führt zunächst zu der Erkenntnis, daß das Potenzgesetz $\varepsilon = \alpha\sigma^m$ für die gesamten Dehnungen bis zum Bruch den tatsächlichen Verlauf der Dehnungslinie weder bei Zug noch bei Druck zutreffend genug zum Ausdruck bringt. In Abb. 5 sind auf Grund der unter a und b angegebenen Versuchsergebnisse zu den Spannungen als wagrechten Abszissen die jeweils erhaltenen

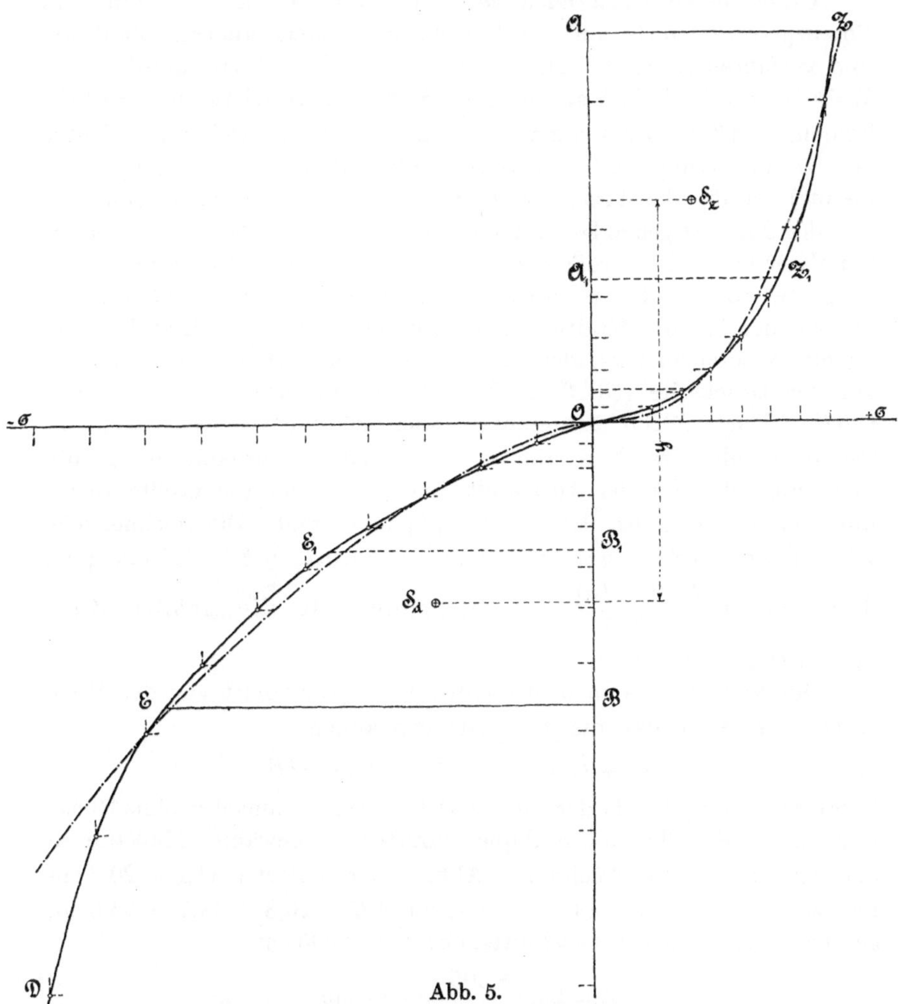

Abb. 5.

Dehnungen als senkrechte Ordinaten aufgetragen und dadurch die ausgezogenen Kurven erhalten worden: OZ_1Z gilt für Zug und OE_1ED für Druck.

Der Linienzug, wie ihn das Potenzgesetz mit

$$\alpha_1 = \frac{1}{24956000000}, \quad m_1 = 2{,}623, \quad \alpha_2 = \frac{1}{20000000}, \quad m_2 = 1{,}491$$

liefert, ist strichpunktiert eingetragen. Man erkennt deutlich, daß wenn auch die Werte von $\alpha_1 m_1$ bzw. $\alpha_2 m_2$ anders als geschehen gewählt werden, bedeutende Abweichungen der beiden Linienzüge bestehen bleiben.

Unter diesen Umständen verzichten wir auf die Benutzung des Potenzgesetzes sowie auf die Heranziehung einer anderen Funktion und verfahren in einer anderen, schon von W. Schüle angedeuteten Weise[1]). Die in Abb. 5 ausgezogene Kurve OZ_1Z liefert für $\sigma_z = 1315$ kg/qcm $= \overline{AZ}$ in der Ordinate $\overline{OA}$ die zugehörige Dehnung. Unter der Voraussetzung, daß der Stabquerschnitt bei der Biegung eben bleibt[2]), ergibt die Linie OZ_1Z die Verteilung der Zugspannungen von der durch O gehenden Nullachse bis zu der am stärksten gespannten Faser in A. Die Größe der Fläche OAZ bildet unter Berücksichtigung der Breite des rechteckigen Querschnittes das Maß für die Summe der inneren Kräfte auf der Zugseite. Da nun diese Summe, die mit N bezeichnet sei, gleich sein muß der Summe der inneren Kräfte auf der Druckseite (Gl. 3, S. 235), so ist auf letzterer eine Fläche $OBE =$ Fläche OAZ abzugrenzen, was sich mittels des Polarplanimeters ziemlich rasch ausführen läßt. $\overline{BE}$ ist alsdann die größte Spannung, die auf der Druckseite eintritt, wenn die größte Spannung auf der Zugseite $\overline{AZ} = 1315$ kg/qcm beträgt. Die zeichnerische Darstellung liefert die größte Druckspannung $\overline{BE} = 2270$ kg/qcm, d. i. um $100 \frac{2270 - 1315}{1315} = 73\%$ größer als die größte Zugspannung.

Die Nullachse ist in dem rechteckigen Querschnitt von der Höhe $\overline{AOB}$ so gelegen, daß die Abstände von außen

$$e_1 = \overline{OA} \qquad \text{und} \qquad e_2 = \overline{OB}$$

betragen. Dies gibt, da der für die Dehnungen — zunächst ohne Rücksicht auf die Höhe des Stabquerschnittes — gewählte Maßstab in der ursprünglichen Zeichnung Abb. 5 zur Strecke $\overline{OA} = 20{,}3$ cm und zur Strecke $\overline{OB} = 14{,}7$ cm, also zu $\overline{AB} = 20{,}3 + 14{,}7 = 35{,}0$ cm geführt hat, bei der Querschnittshöhe $h = 8{,}005$ cm

$$e_1 = 20{,}3 \frac{8{,}005}{35{,}0} = 4{,}64 \text{ cm},$$

$$e_2 = 14{,}7 \frac{8{,}005}{35{,}0} = 3{,}36 \text{ cm}.$$

[1]) Wie dem Verfasser später bekannt geworden, hat Ritter schon früher diesen Weg bezeichnet: „Anwendungen der graphischen Statik", I, 1888, S. 134 u. f. unter „Spannungen, welche die Elastizitätsgrenze überschreiten".

[2]) Vgl. S. 266, Fußbemerkung 2, S. 289.

Die Nullachse liegt somit im Augenblick des Bruches um 0,64 cm, d. i. um 8 % der Querschnittshöhe aus der Mitte nach der Druckseite hin.

Sind S_z und S_d die Schwerpunkte der beiden Flächen OAZ bzw. OBE, so findet sich zunächst in der Strecke y der Abstand, in dem die beiden resultierenden Innenkräfte N wirkend anzunehmen sind, und damit das Moment der inneren Kräfte gleich Ny.

Aus der Zeichnung entnehmen wir unter Berücksichtigung, daß die Stabbreite 8,01 cm beträgt,

$$N = 37160 \text{ kg} \qquad y = 21{,}0 \frac{8{,}005}{35{,}0} = 4{,}8 \text{ cm},$$

folglich

$$Ny = 37160 \cdot 4{,}8 = 178368 \text{ kg} \cdot \text{cm}.$$

Das Moment der äußeren Kräfte, das zum Bruche führte, betrug — wie oben ermittelt — 184500 kg · cm. Somit findet sich der Unterschied zwischen diesem Bruchmoment und dem Moment der inneren Kräfte, wie es im vorstehenden festgestellt worden ist, zu

$$100 \frac{184500 - 178368}{184500} = 3{,}3\,\%.$$

Dieser Unterschied hält sich nicht bloß innerhalb der Grenzen der Abweichungen, die in solchen Fällen zu erwarten sind, sondern er muß sogar als recht klein bezeichnet werden. Hiernach erscheint die Spannungsverteilung im Querschnitt des gebogenen gußeisernen Stabes im Augenblick des Bruches und damit auch der Zusammenhang zwischen der Biegungsfestigkeit und der Zugfestigkeit klargestellt. Man erkennt, daß in dem gebogenen Stabe wesentlich höhere Zugspannungen nicht auftreten, als sie der unmittelbare Zerreißversuch liefert.

Für ein unterhalb des Bruchmomentes liegendes Biegungsmoment, etwa für ein solches, das $\sigma_z = \overline{A_1 Z_1}$ liefert, welchem Werte dann gemäß der Gleichgewichtsbedingung, daß Fläche OA_1Z_1 = Fläche OB_1E_1 sein muß, die Druckspannung $\sigma_d = \overline{E_1 B_1}$ entspricht, verschiebt sich wegen des flacheren Verlaufs der Drucklinie OE_1E gegenüber demjenigen der Zuglinie OZ_1Z die Nullachse nach der Mitte hin, für noch kleinere Momente kann sie aus der Mitte des rechteckigen Querschnittes nach der Zugseite hin gelegen sein[1]).

---

[1]) Diese Feststellung gibt nicht nur eine weitgehende Aufklärung über die Anstrengung von auf Biegung beanspruchten Körpern, deren Material stark veränderliche Dehnungszahlen besitzt, wie Gußeisen, Sandstein, Beton usw.,

Beispielsweise findet sich

$$\text{für } \sigma_z = 1000 \text{ kg/qcm},$$

$$\sigma_d = 1388 \text{ kg/qcm}, \qquad e_1 = 4{,}27 \text{ cm}, \qquad e_2 = 3{,}73 \text{ cm},$$

somit die Nullachse um 0,27 cm, d. i. 3,4 % der Höhe aus der Mitte nach der Druckseite gelegen,

$$\text{für } \sigma_z = 500 \text{ kg/qcm},$$

$$\sigma_d = 525 \text{ kg/qcm}, \qquad e_1 = 3{,}77 \text{ cm}, \qquad e_2 = 4{,}23 \text{ cm},$$

somit die Nullachse um 0,23 cm, d. i. 2,9 % der Höhe aus der Mitte nach der Zugseite gelegen.

Um für kleine Momente, die auch nur geringe Spannungen (Dehnungen) geben, die Lage der Nullachse auf dem zeichnerischen Wege ausreichend genau feststellen zu können, müssen bei den Zug- und Druckversuchen die Dehnungen und Zusammendrückungen für geringere Spannungen mit entsprechend niedrigeren Belastungsstufen

---

sondern sie beleuchtet auch die Mitteilungen, die in neuerer Zeit hinsichtlich der Lage der Nullachse bei Biegungsbalken aus solchen Stoffen gemacht worden sind. Je nach der verhältnismäßigen Größe des biegenden Momentes konnte man die Nullachse in der Stabachse oder auch mehr oder minder weit außerhalb gelegen ermitteln, ohne damit der eigentlichen Erkenntnis der Spannungsverteilung über den Querschnitt näher zu kommen. Über diese gibt Abb. 5, S. 301, vollen Aufschluß.

G. Tiraspolsky, Professor in Tomsk, der 1901/1902 in dem Laboratorium des Verfassers tätig war, hat auf dessen Anregung die weitere Verfolgung dieses Verfahrens aufgenommen und eine dahingehende Arbeit veröffentlicht, zufolge der er bei Gußeisen Abweichungen um 4,3 % und 3,3 % (gegen 3,3 % oben) ermittelte.

Größere Abweichungen ermittelte W. Pinegin (Zeitschrift des Vereines deutscher Ingenieure 1906, S. 2029 u. f., Mitteilungen über Forschungsarbeiten, Heft 48, S. 43 u. f.). E. Meyer, der die Versuchsarbeiten von Pinegin eingehender verarbeitete, stellt fest, daß die Durchbiegungen, die sich auf Grund des oben angegebenen Verfahrens aus den Ergebnissen der Zug- und Druckversuche berechnen lassen, mit den von Pinegin gemessenen Durchbiegungen recht gut übereinstimmen, so daß auch die Pineginschen Versuche für dieses Verfahren sprechen (Zeitschrift des Vereines deutscher Ingenieure 1908, S. 167 u. f.). Die Abweichungen, zu denen Pinegin gelangte, dürften sich — jedenfalls zu einem Teile — durch die Schwierigkeit erklären, die sich infolge der Plötzlichkeit des Bruches bei der Ermittlung der tatsächlichen Bruchdehnung bietet; auch können kleinere Fehlstellen im Material im Augenblick des Bruches einen Einfluß äußern, den sie vorher bei der Biegung des Stabes nicht hatten usw.

An der angegebenen Stelle zeigt Meyer in Erweiterung unserer Erkenntnisse, daß sich die Durchbiegungen von Flußeisen, das über die Streckgrenze hinaus beansprucht wird, auf dem oben angegebenen Wege mit guter Annäherung berechnen lassen.

Ludwik fand in seiner Arbeit „Zur Frage der Spannungsverteilung in gekrümmten stabförmigen Körpern mit veränderlichem Dehnungskoeffizienten" (Techn. Blätter 1905) die gleiche Übereinstimmung wie Verfasser.

ermittelt und muß für die Dehnungen ein größerer Maßstab gewählt werden, als dies im Falle der Abb. 5 geschehen ist, mit der nur die Aufgabe zu lösen war, die Verhältnisse für den Bruch zu untersuchen.

Zur weiteren Klarstellung sind Versuche mit verschiedenen Gußeisensorten, mit Steinen, Beton usw. durchzuführen; ebenso wird der Einfluß zu ermitteln sein, den Wechsel der Belastungen (Spannungen) äußert.

B. Kiefernholz.

In gleicher Weise, wie unter A für Gußeisen beschrieben, wurden zunächst mit Probekörpern, die sehr gleichförmigem Holz (Pfostenform) nebeneinander entnommen waren, Versuche zur Ermittlung des Verlaufes der gesamten Dehnungen bzw. Zusammendrückungen bei Zug- und Druckbeanspruchung ausgeführt. Die Ergebnisse sind in Abb. 6 niedergelegt. Während beim Zugversuch die Linie fast geradlinig ansteigt und nur kurz vor Erreichen der Zugfestigkeit stärkere Krümmung aufweist, tritt eine solche beim Druckversuch schon früher ein. Nach Überwindung der Druckfestigkeit — die einzelnen Fasern knicken unter Faltenbildung aus, vgl. Abb. 4, Taf. XI — fällt die Linie sehr langsam ab. (Bei anderem Holz ist nicht selten weit stärkerer Abfall zu beobachten. Meist ist der große, aus Abb. 6 bei geringer Belastung ersichtliche Unterschied in der Zug- und Druckelastizität nicht vorhanden.)

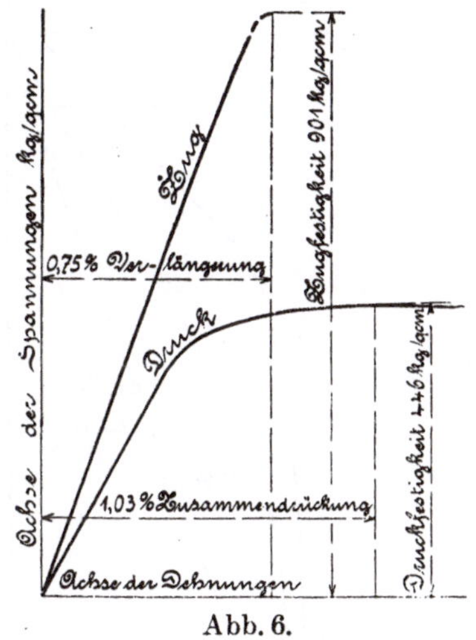

Abb. 6.

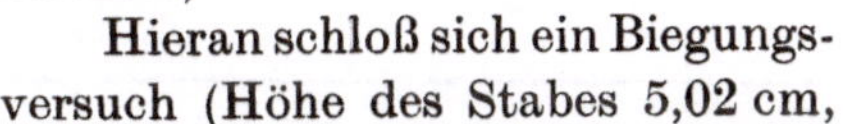

Hieran schloß sich ein Biegungsversuch (Höhe des Stabes 5,02 cm, Breite 5,00 cm, Auflagerentfernung 100,0 cm). Unter der Belastung $P = 500$ kg, entsprechend einem biegenden Moment von 12500 kg·cm, wurde auf der Druckseite Faltenbildung beobachtet. Die Beanspruchung kommt dort also der Druckfestigkeit nahe. Bruch des Stabes erfolgte, von der Zugseite ausgehend, unter $P = 650$ kg (biegendes Moment 16250 kg·cm), bei einer Biegungsspannung, berechnet nach Gl. 10, § 16 (Biegungsfestigkeit)

$$K_b = \frac{16250 \cdot 6}{5 \cdot 5{,}02^2} = 774 \text{ kg/qcm}.$$

In der auf S. 302 ausführlich beschriebenen Weise wurden nun die zu verschiedenen biegenden Momenten gehörigen Spannungen ermittelt. Abb. 7 zeigt den Verlauf der Spannung über den Querschnitt, und zwar gilt

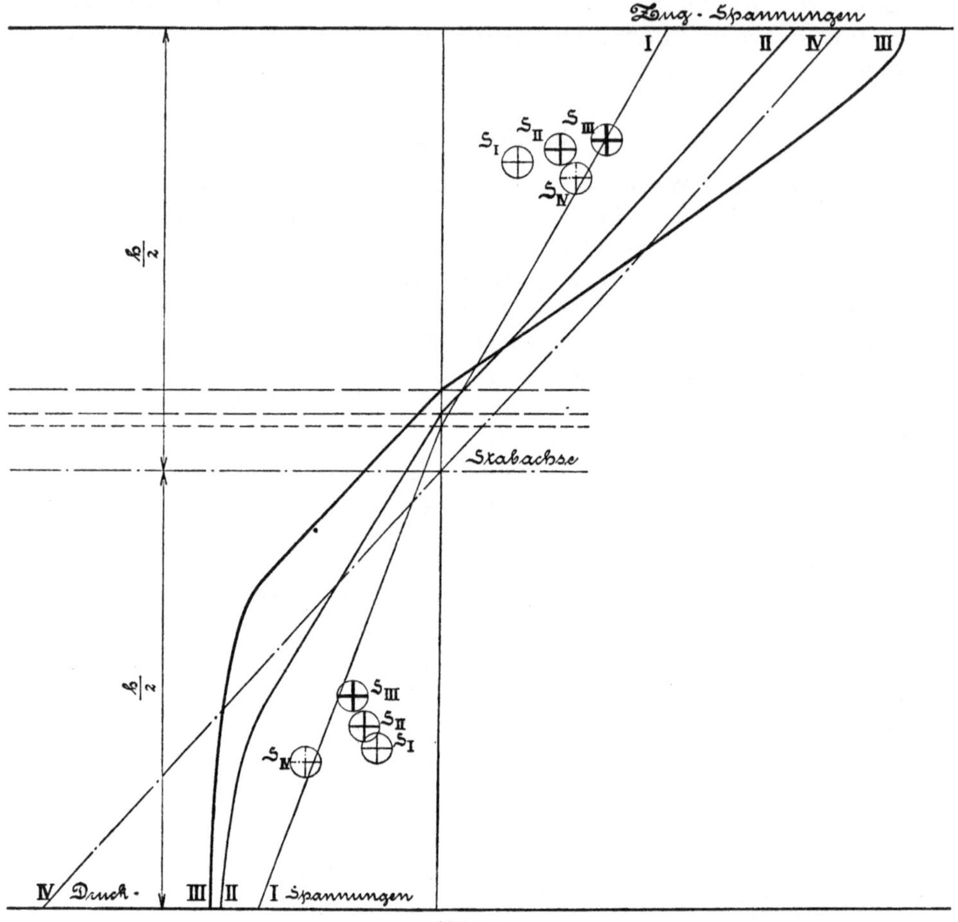

Abb. 7.

Linie I für ein biegendes Moment von 8180 kg·cm — der Spannungsverlauf ist auf der Zug- und Druckseite fast genau geradlinig —

Linie II für ein biegendes Moment von 12500 kg·cm — Faltenbildung auf der Druckseite, Druckfestigkeit nahezu erreicht —

Linie III für ein biegendes Moment von 15830 kg·cm — die Spannung auf der Zugseite erreicht die Zugfestigkeit —

Linie IV für den Augenblick des Bruches unter Zugrundelegung der üblichen Rechnung (Gl. 10, § 16).

Abb. 7 läßt erkennen, daß sich die Spannungsverteilung von dem durch die übliche Rechnung, welche Proportionalität zwischen Dehnung und Spannung sowie gleiche Dehnungszahlen für Zug- und Druckbeanspruchung voraussetzt, bestimmten Linienzug IV um so stärker unterscheidet, je höher die Beanspruchung steigt, d. h. je stärker die Dehnungslinien gekrümmt sind (Abb. 6). Deutlich ist ferner das Wandern der Nullinie gegen die Zugseite hin zu beobachten.

In Abb. 8 sind zu den biegenden Momenten als wagrechten Abszissen die Werte der größten Zug- und Druckspannungen als senkrechte Ordinaten aufgezeichnet. Die Zugspannungen verlaufen wie in Abb. 6 von vornherein etwas oberhalb der Druckspannungen. Zwischen beiden befindet sich die gerade Linie, die der üblichen Rechnung entspricht. Von dem biegenden Moment an, bei dem sich die Linie der Druckspannungen stärker (nach rechts) zu krümmen beginnt, erfahren die Zugspannungen rascheres Wachstum (Krümmung der Linie nach links). Die größere Nachgiebigkeit auf der Druckseite hat hiernach Erhöhung der Spannungen auf der Zugseite zur Folge. So kommt es, daß zwar der Bruch des gebogenen Stabes eintritt, wenn die Spannung auf der Zugseite die Höhe der Zugfestigkeit erreicht, daß aber trotzdem die Widerstandsfähigkeit gegen Druck dadurch Einfluß nimmt, daß sie das starke Wachsen der Zugspannungen bedingt. Die rechnungsmäßige Biegungsfestigkeit beträgt das $\frac{774}{446} = 1{,}7$ fache der Druckfestigkeit.

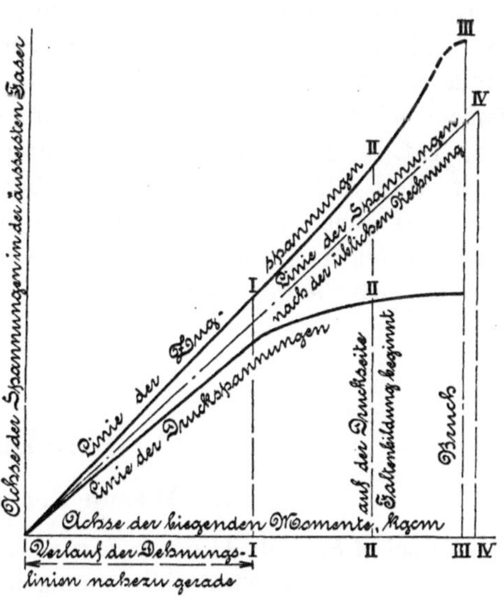

Abb. 8.

Die Übereinstimmung des nach Abb. 6 und 7 abgeleiteten Bruchmomentes mit dem Ergebnis des Biegungsversuches ist eine sehr gute. Es stehen sich gegenüber

größtes Moment nach Abb. 7 und 8	15830 kg·cm
„ „ beobachtet beim Biegungsversuch	16250 „

$$\text{Unterschied}\ \frac{16250 - 15830}{16250}\ 100 = \qquad 2{,}6\,\%.$$

Dieser Unterschied tritt auch in Abb. 8 durch den Abstand der Enden der Linien III—III und IV—IV zutage.

Hiernach erscheint die Annahme des Ebenbleibens der Querschnitte auch für Holz zulässig.

Dabei wird zu beachten sein, daß im vorliegenden Fall die Auflagerentfernung 100 cm betrug bei einer Stabhöhe von 5,2 cm. Würde das Verhältnis Auflagerentfernung: Stabhöhe bedeutend kleiner, so stünde ein stärkerer Einfluß der Schubspannungen zu erwarten. Diese können bei Holz die Widerstandsfähigkeit begrenzen (vgl. Abb. 13, § 52, Taf. XXII). Auf Grund umfangreicher Untersuchungen, über die in Heft 231 der Mitteilungen über Forschungsarbeiten berichtet wird, darf angenommen werden, daß dieser Einfluß erst dann erheblichere Bedeutung erlangt, wenn die Auflagerentfernung kleiner ist als etwa das 10fache der Stabhöhe.

IV. Knickung.

§ 23. Wesen der Knickung.

Es sei AB, Abb. 1, ein prismatischer Stab von großer Länge und geringen Querschnittsabmessungen, belastet durch die Kraft P. Wenn nun die Voraussetzungen,

1. daß die Kraft P genau mit der Stabachse zusammenfällt,
2. daß diese, aufgefaßt als der geometrische Ort des Schwerpunkts sämtlicher Querschnitte, die alle die gleiche Form und Größe besitzen, tatsächlich eine gerade Linie bildet, daß das Material des Stabes durchaus gleichartig ist und an allen Stellen in dem gleichen Zustande sich befindet,
3. daß seitliche Kräfte auf den Stab nicht einwirken, daß derselbe überhaupt Einflüssen, die solche hervorrufen würden, nicht unterworfen ist,

zuträfen, so würde der Stab nach § 11 nur eine Zusammendrückung in Richtung der Achse und senkrecht dazu eine Querschnittsvergrößerung erfahren. Eine Veranlassung, mit dem freien Ende seitlich auszuweichen, läge dann nicht vor.

In Wirklichkeit sind die genannten Voraussetzungen, namentlich diejenigen unter Ziff. 1 und 2, genau überhaupt nicht zu erfüllen und angenähert um so weniger leicht, je größer die Länge des Stabes im

Verhältnis zu seinen Querschnittsabmessungen ist. Infolgedessen zeigt die Erfahrung, daß ein solcher Stab mit seinem freien Ende auszuweichen bestrebt ist, daß er eine Biegung erleidet. Um uns über das, was hierbei eintritt, ein richtiges Bild zu verschaffen, führen wir folgende Versuche durch.

a) Wir nehmen einen sorgfältig gerade gerichteten Stahldraht von 3,5 mm Durchmesser, spannen denselben möglichst genau senkrecht in den Schraubstock so ein, daß er eine freie Länge von $l = 850$ mm besitzt, Abb. 2. Hierauf belasten wir ihn in Richtung seiner Achse mit $P = P_1 = 0{,}4$ kg. Sobald Draht und Belastung sich selbst überlassen werden, beginnt das freie Ende des ersteren auszuweichen, bis es bei $y' =$ rund 25 mm zur Ruhe gelangt. In dieser Lage befindet sich das biegende Moment Py' (zu dem noch der Einfluß des Eigengewichtes des Drahtes tritt) im Gleichgewicht mit den durch dasselbe im Innern des Stabes wachgerufenen Elastizitätskräften. Die wiederholte Zurückführung des ausgewichenen Drahtes in die senkrechte Lage erwidert derselbe durch erneute Ausbiegung um y'. Wird das freie Ende des Stabes mit der Hand etwas weiter, d. h. um mehr als y' ausgebogen und alsdann sich selbst überlassen, so kehrt es in die Lage $y' = 25$ mm zurück. Der Gleichgewichtszustand ist demnach ein stabiler.

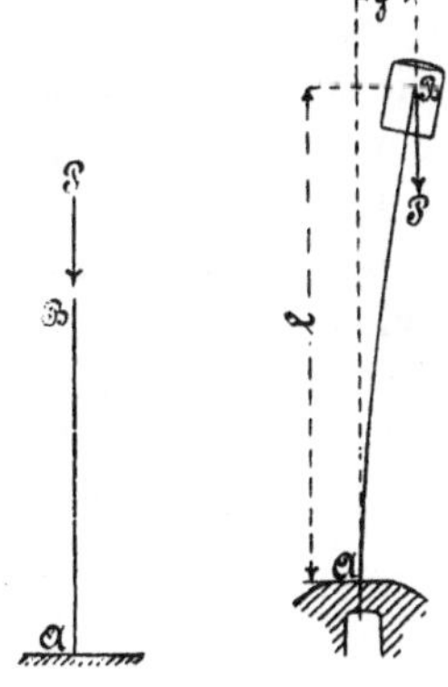

Abb. 1. Abb. 2.

Die Belastung $P_1 = 0{,}4$ kg wird entfernt und durch $P = P_2 = 1{,}1$ kg ersetzt. Sobald der Drahtstab mit der Belastung sich selbst überlassen bleibt, beginnt das freie Ende auszuweichen, der Draht biegt sich fortgesetzt, bis das belastende Gewicht die Werkbank, an welcher der Schraubstock befestigt ist, erreicht hat, Abb. 3. Der Gleichgewichtszustand ist hiernach zwischen $P = 0{,}4$ kg und $P = 1{,}1$ kg in einen labilen übergegangen,

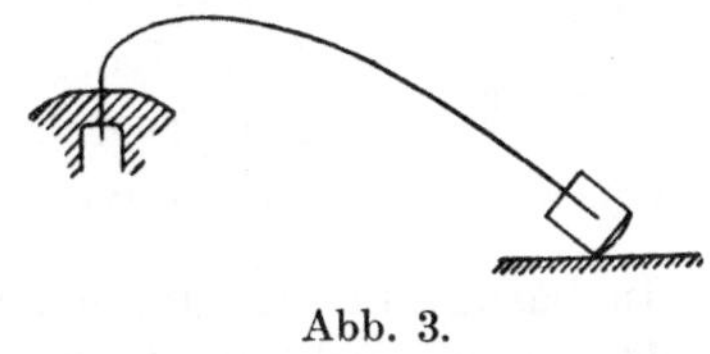

Abb. 3.

Die Biegung ist naturgemäß an der Einspannstelle am stärksten. Der Stab ist hierbei nicht gebrochen. Nach der Entlastung verschwindet ein ziemlich bedeutender Teil der erlittenen Formänderung wieder; namentlich erlangt die nach dem freien Ende hin gelegene Strecke die Geradlinigkeit wieder.

b) Ein schlanker Holzstab von quadratischem Querschnitt, Seitenlänge 7,5 mm, wird möglichst genau senkrecht in den Schraubstock gespannt, alsdann am freien Ende mit $P = P_1 = 1{,}1$ kg belastet, wobei $l = 850$ mm. Das freie Ende beginnt auszuweichen und gelangt schließlich bei $y' =$ rund 150 mm zur Ruhe.

Die Belastung $P_1 = 1{,}1$ kg wird entfernt und durch $P = P_2 = 1{,}3$ kg ersetzt. Der hierauf sich selbst überlassene Stab beginnt mit dem freien Ende auszuweichen, auch nach wiederholter Zurückführung in die senkrechte Lage, und biegt sich, bis er bei y' etwa gleich 550 mm bricht. Der Gleichgewichtszustand des Stabes ist hiernach zwischen $P = 1{,}1$ kg und $P = 1{,}3$ kg in einen labilen übergegangen.

Die Erscheinung des Überganges der beiden Stäbe aus dem stabilen Gleichgewichtszustand in den labilen wird als Knickung des Stabes bezeichnet. Die zwischen P_1 und P_2 gelegene Kraft P_0, für die der stabile Gleichgewichtszustand gerade aufhört zu bestehen, heißt die Knickbelastung des Stabes.

§ 24. Knickbelastung.

a) Eulersche Gleichung.

Für den Stab Abb. 1 bezeichne

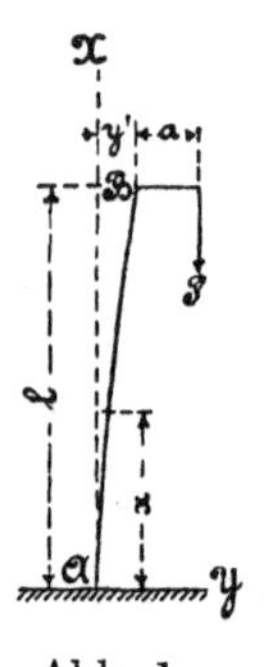

Abb. 1.

P die in der Richtung der ursprünglich geraden Stabachse wirkende Kraft,

P_0 die Knickbelastung, d. h. diejenige Größe von P, welche die Knickung herbeizuführen imstande ist,

Θ das der Biegung gegenüber in Betracht kommende Trägheitsmoment des Stabquerschnittes (in der Regel das kleinere der beiden Hauptträgheitsmomente).

l die Länge des Stabes,

α die Dehnungszahl, von der vorausgesetzt wird, daß sie unveränderlich ist.

In bezug auf den durch den Abstand x bestimmten Querschnitt ist, da die zu x gehörige Ordinate der elastischen Linie y beträgt, das biegende Moment, dessen Ebene den Querschnitt in einer der beiden Hauptachsen schneide,

$$M_b = P\,(a + y' - y)$$

und damit unter den Voraussetzungen, die in § 16 zu Gleichung 14 führen, nach Gleichung 15 daselbst

$$\frac{d^2 y}{d x^2} = \frac{\alpha P}{\Theta}\,(a + y' - y).$$

Wird gesetzt

$$\frac{\alpha P}{\Theta} = n^2 \quad a + y' - y = -z,$$

so folgt

$$\frac{d^2 z}{d x^2} = \frac{d^2 y}{d x^2} = -n^2 z.$$

Dieser Gleichung entspricht unter Voraussetzung, daß α und Θ konstant sind, das Integral

$$z = C_1 \sin(n x) + C_2 \cos(n x)$$

oder

$$y - a - y' = C_1 \sin(n x) + C_2 \cos(n x),$$

sofern die beiden Integrationskonstanten mit C_1 und C_2 bezeichnet werden. Dieselben sind bestimmt dadurch, daß für den Punkt A, also für $x = 0$

$$y = 0 \quad \text{und} \quad \frac{dy}{dx} = 0,$$

d. h.

$$C_2 = -a - y' \quad C_1 = 0.$$

Hiermit folgt

$$y = (a + y')[1 - \cos(n x)] \quad \ldots \ldots \ldots \quad 1)$$

Für $x = l$ wird $y = y'$, also

$$y' = (a + y')[1 - \cos(n l)]$$

$$y' = a \frac{1 - \cos(n l)}{\cos(n l)} = a\left[\frac{1}{\cos(n l)} - 1\right]$$

$$= a\left[\frac{1}{\cos\left(l\sqrt{\frac{\alpha P}{\Theta}}\right)} - 1\right] \quad \ldots \ldots \ldots \quad 2)$$

und damit findet sich die Gleichung der elastischen Linie

$$y = a \frac{1 - \cos(n x)}{\cos(n l)} = a \frac{1 - \cos\left(x\sqrt{\frac{\alpha P}{\Theta}}\right)}{\cos\left(l\sqrt{\frac{\alpha P}{\Theta}}\right)} \quad \ldots \quad 3)$$

Denken wir beispielsweise die Gleichung 2 angewendet auf einen schmiedeeisernen Stab von 100 cm Länge und 1 cm Durchmesser, so findet sich mit

$$\alpha = \frac{1}{2000000} \quad \Theta = \frac{\pi}{64} d^4 = \sim \frac{1}{20} d^4 = \frac{1}{20} \quad l = 100$$

$$y' = a\left[\frac{1}{\cos 100\sqrt{\frac{20 P}{2000000}}} - 1\right] = a\left[\frac{1}{\cos\sqrt{\frac{P}{10}}} - 1\right].$$

Für den Hebelarm a wollen wir uns einen kleinen Betrag vorstellen, etwa daher kommend, daß der Stab schon ursprünglich nicht genau gerade war, und daß P nicht genau durch den Schwerpunkt des Querschnittes geht.

Es ergibt sich

$$\text{für } P = 5 \text{ kg} \quad y' = a\left(\frac{1}{\cos 0{,}707} - 1\right) = 0{,}32\, a,$$

$$\text{für } P = 10 \text{ kg} \quad y' = a\left(\frac{1}{\cos 1} - 1\right) = 0{,}85\, a,$$

$$\text{für } P = 15 \text{ kg} \quad y' = a\left(\frac{1}{\cos 1{,}225} - 1\right) = 1{,}95\, a,$$

$$\text{für } P = 20 \text{ kg} \quad y' = a\left(\frac{1}{\cos 1{,}4142} - 1\right) = 5{,}54\, a,$$

$$\text{für } P = 22{,}5 \text{ kg} \quad y' = a\left(\frac{1}{\cos 1{,}5} - 1\right) = 13{,}16\, a.$$

Wir erkennen, daß y' anfangs langsam, dann aber außerordentlich rasch mit P wächst; für $P = 24{,}674$ kg würde sogar

$$y' = a\left(\frac{1}{\cos 1{,}5708} - 1\right) = a\left(\frac{1}{0} - 1\right) = a \cdot \infty = \infty\,.$$

Wie klein also auch a sein mag — sofern es nur nicht Null ist —, für $P = 24{,}674$ kg liefert die durchgeführte Rechnung im Grenzfall $y' = \infty$. Dieses Ergebnis ist natürlich nicht so aufzufassen, daß die Ausbiegung des Stabes, der eine endliche Länge besitzt, tatsächlich unendlich sich ergibt, sondern es wird damit nur ausgesprochen: erreicht P den Wert 24,674 kg, so wird bei der geringsten Abweichung der Belastung von der Stabachse oder bei nicht vollkommener Geradlinigkeit derselben oder bei nicht vollständiger Gleichartigkeit des Stabmaterials oder seines Zustandes oder endlich bei der geringsten seitlichen Einwirkung auf den Stab dieser umknicken, das Gleichgewicht zwischen der äußeren Kraft P und den inneren Elastizitätskräften wird aufhören, zu bestehen. Dabei ist P selbstverständlich nur mit derjenigen Genauigkeit bestimmt, die den Voraussetzungen der Rechnung entspricht, auf welche am Ende dieses Paragraphen unter b näher eingegangen werden wird[1]).

Dieser Wert von P kann demnach als diejenige Kraft bezeichnet

---

[1]) Ausführliche Behandlung der Knickaufgabe nebst Literaturhinweisen findet sich in Dr.-Ing. R. Mayer, Die Knickfestigkeit. Berlin 1921. S. auch die Arbeiten von H. Zimmermann, insbesondere aus neuester Zeit diejenigen im Zentralblatt der Bauverwaltung 1922, S. 34 u. f., S. 144 sowie S. 389 u. f.

werden, die imstande ist, die Knickung herbeizuführen, und die sie auch herbeiführen wird, weil die Voraussetzungen unter Ziff. 1 und 2 in § 23 nicht streng erfüllbar sind, und deshalb stets ein biegendes Moment vorhanden sein muß.

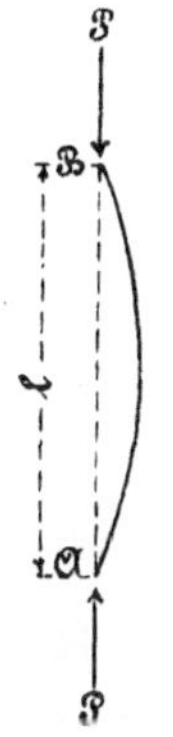

Diese Kraft ist die Knickbelastung P_0.

Allgemein läßt sich dieselbe aus Gleichung 2 durch die Erwägung bestimmen, daß

$$P = P_0 \quad \text{für} \quad y' = a \cdot \infty,$$

d. h.

$$\cos\left(l\sqrt{\frac{\alpha P_0}{\Theta}}\right) = 0 \qquad l\sqrt{\frac{\alpha P_0}{\Theta}} = \frac{\pi}{2}$$

Abb. 2.

woraus

$$P_0 = \frac{\pi^2}{4}\frac{1}{\alpha}\frac{\Theta}{l^2} \quad \ldots \ldots \ldots \ldots \quad 4)$$

Für den Fall der Abb. 2, nach Maßgabe welcher der Stab gezwungen ist, mit seinen sonst beweglichen Enden A und B in der ursprünglich geraden Stabachse zu bleiben, verhält sich jede der beiden Stabhälften genau so wie der ganze Stab in Abb. 1. Demnach ergibt sich die Kraft, durch die hier die Knickung erfolgen wird, mittels Einführung von $0{,}5\,l$ in die Gleichung 4 an Stelle von l zu

$$P_0 = \frac{\pi^2}{4}\frac{1}{\alpha}\frac{\Theta}{(0{,}5\,l)^2} = \pi^2\frac{1}{\alpha}\frac{\Theta}{l^2}, \quad \ldots \ldots \ldots \quad 5)$$

d. i. ein viermal so großer Wert wie für den Stab mit freiem Ende.

Die Beziehung 5 wird nach ihrem Urheber als die Eulersche Gleichung bezeichnet.

Wenn der Stab, Abb. 3, an beiden Enden A und B so befestigt ist, daß bei etwaiger Ausbiegung die Gerade AB Tangente in den Punkten A und B der elastischen Linie bleibt — was übrigens in Wirklichkeit nur sehr selten zutreffen wird (vgl. § 53) —, so liegen in den Mitten C und E der Stabstrecken AD und BD Wendepunkte. Die hierdurch entstehenden Endstücke AC und BE verhalten sich wie der ganze Stab im Falle der Abb. 1 ($a = 0$ gesetzt), während das Mittelstück CDE dem Stabe in Abb. 2 entspricht. Diese Erwägung ergibt für die beiden Endstücke je von der Länge $\frac{l}{4}$ nach Gleichung 4

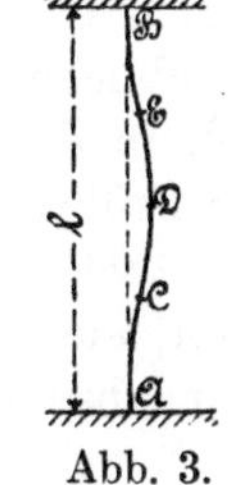

Abb. 3.

$$P_0 = \frac{\pi^2}{4}\frac{1}{\alpha}\frac{\Theta}{\left(\frac{l}{4}\right)^2} = 4\pi^2\frac{1}{\alpha}\frac{\Theta}{l^2},$$

für das Mittelstück, dessen Länge $\frac{l}{2}$ nach Gleichung 5

$$P_0 = \pi^2 \frac{1}{\alpha} \frac{\Theta}{\left(\frac{l}{2}\right)^2} = 4\pi^2 \frac{1}{\alpha} \frac{\Theta}{l^2}.$$

Folglich gilt für den ganzen Stab, Abb. 3,

$$P_0 = 4\pi^2 \frac{1}{\alpha} \frac{\Theta}{l^2} \quad \ldots\ldots\ldots\ldots \quad 6)$$

Hiernach verhalten sich die Knickbelastungen für die Stäbe Abb. 1, 2 und 3 unter sonst gleichen Verhältnissen wie

$$\frac{\pi^2}{4} \frac{1}{\alpha} \frac{\Theta}{l^2} : \pi^2 \frac{1}{\alpha} \frac{\Theta}{l^2} : 4\pi^2 \frac{1}{\alpha} \frac{\Theta}{l^2} = 1:4:16.$$

Die drei Gleichungen 4 bis 6 lassen sich zusammenfassen in die eine

$$P_0 = \omega \frac{1}{\alpha} \frac{\Theta}{l^2}, \quad \ldots\ldots\ldots\ldots \quad 7)$$

worin

$$\left.\begin{array}{l} \omega = \frac{\pi^2}{4} \text{ für die Befestigungsweise Abb. 1} \\ \omega = \pi^2 \text{ für diejenige Abb. 2 und} \\ \omega = 4\pi^2 \text{ für diejenige Abb. 3} \end{array}\right\} \quad \ldots\ldots \quad 8)$$

b) Voraussetzungen der Eulerschen Gleichung und Erweiterung des Geltungsbereiches der letzteren.

Obgleich die Eulersche Gleichung gemäß den Voraussetzungen, auf denen sich die Rechnung aufbaut, nur für schlanke Stäbe aus Material, für das α unveränderlich ist, gilt und nur für solche Querschnittsformen Geltung beanspruchen kann, für welche die Voraussetzungen der üblichen Biegungsgleichungen als erfüllt angesehen werden können (vgl. in dieser Hinsicht § 20), so wird sie doch mehr und mehr auf Konstruktionsteile angewendet, bei denen die gemachten Voraussetzungen auch nicht mehr angenähert zutreffen. Man wendet sie an auf Stäbe aus Material, für das α veränderlich ist, ferner auf Stäbe, die zwar absolut genommen große Länge aufweisen, aber im Vergleich zur Länge bedeutende Querschnittsabmessungen besitzen, also verhältnismäßig nicht mehr lang sind, auf Konstruktionsteile, die aus mehreren Profilstäben zusammengesetzt sind und für welche es unsicher ist, welches Trägheitsmoment tatsächlich wirksam wird, weiter auf Konstruktionsteile, die aus Eisen und Beton zusammengesetzt sind usw.

Dazu kommt, daß bei verhältnismäßig kurzen Stäben die Beanspruchung durch die achsiale Druckkraft eine erheblichere Größe erlangen kann, als sie bei ausgesprochen schlanken Stäben auftritt, so daß — namentlich, wenn zum Zwecke der versuchsmäßigen Klarstellung der Widerstandsfähigkeit des Stabes dieser bis zur Erschöpfung derselben belastet wird — die Druckbeanspruchung $P : f$ so hohe Werte erlangt, daß neben den rein federnden Formänderungen auch bleibende Längenänderungen eintreten.

Überlegung und Versuch ergeben übereinstimmend, daß auch in solchen Fällen die Eulersche Gleichung ihre Gültigkeit meist beibehalten wird, aber nur dann, wenn für dio Dehnungszahl α ein entsprechender Wert eingeführt, also nicht die aus der Federung errechnete Größe genommen wird.

Diese Erweiterungen des Geltungsbereichs der Eulerschen Gleichung lassen die folgenden Erörterungen geboten erscheinen, in denen allerdings bereits Gesagtes wiederholt werden muß.

Bei den Rechnungen, die zur Grundgleichung 4 und damit zu den Gleichungen 5 bis 8 führten, wurde vorausgesetzt:

1. Prismatische Form des geraden Stabes, d. h. alle Querschnitte des Stabes haben genau die gleiche Form und genau die gleiche Größe; der geometrische Ort ihrer Schwerpunkte ist eine gerade Linie (bildet die gerade Stabachse).
2. Das Material des Stabes ist durchaus gleichartig und befindet sich an allen Stellen in dem gleichen Zustand.
3. Die belastende Kraft P fällt genau in die Stabachse.
4. Seitlich wirkende Kräfte sind nicht vorhanden.
5. Die Formänderungen sind nur federnde und die Dehnungszahl α ist unveränderlich, also für alle Stellen des Querschnittes gleich groß.
6. Das in die Rechnung eingeführte Trägheitsmoment Θ ist das tatsächlich wirksame.

Zunächst ist festzuhalten, daß durchgeführte Knickungsversuche (eigene und andere), bei denen diese Voraussetzungen ausreichend erfüllt waren, die Richtigkeit der Eulerschen Gleichung durchaus bestätigten, und daß Knickungsversuche, deren Ergebnisse das nicht taten, bei aufmerksamer Prüfung die Gründe für das Nichtzutreffen erkennen ließen, wenn alle Unterlagen zur Beurteilung vorlagen. In dieser Hinsicht sei folgendes hervorgehoben, wobei Beschränkung auf Ziff. 5 und 6 geübt werden darf.

Zu Ziff. 5:

Die Voraussetzung, daß die Dehnungszahl α unveränderlich und für alle Stellen der Querschnitte gleich groß sei, pflegt selbst für mäßige Belastungen meist nicht streng erfüllt zu sein. So z. B. ist α für Gußeisen, Kupfer- und Aluminiumlegierungen, Leichtmetalle, Beton, Steine usw. überhaupt veränderlich. Für höhere Beanspruchungen treten zu den federnden Dehnungen ganz allgemein — gleichgültig ob α innerhalb gewisser Grenzen unveränderlich ist oder nicht — bleibende Formänderungen auf, so daß es unzulässig wird, mit dem Wert von α zu rechnen, der aus den Federungen ermittelt worden ist. Handelt es sich um einmalige Steigerung der Last, so ist α aus den gesamten Dehnungen zu bestimmen; erfolgt die Laststeigerung mehrfach, so bilden sich schon bei der ersten Belastung bleibende Dehnungen und es treten Verhältnisse ein, wie in § 22 unter 1a erörtert. Für α wird dann unter Berücksichtigung der Verhältnisse ein Wert zu wählen sein, der zwischen demjenigen für reine Federung und der für die gesamte Dehnung gültigen Größe liegt.

Um zu erkennen, wie weit der zu wählende Wert von demjenigen für die Federung abweichen kann, sei ein ausgeglühter Flußeisen-Rundstab herausgegriffen, dessen Druckbeanspruchung die Quetschgrenze erreicht. Die durch Druckversuche ermittelte Dehnungslinie verläuft dann an dieser Stelle eine Strecke wagrecht, entsprechend

$$\alpha = \frac{d\varepsilon}{d\sigma} = \infty$$

womit aus Gl. 4 der Wert $P = 0$ folgen würde.

Noch ehe die Quetschgrenze erreicht ist, ergeben sich aus der Gesamtdehnung Werte von α, die weit größer sind, als der für die Federung geltende Durchschnittswert von $\alpha = 0{,}5$ Milliontel.

Jeder, auch nur in einem Querschnittsteil zu stark auf Druck beanspruchte Stab wird dadurch zum Ausknicken mehr oder minder reif werden können. Die Quetschgrenze wird damit zur Grenze der Widerstandsfähigkeit gegenüber Druck, d. h. zur Druckfestigkeit.

Bei kurzen Stäben kommen die in § 13, 1 c, g und h erörterten Verhältnisse zur Geltung.

Da der auf Knickung beanspruchte Stab Biegung erfährt, so verteilt sich die Spannung nicht gleichmäßig über die Querschnitte, sondern an den in Betracht kommenden Kanten treten höhere Spannungen auf, als gegen die Mitte hin. Hieraus folgt, daß für verschiedene Querschnittsteile α streng genommen verschieden gewählt werden müßte.

Im ganzen ist einzusehen, daß ausreichende Übereinstimmung zwischen Rechnung und Versuchsergebnis zu erzielen sein wird, wenn für α ein geeigneter Mittelwert zur Anwendung gelangt. Diesen von

Engesser[1]) schon 1891 eingeschlagenen Weg haben Karman[2]), Mörsch[3]) und Bohny[4]) mit Erfolg beschritten.

Zu Ziff. 6:

In bezug auf die wirksam werdende Größe Θ des Trägheitsmomentes sind im Auge zu behalten: das in den Fußbemerkungen S. 232 und 234 Bemerkte, ferner das zu den Versuchen in § 13 unter h, S. 209 Hervorgehobene und die Erörterungen in § 20.

Der in üblicher Weise durch Rechnung bestimmte Wert von Θ (vgl. § 17) wird bei zusammengesetzten Stäben nur in seltenen Fällen im Falle der Knickung voll in Wirksamkeit treten und daher nicht mit Sicherheit zur Bestimmung von P in den Gl. 4 bis 7 verwendet werden können[5]).

Welche Größe für die Stablänge l (Knicklänge) in Gl. 4 bis 7 einzuführen ist, hängt in hohem Maße ab von der Art, wie die Stabenden ausgebildet und mit den anschließenden Konstruktionsteilen verbunden sind, also wie die Kräfte in den Stab eingetragen werden. Die anschließenden Teile können seitliche Kräfte, Form- und Winkeländerungen übertragen, durch welche die Widerstandsfähigkeit des Stabes mehr oder minder stark beeinflußt wird. Darauf ist bei Wahl von l und ω (Gl. 8) zu achten.

§ 25. Zulässige Belastung gegenüber Knickung bei Wahl einer Sicherheitszahl.

Als zulässige Gesamtbelastung P der in § 24 besprochenen Stäbe wird häufig der $\mathfrak{S}$-te Teil[1]) von P_0 genommen, d. h.

$$P = \frac{P_0}{\mathfrak{S}}.$$

Insbesondere

$$\left.\begin{array}{ll} \text{für Stab Abb. 1, § 24,} & P = \dfrac{\pi^2}{4\mathfrak{S}} \dfrac{1}{\alpha} \dfrac{\Theta}{l^2}, \\ \text{,, ,, ,, 2, ,,} & P = \dfrac{\pi^2}{\mathfrak{S}} \dfrac{1}{\alpha} \dfrac{\Theta}{l^2}, \\ \text{,, ,, ,, 3, ,,} & P = \dfrac{4\pi^2}{\mathfrak{S}} \dfrac{1}{\alpha} \dfrac{\Theta}{l^2}, \end{array}\right\} \quad \ldots \quad 1)$$

---

1) Zentralblatt der Bauverwaltung 1891, S. 483.

2) Mitteilungen über Forschungsarbeiten 1910, Heft 81.

3) „Der Eisenbetonbau“, 5. Aufl., S. 243 u. f. Mörsch findet für die Eisenbetonsäulen, über deren Untersuchung Verfasser in der Zeitschrift des Vereines deutscher Ingenieure 1913, S. 1969, berichtet hat, auf dem Wege der Rechnung die Knicklast zu 278200 kg und 241600 kg gegenüber 270000 bzw. 232800 kg beim Versuche, entsprechend einem Unterschiede von rd. 3 bis 4 %.

4) „Die Bautechnik“, 1923, Heft 10, S. 74 und 75.

5) Zur Beseitigung dieser Unsicherheit erscheinen der Sachlage entsprechend gewählte Biegungsversuche, an die sich später Knickungsversuche anzuschließen haben, geeignet. Dieser Weg ist vom Verfasser schon seit einer längeren Reihe von Jahren beschritten worden.

oder allgemein

$$P = \frac{\omega}{\mathfrak{S}}\frac{1}{\alpha}\frac{\Theta}{l^2} \quad . \quad . \quad . \quad . \quad . \quad . \quad . \quad . \quad . \quad . \quad 2)$$

worin ω einen von der Befestigungsweise der Stabenden abhängenden Koeffizienten, den Befestigungskoeffizienten, bedeutet, dessen Größe für bestimmte Fälle in den Gleichungen 8 angegeben ist (vgl. hierzu das in § 24 unter b Gesagte). Hinsichtlich $\omega = 4\pi^2$ sei nochmals darauf hingewiesen, daß es nur äußerst selten der Wirklichkeit entsprechen wird, den Stab als beiderseits vollkommen eingespannt anzusehen (vgl. § 53). Auch die Art der Kraftwirkung (ob stetig oder stoßweise), etwa vorhandener Einfluß von Temperaturänderungen usw. werden im Auge zu behalten sein.

Die Benützung der Gleichungen 1 oder 2 bei Feststellung der Querschnittsabmessungen einer Stütze kommt nach Maßgabe des Erörterten darauf hinaus, diese so zu wählen, daß erst durch das $\mathfrak{S}$-fache der wirkenden Kraft P die Knickung herbeigeführt wird. Mehr ist hierdurch zunächst nicht erreicht. Insbesondere erscheint es unzutreffend, bei Verwendung dieser Gleichungen zu schließen, daß erst durch das $\mathfrak{S}$-fache der Kraft P die Möglichkeit einer Biegung eintreten würde. Die beiden in § 23 unter a und b angegebenen Versuche zeigen deutlich eine ganz bedeutende Ausbiegung bei $P = P_1 < P_0$. Die tägliche Erfahrung lehrt ebenfalls, daß Ausbiegung von schlanken Stäben schon bei verhältnismäßig sehr geringer Belastung eintritt. (Vgl. auch die in § 27 unter Ziff. 1 am Schlusse von a gemachten Angaben.) Aus der Unmöglichkeit, die in § 23 unter Ziff. 1 und 2 angegebenen Voraussetzungen genau zu erfüllen, was darauf hinauskommt, daß die Größe a in Gleichung 2, § 24, größer als Null ist, erklärt sich diese Erscheinung ohne weiteres, ganz abgesehen von dem in § 24 unter b Erörterten.

Will man das Eintreten solcher weit unterhalb der Knickungsgefahr liegenden Ausbiegungen nach Möglichkeit verhindern, so wird das unter sonst gleichen Verhältnissen um so erfolgreicher geschehen, je größer man $\mathfrak{S}$ in die Gleichungen 1 oder 2 einführt.

Bei gewissen stangenartigen Maschinenteilen wechseln Zug und Druck, so daß die Stange zunächst auf Zug, hierauf auf Knickung beansprucht ist usf. Folgen nun — wie häufig der Fall — Zug und Druck so rasch aufeinander, daß von einer Ausbildung der Formänderung, wie sie die Entwicklung der Gleichungen voraussetzt, nicht die Rede sein kann, so wird ein geringerer Wert von $\mathfrak{S}$ genügen, als wenn der genannte Vorgang langsamer vor sich geht[1]).

---

[1]) Vgl. z. B. des Verfassers Maschinenelemente, 1. Aufl. (1881), S. 311, oder 2. Aufl. (1891/92), S. 493, 12. Aufl. (1922). Ein solcher Einfluß der Zeit wird sich namentlich auch bei der Ausbildung der bleibenden Formänderungen geltend machen und daher Bedeutung erlangen. Ein bekanntes Beispiel bietet das Einschlagen eines Nagels.

Ferner kommt in Betracht, daß in den meisten Fällen selbst der Anordnung Abb. 2, § 24, schon infolge der Reibung in den Gelenken bei A und B ein (wenn auch nicht bedeutendes) Biegungsmoment vorhanden zu sein pflegt. Bei nicht senkrechter Lage der Stange tritt noch hinzu der auf Biegung wirkende Einfluß des Eigengewichts[1]) und im Falle ungleichförmiger Bewegung noch derjenige des Trägheitsvermögens. Nicht selten wird der Wärmezustand des Stabes ein einseitig verschiedener sein, welcher Umstand für eiserne Stützen Bedeutung erlangen kann. Auch diesen Einflüssen, wenn sie sich innerhalb gewisser Grenzen halten, sucht man bei Wahl von $\mathfrak{S}$ Rechnung zu tragen.

Unter diesen Verhältnissen ist es natürlich ausgeschlossen, daß für $\mathfrak{S}$ ein bestimmter Wert angegeben werden kann; es werden vielmehr jeweils die besonderen Umstände in Erwägung zu ziehen sein. Hierzu gehört insbesondere auch die Befestigung der Enden der gedrückten Stange. Eine Säule mit großer und kräftiger Fuß- und Kopfplatte wird sich anders verhalten als eine sonst gleiche Säule mit kleinen Endplatten. Die erstere Säule erscheint in höherem Maße als an den Enden eingespannt wie die letztere und insofern tragfähiger; dagegen wird die belastende Kraft um so mehr von der Achse der Säule abweichen, d. h. die Säule voraussichtlich mit einem um so größeren Hebelarm belasten können, je größer die Kopf- und Fußplatte sind (vgl. auch Abb. 1 und Abb. 2, § 27). Schlanke Stäbe mit sorgfältig bearbeiteten Stirnflächen, die zwischen feststehenden Druckplatten gepreßt werden, ergeben ein mehr oder minder großes Einspannmoment. So wurde z. B. bei Bambusstäben die Befestigungszahl $\omega = 3\,\pi^2$ ermittelt. Bei Bleiunterlage wird sich die gleiche Säule leichter nach Abb. 2, § 24, krümmen können, als wenn sie mit Zement untergossen worden ist, der vor der Einwirkung der Belastung genügend erhärtet usw. Streng genommen wäre allerdings diesen Umständen bei Feststellung des Befestigungskoeffizienten ω Rechnung zu tragen; doch kommt es, da P proportional dem Quotienten $\omega : \mathfrak{S}$, tatsächlich auf dasselbe hinaus, wenn ω, wie es für Stützen, deren Enden seitlich nicht ausweichen können, häufig zu geschehen pflegt, mit π^2 eingeführt und $\mathfrak{S}$ entsprechend kleiner gewählt wird, falls man nicht, durch Erwägungen besonderer Art veranlaßt, vorzieht, statt der ganzen Säulenlänge einen Bruchteil derselben in Rechnung zu stellen. (Vgl. Schluß von § 27.)

Für Säulen von Gußeisen darf, ganz abgesehen von der selbstver-

[1]) Mit Rücksicht hierauf empfiehlt es sich, Versuche mit Säulen in stehenden Prüfungsmaschinen vorzunehmen. Ferner ist es gemäß der S. 13 im zweiten Absatz der Fußbemerkung ausgesprochenen Richtschnur angezeigt, Versuche mit Säulen aus Eisenbeton u. dgl. in solchen Formen auszuführen, wie sie der Verwendung entsprechen.

ständlichen Rücksichtnahme auf die Herstellungsweise (liegend oder stehend gegossen), nicht außer acht bleiben, daß α tatsächlich veränderlich ist, und zwar zunimmt mit wachsender Spannung oder Dehnung (vgl. § 20, Ziff. 5) sowie überdies für die Gußhaut weniger beträgt als für das im Innern gelegene Material (vgl. § 22, Ziff. 4).

Wie aus den Darlegungen in § 24 unter b hervorgeht, ist die Widerstandsfähigkeit einer Säule unter sonst gleichen Umständen je nach ihrer Länge l entweder durch den Quotienten $\sigma = P : f$ oder durch Gleichung 2 bestimmt. Wird für verschiedene Stäbe aus dem gleichen Material, von demselben Querschnitt, aber von verschiedener Länge die Bruchlast P auf dem Wege des Versuchs ermittelt, und werden sodann zu den Werten l als wagrechten Abszissen die zugehörigen Werte von P oder $\sigma = P : f$ als senkrechte Ordinaten auf-

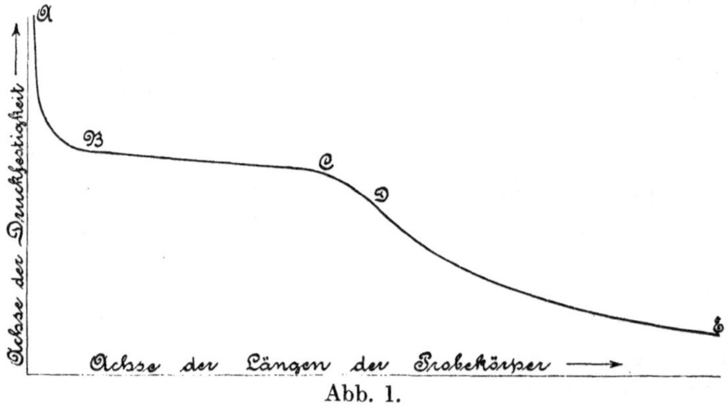

Abb. 1.

getragen, so ergibt sich der in Abb. 1 dargestellte Linienzug $A\,B\,C\,D\,E$ (gültig für Beton, Eisenbeton, eigene Versuche). Für sehr kurze Säulenstücke gilt der Teil $A\,B$ (Druckfestigkeit, wie in § 13 ermittelt); hieran schließt sich der schwach geneigte Teil $B\,C$ (Säulenfestigkeit, gültig für Säulenhöhen, bei denen noch kein Ausknicken stattfindet, wie gleichfalls in § 13 bestimmt), während $D\,E$ für das Gebiet der Knickung Geltung hat. Die Strecke $C\,D$, welche mit mehr oder minder großer Unsicherheit behaftet ist, kennzeichnet das Übergangsgebiet.

Um bei einer solchen Darstellung die Schlankheit des Stabes zum Ausdruck zu bringen, pflegt man diese durch den Schlankheitsgrad, d. i. im Falle von Abb. 2 im § 24

$$\lambda = \frac{l}{\sqrt{\Theta : f}}$$

zu messen, und wählt alsdann die Werte λ als Abszissen, während die Ordinaten — ganz wie im Falle von Abb. 1 — die der Druckkraft P

entsprechende Druckspannung $\sigma = P : f$ angeben, unter welcher die Widerstandsfähigkeit des Stabes erschöpft war.

Abb. 2 zeigt eine derartige Darstellung der Ergebnisse der Knickversuche, die mit einem rechteckigen Flußeisenstab, also mit einem Material durchgeführt wurden (eigene Versuche), das eine ausgeprägte Fließgrenze besitzt. Die eingetragenen Punkte sind durch den Versuch gewonnen; sie lassen sich durch den Verlauf der ausgezogenen Kurve zusammenfassen, während die gestrichelte Linie aus der Eulerschen Gleichung 5 in § 24 gewonnen worden ist. Die Versuche begannen mit einem Stab von der Länge $l = 114$ cm. Dann wurde dieser gekürzt, der Versuch wiederholt und so fort, bis es sich schließlich um ganz kurze Stäbe handelte.

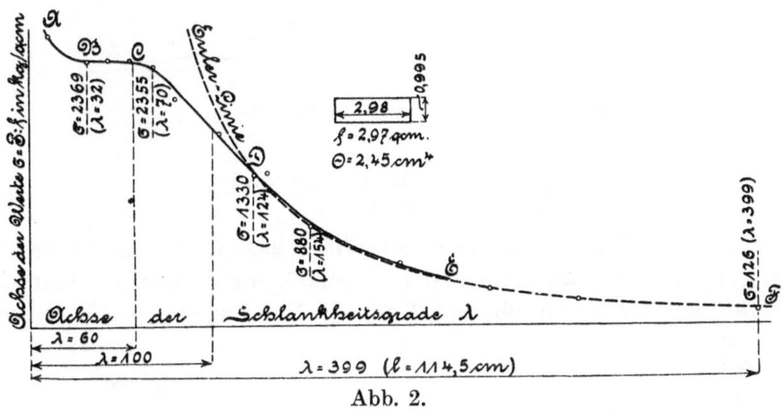

Abb. 2.

Wie ersichtlich liefern die letzteren ein den Abb. 1 oder 6 in § 13 entsprechendes Bild. Die Ergebnisse der längeren Stäbe fallen fast ganz mit der Eulerlinie zusammen. Dazwischen liegt ein Übergangsgebiet CD etwa bei $\lambda = 60$ beginnend und nach Überschreiten von $\lambda = 100$ endigend, für welches der Kurvenverlauf gemäß Gleichung 5 in § 24 bestimmt werden kann, wenn die Werte von α gemäß dem wirklichen Verhalten des Materials gewählt werden (vgl. das in § 24 unter b Gesagte).

Abb. 3 ist aus eigenen Versuchen für einen Stab von |—|-förmigem Querschnitt aus zähem Flußeisen gewonnen. Hier beginnt das Übergangsgebiet bereits etwas vor $\lambda = 60$, während die Eulerlinie bald nach $\lambda = 100$ einsetzt. Sie verläuft unterhalb der Versuchskurve, was in der Hauptsache darin begründet ist, daß die Stabenden beim Versuch kugelig gelagert waren, und daß infolge der bedeutenden Größe der Druckkräfte P die hier bei der Ausbiegung (Knickung) des Stabes wirksam werdenden Reibungskräfte an den Stabenden auf die Widerstandsfähigkeit des Stabes erhöhend wirken mußten. Das Schmiermaterial im Kugellager wird eben mehr oder minder vollständig herausgedrückt; infolgedessen die seitlich wirkenden Reibungskräfte stark wachsen.

Die neuen Vorschriften für Eisenbauwerke der Reichsbahn[1]) sehen bei Flußeisen gemäß Abb. 4, welche diesen Vorschriften

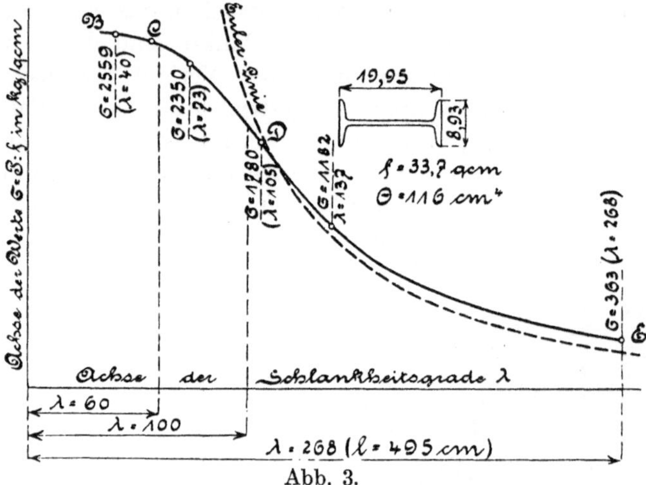

Abb. 3.

entnommen ist, für die gerade Strecke BC reichend bis zum Schlankheitsgrad $\lambda = 60$, den Abstand $\sigma = 2400$ kg/qcm als Quetschgrenze vor, während der Anschlußpunkt D für die Eulerkurve $\lambda = 100$ auf der

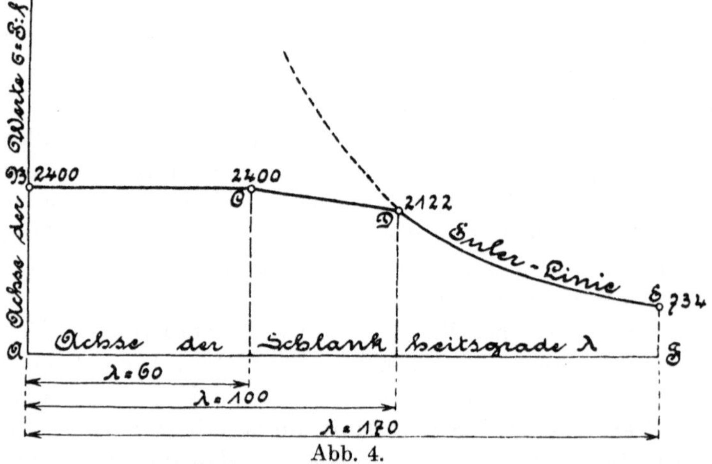

Abb. 4.

Höhe 2122 kg/qcm liegt. Der Verlauf von C bis D ist als gerade Linie aufgefaßt, was mit Annäherung zulässig erscheint.

[1]) Deutsche Reichsbahn, Vorschriften für Eisenbauwerke, Grundlagen für das Entwerfen und Berechnen eiserner Eisenbahnbrücken. Vorläufige Fassung 1922, Seite 32.

§ 26. Naviersche (Schwarzsche) Knickungsformel.

Die in den §§ 24 und 25 erörterte Grundgleichung zur Berechnung eines Stabes, welcher der Gefahr des Knickens ausgesetzt ist, hat bis auf unsere Tage vielfach Bemängelung erfahren, deren Wurzel namentlich in dem Umstande zu suchen sein dürfte, daß in ihr nicht die Spannung auftritt, die man sich gewöhnt hat, als Maßstab der Sicherheit einer Konstruktion aufzufassen, und von der man deshalb bei Feststellung der Abmessungen immer auszugehen pflegt.

Auf diesem Boden war die von Navier herrührende Knickungsformel

$$P = f\frac{k}{1+\varkappa\frac{fl^2}{\Theta}} = f\frac{k}{1+\varkappa\left(\frac{l}{r}\right)^2} \quad \ldots\ldots\ldots \quad 1)$$

entstanden[1]).

Hierin bedeutet

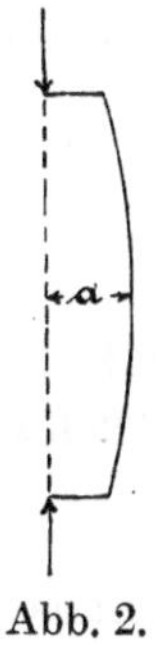

P die zulässige Gesamtbelastung des Stabes,
k die zulässige Druckanstrengung des Materials,
f den Querschnitt des Stabes,
l dessen Länge,
Θ das kleinere der beiden Hauptträgheitsmomente des Stabquerschnittes,
r den Trägheitshalbmesser derart, daß $\Theta = fr^2$,
$\varkappa$ eine Erfahrungszahl, den sogenannten Zerknickungskoeffizienten.

Abb. 2.

Die von Navier dem Wesen nach gegebene Begründung erhellt aus dem Folgenden.

Der in Abb. 2 gezeichnete Stab ist im mittleren Querschnitt durch das Moment Pa, dessen Ebene den letzteren senkrecht zu derjenigen Hauptachse schneidet, für die Θ gilt, auf Biegung und durch die Kraft P auf Druck in Anspruch genommen; infolgedessen erfährt die im Abstande e von der Nullachse gelegene Faserschicht eine Pressung

$$k = \frac{P}{f} = \frac{Pa}{\Theta}e,$$

woraus

$$P = f\frac{k}{1+\frac{aef}{\Theta}} \quad \ldots\ldots\ldots \quad 2)$$

In dieser Gleichung tritt die Unbekannte a auf, deren Zweck nach § 23 und 24 darin zu bestehen hat, die Möglichkeit des exzen-

[1]) Rühlmann stellt in seinem Werk: Vorträge über die Geschichte der technischen Mechanik, Leipzig 1885, S. 364 und 365 fest, daß diese Gleichung, die auch als Gordon- und Rankinesche Formel bezeichnet wird, von Navier zuerst entwickelt wurde, daß später 1854 Schwarz sie in anderer Weise ableitete usf.

trischen Angreifens der Kraft P bei auf Knickung in Anspruch genommenen Stäben sowie die Ungleichartigkeit des Materials, die etwaige Verschiedenartigkeit des Wärmezustandes usw. und den Umstand zu berücksichtigen, daß die Stabachse keine genau geradlinige ist. Um diese — offenbar außerhalb des Rahmens der wissenschaftlichen Elastizitäts- und Festigkeitslehre liegende — Größe nicht willkürlich wählen zu müssen, worin überhaupt die hauptsächlichste Schwierigkeit bei der Berechnung eines auf Knickung beanspruchten Stabes liegt, hat Navier folgender Erwägung stattgegeben.

Durch das Moment Pa (allein) tritt in den um e von der Nullachse abstehenden Fasern die Spannung

$$\sigma = \frac{Pa}{\Theta} e$$

auf. Zu dieser Spannung oder Pressung gehört die Dehnung oder Zusammendrückung

$$\varepsilon = \alpha \sigma .$$

Hiermit wird aus der vorigen Gleichung

$$P = \varepsilon \frac{\Theta}{\alpha a e} \qquad \text{3)}$$

und durch Gleichsetzung dieses Wertes mit der rechten Seite von Gleichung 5, § 24,

$$P = \varepsilon \frac{\Theta}{\alpha a e} = \pi^2 \frac{1}{\alpha} \frac{\Theta}{l^2},$$

woraus folgt

$$a = \varepsilon \frac{l^2}{\pi^2 e} .$$

Durch Einführung dieses Wertes in die Gleichung 2 findet sich

$$P = f \frac{k}{1 + \frac{\varepsilon}{\pi^2} \frac{f l^2}{\Theta}} .$$

Mit $\frac{\varepsilon}{\pi^2} = \varkappa$ ergibt sich wie oben

$$P = f \frac{k}{1 + \varkappa \frac{f l^2}{\Theta}} = f \frac{k}{1 + \varkappa \left(\frac{l}{r}\right)^2} \qquad \text{1)}$$

Oder wenn die Gleichung 3 nicht mit Gleichung 5, § 24, sondern mit Gleichung 2, § 25, in Verbindung gebracht wird, so daß

$$P = \varepsilon \frac{\Theta}{\alpha a e} = \frac{\omega}{\mathfrak{S}} \frac{1}{\alpha} \frac{\Theta}{l^2},$$

woraus dann mit

$$\varkappa = \frac{\mathfrak{S}}{\omega} \varepsilon \qquad \text{4)}$$

ebenfalls folgen würde

$$P = f\frac{k}{1+\varkappa\frac{f l^2}{\Theta}} = f\frac{k}{1+\varkappa\left(\frac{l}{r}\right)^2} \quad . \quad . \quad . \quad . \quad . \quad . \quad . \quad 1)$$

Hiernach bedeutet der Koeffizient $\varkappa$ das $\frac{\mathfrak{S}}{\omega}$ fache derjenigen Dehnung (Zusammendrückung), die im maßgebenden Faserabstande e vorhanden ist, insoweit dieselbe von dem biegenden Momente allein herrührt.

Die Einführung von $\varkappa$ als einem Erfahrungskoeffizienten heißt demnach nichts anderes als die Festsetzung eines bestimmten Wertes für die Dehnung, insoweit diese durch das vorhandene biegende Moment hervorgerufen wird. Ob es leichter ist, $\varkappa = \frac{\mathfrak{S}}{\omega}\,\varepsilon$ anzunehmen oder a unter Beachtung der besonderen Verhältnisse schätzungsweise zu wählen, mag hier dahingestellt bleiben.

Soll nun $\varkappa$ — wie unter dem Vorbehalt, die etwaige Veränderlichkeit des Befestigungskoeffizienten besonders zu berücksichtigen, angegeben wird — eine vom Material abhängige Konstante sein, so wird damit festgesetzt, daß diese Dehnung (oder die ihr entsprechende Kantenspannung), soweit sie von der Biegung herrührt, für ein bestimmtes Material konstant anzunehmen ist, also beispielsweise unter sonst gleichen Verhältnissen unabhängig davon, ob es sich um eine Stütze von 10 m Höhe oder um eine solche von 3 m Höhe handelt.

Greifen wir auf die Gründe zurück, die überhaupt dazu veranlaßten, die Größe a einzuführen, so finden wir, daß diese Größe folgenden Umständen Rechnung tragen sollte:

a) die Achse ist bei längeren Stäben keine gerade Linie,

b) das Material ist nicht vollkommen gleichartig, sein Zustand nicht an allen Stellen der gleiche,

c) die Kraft P fällt nicht genau mit der Stabachse zusammen.

Naturgemäß wachsen die Abweichungen unter a und b mit der absoluten Länge der Stütze verhältnismäßig rasch, so daß nicht Unveränderlichkeit, sondern Abnahme der für das biegende Moment zugelassenen Kantendehnung oder Kantenspannung angezeigt erscheint. Knickungsversuche werden den Nachweis erbringen müssen, daß $\varkappa$ nicht konstant sein kann, sondern mit l zunehmen muß, und zwar bedeutend, wenn schlanke hohe Stützen in das Bereich der Prüfung gezogen werden. Tatsächlich glaubte man, diesen Einfluß der Stützenhöhe bereits voll bei der Entwicklung der Gleichung 1 berücksichtigt zu haben.

Laissle u. Schübler (Bau der Brückenträger, 4. Auflage, 1876,

S. 70), die wohl am meisten zur Verbreitung der Navierschen Knickungsformel beigetragen haben dürften, ausgehend von der Gleichung 2

$$P = f \frac{k}{1 + \frac{a e f}{\Theta}}$$

setzen in der Erwägung, daß a „für ein und dasselbe Material mit zunehmender Länge sich sehr vergrößern, dagegen bei zunehmenden Querschnittsdimensionen abnehmen wird“,

$$a = \varkappa \frac{l^2}{e},$$

„worin $\varkappa$ ein durch die Erfahrung für jedes Material festzustellender Koeffizient ist“, und erhalten damit

$$P = f \frac{k}{1 + \varkappa \frac{f l^2}{\Theta}}.$$

Eine scharfe Betrachtung des Zweckes, zu dem überhaupt die Gleichung 1 dienen soll, sowie dessen, was von dem Zerknickungskoeffizienten $\varkappa$ verlangt wird, führt zu der Erkenntnis, daß $\varkappa$ — selbst bei dem gleichen Werte von ω — nicht bloß Materialkonstante sein kann, sondern in der Hand eines rationell arbeitenden Konstrukteurs — falls derselbe die Gleichung 1 überhaupt benutzt — eine von verschiedenen Umständen zum Teil sehr stark beeinflußte Größe sein muß. (Vgl. das in § 25 über $\mathfrak{S}$ Bemerkte.)

Laissle u. Schübler setzen (S. 71 ihres Werkes „Der Bau der Brückenträger“, 4. Auflage, 1876) für an den Enden drehbare Stäbe (Abb. 2, § 24)

$\varkappa = 0{,}0001$ für Schmiedeeisen (zutreffendenfalls auch für weichen Stahl),
$\varkappa = 0{,}0003$ für Gußeisen,
$\varkappa = 0{,}0002$ für Holz.

Es entspricht dies, wenn $\omega = \pi^2 = \sim 10$ angenommen wird,

$$\varepsilon = \frac{0{,}001}{\mathfrak{S}}, \text{ bzw. } \frac{0{,}003}{\mathfrak{S}}, \text{ bzw. } \frac{0{,}002}{\mathfrak{S}}.$$

Scharowski gibt in seinem Musterbuch für die Säulen der Eisenkonstruktionen

	k_z (§ 6)	k (§ 12)	$\varkappa$
bei Schmiedeeisen	1000 kg/qcm	1000 kg/qcm	0,0001,
bei Gußeisen	250 „	500 „	0,0002.

Wenn bei gußeisernen Säulen $\varkappa f l^2 : \Theta > 3$, so wählt Scharowski

$$P = \frac{250 f}{-1 + \varkappa \frac{f l^2}{\Theta}}.$$

Hierbei ist freie Beweglichkeit der Säulenenden nicht vorhanden, andererseits kann aber auch nicht Einspannung derselben angenommen werden.

Möller — Über die Widerstandsfähigkeit auf Druck beanspruchter eiserner Baukonstruktionsteile bei erhöhter Temperatur, von M. Möller und R. Lühmann, vom Vereine zur Beförderung des Gewerbfleißes in Preußen mit einem Preise gekrönte Arbeit. Berlin 1888. — Abdruck aus den Verhandlungen des Vereines zur Beförderung des Gewerbefleißes 1887 (siehe daselbst S. 603 u. f.) — empfiehlt für gußeiserne und schmiedeiserne Säulen, die im Falle eines Brandes dem Feuer ausgesetzt sein können, zu nehmen

$$k = 1000 \text{ bis } 1200 \text{ kg/qcm} \qquad \varkappa = 0{,}0004, \text{ d. i. } \varepsilon = \frac{0{,}0004}{\mathfrak{S}} \omega.$$

Krohn entwickelt im Zentralblatt der Bauverwaltung 1885, S. 400 bis 401, für an den Enden bewegliche Säulen die Beziehung

$$\varkappa = \frac{1}{8} \alpha k,$$

worin α die Dehnungszahl bedeutet.

Dies würde beispielsweise geben

für Schmiedeeisen mit $\alpha = 0{,}5$ Milliontel, $k = 800$

$\varkappa = 0{,}00005$,

für Gußeisen mit $\alpha = 1{,}11$ Milliontel, $k = 800$

$\varkappa = 0{,}00011$.

Über die Größe $\varkappa$ vergleiche auch § 27.

Durch die Darlegungen unter b in § 24 und durch Ermittlung des Verlaufs der Druckspannungen, wie in den Abb. 1, 2 und 3 und § 25 dargestellt, dürfte den zu Eingang dieses Paragraphen angeführten Bemängelungen der Boden entzogen sein. Wenn trotzdem die Naviersche Gleichung besprochen wurde, so geschah das zum Zwecke der Aufklärung, und weil sie noch häufig Verwendung findet.

§ 27. Knickungsversuche.

Die im nachstehenden allein besprochenen älteren Versuche enthalten viel grundsätzlich Wertvolles, so daß, nachdem in § 25 auf eigene Versuche kurz hingewiesen worden ist, näheres Eingehen auf die beabsichtigten Untersuchungen mit zusammengesetzten Querschnitten zunächst unterbleiben darf, bis sie abgeschlossen vorliegen werden.

1. Versuche von Bauschinger.

(Mitteilungen aus dem mechanisch-technischen Laboratorium der Königl. Technischen Hochschule in München, Heft 15, München 1887.)

Von der großen Anzahl von Versuchen mit Stützen aus I-, ⊔-, ⊥-, ∟-Eisen greifen wir diejenigen heraus, die sich auf Stäbe mit Querschnitten beziehen, die zwei Symmetrieachsen besitzen.

Material: Walzeisen. Querschnittsform: I.

a) Die Enden der Versuchsstäbe sind in Spitzen, also frei beweglich gelagert, Abb. 2, § 24.

Nr.	Querschnitt			Trägheitsmoment Θ	Länge l	Knickbelastung		Belastung auf 1 qcm $\sigma = P_0' : f$	Abweichung $\frac{P_0' - P_0}{P_0'} 100$
	Breite	Höhe	Inhalt f			beobachtet P_0'	berechnet $P_0 = \frac{\pi^2}{\alpha} \frac{\Theta}{l^2}$		
	cm	cm	qcm	cm⁴	cm	kg	kg	kg	%
1	2	3	4	5	6	7	8	9	10
1	25,2	13,8	63,55	575,6	405,5	70500	69000	1105	+ 2
2	12,4	7,2	20,7	37,99	89	61000	94500	3035	s. u.
3	—	—	18,22	—	151	30250	33000	1662	— 9
4	—	—	18,22	—	223	17250	15000	948	+ 13
5	9,93	4,92	11,16	11,7	156,1	10650	9500	956	+ 11
6	—	—	11,38	—	270	4100	3200	360	+ 22
7	—	—	11,76	—	465	1300	1100	111	+ 15
8	9,99	5,01	10,58	12,2	254,3	3900	3700	369	+ 5
9	9,98	5,01	10,58	12,2	254,3	4000	3700	378	+ 8
10	9,95	5,00	10,55	12,2	254,4	3900	3700	370	+ 5
11	10,00	5,00	10,56	12,2	254,4	4050	3700	384	+ 9
12	9,96	4,99	10,55	12,2	254,3	3900	3700	370	+ 5

Bis auf den Versuch Nr. 2, der bei der Belastung von 3035 kg/qcm (Spalte 9) schon infolge der Anforderungen der einfachen Druckfestigkeit hier auszuscheiden hat (vgl. § 25, Bemerkungen zu Gleichung 3), also nicht in Betracht kommt, sind die Abweichungen zwischen den beobachteten Knickbelastungen P_0' (Spalte 7) und den mit $\alpha = 0{,}5$ Milliontel berechneten Werten P_0 (Spalte 8) durchschnittlich nicht so groß, daß das in der Gleichung

$$P_0 = \frac{\pi^2}{\alpha} \frac{\Theta}{l^2}$$

ausgesprochene Gesetz als unzutreffend erschiene, namentlich wenn noch berücksichtigt wird, daß die Querschnittsform, die hier vorliegt, gegenüber Knickung sich nicht ganz so widerstandsfähig verhalten dürfte, wie dies die Entwicklung voraussetzt.

Hiernach ist in den Ergebnissen der vorstehenden Versuche eine Bestätigung des in Frage stehenden Gesetzes zu erblicken.

Zum Zwecke der Klarstellung, daß die Ausbiegungen schon bei verhältnismäßig sehr geringen Belastungen beginnen, sei ein Teil der auf den Versuchsstab Nr. 12 bezüglichen Ermittelungen angeführt.

Belastung P kg	$P:f$ kg/qcm	Ausbiegung der Mitte mm
0	0	0,00
200	19	0,00
400	38	0,04
600	57	0,11
800	76	0,20
1000	95	0,34
2000	190	1,25
3000	284	3,88
3200	303	5,08
3400	322	6,86
3600	341	9,92
3800	360	17,14

b) Die Versuchsstäbe liegen mit ihren ebenen Stirnseiten an den festen Druckplatten.

Hier gestalten sich die Vorgänge bei der Biegung weniger einfach als unter a. Zu der Schwierigkeit, den Stab so einzuspannen, daß die Richtung der Druckkraft mit der Stabachse zusammenfällt, tritt die weitere hinzu, ein gleichmäßiges Anlegen der Stirnflächen an die Druckplatten herbeizuführen und zu sichern. Die Erfüllung der letzteren Bedingung mußte sich naturgemäß als unmöglich erweisen. Sobald der Stab seine Ausbiegung — etwa nach A, Abb. 1, hin — begonnen, hat er das Bestreben, sich bei bb von den Druckplatten zu lösen. Damit aber muß dann eine Änderung der Verteilung des Druckes über die Stirnflächen eintreten: die Pressung wird hier von der Stabmitte aus gerechnet nach a hin wachsen, nach b hin abnehmen. Tatsächlich beobachtete Bauschinger, daß sich am Schlusse des Versuches die Stirnflächen bis auf die bei a zusammengedrückten Kanten von den Druckplatten lösten, Abb. 2.

Abb. 1. Abb. 2.

Bei dieser Sachlage erscheint es nicht wahrscheinlich, daß es möglich sein werde, für Stäbe, die mit ihren ebenen Stirnflächen an festen Druckplatten anliegen, den Vorgang rechnerisch genau zu verfolgen. Bauschinger hat deshalb zum Zwecke der weiteren Betrachtung seiner Versuchsergebnisse die Naviersche Gleichung 1, 26, herangezogen, derart, daß in

$$P_0 = f \frac{K}{1 + \varkappa \frac{f l^2}{\Theta}}$$

unter K die Druckfestigkeit verstanden und hierfür 4500 kg/qcm eingeführt wird. Dann findet sich

a) für die in Spitzen gelagerten Stäbe $\varkappa$ schwankend zwischen 0,00009 und 0,000614,

b) für die Stäbe mit flachen Enden $\varkappa$ schwankend zwischen 0,000041 und 0,00031,

d. i. überaus veränderlich.

Werden K und $\varkappa$ aus den Versuchsergebnissen mittels der Methode der kleinsten Quadrate berechnet, so ergibt sich

a) $K = 2270$ kg/qcm $\qquad \varkappa = 0{,}000058$,
b) $K = 3100$,, $\qquad \varkappa = 0{,}000029$.

Die für K gefundenen Werte bestätigen die Richtigkeit der Schlußbemerkung des § 11. Die Fließ- oder Quetschgrenze war von Bauschinger für das untersuchte Eisen als schwankend zwischen 2150 und 3690 kg/qcm festgestellt worden.

Ferner weisen die Ergebnisse darauf hin, daß die aus Knickungsversuchen bestimmten Werte $\varkappa$ ebenfalls mit einem Sicherheitskoeffizienten multipliziert in die Rechnung einzuführen sind, ganz wie das bei K geschieht, wie es auch oben bei der Entwicklung, welche die Gleichung 4, § 26, ergab, vorgenommen worden ist.

Die mit $K = 2270$ kg/qcm und $\varkappa = 0{,}000058$ berechneten Werte P_0 für die Stäbe mit beweglichen Enden stimmen mit den beobachteten Werte nicht gerade gut überein; besser ist dies der Fall bei den mit $K = 3100$ und $\varkappa = 0{,}000029$ ermittelten Werten P_0 für die Stäbe mit flachen Enden.

Auf Grund der Bauschingerschen Versuche kann geschlossen werden:

a) für Stäbe mit drehbaren Enden ist die Eulersche Gleichung 5, § 24, zutreffend, sofern die Beziehung 3, § 25, befriedigt erscheint,

b) für Stäbe mit ebenen, an festen Druckplatten anliegenden Stirnflächen bietet die Naviersche Knickungsformel 1, § 26, brauchbare Werte.

2. Versuche von v. Tetmajer[1]).

Schweizerische Bauzeitung 1887, Bd. X, S. 93 u. f.
„ „ 1888, Bd. XI, S. 110 u. f.

a) Versuche mit Schweiß- und Flußeisen in Rundstäben bis 5 cm Stärke.
(30 Stäbe Schweiß- und 30 Stäbe Flußeisen, bearbeitet.)
Einspannung der Versuchsstangen zwischen Spitzen.

v. Tetmajer fand:

1. Übereinstimmung der beobachteten Knickungsbelastungen mit denjenigen, die sich auf Grund der Eulerschen Gleichung berechnen ließen.
2. Veränderlichkeit des Zerknickungskoeffizienten $\varkappa$, falls die Gleichung 1, § 26, von Navier zugrunde gelegt wird;

es müßte dann sein $$\varkappa = 0{,}0001\sqrt{0{,}00867\,\frac{l}{r} - 0{,}6936}$$

in $$\frac{P_0}{f} = \frac{2650}{1+\varkappa\left(\frac{l}{r}\right)^2}$$ für Flußeisen (2650 kg/qcm Fließgrenze),

$$\frac{P_0}{f} = \frac{2350}{1+\varkappa\left(\frac{l}{r}\right)^2}$$ für Schweißeisen (2350 kg/qcm Fließgrenze).

b) Versuche mit Bauhölzern.

	Dehnungszahl	Druckfestigkeit	Bemerkungen
Lärche und Föhre im Durchschnitt . . .	$\frac{1}{104230}$	318 kg/qcm	astfreies Holz
Fichte und Weißtanne		285 „	astiges „

v. Tetmajer stellte zunächst für die zwischen Spitzen gelagerten Stäbe fest:

1. das gleiche wie unter a, Ziff. 1, genügend große Länge der Stäbe vorausgesetzt,
2. die starke Veränderlichkeit von $\varkappa$, falls die Naviersche Gleichung in Betracht gezogen wird:

$$\varkappa = 0{,}0001\sqrt{0{,}05\,\frac{l}{r} - 0{,}80}$$

---

[1]) Hinsichtlich der Ergebnisse der späteren Versuche v. Tetmajers sei auf dessen Arbeit: „Die angewandte Elastizitäts- und Festigkeitslehre“, 1905, verwiesen.

$$\frac{P_0}{f} = \frac{318}{1 + \varkappa\left(\frac{l}{r}\right)^2} \text{ für Lärche und Föhre,}$$

$$\frac{P_0}{f} = \frac{285}{1 + \varkappa\left(\frac{l}{r}\right)^2} \text{ für Fichte und Weißtanne.}$$

Für die mit ebenen Stirnflächen an festen Druckplatten anliegenden Hölzer beobachtete v. Tetmajer den Abstand der Wendepunkte voneinander zwischen 0,5 l_0 und 0,6 l_0, sofern l_0 die Entfernung der beiden Druckplatten ist. Er empfiehlt, um sicher zu rechnen, in den soeben gegebenen Gleichungen 0,6 l_0 für l einzuführen, im übrigen jedoch nichts zu ändern.

Was in § 26 aus der Natur von $\varkappa$ zu schließen war, nämlich Wachstum dieses Koeffizienten mit zunehmendem Verhältnisse $l : r$ bestätigen die von v. Tetmajer sowohl für Holz als auch für Eisen erlangten Versuchsergebnisse.

3. Neuere Versuche.

Zu erwähnen sind die sehr sorgfältig durchgeführten Laboratoriumsversuche von v. Karman, über die in den Mitteilungen über Forschungsarbeiten, Heft 81 (1910), berichtet ist, sowie die eigenen Versuche mit Eisenbetonsäulen, hinsichtlich welcher auf die Zeitschrift des Vereines deutscher Ingenieure 1913, S. 1969 u. f., und auf das in § 25 unter b Gesagte verwiesen sei, und mit Flacheisenstäben, über welche zu einem Teile in § 25 berichtet worden ist.

Handelt es sich darum, das Verhalten eines Stabes bei verschiedener Länge zu untersuchen, so kann der folgende, bei eigenen Versuchen seit 1916 beschrittene Weg Anwendung finden.

Der Stab wird zunächst in voller Länge geprüft und stufenweise belastet sowie entlastet unter Messung der gesamten, bleibenden und federnden Ausbiegungen in zwei zueinander senkrechten Richtungen. Durch Bildung der Resultierenden beider wird so die Linie der Ausbiegungen in Abhängigkeit von der Belastung ermittelt, aus deren Verlauf mit Annäherung auf die Belastung geschlossen werden darf, die das Ausknicken herbeiführen würde, ohne daß die Belastung diese Kraft erreicht.

Hierauf erfolgt Kürzung des Stabes und Wiederholung des Versuches. So gelingt es, den Verlauf der Linien Abb. 1 bis 3, § 25, für das untersuchte Material, die gewählte Ausführung des Stabes usf. unter Aufwendung eines einzigen Stabes zu ermitteln, wie das z. B. bei Erlangung der Abb. 2 und 3 in § 25 geschehen ist. War ein solches Verfahren schon unter normalen Verhältnissen mit Rücksicht auf die hohen Kosten von Knickungsversuchen angezeigt, so ist es unter den heutigen Zuständen noch viel mehr geboten.

Zweiter Abschnitt.

Die einfachen Fälle der Beanspruchung gerader stabförmiger Körper durch Schubspannungen (Schiebungen).

Einleitung.

§ 28. Schiebung.

Die im vorhergehenden (§ 1 bis § 27) betrachteten Änderungen der Form waren Änderungen der Länge (vgl. die §§ 1, 6, 11 usf.). Damit sind die auftretenden Formänderungen jedoch noch nicht erschöpft, wie aus folgender Betrachtung erhellt.

Wir denken uns in dem von äußeren Kräften noch nicht ergriffenen Körper, welcher der Betrachtung unterworfen werden soll, einen kleinen Vierflächner (Abb. 1). Begrenzt von den drei in den Kanten OA, OB und OC sich rechtwinklig schneidenden Ebenen AOB, BOC, COA und der weiteren Ebene ABC, erscheint derselbe bestimmt durch die drei Kantenlängen OA, OB und OC, sowie durch die Kantenwinkel, welche die Ebenen der körperlichen Ecke miteinander bilden, nämlich

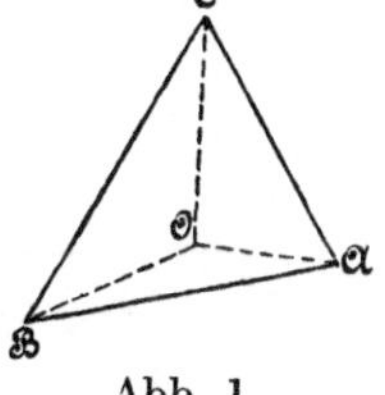

Abb. 1.

$\sphericalangle BOC$ (an der Kante OA),
$\sphericalangle COA$ („ „ „ OB),
$\sphericalangle AOB$ („ „ „ OC).

Wenn nun jetzt auf den Körper äußere Kräfte, die sich an ihm das Gleichgewicht halten mögen, einwirken, so erleidet er in allen seinen Teilen Formänderungen. Hierbei werden auch die den Vierflächner bestimmenden Größen sich ändern: die Kanten werden eine Änderung ihrer Länge, die Kantenwinkel eine Änderung ihrer Größe erfahren.

Die Möglichkeit, daß die Ebenen AOB, BOC, COA und ABC in gekrümmte Flächen übergehen können, darf unter der Voraussetzung, daß der Vierflächner unendlich klein gedacht wird, unberücksichtigt bleiben, weil ein unendlich kleines Flächenelement — solche liegen dann in den vier Begrenzungsflächen vor — immer als eben angesehen werden kann, und weil die Änderungen der Lage der vier Flächenelemente bereits durch die Änderungen der Kanten und der Winkel bestimmt sind.

Hiernach treten zu den im früheren allein betrachteten Änderungen der Länge noch Winkeländerungen hinzu.

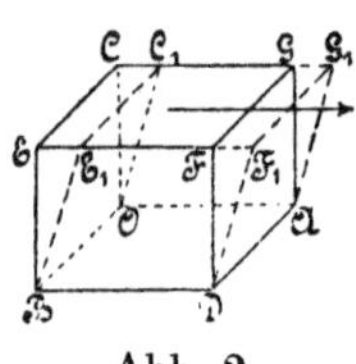

Abb. 2.

Zur Klarstellung des Wesens dieser Änderungen denken wir uns einen Würfel $OADBCGFE$ (Abb. 2) von einer nach OA gerichteten, in der oberen Ebene $CGFE$ liegenden und über dieselbe gleichmäßig verteilten Kraft ergriffen und unten (in der Ebene $OADB$) festgehalten. Dann wird sich die obere Begrenzungsebene $CGFE$ nach $C_1G_1F_1E_1$ verschieben, der rechte Winkel $EBD = \sphericalangle COA$ wird in den spitzen Winkel $E_1BD = \sphericalangle C_1OA$ übergehen, sich also um

$$\sphericalangle EBE_1 = \sphericalangle COC_1 = \gamma$$

ändern. Diese Winkeländerung ist bestimmt durch

$$\operatorname{tg}\gamma = \frac{\overline{EE_1}}{\overline{BE}} = \frac{\overline{CC_1}}{\overline{OC}},$$

wofür unter Voraussetzung, daß es sich nur um kleine Änderungen handelt, gesetzt werden darf

$$\gamma = \frac{\overline{EE_1}}{\overline{BE}} = \frac{\overline{CC_1}}{\overline{OC}} = \frac{\overline{FF_1}}{\overline{DF}} = \frac{\overline{GG_1}}{\overline{AG}}.$$

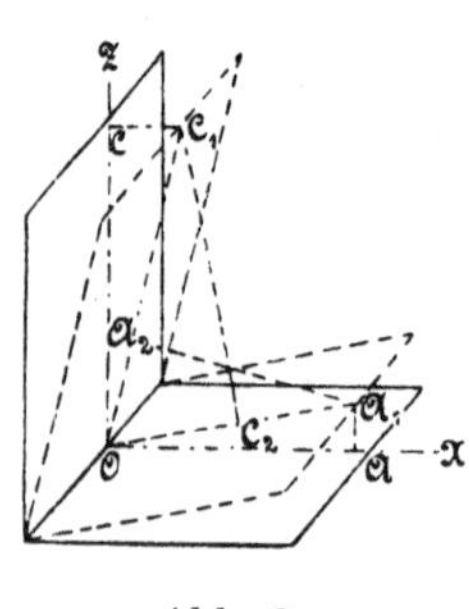

Abb. 3.

Dieser Quotient ist aber auch gleich der Verschiebung, die unter den gleichen Verhältnissen eine in der Richtung OC um 1 von der Kante BO abstehende Ebene (abstehendes Flächenelement, abstehender Punkt) erfahren haben würde. Aus diesem Grunde wird die Änderung γ des ursprünglich rechten Winkels auch als verhältnismäßige (spezifische) Verschiebung und kurz als Schiebung oder Gleitung bezeichnet.

Zur weiteren Klarstellung der Schiebung γ werde noch die folgende Betrachtung angestellt.

Zwei ursprünglich unter rechtem Winkel sich schneidende Ebenen OX und OZ, Abb. 3, gelangen durch die Formänderung in die Lagen OA_1 und OC_1. Der ursprünglich rechte Winkel XOZ hat sich hierbei geändert um die Winkel XOA_1 und ZOC_1, deren Tangenten betragen

$$\frac{\overline{AA_1}}{\overline{OA}} \quad \text{bzw.} \quad \frac{\overline{CC_1}}{\overline{OC}},$$

wenn A_1A und CC_1 senkrecht zu OX bzw. OZ stehen. Da es sich nur um sehr kleine Winkeländerungen handelt, so darf die Gesamtänderung γ gesetzt werden

$$\gamma = \frac{\overline{AA_1}}{\overline{OA}} + \frac{\overline{CC_1}}{\overline{OC}}.$$

Bei dem betrachteten Vorgange hat sich der ursprünglich in der OX-Ebene gelegene Punkt A_1 gegen die jetzt nach OC_1 gekommene OZ-Ebene verschoben um OA_2, sofern A_1A_2 das von A_1 auf OC_1 gefällte Lot ist, und der ursprünglich in C der OZ-Ebene gelegene Punkt C_1 gegen die jetzt nach OA_1 gelangte OX-Ebene um OC_2, wenn $C_1C_2 \perp OA_1$. Hiernach ergibt sich für die Schiebung

$$\gamma = \sim \frac{\overline{OA_2}}{A_1A_2} = \frac{OC_2}{C_1C_2} = \frac{\overline{AA_1}}{\overline{OA}} + \frac{\overline{CC_1}}{\overline{OC}}.$$

Das Vorstehende zusammenfassend, finden wir, daß mit Schiebung bezeichnet ist:

> die Änderung des rechten Winkels (im Bogenmaß) zweier ursprünglich senkrecht zueinander stehenden Flächenelemente,

oder auch

> die Strecke, um die sich zwei um 1 voneinander abstehende Flächenelemente gegeneinander verschieben.

§ 29. Schubspannung. Schubzahl.

Der in § 28 der Betrachtung unterstellte sehr kleine Würfel $OADBCGFE$ gehöre dem Inneren eines festen Körpers an und nehme unter Einwirkung der äußeren Kräfte, von denen dieser ergriffen wird, die Gestalt $OADBC_1G_1F_1E_1$ an. Die innere Kraft, mit der aus diesem Anlaß die an den Würfeln anschließenden Körperteile in der Ebene $CGFE$ auf denselben einwirken und dadurch die Verschiebung der letzteren nach $C_1G_1F_1E_1$ herbeiführen, heißt, bezogen auf die Flächeneinheit, Schubspannung. Sie unterscheidet sich von der in § 1 besprochenen Spannung dadurch, daß ihre Richtung in das Flächenelement hineinfällt, auf das sie wirkt, während die im früheren betrachteten Spannungen senkrecht hierzu standen und deshalb zum Unterschiede als Normalspannungen (Zug- oder Druckspannungen) bezeichnet werden.

Die Schubspannung, die zur Schiebung γ (§ 28) gehört, werde mit τ bezeichnet.

Die Schiebung, die sich für die Schubspannung gleich der Krafteinheit, d. i. für das Kilogramm ergibt, soll Schubzahl genannt und mit β bezeichnet werden. Sie beträgt

$$\beta = \frac{\gamma}{\tau} \quad \text{. . . . . 1)}$$

> Die Schubzahl ist demnach derjenige Winkel (in Bogenmaß ausgedrückt), um den der rechte Winkel zweier ursprünglich senkrecht zueinander stehenden Flächenelemente unter Einwirkung der Schubspannung von 1 Kilogramm sich ändert, oder kurz: die Änderung des rechten Winkels für das Kilogramm Schubspannung,

oder auch

> diejenige Strecke, um die sich zwei um 1 voneinander abstehende Flächenelemente unter Einwirkung der Schubspannung von 1 Kilogramm gegeneinander verschieben.

Diese Begriffsbestimmung liefert unmittelbar die Schiebung als Produkt aus Schubspannung und Schubzahl, d. h.

$$\gamma = \beta\tau, \quad \text{. . . . . 2)}$$

wonach die Schubzahl auch als diejenige Zahl erklärt werden kann, mit der die Schubspannung zu multiplizieren ist, um die Schiebung zu erhalten.

Die Schubspannung ergibt sich als der Quotient: Schiebung durch Schubzahl, d. i.

$$\tau = \frac{\gamma}{\beta} \quad \text{. . . . . 3)}$$

Der reziproke Wert von β wird als Schubelastizitätsmodul bezeichnet.

Der Vergleich mit § 2 läßt erkennen, daß zwischen Schiebung, Schubspannung und der Schubzahl genau dieselben Beziehungen bestehen wie zwischen Dehnung, Normalspannung und der Dehnungszahl.

Die vorstehenden Gleichungen 1 bis 3 setzen voraus, daß β innerhalb eines gewissen Spannungsgebietes konstant ist, ganz wie dies die Gleichungen 1 bis 4, § 2, hinsichtlich α tun. Im allgemeinen wird diese Voraussetzung wohl ebensowenig zutreffen, wie dies bei α der Fall ist. Doch liegen dahingehende Versuche nach Wissen des Verfassers nur in bezug auf Gußeisen und Beton vor. Unter diesen Umständen bleibt, insoweit es sich um allgemeine Entwicklungen handelt, nichts anderes übrig, als β konstant anzunehmen[1]).

§ 30. Paarweises Auftreten der Schubspannungen.

Wir denken uns aus dem betrachteten und von äußeren Kräften ergriffenen Körper ein unendlich kleines Parallelepiped $OADBCGFE$, Abb. 1, dessen Kanten

$$\overline{OA} = a, \qquad \overline{OB} = b, \qquad \overline{OC} = c$$

sind, herausgeschnitten, und die Kräfte eingetragen, mit denen die an dasselbe anschließenden Körpermassen in den Schnittflächen auf den Würfel einwirken. Dabei sei zunächst angenommen, daß nur Schubspannungen vorhanden sind, und zwar treten auf:

1. in der Begrenzungsfläche $OADB$ von der Größe ab die Schubspannung τ_1, also die Kraft $\tau_1 \cdot ab$:
2. in der hierzu parallelen Fläche $CGFE$ von dem Inhalte ab die Schubspannung τ_1', also die Kraft $\tau_1' \cdot ab$; da $CGFE$ unendlich nahe an $OADB$ liegt, so kann sich τ_1' nur um eine unendlich kleine Größe, die mit Δ_1 bezeichnet sein mag, von τ_1 unterscheiden, d. i. $\tau_1' = \tau_1 + \Delta_1$;

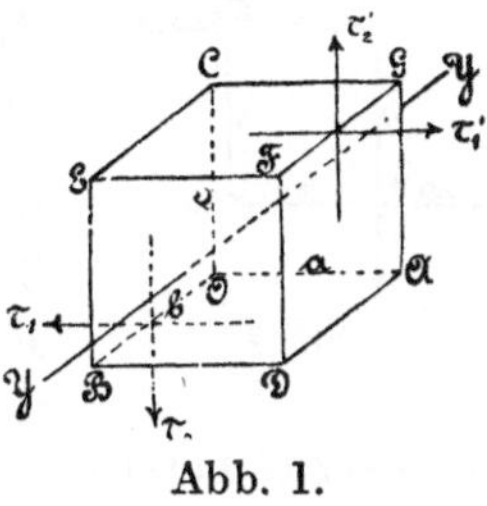

Abb. 1.

3. in der Begrenzungsfläche $OBEC$ von der Größe bc die Schubspannung τ_2, demnach die Kraft $\tau_2 \cdot bc$;
4. in der hierzu parallelen Fläche $ADFG$ von dem Inhalte bc die Schubspannung τ_2', demnach die Kraft $\tau_2' \cdot bc$; da beide Flächen unendlich nahe beieinander gelegen sind, so kann sich τ_2' nur um eine unendlich kleine Größe Δ_2 von τ_2 unterscheiden, d. i. $\tau_2' = \tau_2 + \Delta_2$.

Soll Gleichgewicht bestehen, so muß u. a. auch die Summe der Momente in bezug auf die Achse YY, die durch den Schwerpunkt des Parallelepipeds geht und mit der Kante OB gleich gerichtet ist, Null sein, d. h. unter Bezugnahme auf Abb. 2:

$$\tau_1 ab \frac{c}{2} - \tau_2 bc \frac{a}{2} + \tau_1' ab \frac{c}{2} - \tau_2' bc \frac{a}{2} = 0,$$

$$\tau_1 abc + \frac{1}{2} \Delta_1 abc - \tau_2 abc - \frac{1}{2} \Delta_2 abc = 0,$$

[1]) Vgl. auch Fußbemerkung S. 346.

Hieraus unter Vernachlässigung der unendlich kleinen Größen Δ_1 und Δ_2 gegenüber den endlichen Größen τ_1 und τ_2

$$\tau_1 - \tau_2 = 0\,,$$

$$\tau_1 = \tau_2\,, \quad \ldots\ldots\ldots\ldots \quad 1)$$

d. h. die beiden senkrecht zur Kante $OB = b$ stehenden Schubspannungen τ_1 und τ_2 sind einander gleich. Ist die eine vorhanden, so muß es auch die andere sein; sie treten also paarweise auf.

Zu diesem Ergebnis gelangten wir unter der Voraussetzung, daß lediglich Schubspannungen auf den Würfel einwirkten, und zwar nur in den vier Ebenen $OADB$, $CGFE$, $OBEC$ und $ADFG$ des Körperelementes, Abb. 1.

Im allgemeinen werden die Körperteile, die das Parallelepiped umgeben, auf dasselbe in den sechs Begrenzungsflächen je mit einer Normalspannung und einer Schubspannung einwirken. Außerdem können noch Massenkräfte (Schwere, Trägheitsvermögen) ihren Einfluß äußern.

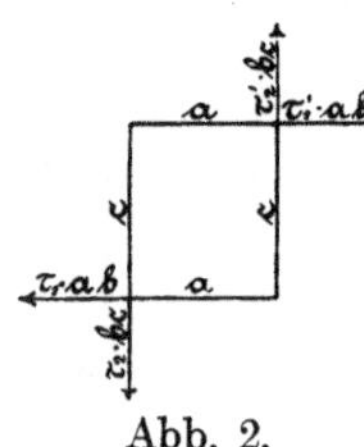

Abb. 2.

Was zunächst die Normalspannungen anbelangt, so erkennen wir, daß dieselben für die oben aufgestellte Momentengleichung nicht in Betracht kommen: die Normalspannungen in den Begrenzungsflächen $OADB$, $CGFE$, $OBEC$ und $ADFG$ liefern je eine Kraft, welche die Momentenachse YY senkrecht schneidet, also ein Moment gleich Null gibt; die Normalspannungen in den Begrenzungsflächen $OAGC$ und $BDFE$ ergeben in die Momentenachse fallende Kräfte, sind also einflußlos. Die etwaigen Massenkräfte greifen im Schwerpunkte des Würfels an, gehen demnach durch die Achse, liefern also ein Moment gleich Null.

Von den Schubspannungen entfallen die in den Flächen $OAGC$ und $BDFE$ wirkenden ohne weiteres, da die ihnen entsprechenden Kräfte die Achse YY schneiden. Hiernach verbleiben noch die Schubspannungen in den vier Flächen $OADB$, $CGFE$, $OBEC$ und $ADFG$.

Wir zerlegen jede derselben nach den Richtungen der Kanten in zwei Komponenten. Momentgebend treten hiervon nur auf die senkrecht zu den Kanten OB und GF wirkenden Spannungen, d. s. τ_1 τ_2 τ_1' und τ_2'. Für diese aber fanden wir den oben ausgesprochenen Satz. Derselbe gilt demnach allgemein, gleichgültig, welche Formänderung das Körperelement unter Einwirkung von Normalspannungen, Schubspannungen und Massenkräften erfährt:

immer sind für zwei rechtwinklig sich schneidende Ebenen die senkrecht zur Durchschnittslinie gerichteten Komponenten der Schubspannungen einander gleich;

oder auch mit Rücksicht darauf, daß diese Durchschnittslinie eine ganz beliebige Lage im Körper haben kann:

wird in einem Körper eine beliebige Gerade gelegt und dieselbe als der Durchschnitt zweier sich rechtwinklig schneidenden Ebenen angesehen, so ist die senkrecht zur Geraden gerichtete Schubspannung in der einen Ebene gleich der senkrecht zu derselben Geraden stehenden Schubspannung in der anderen Ebene.

Die Schubspannungen treten also paarweise auf.

Es entspricht dies ganz der Natur der Schiebung, eine Änderung des ursprünglich rechten Winkels zu sein. Die auf die Flächeneinheit der beiden Winkelebenen wirkenden Kräfte, welche diese Änderung herbeiführen, müssen in der Richtung des einen Schenkels so groß sein wie in derjenigen des anderen, da keine der beiden Schenkelrichtungen in irgendeiner Weise vor der anderen ausgezeichnet ist.

§ 31. Schiebungen und Dehnungen. Schubzahl und Dehnungszahl.

1. Mit der Schiebung verknüpfte Dehnung und deren größter Wert.

$ABCD$, Abb. 1, sei der Durchschnitt durch ein Parallelepiped. Der Körper, welchem dieses angehört, werde nun durch äußere Kräfte ergriffen; infolgedessen ändert er seine Gestalt. Hierbei geht das Rechteck in das Parallelogramm $AEFD$ über: die Ebene, die ursprünglich in BC sich darstellte, erleidet eine Verschiebung um $\overline{BE} = \overline{CF}$, so daß die Schiebung

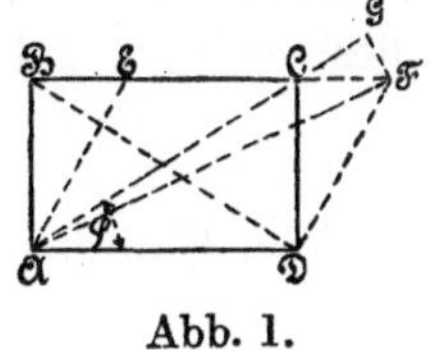

Abb. 1.

$$\gamma = \frac{\overline{CF}}{\overline{CD}}.$$

Gleichzeitig erfährt die Diagonale AC eine Vergrößerung auf $\overline{AF}$. Wird von A aus mit $\overline{AF}$ ein Kreisbogen beschrieben, so schneidet dieser die Verlängerung von AC in G. Die sehr kleine Strecke $\overline{FG}$ darf dann als Senkrechte zu AG angesehen werden, während $\overline{CG}$ die Zunahme der Länge der Diagonale ist. Damit findet sich die Dehnung in Richtung der letzteren

$$\varepsilon = \frac{\overline{CG}}{\overline{AC}} = \frac{\overline{CF}\cos\varphi}{\dfrac{\overline{CD}}{\sin\varphi}} = \frac{\overline{CF}}{\overline{CD}}\,\frac{1}{2}\sin 2\varphi,$$

und wegen

$$\frac{\overline{CF}}{\overline{CD}} = \gamma$$

$$\varepsilon = \frac{1}{2}\gamma \sin 2\varphi .$$

Für $\varphi = \frac{\pi}{4}$, d. h. für $\overline{CD} = \overline{AD}$, also für die quadratische Form des Rechteckes, erlangt ε seinen größten Wert

$$\varepsilon_1 = \frac{1}{2}\gamma \qquad \text{1)}$$

Gleichzeitig erfährt die andere, wegen $\varphi = \frac{\pi}{4}$ dazu rechtwinklige Diagonale DB eine Zusammendrückung $-\varepsilon_2$ von der gleichen Größe

$$-\varepsilon_2 = \frac{1}{2}\gamma .$$

Hiernach ist die Schiebung γ mit einer größten Dehnung ε_1 und einer gleichzeitigen, dazu senkrechten größten Verkürzung (Zusammendrückung) ε_2 verknüpft[1]), die absolut genommen je halb so groß sind als die Schiebung. Die Richtung dieser größten Dehnung zweiteilt den rechten Winkel, dessen Änderung die Schiebung mißt.

Hieraus würde zu folgern sein, daß der zuzulassende Wert γ_1 der Schiebung höchstens doppelt so groß sein darf als die äußersten Falles noch für zulässig erachtete Dehnung ε_1, d. h.

$$\gamma_1 \leqq 2\,\varepsilon_1.$$

Nach Einführung der zulässigen Zuganstrengung

$$k_z = \frac{\varepsilon_1}{\alpha}$$

[1]) Hieraus folgt, daß, wenn ein aus durchaus gleichartigem Material bestehender Körper lediglich infolge von Schubspannungen zum Bruche, d. h. zum Zerreißen, gebracht wird, die Rißbildung senkrecht zur Richtung von ε_1 (der Diagonale AC des Quadrates), also in der Richtung von ε_2 (der Diagonale DB des Quadrates) stattfinden muß, sofern das Verhalten des Materials bis zum Bruche hin — wenigstens mit Annäherung — der gleichen Gesetzmäßigkeit folgt. (Vgl. Taf. XVI.) Bei zähen Materialien ist dies infolge des Fließens nicht zutreffend (vgl. Taf. XVIII, sowie das auf S. 9 zu Abb. 2 Taf. I Bemerkte), ebenso nicht bei Material, das sich in allen Richtungen nicht gleich verhält (Schweißeisen, Draht, Holz usf.). Dieselben Gesichtspunkte gelten für ε_2, wenn die Druckbeanspruchung maßgebend wird (vgl. § 32—35).

sowie der zulässigen Schubanstrengung

$$k_s = \frac{\gamma_1}{\beta}$$

ergibt sich

$$k_s \leqq 2\frac{\alpha}{\beta} k_z, \qquad 2)$$

allerdings unter der Voraussetzung, daß das Material in allen Punkten nach allen Richtungen hin gleich beschaffen, also isotrop ist, und α sowie β als unveränderlich angesehen werden können. Wenn die Beziehung 2 benutzt werden soll, um von der zulässigen Normalspannung eines Materials auf die zulässige Schubspannung desselben zu schließen, so erscheint es nötig, überdies zu beachten, daß hierfür Gleichartigkeit der Beanspruchungsweise Vorbedingung ist. (Vgl. S. 465 u. f.)

2. Beziehung zwischen Dehnungszahl und Schubzahl.

Auf einen Würfel $ABCD$, Abb. 2, von der ursprünglichen Seitenlänge 1 wirken in den Seitenflächen AD und BC die Normalspannungen σ. Hierdurch werden die Seitenlängen AB und DC um ε gedehnt, also auf die Größe $\overline{A_1B_1} = \overline{D_1C_1} = 1 + \varepsilon$ gebracht werden, während sich die rechtwinklig hierzu stehenden Kanten AD und BC um $\frac{\varepsilon}{m}$ verkürzen (§ 7), demnach die Länge $1 - \frac{\varepsilon}{m}$ annehmen.

Die beiden Diagonalebenen AC und BD schlossen ursprünglich einen rechten Winkel miteinander ein. Unter Einwirkung der Normalspannungen σ hat sich dieser Winkel um γ geändert, entsprechend einer Verschiebung z. B. des Punktes C der Diagonalebene AC gegenüber der anderen Diagonalebene um

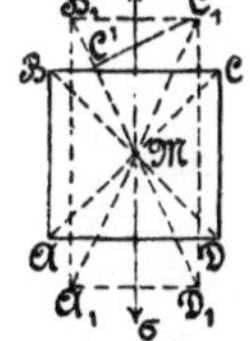

Abb. 2.

$$\gamma = \frac{\overline{MC'}}{\overline{C'C_1}},$$

sofern $C_1C' \perp D_1B_1$.

Die Größe γ folgt unter Berücksichtigung des Umstandes, daß der halbe rechte Winkel sich um $\frac{\gamma}{2}$ geändert hat, aus

$$\operatorname{tg}\left(\frac{\pi}{4} - \frac{\gamma}{2}\right) = \frac{\frac{1}{2}\left(1 - \frac{\varepsilon}{m}\right)}{\frac{1}{2}(1+\varepsilon)}.$$

Die Benützung des Satzes

$$\operatorname{tg}(\alpha - \beta) = \frac{\operatorname{tg}\alpha + \operatorname{tg}\beta}{1 + \operatorname{tg}\alpha \operatorname{tg}\beta}$$

führt zu

$$\frac{1-\frac{\gamma}{2}}{1+\frac{\gamma}{2}}=\frac{1-\frac{\varepsilon}{m}}{1+\varepsilon}$$

und unter Beachtung, daß γ und ε sehr kleine Größen gegenüber 1 sind, zu

$$1-\gamma=1-\left(1+\frac{1}{m}\right)\varepsilon,$$

$$\gamma=\frac{m+1}{m}\varepsilon.$$

Denken wir uns jetzt den Würfel in der Diagonalebene AC auseinander geschnitten, Abb. 3, so wird die Aufrechterhaltung des Gleichgewichts die Anbringung einer Normalspannung σ_1 und einer Schubspannung τ fordern, derart, daß die Resultante der Kräfte

$$\sigma_1 \cdot \overline{AC} = \sigma_1\sqrt{2} \quad \text{und} \quad \tau \cdot \overline{AC} = \tau\sqrt{2}$$

gleich der Kraft

$$\sigma \cdot \overline{BC} = \sigma \cdot 1 = \sigma,$$

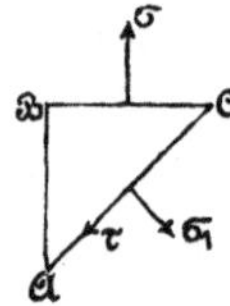

Abb. 3.

d. h.

$$\sigma_1\sqrt{2}\cdot\sqrt{\frac{1}{2}}+\tau\sqrt{2}\cdot\sqrt{\frac{1}{2}}=\sigma$$

$$\sigma_1+\tau=\sigma$$

und ferner

$$\sigma_1\sqrt{2}\cdot\sqrt{\frac{1}{2}}-\tau\sqrt{2}\cdot\sqrt{\frac{1}{2}}=0$$

$$\sigma_1=\tau,$$

womit

$$\tau=\frac{\sigma}{2}.$$

Nach dem früheren ist

$$\tau=\frac{\gamma}{\beta} \quad \text{und} \quad \sigma=\frac{\varepsilon}{\alpha},$$

so daß

$$\frac{\gamma}{\beta}=\frac{1}{2}\frac{\varepsilon}{\alpha}$$

und mit

$$\gamma=\frac{m+1}{m}\varepsilon, \qquad \frac{1}{\beta}\frac{m+1}{m}=\frac{1}{2\alpha},$$

$$\beta=2\frac{m+1}{m}\alpha, \qquad \text{3)}$$

d. h. die Schubzahl ist das $2\frac{m+1}{m}$-fache der Dehnungszahl.

Gleichung 3 kann, wenn α und β durch Versuche ermittelt worden sind, in der Form

$$m = \frac{2}{\frac{\beta}{\alpha} - 2}$$

zur Berechnung von m benutzt werden; doch ist die Bestimmung von m durch unmittelbare Messung der Änderung des Durchmessers von Rundstäben bei Zug- oder Druckversuchen vorzuziehen.

In der Regel pflegt m als eine zwischen 3 und 4 liegende Zahl betrachtet zu werden; hiermit findet sich

$$\left.\begin{aligned} \beta &= \frac{5}{2}\alpha \text{ bis } \frac{8}{3}\alpha = 2{,}5\alpha \text{ bis } 2{,}67\alpha \\ &\text{oder} \\ \alpha &= \frac{3}{8}\beta \text{ bis } \frac{2}{5}\beta = 0{,}375\beta \text{ bis } 0{,}4\beta\,. \end{aligned}\right\} \quad \ldots\ldots \quad 4)$$

Aus Gleichung 2 wird alsdann wegen

$$\frac{\alpha}{\beta} = \frac{m}{2(m+1)}$$

$$k_s \leqq \frac{m}{m+1} k_z \quad \ldots\ldots\ldots\ldots \quad 5)$$

und für $m = 3$ bis 4

$$k_s \leqq \frac{3}{4} k_z \text{ bis } \frac{4}{5} k_z = 0{,}75\, k_z \text{ bis } 0{,}8\, k_z \quad \ldots\ldots \quad 6)$$

unter den Voraussetzungen, die zur Beziehung 2 ausgesprochen wurden, und unter der weiteren Voraussetzung, daß m einen festen Wert besitzt. Treffen dieselben nicht zu, so erscheint die Gleichung 6 nicht ohne weiteres gültig. Dann kann es auf Grund von Versuchsergebnissen und sonstigen Erfahrungen notwendig werden, davon abzuweichen.

V. Drehung.

Die auf den geraden stabförmigen Körper wirkenden äußeren Kräfte ergeben für jeden Querschnitt desselben ein Kräftepaar, dessen Ebene senkrecht zur Stabachse steht.

Es bezeichne

M_d das Moment des drehenden Kräftepaares,

Θ_1 und Θ_2 die beiden Hauptträgheitsmomente des Stabquerschnittes (§ 21, Ziff. 1),

Θ das kleinere der beiden Hauptträgheitsmomente,

$\Theta' = \Theta_1 + \Theta_2$ das polare Trägheitsmoment,

f den Inhalt des Querschnittes,

τ die Schubspannung in einem beliebigen Punkte des Querschnittes,

k_d die zulässige Anstrengung des Materials gegenüber Drehungsbeanspruchung,

β die als unveränderlich vorausgesetzte Schubzahl (§ 29), (reziproker Wert des Schubelastizitätsmoduls),

$\gamma = \beta\tau$ die Schiebung oder Gleitung in einem beliebigen Punkte des Querschnittes (§ 28),

ϑ den verhältnismäßigen Drehungswinkel, d. h. den Winkel, um den sich das Hauptachsenkreuz eines Stabquerschnittes gegenüber demjenigen des um 1 davon abstehenden Querschnittes verdreht,

l die Länge des Stabes.

§ 32. Stab von kreisförmigem Querschnitt.

Durch die beiden Kräftepaare KK, Abb. 1, deren Ebenen die Stabachse senkrecht schneiden, und die, das Moment M_d besitzend, sich an dem Kreiszylinder das Gleichgewicht halten, werden die einzelnen Querschnitte des Stabes gegeneinander verdreht. Um uns ein Bild über diese Formänderung zu verschaffen, teilen wir die Mantelfläche des Zylinders, Abb. 2, bevor dieser von den äußeren Kräften ergriffen wird, durch n Gerade aa parallel zur Achse in n (25) Rechtecke, je von der Breite $\pi d : n$ $(40\,\pi : 25 = 5{,}0$ mm, da $d = 40$ mm), und diese durch Parallelkreise im Abstand $\pi d : n$ (5,0 mm) in Quadrate, deren Seitenlänge $\pi d : n$ (5,0 mm) beträgt. Auf diese Weise erhalten wir die Abb. 2. Wird nun der so gezeichnete Zylinder der Verdrehung unterworfen, so geht er in Abb. 3, Taf. XII über. Aus derselben ist zu entnehmen:

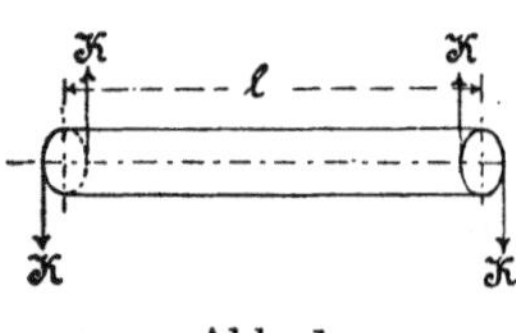

Abb. 1.

a) daß die auf den unbelasteten Zylinder gezeichneten Quadrate in unter sich gleiche Rhomben übergegangen sind,

b) daß die Ebenen der Parallelkreise, d. s. die Querschnitte des Stabes, eben und senkrecht zur Achse des letzteren geblieben sind,

c) daß sich je zwei aufeinander folgende Querschnitte immer gleich viel gegeneinander verdreht haben, daß also beispielsweise der Bogen, um den sich ein Punkt des Parallelkreises XX, Abb. 2, gegenüber dem ursprünglich gleich gelegenen Punkte im Stabquerschnitt AA bewegt hat, proportional dem Abstande x ist.

Abb. 3, § 32, S. 344, 349.

Abb. 1, § 33, S. 350.

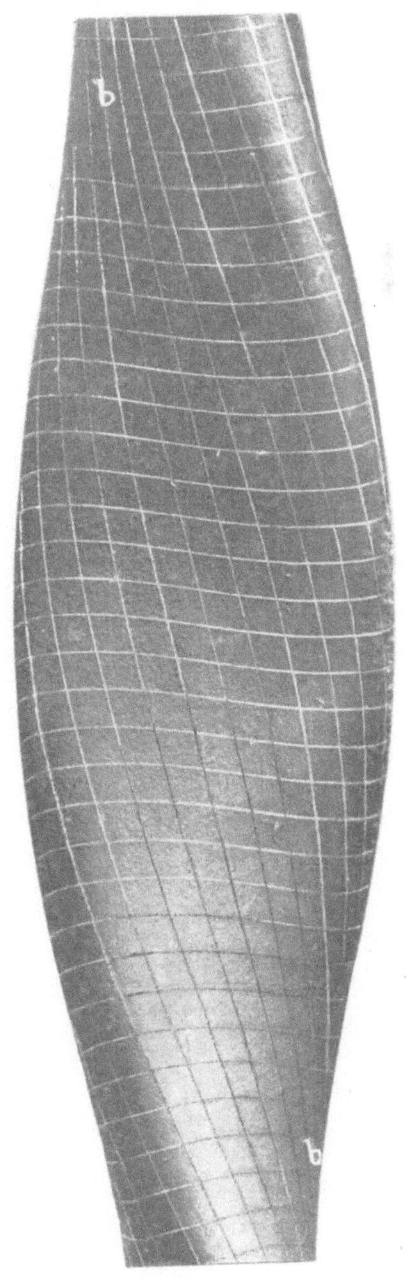

Sind nun f_1 und f_2 zwei um 1 voneinander abstehende Querschnitte des Stabes und $P_1 P_2$ zwei ursprünglich gleich gelegene Umfangspunkte in denselben, so wird sich unter Einwirkung der äußeren Kräfte P_2 gegen P_1 um eine Strecke γ_1 verdreht haben, die nach Maßgabe des in § 28 Erörterten als die Schiebung im Punkte P_1 zu bezeichnen ist. Für die Schiebung γ in einem auf dem Halbmesser OP_1, Abb. 4, im Abstande $\overline{OP} = \varrho$ von der Achse gelegenen Punkt P erscheint auf Grund der oben angeführten Erfahrungen die Annahme zutreffend, daß sie sich zu derjenigen im Umfangspunkte P_1 verhält wie $\varrho : r$, also

$$\gamma : \gamma_1 = \varrho : r$$

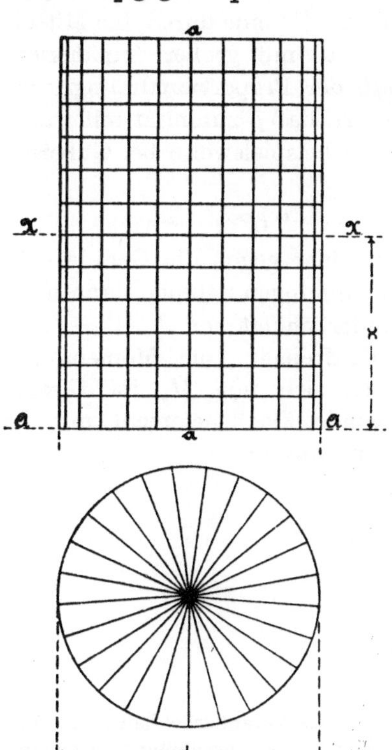

Abb. 2.

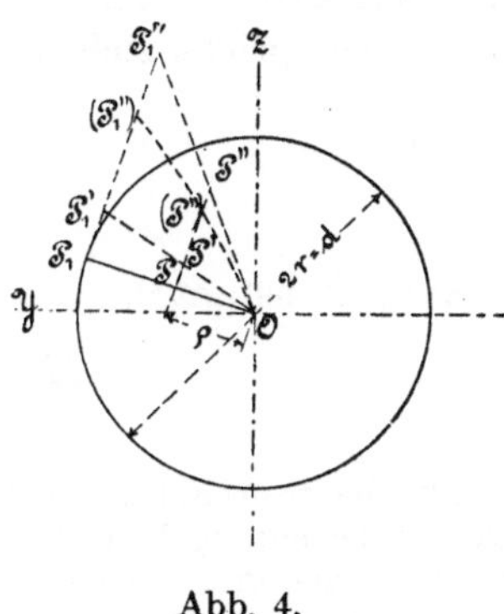

Abb. 4.

d. h.

$$\gamma = \gamma_1 \frac{\varrho}{r} \qquad \qquad 1)$$

Wird in Abb. 4 die tangentiale Linie $\overline{P_1 P_1'} = \gamma_1$ und die hierzu parallele Strecke $\overline{PP'} = \gamma = \gamma_1 \frac{\varrho}{r}$ gemacht, so liefert die zeichnerische Darstellung der Schiebungen in allen Punkten der Geraden OP_1 die Gerade $OP'P_1'$.

Nach § 29 sind die entsprechenden Schubspannungen

$$\text{im Punkte } P_1 \quad \tau_1 = \frac{\gamma_1}{\beta},$$

$$\text{im Punkte } P \quad \tau = \frac{\gamma}{\beta} = \frac{\gamma_1}{\beta r} \varrho .$$

τ_1 muß naturgemäß tangential zum Kreise, also senkrecht zum Halbmesser OP_1 gerichtet sein. Das letztere gilt auch für τ.

Wird die Schubspannung τ durch die Strecke $\overline{PP''}$, die senkrecht zu OP steht, dargestellt, und ist die Schubzahl β konstant, so ergibt sich als geometrischer Ort aller Punkte P'' eine durch den Mittelpunkt O gehende Gerade. Dies trifft z. B. mit großer Annäherung zu für Schmiedeisen und Stahl innerhalb der Proportionalitätsgrenze. Ist dagegen β veränderlich, und zwar derart, daß β zunimmt mit wachsender Schiebung oder Spannung, wie dies beispielsweise bei Gußeisen der Fall, so liegen die durch

$$\tau_1 = \overline{P_1(P_1'')} \qquad \tau = \overline{P(P'')}$$

bestimmten Punkte (P_1'') und (P'') auf einer gegen die Gerade OP_1 gekrümmten Kurve $O(P'')(P_1'')$. Die Spannungen nehmen dann nach außen hin langsamer zu als bei Unveränderlichkeit von β.

Die im Querschnitte durch das Kräftepaar vom Moment M_d wachgerufenen Schubspannungen müssen sich mit M_d im Gleichgewicht befinden. Wird das in P liegende Flächenelement mit df bezeichnet, so spricht sich diese Forderung aus in

$$\int \tau df \cdot \varrho = M_d,$$

$$M_d = \frac{\gamma_1}{r}\int \frac{1}{\beta}\varrho^2 df$$

und, wenn β konstant[1]),

$$M_d = \frac{\gamma_1}{\beta r}\int \varrho^2 df.$$

---

[1]) Für die Beurteilung von Fällen, in denen die Veränderlichkeit von β (α) eine größere Bedeutung besitzt, sowie im Falle der Beanspruchung von zähem Material über die Proportionalitätsgrenze hinaus, ist es zweckmäßig, von folgender Überlegung Gebrauch zu machen.

Es ist, wenn τ die Schubspannung im Abstande ϱ bedeutet und $df = \varrho\, d\varphi \cdot d\varrho$ gesetzt wird,

$$M_d = \int\int \tau \cdot \varrho\, d\varphi\, d\varrho \cdot \varrho = \int_0^{2\pi} \varrho\, d\varphi \int_0^r (\tau\varrho)\, d\varrho.$$

a) β (α) ist unveränderlich.

Die Größe $\tau\varrho$, als Ordinate zur Abszisse ϱ aufgefaßt, liefert gemäß $\tau\varrho = \frac{\tau_1}{r}\varrho^2$ eine Parabel und das Integral $\int_0^r (\tau\varrho)\, d\varrho$ den Inhalt der Fläche, die von der ϱ-Achse und der Parabel bis $\varrho = r$ eingeschlossen wird. Damit ergibt sich alsdann M_d gleich dem Inhalt des Rotationskörpers, der entsteht, wenn die Linie der $\tau\varrho$ (Parabel) um die Stabachse eine volle Drehung ausführt.

b) β (α) ist veränderlich.

Während im Falle a die Linie der τ eine gegen die Achse der ϱ geneigte Gerade war, tritt hier an die Stelle der Geraden die Kurve, die den Zusammenhang zwischen Schubspannung und ϱ wiedergibt; aus ihr ist die Kurve $\tau\varrho$ abzuleiten, die dann keine Parabel mehr ist, usw.

Unter Beachtung, daß

$$\varrho^2 = y^2 + z^2,$$

sofern y und z die rechtwinkligen Koordinaten des in P liegenden Flächenelementes sind, und mit

$$\int y^2\, df = \Theta_1 \quad \text{und} \quad \int z^2\, df = \Theta_2$$

wird

$$M_d = \frac{\gamma_1}{\beta r}(\Theta_1 + \Theta_2) = \tau_1 \frac{\Theta_1 + \Theta_2}{r} = \tau_1 \frac{\Theta'}{r}\,.$$

Die beiden Trägheitsmomente Θ_1 und Θ_2 sind für den vollen Kreisquerschnitt

$$\Theta_1 = \Theta_2 = \frac{\pi}{64} d^4 = \frac{\pi}{4} r^4\,.$$

Demnach

$$M_d = \tau_1 \frac{\pi}{16} d^3 = \tau_1 \frac{\pi}{2} r^3 \quad \ldots\ldots\ldots \quad 2)$$

$$M_d \leqq \frac{\pi}{16} k_d d^3 \quad \text{oder} \quad k_d \geqq \frac{16}{\pi} \frac{M_d}{d^3} \quad \ldots\ldots \quad 3)$$

Für den Kreisringquerschnitt ergibt sich, sofern d der äußere und d_0 der innere Durchmesser ist,

$$\Theta_1 = \Theta_2 = \frac{\pi}{64}(d^4 - d_0^4)$$

$$M_d = \tau_1 \frac{\pi}{16} \frac{(d^4 - d_0^4)}{d}$$

$$M_d \leqq \frac{\pi}{16} k_d \frac{d^4 - d_0^4}{d} \quad \text{oder} \quad k_d \geqq \frac{16}{\pi} M_d \frac{d}{d^4 - d_0^4} \quad \ldots \quad 4)$$

Bei Anwendung dieser Gleichung muß beachtet werden, daß, wie aus § 31, Gl. 1 hervorgeht, an jeder Stelle zwei größte Dehnungswerte auftreten, von denen der eine positiv, der andere negativ ist, entsprechend einer Verlängerung bzw. einer Verkürzung. Während im allgemeinen die erstere zum Bruch durch Zerreißen führt, kommt bei verhältnismäßig dünnwandigen Rohren auch die Gefahr des Ausknickens infolge der letzteren, d. h. Wellenbildung in Betracht, ähnlich wie in § 13, S. 209 u. f. für Druckbeanspruchung festgestellt. Vgl. auch S. 385 u. f., wo über neue Versuche berichtet ist.

Der Drehungswinkel ϑ folgt unmittelbar aus der gegebenen Begriffsbestimmung

$$\vartheta = \frac{\gamma_1}{r} = \frac{\beta M_d}{\Theta_1 + \Theta_2} = \frac{32}{\pi} \beta \frac{M_d}{d^4} \quad \ldots\ldots\ldots \quad 5)$$

beziehungsweise

$$\vartheta = \frac{32}{\pi} \beta \frac{M_d}{d^4 - d_0^4} \quad \ldots\ldots\ldots\ldots \quad 6)$$

Hiernach beträgt der im Abstande 1 von der Achse gemessene Verdrehungsbogen der beiden um l voneinander abstehenden Querschnitte des Kreiszylinders

$$\vartheta_l = \vartheta l = \frac{32}{\pi}\beta\frac{M_d}{d^4}l, \quad \text{bzw.} \quad \frac{32}{\pi}\beta\frac{M_d}{d^4 - d_0^4}l.$$

Bei den vorstehenden Betrachtungen wurden nur Schubspannungen im Stabquerschnitte ins Auge gefaßt; so z. B. im Punkte P, Abb. 4, nur die Schubspannung τ, die, senkrecht zu OP_1 angreifend, in der Bildebene wirkt. Nach § 30 treten jedoch die Schubspannungen immer paarweise auf, derart, daß in demselben Punkte P senkrecht zur Bildebene, d. h. senkrecht zum Querschnitte, eine der oben erwähnten Spannung τ gleiche Schubspannung vorhanden ist. Das Flächenelement, in dem sie wirkt, liegt im Punkte P derjenigen Ebene, die durch den Halbmesser OP_1 und die Stabachse bestimmt wird. So findet sich beispielsweise im Punkte P_1 die Schubspannung τ_1 nicht bloß im Querschnitt (tangential zum Kreisumfang gerichtet), sondern auch in der Achsialebene OP_1 mit der Mantellinie des Zylinders zusammenfallend.

Der Übergang der Quadrate, Abb. 2 (bei Verdrehung des Zylinders), in die Rhomben, Abb. 3, Taf. XII, beweist dies auch unmittelbar aus der Anschauung. Wie wir in § 28 sahen, ist die Änderung des ursprünglich rechten Winkels gleich der Schiebung. Diese Winkeländerung mißt demnach wegen $\tau = \frac{\gamma}{\beta}$ die Schubspannung unmittelbar. Sie betrifft sowohl den wagrechten wie auch den senkrechten Schenkel des rechten Winkels. Die entsprechende Schubspannung ist deshalb eben sowohl in senkrechter wie in wagrechter Richtung vorhanden. Sie muß, da die Rhomben unter sich gleich sind, für alle Stellen der Mantelfläche des Zylinders dieselbe Größe besitzen, sowohl tangential zur Umfangslinie als auch in Richtung der Achse des Stabes. Die größte Schubspannung, die im Querschnitt stattfindet, tritt also auch in Richtung der Stabachse auf.

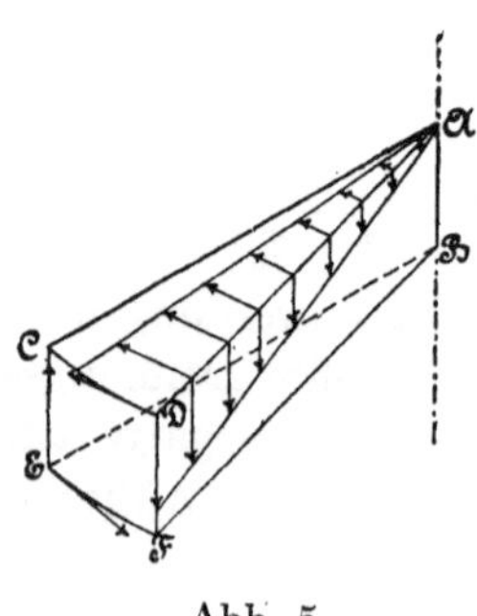

Abb. 5.

Schneiden wir aus dem Zylinder ein kleines Körperelement $ACDBEF$, Abb. 5, heraus, mit den Querschnittsebenen ACD, BEF und den Achsialebenen $ABFD$, $ABEC$, so ergibt die zeichnerische Darstellung unter Voraussetzung einer unveränderlichen Schubzahl je ein Dreieck. Sie zeigt deutlich das paarweise Auftreten der Schubspannungen in den beiden Ebenen, die AD zur Durchschnittslinie haben[1]).

Bei gewalztem Schweißeisen oder Draht aus solchem Material usw. findet infolge der ausgeprägten Faserrichtung die achsiale Schubspannung häufig einen verhältnismäßig geringen Widerstand, weshalb dann Längsrisse eintreten, wie Abb. 6, Taf. XIII für ein der Verdrehung unterworfenes Stück Walzeisen erkennen läßt[2]). Die achsial gerichteten Schubspannungen sind auch Ursache, daß bei auf Drehung in Anspruch genommenen Körpern nicht selten schon frühzeitig bleibende Verdrehung eintritt, wie dies z. B. bei gewalztem Schweißeisen ausgeprägt der Fall zu sein pflegt. Die gewöhnlichen Hölzer haben aus diesem Grunde nur eine geringe Drehungsfestigkeit.

Bei mehr isotropem und sprödem Material erfolgt die Rißbildung nach Maßgabe der Fußbemerkung zu § 31, Ziff. 1, S. 340 unter 45° gegen die Richtungen der Schubspannungen, wie dies der Verlauf der Bruchlinien in den Abbildungen auf Taf. XVI deutlich erkennen läßt. In Abb. 3, Taf. XII müßte die Bruchlinie als rechtsgängige, unter 45° geneigte Schraubenlinie verlaufen, sofern die in der Fußbemerkung zu § 31, Ziff. 1, S. 340 bezeichnete Voraussetzung erfüllt ist.

Bei zähem Material erfolgt Trennung in einer Ebene ungefähr parallel zu derjenigen des drehenden Momentes, vgl. Taf. XIX, Abb. 44 bis 47. Bei Material wie Stahlguß, dessen Zähigkeit nicht groß ist, sind zuweilen Bruchformen zu beobachten, die beide Erscheinungen vereinigen; in Abb. 7, Taf. XIV sind solche Stäbe wiedergegeben.

§ 33. Stab von elliptischem Querschnitt.

1. Formänderung.

Nach dem in § 32 gegebenen Vorgange wird ein Zylinder mit elliptischem Querschnitt (große Achse $= 2a = 50$ mm, kleine Achse $= 2b = 25$ mm hergestellt und seine Mantelfläche in Quadrate eingeteilt.

---

[1]) Die Betrachtung von Abb. 5 gestattet, nach dem Vorgange von Bredt einen allgemeinen Satz über die Schubkräfte eines auf Verdrehung beanspruchten Stabes abzuleiten.

Die Gleichgewichtsbedingung des Körperelementes in Richtung der Stabachse AB: Summe der Schubkräfte in der Ebene $ADFB$ + Summe der Schubkräfte in der Ebene $ACEB$ muß gleich Null sein, führt bei Wahl von $\overline{AB} = 1$ unter Berücksichtigung der Gleichheit der Schubspannungen in zwei senkrecht zueinander stehenden Ebenen zu dem Satz: Werden in einem Querschnitt zwei Gerade AD und AC nach dem Umfange gezogen, so ist die Summe der Schubkräfte, die sich für die in AD gelegenen Flächenelemente senkrecht zu AD wirkend ergeben, gleich der Summe der Schubkräfte, welche die in AC gelegenen Flächenelemente senkrecht zu AC liefern.

[2]) Wird die Verdrehung weiter fortgesetzt, so liegen die Längsrisse auf mehr oder minder stark geneigten Schraubenlinien, wie z. B. die betreffenden Abbildungen auf Tafel XV und XIX erkennen lassen. Vgl. hierzu das in § 35, Ziffer 7 Gesagte.

Unter Einwirkung der beiden Kräftepaare, die sich an ihm das Gleichgewicht halten, geht derselbe in die Gestalt Abb. 1, Taf. XII über[1]). Die beiden ursprünglich geraden Mantellinien, welche die Endpunkte der großen Halbachsen aller Querschnitte enthalten, sind durch die Bezeichnung *aa* hervorgehoben, während diejenigen zwei Linien, die von den Endpunkten der kleinen Halbachsen sämtlicher Querschnitte gebildet werden, die Bezeichnung *bb* tragen. Wir erkennen bei genauer Untersuchung des verdrehten Zylinders:

a) daß die Quadrate in Rhomben übergegangen sind,

b) daß die Winkel derjenigen Rhomben, die mit der einen Seite in der jetzt schraubenförmig gekrümmten Linie *bb* liegen, am meisten von dem ursprünglich rechten Winkel abweichen, während diejenigen Rhomben, deren eine Seite von der Schraubenlinie *aa* gebildet wird, die geringste Abweichung von ihrer früheren Gestalt, dem Quadrate, zeigen,

c) daß die ursprünglich ebenen Querschnitte sich gewölbt haben,

d) daß jedoch die beiden Hauptachsen eines Querschnittes in der ursprünglichen Ebene verblieben sind und den rechten Winkel beibehalten haben,

e) daß sich je die beiden Hauptachsen zweier aufeinander folgender Querschnitte immer um gleich viel gegeneinander (um die in ihrer Lage unverändert gebliebene Stabachse) verdreht haben[2]).

2. Schubspannungen.

Fassen wir zunächst einen Umfangspunkt P' des Querschnittes, Abb. 2, ins Auge, so muß die Schubspannung τ' in dem zu P' gehörigen Querschnittselement naturgemäß tangential zur Umfangslinie gerichtet sein, sofern hier äußere, eine andere Richtung der Schubspannung bedingende Kräfte nicht angreifen.

Wir zerlegen τ' in die beiden Komponenten

τ_y', senkrecht zur y-Achse wirkend,
τ_z', „ „ z- „ „ und

[1]) Das Material des Zylinders ist wie bei Abb. 3, § 32, Tafel XII und bei Abb. 1, § 34, Tafel XIII, sowie Abb. 2, § 34, Tafel XIV, Hartblei. Dasselbe behält die bleibende Formänderung fast vollständig bei und gibt deshalb auch nach der Lösung des Stabes aus der Prüfungsmaschine ein gutes Bild dieser Änderung. Bei Verwendung von stark elastischem Material wie Gummi ist die Formänderung eine ähnliche, nur verschwindet sie mit der Entlastung des Probekörpers zu einem großen Teile und entzieht sich so der dauernden Darstellung. Versuche mit anderem Material führen zu einem ganz entsprechenden Ergebnisse, doch muß an allen in Betracht kommenden Stellen die Streckgrenze überschritten werden, was bei Blei am leichtesten erreicht wird.

[2]) Die Bestimmung dieses Verdrehungswinkel erfolgt in § 43.

bezeichnen durch ψ den Winkel, den die Tangente im Punkte P' mit der y-Achse einschließt, sowie durch y' und z' die Koordinaten des Umfangpunktes P'. Dann folgt zunächst

$$\operatorname{tg}\psi = \frac{\tau_y{}'}{\tau_z{}'}$$

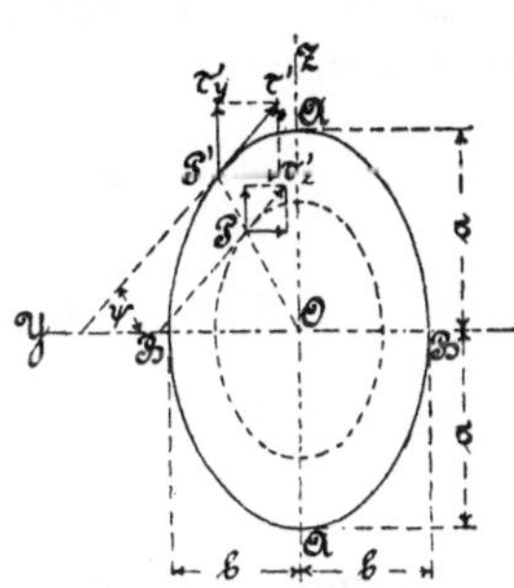

Abb. 2.

und sodann aus der Gleichung der Ellipse

$$\frac{y'^2}{b^2} + \frac{z'^2}{a^2} = 1\,,$$

durch Differentiation

$$\frac{y'}{b^2}\,dy' + \frac{z'}{a^2}\,dz' = 0$$

$$\frac{dz'}{dy'} = -\frac{a^2}{b^2}\,\frac{y'}{z'}\,.$$

Aus Abb. 2 ergibt sich unmittelbar

$$\operatorname{tg}\psi = \frac{dz'}{-dy'}\,.$$

Folglich durch Gleichsetzen der beiden für tg ψ erhaltenen Werte

$$\frac{\tau_y{}'}{\tau_z{}'} = \frac{a^2}{b^2}\,\frac{y'}{z'} \qquad \text{1)}$$

Hiernach erscheint $\tau_y{}'$ proportional y' und $\tau_z{}'$ proportional z'.

Denken wir uns für den im Inneren des Querschnittes liegenden Punkt P, bestimmt durch die Koordinaten y und z, die entsprechende (ähnliche) Ellipse konstruiert, so wird auch hier die Schubspannung τ, deren Komponenten τ_y ($\perp OY$) und τ_z ($\perp OZ$) seien, tangential gerichtet sein. Demgemäß erhalten wir

$$\tau = Ay \qquad \tau_z = Bz, \qquad \text{2)}$$

worin A und B Konstante bedeuten.

Die im Querschnitte wachgerufenen Schubspannungen müssen sich nun mit dem Momente M_d im Gleichgewicht befinden. Wird das in P liegende Flächenelement mit df bezeichnet, so ergibt sich die Bedingungsgleichung

$$\int (\tau_y df\cdot y + \tau_z df\cdot z) = M_d,$$

woraus unter Beachtung der Gleichungen 2 und mit Rücksicht darauf, daß nach § 17, Ziff. 4

$$\int y^2 df = \frac{\pi}{4}\,ab^3 \qquad \int z^2 df = \frac{\pi}{4}\,a^3 b$$

$$M_d = A\,\frac{\pi}{4}\,ab^3 + B\,\frac{\pi}{4}\,a^3 b\,.$$

Die Verbindung der Gleichungen 1 und 2 ergibt

$$\frac{a^2}{b^2}\,\frac{y'}{z'} = \frac{Ay'}{Bz'}\,,$$

woraus

$$\frac{A}{B}=\frac{a^2}{b^2} \quad \text{oder} \quad A=B\frac{a^2}{b^2}.$$

Durch Einführung dieses Wertes in die Gleichung für M_d findet sich

$$M_d=B\frac{a^2}{b^2}\frac{\pi}{4}ab^3+B\frac{\pi}{4}a^3b=\frac{\pi}{2}a^3bB,$$

$$B=\frac{2}{\pi}\frac{M_d}{a^3b},$$

$$A=B\frac{a^2}{b^2}=\frac{2}{\pi}\frac{M_d}{ab^3}.$$

Hiermit nach den Gleichungen 2 die Schubspannungen für den beliebigen Querschnittpunkt P

$$\left.\begin{aligned}\tau_y&=Ay=\frac{2}{\pi}\frac{M_d}{ab^3}y,\\ \tau_z&=Bz=\frac{2}{\pi}\frac{M_d}{a^3b}z,\end{aligned}\right\} \quad \ldots\ldots\ldots\ldots \quad 3)$$

$$\tau=\sqrt{\tau_y^2+\tau_z^2}=\frac{2}{\pi}\frac{M_d}{a^3b^3}\cdot\sqrt{a^4y^2+b^4z^2} \quad \ldots\ldots \quad 4)$$

Dieser Ausdruck wächst mit y und z, erlangt also für bestimmte Umfangspunkte den größten Wert. Zur Feststellung, in welchen Punkten des Umfanges dies der Fall ist, werde $a \geqq b$ vorausgesetzt und dem Ausdruck für τ', gültig für den Umfangspunkt $y'\,z'$, die Form

$$\tau'=\frac{2}{\pi}\frac{M_d}{ab^2}\sqrt{\left(\frac{y'}{b}\right)^2+\left(\frac{z'}{a}\right)^2\left(\frac{b}{a}\right)^2} \quad \ldots\ldots \quad 5)$$

gegeben. Da

$$\left(\frac{y'}{b}\right)^2+\left(\frac{z'}{a}\right)^2=1,$$

so muß wegen $a \geqq b$

$$\left(\frac{y'}{b}\right)^2+\left(\frac{z'}{a}\right)^2\left(\frac{b}{a}\right)^2\leqq 1$$

sein. Demnach ergibt sich der größte Wert der Schubspannung für $y'=\pm b$ und $z'=0$ zu

$$\tau'_{max}=\frac{2}{\pi}\frac{M_d}{ab^2}, \quad \ldots\ldots\ldots\ldots \quad 6)$$

d. h. die größte Schubspannung tritt in den Endpunkten BB der kleinen Achse, also in denjenigen Punkten auf, die der Stabachse am nächsten liegen.

Abb. 1, § 34, S. 355, 356.

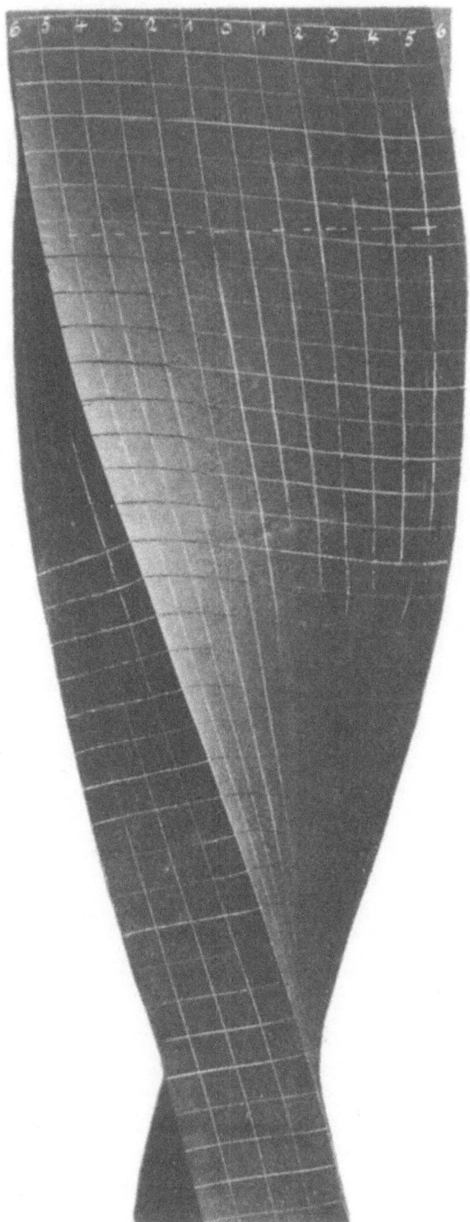

Abb. 6, § 32, S. 349,
§ 47, S. 449.

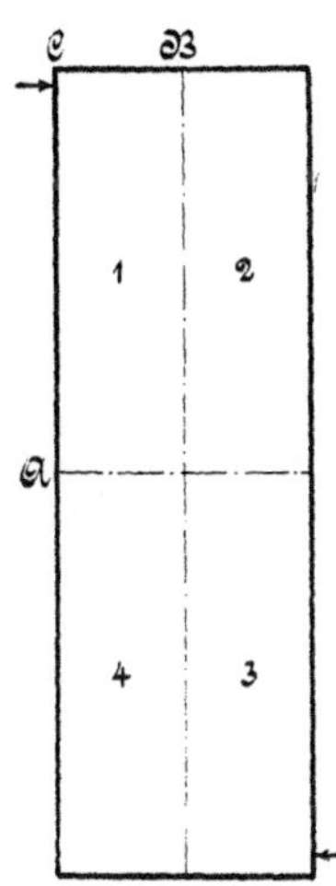

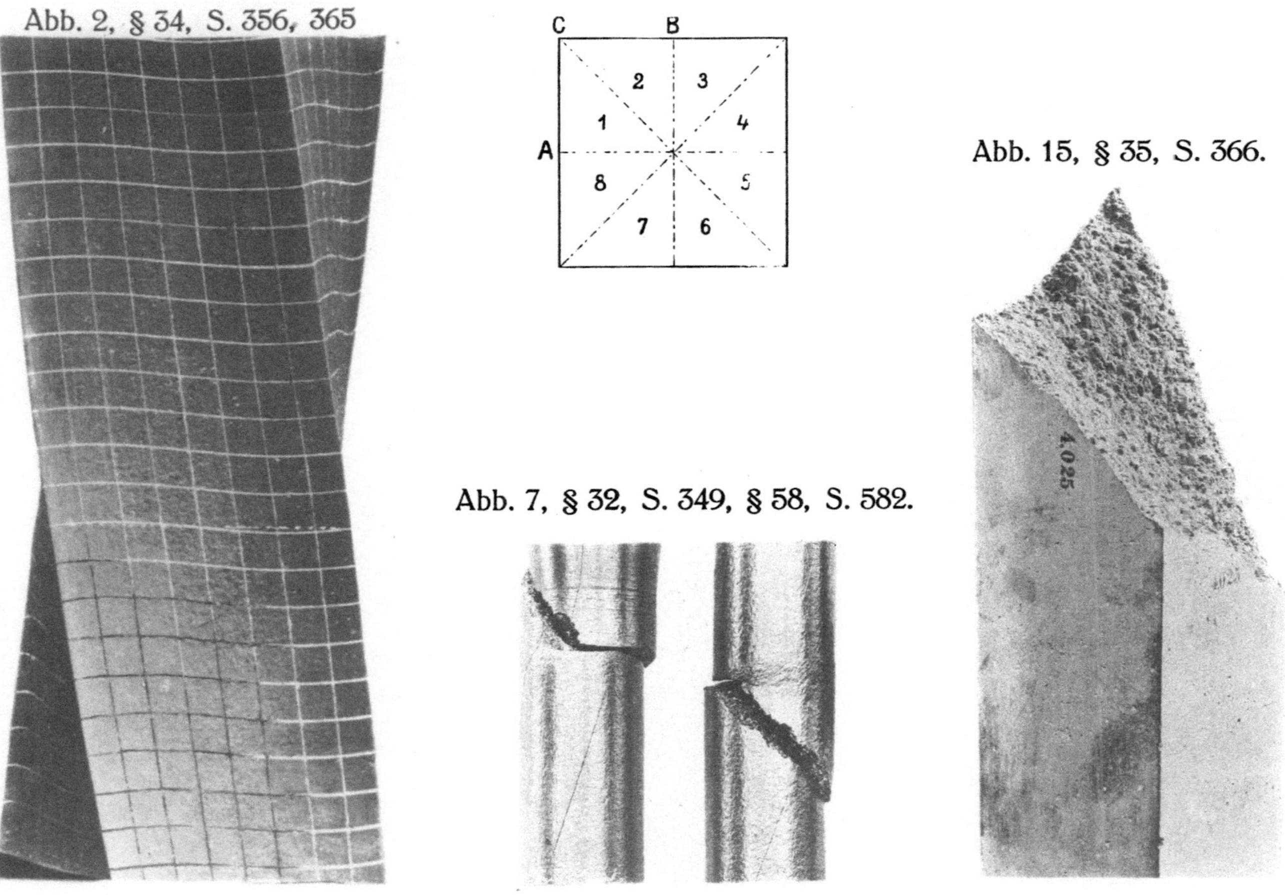

Abb. 2, § 34, S. 356, 365

Abb. 15, § 35, S. 366.

Abb. 7, § 32, S. 349, § 58, S. 582.

Hiermit folgt

$$k_d \geqq \frac{2}{\pi} \frac{M_d}{ab^2} \quad \text{oder} \quad M_d \leqq \frac{\pi}{2} k_d ab^2, \quad \ldots\ldots 7)$$

In den Endpunkten AA der großen Achse ist die Schubspannung, da hier

$$y' = 0 \qquad z' = \perp a$$

$$\tau' = \frac{2}{\pi} \frac{M_d}{a^2 b} = \frac{b}{a} \tau'_{max} \quad \ldots\ldots\ldots 8)$$

d. i. im Verhältnis der Halbachsen kleiner als die Spannung in den Punkten BB[1]).

Dieses gegenüber der älteren Auffassung, der zufolge die Spannungen mit dem Abstande von der Achse wachsen, für den ersten Augenblick überraschende Ergebnis steht in voller Übereinstimmung mit der S. 350 unter Ziff. 1, b angeführten Beobachtung. Die Winkeländerungen, die nach § 28 die Schiebungen γ messen, die ihrerseits nach § 29 zu den Schubspannungen in der Beziehung

$$\tau = \frac{\gamma}{\beta}$$

stehen, sind — Abb. 1, Taf. XII — am größten in den Endpunkten der kleinen und am kleinsten in den Endpunkten der großen Achse der Ellipse.

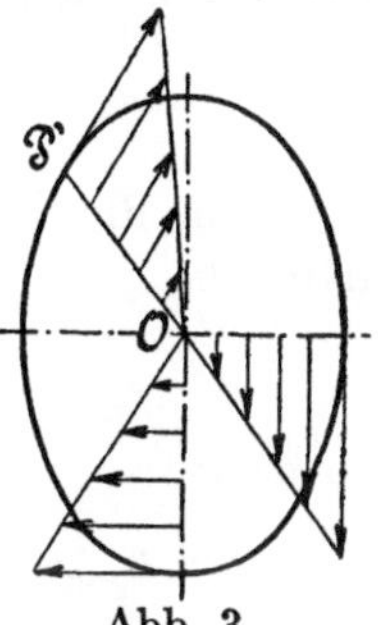

Abb. 3.

Hinsichtlich des Gesetzes, nach dem sich die Schubspannungen im Innern ändern, ist die ohne weiteres aus den Gleichungen 3 und 4 folgende Bemerkung von Interesse, daß für alle auf der Geraden OP', Abb. 2, liegenden Querschnittselemente die Spannungen parallel gerichtet und proportional dem Abstande von der Stabachse sind. In Abb. 3 ist das Änderungsgesetz der Schubspannungen dargestellt für die Punkte der großen und der kleinen sowie für diejenigen einer beliebigen Halbachse OP'. Die in Abb. 3 gezeichneten Kräftedreiecke müssen inhaltsgleich sein (S. 349, Fußbemerkung 1). Für die Umfangspunkte läßt sich das Änderungsgesetz unmittelbar der Gleichung 5 entnehmen.

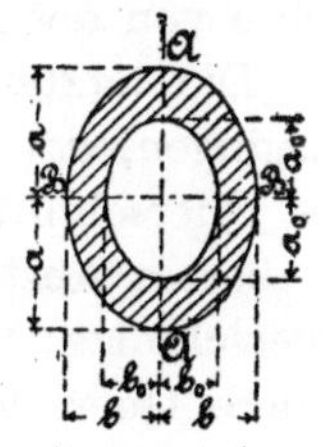
Abb. 4.

Handelt es sich nicht um einen Voll-, sondern um einen **Hohlstab**, Abb. 4, so gilt unter der von dem Gange der obigen Entwick-

---

[1]) Dieses Verhältnis läßt sich auch unmittelbar unter Zuhilfenahme des in der Fußbemerkung 1, S. 349 ausgesprochenen Satzes ableiten.

lung bedingten Voraussetzung, daß die innere Begrenzungsellipse der äußeren ähnlich ist, d. h.

$$a_0 : a = b_0 : b = m,$$

wegen

$$\int y^2 df = \frac{\pi}{4}(ab^3 - a_0 b_0^3) \qquad \int z^2 df = \frac{\pi}{4}(a^3 b - a_0^3 b_0)$$

$$M_d = A\frac{\pi}{4}(ab^3 - a_0 b_0^3) + B\frac{\pi}{4}(a^3 b - a_0^3 b_0),$$

woraus dann mit

$$A = \frac{a^2}{b^2} B$$

$$B = \frac{2}{\pi} \cdot \frac{M_d}{(1 - m^4)\, a^3 b}$$

und schließlich

$$\tau = \frac{2}{\pi} \frac{M_d}{(1 - m^4)\, a^3 b^3} \sqrt{a^4 y^2 + b^4 z^2} \quad \ldots \ldots \quad 9)$$

Für die Punkte B des Umfanges erlangt τ seinen Größtwert, nämlich

$$\tau'_{max} = \frac{2}{\pi} \frac{M_d}{(1 - m^4)\, a b^2} = \frac{2}{\pi} \frac{M_d}{a b^3 - a_0 b_0^3} b, \quad \ldots \quad 10)$$

so daß

$$k_d \geqq \frac{2}{\pi} \frac{M_d}{ab^3 - a_0 b_0^3} b \quad \text{oder} \quad M_d \leqq \frac{\pi}{2} k_d \frac{ab^3 - a_0 b_0^3}{b} \quad . . \ 11)$$

Die Gleichungen 7 und 10 zeigen deutlich, daß die Widerstandsfähigkeit eines elliptischen Voll- oder Hohlstabes gegenüber der Drehungsbeanspruchung abhängt von dem kleineren der beiden Hauptträgheitsmomente, also nicht von der Summe beider, wie die ältere Lehre von der Drehungsfestigkeit angab.

Die letztere schuf ursprünglich ihre Entwicklungen, die davon ausgingen, daß die Schubspannungen proportional mit dem Abstande des Querschnittselementes von der Stabachse wachsen und senkrecht zu diesem Abstande stehen, allerdings nur für die in § 32 behandelten Querschnitte; hierfür war sie auch zutreffend. Ihre Übertragung auf andere Querschnitte war unzulässig.

Die Gleichung 11 enthält die Beziehung 3 und 4, § 32, je als besonderen Fall in sich. Es wird für

$$a = b = \frac{d}{2} \qquad a_0 = b_0 = \frac{d_0}{2}$$

$$M_d \leqq \frac{\pi}{16} k_d \frac{d^4 - d_0^4}{d}$$

und für $d_0 = 0$

$$M_d \leqq \frac{\pi}{16} k_d d^3.$$

Die Schlußbemerkungen zu § 32, betreffend das paarweise Auftreten der Schubspannungen usw., gelten auch hier, überhaupt sinngemäß für alle auf Drehung beanspruchten Körper. Auch das auf S. 347 und 384 über die Widerstandsfähigkeit von Hohlstäben Bemerkte gilt hier.

Hinsichtlich der Folgen, die eine Hinderung der oben unter Ziff. 1, c festgestellten Querschnittswölbung mit sich bringt, sei auf § 34, Ziff. 3 verwiesen.

§ 34. Stab von rechteckigem Querschnitt.

1. Formänderung.

Nach dem Vorgange in den Paragraphen 32 und 33 wird ein Prisma von rechteckigem Querschnitt (60 mm breit, 20 mm stark) hergestellt und jede seiner 4 Mantelflächen in Quadrate von 5 mm Seitenlänge eingeteilt. Unter Einwirkung der beiden Kräftepaare, die sich an dem Stabe das Gleichgewicht halten, geht dasselbe in die Form Abb. 1, Taf. XIII über.

Wir erkennen folgendes:

a) Die Quadrate haben ihre ursprüngliche Form mehr oder minder verloren und rhombenartige Gestalt angenommen.

Die Querlinien schneiden mit ihren äußersten Elementen die 4 Eckkanten des Stabes senkrecht, wie dies ursprünglich jede der früher geraden Querlinien in ihrer ganzen Erstreckung tat; dagegen ändert sich die Rechtwinkligkeit zwischen Quer- und Längslinien um so mehr, je näher die letzteren der Seitenmitte liegen. Die Änderung des rechten Winkels, d. h. die Schiebung (§ 28), beträgt hiernach in den Kanten des Stabes Null, wächst von da zunächst ziemlich rasch, sofern die breite Seitenfläche ins Auge gefaßt wird, und erreicht für sämtliche Seitenflächen in deren Mitten ausgezeichnete Werte, von denen derjenige in der Mitte der breiten Seitenflächen der größere ist. Die größte Schiebung findet hiernach in denjenigen Punkten des Stabumfanges statt, die der Achse am nächsten liegen, ganz wie bei dem elliptischen Querschnitt.

b) Die ursprünglich ebenen Querschnitte haben sich gewölbt.

c) Die beiden Hauptachsen eines Querschnittes sind in der ursprünglichen Ebene geblieben. (Für einen Querschnitt ist dessen ursprüngliche Ebene gestrichelt eingetragen.)

d) Je die beiden Hauptachsen zweier aufeinander folgenden Querschnitte haben sich immer um gleichviel gegeneinander verdreht[1]).

Hinsichtlich der Wölbung der Querschnitte ist es von Interesse zu beachten, daß der Abstand derjenigen Punkte des gewölbten Querschnittes, die von den Seitenmitten ab und nach den Stabkanten hin gelegen sind, von der ursprünglichen Querschnittsebene (vgl. Ziff. 3) sich als ziemlich bedeutend erweist, und daß infolgedessen die Ausbildung dieser gewölbten Form eine verhältnismäßig große Zurückziehung (positive im ersten und dritten, negative im zweiten und vierten Quadranten) der von den Seitenmitten abgelegenen Fasern gegenüber der früheren Querschnittsebene zur Folge hat. Wie ersichtlich, ist die Wölbung erhaben, d. h. der Abstand der einzelnen Querschnittselemente von der Grundebene hat sich vergrößert in denjenigen diametral zueinander liegenden beiden Querschnittsvierteln, gegen deren lange Seiten die Kräfte des drehenden Kräftepaares gerichtet sein müßten, wenn hierdurch die stattgehabte Verdrehung bewerkstelligt werden sollte. In den beiden anderen Querschnittsvierteln ist die Wölbung vertieft, d. h. der Abstand der einzelnen Querschnittselemente von der Grundebene hat sich verkleinert.

Die Stirnflächen des verdrehten Prisma werden hiernach zeigen (vgl. Taf. XIII, Abb. 1 unten rechts)

im Viertel 1 erhabene Wölbung, im Viertel 2 vertiefte Wölbung,
„ „ 3 erhabene „ „ „ 4 vertiefte „

Ist für den rechteckigen Stab $b = h$, d. h. handelt es sich um einen quadratischen Querschnitt, so nimmt derselbe bei der Verdrehung die Form Abb. 2, Taf. XIV an. Dieselbe bestätigt das oben unter a) bis d) Erkannte durchaus. Nur hinsichtlich der Wölbung der Querschnitte tritt insofern eine Änderung ein, als hier alle Seiten gleich groß sind, und deshalb kein Grund vorliegt, weshalb sich das eine Viertel anders verhalten soll wie das andere, wenn die Kräfte, die das vorhandene Kräftepaar liefern, auf den durch die Verdrehungsrichtung bestimmten 4 Halbseiten wirkend gedacht werden. Tatsächlich weist Abb. 2, Taf. XIV nach, daß für quadratischen Querschnitt (vgl. Abb. 2) bei der angenommenen Verdrehungsrichtung die Wölbung eine erhabene ist in den Achteln 1, 3, 5 und 7, dagegen eine vertiefte in den Achteln 2, 4 6 und 8. Außer den beiden Symmetrieachsen verbleiben noch die zwei Diagonalen in der ursprünglichen Querschnittsebene und damit auch die vier Eckpunkte. Die hierdurch ausgezeichneten vier Linien weisen nach Ziff. 2 noch die weitere

[1]) Die Bestimmung dieses Verdrehungswinkels erfolgt in § 43. Vgl. auch die Fußbemerkung zu § 52, Ziff. 2, b, S. 485.

Eigenschaft auf, daß die in ihren Punkten wirkenden Schubspannungen senkrecht zu ihnen gerichtet sind.

Die Erkenntnis dieser eigenartigen Formänderungen der Querschnitte ist unter Umständen von großer praktischer Bedeutung, wie unter Ziff. 3 am Schlusse dieses Paragraphen näher erörtert werden wird.

2. Schubspannungen.

Da die Schubspannungen in den Querschnittselementen der Umfangslinie unter der Voraussetzung, daß äußere Kräfte hier nicht auf die Mantelfläche des Stabes wirken, nur tangential an diese Linie gerichtet sein können, so müssen sie auf der Begrenzungsstrecke $\overline{AC}$, Abb. 1, Taf. XIII oder Abb. 3, in die Richtung AC fallen, ebenso auf der Strecke BC in die Richtung BC. Demgemäß ergeben sich im Flächenelement C (Eckpunkt) des Querschnittes, da dasselbe sowohl der Linie AC wie auch der Linie BC angehört, zwei senkrecht zu einander gerichtete Schubspannungen, die eine Resultante liefern müßten. Dieselbe hätte jedenfalls die Forderung zu befriedigen, daß sie gleichzeitig in die Richtungen von AC und BC falle. Dieser Bedingung kann sie nur entsprechen, wenn ihre Größe Null ist. Infolgedessen muß die Schubspannung in C selbst Null sein. Aus diesem Grunde werden sich die in den Querschnittselementen AC wirkenden Schubspannungen von A nach C hin bis auf Null vermindern müssen; ebenso werden die in BC tätigen Schubspannungen von B nach C bis auf Null abzunehmen haben.

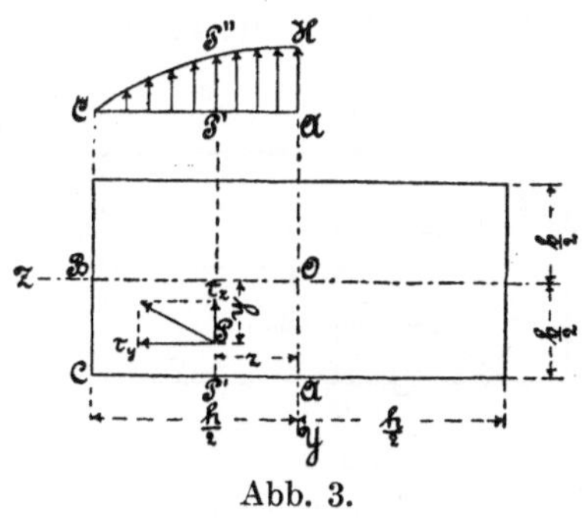

Abb. 3.

Die Richtigkeit dieser Erwägungen wird voll bestätigt durch die oben unter Ziff. 1, a angegebene Beobachtung. Dort war festzustellen, daß die Schiebungen in den Kantenpunkten, d. h. in C Null waren, nach der Mitte der Seite, d. h. nach A bzw. B hin erst rasch und dann langsamer wuchsen, entsprechend einem Verlaufe etwa nach der Kurve CH, Abb. 3, die erhalten wird durch Ermittlung der Änderungen der ursprünglich rechten Winkel; demgemäß werden sich auch die Schubspannungen von C nach A hin ändern.

Zum Zwecke der Bestimmung der letzteren erinnern wir uns, daß beim elliptischen Querschnitt (§ 33) die im beliebigen Punkte P wirkende Spannung τ die beiden Komponenten τ_y und τ_z lieferte, für die galt

$$\tau_y = A\,y \qquad \tau_z = Bz.$$

Hier werden τ_y (senkrecht zur y-Achse) und τ_z (senkrecht zur z-Achse) in entsprechender Weise von y und z abhängen müssen. Dort waren A und B konstante Größen, während sie hier veränderlich sein müssen, da ja τ_y für $y = \frac{b}{2}$ nach C hin bis auf Null abzunehmen hat, ebenso τ_z für $z = \frac{h}{2}$.

Wird die Schubspannung in der Mitte der langen Seite, d. h. in A mit τ_a', diejenige in Punkt P', der im Abstande z von A auf der Strecke AC gelegen ist, mit τ' bezeichnet, $\overline{AH} = \tau_a'$, $P'P'' = \tau'$ gemacht; wird ferner in Anlehnung an § 38, Abb. 4, dem Änderungsgesetz der Schubspannungen in der Linie AC, d. h. dem Verlaufe der Linie $CP''H$, die einfachste Kurve, die gewöhnliche Parabel mit H als Scheitel und HA als Hauptachse zugrunde gelegt, so folgt nach dem bekannten Satz, daß sich bei der Parabel die Abzissen verhalten wie die Quadrate der Ordinaten

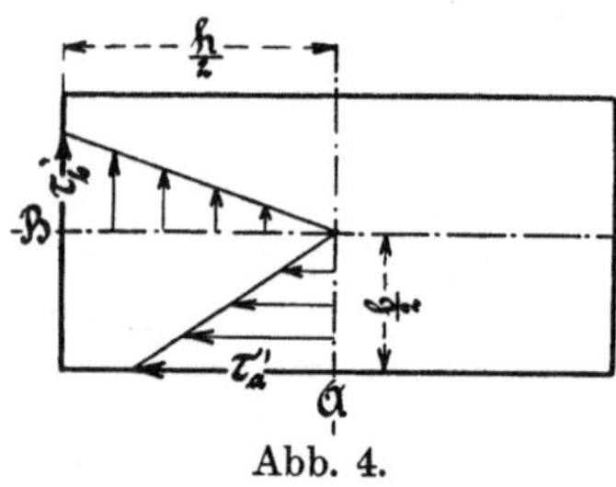
Abb. 4.

$$(\tau_a' - \tau') : \tau_a' = z^2 : \left(\frac{h}{2}\right)^2$$

$$\tau' = \tau_a' \left[1 - \left(\frac{2z}{h}\right)^2\right].$$

Demgemäß setzen wir für den Faktor A in der Gleichung $\tau_y = Ay$

$$A = c\,\tau_a' \left[1 - \left(\frac{2z}{h}\right)^2\right] = m\left[1 - \left(\frac{2z}{h}\right)^2\right]$$

und ganz entsprechend für B in dem Ausdruck $\tau_z = Bz$

$$B = d\,\tau_b' \left[1 - \left(\frac{2y}{b}\right)^2\right] = n\left[1 - \left(\frac{2y}{b}\right)^2\right],$$

wenn c, d, m und n Konstante sind, und τ_b' die Schubspannung im Punkte B bezeichnet.

Die Gleichungen

$$\tau_y = Ay \qquad \tau_z = Bz$$

liefern, da A für $z = 0$ und B für $y = 0$ konstant, die in Abb. 4 dargestellte Spannungsänderung. Somit nach dem in der Fußbemerkung 1, S. 349 ausgesprochenen Satz

$$\frac{1}{2}\tau_b' \frac{h}{2} = \frac{1}{2}\tau_a' \frac{b}{2}$$

$$\tau_b' = \tau_a' \frac{b}{h}.$$

Es ergibt sich

$$\left.\begin{aligned}\tau_y &= m\left[1-\left(\frac{2z}{h}\right)^2\right]y\,,\\ \tau_z &= n\left[1-\left(\frac{2y}{b}\right)^2\right]z\end{aligned}\right\}\quad\ldots\ldots\ldots\ 1)$$

und in ganz gleicher Weise wie in § 33, Ziff. 2

$$\int(\tau_y df\cdot y+\tau_z df\cdot z)=M_d$$

$$=m\int\left[1-\left(\frac{2z}{h}\right)^2\right]y^2df+n\int\left[1-\left(\frac{2y}{b}\right)^2\right]z^2df\,,$$

$$M_d=\frac{1}{12}mb^3h+\frac{1}{12}nbh^3-4\left(\frac{m}{h^2}+\frac{n}{b^2}\right)\int y^2z^2df\,.$$

Wegen

$$\int y^2z^2df=\int_{-\frac{b}{2}}^{+\frac{b}{2}}y^2dy\int_{-\frac{h}{2}}^{+\frac{h}{2}}z^2dz=\frac{1}{144}b^3h^3$$

wird

$$M_d=\frac{1}{12}mb^3h+\frac{1}{12}nbh^3-\frac{1}{36}\left(\frac{m}{h^2}+\frac{n}{b^2}\right)b^3h^3\quad\ldots\ 2)$$

Nun ist

für den Punkt A, d. i. $y=\frac{b}{2}$ und $z=0$,

$$\tau_y=\tau_a'\,,$$

womit nach der ersten der Gleichungen 1

$$\tau_a'=m\frac{b}{2}\quad\text{oder}\quad m=\frac{2\tau_a'}{b}$$

und

für den Punkt B, d. i. $y=0$ und $z=\frac{h}{2}$,

$$\tau_z=\tau_b'\,,$$

infolgedessen nach der zweiten der Gleichungen 1

$$\tau_b'=n\frac{h}{2}\quad\text{oder}\quad n=\frac{2\tau_b'}{h}=\frac{2b}{h^2}\tau_a'.$$

Hiermit gehen die Gleichungen 1 und 2 über in

$$\left.\begin{aligned}\tau_y &= 2\tau_a'\frac{1}{b}\left[1-\left(\frac{2z}{h}\right)^2\right]y\,,\\ \tau_z &= 2\tau_b'\frac{1}{h}\left[1-\left(\frac{2y}{b}\right)^2\right]z\\ &= 2\tau_a'\frac{b}{h^2}\left[1-\left(\frac{2y}{b}\right)^2\right]z\end{aligned}\right\}\quad\ldots\ldots\ldots\ 3)$$

beziehungsweise

$$M_d = \frac{2}{9} \tau_a' b^2 h \quad \ldots\ldots\ldots\ldots \quad 4)$$

Gleichung 4 führt zu

$$M_d \leqq \frac{2}{9} k_d b^2 h \quad \text{oder} \quad k_d \geqq \frac{9}{2} \frac{M_d}{b^2 h} \quad \ldots\ldots \quad 5)^{1)}$$

Die größte Anstrengung tritt hierbei auf in denjenigen Punkten der Umfangslinie des Querschnittes, welche der Stabachse am nächsten liegen[2]).

[1]) Dieses Ergebnis ist nur mit der Annäherung richtig, die aus dem Gange der Entwicklung folgt. Es entspricht deshalb auch den im Abschnitt 9 enthaltenen allgemeinen Gleichungen nicht. Die strenge Lösung, wie sie auf Grund der letzteren zuerst von Saint-Venant gegeben worden ist, wurde bereits im Vorwort zur ersten Auflage berührt (vgl. auch S. 394 u. f. sowie die Arbeit des Verfassers in der Zeitschrift des Vereines deutscher Ingenieure 1889, S. 137 u. f.).

Nach der Lösung von Saint-Venant ist der Zahlenwert 4,5 der zweiten der Gleichungen 5 abhängig von dem Seitenverhältnis $h:b$. Wird allgemein für die Schubspannung im Querschnittspunkt A (Mitte der langen Seite) gesetzt

$$\tau_{max} = \psi \frac{M_d}{b^2 h} \quad \ldots\ldots\ldots\ldots \quad 6)$$

so kann aus den Ergebnissen der Saint-Venantschen Entwicklungen mit Annäherung

$$\psi = 3 + \frac{2{,}6}{0{,}45 + \frac{h}{b}} \quad \ldots\ldots\ldots\ldots \quad 7)$$

gesetzt werden. Es ist

für	$h:b =$	1	2	4	10
nach Saint-Venant .	$\psi =$	4,80	4,07	3,55	3,20
nach Gleichung 7 . . .	$\psi =$	4,79	4,06	3,58	3,25

Für die Gesetzmäßigkeit, nach der sich die Schubspannungen in der Linie AC Abb. 3 ändern, ergibt die Saint-Venantsche Lösung gleichfalls eine von der oben zugrunde gelegten Parabel erheblich abweichende Kurve. Für den um z von der Mitte A abstehenden Punkt der langen Seite AC nähern wir uns den Werten Saint-Venants, wenn gesetzt wird

$$\tau = \tau_{max} \left[1 - \left(\frac{2z}{h} \right)^{\frac{h}{b}+1} \right] \quad \ldots\ldots\ldots\ldots \quad 8)$$

worin τ_{max} die Schubspannung in A nach Gleichung 6 und 7 bezeichnet.

In neuerer Zeit haben sich die Arbeiten von Prandtl (Physikalische Zeitschrift 1903, S. 758 u. f., Jahresbericht der deutschen Mathematiker-Vereinigung 1904, S. 31 u. f.), Henneberg (Zeitschrift für Mathematik und Physik, Bd. 51, 1904, S. 225 u. f.), Götzke (Zeitschrift des Vereines deutscher Ingenieure 1909, S. 935 u. f.) u. a. mit der Aufgabe befaßt. Doch ist ein wesentlicher Fortschritt gegenüber dem, was bereits de Saint-Venant ermittelt hatte, in ihnen nicht enthalten.

[2]) Dementsprechend muß der Bruch in der Mitte der Seitenflächen beginnen, was sich bei der Durchführung von Verdrehungsversuchen mit Eisenbetonkörpern rechteckigen Querschnittes in recht anschaulicher Weise beob-

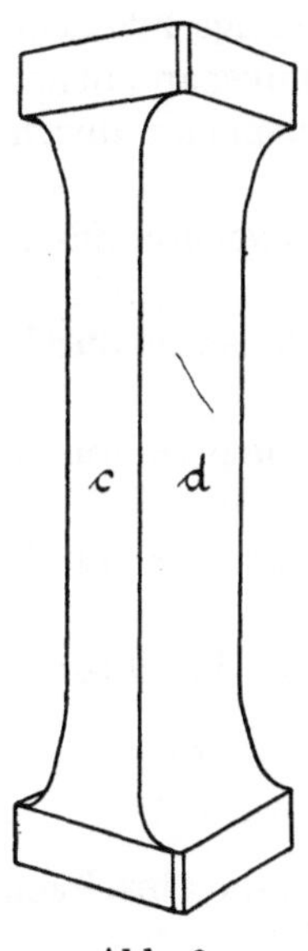

Abb. 6.

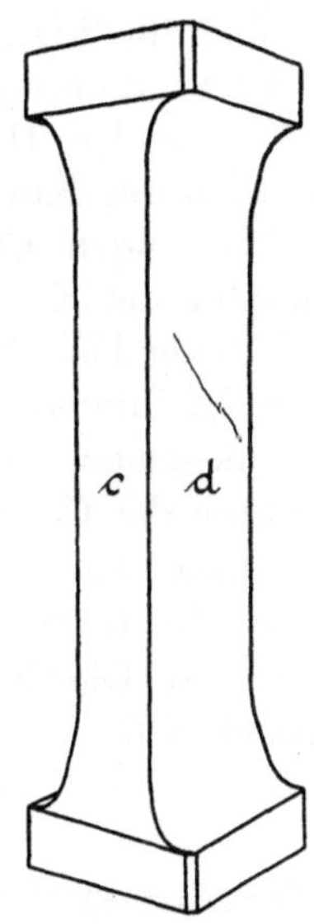

Abb. 7.

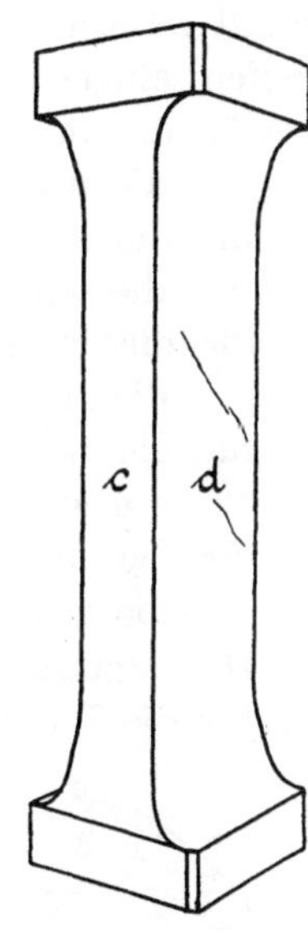

Abb. 8.

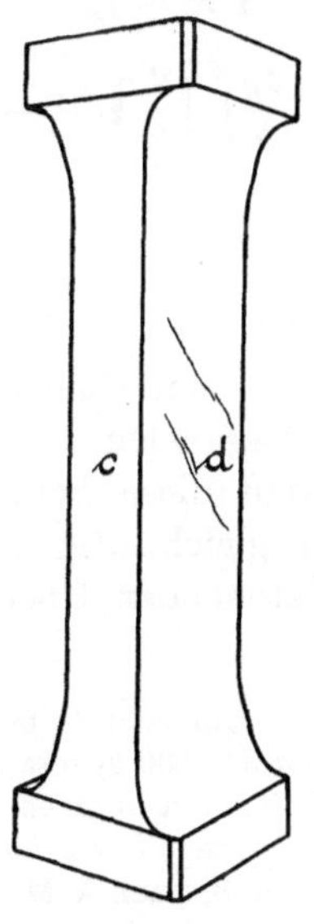

Abb. 9.

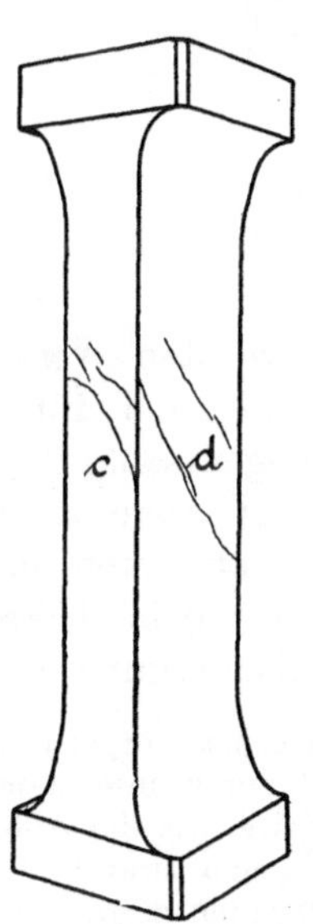

Abb. 10.

Um ein Bild der Spannungsverteilung über den rechteckigen Quer schnitt zu erhalten, sind in Abb. 5 die Spannungen für einige Flächenstreifen eingetragen. Es werden dargestellt die Schubspannungen

für die in der Linie CA liegenden Querschnittselemente durch die wagrechten Ordinaten der Kurve CH,

für die in der Linie CB liegenden Querschnittselemente durch die senkrechten Ordinaten der Kurve CJ,

für die in der Linie OA liegenden Querschnittselemente durch die zu OA senkrechten Pfeillinien,

für die in der Linie OB liegenden Querschnittselemente durch die wagrechten Ordinaten der Geraden OK,

für die in der Linie OC liegenden Querschnittselemente durch die geneigten Ordinaten der Kurve OMC.

Die letztere Linie folgt aus den Gleichungen 3 unter Beachtung, daß für die Punkte der Diagonale OC

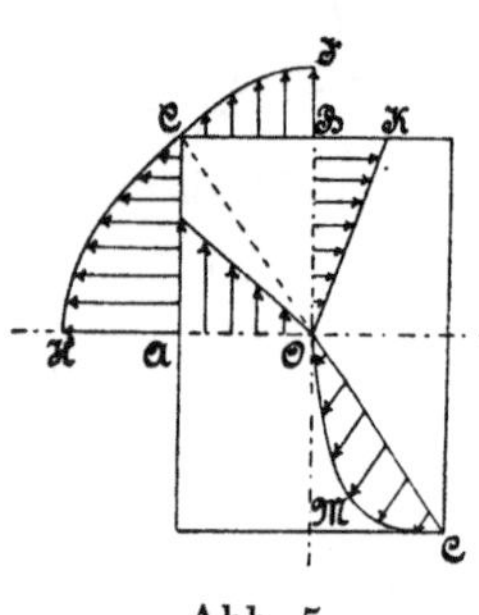

Abb. 5.

$$\frac{y}{z} = \frac{b}{h}$$

ist. Hiermit ergibt sich dann für die einzelnen in OC gelegenen Flächenelemente

$$\tau_z : \tau_y = b : h\,,$$

d. h. die Schubspannungen sind parallel gerichtet, und

$$\tau = \sqrt{\tau_y^2 + \tau_z^2}$$

$$= 2\tau_a{}' \left[1 - \left(\frac{2y}{b}\right)^2\right] \frac{y}{b} \sqrt{1 + \left(\frac{b}{h}\right)^2}.$$

Für

$$y = 0{,}577\,\frac{b}{2}$$

erlangt τ seinen größten Wert.

Im Falle $b = h$, d. i. für den quadratischen Querschnitt, stehen die Schubspannungen senkrecht auf den Diagonalen.

Hierbei ist im Auge zu behalten, daß diese Schubspannungen immer paarweise auftreten und deshalb gleichzeitig in der Ebene des Querschnittes und in senkrecht dazu stehenden Ebenen wirken. (Vgl. Schlußbemerkung zu § 32.)

achten läßt. Ein solcher Körper mit rechteckigem Querschnitt bei einem Seitenverhältnis von 1 : 2 ergab unter dem Drehmoment 157500 kg·cm den Riß in der Mitte der langen Seite, wie ihn Abb. 6 zeigt. Unter dem Moment 165000 kg·cm vergrößerte er sich, und zwar 1 Minute nach Wirkung dieses Momentes gemäß Abb. 7. Nach 3 Minuten zeigte sich das Bild Abb. 8, nach 4 Minuten dasjenige Abb. 9 und bei Fortsetzung der Verdrehung, wobei sich das Moment nicht steigerte, das Bild Abb. 10. Näheres s. Zeitschrift des Vereines deutscher Ingenieure 1912, S. 440 und ausführlicher in Heft 16 des deutschen Ausschusses für Eisenbeton.

Die Beziehungen 3, § 32 (Kreis), 4, § 32 (Kreisring), 7, § 33 (Ellipse), 11, § 33 (Ellipsenring) und 5, § 34 (Rechteck) lassen sich auf die gemeinsame Form

$$M_d \leqq \varphi k_d \frac{\Theta}{b} \quad \ldots \ldots \ldots \ldots \quad 9)$$

bringen, worin bedeutet

M_d das Moment des drehenden Kräftepaares,
Θ das kleinere der beiden Hauptträgheitsmomente,
b für den Kreis den Halbmesser, für die Ellipse die kleine Halbachse, für das Rechteck die kleinere Seite,
k_d die zulässige Drehungsanstrengung,
φ einen Zahlenwert, welcher beträgt

für den Vollkreis und den Kreisring mit $b = \frac{d}{2}$ $\varphi = 2$,

für die Vollellipse und den Ellipsenring $\varphi = 2$,

für das Rechteck $\varphi = \frac{8}{3}$[1]).

Auf dieselbe Form, Gleichung 9, läßt sich auch der Ausdruck für das gleichseitige Dreieck

$$M_d = \frac{1}{20} k_d b^3 \text{ [2])}$$

sowie derjenige für das gleichseitige Sechseck

$$M_d = \frac{1}{1{,}09} k_d b^3 \text{ [2])},$$

worin je b die Seitenlänge bezeichnet, bringen.

Es ist dann

$$\varphi = 1{,}385 \text{ (Dreieck)},$$

beziehungsweise

$$\varphi = 1{,}694 \text{ (Sechseck)}.$$

Die Gleichung 9 spricht deutlich aus, daß die Widerstandsfähigkeit gegenüber Drehungsbeanspruchung von dem kleineren der beiden Hauptträgheitsmomente bestimmt wird, daß also das größere nicht in Betracht kommt.

---

[1]) Vgl. Fußbemerkung S. 360.
Nach eigenen Versuchen, über die in § 35 am Schluß von Ziff. 1 unter „Gußeisen C" berichtet wird, kann für das gleichschenklige Dreieck und für das Trapez die Beziehung 5, gültig für das Rechteck, verwendet werden, somit auch die Beziehung 9 mit $\varphi = \frac{8}{3}$.

[2]) S. u. a. Hermann, Zeitschrift des österr. Ingenieur- und Architektenvereines 1883, S. 172.

3. Gehinderte Ausbildung der Querschnittswölbung.

Unter Ziff. 1 erkannten wir, daß die ursprünglich ebenen Querschnitte des rechteckigen Prisma infolge Einwirkung des Drehungsmomentes in gekrümmte Flächen übergehen. Für den Fall, daß der Querschnitt langgestreckt war wie bei Stab Abb. 1, Taf. XIII, fand sich, daß die Strecken, um die hierbei die einzelnen, von den Seitenmitten abgelegenen Querschnittselemente aus der ursprünglichen Querschnittsebene herausgetreten waren, verhältnismäßig bedeutend ausfielen. (Vergleiche daselbst die gestrichelte Linie, welche die ursprüngliche Ebene des jetzt gewölbten Querschnittes angibt; das Achsenkreuz ist beiden gemeinsam.)

Solange der auf Drehung in Anspruch genommene Körper durchaus prismatisch ist, hat diese Krümmung der Querschnitte in der Regel ein bedeutendes Interesse für den Ingenieur nicht[1]). Ganz anders gestaltet sich jedoch die Sache, sobald diese Voraussetzung nicht mehr erfüllt ist.

Handelt es sich beispielsweise um einen Körper, wie in § 35, Abb. 1, dargestellt, der an seinen Enden Platten trägt, durch welche die beiden Kräftepaare, die sich an ihm das Gleichgewicht halten, auf den mittleren prismatischen Teil wirken, so bietet sich da, wo dieser an die Platte anschließt, der Querschnittskrümmung ein Hindernis. Insbesondere sind die nach den Stabkanten zu gelegenen Fasern, Abb. 1, Taf. XIII, gehindert, um den verhältnismäßig bedeutenden Betrag, den die erhabene Wölbung verlangt, von der Platte sich zurückzuziehen. Infolgedessen entstehen in allen denjenigen Querschnittselementen, die unter Einwirkung des Drehungsmomentes bestrebt sind, ihre Entfernung von der Grundebene zu vergrößern (sich erhaben zu wölben, d. s. die Rechtecksviertel 1 und 3, Abb. 1), Zugspannungen, während in allen denjenigen Querschnittspunkten, die bestrebt sind, den bezeichneten Abstand zu verringern (sich vertieft zu wölben, d. s. Rechtecksviertel 2 und 4, Abb. 1), Druckspannungen wachgerufen werden. Sind diese Normalspannungen genügend groß, so kann der Bruch, obgleich die äußeren Kräfte nur ein auf Drehung wirkendes Kräftepaar ergeben, durch Zerreißen der am stärksten gespannten Fasern veranlaßt werden.

Einer äußeren Zug- oder Druckkraft bedarf es nicht, da die Zugspannungen in gewissen Querschnittsteilen (Rechtecksviertel 1 und 3, Abb. 1) durch Druckspannungen in den anderen Querschnittselementen (Rechtecksviertel 2 und 4, Abb. 1) im Gleichgewicht gehalten werden.

In solchen Fällen der mehr oder minder vollständig gehinderten Ausbildung der Querschnittswölbung rücken die gefährdetsten Stellen,

[1]) Vgl. den Schluß dieses Paragraphen.

die bei Nichthinderung dieser Ausbildung mit denjenigen Punkten des Querschnittumfanges zusammenfallen, die der Stabachse am nächsten liegen, von der letzteren fort; beispielsweise in Abb. 1 von A nach C hin. Bei langgestreckten Querschnitten werden sie sehr rasch von A nach C hin vorwärtsschreiten.

Beim quadratischen Querschnitt, Abb. 2, Taf. XIV, bleibt C in der ursprünglichen Querschnittsebene; infolgedessen ist es ausgeschlossen, daß bei Gleichartigkeit des Materials die größte Anstrengung in oder nahe bei C auftritt. Sie ist — allgemein — da zu suchen, wo die Gesamtinanspruchnahme, herrührend von den Schubspannungen, die durch das Drehungsmoment verursacht werden, und von den Normalspannungen, die infolge der Hinderung der Querschnittswölbung ins Dasein treten, den größten Wert erlangt. Bei dem quadratischen Querschnitt wird sie — soweit dies hier ohne Anstellung besonderer Rechnungen beurteilt werden kann — der Mitte der Seitenflächen viel näher liegen als den Stabkanten. Ihre Bestimmung, die überdies von dem Grade der Vollständigkeit der mehrfach erwähnten Hinderung der Querschnittskrümmung abhängt, gehört in das Gebiet der zusammengesetzten Elastizität und Festigkeit.

(Vgl. auch den vorletzten Absatz von § 32 sowie die Bemerkungen zu Gleichung 2, § 31, Ziff. 1.)

Die zur Berechnung von Stäben, die durch Drehung beansprucht werden, in diesem und den vorhergehenden Paragraphen aufgestellten Gleichungen sind unter der stillschweigend gemachten Voraussetzung entwickelt, daß die Querschnittswölbung sich ungehindert ausbilden kann. Diese Voraussetzung trifft auch für genau prismatische Stäbe streng nicht zu; denn denken wir uns einen solchen Stab von der Länge l an den Enden je auf die Erstreckung x von den beiden Kräftepaaren ergriffen, die sich an ihm das Gleichgewicht halten, so erkennt man, daß für die beiden Stirnflächen des Stabes das verdrehende Moment gleich Null ist und erst zu Ende der Strecke x die volle Größe erreicht, die es für den mittleren Stabteil von der Länge $l - 2x$ besitzt. Es besteht somit eine gewisse Hinderung gegenüber der Querschnittswölbung, die sich auf einer Strecke größer als x geltend machen muß.

§ 35. Drehungsversuche.

1. Abhängigkeit der Drehungsfestigkeit des Gußeisens von der Querschnittsform.

Diese Abhängigkeit muß bei Gußeisen wegen der Veränderlichkeit der Schubzahl β in ziemlich bedeutendem Maße vorhanden sein. (Vgl. § 32.)

Verfasser hat nach der bezeichneten Richtung hin eine Anzahl von Versuchen angestellt. Über einen Teil derselben ist in der Zeitschrift des Vereines deutscher Ingenieure 1889, S. 140 bis 145 und 162 bis 166 ausführlich berichtet worden (s. auch „Abhandlungen und Berichte" 1897, S. 80 u. f.).

Die je unter einer Bezeichnung aufgeführten Versuchskörper sind aus dem gleichen Material (bei demselben Gusse) hergestellt worden.

Gußeisen A.

Zugstäbe, bearbeitet.

$$\text{Zugfestigkeit } K_z = \frac{1655 + 1480 + 1601}{3} = 1579 \text{ kg/qcm.}$$

a) Stäbe mit rechteckigem Querschnitt, unbearbeitet.

Die Bruchfläche, Abb. 8, Taf. XV, läßt vermuten, daß bei den quadratischen Stäben der Bruch, der plötzlich erfolgt, in der Mitte der Seitenfläche oder wenigstens in deren Nähe begonnen habe, wie dies nach § 34, Ziff. 3, der Fall sein soll.

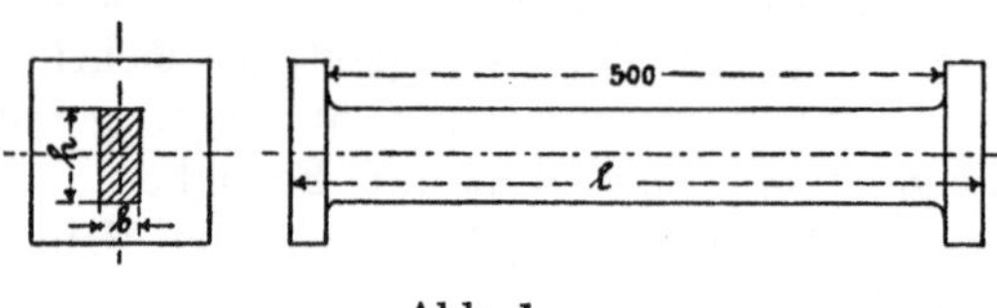

Abb. 1.

Bei den Stäben mit langgestreckter Form des Querschnittes scheint es dagegen, als ob der Bruch, Abb. 9, Taf. XV, der immer in der Nähe einer der beiden zum Einlegen in die Prüfungsmaschine dienenden Endplatten erfolgte,

Seitenverhältnis	Durchschnittliche Abmessungen			Drehungsfestigkeit	$\frac{K_d}{K_z}$	Bemerkungen
	l	b	h	$K_d = 4{,}5 \frac{M_d}{b^2 h}$		
	cm	cm	cm	kg/qcm		
4 Stäbe $b : h = 1 : 1$	53	3,15	3,20	2228	1,42	Bruch erfolgt im prismatischen Teil, Abb. 8, Tafel XV. (Vgl. auch Abb. 15, Tafel XIV, Betonkörper.)
4 Stäbe $b : h = 1 : 2{,}5$	56	3,13	7,82	2529	1,60	Bruch erfolgt in der Nähe der einen oder anderen Endplatte, Abb. 9, Tafel XV.
4 Stäbe $b : h = 1 : 5$	56	3,08	15,07	2366	1,50	Desgl.
3 Stäbe $b : h = 1 : 9$	54	1,66	15,13	2508	1,59	Desgl.

von außen, d. h. von einer Ecke oder in deren Nähe, seinen Anfang genommen habe.

Jedenfalls ist hieraus zu schließen, daß K_d für die Stäbe mit langgestrecktem Querschnitt zu klein ermittelt wurde. Ferner erkennen wir, als durch den Versuch nachgewiesen, daß bei einem auf Drehung beanspruchten Körper, dessen Querschnitt in der einen Richtung eine wesentlich größere Erstreckung besitzt als in der anderen, da, wo in Richtung der Stabachse der schwächere prismatische Teil an einen stärkeren anschließt — wie im vorliegenden Falle das rechteckige Prisma an die Endplatten — die Anstrengung keine reine Drehungsbeanspruchung mehr ist, daß vielmehr daselbst auch Normalspannungen auftreten. (Vgl. § 34, Ziff. 3.)

b) Stäbe mit kreisförmigem Querschnitt.

Bezeichnung	Durchmesser d cm	Drehungsfestigkeit $K_d = \frac{16}{\pi} \frac{M_d}{d^3}$ kg/qcm	$\frac{K_d}{K_z}$	Bemerkungen
3 Stäbe, unbearbeitet	10,23	1618	1,02	Bruch erfolgt plötzlich im prismatischen Teil.
1 Stab, bearbeitet	9,6	1655	1,05	Desgleichen siehe Abb. 10, Taf. XVI.

Von hohem Interesse erscheint die Bruchfläche des linken Stückes der Abb. 10, Taf. XVI. Deutlich sprechen hier die kleinen, der Längsfuge anhängenden Bruchstücke dafür, daß die Trennung schließlich — nach vorhergegangener Rißbildung unter 45° — unter Mitwirkung der Schubkraft in angenähert axialer Richtung erfolgt ist (vgl. Abb. 5, § 32, sowie das in § 32 am Schlusse Bemerkte).

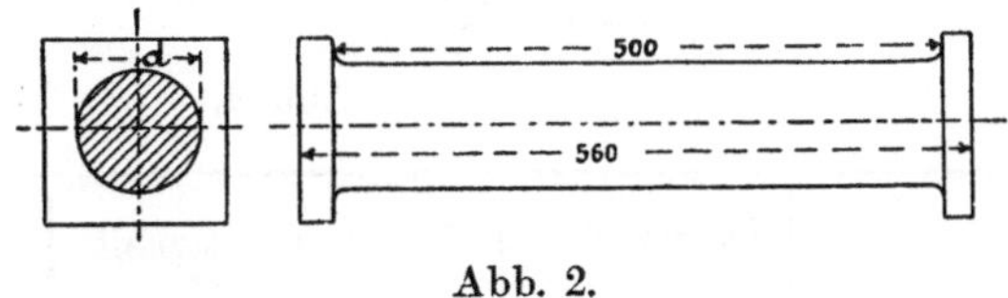

Abb. 2.

Ein Einfluß der Entfernung der Gußhaut auf die Drehungsfestigkeit kann nicht festgestellt werden, da diese für die drei unbearbeiteten Stäbe zwischen 1574 und 1683 kg/qcm schwankte.

c) Hohlstäbe mit kreisförmigem Querschnitt, unbearbeitet.

Bezeichnung	Durchmesser d cm	Durchmesser d_0 cm	Drehungsfestigkeit $K_d = \frac{16}{\pi} \frac{M_d}{d^4 - d_0^4} d$ kg/qcm	$\frac{K_d}{K_z}$	Bemerkungen
3 Stäbe	10,2	6,97	1297	0,82	Bruch erfolgt plötzlich im prismatischen Teil.

Hinsichtlich der Bruchfläche vgl. die zu „Gußeisen B“ gehörige Abb. 11, Taf. XVI.

Die Drehungsfestigkeit nähert sich dem Werte, der nach Gleichung 6, § 31, zu erwarten ist, entsprechend dem Umstande, daß die Drehungsbeanspruchung hier der einfachen Schubanstrengung ziemlich nahe gekommen ist. Für $d_0 = d$ würde die Drehungsanstrengung vollständig dieselbe sein wie die Inanspruchnahme auf Schub (vgl. jedoch S. 347 und 384 u. f., betreffend Wellenbildung in den Rohrwandungen).

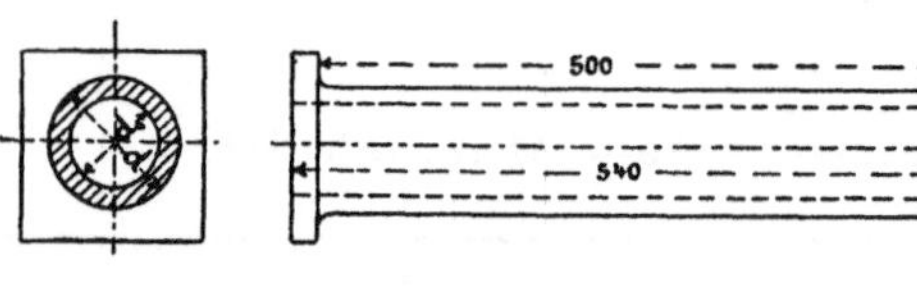

Abb. 3.

d) Hohlstäbe mit quadratischem Querschnitt, unbearbeitet.

Die Bruchfläche, Abb. 12, Taf. XVII, berechtigt zur Vermutung, daß der Bruch in der Mitte der Seite begonnen habe.

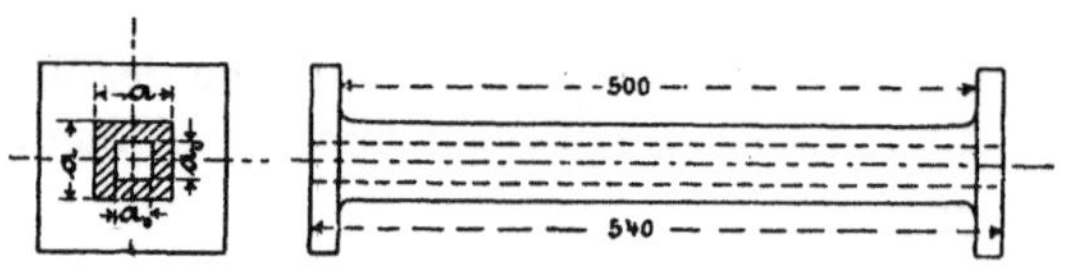

Abb. 4.

Bezeichnung	Seitenlänge a cm	Seitenlänge a_0 cm	Drehungsfestigkeit $K_d = 4{,}5 \frac{M_d}{a^4 - a_0^4} a$ kg/qcm	$\frac{K_d}{K_z}$	Bemerkungen
4 Stäbe	6,21	3,16	1788	1,13	Bruch erfolgt plötzlich im prismatischen Teil, Abb. 12, Tafel XVII.

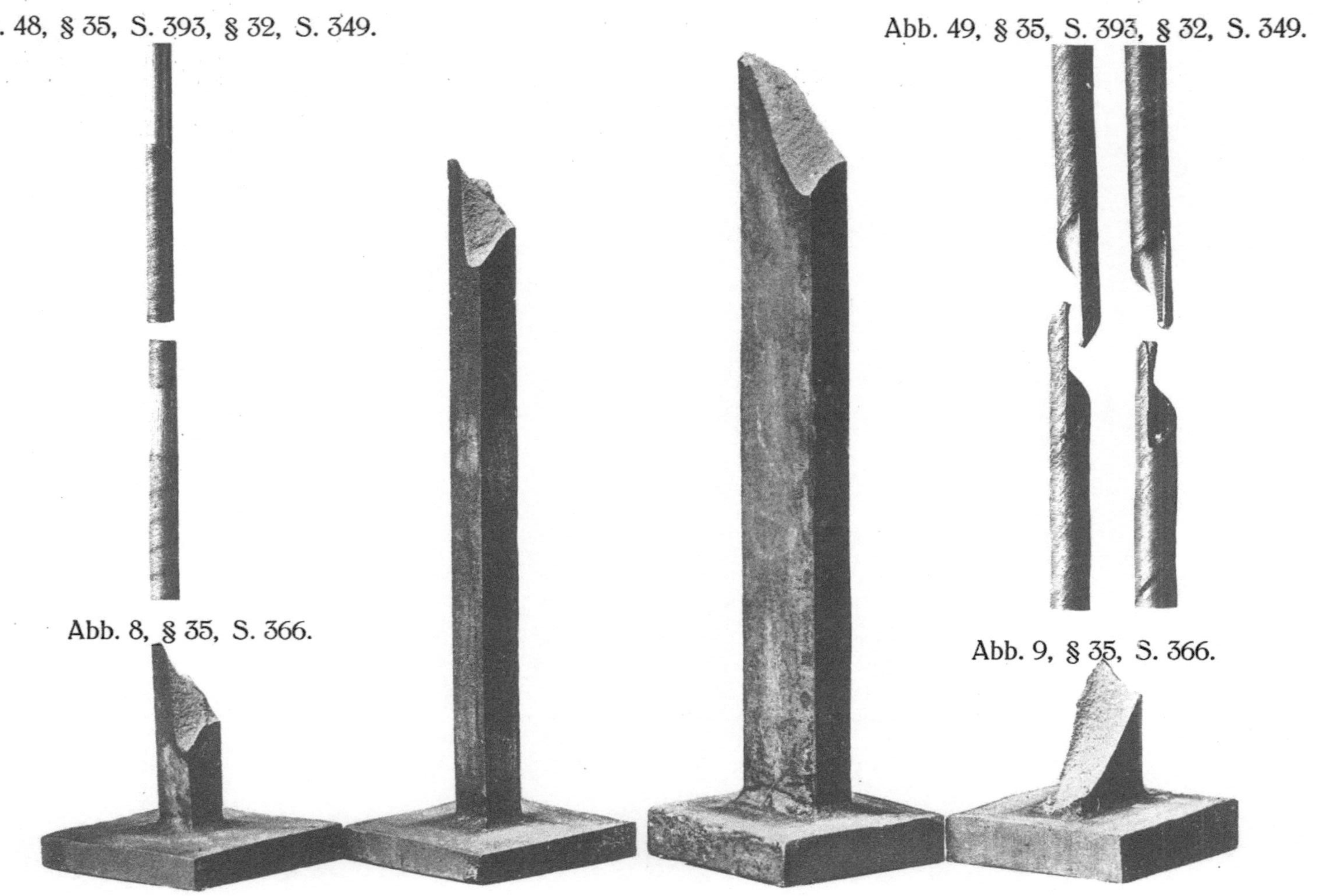

Abb. 48, § 35, S. 393, § 32, S. 349.

Abb. 49, § 35, S. 393, § 32, S. 349.

Abb. 8, § 35, S. 366.

Abb. 9, § 35, S. 366.

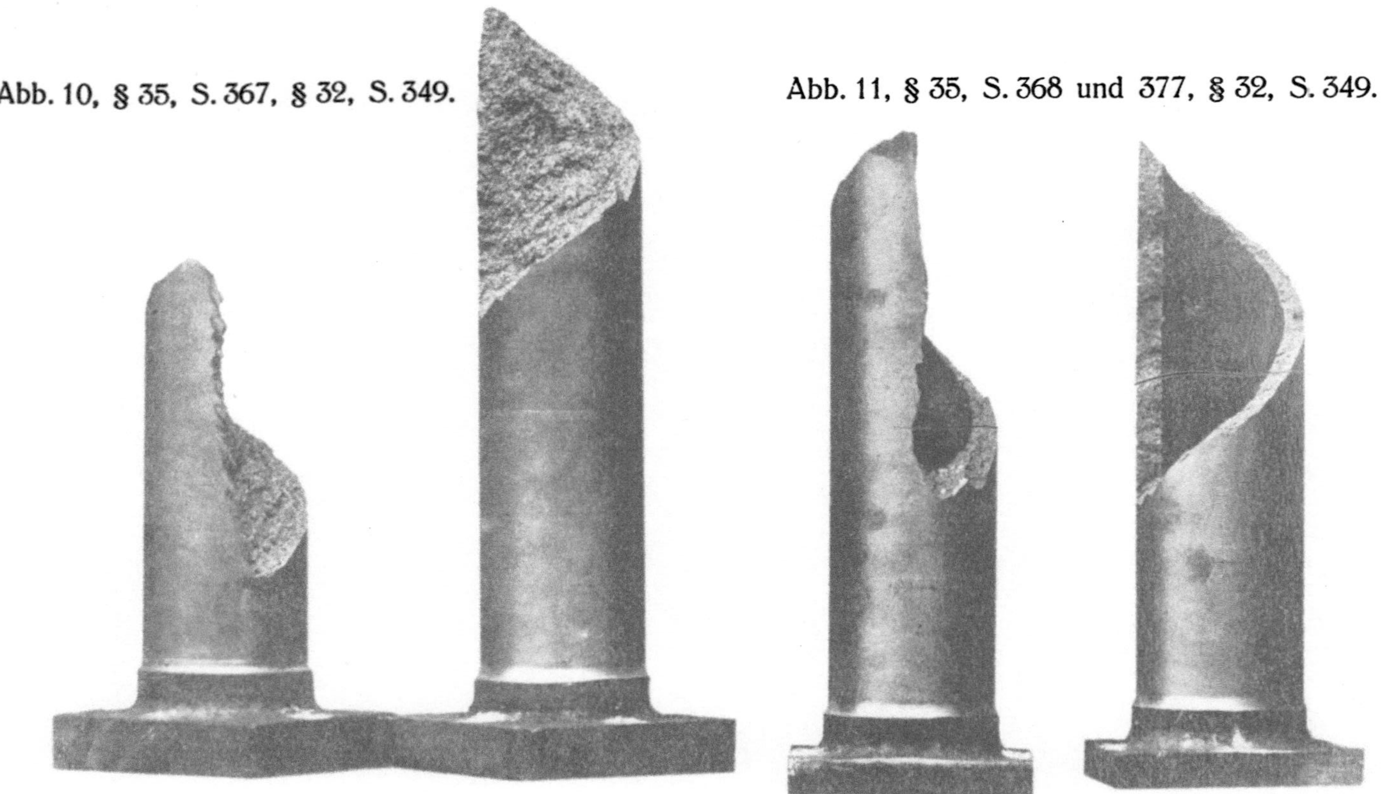

Abb. 10, § 35, S. 367, § 32, S. 349.

Abb. 11, § 35, S. 368 und 377, § 32, S. 349.

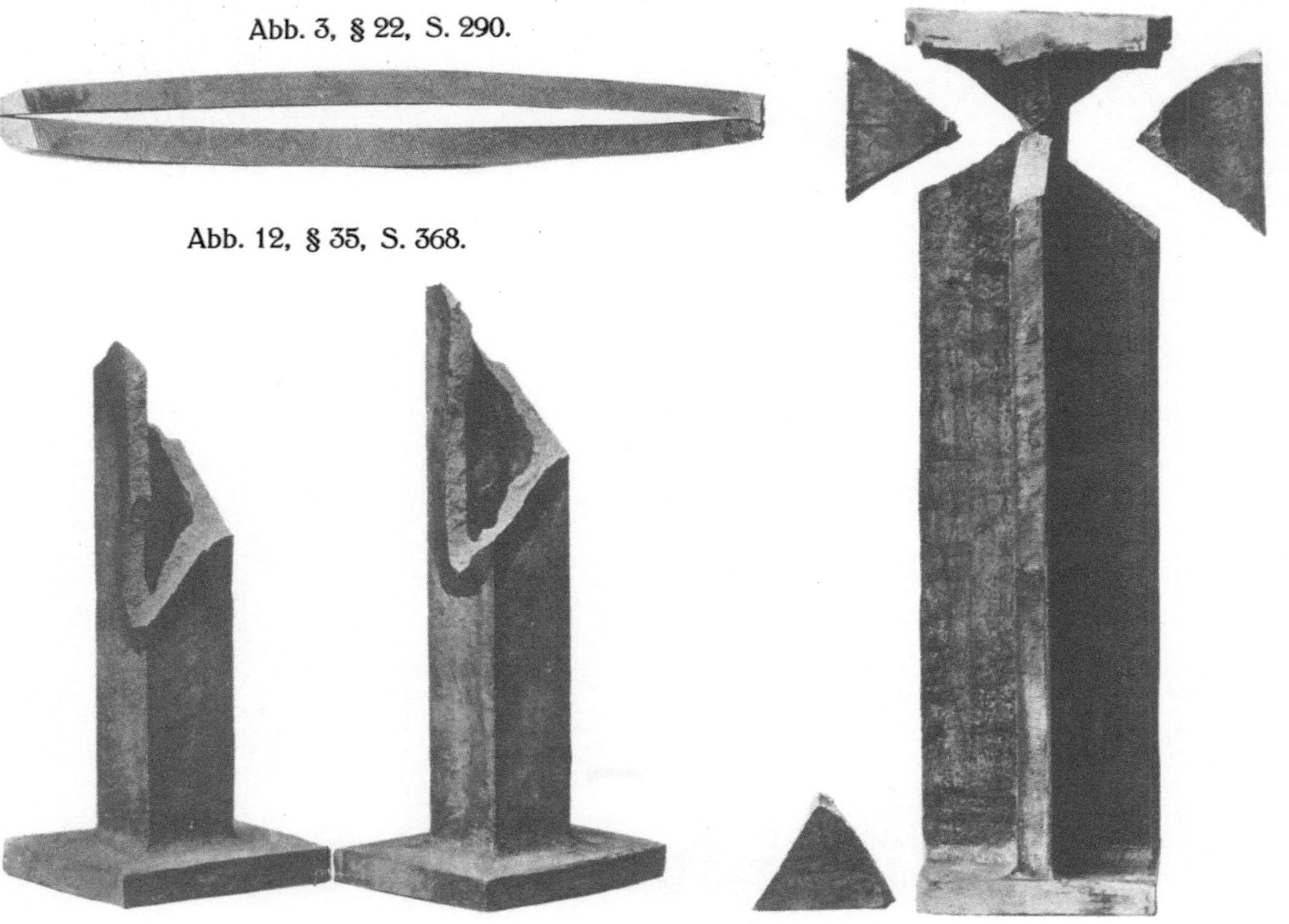

Abb. 3, § 22, S. 290.

Abb. 12, § 35, S. 368.

Vergleicht man die Drehungsfestigkeit bei vollquadratischem Querschnitt (a) mit derjenigen bei hohlquadratischem, so findet sich

$$2228 : 1788 = 1{,}25 : 1.$$

Derselbe Vergleich für Vollkreis (b) mit Kreisring (c) ergibt

$$1618 : 1297 = 1{,}25 : 1,$$

also dasselbe.

Beide Vergleiche lehren, daß das nach der Stabachse zugelegene Material (Gußeisen) bei der Drehung durchaus nicht so schlecht ausgenützt wird, wie man dies anzunehmen pflegt.

Nach § 32 war, da für Gußeisen die Schubzahl β mit zunehmender Spannung wächst, dieses Ergebnis zu erwarten.

Es entspricht dies ganz dem Ergebnisse, zu dem die Erörterungen in § 20, Ziff. 5, sowie die Versuche § 22, Ziff. 2, bei Biegungsbeanspruchung des Gußeisens führten.

e) Stäbe mit [-förmigem Querschnitt, unbearbeitet.

Der Bruch beginnt damit, daß gleichzeitig oder unmittelbar aufeinander folgend die beiden Querrippen von außen einreißen, und zwar die eine bei *m*, die andere bei *n*, also diametral gegenüberliegend. Die Drehrichtung des Momentes ist hierbei derart, daß — von Platte *A* nach *B* gesehen — *A* in der Richtung des Uhrzeigers verdreht wird.

α) Verhältnis $b : h = \sim 1 : 1{,}5$.

Nr.	Abmessungen				Bruchmoment M_d
	b cm	h cm	b_0 cm	h_0 cm	kg · cm
1	10,3	15,1	8,6	11,9	34000
2	10,25	15,15	8,6	11,95	33750
3	10,3	15,2	8,6	12,0	35500

Die oben eingetragenen Werte von M_d sind die Drehungsmomente, die sich unmittelbar vor diesem Einreißen der Querrippen ergaben. Sobald letzteres erfolgt, sinkt die Schale der Kraftwage, entsprechend einer Verminderung des Momentes, das auf den Stab wirkt. Für den Stab Nr. 3 wurde diese Verminderung bestimmt, weshalb dessen Verhalten noch kurz beschrieben werden soll.

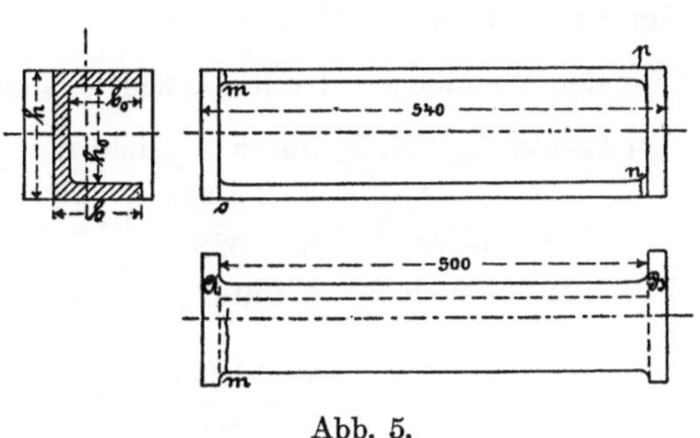

Abb. 5.

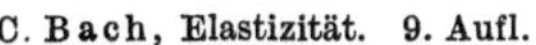

Stab Nr. 3.

Bei $M_d = 35500$ kg·cm reißen die Querrippen an den zwei Stellen *m* und *n* von außen ein, das Drehungsmoment sinkt auf 25250 kg·cm. Unverletzt ist in dem Querschnitt bei *m* beziehungsweise *n* noch der innere Teil der nur außen (auf reichlich die Hälfte) gerissenen Querrippe, der Steg und die andere Querrippe bei *o* beziehungsweise *p*. Bei fortgesetzter Verdrehung steigt das Moment auf 35250 kg·cm und nimmt dann wieder ab. Der Bruch der Querrippe bei *n* beginnt sich in den Steg hinein zu erstrecken, schließlich bricht dieser und bald auch die andere Querrippe bei *p*.

β) Verhältnis $b:h = \sim 1:3$.

Nr.	Abmessungen				Bruchmoment	
	b cm	h cm	b_0 cm	h_0 cm	M_d kg·cm	M_d' kg·cm
1	5,2	15,2	3,5	12,0	27250	—
2	5,2	15,2	3,5	12,0	26750	27750
3	5,2	15,3	3,5	12,0	24000	25500

Bruch erfolgt in ähnlicher Weise, wie unter α erörtert.

Bei dem Drehungsmoment M_d reißen die Querrippen an zwei einander diametral gegenüberliegenden Stellen (*m* und *n*, Abb. 5) von außen ein, das Drehungsmoment sinkt ein wenig (z. B. bei Nr. 3 von 24000 auf 23000, also um weit weniger als beim Einreißen der Stäbe unter α, für welche die Breite *b* rund noch einmal so groß ist). Mit Wiederaufnahme der Verdrehung steigt es auf $M_d' > M_d$, den Bruch herbeiführend. Der Bruch des Steges, welch letzterer noch unterstützt wird durch die zweite unverletzte Querrippe desselben Querschnittes, fordert also ein etwas größeres Drehungsmoment, als zum Einreißen der einen Querrippe des unverletzten Stabes nötig ist; der Stab trägt demnach mit eingerissener Querrippe mehr als im unverletzten Zustande.

Für den Versuch Nr. 1 unter α würde Gleichung 9, § 34, mit $\varphi = \frac{8}{3}$ und bei Ersetzung von k_d durch K_d liefern

$$K_d = \frac{3}{8}\frac{M_d}{\Theta}b = \frac{3}{8}\cdot\frac{34000}{528}\cdot 10{,}3 = \sim 290 \text{ kg/qcm}.$$

Für den Versuch Nr. 1 unter β würde die Gleichung 9, § 34, ergeben

$$K_d = \frac{3}{8}\frac{M_d}{\Theta}b = \frac{3}{8}\cdot\frac{27250}{70{,}5}\cdot 5{,}2 = \sim 880 \text{ kg/qcm}.$$

Werden diese beiden für K_d erlangten Werte mit der Drehungsfestigkeit rechteckiger Stäbe verglichen (a), so ergibt sich, daß die Gleichung 9, § 34, für Körper mit Querschnitten der hier vorliegenden Art unbrauchbar ist; denn um auf eine Spannung zu gelangen, wie sie der Drehungsfestigkeit rechteckiger Stäbe entspricht, müßte φ im ersteren Falle (290 kg/qcm) 8mal, im letzteren (880 kg/qcm) dagegen reichlich $2^1/_2$mal so groß genommen werden.

Würde man beim Stab Nr. 1 unter α die Querrippen umlegen und an den Steg anschließen, so daß ein rechteckiger Querschnitt erhalten würde von der Höhe $h + 2b_0 = 15{,}1 + 2 \cdot 8{,}6 = 32{,}3$ cm bei einer durchschnittlichen Breite von

$$\frac{h(b - b_0) + 2b_0(h - h_0)}{h + 2b_0} = \frac{15{,}1 \cdot 1{,}7 + 17{,}2 \cdot 1{,}6}{32{,}3} = 1{,}64 \text{ cm},$$

so wäre mit $K_d = 2500$ kg/qcm (wie unter a für rechteckige Stäbe von 15,1 cm Höhe und 1,66 cm Stärke gefunden) nach Gleichung 5, § 34, auf ein Drehungsmoment von

$$M_d = \frac{2}{9} b^2 h K_d = \frac{2}{9} 1{,}64^2 \cdot 32{,}3 \cdot 2500 = \sim 48200 \text{ kg} \cdot \text{cm}$$

zu rechnen. Das würde

$$100 \frac{48200 - 34000}{34000} = 42\%$$

mehr sein, als der rippenförmige Querschnitt tatsächlich vertrug.

Wird die Festigkeit des Stabes Nr. 1 unter β in Vergleich gesetzt mit der Widerstandsfähigkeit, die sein Steg allein besitzen würde, d. h. mit

$$M_d = \frac{2}{9}(5{,}2 - 3{,}5)^2 \cdot 15{,}2 \cdot 2500 = \sim 24400 \text{ kg} \cdot \text{cm},$$

so findet sich, daß der Stab Nr. 1 unter β nicht wesentlich mehr trägt ($M_d = 27250$ kg · cm) als der Steg für sich ohne Querrippen.

Wir erkennen hieraus, daß die untersuchten Stäbe mit [-förmigem Querschnitt gegenüber Drehungsbeanspruchung verhältnismäßig wenig widerstandsfähig sind. (Vgl. unter Gußeisen *B, d.*)

f) Stäbe mit I-förmigem Querschnitt, unbearbeitet.

α) Verhältnis $b : h = \sim 1 : 1{,}5$.

Nr.	Abmessungen				Bruchmoment	
	b cm	h cm	b_0 cm	h_0 cm	M_d kg·cm	M_d' kg·cm
1	10,1	15,1	8,6	11,9	45000	52500
2	10,2	15,2	8,6	12,0	55000	63000
3	10,3	15,2	8,7	12,0	46500	59000

Bruch gesund.

Bei M_d reißen gleichzeitig oder unmittelbar aufeinander folgend die Querrippen an 4 Stellen von außen ein. Ist der Drehungssinn des Momentes derart, daß beim Sehen von der Platte A gegen die Platte B hin A in der Richtung des Uhrzeigers gegenüber B verdreht wird, so reißt die **untere Rippe rechts** bei n, **links** bei u, die **obere rechts** bei m, **links** bei v von außen ein. Mit diesem Einreißen sinkt das Moment nur sehr wenig. Bei Fortsetzung des Versuchs steigt das Moment auf M_d', das wesentlich größer ist als M_d, führt in dieser Größe den Bruch des Steges und damit des Stabes herbei. Derselbe trägt demnach mit eingerissenen Querrippen bedeutend mehr als im unverletzten Zustande.

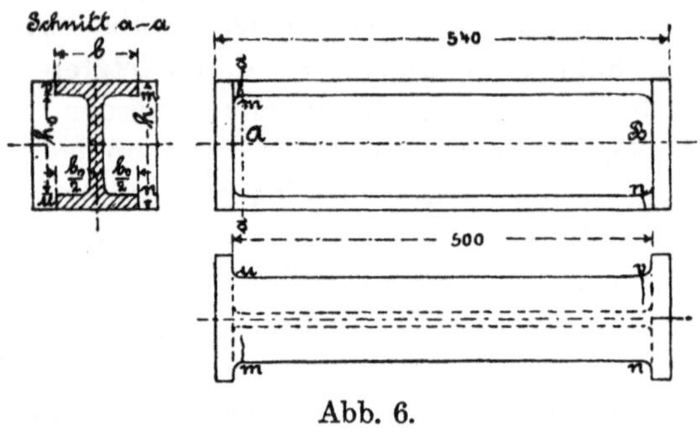

Abb. 6.

β) Verhältnis $b:h = \sim 1:3$.

Nr.	Abmessungen				Bruchmoment	
	b cm	h cm	b_0 cm	h_0 cm	M_d kg·cm	M_d' kg·cm
1	5,0	15,1	3,4	11,9	32500	33750
2	5,0	15,2	3,4	12,0	30750	32250
3	5,0	15,1	3,4	11,9	28750	30750

Bruchfläche bei 1 und 2 gesund, bei 3 gesund bis auf eine unbedeutende Stelle.

Bruch erfolgt in ganz ähnlicher Weise, wie unter α erörtert. Bei M_d beginnt das Einreißen der Querrippen, M_d' bringt den Steg und damit den Stab zum Bruche.

γ) Verhältnis $b:h = \sim 1:6$.

Nr.	Abmessungen				Bruchmoment M_d
	b cm	h cm	b_0 cm	h_0 cm	kg·cm
1	2,5	15,1	0,9	12,0	25250

Bruch erfolgt plötzlich. Bruchfläche bis auf eine sehr kleine Stelle gesund.

Wird K_d auf Grund der Gleichung 9, § 34, mit $\varphi = \frac{8}{3}$ für die Stäbe Nr. 3 unter α, Nr. 1 unter β und Nr. 1 unter γ berechnet, so findet sich

$$K_d = \frac{3}{8} \frac{46500}{295} \cdot 10{,}3 = 609 \text{ kg/qcm},$$

$$K_d = \frac{3}{8} \frac{32500}{37} \cdot 5 = 1641 \text{ kg/qcm},$$

$$K_d = \frac{3}{8} \frac{25250}{8{,}13} \cdot 2{,}5 = 2912 \text{ kg/qcm}.$$

Aus der Verschiedenartigkeit und der absoluten Größe dieser Werte erkennen wir, daß auch für ⊥-Querschnitte die Gleichung 9, § 34, nicht verwendbar erscheint.

Würde man die Querrippen umlegen und an den Steg anschließen, so daß je ein rechteckiger Querschnitt von

der Höhe $15{,}2 + 2 \cdot 8{,}7 = 32{,}6$ cm, der Breite 1,6 cm, bzw.
" " $15{,}1 + 2 \cdot 3{,}4 = 21{,}9$ " " " 1,6 " "
" " $15{,}1 + 2 \cdot 0{,}9 = 16{,}9$ " " " 1,6 "

sich ergäbe, so wäre mit $K_d = 2500$ kg/qcm nach Gleichung 5, § 34, auf ein Drehungsmoment zu rechnen von

$$M_d = \frac{2}{9} b^2 h K_d = \frac{2}{9} \cdot 1{,}6^2 \cdot 32{,}6 \cdot 2500 = \sim 46360 \text{ kg} \cdot \text{cm},$$

bzw.

$$M_d = \frac{2}{9} \cdot 1{,}6^2 \cdot 21{,}9 \cdot 2500 = \sim 31150 \text{ kg} \cdot \text{cm},$$

bzw.

$$M_d = \frac{2}{9} \cdot 1{,}6^2 \cdot 16{,}9 \cdot 2500 = \sim 24040 \text{ kg} \cdot \text{cm}.$$

Der Versuch ergab

46500, bzw. 32500, bzw. 25250,

also nur wenig hiervon verschieden, so daß ausgesprochen werden darf, daß die untersuchten ⊥-förmigen Querschnitte hinsichtlich des Widerstandes gegen Bruch durch Drehung nahezu gleichwertig erscheinen mit rechteckigen Querschnitten, deren Breite gleich der Steg- und gleich der Rippenstärke s und deren Höhe gleich der Summe $h + 2\,b_0$, d. h.

$$M_d = \frac{2}{9} K_d s^2 (h + 2 b_0) \quad \text{. . . . .} \quad 1)$$

und wenn die Stegstärke s bedeutend abweicht von der Stärke s_0 der Flansche

$$M_d = \frac{2}{9} K_d [s^2 h + 2 s_0^2 b_0] \quad . \quad . \quad . \quad . \quad . \quad . \quad 1a)[1]$$

g) Stäbe mit kreuzförmigem Querschnitt, unbearbeitet.

Nr.	Abmessungen s cm	Abmessungen h cm	Trägheitsmoment Θ cm⁴	Bruchmoment M_d kg·cm	Bemerkungen
1	2,14	15,2	637	72500	Bruch gesund.
2	2,11	15,1	616	73750	Bruch gesund bis auf eine ganz unbedeutende Stelle.

Der Bruch erfolgt in beiden Fällen plötzlich.

Über die Bruchfläche vergleiche Abb. 13, Taf. XVII. Wie ersichtlich, entstehen je bei dem Bruche 6 Stücke: die beiden Endkörper sowie vier Dreiecke, die aus den Rippen herausbrechen.

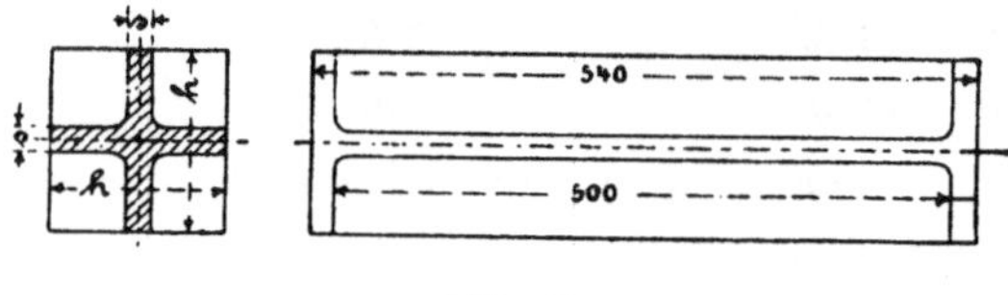

Abb. 7.

Die Gleichung 9, § 34, würde mit $\varphi = \frac{8}{3}$ liefern

für Nr. 1 $\quad K_d = \frac{3}{8} \frac{72500}{637} \cdot 15{,}2 = 719$ kg/qcm,

für Nr. 2 $\quad K_d = \frac{3}{8} \frac{73750}{616} \cdot 15{,}1 = 676$ kg/qcm,

also viel zu kleine Werte.

Aber auch eine einfache Überlegung zeigt, daß die Gleichung 9, § 34, für Stäbe mit kreuzförmigem Querschnitt nicht brauchbar sein kann.

---

[1]) Der durch die vom Verfasser 1889 aufgestellte Gleichung 1a zum Ausdruck gebrachte Gedanke, daß die Widerstandsfähigkeit des Stabes von I-förmigem Querschnitt der Summe der Widerstandsfähigkeiten der Rechteckstäbe gleich ist, aus denen der I-Querschnitt sich zusammensetzt, kann nach Föppl (Sitzungsberichte der K. Bayer. Akad. d. Wissenschaften 1917) auch hinsichtlich der Verdrehung angewendet werden. Föppl setzt

$$\vartheta = \beta \frac{M_d}{\zeta \frac{1}{3} \Sigma s^3 b}$$

und gibt an, daß bis auf weiteres $\zeta = 1$ genommen werden könne. Weiteres hierzu Fußbemerkung 1, S. 395.

Ein kreuzförmiger Querschnitt mit verhältnismäßig geringer Rippenstärke s kann in der Weise entstanden gedacht werden, daß man zwei gleiche rechteckige Querschnitte sich rechtwinklig kreuzend aufeinander legt. Aus der Natur der Inanspruchnahme auf Drehung folgt dann ohne weiteres, daß der Widerstand dieses kreuzförmigen Querschnittes doppelt so groß sein muß wie derjenige jedes der beiden Rechtecke, sofern zunächst davon abgesehen wird, daß sich in der Mitte Teile der beiden Rechtecke decken. Nachdem nun für rechteckigen Querschnitt die Gleichung

$$M_d = \frac{2}{9} K_d b^2 h$$

als zutreffend erkannt worden ist, nach der die Breite b des Querschnittes das Drehungsmoment im quadratischen Verhältnisse beeinflußt, während die Höhe nur mit der ersten Potenz wirksam ist, so ergibt sich auf Grund der eben angestellten Erwägung für den kreuzförmigen Querschnitt

$$M_d = \frac{2}{9} K_d s^2 h + \frac{2}{9} K_d s^2 (h - s),$$

$$\left. \begin{aligned} &= \frac{2}{9} K_d s^2 (2h - s) \\ &= \frac{2}{9} K_d s^2 h \left(2 - \frac{s}{h}\right) \end{aligned} \right\}, \quad \ldots\ldots\ldots \quad 2)$$

d. h. wie für einen rechteckigen Querschnitt, dessen Breite gleich der Rippenstärke und dessen Höhe durch Aneinandersetzen der Rippen erhalten wird.

Zur Prüfung der so gewonnenen Gleichung 2 ziehen wir die Versuchsergebnisse heran. Dieselben liefern

für Nr. 1

$$K_d = 4{,}5 \frac{72500}{2{,}14^2 (2 \cdot 15{,}2 - 2{,}14)} = 2520 \text{ kg/qcm},$$

für Nr. 2

$$K_d = 4{,}5 \frac{73750}{2{,}11^2 (2 \cdot 15{,}1 - 2{,}11)} = 2655 \text{ kg/qcm},$$

Durchschnitt 2587 kg/qcm.

Das sind Werte, die denjenigen entsprechen, die unter a für rechteckigen Querschnitt erhalten worden sind. Die auf dem Weg einfacher Überlegung gewonnene Gleichung 2 liefert demnach Zahlen, die mit den Versuchsergebnissen in guter Übereinstimmung stehen.

Gußeisen B.

a) Stäbe mit quadratischem Querschnitt.

S. Abb. 1; $l = 530$ mm.

α) Unbearbeitet.

Nr.	Breite b cm	Höhe h cm	Bruch-moment M_d kg·cm	Drehungsfestigkeit $K_d = 4{,}5 \frac{M_d}{b^2 h}$ kg/qcm	Bemerkungen
1	3,18	3,32	20750	2776	Bruch gesund.
2	3,19	3,28	19000	2561	„ „
3	3,30	3,47	21250	2530	„ „
4	3,10	3,26	17500	2514	Bruch gesund bis auf eine blasige Stelle.
Durchschnitt	3,19	3,33		2595	

Aus den hierbei erhaltenen Bruchstücken wurden 3 Zugstäbe herausgearbeitet.

Nr.	Durch-messer d cm	Quer-schnitt $\frac{\pi}{4} d^2$ qcm	Bruch-belastung P_{max} kg	Zugfestigkeit $K_z = P_{max} : \frac{\pi}{4} d^2$ kg/qcm	Bemerkungen
1	2,38	4,45	7860	1766	Bruch gesund.
2	2,37	4,41	7150	1621	„ „
3	2,38	4,45	7340	1649	„ „
			Durchschnitt	1679	

$$K_d : K_z = 2595 : 1679 = 1{,}55 : 1.$$

β) Bearbeitet.

Aus Rohgußstäben von 38 bis 39 mm Seite gehobelt.

Nr.	Quadrat-seite b cm	Bruch-moment M_d kg·cm	Drehungsfestigkeit $K_d = 4{,}5 \frac{M_d}{b^3}$ kg/qcm	Bemerkungen
1	3,00	17250	2875	Bruch gesund.
2	3,03	16750	2710	„ „
3	3,22	21000	2830	„ „
4	3,20	19250	2643	Bruch gesund bis auf eine blasige Stelle.
		Durchschnitt	2764	

$$K_d : K_z = 2764 : 1679 = 1{,}65 : 1.$$

Hiernach erscheint die Drehungsfestigkeit der bearbeiteten, also von der Gußhaut befreiten Stäbe um

$$100 \frac{2764 - 2595}{2595} = 6{,}5\,\%$$

größer als diejenige der unbearbeiteten Stäbe von quadratischem Querschnitt.

Die Verdrehung, namentlich auch die bleibende, die der bearbeitete Stab bis zum Bruche erfährt, ist wesentlich größer als diejenige des unbearbeiteten Stabes.

(Vgl. § 22, Ziff. 4, das Folgende unter b, β, sowie in diesem Paragraphen unter „Gußeisen A", b Schlußsatz.)

b) Hohlstäbe mit kreisförmigem Querschnitt.

S. Abb. 3.

α) Unbearbeitet.

Nr.	Durchmesser d cm	d_0 cm	Bruchmoment M_d kg·cm	Drehungsfestigkeit $K_d = \frac{16}{\pi} \frac{M_d}{d^4 - d_0^4} d$ kg/qcm	Bemerkungen
1	10,2	7,0	231500	1428	Bruch gesund.
2	10,25	6,9	243750	1451	Bruch bis auf eine kleine Stelle gesund.
			Durchschnitt	1439	

$K_d : K_z = 1439 : 1679 = 0{,}86 : 1.$

β) Außen abgedreht.

Ursprünglicher Durchmesser 102 mm.

Nr.	Durchmesser d cm	d_0 cm	Bruchmoment M_d kg·cm	Drehungsfestigkeit $K_d = \frac{16}{\pi} \frac{M_d}{d^4 - d_0^4} d$ kg/qcm	Bemerkungen
1	9,65	7	173500	1360	Bruch bis auf eine ganz unerhebliche Stelle gesund, Kern um 1 mm verlegt, Bruchfläche siehe Abb. 11, Taf. XVI.

$K_b : K_z = 1360 : 1679 = 0{,}81 : 1.$

Hiernach würde der bearbeitete Hohlzylinder eine etwas geringere Drehungsfestigkeit aufweisen als die unbearbeiteten; doch kann ein Urteil hierüber nicht gefällt werden, da der Einfluß ungleicher Wandstärke (einerseits reichlich 12, andererseits reichlich 14 mm) das Ergebnis trübt, und da überdies durch Verringerung des äußeren Durchmessers das Verhältnis $d_0 : d$ größer geworden ist. (Vgl. unter Gußeisen A, c letzten Absatz, sowie Bemerkung 1 am Schlusse des § 36.)

c) Stäbe mit ∟-förmigem Querschnitt, unbearbeitet.

α) Seitenverhältnis $b : h = 1 : 1$.

Nr.	Abmessungen			Bruchmoment M_d	Drehungsfestigkeit $K_d = 4{,}5 \frac{M_d}{s^2(b+h-s)}$	Bemerkungen
	b cm	h cm	s cm	kg·cm	kg/qcm	
1	10,2	10,4	2,15	47250	2494	Bruch gesund bis auf eine ganz unerhebliche Stelle.
2	10,2	10,2	2,15	47250	2520	Desgleichen.
				Durchschnitt	2507	

Bruch erfolgt plötzlich, ein dreieckiges Stück in der Nähe einer der beiden Endplatten bricht heraus.

Abb. 14.

(Vgl. die Versuche unter „Gußeisen A“, g, Abb. 13, Taf. XVII.)

β) Seitenverhältnis $b : h = 0{,}6 : 1$.

Nr.	Abmessungen			Bruchmoment M_d	Drehungsfestigkeit $K_d = 4{,}5 \frac{M_d}{s^2(b+h-s)}$	Bemerkungen
	b cm	h cm	s cm	kg·cm	kg/qcm	
1	6,3	10,4	2,15	37750	2526	Bruch gesund.
2	6,0	10,3	2,10	35000	2515	Desgl. bis auf eine unerhebliche Stelle.
				Durchschnitt	2520	

Bruch erfolgt plötzlich; ein Dreieck bricht aus wie unter α.

γ) $b = s$, Querschnitt: Rechteck.

Nr.	Abmessungen		Bruchmoment M_d	Drehungsfestigkeit $K_d = 4{,}5 \frac{M_d}{b^2 h}$	Bemerkungen
	b cm	h cm	kg·cm	kg/qcm	
1	2,00	10,3	24500	2700	Bruch gesund bis auf eine sehr kleine Stelle.
2	2,02	10,35	24500	2611	Desgl.
3	2,02	10,35	25250	2679	„
			Durchschnitt	2663	

Bruch erfolgt plötzlich in der Nähe einer der beiden Endplatten.

$$K_d : K_z = 2663 : 1679 = 1{,}59 : 1.$$

Werden die unter α und β auf Grund der Gleichung

$$K_d = 4{,}5 \frac{M_d}{s^2 (b + h - s)} \quad \ldots \ldots \ldots \ldots \quad 3)$$

erhaltenen Drehungsfestigkeiten verglichen mit den unter γ erzielten, so ergibt sich das Mittel aus den ersteren allerdings um

$$100 \frac{2663 - 0{,}5\,(2507 + 2520)}{2663} = 5{,}7\,\%$$

geringer. Dieser Unterschied ist aber verhältnismäßig so gering, daß die Gleichung 3, die auf dieselbe Weise wie Gleichung 1 gebildet wurde, als brauchbare Ergebnisse liefernd bezeichnet werden muß. Hierbei wird allerdings festzuhalten sein, daß die Rippenstärke wenigstens $\frac{1}{5}$ der Höhe beträgt.

d) Stäbe mit [-förmigem Querschnitt, unbearbeitet. Abb. 5.

Die untersuchten Stäbe unterscheiden sich von den Prismen, die aus dem Gußeisen A gefertigt worden waren, und über deren Prüfungsergebnisse dort unter e) berichtet wurde, dadurch, daß hier die Rippen- und Stegstärke verhältnismäßig größer ist.

α) Höhe b_0 der Querrippen gleich der doppelten Rippenstärke.

Nr.	Abmessungen				Bruchmoment M_d	Bemerkungen
	b cm	h cm	b_0 cm	h_0 cm	kg·cm	
1	6,1	10,2	4,0	6,1	38500	Bruch gesund.
2	6,2	10,3	4,1	6,1	39000	„ „

Der Bruch beginnt damit, daß gleichzeitig oder unmittelbar aufeinander folgend die beiden Querrippen von außen einreißen, und zwar die eine bei m, die andere bei n, Abb. 5, also diametral gegenüberliegend.

Wird nach dem Einreißen der Rippen der Stab weiter verdreht, so setzt sich der Riß durch den Steg hindurch fort bei nahezu derselben Belastung, die das Einreißen der Querrippen herbeiführte.

β) Höhe b_0 der Querrippen gleich der Rippenstärke.

Die Versuchsergebnisse lassen erkennen, daß die Stäbe unter α mit $b_0 = \sim 4$ cm nicht viel mehr halten als diejenigen unter β mit $b_0 = \sim 2$ cm.

Nr.	Abmessungen				Bruchmoment M_d	Bemerkungen
	b cm	h cm	b_0 cm	h_0 cm	kg·cm	
1	4,1	10,1	2,1	5,9	34750	Bruch gesund.
2	4,2	10,0	2,05	5,9	36250	„ „

Bruch erfolgt plötzlich an den Enden.

Die Prüfung der Ergebnisse auf Grund der Gleichung

$$K_d = 4{,}5 \frac{M_d}{s^2\,(h + 2\,b_0)}, \quad \ldots\ldots\ldots\ldots \quad 4)$$

worin s die mittlere Steg- und Rippenstärke bezeichnet, führt zu folgenden Werten, wenn hierbei für s die Stegstärke gesetzt wird,

1α) $$K_d = 4{,}5 \frac{38500}{2{,}1^2\,(10{,}2 + 2\cdot 4)} = 2159 \text{ kg/qcm},$$

2α) $$K_d = 4{,}5 \frac{39000}{2{,}1^2\,(10{,}3 + 2\cdot 4{,}1)} = 2151 \text{ kg/qcm},$$

Durchschnitt 2155 kg/qcm.

1β) $$K_d = 4{,}5 \frac{34750}{2^2\,(10{,}1 + 2\cdot 2{,}1)} = 2734 \text{ kg/qcm},$$

2β) $$K_d = 4{,}5 \frac{36250}{2{,}15^2\,(10 + 2\cdot 2{,}05)} = 2502 \text{ kg/qcm},$$

Durchschnitt 2618 kg/qcm.

Der für die Stäbe 1α) und 2α) erhaltene Mittelwert von 2155 kg/qcm bleibt um

$$100 \frac{2663 - 2155}{2663} = \sim 19\%$$

unter der Drehungsfestigkeit der Stäbe mit rechteckigem Querschnitt (c, γ), während der Durchschnittswert für die Stäbe 1 β) und 2 β) nur um

$$100 \frac{2663 - 2618}{2663} = \sim 1{,}7\,\%$$

davon abweicht.

Der Widerstand, den die Stäbe unter β dem Bruche durch Drehung entgegensetzen, ist demnach so groß wie für einen Stab mit rechteckigem Querschnitt, dessen Breite gleich dem Mittel aus der Steg- und der Rippenstärke und dessen Höhe gleich $h + 2\,b_0$. Die Stäbe unter α dagegen leisten einen wesentlich geringeren Widerstand.

Hieraus und in Erwägung des bei dem Gußeisen A unter e) gefundenen Ergebnisses schließen wir: Wenn Stäbe mit [-förmigem Querschnitt gegenüber Drehungsbeanspruchung widerstandsfähig sein sollen, so müssen der Steg und die Rippen (Flanschen) verhältnismäßig kräftig und überdies die Höhe b_0 der letzteren gering gehalten werden. Dann erreicht die Widerstandsfähigkeit diejenige eines rechteckigen Stabes, dessen Breite gleich der Steg- und Rippenstärke s und dessen Höhe gleich $h + 2\,b_0$ ist.

Gußeisen C.

Stäbe mit dreieckigem und trapezförmigem Querschnitt.

Über diese Versuche ist in der Zeitschrift des Vereines deutscher Ingenieure 1906, S. 481 u. f. sowie in Heft 33 (1906) der Mitteilungen über Forschungsarbeiten ausführlich berichtet.

Nach den Ergebnissen kann zur näherungsweisen Ermittlung der Drehungsbeanspruchung von Körpern mit dreieckigem oder trapezförmigem Querschnitt, Abb. 16 bzw. Abb. 17, die für das Rechteck aufgestellte Gleichung

$$M_d = \frac{2}{9}\, k_d b^2 h$$

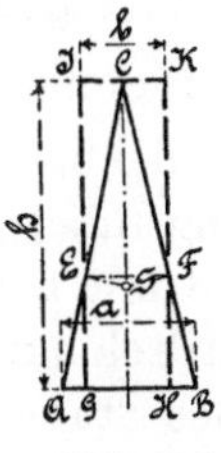

angewendet werden. Die in die Rechnung einzuführende Breite b ergibt sich dadurch, daß vom Schwerpunkt S des Dreieck- oder Trapezquerschnittes Lote SE und SF auf die Seiten gefällt werden und daß $b = \overline{EF} = \overline{GH} = \overline{JK}$ gesetzt wird.

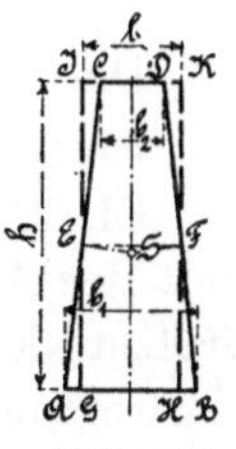

Abb. 16.

Abb. 17.

Zusammenstellung der Drehungsfestigkeit gußeiserner Körper für die Querschnittsgrundformen des Kreises, Rechtecks, Trapezes und Dreiecks.

Zugfestigkeit des Gußeisens A 1579 kg/qcm
„ „ „ B 1679 „
„ „ „ C 2252 „

Nr.	Querschnittsform	Drehungsfestigkeit					
		K_d in kg/qcm			in Teilen der Zugfestigkeit		
		A	B	C	A	B	C
1	Kreis	1618	—	—	1,02	—	—
2	Kreisring	1297	1439	—	0,82	0,86	—
3	Rechteck						
	$b:h=1:1$	2228	2595	—	1,42	1,55	—
	1 : 2,5	2529	—	3353	1,60	—	1,42
	1 : 5	2366	2663	—	1,50	1,59	—
	1 : 9	2508	—	—	1,59	—	—
4	Hohlquadrat	1788	—	—	1,13	—	—
5	Trapez	—	—	3498	—	—	1,55
6	Dreieck						
	gleichseitig	—	—	3430	—	—	1,52
	gestreckt	—	—	3097	—	—	1,38

Hierbei ist für die rechteckigen Querschnitte K_d nach Gl. 5, § 34, berechnet.

Die Hohlquerschnitte sind verhältnismäßig starkwandig, was im Vergleich mit den unter Ziff. 3 angeführten Versuchen im Auge zu behalten ist.

2. Eigene Versuche mit Stahl (1914).

Die Hauptergebnisse dieser Versuche sind:

Die Schubzahl β beträgt durchschnittlich $1:835000 = 1{,}2$ Milliontel.

Die Dehnungslinie, gültig für den Drehungsversuch, zeigt die Gestalt der Abb. 18 mit Streckgrenze. Sie entsteht dadurch, daß zu den Größen des verdrehenden Momentes als senkrechten Abszissen die Verdrehungen des Stabes als wagrechte Ordinaten aufgetragen werden. (Durchmesser des Stabes 2,00 cm.)

Das Arbeitsvermögen, entsprechend der auf Abb. 18 eingeschlossenen Fläche, ist für zähe Stoffe weit größer als beim Zugversuch. Um dies anschaulich darzustellen, ist für einen Stab aus demselben Material die Dehnungslinie für den Zugversuch in Abb. 19 wiedergegeben. Die Flächen gelten bei Abb. 18 und 19 je für dasselbe Stabvolumen.

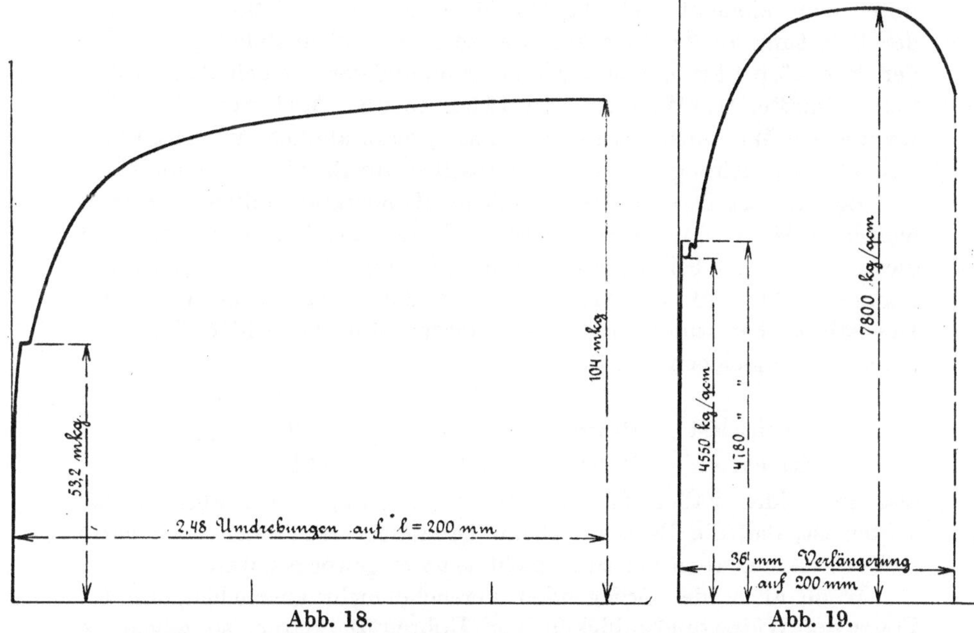

Abb. 18. Abb. 19.

3. Eigene Versuche zur Ermittlung der Drehungsfestigkeit von Hohlzylindern aus Flußeisen (1919).

Querschnitt	Moment an der Streckgrenze kg·cm	Spannung an der Streckgrenze kg/qcm	Moment beim Bruch kg·cm	Bemerkungen
Abb. 20 (19,4)	2300	1603	6800	Bruch wie Abb. 47, Taf. XIX.
Abb. 21 (19,4; 16,4)	1095	1561	—	größtes aufgebrachtes Moment 1920 kg·cm, vgl. Abb. 22, Taf. XVIII.

Bis zur Streckgrenze (Stehenbleiben der Kraftanzeige trotz Steigerung der Verdrehung) hat sich das Material des Vollkörpers und das des Hohlkörpers ungefähr gleich verhalten. Die Spannung an der Streckgrenze berechnet sich nach den üblichen Gleichungen zu 1603 und 1561 kg/qcm. Während nun bei dem Vollkörper eine Steigerung des verdrehenden Momentes von 2300 auf 6800 kg·cm, d. i. im Verhältnis 1 : 2,96, möglich war, ehe Bruch erfolgte, trat an dem Hohlkörper unter dem Moment 1920 kg·cm, d. i. das 1920 : 1095 = 1,75fache der Belastung an der Streckgrenze, so starke Wellenbildung ein, daß der Probekörper krumm zu werden begann und der Versuch abgebrochen werden mußte. Die Widerstandsfähigkeit des Materials war also durch die Wellenbildung begrenzt, ganz ähnlich, wie in § 13 für Druckbeanspruchung erörtert und daselbst auf S. 209 u. f. besprochen.

Bei Abb. 21 beträgt das Verhältnis Wandstärke: mittlerer Durchmesser (1,94 — 1,64) : (1,94 + 1,64) = 1 : 12; ungefähr ebensogroß ist dieses Verhältnis bei der zweiten in § 13 angeführten Versuchsreihe, nämlich 0,30 : 3,40 = 1 : 11,3. Es liegt daher nahe, das Verhältnis Höchstlast: Belastung an der Streckgrenze für die beiden Versuchsreihen zu vergleichen. Es findet sich

$$\begin{array}{lcc} & \text{Druckversuch} & \text{Drehungsversuch} \\ \dfrac{\text{Höchstlast}}{\text{Strecklast}} & \dfrac{19280 + 16800}{10800 + 9650} = 1,76 & \dfrac{1920}{1095} = 1,75, \end{array}$$

also in beiden Fällen fast genau gleich groß, wobei aber zu beachten ist, daß die Belastung beim Drehungsversuch sich noch hätte steigern lassen, wenn der Stab nicht krumm geworden wäre.

Wenn auch die vorliegenden Versuche nicht ausreichen, um die Frage der Widerstandsfähigkeit von Rohren zu klären, so zeigen sie doch anschaulich, daß diese bei Drehungsbeanspruchung in ganz ähnlicher Weise durch die Wellenbildung, d. h. das Aufhören des stabilen Gleichgewichts zwischen dem äußeren Moment und den inneren Spannungen — Knicken der Wandung infolge der unter 45° zur Stabachse geneigten Hauptspannung — begrenzt ist, wie bei Druckbeanspruchung (§ 13). Die Festigkeit des Materials kann also auch in Rohren, die reiner Drehungsbeanspruchung unterworfen sind, nur mehr oder weniger unvollkommen ausgenützt werden, um so weniger, je dünner die Wand im Verhältnis zum Durchmesser ist.

4. Eigene Versuche zur Ermittlung des Einflusses von Schlitzen bei Hohlzylindern aus Flußeisen (1919).

Abb. 21, 23, 24 und 25 zeigen die Querschnitte der Versuchskörper. Abb. 26 gibt die Ansicht eines derselben wieder.

Die Aufhebung des seitlichen Zusammenhanges durch den einen, aus Abb. 23 hervorgehenden Längsschlitz hat gemäß S. 385 die Widerstandsfähigkeit an der Streckgrenze um reichlich die Hälfte vermindert. Die Streckgrenze war nicht deutlich ausgeprägt zu beobachten, wahrscheinlich deshalb, weil an den Schlitzrändern Formänderungen einsetzten, die bei Steigerung der Verdrehung zum Schließen des Schlitzes führten. Unter dem Moment 670 kg·cm begannen sich die beiden Schlitzränder zu berühren; der Versuch wurde abgebrochen, weil der Körper krumm zu werden begann.

§ 35, S. 384 u. f.

Abb. 22, S. 385. Abb. 27, S. 385.

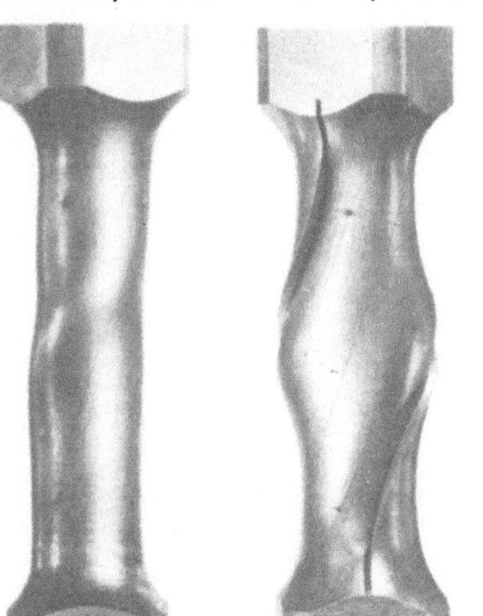

Abb. 28, S. 385.

Abb. 36, S. 391.

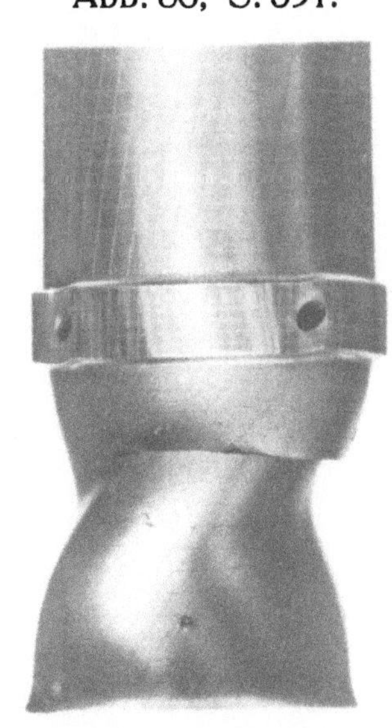

Abb. 30, S. 387.

Abb. 31, S. 389.

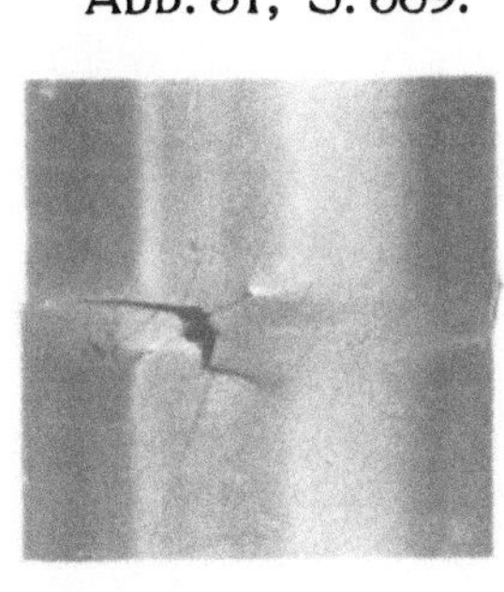

Abb. 33, S, 389, 390.

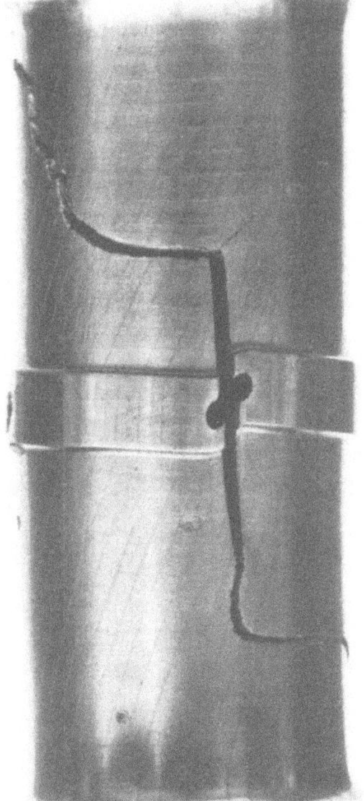

Abb. 34, S. 390.

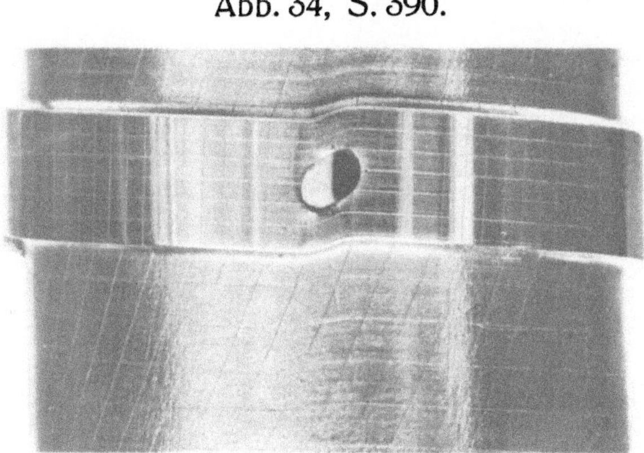

Querschnitt		Moment an der Streckgrenze kg·cm	Größtes aufgebrachtes Moment kg·cm	Bemerkungen
Abb. 21 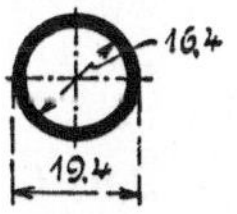	16,4 / 19,4	1095	1920	vgl. Abb. 22, Taf. XVIII (Wellen).
Abb. 23 	16,2 / 1 / 19,4	400 bis 500	670	—
Abb. 24 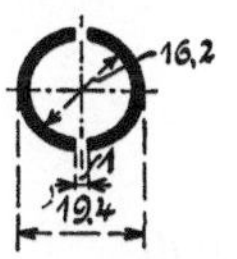	16,2 / 1 / 19,4	350 „ 440	525	—
Abb. 25 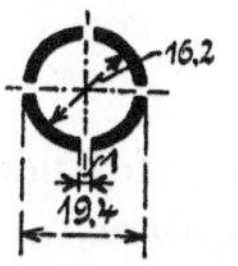	16,2 / 1 / 19,4	175	235	—

Anbringen eines zweiten Schlitzes — Abb. 24 — hatte weitere Abnahme der Widerstandsfähigkeit zur Folge. Das Moment an der Streckgrenze betrug reichlich ein Drittel der bei dem ganzen Rohr beobachteten Größe. Bei $M_d = 525$ kg·cm begannen sich die Schlitzränder zu berühren. Der Versuch wurde nicht fortgesetzt, weil der Körper etwas krumm zu werden begann und andere Versuche gezeigt hatten, daß bei Steigerung der Verdrehung die beiden Rohrhälften sich flachdrücken. Abb. 27, Taf. XVIII zeigt einen derartigen weit verdrehten Versuchskörper und läßt dies deutlich erkennen. Derselbe hatte an der Streckgrenze ein verdrehendes Moment von 500 kg·cm. Bei Beginn des Berührens der Schlitzränder $M_d = 650$ kg·cm und bei der aus Abb. 27 hervorgehenden Verdrehung $M_d = 970$ kg·cm ausgehalten.

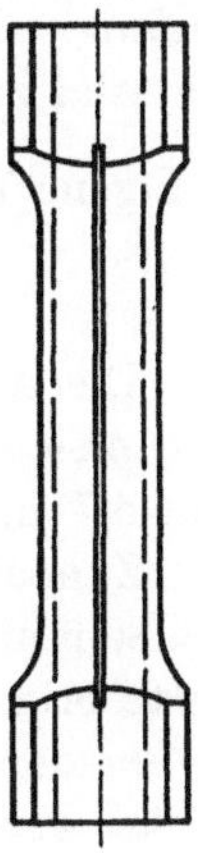

Abb. 26.

Der Versuchskörper mit 4 Schlitzen, Abb. 25, ergab abermals eine sehr bedeutende Verminderung der Widerstandsfähigkeit an der Streckgrenze — 175 kg·cm, d. i. rund $^1/_6$ des Wertes bei vollem Kreisringquerschnitt. — Auch hier wurde der Versuch nach geringer Verdrehung abgebrochen. Abb. 28, Taf. XVIII zeigt einen anderen Körper mit gleichem Querschnitt, der bis zu Bruch verwunden worden ist. Dieser erfolgte durch Abreißen eines der 4 Bänder, in die sich die Zylinderviertel ausgebreitet hatten, bei a, am Ende des Schlitzes (Moment an der Streckgrenze 250 kg·cm, bei Anliegen der Schlitzränder 285 kg·cm, beim Bruch 980 kg·cm).

Die Versuche zeigen, daß sich die Momente an der Streckgrenze ungefähr verhalten wie

$$1095 : \frac{400 + 500}{2} : \frac{440 + 350}{2} : 175 = 1 : \frac{1}{2{,}4} : \frac{1}{2{,}8} : \frac{1}{6}.$$

Es liegt nahe, nach dem auf S. 371 gegebenen Vorgang zum Vergleich die Widerstandsfähigkeit eines rechteckigen Querschnittes heranzuziehen, der gleiche Dicke wie die Rohrwand hat und dessen Länge dem Umfang entspricht. Wird unter Anwendung von Gl. 7, § 34, gesetzt

$$\psi = 3 + \frac{2{,}6}{0{,}45 + \frac{h}{b}} = 3{,}07,$$

so kommt aus Gl. 6, § 34 mit $\tau_{max} = \sigma_s = 1603$ kg/qcm

$$1603 = \frac{M_d \cdot 3{,}07}{1{,}79\,\pi \cdot 0{,}15^2} \qquad M_d = 66 \text{ kg·cm}.$$

Der flache Streifen hat also weit geringere Drehungsfestigkeit als das aufgeschnittene Rohr. Der Unterschied ist um so größer, je größer der Zentriwinkel ist, den die einzelnen Rohrteile umschließen.

Bemerkenswert erscheint noch, daß, sobald die Verdrehung beginnt, die Mantellinien sich schräg stellen. Infolgedessen treten am Anfang jedes Schlitzes starke Biegungsspannungen auf, die bei sprödem Material zum Bruch führen würden — vgl. auch Abb. 28, Taf. XVIII.

5. Eigene Versuche mit Stahlrohren zur Ermittlung des Einflusses kleiner Bohrungen (1918).

a) Körper aus Chromnickelstahl.

Die Abmessungen des Versuchskörpers gehen aus Abb. 29 hervor. Wie ersichtlich, sind in der Mitte des zylindrischen Teiles 4 Löcher von 6,7 mm Durchmesser enthalten.

Zunächst wurden die Verdrehungen im zylindrischen Teil auf $l = 80$ mm gemessen. Die folgende Zahlentafel läßt die Ausgleichswerte erkennen. Die federnden Verdrehungen sind bis $M_d = 150000$ kg·cm den Momenten proportional. Werden zunächst die 4 kleinen Löcher vernachlässigt, so ergibt sich für dieses Gebiet

$$\beta = 1 : 790150 = 1{,}27 \text{ Milliontel}.$$

Nach den unter c) besprochenen Versuchen ist für das Material ohne Bohrungen

$$\beta = 1 : 823600 = 1{,}21 \text{ Milliontel}.$$

Dies deutet darauf hin, daß die Löcher auf die geringe, ihrem Durchmesser entsprechende Länge eine viel bedeutendere Vermehrung der Verdrehung hervorbringen, als der Verminderung des Querschnittes daselbst entsprechen würde. Diese beträgt

$$\frac{4 \cdot 0{,}67 \cdot (7{,}5 - 5{,}7)}{2} = 2{,}4 \text{ qcm}$$

$$\text{(ganzer Querschnitt } \frac{7{,}5 + 5{,}7}{2} \pi \cdot \frac{7{,}5 - 5{,}7}{2} = 18{,}7 \text{ qcm).}$$

Hierauf weist auch das Aussehen der Oberfläche des Versuchskörpers an den Löchern nach stärkerer Verdrehung hin. Abb. 30, Taf. XVIII zeigt deutlich, wie die ursprünglich gerade Mantellinie an dem durch die vier Löcher geschwächten Ringstück eine weit stärkere Neigung erfahren hat als im übrigen Verlauf. Anschaulich ist auch zu erkennen, daß das Loch in der Richtung unter 45° zur Rohrachse gestreckt worden ist.

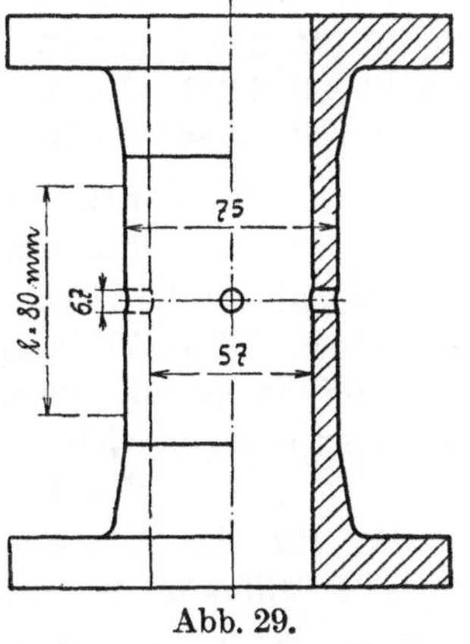

Abb. 29.

Unter $M_d = 175000$ kg·cm begannen die bleibenden Verdrehungen rascher zu wachsen; starkes Unrundwerden der Löcher wurde bei $M_d = 275000$ kg·cm beobachtet. Bruch erfolgte unter $M_d = 328500$ kg·cm in einer senkrecht zur Stabachse gerichteten Ebene, ausgehend von einem Loch, vgl. Abb. 30, Taf. XVIII.

Wird Gl. 4, § 32 angewendet, wie wenn die 4 Löcher nicht vorhanden wären, so ergeben sich im zylindrischen Teil folgende Spannungen:

beim Beginn der stärkeren bleibenden Verdrehungen . 3171 kg/qcm
„ „ des Unrundwerdens der Löcher . . . . 4983 „
„ Bruch . . . . 5952 „

Ein Körper ohne die vier Löcher stand nicht zur Verfügung.

Verdrehungen, mm, gemessen am Bogen von $r = 13{,}00$ cm

Moment kg·cm	25000/50000	25000/75000	25000/100000	25000/125000	25000/150000	25000/175000	25000/200000	25000/225000	25000/250000	25000/275000
	a) Körper aus Chromnickelstahl (vgl. Abb. 29).									
gesamte	0,159	0,318	0,478	0,642	0,837	1,092	1,420	1,850	2,500	3,662
bleibende	0	0	0,001	0,009	0,042	0,134	0,300	0,559	1,037	2,000
federnde	0,159	0,318	0,477	0,633	0,795	0,958	1,120	1,291	1,463	1,662

Moment kg · cm	25000 50000	25000 75000	25000 100000	25000 125000	25000 150000	25000 175000	25000 200000	25000 225000	25000 250000	25000 275000
b) Körper aus Maschinenstahl (vgl. Abb. 29).										
gesamte	0,155	0,311	0,656	6,295						
bleibende	0	0,001	0,188	5,586						
federnde	0,155	0,310	0,468	0,709						
c) Körper aus Chromnickelstahl (vgl. Abb. 32).										
gesamte	0,122	0,245	0,380	0,563	0,836	1,366	2,948	10,360		
bleibende	0	0	0,013	0,072	0,221	0,615	2,032	9,245		
federnde	0,122	0,245	0,367	0,491	0,615	0,751	0,916	1,115		
d) Körper aus Maschinenstahl (vgl. Abb. 35).										
gesamte	0,185	3,979	11,547							
bleibende	0,035	3,631	11,001							
federnde	0,150	0,348	0,546							

b) Versuchskörper aus Maschinenstahl.
(Abmessungen wie bei Abb. 29.)

Die Zahlentafel zeigt die in gleicher Weise wie unter a) erlangten Ergebnisse. Die Verdrehungen sind den Momenten ungefähr bis $M_d = 100000$ kg·cm proportional. Unter denselben Voraussetzungen wie unter a ergibt sich

$$\beta = 1 : 810500 = 1{,}24 \text{ Milliontel.}$$

Da für das Material an sich (vgl. die Versuche unter d) $\beta = 1{,}21$ Milliontel ist, so liegen die Verhältnisse ganz ähnlich, wie unter a. Wird, um einen gewissen Einblick zu erlangen, die Schubzahl auf der durch die Löcher verschwächten Strecke von 6,7 mm Länge gleich x Milliontel gesetzt, so ergibt sich aus der Betrachtung der Verdrehung auf 80 mm Länge die Beziehung

$$(80 - 6{,}7)\,1{,}21 + 6{,}7 \cdot x = 80 \cdot 1{,}24$$

$$x = 1{,}57 \text{ Milliontel.}$$

Hiernach erscheint die Verdrehung im Gebiet der Bohrungen durchschnittlich um

$$\varphi = \frac{1{,}57 - 1{,}21}{1{,}21}\,100 = 30\,\%$$

größer, während die Verschwächung des Querschnitts in der am stärksten geschwächten Mittelebene

$$\frac{2{,}4}{18{,}7}\,100 = 13\,\%$$

beträgt.

Beim ersten Versuchskörper (vgl. a) würde sich auf dieselbe Weise

$$\varphi = 60\,\%$$

ergeben.

Bei genauerer Betrachtung wird erkannt, daß der Einfluß am Rand der Löcher noch erheblich größer ausfällt, als nach den Werten von φ anzunehmen wäre, am größten vermutlich in der Mittelebene. Hierauf deutet der allmähliche Übergang der starken Neigung der Mantellinie in die schwächere Neigung, die im zylindrischen Teil herrscht.

Das Moment konnte bis $M_d = 243000$ kg·cm gesteigert werden und sank dann; Bruch erfolgte unter $M_d = 230000$ kg·cm.

Wie unter a ergaben sich folgende Spannungen:

beim Beginn der stärkeren bleibenden Verdrehungen . .	1812 kg/qcm
,, ,, des Unrundwerdens der Löcher	2174 ,,
,, größten wirkenden Moment (243000 kg·cm) . .	4403 ,,
,, Bruch (Abb. 31, Taf. XVIII).	4168 ,,

Ein Körper ohne die 4 Löcher stand nicht zur Verfügung.

c) Versuchskörper aus Chromnickelstahl.
(Material wie bei a.)

Aus einem Körper der aus Abb. 29 hervorgehenden Abmessungen wurde durch Abdrehen das in Abb. 32 wiedergegebene Stück hergestellt, dessen zylindrischer Teil schwächer ist, so daß der die Bohrungen enthaltende Teil einen verstärkenden Bund aufweist.

Im zylindrischen Teil wurden zunächst auf $l = 40$ mm die Verdrehungen bestimmt. Die Zahlentafel läßt erkennen, daß die Verdrehungen den Momenten proportional sind bis $M_d = 150000$ kg·cm. Für dieses Gebiet findet sich

$\beta = 1 : 823600 = 1{,}21$ Milliontel.

Größere bleibende Verdrehungen stellten sich von $M_d = 125000$ kg·cm an ein (entsprechend 3371 kg/qcm). Die Streckgrenze war ausgeprägt zu beobachten bei $M_d = 150000$ kg·cm, entsprechend 4046 kg/qcm. Dabei begannen die Löcher in dem Bund unrund zu werden.

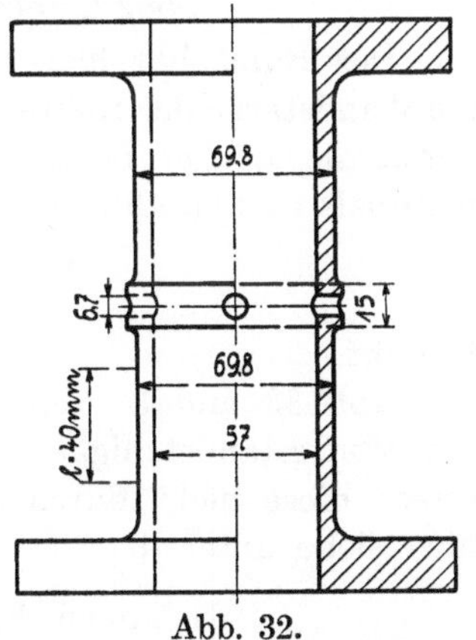

Abb. 32.

Beim Versuchskörper unter a waren größere bleibende Verdrehungen (unter Einschluß der verschwächten Stellen) entstanden bei einer Spannung von 3171 kg/qcm; die unter c beobachtete Spannung von 3371 kg/qcm ist nicht erheblich größer.

Das höchste Moment, das der Körper trug, war 241500 kg·cm (Spannung im zylindrischen Teile 6514 kg/qcm). Hierauf begann starkes Abschieben in Richtung der Stabachse, bis schließlich unter $M_d = 220000$ kg·cm Bruch in der aus Abb. 33, Taf. XVIII, hervorgehenden Weise erfolgte. Abb. 34, Taf. XVIII, zeigt ein anderes der 4 Löcher und läßt erkennen, daß an ihm weitgehendes Abschieben in der Richtung eingesetzt hat, in der bei Abb. 33 der Bruch begann. Durch das Abdrehen des zylindrischen Teils ist die Widerstandsfähigkeit gegenüber derjenigen Schubkraft, die parallel zur Achse wirkte, bedeutend vermindert worden, während die senkrecht dazu, d. h. in Richtung des Umfangs wirkende Schubkraft die ausgeprägte Wirkung des verstärkenden Bundes erfuhr. Das geht auch deutlich aus der Betrachtung des eingeritzten Liniennetzes hervor. Im zylindrischen Teil hat ziemlich weitgehende, gleichförmige Verdrehung stattgefunden. Der Bund zeigt solche nicht. Nur am Loch ist Verschiebung, fast ausschließlich parallel zur Stabachse, zu beobachten.

Der Vergleich der beiden Versuchskörper a und c zeigt, daß das höchste Moment betrug

ohne Abdrehen	nach Abdrehen
328500 kg·cm	241500 kg·cm

Soll festgestellt werden, wie weit ein durch Löcher verschwächtes Rohr durch Anordnung eines Bundes verstärkt wird, so sind nicht diese höchsten Momente, sondern die Spannungen im zylindrischen Teil unter dem höchsten Moment zu vergleichen. Sie betragen

ohne Abdrehen	nach Abdrehen
5952 kg/qcm	6514 kg/qcm.

Der Bund hat hiernach, sofern angenommen werden darf, daß die Wandstärke der Rohre ohne Einfluß auf das Maß der Verschwächung durch die Löcher bleibt, eine Erhöhung der Ausnützung des Rohrmaterials im zylindrischen Teil um

$$\frac{6514 - 5952}{5952} 100 = 9\,\%$$

bewirkt.

Abb. 33 und 34 zeigen deutlich, daß Verbreiterung des Bundes die Widerstandsfähigkeit des Versuchskörpers erhöht haben würde, sofern diese nicht durch andere Ursachen begrenzt erschiene. Hierüber siehe unter d.

d) Versuchskörper aus Maschinenstahl.

(Material wie unter b.)

Mit Rücksicht auf die unter c angeführten Versuchsergebnisse wurde bei diesem Versuchskörper eine der beiden zylindrischen Strecken noch etwas mehr abgedreht, wie aus Abb. 35 hervorgeht.

Nach der Zahlentafel, die die Ergebnisse der auf $l = 40$ mm vorgenommenen Messungen enthält, findet sich für die erste Belastungsstufe

$$\beta = 1 : 825000 = 1{,}21 \text{ Milliontel.}$$

Stärkere bleibende Verdrehungen wurden beobachtet unter $M_d = 75000$ kg·cm (entsprechend 2424 kg/qcm). Dabei begannen die Löcher leicht unrund zu werden.

Das höchste Moment, das aufgebracht werden konnte, betrug 144000 kg·cm (entsprechend 4654 kg/qcm). Der Körper begann nun Wellen zu bilden, wie aus Abb. 36, Taf. XVIII, hervorgeht. Bruch erfolgte unter $M_d = 143000$ kg·cm.

Der Bund hat, ähnlich wie bei Abb. 33, 34 besprochen, Abschieben erfahren, doch reichte dieses nicht zur Rißbildung aus. Vielmehr erfolgte die letztere infolge der Wellenbildung im stärker abgedrehten zylindrischen Teil.

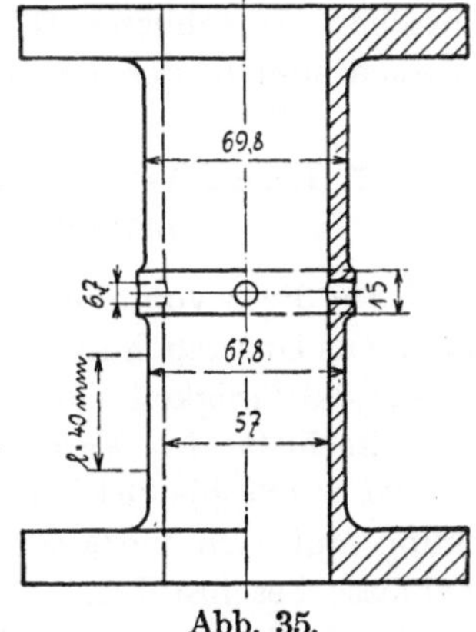

Abb. 35.

Hieraus geht hervor, daß für ein Rohr, dessen Wandstärke und Durchmesser dem unteren Teil der Abb. 35 entspricht, bei 4 Bohrungen von 6,7 mm Durchmesser ein Bund von 15 mm Breite und 3,5 mm Höhe eine ausreichende Verstärkung gegenüber der Verschwächung durch das Loch bildet. 2,5 mm Höhe des Bundes würden gemäß dem Versuch unter c noch nicht genügen.

Für den Teil, in dem bei dem Versuch unter d der Bruch eintrat, beträgt das Verhältnis Wandstärke : mittlerer Durchmesser 5,5 : 62,5 = 1 : 11. Wird der auf S. 385 eingeschlagene Weg auch hier beschritten, so steht zu erwarten, daß das Verhältnis der Momente an der Streckgrenze und bei der Wellenbildung (Höchstlast) etwa 1 : 1,8 beträgt. Der besprochene Versuch ergibt 75000 : 144000 oder 1 : 1,9.

Wird nun der unter c betrachtete Versuchskörper ins Auge gefaßt, so ergibt sich die Wahrscheinlichkeit, daß, falls nicht Aufreißen gemäß Abb. 33 erfolgt wäre, nach weiterer Steigerung des verdrehenden Momentes Wellenbildung und Bruch im zylindrischen Teil eingetreten sein würden. Die genaue Betrachtung des Probekörpers ließ in der Tat Ansätze zur Wellenbildung erkennen. Verstärkung des Bundes hätte diese nicht verhütet.

Zusammenfassung.

Die im vorstehenden unter a bis d besprochenen Versuchsergebnisse lassen deutlich den erheblichen Einfluß selbst kleiner Löcher auf die Widerstandsfähigkeit bei Drehungsbeanspruchung erkennen. Sie zeigen, daß durch Anordnung von Verstärkungsbunden diesem Einfluß begegnet werden kann.

Andererseits weisen sie darauf hin, daß auch bei Drehungsbeanspruchung die Widerstandsfähigkeit von Hohlkörpern in weit stärkerem Maße durch die Möglichkeit der Wellenbildung begrenzt ist, als angenommen zu werden pflegt, worauf schon unter Ziff. 3 hinzuweisen war.

Weitere Versuche in dieser Richtung sind in Aussicht genommen.

6. Eigene Versuche mit Beton- und Eisenbetonkörpern (1910 und 1911).

Über die Versuche ist in Heft 16 der Veröffentlichungen des deutschen Ausschusses für Eisenbeton ausführlich berichtet. Kurze Angaben sind in der Fußbemerkung 2, S. 360, enthalten.

7. Eigene Versuche mit Rundstäben und mit Schrauben aus Schweiß- und Flußeisen (1894).

Über diese vom Verfasser in erster Linie zu dem Zwecke durchgeführten Untersuchungen, den Einfluß der Gewindegänge auf die Widerstandsfähigkeit der Schrauben festzustellen, ist ausführlich in der Zeitschrift des Vereines deutscher Ingenieure 1895, S. 854 bis 860 und S. 889 bis 894 berichtet[1]). Unter Hinweis auf diese Veröffentlichung muß sich Verfasser hier auf die Anführung einiger der Hauptergebnisse beschränken.

Rechtsgängige Schrauben aus Schweißeisen, durch ein linkssinniges Moment verdreht, erfahren Einreißen bzw. Zerreißen der Gewindegänge von außen, wie die Abb. 37 bis 40, Taf. XIX, deutlich erkennen lassen, und zwar bei einer Beanspruchung, durch welche die Drehungsfestigkeit des Kernquerschnittes noch nicht erschöpft ist, im Durchschnitt bei rund 0,8 der Drehungsfestigkeit des Kernquerschnittes.

Abb. 37 und 39 gelten für Schrauben aus kalt gezogenem, Abb. 38 und 40 für Schrauben aus gewöhnlichem (vorher nicht überanstrengtem) Schweißeisen.

Linksgänge Schrauben aus Schweißeisen zeigen bei linksdrehendem Momente diese Rißbildung nicht, ebensowenig rechtsgängige Schrauben aus Schweißeisen bei rechtsdrehendem Momente.

Bei Schrauben aus zähem Flußeisen tritt eine Rißbildung überhaupt nicht auf. Hierin liegt — nebenbei bemerkt — ein Beitrag zur Wertschätzung des Flußeisens gegenüber dem Schweißeisen; einen weiteren liefert der Vergleich des Aussehens der Oberflächen der verdrehten Schweißeisenstäbe Abb. 41 bis 45, Taf. XIX, mit

[1]) S. auch „Abhandlungen und Berichte", 1897, S. 244 u. f.

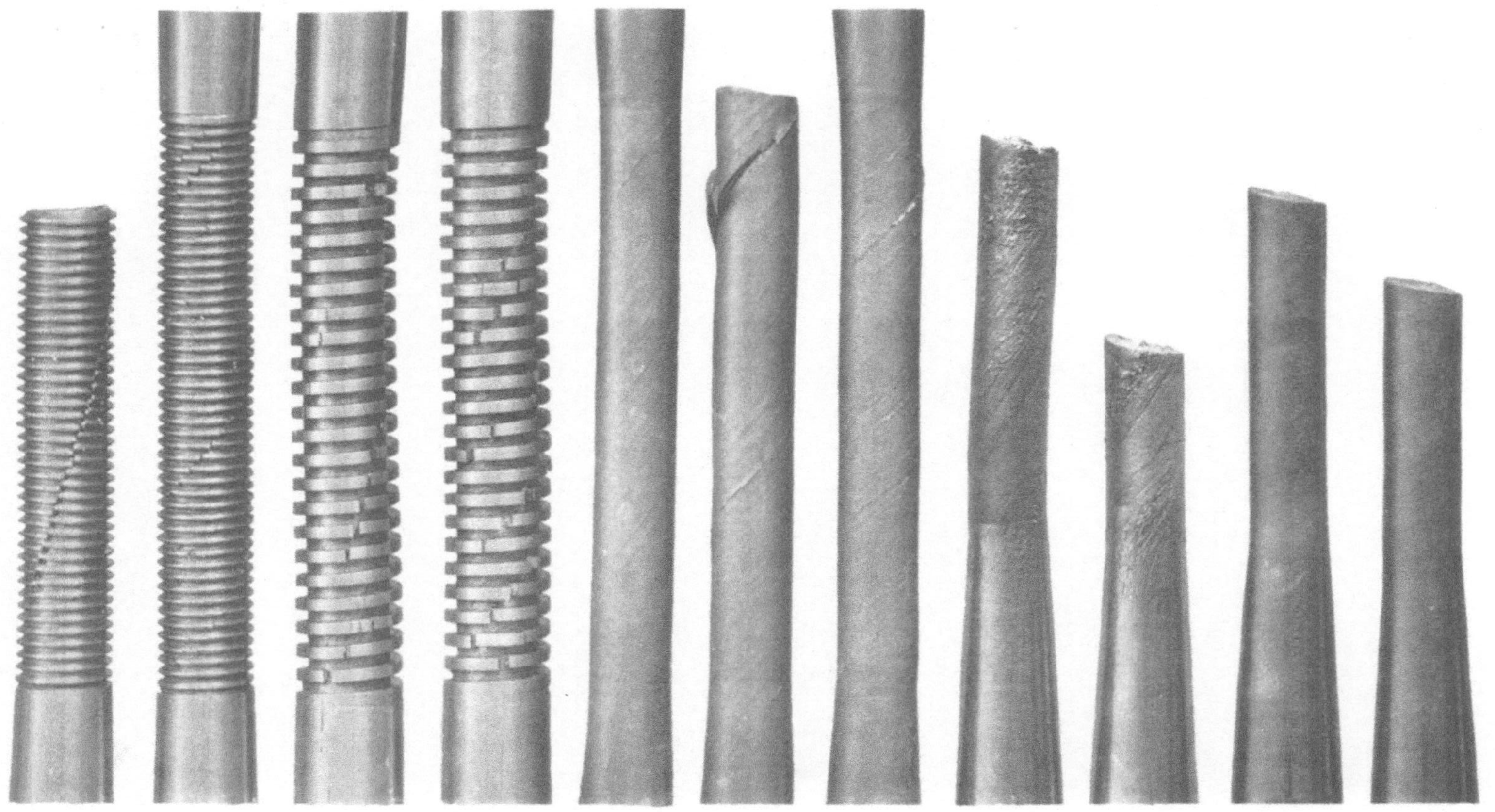

Abb. 37, Abb. 38, Abb. 39, Abb. 40, Abb. 41, Abb. 42, Abb. 43, Abb. 44, Abb. 45, Abb. 46, Abb. 47,
§ 35, S. 392, 393, § 32, S. 349.

dem Aussehen der Oberflächen der verdrehten Flußeisenstäbe Abb. 46 und 47, Taf. XIX[1]).

Rundstäbe erfahren durch die Verdrehung eine Zunahme der Länge und eine Verminderung des Durchmessers.

Bei Schrauben hat die Verdrehung durch ein linksdrehendes Moment zur Folge eine Verlängerung, wenn sie rechtsgängig sind, und eine Verkürzung, wenn sie linksgängig sind. Die Ganghöhe wird im ersteren Falle kleiner, im letzteren größer.

Die Zugfestigkeit der Schrauben ist größer als diejenige der Rundstäbe aus dem gleichen Material (Schweißeisen, Flußeisen), eine Folge der Hinderung der Querzusammenziehung[2]).

Die Drehungsfestigkeit der rechtsgängigen Schrauben aus Schweißeisen ist bei linksdrehendem Momente kleiner als diejenige der Rundstäbe aus dem gleichen Material (bezogen auf den Kerndurchmesser).

Bei Flußeisen, das durch ein linkssinniges Moment verdreht wird, ist die Drehungsfestigkeit der rechtsgängigen Schrauben nahezu gleich derjenigen der Rundstäbe, diejenige der linksgängigen Schrauben dagegen kleiner.

Während die Zugfestigkeit der Schrauben aus gezogenem Schweißeisen bedeutend größer ist als diejenige der Schrauben aus nicht gezogenem Schweißeisen, erscheint dies bei der Drehungsfestigkeit nur in geringem Maße der Fall.

8. Drehungswinkel.

In dieser Hinsicht liegen eine größere Anzahl von Versuchen Bauschingers vor. (Zivilingenieur 1881, S. 115 u. f.)

Bauschinger hatte sich die Aufgabe gestellt, die von de Saint-Venant herrührende Gleichung

$$\vartheta = \psi \, M_d \frac{\Theta'}{f^4} \beta \quad . \; . \; . \; . \; . \; . \; . \; . \; . \; . \; . \quad 5)$$

---

[1]) Der Wert der Verdrehungsprobe zur Feststellung der Güte des Materials erscheint heute noch nicht ausreichend gewürdigt. Sie kann jedoch nur mit sorgfältig prismatisch bearbeiteten Stäben vorgenommen werden, selbst Reißnadelrisse führen oft vorzeitig den Bruch herbei.

Abb. 48 und 49, Taf. XV, zeigen Stahldrähte, die durch weitgehende Verdrehung zum Bruch gebracht wurden. Abb. 49 erinnert scheinbar an das Aussehen von Abb. 10, § 35. Taf. XVI. Der Bruch erfolgte entlang der ursprünglichen Ziehrichtung, die durch die Verdrehung in eine Spirale übergegangen ist. Bei Abb. 48 sind zahlreiche Stellen des Drahtes ohne bedeutende Verdrehung geblieben, die Formänderung hat sich also sehr ungleichförmig auf die ganze Stablänge verteilt.

[2]) Daß bei häufig wechselnder Kraftrichtung die in § 9, Ziff. 1 besprochene Ungleichförmigkeit der Spannungsverteilung über den Querschnitt (die am Gewindegrund eine um so stärkere Spannungserhöhung zur Folge hat, je schärfer das Gewinde ausgebildet ist) um so leichter zum Bruch führt, je weniger die Gewindegänge ausgerundet sind, steht hiermit nicht im Widerspruch. Vgl. auch § 56, Ziff. 3.

zu prüfen. In derselben haben M_d, Θ', f und β die unter V, S. 343 angegebene Bedeutung, während ψ einen Koeffizienten bezeichnet, der rechnungsmäßig betragen soll[1])

für den Kreis und die Ellipse $\psi = 4\pi^2 = 39{,}5$,
für das Rechteck, wenn $h:b = 1:1$, $\psi = 42{,}68$,
„ $h:b = 2:1$, $\psi = 42{,}0$,
„ $h:b = 4:1$, $\psi = 40{,}2$,
„ $h:b = 8:1$, $\psi = 38{,}5$,
für das gleichseitige Dreieck $\psi = 45$,
für das regelmäßige Sechseck $\psi = 41$,
für den Kreisausschnitt, wenn der Zentriwinkel
45^0, $\psi = 42{,}9$,
90^0, $\psi = 42{,}4$,
180^0, $\psi = 40{,}8$.

Wird das gleichseitige Dreieck außer acht gelassen, so unterscheiden sich die Werte von ψ nicht bedeutend, infolgedessen bereits de Saint-Venant für ψ den abgerundeten Mittelwert 40 vorgeschlagen hat.

---

[1]) Comptes rendus 1878, t. LXXXVII, S. 893 u. f.
„ „ 1879, t. LXXXVIII, S. 143.

Gleichung 5 ist auch auf andere Querschnitte angewendet worden, wohl infolge des Umstandes, daß de Saint-Venant von ihr sagt: „La formule peut être appliquée non seulement à des sections elliptiques, mais à des sections de toute forme, en faisant varier fort peu la fraction que nous avons appelée ψ." Das kann ohne Nachweis im einzelnen Falle zu großen Fehlern führen. So ergibt sich beispielsweise für den kreisförmigen Hohlzylinder mit einer im Verhältnis zum Durchmesser geringen Wandstärke bei Einführung der Bezeichnungen S. 343 und 347

$$\Theta' = \frac{\pi}{4} d_m^3 s \qquad f = \pi d_m s,$$

folglich nach Gleichung 5, wenn $\psi = 4\pi^2$ gesetzt wird,

$$\vartheta = \frac{1}{\pi} M_d \beta \frac{1}{d_m s^3}, \quad \ldots \ldots \quad 5a)$$

während Gleichung 6, § 32, liefert

$$\vartheta = \frac{4}{\pi} M_d \beta \frac{1}{d_m^3 s}, \quad \ldots \ldots \quad 5b)$$

Beispielsweise findet sich für $d_m = 20$ cm, $s = 1$ cm

nach Gleichung 5a $\vartheta = \frac{1}{\pi} M_d \beta \frac{1}{20}$,

nach Gleichung 5b $\vartheta = \frac{1}{\pi} M_d \beta \frac{1}{2000}$,

d. i. im ersteren Falle 100 mal mehr!

Gleichung 5 gilt eben nicht für den Hohlzylinder, wie Verfasser aus Anlaß einer geltend gemachten gegenteiligen Meinung in der Zeitschrift des Vereines deutscher Ingenieure 1905, S. 960, dargelegt hat.

Eigene Versuche (1910) lieferten für das I-Eisen Normalprofil 20 (also von der Höhe 200 mm) aus zähem Flußeisen die Größe von ψ zu 40 bis 42[1]).

1909 hat Bretschneider in der Materialprüfungsanstalt der Techn. Hochschule Stuttgart Versuche mit rechteckigen Stäben aus Flußeisen durchgeführt, aus denen sich, wenn in Gleichung 5 gesetzt wird

$$\Theta' = \frac{1}{12}(bh^3 + b^3 h) \quad \text{und} \quad f = bh,$$

so daß

$$\vartheta = \psi_0 M_d \frac{b^2 + h^2}{b^3 h^3} \beta, \quad \ldots \ldots \ldots \quad 6)$$

folgende Vergleichswerte für ψ_0 ergeben

	nach de Saint-Venant	nach den Versuchen	nach Gleichung 7a
$h:b = 1:1$	3,56	3,58	3,585
$h:b = 2:1$	3,50	3,53	3,525
$h:b = 4:1$	3,35	3,40	3,405
$h:b = 6:1$	3,26	3,29	3,285

Hierbei waren die geraden Stäbe, wie es auch die Entwicklungen von de Saint-Venant voraussetzen, reiner Verdrehung unterworfen.

Der nach Maßgabe der Gleichung 9 in § 43 ermittelte Näherungswert $\psi_0 = 3,6$ liefert somit ausreichend genaue Ergebnisse für $h:b$ bis $2:1$. Die Abweichung beträgt in diesem Falle von dem Versuchswert 3,53 rund 2%. Bei $h:b = 4:1$ steigt sie auf rund 6%.

---

[1]) Somit ist für das untersuchte Profil nach Gl. 5 (S. 393)

$$\vartheta = 40\, M_d \frac{117 + 2142}{33{,}5^4} \beta \text{ bis } 42\, M_d \frac{117 + 2142}{33{,}5^4} \beta = 0{,}072\, \beta M_d \text{ bis } 0{,}075\, \beta M_d.$$

Die in Fußbemerkung 1, S. 374 angeführte Gleichung von Föppl würde mit $\zeta = 1$ liefern

$$\vartheta = \beta M_d \cdot \frac{3}{2 \cdot 9 \cdot 1{,}13^3 + 17{,}74 \cdot 0{,}75^3} = 0{,}09\, \beta M_d,$$

was darauf hindeutet, daß statt $\zeta = 1$ zu setzen wäre,

$$\zeta = 1{,}18 \text{ bis } 1{,}25.$$

In einer neueren Arbeit (Zeitschrift des Vereines deutscher Ingenieure 1922, S. 827 u. f.) gibt Föppl für Walzeisen I-Träger $\zeta = 1{,}30$, während er für [-, Z-, ⊥-Eisen $\zeta = 1{,}15$ setzt. Für kreuzförmigen Querschnitt findet er ζ schwankend zwischen 1,15 (gültig für verhältnismäßig kleine Ausrundungshalbmesser) und $\zeta = 1{,}58$ (gültig für großen Ausrundungshalbmesser). Zusammengesetzte Profilstäbe ergaben viel größere Verdrehungswinkel, auch war deren Größe nicht proportional dem verdrehenden Moment, was beides zu erwarten stand und darauf hindeutete, daß der Gleitwiderstand der Nietverbindung, auf dessen Bedeutung beim Herstellen derselben meist viel zu wenig oder gar nicht geachtet wird (vgl. des Verfassers Maschinenelemente unter „Nieten"), nicht ausreichte, um die wachgerufenen Schubkräfte zu übertragen.

Die Abhängigkeit der Werte ψ_0 von dem Seitenverhältnis $h:b$ läßt sich mit ziemlicher Genauigkeit bis $h:b = 6:1$ durch

$$\psi_0 = A - B\frac{h}{b} \quad \text{. . . . . 7}$$

zum Ausdruck bringen, wie Verfasser schon bei Schraubenfedern vor längerer Zeit festgestellt hat (vgl. § 57 unter Ziff. 1). Wird $A = 3{,}645$ und $B = 0{,}06$ gesetzt, d. h.

$$\psi_0 = 3{,}645 - 0{,}06\frac{h}{b}, \quad \text{. . . . . 7a)}$$

so ergeben sich die in der letzten Spalte der Zusammenstellung enthaltenen Werte.

§ 36. Zusammenfassung.

Nach Maßgabe der in den Paragraphen 32 bis 34 enthaltenen Erörterungen sowie auf Grund der in § 35 niedergelegten Versuchsergebnisse lassen sich folgende Beziehungen zusammenstellen.

Der in der letzten Spalte auftretende Wert K_d ist für den rechteckigen Querschnitt aus Drehungsversuchen nach Gl. 5 in § 34 berechnet.

Nr.	Querschnittsform	Drehungsmoment M_d	Drehungswinkel ϑ	$K_d : K_z$ für Gußeisen
1	(Kreis, Durchmesser d)	$\frac{\pi}{16} k_d d^3$	$\frac{32}{\pi}\frac{M_d}{d^4}\beta$	reichlich 1
2	(Kreisring, d, d_0)	$\frac{\pi}{16} k_d \frac{d^4 - d_0^4}{d}$	$\frac{32}{\pi}\frac{M_d}{d^4 - d_0^4}\beta$	reichl. 0,8 [1])
3	(Ellipse, b, a) $a > b$	$\frac{\pi}{2} k_d a b^2$	$\frac{1}{\pi} M_d \frac{a^2 + b^2}{a^3 b^3}\beta$	1 bis 1,25 [2])

[1]) [2]) s. S. 399.

Nr.	Querschnittsform	Drehungsmoment M_d	Drehungswinkel ϑ	$K_d : K_z$ für Gußeisen
4	$a > b$ $a_0 : a = b_0 : b = m$	$\frac{\pi}{2} k_d \frac{a b^3 - a_0 b_0^3}{b}$	$\frac{1}{\pi} M_d \frac{a^2 + b^2}{a^3 b^3 (1 - m^4)} \beta$	0,8 bis 1 [3])
5		$\frac{1}{1{,}09} k_d b^3$	$0{,}967 \frac{M_d}{b^4} \beta$	—
6	$h > b$	$\frac{1}{\psi} k_d b^2 h$ worin $\psi = 3 + \frac{2{,}6}{\frac{h}{b} + 0{,}45}$	$\psi_0 M_d \frac{b^2 + h^2}{b^3 h^3} \beta$ worin $\psi_0 = 3{,}645 - 0{,}06 \frac{h}{b}$ Über die Ergebnisse der Versuche mit Schraubenfedern vgl. S. 566 u. f.	1,4 bis 1,6 [2])
7		$\frac{2}{9} k_d b^2 h$	—	1,5
8		$\frac{2}{9} k_d b^2 h$	—	1,5
9		$\frac{1}{20} k_d b^3$	$46{,}2 \frac{M_d}{b^4} \beta$	—

[2]) [3]) s. S. 399.

Nr.	Querschnittsform	Drehungsmoment M_d	Drehungswinkel ϑ	$K_d : K_z$ für Gußeisen
10	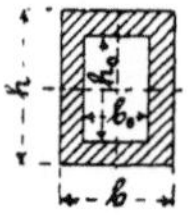 $h > b$ $h_0 : h = b_0 : b$	$\frac{2}{9} k_d \frac{b^3 h - b_0^3 h_0}{b}$	—	1 bis 1,25 [3])
11	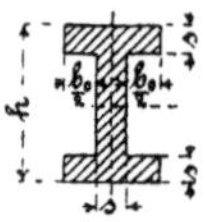	$\frac{2}{9} k_d s^2 (h + 2 b_0)$ [4])	$\psi M_d \frac{\Theta'}{f^4} \beta$ $\psi = 40$ bis 42 [5])	1,4 bis 1,6 [2])
12	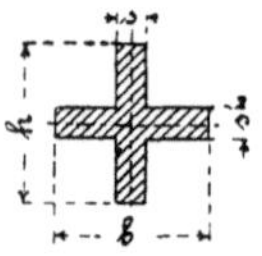	$\frac{2}{9} k_d s^2 (h + b - s)$	— [4])	1,4 bis 1,6 [2])
13	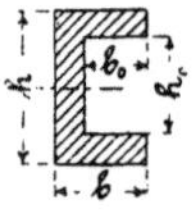 $s = b - b_0 = 0{,}5 (h - h_0)$	$\frac{2}{9} k_d s^2 (h + 2 b_0)$	— [5])	1,4 bis 1,6 [2])
14	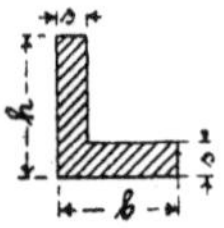	$\frac{2}{9} k_d s^2 (h + b - s)$	—	1,4 bis 1,6 [2])

Die Zugfestigkeiten K_z und die Drehungsfestigkeiten K_d setzen Gußeisen voraus, wie es zu zähem, festem Maschinenguß Verwendung findet. Die Drehungsfestigkeiten wurden an unbearbeiteten Stäben, Abb. 1 bis Abb. 7, § 35, und Abb. 14, 16, 17, § 35 (in getrockneten Formen gegossen) ermittelt.

[2]) [3]) [4]) [5]) s. S. 399 u. 400.

Die Versuchsstäbe Nr. 6 (sofern $h > b$), Nr. 11 bis 14 brachen immer in der Nähe der Endplatten, entsprechend dem Umstande, daß sich an diesen Stellen der Ausbildung der Querschnittswölbung ein Hindernis bietet, das trotz der Hohlkehle, mit welcher der prismatische Teil an die Endplatten anschließt, hier zum Bruche führt. Der letztere ist die Folge einer gleichzeitigen Inanspruchnahme durch Schub- und durch Normalspannungen, wie in § 34, Ziff. 3, erörtert worden ist. (Vgl. auch § 35, Gußeisen A, a). Der ermittelte Wert von K_d muß deshalb kleiner sein als die tatsächliche Drehungsfestigkeit. In denjenigen Fällen der Anwendung, in denen die Sachlage hinsichtlich des Anschlusses eines auf Drehung in Anspruch genommenen Stabes an einen solchen mit größerem Querschnitt eine ähnliche ist wie bei den Versuchskörpern, schließen die angegebenen Werte von K_d die Berücksichtigung der gleichzeitigen Inanspruchnahme durch Normalspannungen in sich. In Fällen der reinen Drehungsanstrengung (ohne Hinderung der Querschnittswölbung) führt die Verwendung dieser Werte zu einer etwas größeren Sicherheit, was im Sinne des Zweckes unserer Festigkeitsberechnungen zu liegen pflegt.

Die Gleichungen für Nr. 13 und 14 bedingen kräftige Rippen, etwa von $s : h = 1 : 5$ an. Außerdem ist für Nr. 13 noch zu fordern, daß b_0 nicht wesentlich mehr als $s = b - b_0$ d. i. $= \frac{b}{2}$ beträgt.

[1]) Dieser Wert hängt ab von dem Verhältnis $d_0 : d$. In dem Maße, in dem sich dasselbe der Null nähert, steigt er etwa bis reichlich 1. Die Zahl 0,8 gilt für $d_0 : d$ ungefähr gleich 0,7. Vorausgesetzt ist, daß die Wandstärke im Vergleich zum mittleren Durchmesser ausreicht, um vorzeitige Wellenbildung zu verhüten (vgl. § 35, 3, 4, 5). Über die Wirkung von Längsschlitzen und Querbohrungen vgl. S. 386 u. f.

[2]) Es sind um so geringere, der kleineren Zahl näher kommende Werte zu wählen, je mehr sich je beziehungsweise die Ellipse dem Kreise, das Rechteck dem Quadrate, der I- und der [-Querschnitt der Quadratform ($b_0 = 0$, $h = s$), ebenso der +- und der L-förmige Querschnitt der letzteren ($h = b = s$) nähern.

[3]) Hier sind die Bemerkungen [1]) und [2]) zu berücksichtigen. Je kleiner verhältnismäßig a_0 und b_0 (gegenüber a und b) beziehungsweise b_0 und h_0 (gegenüber b und h) sind, um so mehr nähert sich unter sonst gleichen Verhältnissen der Koeffizient der oberen Grenze. Das gleiche gilt, je langgestreckter der Querschnitt ist.

[4]) Nach eigenen Versuchen mit I-Eisen Normalprofil Nr. 20 (Flußeisen) kann gemäß Gleichung 1a, § 35, gesetzt werden

$$M_d = \text{rund}\ \frac{1}{3}\, k_d\, [s^2 h + 2\, s_0^2\, b_0],$$

worin s_0 die mittlere Flanschenstärke bezeichnet.

[5]) Nach eigenen Versuchen mit I-Eisen Normalprofil Nr. 20 (Flußeisen), vgl. S. 395 sowie Fußbemerkung [1]) daselbst.

VI. Schub.

§ 37. Allgemeines. Schubanstrengung unter der Voraussetzung gleichmäßiger Verteilung der Schubspannungen über den Querschnitt.

Der Fall der Inanspruchnahme auf Schub wird dann als vorhanden betrachtet, wenn sich die auf den geraden stabförmigen Körper wirkenden Kräfte für den in Betracht gezogenen Querschnitt ersetzen lassen durch eine Kraft (Schubkraft), die in die Ebene des letzteren fällt und die Stabachse senkrecht schneidet.

Erfüllt erscheint diese Voraussetzung nur bei einer Sachlage, wie sie in Abb. 1 dargestellt ist, entsprechend dem Arbeitsvorgange bei einer Schere zum Schneiden von Eisen. Aber auch hier nur in dem Augenblick, in dem der Stab von den Kanten der beiden Scherblätter A und B gerade berührt wird; denn sobald das obere Blatt sich weiter vorwärts bewegt, dringen beide Blätter in den Stab ein, Abb. 2: an die Stelle der Berührung des letzteren in zwei Linien durch A und B tritt eine solche in zwei Flächen.

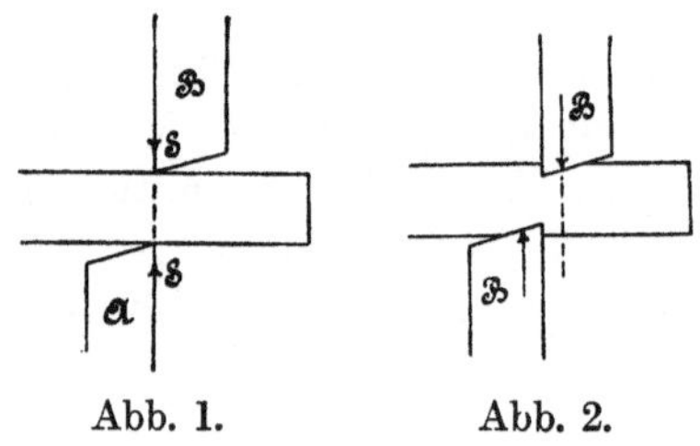

Abb. 1. Abb. 2.

Damit rückt die obere Kraft S nach rechts, die untere nach links; es entsteht neben der Schubkraft S ein rechtsdrehendes Kräftepaar, dessen Moment noch dadurch gesteigert wird, daß sich die Kraftrichtung neigt. Dieses Moment ruft Biegungsbeanspruchungen wach, die bedeutend werden können. Aus Scherversuchen mit sprödem Material pflegen sich erheblich zu geringe Werte für die Schubfestigkeit zu ergeben[1]).

Wir erkennen, daß — streng genommen — Schubinanspruchnahme allein niemals vorkommen kann, daß vielmehr die Schubkraft S immer von einem biegenden Moment begleitet sein wird.

[1]) Vgl. z. B. Zeitschrift des Vereines deutscher Ingenieure 1906, S. 1757 u. f.

Die Schubkraft S ruft in dem betrachteten Querschnitt Schubspannungen wach, die im allgemeinen von Flächenelement zu Flächenelement veränderlich sein werden, und bezüglich welcher zunächst nur bekannt ist, daß sie, je multipliziert mit dem zugehörigen Flächenelement und zusammengefaßt, eine Resultante geben müssen, die gleich und entgegengesetzt S ist. Mit der Unterstellung, daß die Schubspannungen in den verschiedenen Flächenelementen entgegengesetzt S gerichtet, also unter sich parallel sind, und die gleiche Größe τ über den ganzen Querschnitt von der Größe f besitzen, findet sich

$$S = \tau f \quad \text{oder} \quad \tau = \frac{S}{f}, \qquad \qquad 1)$$

woraus mit k_s als zulässiger Schubanstrengung folgt

$$S \leqq k_s f \quad \text{oder} \quad k_s \geqq \frac{S}{f} \qquad \qquad 2)$$

Hinsichtlich der gemachten Annahme, betreffend die Richtung und die Größe der Schubspannungen, ist folgendes zu bemerken.

Greifen wir den kreisförmigen Querschnitt, Abb. 3, heraus, so müßte hiernach beispielsweise im Querschnittselement des Umfangspunktes C bei senkrecht nach unten wirkender Schubkraft S die Schubspannung vertikal aufwärts gerichtet sein, während sie tatsächlich in die Richtung der Tangente im Punkte C des Kreises fallen muß, es sei denn, daß in diesem Umfangspunkte eine äußere Kraft tätig wäre, die eine andere Richtung von τ bedingen würde. In den Punkten C bis D des rechteckigen Querschnittes, Abb. 4, wird die entgegengesetzt S gerichtete Schubspannung in Wirklichkeit Null sein müssen — sofern äußere Kräfte hier nicht angreifen — während sie nach der obigen Voraussetzung in allen Flächenelementen die gleiche Größe besitzen sollte usf.

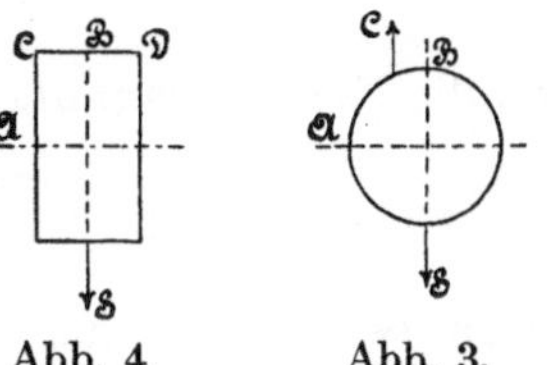

Abb. 4. Abb. 3.

Hieraus folgt, daß die Unterstellung, die zu der Beziehung 1 und 2 führte, wenigstens im allgemeinen unzutreffend ist.

§ 38. Die Schubspannungen im rechteckigen Stabe.

Wir erkannten in der Einleitung, daß die Schubkraft immer von einem biegenden Moment begleitet sein wird. Davon ausgehend, stellen wir uns die Aufgabe, für die in Abb. 1 und 2 gezeichnete Sachlage — Balken einerseits eingespannt, am anderen freien Ende belastet — die Größe der Schubspannungen im Abstande η von der y-Achse, die hinsichtlich der Inanspruchnahme auf Biegung als Nullachse erscheint, zu ermitteln.

Zu dem Zwecke denken wir uns ein Körperelement $ABCD$, Abb. 1 bis 3, von der Länge $x_1 - x$, der Breite b und der Höhe $e - \eta$ aus dem Stabe herausgeschnitten. Auf die Stirnflächen AB und CD desselben, Abb. 3, wirken Normalspannungen σ, die mit dem Abstande η wachsen. Nach § 16 darf unter der Voraussetzung, daß die Dehnungszahl unveränderlich ist, diese Zunahme proportional der ersten Potenz von η gesetzt werden, wie auch Abb. 8, § 16 daselbst erkennen läßt.

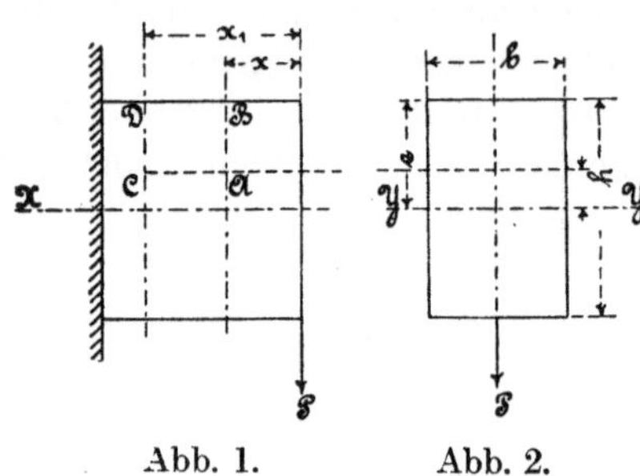

Abb. 1. Abb. 2.

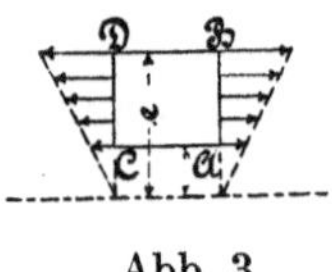

Abb. 3.

Nach Gleichung 9, § 16, ist für den Querschnitt AB, da hier $M_b = P\,x$, die Normalspannung im Abstande η

$$\sigma_\eta = \frac{P\,x}{\Theta}\,\eta$$

und die Normalspannung im Abstande e

$$\sigma_e = \frac{P\,x}{\Theta}\,e,$$

sofern $\Theta = \frac{1}{12}\,b\,h^3$ das Trägheitsmoment des Querschnittes in bezug auf die y-Achse.

Die auf die Querschnittsfläche AB von der Größe $b\,(e - \eta)$ wirkenden Spannungen liefern zusammengefaßt eine Normalkraft

$$N = \frac{\sigma_\eta + \sigma_e}{2}\,b\,(e - \eta) = \frac{P\,x}{\Theta}\,\frac{e + \eta}{2}\,b\,(e - \eta) = \frac{P\,x}{\Theta}\,\frac{e^2 - \eta^2}{2}\,b\,.$$

Für den Querschnitt CD findet sich wegen $M_b = P\,x_1$ auf ganz gleichem Wege diese Normalkraft zu

$$N_1 = \frac{P\,x_1}{\Theta}\,\frac{e^2 - \eta^2}{2}\,b\,.$$

Da infolge $x_1 > x$ auch $N_1 > N$ ist, so muß die Kraft

$$N_1 - N = \frac{P}{\Theta}\,(x_1 - x)\,\frac{e^2 - \eta^2}{2}\,b$$

durch Spannungen in der Fläche CA, deren Größe gleich $(x_1 - x)\,b$, übertragen werden, sofern an der Mantelfläche BD äußere Kräfte nicht angreifen, was vorausgesetzt werden soll. Diese in der Richtung CA wirkenden und über die Stabbreite b als gleich groß angenommenen Schubspannungen seien mit τ bezeichnet. Dann gilt

$$N_1 - N = \tau (x_1 - x) b = \frac{P}{\Theta}(x_1 - x)\frac{e^2 - \eta^2}{2} b,$$

woraus

$$\tau = \frac{P}{\Theta}\frac{e^2 - \eta^2}{2} = 6\frac{P}{bh^3}(e^2 - \eta^2) = \frac{3}{2}\frac{S}{bh}\left\{1 - \left(\frac{\eta}{\frac{h}{2}}\right)^2\right\} \quad . \quad . \quad . \quad 1)$$

unter Beachtung, daß hier $P = S$.

Die Schubspannung erlangt ihren größten Wert für $\eta = 0$, d. i. für die Stabmitte (Nullachse). Derselbe beträgt

$$\tau_{max} = \frac{3}{2}\frac{S}{bh} = \frac{3}{2}\frac{S}{f}, \quad . \quad . \quad . \quad . \quad . \quad . \quad . \quad . \quad . \quad . \quad 2)$$

sofern $bh = f$ gesetzt wird.

In der Nullachse ist hiernach die Schubspannung um $50\,^0/_0$ größer als bei gleichmäßiger Verteilung der Spannungen über den Querschnitt.

Für $\eta = \frac{h}{2}$, d. i. für die am weitesten von der Nullachse abstehenden Punkte, wird $\tau = 0$.

Werden in Abb. 4 die zu den einzelnen Abständen η gehörigen Werte von τ als wagrechte Ordinaten aufgetragen, so wird eine Linie EFE erhalten, die das Änderungsgesetz von τ klar veranschaulicht. Diese Linie ist für das Rechteck eine Parabel, deren Scheitel F um $\overline{OF} = \tau_{max} = \frac{3}{2}\frac{S}{bh}$ von O abliegt, wie sich ohne weiteres ergibt, wenn die Senkrechte FG als Ordinatenachse gewählt wird und der Gleichung 1 die Form

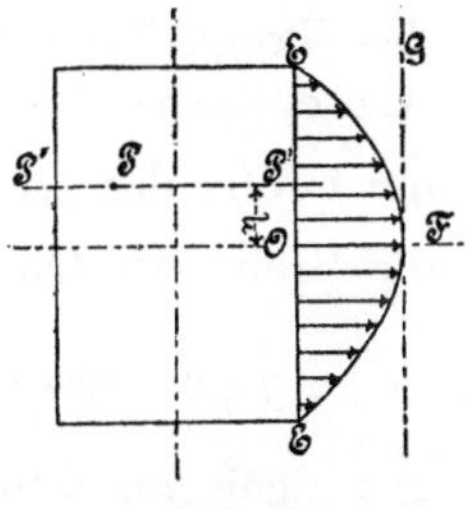

$$\tau_{max} - \tau = \tau_{max}\left(\frac{\eta}{\frac{h}{2}}\right)^2$$

oder

$$\eta^2 = \left(\frac{h}{2}\right)^2 \frac{\tau_{max} - \tau}{\tau_{max}}$$

gegeben wird.

Abb. 4.

Die vorstehende Betrachtung ermittelte die Schubspannungen in Ebenen, die parallel zur Stabachse laufen und senkrecht zur Richtung der Schubkraft S stehen, so z. B. in einem beliebigen Punkt P der Linie $P'P'$, Abb. 4, immer diejenige Schubspannung τ, die senkrecht zu $P'P'$ wirkt und parallel zur Stabachse (demnach senkrecht zur Bildebene, Abb. 4) gerichtet ist. Nach § 30 (vgl. auch Abb. 5, § 32) treten die Schubspannungen immer paarweise auf, derart, daß die obenerwähnte Spannung τ auch im Punkte P der Querschnittsebene, also in der Bildebene liegend, vorhanden ist. Infolgedessen ergibt die Gleichung 1 gleichzeitig die Schubspannungen in der Querschnittsebene, und zwar diejenigen, die im Abstande η in dem Flächenstreifen $b\,d\eta$ wirksam sind. Damit ist in Gleichung 1 ebenfalls das Gesetz gewonnen, nach dem sich die Schubspannungen in der Ebene des Querschnittes verteilen.

Die Forderung, daß diese Spannungen in den Umfangspunkten des Querschnittes immer mit der Tangente an die Begrenzungslinie zusammenfallen müssen, sofern äußere, eine andere Richtung bedingende Kräfte hier nicht angreifen, wird von diesem Verteilungsgesetz erfüllt. In den Punkten der Begrenzungslinie AC, Abb. 4, § 37, fällt die Richtung von τ mit AC zusammen, und in CBD ist $\tau = 0$.

Mit der Veränderlichkeit der Schubspannung ist naturgemäß Krümmung der ursprünglich ebenen Querschnitte verknüpft, bezüglich welcher auf § 52 verwiesen sei.

§ 39. Die Schubspannungen im prismatischen Stabe von beliebigem, jedoch hinsichtlich der Kraftebene symmetrischem Querschnitt.

Es bezeichne unter Bezugnahme auf Abb. 1

S die Schubkraft, die in die Richtung derjenigen Hauptachse fällt, von der vorausgesetzt werde, daß sie Symmetrieebene des Querschnittes ist,

Θ das Trägheitsmoment des Querschnittes in bezug auf diejenige Achse, die zu S senkrecht steht, d. i. die y-Achse,

f die Größe des Querschnittes,

$2y$ die Breite des Querschnittes im Abstande η,

$M_\eta = \int_\eta^e 2\,y\,\eta\,d\,\eta$ das statische Moment der zwischen den Abständen η und e gelegenen (in der Abbildung durch Strichlage hervorgehobenen) Fläche des Querschnittes hinsichtlich der y-Achse,

φ' den Winkel, den die Tangente im Umfangspunkte P' mit der Symmetrieachse einschließt,

τ' die Schubspannung, die in dem um η abstehenden Umfangspunkte P' durch S hervorgerufen wird,

k_s die zulässige Anstrengung des Materials bei Inanspruchnahme auf Schub.

Nach dem Vorgange in § 38 schneiden wir aus dem Stabe (vgl. auch Abb. 1 und 2, § 38) ein Körperelement, Abb. 2, heraus. Auf das im Abstande η gelegene Flächenelement $2\,y\,d\,\eta$ der Stirnfläche AB wirkt die Normalspannung

$$\sigma_\eta = \frac{P\,x}{\Theta}\,\eta\,.$$

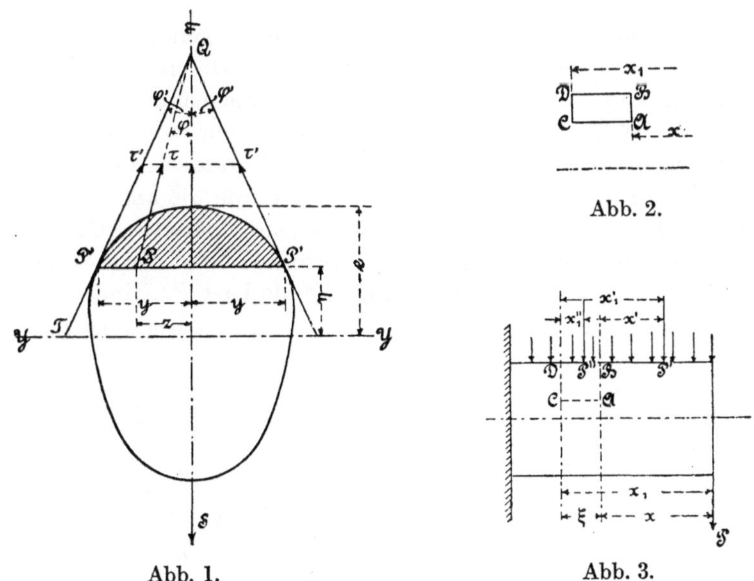

Abb. 1. Abb. 2. Abb. 3.

Hieraus ergibt sich für die Schnittfläche AB von der Größe $\int_\eta^e 2\,y\,d\,\eta$ die Normalkraft

$$N = \int_\eta^e 2\,y\,\sigma_\eta\,d\,\eta = \frac{P\,x}{\Theta}\int_\eta^e 2\,y\,\eta\,d\,\eta = P\,x\,\frac{M_\eta}{\Theta}\,.$$

Für die Stirnfläche CD findet sich auf ganz gleichem Wege die Normalkraft

$$N_1 = P\,x_1\,\frac{M_\eta}{\Theta}\,.$$

Demnach der Überschuß N_1 über N

$$N_1 - N = \frac{P}{\Theta}\,(x_1 - x)\,M_\eta\,.$$

Diese Kraft muß durch Schubspannungen in der Fläche CA, deren Größe gleich $(x_1 - x)\,2\,y$ ist, übertragen werden. Dieselben, in Richtung der Stabachse, also senkrecht zur y-Achse wirkend, seien als gleich groß über die Breite $2\,y$ vorausgesetzt und mit τ_y bezeichnet.

Dann folgt

$$N_1 - N = \tau_y \cdot 2\,(x_1 - x)\,y = \frac{P}{\Theta}\,(x_1 - x)\,M_\eta\,,$$

$$\tau_y = \frac{P}{2y} \cdot \frac{M_\eta}{\Theta} \quad \text{. . . . .} \quad 1)$$

Bei der vorstehenden Entwicklung wurde angenommen, daß die Änderung des biegenden Momentes beim Vorwärtsschreiten von dem einen zu dem anderen der beiden um $x_1 - x$ voneinander abstehenden Querschnitte nach Maßgabe der Abb. 1, § 38, nur von der Kraft P beeinflußt werde. Für den Fall, daß diese Voraussetzung nicht zutrifft, daß vielmehr der Stab, Abb. 3, außer durch die am freien Ende angreifende Kraft P auch noch sonst belastet ist, etwa durch eine Kraft P', durch die gleichmäßig über ihn verteilte Last $q\,l$, sowie durch eine zwischen den beiden Querschnitten angreifende Last P'', findet sich für

die Stirnfläche AB | die Stirnfläche CD

das biegende Moment:

$$P\,x + P'\,x' + q\,\frac{x^2}{2}, \qquad P\,x_1 + P'\,x_1' + q\,\frac{x_1^2}{2} + P''\,x_1'',$$

die Normalspannung σ_η:

$$\frac{P\,x + P'\,x' + p\,\frac{x^2}{2}}{\Theta}\,\eta, \qquad \frac{P\,x_1 + P'\,x_1' + q\,\frac{x_1^2}{2} + P''\,x_1''}{\Theta}\,\eta,$$

die Normalkraft $\int\limits_\eta^e 2y\sigma_\eta d\eta$:

$$N = \frac{P\,x + P'\,x' + q\,\frac{x^2}{2}}{\Theta}\,M_\eta\,, \quad N_1 = \frac{P\,x_1 + P'\,x_1' + q\,\frac{x_1^2}{2} + P''\,x_1''}{\Theta}\,M_\eta\,.$$

Hieraus folgt

$$N_1 - N = \frac{P\,(x_1 - x) + P'\,(x_1' - x') + \frac{q}{2}\,(x_1^2 - x^2) + P''\,x_1''}{\Theta}\,M_\eta\,.$$

Wegen

$$\xi = x_1 - x = x_1' - x',$$

$$\frac{x_1^2 - x^2}{2} = \frac{x_1 + x}{2}\,(x_1 - x) = \xi\,\frac{x_1 + x}{2}$$

wird

$$N_1 - N = \frac{P\,\xi + P'\,\xi + q\,\frac{x_1 + x}{2}\,\xi + P''\,x_1''}{\Theta}\,M_\eta\,.$$

Diese Kraft ist durch die Schubspannungen in der Fläche CA vom Inhalte $2y\xi$ zu übertragen. Soll deren Größe innerhalb dieser Fläche als konstant angenommen werden dürfen, so muß ξ unendlich klein gewählt werden. Dann ergibt sich zunächst

$$N_1 - N = \tau_y \, 2\, y\, \xi$$

und die Schubspannung:

1. für den Querschnitt CD im Abstande $x_1 = x + \xi$ vom freien Ende

$$\tau_y = \frac{P + P' + q\dfrac{x_1 + x}{2} + P''\dfrac{x_1''}{\xi}}{2\, y\, \Theta} M_\eta ,$$

woraus unter Beachtung, daß, wenn ξ unendlich klein ist, $\dfrac{x_1''}{\xi} = 1$ sein muß,

$$\tau_y = \frac{P + P' + q x_1 + P''}{2\, y\, \Theta} M_\eta ;$$

2. für den Querschnitt AB im Abstande x vom freien Ende

$$\tau_y = \frac{P + P' + qx}{2y\Theta} M_\eta .$$

Im ersteren Falle ist

$$P + P' + q\, x_1 + P'' = S$$

und im zweiten

$$P + P' + qx = S.$$

Demnach allgemein

$$\tau_y = \frac{S}{2y} \frac{M_\eta}{\Theta} , \quad \ldots \ldots \ldots \ldots \quad 1)$$

ganz, wie oben schon gefunden[1]).

Dieser Wert, der zunächst nur die wagrechte Schubspannung bestimmt, nach § 30 aber auch gleich der senkrechten Schubspannung in demselben Punkte des in wagrechter Lage gedachten Stabes ist, bedarf noch einer Ergänzung, damit die Forderung befriedigt wird, daß die Schubspannungen in den Querschnittselementen der Umfangspunkte tangential zur Begrenzungslinie gerichtet sind.

Diese Forderung bedingt beispielsweise für das im Punkte P', Abb. 1, gelegene Flächenelement, daß die Schubspannung in die Rich-

---

[1]) Die vorstehende Entwicklung läßt sich kürzer und allgemeiner gestalten, wenn von dem Satze Gebrauch gemacht wird, daß der erste Differentialquotient des biegenden Momentes M_b in bezug auf x gleich der Schubkraft ist, d. h.

$$\frac{d\, M_b}{d x} = S .$$

Aus leicht ersichtlichem Grunde wurde dem eingeschlagenen Wege der Vorzug gegeben.

tung der Tangente $TP'Q$ oder $QP'T$ fällt. Andererseits fanden wir oben, daß die senkrecht zur y-Achse, also parallel zur Richtung der Schubkraft wirkenden Schubspannungen die nach Gleichung 1 bestimmte Größe τ_y besitzen müssen. Beiden Bedingungen wird durch die Annahme Befriedigung, daß die Schubspannung im Punkte P' beträgt

$$\tau' = \frac{\tau_y}{\cos\varphi'} = \frac{S}{2\,y\cos\varphi'}\,\frac{M_\eta}{\Theta} \quad \text{. . . . . 2)}$$

und für den beliebig zwischen $P'\,P'$ gelegenen Querschnittspunkt P

$$\tau = \frac{\tau_y}{\cos\varphi} = \frac{S}{2\,y\cos\varphi}\,\frac{M_\eta}{\Theta} \quad \text{. . . . . 3)}$$

Gleichung 3, aus der sich die Beziehung 2 mit $\varphi = \varphi'$ als Sonderwert ergibt, spricht aus, daß die sämtlichen Schubspannungen in den um η von YY abstehenden Querschnittselementen sich in demselben Punkte Q schneiden und die gleiche Komponente τ_y in der Richtung von S besitzen.

Wegen $\tau' \leqq k_s$ ergibt sich

$$k_s \geqq \frac{S}{2y\cos\varphi'}\,\frac{M_\eta}{\Theta} \quad \text{. . . . . 4)}$$

oder

$$S \leqq k_s \frac{\Theta}{M_\eta}\, 2\,y\cos\varphi' \quad \text{. . . . . 5)}$$

Aus der Gleichung 2 folgt nachstehendes.

a) Rechteckiger Querschnitt, Abb. 2, § 38, da hier

$$2\,y = b \qquad\qquad \varphi' = 0,$$

$$M_\eta = b\left(\frac{h}{2} - \eta\right)\frac{\frac{h}{2}+\eta}{2} = \frac{b}{2}\left(\frac{h^2}{4} - \eta^2\right),$$

$$\tau' = \frac{S}{b}\,\frac{\frac{h}{2}\left(\frac{h^2}{4} - \eta^2\right)}{\frac{1}{12}\,b\,h^3} = \frac{3}{2}\,\frac{S}{b\,h}\left[1 - \left(\frac{\eta}{\frac{h}{2}}\right)^2\right]$$

und für $\eta = 0$

$$\tau_{max} = \frac{3}{2}\,\frac{S}{b\,h} = \frac{3}{2}\,\frac{S}{f},$$

wie schon im § 38 als Gleichung 2 ermittelt.

b) Kreisförmiger Querschnitt, Abb. 4.

$$y = r\sin\psi = r\cos\varphi' \qquad \Theta = \frac{\pi}{4}\,r^4 \qquad f = \pi\,r^2.$$

Das statische Moment M_η des Kreisabschnittes kann unmittelbar bestimmt werden durch Integration oder auch durch die Erwägung, daß der Abstand des Schwerpunktes desselben von der y-Achse

$$\frac{(2y)^3}{12 f_a},$$

sofern f_a den Inhalt des Abschnittes bezeichnet.

$$M_\eta = \frac{(2y)^3}{12 f_a} f_a = \frac{2y^3}{3} = \frac{2r^3 \cos^3 \varphi'}{3}$$

$$\tau' = \frac{S}{2r\cos^2\varphi'} \frac{2r^3\cos^3\varphi'}{3\cdot\frac{\pi}{4}r^4} = \frac{4}{3}\frac{S}{\pi r^2}\cos\varphi' = \frac{4}{3}\frac{S}{f}\cos\varphi' \quad . \quad . \quad 6)$$

oder auch, da

$$\cos\varphi' = \sqrt{1-\cos^2\psi} = \sqrt{1-\left(\frac{\eta}{r}\right)^2}$$

$$\tau' = \frac{4}{3}\frac{S}{f}\sqrt{1-\left(\frac{\eta}{r}\right)^2}.$$

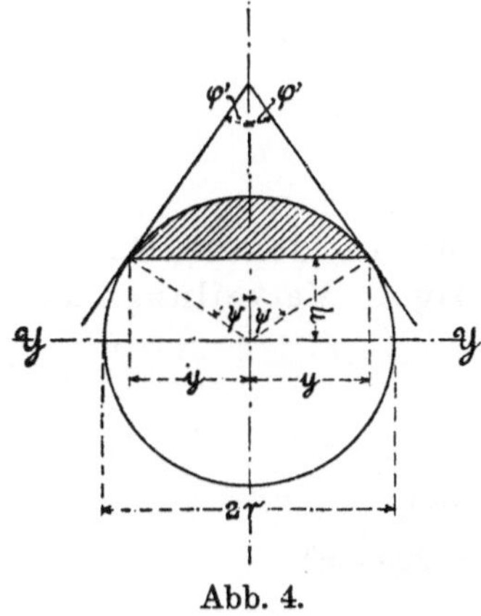

Abb. 4.

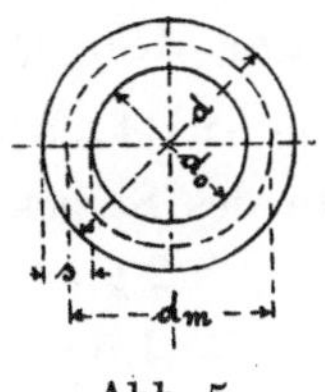

Abb. 5.

Für $\varphi' = 0$, d. i. für die Nullachse, erlangt τ' seinen größten Wert

$$\tau_{max} = \frac{4}{3}\frac{S}{f} \quad . \quad . \quad . \quad . \quad . \quad . \quad . \quad . \quad . \quad . \quad 7)$$

Bei kreisförmigem Querschnitt ergibt sich demnach die Schubspannung in der Nullachse um $33^1/_3\,\%$ größer, als wenn gleichmäßige Verteilung der Schubkraft über den Querschnitt unterstellt wird.

Werden die zu den einzelnen Abständen η gehörigen Werte von τ' als wagrechte Ordinaten aufgetragen, so wird, da

$$\left(\frac{\tau'}{\frac{4}{3}\frac{S}{f}}\right)^2 + \left(\frac{\eta}{r}\right)^2 = 1,$$

das Änderungsgesetz von τ' durch eine Ellipse dargestellt.

c) Kreisringförmiger Querschnitt, Abb. 5.

Unter der Voraussetzung, daß die Wandstärke verhältnismäßig klein, aber doch so groß ist, daß die in § 35 besprochene Gefahr der

Wellenbildung nicht besteht, und daß es sich nur um die Ermittlung der größten, in der Nullachse auftretenden Schubspannung handelt. findet sich mit

$$2\,y = d - d_0 = 2\,s \qquad \varphi' = 0 \qquad d + d_0 = 2\,d_m$$

$$\Theta_z = \frac{\pi}{64}(d^4 - d_0^4) = \frac{\pi}{64}(d^2 + d_0^2)(d + d_0)(d - d_0) = \sim \frac{\pi}{8} d_m^3 s.$$

$$M_\eta = \frac{1}{2}\pi\, d_m\, s \cdot \frac{1}{\pi} d_m = \frac{1}{2} d_m^2 s,$$

$$\tau_{max} = \frac{S}{2\,s}\,\frac{\frac{1}{2} d_m^2 s}{\frac{\pi}{8} d_m^3 s} = 2\,\frac{S}{\pi\, d_m\, s} = 2\,\frac{S}{f}, \quad \ldots\ldots \quad 8)$$

sofern der Querschnitt des Ringes

$$\frac{\pi}{4}(d^2 - d_0^2) = \pi\, d_m\, s = f.$$

Hiernach erscheint die Schubspannung in der Nullachse um 100% größer als bei gleichmäßiger Verteilung der Schubkraft über den Querschnitt.

d) I-Querschnitt, Abb. 6.

In der Mitte des Steges ist

$$2\,y = 1{,}5 \text{ cm} \qquad \varphi' = 0,$$

$$M_\eta = 1{,}5 \cdot 8 \cdot 4 + 10 \cdot 2 \cdot 9 = 228 \text{ cm}^3$$

$$\Theta = \frac{1}{12}(10 \cdot 20^3 - 8{,}5 \cdot 16^3) = 3765 \text{ cm}^4,$$

$$\tau_{max} = \frac{S}{1{,}5}\,\frac{228}{3765} = 0{,}0404\, S.$$

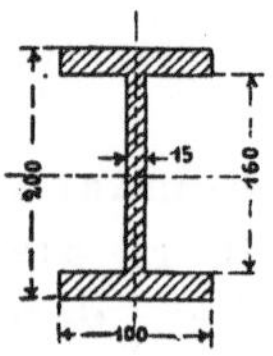

Wegen

$$f = 10 \cdot 20 - 8{,}5 \cdot 16 = 64 \text{ qcm}$$

wird

$$\tau_{max} = 2{,}59\,\frac{S}{f}.$$

Abb. 6.

Streng genommen ist für Querschnitte dieser Art, bei denen sich die Breite $2\,y$ und der Winkel φ' beim Übergang des Steges in die Flanschen plötzlich ändern, die Gleichung 2 nicht mehr richtig; jedenfalls kann sie für die Beurteilung der Schubspannungen an dieser Übergangsstelle und in der Nähe derselben ganz unzutreffende Werte liefern. Da, wo ein so plötzlicher Wechsel in der Breite des Querschnittes eintritt, muß die oben gemachte Voraussetzung des Gleichbleibens von τ_y über die ganze Breite $2\,y$ unzulässig werden.

Die Gleichung 3 und ihre Sonderwerte beruhen auf der Voraussetzung einer unveränderlichen Schubzahl. Bei Materialien, für welche diese Voraussetzung nicht zutrifft, wie z. B. bei Gußeisen, werden dieselben unter Umständen zu mehr oder minder bedeutenden Unrichtigkeiten führen können.

§ 40. Schubversuche.

Dieselben pflegen durchgeführt zu werden nach Maßgabe der Abb. 1, § 37, S. 400, oder insbesondere für Rundstäbe mit der in Abb. 1 dargestellten Einrichtung, wobei der Versuchsstab in zwei Querschnitten, also doppelschnittig, durchgeschert wird.

Abb. 1.

Bedeutet S die Kraft, die erforderlich ist, um den Stab vom Querschnitte f abzuscheren, so wird der Quotient

$$\frac{S}{f} \text{ (Verfahren Abb. 1, § 37, S. 400),}$$

bzw.

$$\frac{S}{2f} \text{ (Verfahren Abb. 1)}$$

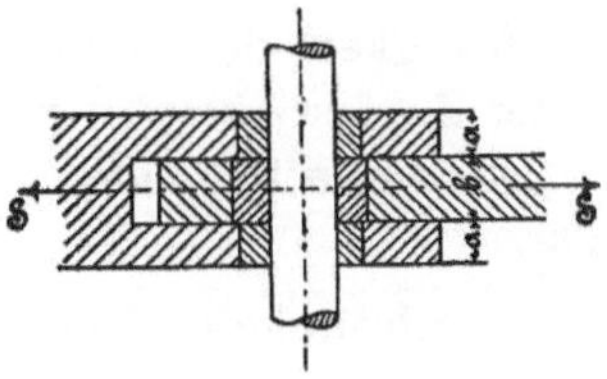

als Schubfestigkeit oder Scherfestigkeit des Materials bezeichnet. Der letztere Ausdruck erscheint als der zutreffendere. Es wird namentlich durch das Verfahren, wie es Abb. 1, § 37, S. 400, andeutet, weniger die Widerstandsfähigkeit ermittelt, die bei einem auf Schub beanspruchten Konstruktionsteil nach Maßgabe der Betrachtungen in den §§ 38 und 39 in Frage steht, als vielmehr diejenige Kraft, die erforderlich ist, um den Stab durchzuschneiden. Aus diesem Grunde hat es auch Bedenken, von der so ermittelten Scherfestigkeit auf die zulässige Schubanstrengung zu schließen. In dieser Beziehung sei insbesondere noch auf folgendes hingewiesen.

Nach Gleichung 6, § 31, besteht für durchaus gleichartiges Material zwischen der Schub- und Zuganstrengung die Beziehung

$$k_s = 0{,}75\, k_z \text{ bis } 0{,}8\, k_z.$$

Weiter ist beispielsweise nach Gleichung 2, § 38, für einen Stab von rechteckigem Querschnitt

$$\tau_{max} = \frac{3}{2}\frac{S}{b\,h} = \frac{3}{2}\frac{S}{f},$$

woraus wegen $\tau_{max} \leqq k_z$

$$k_s \geqq \frac{3}{2}\frac{S}{f}, \qquad \frac{3}{2}\frac{S}{f} \leqq 0{,}75\, k_z \text{ bis } 0{,}8\, k_z.$$

$$\frac{S}{f} \leqq 0{,}5\, k_z \text{ bis } 0{,}53\, k_z.$$

Abscherversuche mit Schmiedeisen und zähem Stahl, in einer der beiden beschriebenen Weisen angestellt, liefern die Scherfestigkeit = 0,67 bis 0,8 der Zugfestigkeit, also wesentlich höher.

Für kreisförmigen Querschnitt ist nach Gleichung 7, § 39,

$$\tau_{max} = \frac{4}{3}\frac{S}{f},$$

woraus

$$\frac{S}{f} \leqq 0{,}56\,k_z \text{ bis } 0{,}6\,k_z.$$

Abscherversuche, nach Abb. 1, S. 413, durchgeführt, pflegen die Scherfestigkeit des Schmiedeisens und des zähen Stahles zu 0,75 bis 0,8 der Zugfestigkeit zu geben, also ebenfalls wesentlich größer.

Die unten folgenden Versuche mit gußeisernen Rundstäben liefern sogar

Scherfestigkeit: Zugfestigkeit = 1620 : 1595 = 1,02 : 1,
bzw. 1967 : 1679 = 1,17 : 1.

Dieses abweichende Verhalten des Gußeisens gegenüber Schmiedeisen und Stahl erklärt sich in erster Linie aus der Veränderlichkeit der Schubzahl β (Dehnungszahl α).

Für die Beurteilung der beiden Prüfungsverfahren kommt sodann weiter in Betracht der oben festgestellte Umstand, daß die wirkende Schubkraft von einem biegenden Moment begleitet wird. Bei dem durch Abb. 1, § 37, S. 400, angedeuteten Vorgang läßt sich dasselbe allerdings auf einen nicht bedeutenden Betrag herabdrücken, dagegen tritt es stark auf bei dem Verfahren nach Abb. 1, S. 411: wir haben tatsächlich einen im mittleren Teile (innerhalb der Strecke b) belasteten und nach außen aufliegenden Stab. Eine scharfe Beobachtung zeigt auch deutlich, daß der Versuchskörper durch die Belastung zunächst eine Durchbiegung erfährt, und dann erst abgeschert wird. Ist das Material spröde, wie z. B. Gußeisen, so erfolgt zunächst Bruch des Stabes durch das biegende Moment, und zwar innerhalb der Strecke b; erst später (bei höherer Belastung) tritt das Abscheren ein. In dieser Hinsicht geben die nachstehenden Versuche des Verfassers lehrreichen Aufschluß.

Rundstäbe von 20,0 mm Durchmesser (f = 3,14 qcm), aus Gußeisen gedreht, geprüft nach dem Verfahren Abb. 1, S. 411.

Nr. 1. Bei der Belastung S = 3000 kg bricht der Stab infolge Biegung, der Waghebel der Maschine sinkt. Der Versuch wird fortgesetzt, hierbei steigt die Belastung allmählich bis $S = 10200$ kg, welche Kraft das Abscheren herbei führt[1]).

Abb. 2 (Taf. XXII) zeigt den an den Enden auf die Länge b abgescherten und im mittleren Teile durch Biegung gebrochenen Stabteil. Die von dem biegenden Moment gezogenen Fasern sind gerissen, während die gedrückten zum Teil noch unangegriffen erscheinen.

Die Scherfestigkeit beträgt $\frac{10200}{2 \cdot 3{,}14} = 1624$ kg/qcm.

Nr. 2. Bei der Belastung $S = 2825$ kg bricht der Stab infolge der Biegung (d. h. die gezogenen Fasern zerreißen), bei $S = 9950$ kg erfolgt das Abscheren.

$$\text{Scherfestigkeit} = \frac{9950}{2 \cdot 3{,}14} = 1584 \text{ kg/qcm.}$$

Nr. 3. Verhalten ganz wie bei Nr. 1 und 2, $S = 3350$ kg beziehungsweise 10370 kg.

$$\text{Scherfestigkeit} = \frac{10370}{2 \cdot 3{,}14} = 1651 \text{ kg/qcm.}$$

Durchschnitt der Scherfestigkeiten

$$= \frac{1624 + 1584 + 1651}{3} = 1620 \text{ kg/qcm.}$$

Eine genaue Bestimmung der Biegungsfestigkeit ist nicht möglich, da die Feststellung des biegenden Momentes M_b die Kenntnis der Verteilung der Belastung über die Strecken a, b und a voraussetzt, und überdies neben der Biegungsanstrengung auch Schubanstrengung stattfindet. Außerdem kommt noch der Einfluß der Reibungskräfte in Betracht, die durch die Biegung des Stabes in den Auflagerflächen wach gerufen werden. (Vgl. § 46 oder auch Zeitschrift des Vereines deutscher Ingenieure 1888, Fußbemerkung auf S. 224 u. f.) Wird in Übereinstimmung mit Abb. 3 gleichmäßige Verteilung unterstellt und der Einfluß des Reibungswiderstandes vernachlässigt, so wäre

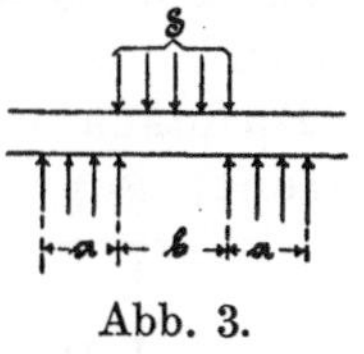

Abb. 3.

$$M_b = \frac{S}{2}\left(\frac{a}{2} + \frac{b}{2} - \frac{b}{4}\right) = \frac{S}{4}\left(a + \frac{b}{2}\right)$$

und, da im vorliegenden Falle

$$a = 2{,}2 \text{ cm} \qquad b = 3{,}0 \text{ cm} \qquad \frac{\Theta}{e} = \frac{\pi}{32} 2^3,$$

[1]) Diese 1884 vom Verfasser festgestellte Erscheinung der Aufeinanderfolge des Biegungsbruches und des Abscherens sowie der große Unterschied zwischen den betreffenden Belastungen sind um so bemerkenswerter, als die Biegungsfestigkeit gußeiserner Rundstäbe das Doppelte der Zugfestigkeit übersteigt. (Vgl. § 22, Ziff. 2.)

die Biegungsfestigkeit K_b

für Nr. 1 $$\frac{\frac{3000}{4}(2{,}2+1{,}5)}{\frac{\pi}{32}\cdot 2^3} = \frac{3000\cdot 3{,}7}{3{,}14} = \sim 3530 \text{ kg/qcm},$$

für Nr. 2 $$\frac{2825\cdot 3{,}7}{3{,}14} = \sim 3330 \text{ kg/qcm},$$

für Nr. 3 $$\frac{3350\cdot 3{,}7}{3{,}14} = \sim 3950 \text{ kg/qcm},$$

im Durchschnitt $K_b = 3603$ kg/qcm.

Die Zugprobe mit denselben Rundstäben hatte ergeben die Zugfestigkeit

für Nr. 1 . . . . 1560 kg/qcm
,, Nr. 2 . . . . 1586 ,,
,, Nr. 3 . . . . 1640 ,,

im Durchschnitt $K_z = 1595$ kg/qcm.

Nach § 22, Ziff. 2, Gußeisen *A*, S. 292, Nr. 6, wäre hieraus auf eine Biegungsfestigkeit von

$$K_b = 2{,}12\,K_z = 1595\cdot 2{,}12 = 3381 \text{ kg/qcm}$$

zu schließen, welche Größe nicht sehr bedeutend abweicht von derjenigen, die auf Grund der Annahme gleichmäßiger Verteilung der Kräfte über die Strecken *a*, *b* und *a* erhalten wurde. Würde der das biegende Moment vermindernde Einfluß der Reibung berücksichtigt worden sein, so wäre eine noch weiter gehende Übereinstimmung eingetreten.

Rundstäbe von rund 24 mm Durchmesser, aus Gußeisen gedreht, geprüft nach Abb. 1, S. 411.

Nr.	Durchmesser d	Querschnitt $\frac{\pi}{4}d^2$	Belastung S beim Bruch durch		Scherfestigkeit $K_s = S_2 : 2\frac{\pi}{4}d^2$
			Biegung S_1	Abscheren S_2	
	cm	qcm	kg	kg	kg/qcm
1	2,38	4,45	7600	17650	1983
2	2,37	4,41	8250	17060	1934
3	2,38	4,45	8450	17750	1994
				Durchschnitt	1970

Die Zugfestigkeit der drei Stäbe war vorher zu

$$K_z = \frac{1766+1621+1649}{3} = 1679 \text{ kg/qcm}$$

ermittelt worden.

Wird Schmiedeisen der Prüfung nach Abb. 1, S. 411, unterworfen, so erfolgt allerdings vor dem Abscheren kein Bruch, weil das Material dem biegenden Momente gegenüber eine genügend weitgehende Formänderung zuläßt. Da aber bei Konstruktionsteilen derartige Formänderungen in der Regel nicht statthaft erscheinen, so erhellt, daß selbst in Fällen der Beanspruchung, wie sie durch Abb. 1, S. 411, dargestellt wird, die Berechnung auf Biegung — wenigstens der Regel nach — maßgebend ist[1]).

[1]) In dieser Hinsicht bringt die Literatur noch häufig irrtümliche Angaben, obgleich sie hiermit schon seit langer Zeit und naturgemäß im Widerspruch mit dem steht, was zweckmäßigerweise tatsächlich ausgeführt wird. So pflegt beispielsweise in Beziehung auf die Gelenkbolzen bei Dachkonstruktionen u. dgl., für die Keile der Keilverbindungen, die Bolzen gewisser Schraubenverbindungen, die Zähne der Sperräder usf. angegeben zu werden, daß dieselben auf Schub oder gegen Abscheren zu berechnen seien. Hinsichtlich der Gelenkbolzen und ähnlicher Teile dürfte das oben Erörterte zur Klarstellung ausreichen (vgl. auch § 52, Ziff. 1a), betreffs der Keile, Gewindegänge usf. sei auf des Verfassers Maschinenelemente 1880, S. 41 u. f. (Taf. 1, Abb. 28 und 30) bzw. S. 50, S. 238, 1891/92, S. 80 u. f., S. 92 usw. verwiesen. Recht lehrreich sind in dieser Hinsicht Abbildungen der Durchschnitte von Versuchskörpern, bei denen durch Eisenbolzen verbundene Holzstücke gegeneinander verschoben werden. S. Abb. 4 und 5.

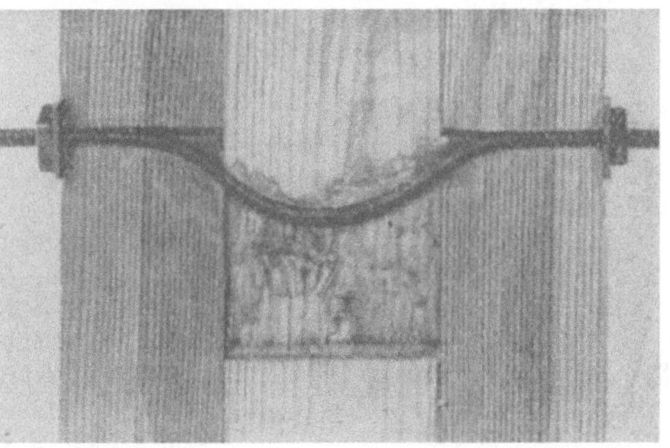

Abb. 4.

Abb. 5.

In bezug auf Sperrzähne möge das Folgende bemerkt werden.

Die Kraft P, Abb. 6, im ungünstigsten Falle außen im Punkt B angreifend (vgl. den vorletzten Absatz dieser Fußbemerkung), ergibt in bezug auf den zunächst beliebig unter dem Winkel φ angenommenen Bruchquerschnitt AX mit dem Schwerpunkt M ein Kräftepaar vom Moment Px, das auf Biegung wirkt, ferner eine Schubkraft $S = P \sin \varphi$ und eine Druck-

Durch Verminderung von b und a kann allerdings das biegende Moment verringert werden; gleichzeitig wächst aber dann die Pressung $S : b\,d$ gegen die Mantelfläche des Rundstabes. Hierdurch aber wird der Verringerung von a und damit auch derjenigen des biegenden Momentes eine Grenze gezogen.

Da die Widerstandsfähigkeit des Stabes vom Durchmesser d gegen Biegung der dritten Potenz von d, gegen Schub dagegen nur der zweiten Potenz von d proportional ist, so muß das Prüfungs-

---

kraft $N = P \cos \varphi$, welch' letztere in der Regel ohne weiteres vernachlässigt werden kann.

Bezeichnet b die Breite der Sperrzähne, so findet sich die größte Biegungsanstrengung σ des Materials nach Gleichung 10, § 16, zu

$$\sigma = \frac{P x}{\frac{1}{6} b h^2} = 6 \frac{P x}{b h^2}.$$

Es ist nun derjenige Querschnitt festzustellen, für welchen σ den größten Wert erlangt, was bei im allgemeinen beliebiger Gestalt der Begrenzungslinie des Zahnes am einfachsten durch Ausproben geschieht und wobei der Einfluß des Ausrundungshalbmessers bei A zu beachten ist. (S. auch § 52 und § 56, insbesondere Ziff. 3 des letzteren.)

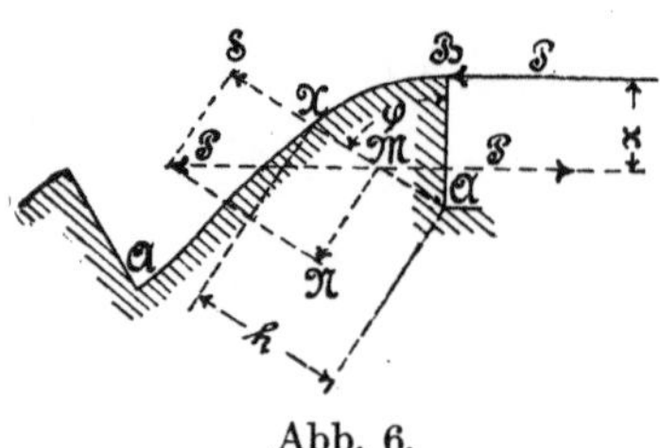

Abb. 6.

Zur Biegungsspannung tritt nun allerdings die Schubanstrengung. Wie in § 52 unter Ziff. 1b erörtert werden wird, ergibt sich jedoch für den rechteckigen Querschnitt, daß die Biegungsanstrengung allein maßgebend ist, solange

$$\frac{x}{\sin \varphi} \geqq 0{,}325\, h,$$

d. h. solange

$$x \geqq 0{,}325\, h \sin \varphi.$$

Diese Bedingung wird fast ausnahmslos erfüllt sein, infolgedessen Sperrzähne ebenso ausnahmslos auf Biegung zu berechnen sind.

Indem der Bruchquerschnitt durch A geführt wird, wie oben geschehen, ist vorausgesetzt, es habe die Begrenzungslinie des Zahnes eine solche Form, daß die Widerstandsfähigkeit der oberhalb A möglichen Bruchquerschnitte einen größeren oder mindestens den gleichen Wert besitzt. Wird P als ganz außen angreifend angenommen, wie in Abb. 6 gezeichnet, so trifft diese Voraussetzung bei den üblichen Zahnformen allerdings nicht zu, wohl aber dann, wenn die Angriffslinie von P — in Übereinstimmung mit der Wirklichkeit — um eine kleine Strecke von B nach innen verlegt wird. Beim Entwerfen pflegt man in der Weise vorzugehen, daß die Begrenzungslinie des Zahnes gewählt und sodann untersucht wird, ob die Beanspruchung die zulässige Anstrengung des Materials in keinem der möglichen Bruchquerschnitte überschreitet. Bei Inbetrachtziehung von Querschnitten, die oberhalb A gelegen sind, ist sinngemäß in der gleichen Weise vorzugehen, wie oben für den durch A gehenden Querschnitt dargelegt wurde.

Über den Einfluß scharfer oder wenig ausgerundeter Ecken (hier bei A) vgl. das S. 560 u. f. Bemerkte. Die Spannungen fallen bei plötzlicher und sehr rascher Querschnittsänderung höher aus, als die obige Rechnung ergibt.

verfahren nach Abb. 1, S. 411, für das gleiche Material unter sonst gleichen Verhältnissen Werte für die Schubfestigkeit $S:f$ liefern, die von d abhängig sind. Durch die großen Pressungen gegen die Mantelflächen der abzuscherenden Zylinder, welche Kräfte ihrerseits gegenüber dem Bestreben des Stabes, auf der Unterlage zu gleiten, Reibungskräfte wachrufen (vgl. § 46), findet allerdings eine weitere Trübung dieses Verhältnisses statt.

Das vorstehend Erörterte führt zu dem Ergebnis, daß die Schubversuche, wie sie angestellt zu werden pflegen, weder geeignet sind, die Richtigkeit der Hauptgleichung (2, § 39) zu prüfen, noch die Unterlagen für die zulässigen Schubanstrengungen mit der wünschenswerten Genauigkeit zu liefern. Eine unmittelbare und genaue Prüfung der Gleichung 2, § 39, auf dem Wege des Versuches begegnet erheblichen Schwierigkeiten. Dieselben erwachsen aus dem Umstande, daß die Schubkraft immer von einem biegenden Moment begleitet ist, und daß da, wo dessen Einfluß zurücktritt, so bedeutende Kräfte auf verhältnismäßig kleine Teile der Mantelfläche des Stabes zusammengedrängt wirken müssen, daß die den weiteren Entwicklungen zugrunde liegende Voraussetzung des Nichtvorhandenseins von Normalspannungen senkrecht zur Stabachse — und unter Umständen diejenige des Nichtauftretens von senkrecht zur Stabachse stehenden Schubanstrengungen, die in Ebenen wirken, die sich in Parallelen zur Achse schneiden — unerfüllt bleibt. (Vgl. auch den Schluß von § 71.)

Dritter Abschnitt.

Formänderungsarbeit gerader stabförmiger Körper bei Beanspruchung auf Zug, Druck, Biegung, Drehung oder Schub.

§ 41. Arbeit der Längenänderung.

Ein prismatischer Stab von der Länge l und dem Querschnitt f sei an dem einen Ende festgehalten, am anderen freien Ende durch eine von Null an stetig wachsende Kraft P belastet. Er erfährt hierdurch eine Verlängerung. Solcher Änderungen der Länge sind nach Maßgabe der Darlegungen in § 4 und § 5 dreierlei zu unterscheiden:

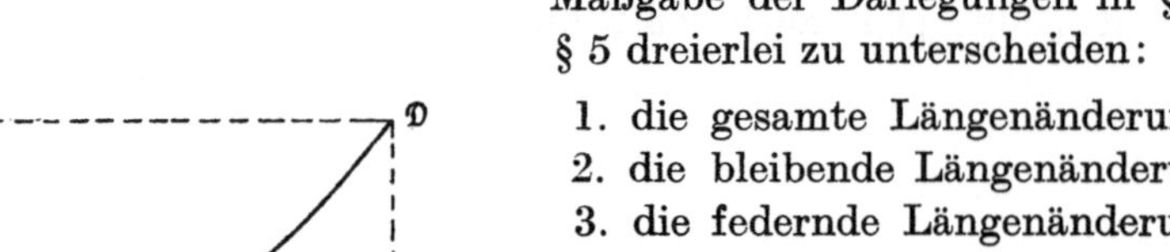

Abb. 1.

1. die gesamte Längenänderung λ,
2. die bleibende Längenänderung λ',
3. die federnde Längenänderung λ'',

die mit der Kraft P in einem solchen Zusammenhange stehen, daß

$$\lambda = f_1(P) \quad \text{oder} \quad P = F_1(\lambda),$$
$$\lambda' = f_2(P) \quad ,, \quad P = F_2(\lambda'),$$
$$\lambda'' = f_3(P) \quad ,, \quad P = F_3(\lambda'').$$

Handelt es sich beispielsweise um einen Lederriemen, bei dem die Verlängerungen langsamer wachsen als die Belastungen, so zeigt die Linie, die durch $\lambda = f_1(P)$ oder $P = F_1(\lambda)$ bestimmt wird, etwa den in Abb. 1 skizzierten Verlauf. Die mechanische Arbeit, die aufzuwenden ist, den Riemen z. B. um $\lambda = \overline{OQ_2}$ zu verlängern, wozu die von Null an gewachsene Belastung $P = \overline{OQ_1} = \overline{Q_2Q}$ gehört, wird dargestellt durch die schraffierte Fläche OQQ_2 von der Größe

$$A_1 = \int_0^\lambda P\, d\lambda = \int_0^\lambda F_1(\lambda)\, d\lambda \quad \ldots\ldots\ldots \quad 1)$$

Davon ist zu bleibender Formänderung verwendet worden

$$A_2 = \int_0^{\lambda'} P\,d\lambda' = \int_0^{\lambda'} F_2(\lambda')\,d\lambda', \quad \ldots \ldots \ldots 2)$$[1]

somit die mechanische Arbeit, die der Körper infolge seiner Elastizität in sich aufgespeichert hat, und die er bei der Entlastung wieder zurückzugeben in der Lage ist,

$$A_3 = A_1 - A_2 = \int_0^{\lambda''} P\,d\lambda'' = \int_0^{\lambda''} F_3(\lambda'')\,d\lambda'' \quad . . \ 3)$$

Die Elastizitätslehre, indem sie sich lediglich mit den elastischen Formänderungen beschäftigt, pflegt nur die diesen Formänderungen entsprechende Arbeit als Formänderungsarbeit (Deformationsarbeit) in Betracht zu ziehen und überdies vorauszusetzen, daß Proportionalität zwischen Dehnungen und Spannungen besteht, daß also die Dehnungslinie eine Gerade ist, wie z. B. in Abb. 1, § 2, bis zum Punkte A.

Unter dieser Voraussetzung findet sich, wenn im folgenden die Formänderungsarbeit, in dem soeben bezeichneten Sinne aufgefaßt, mit A und die elastische Längenänderung kurz mit λ bezeichnet wird, die Arbeit der Längenänderung

$$A = \frac{1}{2} P\lambda = \frac{1}{2} f\sigma\lambda,$$

und da nach § 2, sofern Kräfte senkrecht zur Stabachse nicht wirken,

$$\lambda = \alpha\sigma l$$

$$A = \frac{1}{2}\alpha\sigma^2 f l = \frac{1}{2}\alpha\sigma^2 V, \quad \ldots \ldots \ldots 4)$$

d. h. die Arbeit der Längenänderung ist proportional dem Volumen $V = fl$ des Stabes und dem Quadrate der Spannung.

Wird σ durch die verhältnismäßige Dehnung ε ersetzt nach Maßgabe der Gleichung

$$\varepsilon = \alpha\sigma,$$

so folgt

$$A = \frac{1}{2\alpha}\varepsilon^2 f l = \frac{1}{2\alpha}\varepsilon^2 V \quad \ldots \ldots \ldots 5)$$

Handelt es sich um einen Körper von veränderlichem Querschnitt wie Abb. 1, § 6, so ergibt sich unter der Voraussetzung, daß die Dehnungszahl α konstant ist, und Kräfte senkrecht zur Stabachse nicht tätig sind, die Arbeit A mit Annäherung[2]) durch folgende Erwägung.

---

[1]) Im Falle elastischer Nachwirkung wird ein Teil von A_2 wieder frei werden können.

[2]) Mit Annäherung namentlich deshalb, weil die Spannungen in sämtlichen Punkten eines Querschnittes nicht die gleiche Richtung haben können. Die Spannung im Schwerpunkt des Querschnittes fällt allerdings in die Stabachse, steht also senkrecht zu letzterem, dagegen werden beispielsweise die Spannungen in den auf der Umfangslinie des Querschnitts liegenden Elementen die Richtung der Mantellinien des Stabes besitzen, also geneigt gegen die Stabachse sein müssen.

Damit das im Abstande x von der freien Stirnfläche des Stabes, Abb. 1, § 6, gelegene Körperelement $f\,d\,x$ in der Richtung von x um $d\,x$ gedehnt wird, wobei die Spannung

$$\sigma = \frac{\varepsilon}{\alpha}$$

eintritt, bedarf es der Aufwendung einer Arbeit

$$dA = \frac{1}{2} f \sigma \cdot \varepsilon dx = \frac{1}{2\alpha} f \varepsilon^2 dx = \frac{\alpha}{2} f \sigma^2 dx.$$

Folglich die Arbeit, welche die Formänderung des ganze Stabes fordert,

$$A = \frac{1}{2\alpha} \int_0^l \varepsilon^2 f dx = \frac{\alpha}{2} \int_0^l \sigma^2 f dx \quad \ldots\ldots\ldots \quad 6)$$

Für den Fall, daß der Stab ein Prisma, wird hieraus

$$A = \frac{1}{2\alpha} \varepsilon^2 f l = \frac{\alpha}{2} \sigma^2 f l,$$

wie oben bereits ermittelt worden ist[1]).

Bei den vorstehenden Erörterungen wurde vorausgesetzt, daß die Belastung von Null an stetig wächst, so daß in jedem Augenblick Gleichgewicht vorhanden ist zwischen der äußeren belastenden Kraft und den hierdurch wachgerufenen inneren Kräften. Wird nun der Stab plötzlich der Einwirkung der ganzen Kraft P überlassen, ohne daß jedoch ein Stoß hierbei stattfindet, d. h. ohne daß der zweite, den Stab belastende Körper diesen mit einer gewissen Geschwindigkeit trifft, so erhebt sich die Frage nach der Größe der Anstrengung σ, die das Material in dem Augenblick der größten Verlängerung λ des Stabes erleidet. Bei der im folgenden gegebenen Beantwortung, wobei ein prismatischer Stab zugrunde gelegt wurde, soll von dem Einflusse der Zeit auf die Ausbildung der Formänderung abgesehen werden.

Unter der Voraussetzung unveränderlicher Größe der Dehnungszahl α beträgt die Arbeit, welche die Überwindung der inneren, durch die Dehnung wachgerufenen Kräfte bei der Verlängerung λ fordert,

$$\frac{1}{2} \lambda f \sigma.$$

Dieselbe muß gleich sein derjenigen mechanischen Arbeit, welche die äußere Kraft P verrichtet, indem sie in ihrer Richtung um λ fortschreitet, d. i. $P\,\lambda$. Also

$$P \lambda = \frac{1}{2} \lambda f \sigma,$$

---

[1]) In bezug auf Stäbe, deren Querschnitt sich plötzlich ändert, vgl. Fußbemerkung S. 423.

woraus

$$\sigma = 2\frac{P}{f},$$

d. h. die den Stab mit ihrer ganzen Größe plötzlich, jedoch ohne Stoß belastende Kraft P veranlaßt eine doppelt so große Anstrengung des Materials, als wenn P von Null an stetig gewachsen wäre[1]).

Nachdem der Stab sich um λ gedehnt hat, in welchem Augenblick $\sigma f = 2P$ ist, werden die inneren Kräfte, da sie um P größer sind als die äußeren Kräfte P, eine Wiederverkürzung einleiten, die für den Fall vollkommener Elastizität und abgesehen von Widerständen die Stablänge auf l zurückbringt; hieran schließt sich neuerlich eine Verlängerung usf.: der Stab wird Schwingungen vollführen, die, wegen der in Wirklichkeit vorhandenen Widerstände fort und fort abnehmend, schließlich Null werden.

§ 42. Arbeit der Biegung.

Der Körper sei in der Weise gestützt und belastet, daß der Fall der einfachen Biegung vorliegt (III, § 16). Unter Vernachlässigung der Schubkräfte sowie der örtlichen Zusammendrückung, die der Körper da erfährt, wo die äußeren Kräfte auf die Oberfläche wirken, und unter der Voraussetzung, daß die Dehnungszahl α konstant ist, ergibt sich die Biegungsarbeit durch folgende Betrachtung.

Um das im Abstande η von der Nullachse gelegene, streifenförmige Körperelement vom Querschnitt df und der Länge dx (in Richtung der Stabachse), Abb. 6 und 7, § 16, so zu dehnen, daß dessen Länge die verhältnismäßige Dehnung ε erfährt, wobei die Normalspannung

$$\sigma = \frac{\varepsilon}{\alpha}$$

eintritt, ist eine Arbeit

$$dA = \frac{\sigma\, df}{2}\varepsilon\, dx = \frac{\alpha}{2}\sigma^2\, df\, dx$$

erforderlich.

Unter der Annahme, daß die Ebene des den Stab biegenden Kräftepaares vom Momente M_b die eine der beiden Hauptachsen des Quer-

---

[1]) Daraus darf jedoch nicht geschlossen werden, daß die dynamische Beanspruchung auf das Doppelte der statischen beschränkt sei, wie man sofort erkennt, wenn im Auge behalten wird, daß die belastenden Kräfte mit Massen verknüpft zu sein pflegen, die im Falle von Geschwindigkeit lebendige Kräfte in sich enthalten.

schnittes, dessen Trägheitsmoment in bezug auf die andere Hauptachse mit Θ bezeichnet sei, in sich enthält, gilt nach Gleichung 9, § 16,

$$\sigma = \frac{M_b}{\Theta} \eta .$$

Infolgedessen

$$d A = \frac{\alpha}{2} \frac{M_b^2}{\Theta^2} \eta^2 \, d f \, d x$$

und hiermit die mechanische Arbeit, welche die Biegung des ganzen Körpers beansprucht,

$$A = \frac{\alpha}{2} \int \frac{M_b^2}{\Theta^2} d x \int \eta^2 d f = \frac{\alpha}{2} \int \frac{M_b^2}{\Theta} d x , \quad . \quad . \quad . \quad . \quad 1)$$

wobei die Integration sich auf die ganze Länge des Stabes zu erstrecken hat.

Für den Fall Abb. 1, § 16, — der prismatische Stab ist an dem einen Ende befestigt, am anderen, freien Ende durch die Kraft P belastet — findet sich, sofern man, von B nach A hin schreitend, $(l - x)$ mit ξ bezeichnet und dementsprechend $M_b = P \xi$ einführt sowie $d x$ durch $d \xi$ ersetzt,

$$A = \frac{\alpha}{2} \int_0^l \frac{P^2 \xi^2}{\Theta} d \xi = \frac{\alpha}{6} \frac{P^2}{\Theta} l^3 .$$

Diese Gleichung gestattet eine sehr rasche Feststellung der Durchbiegung y des freien Stabendes durch die Erwägung, daß die mechanische Arbeit, welche die stetig von Null bis auf P gewachsene Belastung beim Sinken um y verrichtet, d. i.

$$\frac{1}{2} P y ,$$

gleich A sein muß.

Demnach

$$\frac{1}{2} P y = \frac{\alpha}{6} \frac{P^2}{\Theta} l^3 ,$$

$$y = \frac{\alpha}{3} \frac{P}{\Theta} l^3 ,$$

welches Ergebnis in Übereinstimmung mit Gleichung 4, § 18, steht, sofern man in letzterer die hier nicht vorhandene Belastung Q gleich Null setzt.

Wird die Anstrengung an der Befestigungsstelle im Abstande $\eta = e_1$ von der Nullachse mit k_b bezeichnet, so folgt

$$P l = k_b \frac{\Theta}{e_1}$$

und damit

$$A = \frac{\alpha}{6} k_b^2 \frac{\Theta}{e_1^2} l.$$

Wenn

$$\Theta = \iota f e_1^2$$

gesetzt wird, was z. B. ergibt für den rechteckigen Querschnitt

$$\Theta = \frac{1}{12} b h^3 = \iota b h \left(\frac{h}{2}\right)^2 \qquad \iota = \frac{1}{3},$$

für den kreisförmigen Querschnitt

$$\Theta = \frac{\pi}{64} d^4 = \iota \frac{\pi}{4} d^2 \left(\frac{d}{2}\right)^2 \qquad \iota = \frac{1}{4},$$

so findet sich unter Beachtung, daß fl gleich dem Stabvolumen V,

$$A = \frac{\alpha}{6} \iota k_b^2 f l = \frac{\alpha}{6} \iota k_b^2 V, \quad \ldots\ldots \quad 2)$$

d. h. die Biegungsarbeit ist proportional dem Volumen des Stabes und dem Quadrate der Materialanstrengung[1]).

Handelt es sich um einen Körper von gleichem Widerstande gegen Biegung (§ 19), so ist

$$k_b = \frac{M_b}{\Theta} e$$

für die einzelnen Querschnitte konstant, wobei unter e der Abstand der hinsichtlich der größten Anstrengung maßgebenden Faser verstanden werden soll. Durch Einführung des hieraus folgenden Wertes von M_b in Gleichung 1 wird

$$A = \frac{\alpha}{2} \int \left(\frac{\Theta k_b}{e}\right)^2 \frac{dx}{\Theta} = \frac{\alpha}{2} k_b^2 \int \frac{\Theta}{e^2} dx,$$

und mit Rücksicht darauf, daß $\Theta = \iota f e^2$,

$$A = \frac{\alpha}{2} \iota k_b^2 \int_0^l f dx = \frac{\alpha}{2} \iota k_b^2 V \quad \ldots\ldots \quad 3)$$

[1]) Bei Stäben, deren Querschnitt sich auf kurze Strecken plötzlich und erheblich ändert, ist das Arbeitsvermögen, das der Stab bis zur eintretenden Spannung k_b — die im schwächsten Querschnitt sich einstellende ist maßgebend — zu leisten vermag, gering, weil das in Betracht kommende Volumen des Stabteiles mit dem kleinsten Querschnitt nicht groß ist; während gerade infolge der plötzlichen Querschnittsänderung an den mehr oder minder scharfen einspringenden Ecken weitergehende Anforderungen an das Arbeitsvermögen des Materials gestellt werden.

Diese Bemerkung gilt für alle Arten der Beanspruchung. (Vgl. auch § 9, Ziff. 1.)

Bei der S. 145 besprochenen Kerbschlagprobe beruht das Prüfungsverfahren gerade auf dieser örtlichen Begrenzung der Dehnung.

Hiernach ist die Biegungsarbeit eines Körpers von gleichem Widerstand bei bestimmter Querschnittsform

1. unabhängig von der Art der Unterstützung (Befestigung) und der Belastung,
2. proportional dem Volumen des Körpers und dem Quadrate der Materialanstrengung,
3. verhältnismäßig 3 mal größer als der Wert Gleichung 2, der sich für den prismatischen Stab Abb. 1, § 16, ergibt.

Für den Stab Abb. 2, § 19, liefert Gleichung 3 wegen

$$\iota = \frac{1}{3}$$

$$A = \frac{\alpha}{6} k_b^2 V.$$

§ 43. Arbeit der Drehung.

Der Körper ist in der Weise beansprucht, daß der Fall der einfachen Drehung vorliegt (V, § 32).

Vorausgesetzt sei, daß es sich um einen prismatischen Stab handle, daß die örtlichen Formänderungen an den Stellen, wo die äußeren Kräfte auf den Körper einwirken, vernachlässigt werden dürfen, daß sich ein auf gehinderte Ausbildung der Querschnittswölbung gerichteter Einfluß (vgl. § 34, unter Ziff. 3) nicht geltend mache, und daß die Schubzahl β (§ 29) unveränderlich ist.

Um das im beliebigen Punkt P des Querschnittes (Abb. 4, § 32, Abb. 2, § 33, oder Abb. 3, § 34) gelegene Körperelement von der Grundfläche $dy \cdot dz = df$ und der Länge l so zu verdrehen, daß es die verhältnismäßige Schiebung γ erfährt, wobei die Schubspannung

$$\tau = \frac{\gamma}{\beta}$$

eintritt, ist eine Arbeit

$$dA = \frac{\tau\, df}{2} \gamma\, l = \frac{\beta}{2} l \tau^2 df$$

aufzuwenden; demnach zur Verdrehung des ganzen Stabes

$$A = \frac{\beta}{2} l \int \tau^2 df, \quad \ldots \ldots \ldots \ldots \quad 1)$$

wobei die Integration sich über den ganzen Querschnitt zu erstrecken hat[1]).

[1]) Unter Benutzung von Gleichung 5, § 35 gelangt man zu

$$A = \frac{1}{2} M_d \vartheta l = \frac{1}{2} \psi M_d^2 \frac{\Theta'}{f^4} \beta l.$$

Für den kreisförmigen Querschnitt, Abb. 4, § 32, folgt mit k_d als Drehungsanstrengung im Abstande r

$$\tau = k_d \frac{\varrho}{r},$$

$$A = \frac{\beta}{2} l \frac{k_d^2}{r^2} \int \varrho^2 df = \frac{\beta}{2} l \frac{k_d^2}{r^2} \frac{\pi}{2} r^4 = \frac{\beta}{4} k_d^2 \pi r^2 l,$$

und da $\pi r^2 l$ gleich dem Stabvolumen V,

$$A = \frac{\beta}{4} k_d^2 V, \qquad \text{2)[1]}$$

worin k_d bei gegebenem Drehungsmoment M_d nach Beziehung 3, § 32, bestimmt ist durch die Gleichung

$$M_d = \frac{\pi}{16} k_d d^3.$$

Für den Hohlzylinder, Abb. 5, § 39, findet sich

$$A = \frac{\beta}{4} k_d^2 \frac{d^2 + d_0^2}{d^2} V, \qquad \text{3)}$$

worin

$$V = \frac{\pi}{4} (d^2 - d_0^2) l,$$

$$k_d = \frac{16}{\pi} M_d \frac{d}{d^4 - d_0^4}.$$

Vergleicht man die mechanischen Arbeiten A_z, A_b und A_d, die ein Kreiszylinder vom Volumen V aus durchaus gleichartigem Material bei Beanspruchung auf Zug bzw. Biegung (Abb. 1, § 16) bzw. Drehung fordert, so erhält man zunächst

nach Gleichung 4, § 41, mit $\sigma = k_z$ $\qquad A_z = \frac{1}{2} \alpha k_z^2 V,$

„ „ 2, § 42, „ $\iota = \frac{1}{4}$ $\qquad A_b = \frac{1}{24} \alpha k_b^2 V,$

„ „ 2, § 43, $\qquad A_d = \frac{1}{4} \beta k_d^2 V.$

Nach Gleichung 3 bzw. 5, § 31, ist

$$\beta = 2 \frac{m+1}{m} \alpha, \qquad k_s = \frac{m}{m+1} k_z.$$

Wird nun

$$m = \frac{10}{3}, \qquad k_s = k_d, \qquad k_b = k_z$$

gesetzt, womit

$$\beta = 2{,}6 \alpha, \qquad k_d = \frac{10}{13} k_z,$$

[1]) Vgl. Fußbemerkung S. 423.

so folgt

$$A_z : A_b : A_d = \frac{1}{2}\,\alpha k_z^{\,2} : \frac{1}{24}\,\alpha k_z^{\,2} : \frac{1}{4}\,2{,}6\,\alpha \left(\frac{10}{13}\,k_z\right)^2$$

$$= 1 : \frac{1}{12} : \frac{10}{13}$$

$$= 1 : 0{,}083 : 0{,}769.$$

Hieraus erhellt, daß zur Erreichung einer bestimmten Anstrengung des Materials bei Biegung die geringste Formänderungsarbeit aufzuwenden ist, und daß infolgedessen der gebogene Zylinder auch nur eine verhältnismäßig geringe Formänderungsarbeit in sich aufnimmt.

Für den elliptischen Querschnitt, Abb. 2, § 33, mit den Halbachsen a und b ergibt Gleichung 4, § 33,

$$\tau = \frac{2}{\pi}\,\frac{M_d}{a^3 b^3}\sqrt{a^4 y^2 + b^4 z^2}.$$

Folglich nach Gleichung 1

$$A = 2\,\frac{\beta}{\pi^2}\,\frac{M_d^{\,2}}{a^6 b^6}\,l \int (a^4 y^2 + b^4 z^2)\,d f,$$

woraus wegen

$$\int y^2\, d f = \frac{\pi}{4}\,a b^3, \qquad \int z^2\, d f = \frac{\pi}{4}\,a^3 b,$$

$$A = \frac{\beta}{2\pi}\,\frac{a^2 + b^2}{a^3 b^3}\,M_d^{\,2} l, \quad \ldots \ldots \ldots \quad 4)$$

und unter Berücksichtigung der Gleichung 7, § 33, mit k_d als Drehungsanstrengung

$$A = \frac{\beta}{2}\,\frac{\pi}{4}\,k_d^{\,2}\,\frac{b}{a}\,(a^2 + b^2)\,l = \frac{\beta}{8}\,\frac{a^2 + b^2}{a^2}\,k_d^{\,2}\,V, \quad \ldots \quad 5)$$

sofern

$$V = \pi\, a\, b\, l$$

das Volumen des Stabes ist.

Die Gleichung 4 ermöglicht die Feststellung des Winkels, um den sich jede der beiden Hauptachsen (das Hauptachsenkreuz) des einen Endquerschnittes des elliptischen Stabes gegenüber der ihr entsprechenden Achse (dem Hauptachsenkreuz) des anderen Endquerschnittes verdreht, in überaus leichter Weise. Dieser Winkel, dividiert durch die Entfernung l der beiden Querschnitte, gibt den verhältnismäßigen Drehungswinkel ϑ. (Vgl. § 33, Ziff. 1, d und e.) Seine Größe sei deshalb mit $\vartheta\, l$ bezeichnet.

Das drehende Kräftepaar (vgl. auch Abb. 1, § 32), dessen Moment von Null an stetig bis zu M_d wächst, verrichtet bei der Drehung des einen Querschnittes gegen den anderen, d. h. des Achsenkreuzes des einen Querschnittes gegenüber demjenigen des anderen, um ϑl eine mechanische Arbeit

$$\frac{1}{2} M_d \cdot \vartheta l.$$

Dieselbe muß gleich sein der durch Gleichung 4 bestimmten Arbeit, welche die Überwindung der inneren Kräfte fordert, d. h.

$$\frac{1}{2} M_d \vartheta l = \frac{\beta}{2\pi} \frac{a^2+b^2}{a^3 b^3} M_d^2 l,$$

$$\vartheta = \frac{1}{\pi} \frac{a^2+b^2}{a^3 b^3} M_d \beta, \quad \ldots \ldots \ldots \quad 6)$$

wie in § 36 unter Nr. 3 angegeben ist.

Für den rechteckigen Querschnitt, Abb. 3, § 34, mit der Breite b und der Höhe h findet sich unter Beachtung der Gleichung 1, § 34, die Spannung im beliebigen Punkte P zu

$$\tau = \sqrt{\tau_y^2 + \tau_z^2} = \sqrt{m^2 \left[1 - \left(\frac{2z}{h}\right)^2\right]^2 y^2 + n^2 \left[1 - \left(\frac{2y}{b}\right)^2\right]^2 z^2};$$

infolgedessen

$$\int \tau^2 df = m^2 \int y^2 df + n^2 \int z^2 df - 8 \left(\frac{m^2}{h^2} + \frac{n^2}{b^2}\right) \int y^2 z^2 df$$

$$+ \frac{16 m^2}{h^4} \int y^2 z^4 df + \frac{16 n^2}{b^4} \int y^4 z^2 df.$$

Wegen

$$\int y^2 df = \frac{1}{12} b^3 h, \qquad \int z^2 df = \frac{1}{12} b h^3,$$

$$\int y^2 z^2 df = \frac{1}{144} b^3 h^3,$$

$$\int y^2 z^4 df = \frac{1}{960} b^3 h^5, \qquad \int y^4 z^2 df = \frac{1}{960} b^5 h^3,$$

wird

$$\int \tau^2 df = \frac{1}{10} m^2 b^3 h + \frac{1}{10} n^2 b h^3 - \frac{1}{18} \left(\frac{m^2}{h^2} + \frac{n^2}{b^2}\right) b^3 h^3.$$

Nach § 34 ist

$$m = \frac{2}{b} \tau_a' \qquad n = \frac{2b}{h^2} \tau_a'.$$

Hiermit folgt, sofern noch die Spannung τ_a' im Punkte A des Querschnittumfanges, Abb. 3, § 34, durch k_d ersetzt wird,

$$\int \tau^2 df = \frac{8}{45} k_d^2 b \frac{b^2+h^2}{h};$$

infolgedessen nach Gleichung 1

$$A = \frac{4}{45}\beta k_d^2 \frac{b}{h}(b^2 + h^2)\,l = \frac{4}{45}\beta \frac{b^2 + h^2}{h^2} k_d^2 V, \quad \ldots \quad 7)$$

sofern

$$V = bhl$$

das Volumen des Stabes bezeichnet.

Wird nach Maßgabe der Gleichung 5, § 34,

$$k_d = \frac{9}{2}\frac{M_d}{b^2 h}$$

gesetzt, so findet sich jetzt

$$A = \frac{9}{5}\beta \frac{b^2 + h^2}{b^3 h^3} M_d^2 l \quad \ldots \ldots \quad 8)$$[1]

Diese Beziehung gestattet in ganz gleicher Weise, wie oben für den elliptischen Stab erörtert, die Ermittelung des verhältnismäßigen Drehungswinkels ϑ für Prismen mit rechteckigem Querschnitt.

Die Arbeit, die das drehende Kräftepaar bei der Verdrehung der um l voneinander entfernten Querschnitte verrichtet, muß gleich A sein, d. h.

$$\frac{1}{2} M_d \vartheta l = \frac{9}{5}\beta \frac{b^2 + h^2}{b^3 h^3} M_d^2 l$$

$$\vartheta = 3{,}6 \frac{b^2 + h^2}{b^3 h^3} M_d \beta \quad \ldots \ldots \quad 9)$$[1]

Dieses Ergebnis unterscheidet sich von den in § 35, S. 394, aufgenommenen de Saint Venantschen Werten durch den Zahlenkoeffizienten.

Nach Maßgabe des auf S. 394 Bemerkten hat bei Material mit unveränderlicher Dehnungszahl an die Stelle von 3,6 ein vom Seitenverhältnis abhängiger Zahlenwert zu treten (vgl. daselbst Gleichung 7 und 7a, sowie in der Zusammenstellung von § 36 unter Ziff. 6).

Demgemäß wird sich auch der Zahlenwert in Gleichung 8 veränderlich ergeben.

Mit der Genauigkeit, mit welcher der Zahlenwert in Gleichung 5, § 34, konstant ist, folgt

$$A = \frac{1}{2}\psi_0 \beta \frac{b^2 + h^2}{b^3 h^3} M_d^2 l \quad \ldots \ldots \quad 8\text{a})$$

Für genauere Feststellung von A wird die Veränderlichkeit des bezeichneten Zahlenwertes (vgl. § 36 unter Nr. 6) zu berücksichtigen sein.

---

[1]) Vgl. das weiter unten Gesagte.

§ 44. Arbeit der Schiebung.

Der Fall der Inanspruchnahme auf Schub allein wird dann als vorhanden betrachtet, wenn sich die auf den geraden stabförmigen Körper wirkenden äußeren Kräfte für den in Betracht gezogenen Querschnitt ersetzen lassen durch eine Kraft S (Schubkraft), die in die Ebene des letzteren fällt und die Stabachse senkrecht schneidet. Wie im zweiten Abschnitt unter VI. erörtert, kann — streng genommen — diese Schubanstrengung in einem geraden stabförmigen Körper niemals allein vorkommen; die Schubkraft S ist vielmehr immer von einem biegenden Moment begleitet.

Wird trotzdem nur diese in Betracht gezogen, die nach Maßgabe der Gleichung 3, § 39, und der Abb. 1, § 39, für den beliebig zwischen $P'P'$ gelegenen Punkt P die Schubspannung

$$\tau = \frac{S}{2\,y\cos\varphi}\,\frac{M_\eta}{\Theta}$$

liefert, so ergibt sich unter Voraussetzung der Unveränderlichkeit der Schubzahl β folgendes.

Die Herbeiführung der Schiebung γ des im Punkte P, Abb. 1, § 39, der um z von der senkrechten Hauptachse abstehe, zu denkenden Körperelementes von dem Querschnitt

$$df = d\eta dz$$

und der Länge dx, wobei eine Schubspannung

$$\tau = \frac{\gamma}{\beta}$$

wachgerufen wird, fordert eine mechanische Arbeit

$$dA = \frac{\tau\,df}{2}\gamma\,dx = \frac{\beta}{2}\tau^2 df\,dx\,.$$

Demnach die gesamte Formänderungsarbeit der Schubkräfte

$$A = \frac{\beta}{2}\int dx\int\tau^2 df = \frac{\beta}{2}\int dx\int\int\tau^2 d\eta\,dz \quad .\ .\ .\ .\ .\ 1)$$

Hieraus findet sich beispielsweise für den **rechteckigen** Querschnitt von der Breite b und der Höhe h, Abb. 2, § 38, da hier (vgl. § 39 unter a)

$$\varphi = \varphi' = 0\,,\qquad \tau = \frac{3}{2}\frac{S}{bh}\left[1-\left(\frac{\eta}{\frac{h}{2}}\right)^2\right],\qquad df = b\,d\eta\,,$$

$$A = \frac{\beta}{2}\int dx\cdot\frac{9}{4}\frac{S^2}{bh^2}\int_{-\frac{h}{2}}^{+\frac{h}{2}}\left[1-\left(\frac{\eta}{\frac{h}{2}}\right)^2\right]^2 d\eta = \frac{3}{5}\beta\int\frac{S^2}{bh}dx \quad .\ .\ .\ 2)$$

Vierter Abschnitt.

Zusammengesetzte Beanspruchung gerader stabförmiger Körper.

VII. Beanspruchung durch Normalspannungen (Dehnungen). Zug, Druck und Biegung.

§ 45.

Allgemeines. Der Stab ist nur durch Kräfte beansprucht, die in Richtung seiner Achse wirken.

Allgemeines.

Die auf den geraden stabförmigen Körper wirkenden äußeren Kräfte ergeben für den in Betracht gezogenen Querschnitt eine in die Stabachse fallende Kraft P und ein Kräftepaar vom Momente M_b, dessen Ebene den Querschnitt senkrecht schneidet.

Für einen beliebigen Punkt des Querschnittes liefert die Kraft P eine Dehnung und Normalspannung. Gleiche Wirkung hat das biegende Moment M_b. Die Gesamtdehnung wie auch die Gesamtspannung ergibt sich als die algebraische Summe aus den beiden Einzeldehnungen bzw. Einzelspannungen.

Unter den Voraussetzungen, daß die Ebene des Kräftepaares die eine der beiden Hauptachsen des Querschnittes in sich enthält und daß diese gleichzeitig Symmetrieachse ist, findet sich die durch M_b im Abstande η von der anderen Hauptachse hervorgerufene Normalspannung nach Gleichung 9, § 16, zu

$$\pm \frac{M_b}{\Theta} \eta .$$

Treffen diese Voraussetzungen nicht zu, so kann die Normalspannung nach Maßgabe des in § 21 unter 2 Erörterten festgestellt werden. Hinsichtlich der Genauigkeit, mit der dies geschieht, vgl. den ersten Absatz von § 21.

Die Normalspannung, die von P herrührt, beträgt unter der Voraussetzung gleichmäßiger Verteilung über den Querschnitt in allen Punkten des letzteren

$$\pm \frac{P}{f}.$$

Das obere Vorzeichen gilt, wenn P ziehend, das untere, wenn P drückend wirkt.

Folgleich die Gesamtspannung σ im Abstande η von der bezeichneten Hauptachse

$$\sigma = \pm \frac{M_b}{\Theta} \eta \pm \frac{P}{f} \quad \ldots \ldots \ldots \quad 1)$$

M_b, P, Θ und f sind als absolute Größen zu betrachten, während η als positiv oder negativ einzuführen ist, je nachdem die betreffende Faserschicht auf der erhabenen oder der hohlen Seite der elastischen Linie liegt.

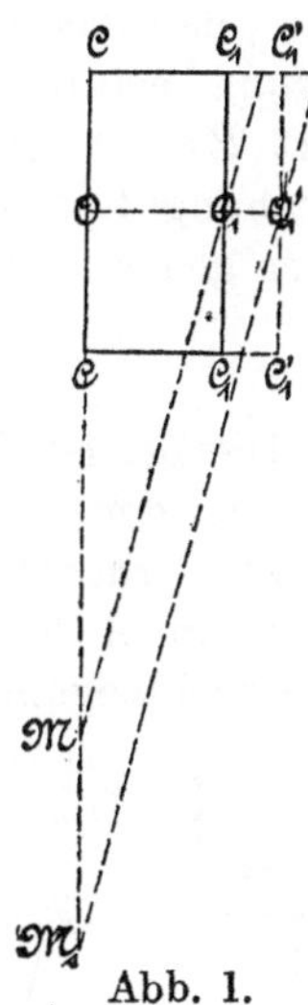
Abb. 1.

Bei Benutzung der Gleichung 1 sind die Voraussetzungen, die zu ihr führten, im Auge zu behalten; insbesondere kann sie ganz unrichtige Werte ergeben, wenn unter Einfluß von M_b der Stab sich in solchem Maße durchbiegt, daß P infolge dieser Durchbiegung ebenfalls Momente liefert, die von Bedeutung sind und nicht mehr vernachlässigt werden dürfen.

Hinsichtlich des Krümmungshalbmessers der elastischen Linie sei unter den in § 16 gemachten Voraussetzungen folgendes bemerkt.

Die beiden um dx voneinander abstehenden Querschnitte $\overline{CC}$ und $\overline{C_1C_1}$, Abb. 1, ändern unter Einwirkung der in die Stabachse fallenden Kraft P lediglich ihre Entfernung, und zwar um $\overline{O_1O_1'} = \varepsilon_0 dx$, sofern ε_0 die durch P herbeigeführte verhältnismäßige Dehnung ist, entsprechend der Normalspannung $\sigma = \frac{P}{f}$. $C_1'C_1'$ sei diese neue Lage von C_1C_1 gegenüber CC.

Infolge der Wirksamkeit des Momentes M_b neigen sich die beiden Querschnitte gegeneinander. Wäre nur M_b tätig, so würden sich die beiden Querschnitte in der durch den Punkt M bestimmten Linie schneiden, wegen der Parallelverrückung um $\overline{O_1O_1'} = \varepsilon_0 dx$ erfolgt dieses Schneiden jedoch in einer dazu parallelen Linie, die sich im Punkte M_1 darstellt, für den gilt

$$\overline{MM_1} : \overline{OM} = \varepsilon_0 dx : dx = \varepsilon_0 : 1$$

$$\overline{OM_1} = \overline{OM} + \overline{MM_1} = \overline{OM}\,(1 + \varepsilon_0) = \varrho\,(1 + \varepsilon_0),$$

wenn ϱ den Krümmungshalbmesser bedeutet, wie er sich unter Einwirkung des biegenden Momentes allein ergibt. Da ε_0 eine sehr kleine Größe gegenüber 1 ist, so darf mit Annäherung $\overline{OM_1} = \sim \varrho$ gesetzt, also mit der oben bezeichneten Annäherung hinsichtlich des Krümmungshalbmessers so verfahren werden, als sei nur das biegende Moment wirksam.

Der einerseits befestigte prismatische Stab wird durch eine zur Stabachse parallele, jedoch exzentrisch zu ihr gelegene Kraft P belastet.

1. Die Kraft P wirkt ziehend, Abb. 2 und 3.

Die durch P und die Stabachse bestimmte Ebene schneidet sämtliche Körperquerschnitte in einer der beiden Hauptachsen.

Die hierbei eintretende Biegung des Stabes, Abb. 3, ist eine derartige, daß das biegende Moment, insoweit es von der Größe der Durchbiegung beeinflußt wird, von B nach A hin abnimmt, also seinen größten Wert Pa im Querschnitt bei B besitzt. Für diesen gilt daher nach Gleichung 1, sofern der Wert von η für die am stärksten gespannte Faser gleich e ist,

$$\sigma_{max} = \frac{Pa}{\Theta} e + \frac{P}{f} = \frac{P}{f}\left(1 + \frac{a e f}{\Theta}\right).$$

Hierbei ist der — übrigens nicht erhebliche — Einfluß, welchen die mit der Durchbiegung verknüpfte Neigung des Querschnittes nimmt, vernachlässigt.

Nach A hin wird sich σ_{max} vermindern in dem Maße, in dem die Durchbiegung den Hebelarm der Kraft P verringert.

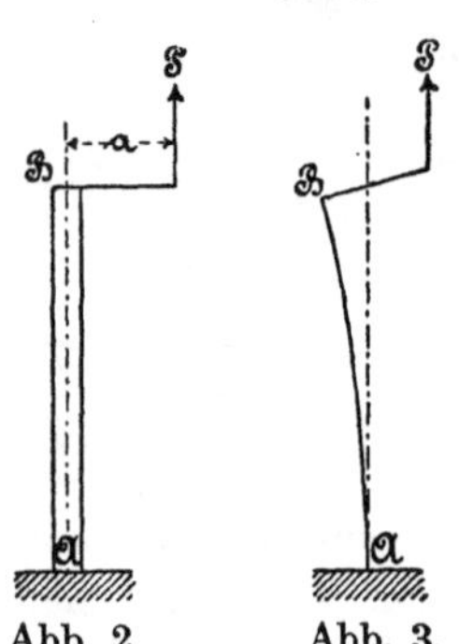

Abb. 2. Abb. 3.

Für kreisförmigen Querschnitt vom Durchmesser d und mit $a = \frac{d}{2}$ (Angriffspunkt der Kraft liegt auf dem Umfange des Querschnittes) folgt beispielsweise

$$f = \frac{\pi}{4} d^2, \qquad \Theta = \frac{\pi}{64} d^4, \qquad e = \frac{d}{2},$$

$$\sigma_{max} = \frac{P}{f}\left\{1 + \frac{\frac{d^2 \pi}{4}\frac{}{4} d^2}{\frac{\pi}{64} d^4}\right\} = \frac{P}{f}(1+4) = 5\frac{P}{f},$$

d. h. die größte Anstrengung ist 5 mal so groß als bei zentrischem Angriff der Kraft P. Der Einfluß der Exzentrizität ist demnach ein ganz bedeutender.

Besteht der Stab aus einem Material, für welches die zulässige Anstrengung k_b gegenüber Biegung, berechnet aus Gl. 9, § 16, wobei eine Veränderlichkeit der Dehnungszahl nicht berücksichtigt ist, sich wesentlich unterscheidet von derjenigen gegenüber Zug, d. i. k_z, wie dies z. B. für Gußeisen zutrifft (vgl. § 22, Zusammenstellung auf S. 292, 298, Spalte 4, Gleichung 1, § 22 auf S. 293), so würde es unrichtig sein, ohne weiteres nach Maßgabe der Beziehungen

$$\frac{P}{f}+\frac{Pa}{\Theta}e \leqq k_b \quad \text{oder} \quad \frac{P}{f}+\frac{Pa}{\Theta}e \leqq k_z$$

zu rechnen. In solchem Falle ergeben sich mit

$$k_b = \beta_0 k_z$$

die Beziehungen

$$\left.\begin{aligned} \beta_0\frac{P}{f}+\frac{Pa}{\Theta}e \leqq k_b \quad \text{oder} \quad \frac{P}{f}+\frac{1}{\beta_0}\frac{Pa}{\Theta}e \leqq k_z, \\ \beta_0=\frac{k_b}{k_z}=\frac{\text{zulässige Biegungsanstrengung}}{\text{zulässige Zuganstrengung}} \end{aligned}\right\} \quad \ldots\ldots 2)$$

2. Die Kraft P wirkt drückend, Abb. 4.

Voraussetzung wie unter Ziff. 1.

Hier nimmt bei eingetretener Durchbiegung das Moment M_b von B nach A hin zu, wie bereits in § 24 an Hand der Abb. 1 erörtert worden ist. In bezug auf den durch x bestimmten Querschnitt fand sich dort

$$M_b = P\,(a + y' - y)$$

und hiermit, indem die Gleichung

$$\frac{d^2 y}{d x^2}=\frac{\alpha P}{\Theta}(a+y'-y)$$

zum Ausgangspunkt genommen wurde,

$$\frac{y'}{a+y'}=1-\cos\left(l\sqrt{\frac{\alpha P}{\Theta}}\right),$$

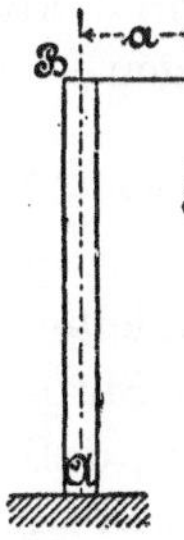

Abb. 4.

woraus

$$a+y'=\frac{a}{\cos\left(l\sqrt{\frac{\alpha P}{\Theta}}\right)} \quad \ldots\ldots\ldots 3)$$

und damit die Durchbiegung des freien Endes

$$y'=a\left[\frac{1}{\cos\left(l\sqrt{\frac{\alpha P}{\Theta}}\right)}-1\right] \quad \ldots\ldots\ldots 4)$$

Für den Querschnitt bei A erlangt M_b den größten Wert, nämlich

$$\max(M_b)=P(a+y')=\frac{Pa}{\cos\left(l\sqrt{\frac{P\alpha}{\Theta}}\right)};$$

folglich beträgt hier die Gesamtzugspannung der im Abstande $\eta = +e_1$ gelegenen Fasern nach Gleichung 1

$$\max(\sigma_1) = \frac{P a}{\cos\left(l\sqrt{\frac{P\alpha}{\Theta}}\right)} \frac{e_1}{\Theta} - \frac{P}{f} \leqq k_b \quad . \quad . \quad . \quad . \quad . \quad 5)$$

und die Gesamtpressung der im Abstande $\eta = -e_2$ gelegenen Fasern

$$\max(\sigma_2) = \frac{P a}{\cos\left(l\sqrt{\frac{P\alpha}{\Theta}}\right)} \frac{e_2}{\Theta} + \frac{P}{f} \leqq k, \quad . \quad . \quad . \quad . \quad . \quad 6)$$

sofern k_b und k die zulässigen Anstrengungen gegenüber Zug bei Biegung bzw. Druck bezeichnen.

Besteht der stabförmige Körper aus einem Material, für das k_b erheblich von k abweicht, so muß streng genommen in sinngemäßer Weise so verfahren werden, wie am Schlusse von Ziff. 1 angegeben worden ist. Da jedoch hier unter allen Umständen eine größere Sicherheit darin liegt, wenn die Gleichung 5 ohne weiteres benützt wird, während dort die Außerachtlassung von β_0 in der ersten der Beziehungen 2 zu einer wesentlichen Unterschätzung der Materialanstrengung führen könnte, so dürfte an dieser Stelle der gegebene Hinweis genügen.

a) Der Stab ist schlank und der Hebelarm a klein.

Diese Sachlage entspricht dem im ersten Abschnitt unter IV behandelten Falle der Knickung. Dort wurde zwar zentrische Belastung des Stabes durch die Kraft P zunächst vorausgesetzt; wir erkannten aber, daß es sehr schwer hält, diese Voraussetzung zu erfüllen, infolgedessen ein, wenn auch sehr kleiner, Hebelarm als tatsächlich vorhanden angenommen werden mußte. Diese Annahme wurde außerdem noch dadurch zu einer Notwendigkeit, daß in Wirklichkeit die Achse bei längeren Stäben keine gerade Linie, und daß tatsächlich das Material nicht vollkommen gleichartig ist. Wir gelangten sodann in § 24 zu dem Ergebnis, daß, wenn die Belastung P beträgt

$$P_0 = \frac{\pi^2}{4} \frac{1}{\alpha} \frac{\Theta}{l^2},$$

die Durchbiegung y' nach Gleichung 4 selbst für einen sehr kleinen Wert des Hebelarmes a die Größe ∞ annimmt. Infolgedessen war P_0 als diejenige Belastung zu bezeichnen, welche die Knickung, d. h. Bruch oder unzulässige Biegung, des Stabes herbeiführen wird, sofern nur $a > 0$. Letzteres muß aber aus den bezeichneten Gründen immer angenommen werden.

Demgemäß wurde in § 25 als zulässige Größe der den Stab belastenden Kraft P nur der $\mathfrak{S}$te Teil von P_0 in Rechnung gestellt, also gewählt

$$P = \frac{\pi^2}{4\mathfrak{S}} \frac{1}{\alpha} \frac{\Theta}{l^2}$$

unter Beachtung, daß überdies die Forderung der einfachen Druckbeanspruchung

$$P \leqq k f$$

befriedigt sein muß.

Wird in Gleichung 4 für P der in der vorletzten Gleichung enthaltene Wert eingeführt, so ergibt sich

$$y' = a \left[\frac{1}{\cos\left(\frac{\pi}{2} \sqrt{\frac{1}{\mathfrak{S}}}\right)} - 1 \right],$$

woraus beispielsweise

für $\mathfrak{S}$ =	4	9	16	25
die Ausbiegungen y' =	$0{,}414\,a$	$0{,}155\,a$	$0{,}082\,a$	$0{,}052\,a$

folgen.

Die Bedingung

$$P \leqq \frac{P_0}{\mathfrak{S}}$$

kommt demnach darauf hinaus, daß man die Abweichung y' von der Geraden, d. h. die Ausbiegung, innerhalb einer gewissen Grenze hält.

Ganz entsprechend wird auch hier vorzugehen sein. Der einzige Unterschied besteht darin, daß infolge des exzentrischen Angreifens der Kraft P von vornherein ein Hebelarm gegeben ist. Derselbe, mit a_1 bezeichnet, ist schätzungsweise um einen Betrag a_2 zu vergrößern, der den oben bezeichneten Umständen (Nichtgeradlinigkeit der Stabachse, Ungleichartigkeit des Materials, einschließlich Verschiedenartigkeit seines Zustandes) Rechnung trägt. Hinsichtlich a_1 wird wesentlich die Genauigkeit in Betracht kommen, mit der sich die Lage der auf den Stab wirkenden Kräfte feststellen und wenigstens dahin sichern läßt, daß Überschreitung des in Rechnung genommenen Wertes von a_1 in Wirklichkeit nicht stattfindet. Indem hierbei die Konstruktion, Material, Ausführung und Aufstellung Einfluß nehmen werden, greift die Größe a_1 in das Gebiet von α_2 über.

Liegen die Größen a_1 und a_2, nach Maßgabe des Vorstehenden mit Rücksicht auf die besonderen Verhältnisse der jeweiligen Aufgabe ermittelt, vor, so kann unter Beachtung, daß die zulässige Biegung y' für nicht federnde Konstruktionsteile sehr klein sein muß, zunächst gesetzt werden

$$M_b = P\,(a_1 + a_2),$$

womit sich ergibt

$$\left.\begin{array}{l} \frac{P(a_1+a_2)}{\Theta} e_1 - \frac{P}{f} \leqq k_b, \\ \frac{P(a_1+a_2)}{\Theta} e_2 + \frac{P}{f} \leqq k \end{array}\right\} \quad \ldots \ldots \ldots \quad 7)$$

(Vgl. die Bemerkungen zu Gleichung 5 und 6.)

Befriedigt der Stab diese Bedingungen, so ist die Durchbiegung

$$y' = (a_1 + a_2)\left[\frac{1}{\cos\left(l\sqrt{\frac{P\alpha}{\Theta}}\right)} - 1\right] \quad \ldots \ldots \quad 8)$$

zu berechnen und Entschluß hinsichtlich ihrer Zulässigkeit zu fassen. Erforderlichenfalls sind die Abmessungen des Stabes zu ändern.

Die Gleichungen 7 und 8 setzen voraus, daß a_2 in die Richtung von a_1 fällt, was nicht notwendigerweise der Fall sein muß. Ist das Trägheitsmoment Θ (bezogen auf die zum Abstande a_1 senkrechte Hauptachse) das kleinere der beiden Hauptträgheitsmomente, so wird diese Annahme allerdings im Sinne des Zweckes der ganzen Rechnung liegen. Wenn dagegen Θ das größere Trägheitsmoment ist, so verlangt dieser Gesichtspunkt, daß a_2 senkrecht zu a_1, sofern nicht besondere Gründe für eine andere Richtung sprechen, angenommen und nach Maßgabe des in § 21 unter 2 Erörterten verfahren wird.

Um die unmittelbare Wahl von a_2 zu umgehen, kann z. B. für Baukonstruktionen in derselben oder in ähnlicher Weise vorgegangen werden, wie dies in § 26 für den Fall einfacher Knickung besprochen worden ist[1]). Näheres Eingehen hierauf würde den Rahmen dieser Arbeit weit überschreiten, ganz abgesehen davon, daß die besonderen Einflüsse, die bei den einzelnen Aufgaben zu berücksichtigen sind, die Berechnung des betreffenden Konstruktionsteiles dahin verweisen, wo derselbe seiner Wesenheit nach sowie in seinem Zusammenhange mit den an ihn anschließenden Teilen zu behandeln ist.

---

[1]) S. z. B. v. Tetmajer, Die angewandte Elastizitäts- und Festigkeitslehre, Zürich 1889 und 1905, sowie: Die Gesetze der Knickungs- und der zusammengesetzten Druckfestigkeit der technisch wichtigen Baustoffe, Zürich 1901. v. Tetmajer steht hinsichtlich der Behandlung der Knickungsaufgabe auf einem anderen Standpunkt als Verfasser, weshalb auf dessen Arbeiten besonders aufmerksam gemacht sei. (Vgl. auch des Verfassers Besprechung des zuerst genannten v. Tetmajerschen Buches in der Zeitschrift des Vereines deutscher Ingenieure 1889, S. 474 u. f.)

b) **Der Stab ist schlank und der Hebelarm a im Verhältnis zu den Abmessungen des Querschnittes groß.**

In diesem Falle wird zunächst die erste der Beziehungen 7 mit $a_1 + a_2 = a$; d. h.

$$\frac{Pa}{\Theta} e_1 - \frac{P}{f} \leqq k_b$$

maßgebend; der Einfluß des Gliedes

$$\frac{P}{f}$$

tritt hierbei zurück. Sodann ist für den Fall, daß der Stab dieser Beziehung genügt, die nach Gleichung 8 eintretende Durchbiegung zu ermitteln und über deren Zulässigkeit Entscheidung zu treffen.

c) **Die Querschnittsabmessungen des Körpers sind im Vergleich zur Länge desselben und zur Größe des Hebelarmes so bedeutend, daß eine Biegung von Erheblichkeit nicht eintritt.**

Dann sind einfach die Gleichungen 7 zu beachten und in ihnen

$$a_1 + a_2 = a$$

zu setzen; Gleichung 8 kommt nicht mehr in Betracht.

Hierher gehören auch Beispiele wie das folgende. Der senkrechte Mauerpfeiler vom Gewichte G und der Länge l, Abb. 5, empfängt durch ein Lager den abwärts gerichteten Druck P. Das im Schwerpunkte angreifende Gewicht ergibt für die Grundfläche $l\,s$ des Bodens, auf dem der Pfeiler steht, unter Voraussetzung gleichmäßiger Druckverteilung die Pressung

$$\frac{G}{l\,s}.$$

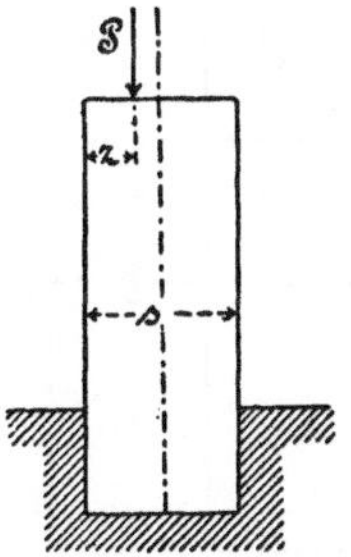

Abb. 5.

Der Druck P, in die Mittelebene des Pfeilers, d. h. um $\frac{s}{2} - z$ verlegt, liefert eine Kraft P und ein Kräftepaar vom Momente

$$P\left(\frac{s}{2} - z\right).$$

Die erstere führt zu einer gleichmäßig über die Bodenfläche verteilten Pressung

$$\frac{P}{l\,s},$$

das letztere dagegen ergibt für die linke Mauerkante eine Pressung σ, die sich bestimmt aus

$$P\left(\frac{s}{2} - z\right) = \frac{1}{6}\sigma\, l\, s^2$$

zu

$$\sigma = \frac{6\,P\left(\frac{s}{2} - z\right)}{l\,s^2},$$

mit der Genauigkeit, mit der die Hauptgleichung der Biegungselastizität auf den vorliegenden Fall angewendet werden darf.

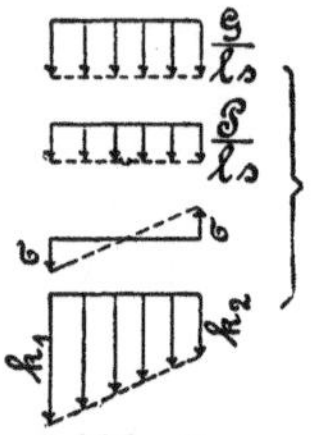

Damit beträgt die gesamte Pressung an der linken Mauerkante

$$k_1 = \frac{G+P}{l\,s} + \frac{6\,P\left(\frac{s}{2} - z\right)}{l\,s^2},$$

an der rechten dagegen

$$k_2 = \frac{G+P}{l\,s} - \frac{6\,P\left(\frac{s}{2} - z\right)}{l\,s^2}.$$

Abb. 6.

Die erstere soll die für den Boden oder das Fundament höchstens noch als zulässig erachtete Größe nicht überschreiten.

Abb. 6 gibt ein Bild der Pressungsverteilung über die Bodenfläche.

Diese Rechnungsweise gilt für das gewählte Beispiel naturgemäß nur so lange, als $k_2 \geqq 0$ ausfällt. Würde sich k_2 negativ ergeben, so wären an der rechten Kante des Mauerpfeilers von dem Boden Zugspannungen auf diesen auszuüben, was in Wirklichkeit nicht geschehen kann. In solchen Falle würde in allen denjenigen Flächenelementen, für die sich Zugspannungen ergeben, die Berührung zwischen Pfeiler und Boden aufhören müssen und damit dieser Teil des Querschnittes für die Druckverteilung nicht mehr in Betracht kommen können. Die Rechnung ist dann derart durchzuführen, daß nur derjenige Teil des Querschnittes berücksichtigt wird, der tatsächlich in Wirksamkeit tritt. Wird unter Bezugnahme auf Abb. 7 mit x die Breite dieses Querschnittsteils bezeichnet, so folgt

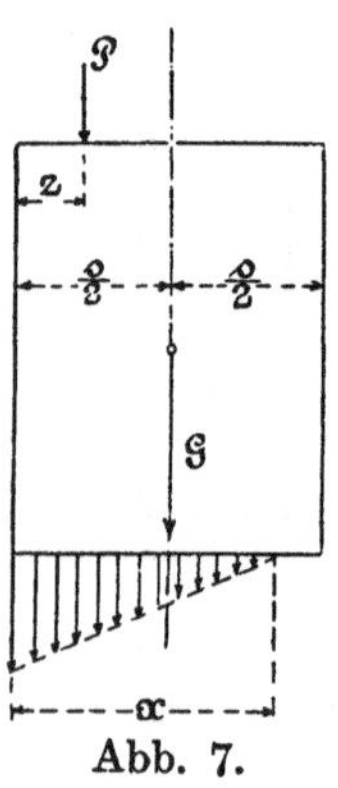

Abb. 7.

$$k_1 = \frac{G+P}{l\,x} + \sigma,$$

und da

$$P\left(\frac{x}{2} - z\right) - G\left(\frac{s}{2} - \frac{x}{2}\right) = \frac{1}{6}\,\sigma\,l\,x^2,$$

$$k_1 = \frac{G+P}{l\,x} + \frac{6P\left(\frac{x}{2} - z\right) - 6\,G\left(\frac{s}{2} - \frac{x}{2}\right)}{l\,x^2}.$$

Die Unbekannte x ergibt sich aus der Erwägung, daß die Pressung im Abstande x von der linken Pfeilerkante gleich Null sein muß, d. h.

$$0 = \frac{G+P}{l\,x} - \frac{6P\left(\frac{x}{2}-z\right)-6G\left(\frac{s}{2}-\frac{x}{2}\right)}{l\,x^2},$$

woraus

$$x = 3\,\frac{G\frac{s}{2}+P\,z}{G+P}\,.$$

Denken wir uns P und G durch ihre Resultante $P+G$ ersetzt, so müßte diese im Abstande

$$y = \frac{G\frac{s}{2}+P\,z}{G+P}$$

von der linken Pfeilerkante angreifen. Demnach

$$x = 3\,y,$$

d. h. die Breite x der für die Druckverteilung in Betracht kommenden Fläche ist gleich dem 3 fachen Werte des Abstandes y.

Die Einführung von y in den Ausdruck für k_1 liefert

$$k_1 = \frac{G+P}{l\,x} + \frac{6\,(G+P)\left(\frac{x}{2}-y\right)}{l\,x^2} = \frac{G+P}{3\,l\,y} + \frac{6\,(G+P)\;0{,}5\,y}{9\,l\,y^2}$$

$$= \frac{2}{3}\,\frac{G+P}{l\,y} = 2\,\frac{G+P}{l\,x}$$

d. i. doppelt soviel als bei gleichmäßiger Verteilung des Druckes über den Querschnitt $l\,x$.

Galt der oben für k_1 gefundene Ausdruck nur für das durch

$$k_2 = \frac{G+P}{l\,s} - \frac{6P\left(\frac{s}{2}-z\right)}{l\,s^2} \geqq 0$$

umschlossene Gebiet, so ist das Geltungsbereich der zuletzt für k_1 ermittelten Gleichung durch

$$k_2 = \frac{G+P}{l\,s} - \frac{6P\left(\frac{s}{2}-z\right)}{l\,s^2} \leqq 0$$

oder durch

$$x = 3y = 3\,\frac{G\frac{s}{2}+P\,z}{G+P} \leqq s$$

begrenzt. Für den Grenzfall $k_2 = 0$ oder $x = s$ müssen beide Ausdrücke zu dem gleichen Werte führen. Die Beurteilung kann am raschesten in der Weise geschehen, daß man y ermittelt und zusieht, ob $y \gtreqless \frac{s}{3}$ ist. Im ersten und im zweiten Falle gilt der zuerst für k_1 bestimmte Wert, im zweiten und dritten Falle dagegen der zuletzt ermittelte.

Von hierher gehörigen eigenen Versuchen seien die folgenden erwähnt:

a) Versuche mit zentrisch und exzentrisch belasteten Pfeilern aus Backsteinmauerwerk und aus Beton, Zeitschrift des Vereines deutscher Ingenieure 1910, S. 1625 u. f.

b) Versuche mit bewehrten und unbewehrten Betonkörpern, die durch zentrischen und exzentrischen Druck belastet wurden, Heft 166—169 der Mitteilungen über Forschungsarbeiten (1914).

§ 46. Einfluß von Kräften, die in Richtung der Stabachse oder parallel zu ihr wirken, während der Stab durch Querkräfte durchgebogen wird.

1. Einfluß des Widerstandes beim Gleiten der Oberfläche des beiderseits gelagerten und in der Mitte durch P belasteten Stabes gegenüber den Stützen infolge der Durchbiegung.

Der zunächst als gewichtslos gedachte Stab, im ursprünglichen unbelasteten Zustande, berührt die beiden Auflager mit bestimmten Teilen seiner Mantelfläche. Wenn er sich zu biegen beginnt, so muß derjenige Punkt der Stabachse, der ursprünglich über dem einen, etwa dem linken, Auflager sich befand, nach der Mitte rücken — vgl. Abb. 1 —, da die Achse, d. h. die elastische Linie, ihre Länge beibehält. Diese Verrückung Δ nach der Stabmitte hin läßt sich auffassen als Unterschied zwischen der halben Stablänge $l_1 = 0,5\, l$ und der halben Sehne des Bogens der elastischen Linie, dessen Länge unveränderlich, nämlich gleich l_1, und dessen Pfeilhöhe gleich der Durchbiegung y' in der Mitte ist.

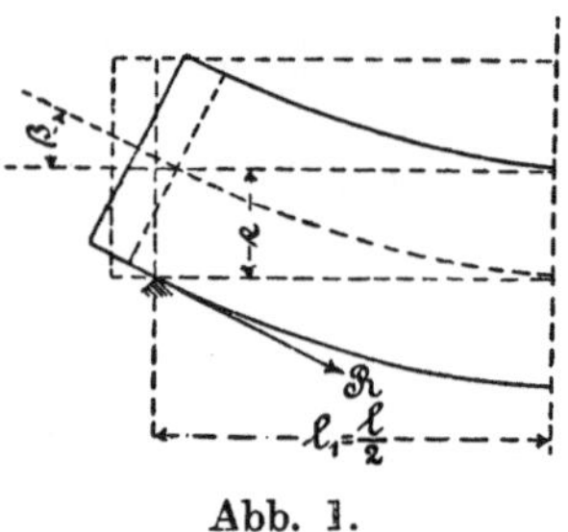

Abb. 1.

Wird, was für unseren Zweck zulässig, die elastische Linie als flacher Parabelbogen aufgefaßt, so erhält man, da für diesen, sofern dessen halbe Sehne a, dessen halbe Länge s und dessen Pfeilhöhe δ beträgt, bekanntlich gesetzt werden darf

$$s = a\left(1 + \frac{2}{3}\frac{\delta^2}{a^2}\right),$$

entsprechend einem Unterschied von

$$\frac{2}{3}\left(\frac{\delta}{a}\right)^2 a = \sim \frac{2}{3}\left(\frac{\delta}{s}\right)^2 s$$

zwischen s und a,

$$\Delta = \frac{2}{3}\left(\frac{y'}{l_1}\right)^2 l_1 = \frac{4}{3}\left(\frac{y'}{l}\right)^2 l.$$

Gleichzeitig mit dieser Verrückung des Endpunktes der elastischen Linie nach einwärts neigt sich derjenige Stabquerschnitt, der über dem Auflager stand, unter dem kleinen Winkel β. Hiermit ist eine Auswärtsbewegung der Linie (oder des Punktes), in der bzw. in dem der Stab vor der Biegung das Auflager berührte, um $e\,\beta$ verknüpft. Da nach Gleichung 13, § 18,

$$\beta = \frac{\alpha}{16}\frac{P l^2}{\Theta},$$

so beträgt diese Auswärtsbewegung

$$\frac{\alpha}{16}\frac{P l^2}{\Theta} e.$$

Demnach rücken diejenigen Teile der Mantelfläche des Stabes, mit welchen derselbe im unbelasteten Zustande, d. h. bei gerader Achse, die Auflager berührte, nach auswärts um die Strecke

$$x = e\,\beta - \Delta = \frac{\alpha}{16}\frac{P l^2}{\Theta} e - \frac{4}{3}\left(\frac{y'}{l}\right)^2 l.$$

Gleichung 14, § 18, ergibt

$$y' = \frac{\alpha}{48}\frac{P l^3}{\Theta},$$

folglich

$$x = \frac{\alpha}{16}\frac{P l^2}{\Theta}\left(e - \frac{\alpha P l^3}{108\,\Theta}\right).$$

Solange x positiv ist, d. h. wenn

$$e \geqq \frac{\alpha P l^3}{108\,\Theta},$$

$$P \leqq 108 \frac{\Theta e}{\alpha l^3},$$

oder nach Einführung von

$$\frac{P l}{4} = \sigma \frac{\Theta}{e},$$

worin σ die größte Biegungsanstrengung in der Mitte des Stabes bezeichnet,

$$\frac{e}{l} > \sqrt{\frac{1}{27}\alpha\,\sigma}, \quad \ldots\ldots\ldots \quad 1)$$

so lange wird die in Frage stehende Bewegung nach auswärts erfolgen und damit während des Vorsichgehens der Durchbiegung eine auf den Stab wirkende, einwärts gerichtete Kraft R (vgl. Abb. 1) wachgerufen werden. Setzen wir, um zu erkennen, ob diese Voraussetzung für gewöhnlich zutrifft, für Stahl

$$\alpha = \frac{1}{2150000} = 0{,}465 \text{ Milliontel}, \qquad \sigma = 1600,$$

so findet sich

$$\frac{e}{l} > \sqrt{\frac{1600}{27 \cdot 2150000}} \qquad e > \frac{1}{190} l,$$

was ausnahmslos der Fall sein wird. Es wirkt also — unter der Voraussetzung kleiner Durchbiegungen — R tatsächlich in der bezeichneten Richtung. Diese Kraft ist für unbewegliche Auflager, die sich nicht in den Stab eindrücken, gleich der Reibung, d. h.

$$R = \frac{P}{2} \mu,$$

sofern μ den Koeffizienten der gleitenden Reibung zwischen Staboberfläche und festem Auflager bezeichnet.

Drücken sich die Auflager in den Stab ein, so tritt R nicht mehr als einfache Reibung, sondern als weit größerer Widerstand auf.

Werden die Stützen von Rollen gebildet, die sich um feste Zapfen drehen können (Rollenauflager), so wird R kleiner als $0{,}5 \, P \mu$ ausfallen.

Die Kraft R wirkt nun, abgesehen von ihrem Einflusse auf die Länge der Stabachse, mit dem Momente

$$R e = 0{,}5 \, P \mu e \quad \ldots \ldots \ldots \ldots \quad 2)$$

auf den Stab, sofern der Einfluß der Durchbiegung auf das Moment vernachlässigt wird. Für den mittleren Stabquerschnitt ergibt sich alsdann nicht das Moment

$$\frac{Pl}{4},$$

sondern

$$\frac{Pl}{4} - R e = \frac{Pl}{4} - \frac{P \mu e}{2} = \frac{Pl}{4}\left(1 - 2 \mu \frac{e}{l}\right) \quad \ldots \ldots \quad 3)$$

Beispielsweise beträgt für $e = 50$ mm und $l = 1000$ mm die Verminderung des Momentes

bei

$\mu = 0{,}1$	$\mu = 0{,}5$
1%	5%

für

$e = 200$ m und $l = 1000$ mm

bei

$\mu = 0{,}1$	$\mu = 0{,}5$
4%	20%

Deutlich zeigt sich der Einfluß der verhältnismäßigen Höhe des Stabes und des Koeffizienten μ.

Werden feste Auflager verwendet, welche die Form einer Schneide haben und sich vielleicht gar in den Stab eindrücken, wodurch μ einen verhältnismäßig hohen Wert erlangen muß, so kann die Kraft R selbst bei nicht hohen Körpern in erheblicher Größe auftreten[1]).

Handelt es sich z. B. um die Ermittlung der Anstrengung, die eine Schwelle, Abb. 2, beim Eindrücken in die Bettung erfährt, so wird der Einfluß der Reibung, die infolge der Durchbiegung zwischen Bettung und Unterfläche der Schwelle auftritt, nicht ohne weiteres außer acht gelassen werden dürfen. Auch bei gebogenen Federn, die an beiden Enden aufliegen und in der Mitte belastet sind, können infolge des mit der Pfeilhöhe der gebogenen Mittellinie wachsenden Hebelarmes der Reibungskräfte diese von erheblicher Bedeutung werden usw.

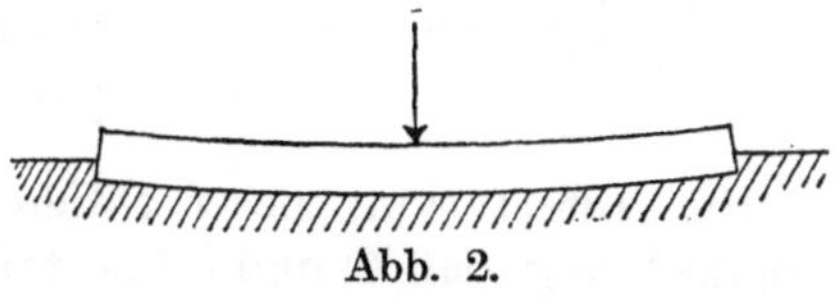
Abb. 2.

Immerhin aber werden es nur Ausnahmefälle sein, in denen auf die im vorstehenden erörterte Wirkung der Reibung zwischen gebogenem Stab und Auflager Rücksicht zu nehmen ist.

Schließlich sei noch darauf hingewiesen, daß bei — auch teilweiser — Entlastung des Stabes sich die Durchbiegung vermindert; damit kehrt die Kraft R ihre Richtung und das Moment Re seinen Sinn um, die Biegungsbeanspruchung nicht mehr vermindernd, sondern vermehrend.

2. Der an den Enden drehbar befestigte und hier durch Zugkräfte gespannte prismatische Stab wird durch die gleichmäßig über ihn verteilte Querkraft $Q = p\,l$ belastet.

Wir denken uns den nach einem flachen Bogen durchhängenden Stab in der Mitte durchschnitten und daselbst eingespannt, wie in Abb. 4 gezeichnet. Dann ergibt sich für den beliebigen um x von der Mitte abstehenden Querschnitt bei P das biegende Moment

$$M_b = \frac{p\,l}{2}\left(\frac{l}{2} - x\right) - p\,\frac{\left(\frac{l}{2} - x\right)^2}{2} - P\,(y_0 - y)$$

$$= \frac{p\,l^2}{8} - \frac{p\,x^2}{2} - P\,(y_0 - y)$$

---

[1]) Aus diesem Grunde sollen der Biegungsprobe zu unterwerfende Stäbe, deren Querschnittsabmessungen nicht klein sind im Vergleich zur Stützweite, Rollenauflager erhalten, was meist zu geschehen pflegt. (Vgl. hierüber Zeitschrift des Vereines deutscher Ingenieure 1888, S. 224 u. f., Fußbemerkung daselbst.)

und hiermit unter Beachtung von Gleichung 15, § 16,

$$\frac{\Theta}{\alpha}\frac{d^2 y}{d x^2} = \frac{p l^2}{8} - \frac{p x^2}{2} - P(y_0 - y)$$

$$\frac{\Theta}{\alpha}\frac{d^2 y}{d x^2} - P y + \frac{p x^2}{2} - \frac{p l^2}{8} + P y_0 = 0.$$

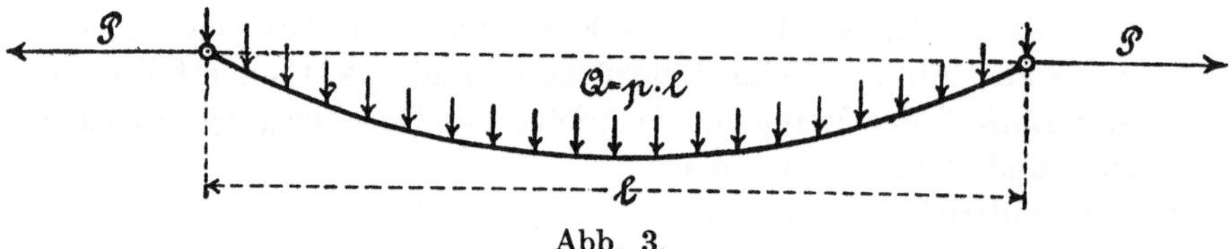

Abb. 3.

Die Integration dieser Differentialgleichung liefert unter der Voraussetzung, daß Θ und α konstant sind,

$$y = C_1 e^{x\sqrt{\frac{\alpha P}{\Theta}}} + C_2 e^{-x\sqrt{\frac{\alpha P}{\Theta}}} + \frac{p}{2P}x^2 + \frac{\Theta p}{\alpha P^2} - \frac{1}{P}\left(\frac{p l^2}{8} - P y_0\right) \quad . \; . \; . \quad 4)$$

Da für $x = 0$

$$\frac{d y}{d x} = 0,$$

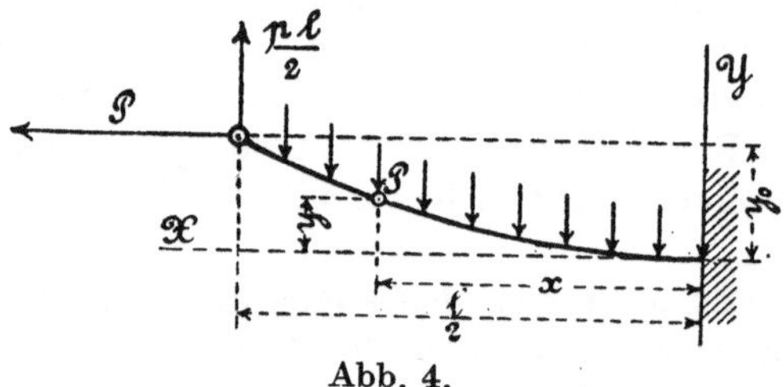

Abb. 4.

so folgt

$$\frac{d y}{d x}_{x=0} = \left| C_1 \sqrt{\frac{\alpha P}{\Theta}} e^{x\sqrt{\frac{\alpha P}{\Theta}}} - C_2 \sqrt{\frac{\alpha P}{\Theta}} e^{-x\sqrt{\frac{\alpha P}{\Theta}}} + \frac{p}{P} x \right|_{x=0} = 0,$$

d. h.

$$C_1 = C_2 = C.$$

Für $x = \frac{l}{2}$ ist $M_b = 0$, somit $\varrho = \infty$, also

$$\frac{1}{\varrho} = \frac{d^2 y}{d x^2} = 0,$$

demnach

$$\frac{d^2 y}{d x^2}_{x=\frac{l}{2}} = \left| C\left[\frac{\alpha P}{\Theta} e^{x\sqrt{\frac{\alpha P}{\Theta}}} + \frac{\alpha P}{\Theta} e^{-x\sqrt{\frac{\alpha P}{\Theta}}}\right] + \frac{p}{P} \right|_{x=\frac{l}{2}} = 0,$$

woraus

$$C = -\frac{p\,\Theta}{\alpha P^2\left[e^{\frac{l}{2}\sqrt{\frac{\alpha P}{\Theta}}} + e^{-\frac{l}{2}\sqrt{\frac{\alpha P}{\Theta}}}\right]}.$$

Ferner muß für $x = 0$ $y = 0$ sein, womit aus Gleichung 4 unter Berücksichtigung der Werte der Konstanten folgt

$$y_0 = \frac{1}{P}\left[\frac{pl^2}{8} - \frac{p\,\Theta}{\alpha P} + \frac{2p\,\Theta}{\alpha P\left(e^{\frac{l}{2}\sqrt{\frac{\alpha P}{\Theta}}} + e^{-\frac{l}{2}\sqrt{\frac{\alpha P}{\Theta}}}\right)}\right].$$

Hiermit findet sich das biegende Moment in der Mitte der Stange, d. i. für $x = \frac{l}{2}$,

$$\max(M_b) = \frac{pl^2}{8} - P\,y_0 = \frac{p\Theta}{\alpha P}\left[1 - \frac{2}{e^{\frac{l}{2}\sqrt{\frac{\alpha P}{\Theta}}} + e^{-\frac{l}{2}\sqrt{\frac{\alpha P}{\Theta}}}}\right] \quad . \quad . \quad 5)$$

und infolgedessen die Biegungsanstrengung

$$\sigma_b = \frac{\max(M_b)}{\frac{\Theta}{e_1}} = e_1\frac{p}{\alpha P}\left[1 - \frac{2}{e^{\frac{l}{2}\sqrt{\frac{\alpha P}{\Theta}}} + e^{-\frac{l}{2}\sqrt{\frac{\alpha P}{\Theta}}}}\right] \quad . \quad . \quad . \quad 6)$$

Diese Gleichung liefert beispielsweise für eine 6 m lange Stange von 25 mm Durchmesser, die durch $P = 3000$ kg gespannt ist, bei Einführung von

$$e_1 = \frac{2{,}5}{2}\,\text{cm}, \quad p = \frac{\pi}{4}\cdot 2{,}5^2\cdot 0{,}0078 = \sim 0{,}04\,\text{kg}, \quad \alpha = \frac{1}{2000000},$$

$$\Theta = \frac{\pi}{64}\cdot 2{,}5^4 = 1{,}914.$$

$$\sigma_b = \frac{2{,}5}{2}\,\frac{0{,}04}{\frac{1}{2000000}3000}\left[1 - \frac{2}{e^{300\sqrt{\frac{3000}{2\,000000\cdot 1{,}914}}} + e^{-300\sqrt{\frac{3000}{2\,000000\cdot 1{,}914}}}}\right]$$

$$= \frac{100}{3}\left(1 - \frac{1}{2220{,}5}\right) = 33{,}3\ \text{kg/qcm}.$$

Wie ersichtlich, tritt der Einfluß des zweiten Gliedes der Klammer ganz zurück, so daß es für den Fall größerer Länge der Zugstange und großer Zugkraft bei mäßigem Trägheitsmoment vollständig genügt, die Biegungsanstrengung zu berechnen aus

$$\sigma_b = e_1\frac{p}{\alpha P}, \quad . \quad . \quad . \quad . \quad . \quad . \quad . \quad . \quad . \quad . \quad . \quad 7)$$

d. i. die bereits in § 6, Gleichung 17, für den frei aufgehängten Draht gefundene Biegunginanspruchnahme, wenn dort e durch e_1 und H durch P ersetzt wird.

Unter den bezeichneten Verhältnissen erscheint hiernach die Biegungsbeanspruchung einer Zugstange so gut wie unabhängig von der Spannweite[1]).

In ähnlicher Weise ist vorzugehen, wenn es sich um an den Enden eingespannte oder auch um schräge Zugstangen handelt.

3. Ein dünner Stab ist um eine Rolle geschlungen und durch Zugkräfte belastet, Abb. 5.

Die Beanspruchung des Bandes von der Stärke s, der Breite b, also dem Querschnitt $f = bs$, setzt sich zusammen aus der Anstrengung, herrührend von der Zugkraft P, und aus der Anstrengung, die dadurch hinzutritt, daß das Band um die Scheibe geschlungen, also gebogen werden muß.

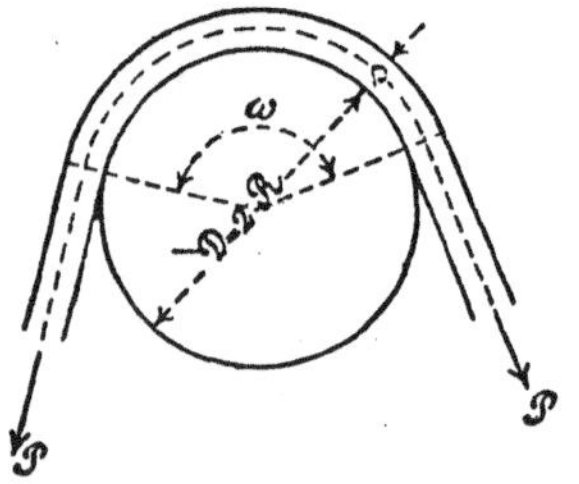

Die erste Inanspruchnahme gibt mit der Genauigkeit, mit der gleichmäßige Verteilung über den Querschnitt des Bandes angenommen werden kann, die Zugspannung

$$\sigma_z = \frac{P}{bs} \quad \ldots \ldots \quad 8)$$

Abb. 5.

Die letztere Anstrengung pflegt in folgender Weise berechnet zu werden.

Unter der Voraussetzung, daß die Querschnitte des um die Scheibe gebogenen Stabes senkrecht zur gekrümmten Mittellinie stehen, erlangen die äußersten Fasern eine Länge $\omega\,(R + s)$, während sie vor der Biegung die Länge $\omega\left(R + \frac{s}{2}\right)$ besaßen; sie erfahren also eine Ver-

[1]) Die Berechnung der Biegungsbeanspruchung, z. B. der oben behandelten Stange in der Weise, daß gesetzt wird

$$M_b = \frac{pl^2}{8} = \frac{0{,}04 \cdot 600^2}{8} = \sigma_b \frac{\Theta}{e} = \sigma_b \frac{\pi}{32}\, 2{,}5^3,$$

woraus folgen würde

$$\sigma_b = \sim 1150 \text{ kg/qcm},$$

ergibt somit eine durchaus irrtümliche Beurteilung der Biegungsanstrengung. Sie vernachlässigt eben den starken, das biegende Moment vermindernden Einfluß der Zugkraft P (vgl. Abb. 4) infolge der Befestigung an den Enden.

Die erste dahingehende Veröffentlichung, die dem Verfasser bekannt geworden ist, rührt von J. Schmidt her und findet sich im Civilingenieur 1874. S. 215 u. f. Später hat Tolle den Gegenstand eingehend behandelt: Zeitschrift des Vereines deutscher Ingenieure 1897, S. 855 u. f.

längerung um

$$\omega(R+s)-\omega\left(R+\frac{s}{2}\right)=\omega\frac{s}{2},$$

entsprechend der Dehnung

$$\frac{\frac{1}{2}\omega s}{\left(R+\frac{s}{2}\right)\omega}=\sim\frac{s}{2R},$$

somit der Spannung

$$\sigma_b=\frac{1}{\alpha}\frac{s}{2R}=\frac{1}{\alpha}\frac{s}{D}, \quad \ldots\ldots\ldots \quad 9)$$

sofern α die innerhalb der eintretenden Beanspruchung als konstant vorausgesetzte Dehnungszahl bezeichnet.

Nach dieser Rechnung zeigt sich in den Querschnitten, die dem gekrümmten Teile des Stabes angehören, die in Abb. 6 — mit übertrieben groß gezeichneter Bandstärke — nach der Linie $a\ b\ c$ dargestellte Spannungsverteilung. Zu diesen Biegungsspannungen tritt die von P herrührende Normalspannung σ_z, womit sich als Begrenzungslinie der Gesamtspannungen die Gerade $a_1\ b_1\ c_1$ und infolgedessen $\sigma_z+\sigma_b$ als Größtwert der Inanspruchnahme ergibt.

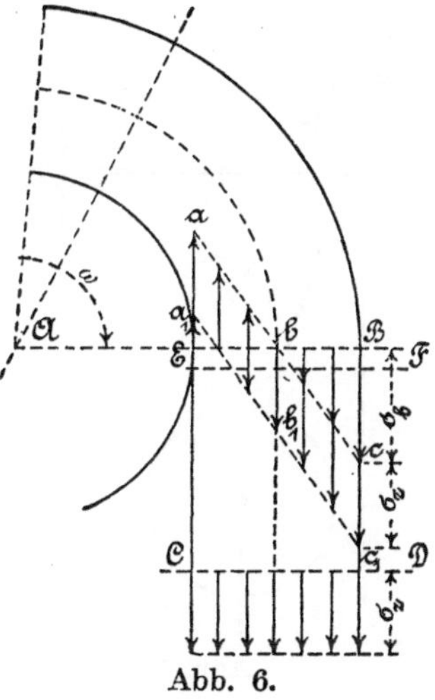
Abb. 6.

Diese Rechnungsweise liefert jedenfalls für den durch $A\,B$ gegebenen Querschnitt des Bandes eine zu große Beanspruchung, wie sofort aus folgender Erwägung erhellt. In dem durch den Umschlingungswinkel ω bestimmten Endquerschnitt $A\,B$ des gebogenen Stabes soll die Spannungsverteilung nach der Linie $a_1 b_1 c_1$ herrschen, also in der äußersten Faser die Zugspannung $\sigma_b+\sigma_z$, in der innersten dagegen die Druckspannung $\sigma_b-\sigma_z$, sofern $\sigma_z<\sigma_b$ ist. Im unmittelbar danebenliegenden Querschnitt $E\,F$ dagegen soll die konstante Zugspannung $\sigma_z=\overline{b b_1}$ vorhanden sein. In Wirklichkeit wird sich ein gewisser Ausgleich vollziehen, derart, daß im Querschnitt $A\,B$ die von der Biegung herrührende Spannung außen und innen kleiner ist, als Gleichung 9 angibt, d. h. der Querschnitt des Stabes nimmt nicht die radiale Lage ein, welche die Rechnung voraussetzt, bleibt vielleicht auch nicht ganz eben, und das Band legt sich infolge seiner Steifigkeit nicht ganz in der angenommenen Weise an den Zylinder an. Die Biegungsanstrengung ist also tatsächlich im Querschnitt AB kleiner, als Gleichung 9 angibt. Dagegen wird sie jedenfalls in dem durch den Umschlingungswinkel $\frac{\omega}{2}$ bestimmten Stabquerschnitt diese Größe erreichen.

Für den Fall, daß die eine der beiden Zugkräfte P größer ist als die andere, infolgedessen sich Reibungskräfte zwischen Band und Scheibe geltend machen, kann durch diese eine mehr oder minder große Abänderung der Spannungsverteilung über die Querschnitte veranlaßt werden[1]).

---

[1]) Es ist hier der Ort, auf eine häufig anzutreffende irrtümliche Beurteilung der Beanspruchung von Bändern, Drähten usw. aufmerksam zu machen, die über eine Rolle oder Stütze gebogen sind.

Abb. 7 zeigt die Einrichtung einer ziemlich verbreiteten Drahtzerreißmaschine. Das eine Ende des Drahtes wird um einen Zylinder geschlungen und mittels eines Backens gegen denselben gepreßt. Das andere, durch Backen gehaltene Ende wird durch eine Schraubenspindel wagrecht gezogen, wobei die Belastung des Drahtes in dem Maße stetig steigt, wie der Hebelarm wächst, an dem das Gewicht wirkt. Nach üblicher Auffassung müßte der Draht da reißen, wo er um den Zylinder gebogen ist. In der Regel zerreißt er jedoch in der geraden Strecke.

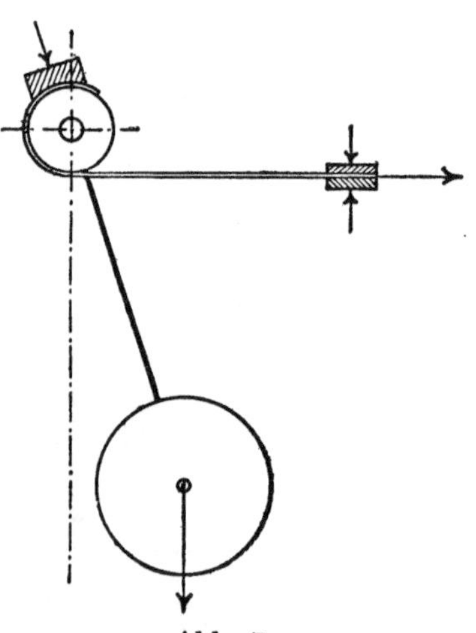

Abb. 7.

Dieses Verhalten, auf dem die Verwendbarkeit der Umschlingung des Drahtes als Einspannung beruht, läßt sich auf folgende Weise erklären. Bei dem Biegen des Drahtes um den verhältnismäßig kleinen Zylinder erfährt er eine starke bleibende Krümmung; die Beanspruchung entspricht auch entfernt nicht mehr der durch Gleichung 9 bestimmten Größe. Dabei wird das Material überanstrengt, die Festigkeit desselben nimmt zu, die Zähigkeit dagegen ab. Somit besitzt die gekrümmte Strecke eine größere Festigkeit. Bei der Durchführung der Zerreißprobe selbst vermindert sich die Zugbelastung des auf dem Zylinder liegenden Drahtstabes um so mehr, je weiter die Querschnitte von der Ablaufstelle entfernt liegen. Das Reißen erfolgt alsdann, wenigstens der Regel nach, in der geraden Strecke.

Ähnlich verhält es sich mit einem Bremsband, das um die Bremsscheibe geschlungen wird, oder mit dem Bleche eines Kessels, das kalt gerollt wird, und — wenn auch etwas verschieden davon — mit dem Kabel einer Kabelbrücke da, wo dasselbe auf den gewölbten Lagern ruht usw.

Eine solche Überschreitung der zulässigen Anstrengung des Materials erscheint, bei ausreichender Zähigkeit des letzteren, in den meisten Fällen ebenso wie z. B. das kalte Richten eines Stabes aus zähem Eisen unbedenklich; nur darf

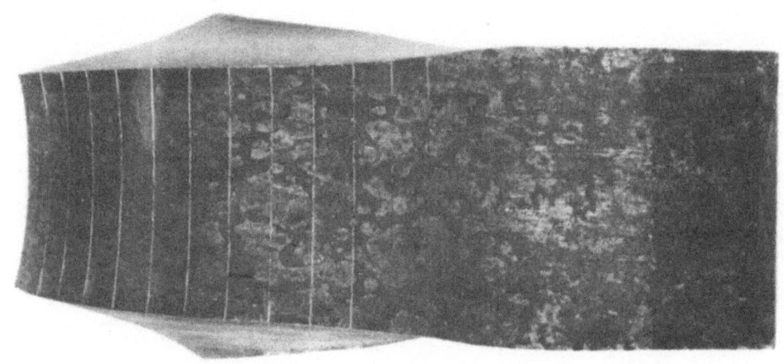

Abb. 9, § 47, S. 449.

Abb. 8, § 47, S. 449.

VIII. Beanspruchung durch Schubspannungen (Schiebungen).

§ 47. Schub und Drehung.

Die auf den geraden stabförmigen Körper wirkenden äußeren Kräfte ergeben für den in Betracht gezogenen Querschnitt eine in denselben fallende Kraft S und ein Kräftepaar vom Momente M_d, dessen Ebene die Stabachse senkrecht schneidet.

In einem beliebigen Element des Querschnittes erzeugt die Schubkraft S eine Schubspannung τ_s und das auf Drehung wirkende Moment M_d eine Schubspannung τ_d; die Resultante aus τ_s und τ_d liefert die Inanspruchnahme in dem betreffenden Querschnittselemente.

Bei Beurteilung derselben sowie bei Wahl der zulässigen Anstrengung ist es von Bedeutung, zu beachten, daß sie nicht bloß in dem Querschnitt, sondern auch senkrecht dazu auftritt (§ 30, s. auch Abb. 5, § 32, und Abb. 6, Taf. XIII, bzw. die Erörterung, die in § 45, Ziff. 1, zur Einführung von β_0 und in § 48, Ziff. 2, zur Einführung von α_0 Veranlassung gibt).

1. Kreisquerschnitt.

Nach § 39, b ist die von S herrührende Schubspannung am größten für die Umfangspunkte des zu S senkrechten Durchmessers, und zwar beträgt sie daselbst

$$\tau_s = \frac{4}{3}\frac{S}{f} = \frac{16}{3\pi}\frac{S}{d^2},$$

---

es sich nicht oft wiederholen, jedenfalls nicht öfter, als es die Zähigkeit des Materials und dessen nachherige Verwendung gestattet.

Bei Beurteilung der tatsächlichen Inanspruchnahme sind unter Umständen auch die Gegenspannungen ins Auge zu fassen, die sich nach Maßgabe des S. 290 Bemerkten einstellen.

Abb. 8 und 9, Taf. XX, zeigen einen Flußeisenstab mit rechteckigem Querschnitt (43 mm stark, 49 mm breit), der um einen Dorn von 40 mm gebogen worden ist, also eine weitgehende bleibende Formänderung erfahren hat. Deutlich erkennt man, daß die am ursprünglich geraden Stab ebenen Querschnitte um so mehr von der Ebene abweichen, je weiter sie von der Mitte abgelegen sind; sie zeigen S-förmige Gestalt und stehen auch nicht mehr senkrecht auf der Mittellinie. Daraus folgt ohne weiteres, daß die Zugrundelegung von Gleichung 9 für die Beurteilung der Materialanstrengung bei der Biegeprobe des Materials den tatsächlichen Verhältnissen nicht gerecht wird, ganz abgesehen davon, daß die bei der Entwicklung der Gleichung 9 vorausgesetzte Proportionalität zwischen Dehnungen und Spannungen bei der weitgehenden Biegung auch entfernt nicht mehr vorhanden ist.

In Abb. 8 und 9 sind überdies die übrigen Formänderungen von Interesse, namentlich die Wölbung und die Änderung der Größe der Seitenflächen des Stabes; die Querschnitte haben aufgehört, Rechtecke mit geraden Seiten zu sein.

sofern

$$f = \frac{\pi}{4} d^2$$

die Größe des Querschnittes und d dessen Durchmesser bezeichnet.

Nach § 32 ist für alle Umfangspunkte die durch M_d wachgerufene Schubspannung

$$\tau_d = \frac{16}{\pi} \frac{M_d}{d^3}$$

die größte. Demnach beträgt die resultierende Anstrengung, die in jenen beiden Umfangspunkten den größten Wert erreicht,

$$\tau_s + \tau_d = \frac{16}{3\pi} \frac{S}{d^2} + \frac{16}{\pi} \frac{M_d}{d^3} = \frac{16}{\pi d^2} \left(\frac{S}{3} + \frac{M_d}{d} \right).$$

2. Kreisringquerschnitt von geringer Wandstärke, Abb. 5, § 39.

Nach § 39, c ist

$$\tau_s = 2 \frac{S}{f},$$

nach § 32

$$\tau_d = \frac{16}{\pi} M_d \frac{d}{d^4 - d_0^4} = \sim 2 \frac{M_d}{d_m f},$$

sofern

$$d_m = \frac{d + d_0}{2} \qquad f = \frac{\pi}{4} (d^2 - d_0^2).$$

Folglich

$$\tau_s + \tau_d = \frac{2}{f} \left(S + \frac{M_d}{d_m} \right).$$

3. Rechteckiger Querschnitt, Abb. 2, § 38.

Unter der Voraussetzung, daß S senkrecht zur Breite b wirkt, werden beide Schubspannungen am größten in den Mitten der langen Seiten.

Nach § 38 beträgt hier

$$\tau_s = \frac{3}{2} \frac{S}{b h},$$

und nach § 34 und § 36

$$\tau_d = \frac{9}{2} \frac{M_d}{b^2 h}, \qquad \text{bzw.} \quad \tau_d = \psi \frac{M_d}{b^2 h}.$$

Somit

$$\tau_s + \tau_d = \frac{3}{2} \frac{1}{b h} \left(S + 3 \frac{M_d}{b} \right), \qquad \text{bzw.} \quad \tau_s + \tau_d = \frac{1}{b h} \left(\frac{3}{2} S + \psi \frac{M_d}{b} \right).$$

IX. Beanspruchung durch Normalspannungen (Dehnungen) und Schubspannungen (Schiebungen).

§ 48. Größte Anstrengung bei gleichzeitig vorhandener Dehnung (Normalspannung) und Schiebung (Schubspannung.)

1. Begriff der zulässigen Anstrengung des Materials.

Bei den bisherigen Betrachtungen haben wir stillschweigend vorausgesetzt, daß hinsichtlich des Begriffs der zulässigen Anstrengung ein Zweifel nicht bestehe. Solange nur Normalspannungen in Richtung der Stabachse (Zug, Druck, Biegung) oder lediglich Schubspannungen (Drehung, Schub) vorhanden sind, pflegt ein solcher auch tatsächlich nicht in die Erscheinung zu treten; anders gestaltet sich jedoch die Sachlage, sobald Normalspannungen und Schubspannungen gleichzeitig tätig, oder senkrecht zueinander wirkende Normalspannungen vorhanden sind. Dann kann in der Tat eine Unsicherheit entstehen. Aus diesem Grunde ist hier, wo uns erstmals gleichzeitig Normalspannungen und Schubspannungen entgegentreten, der Begriff der zulässigen Anstrengung zu erörtern.

Bei der Herleitung der Abmessungen von Maschinen- oder Bauteilen sowie von ganzen Konstruktionen aus den beanspruchenden Kräften sind drei Gesichtspunkte festzuhalten, sofern abgesehen wird von den Fällen, in denen Rücksichten auf Herstellung, Fortschaffung, Abnützung usw. maßgebend erscheinen.

Nur zwei dieser Gesichtspunkte liegen auf dem Gebiete der statischen Elastizitätslehre, mit der sich das vorliegende Buch allein beschäftigt. Im Interesse der Klarstellung erscheint es geboten, hinsichtlich dieser Abgrenzung folgendes zu bemerken.

Die statische Elastizitätslehre setzt voraus, daß in jedem Augenblick zwischen den äußeren Kräften, die den Körper belasten sowie allmählich wachsend angenommen werden, und den hierdurch infolge der Formänderung wachgerufenen inneren Kräften Gleichgewicht besteht. Wenn z. B. die äußeren Kräfte, die auf den Stab einwirken, dies sofort in voller Größe tun und dann wieder aufhören, tätig zu sein, so wird der Körper in Schwingungen geraten, d. h. in eine Aufeinanderfolge wechselnder Formänderungszustände gelangen. Infolge äußerer und innerer Widerstände nimmt die Größe dieser Schwingungen fortgesetzt ab, und schließlich geht der Körper in den Zustand der Ruhe über. Schwingungen des Körpers, wie soeben besprochen, stellen sich auch ein, wenn die auf ihn wirkenden Kräfte in raschem Wechsel Größe oder Richtung oder beides ändern. Sie vermögen unter Umständen unerwartet große Werte zu erreichen. Die Feststellung der Inanspruchnahmen, die infolge dieser Schwingungen auftreten können, erfordert Eingehen auf die in Betracht kommenden dynamischen Verhältnisse und geht deshalb über das Gebiet der statischen Elastizitätslehre hinaus. Die Verfolgung dieser Verhältnisse kann in manchen Fällen notwendig werden, wenn man sich ein zutreffendes Urteil über den Größtwert der Beanspruchung verschaffen will. Namentlich treten solche Fälle im Maschineningenieurwesen auf, haben jedoch in der Literatur erst in neuerer Zeit die ihnen gebührende Beachtung gefunden[1]). Der erfahrene Ingenieur hat die zusätzlichen Beanspruchungen durch dynamische Wirkungen schon früh beobachtet und sie schätzungsweise durch Herabsetzung der in die Rechnung eingeführten zulässigen Materialanstrengungen berücksichtigt, wenn er sie nicht rechnerisch bestimmen konnte. Daß solchen Schätzungen eine mehr oder minder große Unsicherheit anhaftet, ist natürlich, weshalb die wissenschaftliche Verfolgung der in Betracht kommenden Aufgaben sehr zu begrüßen ist. Diese muß sich allerdings auch auf das tatsächliche Verhalten der Materialien erstrecken, das — ganz abgesehen von anderem — nicht nur mit den Eigenschaften derselben wechselt, sondern überdies abhängt von der Geschwindigkeit, mit der die Kräfte einwirken.

Der erste Gesichtspunkt, der das bestimmt, was der Regel nach als zulässige Anstrengung gilt, liefert die Forderung, daß

a) (nach der Ansicht der einen) die Spannung,

oder

b) (nach der Ansicht der anderen) die verhältnismäßige Dehnung in keinem Punkte des Körpers die höchstens für zulässig erachtete Größe überschreite[2]).

[1]) Allerdings auch noch mit beschränkenden Voraussetzungen, die von der Wirklichkeit mehr oder minder abweichen können: Frahm, Neue Untersuchungen über die dynamischen Vorgänge in den Wellenleitungen von Schiffsmaschinen mit besonderer Berücksichtigung der Resonanzschwingungen, Zeitschrift des Vereines deutscher Ingenieure 1902, S. 797 u. f. oder Mitteilungen über Forschungsarbeiten, Heft 6.

Sommerfeld, Beitrag zum dynamischen Ausbau der Festigkeitslehre, Physikalische Zeitschrift 1902, S. 266 u. f., Zeitschrift des Vereines deutscher Ingenieure 1902, S. 391 u. f.

Roth, Schwingungen von Kurbelwellen, Zeitschrift des Vereines deutscher Ingenieure 1904, S. 564 u. f.

Pfleiderer, Dynamische Vorgänge beim Anlaufen von Maschinen usw. Stuttgart 1906.

v. Kármán in der Enzyklopädie der mathematischen Wissenschaften mit Einschluß ihrer Anwendungen, Bd. IV, 2. II, Heft 3 über „Festigkeitsprobleme im Maschinenbau“ unter 12.

Heilandt, Über die Beanspruchung der Förderseile beim Anfahren und Bremsen, München und Berlin 1916.

[2]) Hinsichtlich weiterer Ansichten vgl. die nächste Fußbemerkung.

Bei einfacher Zug-, Druck- und Biegungselastizität sowie bei Verbindung derselben besteht — streng genommen allerdings nur im Falle der Unveränderlichkeit der Dehnungszahl — Proportionalität zwischen Dehnungen und den ihnen entsprechenden Normalspannungen. In diesen Fällen kommt deshalb die Forderung a) auf dasselbe hinaus wie diejenige unter b); denn multipliziert man die höchstens für zulässig erachtete Normalspannung mit der Dehnungszahl, so tritt an ihre Stelle die höchstens noch für zulässig gehaltene Dehnung.

Da bei einfacher Drehungs- und Schubelastizität sowie bei Verbindung beider ebenfalls Proportionalität zwischen Schubspannungen und den zugehörigen Dehnungen vorhanden ist (§ 31), so dürfen auch in diesen Fällen — Unveränderlichkeit der Dehnungszahl vorausgesetzt — die Bedingungen unter a) und b) als zusammenfallend betrachtet werden.

Wirken dagegen senkrecht zueinander stehende Normalspannungen gleichzeitig, so hört die sonst vorhandene Proportionalität zwischen Dehnungen und Spannungen auf, wie in § 7 und § 14 erörtert worden ist, und die Auffassung nach a) fordert etwas anderes als diejenige nach b). Die erstere räumt den senkrecht zum gezogenen oder gedrückten Stab wirkenden Kräften keinen Einfluß auf die zulässige Anstrengung ein, sie läßt die in § 9, Ziff. 1, erörterten Versuchsergebnisse unbeachtet, sie belastet einen in Richtung der Achse gezogenen und senkrecht zu seiner Achse gedrückten Stab ebenso stark, als wenn die Druckkräfte nicht vorhanden wären, sie wählt die zulässige Anstrengung der Bleischeibe Abb. 1, § 14, ebenso groß wie diejenige der Abb. 2, § 14, obgleich dieselbe im letzteren Falle erfahrungsgemäß weit größer genommen werden darf; für sie ist die zulässige Anstrengung im Falle der Abb. 24, § 13 (Abb. 22, § 13), dieselbe, gleichgültig, ob $z = 60$ mm oder $z = 5$ mm, und zwar auch dann, wenn etwa an Stelle des Steinwürfels ein solcher aus Schmiedeisen träte; sie kann folgerichtig den in § 20, Ziff. 2, besprochenen Einfluß der Fasern aufeinander nicht anerkennen usf.

Treten gleichzeitig Normal- und Schubspannungen auf, so ergeben sich für den betreffenden Punkt des Körpers eine größte Spannung und eine größte Dehnung; beide stehen jedoch nicht in dem Verhältnisse wie einfache Normalspannung und Dehnung nach Maßgabe der Gleichung 2 oder 4, § 2. Die Bedingung unter a) verlangt deshalb in solchem Falle auch nicht das gleiche wie die Forderung unter b).

Die Auffassung unter a) ist die ältere und erfreut sich auch heute noch einer großen Verbreitung. Mariotte dürfte wohl der erste gewesen sein, der darauf hingewiesen hat, daß die Dehnung eine gewisse Grenze nicht überschreiten soll; dagegen scheint es, daß erst

Poncelet die Forderung unter b) mit Entschiedenheit vertreten und durchgeführt hat.

Daß die Bedingung unter a) in verschiedenen Fällen nicht zutreffend ist, erhellt aus dem Erörterten. Unter diesen Umständen erachtet Verfasser die Feststellung des Begriffes der zulässigen Anstrengung nach Maßgabe der Forderung unter b) für die zweckmäßigere, wenigstens zunächst. Welcher Grad der Zuverlässigkeit ihr innewohnt, welche Mängel ihr anhaften, wird durch ausgedehnte — übrigens erheblichen Schwierigkeiten begegnende — Versuche noch zu entscheiden sein[1]).

Folgerichtig wäre hiernach, mit zulässigen Dehnungen statt mit zulässigen Spannungen zu rechnen. Da sich jedoch der Begriff der zulässigen Anstrengung als einer auf die Flächeneinheit bezogenen Kraft eingebürgert hat, es auch keine Schwierigkeit bietet, zu jeder zulässigen Spannung eine entsprechende Dehnung zu bestimmen[2]), so erscheint die Beibehaltung der auf die Flächeneinheit bezogenen Kraft als Maß der zulässigen Anstrengung ausführbar und berechtigt. Nur ist hierbei festzuhalten, daß dann in den Fällen gleichzeitigen Vorhandenseins von senkrecht zueinander stehenden Normalspannungen oder von Normal- und Schubspannungen an die Stelle der höchstens zulässigen Dehnung keine wirkliche, sondern nur eine gedachte Spannung tritt, nämlich der Quotient: zulässige Dehnung dividiert durch die Dehnungszahl. (S. Gleichung 5 und 7.)

Gleichgültig, ob man die Forderung unter a) oder diejenige unter b) für die richtigere hält; in beiden Fällen setzt ihre Befriedigung voraus, daß man imstande ist, die größte in dem Körper auftretende Spannung bzw. Dehnung ausreichend genau zu berechnen. Dies ist

---

[1]) Erst in neuerer Zeit ist das Interesse an der Lösung der hier bezeichneten Aufgabe ein allgemeines geworden. Vgl. u. a. die Veröffentlichungen von Mohr in der Zeitschrift des Vereines deutscher Ingenieure 1900, S. 1524 u. f., 1901, S. 740 u. f., Guest, Philosophical Magazine 1900, nach dem die größte Schubspannung maßgebend sein würde, Roth, Die Festigkeitstheorien und die von ihnen abhängigen Formeln des Maschinenbaues, Leipzig 1902, Scily, Baumaterialienkunde 1902, Heft 21. (Letzterer gelangt, ohne jedoch die Aufgabe als gelöst anzusehen, zu dem Ergebnis: „In unserem Falle scheint es als experimentell bewiesen, daß es nicht die maximale Spannung, sondern die maximale Dehnung ist, die bei der Zerstörung des Materials eine ausschlaggebende Rolle spielt." v. Kármán (Mitteilungen über Forschungsarbeiten, Heft 118 [1912]) behandelt die Frage in seinem Bericht über Versuche mit Marmor unter allseitigem Druck. Sandel (Dissertation Stuttgart 1920) beleuchtet die verschiedenen Vorschläge und spricht sich für Berücksichtigung der Volumänderung aus. Über diese s. § 68, Gl. 5.

[2]) Nach S. 461 ist die Normalspannung mit α, die Schubspannung mit $\frac{m+1}{m}\alpha$ zu multiplizieren.

nun bei den Aufgaben, die an den Ingenieur herantreten, häufig nicht der Fall. Unter solchen Umständen bleibt dem Konstrukteur, wenn er sich nicht auf Abmessungen stützen kann, die als bewährt gelten, nur übrig, die nötige Sicherheit in bezug auf die Widerstandsfähigkeit der von ihm zu entwerfenden Teile sich durch Versuche zu beschaffen. Diese können Bruchversuche sein, wobei der Versuchskörper zum Bruch gebracht, also festgestellt wird, unter welcher Belastung der Körper bricht, oder man kann — wenn die Art des Materials es gestattet — ermitteln, bei welcher Belastung die Streckgrenze desselben an den in Betracht kommenden Stellen oder eine gewisse Formänderung erreicht wird. Durch Wahl eines den Verhältnissen entsprechenden Bruchteiles der so bestimmten Belastung als höchstens zulässiger Beanspruchung pflegt alsdann eine Grundlage für die Berechnung der Abmessungen gewonnen zu werden. Daß bei solchen Versuchen, ebenso bei Übertragung ihrer Ergebnisse auf technische Ausführungen, mit größter Sorgfalt vorzugehen ist, darf nicht übersehen werden.

Bei der Wahl der Werte, die als zulässige Anstrengung des Materials jeweils in die Rechnung eingeführt werden, müssen in der Regel die Verhältnisse des einzelnen Falles sorgfältig erwogen werden. In dieser Hinsicht sei beispielsweise folgendes hervorgehoben. In der Regel wird angenommen, daß bei einem auf Biegung beanspruchten Körper die in Gleichung 12, § 16, einzuführende zulässige Anstrengung k_z für dasselbe Material gleich derjenigen sei, welche im Falle von Zug bei Benutzung von Gleichung 2, § 6, eingesetzt wird. In Wirklichkeit gibt es jedoch viele Fälle, in denen es nicht nur zulässig ist, sondern in Rücksicht auf andere, namentlich wirtschaftliche Verhältnisse (Kosten), auch geboten sein kann, mit der zulässigen Biegungsbeanspruchung, d. h. mit k_z in Gleichung 12, § 16, höher zu gehen. Zur Klarstellung der Zulässigkeit wollen wir uns zwei gleiche prismatische Stäbe aus demselben Flußeisen — der Einfachheit der Betrachtung wegen mit rechteckigem Querschnitt — vorstellen:

α) den einen auf Zug mit $k_z = 900$ kg/qcm in Anspruch genommen,

β) den anderen an den Stabenden unterstützt und durch eine in der Stabmitte angreifende Kraft so beansprucht, daß in der äußersten Faserschicht die Zugspannung $k_z = 900$ kg/qcm eintritt.

Im Falle α ist in allen Punkten aller Querschnitte des prismatischen Stabteiles die Zugspannung von 900 kg/qcm vorhanden, und zwar unter der günstigsten Voraussetzung vollständig gleichmäßiger Verteilung der Zugkraft über den Querschnitt. Schon bei geringer Abweichung hiervon werden sich sofort erheblich höhere Spannungen einstellen, zu den Zugspannungen werden Biegungsspannungen von Bedeutung hinzutreten können.

Im Falle β dagegen ist die Spannung 900 kg/qcm nur in einem einzigen Querschnitt und in diesem nur in der äußersten Faserschicht vorhanden. Sollte diese Faserschicht durch irgendeinen Umstand (Zufälligkeiten im Betriebe, Materialfehler usw.) derart überanstrengt werden, daß das Flußeisen daselbst bleibend nachgibt, so greifen die im Querschnitt weiter nach innen gelegenen und sonst weniger angestrengten Fasern unterstützend ein. Darin liegt es auch begründet, daß solche Stäbe bei Biegungsversuchen eine weit größere Belastung auf Biegung vertragen, als der Zugfestigkeit des Materials bei Zugrundelegung der Gleichung 12, § 16, entspricht (vgl. § 22).

Ändert sich bei Nachgiebigkeit des zähen Materials die Form des auf Biegung beanspruchten Körpers in solcher Weise, daß die Anstrengung abnimmt, so liegt hierin ein weiterer Grund, gebotenenfalls höhere Werte für die zulässige Materialanstrengung einzusetzen (vgl. § 55,1 Kettenhaken). Bei Festsetzung der Höhe der noch als zulässig anzusehenden Beanspruchung wird dann darauf zu achten sein, ob die Kräfte ihre Richtung und Größe ändern oder nicht. Näheres hierüber findet sich in des Verfassers Maschinenelementen.

Auch die Geschwindigkeit, mit welcher diese Änderungen vor sich gehen, kann Einfluß nehmen.

Ferner können unter Umständen noch andere Einflüsse sich geltend machen, die bei Wahl der zulässigen Spannung in Gleichung 12, § 16, Berücksichtigung verdienen, wie z. B. die in § 6 und die in § 22 unter a) erwähnten Vorspannungen oder Gegenspannungen, die sich nach hohen Probebelastungen, die nötig waren und bleibende Formänderungen von Bedeutung zurückließen, in den bei der Biegung am stärksten beanspruchten Fasern einstellen und diese gegenüber der Inanspruchnahme im Betriebe entlasten[1]).

---

[1]) Vgl. das in § 64, Ziff. 2 letzten Absatz, angeführte sowie das folgende Beispiel.

Die beiden ebenen, mit ihrer Krempung in einen Dampfkesselmantel eingenieteten Stirnwände seien durch Anker miteinander verbunden. Der Einfachheit wegen wollen wir uns einen einzigen Anker in der Mitte denken. Unter Einwirkung des Probedruckes möge sich der Boden an der Krempe zu einem Teile bleibend durchbiegen, während die Stärke des Ankers derart ist, daß er sich nur elastisch dehnt. Wird nun der Probedruck durch Ablassen des Wassers beseitigt, so federt der Anker ganz zurück, während der Boden infolge der bleibenden Formänderung an der Krempung das nicht tut, sondern nur in seiner Mitte durch den Anker veranlaßt wird, sich so weit durchzubiegen, als es die Länge des letzteren verlangt; infolgedessen wird der Anker eine Zugspannung erfahren, während der Boden an der Innenseite der Krempung eine Druckspannung erleidet: Anker und Boden sind also nicht mehr spannungslos, sondern besitzen infolge der bleibenden Formänderung des Bodens Vorspannung. Wenn nun jetzt die Betriebspressung des Kessels wirksam wird, so tritt zu der Anstrengung, die diese im Anker verursacht, die Vorspannung hinzu, während die

Der zweite Gesichtspunkt ergibt sich in der Forderung, daß die Gesamtformänderung des belasteten Körpers innerhalb der Grenzen bleibe, die durch den besonderen Zweck desselben oder durch den Zusammenhang mit anderen Konstruktionsteilen gesteckt sind. Da, wo eine höchstens zulässige Durchbiegung, Verdrehung usw. die Abmessungen bestimmt, ist im allgemeinen eine Rechnung mit zulässiger Anstrengung im soeben erörterten Sinne des Wortes nicht mehr richtig. Dieselbe ist dann eine Funktion und Größe des in Frage stehenden Körpers. (S. auch die erste Fußbemerkung zu § 26, vierten Absatz.)

Gestattet der derzeitige Stand der Rechnungen nicht, die ins Auge zu fassende Gesamtformänderung im voraus ausreichend genau zu ermitteln und kann sich der Konstrukteur nicht auf Abmessungen stützen, die als bewährt anzusehen sind, so muß er auch hier zu Versuchen greifen, für die sinngemäß das oben bei Erörterung des ersten Gesichtspunktes Bemerkte gilt.

Hierher gehören auch die Fälle, in denen die Stabilität der Form gesichert werden muß (Knickung schlanker Stäbe, vgl. § 23 u. f., Einbeulung dünnwandiger Hohlgefäße bei äußerem Überdruck, vgl. § 26, erste Fußbemerkung, Faltung dünnwandiger Hohlkörper bei Druckbeanspruchung, vgl. § 13, Ziff. 1 unter h), Wellenbildung bei Drehungsbeanspruchung, vgl. § 35.)

Der dritte Gesichtspunkt wird durch Eingehen auf die oben (S. 451) bezeichneten dynamischen Verhältnisse gegeben.

Auch hier macht sich das Bedürfnis nach Durchführung von Versuchen zur Schaffung zuverlässiger Erfahrungsgrundlagen mehr und mehr geltend. Bei solchen Versuchen ist nicht nur mit besonderer Sorgfalt zu verfahren, wenn die angestrebte Klarstellung erfolgen soll, sondern es ist auch der schon vor Jahrzehnten vom Verfasser öffentlich[1]) ausgesprochene Grundsatz zu beachten: „Versuche sind in der Regel unter solchen Verhältnissen anzustellen, wie sie bei den wichtigeren technischen Anwendungen vorzuliegen pflegen, so daß die ermittelten Erfahrungszahlen auf diese mit ausreichender Sicherheit übertragen werden können.“ Namentlich dynamische Versuche genügen dieser Forderung bisher recht selten.

Beanspruchung, die durch diese Betriebspressung im Innern der Bodenkrempung hervorgerufen wird, um den Betrag der Vorspannnung vermindert wird.

Über eigene Versuche mit der Aufgabe, zu ermitteln, welcher Teil der auf die Stirnwandung vom Flüssigkeitsdruck geäußerten Kraft von dem Anker und welcher Teil von der Wandung selbst übertragen wird, ist im Protokoll der 42. Delegierten- und Ingenieur-Versammlung des Internationalen Verbandes der Dampfkessel-Überwachungsvereine zu München 1912 auf S. 31 u. f. berichtet.

[1]) S. Schlußabsatz der Fußbemerkung 1, S. 13.

2. Ermittlung der größten Anstrengung.

Wir denken uns in dem Stabe, Abb. 1, ein Körperelement, eine Faser $ABCD$ von der Länge $\overline{AB} = \overline{DC} = 1$ cm abgegrenzt derart, daß die in AD sich projizierende Stirnfläche mit dem in Betracht gezogenen Stabquerschnitt zusammenfällt, während die Richtungen AB und DC mit der Stabachse parallel laufen. In Abb. 2, S. 462, sei dieses

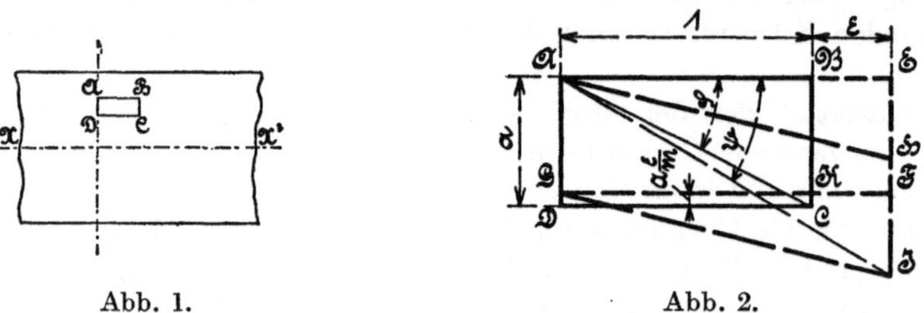

Abb. 1. Abb. 2.

Faserstück, entsprechend dem ursprünglichen Zustande, d. h. vor der Inanspruchnahme des Stabes, in größerem Maßstabe durch die ausgezogenen Linien dargestellt.

Unter Einwirkung der äußeren Kräfte dehne sich die Faser in der Richtung AB um

$$\overline{BE} = \overline{KF} = \varepsilon \cdot \overline{AB}$$

sofern

$$\varepsilon = \frac{\overline{BE}}{\overline{AB}}$$

die verhältnismäßige Dehnung bezeichnet; mit $\overline{AB} = 1$ wird $\overline{BE} = \varepsilon$.

Nach § 1 muß sich die Faser gleichzeitig senkrecht zu ihrer Achse zusammenziehen.

Diese Zusammenziehung betrage

$$\overline{CK} = \overline{DG} = \varepsilon_q \cdot \overline{BC},$$

wenn

$$\varepsilon_q = \frac{\overline{CK}}{\overline{BC}}.$$

Da (vgl. § 7) $\varepsilon_q = \varepsilon : m$ ist, kommt hieraus für $\overline{BC} = a$

$$\overline{CK} = \overline{DG} = \frac{a\,\varepsilon}{m}$$

Zu dieser mit der Normalspannung verknüpften Formänderung tritt nun die der Schubspannung entsprechende. Es verschiebe sich der Querschnitt EF (ursprünglich BC) um

$$\overline{EH} = \overline{FJ} = \gamma \cdot \overline{AE} = \gamma\,(1 + \varepsilon)$$

gegen den Querschnitt AGD, sofern γ die Schiebung (vgl. § 28) bedeutet.

Hierbei dehnt sich die ursprünglich $\overline{AC}$ lange Strecke bis zur Größe $\overline{AJ}$. Ihre spezifische Dehnung beträgt unter Beachtung, daß nach Abb. 2 $\overline{AC} = \frac{1}{\cos\varphi}$

$$\varepsilon_\varphi = \frac{\overline{AJ} - \overline{AC}}{\overline{AC}} = \frac{\overline{AJ}}{\overline{AC}} - 1 = \overline{AJ} \cdot \cos\varphi - 1 \quad . \quad . \quad . \quad . \quad . \quad 1)$$

Hierin ist nach Abb. 2

$$\overline{AJ} = \frac{1+\varepsilon}{\cos\psi};$$

ferner unter Beachtung, daß $\overline{EH} = \overline{FJ} = \gamma\,(1+\varepsilon)$ und $\operatorname{tg}\varphi = a:1 = a$

$$\operatorname{tg}\psi = \frac{a\left(1-\frac{\varepsilon}{m}\right) + \gamma\,(1+\varepsilon)}{1+\varepsilon} = \frac{\operatorname{tg}\varphi\left(1-\frac{\varepsilon}{m}\right) + \gamma\,(1+\varepsilon)}{1+\varepsilon}.$$

Wird, da γ und ε kleine Größen sind, deren Produkt $\gamma \cdot \varepsilon$ gegenüber γ vernachlässigt, so folgt hieraus

$$\operatorname{tg}\psi = \frac{\operatorname{tg}\varphi\left(1-\frac{\varepsilon}{m}\right) + \gamma}{1+\varepsilon}, \quad . \quad . \quad . \quad . \quad . \quad . \quad . \quad . \quad . \quad 2)$$

womit die Größe von $\overline{AJ} = \frac{1+\varepsilon}{\cos\psi}$ bestimmt ist, da

$$\cos\psi = \frac{1}{\sqrt{1+\operatorname{tg}^2\psi}}.$$

Werden auch hier ε^2, $\varepsilon\gamma$ und γ^2 gegenüber ε und γ vernachlässigt, so findet sich nämlich

$$\cos\psi = \frac{1+\varepsilon}{\sqrt{1+2\,\varepsilon+2\,\gamma\operatorname{tg}\varphi+\operatorname{tg}^2\varphi-2\,\frac{\varepsilon}{m}\operatorname{tg}^2\varphi}}$$

$$\overline{AJ} = \sqrt{1+2\varepsilon+2\,\gamma\operatorname{tg}\varphi+\operatorname{tg}^2\varphi\left(1-2\,\frac{\varepsilon}{m}\right)},$$

woraus nach Gl. 1

$$\varepsilon_\varphi = \sqrt{(1+2\,\varepsilon)\cos^2\varphi+\gamma\sin 2\,\varphi+\sin^2\varphi\left(1-2\,\frac{\varepsilon}{m}\right)} - 1$$

$$= \sqrt{1+\left(2\,\varepsilon\cos^2\varphi+\gamma\sin 2\,\varphi-2\,\frac{\varepsilon}{m}\sin^2\varphi\right)} - 1$$

$$= \sim 1+\varepsilon\cos^2\varphi+\frac{\gamma}{2}\sin 2\,\varphi-\frac{\varepsilon}{m}\sin^2 - 1$$

und mit $\varepsilon = \alpha\sigma$ sowie $\gamma = \beta\tau = 2\frac{m+1}{m}\alpha\tau$ (nach Gl. 3, § 31)

$$\varepsilon_\varphi = \cos^2\varphi \frac{m+1}{m}\alpha\sigma - \frac{\alpha\sigma}{m} + \frac{m+1}{m}\alpha\tau\sin 2\varphi \quad . . . 3)$$

Die Größe der Dehnung in der beliebigen, durch den Winkel φ gekennzeichneten Richtung hängt hiernach von φ ab, sie wird am größten für

$$\frac{d\varepsilon_\varphi}{d\varphi} = 0 = -\frac{m+1}{m}\alpha\sigma 2\cos\varphi\sin\varphi + \frac{m+1}{m}\alpha\tau 2\cos 2\varphi$$

$$\operatorname{tg} 2\varphi = 2\frac{\tau}{\sigma} \quad . . . . 4)$$

Hiermit erscheint die durch φ gegenüber der Stabachse (Richtung der Normalspannung) festgelegte Richtung AC, in der die Dehnung ihren größten Wert erlangt, bestimmt.

Für $\tau = 0$ ergibt sich $\varphi = 0$, d. h. die größte Dehnung findet dann in Richtung der Stabachse statt, wie ohne weiteres klar ist.

Für $\sigma = 0$ wird

$$\varphi = \frac{\pi}{4} = 45^0,$$

wie bereits in § 31, Ziff. 1, festgestellt wurde.

Zur Ermittlung des größten Wertes ε_{max} der Dehnung ist nun der eben ermittelte Wert von φ in Gl. 3 einzusetzen, d. h. in diese einzuführen

$$\operatorname{tg} 2\varphi = 2\frac{\tau}{\sigma} \qquad \cos^2\varphi = \frac{2\tau^2}{\sigma^2 + 4\tau^2 - \sigma\sqrt{\sigma^2 + 4\tau^2}}$$

$$\sin 2\varphi = \frac{2\tau(-\sigma + \sqrt{\sigma^2 + 4\tau^2})}{\sigma^2 + 4\tau^2 - \sigma\sqrt{\sigma^2 + 4\tau^2}},$$

womit sich ergibt

$$\frac{\varepsilon_{max}}{\alpha} = \frac{m+1}{m}\left(\frac{2\tau^2}{\sigma^2 + 4\tau^2 - \sigma\sqrt{\sigma^2 + 4\tau^2}}\sigma + \frac{2\tau(-\sigma + \sqrt{\sigma^2 + 4\tau^2})}{\sigma^2 + 4\tau^2 - \sigma\sqrt{\sigma^2 + 4\tau^2}}\tau\right) - \frac{\sigma}{m}$$

$$= \frac{m+1}{m}\,\frac{2\tau^2}{\sqrt{\sigma^2 + 4\tau^2} - \sigma} - \frac{\sigma}{m} = \frac{m+1}{m}\,\frac{2\tau^2(\sqrt{\sigma^2 + 4\tau^2} + \sigma)}{\sigma^2 + 4\tau^2 - \sigma^2} - \frac{\sigma}{m}$$

$$= \frac{m-1}{2m}\sigma + \frac{m+1}{2m}\sqrt{\sigma^2 + 4\tau^2} \quad . . . . 5)$$

Für $\tau = 0$ ergibt Gleichung 5

$$\max\left(\frac{\varepsilon_1}{\alpha}\right) = \sigma$$

und für $\sigma = 0$

$$\max\left(\frac{\varepsilon_1}{\alpha}\right) = \frac{m+1}{m}\,\tau .$$

Hiernach entspricht die Schubspannung τ allein einer Dehnung

$$\frac{m+1}{m}\,\alpha\,\tau ,$$

während die Normalspannung σ mit einer solchen im Betrage von

$$\alpha\,\sigma$$

verknüpft ist. Bei gleicher Größe der beiden Spannungen ergibt sich die erstere Dehnung im Verhältnis von $(m+1):m$ bedeutender als die letztere. Soll die Dehnung, d. h. die Anstrengung, in beiden Fällen die gleiche sein, so muß τ im Verhältnis von $m:(m+1)$ weniger betragen als σ, wie bereits aus dem in § 31 Erörterten hervorgeht[1]).

Die Gleichung 5 setzt voraus, daß das Material in allen Punkten des Körpers nach allen Richtungen hin gleich beschaffen (isotrop) ist. Diese Voraussetzung trifft nun nicht immer zu, so z. B. bei Schweißeisen nicht, dessen Widerstandsfähigkeit namentlich gegenüber Schubspannungen in Ebenen parallel zur Walzrichtung und senkrecht zur Richtung des beim Walzen ausgeübten Druckes sich vergleichsweise erheblich geringer erweist. In derartigen Fällen ist es natürlich unzutreffend, den Einfluß der Dehnung ε, die einer bestimmten Schubspannung entspricht, im Vergleich mit derjenigen Dehnung, die bei Normalspannungen als höchstens zulässig erachtet wird, nach Maßgabe der Gleichung

$$\varepsilon_1 = \frac{m+1}{m}\,\alpha\,\tau = \alpha\,\sigma \quad \ldots\ldots\ldots \quad 6)$$

zu beurteilen. Dann muß vielmehr die Beziehung

$$\gamma = 2\,\alpha\,\frac{m+1}{m}\,\tau$$

vor Einführung in die Gleichung 3 eine Berichtigung oder Ergänzung erfahren, am einfachsten durch Multiplikation mit einem Koeffizienten α_0, der ganz allgemein die Aufgabe haben soll, dem Umstande Rechnung zu tragen, daß die zulässige Schubspannung zur zulässigen Normalspannung für die zwischen 4 und 3 liegende Größe m nicht immer in dem Verhältnisse

$$m:(m+1) = 4:5 \text{ bis } 3:4 = 1:1{,}25 \text{ bis } 1:1{,}33$$

steht. (S. auch Gleichung 5 und 6, § 31.)

Mit

$$\gamma = 2\,\alpha\,\frac{m+1}{m}\,\alpha_0\,\tau$$

---

[1]) Die tatsächlichen Anstrengungen verhalten sich hiernach nicht wie $\tau:\sigma$, sondern wie $\frac{m+1}{m}\,\tau:\sigma$.

geht Gleichung 5 über in

$$\left.\begin{aligned} \max\left(\frac{\varepsilon_1}{\alpha}\right) &= \frac{m-1}{2m}\sigma + \frac{m+1}{2m}\sqrt{\sigma^2 + 4(\alpha_0\tau)^2} \\ \alpha_0 &= \frac{\text{zulässige Anstrengung bei Normalspannung}}{\frac{m+1}{m}\,\text{zulässige Anstrengung bei Schubspannung}} \end{aligned}\right\} \quad . \; . \; 7^{1)}$$

Mit Rücksicht hierauf werde α_0 als das Verhältnis der zulässigen Anstrengungen für den gerade vorliegenden Fall oder kurz als **Anstrengungsverhältnis bezeichnet.**

Setzt man, dem heutigen Stande der Versuchsergebnisse entsprechend und in der Absicht, zu runden Zahlenwerten zu gelangen,

$$m = \frac{10}{3},$$

so gehen die Gleichungen 7 über in

$$\left.\begin{aligned} \max\left(\frac{\varepsilon_1}{\alpha}\right) &= 0{,}35\,\sigma + 0{,}65\sqrt{\sigma^2 + 4(\alpha_0\tau)^2} \\ \alpha_0 &= \frac{\text{zulässige Anstrengung bei Normalspannung}}{1{,}3 \cdot \text{zulässige Anstrengung bei Schubspannung}} \end{aligned}\right\} \quad . \; . \; . \; 8)$$

Der Unterschied, der sich hinsichtlich der Anstrengung $\max\left(\frac{\varepsilon_1}{\alpha}\right)$ ergibt, je nachdem man $m = 3$ oder $m = 4$ oder einen dazwischen gelegenen Wert setzt, ist übrigens unbedeutend.

Durch die Feststellung zu den Gleichungen 7 und 8 erfüllt der Koeffizient α_0 nicht bloß seinen Zweck beim Mangel allseitiger Gleichartigkeit des Materials, sondern auch dann, wenn die Werte für die beiden zulässigen Anstrengungen aus anderen Gründen nicht in dem Verhältnisse $(m + 1) : m$ stehen. Das wird bei vorhandener Isotropie des Materials allgemein dann der Fall sein, wenn die gleichzeitig auftretenden Normalspannungen und Schubspannungen nicht gleichartig sind, beispielsweise dann, wenn die erstere eine fortgesetzt wechselnde ist (Biegungsanstrengung einer sich drehenden Welle usw.,) während die letztere als unveränderlich gelten kann (Drehungsanstrengung derselben Welle bei Überwindung eines konstanten Arbeitswiderstandes) usf.[2]).

Bei Entwicklung der grundlegenden Beziehungen 1 bis 3 war in Übereinstimmung mit der hierfür entworfenen Abb. 2, S. 458,

---

[1]) S. des Verfassers Maschinenelemente, 1881, S. 11, 207, 208, 210, 211, 216 u. f.; 1891/92, S. 22 u. f., 330, 311 u. f.; 12. Aufl. (1920) Bd. 1, S. 38 u. f.; Bd. 2, S. 65 u. f.; 13. Aufl. (1922), Bd. 1, S. 33 u. f.

[2]) S. des Verfassers Maschinenelemente, 1881, S. 18 u. f., 1891/92, S. 34 u. f., 1920 (12. Aufl.), S. 57 u. f., 1922 (13. Aufl.), S. 62 u. f.

angenommen worden, daß die Dehnung ε (die Normalspannung σ) in Richtung der Stabachse eine positive sei, entsprechend einem an der betreffenden Stelle wirkenden Zug. Ist das Entgegengesetzte der Fall, erfährt der Stab in Richtung seiner Achse eine Zusammendrückung, d. h. sind ε und σ negativ, so führt die gleiche Betrachtung zu dem Ergebnis

$$\max\left(-\frac{\varepsilon_1}{\alpha}\right)=\frac{m-1}{2m}\sigma+\frac{m+1}{2m}\sqrt{\sigma^2+4\tau^2} \quad . \; . \; . \; . \; . \; 5\text{a})$$

Hierbei ist σ nur mit seiner absoluten Größe einzusetzen. Diese Gleichung unterscheidet sich von der Beziehung 5 lediglich dadurch, daß hier die größte Anstrengung als Druckbeanspruchung erscheint, während sie dort als Zuginanspruchnahme auftrat. Dementsprechend treten an die Stelle der Gleichungen 7 und 8 die Beziehungen

$$\max\left(-\frac{\varepsilon_1}{\alpha}\right)=\frac{m-1}{2m}\sigma+\frac{m+1}{2m}\sqrt{\sigma^2+4(\alpha_0\tau)^2} \quad . \; . \; . \; 7\text{a})$$

bzw.

$$\max\left(-\frac{\varepsilon_1}{\alpha}\right)=0{,}35\,\sigma+0{,}65\sqrt{\sigma^2+4(\alpha_0\tau)^2} \quad . \; . \; . \; . \; 8\text{a})$$

Neben dieser Druckbeanspruchung, wie sie hierdurch bestimmt ist, wird unter Umständen noch eine größte Zuganstrengung maßgebend sein können, nämlich dann, wenn die positive Dehnung, die der Schiebung γ entspricht (vgl. § 31, S. 340), die Zusammendrückung, die mit der negativen Normalspannung in Richtung der Stabachse verknüpft ist, bedeutend überwiegt. Die größte Zuganstrengung, die dann gleichzeitig mit der größten Druckbeanspruchung $\max\left(-\frac{\varepsilon_1}{\alpha}\right)$ auftritt, und die mit $\max\left(\frac{\varepsilon_2}{\alpha}\right)$ bezeichnet sei, kann in gleicher Weise ermittelt werden, wie oben die Gleichung 5 gefunden wurde, oder man kann sie unmittelbar aus Gleichung 5 ableiten, indem in der letzteren σ negativ gesetzt wird. Auf beiden Wegen ergibt sich

$$\max\left(\frac{\varepsilon_2}{\alpha}\right)=-\frac{m-1}{2m}\sigma+\frac{m+1}{2m}\sqrt{\sigma^2+4\tau^2} \quad . \; . \; . \; . \; . \; . \; 5\text{b})$$

und damit nach Gleichung 7 und 8

$$\max\left(\frac{\varepsilon_2}{\alpha}\right)=-\frac{m-1}{2m}\sigma+\frac{m+1}{2m}\sqrt{\sigma^2+4(\alpha_0\tau)^2}, \quad . \; . \; . \; 7\text{b})$$

$$\max\left(\frac{\varepsilon_2}{\alpha}\right)=-0{,}35\,\sigma+0{,}65\sqrt{\sigma^2+4(\alpha_0\tau)^2} \quad . \; . \; . \; . \; . \; 8\text{b})$$

In diese Beziehungen ist σ natürlich nur mit seiner Größe ohne Rücksicht auf das Vorzeichen einzuführen.

Der absolute Wert von $\max\left(-\frac{\varepsilon_1}{\alpha}\right)$ ist nach Gleichung 5a allerdings größer als derjenige, welchen Gleichung 5b für $\max\left(\frac{\varepsilon_2}{\alpha}\right)$ liefert. Da aber die zulässige Zuganstrengung in manchen Fällen bedeutend geringer zu sein pflegt als die zulässige Druckinanspruchnahme, so kann trotzdem $\max\left(\frac{\varepsilon_2}{\alpha}\right)$ maßgebend werden.

Wie aus dem Gange der Entwicklung folgt, setzt die Gleichung 5[1]) voraus, daß die Fasern, aus denen der Stab bestehend gedacht werden kann, auf die ganze Erstreckung weder einen Zug noch einen Druck noch einen Querschub aufeinander ausüben, also auch nicht von außen empfangen.

§ 49. Zug (Druck) und Drehung.

Die auf den geraden stabförmigen Körper wirkenden äußeren Kräfte ergeben für den in Betracht gezogenen Querschnitt eine in die Richtung der Stabachse fallende Kraft P und ein Kräftepaar vom Momente M_d, dessen Ebene die Stabachse senkrecht schneidet.

In einem beliebigen Element des Querschnitts von der Größe f wird durch die Zugkraft P eine Normalspannung

$$\sigma = \frac{P}{f}$$

wachgerufen, während das auf Drehung wirkende Moment M_d eine Schubspannung τ erzeugt, die nach den §§ 32 bis 36 zu bestimmen ist. Da σ für alle Punkte des Querschnittes als gleich groß aufgefaßt werden darf, so tritt die bedeutendste Anstrengung da auf, wo τ seinen größten Wert erlangt.

Nach den Gleichungen 7, § 48, ergibt sich mit k_z als zulässiger Zug- und k_d als zulässiger Drehungsanstrengung

$$\left.\begin{aligned} k_z &\geqq \frac{m-1}{2m}\sigma + \frac{m+1}{2m}\sqrt{\sigma^2 + 4(\alpha_0\tau)^2}, \\ \alpha_0 &= \frac{k_z}{\frac{m+1}{m}k_d}, \end{aligned}\right\} \quad \ldots\ldots 1)$$

und mit $m = \frac{10}{3}$

$$\left.\begin{aligned} k_z &\geqq 0{,}35\,\sigma + 0{,}65\sqrt{\sigma^2 + 4(\alpha_0\tau)^2}, \\ \alpha_0 &= \frac{k_z}{1{,}3\,k_d} \end{aligned}\right\} \quad \ldots\ldots 2)$$

---

[1]) Die Ableitung aus den allgemeinen Gleichungen der Elastizitätslehre findet sich in § 71.

Wirkt P nicht ziehend, sondern drückend, so wird σ negativ, infolgedessen nach Gleichung 8a, § 48, zunächst die mit k als zulässiger Druckanstrengung gültige Beziehung

$$\left.\begin{array}{l} k \geqq 0{,}35\,\sigma + 0{,}65\sqrt{\sigma^2 + 4\,(\alpha_0\,\tau)^2}, \\ \alpha_0 = \dfrac{k}{1{,}3\,k_d} \end{array}\right\} \quad \ldots\ldots \quad 3)$$

und sodann auch nach Gleichung 8b, § 48, die Forderung

$$\left.\begin{array}{l} k_z \geqq -0{,}35\,\sigma + 0{,}65\sqrt{\sigma^2 + 4\,(\alpha_0\,\tau)^2}, \\ \alpha_0 = \dfrac{k_z}{1{,}3\,k_d} \end{array}\right\} \quad \ldots\ldots \quad 3a)$$

befriedigt sein muß. Hierbei ist vorausgesetzt, daß Rücksichtnahme auf Knickung (§ 23) nicht nötig wird.

Die Werte von τ können unmittelbar aus der Spalte 3 der Zusammenstellung des § 36 entnommen werden, sofern k_d durch τ ersetzt wird. Die Normalspannung σ tritt nur mit ihrer absoluten Größe in die Beziehungen 1 bis 3a ein.

§ 50. Biegung und Drehung.

Die auf den geraden stabförmigen Körper wirkenden äußeren Kräfte ergeben für den betrachteten Querschnitt zwei Kräftepaare, das eine (biegende) vom Momente M_b und das andere (drehende) vom Momente M_d; die Ebene des ersteren schneidet den Querschnitt, diejenige des letzteren die Stabachse senkrecht.

In einem beliebigen Punkte des Querschnitts verursacht

M_b eine Normalspannung σ, die nach § 16 oder § 21 festzustellen ist,

M_d eine Schubspannung τ, deren Bestimmung nach den §§ 32 bis 34 zu erfolgen hat.

Die für den betreffenden Punkt resultierende Anstrengung ergibt sich alsdann aus Gleichung 7, § 48. Bezeichnet k_b die zulässige Biegungs- und k_d die zulässige Drehungsanstrengung, so gilt mit $m = \dfrac{10}{3}$

$$\left.\begin{array}{l} k_b \geqq 0{,}35\,\sigma + 0{,}65\sqrt{\sigma^2 + 4\,(\alpha_0\,\tau)^2}, \\ \alpha_0 = \dfrac{k_b}{1{,}3\,k_d} \end{array}\right\} \quad \ldots\ldots \quad 1)$$

Naturgemäß sind σ und τ für denjenigen Querschnitt und hier für denjenigen Punkt einzuführen, für den die rechte Seite den größten Wert erlangt.

1. Kreisquerschnitt.

Hier fallen die Punkte der größten Normalspannung

$$\sigma = \frac{32}{\pi}\frac{M_b}{d^3} \text{ (Gleichung 10, § 16, und Gleichung 5, § 17)}$$

und die Punkte der größten Schubspannung

$$\tau = \frac{16}{\pi}\frac{M_d}{d^3} \text{ (Gleichung 3, § 32)}$$

zusammen, folglich

$$k_b \geqq 0{,}35 \frac{32}{\pi}\frac{M_b}{d^3} + 0{,}65 \sqrt{\left(\frac{32}{\pi}\frac{M_b}{d^3}\right)^2 + \left(\frac{32}{\pi}\frac{M_d}{d^3}\alpha_0\right)^2}$$

rund

$$k_b \geqq \frac{10}{d^3}\left[0{,}35\, M_b + 0{,}65 \sqrt{M_b^2 + (\alpha_0 M_d)^2}\right] \quad \ldots \ldots \quad 2)$$

Auch für den Kreisringquerschnitt findet dieses Zusammenfallen statt.

2. Elliptischer Querschnitt, Abb. 2, § 33.

a) Die Ebene des biegenden Kräftepaares läuft parallel zur kleinen Achse der Ellipse.

Die größte Normalspannung

$$\sigma = \frac{4}{\pi}\frac{M_b}{a\, b^2}$$

tritt hier auf in den Endpunkten B der kleinen Achse (Gleichung 10, § 16, und 7, § 17).

Die Schubspannung erlangt ihren Größtwert

$$\tau = \frac{2}{\pi}\frac{M_d}{a\, b^2}$$

an denselben Stellen (Gleichung 6, § 33).

Hiernach findet die größte Anstrengung in den Punkten B statt. Demgemäß ergibt sich aus Gleichung 1

$$k_b \geqq 0{,}35 \frac{4}{\pi}\frac{M_b}{a\, b^2} + 0{,}65 \sqrt{\left(\frac{4}{\pi}\frac{M_b}{a\, b^2}\right)^2 + \left(\frac{4}{\pi}\frac{M_d}{a\, b^2}\alpha_0\right)^2}$$

$$k_b \geqq \frac{4}{\pi}\frac{1}{a\, b^2}\left[0{,}35\, M_b + 0{,}65 \sqrt{M_b^2 + (\alpha_0 M_d)^2}\right] \quad \ldots \ldots \quad 3)$$

b) Die Ebene des biegenden Kräftepaares läuft parallel zur großen Achse der Ellipse.

Die Normalspannung besitzt ihren Größtwert in den Endpunkten A der großen Achse, während die Schubspannung in den Endpunkten B der kleinen Achse am größten ausfällt. Infolgedessen muß zunächst ermittelt werden, an welchen Stellen die größte Anstrengung eintritt.

Daß dieselben auf dem Umfange liegen, ist ohne weiteres klar. Nun ist nach Gleichung 9, § 16, die Normalspannung σ im Abstande z' von der kleinen Achse

$$\sigma = \frac{M_b}{\Theta} z' = \frac{M_b}{\frac{\pi}{4} a^3 b} z'$$

und nach Gleichung 5, § 33, die vom drehenden Moment verursachte Schubspannung in den um z' von derselben Achse abstehenden Umfangspunkten

$$\tau = \frac{2}{\pi} \frac{M_d}{a b^2} \sqrt{\left(\frac{y'}{b}\right)^2 + \left(\frac{z'}{a}\right)^2 \left(\frac{b}{a}\right)^2}$$

oder unter Beachtung, daß

$$\left(\frac{y'}{b}\right)^2 = 1 - \left(\frac{z'}{a}\right)^2,$$

$$\tau = \frac{2}{\pi} \frac{M_d}{a b^2} \sqrt{1 - \frac{a^2 - b^2}{a^4} z'^2}.$$

Hieraus ergibt sich die Anstrengung in den durch z' bestimmten Umfangspunkten zu

$$\max\left(\frac{\varepsilon_1}{\alpha}\right) = 0{,}35 \frac{4 M_b}{\pi a^3 b} z' + 0{,}65 \sqrt{\left(\frac{4 M_b}{\pi a^3 b} z'\right)^2 + \left(\frac{4 M_d}{\pi a b^2} \alpha_0\right)^2 \left(1 - \frac{a^2 - b^2}{a^4} z'^2\right)}$$

$$= \frac{4 M_b}{\pi a^3 b} \left[0{,}35 z' + 0{,}65 \sqrt{z'^2 + \left(\frac{M_d}{M_b} \frac{a^2}{b} \alpha_0\right)^2 \left(1 - \frac{a^2 - b^2}{a^4} z'^2\right)}\right] \quad . \quad 4)$$

Dieser Ausdruck erlangt seinen Größtwert für den durch

$$d \frac{\max\left(\frac{\varepsilon_1}{\alpha}\right)}{d z'} = 0, \qquad z' = z_0'$$

bestimmten Wert z_0', womit dann

$$k_b \geqq \frac{4 M_b}{\pi a^2 b} \left[0{,}35 \frac{z_0'}{a} + 0{,}65 \sqrt{\left(\frac{z_0'}{a}\right)^2 + \left(\frac{M_d}{M_b} \frac{a}{b} \alpha_0\right)^2 \left(1 - \frac{a^2 - b^2}{a^4} z_0'^2\right)}\right] \quad . \quad 5)$$

Zweckmäßigerweise wird zur Feststellung der größten Anstrengung auch in der Weise vorgegangen werden können, daß man aus Gleichung 4 für verschiedene Werte von z' die Anstrengungen ermittelt, diese dann in den zugehörigen Abständen als Ordinaten aufträgt, wie dies in § 52 unter a) und b) für den Fall der Beanspruchung auf Biegung und Schub geschehen ist (Abb. 2 und 3, § 52), und aus dem Verlaufe der so gewonnenen Kurve die größte Ordinate mit der Sicherheit bestimmt, die das zeichnerische Verfahren gestattet.

3. Rechteckiger Querschnitt, Abb. 3, § 34.

a) Die Ebene des biegenden Kräftepaares läuft parallel zur kurzen Seite des Rechtecks.

Hier fallen die Stellen der größten Drehungsanstrengung τ, d. s. die Mitten der langen Seiten, auf solche der größten Biegungsanstrengung σ, d. s. sämtliche Punkte der langen Seiten.

Wegen

$$\sigma = 6\frac{M_b}{b^2 h} \text{ (Gleichung 10, § 16, und 2, § 17)}$$

$$\tau = 4{,}5\frac{M_d}{b^2 h} \text{ (Gleichung 5, § 34, siehe Fußbemerkung daselbst)}$$

ergibt sich nach Gleichung 1

$$k_b \geqq \frac{6}{b^2 h}\left[0{,}35\, M_b + 0{,}65\sqrt{M_b^2 + (1{,}5\,\alpha_0\, M_d)^2}\right] \quad \ldots \quad 6)$$

und für das Quadrat mit $h = b$

$$k_b \geqq \frac{6}{b^3}\left[0{,}35\, M_b + 0{,}65\sqrt{M_b^2 + (1{,}5\,\alpha_0\, M_d)^2}\right] \quad \ldots \ldots \quad 7)$$

b) Die Ebene des biegenden Kräftepaares läuft parallel zur langen Seite h des Rechtecks.

Hier erlangen σ und τ ihre Größtwerte nicht in den gleichen Punkten (σ wird am größten in den kurzen Seiten, τ dagegen in den Mitten der langen Seiten), infolgedessen in derselben Weise vorzugehen ist, wie unter Ziff. 2, b für den elliptischen Querschnitt angegeben wurde.

c) Die Ebene des biegenden Kräftepaares hat keine der beiden unter a) und b) bezeichneten Lagen.

Für ein beliebiges, durch y und z bestimmtes Querschnittselement betrug die Biegungsanstrengung σ nach § 21, Ziff. 2, mit den daselbst gebrauchten Bezeichnungen

$$\sigma = M_b\left(\frac{z\cos\beta}{\Theta_1} - \frac{y\sin\beta}{\Theta_2}\right),$$

$$\Theta_1 = \frac{1}{12}\, b\, h^3, \qquad \Theta_2 = \frac{1}{12}\, b^3\, h,$$

die Drehungsanstrengung τ folgt aus § 34

$$\tau = \sqrt{\tau_y^2 + \tau_z^2},$$

und nach Einführung von

$$\left.\begin{aligned} \tau_y &= 9\frac{M_d}{b^3 h}\left[1 - \left(\frac{2z}{h}\right)^2\right] y, \\ \tau_z &= 9\frac{M_d}{b\, h^3}\left[1 - \left(\frac{2y}{b}\right)^2\right] z, \end{aligned}\right\} \quad \ldots \ldots \ldots \quad 8)$$

$$\tau = 9\frac{M_d}{bh}\sqrt{\left[1-\left(\frac{2z}{h}\right)^2\right]^2\frac{y^2}{b^4}+\left[1-\left(\frac{2y}{b}\right)^2\right]^2\frac{z^2}{h^4}} \quad . \quad . \quad . \quad . \quad 9)$$

Diese Werte von σ und τ sind nun in die rechte Seite der Gleichung 1 einzuführen, hiermit die Punkte, in denen dieser Ausdruck seinen Größtwert erlangt, zu ermitteln und sodann der letztere selbst zu bestimmen, wie dies unter Ziff 2, b für den Fall des elliptischen Querschnitts angedeutet worden ist.

Hier führt das am Schlusse von Ziff. 2, b angedeutete zeichnerische Verfahren, den Verhältnissen der vorliegenden Aufgabe entsprechend angepaßt, zu einer verhältnismäßig raschen Lösung[1]).

§ 51. Zug (Druck) und Schub.

Die äußeren Kräfte liefern für den in Betracht gezogenen Querschnitt f eine in die Richtung der Stabachse fallende Zugkraft P und eine diese senkrecht schneidende Kraft S.

Die mit P verknüpfte und in allen Punkten als gleich angenommene Normalspannung beträgt

$$\sigma = \frac{P}{f},$$

die durch S wachgerufene Schubspannung unter Bezugnahme auf Abb. 1, § 39, und mit den in § 39 aufgeführten Bezeichnungen nach Gleichung 2, § 39, allgemein in dem durch y oder η bestimmten Umfangspunkte

$$\tau' = \frac{S}{2y\cos\varphi'}\frac{M_\eta}{\Theta}.$$

Maßgebend ist der größte Wert, den τ' erreicht, also beispielsweise

für den Kreis $\qquad \tau = \frac{4}{3}\frac{S}{\frac{\pi}{4}d^2},$

für das Rechteck $\quad \tau = \frac{3}{2}\frac{S}{bh}.$

Nach Gleichung 8, § 48, folgt alsdann mit k_z als zulässiger Zuganstrengung und k_s als zulässiger Schubanstrengung

$$\left.\begin{aligned} k_z &\geqq 0{,}35\,\sigma + 0{,}65\sqrt{\sigma^2 + 4\,(\alpha_0\,\tau)^2},\\ \alpha_0 &= \frac{k_z}{1{,}3\,k_s}, \end{aligned}\right\} \quad . \quad . \quad . \quad . \quad . \quad 1)$$

---

[1]) Die vorliegende Aufgabe ist beispielsweise zu lösen bei der Berechnung einer Dampfmaschinenkurbel. In des Verfassers Maschinenelementen, 1891/92, S. 474 u. f., 1908 (10. Aufl.), S. 792 u. f., findet sich diese Berechnung vollständig durchgeführt. Außer den Schubspannungen, die durch das drehende Moment hervorgerufen werden, sind dabei auch noch die von der Schubkraft veranlaßten Spannungen berücksichtigt.

wobei die Punkte der größten resultierenden Anstrengung diejenigen sind, in denen die Schubspannung den größten Wert erlangt.

Wirkt P drückend (Fall der Knickung, § 23, ausgeschlossen), so müssen die aus den Gleichungen 8a und 8b, § 48, folgenden Beziehungen

$$\left.\begin{aligned} k &\geqq 0{,}35\,\sigma + 0{,}65\sqrt{\sigma^2 + 4\,(\alpha_0\,\tau)^2}, \\ \alpha_0 &= \frac{k}{1{,}3\,k_s}, \end{aligned}\right\} \quad \ldots\ldots \text{1a)}$$

und

$$\left.\begin{aligned} k_z &\geqq -0{,}35\,\sigma + 0{,}65\sqrt{\sigma^2 + 4\,(\alpha_0\,\tau)^2}, \\ \alpha_0 &= \frac{k_z}{1{,}3\,k_s}, \end{aligned}\right\} \quad \ldots\ldots \text{1b)}$$

befriedigt sein.

§ 52. Biegung und Schub.

Die auf den geraden stabförmigen Körper wirkenden äußeren Kräfte ergeben für den betrachteten Querschnitt eine Kräftepaar M_b, dessen Ebene den Querschnitt senkrecht schneidet, und eine in den letzteren fallende Kraft S.

1. Anstrengung des Materials.

In einem beliebigen Querschnittselement verursacht

M_b eine Normalspannung σ, die nach § 16 oder § 21 festzustellen ist,

S eine Schubspannung τ, zu deren Bestimmung die Gleichung 3, § 39, zur Verfügung steht.

Da die letztere unter der Voraussetzung entwickelt wurde, daß die Schubkraft S in eine Symmetrieebene des Querschnitts fällt, so muß auch hier diese Beschränkung bezüglich der Lage von S getroffen werden. Demgemäß werde vorausgesetzt, daß der Querschnitt symmetrisch sei, und daß die Ebene des biegenden Kräftepaares M_b den Querschnitt in der Symmetrielinie schneide. Dann folgt nach § 16 und § 39 unter Bezugnahme auf Abb. 1, § 39, sowie mit den daselbst gewählten Bezeichnungen:

für die in allen um η von der wagrechten Schwerlinie abstehenden Querschnittselementen gleich große Normalspannung

$$\sigma = \frac{M_b}{\Theta}\,\eta$$

und für die in den Umfangspunkten $P'\,P'$ ihren Größtwert erlangende Schubspannung

$$\tau' = \frac{S}{2\,y\cos\varphi'}\,\frac{M_\eta}{\Theta}.$$

Demnach mit k_b und k_s als zulässiger Biegungs- bzw. Schubanstrengung aus Gleichung 8, § 48, die größte Anstrengung in diesen Punkten

$$\left.\begin{array}{c} k_b \geqq \max\left(\dfrac{\varepsilon_1}{\alpha}\right) \\ = 0{,}35\,\dfrac{M_b}{\Theta}\,\eta + 0{,}65\sqrt{\left(\dfrac{M_b}{\Theta}\,\eta\right)^2 + 4\left(\dfrac{S}{2\,y\cos\varphi'}\,\dfrac{M_\eta}{\Theta}\,\alpha_0\right)^2} \\ \alpha_0 = \dfrac{k_b}{1{,}3\,k_s}\,. \end{array}\right\} \quad . \; . \; 1)$$

Hierbei ist derjenige Querschnitt in Betracht zu ziehen sowie für η derjenige Wert einzuführen, wodurch der Ausdruck auf der rechten Seite seinen Größtwert annimmt, und zu beachten, daß im allgemeinen S und M_b nicht in ein und demselben Querschnitt ihre Größtwerte zu erlangen brauchen.

a) Kreisquerschnitt, Abb. 4, § 39.

Unter Voraussetzung der durch Abb. 1 dargestellten Belastungsweise ergibt sich

$$M_b = S\,l$$

und mit

$$\Theta = \frac{\pi}{4}\,r^4, \qquad \eta = r\sin\varphi'\,,$$

$$\sigma = \frac{S\,l}{\dfrac{\pi}{4}\,r^4}\,r\sin\varphi' = \frac{4}{\pi}\,\frac{S\,l}{r^3}\sin\varphi'.$$

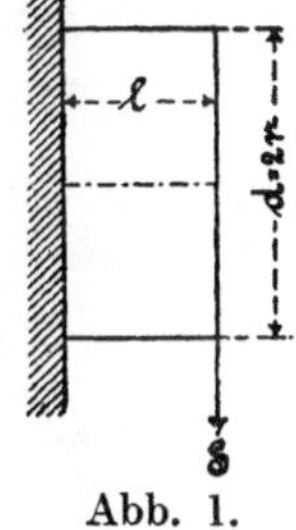

Abb. 1.

Gemäß § 39, Gleichung 6, ist

$$\tau' = \frac{4}{3}\,\frac{S}{\pi\,r^2}\cos\varphi',$$

somit nach Gleichung 8, § 48,

$$k_b \geqq \max\left(\frac{\varepsilon_1}{\alpha}\right)$$

$$= 0{,}35\,\frac{4}{\pi}\,\frac{S\,l}{r^3}\sin\varphi' + 0{,}65\sqrt{\left(\frac{4}{\pi}\,\frac{S\,l}{r^3}\sin\varphi'\right)^2 + 4\left(\frac{4}{3}\,\alpha_0\,\frac{S}{\pi\,r^2}\cos\varphi'\right)^2},$$

$$k_b \geqq \max\left(\frac{\varepsilon_1}{\alpha}\right) = \frac{S\,l}{\dfrac{\pi}{4}\,r^3}\left[0{,}35\sin\varphi' + 0{,}65\sqrt{\sin^2\varphi' + \left(\frac{2}{3}\,\alpha_0\,\frac{r}{l}\cos\varphi'\right)^2}\,\right].$$

Wird hierin das Anstrengungsverhältnis $\alpha_0 = 1$ gesetzt, d. h.

$$k_b = 1{,}3\,k_s \quad \text{oder} \quad k_s = 0{,}77\,k_b,$$

und außerdem die von dem biegenden Moment herrührende Normalspannung

$$\frac{S l}{\frac{\pi}{4} r^3},$$

welche, in der äußersten Faser stattfindend, die maßgebende Anstrengung sein würde, wenn die Schubkraft gleich Null wäre, durch σ_b ersetzt, so findet sich

$$k_b \geqq \max\left(\frac{\varepsilon_1}{\alpha}\right)$$

$$= \sigma_b \left[0{,}35 \sin \varphi' + 0{,}65 \sqrt{\sin^2 \varphi' + \left(\frac{2}{3} \frac{r}{l} \cos \varphi'\right)^2}\right] \quad . \; . \; . \; 2)$$

Behufs Gewinnung eines Urteils über das Gesetz, nach dem sich die resultierende Anstrengung mit $\frac{r}{l}$ und φ' ändert, werde dieselbe für verschiedene Werte von $\frac{r}{l}$ und φ' ermittelt.

α) $l = r = \frac{d}{2}$.

Aus Gleichung 2 wird

$$\max\left(\frac{\varepsilon_1}{\alpha}\right) = \sigma_b \left[0{,}35 \sin \varphi' + 0{,}65 \sqrt{\sin^2 \varphi' + \left(\frac{2}{3} \cos \varphi'\right)^2}\right]$$

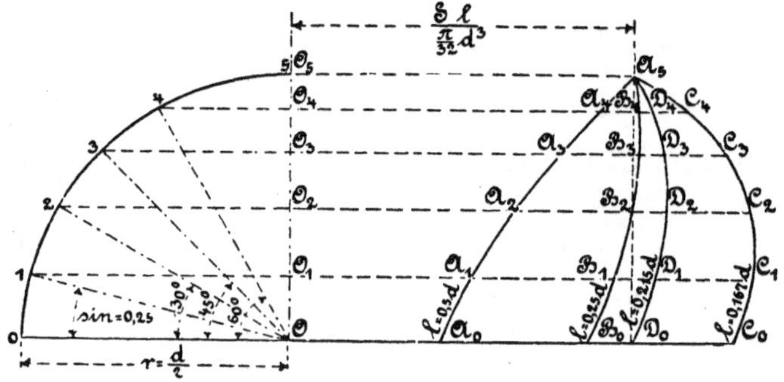

Abb. 2.

und damit

für $\varphi' = 0^0$ $\max\left(\frac{\varepsilon_1}{\alpha}\right) = 0{,}43\, \sigma_b$ im Punkte 0, Abb. 2,

„ $\sin \varphi' = 0{,}25$ $\max\left(\frac{\varepsilon_1}{\alpha}\right) = 0{,}54\, \sigma_b$ „ „ 1, „ 2,

„ $\varphi' = 30^0$ $\max\left(\frac{\varepsilon_1}{\alpha}\right) = 0{,}67\, \sigma_b$ „ „ 2, „ 2, für $\varphi' = 45^0 \quad \max\left(\frac{\varepsilon_1}{\alpha}\right) = 0{,}80\,\sigma_b$ im Punkte 3, Abb. 2,

„ $\varphi' = 60^0 \quad \max\left(\frac{\varepsilon_1}{\alpha}\right) = 0{,}91\,\sigma_b$ „ „ 4, „ 2,

„ $\varphi' = 90^0 \quad \max\left(\frac{\varepsilon_1}{\alpha}\right) = 1{,}00\,\sigma_b$ „ „ 5, „ 2.

Wir ziehen durch die Kreispunkte 0, 1, 2, 3, 4, 5, Abb. 2, wagrechte Gerade und tragen alsdann von den Punkten O, O_1, O_2, O_3, O_4, O_5 des senkrechten Halbmessers OO_5 die Strecken

$$\overline{OA_0} = 0{,}43, \quad \overline{O_1A_1} = 0{,}54, \quad \overline{O_2A_2} = 0{,}67,$$
$$\overline{O_3A_3} = 0{,}80, \quad \overline{O_4A_4} = 0{,}91, \quad \overline{O_5A_5} = 1{,}00$$

auf und erhalten so in der Schaulinie $A_0A_1A_2A_3A_4A_5$ ein Bild über das Gesetz, nach dem sich die von σ und τ herrührende Anstrengung von Punkt zu Punkt des Umfanges ändert. Im Punkte 0 ist $\sigma = 0$ und deshalb τ' allein maßgebend, im Punkte 5 dagegen ist $\tau' = 0$ und deshalb σ allein bestimmend für die Anstrengung. Wir erkennen, daß im vorliegenden Falle, d. h. bei

$$l = r = \frac{d}{2},$$

gemäß den Verhältnissen der Abb. 1 die der größten Schubspannung entsprechende Anstrengung noch nicht die Hälfte derjenigen Anstrengung beträgt, die im Umfangspunkte 5 durch die Normalspannung allein bedingt wird. Würde man, wie dies nicht selten für derartige Verhältnisse angegeben ist, den Stab auf Schubinanspruchnahme berechnen, so läge hierein ein Fehler von über 100 %.

β) $l = \frac{1}{2} r = \frac{d}{4}$.

Gleichung 2, die hiermit übergeht in

$$\max\left(\frac{\varepsilon_1}{\alpha}\right) = \sigma_b\left[0{,}35 \sin\varphi' + 0{,}65\sqrt{\sin^2\varphi' + \left(\frac{4}{3}\cos\varphi'\right)^2}\right]$$

liefert

für $\varphi' = 0^0 \quad \max\left(\frac{\varepsilon_1}{\alpha}\right) = 0{,}87\,\sigma_b$,

„ $\sin\varphi' = 0{,}25 \quad \max\left(\frac{\varepsilon_1}{\alpha}\right) = 0{,}94\,\sigma_b$,

„ $\varphi' = 30^0 \quad \max\left(\frac{\varepsilon_1}{\alpha}\right) = 0{,}99\,\sigma_b$,

„ $\varphi' = 45^0 \quad \max\left(\frac{\varepsilon_1}{\alpha}\right) = 1{,}01\,\sigma_b$,

„ $\varphi' = 60^0 \quad \max\left(\frac{\varepsilon_1}{\alpha}\right) = 1{,}01\,\sigma_b$,

„ $\varphi' = 90^0 \quad \max\left(\frac{\varepsilon_1}{\alpha}\right) = 1{,}00\,\sigma_b$.

Die bildliche Darstellung liefert in Abbildung 2 die Schaulinie $B_0 B_1 B_2 B_3 B_4 A_5$. Wir erkennen, daß auch für $l = 0{,}5\,r = 0{,}25\,d$ die größte in der Nullachse eintretende Schubanstrengung noch wesentlich kleiner ist als die Anstrengung, die im Punkte 5 von dem biegenden Moment allein veranlaßt wird. Der Größtwert der resultierenden Anstrengung tritt zwischen $\varphi' = 45^0$ und $\varphi' = 60^0$ auf und überschreitet σ_b um rund $1{,}5\,^0/_0$.

$\gamma)$ $l = \frac{1}{3} r = \frac{d}{6}$.

In gleicher Weise wie unter α und β erhalten wir hier

$$\max\left(\frac{\varepsilon_1}{\alpha}\right) = \sigma_b\left[0{,}35 \sin\varphi' + 0{,}65\sqrt{\sin^2\varphi' + (2\cos\varphi')^2}\right]$$

und

$$\begin{array}{lll}
\text{für}\quad \varphi' = 0^0 & \max\left(\frac{\varepsilon_1}{\alpha}\right) = 1{,}30\,\sigma_b, \\
\text{,,}\quad \sin\varphi' = 0{,}25 & \max\left(\frac{\varepsilon_1}{\alpha}\right) = 1{,}35\,\sigma_b, \\
\text{,,}\quad \varphi' = 30^0 & \max\left(\frac{\varepsilon_1}{\alpha}\right) = 1{,}35\,\sigma_b, \\
\text{,,}\quad \varphi' = 45^0 & \max\left(\frac{\varepsilon_1}{\alpha}\right) = 1{,}28\,\sigma_b, \\
\text{,,}\quad \varphi' = 60^0 & \max\left(\frac{\varepsilon_1}{\alpha}\right) = 1{,}16\,\sigma_b, \\
\text{,,}\quad \varphi' = 90^0 & \max\left(\frac{\varepsilon_1}{\alpha}\right) = 1{,}00\,\sigma_b.
\end{array}$$

Die zugehörige Kurve ergibt sich in $C_0 C_1 C_2 C_3 C_4 A_5$. Wie ersichtlich, überschreitet hier die Schubanstrengung in der Nullachse die Biegungsanstrengung im Punkt 5 um $30\,^0/_0$, also bedeutend. Der Größtwert der resultierenden Anstrengung findet sich in einem zwischen $0{,}23\,r$ und $0{,}5\,r$ gelegenen Abstande von der Nullachse und überschreitet die Anstrengung in letzterer um etwa $4\,^0/_0$, also nur um wenig; hiernach würde es zulässig sein, bei

$$l = \frac{d}{6}$$

den Stab nur auf Schubinspruchnahme zu berechnen.

$\delta)$ $l = 0{,}43\,r = 0{,}215\,d$.

Im Falle

$$l = \frac{d}{4}$$

ergab sich die Schubanstrengung in der Stabmitte zu 0,87 der Biegungsanstrengung im Abstande r, für

$$l = \frac{d}{6}$$

dagegen um 30 % größer als die letztere. Es ist nun von Interesse, festzustellen, für welches Verhältnis $l : r$ beide gleich werden.

Dasselbe muß nach Gleichung 2 mit

$$\max\left(\frac{\varepsilon_1}{\alpha}\right) = \sigma_b \qquad \varphi' = 0$$

sich ergeben aus

$$1 = 0{,}65 \frac{2}{3} \frac{r}{l}$$

zu

$$\frac{l}{r} = \frac{1{,}3}{3} = 0{,}43\,.$$

Wird dieser Wert in Gleichung 2 eingeführt, so folgt

$$\max\left(\frac{\varepsilon_1}{\alpha}\right) = \sigma_b \left[0{,}35 \sin\varphi' + 0{,}65 \sqrt{\sin^2\varphi' + \left(\frac{2}{3}\,\frac{3}{1{,}3}\cos\varphi'\right)^2}\,\right]$$

und hieraus

$$\text{für} \quad \varphi' = 0^0 \quad \max\left(\frac{\varepsilon_1}{\alpha}\right) = 1{,}00\,\sigma_b.$$

$$\text{,,} \quad \sin\varphi' = 0{,}25 \quad \max\left(\frac{\varepsilon_1}{\alpha}\right) = 1{,}07\,\sigma_b,$$

$$\text{,,} \quad \varphi' = 30^0 \quad \max\left(\frac{\varepsilon_1}{\alpha}\right) = 1{,}10\,\sigma_b,$$

$$\text{,,} \quad \varphi' = 45^0 \quad \max\left(\frac{\varepsilon_1}{\alpha}\right) = 1{,}09\,\sigma_b,$$

$$\text{,,} \quad \varphi' = 60^0 \quad \max\left(\frac{\varepsilon_1}{\alpha}\right) = 1{,}06\,\sigma_b,$$

$$\text{,,} \quad \varphi' = 90^0 \quad \max\left(\frac{\varepsilon_1}{\alpha}\right) = 1{,}00\,\sigma_b.$$

Die bildliche Darstellung liefert in Abbildung 2 die Schaulinie $D_0D_1D_2D_3D_4A_5$ mit dem Größwert der Anstrengung ungefähr in halber Höhe. Derselbe beträgt rund 10 % mehr als die Schubanstrengung in der Nullachse und um ebensoviel mehr als die Biegungsanstrengung im Punkte 5.

Fassen wir das im vorstehenden unter α bis δ Gefundene zusammen, so ergibt sich folgendes:

Bei der Belastungsweise des kreiszylindrischen Stabes

nach Abb. 1 genügt es, denselben mit Rücksicht auf die Biegungsanstrengung

$$\sigma_b = \frac{Sl}{\frac{\pi}{32} d^3} = \sim \frac{10 S l}{d^3}$$

allein zu berechnen, solange l nicht wesentlich kleiner als $\frac{d}{4}$ ist. Beträgt l erheblich weniger als $\frac{d}{4}$, so erscheint es ausreichend, nur die Schubanstrengung

$$\tau = \frac{4}{3} \frac{S}{\frac{\pi}{4} d^2}$$

zu berücksichtigen[1]).

Der etwaige Fehler, der hierbei begangen wird und nach Maßgabe der soeben durchgeführten Berechnungen beurteilt werden kann, liegt innerhalb des Genauigkeitsgrades, der bei Festigkeitsrechnungen erreichbar zu sein pflegt.

Die Berechnung auf Schubanstrengung allein in Fällen, in den

$$l \geqq \frac{d}{4},$$

erscheint unzutreffend, insbesondere dann, wenn

$$\tau = \frac{S}{\frac{\pi}{4} d^2}$$

gesetzt wird.

(Vgl. auch die in § 40 mitgeteilten Versuchsergebnisse sowie die Fußbemerkung S. 415 und 416.)

Ist das Anstrengungsverhältnis α_0 von 1, welcher Wert den besonderen Erörterungen unter α bis δ zugrunde liegt, wesentlich verschieden, so wird auf die Gleichung

$$\max\left(\frac{\varepsilon_1}{\alpha}\right) = \sigma_b \left[0{,}35 \sin\varphi' + 0{,}65 \sqrt{\sin^2\varphi' + \left(\frac{2}{3}\alpha_0 \frac{r}{l} \cos\varphi'\right)^2}\right]$$

zurückgegriffen werden müssen.

---

[1]) Hiernach hat die Bestimmung der Abmessungen des Körpers von gleichem Widerstande, Abb. 3, § 19, in der Nähe der Punkte A und B zu erfolgen, wobei

$$S = P\frac{b}{l} \quad \text{bzw.} \quad P\frac{a}{l}$$

ist. Streng genommen wäre die Stabform überhaupt auf Grund der Gleichung 1 festzustellen und hierbei darauf Rücksicht zu nehmen, daß die Kraft P wie auch S über eine, wenn auch kleine Strecke verteilt angreift.

Eine Ungenauigkeit bleibt allerdings auch noch dann: die Rechnung setzt prismatische Gestalt des Körpers voraus, während der Körper gleicher Festigkeit in der Nähe der Punkte A und B stark gekrümmte Begrenzungsflächen besitzt (vgl. S. 117, 118, letzter Absatz der Fußbemerkung).

b) Rechteckiger Querschnitt.

In ganz entsprechender Weise wie unter a) gelangen wir, sofern b die Breite, h die Höhe des Rechtecks bedeutet, und die Richtung von S parallel zu h läuft, mit

$$M_b = S l \text{ (s. Abb. 1)}$$

zu

$$\sigma = \frac{S l}{\frac{1}{12} b h^3} \eta,$$

und nach Gleichung 1, § 38, zu

$$\tau = \frac{3}{2} \frac{S}{b h} \left[1 - \left(\frac{\eta}{\frac{h}{2}} \right)^2 \right],$$

gültig für die Spannungen im Abstande η von der Nullachse.

Unter der Voraussetzung $\alpha_0 = 1$ liefert Gleichung 1

$$k_b \geqq \max \left(\frac{\varepsilon_1}{\alpha} \right)$$

$$= \sigma_b \left\{ 0{,}35 \cdot \frac{\eta}{\frac{h}{2}} + 0{,}65 \sqrt{\left(\frac{\eta}{\frac{h}{2}} \right)^2 + \frac{1}{4} \left(\frac{h}{l} \right)^2 \left[1 - \left(\frac{\eta}{\frac{h}{2}} \right)^2 \right]^2} \right\}, \quad \ldots \quad 3)$$

wenn die Biegungsspannung der äußersten Faser

$$\frac{S l}{\frac{1}{6} b h^2} = \sigma_b$$

gesetzt wird.

Wählen wir $l = 0{,}325\, h$, so findet sich

für $\eta = 0$ $\max \left(\frac{\varepsilon_1}{\alpha} \right) = 1{,}00\, \sigma_b$,

„ $\eta = \frac{1}{8} h$ $\max \left(\frac{\varepsilon_1}{\alpha} \right) = 1{,}04\, \sigma_b$,

„ $\eta = \frac{1}{4} h$ $\max \left(\frac{\varepsilon_1}{\alpha} \right) = 0{,}99\, \sigma_b$,

„ $\eta = \frac{3}{8} h$ $\max \left(\frac{\varepsilon_1}{\alpha} \right) = 0{,}91\, \sigma_b$,

„ $\eta = \frac{1}{2} h$ $\max \left(\frac{\varepsilon_1}{\alpha} \right) = 1{,}00\, \sigma_b$.

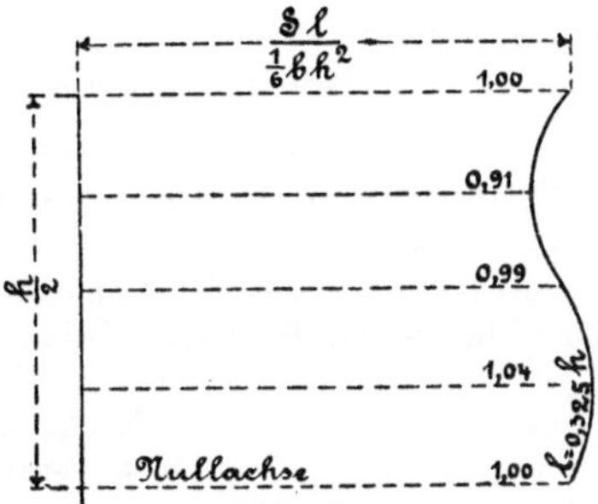

Abb. 3.

Die bildliche Darstellung gibt die Abb. 3. Wie ersichtlich, erlangt die Anstrengung zwischen der Nullachse und

$$\eta = \frac{h}{2}$$

einen größten und einen kleinsten Wert. Ersterer überschreitet σ_b um etwa 4 %, letzterer bleibt um 9 % darunter. Die Anstrengung in der Nullachse (lediglich Schub) ist gleich der Anstrengung in der äußersten Faser (nur Biegung). Wird $l < 0{,}325\,h$ genommen, so übersteigt die erstere die letztere; für $l > 0{,}325\,h$ tritt das Entgegengesetzte ein.

Demgemäß folgt:

Ist bei dem Stabe mit rechteckigem Querschnitt, belastet nach Maßgabe der Abb. 1, $l \geqq 0{,}325\,h$, so genügt es, ihn mit Rücksicht auf die Biegungsbeanspruchung

$$\sigma_b = \frac{6\,S l}{b h^2}$$

allein zu berechnen; beträgt dagegen $l \leqq 0{,}325\,h$, so reicht es aus, lediglich die Schubbeanspruchung

$$\tau = \frac{3}{2}\,\frac{S}{b h}$$

der Berechnung zugrunde zu legen[1]).

Die Rücksichtnahme auf die Schubkraft allein, bei l erheblich größer als $0{,}325\,h$, muß unzutreffende Ergebnisse liefern. (Vgl. Fußbemerkung S. 415.)

Wenn das Anstrengungsverhältnis α_0 von 1 wesentlich abweicht, so ist auf Gleichung 1 zurückzugehen.

c) I-Querschnitt.

Für Querschnitte dieser und ähnlicher Art lassen sich so einfache Festsetzungen, wie sie unter a) und b) für den Kreis bzw. das Rechteck ausgeprochen werden konnten, nicht aufstellen. Hier muß im einzelnen Falle die Gleichung 1 zum Ausgangspunkte genommen werden unter Beachtung der daselbst angeschlossenen Bemerkung sowie des in § 39d Gesagten.

Hinsichtlich der erforderlichen Stärke des Steges pflegt für den Fall, daß nicht Herstellungsrücksichten die Entscheidung treffen, die

[1]) Hiernach sind die Abmessungen der in der Nähe des Punktes B gelegenen Querschnitte der Körper gleicher Festigkeit, Abb. 1 und Abb. 2, § 19, zu bestimmen. Vgl. auch Fußbemerkung zu a, S. 476.

Nicht selten wird auch heute noch in Fällen, wie sie Abb. 4 veranschaulicht, und in denen die Biegungsbeanspruchung im Querschnitt AC maßgebend ist, für die Schubbeanspruchung der Querschnitt AB in Betracht gezogen. Dadurch gelangt man zu ungenügend widerstandsfähigen Abmessungen, infolgedessen Brüche eintreten, wie Verfasser wiederholt und bis in die neueste Zeit festzustellen hatte.

Weiteres vgl. § 56 unter 3.

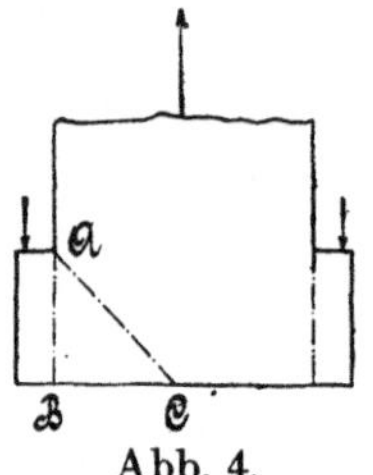
Abb. 4.

Fernhaltung von Ausbiegungen (Knickung) und nicht die Schubspannung in der Nullachse bestimmend zu sein namentlich dann, wenn die Belastung des Trägers örtlich zusammengedrängt angreift, wie Versuche mit eisernen I-Trägern lehren, und wie sich auch unter Beachtung der geringen Widerstandsfähigkeit verhältnismäßig dünner Wandungen gegenüber Einflüssen, die auf seitliche Ausbiegung hinwirken, aus dem unter „IV. Knickung" Erörterten ohne weiteres ergibt, selbst unter Voraussetzung einer (in bezug auf den Trägerquerschnitt) symmetrischen Belastung. Oft ist jedoch auf eine solche nicht zu rechnen, beispielsweise dann nicht, wenn die Belastung durch Querbalken erfolgt, die mit ihren Enden aufliegen. Indem sich dieselben unter ihrer Last durchbiegen, belasten sie den inneren Teil der Trägerflansche stärker, während der äußere Teil entlastet wird. Die Kraft geht nicht mehr durch die Mitte des Steges; sie kann bei entsprechender Flanschenbreite für den Steg unter Umständen ein verhältnismäßig sehr bedeutendes Biegungsmoment ergeben.

Um die Formänderung eines in der Mitte hinsichtlich des Querschnittes symmetrisch belasteten und an den Enden unterstützten Trägers deutlich erkennen zu lassen, wurde ein Träger von 200 mm Höhe aus Hartblei[1]) (Flanschen: 70 mm breit, 20 mm stark, Steg: 10 mm stark, Entfernung der Auflager 500 mm) vor der Belastung mit einem Quadratnetz versehen. Abb. 5, Taf. XXI, gibt das Bild des mittleren Teiles dieses Trägers, wie er sich infolge der Belastung gestaltet hat, wieder. Von Interesse ist namentlich die Verfolgung der Änderungen, welche die Form einzelner Quadrate erfahren hat.

2. Formänderung.

a) Im allgemeinen.

Ein prismatischer Stab sei in der aus Abb. 4, § 20, ersichtlichen Weise belastet. Die auf denselben wirkenden äußeren Kräfte ergeben — abgesehen von dem Eigengewicht —

a) für jeden innerhalb der Strecke AB gelegenen Querschnitt ein biegendes Kräftepaar vom konstanten Moment $M_b = Pa$; infolgedessen die elastische Linie zwischen A und B (vgl. § 16, Gleichung 13) einen Kreisbogen vom Halbmesser

$$\varrho = \frac{\Theta}{\alpha M_b}$$

bildet;

b) für die Querschnitte außerhalb der Strecke AB, je nach ihrem Abstand von der Querschnittsebene A bzw. B ein verschieden

[1]) Vgl. Fußbemerkung 1, S. 350.

großes, zwischen Pa (im Querschnitt bei A bzw. B) und Null (in den Endquerschnitten) liegendes Moment und eine Schubkraft P.

Um uns ein anschauliches Bild über die hierbei auftretenden Formänderungen zu verschaffen, ziehen wir auf dem unbelasteten Stabe, dessen Querschnitt ein Rechteck mit der Breite b und der in der Bildebene liegenden Höhe h sein mag, nach Maßgabe der Abb. 6, die den halben Stab von der Länge $a + \frac{l}{2}$ darstellt, gerade Linien, und zwar zunächst parallel zur Stabachse, die als Achsenlinien bezeichnet werden sollen, und sodann senkrecht zu letzteren, d. s. Querschnittslinien, je in gleichem Abstande voneinander. Hierdurch wird die Seitenfläche von der Höhe h in eine Anzahl gleicher Rechtecke eingeteilt.

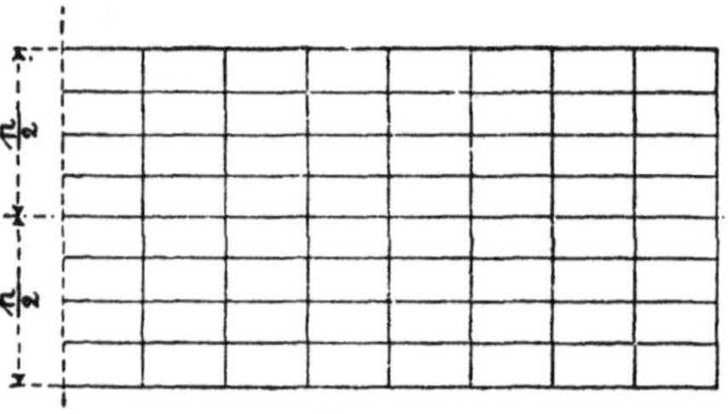

Abb. 6.

Unter Einwirkung der Belastung — Abb. 4, § 20 — wird der Stab eine Änderung seiner Gestalt erfahren, wobei die Rechtecke ebenfalls ihre Form ändern müssen.

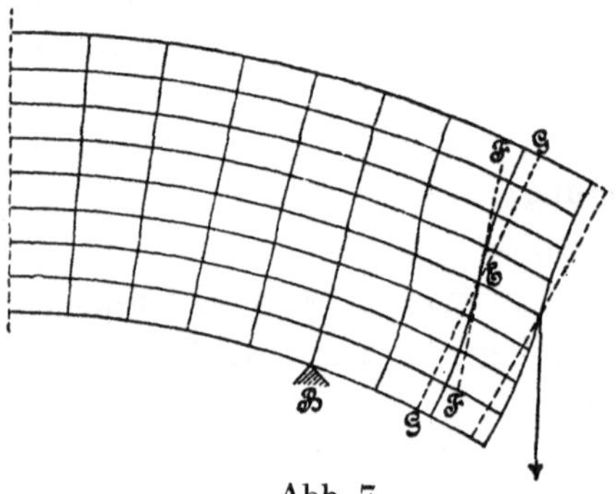

Abb. 7.

Für die Stabquerschnitte zwischen A und B liefert die Belastung, wie oben unter a) bereits hervorgehoben wurde, lediglich ein biegendes Moment. Demgemäß werden nach § 16 die oberhalb der Nullachse gelegenen Fasern mit ihrem Abstande von dieser zunehmende Dehnung, die unterhalb gelegenen eine entsprechende Zusammendrückung erfahren. Die ursprünglich parallelen Querschnitte sind jetzt gegeneinander geneigt, ihr früherer Abstand ist nur noch in der Stabachse vorhanden. Es treten lediglich Normalspannungen auf, Schubspannungen fehlen; infolgedessen müssen die auf die Stabfläche gezeichneten Achsen- und Querschnittslinien die rechten Winkel, unter denen sie sich ursprünglich schnitten, beibehalten: die ursprünglichen Rechtecke gehen in Kreisringsektoren über. Abb. 7 läßt dieselben für die rechte Hälfte von AB (Abb. 4, § 20) erkennen.

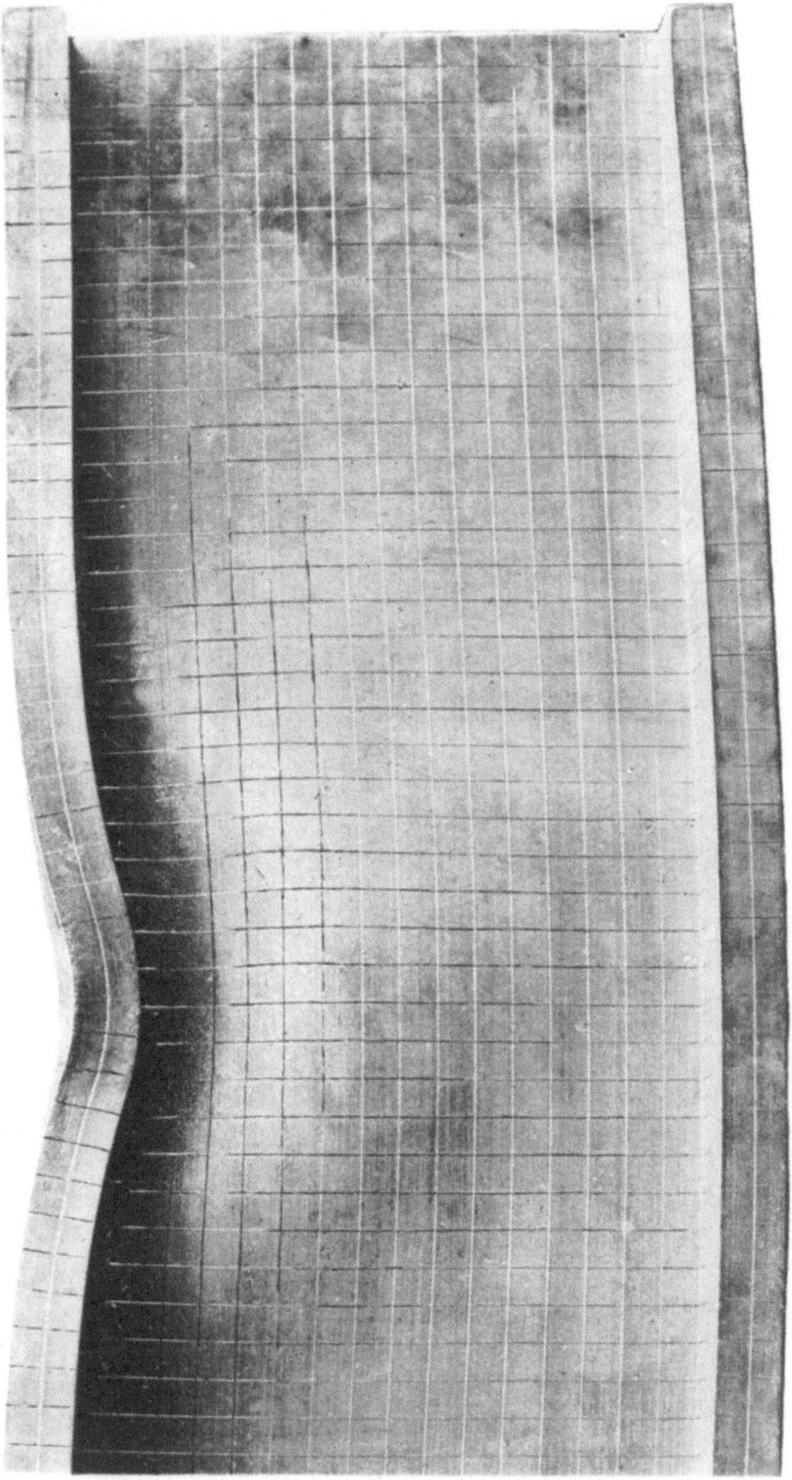

Abb. 5, § 52, S. 479.

Abb. 9, § 52, S. 482.

Abb. 2, § 40, S. 413.

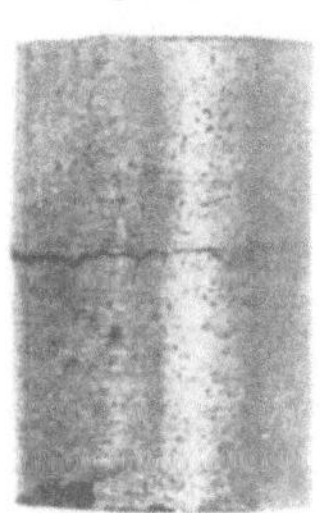

Abb. 12, § 52, S. 483.

Abb. 13, § 52, S. 484.

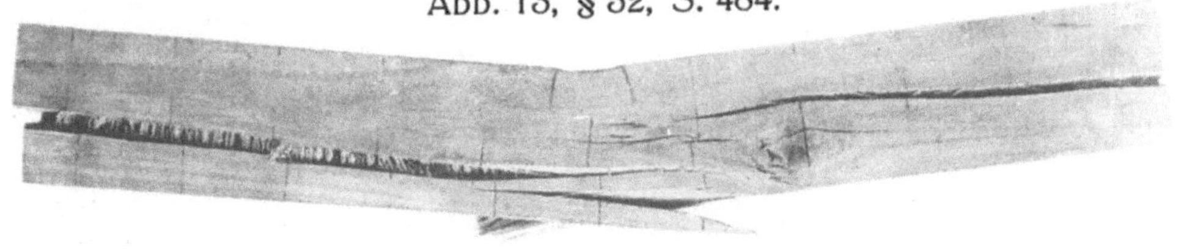

Auf die rechts von B gelegenen Querschnitte wirkt, wie oben unter b) bereits bemerkt, außer dem biegenden Moment noch eine Schubkraft, die Schubspannungen wachruft, die nach § 38 (s. namentlich Abb. 4, § 38 im Abstande $+\frac{h}{2}$ und $-\frac{h}{2}$ von der Nullachse, d. h. in der oberen und in der unteren Begrenzungsfläche des Stabes, sofern hier äußere Kräfte nicht angreifen, Null sein müssen, während sie nach der Achse hin zunehmen und in letzterer den größten Wert erreichen. Daraus folgt, daß die auf der Staboberfläche gezogenen Querschnittslinien auch außerhalb der Strecke AB — Abb. 4, § 20 — die im Abstande $+\frac{h}{2}$ und $-\frac{h}{2}$ befindlichen Begrenzungslinien da, wo äußere Kräfte nicht angreifen, rechtwinklig schneiden müssen, daß sie dagegen die nach der Stabachse zu gelegenen Achsenlinien schiefwinklig zu treffen haben. Die Abweichung von der Rechtwinkligkeit wird in der Stabachse ihren größten Wert erreichen. Nach Abb. 7 muß, sofern GG in E senkrecht zur gekrümmten Stabachse und FF Tangente im Punkt E der Querschnittslinie ist, dieser Größtwert gleich dem Bogen γ_{max} des Winkels FEG sein und mit der durch Gleichung 2, § 38, bestimmten Schubspannung

$$\tau_{max} = \frac{3}{2}\frac{P}{b\,h}$$

in der Beziehung

$$\gamma_{max} = \beta\,\tau_{max}$$

stehen, worin β die Schubzahl bedeutet (§ 29). Für eine beliebige, um η von der Nullachse abstehende Stelle ist die Schubspannung nach Gleichung 1, § 38

$$\tau = \frac{3}{2}\frac{P}{b\,h}\left[1 - \left(\frac{\eta}{\frac{h}{2}}\right)^2\right]$$

und somit die Abweichung von der Rechtwinkligkeit

$$\gamma = \beta\,\tau = \frac{3}{2}\frac{P}{b\,h}\left[1 - \left(\frac{\eta}{\frac{h}{2}}\right)^2\right]\beta.$$

Für

$$\eta = \pm\frac{h}{2}$$

wird $\gamma = 0$, wie bereits hervorgehoben.

Dem Vorstehenden gemäß wird der ursprünglich ebene Querschnitt auch dann, wenn er unter Einfluß des biegenden Momentes eben geblieben ist, durch die Einwirkung der Schubkraft in eine gekrümmte Fläche übergehen, wie dies Abb. 7 rechts von B — in übertrieben gezeichneter Weise — erkennen läßt. Diese Wölbungslinie, die in der Stabachse einen Wendepunkt besitzt, ist hiernach eine notwendige Folge der besprochenen Veränderlichkeit der Schubspannung. Eine strenge Darstellung derselben wird zu berücksichtigen haben, daß die äußeren Kräfte nicht in einem Punkte oder einer Linie, sondern in einer Fläche den Stab treffen, so daß also beispielsweise die Querschnitte unmittelbar rechts vom Mittelpunkte oder der Mittelebene B des Auflagers nicht sofort die volle Krümmung annehmen, während die unmittelbar links davon gelegenen auch nicht mehr vollkommen eben sein können.

Die anschauliche Darstellung der besprochenen Querschnittswölbung auf dem Wege des Versuches begegnet großen Schwierigkeiten. Um die Krümmung deutlich zu machen, sind im Vergleich zur Länge verhältnismäßig hohe Stäbe zu verwenden; dann aber müssen zur Herbeiführung einer für den bezeichneten Zweck genügenden Formänderung so bedeutende Kräfte auf verhältnismäßig kleine Teile der Staboberfläche wirken, daß hier starke örtliche Formänderungen eintreten, welche die Reinheit des Bildes erheblich beeinträchtigen. Soll dieser Übelstand vermieden werden, so wird man sich mit einer angenäherten Darstellung begnügen und dem Stabe eine solche Gestalt geben müssen, daß schon weit kleinere Schubkräfte erhebliche Schubspannungen wachrufen. Ein solcher Körper ist in Abb. 8 dargestellt: I-Träger, in der Mittellinie zum Teil ausgebohrt, so daß zur Übertragung der Schubkräfte in der Stabachse nur ein verhältnismäßig kleiner Querschnitt zur Verfügung steht, weshalb hier die Spannungen bedeutend ausfallen müssen. Wird der Stab in der Mitte belastet und an den Enden unterstützt, so nimmt die ursprünglich ebene Stirnfläche die Gestalt Abb. 9 (Schmiedeisenträger), Taf. XXII, an. Dieselbe entspricht dem Wesen nach der Form, die in Abb. 7 rechts von B angegeben wurde: die gedrückten (hier oben liegenden) Fasern widerstreben der Verkürzung, die gezogenen der Verlängerung infolge der Kleinheit des Querschnittes, durch den sich die Druckkräfte (oberhalb der Nullachse) und die Zugkräfte (unterhalb dieser Achse) ins Gleichgewicht setzen, mit sichtbarem Erfolg. Wird das rechts abgebildete Trägerende ins Auge gefaßt, so erkennt man, daß der obere gedrückte Teil des Trägers auf das stehengebliebene Stegstück nicht bloß abschiebend, sondern auch biegend wirkt, so daß ein Belastungsfall vorliegt, wie er S. 415, 478, Fußbemerkung, bereits hervorgehoben worden ist

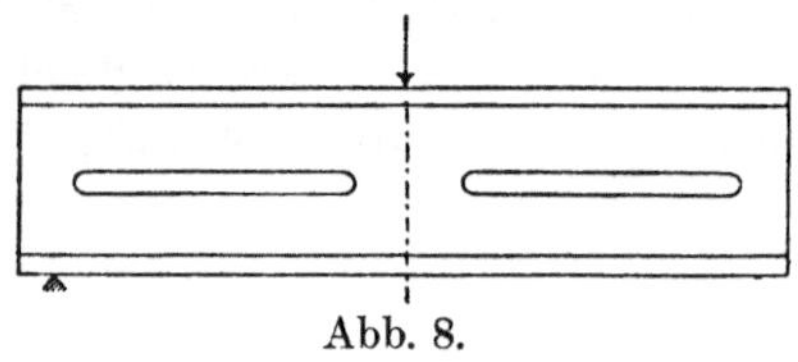
Abb. 8.

Durch Aussparungen in der Nullachse, wie solche z. B. Abb. 8 zeigt, wird die Widerstandsfähigkeit häufig weit mehr vermindert, als man anzunehmen pflegt. Hierüber geben die in der Materialprüfungsanstalt Stuttgart durchgeführten Untersuchungen Auskunft. Der in Abb. 9, Taf. XXII, dargestellte und aus dem Jahre 1887 stammende Körper zählt zu den ersten dieser Versuche.

Die letzten derselben erfolgten auf Anregung Pfleiderers 1909, der ihrer bedurfte, um die von ihm übernommene Bearbeitung der Ergebnisse der Versuche mit Scheibenkolben, über die in den Mitteilungen über Forschungsarbeiten Heft 31 (1906) berichtet ist, auszuführen. Im Heft 97 dieser Mitteilungen findet sich der Bericht Pfleiderers.

Die Probekörper aus Gußeisen hatten I-förmigen Querschnitt von den aus Abb. 10 und der hierzu gehörigen Zahlentafel hervorgehenden Abmessungen. Nr. 1 enthält keine Aussparung im Steg, an Nr. 2 bis 7 waren Aussparungen verschiedener Länge (von 30 bis 240 mm) angeordnet. Bei Nr. 8 bis 11 hatten die Ränder der Schlitze Verstärkung erfahren, wie Abb. 11 erkennen läßt.

Die bei der Prüfung gemäß Abb. 8 erlangten Bruchlasten sind in der folgenden Zahlentafel zusammengestellt.

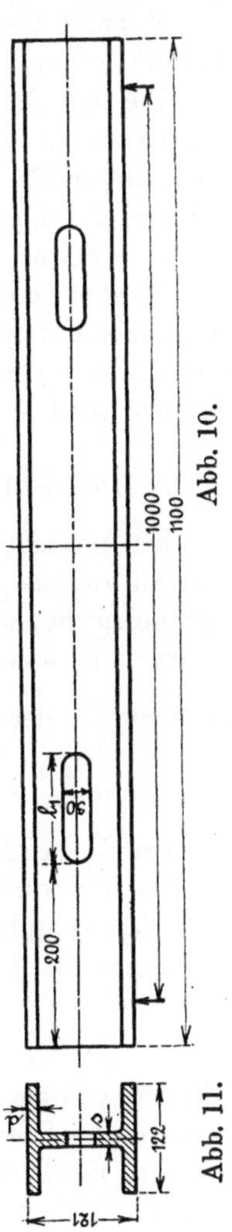

Abb. 10.

Abb. 11.

Balken Nr.	Abmessungen l_1 mm	s mm	d mm	s_1 mm	Bruchlast kg	Bruch erfolgte
1	—	14	14,5	—	18000	nahe der Mitte
2	30	14	14	—	17250	,, ,, ,,
3	60	13,5	14	—	15400	an der Aussparung
4	120	14	14,5	—	12810	,, ,, ,,
5	120	14	14,5	—	11145	,, ,, ,,
6	240	14	14	—	6210	,, ,, ,,
7	240	14,5	14,5	—	5965	,, ,, ,,
8	120	14	13,5	30	17170	,, ,, ,,
9	116	15,5	14,5	32	18050	nahe der Mitte
10	242	15,5	14	31	9960	an der Aussparung
11	240	14	14	30	8710	,, ,, ,,

Abb. 12, Taf. XXII, gibt die geprüften Balken Nr. 1, 5, 6, 9, 8 und 10 wieder. Bei der Prüfung der Balken mit längeren Schlitzen war zu beobachten, daß der Bruch vom Innenrande des Schlitzes je gegen das Ende hin ausging und daß der Riß zunächst nur bis zur Flansche reichte, also innerhalb des Steges verblieb. Vgl. hierzu die Bemerkungen auf S. 482 zu Abb. 9.

Diese Biegungsbeanspruchung führt, wie die vorstehenden Zahlen zeigen, eine Verminderung der Widerstandsfähigkeit herbei, die schon bei kurzen Aussparungen bedeutend ist. Aussparungen im mittleren Teil des Steges, wie sie z. B. zur Durchführung von Kernstützen in Gußstücken angeordnet zu werden pflegen, sollen deshalb nicht länger ausgeführt sein, als unbedingt notwendig ist.

Die bei Nr. 8 bis 11 angeordnete Verstärkung des Randes der Aussparungen hat die Widerstandsfähigkeit erhöht; bei dem Versuchskörper Nr. 9 mit 116 mm langer Aussparung ist der Bruch infolge der Verstärkung nicht an dem Schlitz erfolgt, dagegen war dies bei dem Balken 8 (Länge der Aussparung 120 mm) der Fall.

Hierher gehören auch die Stücke, die bei Biegungsversuchen mit Holz entstehen, das parallel zur Faserrichtung geringe Widerstandsfähigkeit gegen Schub besitzt und infolgedessen durch Abschieben zerstört wird. (Vgl. Abb. 13, Taf. XXII.)

b) Durchbiegung mit Rücksicht auf die Schubkraft.

Ein prismatischer Stab sei auf zwei um l voneinander abstehende Stützen aufgelagert und in der Mitte durch die Kraft P belastet. Die Durchbiegung, die von P veranlaßt wird, setzt sich aus zwei Teilen zusammen: aus derjenigen Durchbiegung, die von dem biegenden Moment $\left(\text{in der Mitte } M_b = \frac{Pl}{4}\right)$ allein verursacht wird, und aus der Verschiebung, welche die Querschnitte durch die Schubkraft $\frac{P}{2}$ (Auflagerdruck) erfahren.

Die Durchbiegung der ursprünglich geraden Stabachse im mittleren Querschnitt infolge des biegenden Moments beträgt nach Gleichung 14, § 18,

$$y' = \frac{\alpha}{48} \frac{Pl^3}{\Theta},$$

sofern Θ das gegenüber der Biegung in Betracht kommende Trägheitsmoment des Stabquerschnittes bedeutet.

Zur Feststellung desjenigen Teiles der tatsächlichen Durchbiegung, welcher von der Verschiebung der Querschnitte herrührt, führt die nachstehende Betrachtung.

$ABDC$, Abb. 14, sei ein zwischen den beiden Querschnitten AC und BD gelegenes Körperelement des unbelasteten Stabes. Denken wir uns jetzt im Querschnitte BD eine abwärts wirkende Schubkraft S tätig, während AC festgehalten wird, so rückt der Querschnitt BD um einen gewissen Betrag $\overline{BB_1} = \overline{MM_1} = \overline{DD_1}$ abwärts. Unter der Voraussetzung gleichmäßiger Verteilung der Schubkraft S über den Querschnitt würde die Formänderung des Körperelements darin bestehen, daß das Rechteck $ABDC$ in das Parallelogramm AB_1D_1C übergeht. Die Querschnitte würden Ebenen bleiben. Da nun aber die Schubspannungen von der Mitte nach außen (d. i. von M_1 nach B_1 und D_1) hin bis auf Null abnehmen, so müssen dies die Schiebungen ebenfalls tun und damit auch die äußersten Elemente der Querschnittslinien die Begrenzungsstrecken AB_1 und CD_1 senkrecht schneiden, d. h. die Querschnitte müssen sich krümmen, wie in Abb. 14 gestrichelt angegeben ist. Die Strecke MM_1 der Achse, die ursprünglich die Lage MM einnahm und hierbei mit der Querschnittslinie BD einen rechten Winkel bildete, weist jetzt, sofern $M_1E \perp MM_1$ und FF Tangente im Punkte M_1 der Querschnittslinie ist, eine Abweichung um den Winkel FM_1E von dieser Rechtwinkligkeit auf. Nach außen hin nimmt diese Abweichung ab bis auf Null. Wie wir wiederholt gesehen, mißt der Bogen γ, der diesem Abweichungswinkel entspricht, die Schiebung und steht nach Gleichung 2, § 29, zu der Schubspannung τ an der betreffenden Stelle in der Beziehung

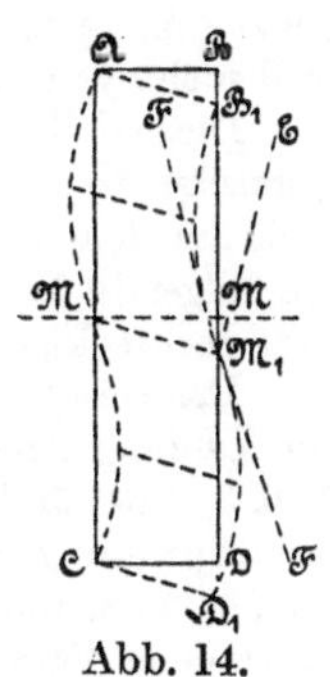

Abb. 14.

$$\gamma = \beta\,\tau.$$

Für die Stabachse weist γ (τ) seinen Größtwert auf, und zwar ist

$$\gamma_{max} = \operatorname{tg} \sphericalangle EM_1F = \sim \operatorname{arc} \sphericalangle EM_1F.$$

Der Winkel EM_1F setzt sich aus zwei Teilen zusammen, nämlich

$$\sphericalangle EM_1F = \sphericalangle EM_1B + \sphericalangle B_1M_1F.$$

Der erste Teil ist gleich

$$\sphericalangle BAB_1 = \sphericalangle MMM_1 = \sphericalangle DCD_1.$$

Er entspricht also der senkrechten Verschiebung des ganzen Querschnitts, während der zweite Teil die Folge der Querschnittskrümmung ist. Für die Ermittlung der Senkung y'' infolge der Verschiebung des Querschnitts kann demnach nur der erste Teil in Betracht kommen[1]). Dieselbe erscheint dadurch bestimmt, daß die mecha-

[1]) Die Ermittlung der von der Schubkraft S bewirkten Durchbiegung y'' nach dem Vorgange Poncelets und Grashofs — Theorie der Elastizität und Festigkeit, 1878, S. 213 u. f. — derart, daß gesetzt wird

$$y'' = \int \gamma_{max}\, dx = \beta \int \tau_{max}\, dx,$$

muß, wie vorstehende Darlegung erkennen läßt, y'' zu groß ergeben. In denjenigen Fällen, in denen die Rücksichtnahme auf y'' überhaupt in Frage zu kommen

nische Arbeit, welche die Schubkraft beim Sinken um $\overline{BB_1} = \overline{MM_1} = \overline{DD_1}$ verrichtet, gleich sein muß der Summe der Arbeiten der Schubspannungen beim Übergang des Stabelementes $ABDC$ in die Form AB_1D_1C mit gekrümmter Querschnittsfläche.

pflegt (vgl. § 22, S. 287, auch weiter oben), ist übrigens der Einfluß dieses Zugroß nicht von erheblicher Bedeutung.

Die vorstehende Betrachtung über die Wölbung der ursprünglich ebenen Querschnitte eines durch Schub in Anspruch genommenen Körpers läßt sich auch auf den durch ein drehendes Kräftepaar belasteten Stab übertragen, wie folgende Bemerkungen, die der Einfachheit wegen einen bestimmten, und zwar rechteckigen, Querschnitt voraussetzen mögen, erkennen lassen.

Das Gesetz, nach dem sich die Schubspannung in den Querschnittselementen der Umfangsstrecke AC des auf Drehung beanspruchten rechteckigen Stabes, Abb. 3, § 34, ändert, ist — nach der gemachten Annahme — das gleiche, dem die Schubspannungen des durch die Schubkraft belasteten rechteckigen Stabes, Abb. 4, § 38, folgen; bei beiden Körpern entspricht der Verlauf der Spannungskurve einer Parabel. Wir haben demnach im ersteren Falle (Drehung) für die in der Umfangsstrecke AC liegenden Querschnittselemente auch dasselbe Krümmungsgesetz zu erwarten wie im zweiten Falle. Tatsächlich zeigen die auf der Staboberfläche liegenden Querschnittslinien der Abb. 1, Taf. XIII, ähnlichen Verlauf, wie er sich in Abb. 9, Taf. XXII fand. Auch für Abb. 1, Taf. XIII, ergibt die Abweichung von der Rechtwinkligkeit, d. i. der Winkel, der die Schiebung und damit die Schubspannung mißt, zwei Teile, von denen der eine die Verschiebung der Querschnittselemente senkrecht zur Stabachse bestimmt, während der andere der eingetretenen Neigung des Querschnittselementes entspricht. Für die Mitte der längeren Seite erreichen beide den größten Wert. Hier wird ihre Summe gemessen durch das Produkt aus τ_d' (Gleichung 4, § 34) und β, während der erste Teil durch den Drehungswinkel ϑ (Gleichung 9, § 43) bestimmt erscheint, so daß der zweite Teil, d. i. die Neigung, welche die gewölbte Querschnittslinie, Abb. 1, Taf. XIII, in der Mitte der längeren Seite (im Wendepunkte) gegenüber dem ursprünglichen Querschnitt besitzt, den Bogen

$$4{,}5\frac{M_d}{b^2 h}\beta - 3{,}6\frac{b^2+h^2}{b^3 h^3}M_d\beta\frac{b}{2} = 4{,}5\frac{M_d}{b^2 h}\left[0{,}6 - 0{,}4\left(\frac{b}{h}\right)^2\right]\beta$$

$$= \tau_d'\left[0{,}6 - 0{,}4\left(\frac{b}{h}\right)^2\right]\beta$$

ergibt.

Je größer h im Vergleich zu b, um so bedeutender wird diese Neigung; sie nähert sich hierbei asymptotisch dem Werte

$$4{,}5\cdot 0{,}6\frac{M_d}{b^2 h}\beta = 2{,}7\frac{M_d}{b^2 h}\beta = 0{,}6\,\tau_d'\beta .$$

Für $h = b = a$, d. h. für den quadratischen Querschnitt, wird sie am kleinsten, nämlich gleich

$$4{,}5\cdot 0{,}2\frac{M_d}{a^3}\beta = 0{,}9\frac{M_d}{a^3}\beta = 0{,}2\,\tau_d'\beta .$$

Abb. 1, Taf. XIII, und Abb. 2, Taf. XIV (vgl. je die gewölbte Querschnittslinie mit der ursprünglich geraden, durch Striche bezeichneten Querschnittslinie) bestätigen die Abnahme der Neigung mit Annäherung von h an b.

Nach § 44 findet sich für die mechanische Arbeit, welche die Formänderung des $\overline{AB} = \overline{MM} = \overline{CD} = dx$ langen Körperelementes bei der Verschiebung fordert,

$$\frac{\beta}{2}\,dx\int\!\!\int \tau^2\,d\eta\,dz\,.$$

Hierin ist unter Bezugnahme auf Abb. 1, § 39, und nach Gleichung 3, § 39

$$\tau = \frac{S}{2\,y\cos\varphi}\,\frac{M_\eta}{\Theta}$$

die Schubspannung in dem um z von der η-Achse abstehenden Punkte P, der mit dem Flächenelemente $d\eta\,dz$ zusammenfällt.

Wird nun $\overline{BB_1} = \overline{MM_1} = \overline{DD_1}$ mit dy'' bezeichnet, so erhalten wir

$$\frac{1}{2}\,S\,d\,y'' = \frac{\beta}{2}\,dx\int\!\!\int \tau^2\,d\eta\,dz$$

$$d\,y'' = \frac{\beta}{S}\,dx\int\!\!\int \tau^2\,d\eta\,dz$$

$$y'' = \beta\int\frac{dx}{S}\int\!\!\int \tau^2\,d\eta\,dz \quad \ldots\ldots\ldots \quad 4)$$

sofern die Schubzahl β unveränderlich ist.

Beispielsweise findet sich für den rechteckigen Querschnitt von der Breite b und der Höhe h (vgl. Schluß von § 44), da hier wegen

---

Würde man z. B. für den quadratischen Querschnitt diese Neigung dem eigentlichen Drehungswinkel zuzählen, indem man setzt

$$\vartheta\,\frac{a}{2} = \tau_a'\,\beta = 4{,}5\,\frac{M_d}{a^3}\,\beta\,,$$

so ergäbe sich

$$\vartheta = 9\,\frac{M_d}{a^4}\,\beta\,,$$

welcher Wert mit der von Grashof in seiner Theorie der Elastizität und Festigkeit, 1878, S. 144 gefundenen Größe (Gleichung 246) übereinstimmt.

Nach Maßgabe unserer Darlegungen erscheint somit diese um

$$100\,\frac{9 - 7{,}2}{7{,}2} = 25\,\%$$

zu groß. Wie aus den Erörterungen des Verfassers „Über die heutige Grundlage der Berechnung auf Drehung beanspruchter Körper“ in der Zeitschrift des Vereines deutscher Ingenieure 1889, S. 139 (oder auch „Abhandlungen und Berichte“ 1897, S. 81 u. f.) erhellt, ergibt sich in Übereinstimmung hiermit der Drehungswinkel nach der Grashofschen Gleichung

für Gußeisen um

$$100\,\frac{1{,}43 - 1{,}20}{1{,}20} = 19\,\%\,,$$

für Schmiedeisen und Stahl um

$$100\,\frac{0{,}883 - 0{,}696}{0{,}696} = 27\,\%$$

größer, als Bauschinger durch Messung bestimmte.

$\varphi = \varphi' = 0$ die Schubspannung für alle in demselben Abstande η gelegenen Flächenelemente gleich ist, nämlich

$$\tau' = \tau = \frac{3}{2}\frac{S}{b\,h}\left[1 - \left(\frac{\eta}{\frac{h}{2}}\right)^2\right],$$

so daß an die Stelle von $d\eta\, dz$ sofort der Flächenstreifen $b\,d\eta$ treten kann,

$$y'' = \frac{9}{4}\beta \int \frac{S\,dx}{b\,h^2} \int_{-\frac{h}{2}}^{+\frac{h}{2}} \left[1 - \left(\frac{\eta}{\frac{h}{2}}\right)^2\right]^2 d\eta = \frac{6}{5}\beta \int \frac{S}{b\,h}\,dx \quad . \; . \; . \; . \quad 5)$$

und bei Unveränderlichkeit von S, b und h innerhalb der Strecke x

$$y'' = \frac{6}{5}\beta \frac{S}{b\,h} x,$$

d. i. $\frac{6}{5} = 1{,}2$ mal so groß, als wenn die Schubkraft sich gleichmäßig über den Querschnitt verteilt haben würde.

Für den in der Mitte durch P belasteten prismatischen Stab folgt unter Vernachlässigung des Eigengewichtes wegen

$$S = \frac{P}{2},$$

$$y'' = \frac{6}{5}\beta \frac{\frac{1}{2}P}{b\,h}\frac{l}{2} = 0{,}3\,\beta \frac{P}{b\,h}\,l \quad . \; . \; . \; . \; . \; . \; . \quad 6)$$

Hiernach die Gesamtdurchbiegung des rechteckigen Stabes in der Mitte

$$y' + y'' = \frac{\alpha}{48}\frac{P\,l^3}{\frac{1}{12}b\,h^3} + 0{,}3\,\beta\frac{P}{b\,h}\,l = \left\{0{,}25\,\alpha\left(\frac{l}{h}\right)^2 + 0{,}3\,\beta\right\}\frac{P}{b\,h}\,l.$$

Wird die Schubzahl β nach Gleichung 3, § 31, durch

$$\beta = 2\,\frac{m+1}{m}\,\alpha$$

ersetzt, so folgt

$$y' + y'' = \left\{0{,}25\left(\frac{l}{h}\right)^2 + 0{,}6\,\frac{m+1}{m}\right\}\alpha\frac{P}{b\,h}\,l \quad . \; . \; . \; . \; . \quad 7)$$

und mit $m = \frac{10}{3}$

$$y' + y'' = \left\{0{,}25\left(\frac{l}{h}\right)^2 + 0{,}78\right\}\alpha\frac{P}{b\,h}\,l \quad . \; . \; . \; . \; . \; . \quad 8)$$

Hierin bestimmt das erste Glied der Klammer den Einfluß des biegenden Momentes auf die Durchbiegung, während das zweite denjenigen der Schubkraft zum Ausdruck bringt. Das Verhältnis von y'' zu y' ist demnach

$$\frac{y''}{y'} = \frac{0{,}78}{0{,}25\left(\frac{l}{h}\right)^2} = \frac{3{,}12}{\left(\frac{l}{h}\right)^2}.$$

Es beträgt

für $l =$	$2h$	$4h$	$8h$	$16h$
	0,78 : 1	0,195 : 1	0,049 : 1	0,012 : 1.

Von praktischer Bedeutung kann die Rücksichtnahme auf y'' werden, wenn es sich um die Ermittlung der Dehnungszahl α aus Biegungsversuchen mit Stäben oder Trägern handelt, deren Höhe erheblich ist, worauf bereits § 22, Ziff. 1, aufmerksam gemacht wurde. Durch die bisher übliche Vernachlässigung von y'' beging man im Falle des rechteckigen Querschnittes bei $l = 1000$ mm und

$$h = \frac{l}{4} = 250 \text{ mm einen Fehler von } 19{,}5\,\%,$$

$$h = \frac{l}{8} = 125 \quad \text{,,} \quad \text{,,} \quad \text{,,} \quad \text{,,} \quad 4{,}9\,\%,$$

$$h = \frac{l}{16} = 62{,}5 \quad \text{,,} \quad \text{,,} \quad \text{,,} \quad \text{,,} \quad 1{,}2\,\%.$$

Hieraus folgt, daß die Höhe der Stäbe verhältnismäßig nicht bedeutend sein darf, wenn die Außerachtlassung von y'' zulässig erscheinen soll.

Allgemein wird zur Bestimmung von α oder $\frac{1}{\alpha}$ aus Versuchen mit Stäben von rechteckigem Querschnitt die Gleichung 7 zu verwenden sein. Dieselbe liefert

$$\alpha = \frac{b\,h}{\left\{0{,}25\left(\frac{l}{h}\right)^2 + 0{,}6\,\frac{m+1}{m}\right\} l} \cdot \frac{y' + y''}{P}.$$

Hierbei ist streng genommen m für das untersuchte Material besonders zu bestimmen; doch erweist sich der Einfluß der Abweichung der besonders ermittelten Werte von dem Mittelwert $\frac{10}{3}$ als so unbedeutend, daß es genügt, α aus der Gleichung 8, d. h. nach

$$\alpha = \frac{b\,h}{\left\{0{,}25\left(\frac{l}{h}\right)^2 + 0{,}78\right\} l} \cdot \frac{y' + y''}{P}$$

zu berechnen. $y' + y''$ wird zu jedem Werte von P beobachtet und damit für jede Belastung die Dehnungszahl α bestimmbar.

Ähnlich liegen auch die Verhältnisse bei Körpern, die nicht homogen sind, z. B. wie Holz, Aufbau aus Schichten sehr verschiedener Widerstandsfähigkeit aufweisen. Dann ist das Verhältnis $\beta:\alpha$ ein anderes als im vorstehenden angenommen. Umfangreiche eigene Versuche, über die in Heft 231 der Mitteilungen über Forschungsarbeiten berichtet ist, haben ergeben, daß für solches Material das Verhältnis $\beta:\alpha$ etwa zwischen 10 und 25 gelegen ist, im Durchschnitt etwa 15 beträgt. So kommt es, daß der Einfluß der Schubkraft auf die Durchbiegung bei Holz viel größer gefunden wird, als aus den oben angegebenen Werten hervorgeht. Soll α aus Biegungsversuchen ausreichend genau ermittelt werden, ohne daß auf die Schubkraft bei der Berechnung von α Rücksicht genommen wird, so muß deshalb bei Holz $l:h > 15$ gewählt werden.

Ganz bedeutenden Einfluß erlangt unter Umständen die Schubkraft auf die Durchbiegung bei I-Trägern, da hier im Steg die Querschnittsbreite gering, also γ und τ groß sein können. (Vgl. Zeitschrift des Vereines deutscher Ingenieure 1888, S. 222 u. f. sowie § 22, Ziff. 1.)

Der Einfluß des in § 46 erörterten Widerstandes, der aus Anlaß des Gleitens der Staboberfläche auf den Stützen (infolge der Durchbiegung) entsteht, ist bei Biegungsversuchen mit erheblich hohen Stäben durch Verwendung von Rollenauflagern nach Möglichkeit herabzumindern, falls weitergehende Genauigkeit der Versuchsergebnisse gefordert wird.

Im Falle des Kreisquerschnitts vom Halbmesser $r = \frac{d}{2}$ findet sich nach Gleichung 6, § 39, für die Umfangspunkte P' die Schubspannung

$$\tau' = \frac{4}{3}\frac{S}{\pi r^2}\cos\varphi'.$$

Die Schubspannung τ (Abb. 1, § 39), die in dem beliebigen um η von der Nullachse und um z von der η-Achse abstehenden Punkte P wirkt, werde in ihre zwei Komponenten zerlegt:

die eine senkrecht zur y-Achse sei $\tau_y = \tau\cos\varphi$,

die andere senkrecht zur η-Achse $\tau_\eta = \tau\sin\varphi$.

Nach § 39 ist die erstere für alle im gleichen Abstande η liegenden Flächenelemente konstant, also

$$\tau_y = \tau'\cos\varphi' = \frac{4}{3}\frac{S}{\pi r^2}\cos^2\varphi' = \tau_y',$$

während die letztere, von außen nach der Mitte zu bis auf Null abnehmend, in den Umfangspunkten P' die Größe

$$\tau_\eta' = \tau' \sin\varphi' = \tau_y' \operatorname{tg}\varphi',$$

in dem beliebigen um z von der η-Achse abstehenden Punkte P den Wert

$$\tau_\eta = \tau_y \operatorname{tg}\varphi = \tau_y \frac{z}{y} \operatorname{tg}\varphi'$$

besitzt.

Wegen

$$\tau^2 = \tau_y^2 + \tau_\eta^2 = \left(1 + \frac{z^2}{y^2}\operatorname{tg}^2\varphi'\right)\tau_y^2$$

ergibt Gleichung 4

$$y'' = \beta \int \frac{dx}{S} \int \tau_y^2\, d\eta \int_{-y}^{y} \left(1 + \frac{z^2}{y^2}\operatorname{tg}^2\varphi'\right) dz$$

$$= 2\beta \int \frac{dx}{S} \int \left(1 + \frac{1}{3}\operatorname{tg}^2\varphi'\right) y\, \tau_y^2\, d\eta.$$

Hieraus folgt mit

$$\tau_y = \frac{4}{3}\frac{S}{\pi r^2}\cos^2\varphi', \qquad y = r\cos\varphi', \qquad d\eta = d\,(r\sin\varphi') = r\cos\varphi'\, d\varphi',$$

$$y'' = \frac{32\,\beta}{27\,\pi\, r^2}\int S\,dx \int_{-\frac{\pi}{2}}^{\frac{\pi}{2}} (3 + \operatorname{tg}^2\varphi')\cos^6\varphi'\, d\varphi' = \frac{32\,\beta}{27\,\pi\, r^2}\int S\,dx,$$

und, sofern S unveränderlich innerhalb der Strecke x

$$y'' = \frac{32}{27}\beta\frac{S}{\pi r^2}x,$$

d. i.

$\frac{32}{27} = 1{,}185$ mal so groß, als wenn die Schubkraft sich gleichmäßig über den Querschnitt verteilt haben würde.

Für den Fall des auf beiden Enden im Abstande l gestützten und in der Mitte mit P belasteten Stabes ist unter Vernachlässigung des Eigengewichts $S = \frac{P}{2}$ und damit

$$y'' = \frac{32\,\beta}{27\,\pi\, r^2}\int_0^{\frac{l}{2}} \frac{P}{2}\,dx = \frac{32}{27}\beta\frac{\frac{P}{2}}{\pi r^2}\frac{l}{2}$$

$$= \frac{8}{27}\beta\frac{P}{\pi r^2}l = \frac{8}{27}\beta\frac{P}{\frac{\pi}{4}d^2}l \quad \ldots\ldots\ldots \quad 9)$$

Hiernach beträgt die Gesamtdurchbiegung

$$y' + y'' = \frac{\alpha}{48} \frac{P l^3}{\frac{\pi}{64} d^4} + \frac{32}{27} \beta \frac{P}{\pi d^2} l = \left\{ \frac{4}{3} \alpha \left(\frac{l}{d} \right)^2 + \frac{32}{27} \beta \right\} \frac{P}{\pi d^2} l .$$

Mit

$$\beta = 2 \frac{m+1}{m} \alpha$$

wird

$$y' + y'' = \left\{ \frac{1}{3} \left(\frac{l}{d} \right)^2 + \frac{16}{27} \frac{m+1}{m} \right\} \alpha \frac{P}{\frac{\pi}{4} d^2} l , \quad \ldots \quad 10)$$

und für $m = \frac{10}{3}$

$$y' + y'' = \left\{ \frac{1}{3} \left(\frac{l}{d} \right)^2 + 0{,}77 \right\} \alpha \frac{P}{\frac{\pi}{4} d^2} l \quad \ldots \ldots \quad 11)$$

Unter Umständen erscheint es vorteilhaft, die nach Maßgabe des Vorstehenden ermittelte Größe y'' allgemein in Vergleich zu stellen mit derjenigen Verschiebung, die sich ergibt, wenn man die (tatsächlich nicht zutreffende) Annahme macht, daß sich die Schubkraft S gleichmäßig über den Querschnitt f verteile. Diese Unterstellung führt für das Körperelement von der Länge dx zu

$$\gamma\, dx = \beta \tau\, dx = \beta \frac{S}{f} dx ,$$

während Gleichung 4 für dasselbe liefert

$$\beta \frac{\int\int \tau^2 d\eta\, dz}{S} dx .$$

Demnach das Verhältnis μ der letzteren Größe (der tatsächlichen Verschiebung) zu der ersteren (der unterstellten Verrückung)

$$\mu = \frac{f}{S^2} \int\int \tau^2\, d\eta\, dz \quad \ldots \ldots \ldots \ldots \quad 12)$$

Der Koeffizient μ, der für jeden Querschnitt besonders ermittelt werden muß[1]), und der als Koeffizient der Querschnittsverschiebung bezeichnet werden kann, ist dann diejenige Zahl, mit der die unter Voraussetzung gleichmäßiger Spannungsverteilung gewonnene Verschiebung multipliziert werden

---

[1]) Ritter hat sich in den „Anwendungen der graphischen Statik", Zürich 1888, Nr. 32 und 36, mit dieser Aufgabe eingehend und erfolgreich befaßt.

muß, um die tatsächliche zu erhalten. Beispielsweise beträgt derselbe für das Rechteck 1,2, für den Kreis 1,185[1]) — wie wir oben bereits gefunden haben —, für I-Querschnitt steigt er bis auf 3 und darüber.

§ 53. Frage der Einspannung eines Stabes.

Wie in § 18, Ziff. 1, 3 und später, erörtert sowie benützt, liegt dem Begriff der Einspannung eines auf Biegung in Anspruch genommenen Stabes die Auffassung zugrunde, daß an der Einspannstelle die elastische Linie von der ursprünglich geraden Stabachse berührt wird, d. h. daß in diesem Punkte die letztere Tangente an der elastischen Linie ist. Hierdurch wird dieser an der Einspannstelle eine bestimmte Ordinate sowie eine bestimmte Richtung zugewiesen.

Die Einspannung stellt man sich hierbei nicht selten in der Weise vor, daß das eingespannte Ende durch zwei von entgegengesetzten Seiten stützende Auflager, die man als unbeweglich und unzusammendrückbar betrachtet, gehalten wird, wie Abb. 1 zeigt. Als Einspannstelle gilt der Querschnitt A. Zur Bestimmung der beiden in A und C wirkenden Auflagerdrücke denken wir uns in A eine senkrecht abwärts gerichtete Kraft $+P$ und eine zweite vertikal aufwärts wirkende Kraft $-P$ angebracht. Da sich diese zwei Kräfte gegenseitig aufheben, wird hierdurch nichts an dem Gleichgewichtszustande geändert. Wir haben alsdann mit der am freien Ende B angreifenden Last P — das Eigengewicht des Stabes werde vernachlässigt — drei Kräfte. $+P$ können wir uns aufgehoben vorstellen unmittelbar durch die Stütze A, während $-P$ und die Last P ein rechtsdrehendes Kräftepaar vom Moment Pl bilden, zu dessen Auffangung in A und C je der Widerlagsdruck P_1 erforderlich ist, der durch die Gleichung

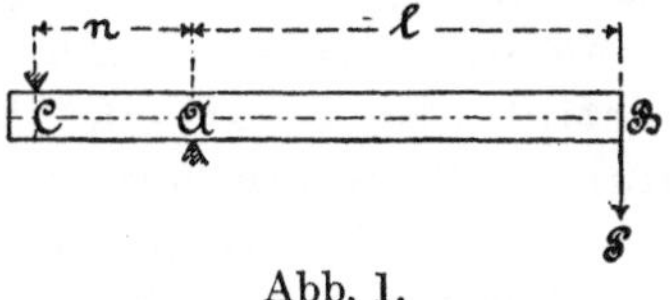

Abb. 1.

$$P_1 n = P l$$

zu

$$P_1 = P \frac{l}{n}$$

bestimmt wird.

Demnach ergibt sich der Widerlagsdruck in A

$$N_a = P + P \frac{l}{n} = P\left(1 + \frac{l}{n}\right)$$

[1]) Die in der Literatur zu findende Angabe $\mu = 1{,}11$ beruht auf der Voraussetzung, daß die oben in der Rechnung auftretende Schubspannung τ_η für alle Querschnitte gleich Null sei.

und derjenige in C

$$N_c = P\frac{l}{n}.$$

Je kleiner n im Vergleich zu l, um so bedeutender werden die Kräfte N_a und N_c ausfallen. Selbst wenn man sich diese nicht in dem Punkte oder in der Linie A bzw. C zusammengedrängt angreifend denkt, sondern auf kleine Flächen verteilt vorstellt, so werden sie doch eine Zusammendrückung des Materials der Stützen A und C sowie der Oberfläche des Stabes an den Angriffsstellen zur Folge haben. Hiermit aber ist eine Abwärtsbewegung des Stabes bei A und eine — unter sonst gleichen Umständen wegen $N_a > N_c$ jedoch geringere — Aufwärtsbewegung desselben bei C verknüpft. Der ganze Stab wird sich — abgesehen von der Verschiebung seiner Querschnitte gegeneinander sowie von seiner Biegung — gegen seine ursprüngliche Lage neigen müssen, entsprechend der Drehung um einen zwischen A und C befindlichen Punkt, der infolge $N_a > N_c$ bei sonst gleichen Verhältnissen näher an C als an A gelegen ist. Wir erkennen, daß die Stützung des Stabes nach Abb. 1 die Auffassung nicht rechtfertigt, die elastische Linie, d. i. die gekrümmte Achse des durch P gebogenen Stabes, habe an der Einspannstelle (d. i. in A) die ursprünglich gerade Stabachse zur Tangente.

Nur dann, wenn die Flächen, gegen die sich der Stab bei A und C legt, so bedeutend sind, daß die Zusammendrückung der Stützen und ihrer Widerlager sowie die örtliche Zusammenpressung des Stabes als unerheblich betrachtet werden dürfen, erscheint diese Auffassung mit Annäherung zulässig. Wir gelangen dann zur Konstruktion Abb 2.

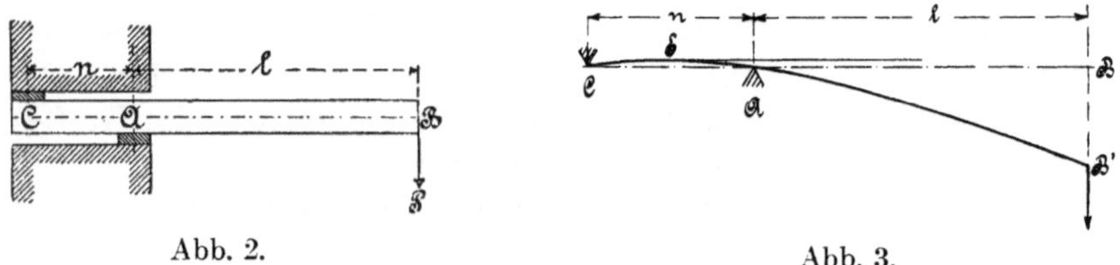

Abb. 2. Abb. 3.

mit zwei Auflagerplatten unter A bzw. über C. Dabei ist im Falle strenger Verfolgung der Aufgabe, namentlich für verhältnismäßig große Werte von n zu beachten, daß sich der Stab innerhalb der Strecke $C\,A$ gleichfalls durchbiegt und seine Achse zwischen beiden Punkten eine wagrechte Tangente erlangt; dann wird nicht A, sondern deren Berührungspunkt E die von der Rechnung anzunehmende Einspannstelle bestimmen, wie in Abb. 3 angegeben ist. Soll auch auf die Zusammendrückung der Stützen und ihrer Widerlager sowie auf die örtliche Zusammenpressung des Stabes an den Auflagerflächen Rücksicht genommen werden, so wird die Tangente an der Einspannstelle eine von den in Betracht kommenden Verhältnissen abhängige Neigung besitzen, vgl. Abb. 4.

Genauer würde die Annahme der Einspannung zutreffen im Falle der Abb. 5, wenn der Stab in der Mitte A eine genügend große Auflagerfläche besitzt, so daß die Zusammendrückung daselbst verschwindend wenig beträgt, und wenn er an den beiden Enden gleich starke Belastung erfährt. Dann

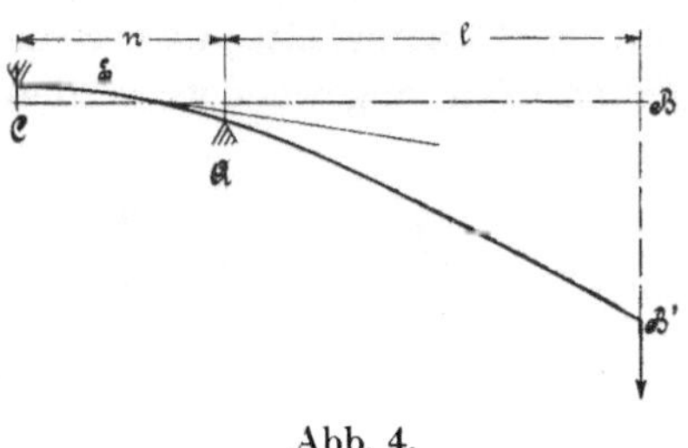

Abb. 4.

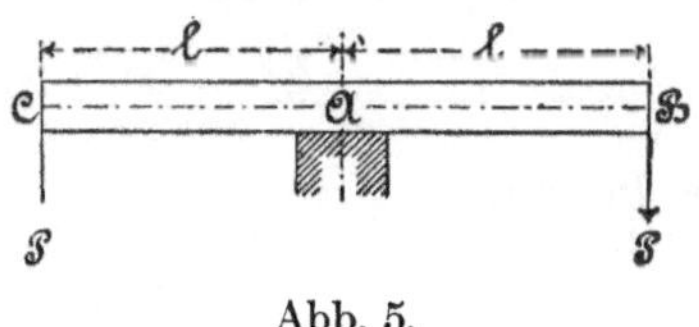

Abb. 5.

fällt die Richtung der Tangente im Punkte A der elastischen Linie mit der Richtung der früher geraden Stabachse zusammen. Bei erheblicher Zusammendrückung des Widerlagers und des Stabes würde im Punkte A nur Parallelismus zwischen beiden bestehen.

Wird der Stab, dessen Querschnitt ein Rechteck von der Breite b und der Höhe h sei, nach Maßgabe der Abb. 6 derart befestigt, daß er in unbelastetem Zustande unter Vernachlässigung des Eigengewichtes die obere und untere Wandung, gegen die er sich legt, gerade spannungslos berührt, so liefert die Verlegung der Kraft P in die Mitte zwischen A und C die daselbst senkrecht abwärts wirkende Kraft P und ein rechtsdrehendes Kräftepaar vom Moment $P\left(l+\frac{a}{2}\right)$.

Abb. 6.

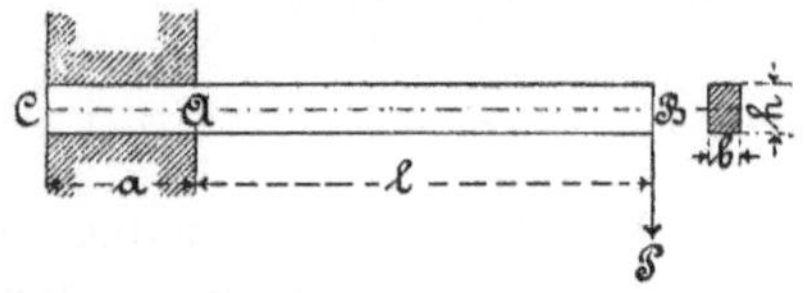

Abb. 7.

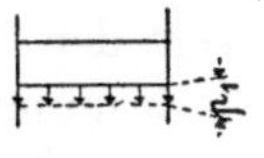

Abb. 8.

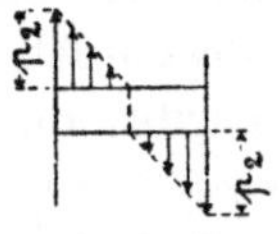

Abb. 9.

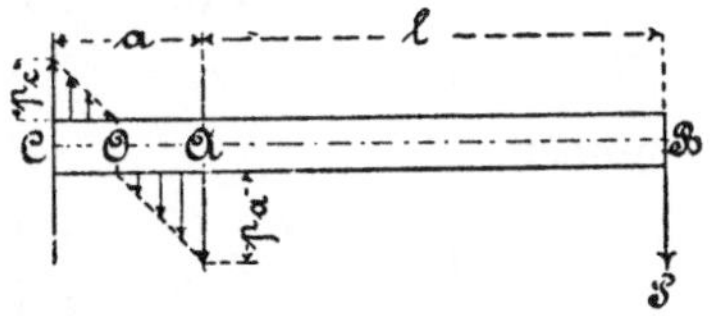

Unter Voraussetzung gleichmäßiger Verteilung von P über die Fläche ab ergibt sich die von P allein herrührende Pressung p_1 zwischen dem Stab und der unteren Wandungsfläche,

$$p_1 = \frac{P}{ab}.$$

In Abb. 7 ist dieselbe dargestellt.

Das Moment $P\left(l+\frac{a}{2}\right)$ ruft gegenüber der rechten Hälfte der unteren Wandungsfläche von außen nach innen zu abnehmende Pressungen wach, während die obere Wandungsfläche auf der linken Hälfte aufwärts gerichtete, von der Mitte nach außen wachsende Pressungen erfährt, wie in Abb. 8 dargestellt ist. Mit der Genauigkeit, mit der die Gleichung 10, § 16, auf den vorliegenden Fall angewendet werden darf, findet sich wegen

$$\sigma_1 = p_2, \qquad M_b = P\left(l+\frac{a}{2}\right), \qquad \Theta = \frac{1}{12}\,b\,a^3, \qquad e_1 = \frac{a}{2}$$

die Pressung

$$p_2 = \frac{P\left(l+\frac{a}{2}\right)}{\frac{1}{6}\,b\,a^2} = 6\,\frac{P}{a\,b}\left(\frac{l}{a}+\frac{1}{2}\right).$$

Hiermit folgt die resultierende Pressung in der Kante bei A

$$p_a = p_1 + p_2 = \frac{P}{a\,b} + 6\,\frac{P}{a\,b}\left(\frac{l}{a}+\frac{1}{2}\right) = 2\,\frac{P}{a\,b}\left(2+3\,\frac{l}{a}\right), \quad . \; . \; 1)$$

und an derjenigen bei C

$$p_c = -p_1 + p_2 = -\frac{P}{a\,b} + 6\,\frac{P}{a\,b}\left(\frac{l}{a}+\frac{1}{2}\right) = 2\,\frac{P}{a\,b}\left(1+3\,\frac{l}{a}\right). \quad . \; 2)$$

In Abb. 9 ist diese Spannungsverteilung dargestellt. Naturgemäß darf p_a den für die betreffenden Materialien (Stab, Stütze) noch höchstens für zulässig erachteten Wert der Druckanstrengung nicht überschreiten.

Infolge der örtlichen Zusammenpressung des Stabes wie auch der Zusammendrückung des Materials der Wandung wird sich die Stabachse um den Punkt O drehen, dessen Abstand η von der Mitte der Wandung sich aus der Erwägung ergibt, daß

$$p_2\,\frac{\eta}{\frac{a}{2}} = p_1, \qquad 6\,\frac{P}{a\,b}\left(\frac{l}{a}+\frac{1}{2}\right)\frac{\eta}{\frac{a}{2}} = \frac{P}{a\,b}, \qquad \eta = \frac{a}{12\left(\frac{l}{a}+\frac{1}{2}\right)}.$$

Demnach

$$\overline{AO} = \frac{a}{2} + \eta = \frac{a}{2}\left[1 + \frac{1}{6\left(\frac{l}{a}+\frac{1}{2}\right)}\right].$$

Wir erkennen, daß auch hier die ursprünglich gerade Stabachse im Einspannungsquerschnitt A die elastische Linie nicht berühren kann.

Würde der Stab im unbelasteten Zustande, d. h. für $P = 0$, die obere und die untere Wandungsfläche nicht spannungslos, sondern mit einer gewissen Pressung p_0 berühren[1]), was z. B. der Fall sein kann, wenn auf dem Balken ein Teil des Gewichts der darüber aufgeführten Mauer lastet, so wird sich die Stabachse auch hier innerhalb der Wandung drehen, jedoch nicht so viel, wie folgende Betrachtung erkennen läßt. Durch die Pressung p_0 findet zunächst eine Zusammenpressung der sich berührenden Oberflächen statt, so daß bei Beginn der Einwirkung der Belastung P die betreffenden Flächen des Stabes und der Wandung sich bereits in weit vollkommenerer Weise berühren als bei ursprünglich spannungsloser Befestigung, infolgedessen der in Frage kommende Einfluß der von P veranlaßten Pressungen kleiner ausfallen muß. Auch die Reibung, die zwischen Wandung und Stab mit innerhalb der Wandung eintretender Biegung (vgl. § 46) wachgerufen wird, wirkt in diesem Sinne, und zwar um so stärker, je größer p_0.

In ähnlicher Weise wie bei dem nur einerseits gestützten Stabe gelangt man hinsichtlich des beiderseits befestigten Stabes, Abb. 2, § 18, zu der Erkenntnis, daß infolge der Zusammendrückbarkeit des Materials der Wandungen und des Stabes Einspannung in dem strengen Sinne, in dem sie von der Rechnung für ihre Zwecke aufgefaßt wird, auch nicht angenähert vorhanden zu sein pflegt. Recht anschaulich tritt dies vor das Auge, wenn man in einzelnen Fällen, für die ermittelt werden soll, ob der Stab als eingespannt betrachtet werden darf, zunächst unterstellt, der Stab liege beiderseits frei auf, und sodann die Neigung der elastischen Linie über den Stützen bestimmt; hierauf prüft, ob der Stab durch die Befestigung in Wirklichkeit, wenn auch nicht vollständig, so doch ausreichend verhindert ist, diese Neigung anzunehmen. Hierbei wird in der Regel gefunden werden, daß man schon zur Befestigungsweise Abb. 2 mit verhältnismäßig großem Werte von n greifen muß, um die fragliche Neigung genügend zu verhindern. Die Einspannstelle ist alsdann nach Maßgabe des S. 494 u. f. Bemerkten zu bestimmen.

Auch die gegenüber gewissen Teilen der Baukonstruktionen — wie z. B. gegenüber den durch Druck in Anspruch genommenen Brückenstäben, bei denen die Gefahr der Knickung, d. h. der seitlichen Ausbiegung, besteht usw. — oft ohne weiteres gemachte Unterstellung, daß der Stab beiderseits als fest eingespannt zu betrachten sei, erweist sich bei genauer Prüfung ziemlich häufig als unzutreffend.

---

[1]) Bei den Spannungsverbindungen des Maschinenbaues ist eine solche Pressung stets vorhanden (s. des Verfassers Maschinenelemente 1881, S. 39, 1891/92, S. 77, 1908 [10. Aufl.], S. 123, 1923 [13. Aufl.], S. 127).

Am nächsten kommt dem Zustande der vollkommenen Einspannung ein außer an den Enden auch noch in der Mitte so gelagerter und entsprechend belasteter Träger, daß die ursprünglich gerade Stabachse Tangente an der elastischen Linie im Querschnitt der Mittelstütze ist. Letzterer Querschnitt — bei B, Abb. 10 — kann dann als Einspannstelle betrachtet werden.

Abb. 10.

Es ist von Interesse und zur Beurteilung der tatsächlichen Inanspruchnahme nicht selten von Wert, zu beachten, daß **durch die Nachgiebigkeit an den Befestigungsstellen die Größe der Biegungsanstrengung bis zu einem gewissen Grade der Nachgiebigkeit hin vermindert wird**[1]), wie folgende Betrachtung erkennen läßt.

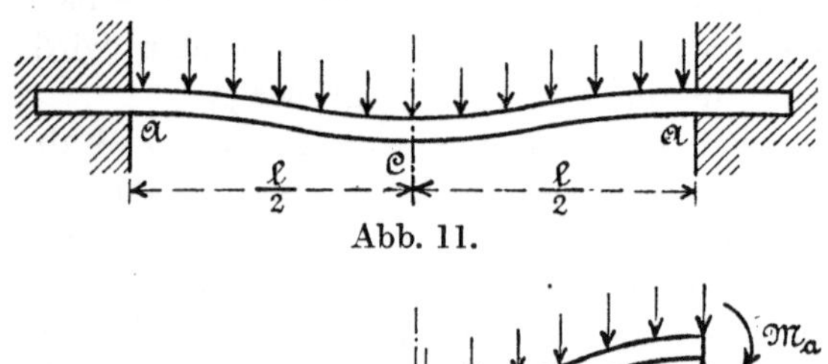

Abb. 11.

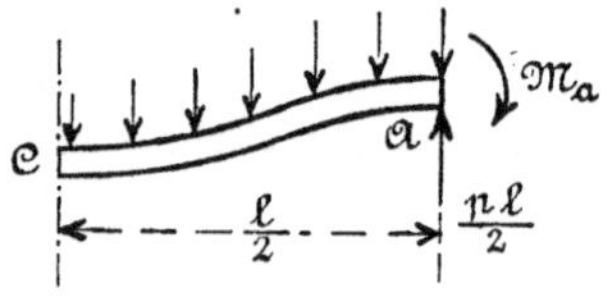

Abb. 12.

Der an den Enden befestigte und auf der Längeneinheit mit p belastete Stab, Abb. 11, ist bei vollkommener Einspannung nach § 18, Ziff. 3 beansprucht:

an der Befestigungsstelle A (rechts) durch das rechtsdrehende Moment $M_a = \frac{pl^2}{12}$ und durch die senkrechte Kraft $\frac{pl}{2}$ (vgl. auch Abb. 12),

in der Mitte C durch das Moment $M_c = \frac{pl^2}{24}$.

Gibt die Befestigungsstelle nach, so daß das Moment hier auf einen Wert $M_a < \frac{pl^2}{12}$ sinkt, dann findet sich unter Beachtung von Abb. 12 das Moment in der Stabmitte zu

$$M_c = M_a - \frac{p\,l}{2}\frac{l}{2} + \frac{p\,l}{2}\frac{l}{4} = M_a - \frac{pl^2}{8},$$

[1]) S. des Verfassers Arbeit: Über die Formänderungen und die Anstrengung flacher Böden in der Zeitschrift des Vereines deutscher Ingenieure 1897, S. 1223 und 1224, oder auch Versuche über die Widerstandsfähigkeit von Kesselwandungen, Heft 3.

worin M_a zwischen $\frac{pl^2}{12}$ (Stab vollkommen eingespannt) und 0 (Stab frei aufliegend) schwanken kann; somit beispielsweise für

$$M_a = \frac{pl^2}{12} \quad \frac{pl^2}{15} \quad \frac{pl^2}{16} \quad \frac{pl^2}{24} \quad 0$$

$$M_c = \frac{pl^2}{24} \quad \frac{7\,pl^2}{120} \quad \frac{pl^2}{16} \quad \frac{pl^2}{12} \quad \frac{pl^2}{8}.$$

Wie ersichtlich, nimmt M_a ab, und der Wert von M_c wächst, bis für $M_a = \frac{pl^2}{16}$ beide gleich geworden sind; d. h. insbesondere für einen Stab mit rechteckigem Querschnitt: gibt die Befestigung an den Stabenden gegenüber dem Zustande vollkommener Einspannung so weit nach, daß hier das biegende Moment von $\frac{pl^2}{12}$ auf $\frac{pl^2}{16}$ sinkt, sich also im Verhältnis von $16:12 = 4:3$ vermindert, so verringert sich auch die größte Biegungsinanspruchnahme des Stabes in dem gleichen Verhältnis, oder die Tragfähigkeit erhöht sich im Verhältnis von $3:4$[1]).

Ist die Nachgiebigkeit der Befestigung eine weitergehende, so wird die größte Beanspruchung, die nunmehr in C statthat, wieder wachsen, bis das Moment den Wert $\frac{pl^2}{8}$ erreicht hat für $M_a = 0$.

Für $M_a = M_c = \frac{pl^2}{16}$ liegt der Wendepunkt um $0{,}1465\,l$ von dem Stabende entfernt gegen $0{,}2113\,l$ bei $M_a = \frac{pl^2}{12}$.

Verfasser hat in neuester Zeit Versuche mit Eisenbetonbalken auszuführen gehabt, durch welche festgestellt werden sollte, ob diese

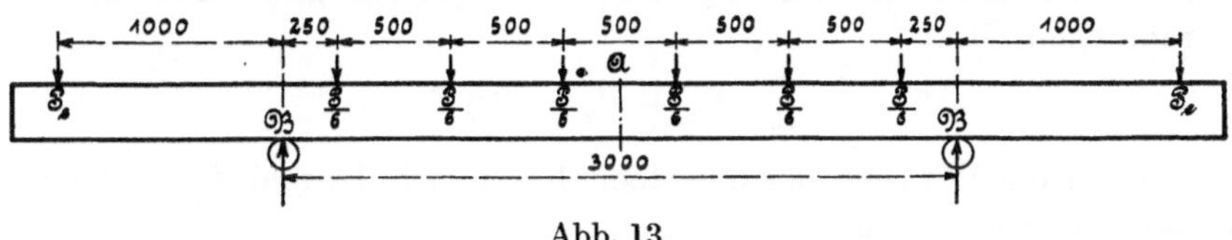

Abb. 13.

Verbundkörper bei Einspannung derselben Gesetzmäßigkeit folgen wie homogene Balken. Zu dem Zwecke wurden nach Abb. 13, 14 in BB unterstützte Balken im mittleren Teile durch die daselbst angegebenen 6 Kräfte gleich P belastet und sodann jeweils die Belastung

[1]) Ist der Querschnitt des prismatischen Stabes in bezug auf die zur Ebene der belastenden Kräfte senkrecht stehende Hauptachse unsymmetrisch, so muß beachtet werden, daß die am stärksten gezogene Faser an der Befestigungsstelle A oben, in der Stabmitte C unten liegt.

P_e an den Enden so weit gesteigert, bis der Querschnitt über den Widerlagern BB wieder senkrecht stand, also die elastische Linie daselbst eine wagrechte Tangente besitzt, was sich mittels empfindlicher Wasserwage recht gut ausführen ließ. Durch $P_e\ a$ ist alsdann das Moment bestimmt, welches in dem Querschnitt über dem Auflager wirken mußte, um ihn in seiner ursprünglichen Lage zu erhalten.

Wird die so durch den Versuch ermittelte Kraft P_e verglichen mit demjenigen Wert, der sich aus der Rechnung für P_e ergibt, die Homogenität des Körpers vorausgesetzt, so ist die Unterlage für die gesuchte Feststellung gewonnen.

Zu der Bedingungsgleichung, aus welcher die Belastung P_e rechnerisch bestimmt werden kann, gelangt man am raschesten auf folgendem Wege.

Es bezeichne unter Bezugnahme auf Abb. 14, in welcher A die Mitte des Balkens ist

α die Dehnungszahl,

Θ das Trägheitsmoment des Balkenquerschnitts, das als gleich über die ganze Balkenlänge vorausgesetzt wird.

Der Winkel β, um welchen die elastische Linie der Strecke AB im Punkte B unter Einwirkung der von dem Auflagerdruck $P_1 + P_2 + P_3$

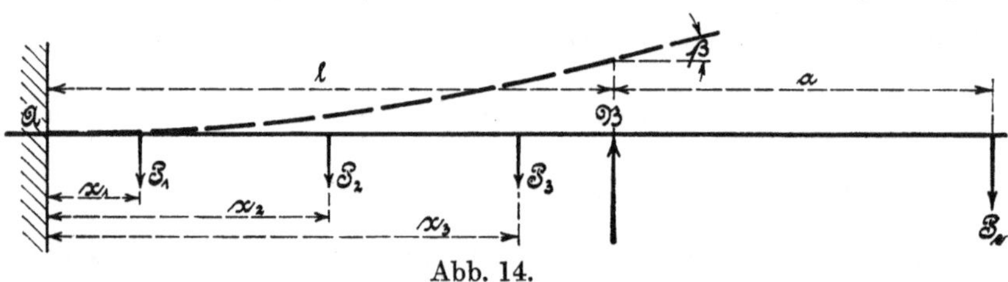

Abb. 14.

herrührenden Kraft allein geneigt sein würde (vgl. die gestrichelte Linie) beträgt nach Gl. 2

$$\frac{1}{2} \cdot \frac{\alpha}{\Theta} \cdot (P_1 + P_2 + P_3)\, l^2.$$

Durch die Wirkung der einzelnen Kräfte P_1, P_2 und P_3 wird der Winkel vermindert um

$$\frac{1}{2} \cdot \frac{\alpha}{\Theta} \cdot (P_1 x_1^2 + P_2 x_2^2 + P_3 x_3^2)$$

und durch das von P_e herrührende Moment $P_e \cdot a$, das für alle Querschnitte der Strecke AB unveränderlich ist und deshalb die elastische Linie als Kreisbogen vom Krümmungshalbmesser $\frac{\Theta}{\alpha \cdot P_e \cdot a}$ liefert, um den weiteren Betrag

$$\frac{\alpha}{\Theta} \cdot P_e\, a \cdot l.$$

Somit, da P_e so groß sein soll, daß die elastische Linie bei B eine wagrechte Tangente besitzt

$$\frac{1}{2}\cdot\frac{\alpha}{\Theta}(P_1 + P_2 + P_3)\,l^2 - \frac{1}{2}\frac{\alpha}{\Theta}(P_1 x_1^2 + P_2 x_2^2 + P_3 x_3^2)$$

$$-\frac{\alpha}{\Theta}P_e \cdot a \cdot l = 0,$$

woraus

$$P_e = \frac{1}{2}\cdot\frac{(P_1 + P_2 + P_3)\,l^2 - (P_1 x_1^2 + P_2 x_2^2 + P_3 x_3^2)}{a \cdot l} \quad . \quad . \quad 1)$$

Mit $a = 100$ cm, $l = 150$ cm, $P_1 = P_2 = P_3 = \frac{P}{6}$.

$x_1 = 25$ cm, $x_2 = 75$ cm, $x_3 = 125$ cm

ergibt sich

$$P_e = 0{,}2535 \cdot P \quad . \quad . \quad . \quad . \quad . \quad . \quad . \quad . \quad . \quad . \quad 2)$$

Die Versuche, über die in Heft 45 des Deutschen Ausschusses für Eisenbeton, Berlin 1920, ausführlich berichtet ist, ergaben sehr befriedigende Übereinstimmung zwischen dem Versuchs- und dem Rechnungswert von P_e.

Fünfter Abschnitt.

Stabförmige Körper mit gekrümmter Mittellinie.

I. Die Mittellinie ist eine einfach gekrümmte Kurve, ihre Ebene Ort der einen Hauptachse sämtlicher Stabquerschnitte sowie der Richtungslinien der äußeren Kräfte.

Die den Stab belastenden Kräfte ergeben dann für einen beliebigen Querschnitt im allgemeinen

1. eine im Schwerpunkte des letzteren angreifende Kraft R, die zerlegt werden kann
   a) in eine tangential zur Mittellinie, also senkrecht zum Querschnitt gerichtete Kraft P (Normalkraft), und
   b) in eine in den Querschnitt fallende Kraft S (Schubkraft),
2. ein auf Biegung wirkendes Kräftepaar vom Moment M_b.

§ 54. Dehnung. Spannung. Krümmungshalbmesser.

In dem gekrümmten stabförmigen Körper denken wir uns zwei unendlich nahe gelegene Querschnitte $C_1O_1C_1$ und $C_2O_2C_2$, Abb. 1. Dieselben begrenzen das Stabelement $C_1O_1C_1CC_2O_2C_2C$ und schneiden sich in der Krümmungsachse M. Der folgenden Betrachtung unterwerfen wir nur die Hälfte $COCC_1O_1C_1$ und fassen hierbei die Bogenelemente CC_1, OO_1 und CC_1 als gerade Linien auf, wie durch Abb. 2, S. 505, in größerem Maßstabe dargestellt ist.

Es bezeichne nun unter Bezugnahme auf Abb. 2:

f den Querschnitt COC allgemein und dessen Größe im besonderen,

f_1 den Querschnitt $C_1O_1C_1$ allgemein und dessen Größe im besonderen,

O den Schwerpunkt von f,

O_1 denjenigen von f_1,

$r = \overline{MO} = \overline{MO_1}$ den Krümmungshalbmesser im Punkte O der Mittellinie vor Eintritt der Formänderung,

$d\varphi = \sphericalangle OMO_1$ den Winkel, den die Ebenen der beiden Querschnitte f und f_1 vor der Formänderung miteinander einschließen, oder den Winkel, unter dem die beiden Tangenten an der Mittellinie in den Punkten O und O_1 (vgl. Abb. 1) sich schneiden,

$ds = r\,d\varphi$ die Länge des Bogenelementes $\overline{OO_1}$ der Mittellinie im ursprünglichen Zustande,

$\overline{PP_1} = ds_1 = (r + \eta)\,d\varphi = r\,d\varphi + \eta\,d\varphi = ds + \eta\,d\varphi$ die Entfernung zweier in den Querschnitten f und f_1 gleich gelegenen, um η von der Mittellinie abstehenden Punkte, bevor die äußeren Kräfte auf den Stab wirken; wobei der Abstand η als positiv gilt, wenn er von O aus in der Richtung MO zu messen ist, negativ dagegen, wenn er in der Richtung OM, d. h. nach der Krümmungsachse hin, liegt,

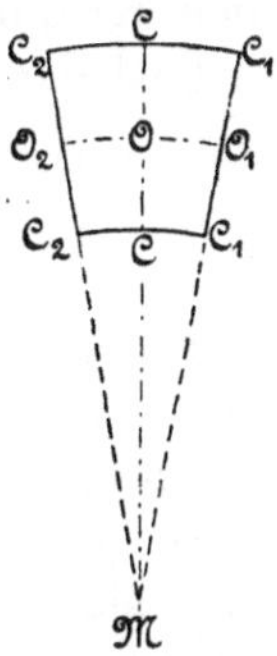

e_1 den größten positiven Wert von η,

e_2 den größten negativen Wert von η,

$e = e_1 = e_2$, falls der Querschnitt so beschaffen ist, daß beide Abstände gleich groß sind,

$\Theta = \int \eta^2\,df$ das Trägheitsmoment des Querschnitts f in bezug auf die in O sich projizierende, also parallel zur Krümmungsachse laufende Hauptachse.

Abb. 1.

Ferner

P die Normalkraft im Punkte O des Querschnitts f, positiv oder negativ, je nachdem sie ziehend oder drückend tätig ist,

M das für den Querschnitt f sich ergebende, auf Biegung wirkende Moment, positiv, wenn es eine Vermehrung der Krümmung, also eine Verkleinerung des Krümmungshalbmessers herbeiführt, negativ, wenn das Entgegengesetzte der Fall ist.

$\sigma = \frac{\varepsilon}{\alpha}$ (§ 2) die durch P und M_b im Abstande η (von der in O sich projizierenden Hauptachse des Querschnittes f) hervorgerufene Spannung, entsprechend der daselbst eingetretenen Dehnung ε, wobei vorausgesetzt werde, daß Proportionalität zwischen Dehnungen und Spannungen besteht[1]),

---

[1]) Diese Voraussetzung schließt nicht nur in sich, daß dem Material an und für sich diese Proportionalität eigen ist, sondern daß auch die Fasern, aus denen der Körper bestehend gedacht werden kann, einen Einfluß senkrecht zueinander nicht ausüben (vgl. die Voraussetzungen in § 20 unter Ziff. 2.) In Wirklichkeit trifft das nicht zu; doch würde eine strenge Verfolgung dieser Einwirkung — ganz abgesehen von dem Weniger an Anschaulichkeit (vgl. Vorwort zur ersten Auflage) — für die verschiedenen in der Technik auftretenden Querschnittsformen zu einem Zeitaufwand führen, der in der Regel in keinem Verhältnis

k_z, k, k_b die zulässige Anstrengung des Materials gegenüber Zug, bzw. Druck, bzw. Biegung,

ε_0 die Dehnung der Mittellinie im Punkte O, d. i. $\frac{\Delta ds}{ds}$, sofern sich das Bogenelement ds unter Einwirkung der äußeren Kräfte um Δds verlängert,

ω die verhältnismäßige Änderung des Winkels $d\varphi$ der beiden Querschnitte, d. i. $\frac{\Delta d\varphi}{d\varphi}$, wenn der Winkel $d\varphi$ infolge der Formänderung in $d\varphi + \Delta d\varphi$ übergeht, also um $\Delta d\varphi$ sich ändert,

ϱ den Krümmungshalbmesser im Punkte O der Mittellinie nach Eintritt der Formänderung.

1. Anstrengung des Materials.

Die Normalkraft P wirke allein.

Hätte der Stab eine gerade Achse, so wären die beiden Querschnitte f und f_1 parallel; die Normalkraft P würde bei gleichmäßiger Verteilung über den Querschnitt sämtliche dazwischen gelegenen Fasern wegen der Gleichheit ihrer Länge um gleichviel dehnen: es ändert sich nur die Entfernung der beiden Querschnitte, nicht aber ihre Neigung zueinander, dieselbe bleibt Null.

Anders verhält sich das Körperelement, Abb. 2. Hier sind die Fasern zwischen den beiden Querschnitten ungleich groß, und zwar um so länger, je weiter sie von der Krümmungsachse abstehen. Bei gleichmäßiger Verteilung von P über den Querschnitt muß die Spannung σ in allen Querschnittspunkten gleich groß sein; infolgedessen müssen sich die längeren Fasern, absolut genommen, mehr dehnen als die kürzeren, und zwar genau in dem Verhältnis, in dem sie größer sind, d. h. die Verlängerungen müssen sich verhalten, wie die Abstände der Fasern von der Krümmungsachse M. Daraus folgt, daß die Ebene des Querschnitts, von dem angenommen wird, daß er eben bleibt[1]), in ihrer neuen Lage C_0C_0 die Krümmungsachse M schneidet, wie in Abb. 2 angedeutet ist. Wir erkennen: *unter alleiniger Einwirkung der über den Querschnitt sich gleichmäßig verteilenden Normalkraft P ändert sich die Neigung des-*

---

zu dem Wert des Ergebnisses der umständlichen Rechnung steht. Die bis jetzt in dieser Richtung vorliegenden Rechnungen erstrecken sich nur auf den recht eckigen Querschnitt, für den überdies — wenigstens zum Teil — noch die eine Abmessung als klein vorausgesetzt wird und unter einer gewissen Vernachlässigung auf den trapezförmigen Querschnitt. Sie werden beurteilt von Th. v. Karmán in der Enzyklopädie der mathematischen Wissenschaften, Bd. IV. 2. II, Heft 3, S. 337 bis 341.

[1]) In bezug auf diese Annahme vgl. § 56, Ziff. 2.

selben derart, daß seine Ebene die bisherige Krümmungsachse schneidet, sich also um diese dreht, daß somit der Krümmungshalbmesser derselbe bleibt.

Normalkraft P und biegendes Kräftepaar vom Moment M_b sind vorhanden.

Wie soeben erörtert, führt die Normalkraft P den Querschnitt f_1 in die Lage C_0C_0, Abb. 3, über. Beginnt jetzt das Moment M_b zu wirken, so wird der Querschnitt f_1 aus der Lage C_0C_0 in eine andere, etwa

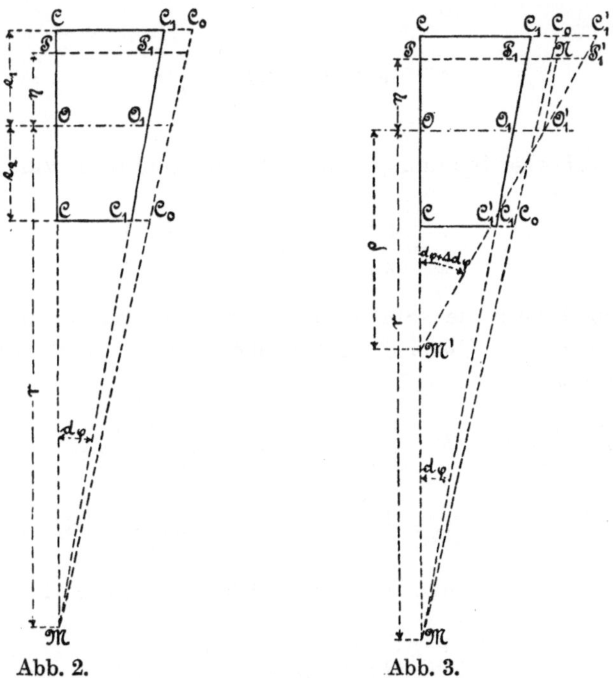

Abb. 2. Abb. 3.

$C_1'O_1'C_1'$, gelangen und die Krümmungsachse von M nach M' rücken, entsprechend einer Verkürzung des Krümmungshalbmessers von r auf ϱ sowie einer Vergrößerung des Querschnittswinkels $d\varphi$ auf $d\varphi + \Delta d\varphi$. Hierbei erfährt das Bogenelement $\overline{OO_1} = ds$ der Mittellinie die gesamte Dehnung

$$\varepsilon_0 = \frac{\Delta ds}{ds} = \frac{\overline{O_1 O_1'}}{\overline{OO_1}},$$

während diejenige der im Abstande η gelegenen Faserschicht PP_1 aus der Verlängerung $\overline{P_1P_1'}$ zu bestimmen ist. Wird durch O_1' die Gerade $O_1'N \parallel$ zu C_1C_1 gezogen, so findet sich $\overline{P_1P_1'} = \overline{P_1N} + \overline{NP_1'}$

$= \overline{O_1 O_1'} + \overline{NP_1'} = \varepsilon_0 ds + \eta \operatorname{arc} NO_1'P_1' = \varepsilon_0 r d\varphi + \eta \Delta d\varphi$; hiermit die Dehnung ε im Abstande η

$$\varepsilon = \frac{\overline{P_1 P_1'}}{\overline{PP_1}} = \frac{\varepsilon_0 r d\varphi + \eta \Delta d\varphi}{(r+\eta)\, d\varphi} = \frac{\varepsilon_0 + \frac{\eta}{r} \frac{\Delta d\varphi}{d\varphi}}{1 + \frac{\eta}{r}},$$

unter Beachtung, daß

$$\frac{\Delta d\varphi}{d\varphi} = \omega$$

$$\varepsilon = \varepsilon_0 + (\omega - \varepsilon_0) \frac{\frac{\eta}{r}}{1 + \frac{\eta}{r}}, \quad \ldots \ldots \ldots \quad 1)$$

und die zugehörige Spannung, sofern Kräfte senkrecht zur Stabachse nicht einwirken,

$$\sigma = \frac{\varepsilon}{\alpha} = \frac{1}{\alpha}\left[\varepsilon_0 + (\omega - \varepsilon_0)\frac{\eta}{r+\eta}\right] \quad \ldots \ldots \ldots \quad 2)$$

Die im Innern des Stabes wachgerufenen Kräfte müssen sich mit den äußeren im Gleichgewicht befinden, d. h. (§ 16, Gleichung 3 und Gleichung 6)

$$\int \sigma\, df = P = \int \frac{1}{\alpha}\left[\varepsilon_0 + (\omega - \varepsilon_0)\frac{\eta}{r+\eta}\right] df, \quad \ldots \ldots \quad 3)$$

$$\int \sigma\, df \cdot \eta = M_b = \int \frac{1}{\alpha} \eta \left[\varepsilon_0 + (\omega - \varepsilon_0)\frac{\eta}{r+\eta}\right] df \quad \ldots \ldots \quad 4)$$

Unter Voraussetzung, daß die Dehnungszahl α konstant ist, folgt

$$P = \frac{1}{\alpha}\left[\varepsilon_0 \int df + (\omega - \varepsilon_0)\int \frac{\eta}{r+\eta} df\right],$$

$$M_b = \frac{1}{\alpha}\left[\varepsilon_0 \int \eta\, df + (\omega - \varepsilon_0)\int \frac{\eta^2}{r+\eta} df\right].$$

Mit

$$\int df = f, \qquad \int \eta\, df = 0$$

und der Bezeichnung

$$\int \frac{\eta}{r+\eta} df = -\varkappa f, \quad \ldots \ldots \ldots \ldots \quad 5)$$

$$\int \frac{\eta^2}{r+\eta} df = \int \left(\eta - r\frac{\eta}{r+\eta}\right) df = -r \int \frac{\eta}{r+\eta} df = \varkappa f r \quad . \; . \quad 6)$$

wird

$$P = \frac{f}{\alpha}[\varepsilon_0 - (\omega - \varepsilon_0)\varkappa],$$

$$M_b = \frac{\varkappa f r}{\alpha}(\omega - \varepsilon_0),$$

woraus

$$\left.\begin{aligned} \omega - \varepsilon_0 &= \alpha \frac{M_b}{\varkappa f r} \\ \varepsilon_0 &= \alpha \frac{P}{f} + (\omega - \varepsilon_0)\varkappa = \frac{\alpha}{f}\left(P + \frac{M_b}{r}\right) \\ \omega &= \varepsilon_0 + \alpha \frac{M_b}{\varkappa f r} = \frac{\alpha}{f}\left(P + \frac{M_b}{r} + \frac{M_b}{\varkappa r}\right). \end{aligned}\right\} \quad \ldots\ldots 7)$$

Hiermit liefert Gleichung 2

$$\sigma = \frac{P}{f} + \frac{M_b}{f r} + \frac{M_b}{\varkappa f r}\frac{\eta}{r + \eta} \quad \ldots\ldots\ldots 8)$$

Handelt es sich um ein Material, für das die zulässige Anstrengung gegenüber Biegung, d. h. k_b, erheblich abweicht von derjenigen gegenüber Zug k_z, so ist das in § 45, Ziff. 1, hierüber Bemerkte zu beachten. Die hier in Betracht kommenden Verhältnisse sind allerdings weniger einfach und erscheinen deshalb der weiteren Klarstellung durch Versuche dringend bedürftig. (Vgl. in dieser Hinsicht die Versuchsergebnisse in § 56.)

Wenn

$$P = 0,$$

so wird

$$\sigma = \frac{M_b}{f r} + \frac{M_b}{\varkappa f r}\frac{\eta}{r + \eta}$$

und für $\eta = 0$

$$\sigma = \frac{M_b}{f r}.$$

Bei dem geraden Stabe ergibt sich nach Gleichung 9, § 16, für $\eta = 0$

$$\sigma = 0,$$

d. h. während bei dem nur durch M_b belasteten Stabe mit gerader Achse die Normalspannungen in der zur Ebene des Kräftepaares senkrechten Hauptachse des Querschnittes Null sind, herrscht bei dem gekrümmten, auch nur durch M_b belasteten Stabe in dieser Linie die Spannung $M_b : f r$. Die bezeichnete Hauptachse ist demnach hier nicht Nullachse.

Der Grund für dieses abweichende Verhalten liegt einfach darin, daß bei dem gekrümmten Stab die zwischen zwei Querschnitten gelegenen Fasern verschiedene Längen besitzen, während bei dem geraden Stab Gleichheit besteht. (Vgl. das zu Anfang von Ziff. 1 Erörterte.)

Entsteht M_b dadurch, daß eine Last Q senkrecht zu dem in Betracht gezogenen Querschnitt im Abstande r von dem Schwerpunkt desselben ziehend angreift, also durch den Krümmungsmittelpunkt der Stabachse geht, dabei auf Verminderung der Krümmung hinwirkt, so ist wegen

$$P = Q, \qquad M_b = -Qr$$

nach Gleichung 8

$$\sigma = \frac{Q}{f} - \frac{Qr}{fr} - \frac{Qr}{\varkappa f r}\frac{\eta}{r+\eta} = -\frac{Q}{\varkappa f}\frac{\eta}{r+\eta} = \frac{M_b}{\varkappa f r}\frac{\eta}{r+\eta} \quad . \; . \; 9)$$

Für $\eta = 0$ ergibt sich hieraus $\sigma = 0$, obgleich eine Normalkraft vorhanden ist.

Nach Gleichung 6 ist

$$\int \frac{\eta^2}{r+\eta}\, df = \varkappa f r .$$

Folglich auch

$$\int \frac{\eta^2}{1+\frac{\eta}{r}}\, df = \varkappa f r^2 .$$

Wenn nun r sehr groß ist gegenüber η, d. h. gegenüber der Abmessung des Querschnittes in Richtung von r, infolgedessen $\frac{\eta}{r}$ gegen 1 vernachlässigt werden darf, so geht dieser Ausdruck — streng genommen nur für $r = \infty$ — über in

$$\varkappa f r^2 = \int \frac{\eta^2}{1+\frac{\eta}{r}}\, df = \sim \int \eta^2\, df = \Theta^{1)},$$

woraus

$$\varkappa = \frac{\Theta}{f r^2} \quad . \; . \; . \; . \; . \; . \; . \; . \; . \; . \; . \; . \; 10)^{1)}$$

[1]) Zur Beurteilung, für welche Werte von r — im Verhältnis zu den Querschnittsabmessungen in Richtung von r — diese Annäherungsgleichung benutzt werden kann, sei folgendes bemerkt.

Es ist für den rechteckigen Querschnitt (vgl. Ziff. 2, a) nach Gleichung 13, § 54, da $\Theta = \frac{1}{12} b h^3 = \frac{2}{3} b e^3$,

$$\frac{\varkappa f r^2}{\Theta} = \left[\frac{1}{3}\left(\frac{e}{r}\right)^2 + \frac{1}{5}\left(\frac{e}{r}\right)^4 + \frac{1}{7}\left(\frac{e}{r}\right)^6 + \ldots\right] \cdot 3\left(\frac{r}{e}\right)^2$$

$$= 1 + \frac{3}{5}\left(\frac{e}{r}\right)^2 + \frac{3}{7}\left(\frac{e}{r}\right)^4 + \ldots$$

$$= 1 + \frac{3}{5}\left(\frac{h}{2r}\right)^2 + \frac{3}{7}\left(\frac{h}{2r}\right)^4 + \ldots$$

Die Einsetzung dieses Wertes in Gleichung 8 führt zu

$$\sigma = \frac{P}{f} + \frac{M_b}{fr} + \frac{M_b}{\Theta} \frac{\eta}{1 + \frac{\eta}{r}} \quad \text{8a)}$$

und ergibt mit $r = \infty$

$$\sigma = \frac{P}{f} + \frac{M_b}{\Theta} \eta,$$

d. i. die für gerade Stäbe gültige Gleichung 1, § 45.

somit

für r	=	h	$2h$	$3h$	$4h$
$\frac{\varkappa f r^2}{\Theta}$	=	1,18	1,04	1,02	1,01.

Im Falle **kreisförmigen** oder **elliptischen** Querschnitts (vgl. Ziff. 2, b) ergibt sich nach Gleichung 16, § 54,

$$\frac{\varkappa f r^2}{\Theta} = 1 + \frac{1}{2}\left(\frac{e}{r}\right)^2 + \frac{5}{16}\left(\frac{e}{r}\right)^4 + \ldots,$$

folglich

für r	=	$2e$	$4e$	$6e$	$8e$
$\frac{\varkappa f r^2}{\Theta}$	=	1,15	1,03	1,02	1,01.

Hiernach liefert die Gleichung 8a gegenüber der Gleichung 8 das dritte Glied der rechten Seite zu groß, und zwar beispielsweise bei elliptischem Querschnitt nach Maßgabe der Zahlen 1,15, 1,03 usw. Wird in diesem Gliede noch der Quotient $\eta : r$ vernachlässigt, also dasselbe $\frac{M_b}{\Theta}\eta$ gesetzt, wie es sich für gerade stabförmige Körper ergibt, so kann dagegen sein Wert erheblich zu klein ausfallen, wie die Zahlen der nachstehenden Betrachtung erkennen lassen.

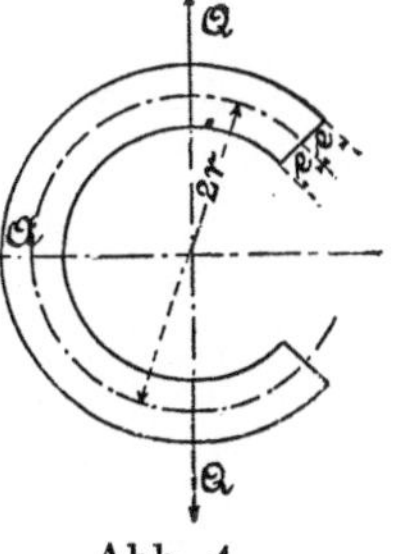

Abb. 4.

Für den kreisförmigen Querschnitt A des ringförmigen Körpers Abb. 4 beträgt $M_b = -Qr$ und somit der Wert des dritten Gliedes in Gleichung 8 mit $\eta = -e$ (d. i. für den innersten Punkt)

$$-\frac{Qr}{\Theta} \frac{-e}{1 - \frac{e}{r}} \frac{\Theta}{\varkappa f r^2} = \frac{Qr}{\Theta} \frac{e}{1 - \frac{e}{r}} \frac{\Theta}{\varkappa f r^2},$$

welche Größe

für $r =$	$2e$	$4e$	$6e$	$8e$
ergibt	$\frac{Qr}{\Theta}\frac{2}{1{,}15}e,$	$\frac{Qr}{\Theta}\frac{4}{3 \cdot 1{,}03}e,$	$\frac{Qr}{\Theta}\frac{6}{5 \cdot 1{,}02}e,$	$\frac{Qr}{\Theta}\frac{8}{7 \cdot 1{,}01}e,$
	$= 1{,}74\frac{Qr}{\Theta}e,$	$= 1{,}29\frac{Qr}{\Theta}e,$	$= 1{,}18\frac{Qr}{\Theta}e,$	$= 1{,}13\frac{Qr}{\Theta}e,$
d. i.	74%	29%	18%	13%

mehr, als der Ausdruck $\frac{M_b}{\Theta}\eta$, gültig für gerade stabförmige Körper, mit dem größten Werte von η liefert.

Soll die Anstrengung durch die Schubkraft S, die sich nach dem oben unmittelbar zu I unter Ziff. 1b, S. 502, Bemerkten ergibt, ermittelt werden, so kann das mit Annäherung derart geschehen, wie in § 39 beim geraden stabförmigen Körper; nur ist dabei zu berücksichtigen, daß das Gesetz, nach dem sich hier σ ändert, ein anderes ist.

Grashof (Theorie der Elastizität und Festigkeit, Berlin 1878, S. 283 u. f.) gelangt auf diesem Wege zu der Gleichung

$$\tau = \frac{S}{2y \cdot \varkappa f\,(r \pm \eta)^2 \cos\varphi'} \int_{\eta}^{e} \eta\, df = \frac{S M_\eta}{2 y \varkappa f (r \pm \eta)^2 \cos\varphi'}, \quad \ldots \quad 11)$$

die unter Bezugnahme auf Abb. 1, § 39, an die Stelle der Beziehung 2, § 39,

$$\tau = \frac{S M_\eta}{2\, y \Theta \cos\varphi'}$$

tritt.

2. Werte von $\varkappa = -\dfrac{1}{f}\displaystyle\int \frac{\eta}{r+\eta}\, df$.

a) Rechteckiger Querschnitt.

Mit b als Breite und h als Höhe, so daß

$$f = b\,h, \qquad df = b\,d\eta,$$

ergibt sich

$$\varkappa = -\frac{1}{bh}\int_{-\frac{h}{2}}^{+\frac{h}{2}} \frac{\eta}{r+\eta}\, b\, d\eta = -\frac{1}{h}\int_{-\frac{h}{2}}^{+\frac{h}{2}} \left(1 - \frac{r}{r+\eta}\right) d\eta,$$

$$\varkappa = -1 + \frac{r}{h}\, ln \frac{r + \frac{h}{2}}{r - \frac{h}{2}} \quad \ldots \ldots \ldots \quad 12)$$

Die resultierende Spannung σ würde unter Zugrundelegung dieser Zahlen betragen

	bei $r = 2\,e$	$4\,e$	$6\,e$	$8\,e$
für gekrümmte stabförmige Körper	$\sigma = 8 \cdot 1{,}74 \frac{Q}{f}$	$16 \cdot 1{,}29 \frac{Q}{f}$	$24 \cdot 1{,}18 \frac{Q}{f}$	$32 \cdot 1{,}13 \frac{Q}{f}$
	$= 13{,}92 \frac{Q}{f}$,	$= 20{,}64 \frac{Q}{f}$,	$= 28{,}32 \frac{Q}{f}$,	$= 36{,}16 \frac{Q}{f}$.
Für gerade stabförmige Körper wird sein	$\sigma = \frac{Q}{f} + \frac{Qr}{\Theta} e = 9{,}0 \frac{Q}{f}$,	$17 \frac{Q}{f}$,	$25 \frac{Q}{f}$,	$33 \frac{Q}{f}$.

Wird

$$\frac{h}{2} = e$$

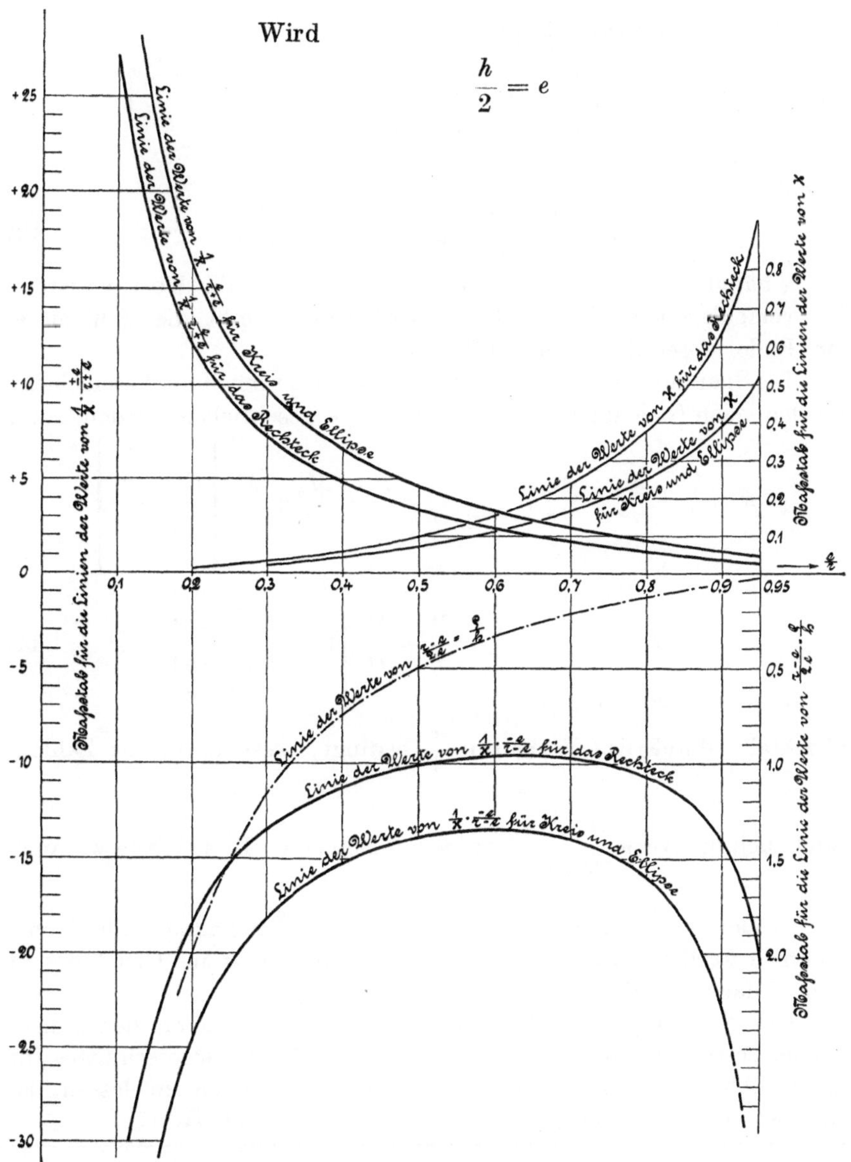

Abb. 5.

gesetzt, so folgt

$$l n \frac{r + \frac{h}{2}}{r - \frac{h}{2}} = l n \frac{1 + \frac{e}{r}}{1 - \frac{e}{r}},$$

und unter Voraussetzung, daß $r > e$

$$l n \frac{1+\frac{e}{r}}{1-\frac{e}{r}} = 2\left[\frac{e}{r}+\frac{1}{3}\left(\frac{e}{r}\right)^3+\frac{1}{5}\left(\frac{e}{r}\right)^5+\frac{1}{7}\left(\frac{e}{r}\right)^7+\ldots\right],$$

womit

$$\varkappa = \frac{1}{3}\left(\frac{e}{r}\right)^2+\frac{1}{5}\left(\frac{e}{r}\right)^4+\frac{1}{7}\left(\frac{e}{r}\right)^6+\ldots \quad . \quad . \quad . \quad . \quad 13)$$

$\varkappa$ hängt hiernach nur von dem Verhältnis $e:r$ ab. Über die Größe bei verschiedenen Werten dieses Verhältnisses gibt die Zahlentafel am Ende dieser Seite Auskunft.

Die Spannungen an der äußersten und an der innersten Faserschicht werden nach Gleichung 8, die mit $\eta = \pm e$ geschrieben werden kann,

$$\sigma = \frac{P}{f}+\frac{M_b}{fr}+\frac{M_b}{fr}\left(\frac{1}{\varkappa}\frac{\pm e}{r \pm e}\right) = \frac{P}{f}+\frac{M_b}{fr}+\frac{M_b}{fr}\left\{\frac{1}{\varkappa}\frac{\pm\frac{e}{r}}{1\pm\frac{e}{r}}\right\}$$

$$= \frac{P}{f}+\frac{M_b}{fr}\left\{1+\frac{1}{\varkappa}\frac{\pm\frac{e}{r}}{1\pm\frac{e}{r}}\right\}, \quad . \quad . \quad . \quad 14)$$

gleichfalls durch das Verhältnis $\frac{e}{r}$ bedingt, weshalb in die Zahlentafel auch die Werte $\frac{1}{\varkappa}\frac{\pm\frac{e}{r}}{1\pm\frac{e}{r}}$ aufgenommen sind. Diese Werte wie auch die Größen von $\varkappa$ können überdies aus der Zeichnung Abb. 5 entnommen werden, so daß sich die Ermittelung von σ aus Gleichung 14 sehr einfach gestaltet.

Um das Verhältnis der Krümmung des Stabes an der Innenfläche, bestimmt durch $\varrho = r - e$, zu der Höhe des Querschnittes für die in Abb. 5 angenommenen Verhältnisse erkennen zu lassen, ist daselbst auch die Linie $(r - e) : 2e = \varrho : h$ eingezeichnet.

$\frac{e}{r} =$	0,1	0,2	0,3	0,4	0,5	0,6	0,7	0,8	0,9	0,95
$\varkappa =$	0,003354	0,01366	0,0317	0,0591	0,0986	0,1552	0,2390	0,3733	0,6358	0,92819
$\frac{1}{\varkappa}\cdot\frac{e:r}{1+e:r} =$	27,1	12,2	7,28	4,83	3,38	2,42	1,72	1,19	0,745	0,525
$\frac{1}{\varkappa}\cdot\frac{-e:r}{1-e:r} =$	33,1	18,3	13,5	11,3	10,1	9,7	9,8	10,7	14,2	20,5

b) Kreisquerschnitt. Elliptischer Querschnitt.

Zum Zwecke der Entwicklung in eine unendliche Reihe werde gesetzt

$$\varkappa = -\frac{1}{f r}\int \frac{1}{1+\frac{\eta}{r}}\,\eta\, d f$$

$$= -\frac{1}{f r}\left(1-\frac{\eta}{r}+\frac{\eta^2}{r^2}-\frac{\eta^3}{r^3}+\frac{\eta^4}{r^4}-\frac{\eta^5}{r^5}+\frac{\eta^6}{r^6}\ldots\right)\eta\, d f$$

$$= -\frac{1}{f r}\left(-\frac{1}{r}\int\eta^2\, d f+\frac{1}{r^2}\int\eta^3\, d f-\frac{1}{r^3}\int\eta^4\, d f+\ldots\right),$$

$$\varkappa = +\frac{1}{f}\left(\frac{1}{r^2}\int\eta^2\, d f-\frac{1}{r^3}\int\eta^3\, d f+\frac{1}{r^4}\int\eta^4\, d f\right.$$

$$\left.-\frac{1}{r^5}\int\eta^5\, d f+\ldots\right) \quad \ldots\ldots\ldots\ldots \quad 15)$$

Für den Kreis wird infolge der Symmetrie

$$\int\eta^3\, d f = 0 \qquad \int\eta^5\, d f = 0$$

usf.

Ferner gilt, Abb. 4, § 17, mit e als Halbmesser:

$$f = \pi e^2, \qquad \eta = e\sin\varphi, \qquad d f = z d\eta = 2 e^2\cos^2\varphi\, d\varphi,$$

$$\int\eta^2\, d f = \frac{\pi}{4}e^4.$$

Damit findet sich

$$\int\eta^4\, d f = 4\, e^6\int_0^{\frac{\pi}{2}}\sin^4\varphi\cos^2\varphi\, d\varphi = \frac{\pi}{8}e^6,$$

$$\int\eta^6\, d f = 4\, e^8\int_0^{\frac{\pi}{2}}\sin^6\varphi\cos^2\varphi\, d\varphi = \frac{5}{64}\pi\, e^8,$$

so daß

$$\varkappa = \frac{1}{\pi e^2}\left(\frac{1}{r^2}\frac{\pi}{4}e^4+\frac{1}{r^4}\frac{\pi}{8}e^6+\frac{1}{r^6}\frac{5}{64}\pi\, e^8+\ldots\right)$$

$$\varkappa = \frac{1}{4}\left(\frac{e}{r}\right)^2+\frac{1}{8}\left(\frac{e}{r}\right)^4+\frac{5}{64}\left(\frac{e}{r}\right)^6+\ldots \quad \ldots\ldots\ldots \quad 16)$$

Derselbe Wert ergibt sich für den elliptischen Querschnitt, sofern e diejenige Halbachse der Ellipse ist, die in die Ebene der Mittellinie des Stabes fällt.

Wird hier die gleiche Betrachtung, wie sie unter a) am Schlusse für das Rechteck enthalten ist, angestellt, so ergeben sich die folgende Zahlentafel und die Eintragungen in Abb. 5 für Kreis und Ellipse.

$\frac{e}{r}=$	0,1	0,2	0,3	0,4	0,5	0,6	0,7	0,8	0,9	0,95
$\varkappa=$	0,0025126	0,010205	0,0236	0,0436	0,0718	0,1111	0,1668	0,2500	0,3929	0,5241
$\frac{1}{\varkappa}\cdot\frac{e:r}{1+e:r}=$	36,2	16,3	9,8	6,55	4,64	3,38	2,47	1,78	1,21	0,930
$\frac{1}{\varkappa}\cdot\frac{-e:r}{1-e:r}=$	44,2	24,5	18,2	15,3	13,9	13,5	14,0	16,0	22,9	36,3

c) Trapezförmiger Querschnitt mit Symmetrielinie.

Aus Abb. 6 folgt unmittelbar

$$f=\frac{b+b_1}{2}h, \qquad df=z\,d\eta, \qquad z=b_1+\frac{b-b_1}{h}(e_1-\eta),$$

$$df=\left(b_1+\frac{b-b_1}{h}e_1-\frac{b-b_1}{h}\eta\right)d\eta.$$

Wegen

$$\varkappa=-\frac{1}{f}\int\left(1-\frac{r}{r+\eta}\right)df=-1+\frac{r}{f}\int\frac{df}{r+\eta}$$

ist zunächst dieses Integral festzustellen.

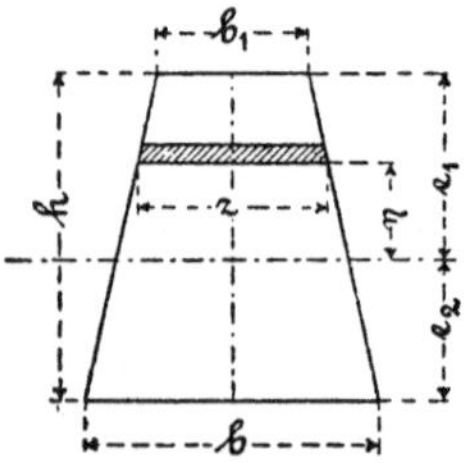

$$\int\frac{df}{r+\eta}=\left(b_1+\frac{b-b_1}{h}e_1\right)\int_{-e_2}^{+e_1}\frac{d\eta}{r+\eta}-\frac{b-b_1}{h}\int_{-e_2}^{+e_1}\frac{\eta\,d\eta}{r+\eta}.$$

Abb. 6.

Da

$$\int_{-e_2}^{+e_1}\frac{\eta\,d\eta}{r+\eta}=\int_{-e_2}^{+e_1}\left(1-\frac{r}{r+\eta}\right)d\eta=e_1+e_2-r\ln\frac{r+e_1}{r-e_2},$$

so folgt

$$\int\frac{df}{r+\eta}=\left(b_1+\frac{b-b_1}{h}e_1\right)\ln\frac{r+e_1}{r-e_2}-\frac{b-b_1}{h}\left(e_1+e_2-r\ln\frac{r+e_1}{r-e_2}\right)$$

$$=\left[b_1+\frac{b-b_1}{h}(e_1+r)\right]\ln\frac{r+e_1}{r-e_2}-(b-b_1),$$

$$\varkappa=-1+\frac{2r}{(b+b_1)h}\left\{\left[b_1+\frac{b-b_1}{h}(e_1+r)\right]\ln\frac{r+e_1}{r-e_2}-(b-b_1)\right\} \qquad 17)$$

d) Querschnitt des gleichschenkligen Dreiecks.

Aus Gleichung 17 folgt für

$$b_1 = 0, \qquad e_1 = \frac{2}{3} h, \qquad e_2 = \frac{1}{3} h,$$

$$\varkappa = -1 + \frac{2r}{h}\left[\left(\frac{2}{3} + \frac{r}{h}\right)\ln\frac{1 + \frac{2}{3}\frac{h}{r}}{1 - \frac{1}{3}\frac{h}{r}} - 1\right] \quad . \; . \; . \; . \; 18)$$

e) Für zusammengesetzte Querschnitte

kann die Bestimmung von $\varkappa$ in der Weise erfolgen, daß der Querschnitt in eine genügende Anzahl Streifen zerlegt wird, die senkrecht zur Ebene der Mittellinie stehen, so wie dies z. B. Abb. 7, § 17, für eine Eisenbahnschiene angibt.

Ist Δf der Flächeninhalt eines solchen Streifens, η sein Abstand von der Schwerlinie (positiv oder negativ, je nachdem er von der Krümmungsachse M weg oder nach derselben zu gelegen ist), so sind für alle Streifen die Werte

$$\frac{\eta}{r+\eta}\,\Delta f$$

zu bilden, hierauf ist deren algebraische Summe zu bestimmen und diese schließlich durch $-f$ zu dividieren. Das Ergebnis ist der gesuchte Wert von $\varkappa$.

A. Bantlin und M. Tolle haben zeichnerische Verfahren zur Ermittlung von $\varkappa$ angegeben[1]), die allgemein den Vorzug der Anschaulichkeit besitzen, und die namentlich gegenüber zusammengesetzten Querschnitten mit Vorteil benutzt werden können, solange das Verhältnis $e:r$ innerhalb gewisser Grenzen bleibt. Hinsichtlich der Verwendbarkeit der Näherungsgleichung 10, im Falle r groß gegen e ist, vgl. S. 508 u. f.

Nach dem von Braun 1903 gegebenen Vorgang kann $\varkappa$ gemäß Gleichung 5 rechnerisch in folgender Weise ermittelt werden[2]).

---

[1]) Zeitschrift des Vereines deutscher Ingenieure 1901, S. 164 bis 168, S. 201 bis 205, bzw. 1903, S. 884 u. f. S. auch die Maschinenelemente des Verfassers, 10. bis 12. Aufl., S. 43 und 44.

[2]) Die gleiche Aufgabe hat Werner unabhängig von Braun (Zeitschrift des Vereines deutscher Ingenieure 1905, S. 257 u. f.), jedoch nur für solche Querschnitte gelöst, deren Begrenzungslinien aus Parallelen und Senkrechten zur Krümmungsachse bestehen. Braun hat sein Verfahren nicht bloß auf gerade, sondern auch auf kreisförmige und parabolische Begrenzungslinien angewendet.

Besteht die Fläche f aus den Teilflächen f_1, f_2, f_3 usw., so folgt unmittelbar aus der Eigenschaft des bestimmten Integrals

$$\varkappa f = \varkappa_1 f_1 \pm \varkappa_2 f_2 \pm \varkappa_3 f_3 \pm \ldots,$$

wobei hinsichtlich der Werte $\varkappa_1$, $\varkappa_2$, $\varkappa_3$ usw. zu beachten ist, daß für sie jeweils die Größe η im Integral

$$\varkappa_1 f_1 = -\int \frac{\eta}{r+\eta}\, d f_1,$$

genommen über die Fläche f_1 usw., sich je auf die Schwerpunktshauptachse der Summenfläche f bezieht.

Die wichtigsten Teilflächen pflegen bei geradlinig begrenzten Querschnitten das Rechteck und das Trapez zu sein.

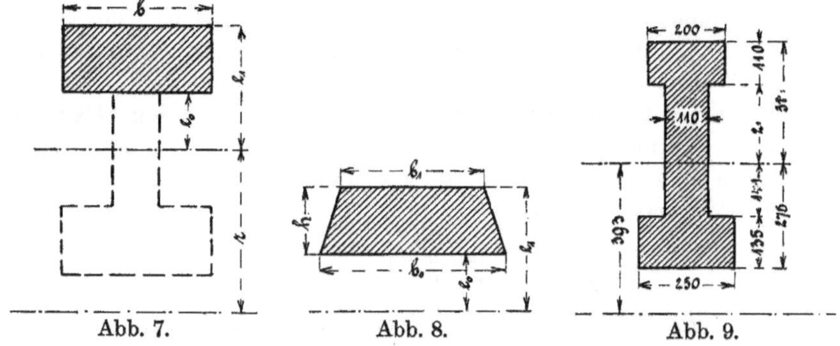

Abb. 7. Abb. 8. Abb. 9.

Für das Rechteck Abb. 7 ergibt sich in bezug auf die Achse des Gesamtquerschnitts nach S. 510 unter Änderung der Integrationskonstanten

$$\varkappa f = -\int_{e_0}^{e_1} \frac{\eta}{r+\eta}\, b\, d\eta = -b \int_{e_0}^{e_1} \left(1 - \frac{r}{r+\eta}\right) d\eta = -f + r\, b \ln \frac{r+e_1}{r+e_0},$$

und für das Trapez Abb. 8 in gleicher Weise

$$\varkappa f = -f + r \left[\left(b_1 + \frac{b_0 - b_1}{h}(r+e_1)\right) \ln \frac{r+e_1}{r+e_0} + (b_1 - b_0) \right].$$

Damit findet sich beispielsweise für den Querschnitt Abb. 9 nach Bestimmung der Schwerpunktslage

$$\varkappa f = -20 \cdot 11 + 39{,}3 \cdot 20 \ln \frac{39{,}3+31{,}7}{39{,}3+20{,}7} - 11 \cdot 34{,}8 + 39{,}3 \cdot 11 \ln \frac{39{,}3+20{,}7}{39{,}3-14{,}1}$$

$$-25 \cdot 13{,}5 + 39{,}3 \cdot 25 \ln \frac{39{,}3-14{,}1}{39{,}3-27{,}6} = 320{,}86$$

$$\varkappa = \frac{320{,}86}{940{,}3} = 0{,}341\,.$$

Für einen gekrümmten Hohlzylinder vom äußeren Halbmesser r_a und dem inneren Halbmesser r_i findet sich

$$\varkappa f = \varkappa \pi (r_a^2 - r_i^2) = \pi r_a^2 \left[\frac{1}{4}\left(\frac{r_a}{r}\right)^2 + \frac{1}{8}\left(\frac{r_a}{r}\right)^4 + \frac{5}{64}\left(\frac{r_a}{r}\right)^6 + \cdots\right]$$

$$- \pi r_i^2 \left[\frac{1}{4}\left(\frac{r_i}{r}\right)^2 + \frac{1}{8}\left(\frac{r_i}{r}\right)^4 + \frac{5}{64}\left(\frac{r_i}{r}\right)^6 + \cdots\right]$$

$$\varkappa = \frac{1}{r_a^2 - r_i^2}\left\{r_a^2 \left[\frac{1}{4}\left(\frac{r_a}{r}\right)^2 + \frac{1}{8}\left(\frac{r_a}{r}\right)^4 + \frac{5}{64}\left(\frac{r_a}{r}\right)^6 + \cdots\right]\right.$$

$$\left. - r_i^2 \left[\frac{1}{4}\left(\frac{r_i}{r}\right)^2 + \frac{1}{8}\left(\frac{r_i}{r}\right)^4 + \frac{5}{64}\left(\frac{r_i}{r}\right)^6 + \cdots\right]\right\} \quad \ldots \; 19)$$

3. Krümmungshalbmesser.

An Hand der Abb. 3, S. 505, erkannten wir, daß der Querschnittswinkel $d\varphi$ und der Krümmungshalbmesser r unter der Einwirkung von P und M_b in $d\varphi + \Delta\, d\varphi$ bzw. in ϱ übergingen. Während für das Bogenelement der Mittellinie vor der Formänderung die Beziehung

$$\overline{OO_1} = ds = r d\varphi$$

galt, ergibt sich für dasselbe nach Eintritt der Formänderung

$$\overline{OO_1'} = ds + \Delta\, ds = \varrho\,(d\varphi + \Delta\, d\varphi),$$

woraus nach Division mit ds bzw. $rd\varphi$

$$1 + \frac{\Delta ds}{ds} = \frac{\varrho}{r}\left(1 + \frac{\Delta d\varphi}{d\varphi}\right), \qquad 1 + \varepsilon_0 = \frac{\varrho}{r}(1 + \omega)$$

und hieraus unter Beachtung der Gleichungen 7

$$\frac{r}{\varrho} = \frac{1+\omega}{1+\varepsilon_0} = 1 + \frac{\omega - \varepsilon_0}{1+\varepsilon_0} = 1 + \frac{M_b}{\varkappa r\left(\frac{f}{\alpha} + P + \frac{M_b}{r}\right)}$$

$$\frac{1}{\varrho} = \frac{1}{r} + \frac{M_b}{\varkappa r^2\left(\frac{f}{\alpha} + P + \frac{M_b}{r}\right)} \quad \ldots\ldots\ldots \; 20)$$

Wird berücksichtigt, daß ε_0 eine sehr kleine Größe ist, so kann mit genügender Annäherung in der Regel gesetzt werden

$$\frac{r}{\varrho} = 1 + \frac{\omega - \varepsilon_0}{1 + \varepsilon_0} = \sim 1 + \omega - \varepsilon_0,$$

woraus bei Ersatz von $\omega - \varepsilon_0$ nach Maßgabe der ersten der Gleichungen 7 folgt

$$\frac{1}{\varrho} = \frac{1}{r} + \alpha\frac{M_b}{\varkappa f r^2}.$$

Wenn die Querschnittsabmessungen so klein sind gegenüber r, daß von der Gleichung 10, nach der

$$\varkappa f r^2 = \Theta,$$

Gebrauch gemacht werden darf, so ergibt sich

$$\left.\begin{array}{c} \dfrac{1}{\varrho} = \dfrac{1}{r} + \alpha \dfrac{M_b}{\Theta} \\ \text{oder} \\ M_b = \left(\dfrac{1}{\varrho} - \dfrac{1}{r}\right) \dfrac{\Theta}{\alpha} \end{array}\right\} \quad \ldots \ldots \ldots \quad 21)^{1)}$$

4. Änderung der Koordinaten der Mittellinie.

In Abb. 10 sei $APCD$ die Mittellinie des gekrümmten und bei A eingespannten Stabes vor der Einwirkung der äußeren Kräfte. Dieselbe werde auf ein rechtwinkliges, in ihrer Ebene derart gelegenes Koordinatensystem AX und AY bezogen, daß AX die Normale und AY die Tangente im Punkte A ist. Unter Einwirkung der äußeren Kräfte, die wir uns etwa durch eine im Punkte D angreifende Kraft ersetzt denken wollen, ändert sich die Form der Mittellinie und damit auch die Größe der Koordinaten x_c und y_c des Punktes C derselben. Diese Koordinatenänderungen seien mit Δx_c und Δy_c bezeichnet, entsprechend einem Übergange von x_c und y_c in $x_c + \Delta x_c$ bzw. $y_c + \Delta y_c$.

---

[1]) Diese Annäherungsgleichung wird nicht selten aus der für gerade stabförmige Körper gültigen Beziehung, Gleichung 13, § 16, in der Weise abgeleitet, daß man die ursprüngliche Krümmung mit dem Halbmesser r auffaßt als herbeigeführt durch ein Moment M_0, für das nach Gleichung 13, § 16, gilt

$$\frac{1}{r} = \alpha \frac{M_0}{\Theta}.$$

Durch Hinzufügung des Momentes M_b gehe die Krümmung in eine solche mit dem Halbmesser ϱ über, somit

$$\frac{1}{\varrho} = \alpha \frac{M_0 + M_b}{\Theta}.$$

Wird der erstere Ausdruck von dem letzteren abgezogen, so findet sich

$$\frac{1}{\varrho} - \frac{1}{r} = \alpha \frac{M_b}{\Theta} \quad \text{oder} \quad M_b = \left(\frac{1}{\varrho} - \frac{1}{r}\right) \frac{\Theta}{\alpha},$$

wie oben angegeben.

Daß diese Vorstellungsweise voraussetzt, es bleibe die Beanspruchung des Stabes unter der Einwirkung von M_0 und M_b innerhalb der Proportionalitätsgrenze, springt sofort in die Augen wie auch die Tatsache, daß diese Voraussetzung nicht in Übereinstimmung mit der Wirklichkeit steht, die eben einen bereits bleibend gebogenen Stab der Biegung durch M_b darbietet. Trotz des hierin liegenden Fehlers gewährt diese Ableitungsweise, nachdem der Ausdruck 21 als Annäherungsgleichung auf strengerem Wege ermittelt worden ist, ein bequemes Mittel, um sich die letztere rasch jederzeit aus dem Kopfe herstellen zu können, lediglich auf Grund der für gerade stabförmige Körper gültigen Gleichung 13, § 16.

Zum Zwecke der Ermittlung von Δx_c und Δy_c greifen wir einen beliebigen Punkt P mit den Koordinaten x und y heraus; der Krümmungshalbmesser der Mittellinie betrage hier r. Das zugehörige Bogenelement, das in die Richtung der Tangente PT fällt, besitze die Länge $ds = r\,d\varphi$, sofern $d\varphi$ den zugehörigen Zentriwinkel bezeichnet oder auch die § 54, S. 503, angegebene Bedeutung hat.

Infolge Einwirkung der äußeren Kräfte wird sich das Bogenelement ds — den Punkt P denken wir uns hierbei fest — um P drehen:

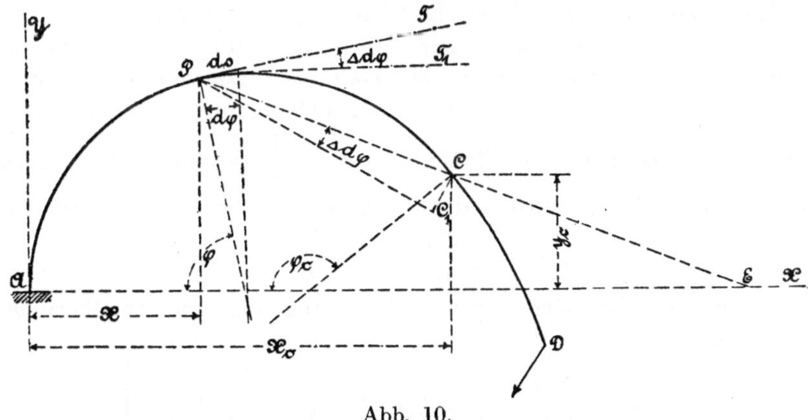

Abb. 10.

PT gelangt in die Richtung PT_1, $d\varphi$ ändert sich um $\Delta d\varphi = \omega\,d\varphi$ (nach § 54, S. 504). Außerdem wird ds eine Verlängerung um $\varepsilon_0\,ds$ erfahren.

Die Drehung von ds um $\Delta d\varphi$ hat zur Folge, daß der Punkt C auf dem Kreisbogen $\widehat{CC_1} = \overline{PC} \cdot \Delta d\varphi$ nach C_1 rückt. Hiernach ändert sich die Abszisse des Punktes C um

$$-\,(\overline{PC} \cdot \Delta d\varphi) \sin CEA = -\,\overline{PC} \sin CEA \cdot \Delta d\varphi = -\,(y - y_c)\Delta d\varphi$$

und die Ordinate um

$$-\,(\overline{PC} \cdot \Delta d\varphi) \cos CEA = -\,\overline{PC} \cos CEA \cdot \Delta d\varphi = -\,(x_c - x)\,\Delta d\varphi.$$

Aus Anlaß der Verlängerung von ds um $\varepsilon_0\,ds$ bewegt sich der Punkt C um $\varepsilon_0 ds$ in der Richtung von ds, d. h. in der Richtung der Tangente PT vorwärts. Dadurch erfährt die Abszisse von C eine Zunahme um

$$\varepsilon_0 ds \sin \varphi = \varepsilon_0 dx$$

und die Ordinate eine solche im Betrage von

$$\varepsilon_0 ds \cos \varphi = \varepsilon_0 dy.$$

Demnach die Zunahme der Koordinaten x_c und y_c, veranlaßt durch die Änderung der Richtung und durch die Änderung der Länge des Bogenelementes ds allein,

$$d\,(\Delta x_c) = -\,(y - y_c)\,\Delta d\varphi + \varepsilon_0 dx = y_c\,\omega\,d\varphi - y\,\omega\,d\varphi + \varepsilon_0 dx,$$
$$d\,(\Delta y_c) = -\,(x_c - x)\,\Delta d\varphi + \varepsilon_0 dy = -\,x_c\,\omega\,d\varphi + x\,\omega\,d\varphi + \varepsilon_0 dy,$$

und somit die gesamte Zunahme der Koordinaten x_c und y_c, herbeigeführt durch die entsprechenden Änderungen aller zwischen A und C gelegenen Bogenelemente,

$$\left.\begin{aligned} \Delta x_c &= y_c \int_0^{\varphi_c} \omega\, d\varphi - \int_0^{\varphi_c} y\, \omega\, d\varphi + \int_0^{x_c} \varepsilon_0\, dx \\ \Delta y_c &= -x_c \int_0^{\varphi_c} \omega\, d\varphi + \int_0^{\varphi_c} x\, \omega\, d\varphi + \int_0^{y_c} \varepsilon_0\, dy \end{aligned}\right\} \quad \ldots\ldots \quad 22)$$

Hierin sind ω und ε_0 durch die Gleichungen 7 bestimmt.

Für den Fall, daß die Querschnittsabmessungen senkrecht zur Mittellinie genügend klein gegenüber r sind, so daß von Gleichung 10 Gebrauch gemacht und in der letzten der 3 Gleichungen 7 (rechte Seite) die Summe der beiden ersten Glieder, d. h. $P + \frac{M_b}{r}$, gegenüber dem letzten Gliede vernachlässigt werden darf, geht der Ausdruck für ω über in

$$\omega = \frac{\alpha}{f} \frac{M_b}{\varkappa r} = \sim \alpha \frac{M_b}{\Theta} r.$$

Hiermit ergeben sich aus den Beziehungen 22 die Annäherungsgleichungen

$$\left.\begin{aligned} \Delta x_c &= \alpha \left(y_c \int_0^{\varphi_c} \frac{M_b}{\Theta} r\, d\varphi - \int_0^{\varphi_c} y \frac{M_b}{\Theta} r\, d\varphi + \int_0^{x_c} \frac{P}{f}\, dx \right) \\ \Delta y_c &= \alpha \left(-x_c \int_0^{\varphi_c} \frac{M_b}{\Theta} r\, d\varphi + \int_0^{\varphi_c} x \frac{M_b}{\Theta} r\, d\varphi + \int_0^{y_c} \frac{P}{f}\, dy \right) \end{aligned}\right\} \quad .\ . \quad 23)$$

sofern bei Einführung von ε_0 aus der zweiten der Gleichungen 7 noch $\frac{M_b}{r}$ gegenüber P vernachlässigt wird. Bei verhältnismäßig großem r tritt überhaupt der durch das dritte Glied der Gleichungen 22 und 23 gemessene Anteil der Formänderung der Mittellinie zurück gegenüber dem Betrage, welchen die Summen der beiden ersten Glieder liefern.

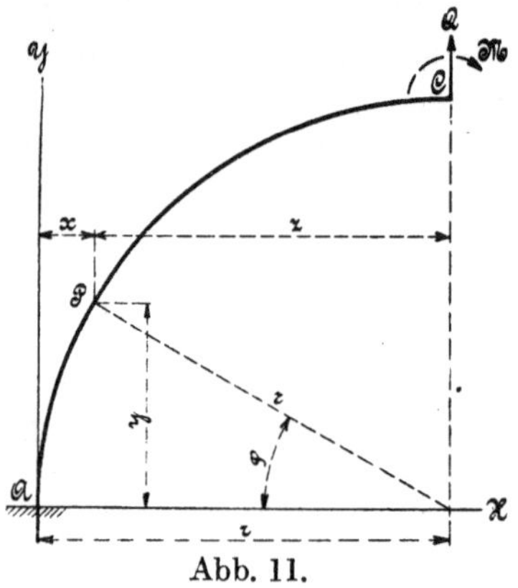

Abb. 11.

Um ein Urteil über die Abweichungen zu gewinnen, welche die Verwendung der Gleichungen 23 an Stelle der Gleichungen 22 zur Folge hat, werde die Formänderung für den Teil eines Kreisringes, Abb. 11, ermittelt.

I. Nach der zweiten der Gleichungen 22 beträgt mit $y_c = r$ und $\varphi_c = \frac{\pi}{2}$:

$$\Delta y_c = -r \int_0^{\frac{\pi}{2}} \omega\, d\varphi + \int_0^{\frac{\pi}{2}} x\, \omega\, d\varphi + \int_0^r \varepsilon_0\, dy;$$

hier ist nach Gleichung 7, S. 507, einzusetzen

$$\omega = \frac{\alpha}{f}\left(Q\cos\varphi - \frac{Q r\cos\varphi}{r} - \frac{Q r\cos\varphi}{\varkappa r}\right) = -\frac{\alpha}{f}\frac{Q\cos\varphi}{\varkappa}$$

$$\varepsilon_0 = \frac{\alpha}{f}\left(Q\cos\varphi - \frac{Q r\cos\varphi}{r}\right) = 0.$$

Somit

$$\Delta y_c = r\frac{\alpha}{f}\frac{Q}{\varkappa}\int_0^{\frac{\pi}{2}} \cos\varphi\, d\varphi - r\frac{\alpha}{f}\frac{Q}{\varkappa}\int_0^{\frac{\pi}{2}} (1-\cos\varphi)\cos\varphi\, d\varphi$$

$$= r\frac{\alpha}{f}\frac{Q}{\varkappa}\int_0^{\frac{\pi}{2}} \cos^2\varphi\, d\varphi$$

$$\Delta y_c = \frac{\pi}{4} r \frac{\alpha}{f}\frac{Q}{\varkappa} \qquad \ldots\ldots\ldots\ldots 24)$$

II. Nach der zweiten der Gleichungen 23 beträgt mit $y_c = r$, $\varphi_c = \frac{\pi}{2}$ und $M_b = -Q r\cos\varphi$:

$$\Delta y_c = \alpha\left(\frac{+r^3}{\Theta}Q\int_0^{\frac{\pi}{2}} \cos\varphi\, d\varphi - \frac{r^3 Q}{\Theta}\int_0^{\frac{\pi}{2}} (1-\cos\varphi)\cos\varphi\, d\varphi - \int_0^r \frac{Q\cos\varphi}{f}\, dy\right)$$

$$\Delta y_c = \alpha\left(\frac{r^3 Q}{\Theta}\int_0^{\frac{\pi}{2}} \cos^2\varphi\, d\varphi - \frac{Q}{f}\int_0^r \cos\varphi\, dy\right).$$

Wird das zweite Glied, dessen Größe gegenüber der des ersten meist ganz zurücktritt, vernachlässigt, so ergibt sich

$$\Delta y_c = \frac{\pi}{4}\frac{r^3\alpha}{\Theta}Q \qquad \ldots\ldots\ldots\ldots 25)$$

Die Ergebnisse der unter II und I durchgeführten Rechnungen, d. h. die Werte der Gleichungen 25 und 24, verhalten sich wie

$$\frac{\pi}{4}\frac{r^3\alpha}{\Theta}Q : \frac{\pi}{4} r\frac{\alpha}{f}\frac{Q}{\varkappa} = \frac{\varkappa f r^2}{\Theta};$$

das Verhältnis ist somit dasselbe, wie in Fußnote 1, S. 508 für verschiedene Krümmungen hinsichtlich der Beanspruchung ermittelt. Danach beträgt z. B. bei rechteckigem Querschnitt für einen Krümmungshalbmesser $r = 2\,h$ der Unterschied $4\,^0/_0$, bei $r = 3\,h$ nur noch 2 und bei $r = 4\,h$ nur $1\,^0/_0$, d. s. Abweichungen, die in der Regel ganz unbedenklich erscheinen.

Wäre der Ring bei C geschlossen, so müßte dort ein zunächst unbekanntes Moment M von solcher Größe angebracht werden, daß die Tangente ihre ursprüngliche, wagrechte Richtung beibehält, also die Winkeländerung bei C gleich Null ist, oder die Summe aller Winkeländerungen auf dem Bogen AC Null beträgt. Somit

$$\text{I.} \qquad \int\limits_0^{\frac{\pi}{2}} \omega\, d\varphi = 0 = \int\limits_0^{\frac{\pi}{2}} \left(-\frac{\alpha}{f}\frac{Q\cos\varphi}{\varkappa} + \frac{\alpha}{f}\frac{M}{r} + \frac{\alpha}{f}\frac{M}{\varkappa r}\right) d\varphi$$

$$= \frac{\alpha}{f}\left(-\frac{Q}{\varkappa} + \frac{M}{r}\frac{\pi}{2} + \frac{M}{\varkappa r}\frac{\pi}{2}\right);$$

hieraus

$$M = \frac{2\,Q\,r}{\pi\,(1+\varkappa)} \quad \ldots\ldots\ldots\ldots \quad 26)$$

$$\text{II.} \qquad \int\limits_0^{\frac{\pi}{2}} \omega\, d\varphi = 0 = \int\limits_0^{\frac{\pi}{2}} \alpha \frac{M_b}{\Theta} r\, d\varphi = \frac{\alpha}{\Theta} r \int\limits_0^{\frac{\pi}{2}} (M - Q\,r\cos\varphi)\, d\varphi$$

$$= \frac{\alpha}{\Theta} r \left(M\frac{\pi}{2} - Q\,r\right)$$

$$M = \frac{2}{\pi} Q\,r \quad \ldots\ldots\ldots\ldots\ldots \quad 27)$$

Die Momente nach Gleichung 27 und 26 verhalten sich wie

$$\frac{2}{\pi} Q\,r : \frac{2}{\pi}\frac{Q\,r}{(1+\varkappa)} = (1+\varkappa) : 1 .$$

5. Zeichnerisches Verfahren zur Ermittlung der Formänderung. (Θ unveränderlich oder veränderlich.)

Die Umformung der Gleichungen 23, S. 520, führt, wenn das dritte, fast immer verhältnismäßig unbedeutende Glied vernachlässigt wird[1]), zu dem folgenden Verfahren[2]), das eine ganze Reihe von Aufgaben einfacher Lösung zugänglich macht.

[1]) Erscheint das dritte Glied von Bedeutung, so kann es nach der Gleichung 23 berechnet und durch algebraische Addition berücksichtigt werden.

[2]) Vgl. R. Baumann, Einfaches Verfahren zur Ermittlung der Formänderung eben gekrümmter stabförmiger Körper. Zeitschrift des Vereines deutscher Ingenieure

Behandelt werde zuerst die unter 4. am Schlusse rechnerisch gelöste Aufgabe (Θ unveränderlich, doch sei schon hier bemerkt, daß die Berücksichtigung einer Veränderlichkeit von Θ, wie beim Beispiel b, β gezeigt, recht einfach erfolgen kann). Wird, wie bereits bemerkt, das letzte Glied der Gleichungen 23 vernachlässigt, so kann die zweite derselben geschrieben werden

$$\Delta y_c = -\frac{\alpha}{\Theta}\left\{\int_0^{\varphi_c}(x_c - x)\, M_b\, r\, d\varphi\right\}$$

oder, da nach Abb. 11 für den betrachteten Punkt P $x_c - x = z$ und $M_b = Q\, z$

$$\Delta y_c = -\frac{\alpha}{\Theta}\left\{\int_0^{\varphi_c} z \cdot Q\, z \cdot r\, d\varphi\right\}$$

$$= -\frac{\alpha}{\Theta} Q \left\{\int_0^{\varphi_c} z^2 \cdot r\, d\varphi \quad \ldots\ldots\ldots\ldots \quad 28)\right.$$

Der Wert des Integrals in Gleichung 28 wird erlangt, indem man

1. den Bogen APC abwickelt (d. h. $\int_0^{\varphi_c} r\, d\varphi$ bildet, vgl. Abb. 12);
2. den zu jedem Punkt des Bogens APC gehörigen Hebelarm z der Kraft Q absticht und als Ordinate über dem zugehörigen Punkt der Abwicklung aufträgt, wodurch die Linie der Werte von z in Abb. 12 erhalten wird; diese stellt die Linie des biegenden Momentes für die Kraft $Q = 1$ dar (das Verfahren besteht also in der Aufzeichnung der Linie des biegenden Momentes über der Abwicklung der Mittellinie);

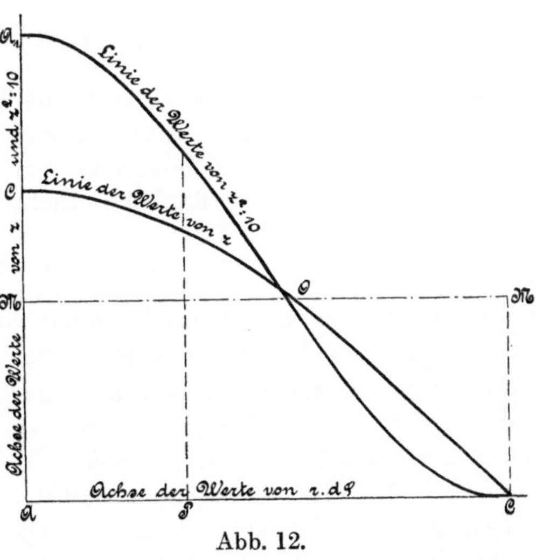

Abb. 12.

1910, S. 1675 u. f., sowie Anschauliche Lösungen einiger statisch unbestimmten Aufgaben, dieselbe Zeitschrift 1913, S. 1911 u. f. Für gerade Stäbe hat Ensslin ein gleiches Verfahren veröffentlicht: Zeitschrift für gewerblichen Unterricht, Bd. XXIII.

3. die Werte von z^2 bildet (d. h. jedes biegende Moment mit dem für die Formänderung maßgebenden Hebelarm multipliziert) und über der Abwicklung des Bogens aufträgt, so daß die Linie der Werte von z^2 entsteht (Maßstab 1 : 10, Abb. 12); denkt man sich die Fläche der z^2 in schmale Streifen von der Breite $r d\varphi$ zerlegt, so ist der Flächeninhalt eines jeden derselben gleich $z^2 \cdot r d\varphi$, somit der Inhalt der ganzen Fläche gleich dem Wert des gesuchten Integrals; man hat also
4. die Fläche $APCA_1A$ zu planimetrieren und das Ergebnis mit $\frac{\alpha}{\Theta}Q$ zu multiplizieren, um die Verschiebung Δy_c zu erhalten[1]).

Denkt man sich die Fläche der z (Abb. 12) gleichfalls in schmale Streifen von der Breite $r d\varphi$ zerlegt, so erkennt man, daß der Inhalt dieser Fläche $APCOCMA$ den Wert $f = \int_0^{\varphi_c} z \cdot r d\varphi$ besitzt. Folglich ist

$$f \cdot \frac{\alpha}{\Theta} Q = \frac{\alpha}{\Theta} Q \int_0^{\varphi_c} z \cdot r d\varphi,$$

somit, da $M_b = Q \cdot z$,

$$f \frac{\alpha}{\Theta} Q = \frac{\alpha}{\Theta} \int M_b \cdot r d\varphi$$

und, nach der Gleichung unmittelbar vor den Gleichungen 23,

$$f \frac{\alpha}{\Theta} Q = \int \omega \, d\varphi.$$

Der Inhalt der Fläche der z, d. h. der Linie des biegenden Momentes, stellt also die Winkeländerung von A bis C, Abb. 11, dar.

Soll bei C ein Moment M von solcher Größe wirken, daß die Tangente daselbst ihre ursprüngliche Richtung beibehält (Belastungsfall Abb. 4, § 55), so muß $\int_0^{\varphi_c} \omega \, d\varphi = 0$ sein, d. h. M allein muß in Abb. 12 eine Fläche (Rechteck) der Werte von z hervorrufen, die inhaltsgleich mit $APCOCMA$ (aber von entgegengesetztem Vorzeichen) ist. Man hat also zur Bestimmung von M nur die mittlere Höhe $\overline{AM}$ der Fläche $APCOCMA$ zu bestimmen, wie sie in Abb. 12 strichpunktiert eingezeichnet wurde. Sie ist gleich der Größe $M : Q$, d. h. M für $Q = 1$; wollte man M selbst erhalten, so müßte man nicht die Linie der z, sondern die Linie der $Q \cdot z$, d. h. der biegenden Momente aufzeichnen, was bei anderen Belastungsfällen von Vorteil sein kann (s. u.). Zur

[1]) Statt sie zu planimetrieren, kann die Fläche durch Zerlegen in Streifen usf. bestimmt werden.

Ermittlung der Formänderung im Punkte C (Abb. 11) ist jeder Abschnitt der Ordinaten zwischen $M - M$ und der Linie der z mit dem jeweiligen Wert von z zu multiplizieren; die so entstandene Linie der $z\left(z - \frac{M}{Q}\right)$ tritt an die Stelle der Linie der Werte von z^2, die für den nicht geschlossenen Ring gilt.

Die an jeder Stelle wirkenden biegenden Momente sind durch die erwähnten Ordinatenabschnitte bestimmt. Wie Abb. 12 zeigt, ist bei O das Moment $= 0$; dort erfolgt also keine Änderung der Krümmung.

Wie aus der vorstehenden Entwicklung hervorgeht, ist es bei der Anwendung des Verfahrens gleichgültig, ob der Krümmungshalbmesser r gleichbleibend oder veränderlich ist, und ob gerade Strecken mit gekrümmten abwechseln. Durch das Abwickeln des Bogens und das Abstechen der Hebelarme z findet die tatsächliche Gestalt des Bogens volle Berücksichtigung.

Die Verschiebung Δx_c kann in sinngemäß gleicher Weise gefunden werden wie Δy_c. Wie aus Gleichung 23 mit $(y_c - y) = u$ und $M_b = Q \cdot z$ hervorgeht, ist

$$\Delta x_c = -\frac{\alpha}{\Theta} Q \int_0^{\varphi_c} z \cdot u \cdot r d\varphi .$$

An die Stelle der Linie der z^2 hat also die Linie der $z \cdot u$ zu treten.

Bisher war nur die Formänderung in dem Punkte gesucht, an dem die Kraft Q angreift. Die folgenden Beispiele zeigen jedoch, daß das Vorgehen sinngemäß ganz das gleiche ist, wenn die Formänderung an einem anderen Punkt und unter anderer Belastung ermittelt werden soll.

Hinsichtlich weiterer Einzelheiten muß auf die in Fußbemerkung 2, S. 522, zuerst genannten Arbeiten verwiesen werden.

a) Formänderung am Ende einer gabelförmigen Meßfeder (Θ unveränderlich), Abb. 13.

Da der Stab symmetrisch ist, genügt es, die Hälfte desselben zu betrachten und diese bei A als eingespannt anzusehen.

1. Die Mittellinie $ABDC$ wird in eine gerade Strecke abgewickelt, Abb. 14.
2. Über der letzteren wird die Linie abD des biegenden Momentes für $P = 1$ kg aufgezeichnet. Sie verläuft über AB gekrümmt, wie bei Abb. 12, von B bis D geradlinig. Auf der Strecke DC ist das biegende Moment gleich Null.

Der Inhalt der Fläche $AabB$, Abb. 14, bestimmt die Winkeländerung im Punkte B, die Fläche $A\,ab\,D$ diejenige im Punkte D oder C usf.

3. Da die Durchbiegung bei C in Richtung der y-Achse gesucht ist (Punkt C bewegt sich ungefähr auf einem Kreisbogen um den Punkt A), wird jede Ordinate der Biegungsmomentenlinie mit

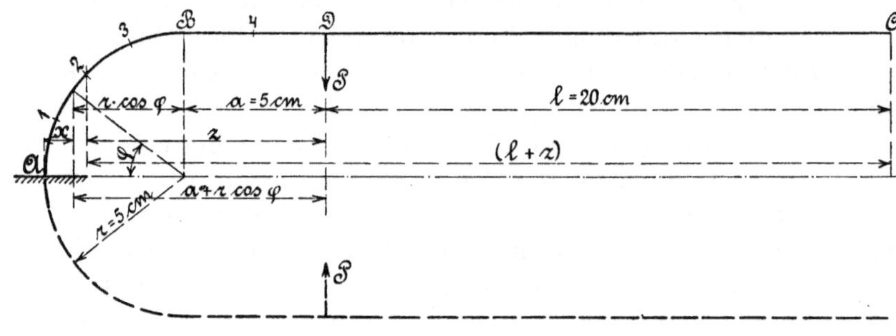

Abb. 13.

dem Abstand $(l + z)$ von C (Abb. 13) multipliziert, also z. B. für den Punkt B das Produkt $M_b\,(l + z) = \overline{Bb}\,(l + a)$ gebildet usf. Diese Produkte sind in Abb. 14 ebenfalls über der Abwicklung der Mittellinie aufgezeichnet (z. B. Strecke $\overline{Bb_1} = \overline{Bb}\,(l + a)$, womit die Linie $a_1 b_1 D$ bestimmt ist.

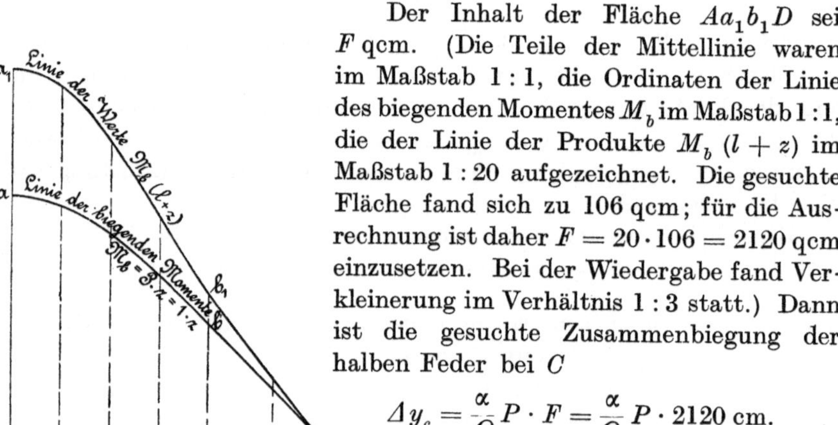

Abb. 14.

Der Inhalt der Fläche Aa_1b_1D sei F qcm. (Die Teile der Mittellinie waren im Maßstab 1 : 1, die Ordinaten der Linie des biegenden Momentes M_b im Maßstab 1 : 1, die der Linie der Produkte $M_b\,(l + z)$ im Maßstab 1 : 20 aufgezeichnet. Die gesuchte Fläche fand sich zu 106 qcm; für die Ausrechnung ist daher $F = 20 \cdot 106 = 2120$ qcm einzusetzen. Bei der Wiedergabe fand Verkleinerung im Verhältnis 1 : 3 statt.) Dann ist die gesuchte Zusammenbiegung der halben Feder bei C

$$\Delta y_c = \frac{\alpha}{\Theta} P \cdot F = \frac{\alpha}{\Theta} P \cdot 2120 \text{ cm}.$$

Um zu zeigen, welche Vereinfachung dieses Vorgehen gegenüber der Rechnung bedeutet, sei diese ebenfalls durchgeführt. Dabei muß — um die Rechnung einfach zu gestalten — vorausgesetzt werden, daß die Linie AB genau nach einem Kreisbogen gekrümmt, die Strecke BC gerade ist, während beim zeichnerischen Verfahren ein beliebiger Verlauf der Mittellinie gewählt werden kann.

Der Rechnungsgang ist folgender:

1. Ermittlung der Durchbiegung im Punkte B, d. i. Δy_B,
2. „ „ Winkeländerung bei B, d. i. β_B,
3. „ „ Durchbiegung der Strecke BD, d. i. Δy_{D1},
4. „ „ „ im Punkte D, d. i.
$$\Delta y_D = \Delta y_B + \Delta y_{D1} + \beta_B \cdot a,$$
5. „ „ Winkeländerung der Strecke BD, d. i. β_{D1},
6. „ „ „ im Punkte D, d. i. $\beta_D = \beta_B + \beta_{D1}$,
7. „ „ Durchbiegung im Punkte C, d. i. $\Delta y_c = \Delta y_D + \beta_D \cdot l$.

1. Durchbiegung im Punkte B, d. i. Δy_B.

Nach Gleichung 23 ist unter Vernachlässigung des dritten Gliedes und unter Bezugnahme auf Abb. 13 (M_b positiv, weil es die Krümmung vermehrt)

$$\Delta y_B = \alpha\left\{-x_B\int_0^{\frac{\pi}{2}}\frac{M_b}{\Theta}\,r\,d\varphi + \int_0^{\frac{\pi}{2}} x\,\frac{M_b}{\Theta}\,r\,d\varphi\right\}$$

$$= \frac{\alpha}{\Theta}Pr\left\{-r\int_0^{\frac{\pi}{2}}\cdot(a + r\cos\varphi)\,d\varphi + \int_0^{\frac{\pi}{2}} r\,(1-\cos\varphi)\,(a + r\cos\varphi)\,d\varphi\right\}$$

$$= -\frac{\alpha}{\Theta}Pr^2\left(a + r\frac{\pi}{4}\right).$$

2. Winkeländerung bei B, d. i. β_B.

$$\beta_B = \int_0^{\frac{\pi}{2}}\omega\,d\varphi = \int_0^{\frac{\pi}{2}}\alpha\,\frac{M_b}{\Theta}\,r\,d\varphi = \frac{\alpha}{\Theta}Pr\int_0^{\frac{\pi}{2}}(a + r\cos\varphi)\,d\varphi = \frac{\alpha}{\Theta}Pr\left(a\frac{\pi}{2} + r\right).$$

3. Durchbiegung der Strecke BD; d. i. Δy_{D_1}.

Nach § 18 ist unter Berücksichtigung der Durchbiegungsrichtung

$$\Delta y_{D_1} = -\frac{\alpha}{\Theta}P\frac{a^3}{3}.$$

4. Durchbiegung im Punkte D, d. i. Δy_D.

$$\Delta y_D = \Delta y_B + \Delta y_{D_1} + \beta_B \cdot a$$
$$= -\frac{\alpha}{\Theta}Pr^2\left(a + r\frac{\pi}{4}\right) - \frac{\alpha}{\Theta}P\frac{a^3}{3} - \frac{\alpha}{\Theta}Pra\left(a\frac{\pi}{2} + r\right).$$

5. Winkeländerung der Strecke BD, d. i. β_{D_1}.

Nach § 18 ist

$$\beta_{D_1} = \frac{\alpha}{\Theta} P \frac{a^2}{2}.$$

6. Winkeländerung im Punkte D, d. i. β_D.

$$\beta_D = \beta_{D_1} + \beta_B = \frac{\alpha}{\Theta} P \frac{a^2}{2} + \frac{\alpha}{\Theta} P r \left(a \frac{\pi}{2} + r\right).$$

7. Durchbiegung im Punkte C, d. i. Δy_c.

$$\Delta y_c = \Delta y_D + \beta_D \cdot l = -\left[\frac{\alpha}{\Theta} P r^2 \left(a + r \frac{\pi}{4}\right) + \frac{\alpha}{\Theta} P \frac{a^3}{3}\right.$$

$$\left. + \frac{\alpha}{\Theta} P r a \left(a \frac{\pi}{2} + r\right) + l \left\{\frac{\alpha}{\Theta} P \frac{a^2}{2} + \frac{\alpha}{\Theta} P r \left(a \frac{\pi}{2} + r\right)\right\}\right]$$

$$= -\frac{\alpha}{\Theta} P \left[r^2 \left(a + r \frac{\pi}{4}\right) + \frac{a^3}{3} + r a \left(a \frac{\pi}{2} + r\right) + l \left\{\frac{a^2}{2} + r \left(a \frac{\pi}{2} + r\right)\right\}\right].$$

Mit den in Abb. 13 eingeschriebenen Maßen ergibt sich

$$\Delta y_c = -\frac{\alpha}{\Theta} P \cdot 2121 \text{ cm}$$

(das negative Vorzeichen bedeutet, daß die Feder zusammengebogen wird). Das zeichnerische Verfahren hatte die Zusammendrückung zu

$$\Delta y_c = -\frac{\alpha}{\Theta} P \cdot 2120 \text{ cm}$$

geliefert.

b) Geschlossener Rahmen (Fahrstuhl), Abb. 15.

α) Das Trägheitsmoment Θ sei unveränderlich.

Wegen der Symmetrie genügt es, ein Viertel des Rahmens zu betrachten, Abb. 16, und es bei A als eingespannt anzusehen. Bei C greift dann die Kraft Q an. Ferner ist dort das (statisch unbestimmte) Moment M von solcher Größe anzubringen, daß die Tangente daselbst keine Richtungsänderung erfährt.

1. Die Mittellinie wird abgewickelt, Abb. 17, und über ihr die Linie des von der Kraft Q herrührenden biegenden Momentes, d. h. Linie abC, aufgezeichnet. Strecke $\overline{Aa}$ ist also z. B. $= Q \cdot l$ usf. Der Inhalt der Fläche $AabC$ stellt die durch die Kraft Q allein im Punkte C hervorgerufene Winkeländerung dar, die durch das Moment M zum Verschwinden gebracht werden muß.
2. Das Moment M pflanzt sich in konstanter Größe über die Strecke ABC fort. Es bringt also die durch das Rechteck $AMMC$ gemessene Winkeländerung hervor, die aber entgegengesetzt gerichtet sein muß derjenigen, welche die Kraft Q bewirkt. Damit in C

keine Winkeländerung entsteht, muß das Rechteck $AMMC$ flächengleich mit $AabC$ sein, d. h. MM ist die Ausgleichslinie für das Trapez $AabC$.

Die einzelnen Teile des Rahmens sind also durch folgende Momente auf Biegung beansprucht:

bei A wirkt ein Moment von der Größe Ma, Abb. 17,
„ O „ „ „ „ „ „ Null (Wendepunkt),
„ C „ „ „ „ „ „ $\overline{CM}$ usf.

Wird die Verbiegung des Rahmens gesucht, so ist sinngemäß in gleicher Weise vorzugehen, wie bei den früheren Beispielen. Soll z. B. die Ausbiegung bei C bestimmt werden, so sind die biegenden Momente (d. s. die in Abb. 17 eingezeichneten Ordinatenabschnitte zwischen MM und der Linie abC) mit den zugehörigen Abständen u, Abb. 16, zu multiplizieren. Ist die Einbiegung des Schenkels AB zu finden, so sind

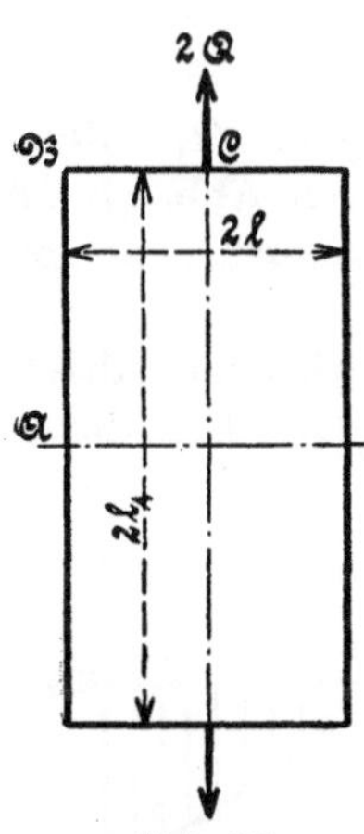

Abb. 15.

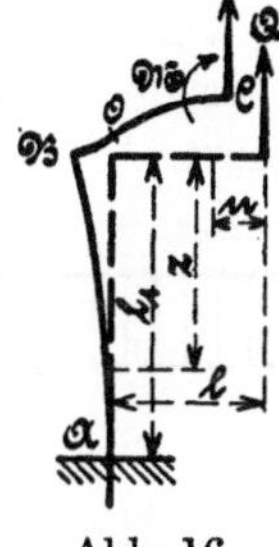
Abb. 16.

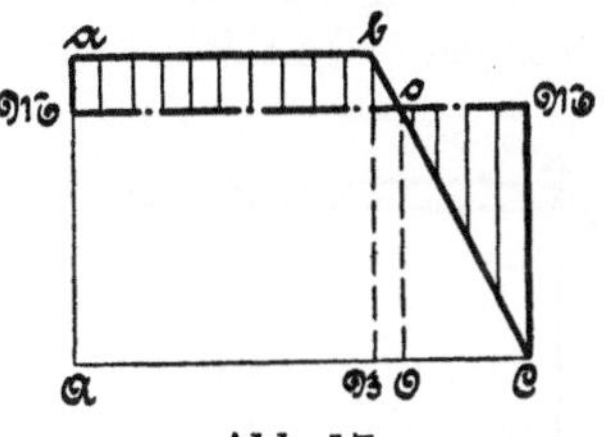
Abb. 17.

dieselben Momente mit den Strecken z, Abb. 16, zu multiplizieren. Die dadurch bestimmten Flächen sind ein Maß für die gesuchte Formänderung.

β) Das Trägheitsmoment Θ ist veränderlich.

Auf der Strecke $\overline{AB}$ sei beispielsweise der Wert Θ_1, auf der Strecke $\overline{BC}$ der Wert $\Theta_2 = 3\,\Theta_1$ vorhanden.

Wie aus der Betrachtung von Gleichung 23 hervorgeht, kann bei veränderlichem Θ diese Größe nicht mehr vor das Integral genommen, wohl aber mit dem Produkt $r \cdot d\varphi$ vereinigt gedacht werden.

Statt also die Mittellinie in Teilstrecken Δl abzustechen und diese aneinanderzureihen (Abwicklung), werden die Teilstrecken Δl durch den zugehörigen Wert von Θ dividiert und die Beträge $\frac{\Delta l}{\Theta}$

aneinandergereiht. Durch diese Umrechnung der einzelnen Teile der Abwicklung wird die Veränderlichkeit von Θ berücksichtigt.

Demgemäß sind in Abb. 18 die Strecken $A'B' = \frac{\overline{AB}}{\Theta_1}$ und $B'C' = \frac{\overline{BC}}{\Theta_2}$ als Grundlinie abgetragen. Über dieser ist, wie bei Abb. 17, die Linie des von der Kraft Q herrührenden biegenden Momentes aufgezeichnet (die Strecken $\overline{A'a'}$, $\overline{B'b'}$ in Abb. 18 sind gleich den Strecken $\overline{Aa}$, $\overline{Bb}$ in Abb. 17).

Die Ausgleichslinie des Trapezes $A'a'b'C'$ bestimmt das flächengleiche Rechteck $A'M'M'C'$. Die bei A und C wirkenden Momente sind dann gleich den Strecken

$$\overline{M'a'} \text{ bei } A, \qquad \text{Null bei } O', \qquad \overline{M'C'} \text{ bei } C.$$

Für Abb. 18 war angenommen $\Theta_2 = 3\,\Theta_1$. Wäre dagegen $\Theta_1 = 3\,\Theta_2$, so würde sich Abb. 19 ergeben. Aus dem Vergleich von Abb. 17, 18 und 19 geht der Einfluß der verschiedenen Abmessungen auf die Lage des Wendepunktes (O, O', O'') hervor.

Ist das Trägheitsmoment stetig veränderlich, so wird die Mittellinie in angemessen kurze Stücke zerlegt und jedes derselben durch den zugehörigen Wert von Θ_x dividiert.

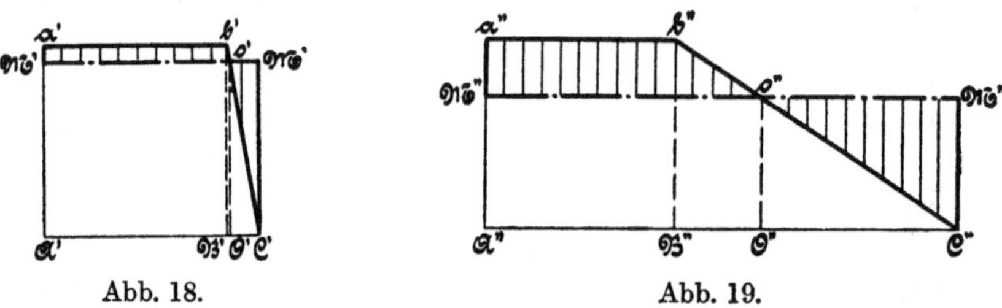

Abb. 18. Abb. 19.

Bei der Ausführung kann es dann vorteilhaft sein, einen der Werte des Trägheitsmomentes, dessen Größe Θ sein möge, in Gleichung 23 vor das Integral gesetzt zu denken und dann die einzelnen Teilstrecken der Mittellinie mit dem Verhältnis $\Theta : \Theta_x$ zu multiplizieren. Dieses Vorgehen entspricht dem Gedanken, daß die Winkel- und Formänderung um so größer ist, je größer die Nachgiebigkeit des Stabes an der betrachteten Stelle ist. Beträgt diese z. B. 3 mal so viel als im anschließenden Stabteil, so wird die Grundlinie 3 mal so lang gezeichnet als diese usf.

c) Gefäß, durch inneren Überdruck p beansprucht (Θ unveränderlich), Abb. 20.

Betrachtet werde ein 1 cm breiter Streifen. Es genügt wieder, ein Viertel des rahmenförmigen Körpers zu betrachten. Bei C ist dann die Kraft $p \cdot b$ und das statisch unbestimmte Moment M anzubringen. Bei Aufzeichnung der Linie des vom Flüssigkeitsdruck herrührenden biegenden Momentes ist zu beachten, daß dessen Größe gleich dem Moment ist, das der Flüssigkeitsdruck auf die Sehne zum Punkte C äußert, also z. B. beträgt bei Punkt B

$$M_b = c^2 p : 2$$

usf. In Abb. 21 ist über der Abwicklung ABC der Mittellinie ABC die Linie a_1OC des biegenden Momentes, das vom Flüssigkeitsdruck herrührt, sowie diejenige des von der Reaktionskraft $p \cdot b$ geäußerten Momentes (Linie $a_2 C$) und der Unterschied beider, Linie aOC aufgezeichnet. Die mittlere Höhe der Fläche $AaOC$, d. i. die Strecke $\overline{CM} = \overline{AM}$, ist, wie aus dem Früheren hervorgeht, das bei C wirkende statisch unbestimmte Moment, das die Winkeländerung bei C verhindert. Die Größe der an den einzelnen Stellen des Rahmens auftretenden biegenden Momente ist, wie früher, durch die Ordinatenabschnitte zwischen der Linie MM und der Linie aC bestimmt. Bei O ist das Moment gleich Null; die elastische Linie enthält dort einen Wendepunkt.

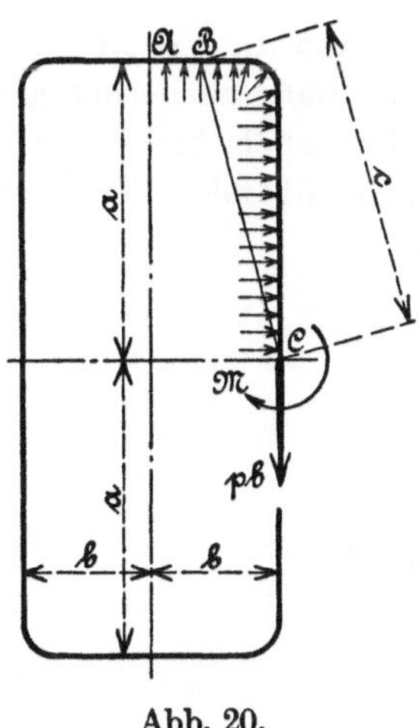

Abb. 20.

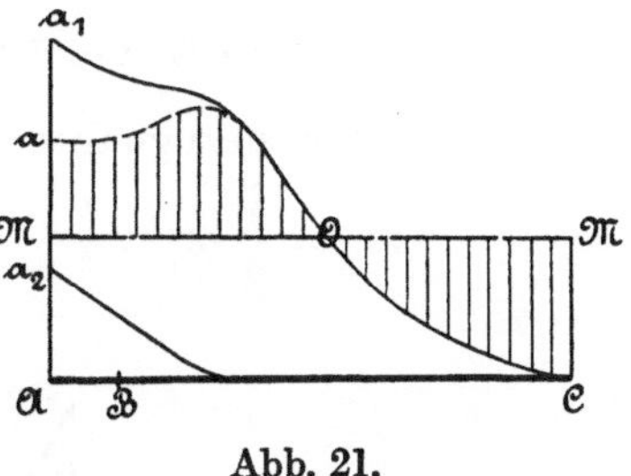

Abb. 21.

d) Eingespannter Balken, Abb. 22 (vgl. § 18, Ziff. 1). Verbindung von Zeichnung und Rechnung.

α) Θ unveränderlich.

1. Aufzeichnen der Linie des biegenden Momentes M über der abgewickelten Mittellinie; sie ist eine Gerade. Die Fläche AaC hat den Inhalt

$$F = \frac{1}{2} P \cdot l \cdot l = \frac{P \cdot l^2}{2}.$$

Somit Winkeländerung bei C (vgl. § 18)

$$\beta_C = \frac{\alpha}{\Theta} P \frac{l^2}{2}.$$

2. Aufzeichnung der Produkte $M_b \cdot z$, d. i. der Linie $a_1 C$ (Abb. 22), die im vorliegenden Fall eine Parabel ist, also den Flächeninhalt

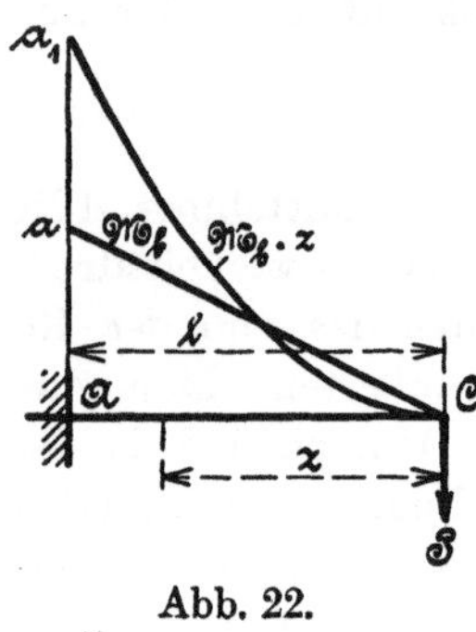

Abb. 22.

$$F = P\,\frac{l^3}{3}$$

besitzt. Somit ist die gesuchte Durchbiegung bei C (vgl. § 18)

$$y_C = \frac{\alpha}{\Theta} P \frac{l^3}{3}.$$

Das Beispiel zeigt, daß die Verbindung von Zeichnung und Rechnung in derartigen Fällen und insbesondere auch bei weniger einfachen Aufgaben sehr übersichtlich und rasch zum Ziel führt.

β) Θ veränderlich.

Es sei z. B. unter Bezugnahme auf Abb. 23

$$\Theta_2 = \frac{1}{2}\Theta_1 \qquad \Theta_3 = \frac{1}{3}\Theta_1.$$

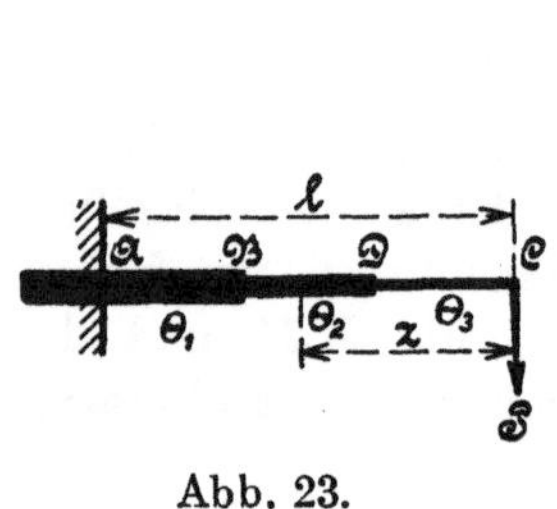

Abb. 23.

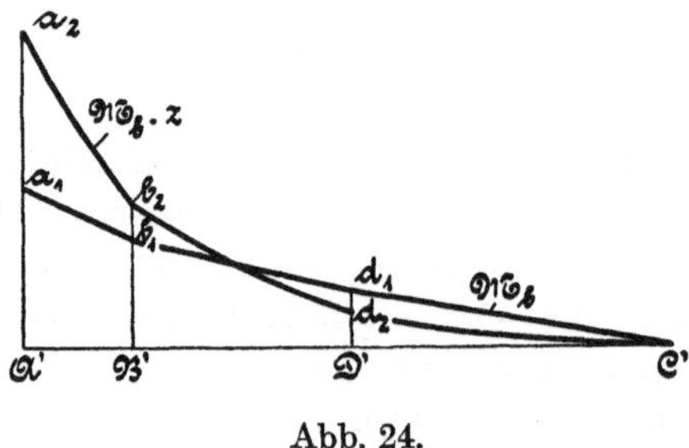

Abb. 24.

Wie bei Beispiel b) besprochen, werden in Abb. 24 als Grundlinie die Strecken $A'B' = \frac{\overline{AB}}{\Theta_1}$, $\overline{B'D'} = \frac{\overline{BD}}{\Theta_2}$, $\overline{D'C'} = \frac{\overline{DC}}{\Theta_3}$ aufgetragen. Darüber ist der Linienzug $a_1 b_1 d_1 C'$ aufgezeichnet (Strecke $\overline{A'a_1}$ in Abb. 24 $= \overline{Aa}$ in Abb. 22 usf.). Ist der Inhalt der Fläche $A'a_1 b_1 d_1 C'$ $= F_1$ qcm, so beträgt der Neigungswinkel bei C

$$\beta_C = \alpha P \cdot F_1.$$

Zur Ermittlung der Formänderung bei C sind die Ordinaten über der Grundlinie in Abb. 24 mit den zugehörigen Werten von z (Abb. 23) zu multiplizieren, womit sich die Linie $a_2 b_2 d_2 C'$ ergibt. (Die in Abb. 22

vorhandene Parabel ist in Abb. 24 entsprechend der Streckung der Grundlinie verzerrt.) Ist ihr Flächeninhalt F_2, so wird

$$y_C = \alpha P F_2 \, \mathrm{cm}^{1)}.$$

Die Ermittlung von β_C und y_C auf dem Wege der Rechnung wäre weit umständlicher. Dagegen würde auch bei diesem Beispiel die Verbindung von Zeichnung und Rechnung rasch zum Ziel führen.

e) Beiderseits eingespannter Balken, in der Mitte belastet (Abb. 25). Θ unveränderlich.

Es genügt infolge der Symmetrie wie früher, die Hälfte des Balkens zu betrachten und bei C anzubringen die Last $P = \frac{Q}{2}$ und das statisch unbestimmte Moment M, das dafür zu sorgen hat, daß die Tangente an der elastischen Linie in C wagrecht bleibt.

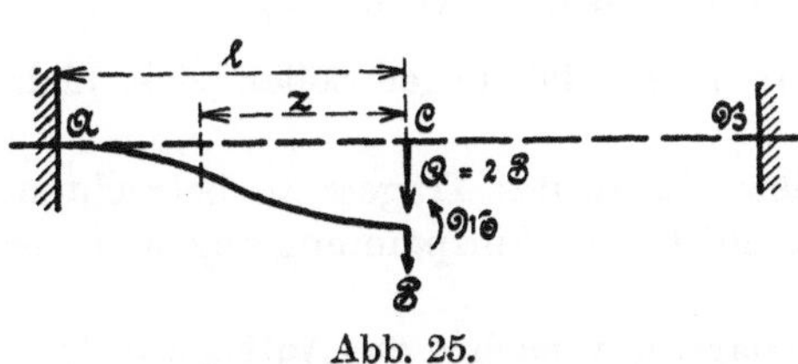

Abb. 25.

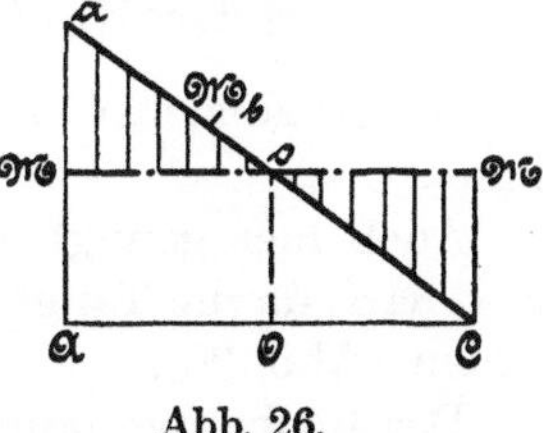

Abb. 26.

1. Aufzeichnen der Linie des biegenden Momentes AaC, herrührend von der Kraft P über der Abwicklung der Mittellinie (Abb. 26).
2. Bestimmung der mittleren Höhe der Fläche AaC, d. h. der Strecke $\overline{AM} = \overline{MC}$, die das gesuchte Moment M bei C darstellt. M ist halb so groß, wie das Moment $\overline{Aa} = P \cdot l$. Bei O tritt ein Wendepunkt in der elastischen Linie ein. Die Ordinatenabschnitte zwischen MM und aC bestimmen die an jeder Stelle wirkenden biegenden Momente M_b.
3. Wird jedes der letzteren mit der Strecke z multipliziert, so findet sich die in Abb. 27 wiedergegebene Linie der Werte $M_b \cdot z$. Ihr Inhalt mißt die Formänderung bei C (der durch Strichelung hervorgehobene Teil ist negativ zu nehmen).

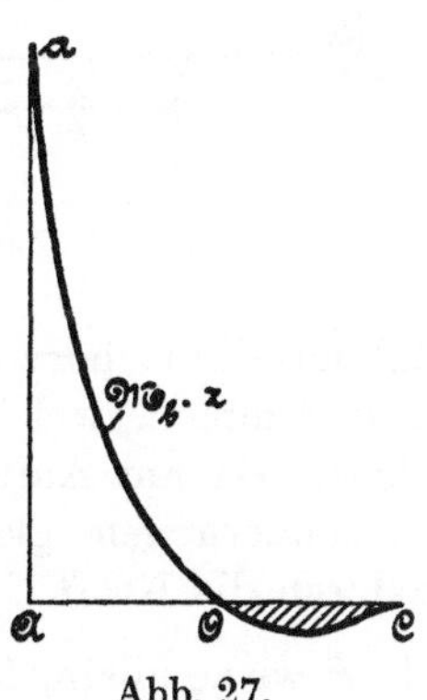

Abb. 27.

[1]) Findet, wie am Schlusse des Beispiels b, β, S. 530 angegeben, Multiplikation der Teilstrecken der Grundlinien Abb. 24 mit dem Verhältnis $\Theta : \Theta_x$ statt, so wird

$$\beta_C = \frac{\alpha}{\Theta} P \cdot F_1 \quad \text{und} \quad y_C = \frac{\alpha}{\Theta} P \cdot F_2.$$

Wäre die Mittellinie vor der Belastung nicht geradlinig, so würde in völlig gleicher Weise vorzugehen sein. Ist Θ veränderlich, so kann der beim Beispiel b) oder d) beschriebene Weg beschritten werden.

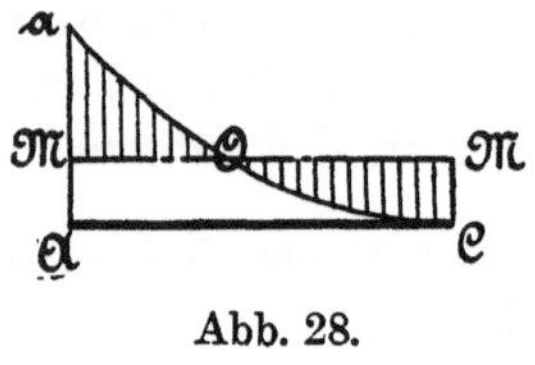

Abb. 28.

Tritt an die Stelle der Einzellast $2P$ z. B. eine gleichförmig verteilte Belastung, so fällt die Linie des biegenden Momentes (Abb. 26) nicht geradlinig, sondern parabolisch aus, wie in Abb. 28 gezeigt. Das statisch unbestimmte Moment M ist dann nicht (wie bei Abb. 26) gleich der Hälfte, sondern gleich einem Drittel der Strecke $\overline{Aa}$, bei A und B stellen sich doppelt so große biegende Momente ein wie bei C; der Wendepunkt O liegt näher bei A als bei C usf.

f) Dreifach gelagerter Balken (Abb. 29).

Θ sei zunächst unveränderlich, die Lager sollen sich nicht senken.

Auch hier genügt es, die eine Hälfte des Trägers zu betrachten; bei B darf, da die Tangente wagrecht bleibt, Einspannung angenommen werden (Abb. 30).

Der Rechnungsgang beruht darauf, zunächst die Auflagerkraft C, die statisch unbestimmt ist, zu entfernen und zu ermitteln, welche Senkung die Kraft P im Punkte C der (bei C nicht unterstützten)

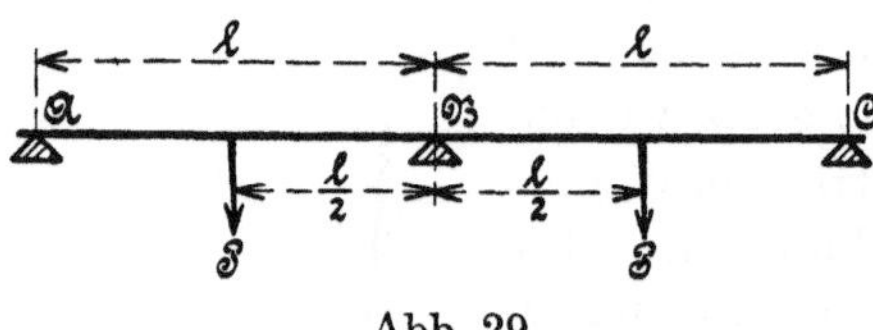

Abb. 29.

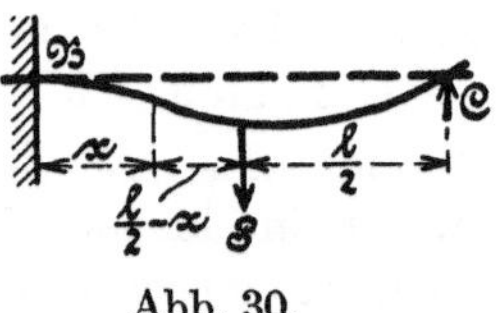

Abb. 30.

Stabmittellinie hervorbrächte, sodann die Kraft P zu entfernen und zu bestimmen, welche Hebung die Kraft C im Punkte C bewirken würde. Da am Auflager keine Senkung eintreten soll, müssen beide Formänderungen gleich groß, aber entgegengesetzt gerichtet sein, wodurch die Kraft C bestimmt erscheint.

1. P wirke allein, C ist entfernt.

Abb. 31 zeigt die Linie des biegenden Momentes aP sowie die der Produkte $M_b \cdot z$, d. i. $a_1 P$ über der Abwicklung der Mittellinie. Es ist also z. B. $\overline{Ba} = P \cdot \frac{l}{2}$; $\overline{Dd} = P\left(z - \frac{l}{2}\right)$; $Dd_1 = \overline{Dd} \cdot z$.

Die Fläche $a_1 d_1 P = F_1$ kann entweder ausgemessen oder bestimmt werden aus der Gleichung

$$F_1 = \int_{z=\frac{l}{2}}^{z=l} P\left(z - \frac{l}{2}\right) z \cdot dz = \frac{5}{48} P l^3.$$

Somit Formänderung bei C

$$y_C = \frac{\alpha}{\Theta} P l^3 \frac{5}{48}.$$

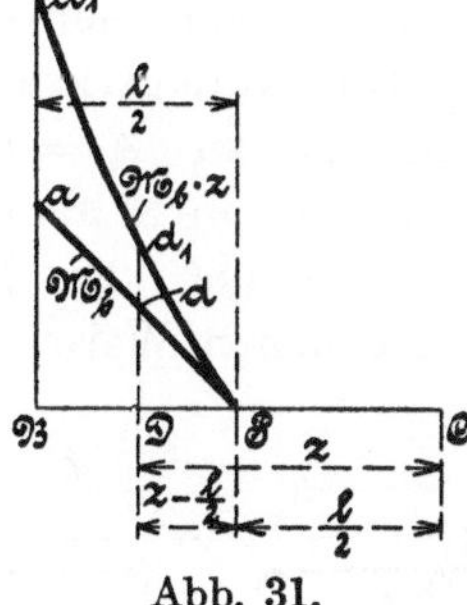

Abb. 31.

2. P ist entfernt, bei C wirkt die Kraft C.

Nach Beispiel d ist

$$y_C = \frac{\alpha}{\Theta} C \frac{l^3}{3}.$$

3. Aus der obigen Überlegung folgt

$$\frac{\alpha}{\Theta} P l^3 \frac{5}{48} = \frac{\alpha}{\Theta} C \frac{l^3}{3}$$

$$C = \frac{5}{16} P.$$

Das biegende Moment bei B beträgt dann

$$M_B = P \cdot \frac{l}{2} - \frac{5}{16} P \cdot l = \frac{3}{16} P \cdot l.$$

Der Wendepunkt der elastischen Linie (Abb. 30) ist bestimmt durch die Gleichung

$$P \cdot \left(\frac{l}{2} - x\right) = \frac{5}{16} P (l - x).$$

$$x = \frac{3}{11} l.$$

Soll die Senkung an der Stelle ermittelt werden, an der die Kraft P angreift, so ist zu verfahren, wie beim Beispiel a angegeben, indem, wie beim Beispiel c geschehen, die (algebraischen) Summen der von P und C herrührenden biegenden Momente mit dem Abstand $\left(\frac{l}{2} - x\right)$ des betrachteten Punktes (Abb. 30) multipliziert und die entstandenen Produkte über der Mittellinie von B bis P aufgezeichnet werden. Ist der Inhalt der so gebildeten Fläche F_P, so ist

$$y_P = \frac{\alpha}{\Theta} F_P.$$

Wäre Θ veränderlich, so würde gemäß Beispiel b verfahren.

g) Frei aufliegender Balken.

Die bisherigen Beispiele behandeln nur Belastungsfälle, bei denen das eine Ende des Trägers als eingespannt anzusehen war, wie es der Ableitung der Gl. 23, § 54 (Abb. 10 daselbst) entspricht. Um das Verfahren auch auf frei aufgelegte Stäbe anwenden zu können, läßt sich folgender Weg einschlagen, der an dem durch Abb. 32 dargestellten Beispiel besprochen sei.

Die Auflagerkräfte in A und B werden in der üblichen Weise bestimmt zu $A = Pb:(a+b)$ und $B = Pa:(a+b)$. Der Stab werde nun in A als eingespannt betrachtet und durch P sowie B belastet gedacht. Die Durchbiegung in B ergebe sich dann, in der oben besprochenen Weise ermittelt, zu y_{B_1} und in C zu y_{C_1}. Die gesuchte Durchbiegung des frei aufliegenden, in A nicht eingespannten Stabes ist dann gleich

$$y_C = y_{B_1}\frac{a}{l} - y_{C_1}$$

wie ohne weiteres einzusehen ist (vgl. Abb. 32), auch aus der Anschauung hervorgeht, daß die Einspannung bei A allmählich und solange gelöst wird, bis das freie Ende B des durchgebogenen, in A zunächst eingespannten Stabes eben das Auflager B berührt. Dabei beschreibt der Punkt C den Weg $y_{B_1}\frac{a}{l}$, wenn die Einspannung aufhört.

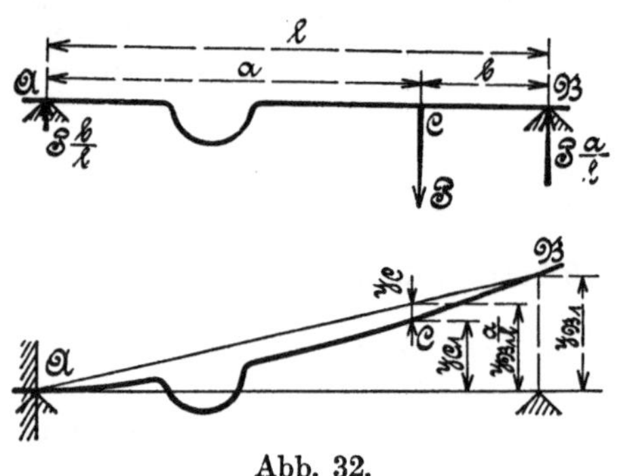

Abb. 32.

Bei Ermittlung der Durchbiegung y_{B_1} und y_{C_1} kann mit Vorteil von dem Maxwellschen Satz der Gegenseitigkeit der Verschiebungen Gebrauch gemacht werden: Wenn die Kraft P im Punkte C angreift, so bewirkt sie in B in Richtung von P eine Formänderung, die ebenso groß ist wie die Formänderung, die im Punkte C entsteht, wenn die Kraft P im Punkte B angreift.

Der eben besprochene Gedankengang, den Stab zunächst in A als eingespannt zu betrachten und ihn dort nachher freizugeben, kann auch bei rein rechnerischem Vorgehen (sogar bei dem einfachen in § 18 unter 2 behandelten Fall des geraden Stabes) vielfach von Vorteil sein; auch sonst kann eine solche Verbindung von rechnerischer Auswertung auf der Grundlage des zeichnerischen Verfahrens oft die Lösung erleichtern (vgl. Beispiel f).

6. Ermittlung der Formänderung, wenn die Dehnungszahl α veränderlich ist.

I. Verfahren.

Gleichung 1, S. 506, zeigt, daß die Dehnungen ε in verschiedener Entfernung η von der Schwerpunktsachse solche Größe besitzen, daß ihr Verlauf durch eine Hyperbel dargestellt werden kann (vgl. S. 554, Fußbemerkung). Ist die Lage derselben bestimmt, so ist dadurch der Wert von ω (spezifische Winkeländerung) für jede größte Beanspruchung oder jedes biegende Moment ermittelt, für das die Untersuchung angestellt wurde.

Unter Verwendung von Gleichungen 22, S. 520, kann sodann auf zeichnerischem Wege (der Wert des Integrals läßt sich ganz ähnlich ermitteln, wie S. 522 u. f. für die Auswertung der Gleichung 23 angegeben wurde, wenn beachtet wird, daß $d\varphi$ der zum Halbmesser 1 gehörige Bogen ist) die Verschiebung Δx_c oder Δy_c bestimmt werden. Näheres findet sich in der Arbeit von R. Baumann in der Zeitschrift des Vereines deutscher Ingenieure 1911, S. 140 u. f., wo auch weitere Anwendungen des Verfahrens beschrieben sind.

II. Verfahren (für gerade Stäbe).

Nach S. 274 ist

$$\frac{1}{\varrho} = \frac{\varepsilon}{\eta}$$

und nach Gl. 13, § 16 ferner für den geraden Stab

$$\frac{1}{\varrho} = \frac{\alpha}{\Theta} M_b,$$

somit

$$\frac{\varepsilon}{\eta} = \frac{\alpha}{\Theta} M_b$$

$$\alpha = \frac{\Theta}{M_b} \cdot \frac{\varepsilon}{\eta}.$$

Da der Wert $\frac{\varepsilon}{\eta}$ auf Grund des in § 22 am Schluß an zwei Beispielen gezeigten Verfahrens ermittelt werden kann, läßt sich die Abhängigkeit der Dehnungszahl α von der Größe des biegenden Momentes angeben. Die Durchbiegung des Stabes kann dann in ganz gleicher Weise ermittelt werden, wie im vorstehenden unter 5, b, β (S. 529) für den Fall der Veränderlichkeit von Θ angegeben. Ebenso lassen sich Fälle behandeln, in denen α und Θ veränderlich sind.

Dieses Verfahren gewährt auch lehrreichen Einblick, wenn es sich darum handelt, den Einfluß von örtlichen Verschwächungen, Fehlstellen (Gußfehlern, Ästen bei Holz) usf. auf die Größe der Durchbiegung zu verfolgen. (Näheres s. in Heft 231 der Forschungsarbeiten.)

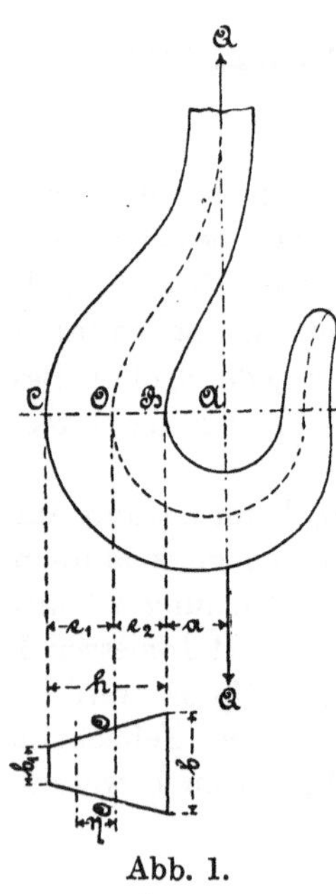

Abb. 1.

§ 55. Fälle bestimmter Belastungen.

1. Offener Haken trägt eine Last Q. Abb. 1.

Die Kraft Q ergibt für den horizontalen trapezförmigen Querschnitt[1]) BOC das größte Moment und die größte Normalkraft. Nach Gleichung 8, § 54, beträgt die Spannung im Abstande η von der Schwerlinie ($\overline{OO}$ im Grundriß) desselben

$$\sigma = \frac{P}{f} + \frac{M_b}{fr} + \frac{M_b}{\varkappa f r}\frac{\eta}{r+\eta}.$$

Hierin ist

$$P = Q, \qquad M_b = -Q(a+e_2),$$

$$f = \frac{b+b_1}{2}h,$$

und nach Gleichung 17, § 54,

$$\varkappa = -1 + \frac{2r}{(b+b_1)h}\left\{\left[b_1 + \frac{b-b_1}{h}(e_1+r)\right]\ln\frac{r+e_1}{r-e_2} - (b-b_1)\right\} \quad . \; . \; 1)$$

Für den Krümmungshalbmesser r der Mittellinie im Punkte O wird gewählt $r = a + e_2$, so daß A der Krümmungsmittelpunkt ist. Damit folgt dann wegen $e_1 + r = a + h$ und $r - e_2 = a$

$$\varkappa = -1 + \frac{2r}{(b+b_1)h}\left\{\left[b_1 + \frac{b-b_1}{h}(a+h)\right]\ln\frac{a+h}{a} - (b-b_1)\right\}$$

$$= -1 + \frac{2r}{(b+b_1)h}\left\{\left[b\left(1+\frac{a}{h}\right) - b_1\frac{a}{h}\right]\ln\left(1+\frac{h}{a}\right) - (b-b_1)\right\}, \qquad 2)$$

woraus für

$$h = 2a, \qquad b = 3b_1,$$

---

[1]) In der Ausführung werden die scharfen Ecken des Trapezes abgerundet und die hiermit verknüpften Querschnittsverminderungen durch geringe Wölbung der ebenen Begrenzungsflächen des Trapezstabes ausgeglichen.

wegen

$$e_2 = \frac{h}{3}\frac{b+2b_1}{b+b_1} = \frac{h}{3}\frac{5b_1}{4b_1} = \frac{5}{12}h = \frac{5}{6}a,$$

$$r = a + e_2 = \frac{11}{6}a,$$

sich ergibt

$$\varkappa = -1 + \frac{11}{24}(4\ln 3 - 2) = 0{,}0974,$$

$$\frac{1}{\varkappa} = 10{,}27.$$

Die Spannung beträgt unter Beachtung, daß

$$r = a + e_2 = \frac{11}{6}a,$$

$$\sigma = -10{,}27\frac{Q}{f}\frac{\eta}{\frac{11}{6}a+\eta} \quad \text{. . . . . 3)}$$

und insbesondere

$$\begin{array}{llll} \text{für } \eta = -e_2 = & -\frac{5}{6}a & \sigma = +8{,}56\frac{Q}{f} & \text{(im Punkte } B) \\ \text{,, } \eta = & -\frac{3}{6}a & \sigma = +3{,}85\frac{Q}{f} & \\ \text{,, } \eta = & 0 & \sigma = \quad 0 & \text{(vgl. auch Gl. 9, § 54)} \\ \text{,, } \eta = & +\frac{3}{6}a & \sigma = -2{,}20\frac{Q}{f} & \\ \text{,, } \eta = +e_1 = & +\frac{7}{6}a & \sigma = -3{,}99\frac{Q}{f} & \text{(im Punkte } C). \end{array}$$

Die Darstellung dieser Spannungen in Abb. 2 derart, daß senkrecht zur Symmetrielinie des Trapezes die in dem betreffenden Punkte herrschende Spannung aufgetragen wird $\left(\text{beispielsweise in } B\ \overline{BA} = +8{,}56\frac{Q}{f}, \text{ in } C\ \overline{CE} = -3{,}99\frac{Q}{f}\right)$, ergibt die Kurve AOE.

Wird der Querschnitt BOC — Abb. 1 — als einem geraden stabförmigen Körper angehörig betrachtet, so findet sich unter Beachtung der Spalte 11 der Zusammenstellung Ziff. 6 des § 17 wegen

$$\frac{\Theta}{e_2} = \frac{11}{30}b_1h^2 = \frac{11}{60}fh = \frac{11}{30}af$$

für die Spannung im Punkte B

$$\sigma = \frac{Q}{f} + \frac{Q\frac{11}{6}a}{\frac{\Theta}{e_2}} = \frac{Q}{f} + 5\frac{Q}{f} = +6\frac{Q}{f}$$

und für diejenige im Punkte C

$$\sigma = \frac{Q}{f} - \frac{Q\,\frac{11}{6}\,a}{\frac{\Theta}{e_1}} = \frac{Q}{f} - 7\,\frac{Q}{f} = -6\,\frac{Q}{f}.$$

Die Darstellung dieser Spannungen liefert die Gerade FDG. Wie ersichtlich, ergibt die Unterstellung: der Querschnitt gehöre einem geraden stabförmigen Körper an, die maßgebende Anstrengung im Punkte B um

$$100\,\frac{8{,}56 - 6}{8{,}56} = 30\,\%.$$

zu klein, führt also zu einer erheblichen Unterschätzung der Inanspruchnahme. Außerdem würde sie im vorliegenden Falle zu der Auffassung veranlassen, daß die Zuganstrengung in B gleich der Druckanstrengung in C sei, während tatsächlich die erstere $\left(8{,}56\,\frac{Q}{f}\right)$ um mehr als $100\,\%$ größer ist als die letztere $\left(3{,}99\,\frac{Q}{f}\right)$.

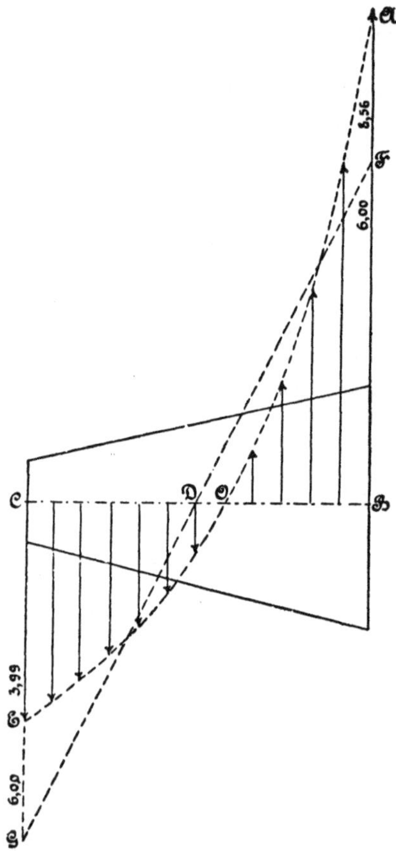

Abb. 2.

Die Beanspruchung des Hakens im Querschnitt BOC wird sich um so mehr derjenigen eines geraden, exzentrisch belasteten Stabes nähern, d. h. die Kurve AOE, Abb. 2, wird um so weniger von der Geraden FDG abweichen, je größer der Krümmungshalbmesser r ist. Es ist deshalb angezeigt, den Krümmungsmittelpunkt für den Punkt O der Mittellinie nicht nach A, sondern weiter nach rechts von A zu verlegen, also dem Haken in dem gefährdetsten Querschnitt eine möglichst geringe Krümmung zu erteilen[1]).

[1]) S. des Verfassers Maschinenelemente, 1891/92, S. 412, Abb. 252; 1908 10. Aufl.), S. 710, Abb. 642.

Ferner erhellt aus dieser Sachlage, daß ein aus zähem Material gefertigter Haken, der sich unter Einwirkung der Last bleibend streckt, hierdurch seine Anstrengung — allerdings auch unter Herabsetzung seiner Zähigkeit — vermindert. Vgl. § 22, 1. a, § 48, 1. Diese Verminderung kann namentlich bei Haken aus zähem Eisen sehr bedeutend werden (vgl. in § 22 Abb. 2 mit Abb. 1, welche Abbildungen für den geraden Stab gelten; für den gekrümmten Stab fällt der Unterschied noch größer aus). Bei dieser Sachlage erscheint es ganz berechtigt, die zulässige Anstrengung des Materials entsprechend höher zu wählen. Im Falle es sich um sprödes Material handelt, erscheint jedoch große Vorsicht geboten, ebenso bei Material, über dessen Güte Zuverlässiges nicht bekannt ist.

(Vgl. auch § 56, Ziff. 2, insbesondere Schlußbemerkung.)

2. Hohlzylinder, der als Walze dient, ist auf die Längeneinheit durch den Druck 2 Q belastet, Abb. 3.

Da sich bei dieser Belastungsweise die Viertelzylinder AB, BC, CD und DA gleich verhalten, so genügt es, einen derselben, etwa AB, der Betrachtung zu unterwerfen. Wir denken uns das Viertel AB

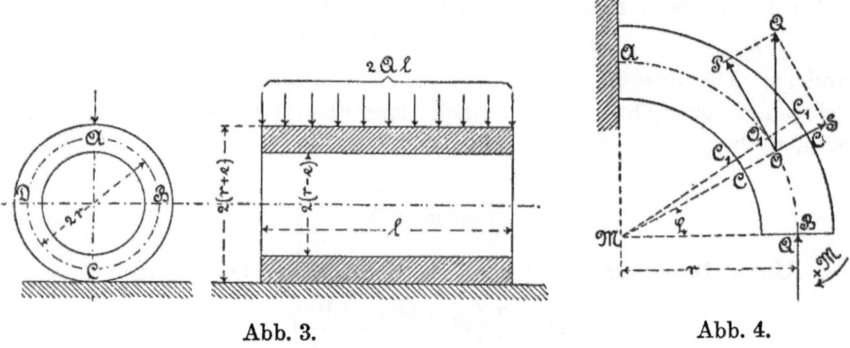

Abb. 3. Abb. 4.

herausgeschnitten, wie Abb. 4 darstellt, ersetzen die Wirkung der äußeren Kräfte auf den Querschnitt bei A durch Befestigung, auf denjenigen bei B durch die Kraft Q und ein Kräftepaar vom Momente M, das positiv oder negativ genommen wird, je nachdem es auf Vermehrung oder Verminderung der Krümmung der Mittellinie im Punkte B hinwirkt.

Für einen beliebigen, durch den Winkel φ bestimmten Querschnitt COC ergibt sich bei Verlegung der Kraft Q nach O die Normalkraft

$$P = -Q \cos \varphi,$$

das biegende Moment

$$M_b = M - Q\,r\,(1 - \cos \varphi).$$

Die Schubkraft $S = Q \sin\varphi$ werde vernachlässigt. Nach Gleichung 8, § 54, ist

$$\sigma = \frac{P}{f} + \frac{M_b}{fr} + \frac{M_b}{\varkappa f r} \frac{\eta}{r+\eta},$$

worin f der auf die Einheit der Zylinderlänge kommende Querschnitt. Folglich

$$f\sigma = -Q\cos\varphi + \frac{M}{r} - Q + Q\cos\varphi + \frac{1}{\varkappa}\left(\frac{M}{r} - Q + Q\cos\varphi\right)\frac{\eta}{r+\eta},$$

$$f\sigma = \frac{M}{r} - Q + \frac{1}{\varkappa}\left(\frac{M}{r} - Q + Q\cos\varphi\right)\frac{\eta}{r+\eta}.$$

Zur Bestimmung des unbekannten Momentes M führt die Erwägung, daß, wie auch die Formänderung der Mittellinie AB des Zylinderviertels sein möge, jedenfalls die beiden Normalen AM und BM derselben rechtwinklig zueinander bleiben werden, daß also der rechte Winkel AMB, der auch gleichzeitig derjenige der beiden Querschnitte bei A und bei B ist, eine Änderung nicht erfährt.

Es sei $C_1O_1C_1$ ein dem Querschnitt COC unendlich nahe gelegener zweiter Querschnitt und $d\varphi$ der Winkel, den beide Querschnitte vor Eintritt der Formänderung miteinander einschließen. Unter Einwirkung der äußeren Kräfte wird sich der letztere nach § 54 um

$$\Delta d\varphi = \omega d\varphi$$

ändern. Die Summe dieser Änderungen für alle zwischen B und A gelegenen Querschnitte muß nach dem eben Erörterten gleich Null sein, d. h.

$$\int_0^{\frac{\pi}{2}} \omega d\varphi = 0.$$

Unter Beachtung, daß nach der letzten der Gleichungen 7, § 54

$$\omega = \frac{\alpha}{f}\left(P + \frac{M_b}{r} + \frac{M_b}{\varkappa r}\right),$$

also hier

$$\omega = \frac{\alpha}{f}\left[\frac{M}{r} - Q + \frac{1}{\varkappa}\left(\frac{M}{r} - Q + Q\cos\varphi\right)\right],$$

wird

$$\int_0^{\frac{\pi}{2}} \omega\, d\varphi = \frac{\alpha}{f}\left[\left\{\frac{M}{r} - Q + \frac{1}{\varkappa}\left(\frac{M}{r} - Q\right)\right\}\frac{\pi}{2} + \frac{1}{\varkappa}Q\right] = 0.$$

Somit

$$\frac{M}{r} - Q = -\frac{2Q}{(1+\varkappa)\pi}$$

oder

$$M = Q\left(1 - \frac{2}{(1+\varkappa)\pi}\right) r \quad . \; . \; . \; . \; . \; . \; . \; 4)^{1)}$$

Die Einführung des für

$$\frac{M}{r} - Q$$

gefundenen Wertes in die Gleichung zur Ermittlung der Spannungen ergibt

$$\sigma f = -\frac{2Q}{(1+\varkappa)\pi} + \frac{1}{\varkappa}\left(-\frac{2Q}{(1+\varkappa)\pi} + Q\cos\varphi\right)\frac{\eta}{r+\eta},$$

$$\sigma = \frac{Q}{f}\left[-\frac{2}{(1+\varkappa)\pi} + \frac{1}{\varkappa}\left(-\frac{2}{(1+\varkappa)\pi} + \cos\varphi\right)\frac{\eta}{r+\eta}\right] \quad . \; . \; 5)$$

Für den rechteckigen Querschnitt ist nach Gleichung 13, § 54,

$$\varkappa = \frac{1}{3}\left(\frac{e}{r}\right)^2 + \frac{1}{5}\left(\frac{e}{r}\right)^4 + \frac{1}{7}\left(\frac{e}{r}\right)^6 + \ldots$$

und bei dem Verhältnis

$$\frac{e}{r} = \frac{1}{5},$$

das wir wählen wollen

$$\varkappa = \frac{1}{3}\left(\frac{1}{5}\right)^2 + \frac{1}{5}\left(\frac{1}{5}\right)^4 + \frac{1}{7}\left(\frac{1}{5}\right)^6 + \ldots = 0{,}01366.$$

Damit folgt

$$\sigma = \frac{Q}{f}\left[-0{,}63 + 73{,}2\,(-0{,}63 + \cos\varphi)\frac{\eta}{5e+\eta}\right] \quad . \; . \; . \; . \; 6$$

Grenzwerte ergeben sich für $\varphi = 0$ (Querschnitt bei B) und $\varphi = \frac{\pi}{2}$ (Querschnitt bei A) sowie für $\eta = \pm e$. Sie betragen

im Querschnitt bei B	im Querschnitt bei A
$\varphi = 0$	$\varphi = \frac{\pi}{2}$

innerste Faser,

$\eta = -e$:

$$\sigma_i = -\frac{Q}{f}\left(0{,}63 + 73{,}2 \cdot 0{,}37\,\frac{1}{4}\right), \qquad \sigma_i = \frac{Q}{f}\left(-0{,}63 + 73{,}2 \cdot 0{,}63\,\frac{1}{4}\right)$$

$$= -7{,}40\,\frac{Q}{f}, \qquad = +10{,}90\,\frac{Q}{f};$$

---

[1]) Die Näherungsgleichungen 23, § 54, sowie das oben angegebene zeichnerische Verfahren würden den Wert von

$$M = Q\left(1 - \frac{2}{\pi}\right) r$$

ergeben haben. Dies bedeutet hinsichtlich der Größe des biegenden Momentes für das im folgenden durchgeführte Beispiel mit $\varkappa = 0{,}01366$ einen Unterschied im Querschnitt bei B von $2{,}4\%$ und im Querschnitt bei A von $1{,}3\%$.

äußerste Faser,

$\eta = + e:$

$$\sigma_a = \frac{Q}{f}\left(-0{,}63 + 73{,}2 \cdot 0{,}37 \frac{1}{6}\right), \qquad \sigma_a = -\frac{Q}{f}\left(0{,}63 + 73{,}2 \cdot 0{,}63 \frac{1}{6}\right)$$

$$= +3{,}88 \frac{Q}{f} \qquad\qquad = -8{,}32 \frac{Q}{f}.$$

Hiernach findet die größte Anstrengung im Querschnitte bei A, und zwar an der Innenfläche des Hohlzylinders durch tangential gerichtete Zugspannungen $= 10{,}90 \frac{Q}{f}$ statt. An der Außenfläche desselben Querschnitts herrscht eine Druckspannung $8{,}32 \frac{Q}{f}$. Im Querschnitt bei B wirkt innen die Druckspannung $7{,}40 \frac{Q}{f}$ und außen die Zugspannung $3{,}88 \frac{Q}{f}$. In beiden Querschnitten geht die Spannung durch Null hindurch. Die Stelle, an der dies stattfindet, ergibt sich

für den Querschnitt B $(\varphi = 0)$

aus

$$0 = -0{,}63 + 73{,}2 \cdot 0{,}37 \frac{\eta}{5e + \eta}$$

durch den Wert

$$\eta = 0{,}12\, e,$$

für den Querschnitt A $\left(\varphi = \frac{\pi}{2}\right)$

aus

$$0 = -0{,}63 - 73{,}2 \cdot 0{,}63 \frac{\eta}{5e + \eta}$$

durch den Abstand

$$\eta = -0{,}067\, e.$$

Die Darstellung Abb. 5 mit HBJ als Linie der Spannungen im Querschnitte bei B und $FEAG$ als Linie der Spannungen im Querschnitte bei A gibt über das Gesetz, nach dem sich die Spannung in den beiden Querschnitten ändert, ein anschauliches Bild.

Zur Erweiterung desselben in bezug auf dazwischen gelegene Querschnitte werde noch folgendes festgestellt.

Für $\eta = 0$ findet sich aus Gleichung 6

$$\sigma = -0{,}63 \frac{Q}{f},$$

also unabhängig von φ, d. h. in allen Punkten der mittleren Zylinderfläche ist die Spannung eine negative, also Pressung, und von gleicher Größe.

Auch gibt es in jedem Zylinderviertel einen Querschnitt, in dem nur Druckspannungen, und zwar ebenfalls von gleicher Größe, auftreten. Setzen wir in Gleichung 5

$$\cos\varphi = \frac{2}{(1+\varkappa)\pi} = 0{,}63,$$

so entfällt das Glied, das die Veränderlichkeit und den Vorzeichenwechsel von σ bedingt, und es wird

$$\sigma = -\frac{Q}{f}\frac{2}{(1+\varkappa)\pi} = -0{,}63\frac{Q}{f}.$$

Dieser Querschnitt ist in Abb. 5 durch die Linie MC wiedergegeben[1]).

Zur Feststellung derjenigen Punkte im Innern des Hohlzylinders, in denen $\sigma = 0$ wird, findet sich nach Gleichung 5

$$0 = -\frac{2}{(1+\varkappa)\pi} + \frac{1}{\varkappa}\left(-\frac{2}{(1+\varkappa)\pi} + \cos\varphi\right)\frac{\eta}{r+\eta},$$

woraus

$$\cos\varphi = \frac{2}{\pi}\left(1 + \frac{\varkappa}{1+\varkappa}\frac{r}{\eta}\right) = 0{,}64 + 0{,}043\frac{e}{\eta},$$

oder

$$\eta = r\frac{\varkappa}{1+\varkappa}\cdot\frac{1}{\frac{\pi}{2}\cos\varphi - 1} = 0{,}0675\, e\frac{1}{\frac{\pi}{2}\cos\varphi - 1}.$$

An der innersten Faserschicht, d. h. für $\eta = -e$, wird $\sigma = 0$, wenn

$$\cos\varphi = 0{,}64 - 0{,}043 = 0{,}597,$$

an der äußersten Fläche, d. h. für $\eta = +e$, fällt $\sigma = 0$ aus, wenn

$$\cos\varphi = 0{,}64 + 0{,}043 = 0{,}683.$$

Mit $\cos\varphi = 0{,}5$ wird $\sigma = 0$ für

$$\eta = 0{,}0675\frac{1}{\frac{\pi}{4} - 1}e = -0{,}31\, e,$$

und mit $\cos\varphi = 0{,}8$ wird $\sigma = 0$ für

$$\eta = 0{,}0675\frac{1}{0{,}4\pi - 1}e = +0{,}26\, e.$$

Auf diesem Wege erhalten wir, wie Abb. 5 zeigt, zwei Kurven welche diejenigen Flächenelemente bestimmen, in denen die Normalspannungen gleich Null sind.

---

[1]) Das zeichnerische Verfahren liefert diese Stelle als Punkt O in Abb. 12, S. 523 in sehr einfacher und übersichtlicher Weise.

Ferner sind daselbst auch noch in radialer Richtung eingetragen die Spannungen, die an den verschiedenen Punkten der Innen- und Außenfläche des Hohlzylinders in tangentialer Richtung herrschen[1]).

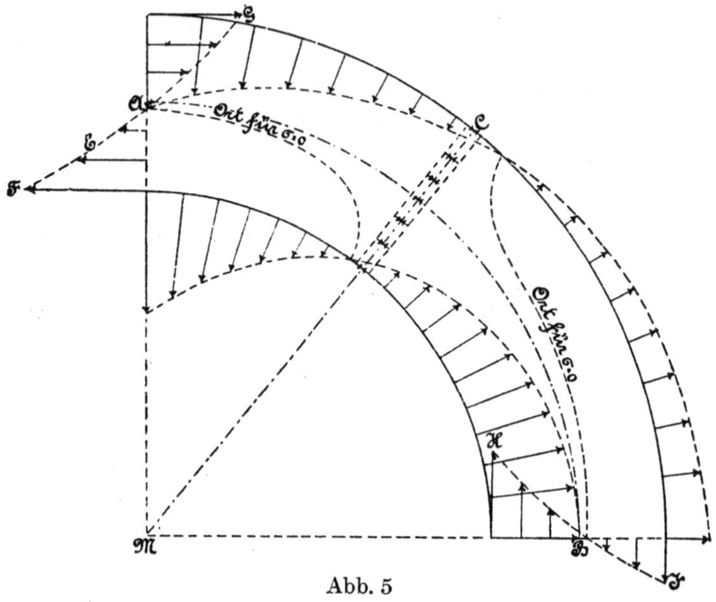

Abb. 5

Was schließlich die Formänderung anbelangt, so ist ohne weiteres zu übersehen, daß die kreisförmige Mittellinie eine ellipsenartige Form annimmt, entsprechend einer Vergrößerung des Krümmungshalbmessers bei A und einer Verkleinerung desselben bei B.

§ 56. Versuchsergebnisse.

1. Versuche mit Hohlzylindern. (1886.)

Zu einer teilweisen Prüfung des in § 55, Ziff. 2 gefundenen Hauptergebnisses Gleichung 5 bei Verwendung von Material, das für die Herstellung solcher Hohlzylinder vorzugsweise in Betracht kommen kann, führte Verfasser die nachstehend besprochenen Versuche durch.

Aus einem gußeisernen Hohlstab mit kreisförmigem Querschnitt, und zwar von dem Material: Gußeisen A, § 35 (Bruchstück eines der unter c — S. 368 — aufgeführten 3 Hohlstäbe, Zugfestigkeit 1579 kg, Drehungsfestigkeit 1297 kg), wurden kurze Hohlzylinder von der Länge $l = 6{,}0$ cm durch Drehen herausgearbeitet und nach Maßgabe der Abb. 3, § 55, mit $2\,Ql$ belastet. Der äußere Zylindermantel wurde nur

[1]) Die in Abb. 5 gegebene Darstellung der Spannungsverteilung in einzelnen Querschnitten und der Spannungsänderung von Querschnitt zu Querschnitt ist in den S. 515, Fußbemerkung 1, erwähnten Arbeiten noch erweitert worden.

so weit abgedreht, als es erforderlich war, um den Druckplatten der Prüfungsmaschine gute Anlageflächen zu sichern.

In ganz gleicher Weise wurden kurze Hohlzylinder aus dem Gußeisen B, § 35 (Bruchstück eines der unter b, α — S. 377 — erwähnten 2 Hohlstäbe, Zugfestigkeit 1679 kg, Drehungsfestigkeit 1439 kg) hergestellt.

Die Ergebnisse der Gleichung 5, § 55, in der hier

$$\varphi = \frac{\pi}{2}, \qquad \eta = -e, \qquad f = \frac{d - d_0}{2} \quad \text{(Abb. 3, § 35)}$$

zu setzen ist, wodurch wird

$$\sigma_{max} = \frac{2Q}{d - d_0} \left\{ -\frac{2}{(1+\varkappa)\pi} + \frac{2}{\varkappa(1+\varkappa)\pi} \frac{\frac{e}{r}}{1 - \frac{e}{r}} \right\}, \quad \ldots \quad 1)$$

finden sich, nach dieser Gleichung berechnet, in der folgenden Zusammenstellung unter σ_{max} eingetragen.

Gußeisen A.

Hohlzylinder, innen unbearbeitet.

Bezeichnung	Durchmesser äußerer d cm	Durchmesser innerer d_0 cm	Verhältnis $\frac{e}{r} = \frac{d - d_0}{d + d_0}$	$\varkappa$ Gl. 13, § 54	Bruchbelastung $2Ql$ kg	Bruchfestigkeit σ_{max} Gl. 1 kg/qcm
1	10,0	7,0	0,176	0,0105	5410	3657
3	10,06	7,06	0,175	0,0104	5420	3685
5	10,02	6,92	0,183	0,0114	5170	3269

Bemerkungen.

Der Bruch erfolgt bei Nr. 1 und 3 durch gleichzeitiges Einreißen in den Querschnitten A und C, Abb. 3, § 55, das innen beginnend sich auf etwa drei Viertel der Wandstärke nach außen fortsetzt. Der äußere Zylindermantel bleibt unverletzt.

Im Falle Nr. 5 reißt zunächst der Querschnitt innen bei A allein; die Fortsetzung des Zusammendrückens veranlaßt denjenigen bei C nachzufolgen.

Hohlzylinder, innen bearbeitet.

Bezeichnung	Durchmesser äußerer d cm	Durchmesser innerer d_0 cm	Verhältnis $\frac{e}{r} = \frac{d - d_0}{d + d_0}$	$\varkappa$ Gl. 13, § 54	Bruchbelastung $2Ql$ kg	Bruchfestigkeit σ_{max} Gl. 1 kg/qcm
2	10,06	7,28	0,160	0,00867	4410	3498
4	10,02	7,32	0,156	0,00823	4395	3695

Bemerkungen.

Wie oben Nr. 5.

Gußeisen B.

Hohlzylinder, innen unbearbeitet.

Bezeichnung	Durchmesser äußerer d cm	Durchmesser innerer d_0 cm	Verhältnis $\frac{e}{r} = \frac{d - d_0}{d + d_0}$	$\varkappa$ Gl. 13, § 54	Bruchbelastung $2\,Q\,l$ kg	Bruchfestigkeit σ_{max} Gl. 1 kg/qcm
1	10,08	6,96	0,183	0,0114	5005	3135
3	10,06	6,96	0,182	0,01127	4980	3156

Bemerkungen.

Wie oben bei Gußeisen A, Nr. 5.

Hohlzylinder, innen bearbeitet.

Bezeichnung	Durchmesser äußerer d cm	Durchmesser innerer d_0 cm	Verhältnis $\frac{e}{r} = \frac{d - d_0}{d + d_0}$	$\varkappa$ Gl. 13, § 54	Bruchbelastung $2\,Q\,l$ kg	Bruchfestigkeit σ_{max} Gl. 1 kg/qcm
2	10,07	7,43	0,151	0,00771	3980	3508
4	10,04	7,42	0,150	0,00760	4200	3759

Bemerkungen.

Wie oben bei Gußeisen A, Nr. 5.

Zu diesen Ergebnissen ist nachstehendes zu bemerken.

a) Hohlzylinder A 1 und A 3 sind die beiden einzigen der Versuchskörper, die an den zwei diametral einander gegenüberliegenden Stellen gleichzeitig einreißen. Sie müssen demnach einen größeren Wert von σ_{max} aufweisen als sonst gleiche Hohlzylinder, bei denen dieses Einreißen nacheinander stattfindet. Daraus erklärt sich die geringere Bruchfestigkeit von A 5 gegenüber A 1 und A 3 ohne weiteres.

b) Zum Zwecke der Prüfung des Einflusses der Gußhaut kann nach Maßgabe des unter a) Gesagten nur A 5 mit A 2 und A 4 verglichen werden. Hierbei findet sich die Festigkeit der innen von der Gußhaut befreiten Hohlzylinder A 2 und A 4 um durchschnittlich

$$\frac{3498 + 3695}{2} - 3269 = 3596 - 3269 = 327 \text{ kg},$$

d. s.

$$100 \frac{327}{3269} = 10\,\%$$

größer als diejenige des unbearbeiteten Körpers A 5.

Für das Gußeisen B ergibt sich dieser Unterschied zu

$$\frac{3508 + 3759}{2} - \frac{3135 + 3156}{2} = 3633 - 3145 = 488 \text{ kg}$$

d. s.

$$100 \frac{488}{3145} = 15{,}5\,\%.$$

Diese Zahlen bestätigen den bereits in § 22, Ziff. 4 festgestellten Einfluß der Gußhaut.

(Vgl. auch § 58, Fußbemerkung 1, S. 579.)

c) Die Zugfestigkeit des Gußeisens A war zu 1579 kg, diejenige des Gußeisens B zu 1679 kg ermittelt worden. Wird nach S. 292 Nr. 4 die Biegungsfestigkeit für den rechteckigen Stab zu 1,75 mal Zugfestigkeit angenommen, so wäre für bearbeitete Stäbe auf eine Biegungsfestigkeit von

$$1579 \cdot 1{,}75 = 2763 \text{ kg}$$

bzw.

$$1679 \cdot 1{,}75 = 2938 \text{ kg}$$

zu rechnen gewesen. Tatsächlich sind die Werte von σ_{max} (trotz des Einreißens an zunächst einer Stelle) für das Gußeisen A (Nr. 2 und 4) um

$$3596 - 2763 = 833 \text{ kg} \quad \text{oder} \quad 100 \frac{833}{2763} = 30\,\%,$$

für das Gußeisen B (Nr. 2 und 4) um

$$3633 - 2938 = 695 \text{ kg} \quad \text{oder} \quad 100 \frac{695}{2938} = 24\,\%$$

größer. Dieser Unterschied ist zum größten Teile auf Rechnung der dem Gußeisen eigentümlichen Veränderlichkeit der Dehnungszahl α zu setzen, die den Verlauf der Spannungslinie, z. B. AEF im Querschnitt A, Abb. 5, § 55, dahin abändert, daß die wagrechten Ordinaten weniger rasch wachsen, als die Rechnung, welche Unveränderlichkeit der Dehnungszahl voraussetzt, ergibt. War diese Abweichung schon beim geraden stabförmigen Körper von großem Einflusse (vgl. § 20, namentlich Abb. 19), so muß dieser hier noch bedeutender ausfallen[1]).

Um zu prüfen, inwieweit etwa Gußspannungen bei der vorliegenden Frage beteiligt seien, wurden diejenigen Hohlzylinder, die nur an einer Stelle gerissen waren, und bei denen der Versuch nicht bis zum Einreißen an der zweiten (gegenüberliegenden) Stelle fortgesetzt

[1]) Zur Bestimmung des Einflusses der Veränderlichkeit von α bei gekrümmten stabförmigen Körpern ist auf die in der Fußbemerkung S. 554 angegebene Arbeit von R. Baumann zu verweisen.

worden war, an der Rißstelle aufgeschnitten und sodann genau gemessen, ob hierbei ein Zusammengehen oder Erweitern des Ringes (oder der Schnittfuge) stattfand. Eine solche Änderung ließ sich nicht oder nur in ganz verschwindender Größe feststellen. Das Ergebnis blieb auch nach vollständiger Beseitigung der äußeren Gußhaut sowie nach Ausbohren des Ringes auf die halbe Stärke das gleiche. Hiernach können Gußspannungen von Erheblichkeit nicht vorhanden gewesen sein.

Werden diejenigen Werte von σ_{max}, die für die ausgebohrten Hohlzylinder ermittelt wurden, in Vergleich mit der Zugfestigkeit gestellt, so findet sich für das Gußeisen A

$$\sigma_{max} = \frac{3596}{1579} K_z = 2{,}28 \text{ mal Zugfestigkeit,}$$

für das Gußeisen B

$$\sigma_{max} = \frac{3633}{1679} K_z = 2{,}16 \text{ mal Zugfestigkeit,}$$

also durchschnittlich 2,22 mal Zugfestigkeit,
gegen 1,75 mal Zugfestigkeit
beim geraden Stabe.

2. Versuche und Darlegungen zur Frage der Spannungsverteilung über die Querschnitte gekrümmter stabförmiger Körper.

Zur raschen Gewinnung eines Einblicks in die Verhältnisse, die bei Beurteilung dieser wiederholt aufgeworfenen Streitfrage in Betracht kommen, läßt es sich nicht vermeiden, bereits aus dem Früheren Bekanntes zu wiederholen.

Die Biegungslehre ist bisher sowohl für gerade als auch für gekrümmte stabförmige Körper von den Voraussetzungen:

1. daß die Querschnitte eben bleiben,
2. daß zwischen Dehnungen und Spannungen Proportionalität besteht,

ausgegangen. Damit gelangt sie

für gerade stabförmige Körper,

in bezug auf deren Belastung angenommen sei, daß die Ebene des biegenden Kräftepaares den symmetrischen Querschnitt in einer der beiden Hauptachsen schneidet, zu den Ergebnissen:

a) daß die Gerade, in der die Dehnungen und die Spannungen den Wert Null besitzen, die sogenannte „neutrale Achse“ oder „Nullachse“, durch den Schwerpunkt des Querschnittes geht und mit der anderen Hauptachse zusammenfällt,

b) daß die Spannungen σ proportional mit dem Abstande η von der Nullachse wachsen, d. h. unter Bezugnahme auf Abb. 1,

$$\sigma = \sigma_1 \eta, \quad \ldots \ldots \quad 1)$$

sofern σ_1 die Spannung im Abstande 1 bezeichnet, daß also die Verteilung der Spannungen über den Querschnitt nach dem Gesetze der geraden Linie erfolgt.

Für den gekrümmten stabförmigen Körper,

in bezug auf den vorausgesetzt werde, daß die Mittellinie eine einfach gekrümmte Kurve und ihre Ebene Ort der einen Hauptachse sämtlicher Stabquerschnitte sowie Ebene des biegenden Kräftepaares sei, kommt die Biegungslehre unter den bezeichneten Voraussetzungen, Ziff. 1 und 2, zu den Ergebnissen:

a) daß die oben unter a) bezeichnete Hauptachse des Querschnittes nicht mehr Nullachse ist, daß diese vielmehr parallel dazu liegt,

b) daß die Spannungen σ nicht mehr proportional mit dem Abstande η von der Nullachse zunehmen, sondern auf der Seite, die der Krümmungsachse zugekehrt ist, rascher und auf der anderen Seite langsamer als η wachsen, wie Abb. 2 erkennen läßt.

Der Grund dieser abweichenden Ergebnisse, zu denen man unter den gleichen Voraussetzungen gelangt, liegt lediglich darin, daß bei

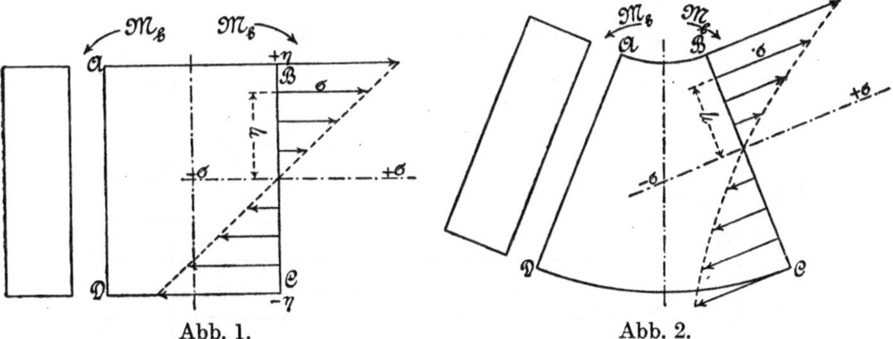

Abb. 1. Abb. 2.

dem gekrümmten Stab die zwischen zwei Querschnitten gelegenen Fasern verschiedene Länge besitzen (vgl. das in Abb. 2 gezeichnete Körperelement mit den Stabquerschnitten AD und BC), während bei dem geraden Stabe Gleichheit der Faserlänge vorhanden ist (vgl. das in Abb. 1 dargestellte Körperelement mit den Stabquerschnitten AD und BC). Wenn eine kürzere Faser um die gleiche Strecke gedehnt wird wie eine längere, so wird eben in der ersteren eine größere spezifische Dehnung und damit auch eine größere Spannung wachgerufen als in der letzteren[1]).

[1]) Die Sache liegt hier ähnlich wie bei dickwandigen Hohlzylindern. Die Anstrengung in tangentialer Richtung ist innen am größten und nimmt nach außen hin ab. (Vgl. S. 576 u. f., insbesondere auch Abb. 4, S. 580.)

Würde die durch Gleichung 1 bestimmte Spannungsverteilung auch beim gekrümmten stabförmigen Körper sich einstellen, so müßten sich die ursprünglich ebenen Querschnitte bei Festhaltung der Proportionalität von Dehnungen und Spannungen — lediglich unter Einwirkung des biegenden Kräftepaares — krümmen. Versuche, die hierüber angestellt worden sind, bestätigen das nicht.

Da die Frage, ob die Anwendung der für den geraden Stab gültigen Gleichungen auf gekrümmte stabförmige Körper zulässig erscheint, von großer praktischer Bedeutung ist, so hat Verfasser seinerzeit (1896) geglaubt, zu den früheren Versuchen in dieser Richtung (vgl. oben unter Ziff. 1) noch weitere hinzufügen zu sollen, über die im nachstehenden berichtet wird. Dabei sind die Körperformen so gewählt, daß vorzugsweise der Einfluß des biegenden Momentes sich äußert, dagegen der einer Normalkraft oder einer Schubkraft zurücktritt.

a) Versuche mit Stäben aus grauem Gußeisen, Abb. 3. Bearbeitet.

Stab 1.

$$l = 552 \text{ mm}, \quad r = 70 \text{ mm}, \quad h = 80 \text{ mm}, \quad b = 24{,}2 \text{ mm},$$
$$f = 2{,}42 \cdot 8 = 19{,}36 \text{ qcm},$$

nach Gleichung 12, § 54

$$\varkappa = -1 + \frac{7}{8} \ln \frac{7+4}{7-4} = 0{,}137 .$$

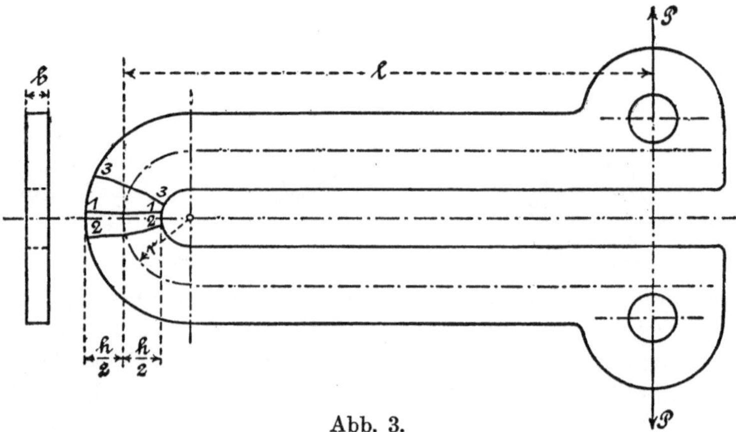

Abb. 3.

Der Bruch erfolgt bei $P = 855$ kg nach der in Abb. 3 eingetragenen Linie 11. Bruchfläche gesund.

Nach Gleichung 8, § 54, berechnet sich hieraus die Bruchfestigkeit

$$\sigma_{max} = \frac{855}{19{,}36} - \frac{855 \cdot 55{,}2}{19{,}36 \cdot 7} + \frac{855 \cdot 55{,}2}{0{,}137 \cdot 19{,}36 \cdot 7} \, \frac{4}{7-4}$$
$$= 44{,}2 - 348{,}3 + 3390 = \sim 3086 \text{ kg/qcm}.$$

Von den beiden Schenkelstücken, die durch den Bruch entstanden waren, wurde das eine bei der Auflagerentfernung von 500 mm als gerader Stab der Biegungsprobe unterworfen. Diese lieferte bei gesunder Bruchfläche nach Gleichung 9, § 16, die Biegungsfestigkeit:

$$K_b = 2524 \text{ kg/qcm.}$$

Würde man den gekrümmten stabförmigen Körper als geraden behandeln, d. h. seine Anstrengung durch das biegende Moment nach Gleichung 9, § 16, beurteilen, so ergibt sich die Bruchfestigkeit zu

$$(\sigma_{max}) = \frac{855}{19,36} + \frac{855 \cdot 55,2}{\frac{1}{6} \cdot 2,42 \cdot 8^2} = 1873 \text{ kg/qcm.}$$

Die Rechnung auf Grund der Voraussetzung, daß α unveränderlich ist und die Querschnitte eben bleiben, würde mit der Biegungsfestigkeit $K_b = 2524$ kg/qcm eine Bruchbelastung

$$P_1 = 855 \frac{2524}{3086} = 699 \text{ kg}$$

liefern, während die Annahme, daß die Spannungsverteilung nach Gleichung 1 stattfinde, d. h. genau so, als ob der Querschnitt einem geraden stabförmigen Körper angehöre, eine Bruchbelastung P_2 erwarten läßt, die sich aus

$$2524 = \frac{P_2}{2,42 \cdot 8} + \frac{P_2 \cdot 55,2}{\frac{1}{6} \cdot 2,42 \cdot 8^2}$$

oder

$$P_2 = 855 \frac{2524}{1873}$$

zu

$$P_2 = 1153 \text{ kg}$$

ergibt.

Hieraus folgt, daß die letztere Annahme zu einer bedeutenden Unterschätzung der Anstrengung führt; sie liefert eine um

$$\varphi_1 = 100 \frac{1153 - 855}{855} = \sim 35\,\%$$

zu große Widerstandsfähigkeit.

Die erste Voraussetzung dagegen beurteilt dieselbe um

$$\varphi_2 = 100 \frac{855 - 699}{855} = 18\,\%$$

zu niedrig[1]).

[1]) Daß der Unterschied φ_2 zum größten Teile seine Begründung in der Veränderlichkeit der Dehnungszahl α bei Gußeisen hat, wurde oben S. 549 bereits hervorgehoben.

Stab 2.

$l = 554{,}2$ mm, $r = 70$ mm, $h = 80$ mm, $b = 22{,}7$ mm.

Bruch erfolgt bei $P = 810$ kg nach der in Abb. 3 eingetragenen Bruchlinie 2 2. Bruchfläche gesund.

Es finden sich die Werte

$\sigma_{max} = 3128$ kg/qcm, $K_b = 2500$ kg/qcm, $(\sigma_{max}) = 1899$ kg/qcm,

$$P_1 = 810\,\frac{2500}{3128} = 647 \text{ kg}, \qquad P_2 = 810\,\frac{2500}{1899} = 1067 \text{ kg},$$

$$\varphi_1 = 100\,\frac{1067 - 810}{810} = 32\,\%, \qquad \varphi_2 = 100\,\frac{810 - 647}{810} = 20\,\%.$$

Stab 3.

$l = 552$ mm, $r = 70$ mm, $h = 80$ mm, $b = 23{,}5$ mm.

Bruch erfolgt bei $P = 790$ kg, nach der in Abb. 3 eingetragenen Linie 3 3. Bruchfläche gesund.

Zur Ermittlung der tatsächlich auftretenden Spannungen unter Berücksichtigung, daß die Dehnungszahl α veränderlich ist, kann folgendermaßen vorgegangen werden.

Gleichung 1, S. 506, läßt erkennen, daß die über dem Querschnitt verzeichnete Linie der Dehnungen ε eine Hyperbel $\left(\varepsilon = \frac{\eta}{r + \eta}\right)$ im Maßstabe $(\omega - \varepsilon_0)$ darstellt, die von der Nullachse einen Betrag ε_0 abschneidet. Ist das Gesetz der Abhängigkeit zwischen Dehnungen und Spannungen bekannt, d. h. in Form eines durch den Versuch erlangten Linienzuges oder als Gleichung (vgl. § 22, Ziff. 5) gegeben, so kann über dem Querschnitt die zu der zunächst willkürlich angenommenen Linie (Hyperbel) der Dehnungen ε gehörige Linie der Spannungen σ aufgezeichnet werden. Läßt man vorerst die Normalkraft P außer Betracht, indem man sich ihre Berücksichtigung für später vorbehält, so muß die Bedingung erfüllt sein

$$\int \sigma \cdot df = 0.$$

Hierdurch ist die Lage der Hyperbel, deren einer Punkt durch die willkürlich angenommene Dehnung ε_1 bestimmt ist, festgelegt und damit die Größe von ω und ε_0 gefunden. (Soll die Normalkraft Berücksichtigung finden, so muß der Unterschied der Werte $\int \sigma\, df$ auf der Zug- und Druckseite gleich P sein.) Aus der Größe von $\int \sigma\, df$ für die Zug- und Druckseite und dem Abstand der Resultierenden dieser Zug- oder Druckkräfte ergibt sich die Größe des biegenden Momentes, das die angenommene Dehnung ε_1 hervorzurufen vermag. Hinsichtlich weiterer Einzelheiten muß auf die folgenden Arbeiten verwiesen werden, in denen gezeigt ist, daß die tatsächlich auftretende Zugspannung beim Bruch fast genau gleich groß ist wie die Zugfestigkeit, die sich aus Zugversuchen für dasselbe Material ergeben würde. Wegen weiterer Einzelheiten vgl. R. Baumann, Über eben gekrümmte stabförmige Körper aus Material mit veränderlicher Dehnungszahl, ihre Beanspruchung und Formänderung, Zeitschrift des Vereines deutscher Ingenieure 1911, S. 140 u. f., sowie Ludwik, Zur Frage der Spannungsverteilung in gekrümmten stabförmigen Körpern mit veränderlicher Dehnungszahl, Technische Blätter, Prag 1905, S. 1 u. f.

Die Berechnung der Versuchsergebnisse führt zu:

$$\sigma_{max} = 2936 \text{ kg/qcm}, \qquad K_b = 2339 \text{ kg/qcm}, \qquad (\sigma_{max}) = 1782 \text{ kg/qcm}.$$

$$P_1 = 790 \frac{2339}{2936} = 629 \text{ kg}, \qquad P_2 = 790 \frac{2339}{1782} = 1037 \text{ kg},$$

$$\varphi_1 = 100 \frac{1037 - 790}{790} = 31\,\%, \qquad \varphi_2 = 100 \frac{790 - 629}{790} = 20\,\%.$$

Sämtliche 3 Stäbe zeigen, daß die Voraussetzung, die Spannungsverteilung erfolge nach Gleichung 1, zu einer bedeutenden Unterschätzung der Inanspruchnahme des vorliegenden Materiales führt, und zwar im Durchschnitt um

$$\frac{35 + 32 + 31}{3} = \sim 33\,\%,$$

wenn die ermittelten Werte von φ_1 zugrunde gelegt werden.

b) Versuche mit Stäben aus grauem Gußeisen, Abb. 4. Bearbeitet.

Die Form dieser Stäbe ist so gewählt, daß, wenn die Auffassung, die Spannungsverteilung in dem Querschnitt eines gekrümmten Stabes

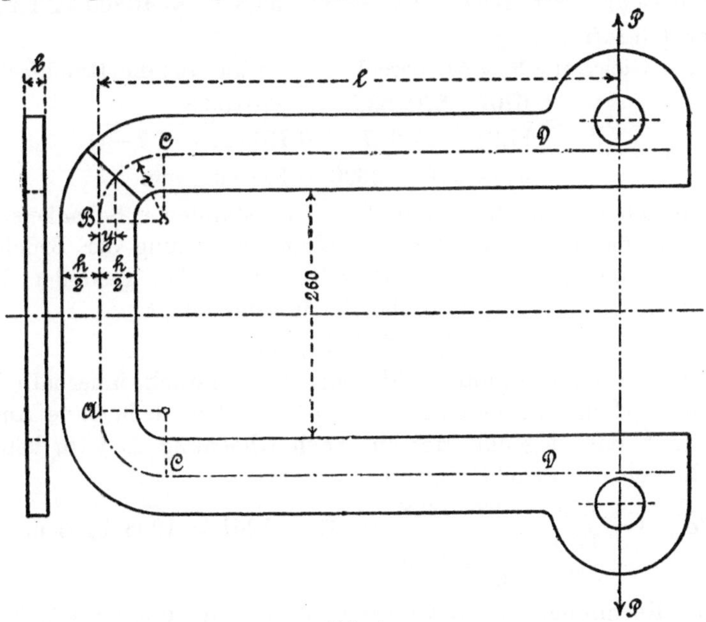

Abb. 4.

sei die gleiche, als gehöre derselbe einem geraden stabförmigen Körper an, zutreffend wäre, der Bruch innerhalb der geraden Strecke AB erfolgen müßte; denn für alle anderen Querschnitte würde dann

— die Richtigkeit dieser Annahme vorausgesetzt — die Beanspruchung geringer sein.

In der Tat ist jedoch keiner der Stäbe in der geraden Mittelstrecke AB gebrochen; selbst dann nicht, wenn der Guß in dieser Mittelstrecke schlechte Stellen hatte. Sämtliche brachen in der Krümmung. Der Querschnitt des immer von der inneren Krümmung ausgehenden Bruches soll jeweils durch die Größe y, Abb. 4, festgelegt werden.

Stab 1.

$l = 554$ mm, $r = 70$ mm, $h = 80$ mm, $b = 22{,}4$ mm,

$$f = 2{,}24 \cdot 8 = 17{,}9 \text{ qcm},$$

$$\varkappa = -1 + \frac{7}{8} \ln \frac{11}{3} = 0{,}137.$$

Der Bruch erfolgt bei $P = 870$ kg in der Krümmung derart, daß $y = 1{,}6$ cm. Bruchfläche gesund.

Für den Bruchquerschnitt ergibt sich das biegende Moment

$$P(l - y) = 870\,(55{,}4 - 1{,}6) = 870 \cdot 53{,}8 = \sim 46800 \text{ kg}\cdot\text{cm},$$

die Normalkraft 670 kg.

Nach Gleichung 8, § 54, berechnet sich hieraus die Bruchfestigkeit

$$\sigma_{max} = \frac{670}{17{,}9} - \frac{870 \cdot 53{,}8}{17{,}9 \cdot 7} + \frac{870 \cdot 53{,}8}{0{,}137 \cdot 17{,}9 \cdot 7} \frac{4}{7 - 4}$$

$$= 37 - 374 + 3636 = 3299 \text{ kg/qcm}.$$

Von den beiden, durch den Bruch entstandenen Schenkelstücken CD wurde das eine bei 500 mm Auflagerentfernung der Bruchprobe durch Biegung unterworfen. Dasselbe ergab bei gesunder Bruchfläche nach Gleichung 9, § 16, die Biegungsfestigkeit

$$K_b = 2668 \text{ kg/qcm}.$$

Würde das gekrümmte stabförmige Körperstück, innerhalb dessen der Bruch erfolgt ist, als gerader Stab behandelt, d. h. seine Anstrengung durch das biegende Moment nach Gleichung 9, § 16, beurteilt, so fände sich die Bruchfestigkeit

$$(\sigma_{max}) = \frac{670}{17{,}9} + \frac{870 \cdot 53{,}8}{\frac{1}{6} \cdot 2{,}24 \cdot 8^2} = 37 + 1961 = 1998 \text{ kg/qcm}.$$

Die Rechnung, die voraussetzt, daß α unveränderlich ist und die Querschnitte eben bleiben, würde von der Biegungsfestigkeit $K_b = 2668$ kg/qcm auf eine Bruchbelastung

$$P_1 = 870 \frac{2668}{3299} = 704 \text{ kg}$$

führen, während die Annahme, daß die Spannungsverteilung so stattfände, als gehöre der Bruchquerschnitt einem geraden stabförmigen Körper an, eine Bruchbelastung

$$P_2 = 870 \frac{2668}{1998} = 1162 \text{ kg}$$

erwarten läßt.

Da der Versuch die Bruchbelastung zu 870 kg ergab, so folgt, daß die letztere Annahme die Widerstandsfähigkeit um

$$\varphi_1 = 100 \frac{1162 - 870}{870} = \sim 34\,\%$$

überschätzt.

Die erste Voraussetzung beurteilt diese um

$$\varphi_2 = 100 \frac{870 - 704}{870} = \sim 19\,\%$$

zu niedrig[1]).

Stab 2.

$l = 552$ mm, $r = 69$ mm, $h = 78$ mm, $b = 22{,}4$ mm, $\varkappa = 0{,}133$,

Bruchbelastung $P = 790$ kg, Normalkraft 645 kg, $y = 13$ mm, Bruchfläche: fehlerhafte Stelle.

Es finden sich:

$\sigma_{max} = 3131$ kg/qcm, $K_b = 2759$ kg/qcm, $(\sigma_{max}) = 1909$ kg/qcm,

$$P_1 = 790 \frac{2759}{3131} = 696 \text{ kg}, \qquad P_2 = 790 \frac{2759}{1909} = 1142 \text{ kg},$$

$$\varphi_1 = 100 \frac{1142 - 790}{790} = 44\,\%, \qquad \varphi_2 = 100 \frac{790 - 696}{790} = 12\,\%.$$

Stab 3.

$l = 554$ mm, $r = 70$ mm, $h = 80{,}2$ mm, $b = 19{,}9$ mm, $\varkappa = 0{,}137$.

Bruchbelastung $P = 780$ kg, Normalkraft 685 kg, $y = 9$ mm, Bruchfläche gesund.

Es ergeben sich die folgenden Werte:

$\sigma_{max} = 3378$ kg/qcm, $K_b = 2633$ kg/qcm, $(\sigma_{max}) = 2043$ kg/qcm,

$$P_1 = 780 \frac{2633}{3378} = 608 \text{ kg}, \qquad P_2 = 780 \frac{2633}{2043} = 1005 \text{ kg},$$

$$\varphi_1 = 100 \frac{1005 - 780}{780} = 29\,\%, \qquad \varphi_2 = 100 \frac{780 - 608}{780} = 22\,\%.$$

Somit weisen auch hier sämtliche Stäbe nach, daß eine Überschätzung der Widerstandsfähigkeit stattfindet, und zwar im Durchschnitt um

$$\frac{34 + 44 + 29}{3} = \sim 36\,\%$$

[1]) Vgl. Fußbemerkung S. 553.

oder bei Ausschluß des Stabes mit fehlerhafter Bruchfläche um

$$\frac{34 + 29}{2} = 31{,}5\,\%,$$

wenn die Spannungsverteilung nach Gleichung 1, also angenommen wird, der Bruchquerschnitt gehöre einem geraden stabförmigen Körper an.

Schlußbemerkung.

Aus den Versuchen ist folgendes zu schließen.

Die Anwendung der Gleichung 1 für die Spannungsverteilung bei gekrümmten stabförmigen Körpern, d. i. die Behandlung derselben als Stäbe mit geraden Mittellinien, führt bei den Körpern Abb. 3 und 4 zu einer ganz bedeutenden Überschätzung der Widerstandsfähigkeit, und zwar bei den Stäben Abb. 8 um durchschnittlich 33 %, bei den Stäben Abb. 4 um durchschnittlich mindestens 31,5 %[1]).

Diese Unterschätzung der Anstrengung des Materials wird unter sonst gleichen Verhältnissen um so bedeutender ausfallen, je größer die in Richtung des Krümmungshalbmessers r liegende Querschnittsabmessung h im Verhältnis zu r ist. Sie tritt in dem Maße zurück, in dem diese Abmessung h im Vergleich zum Krümmungshalbmesser r abnimmt, wie bereits in § 54, namentlich Fußbemerkung daselbst S. 508 u. f., dargelegt ist.

Die Annahme, daß α unveränderlich ist und die Querschnitte eben bleiben, führt zu Zahlen, die auf eine Unterschätzung der Widerstandsfähigkeit hindeuten, und zwar bei den Stäben Abb. 3 um durchschnittlich

$$\frac{18 + 20 + 20}{3} = \sim 19\,\%,$$

bei den Stäben Abb. 4 unter Ausschluß des zweiten Stabes um durchschnittlich

$$\frac{19 + 22}{2} = \sim 20{,}5\,\%.$$

Daß dieser Unterschied jedoch zum größten Teile auf Rechnung der dem Gußeisen eigentümlichen Veränderlichkeit der Dehnungszahl α zu setzen ist, wurde bereits hervorgehoben (vgl. S. 549 und S. 553, Fußbemerkung).

[1]) Wie Verfasser aus Anlaß eines Unfalles in der Zeitschrift des Vereines deutscher Ingenieure 1901, S. 1567, und weiterhin 1902, S. 141 und 142 (oder Mitteilungen über Forschungsarbeiten, Heft 4) festgestellt hat, kann diese Überschätzung der Widerstandsfähigkeit in praktisch wichtigen Fällen, je nach der Körper- und Querschnittsform, so weit gehen, daß die tatsächliche Widerstandsfähigkeit rund nur ein Drittel von derjenigen ist, die nach der Auffassung, der Bruchquerschnitt gehöre einem geraden stabförmigen Körper an, sich ergibt.

Hiernach muß es als gegen den Sinn des Zweckes unserer technischen Rechnungen verstoßend und deshalb als unrichtig bezeichnet werden, gekrümmte Körper, für die r im Verhältnis zu h nicht ausreichend groß ist, auf Grund des Gesetzes Gleichung 1 allgemein wie Stäbe mit gerader Mittellinie zu berechnen[1]).

Hieran ändert auch die Erwägung nichts, daß die Querschnitte des gekrümmten Körperteiles da, wo an ihn eine gerade Strecke anschließt, so z. B. im Falle der Abb. 4 bei A und B oder auch bei C, weniger stark beansprucht sind, da in diesen Grenzquerschnitten wegen ihrer Angehörigkeit sowohl zum gekrümmten wie zum geraden Stabstück nicht gleichzeitig die für ersteres und die für letzteres geltende Spannungsverteilung vorhanden sein kann. Vielmehr wird sich hier ein gewisser Ausgleich vollziehen, ähnlich wie er in § 46, Ziff. 3, S. 446 bis 448 besprochen worden ist[2]). Die größte Zugspannung wird in diesen Querschnitten (vgl. Abb. 4) kleiner sein, als sie sich für den gekrümmten Stab ergibt, und größer, als sie für den geraden Stabteil berechnet wird. Darin ist es auch begründet, daß keiner der Stäbe Abb. 4 im Querschnitt bei A und B gebrochen ist, obgleich hier das biegende Moment und auch die Normalkraft am größten ausfällt.

Ähnlich liegt der Fall bei dem in § 55, Abb. 1, S. 538 dargestellten Haken. Hier muß der Umstand, daß der Krümmungshalbmesser der Mittellinie oberhalb des Querschnittes BOC sehr bald bedeutend zunimmt, eine solche ausgleichende, d. h. die größte Zugspannung in diesem Querschnitte etwas vermindernde, Wirkung äußern. Dagegen wird ein solcher, auf Verminderung der größten Anstrengung wirkender Einfluß bei dem Körper, Abb. 4, § 54, S. 509, nicht erwartet werden können.

Eine Körperform, die sich unter Einwirkung der äußeren Kräfte so ändert, daß r für den in Betracht kommenden Querschnitt zunimmt, während sich gleichzeitig das biegende Moment infolge Abnahme des Hebelarmes verringert, wie dies beispielsweise bei Abb. 4, § 54, S. 509, und Abb. 1, § 55, S. 538, der Fall ist, wird, reichliche Zähigkeit des Materials, d. h. weitgehende Fähigkeit, die Gestalt zu

[1]) Daß man zu diesem Ergebnis auch auf dem Wege der Überlegung gelangt, folgt aus den oben gegebenen Darlegungen von selbst. Schon die S. 551, Fußbemerkung 1, erwähnte Ähnlichkeit ließ dasselbe erwarten.

Aus neuerer Zeit ist die Arbeit von Aue „Zur Berechnung der Spannungen in gekrümmten Stäben", Dresden 1910, zu erwähnen, die zu demselben Ergebnis gelangt. Vgl. auch Zeitschrift des Vereines deutscher Ingenieure 1911, S. 561 u. f.

[2]) An Stellen mit plötzlicher Änderung der Form des stabförmigen Körpers, also mit Stetigkeitsunterbrechungen in der Form, wird sich immer ein solcher Ausgleich einstellen müssen. Vgl. auch E. Daiber, Die Formänderung rechter Winkel. Mannheim 1909.

ändern, vorausgesetzt, bei Bruchversuchen — sofern überhaupt Bruch eintritt — naturgemäß eine bedeutend größere Biegungsfestigkeit ergeben müssen, als die Rechnung, die noch dazu Proportionalität zwischen Spannungen und Dehnungen voraussetzt, erwarten läßt. Von der so nach weit getriebener Formänderung ermittelten Festigkeit kann ein Schluß auf die Beanspruchung, wie sie im normalen Zustand des Körpers tatsächlich statthat, auch nicht mit einiger Annäherung gezogen werden, wie bereits für gerade stabförmige Körper in § 22, Ziff. 1a, S. 288 u. f. dargelegt worden ist[1]).

3. Versuche zur Prüfung der Anwendbarkeit der Gleichung 8, § 54, auf Körper mit scharfen oder ausgerundeten Ecken.

Der Ingenieur kommt nicht selten in die Lage, Körper mit Ansätzen (Schultern), wie z. B. in Abb. 5 dargestellt, gegenüber den wirkenden Kräften ausreichend stark zu bemessen. Eine strenge Verfolgung dieser Aufgabe derart, daß die ausführende Technik von der Lösung Gebrauch machen könnte, liegt bis jetzt noch nicht vor[2]). Bei dieser Sachlage empfand der Verfasser die Pflicht, die von ihm geübte und 1901 aus Anlaß eines Unfalls veröffentlichte Näherungsrechnung (vgl. Zeitschrift des Vereines deutscher Ingenieure 1901, S. 1567; 1902, S. 141 und 142, sowie Mitteilungen über Forschungsarbeiten, Heft 4) dahingehend, der Querschnitt $A - B$, nach dem der Bruch erfolgt, gehöre einem gekrümmten stabförmigen Körper an, noch durch weitere Versuche hinsichtlich des Grades ihrer Zuverlässigkeit zu prüfen, was durch Bruchversuche mit Körpern nach Abb. 6 aus gutem Maschinengußeisen (1908) ge-

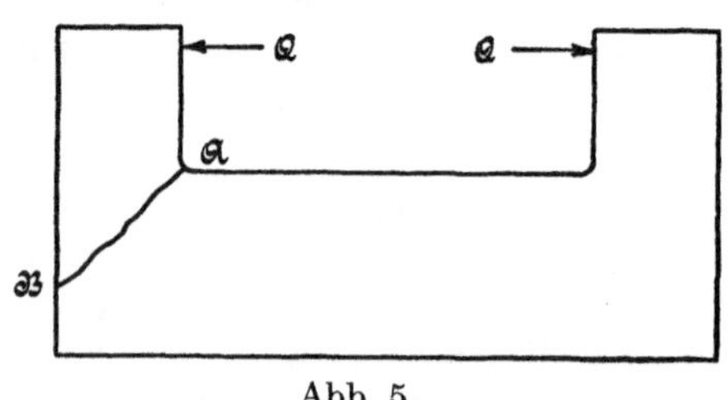

Abb. 5.

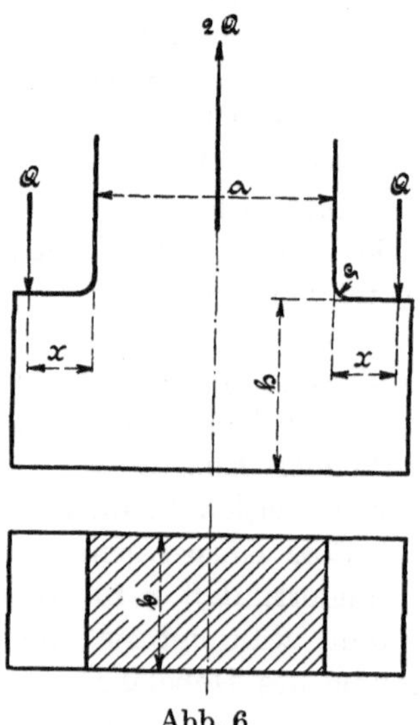

Abb. 6.

[1]) Vgl. auch A. Bantlin, Zeitschrift des Vereines deutscher Ingenieure 1899, S. 261 u. f. Gegenrede und Erwiderung hierzu findet sich S. 403 und 404 daselbst.

[2]) Diese Anforderung wird auch von der Abhandlung nicht erfüllt, die in der Zeitschrift für Mathematik und Physik (Organ für angewandte Mathematik) 1907, S. 60 u. f. enthalten ist.

Abb. 7, § 56.

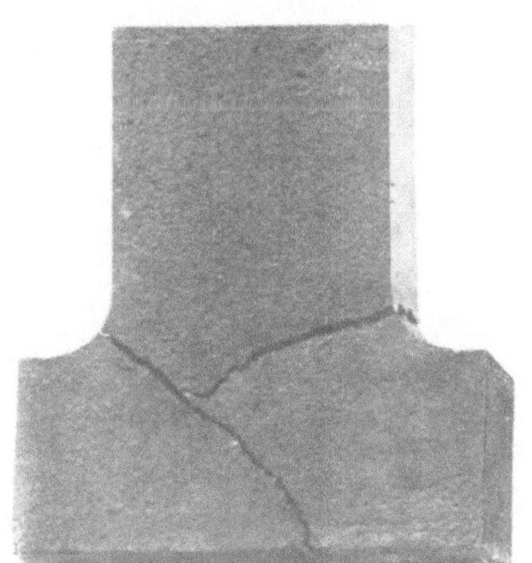

Abb. 8, § 56.

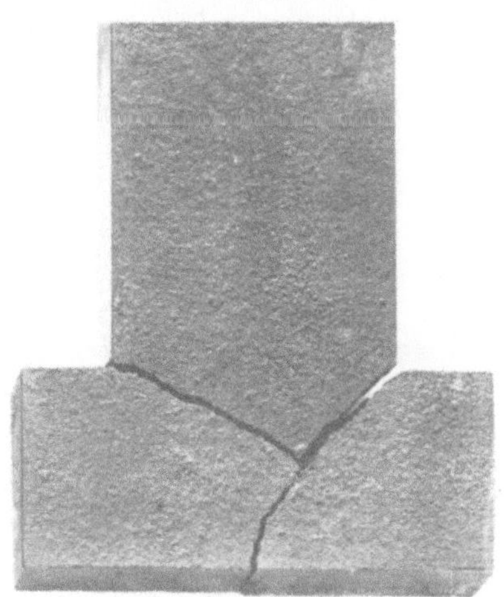

S. 561 u. f.

Abb. 9, § 56.

Abb. 12, § 56.

schehen ist. Dabei betrugen die Abmessungen in abgerundeten Maßen $a = 70$ mm, $b = 40$ mm, $h = 50$ und 80 mm, die Ausrundungen $\varrho =$ 15 mm, 5 mm und 0 mm. Der Abstand x der Kraftrichtung wurde zu rund 16 mm gewählt.

An den Seitenflächen, die sich im Aufriß Abb. 6 als Linien projizieren, waren die Körper bearbeitet, um den Einfluß der Gußhaut auszuschalten.

Körper mit h = rund 50 mm.

$\varrho = 15$ mm.

Körper A brach nach Abb. 7, Taf. XXIII, unter $2\,Q = 33650$ kg
„ B „ „ $2\,Q = 36350$ kg

Durchschnitt $2\,Q = 35000$ kg

Die Bruchflächen erwiesen sich als gesund.

Die Körper rissen zuerst auf der einen Seite unter etwa 45^0 (bei Körper A links).

$\varrho = 5$ mm.

Körper C brach nach Abb. 8, Taf. XXIII, unter $2\,Q = 26520$ kg
„ D „ „ $2\,Q = 27470$ kg

Durchschnitt $2\,Q = 26995$ kg

Bruchflächen gesund.

$\varrho = 0$.

Körper E brach nach Abb. 9, Taf. XXIII, unter $2\,Q = 22970$ kg
„ F „ „ $2\,Q = 22430$ kg

Durchschnitt $2\,Q = 22700$ kg

Bruchflächen gesund.

In allen Fällen beginnt der Anbruch unter ungefähr 45^0.

Deutlich zeigt sich Zunahme der Widerstandsfähigkeit mit wachsender Ausrundung.

Trägt man zu den Werten ϱ als wagrechten Abszissen die Durchschnittswerte von $2\,Q$ als Ordinaten auf, so ergibt sich der in Abb. 10 dargestellte Linienzug, der nahezu eine Gerade bildet. Der Umstand, daß für $\varrho = 0$ noch ein sehr bedeutender Wert für $2\,Q$ sich ergibt, spricht deutlich für die alte Erkenntnis, daß sich an der scharfen Ecke ein Ausgleich der Spannungen einstellt, und diese hier nicht unendlich groß werden, wie Rechnungen ergeben, die als streng wissenschaftlich angesehen werden.

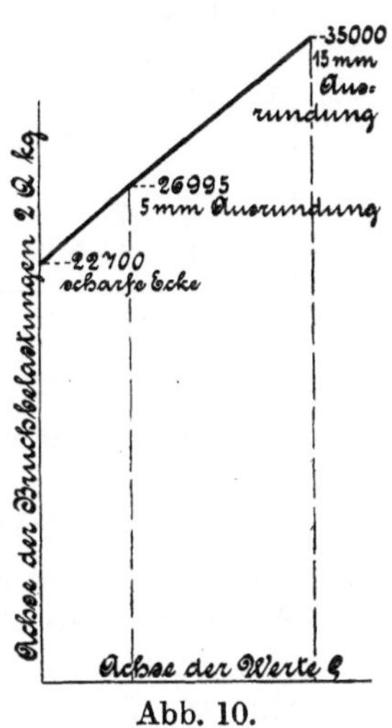

Abb. 10.

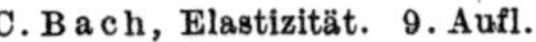

Weitere Versuche mit ähnlich gestalteten Probekörpern führten zu dem in der Zeitschrift des Vereines deutscher Ingenieure 1913, S. 1594 veröffentlichten Rechnungsverfahren, bei dem Gleichung 8, § 54 verwendet und gleichzeitig $\varrho_0 = \frac{1}{15}$ bis $\frac{1}{20}$ der Querschnittshöhe $2e$ gesetzt wird. Zur Bestimmung von $\varkappa$ und η in Gleichung 8, § 54, wird also gerechnet mit

$$r = \frac{1}{10} e + e = 1{,}1\, e \text{ bis } \frac{1}{7{,}5} e + e = \frac{17}{15} e.$$

Bei Ausrundung der Ecke, nach Abb. 6, ist der Ausrundungshalbmesser ϱ um denselben Betrag zu vermehren und zu setzen

$$r = \sqrt{\varrho^2 + \varrho_0{}^2} + e = (\sqrt{\varrho^2 + 0{,}01\, e^2} + e) \text{ bis } \left(\sqrt{\varrho^2 + \left(\frac{e}{7{,}5}\right)^2} + e\right).$$

Dementsprechend rechnet Verfasser bei scharfen Ecken nicht mit $\varrho = 0$, sondern mit einem aus Versuchen abgeleiteten Wert ϱ_0, der von der Querschnittshöhe $2e$, Abb. 11, abhängt. Damit ergibt sich für die in Abb. 11 skizzierte Sachlage zur Benutzung von Gleichung 8, § 54:

$$P = Q \sin 45^0, \quad f = 2be, \quad M_b = Q\,(x + y), \quad r = \varrho_0 + e.$$

Die letzte Gleichung enthält die vorletzte als Sonderfall in sich ($\varrho = 0$).

Um den Querschnitt mit der größten Beanspruchung zu ermitteln, ist σ für mehrere Richtungen zu berechnen. In vielen Fällen liegt

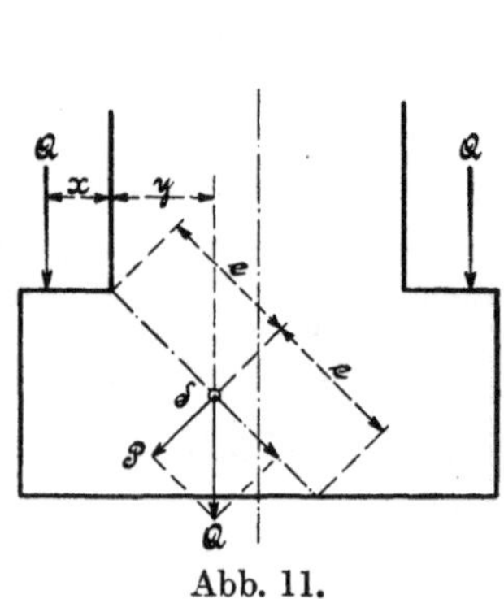

Abb. 11.

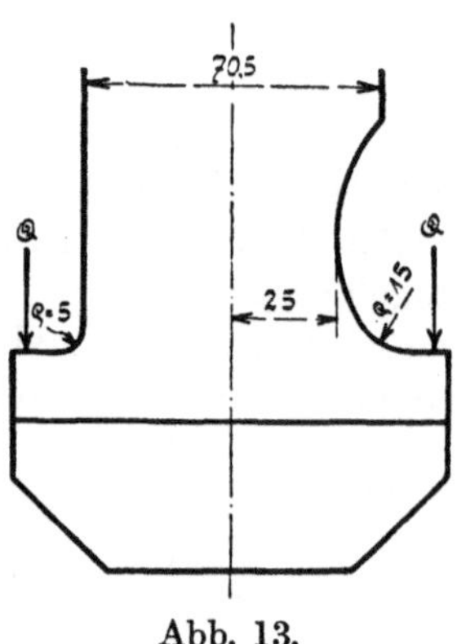

Abb. 13.

der am stärksten beanspruchte Querschnitt nahe der Linie, die den Winkel zwischen Q und der Stabachse halbiert. Weiteres s. in der oben bezeichneten Arbeit.

Ausführlicher soll an anderer Stelle über diese Versuche berichtet und dabei auch auf Stabköpfe eingegangen werden, für die h bedeutend größer ist, und deren Bruchlinie anders verläuft, als oben angegeben (vgl. Abb. 12, Taf. XXIII).

Um zu zeigen, daß die Widerstandsfähigkeit von Körpern nach Abb. 6 durch Vermehrung des Ausrundungshalbmessers selbst dann erhöht werden kann, wenn damit eine Verminderung der Abmessungen verknüpft ist — was sich in vielen Fällen nachträglich ausführen läßt — wurde bei früheren Versuchen (1908) mit Stücken, die der Abb. 6 ähnlich waren, ein Körper, dessen Ausrundungshalbmesser $\varrho = 5$ mm betragen hatte — Abb. 13, linke Hälfte — durch Abarbeiten mit der Rundung $\varrho = 15$ mm versehen — Abb. 13, rechte Hälfte —. Es ergab sich

bei $\varrho =$ 5 mm Bruchlast 40100 und 38400, im Durchschnitt 39250 kg,
„ $\varrho = 15$ „ „ 47550 „

Obgleich also der prismatische Teil sehr bedeutende Verschwächung erfahren hatte, war die Bruchlast im Verhältnis 47550 : 39250 = 1,21 : 1, d. h. um 21 % größer als im ersteren. Der Bruch erfolgte bei allen drei Körpern wie bei Abb. 7, 8, Taf. XXIII.

Infolge der bei den besprochenen Versuchen auftretenden Biegungsbeanspruchung ist die Verteilung der Spannungen am Ende des prismatischen Teiles stark ungleichförmig, ganz wie bei Stäben, die durch eine in ihrer Achse wirkende Kraft beansprucht sind, deren Querschnitt aber sprungweise Veränderung erfährt, worauf schon in § 9, Ziff. 1 eingegangen worden ist. Ähnlich wirken alle Stetigkeitsunterbrechungen, scharfe Ecken, Bohrungen usf. Wie in § 66, Ziff. 2 gezeigt, entsteht z. B. durch eine kleine Bohrung in der Mitte einer umlaufenden Scheibe eine Erhöhung der Beanspruchung um 180 % (vgl. Abb. 3 daselbst).

Über die Arbeiten, die sich mit der rechnerischen Verfolgung der infolge von Bohrungen, Kerben usf. auftretenden Spannungserhöhung befassen, gibt Léon in der Zeitschrift des Vereines deutscher Ingenieure, 1915, S. 11 usf. Auskunft. Auf dem Wege des Versuchs hat Preuß diese Fragen bearbeitet (dieselbe Zeitschrift, 1912, S. 1349, 1780 usf., 1913, S. 664; s. a. Mitteilungen über Forschungsarbeiten, Heft 126, 134).

Wie schon in § 9 besprochen, wird diese Spannungserhöhung bei zähen Stoffen durch das Eintreten bleibender Formänderungen zum großen Teile verhindert, wenn es sich um einmalige Beanspruchung durch stetig gesteigerte Kraft handelt. Wechselt dagegen die Kraft Größe und Richtung, so darf auf einen solchen Spannungsausgleich nicht gerechnet werden, weil die Zähigkeit des Materials bei Wiederholung der Formänderung gewissermaßen aufgezehrt wird. Bei weniger zähen oder spröden Stoffen ist auf ein die Spannung verminderndes Eintreten der bleibenden Formänderung weit weniger oder gar nicht zu rechnen.

Dabei ist zu beachten, daß Formänderungen auch durch Änderungen der Temperatur herbeigeführt werden, und daß das Eintreten höherer Temperaturen während oder nach der Formänderung die Zähigkeit des Materials mehr oder minder erheblich zu vermindern vermag. In solchen Fällen würde, wenn auf den Ausgleich der Spannungen gerechnet wird, die Sicherheit der Konstruktion bedeutend überschätzt werden können.

II. Die Mittellinie ist eine doppelt gekrümmte Kurve.

In Berücksichtigung der Grenzen, die diesem Buche gezogen sind, haben wir uns hier auf das Nachstehende zu beschränken.

§ 57. Die gewundenen Drehungsfedern.

Eine genaue Berechnung dieser Federn ist sehr umständlich; der hiermit verknüpfte Zeitaufwand würde in den allermeisten Fällen außer Verhältnis zur praktischen Bedeutung des Ergebnisses stehen. Infolgedessen pflegt man bei Feststellung der Zusammendrückung oder Ausdehnung sowie der Beanspruchung Annahmen zu machen, die zu genügend einfachen Beziehungen führen[1]).

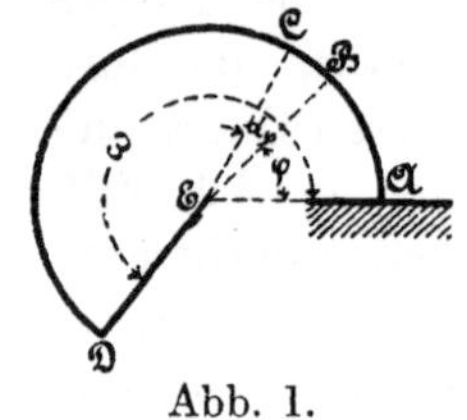

Abb. 1.

Die Mittellinie $ABCDE$, Abb. 1, des gewundenen Stabes von gleichem Querschnitte bestehe aus dem Kreisbogen $ABCD$ vom Halbmesser ϱ[2]) und aus der Geraden DE, welche in die Richtung eines Halbmessers fällt. Im Punkte A sei der Stab eingespannt und im freien Endpunkte E, der gleichzeitig Mittelpunkt des Kreises ist, durch eine Kraft P senkrecht zur Bildebene (Ebene des Kreises) belastet.

Für den beliebigen Querschnitt im Punkte B, der durch den Winkel φ bestimmt sein möge, ergibt die Kraft P ein auf Drehung wirkendes Kräftepaar vom Moment $M_b = P\,\varrho$ und eine Schubkraft P, die vernachlässigt wird. Die Materialanstrengung erscheint hiernach festgestellt durch Gleichung 9, § 34, natürlich mit derjenigen Genauigkeit, mit welcher diese für den geraden Stab entwickelte Beziehung auf den gekrümmten Stab übertragen werden darf.

---

[1]) Ausführlicher wird der Gegenstand für Federn mit kreisförmigem Querschnitt von Zacharias behandelt in den Mitteilungen über Forschungsarbeiten, Heft 106 (1911).

[2]) Die Entwicklungen werden deshalb mit einem um so größeren Fehler behaftet sein, je bedeutender die Steigung im Verhältnis zum Halbmesser ist. Auch die Veränderung des Halbmessers beim Zusammendrücken oder Auseinanderziehen der Feder verdient unter Umständen Beachtung. Ferner nimmt Einfluß das Verhältnis der Querschnittsabmessung in Richtung des Halbmessers zu der Größe des letzteren. Über den Einfluß der letzten Federgänge s. S. 570.

Der Querschnitt im Punkte C der Mittellinie, der von demjenigen im Punkte B um $ds = \varrho d\varphi$ absteht, muß sich unter Einwirkung von M_d gegenüber dem letzteren Querschnitt verdrehen. Ist ϑ der verhältnismäßige Drehungswinkel, mit der soeben bezeichneten Genauigkeit bestimmt:

für den kreisförmigen Querschnitt durch Gleichung 5, § 32,

$$\vartheta = \frac{32}{\pi}\frac{P\varrho}{d^4}\beta,$$

für den rechteckigen Querschnitt durch Gleichung 6, § 35, S. 395,

$$\vartheta = \psi_0 \frac{b^2 + h^2}{b^3 h^3} P\varrho\beta,$$

so beträgt diese Verdrehung $\vartheta\, d\, s = \pi\, \varrho\, d\, \varphi$. Dementsprechend wird sich der Angriffspunkt E der Kraft P um $\vartheta\, d\, s \cdot \varrho = \vartheta\, \varrho^2\, d\, \varphi$ in Richtung der letzteren bewegen. Hieraus ergibt sich die Strecke y', um die der Punkt E infolge der Verdrehung sämtlicher Querschnitte des Bogens $A\,B\,C\,D$ fortrückt, zu

$$y' = \int_0^\omega \vartheta \varrho^2 d\varphi.$$

Durch Einführung von

$$\vartheta = A \cdot \varrho,$$

wobei beträgt:

für den kreisförmigen Querschnitt

$$A = \frac{32}{\pi}\frac{1}{d^4} P\beta,$$

für den rechteckigen Querschnitt

$$A = \psi_0 \frac{b^2 + h^2}{b^3 h^3} P\beta,$$

folgt

$$y' = A \int_0^\omega \varrho^3 d\varphi \quad \ldots\ldots\ldots\ldots \quad 1)$$

Die Bewegung von E aus Anlaß der Durchbiegung des Armes DE wird als verhältnismäßig klein — vernachlässigt.

1. Die zylindrischen Schraubenfedern, Abb. 2 und 3.

Das in Gleichung 1 gewonnene Gesetz überträgt man nun auf diese Federn, indem bei i Windungen der Schraubenlinie

$$\omega = 2\pi i$$

gesetzt und an der Stelle von ϱ der Halbmesser r eingeführt wird. Damit folgt

$$y' = A \int_0^{2\pi i} r^3 d\varphi = 2\pi i A r^3,$$

insbesondere für den **kreisförmigen** Querschnitt unter Beachtung der Gleichung 3, § 32, nach der

$$P r = \frac{\pi}{16} k_d d^3,$$

$$y' = 64\, i \frac{P r^3}{d^4} \beta = 4 \pi i \frac{r^2}{d} k_d \beta \quad . \quad . \quad . \quad . \quad . \quad . \quad . \quad . \quad 2)$$

und für den **rechteckigen** Querschnitt bei Berücksichtigung der Gleichung 5, § 34,

$$P r = \frac{2}{9} k_d b^2 h,$$

$$y' = 2 \psi_0 \pi i \frac{b^2 + h^2}{b^3 h^3} P r^3 \beta = \frac{4}{9} \psi_0 \pi i \frac{b^2 + h^2}{b h^2} r^2 k_d \beta \quad . \quad . \quad . \quad 3)^{1)}$$

worin b **die kleinere Seite des Rechtecks ist, gleichgültig, ob** b **oder** h **in die Richtung der Federachse fällt.**

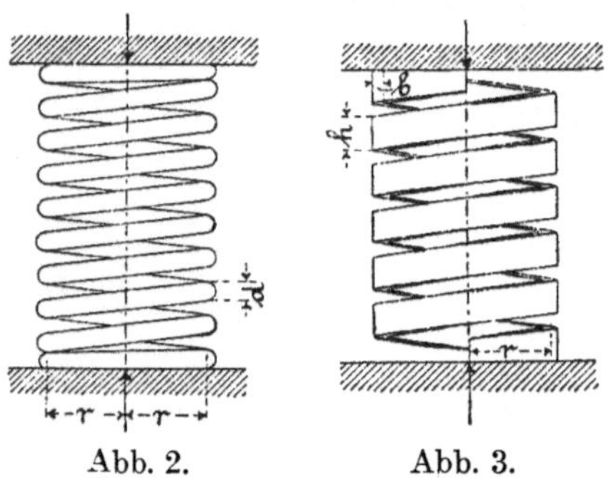

Abb. 2. Abb. 3.

Diese Gleichung läßt sich auch unmittelbar aus der Beziehung 8a, § 43, ableiten.

Die mechanische Arbeit, welche durch die von Null bis auf P gewachsene Belastung bei Zurücklegung des Weges y' verrichtet wird, ist $\frac{1}{2} P y'$. Dieselbe muß gleich sein der Arbeit, welche die Formänderung des gewundenen Stabes, dessen Mittellinie die Länge $2 \pi r i$ besitzt, fordert. Mit der Genauigkeit, mit der die zunächst für den geraden Stab entwickelte Gleichung 8a, § 43, auf den gekrümmten übertragen werden darf, findet sich wegen $M_d = P r$ und $l = 2 \pi r i$

$$\frac{1}{2} P y' = \frac{1}{2} \psi_0 \beta \frac{b^2 + h^2}{b^3 h^3} (P r)^2 \, 2 \pi r i,$$

$$y' = 2 \psi_0 \pi i \frac{b^2 + h^2}{b^3 h^3} P r^3 \beta,$$

wie oben ermittelt.

---

1) Nach Versuchen des Verfassers mit zylindrischen Schraubenfedern aus vorzüglichem Federstahl (gehärtet) erwies sich Gleichung 3 innerhalb des Gebietes $h : b = 1$ bis 6 und für Werte von h (im Gegensatz zu Abb. 3 senkrecht zur Schraubenachse liegend) bis $0{,}6\, r$ noch als ausreichend zutreffend, wenn

$$2 \psi_0 = 8{,}35 - 0{,}3 \frac{h}{b} \quad . \quad . \quad . \quad . \quad . \quad . \quad . \quad . \quad . \quad . \quad . \quad . \quad 7)$$

gesetzt wird. Dabei war $\beta = \frac{1}{840000} = 1{,}19$ Milliontel in Rechnung gestellt worden.

In ganz gleicher Weise kann auch die Beziehung 2 aus der Arbeitsgleichung für den kreiszylindrischen Stab abgeleitet werden.

Die mechanische Arbeit A, welche die zylindrische Schraubenfeder aufzunehmen vermag, wird unmittelbar durch die Gleichung 2, § 43, worin

$$V = \frac{\pi}{4} d^2 \cdot 2\pi r i,$$

bzw. durch die Gleichung 7, § 43, mit

$$V = b\,h \cdot 2\pi r i$$

bestimmt oder kann auch mittelst der Beziehungen 2 und 3 unter Berücksichtigung der Gleichungen 3, § 32, und 5, § 34, als Produkt $\frac{1}{2} P y'$ ermittelt werden.

Beachtung verdient der Umstand, daß mit dem Zusammendrücken oder Auseinanderziehen der Feder eine Verdrehung derselben verbunden ist, die sich am äußeren Umfange bei einer größeren Zahl von Windungen leicht messen läßt. Beim Zusammendrücken dreht sich die Feder auf, entsprechend einer Verminderung der Gangzahl, wenn auch nur um einen sehr kleinen Bruchteil, beim Auseinanderziehen tritt das Entgegengesetzte ein. So ergab sich z. B. für eine aus gehärtetem Federstahl bestehende Feder nach Abb. 3, für die ermittelt worden war:

$r = 55{,}1$ mm, Windungszahl $i = 26{,}5$,

die kleinere Seite $b = 5{,}58$ mm (in axialer Richtung liegend)
„ größere „ $h = 33{,}2$ „ („ radialer „ „)

Materialanstrengungen, berechnet aus

$$k_d = 4{,}5 \frac{P r}{b^2 h},$$

ertrug das Material bis rund 14000 kg/qcm (vgl. Maschinenelemente, 12. Aufl., S. 63 und 64). Bei Zugrundelegung der Gleichungen 6 und 7, § 34, S. 360, sinkt dieser Wert für die langgestreckten Rechtecksquerschnitte bis auf rund 11000 kg/qcm.

Daß die hier für Schraubenfedern ermittelten Werte ψ_0 von denjenigen abweichen, die S. 395 für gerade stabförmige Körper erlangt wurden, erklärt sich aus dem Einfluß der Schubkraft und der Krümmung der Stabachse; überdies handelt es sich bei den Schraubenfedern um gehärteten Federstahl und bei den S. 395 besprochenen Versuchen um zähes Flußeisen.

Schließlich sei noch besonders hervorgehoben, daß die Widerstandsfähigkeit der auf Drehung beanspruchten Federwindungen ganz bedeutend vermindert wird, wenn das Material Fehlstellen enthält, die in Richtung der Drahtachse gestreckt sind (Walzfehler, Härterisse, Ziehriefen usf.), weil die senkrecht zur Drahtachse gerichtete zweite Schubspannung geringen Widerstand vorfindet. Die Verhältnisse liegen dann ähnlich wie in § 35 bei Versuchen mit geschlitzten und durch Löcher geschwächten Rohren besprochen; vgl. auch Abb. 49, Taf. XV.

ganze Höhe, senkrecht — also unter dem Einfluß des Eigengewichts, das 14,88 kg betrug, stehend — gemessen, 958,5 mm,

auf der Belastungsstufe

$P =$ 50/100 kg 50/150 kg 50/200 kg 50/250 kg 50/300 kg 50/350 kg

die Zusammendrückung

$y' =$ 84,6 mm 169,2 mm 253,8 mm 338,5 mm 425,1 mm 514,2 mm,

die Verdrehung auf dem Zylindermantel vom Durchmesser $2 \cdot 55{,}1 + 33{,}2 = 143{,}4$ mm gemessen

9,3 mm 18,7 mm 26,5 mm 34,5 mm 40,5 mm 45,5 mm.

Dabei vergrößerte sich der ursprüngliche Durchmesser der Feder von $2 \cdot 55{,}1 + 33{,}2 = 143{,}4$ mm bei vollständiger Zusammendrückung auf rund 145,0 mm.

Ferner ist zu beachten, daß lange Federn, die auf Druck beansprucht werden, die Neigung bekunden, in der Mitte nach der Seite auszuweichen, d. h. auszuknicken; sie müssen deshalb geführt werden und ergeben alsdann einen Reibungswiderstand, der je nach den Verhältnissen mehr oder weniger Einfluß auf die Größen der Formänderungen (Zusammendrückung und Verdrehung) äußern kann.

2. **Kegelfedern**, Abb. 4, 5 und 6.

Auch auf diese Federn pflegt die Beziehung 1 übertragen zu werden, indem man ϱ als Veränderliche ansieht und bei i Windungen setzt

$$\varrho = r_2 - (r_2 - r_1)\frac{\varphi}{2\pi i}, \quad d\varrho = -\frac{r_2 - r_1}{2\pi i}\,d\varphi, \quad d\varphi = -\frac{2\pi i}{r_2 - r_1}\,d\varrho.$$

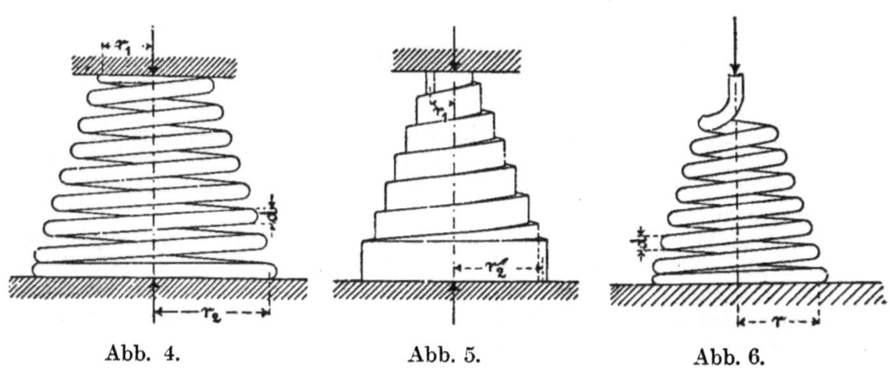

Abb. 4. Abb. 5. Abb. 6.

Hiermit wird dann

$$y' = -\frac{2\pi i}{r_2 - r_1} A \int_{r_2}^{r_1} \varrho^3 d\varrho = \frac{\pi i}{2}\,\frac{r_2^4 - r_1^4}{r_2 - r_1} A = \frac{\pi i}{2}(r_1 + r_2)(r_1^2 + r_2^2) A.$$

Für den kreisförmigen Querschnitt folgt

$$y' = \frac{\pi i}{2}(r_1 + r_2)(r_1^2 + r_2^2)\frac{32}{\pi}\frac{1}{d^4}P\beta$$

$$= 16\, i\frac{(r_1 + r_2)(r_1^2 + r_2^2)}{d^4}P\beta \quad \ldots \ldots \ldots \quad 4)$$

und im Falle der Abb. 6, wegen $r_1 = 0$, $r_2 = r$

$$y' = 16\, i\frac{r^3}{d^4}P\beta \quad \ldots \ldots \ldots \ldots \ldots \quad 5)$$

Die Anstrengung k_d wird bestimmt aus

$$P r_2 = \frac{\pi}{16}k_d d^3 \text{ (Abb. 4)}$$

bzw.

$$P r = \frac{\pi}{16}k_d d^3 \text{ (Abb. 6)}.$$

Für den rechteckigen Querschnitt, Abb. 5, ergibt sich

$$y' = \frac{\pi i}{2}(r_1 + r_2)(r_1^2 + r_2^2)\psi_0\frac{b^2 + h^2}{b^3 h^3}P\beta$$

$$= \frac{1}{2}\psi_0 \pi i(r_1 + r_2)(r_1^2 + r_2^2)\frac{b^2 + h^2}{b^3 h^3}P\beta \quad \ldots \ldots \quad 6)$$

Die Anstrengung k_d folgt aus

$$P r_2 = \frac{2}{9}k_d b^2 h.$$

Die vorstehenden Entwicklungen bedürfen hinsichtlich des Grades der Genauigkeit noch einer gründlichen Prüfung auf dem Wege des Versuchs, namentlich dann, wenn die Querschnittsabmessungen der Federn nicht sehr klein sind gegenüber dem Krümmungshalbmesser der Mittellinie, und wenn die Ganghöhe der Schraubenfedern verhältnismäßig bedeutend ist[1]).

Die Ergebnisse von Versuchen mit 4 Federn nach Abb. 5 und deren Abmessungen sind in der folgenden Zahlentafel zusammengestellt. Da die Federn aus unbearbeitetem Bandstahl gewickelt waren, der ziemlich starke Schwankungen in der Dicke aufwies, war die mittlere Stärke zu bestimmen. Dies erfolgte derart, daß die Stärke an zahlreichen (n) Stellen ermittelt und sodann der Wert $\sqrt[3]{\frac{\Sigma b^3}{n}}$ gebildet wurde. Ebenso war in bezug auf die Größe von h zu verfahren, da die Windungen an beiden Enden Abschleifen erfahren

[1]) Die in der Fußbemerkung S. 566 erwähnten Versuche mit zylindrischen Schraubenfedern erachtet Verfasser zur vollen Klarstellung noch nicht für ausreichend.

hatten. Die Windungszahl betrug $i = 4{,}75$. Da jedoch die oberste und unterste Windung eben abgeschliffen worden war, um gutes Anliegen der Federn zu erreichen, an der Formänderung, die bei Ableitung von Gleichung 6 vorausgesetzt ist, also nicht teilnahm, durfte in die Rechnung nur $i = 2{,}75$ eingeführt werden.

Nr.	$2r_1$ cm	$2r_2$ cm	b cm	h cm	P kg	y' cm	ψ_0
8	8,26	16,85	0,90	11,66	2500	3,82	2,26
15	8,22	16,47	0,93	11,64	2500	3,30	2,28
21	8,50	16,70	0,90	11,78	2500	3,85	2,34
23	8,18	16,43	0,92	11,69	2500	3,32	2,24

Gl. 7, S. 566 würde für ψ_0 Werte zwischen 2,21 und 2,29 ergeben, was darauf hindeutet, daß sie auch für diese sehr breiten Federwindungen mit Annäherung zutrifft.

Das Beispiel zeigt deutlich, welch großen Einfluß die Art der Bearbeitung der Federenden auf die Größe der Zusammendrückung äußert. Soll zur Berechnung der letzteren Gl. 2, 3, 4 oder 6 verwendet werden, so sind unter i nur diejenigen Windungen zu verstehen, die sich an der Formänderung und Beanspruchung voll beteiligen. Nicht selten wird der Konstrukteur abzuschätzen haben, welche Windungszahl für die Formänderung der Feder in Betracht kommt.

Sechster Abschnitt.

Hohlkörper. Gefäße.

§ 58. Hohlzylinder.

1. Innerer und äußerer Druck.

Unter Bezugnahme auf Abb. 1 bezeichne

r_i den inneren Halbmesser des an den Stirnseiten geschlossen vorausgesetzten Hohlzylinders,

r_a den äußeren Halbmesser desselben,

p_i die Pressung der den Zylinderhohlraum erfüllenden Flüssigkeit,

p_a die Pressung der den Zylinder umschließenden Flüssigkeit.

Der Abschluß an den Stirnseiten des Zylinders sei derart, daß die Formänderung des abschließenden Bodens einen Einfluß auf die Zylinderwandung nicht äußere, oder daß dieser wenigstens unerheblich ausfalle.

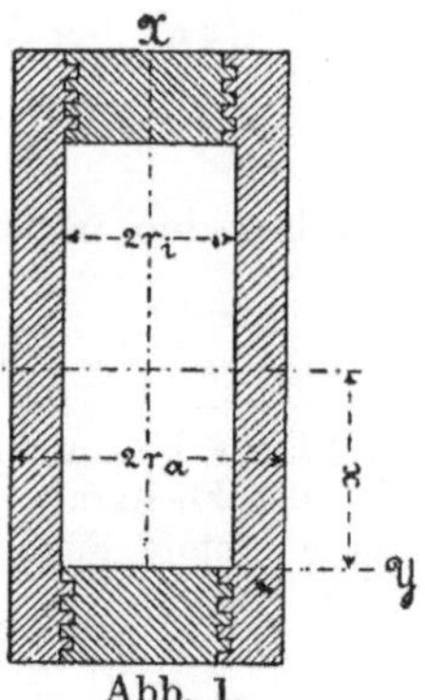

Abb. 1.

Der Zylinder werde auf ein rechtwinkliges Koordinatensystem bezogen, in der Weise, daß die x-Achse mit der Zylinderachse, die yz-Ebene mit der einen, den Hohlraum begrenzenden Stirnebene des Zylinders zusammenfällt, wie dies Abb. 2 erkennen läßt.

Wir greifen einen beliebigen Punkt P des Zylinders heraus, der in der xz-Ebene liegt und vor Eintritt der Formänderung absteht:

von der yz-Ebene um x und von der Zylinderachse um z.

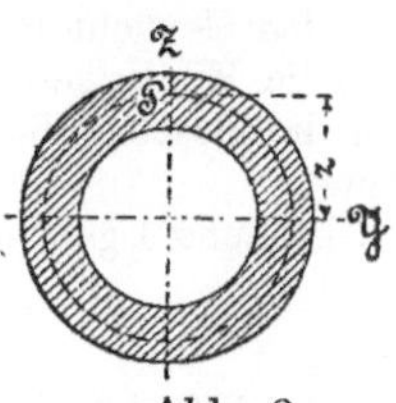

Abb. 2.

Unter Einwirkung der den Zylinder belastenden Flüssigkeitspressungen wird sich außer x noch z, und zwar um ζ, vergrößern. Aus der xz-Ebene tritt der Punkt hierbei nicht heraus.

Ferner werden im Punkte P folgende Spannungen entstehen:

σ_x in Richtung der x-Achse, d. i. in axialer Richtung,

σ_y „ „ „ y- „ „ d. i. in der Richtung des Umfanges in tangentialer Richtung, und

σ_z in Richtung der z-Achse, d. i. in radialer Richtung.

Dementsprechend wirken auf das unendlich kleine Körperelement, Abb. 3, das wir uns durch Zylinderflächen im Abstande z und $z + dz$ aus dem Zylinder herausgeschnitten denken, in der Bildebene der Abbildung die Kräfte:

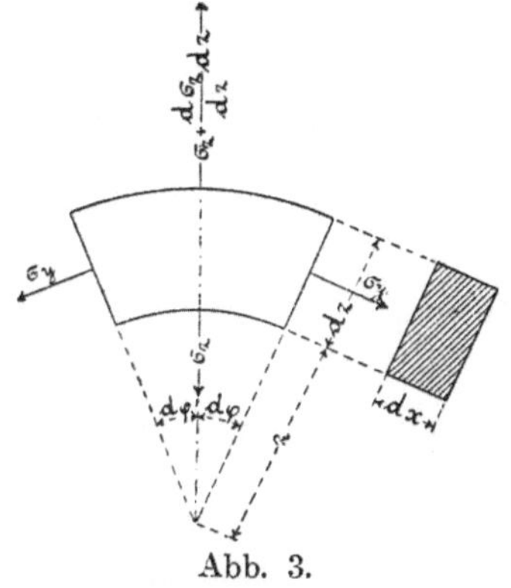

Abb. 3.

$\sigma_z \cdot 2\, z d\varphi dx$ radial einwärts,

$\left(\sigma_z + \frac{d\sigma_z}{dz} dz\right) \cdot 2\,(z + dz)\, d\varphi\, dx$ radial auswärts,

$\sigma_y \cdot dz\, dx$ senkrecht zu den beiden Flächen $dz dx$.

Der Gleichgewichtszustand fordert nun, daß die Summe der Kräfte in senkrechter Richtung gleich Null ist, d. h.

$$\sigma_z \cdot 2\, z\, d\varphi\, dx - \left(\sigma_z + \frac{d\sigma_z}{dz} dz\right) \cdot 2\,(z + dz)\, d\varphi dx + 2\, \sigma_y \cdot dz dx \cdot \sin(d\varphi) = 0,$$ [1])

woraus sich unter Beachtung, daß $\sin(d\varphi) = \sim d\varphi$, und nach Division mit $2\, d\varphi\, dx\, dz$ bei Vernachlässigung des unendlich kleinen Gliedes

$$\frac{d\sigma_z}{dz} dz$$

gegenüber den übrigen endlichen Größen ergibt

$$\frac{d\sigma_z}{dz} = \frac{1}{z}(\sigma_y - \sigma_z) \quad \ldots\ldots\ldots\ldots \quad 1)$$

[1]) Liegt die Aufgabe vor, die Beanspruchung eines rotierenden Hohlzylinders infolge der Fliehkraft zu bestimmen, so ist diese Gleichung noch durch die auswärts gerichtete Fliehkraft des Körperelementes, d. h. durch Hinzufügung des Gliedes

$$-\gamma \frac{2\, z\, d\varphi \cdot dz\, dx}{g} \omega^2 z$$

zu ergänzen, worin

γ das Gewicht der Raumeinheit,

ω die Winkelgeschwindigkeit,

g die Beschleunigung der Schwere

bedeutet.

Gleichung 1 geht damit über in

$$\frac{d\sigma_z}{dz} = \frac{1}{z}(\sigma_y - \sigma_z) - \gamma \frac{\omega^2}{g} \cdot z.$$

Diese Aufgabe wird S. 636 u. f. behandelt werden.

In § 7 fanden wir unter der Voraussetzung vollkommener Gleichartigkeit des Materials für ein beliebiges Körperelement, das in Richtung der drei Achsen gleichzeitig die Spannungen σ_x, σ_y, σ_z erfährt, die hieraus sich ergebenden Dehnungen:

$$\left.\begin{array}{ll} \text{in Richtung der } x\text{-Achse} & \varepsilon_1 = \alpha\left(\sigma_x - \frac{\sigma_y + \sigma_z}{m}\right), \\ \text{,, \quad ,, \quad ,, } y\text{- ,,} & \varepsilon_2 = \alpha\left(\sigma_y - \frac{\sigma_z + \sigma_x}{m}\right), \\ \text{,, \quad ,, \quad ,, } z\text{- ,,} & \varepsilon_3 = \alpha\left(\sigma_z - \frac{\sigma_x + \sigma_y}{m}\right). \end{array}\right\} 4, \ \S\ 7.$$

Hieraus folgt

$$\varepsilon_1 + \varepsilon_2 + \varepsilon_3 = \alpha\left(\sigma_x + \sigma_y + \sigma_z - 2\frac{\sigma_x + \sigma_y + \sigma}{m}\right),$$

$$\sigma_x + \sigma_y + \sigma_z = \frac{m}{m-2}\,\frac{\varepsilon_1 + \varepsilon_2 + \varepsilon_3}{\alpha} = \frac{m}{m-2}\,\frac{e}{\alpha},$$

sofern

$$\varepsilon_1 + \varepsilon_2 + \varepsilon_3 = e. \quad \ldots\ldots\ldots\ldots \quad 2)$$

Wird hierzu die aus der ersten der Gleichungen 4, § 7, abgeleitete Beziehung

$$m\sigma_x - \sigma_y - \sigma_z = m\,\frac{\varepsilon_1}{\alpha}$$

hinzugefügt, so ergibt sich

$$m\sigma_x + \sigma_x = \frac{m}{m-2}\,\frac{e}{\alpha} + m\,\frac{\varepsilon_1}{\alpha},$$

$$\sigma_x = \frac{m}{1+m}\,\frac{1}{\alpha}\left(\varepsilon_1 + \frac{e}{m-2}\right).$$

Das gleiche Verfahren liefert

$$\sigma_y = \frac{m}{1+m}\,\frac{1}{\alpha}\left(\varepsilon_2 + \frac{e}{m-2}\right),$$

$$\sigma_z = \frac{m}{1+m}\,\frac{1}{\alpha}\left(\varepsilon_3 + \frac{e}{m-2}\right).$$

Hieraus findet sich bei Berücksichtigung der Gleichung 3, § 31,

$$\left.\begin{array}{l} \sigma_x = \frac{2}{\beta}\left(\varepsilon_1 + \frac{e}{m-2}\right) \\ \sigma_y = \frac{2}{\beta}\left(\varepsilon_2 + \frac{e}{m-2}\right) \\ \sigma_z = \frac{2}{\beta}\left(\varepsilon_3 + \frac{e}{m-2}\right) \end{array}\right\} \quad \ldots\ldots\ldots\ldots \quad 3)$$

Im vorliegenden Falle beträgt, da sich z um ζ ändert, die tangentiale Dehnung ε_2 im Punkte P

$$\varepsilon_2 = \frac{2\pi(z+\zeta) - 2\pi z}{2\pi z} = \frac{\zeta}{z} \quad \ldots\ldots\ldots \quad 4)$$

Für die radiale Dehnung ε_3 liefert die Erwägung, daß die Strecke dz die Änderung $d\zeta$ erfährt, den Ausdruck

$$\varepsilon_3 = \frac{d\zeta}{dz} \quad \ldots\ldots\ldots\ldots \quad 5)$$

Hiermit wird aus den Gleichungen 3

$$\sigma_x = \frac{2}{\beta}\left(\varepsilon_1 + \frac{\varepsilon_1 + \frac{\zeta}{z} + \frac{d\zeta}{dz}}{m-2}\right)$$

$$\sigma_y = \frac{2}{\beta}\left(\frac{\zeta}{z} + \frac{\varepsilon_1 + \frac{\zeta}{z} + \frac{d\zeta}{dz}}{m-2}\right)$$

$$\sigma_z = \frac{2}{\beta}\left(\frac{d\zeta}{dz} + \frac{\varepsilon_1 + \frac{\zeta}{z} + \frac{d\zeta}{dz}}{m-2}\right).$$

Die Einsetzung des aus der ersten dieser Gleichungen folgenden Wertes

$$\varepsilon_1 = \frac{m-2}{2(m-1)}\beta\sigma_x - \frac{\frac{\zeta}{z} + \frac{d\zeta}{dz}}{m-1}$$

in die beiden anderen führt zu

$$\left.\begin{aligned} \sigma_y &= \frac{2}{m-1}\,\frac{1}{\beta}\left(m\frac{\zeta}{z} + \frac{d\zeta}{dz}\right) + \frac{\sigma_x}{m-1} \\ \sigma_z &= \frac{2}{m-1}\,\frac{1}{\beta}\left(\frac{\zeta}{z} + m\frac{d\zeta}{dz}\right) + \frac{\sigma_x}{m-1} \end{aligned}\right\} \quad \ldots\ldots\ldots \quad 6)$$

Hier ist unter Voraussetzung gleichmäßiger Verteilung der Axialkraft $\pi r_i^2 p_i - \pi r_a^2 p_a$ über den Zylinderquerschnitt $\pi r_a^2 - \pi r_i^2$, d. h.

$$\pi(r_a^2 - r_i^2)\,\sigma_x = \pi(p_i r_i^2 - p_a r_a^2),$$

die axiale Spannung

$$\sigma_x = \frac{p_i r_i^2 - p_a r_a^2}{r_a^2 - r_i^2} \quad \ldots\ldots\ldots\ldots \quad 7)$$

als unveränderliche Größe anzusehen.

Die Einführung der Werte σ_y und σ_z aus den Gleichungen 6 in die Gleichung 1 ergibt

$$z\frac{d^2\zeta}{dz^2} + \frac{d\zeta}{dz} - \frac{\zeta}{z} = 0$$

oder

$$\frac{d^2\zeta}{dz^2}+\frac{d\left(\frac{\zeta}{z}\right)}{dz}=0.$$

Durch Integration

$$\frac{d\zeta}{dz}+\frac{\zeta}{z}=\text{konstant}-c_1.$$

Hieraus

$$z\frac{d\zeta}{dz}+\zeta=c_1 z$$

oder

$$\frac{d(z\zeta)}{dz}=c_1 z$$

und bei nochmaliger Integration

$$z\zeta=\frac{1}{2}c_1 z^2+c_2.$$

Mit den hieraus sich ergebenden Werten

$$\frac{\zeta}{z}=\frac{c_1}{2}+\frac{c_2}{z^2},$$

$$\frac{d\zeta}{dz}=\frac{c_1}{2}-\frac{c_2}{z^2}$$

liefern die beiden Gleichungen 6

$$\left.\begin{aligned}\sigma_y&=\frac{2}{m-1}\frac{1}{\beta}\left[\frac{c_1}{2}(m+1)+\frac{c_2}{z^2}(m-1)\right]+\frac{\sigma_x}{m-1}\\ \sigma_z&=\frac{2}{m-1}\frac{1}{\beta}\left[\frac{c_1}{2}(m+1)-\frac{c_2}{z^2}(m-1)\right]+\frac{\sigma_x}{m-1}\end{aligned}\right\}\quad\ldots\;8)$$

Die zwei Konstanten c_1 und c_2 bestimmen sich aus den Bedingungen, daß sein muß:

für $z=r_i \qquad \sigma_z=-p_i,$

„ $z=r_a \qquad \sigma_z=-p_a,$

d. h.

$$-p_i=\frac{2}{m-1}\frac{1}{\beta}\left[\frac{c_1}{2}(m+1)-\frac{c_2}{r_i^2}(m-1)\right]+\frac{\sigma_x}{m-1},$$

$$-p_a=\frac{2}{m-1}\frac{1}{\beta}\left[\frac{c_1}{2}(m+1)-\frac{c_2}{r_a^2}(m-1)\right]+\frac{\sigma_x}{m-1},$$

woraus

$$c_1=\frac{m-1}{m+1}\beta\left(\frac{p_i r_i^2-p_a r_a^2}{r_a^2-r_i^2}-\frac{\sigma_x}{m-1}\right),$$

$$c_2=\frac{p_i-p_a}{2}\beta\frac{r_a^2 r_i^2}{r_a^2-r_i^2}.$$

Hiermit wird unter Beachtung der Gleichung 7

$$\left.\begin{aligned} \sigma_y &= \frac{p_i r_i^2 - p_a r_a^2}{r_a^2 - r_i^2} + (p_i - p_a)\frac{r_a^2 r_i^2}{r_a^2 - r_i^2}\frac{1}{z^2} \\ \sigma_z &= \frac{p_i r_i^2 - p_a r_a^2}{r_a^2 - r_i^2} - (p_i - p_a)\frac{r_a^2 r_i^2}{r_a^2 - r_i^2}\frac{1}{z^2} \end{aligned}\right\} \quad \ldots \ldots 9)$$

Die Dehnungen ε_1, ε_2 und ε_3 in den drei Hauptrichtungen ergeben sich aus den Gleichungen 4, § 7, nach Einführung der Werte σ_x (Gleichung 7), σ_y und σ_z (Gleichung 9) zu

$$\left.\begin{aligned} \varepsilon_1 &= \frac{m-2}{m}\alpha\frac{p_i r_i^2 - p_a r_a^2}{r_a^2 - r_i^2}, \\ \varepsilon_2 &= \frac{m-2}{m}\alpha\frac{p_i r_i^2 - p_a r_a^2}{r_a^2 - r_i^2} + \frac{m+1}{m}\alpha\frac{r_a^2 r_i^2}{r_a^2 - r_i^2}(p_i - p_a)\frac{1}{z^2}, \\ \varepsilon_3 &= \frac{m-2}{m}\alpha\frac{p_i r_i^2 - p_a r_a^2}{r_a^2 - r_i^2} - \frac{m+1}{m}\alpha\frac{r_a^2 r_i^2}{r_a^2 - r_i^2}(p_i - p_a)\frac{1}{z^2}. \end{aligned}\right\} \quad 10)$$

2. Innerer Überdruck p_i ($p_a = 0$).

Die Gleichungen 10 ergeben unter Beachtung des in § 48, Ziff. 1 Erörterten die Materialanstrengung im Punkte P, und zwar

in Richtung der Zylinderachse

$$\frac{\varepsilon_1}{\alpha} = \frac{m-2}{m}\frac{r_i^2}{r_a^2 - r_i^2}p_i = 0{,}4\frac{r_i^2}{r_a^2 - r_i^2}p_i,$$

in Richtung der Tangente (des Umfanges)

$$\frac{\varepsilon_2}{\alpha} = \frac{m-2}{m}\frac{r_i^2}{r_a^2 - r_i^2}p_i + \frac{m+1}{m}\frac{r_a^2 r_i^2}{r_a^2 - r_i^2}p_i\frac{1}{z^2}$$

$$= 0{,}4\frac{r_i^2}{r_a^2 - r_i^2}p_i + 1{,}3\frac{r_a^2 r_i^2}{r_a^2 - r_i^2}p_i\frac{1}{z^2}, \quad \ldots \ldots 11)$$

in Richtung des Halbmessers

$$\frac{\varepsilon_3}{\alpha} = \frac{m-2}{m}\frac{r_i^2}{r_a^2 - r_i^2}p_i - \frac{m+1}{m}\frac{r_a^2 r_i^2}{r_a^2 - r_i^2}p_i\frac{1}{z^2}$$

$$= 0{,}4\frac{r_i^2}{r_a^2 - r_i^2}p_i - 1{,}3\frac{r_a^2 r_i^2}{r_a^2 - r_i^2}p_i\frac{1}{z^2},$$

sofern noch jeweils $m = \frac{10}{3}$ gesetzt wird.

Die Zuganstrengung $\frac{\varepsilon_1}{\alpha}$ in Richtung der Achse tritt vollständig hinter der Zuginanspruchnahme $\frac{\varepsilon_2}{\alpha}$, die im Sinne des Umfanges statthat, zurück, so daß sie nicht weiter in Betracht gezogen zu werden braucht. $\frac{\varepsilon_2}{\alpha}$ und $\frac{\varepsilon_3}{\alpha}$ erlangen die größten Werte für $z = r_i$, d. h. an der Innenfläche des Hohlzylinders. Somit wird mit k_z als zulässiger Zug- und k als zulässiger Druckanstrengung

$$\left.\begin{aligned} \max\left(\frac{\varepsilon_2}{\alpha}\right) &= \frac{(m+1)\,r_a^2 + (m-2)\,r_i^2}{m\,(r_a^2 - r_i^2)}\,p_i = \frac{1{,}3\,r_a^2 + 0{,}4\,r_i^2}{r_a^2 - r_i^2}\,p_i \leqq k_z, \\ \max\left(-\frac{\varepsilon_3}{\alpha}\right) &= \frac{(m+1)\,r_a^2 - (m-2)\,r_i^2}{m\,(r_a^2 - r_i^2)}\,p_i = \frac{1{,}3\,r_a^2 - 0{,}4\,r_i^2}{r_a^2 - r_i^2}\,p_i \leqq k. \end{aligned}\right\} \quad 12)$$

Die Zuganstrengung $\max\left(\frac{\varepsilon_2}{\alpha}\right)$ in Richtung des Umfanges, d. i. in tangentialer Richtung, ist der größere, also der bestimmende Wert. Hiernach findet sich als maßgebende Beziehung

$$k_z \geqq \frac{\frac{m+1}{m}\,r_a^2 + \frac{m-2}{m}\,r_i^2}{r_a^2 - r_i^2}\,p_i = \frac{1{,}3\,r_a^2 + 0{,}4\,r_i^2}{r_a^2 - r_i^2}\,p_i \quad \ldots \quad 13)$$

oder

$$r_a \geqq r_i \sqrt{\frac{k_z + \left(1 - \frac{2}{m}\right) p_i}{k_z - \left(1 + \frac{1}{m}\right) p_i}} = r_i \sqrt{\frac{k_z + 0{,}4\,p_i}{k_z - 1{,}3\,p_i}} \quad \ldots \quad 14)^{1)}$$

---

[1]) Zur Entwicklung dieser Beziehung in der Zeitschrift des Vereines deutscher Ingenieure 1880, S. 283 u. f., war Verfasser durch die Beobachtung veranlaßt worden, daß Schläuche, die zum Zwecke der Prüfung innerem Überdruck ausgesetzt wurden, sich verlängern, während die Grundlage der von Grashof in seiner Theorie der Elastizität und Festigkeit, 1878, S. 312, für die Berechnung von Hohlzylindern entwickelten Gleichung

$$r_a = r_i \sqrt{\frac{m\,k_z + (m-1)\,p_i}{m\,k_z - (m+1)\,p_i}}, \quad \ldots \ldots \ldots \quad 15)$$

und mit $m = \frac{10}{3}$

$$r_a = r_i \sqrt{\frac{k_z + 0{,}7\,p_i}{k_z - 1{,}3\,p_i}}, \quad \ldots \ldots \ldots \quad 15a)$$

die dem Verfasser bis dahin als die zutreffendste erschienen war, infolge der Vernachlässigung der Axialkraft $\pi r_i^2 p_i$ nicht eine Verlängerung, sondern eine Verkürzung des Hohlzylinders ergibt, indem für die Dehnung ε_x in Richtung der Zylinderachse ein negativer Wert gefunden wird. (S. am angegebenen Ort in Nr. 199 den Ausdruck für $E\,\varepsilon_x$, vgl. Zeitschrift des Vereines deutscher Ingenieure 1880, S. 288 und 290.)

Die Gleichung 15a ist zutreffend, wenn eine Axialkraft nicht wirkt, wie z. B. im Falle eines Hohlzylinders, der beiderseits durch gleichgroße Kolben verschlossen, oder bei dem der Flüssigkeitsdruck auf den Boden nicht durch die Zylinderwand übertragen wird. Ein Beispiel dieser Art s. C. Bach, Die Maschinenelemente, 10. Aufl., S. 739, Abb. 678.

Für $1{,}3\, p_i = k_z$ wird $r_a = \infty$, gleichgültig, wie klein auch der innere Durchmesser sein mag, sofern er nur größer als Null ist. Da nun der zulässigen Anstrengung k_z für jedes Material eine unüberschreitbare Grenze gezogen ist, so folgt hieraus, daß nur solche Verhältnisse möglich sind, für die

$$p_i < \frac{k_z}{1{,}3}$$

oder allgemein

$$p_i < \frac{m}{m+1} k_z.$$

(Vgl. hierzu Fußbemerkung 1, S. 579.)

Daß es durch fortgesetzte Vergrößerung der Wandstärke nicht möglich sein soll, die Flüssigkeitspressung über eine gewisse Höhe hinaus zu steigern, kann für den ersten Augenblick überraschen, erklärt sich jedoch durch die Ungleichmäßigkeit der Verteilung der Anstrengung über den Wandungsquerschnitt.

Denken wir uns beispielsweise einen Hohlzylinder aus Gußstahl mit den Durchmessern

$$2\, r_i = 80 \text{ mm}, \qquad 2\, r_a = 200 \text{ mm},$$

der Wandstärke

$$r_a - r_i = 100 - 40 = 60 \text{ mm}$$

hergestellt und einem inneren Überdruck von 1200 kg auf das Quadratzentimeter ausgesetzt. Dann ergibt sich nach der zweiten der Gleichungen 11 die tangentiale Anstrengung (Zug)[1])

Die Beziehung 15 wurde in der Form

$$\delta = r_a - r_i = r_i \left(-1 + \sqrt{\frac{m k_z + (m-1)\, p_i}{m k_z - (m+1)\, p_i}} \right)$$

auch als Winklersche Gleichung bezeichnet (v. Reiche, Die Maschinenfabrikation 1876, S. 37, wobei mit $m = 3$ gesetzt ist

$$\delta = r_i \sqrt{\frac{3 k_z + 2 p_i}{3 k_z - 4 p_i}} - r_i,$$

u. a.). Verfasser, der gelegentlich der Abfassung dieses Buches (1889) die Winklersche Arbeit über zylindrische Gefäße im Zivilingenieur 1860 erstmals durchgesehen hat, fand bei dieser Gelegenheit, daß Winkler bereits damals nicht bloß die Beziehung 15 aufgestellt hatte, sondern auch eine weitere Gleichung, welche die erwähnte Axialkraft berücksichtigte (S. 348 und 349 daselbst), und die sich von Gleichung 14 nur durch den mit 4 etwas zu groß gewählten Wert von m unterscheidet.

[1]) Die radiale Anstrengung (Druck) beträgt an der Innenfläche nach der zweiten der Gleichungen 12

$$\max\left(-\frac{\varepsilon_3}{\alpha}\right) = \frac{1{,}3 \cdot 10^2 - 0{,}4 \cdot 4^2}{10^2 - 4^2} \cdot 1200 = 1766 \text{ kg/qcm}$$

und die axiale Anstrengung (Zug) nach der ersten der 3 Gleichungen 11

$$\frac{\varepsilon_1}{\alpha} = 0{,}4 \frac{4^2}{10^2 - 4^2} \cdot 1200 = 91 \text{ kg/qcm.}$$

a) an der Innenfläche, d. h. für $z = 4$ cm,

$$0{,}4 \frac{4^2}{10^2 - 4^2} 1200 + 1{,}3 \frac{10^2 \cdot 4^2}{10^2 - 4^2} \cdot 1200 \frac{1}{4^2} = \sim 1950 \text{ kg/qcm};$$

b) in der Mitte, d. h. für $z = 7$ cm,

$$0{,}4 \frac{4^2}{10^2 - 4^2} 1200 + 1{,}3 \frac{10^2 \cdot 4^2}{10^2 - 4^2} \cdot 1200 \frac{1}{7^2} = \sim 700 \text{ kg/qcm};$$

c) an der Außenfläche, d. h. für $z = 10$ cm,

$$0{,}4 \frac{4^2}{10^2 - 4^2} 1200 + 1{,}3 \frac{10^2 \cdot 4^2}{10^2 - 4^2} \cdot 1200 \frac{1}{10^2} = \sim 390 \text{ kg/qcm}.$$

In Abb. 4 ist der Verlauf der Inanspruchnahme dargestellt.

Die Anstrengung beträgt hiernach außen nur den fünften Teil derjenigen an der Innenfläche. Da die letztere maßgebend ist, so wird das nach außen gelegene Material sehr schlecht ausgenützt[1]).

[1]) Wenn es sich um ein Material handelt mit derart veränderlicher Dehnungszahl, daß dieselbe bei wachsender Spannung zunimmt, so daß also der Stoff um so nachgiebiger ist, je stärker er angestrengt wird, wie dies z. B. bei Gußeisen zutrifft, so zeigt sich diese Ungleichmäßigkeit nicht in dem hohen Grade: an der Innenfläche fällt die Anstrengung geringer, an der Außenfläche größer aus, als die vorstehenden Gleichungen, die Unveränderlichkeit der Dehnungszahl und des Wertes m zur Voraussetzung haben, erwarten lassen. Bei Gußeisen kommt andererseits wieder der in § 22, Ziff. 4, festgestellte Einfluß der Gußhaut hinzu. Ist diese, geringere Nachgiebigkeit besitzende Schicht an der Innenfläche vorhanden, so muß sie die Festigkeit vermindernd wirken. Durch Bearbeitung der Innenfläche — vorausgesetzt, daß die Rücksicht auf das Dichthalten gegenüber der Flüssigkeit das Ausbohren gestattet — würde die Widerstandsfähigkeit unter sonst gleichen Verhältnissen erhöht werden können.

(Vgl. in § 56 das unter Ziff. 1b) und c) S. 548 sowie 549 Gesagte.)

Besteht der Zylinder aus zähem Material, z. B. aus Flußeisen, so wird nach Überschreiten der Streckgrenze im Innern das weiter nach außen gelegene Material in höherem Maße herangezogen werden.

Bei Gußeisen und ähnlichen Materialien können Gußspannungen (vgl. S. 290) die Widerstandsfähigkeit ganz wesentlich beeinflussen.

Der Einfluß der etwaigen Veränderlichkeit von m ist von keiner großen Bedeutung.

Der Einfluß einseitiger, d. h. innerer oder äußerer Erwärmung (Abkühlung) ist im Auge zu behalten.

Versuche über die Widerstandsfähigkeit dickwandiger Hohlzylinder gegenüber innerem Überdruck sind in neuerer Zeit durchgeführt worden von Krüger (Mitteilungen über Forschungsarbeiten, Heft 87). Aus den Untersuchungen geht hervor, daß die im vorstehenden gegebenen Gleichungen mit den Versuchsergebnissen recht befriedigend übereinstimmen.

Eigene Versuche mit Betonrohren (1922/23, $2\,r_i = 70$ cm, Wandstärke 8, 12 und 18 cm) lieferten für die tangentiale Anstrengung an der inneren Rohrfläche im Mittel 15,7 kg/qcm. Die Zugfestigkeit des verwendeten Betons, festgestellt an Prismen mit 400 qcm Querschnitt, fand sich zu 15,5 kg/qcm.

Bei bewehrten Rohren (Eiseneinlagen innen natürlich stärker als außen) traten die ersten Risse an der Außenfläche unter bedeutend höherer Flüssigkeitspressung auf als bei unbewehrten Rohren.

Vergrößern wir die Wandstärke fortgesetzt, bis schließlich in der Gleichung

$$k_z = \frac{1{,}3\,r_a^2 + 0{,}4\,r_i^2}{r_a^2 - r_i^2}\,p_i = \frac{1{,}3 + 0{,}4\left(\frac{r_i}{r_a}\right)^2}{1 - \left(\frac{r_i}{r_a}\right)^2}\,p_i$$

$\left(\frac{r_i}{r_a}\right)^2$ Null gesetzt werden darf, so ist $k_z = 1{,}3\,p_i$, unter welche Anstrengung also nicht zu gelangen ist, wie oben bereits festgestellt.

Die erkannte Unvollständigkeit der Ausnützung der Widerstandsfähigkeit des Materials, die um so bedeutender ist, je größer die Wandstärke, hat zur Konstruktion von **zusammengesetzten Hohlzylindern** (Ringgeschützen usw.) geführt, deren Wesen sich aus folgendem ergibt.

Wir denken uns den Hohlzylinder des soeben behandelten Beispiels aus zwei Hohlzylindern bestehend:

einem inneren, für den $r_i = 40$ mm, $r_a = 70$ mm,
„ äußeren, „ „ $r_i = 70$ „ , $r_a = 100$ „ .

Der äußere Zylinder sei auf den inneren (warm oder in anderer Weise) so aufgezogen, daß dieser zusammengepreßt wird; infolgedessen tritt bei dem inneren Zylinder eine nach innen wachsende **Druckspannung** auf.

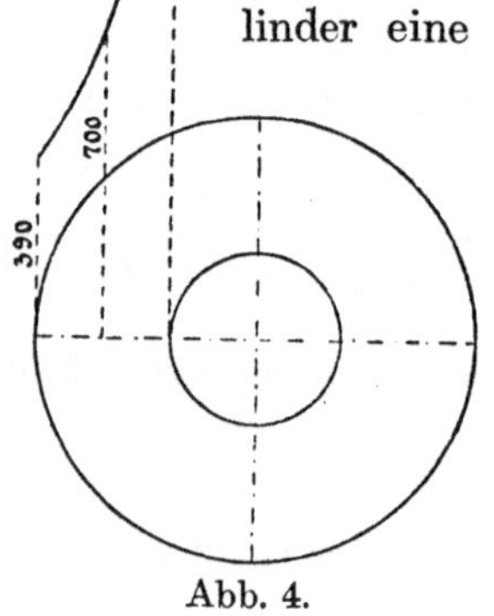

Abb. 4.

Wenn nun jetzt die gepreßte Flüssigkeit (Arbeitsflüssigkeit) den inneren Zylinder belastet, so fällt hier die **Zuganstrengung** um den Betrag geringer aus, welcher der Druckanstrengung entspricht, die durch das Aufziehen des äußeren Zylinders mit Pressung wachgerufen worden war. Dagegen ergibt sich die Zuganstrengung des äußeren Zylinders um denjenigen Betrag größer, der von dem Aufziehen auf den inneren herrührte. Zweckmäßigerweise wird man bei solchen, aus mehreren Hohlzylindern zusammengesetzten Zylindern dahin streben, daß die Spannungen an den Innenflächen der einzelnen Zylinder unter Einwirkung der Flüssigkeitspressung ungefähr gleich groß ausfallen.

Bei Anwendung der entwickelten Gleichungen auf den Fall eines solchen zusammengesetzten Hohlzylinders wird, wenn streng verfahren werden soll, zu beachten sein, inwieweit die zylindrischen Wandungen in axialer Richtung Dehnungen erfahren.

Für im Verhältnis zum Halbmesser **geringe Wandstärke** $s = r_a - r_i$ kann mit genügender Annäherung gleichmäßige Verteilung der Spannungen über den Wandungsquerschnitt angenommen werden. Dies gibt für den l langen Hohlzylinder

$$2 r_i l p_i \leqq 2 s l k_z,$$

woraus

$$k_z \geqq p_i \frac{r_i}{s} \qquad \text{oder} \qquad s \geqq r_i \frac{p_i}{k_z} \quad \ldots\ldots\ldots \quad 16)$$

Aus der allgemeinen Gleichung 14 läßt sich diese Beziehung in folgender Weise ableiten.

Mit $m = \infty$ (d. h. die Zusammenziehung, die ein in Richtung seiner Achse gezogener Stab senkrecht zu dieser erfährt, wird vernachlässigt) folgt zunächst

$$r_a = r_i \sqrt{\frac{k_z + p_i}{k_z - p_i}} = r_i \sqrt{1 + 2 \frac{p_i}{k_z - p_i}}.$$

Unter Beachtung, daß bei geringer Wandstärke p_i nur einen kleinen Bruchteil von k_z bilden kann,

$$r_a = \sim r_i \sqrt{1 + 2 \frac{p_i}{k_z}} = \sim r_i \left(1 + \frac{p_i}{k_z}\right),$$

$$r_a - r_i = s = r_i \frac{p_i}{k_z},$$

wie oben unmittelbar entwickelt wurde.

Die Spannung σ, die in dem senkrecht zur Achse gelegenen Querschnitt

$$\pi (r_a^2 - r_i^2)$$

des Hohlzylinders eintritt, findet sich aus

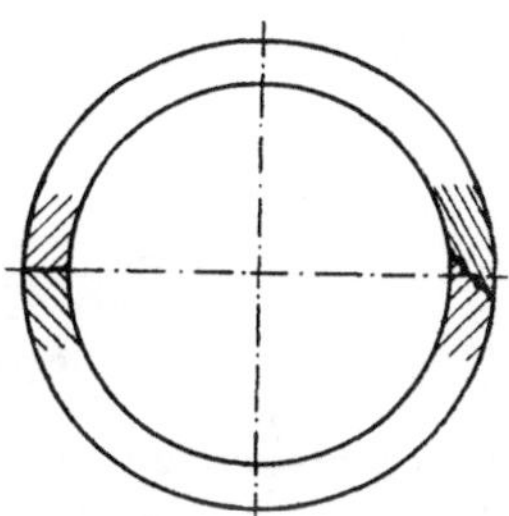

Abb. 5.

$$\pi r_i^2 p_i = \pi (r_a^2 - r_i^2) \sigma$$

zu

$$\sigma = p_i \frac{r_i^2}{r_a^2 - r_i^2} = p_i \frac{r_i}{\frac{r_a + r_i}{r_i} (r_a - r_i)} = \sim \frac{1}{2} p_i \frac{r_i}{s},$$

d. h. **halb so groß als die Anstrengung** (nach Gleichung 16) **in Richtung des Umfanges.**

Die Brucherscheinungen bei Hohlzylindern werden, wie diejenigen beim Zerreißen von Zugstäben, in hohem Maße von den Eigenschaften des Materials beeinflußt. Besteht der Hohlzylinder aus Gußeisen, so erfolgt der Bruch längs einer Mantellinie und die Bruchfläche verläuft ungefähr in einer Ebene, die durch die Zylinderachse geht (Axialebene), vgl. Abb. 5, links.

Besteht der Zylinder aus zähem Material, so erfolgt der Bruch in einer schrägen Fläche, vgl. Abb. 5, rechts.

Abb. 6 und 7, Taf. XXIV, zeigen durch Wasserdruck gesprengte Hohlzylinder aus zähem Stahl. Abb. 8 gibt den Querschnitt durch eine aufgesprengte Flasche aus solchem Material wieder. Die Bruchränder sind schneidenartig gestaltet (vgl. den Bruchverlauf beim Zugversuch, Abb. 15 und 16, Taf. I. Abb. 20 und 21, Taf. III).

Wirkt die Drucksteigerung außerordentlich rasch, so erfolgt Trennung an vielen Stellen gleichzeitig. Hiermit ist die Splitterbildung

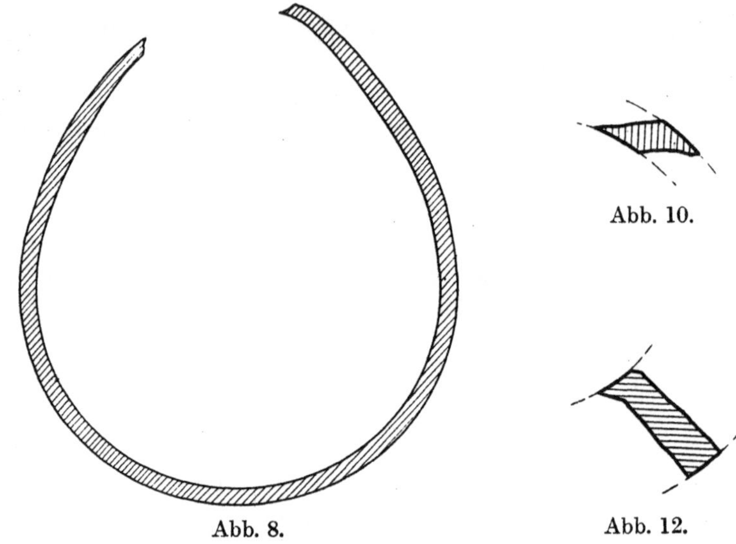

Abb. 8. Abb. 10. Abb. 12.

bei Geschossen zu erklären. Das in Abb. 9, Taf. XXIV, abgebildete Stück zeigt zahlreiche Anrisse, die in Übereinstimmung mit dem oben Bemerkten schräg zum Halbmesser verlaufen. Abb. 10 gibt das Aussehen des Querschnittes nahe der Mitte wieder.

Abb. 11, Taf. XXIV, läßt einen Gußeisensplitter, Abb. 12 dessen Querschnitt erkennen. Die Bruchflächen haben im großen und ganzen die Richtung des Halbmessers.

Ist das Material nicht zäh genug, um überall schräge Bruchrichtung zu bewirken, aber nicht spröde genug, um wie Gußeisen zu brechen, so treten beide Bruchbilder gemeinsam auf, wie Abb. 13, Taf. XXIV und der zugehörige Querschnitt Abb. 14 zeigen (vgl. auch Abb. 7, Taf. XIV).

Die Gestalt der Splitter hängt also im wesentlichen von den Eigenschaften des Materials, die Zahl derselben überdies von der Geschwindigkeit der Drucksteigerung ab[1]). Vergl. auch die Darlegungen von R. Baumann in der Zeitschrift des Vereins deutscher Ingenieure, 1923, S. 945 u. f.

---

[1]) Bei Vornahme von Prüfungen ist, auch wenn diese durch Wasserdruck erfolgen, große Vorsicht geboten, insbesondere deshalb, weil nicht mit Sicherheit vorausgesagt werden kann, in welchen Richtungen Bruchstücke usw. fortgeschleudert werden können.

Bei Hohlzylindern, die aus gewalztem Material hergestellt werden, pflegen Materialfehler die Widerstandsfähigkeit dadurch bedeutend zu vermindern, daß sie die Zugfestigkeit in Richtung senkrecht zur Stabachse herabsetzen, insbesondere wenn sie beim Auswalzen stark in die Länge gestreckt worden sind. Prüfung des Materials in dieser Richtung kann durch Aufdornversuche erfolgen, welche gegenüber

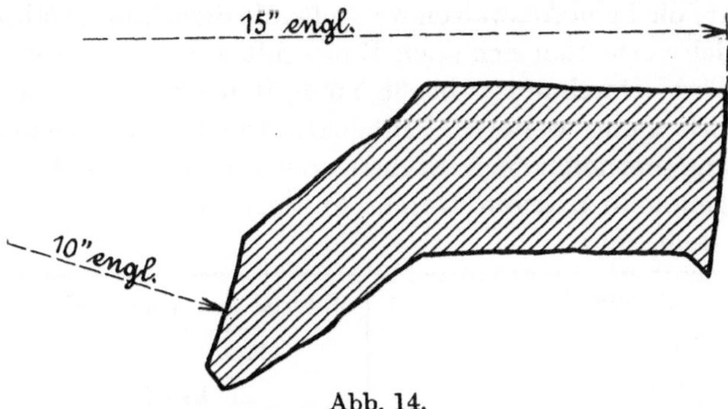

Abb. 14.

dem Verfahren, Zugstäbe in der Querrichtung zu entnehmen (wenn dies im Hinblick auf die oft geringen Abmessungen, die solche erhalten müßten, überhaupt möglich ist) den Vorzug bieten, daß alle Stellen des Umfanges gleichzeitig beansprucht werden, sämtliche vorhandenen Fehlstellen also zur Geltung gelangen können.

Solche Aufdornversuche wurden z. B. mit 15 mm hohen Ringen von 23 mm äußerem und 13 mm innerem Durchmesser ausgeführt. Als Dorn diente ein Kegel aus gehärtetem Stahl, dessen Oberfläche poliert war. Steigung 1 : 60. Einige Versuchsergebnisse sind im folgenden zusammengestellt:

Nr.	Belastung des Dornes beim Bruch kg	Aufweitung beim Bruch mm	Bemerkungen
1	2400	0,3	—
2	2500	0,3	—
3	1700	0,2	Anriß bei 1200 kg
4	800	0,3	—
5	11800	2,5	—
6	7610	2,0	—
7	2600	0,3	—
8	1580	0,4	Anriß bei 840 kg
9	8600	5,0	
10	10200	3,0	
11	7340	3,8	

Abb. 15, Taf. XXIV zeigt die Ringe Nr. 1 und Nr. 9 nach dem Bruch. Deutlich ist die geringe Formänderung des ersteren und die starke Aufweitung des letzteren zu erkennen.

Die nach geringer Formänderung aufgebrochenen Ringe enthalten sämtlich ausgeprägte Schichtenbildung auf den Bruchflächen. Metallographische Untersuchung ergab, daß diese durch Schlackeneinschlüsse verursacht war, die beim Auswalzen weitgehende Streckung erfahren hatten. Ganz ähnlich verhielten sich auch Ringe mit wesentlich größerer Wandstärke (äußerer Durchmesser bis 36,5 mm, innerer Durchmesser 13 mm).

Zur Erlangung weiteren Einblickes wurden mit kleinen, in der Querrichtung entnommenen Stäben sowie mit Längsstäben Zugversuche vorgenommen, deren Durchschnittsergebnisse im folgenden zusammengestellt sind.

Material der Versuchskörper 1 bis 8				Material der Versuchskörper 9 bis 11			
längs		quer		längs		quer	
Zugfestigkeit kg/qcm	Bruchdehnung %	Zugfestigkeit kg/qcm	Bruchdehnung %	Zugfestigkeit kg/qcm	Bruchdehnung %	Zugfestigkeit kg/qcm	Bruchdehnung %
9395	20	5701 bis 8454	2 bis 6	7413	21	7145	9,5

Deutlich ist zu erkennen, daß bei gutem Material (Ringe 9 bis 11) die Zugfestigkeit in der Querrichtung nicht viel kleiner ist als in der Längsrichtung, während bei einem Teil der Stäbe aus dem schlackenhaltigen Material ein sehr großer Unterschied besteht. Ausgeprägt ist dieser auch bei der Bruchdehnung zu beobachten. Selbst das gute Material (Nr. 9 bis 11) liefert in der Querrichtung weniger als halb so viel Dehnung wie in der Längsrichtung. Bei dem weniger guten Stahl ist der Unterschied noch viel bedeutender.

Näheres über diesen Einfluß der Walzrichtung s. in Festigkeitseigenschaften und Gefügebilder Abschnitt I und IV.

Die Versuchsergebnisse zeigen deutlich, daß für die Prüfung von Material, aus dem stark beanspruchte Hohlkörper, z. B. Gewehrläufe hergestellt werden sollen, die meist ausgeführten Zugversuche mit Längsstäben nicht geeignet sind, sondern daß in solchen Fällen nur Aufdornversuche der beschriebenen Art den erforderlichen Einblick gewähren.

3. Äußerer Überdruck p_a ($p_i = 0$).

Wenn Flachdrücken oder Einbeulen der Wandung und bei großer Länge außerdem die in § 23 besprochene Knickung oder die in § 13, Ziff. 1h, S. 209 u. f., erörterte Formänderung (vgl. Taf. XI, Abb. 7 u. 8)

Abb. 6, § 58, S. 582.

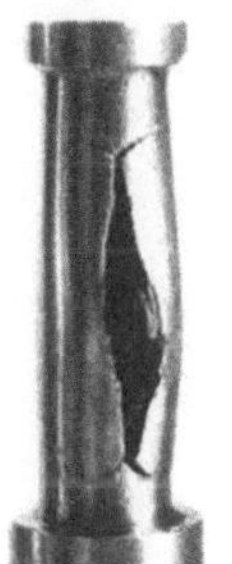

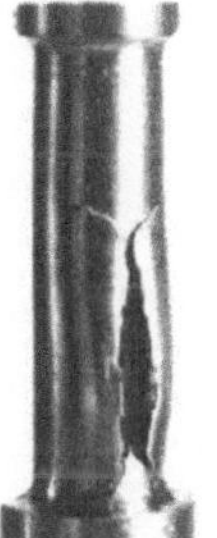

Abb. 7, § 58, S. 582.

Abb. 9, § 58, S. 582.

Abb. 15, § 58, S. 584.

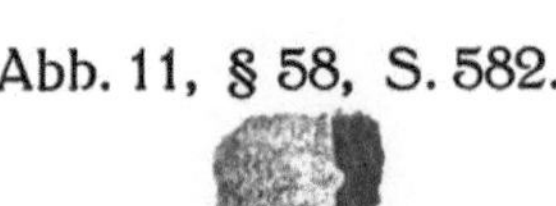

Abb. 11, § 58, S. 582.

Abb. 13, § 58, S. 582.

nicht zu erwarten steht, sind die Anstrengungen nach den Gleichungen 10 mit $p_i = 0$ zu berechnen. Dieselben gehen dann über in

$$\varepsilon_1 = -\frac{m-2}{m}\alpha\frac{r_a^2}{r_a^2-r_i^2}p_a,$$

$$\varepsilon_2 = -\frac{m-2}{m}\alpha\frac{r_a^2}{r_a^2-r_i^2}p_a - \frac{m+1}{m}\alpha\frac{r_a^2 r_i^2}{r_a^2-r_i^2}p_a\frac{1}{z^2},$$

$$\varepsilon_3 = -\frac{m-2}{m}\alpha\frac{r_a^2}{r_a^2-r_i^2}p_a + \frac{m+1}{m}\alpha\frac{r_a^2 r_i^2}{r_a^2-r_i^2}p_a\frac{1}{z^2}.$$

Den größten Wert erlangen die Anstrengungen $\frac{\varepsilon_2}{\alpha}$ und $\frac{\varepsilon_3}{\alpha}$ — die Inanspruchnahme $\frac{\varepsilon_1}{\alpha}$ kommt als wesentlich kleiner wie die gleichzeitige Anstrengung $\frac{\varepsilon_2}{\alpha}$ nicht weiter in Betracht — auch hier wieder für das kleinste z, d. h. für die Innenfläche, und zwar

in Richtung der Tangente (des Umfanges)

$$\max\left(-\frac{\varepsilon_2}{\alpha}\right) = \frac{2m-1}{m}\frac{r_a^2}{r_a^2-r_i^2}p_a = 1{,}7\frac{r_a^2}{r_a^2-r_i^2}p_a,$$

in Richtung des Halbmessers

$$\max\left(\frac{\varepsilon_3}{\alpha}\right) = \frac{3}{m}\frac{r_a^2}{r_a^2-r_i^2}p_a = 0{,}9\frac{r_a^2}{r_a^2-r_i^2}p_a, \quad \ldots \ 17)$$

sofern noch $m = \frac{10}{3}$ eingeführt wird. Hiernach

$$k \geqq 1{,}7\frac{r_a^2}{r_a^2-r_i^2}p_a \quad \text{oder} \quad r_a = \frac{r_i}{\sqrt{1-1{,}7\frac{p_a}{k}}}$$

$$k_z \geqq 0{,}9\frac{r_a^2}{r_a^2-r_i^2}p_a \quad \text{oder} \quad r_a = \frac{r_i}{\sqrt{1-0{,}9\frac{p_a}{k_z}}} \quad \ldots \ 18)$$

Auch hier gilt die zur Gleichung 14 gemachte Bemerkung, daß nur solche Verhältnisse möglich sind, für die

$$p_a < \frac{k}{1{,}7} \quad \text{bzw.} \quad p_a < \frac{k_z}{0{,}9}.$$

(Vgl. das in Fußbemerkung 1 auf S. 579 über den Einfluß der Veränderlichkeit der Dehnungszahl Bemerkte.)

Für verhältnismäßig geringe Wandstärke $s = r_a - r_i$ findet sich unter den oben ausgesprochenen Voraussetzungen und auf dem gleichen Wege, der zur Beziehung 16 führte,

$$k \geqq p_a \frac{r_a}{s} \quad \text{oder} \quad s \geqq r_a \frac{p_a}{k} \quad \ldots\ldots\ldots \quad 19)$$

Bei den Entwicklungen dieses Paragraphen blieb der etwaige, die Festigkeit des Zylindermantels unterstützende Einfluß der Zylinderböden (und zutreffendenfalls der Quernähte) unberücksichtigt. Je kürzer der Zylinder im Vergleiche zum Durchmesser ist, um so bedeutender wird unter sonst gleichen Verhältnissen dieser Einfluß sein; je größer die Länge, um so mehr wird er verschwinden. In der Mehrzahl der Fälle tritt er in den Hintergrund; wo dies nicht zutrifft, kann seine Berücksichtigung schätzungsweise unter Beachtung der Verhältnisse des gerade vorliegenden Sonderfalles dadurch erfolgen, daß die zulässige Anstrengung des Materials entsprechend höher in die Rechnung eingeführt wird.

Wenn der Hohlzylinder nicht aus dem Ganzen besteht, sondern aus einzelnen Teilen hergestellt wurde, die durch Nietung oder in anderer Weise verbunden sind, so wird auch die Widerstandsfähigkeit der Verbindung in Betracht zu ziehen sein.

Die im vorstehenden gegebene Berechnungsweise von Zylinderwandstärken setzt voraus, daß die Flüssigkeitspressung über den ganzen Umfang gleich groß ist. Die Wirklichkeit kann unter Umständen recht erheblich hiervon abweichen, so z. B. bei sehr weiten wagerechten Rohrleitungen für Wasser, in denen der Druck von der Sohle nach dem Scheitel hin verhältnismäßig bedeutend abnimmt, und die nur an der tiefsten Stelle gelagert sind usw. Solche Fälle bedürfen besonderer Behandlung[1]).

Die Ermittlung der Wandstärken solcher Hohlzylinder, bei denen unter Einwirkung des äußeren Überdruckes ein Flachdrücken (Einknicken, Einbeulen) der Wandung zu befürchten steht, gehört bei dem derzeitigen Stand dieser Aufgabe sowie in Anbetracht der besonderen Einflüsse, die dabei zu berücksichtigen sind, an diejenigen Stellen, wo die betreffenden Gegenstände, zu denen solche Hohlzylinder gehören, behandelt werden[2]).

---

[1]) Vgl. die Arbeit von Forchheimer in der Zeitschrift des österr. Ingenieur- und Architekten-Vereines 1904, S. 133 u. f., sowie diejenige von Schmidt in der Zeitschrift des Vereines deutscher Ingenieure 1916, S. 432 u. f., S. 987.

[2]) Über die Berechnung der äußerem Überdrucke ausgesetzten Flammrohre von Dampfkesseln findet sich Näheres in des Verfassers Maschinenelementen, 1891/92, S. 147 u. f., 1908 (10. Aufl.), S. 237 u. f., 1920 (12. Aufl.), S. 249 u. f.

§ 59. Hohlkugel.

Mit den Bezeichnungen

r_i der innere Halbmesser der Hohlkugel,

r_a „ äußere „ „ „ ,

k_z die zulässige Zuganstrengung,

k „ „ Druckanstrengung

finden sich auf demselben Wege, der in § 58 eingeschlagen worden ist, und für $m = \frac{10}{3}$ die folgenden Beziehungen.

1. Innerer Überdruck p_i.

Die größte Anstrengung tritt auch hier an der Innenfläche ein:

in Richtung der Tangente (des Umfanges)

$$k_z \geqq \frac{\frac{m+1}{2m} r_a^3 + \frac{m-2}{m} r_i^3}{r_a^3 - r_i^3} p_i = \frac{0{,}65\, r_a^3 + 0{,}4\, r_i^3}{r_a^3 - r_i^3} p_i,$$

in Richtung des Halbmessers

$$k \geqq \frac{\frac{m+1}{m} r_a^3 - \frac{m-2}{m} r_i^3}{r_a^3 - r_i^3} p_i = \frac{1{,}3\, r_a^3 - 0{,}4\, r_i^3}{r_a^3 - r_i^3} p_i. \quad \ldots\ldots 1)$$

Naturgemäß sind in denselben nur solche Verhältnisse möglich, für die sich endliche Werte von r_a ergeben.

Für im Verhältnis zum Halbmesser geringe Wandstärke $s = r_a - r_i$ ergibt die aus

$$\pi r_i^2 p_i \lesssim k_z\, 2\pi r_i s$$

folgende Beziehung

$$k_z \geqq \frac{1}{2} p_i \frac{r_i}{s} \quad \text{oder} \quad s = \frac{1}{2} r_i \frac{p_i}{k_z} \quad \ldots\ldots 2)$$

die Anstrengung bzw. Wandstärke genügend genau.

Daselbst ist auch der Einfluß der Rohrlänge auf die Widerstandsfähigkeit solcher Rohre erörtert.

Über die tatsächlichen, zuweilen recht bedeutenden Abweichungen von der Kreisform, die bei derartigen Rohren im Betriebe sich einstellen können, und mit denen trotzdem der Betrieb weitergeführt werden kann, vgl. des Verfassers Mitteilungen in der Zeitschrift des Vereines deutscher Ingenieure 1910, S. 1018. Die Darlegungen an dieser Stelle dürften deutlich dafür sprechen, daß Gleichungen für die Wandstärken von Flammrohren usw. nicht lediglich vom Standpunkte der Elastizitäts- und Festigkeitslehre aufgestellt werden können.

2. Äußerer Überdruck p_a ($p_i = 0$).

Sofern Einknicken (Einbeulen) der Wandung nicht zu befürchten steht[1]), gilt für die Anstrengung, die auch hier wieder an der Innenfläche den Größtwert erreicht,

in Richtung der Tangente (des Umfanges)

$$k \geqq \frac{3(m-1)}{2m} \frac{r_a^3}{r_a^3 - r_i^3} p_a = 1{,}05 \frac{r_a^3}{r_a^3 - r_i^3} p_a,$$

in Richtung des Halbmessers

$$k_z \geqq \frac{3}{m} \frac{r_a^3}{r_a^3 - r_i^3} p_a \qquad = 0{,}9 \frac{r_a^3}{r_a^3 - r_i^3} p_a. \quad \ldots\ldots 3)$$

Für verhältnismäßig geringe Wandstärke wie oben

$$k \geqq \frac{1}{2} p_a \frac{r_a}{s} \quad \text{oder} \quad s = \frac{1}{2} r_a \frac{p_a}{k} \quad \ldots\ldots\ldots 4)$$

Die zwei letzten Sätze von § 58 sind auch sinngemäß auf die Hohlkugel zu übertragen und demgemäß zu beachten.

[1]) Über die Berechnung von kugelförmigen Wandungen, bei denen Einbeulen zu befürchten steht, s. des Verfassers Arbeit „Die Widerstandsfähigkeit kugelförmiger Wandungen gegenüber äußerem Überdruck“ in der Zeitschrift des Vereines deutscher Ingenieure 1902, S. 333 u. f., oder Heft 6 der „Versuche über die Widerstandsfähigkeit von Kesselwandungen“, oder auch „Maschinenelemente“, 10. Aufl., S. 256 u. f., 12. Aufl., S. 269 u. f.

Auch hier gilt der Schlußsatz der vorhergehenden Fußbemerkung.

Siebenter Abschnitt.

Plattenförmige Körper.

Die Erörterung der Widerstandsfähigkeit ebener Platten und Wandungen gegenüber einer gleichförmigen Belastung, insbesondere durch Flüssigkeitsdruck, oder gegenüber senkrecht zu ihnen wirkenden Einzelkräften führt auf eine der schwächsten Stellen der Elastizitäts- und Festigkeitslehre.

Eine vom mathematischen Standpunkt aus strenge Ableitung der Inanspruchnahme, welche die am Umfange gestützte oder eingespannte Platte bei der bezeichneten Belastung erfährt, war nach Wissen des Verfassers nur für den Fall der ebenen kreisförmigen Platte, der Scheibe, unter gewissen Voraussetzungen gegeben worden, die übrigens in den meisten Fällen zu einem erheblichen Teile mit den tatsächlichen Verhältnissen in Widerspruch stehen, wie später näher auszuführen sein wird (§ 60, Ziff. 2).

Für die elliptische Platte fehlte es trotz ihres häufigen Vorkommens als Mannlochdeckel usw. überhaupt an einer Beziehung zwischen der Flüssigkeitspressung, den Abmessungen und der Materialanstrengung.

Die zur Bestimmung der Inanspruchnahme rechteckiger Platten vorliegenden Angaben beruhen auf Entwicklungen, die zwar zunächst den streng wissenschaftlichen Weg einschlagen, sich jedoch im Verlaufe der Rechnung zu vereinfachenden Annahmen gezwungen sehen, welche die Zuverlässigkeit der Ergebnisse beeinträchtigen. Überdies muß von wesentlichen der gemachten Voraussetzungen das gleiche gesagt werden, was in dieser Hinsicht bei der kreisförmigen Platte bemerkt wurde. Der zur Lösung der Aufgabe nötige Aufwand an mathematischen Hilfsmitteln ist trotzdem und ganz abgesehen von der Umfänglichkeit der Rechnungen ein sehr bedeutender und geht recht erheblich über das Maß hinaus, das dem zwar wissenschaftlich gebildeten, jedoch mitten in der Ausführung stehenden Ingenieur durchschnittlich noch geläufig ist.

Auf andere als ebene Platten erstreckten sich diese Betrachtungen überhaupt nicht, also nicht auf Deckel von den Formen, wie sie z. B.

die Abbildungen 1 bis 5 wiedergeben. Querschnitte dieser Art aber sind bei den in der Wirklichkeit vorkommenden Deckeln und dergleichen weit häufiger zu finden als das einfache Rechteck.

Unter diesen Umständen erschien die Sicherheit, mit welcher der Konstrukteur die Inanspruchnahme von Platten und Wandungen der in Frage stehenden Art tatsächlich feststellen kann, durchschnittlich recht gering; in nicht wenigen Fällen konnte überhaupt nicht von einer Sicherheit, sondern es mußte vielmehr von einer Unsicherheit gesprochen werden, die bezüglich der Widerstandsfähigkeit solcher Konstruktionsteile besteht. Dieser Zustand mußte um so drückender empfunden werden, als auf manchen Gebieten des Maschineningenieurwesens (Dampfkessel-, Dampfmaschinenbau usw.) Aufgaben der in Frage stehenden Art sich sehr häufig zu bieten und hier überdies eine hohe, auch auf Menschenleben sich erstreckende Verantwortlichkeit einzuschließen pflegen.

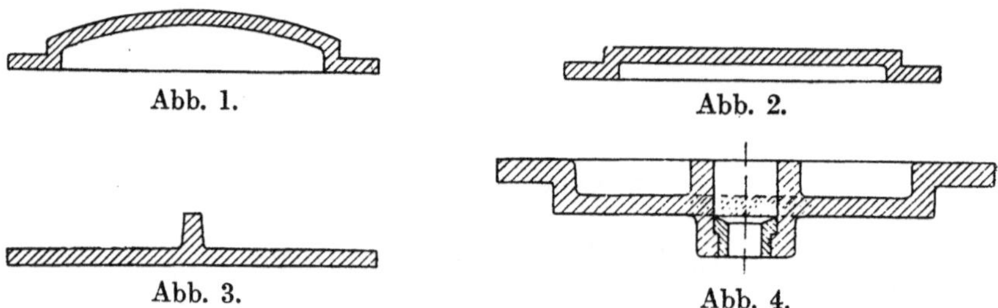

Abb. 1. Abb. 2. Abb. 3. Abb. 4.

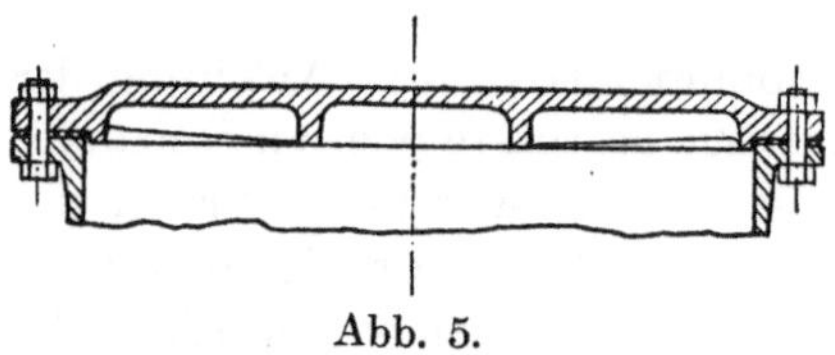

Abb. 5.

Bei dieser Sachlage hat sich Verfasser zur Befriedigung der vorliegenden überaus dringlichen Bedürfnisse veranlaßt gesehen, einen Näherungsweg einzuschlagen, wie er sich aus dem Späteren (§ 60, Ziff. 4, § 61, § 62, § 63) ergeben wird. Die erste dahingehende Veröffentlichung findet sich in der Zeitschrift des Vereines deutscher Ingenieure 1890, S. 1041 u. f.

§ 60. Ebene kreisförmige Platte (Scheibe).

1. Ermittlung der Anstrengung auf dem Wege der Rechnung.

Die Behandlung dieser Aufgabe ist 1860 von Winkler und 1866 von Grashof der Öffentlichkeit übergeben worden. Der Gang der Entwicklungen ist bei beiden im wesentlichen derselbe. Die folgenden Rechnungen geben die Lösung wieder, wie sie sich in Grashofs Theorie der Elastizität und Festigkeit 1878, S. 329 u. f. findet.

Die Scheibe von der Stärke h wird aufgefaßt als am Umfange vom Halbmesser r frei aufliegend, wie in Abb. 6 dargestellt, oder als daselbst eingespannt, wie Abb. 8 wiedergibt (wobei jedoch der Einfluß des über den Kreis vom Halbmesser r vorstehenden Scheibenrandes

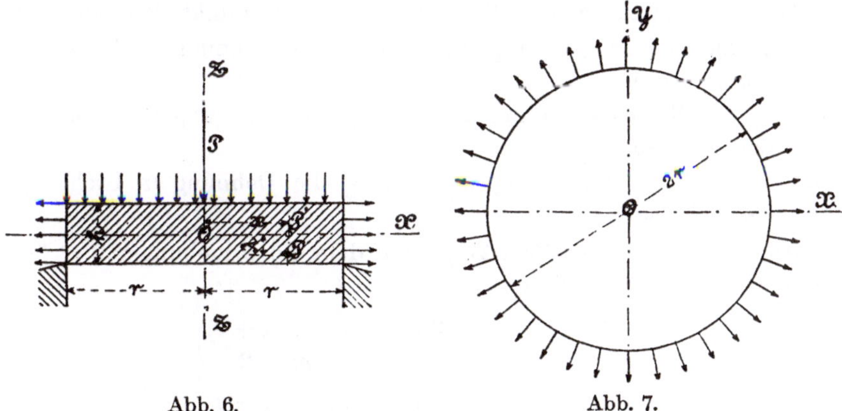

Abb. 6. Abb. 7.

auf die Widerstandsfähigkeit unberücksichtigt bleibt), und in bezug auf ihre Belastung angenommen, daß diese im allgemeinen bestehe

aus einer Einzelkraft P, die im Mittelpunkte angreifend senkrecht zur Oberfläche gerichtet ist,

aus einem gleichmäßig über die Oberfläche πr^2 verteilten Normaldruck von der Größe p auf die Flächeneinheit und

aus einer auf die kreiszylindrische Mantelfläche $2 \pi r h$ gleichmäßig verteilten, radial auswärts wirkenden Kraft, deren Größe p_1 auf die Flächeneinheit beträgt[1]).

Die Scheibe, die zunächst noch nicht belastet sei, denkt man sich auf ein rechtwinkliges Koordinatensystem bezogen, dessen x- und

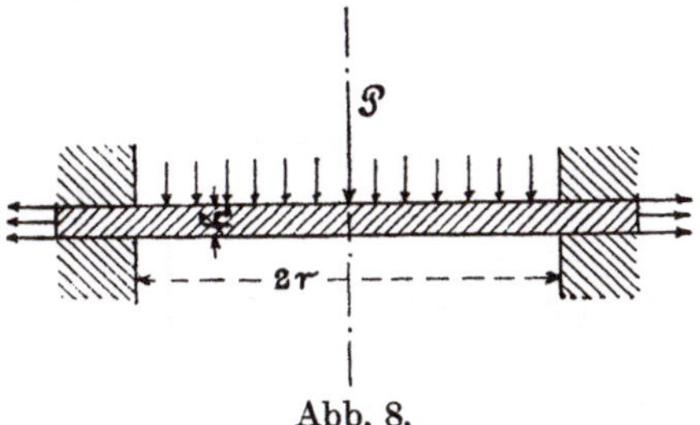

Abb. 8.

y-Achse in der Mittelebene liegen, während die z-Achse senkrecht dazu (positiv nach unten) gerichtet ist (Abb. 6 und 7). Der in der xz-Ebene gelegene beliebige Punkt P der Scheibe erscheint durch die

[1]) Wirkt diese Kraft allein so gilt Gl. 15 in § 66.

Abszisse x und den Abstand λ von der ursprünglich ebenen Mittelfläche bestimmt. Unter Einwirkung der Belastung geht die letztere in eine Rotationsfläche über (Abb. 9), deren Meridianlinie durch die Koordinaten x und z festgelegt wird.

Werden nun für den in Betracht gezogenen Punkt P bezeichnet

mit σ_x die Normalspannung und mit ε_x die Dehnung in Richtung der x-Achse,

mit σ_y die Normalspannung und mit ε_y die Dehnung in Richtung der y-Achse,

mit σ_z die Normalspannung und mit ε_z die Dehnung in Richtung der z-Achse,

so ergeben sich auf demselben Wege, auf dem die Beziehungen 3, § 58, gefunden wurden, die Werte

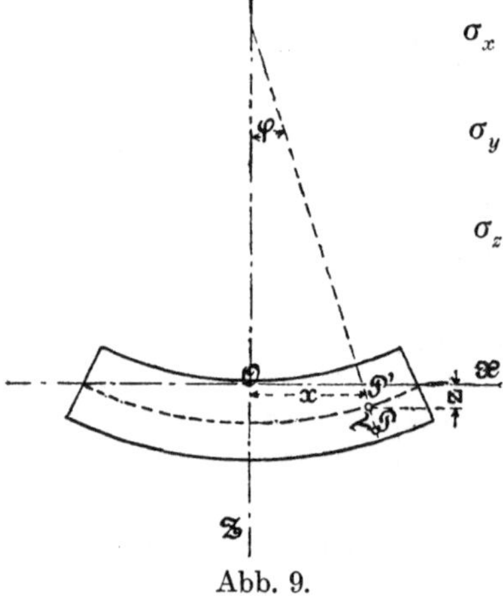

Abb. 9.

$$\sigma_x = \frac{2}{\beta}\left(\varepsilon_x + \frac{\varepsilon_x + \varepsilon_y + \varepsilon_z}{m-2}\right),$$

$$\sigma_y = \frac{2}{\beta}\left(\varepsilon_y + \frac{\varepsilon_x + \varepsilon_y + \varepsilon_z}{m-2}\right),$$

$$\sigma_z = \frac{2}{\beta}\left(\varepsilon_z + \frac{\varepsilon_x + \varepsilon_y + \varepsilon_z}{m-2}\right).$$

Unter der Voraussetzung, daß die Stärke h der Scheibe gering ist gegenüber $2\,r$, kann die Spannung σ_z nur klein ausfallen im Vergleich zu σ_x und σ_y. Demgemäß vernachlässigt man σ_z, d. h. setzt

$$\varepsilon_z + \frac{\varepsilon_x + \varepsilon_y + \varepsilon_z}{m-2} = 0,$$

woraus folgt

$$\varepsilon_z = -\frac{\varepsilon_x + \varepsilon_y}{m-1},$$

und erhält hiermit

$$\left.\begin{aligned}\sigma_x &= \frac{2}{(m-1)\,\beta}(m\,\varepsilon_x + \varepsilon_y)\\ \sigma_y &= \frac{2}{(m-1)\,\beta}(\varepsilon_x + m\,\varepsilon_y)\end{aligned}\right\} \quad \ldots\ldots\ldots\ldots \quad 1)$$

Bedeuten für den Punkt P' der Mittelfläche, der um x von der z-Achse absteht (Abb. 6, 9),

$\varepsilon_x{}'$ und $\varepsilon_y{}'$ die nach der Richtung der x- bzw. y-Achse genommenen Dehnungen,

ϱ den Krümmungshalbmesser der Meridianlinie,

ϱ_1 „ „ „ Mittelfläche in dem dazu senkrechten Normalschnitt,

welche Radien als sehr groß gegenüber den Abmessungen der Scheibe vorausgesetzt werden,

so ist mit der Annäherung, mit welcher die für gerade stabförmige, Körper ermittelte Gleichung 1, § 16, nach hier übertragen werden darf,

$$\varepsilon_x = \varepsilon_x' + \frac{\lambda}{\varrho} \quad \text{und} \quad \varepsilon_y = \varepsilon_y' + \frac{\lambda}{\varrho_1}.$$

Da nach Gleichung 14, § 16,

$$\frac{1}{\varrho} = \sim - \frac{d^2 z}{d x^2}$$

und ferner ϱ_1 gleich der Länge der Normalen bis zum Durchschnitt mit der Achse der Rotationsfläche ist, d. h. unter Bezugnahme auf Abb. 9

$$\varrho_1 = \frac{x}{\sin \varphi} = \sim \frac{x}{\operatorname{tg} \varphi} = \frac{x}{-\frac{dz}{dx}},$$

$$\frac{1}{\varrho_1} = \sim - \frac{1}{x} \frac{dz}{dx},$$

so ergibt sich

$$\left.\begin{aligned} \varepsilon_x &= \varepsilon_x' - \lambda \frac{d^2 z}{d x^2} \\ \varepsilon_y &= \varepsilon_y' - \frac{\lambda}{x} \frac{dz}{dx} \end{aligned}\right\} \quad \ldots \ldots \ldots \ldots \quad 2)$$

und nach Einführung dieser Werte in die Gleichungen 1

$$\left.\begin{aligned} \sigma_x &= \frac{m}{(m^2 - 1)\alpha} \left\{ m \varepsilon_x' + \varepsilon_y' - \lambda \left(m \frac{d^2 z}{d x^2} + \frac{1}{x} \frac{dz}{dx} \right) \right\} \\ \sigma_y &= \frac{m}{(m^2 - 1)\alpha} \left\{ \varepsilon_x' + m \varepsilon_y' - \lambda \left(\frac{d^2 z}{d x^2} + \frac{m}{x} \frac{dz}{dx} \right) \right\} \end{aligned}\right\} \quad \ldots \quad 3)$$

Die Spannungen σ_x' und σ_y' in dem Punkte P' der Mittelfläche, die sich aus den Gleichungen 3 für $\lambda = 0$ ergeben, rühren — unter den gemachten Voraussetzungen — nur von der Spannung p_1 am Umfangsmantel der Scheibe her, somit

$$\sigma_x' = \sigma_y' = p_1$$

und infolgedessen auch aus den Gleichungen 3 mit $\lambda = 0$

$$\sigma_x' = \frac{m}{(m^2 - 1)\alpha} \{ m \varepsilon_x' + \varepsilon_y' \} = p_1$$

$$\sigma_y' = \frac{m}{(m^2 - 1)\alpha} \{ \varepsilon_x' + m \varepsilon_y' \} = p_1,$$

folglich

$$\varepsilon_x' = \varepsilon_y' = \alpha \frac{m-1}{m} p_1.$$

Hiermit liefern die Gleichungen 2

$$\left.\begin{aligned} \varepsilon_x &= \alpha p_1 \frac{m-1}{m} - \lambda \frac{d^2 z}{d x^2} \\ \varepsilon_y &= \alpha p_1 \frac{m-1}{m} - \frac{\lambda}{x} \frac{d z}{d x} \end{aligned}\right\} \quad \ldots \ldots \quad 2a)$$

und die Gleichungen 3

$$\left.\begin{aligned} \sigma_x &= p_1 - \frac{m}{(m^2-1)\alpha} \lambda \left(m \frac{d^2 z}{d x^2} + \frac{1}{x} \frac{d z}{d x}\right) \\ \sigma_y &= p_1 - \frac{m}{(m^2-1)\alpha} \lambda \left(\frac{d^2 z}{d x^2} + \frac{m}{x} \frac{d z}{d x}\right) \end{aligned}\right\} \quad \ldots \ldots \quad 4)$$

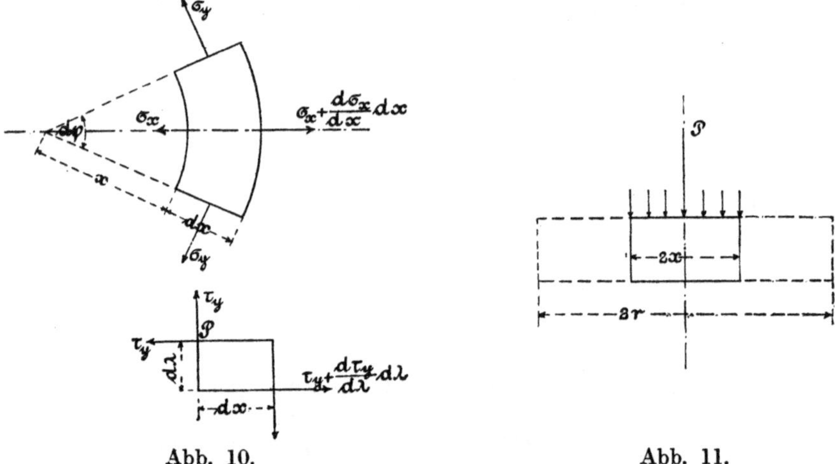

Abb. 10. Abb. 11.

Vom Punkte P ausgehend denkt man sich ein Körperelement, Abb. 10, mit den Querschnittsabmessungen dx und $d\lambda$ konstruiert und herausgeschnitten, sodann die auf dasselbe wirkenden Spannungen eingetragen, wobei zu berücksichtigen ist, daß Schubspannungen nur da auftreten können, wo Winkeländerungen (Gleitungen) stattfinden, und die Gleichgewichtsbedingung

$$\sigma_x x d\varphi d\lambda + 2\sigma_y \sin\frac{d\varphi}{2} d\lambda dx + \tau_y \left(x + \frac{dx}{2}\right) d\varphi\, dx$$

$$-\left(\sigma_x + \frac{d\sigma_x}{dx} dx\right)(x + dx)\, d\varphi\, d\lambda - \left(\tau_y + \frac{d\tau_y}{d\lambda} d\lambda\right)\left(x + \frac{dx}{2}\right) d\varphi\, dx = 0$$

aufgestellt. Aus derselben folgt

$$\sigma_y - \sigma_x - x \frac{d\sigma_x}{dx} - x \frac{d\tau_y}{d\lambda} = 0,$$

$$\frac{d\tau_y}{d\lambda}=\frac{\sigma_y}{x}-\frac{\sigma_x+x\frac{d\sigma_x}{dx}}{x}=\frac{\sigma_y}{x}-\frac{1}{x}\frac{d(x\sigma_x)}{dx}.$$

Nach Einführung der Gleichung 4

$$\frac{d\tau_y}{d\lambda}=\frac{1}{x}\left[p_1-\frac{m}{m^2-1}\frac{1}{\alpha}\lambda\left(\frac{d^2z}{dx^2}+\frac{m}{x}\frac{dz}{dx}\right)-p_1\right.$$

$$\left.+\frac{m}{m^2-1}\frac{1}{\alpha}\lambda\left(mx\frac{d^3z}{dx^3}+m\frac{d^2z}{dx^2}+\frac{d^2z}{dx^2}\right)\right],$$

$$\frac{d\tau_y}{d\lambda}=\frac{m^2}{m^2-1}\frac{1}{\alpha}\lambda\left(\frac{d^3z}{dx^3}+\frac{1}{x}\frac{d^2z}{dx^2}-\frac{1}{x^2}\frac{dz}{dx}\right)$$

und durch Integration in bezug auf die Veränderliche λ

$$\tau_y=\frac{m^2}{m^2-1}\frac{1}{\alpha}\frac{\lambda^2}{2}\left(\frac{d^3z}{dx^3}+\frac{1}{x}\frac{d^2z}{dx^2}-\frac{1}{x^2}\frac{dz}{dx}\right)+C.$$

Die Konstante C ist bestimmt dadurch, daß für $\lambda=\pm\frac{h}{2}$ die Schubspannung $\tau_y=0$, somit

$$\tau_y=-\frac{m^2}{m^2-1}\frac{1}{\alpha}\frac{h^2-4\lambda^2}{8}\left(\frac{d^3z}{dx^3}+\frac{1}{x}\frac{d^2z}{dx^2}-\frac{1}{x^2}\frac{dz}{dx}\right) \quad . \quad . \quad . \quad . \quad 5)$$

Das Vorzeichen von τ deutet an, daß der ursprünglich rechte Winkel, an dessen Kanten in Abb. 10 die Schubspannungen eingetragen sind, in einen stumpfen übergeht, diese also nicht in den eingezeichneten, sondern in den entgegengesetzten Richtungen wirken.

Um z als Funktion von x zu erhalten, denkt man sich eine Scheibe vom Halbmesser x, Abb. 11, herausgetrennt. Auf dieselbe wirkt in Richtung der Scheibenachse die Belastung $P+\pi x^2 p$, die durch die Schubkräfte übertragen werden muß, somit

$$\int_{-\frac{h}{2}}^{+\frac{h}{2}}\tau_y\cdot 2\pi x\,d\lambda=P+\pi x^2 p,$$

wobei die Integration nach Einführung des absoluten Wertes von τ_y aus Gleichung 5 lediglich in bezug auf λ zu erfolgen hat. Es ergibt sich

$$2\pi x\frac{m^2}{m^2-1}\frac{1}{\alpha}\left(\frac{d^3z}{dx^3}+\frac{1}{x}\frac{d^2z}{dx^2}-\frac{1}{x^2}\frac{dz}{dx}\right)\int_{-\frac{h}{2}}^{+\frac{h}{2}}\frac{h^2-4\lambda^2}{8}\,d\lambda$$

$$=P+\pi x^2 p$$

und somit in

$$\frac{d^3z}{dx^3}+\frac{1}{x}\frac{d^2z}{dx^2}-\frac{1}{x^2}\frac{dz}{dx}=6\frac{m^2-1}{m^2}\alpha\frac{1}{h^3}\left(px+\frac{P}{\pi x}\right) \quad . \; . \; . \quad 6)$$

die Differentialgleichung der Meridianlinie.

Die Einsetzung des Ausdrucks auf der rechten Seite dieser Gleichung in Gleichung 5 ergibt für die absolute Größe der Schubspannung

$$\tau_y=\frac{3}{4}\frac{h^2-4\lambda^2}{h^3}\left(px+\frac{P}{\pi x}\right) \quad . \; . \; . \; . \; . \; . \; . \; . \quad 7)$$

Wie ersichtlich, würde τ_y für $x = 0$, d. h. für die Mitte der Scheibe, unendlich groß werden, sofern $P > 0$ ist. Dies verlangt, daß die Einzellast P nicht als im Mittelpunkt der Scheibe zusammengedrängt angreifend, sondern als auf eine mit der Scheibenoberfläche konzentrische Kreisfläche vom Halbmesser r_0 verteilt gedacht wird, wobei r_0 natürlich klein gegenüber r anzunehmen ist. An die Stelle der Kreisfläche πr_0^2 kann auch der Kreisumfang $2\pi r_0$ treten.

Mit den abgekürzten Bezeichnungen

$$\frac{m^2-1}{m^2}\alpha\frac{6}{h^3}p=a\,, \qquad \frac{m^2-1}{m^2}\alpha\frac{6}{h^3}\frac{P}{\pi}=b$$

geht Gleichung 6 über in

$$\frac{d^3z}{dx^3}+\frac{1}{x}\frac{d^2z}{dx^2}-\frac{1}{x^2}\frac{dz}{dx}=ax+\frac{b}{x}\,,$$

und da die linke Seite gleich

$$\frac{d}{dx}\left(\frac{d^2z}{dx^2}+\frac{1}{x}\frac{dz}{dx}\right)=\frac{d}{dx}\left\{\frac{1}{x}\frac{d}{dx}\left(x\frac{dz}{dx}\right)\right\},$$

so ist auch

$$\frac{d}{dx}\left\{\frac{1}{x}\frac{d}{dx}\left(x\frac{dz}{dx}\right)\right\}=ax+\frac{b}{x}\,,$$

woraus folgt

$$\frac{1}{x}\frac{d}{dx}\left(x\frac{dz}{dx}\right)=\frac{a}{2}x^2+b\ln x+c_1,$$

$$x\frac{dz}{dx}=\frac{a}{8}x^4+b\int x\ln x\,dx+\frac{c_1}{2}x^2+c_2,$$

und wegen

$$\int x\ln x\,dx=\frac{x^2}{4}(2\ln x-1)$$

$$\frac{dz}{dx}=\frac{a}{8}x^3+\frac{b}{4}x(2\ln x-1)+\frac{c_1}{2}x+\frac{c_2}{x} \quad . \; . \; . \; . \; . \quad 8)$$

Somit

$$z=\frac{a}{32}x^4+\frac{b}{4}x^2(\ln x-1)+\frac{c_1}{4}x^2+c_2\ln x+c_3 \quad . \; . \; . \quad 9)$$

Hiernach finden sich für die in den Gleichungen 4 auftretenden Werte

$$\left.\begin{aligned} \frac{1}{x}\frac{dz}{dx} &= \frac{a}{8}x^2 + \frac{b}{4}(2\ln x - 1) + \frac{c_1}{2} + \frac{c_2}{x^2}, \\ \frac{d^2z}{dx^2} &= \frac{3}{8}ax^2 + \frac{b}{4}(2\ln x + 1) + \frac{c_1}{2} - \frac{c_2}{x^2} \end{aligned}\right\} \quad . \quad . \quad . \quad . \quad 10)$$

Zur Bestimmung der Integrationskonstanten ist zunächst zu beachten, daß für $x = 0$ auch $\frac{dz}{dx} = 0$, d. h., daß die Tangente an der Meridianlinie im Scheitel derselben wagrecht sein muß, also nach Gleichung 8

$$0 = \frac{b}{2}(x \ln x) + \frac{c_2}{x} \qquad \text{für } x = 0.$$

Da

$$x \ln x = \frac{\ln x}{\frac{1}{x}}$$

und dieser Wert für $x = 0$ zu $\frac{\infty}{\infty}$ wird, so ist für Zähler und Nenner der erste Differentialquotient zu bilden:

$$\frac{b}{2}\left[\frac{\frac{d}{dx}(\ln x)}{\frac{d}{dx}\left(\frac{1}{x}\right)}\right]_{x=0} = \frac{b}{2}\left(\frac{\frac{1}{x}}{-\frac{1}{x^2}}\right)_{x=0} = -\frac{b}{2}(x)_{x=0} = 0 .$$

Hiermit

$$0 = 0 + \left(\frac{c_2}{x}\right)_{x=0},$$

was nur durch $c_2 = 0$ ermöglicht wird.

Ist die Scheibe am Rande nur gestützt, also lose aufliegend, so muß für alle Punkte des Umfangsmantels der Scheibe, d. h. für $x = r$ und für jeden möglichen Wert von λ $\sigma_x = p_1$ sein. Nach der ersten der Gleichungen 4 ist das nur möglich, wenn

$$m\frac{d^2z}{dx^2} + \frac{1}{x}\frac{dz}{dx} = 0,$$

woraus nach Einführung der rechten Seiten der Gleichungen 10 folgt

$$c_1 = -\frac{1}{4}\frac{3m+1}{m+1}ar^2 - b\left(\ln r + \frac{1}{2}\frac{m-1}{m+1}\right) \quad . \quad . \quad . \quad . \quad 11)$$

Ist die Scheibe am Rande eingespannt, so daß die x-Achse an der Befestigungsstelle Tangente an der Meridianlinie ist,

Abb. 12 (vgl. hierüber auch § 53), dann muß für $x = r$ $\frac{dz}{dx} = 0$ sein, somit nach Gleichung 8, da $c_2 = 0$,

$$0 = \frac{a}{8} r^3 + \frac{b}{4} r (2 \ln r - 1) + \frac{c_1}{2} r,$$

$$c_1 = -\frac{a}{4} r^2 - b \left(\ln r - \frac{1}{2} \right) \quad \ldots \ldots \ldots \quad 12)$$

a) Die Scheibe ist nur durch p gleichmäßig belastet; $P = 0$.

Mit $P = 0$ wird

$$b = \frac{m^2 - 1}{m^2} \alpha \frac{6}{h^3} \frac{P}{\pi} = 0.$$

Die Konstante c_3 der Gleichung 9 bestimmt sich dadurch, daß für $x = r$ $z = 0$ sein muß, also, da $c_2 = 0$ (S. 597), aus

$$0 = \frac{a}{32} r^4 + \frac{c_1}{4} r^2 + c_3$$

zu

$$c_3 = -\frac{a}{32} r^4 - \frac{c_1}{4} r^2.$$

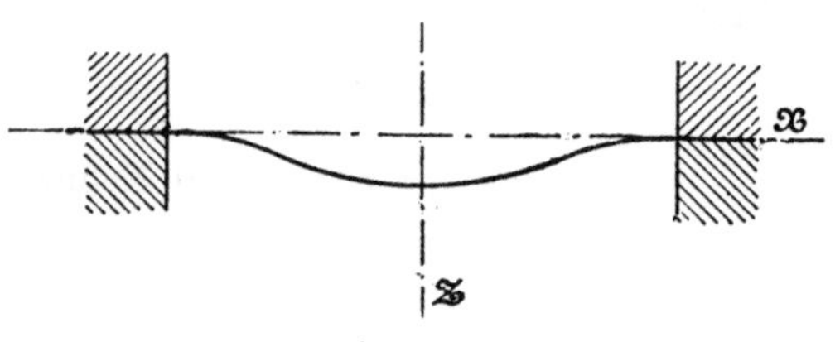

Abb. 12.

Damit geht die Gleichung 9 der Meridianlinie über in

$$z = -\frac{a}{32} (r^4 - x^4) - \frac{c_1}{4} (r^2 - x^2) = -\left(a \frac{r^2 + x^2}{8} + c_1 \right) \frac{r^2 - x^2}{4} \quad . \quad 13)$$

α) Die Scheibe liegt am Rande lose auf.

Gleichung 11 ergibt mit $b = 0$

$$c_1 = -\frac{1}{4} \frac{3m + 1}{m + 1} a r^2.$$

Durch Einführung dieser Größe und von

$$a = \frac{m^2 - 1}{m^2} \alpha \frac{6}{h^3} p$$

in Gleichung 13 liefert diese

$$z = \frac{3}{16} \frac{m^2 - 1}{m^2} \alpha \frac{p}{h^3} \left(\frac{5m + 1}{m + 1} r^2 - x^2 \right) (r^2 - x^2) \quad . \ . \ . \quad 14)$$

Hieraus folgt die Durchbiegung in der Mitte für $x = 0$

$$z' = \frac{3}{16} \frac{(m - 1)(5m + 1)}{m^2} \alpha p \frac{r^4}{h^3} \quad \ldots \ldots \ldots \quad 15)$$

und mit $m = \frac{10}{3}$

$$z' = 0{,}7 \alpha p \frac{r^4}{h^3} \quad \ldots \ldots \ldots \quad 16)$$

Für $p_1 = 0$ gehen die Gleichungen 2a über in

$$\varepsilon_x = -\lambda\frac{d^2z}{dx^2} = \frac{3}{4}\frac{m^2-1}{m^2}\alpha\frac{p}{h^3}\lambda\left(\frac{3m+1}{m+1}r^2 - 3x^2\right),$$

$$\varepsilon_y = -\frac{\lambda}{x}\frac{dz}{dx} = \frac{3}{4}\frac{m^2-1}{m^2}\alpha\frac{p}{h^3}\lambda\left(\frac{3m+1}{m+1}r^2 - x^2\right).$$

Diese Dehnungen erlangen ihren größten Wert für $x = 0$ (Mitte der Scheibe) und für $\lambda = \pm\frac{h}{2}$ (äußerste Fasern). Diese Höchstwerte sind überdies gleich groß, nämlich

$$\max(\varepsilon_x) = \pm\frac{3}{8}\frac{(m-1)(3m+1)}{m^2}\alpha\left(\frac{r}{h}\right)^2 p = \max(\varepsilon_y).$$

An den bezeichneten Stellen sind die Schubspannungen nach Gleichung 7 gleich Null, somit ist $\max\left(\frac{\varepsilon_x}{\alpha}\right)$ die größte Anstrengung und demgemäß mit k_b als zulässiger Biegungsinanspruchnahme

$$k_b \geqq \pm\frac{3}{8}\frac{(m-1)(3m+1)}{m^2}\left(\frac{r}{h}\right)^2 p \quad \ldots\ldots \quad 17)$$

Mit $m = \frac{10}{3}$ wird

$$k_b \geqq \pm 0{,}87\left(\frac{r}{h}\right)^2 p \quad \ldots\ldots\ldots \quad 18)$$

β) Die Scheibe ist am Umfange eingespannt.

Gleichung 12 liefert mit $b = 0$

$$c_1 = -\frac{9}{4}r^2.$$

In ganz gleicher Weise wie unter α) ergibt sich hier die Gleichung der Meridianlinie

$$z = \frac{3}{16}\frac{m^2-1}{m^2}\alpha\frac{p}{h^3}(r^2-x^2)^2 \quad \ldots\ldots\ldots \quad 19)$$

und hieraus die Durchbiegung in der Mitte ($x = 0$)

$$z' = \frac{3}{16}\frac{m^2-1}{m^2}\alpha p\frac{r^4}{h^3} \quad \ldots\ldots\ldots \quad 20)$$

und mit $m = \frac{10}{3}$

$$z' = 0{,}17\,\alpha p\frac{r^4}{h^3} \quad \ldots\ldots\ldots\ldots \quad 21)$$

Aus den Gleichungen 2a folgt, da

$$\frac{1}{x}\frac{dz}{dx} = \frac{3}{4}\frac{m^2-1}{m^2}\alpha\frac{p}{h^3}(r^2-x^2),$$

$$\frac{d^2 z}{dx^2} = \frac{3}{4}\frac{m^2-1}{m^2}\alpha\frac{p}{h^3}(r^2-3x^2),$$

$$\frac{\varepsilon_x}{\alpha} = \frac{m-1}{m}p_1 + \frac{3}{4}\frac{m^2-1}{m^2}\frac{p}{h^3}\lambda(r^2-3x^2),$$

$$\frac{\varepsilon_y}{\alpha} = \frac{m-1}{m}p_1 + \frac{3}{4}\frac{m^2-1}{m^2}\frac{p}{h^3}\lambda(r^2-x^2).$$

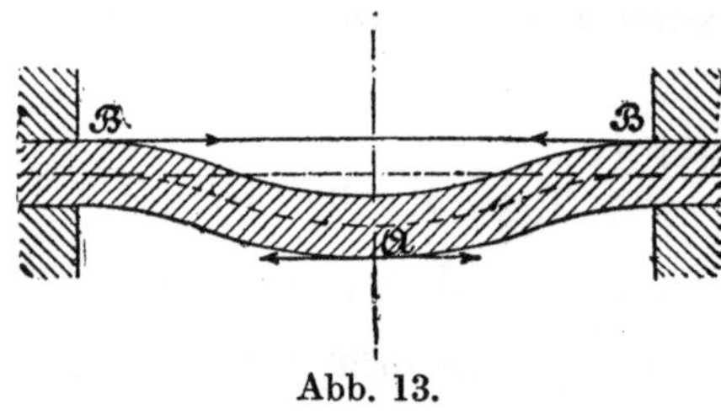

Abb. 13.

Ist, wie vorausgesetzt, $p_1 \geqq 0$, so erlangt $\frac{\varepsilon_x}{\alpha}$ zwei größte Werte: den einen für $x = 0$ und $\lambda = +\frac{h}{2}$ (Mitte der Scheibe, unterste Faser, bei A, Abb. 13) und den anderen für $x = r$ und $\lambda = -\frac{h}{2}$ (Einspannstelle, oberste Faser, bei B, Abb. 13). Der erstere beträgt

$$\max\left(\frac{\varepsilon_x}{\alpha}\right)_1 = \frac{m-1}{m}p_1 + \frac{3}{8}\frac{m^2-1}{m^2}\left(\frac{r}{h}\right)^2 p,$$

der letztere

$$\max\left(\frac{\varepsilon_x}{\alpha}\right)_2 = \frac{m-1}{m}p_1 + \frac{3}{4}\frac{m^2-1}{m^2}\left(\frac{r}{h}\right)^2 p.$$

Dieser ist der größere[1]); somit, da die Schubspannungen nach Gleichung 7 für $\lambda = \pm\frac{h}{2}$ Null werden,

$$k_b \geqq \frac{m-1}{m}p_1 + \frac{3}{4}\frac{m^2-1}{m^2}\left(\frac{r}{h}\right)^2 p \quad . \; . \; . \; . \; . \; . \; . \quad 22)$$

[1]) In Wirklichkeit pflegt die Einspannung nur eine unvollkommene zu sein. Durch Nachgiebigkeit des befestigten Scheibenrandes (gegenüber dem Zustande vollkommener Einspannung) nimmt die Anstrengung der Scheibe an dem Rande ab, dagegen diejenige in der Scheibenmitte zu. Hierbei steigt die letztere für $p_1 = 0$ von dem Werte $\frac{3}{8}\frac{m^2-1}{m^2}\left(\frac{r}{h}\right)^2 p$, d. i. $0{,}34\left(\frac{r}{h}\right)^2 p$ bei $m = \frac{10}{3}$, gültig für vollkommene Einspannung, bis zu dem durch Gleichung 17 bestimmten Betrag, d. i. $0{,}87\left(\frac{r}{h}\right)^2 p$ bei $m = \frac{10}{3}$, gültig für Freiaufliegen, während die Beanspruchung am Umfange von dem Werte $\frac{3}{4}\frac{m^2-1}{m^2}\left(\frac{r}{h}\right)^2 p$, d. i. $0{,}68\left(\frac{r}{h}\right)^2 p$ bei $m = \frac{10}{3}$, bis auf Null sinkt. Für eine gewisse Nachgiebigkeit an der Befestigungsstelle wird die Anstrengung der Scheibe am geringsten ausfallen (vgl. S. 498 u. f.).

Für $p_1 = 0$ wird

$$k_b \geqq \frac{3}{4} \frac{m^2 - 1}{m^2} \left(\frac{r}{h}\right)^2 p$$

und mit $m = \frac{10}{3}$

$$k_b \geqq 0{,}68 \left(\frac{r}{h}\right)^2 p \quad \ldots \ldots \ldots \ldots 23)$$

b) Die Scheibe liegt am Rande frei auf und ist nur durch die in der Mitte angreifende Kraft P belastet.

Die Gleichung der Meridianlinie ergibt sich in gleicher Weise, wie unter a) ermittelt, bei Beachtung, daß

$$a = \frac{m^2 - 1}{m^2} \alpha \frac{6}{h^3} p = 0 \text{ (wegen } p = 0), \; c_2 = 0,$$

und für

$$x = r \qquad z = 0$$

aus Gleichung 9 zu

$$z = -\frac{b}{4} \{r^2 (\ln r - 1) - x^2 (\ln x - 1)\} - \frac{c_1}{4} (r^2 - x^2).$$

Nach Einführung von

$$c_1 = -b \left(\ln r + \frac{1}{2} \frac{m - 1}{m + 1}\right)$$

und

$$b = \frac{m^2 - 1}{m^2} \alpha \frac{6}{h^3} \frac{P}{\pi}$$

wird

$$z = \frac{3}{4\pi} \frac{m^2 - 1}{m^2} \alpha \frac{P}{h^3} \left\{2 x^2 \ln \frac{x}{r} + \frac{3m + 1}{m + 1} (r^2 - x^2)\right\} \quad \ldots 24)$$

Somit die Durchbiegung in der Mitte der Platte ($x = 0$)

$$z' = \frac{3}{4\pi} \frac{(m - 1)(3m + 1)}{m^2} \alpha P \frac{r^2}{h^3} \quad \ldots \ldots 25)$$

und mit $m = \frac{10}{3}$

$$z' = 0{,}55 \, \alpha P \frac{r^2}{h^3} \quad \ldots \ldots \ldots \ldots 26)$$

Die Gleichungen 2a führen mit den Gleichungen 10 sowie unter Beachtung, daß $p_1 = 0$, $c_2 = 0$ und c_1 durch Gleichung 11 bestimmt ist, sowie unter Berücksichtigung der Bedeutung von b zu

$$\varepsilon_x = \frac{3}{\pi} \frac{m^2 - 1}{m^2} \alpha \frac{P}{h^3} \left(\ln \frac{r}{x} - \frac{1}{m + 1}\right) \lambda,$$

$$\varepsilon = \frac{3}{\pi} \frac{m^2 - 1}{m^2} \alpha \frac{P}{h^3} \left(\ln \frac{r}{x} + \frac{m}{m + 1}\right) \lambda.$$

Wird gemäß der Bemerkung zu Gleichung 7 (S. 596) die Kraft P auf der Kreislinie $2\pi r_0$ — in Wirklichkeit auf der dieser Linie entsprechenden schmalen Kreisringfläche — gleichmäßig verteilt angenommen, wobei r_0 klein gegen r, immerhin aber so groß vorausgesetzt ist, daß der größte Wert der aus Gleichung 7 folgenden Schubspannung, d. i. wegen $\lambda = 0$, $p = 0$ und $x = r_0$,

$$\tau_{max} = \frac{3}{4\pi} \frac{P}{h r_0} \quad \ldots \ldots \ldots \ldots 27)$$

das höchstens noch für zulässig erachtete Maß nicht überschreitet, so ergeben sich die Größtwerte von ε_x und ε_y für

$$x = r_0 \quad \text{und} \quad \lambda = \frac{h}{2},$$

und zwar ist

$$\max\left(\frac{\varepsilon_y}{\alpha}\right) = \frac{3}{2\pi} \frac{m^2 - 1}{m^2} \left(\ln \frac{r}{r_0} + \frac{m}{m+1}\right) \frac{P}{h^2}$$

die größere der beiden Anstrengungen[1]); somit, da die Schubspannungen nach Gleichung 7 für $\lambda = \pm \frac{h}{2}$ Null werden,

$$k_b \geqq \frac{3}{2\pi} \frac{m^2 - 1}{m^2} \left(\ln \frac{r}{r_0} + \frac{m}{m+1}\right) \frac{P}{h^2} \quad \ldots \ldots \quad 28)$$

Hierbei ist allerdings vorausgesetzt, daß die der Schubspannung Gleichung 27 entsprechende Dehnung nicht eine größere Anstrengung liefert, was im Falle vollkommener Gleichartigkeit des Materials darauf hinauskommt, daß

$$\frac{3}{4\pi} \frac{P}{h r_0} \frac{m+1}{m} \leqq \max\left(\frac{\varepsilon_y}{\alpha}\right) \quad \ldots \ldots \ldots \quad 29)$$

Diese Voraussetzung wird erfüllt sein, wenn die Scheibenstärke h, die nach Gleichung 28 die Anstrengung mit der zweiten Potenz beeinflußt, verhältnismäßig klein gegenüber r ist, welche Annahme der ganzen Entwicklung dieses Paragraphen zugrunde liegt (vgl. S. 592). Andererseits fassen diese Entwicklungen die Scheibe als biegungssteif auf, setzen also voraus, daß sie sich nicht als Membrane verhält.

Gleichung 27 bzw. 29 ermöglicht übrigens in jedem Falle eine Prüfung.

Mit $m = \frac{10}{3}$ geht Gleichung 28 über in

$$k_b \geqq 0{,}334 \left(1{,}3 \ln \frac{r}{r_0} + 1\right) \frac{P}{h^2} \quad \ldots \ldots \ldots \quad 30)$$

---

[1]) Streng genommen, wäre noch die Formänderung und die Anstrengung innerhalb des mittleren Teiles der Scheibe, entsprechend dem Durchmesser $2 r_0$, zu untersuchen; hierauf sei zunächst verzichtet.

2. Vergleichung der Voraussetzungen, die bei den unter Ziff. 1 durchgeführten Rechnungen gemacht worden sind, mit den tatsächlichen Verhältnissen[1]).

In den weitaus meisten Fällen der Verwendung plattenförmiger Körper im Maschinenbau handelt es sich um die Widerstandsfähigkeit gegenüber Flüssigkeitsbelastung. Die Platten müssen alsdann in der Regel, damit sie abdichten, kräftig gegen die Dichtungsfläche gepreßt werden. Sie liegen also keinesfalls lose auf ihrem Widerlager auf, können auch häufig nicht als einfach eingespannt aufgefaßt werden, sind vielmehr meist eigenartig befestigt. Betrachten wir beispielsweise die Scheibe, die in Abb. 14 ein zylindrisches Hohlgefäß verschließt, so erkennen wir sofort, daß, noch bevor die Flüssigkeitspressung wirkt, schon durch Anziehen der Flanschenschrauben die Scheibe sich wölben muß, und zwar um so mehr, je größer der Abstand x der Schrauben von der Dichtungsstelle, d. h. von derjenigen Umfangslinie ist, in welcher der Widerlagsdruck des Dichtungsringes zusammengedrängt angenommen werden darf. Wo diese Umfangslinie tatsächlich liegt, d. h. wie sich der Widerlagsdruck über die Breite der Dichtungsscheibe verteilt, ist unbestimmt. Die Scheibe wird also bereits auf Biegung beansprucht, noch ehe eine Flüssigkeitspressung in Tätigkeit getreten ist. Diese Inanspruchnahme kann bei kräftigem Anziehen der Schrauben unter Umständen schon allein die zulässige Anstrengung des Materials überschreiten[2]).

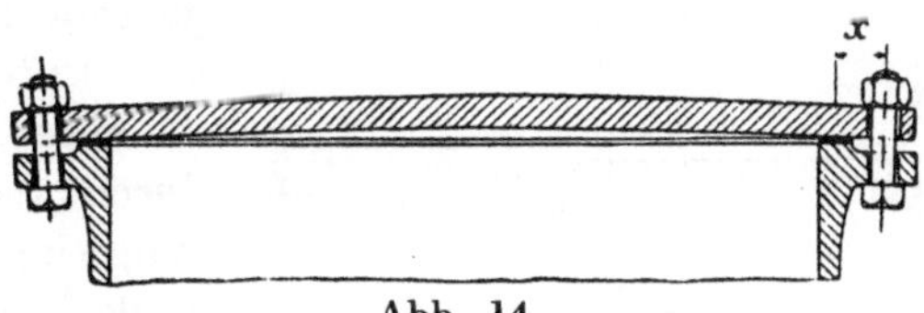

Abb. 14.

[1]) Wie S. 590 bemerkt, entsprechen die unter Ziff. 1 gegebenen Entwicklungen der von Grashof in seiner bekannten scharfen und klaren Weise aufgebauten — erstmals vor rund 50 Jahren veröffentlichten — Berechnung der kreisförmigen Platte. In der „Festigkeitslehre" von Föppl, 1900, S. 273 u. f. ist grundsätzlich in gleicher Weise vorgegangen, jedoch zu einem Teile ein etwas anderer Gang der Rechnung — unter Weglassung der radialen Belastung p_1 am Scheibenumfang — gewählt. Die wesentlichen Voraussetzungen und die Endergebnisse der Rechnung sind die gleichen wie bei Grashof.

Vgl. auch die S. 607 genannten Arbeiten von Ensslin.

[2]) Auf die Bedeutung dieser zusätzlichen Inanspruchnahme macht H. Keller in seiner wertvollen Arbeit: „Beanspruchung eines Lokomotivzylinderdeckels mit über die Dichtfläche frei hinausragendem Schraubenflansch", Zeitschrift des Vereines deutscher Ingenieure 1917, S. 526 u. f. aufmerksam; in seiner allgemeinen Veröffentlichung „Berechnung gewölbter Platten", Mitteilungen über Forschungsarbeiten Heft 124 (1912) war das noch nicht geschehen. Ausführliche Besprechung dieser Verhältnisse hat Verfasser schon vor einem Vierteljahrhundert gegeben (Protokoll der 21. Versammlung des internationalen Verbandes der Dampfkessel-überwachungsvereine, Nürnberg 1892, S. 83 u. f.; Maschinenelemente, VII. Abschnitt, von der zweiten Auflage, 1891/92, an).

Aber selbst dann ist die Sachlage anders, als die Rechnung voraussetzt, wenn ein solcher Hebelarm x nicht vorhanden wäre, wie z. B. im Falle der Abb. 15, welche die vom Verfasser in seinem Versuchsapparat zur Prüfung ebener Platten angewendete Befestigungsweise zeigt[1]). Die Scheibe liegt hier unten (Seite der gepreßten Flüssigkeit) auf einem Dichtungsring von weichem Kupfer (etwa 8 mm stark) und stützt sich oben gegen eine etwa 2,5 mm breite Ringfläche von dem gleichen mittleren Durchmesser wie der Kupferring. Durch Schrauben wird das Oberteil des Apparates gegen das Unterteil so stark gepreßt, daß die Abdichtung gesichert ist. Unter Einwirkung der Flüssigkeitspressung biegt sich die Scheibe durch; dabei sucht sie auf dem Dichtungsringe einerseits sowie auf dem Widerlager andererseits zu gleiten und gleitet tatsächlich (vgl. § 46, Ziff. 1). Hiermit aber werden Kräfte in den Berührungsflächen zwischen Dichtungsring und Scheibe sowie zwischen dieser und dem Widerlager wachgerufen, die in der Regel entgegengesetzt gerichtet sind und meist auch von sehr verschiedener Größe sein werden. Diese Kräfte liefern für die Mittelfläche der Scheibe im allgemeinen radial wirkende Kräfte sowie Formänderung und Biegungsanstrengung beeinflussende Momente. Diese Momente, unter Umständen, welche die Regel zu bilden pflegen, von ganz erheblicher Bedeutung, sind bei den Entwicklungen unter Ziff. 1, a, α, um die es sich hier handelt, vollständig außer acht gelassen[2]).

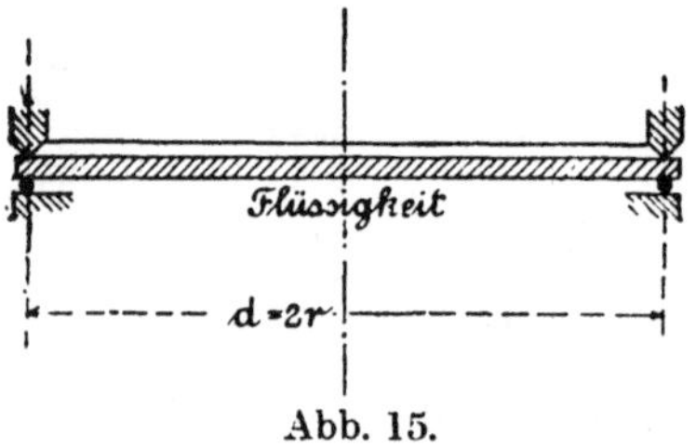

Abb. 15.

[1]) Vgl. hierüber die in § 64, S. 628 genannte Schrift oder auch Zeitschrift des Vereines deutscher Ingenieure 1890, S. 1041 u. f. oder Abhandlungen und Berichte 1897, S. 111 u. f.

[2]) Die mathematische Entwicklung liefert, wie nochmals scharf hervorgehoben werden muß, für die kreisförmige Platte, wenn $m = \frac{10}{3}$ gesetzt wird (vgl. Fußbemerkung S. 600), je nachdem die Scheibe vollkommen oder nicht eingespannt ist:

a) für die Scheibenmitte

$$k_b = 0{,}34 \left(\frac{r}{h}\right)^2 p \quad \text{beziehungsweise} \quad 0{,}87 \left(\frac{r}{h}\right)^2 p,$$

b) für den Scheibenrand

$$k_b = 0{,}68 \left(\frac{r}{h}\right)^2 p \text{ beziehungsweise } 0.$$

Mit diesen Ergebnissen, die nur für die Grenzfälle gelten, zwischen denen die Wirklichkeit zu liegen pflegt, überläßt die streng wissenschaftliche Entwicklung den Konstrukteur seinem Schicksal und seiner — oft sehr großen — Verantwortlichkeit.

Je größer die Kraft ist, mit der die Scheibe zum Zwecke der Abdichtung angepreßt wird, um so bedeutender werden — unter sonst gleichen Verhältnissen — die erwähnten Momente sein. Hierbei nimmt die Oberflächenbeschaffenheit der Scheibe, des Widerlagers und des Dichtungsringes Einfluß (vgl. § 46, Ziff. 1, insbesondere das über den Wert μ Gesagte).

Auch der Umstand kann Einfluß erlangen, daß die Scheibe — Abb. 6, S. 591 — mit ihrem Umfange über das Widerlager hinausreicht, einmal insofern, als durch das überstehende Material die Widerstandsfähigkeit der Scheibe erhöht wird, sodann bei Belastung der über das Widerlager hinausragenden Ringfläche dadurch, daß sich der Charakter der Stützung über dem Widerlager ändert, indem bei ausreichender Größe der Überragung die Scheibe aus dem Zustande der einfachen Stützung in denjenigen des Eingespanntseins übergeführt wird. Bei den üblichen Verhältnissen (r groß im Vergleich zu h) ist der erste Einfluß deshalb von geringer Bedeutung, weil die größte Beanspruchung in der Mitte der Scheibe auftritt. Ob der zweite Einfluß bedeutungsvoll auftritt, ist im einzelnen Falle zu entscheiden.

3. Versuchsergebnisse.

Von den Ergebnissen der Versuche, die Verfasser über die Widerstandsfähigkeit ebener Platten seit 1889 angestellt hat, und hinsichtlich welcher im allgemeinen auf § 64 verwiesen werden darf, seien hier diejenigen angeführt, die sich auf kreisförmige Scheiben aus Flußstahlblech erstrecken. Dieses Material besitzt konstante Dehnungszahl; es erscheinen deshalb die an solchen Scheiben innerhalb der Proportionalitätsgrenze gemessenen Durchbiegungen zu einer Prüfung der unter Ziff. 1 erhaltenen Rechnungsergebnisse geeignet. Der Durchmesser (Abb. 15, 16) betrug hierbei 560 mm.

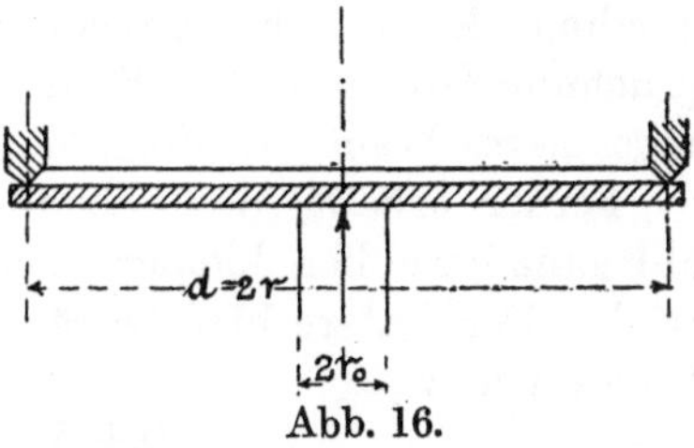

Abb. 16.

a) Die Scheibe ist nach Maßgabe der Abb. 16 in der Mitte belastet und am Umfange gestützt. Sie legt sich — abgesehen vom Einflusse des Eigengewichts — nur mit derjenigen Pressung gegen das Widerlager, welche durch die den Versuchskörper in der Mitte belastende Kraft hervorgerufen wird.

An Stelle der Dehnungszahl $\alpha = \frac{1}{2147000} = 0{,}465$ Milliontel, welchen Wert Biegungsversuche mit Streifen (Flachstäben) aus genau demselben Material lieferten, ergab sich nach Gleichung 26 ($h = 8{,}4$ mm) bei einer federnden

Durchbiegung von	0,205 cm	0,355 cm	0,530 cm	1,1 cm
auf der Belastungsstufe	2	3	4	5
	158/753	753/1373	1373/2258	3688/5208 kg
für α	$\frac{1}{2900000}$,	$\frac{1}{3025000}$,	$\frac{1}{3972000}$,	$\frac{1}{5116000}$.

Wird die Durchbiegung auf der zweiten Belastungsstufe zugrunde gelegt, so liefert Gleichung 26

$$\alpha = \frac{0{,}205 \cdot 0{,}84^3}{0{,}55 \cdot 28^2 \cdot 753} = \frac{1}{2672000} = 0{,}374 \text{ Milliontel.}$$

Wir erkennen, daß mit wachsender Durchbiegung der Scheibe, d. h. mit zunehmender Abweichung derselben von der ebenen Form, also mit wachsender Wölbung, der Wert α anfangs langsam, dann jedoch rasch abnimmt, später — bei weit getriebener Durchbiegung — wird diese Abnahme wieder geringer. Von einer schärferen Untersuchung, die namentlich mit niedrigeren Belastungen[1]) und kleineren Belastungsstufen zu arbeiten hätte, würde zu erwarten sein: zunächst angenäherte Proportionalität zwischen Belastungen und Durchbiegungen bis zu einem gewissen Grade der Belastung hin, dann stärkere Zunahme der Durchbiegungen nach Überschreiten der Materialbeanspruchung, die auf der Höhe der Streckgrenze liegt, später wieder langsameres Wachsen (Folge der Wölbung).

Ferner erhellt, daß die aus Gleichung 26 berechnete Dehnungszahl ganz erheblich kleiner ist als die wirkliche Dehnungszahl des Materials. Der Unterschied beträgt bei Zugrundelegung selbst des größten Wertes von α

$$100 \frac{0{,}465 - 0{,}374}{0{,}374} = 24{,}3\,\%.$$

Es muß zunächst dahingestellt bleiben, ob das verwendete Stahlblech das Material genau in dem Zustande enthielt wie die Streifen[2]). Aber selbst wenn in dieser Hinsicht ein Unterschied bestanden hätte, der übrigens nicht bedeutend sein könnte, so würde letzterer eine Abweichung von 24 % nicht zu erklären vermögen. Sonach mußte

---

[1]) Der Belastung $P = 753$ kg entspricht nach Gleichung 30 mit $r_0 = 1{,}1$ cm eine Anstrengung

$$k_b = 0{,}334 \left(1{,}3 \ln \frac{28}{1{,}1} + 1\right) \frac{753}{0{,}84^2} = 1856 \text{ kg/qcm.}$$

[2]) Die Scheibe war bereits vorher starken Beanspruchungen ausgesetzt gewesen.

geschlossen werden, daß die Voraussetzungen, auf Grund deren die Gleichung 26 erlangt wurde, nicht — selbst bei lose aufliegender Scheibe — in dem Maße zutreffen, als bei Durchführung der Rechnungen angenommen ist.

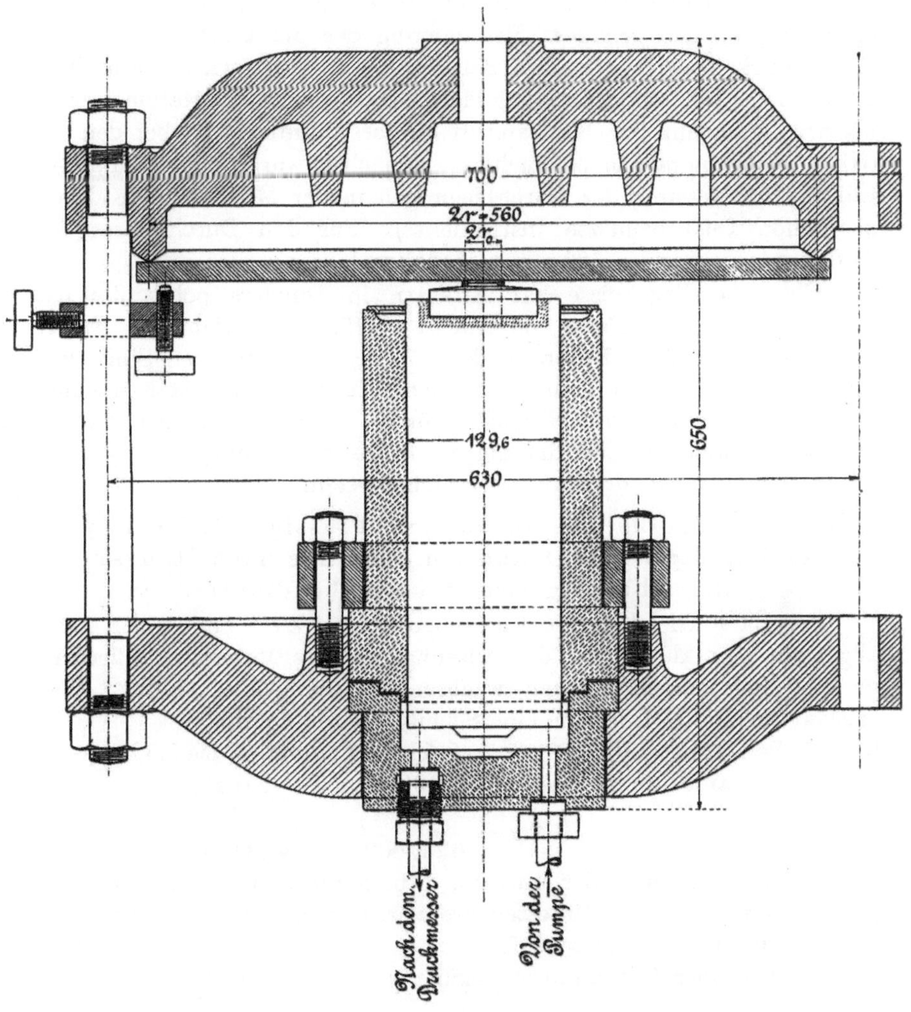

Abb. 17.

Das Unbefriedigende dieses Zustandes gab Veranlassung zu den Versuchen, die von Prof. Dr.-Ing. Ensslin im Laboratorium des Verfassers durchgeführt wurden unter Verwendung vervollkommneter Einrichtungen; insbesondere wurde die Vorrichtung, die im Jahre 1890 zu den Plattenversuchen mit Belastung durch eine Einzellast getroffen war, nämlich hydraulische Presse mit Kolben, der mittelst Stulp abgedichtet wurde[1]), durch eine Presse mit eingeschliffenem Kolben, wie in Abb. 17 dargestellt, und durch Vorrichtung zum Messen des Druckes mit Quecksilbersäule (System Amsler-Laffon) ersetzt. Hierdurch war eine von der Kolbenreibung in der Hauptachse unbeeinträchtigte, also genauere Bestimmung der die Platte belastenden Kraft möglich als früher. Die Belastung der Platte wird durch einen Kupferring auf eine Kreisringfläche vom mittleren Halbmesser r_0 übertragen; somit der Kraftangriff ein bestimmterer als bei den bis dahin vorgenommenen Versuchen. Zunächst wurde $r_0 = 15$ mm gewählt. Die Messung der Durchbiegungen in der Mitte erfolgte durch das schon 1890 benutzte Instrument[2]). Für den Durchmesser des Auflagerringes wurden 560 mm beibehalten.

Über die Ergebnisse hat Ensslin in Dinglers polyt. Journal 1903, Bd. 318, Heft 45, 46, 50 und 51 ausführlich berichtet[3]). Er ermittelte den größten Unterschied zu 7,45 % in demselben Sinne wie Verfasser, fand jedoch auch einen solchen in entgegengesetztem Sinne bis zur Höhe von 3,6 %. Hiernach würden die Entwicklungen, welche die Elastizitätslehre für die am Umfange frei aufliegende Scheibe liefert, als ausreichend genau zu bezeichnen sein.

b) Die Scheibe ist durch den Flüssigkeitsdruck p gleichmäßig belastet und am Umfange nach Maßgabe der Abb. 15 gestützt und abgedichtet.

Der nach Gleichung 16 für α berechnete Wert ergibt sich ganz allgemein weit kleiner, als die Dehnungszahl des Materials, außerdem im einzelnen zunehmend mit wachsender Flüssigkeitspressung. Beispielsweise fand sich für die eine Scheibe ($h = 8{,}5$ mm)

für die Belastungsstufe	$p = 0{,}5$ bis 1 kg/qcm	3 bis 3,5 kg/qcm
bei einer Gesamtdurchbiegung	$z' = 0{,}106$ cm	0,450 cm
	$\alpha = \frac{1}{6257000}$	$\frac{1}{4434000}$

Durch Nachziehen der Muttern, d. h. durch stärkeres Zusammenpressen von Ober- und Unterteil des Versuchsapparates, sinkt α

für die Belastungsstufe	$p = 4$ bis 4,5 kg/qcm
bei einer Gesamtdurchbiegung	$z' = 0{,}585$ cm
auf	$\alpha = \frac{1}{8147000}$

[1]) Zeitschrift des Vereines deutscher Ingenieure 1890, S. 1104, Abb. 12 bzw. S. 1042, Abb. 9 und 10 oder „Abhandlungen und Berichte", S. 126 bzw. 112. Die Knappheit der Geldmittel gestattete damals weitergehende Ausgaben nicht.

[2]) S. Fußbemerkung S. 136.

[3]) Vgl. auch dessen Arbeit „Studien über die Beanspruchung und Formänderung kreisförmiger Platten" in Dinglers polyt. Journal 1904, Bd. 319, Heft 30 bis 43.

An dieser Abnahme ist allerdings — jedoch zum weit geringeren Teile — der Einfluß der zunehmenden Wölbung beteiligt. Die Hauptursache aber bildet die Abdichtungskraft, d. h. die Kraft, mit der die Scheibe durch die Schrauben zum Zwecke der Abdichtung einerseits gegen die Dichtung und andererseits gegen das Widerlager gepreßt wird. (Vgl. das oben unter Ziff. 2 Bemerkte.)

Eine stärkere Scheibe ($h = 10{,}1$ mm) liefert

für die Belastungsstufe	$p = 0{,}5$ bis 1 kg/qcm	3 bis 3,5 kg/qcm
bei einer Gesamtdurchbiegung	$z' = 0{,}090$ cm	0,365 cm
	$\alpha = \frac{1}{4444000}$	$\frac{1}{3664000}$

also verhältnismäßig größere Werte.

Eine andere Scheibe ($h = 8{,}4$ mm) ergibt für die Belastungsstufe $p = 0{,}1$ bis 0,7 kg bei einer Gesamtdurchbiegung bis zu 0,143 cm, wenn die Schrauben kräftig angezogen sind:

$$\alpha = \frac{1}{6540000},$$

wenn dieselben allmählich mehr und mehr gelöst werden:

$$\alpha = \frac{1}{5970000}, \quad \frac{1}{4920000} \quad \text{und} \quad \frac{1}{3820000}.$$

Lösen der Schrauben, d. i. Verminderung der Abdichtungskraft, vermehrt demnach α, ergibt also Zunahme der Durchbiegung, während Nachziehen der Schrauben, d. i. Vergrößerung der Abdichtungskraft, Verminderung der Durchbiegung zur Folge hat.

Ohne in die Einzelheiten der Wirksamkeit der Abdichtungskraft einzutreten, kann der Einfluß derselben leicht dahin festgestellt werden, daß sich die Scheibe um so mehr von dem Zustande des Loseaufliegens entfernt und um so mehr einem anderen sich nähert, der demjenigen des Eingespanntseins ähnelt[1]), je größer — unter sonst gleichen Verhältnissen — die Abdichtungskraft ist. Da nun Lösen der Schrauben diese Kraft vermindert, Anziehen derselben sie vermehrt, so kommt ersteres auf Annäherung an den Zustand des Loseaufliegens, letzteres auf Annäherung an denjenigen des Eingespanntseins hinaus.

Hiernach wird bei derselben Größe der Abdichtungskraft eine stärkere Platte unter sonst gleichen Verhältnissen dem Eingespanntsein sich weniger nahe befinden als eine schwächere, d. h. die stärkere Scheibe muß unter sonst gleichen Umständen eine größere Dehnungszahl ergeben als die schwächere. Das ergab sich auch tatsächlich für die 10,1 mm starke Scheibe, verglichen mit der zuerst angeführten 8,5 mm dicken Scheibe.

---

[1]) Von einer vollständigen Einspannung kann natürlich bei der Sachlage Abb. 15 nicht die Rede sein.

4. Näherungsweg zur Ermittlung der Anstrengung.

a) Die Scheibe, im Umfange vom Halbmesser r aufliegend, wird durch den Flüssigkeitsdruck p über die Fläche πr^2 belastet, Abb. 15.

Entsprechend dem Umstande, daß bei Gleichartigkeit des Materials die Querschnitte der größten Anstrengung durch die Mitte der Scheibe gehen müssen, werde die letztere als ein nach einem Durchmesser eingespannter Stab von rechteckigem Querschnitt, dessen Breite $d = 2\,r$ und dessen Höhe h ist, aufgefaßt, Abb. 18. Belastet erscheint diese Scheibenhälfte bei Vernachlässigung des Eigengewichts:

α) durch die auf die Unterfläche $0{,}5\,\pi r^2$ wirkende Flüssigkeitspressung p, die mit Rücksicht darauf, daß der Schwerpunkt der Halbkreisfläche um $\frac{4\,r}{3\,\pi}$ von der Mitte absteht, für die Einspannstelle das Moment

$$0{,}5\pi r^2 p \cdot \frac{4\,r}{3\,\pi}$$

liefert, und

β) durch den auf die Umfangslinie πr sich verteilenden Widerlagsdruck $0{,}5\,\pi r^2 p$, der als im Schwerpunkte der Halbkreislinie $\pi\,r$ angreifend gedacht werden kann, dessen Abstand $\frac{2\,r}{\pi}$ von der Mitte beträgt und deshalb das Moment

$$0{,}5\pi r^2 \cdot p\,\frac{2\,r}{\pi}$$

ergibt.

Hieraus folgt das biegende Moment

$$0{,}5\,\pi r^2\,p\,\frac{2\,r}{\pi} - 0{,}5\,\pi\,r^2\,p\,\frac{4\,r}{3\,\pi} = \frac{1}{3}\,r^3 p$$

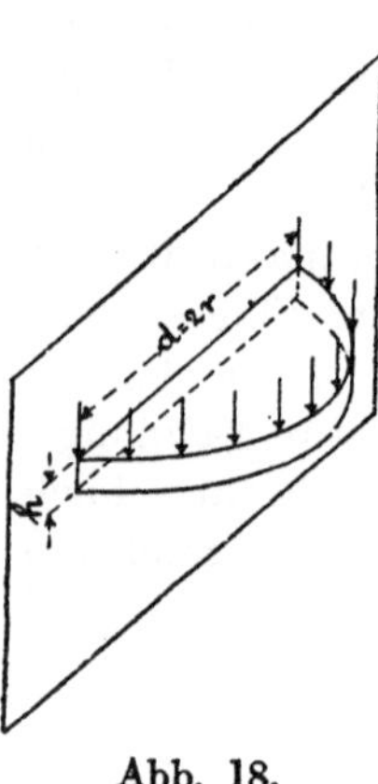

Abb. 18.

und somit nach Gleichung 13, § 20, S. 280, da hier

$$\frac{\Theta}{e} = \frac{1}{12}\,2\,r \cdot h^3 : \frac{h}{2} = \frac{1}{6}\,2\,r\,h^2\,, \quad \frac{1}{3}\,r^3\,p \leqq k_b\,\frac{1}{6}\,2\,r\,h^2$$

unter der Voraussetzung, daß sich das Moment gleichmäßig über den Querschnitt von der Breite $d = 2\,r$ überträgt, und unter Vernachlässigung des Umstandes, daß senkrecht zueinander stehende Normalspannungen vorhanden sind. Tatsächlich treffen diese Voraussetzungen nicht zu; insbesondere werden die nach der Scheibenmitte hin gelegenen Elemente des gefährdeten Querschnittes stärker beansprucht sein. Dem kann dadurch Rechnung getragen werden, daß nicht die volle Querschnittsbreite, sondern nur ein Teil, etwa $\frac{2r}{\mu}$, in die Biegungsgleichung eingeführt wird, womit

$$\frac{1}{3} r^3 p \leqq k_b \frac{1}{6} \frac{2r}{\mu} h^2,$$

so daß

$$\left.\begin{aligned} k_b &\geqq \mu \left(\frac{r}{h}\right)^2 p = \frac{1}{4} \mu \left(\frac{d}{h}\right)^2 p \\ &\text{oder} \\ h &\geqq r \sqrt{\mu \frac{p}{k_b}} = 0{,}5\, d \sqrt{\mu \frac{p}{k_b}} \end{aligned}\right\} \quad \ldots\ldots \quad 31)$$

Hierin wird der Größe μ ganz allgemein der Charakter eines **durch Versuche festzustellenden Berichtigungskoeffizienten** beizulegen sein. Derselbe trägt alsdann nicht bloß der ungleichmäßigen Verteilung des biegenden Momentes über den Querschnitt Rechnung (insofern müßte er größer als 1 sein), sondern auch sonstigen Verhältnissen, namentlich dem Umstande, daß senkrecht zueinander wirkende Normalspannungen tätig sind (insofern müßte er kleiner als 1 sein). Er wird sich ferner in erheblichem Maße abhängig erweisen müssen namentlich von der Befestigungsweise der Scheibe sowie von der Größe der Kraft, mit der deren Anpressung erfolgt, von der Art der Abdichtung, von der Beschaffenheit der Oberfläche der Scheibe da, wo diese das Dichtungsmaterial berührt, und da, wo sie sich mit der anderen Seite gegen die Auflagefläche stützt usw. Je größer die Abdichtungskraft ist, um so kleiner — bis zu einer gewissen Grenze hin — wird μ ausfallen müssen.

Je nachdem sich die Auflagerung am Umfange mehr dem Zustande des Eingespanntseins oder demjenigen des Freiaufliegens nähert, schwankt μ nach dem, was aus den bis heute für Gußeisen erlangten Versuchsergebnissen des Verfassers geschlossen werden darf, zwischen 0,8 und 1,2.

Für die Durchbiegung der Scheibe in der Mitte liefern die Gleichungen 15 (16) und 20 (21)

$$z' = \psi \alpha \frac{r^4}{h^3} p, \quad \ldots\ldots\ldots\ldots \quad 32)$$

worin der Koeffizient ψ nach des Verfassers Versuchen zwischen $\frac{1}{6} = 0{,}167$ und $\frac{3}{5} = 0{,}6$ schwankt, je nach der Befestigungsweise der Scheibe am Rande (vgl. das soeben in dieser Beziehung über μ Bemerkte).

Handelt es sich um die Ermittlung der Anstrengung von Scheiben, die in der aus Abb. 14 ersichtlichen Weise befestigt sind, sowie um diejenige von Platten, welche Querschnitte besitzen, wie solche in den Abb. 1 bis 5 dargestellt sind, so ist in ganz entsprechender Weise vorzugehen[1]). Dabei kann alsdann auch auf die Biegungsanstrengung Rücksicht genommen werden, die bei Vorhandensein des Hebelarmes x, Abb. 14, durch das Anziehen der Flanschenschrauben über diejenige hinaus eintritt, die von der Flüssigkeitspressung herrührt (vgl. S. 603 u. f.).

b) Die Scheibe, im Umfange vom Halbmesser r lose aufliegend, ist in der Mitte durch eine Kraft P belastet, die sich gleichförmig über die Kreisfläche πr_0^2 verteilt, Abb. 16.

Nach dem unter a) gegebenen Vorgange findet sich für die nach einem Durchmesser eingespannte Scheibe das Moment, herrührend von dem über die halbe Umfangslinie πr sich gleichmäßig verteilenden Widerlagsdruck 0,5 P,

$$0{,}5\,P\cdot\frac{2r}{\pi}.$$

Demselben wirkt entgegen das Moment, das die über den Halbkreis $0{,}5\,\pi\,r_0^2$ gleichmäßig verteilte Kraft 0,5 P liefert, d. i.

$$0{,}5\,P\,\frac{4r_0}{3\pi}.$$

Somit das resultierende biegende Moment

$$M_b = 0{,}5\,P\,\frac{2r}{\pi} - 0{,}5\,P\,\frac{4r_0}{3\pi} = P\,\frac{r}{\pi}\left(1-\frac{2}{3}\,\frac{r_0}{r}\right),$$

folglich

$$P\,\frac{r}{\pi}\left(1-\frac{2}{3}\,\frac{r_0}{r}\right) \leqq k_b\,\frac{1}{6}\,\frac{2r}{\mu}\,h^2,$$

woraus

$$k_b \geqq \mu\,\frac{3}{\pi}\left(1-\frac{2}{3}\,\frac{r_0}{r}\right)\frac{P}{h^2}$$

oder

$$h \geqq \sqrt{\mu\,\frac{3}{\pi}\left(1-\frac{2}{3}\,\frac{r_0}{r}\right)\frac{P}{k_b}} \qquad \ldots\ldots\ldots 33)$$

Für $P = \pi r_0^2\,p$ und $r_0 = r$ geht diese Beziehung über in

$$h \geqq r\sqrt{\mu\,\frac{p}{k_b}},$$

d. i. Gleichung 31, wie verlangt werden muß.

---

[1]) Derartige Beispiele finden sich behandelt in des Verfassers Maschinenelementen, 1891/92, S. 512 u. f. (vgl. auch S. 521 u. f. daselbst), 1908 (10. Aufl.), S. 835 u. f. (vgl. auch S. 856 u. f. daselbst).

Für sehr kleine Werte von r_0, d. h. streng genommen für $r_0 = 0$, ist

$$h \geqq \sqrt{\mu \frac{3}{\pi} \frac{P}{k_b}},$$

also unabhängig von r oder d.

Diese Unabhängigkeit der Stärke h vom Durchmesser der Scheibe besteht jedoch in Wirklichkeit nicht ganz, da μ unter sonst gleichen Verhältnissen mit dem Durchmesser der Scheibe wachsen wird.

Die Durchbiegung bestimmt sich nach Gleichung (25) (26) aus

$$z' = \psi \alpha \frac{r^2}{h^3} P \quad \text{. . . . . 34)}$$

Hierin ist für kleine Werte von r_0, etwa bis 0,1 r hin, nach des Verfassers Versuchen

$$\mu = 1{,}5 \quad \text{und} \quad \psi = 0{,}4 \text{ bis } 0{,}5.$$

Für größere Werte von r_0 nehmen beide Koeffizienten ab, und zwar vermindert sich ψ erheblich stärker als μ.

§ 61. Ebene elliptische Platte, Abb. 1, $a > b$.

Bevor in gleicher Weise vorgegangen werden kann wie in § 60, Ziff. 4, ist hier der zu erwartende Verlauf der Bruchlinie festzustellen, d. h. zu untersuchen, ob der Querschnitt der größten Anstrengung in die Richtung der großen oder der kleinen Achse fällt.

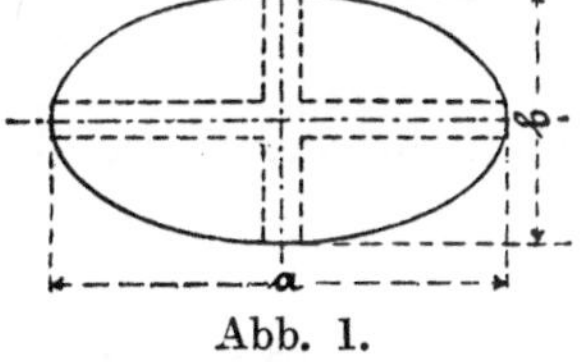

Abb. 1.

Zu diesem Zwecke denken wir uns in Richtung der großen Achse a und sodann auch in Richtung der kleinen Achse b je einen (im Vergleich zu a und b) sehr schmalen Streifen von der Breite 1, der Länge a bzw. b herausgeschnitten und zu einem rechtwinkligen Streifenkreuz vereinigt, wie in Abb. 1 gestrichelt angegeben ist. In der Mitte des Kreuzes wirke eine Last P. Dieselbe wird sich alsdann auf die vier Widerlager an den Enden der Streifen derart verteilen, daß diese in der Mitte sich um gleichviel durchbiegen. Bezeichnet

W_a die Widerlagskraft je an den beiden Enden des Streifens von der Länge a,

W_b die Widerlagskraft je an den beiden Enden des Streifens von der Länge b,

so entfällt von der Belastung P auf die Mitte des Streifens von der Länge a die Kraft 2 W_a und auf diejenige des Streifens von der Länge b die Kraft 2 W_b.

Die Durchbiegung der Mitte eines an den Enden im Abstande l frei aufliegenden und in der Mitte durch eine Kraft S belasteten Stabes, dessen in Betracht kommendes Trägheitsmoment Θ ist, beträgt nach Gleichung 14, § 18,

$$y' = S \frac{\alpha}{\Theta} \frac{l^3}{48},$$

demnach die Durchbiegung y_a' des Streifens von der Länge a

$$y_a' = 2 W_a \frac{\alpha}{\Theta} \frac{a^3}{48}$$

und diejenige des Streifens von der Länge b

$$y_b' = 2 W_b \frac{\alpha}{\Theta} \frac{b^3}{48}.$$

Wegen $y_a' = y_b'$ wird $W_a a^3 = W_b b^3$,

d. h.

$$\frac{W_b}{W_a} = \frac{a^3}{b^3} \quad \ldots\ldots\ldots\ldots\ldots 1)$$

Die größte Materialanstrengung σ_a in der Mitte des a langen Streifens ergibt sich bei Vernachlässigung des Zusammenhanges mit dem anderen Streifen unter Beachtung der Gleichung 7, § 18, aus

$$W_a \frac{a}{2} = \frac{1}{6} \sigma_a h^2$$

zu

$$\sigma_a = 3 W_a \frac{a}{h^2}$$

und in gleicher Weise diejenige des b langen Streifens zu

$$\sigma_b = 3 W_b \frac{b}{h^2}.$$

Folglich mit Rücksicht auf Gleichung 1

$$\frac{\sigma_b}{\sigma_a} = \frac{W_b b}{W_a a} = \frac{a^2}{b^2}$$

oder

$$\sigma_b = \sigma_a \left(\frac{a}{b}\right)^2 \quad \ldots\ldots\ldots\ldots\ldots 2)$$

Da $a > b$, so ist

$$\sigma_b > \sigma_a,$$

beispielsweise

für $a = 2b$ $\qquad \sigma_b = \sigma_a \left(\frac{2b}{b}\right)^2 = 4\sigma_a,$

„ $a = 3b$ $\qquad \sigma_b = \sigma_a \left(\frac{3b}{b}\right)^2 = 9\sigma_a.$

Wir erkennen — für das Streifenkreuz —, daß die am meisten gespannten Fasern in Richtung der kleinen Achse eine im quadratischen Verhältnisse der Achslängen stärkere Normalspannung erfahren als diejenigen in Richtung der großen Achse, und schließen hieraus, daß die Bruchlinie in der Richtung der großen Achse verlaufen muß.

Dementsprechend ist die elliptische Platte so einzuspannen, daß die große Achse a die Breite des Befestigungsquerschnittes bildet[1]).

a) Die elliptische Platte, die am Umfange, bestimmt durch die große Achse a und die kleine Achse b, aufliegt, wird durch den Flüssigkeitsdruck p über die Fläche $\frac{\pi}{4} ab$ belastet.

Auf dem in § 60, Ziff. 4 beschrittenen Wege (vgl. Abb. 18 daselbst) wird das biegende Moment M_b erhalten als Unterschied zwischen dem Moment M_u, das die von der stützenden Halbellipse (Widerlager) auf die Platte ausgeübten Kräfte, die Umfangskräfte, liefern, und demjenigen Moment, das der Flüssigkeitsdruck ergibt, d. i.

$$\frac{1}{8} \pi a b p \frac{2}{3\pi} b = \frac{1}{12} a b^2 p.$$

Die Bestimmung von M_u ist hier jedoch weniger einfach als dort. Bei der kreisförmigen Scheibe durfte ohne weiteres gleichmäßige Verteilung des Widerlagsdruckes über den Kreisumfang angenommen, d. h. vorausgesetzt werden, daß jede Längeneinheit des Umfanges πd von dem Widerlager die gleiche Pressung erfährt. Bei der elliptischen Platte ist diese Annahme nicht zulässig; denn nach Gleichung 1 nimmt der Widerlagsdruck von den Endpunkten der großen Achse,

[1]) Wie oben bemerkt, erfolgt das Herausschneiden zweier Streifen zu dem Zwecke der Gewinnung eines Urteils darüber, ob in der Mitte der Platte die größte Anstrengung in der Richtung der großen oder der kleinen Achse der Ellipse auftritt. Diese Methode, die natürlich keinen Anspruch darauf erheben kann, genau und einwandfrei zu sein, setzt in erster Linie voraus, daß die Formänderung, die den herausgeschnittenen Streifen unterstellt wird, mit ausreichender Annäherung derjenigen entspricht, welche die Streifen in der Platte erfahren, mindestens hinsichtlich der Form an sich. Vgl. hierüber auch 3. Auflage dieses Buches S. 541 u. f.

Das ganze Verfahren hält Verfasser, wie er schon vor 30 Jahren ausgesprochen hat, nur für zulässig, weil der Versuch nebenhergeht, und der Berichtigungskoeffizient μ auf Grund von Versuchsergebnissen bestimmt wird, und weil man auf anderem Wege in genügend einfacher Weise nicht zum Ziele gelangt — wenigstens ist dies dem Verfasser bisher nicht gelungen — und andererseits das vorliegende praktische Bedürfnis dringend Befriedigung verlangt. Er würde es nur begrüßen können, wenn von anderer Seite Vollkommeneres ausfindig gemacht wird.

woselbst er durch W_a gemessen wird, nach den Endpunkten der kleinen Achse hin zu, und zwar im umgekehrten kubischen Verhältnis der Achslängen[1]), wenn das für das Streifenkreuz gefundene auf die elliptische Platte übertragen wird. Mit welcher Annäherung dies zulässig ist, muß zunächst dahingestellt bleiben[2]). Da, wo der Krümmungshalbmesser der Ellipse am kleinsten ist, besitzt auch der Widerlagsdruck seinen geringsten Wert; da, wo jener seinen Größtwert erreicht, weist auch dieser denselben auf.

Der Krümmungshalbmesser der Ellipse ist bekanntlich im Scheitel der großen Achse

$$\varrho_a = \frac{b^2}{2a},$$

im Scheitel der kleinen Achse

$$\varrho_b = \frac{a^2}{2b},$$

demnach

$$\varrho_b : \varrho_a = a^3 : b^3,$$

d. i. aber dasselbe Verhältnis, in dem nach Gleichung 1 die Größen W_b und W_a zueinander stehen. Es darf daher ausgesprochen werden, daß sich W_b und W_a wie die zugehörigen Krümmungshalbmesser verhalten. Je mehr a von b abweicht, um so ungleichförmiger verteilt sich der Flüssigkeitsdruck über das Widerlager.

Zur Feststellung des Momentes M_u, welches dieser veränderliche Widerlagsdruck in bezug auf den Befestigungsquerschnitt der elliptischen Platte liefert, werde die Ellipse auf ein rechtwinkliges Koordinatensystem bezogen, dessen Ursprung im Mittelpunkt der Ellipse liegt, dessen x-Achse in die große Achse und dessen y-Achse in die kleine Achse fällt. Für einen beliebigen, durch x und y bestimmten

[1]) Diese Veränderlichkeit, die beispielsweise bei dem Achsenverhältnis $a : b = 3 : 2$ nach Gleichung 1 durch die Zahlen

$$3^3 : 2^3 = 27 : 8$$

gemessen wird derart, daß die Pressung, mit der die elliptische Platte im Scheitel der kleinen Achse gegen das Widerlager drückt, 27 : 8 mal = 3,375 mal größer ist als diejenige im Scheitel der großen Achse, bedingt eine ungleichmäßige Belastung gleich weit voneinander abstehender Schrauben, durch die etwa die Platte als Verschlußdeckel befestigt ist. An der Erkenntnis, daß eine solche Ungleichmäßigkeit stattfindet, ändert sich nichts, wenn auch die für das Streifenkreuz ermittelte Gesetzmäßigkeit der Verteilung des Widerlagsdrucks nur mit einer mehr oder minder beschränkten Annäherung auf die elliptische Platte übertragen werden kann. Der Grad der Annäherung oder Abweichung beeinflußt nur das Maß der Ungleichmäßigkeit.

[2]) Der S. 619 in die Rechnung eintretende, aus unmittelbaren Biegungsversuchen mit elliptischen Platten zu ermittelnde Berichtigungskoeffizient μ hat der Abweichung Rechnung zu tragen.

Punkt der Ellipse sei das zugehörige Kurvenelement mit ds bezeichnet. Der auf dasselbe wirkende Widerlagsdruck betrage Wds. Dann ist

$$M_u = \int y W ds,$$

wobei die Integration sich auf die halbe Ellipse zu erstrecken hat.

Aus der Gleichung der Ellipse

$$\left(\frac{x}{\frac{a}{2}}\right)^2 + \left(\frac{y}{\frac{b}{2}}\right)^2 = 1$$

folgt, sofern noch $x = \frac{a}{2} \sin \varphi$ gesetzt wird,

$$y = \frac{b}{a} \sqrt{\left(\frac{a}{2}\right)^2 - x^2} = \frac{b}{2} \cos \varphi,$$

$$\frac{dy}{dx} = -\frac{b}{a} \frac{x}{\sqrt{\left(\frac{a}{2}\right)^2 - x^2}} = -\frac{b}{a} \operatorname{tg} \varphi,$$

$$ds = \sqrt{1 + \left(\frac{dy}{dx}\right)^2} dx = \sqrt{1 + \left(\frac{b}{a}\right)^2 \operatorname{tg}^2 \varphi}\, d\left(\frac{a}{2} \sin \varphi\right)$$

$$= \frac{a}{2} \sqrt{1 - \frac{a^2 - b^2}{a^2} \sin^2 \varphi} \cdot d\varphi.$$

Nach Einführung von

$$\frac{a^2 - b^2}{a^2} = n^2 = 1 - \left(\frac{b}{a}\right)^2$$

ergibt sich

$$ds = \frac{a}{2} \sqrt{1 - n^2 \sin^2 \varphi} \cdot d\varphi,$$

und

$$y ds = \frac{ab}{4} \sqrt{1 - n^2 \sin^2 \varphi} \cos \varphi d\varphi.$$

Hinsichtlich der Veränderlichkeit des Widerlagsdruckes W fanden wir oben für die zwei Grenzwerte W_a (in den Scheiteln der großen Achse) und W_b (in den Scheiteln der kleinen Achse), daß sie sich verhalten wie die zugehörigen Krümmungshalbmesser. Mit Rücksicht hierauf werde angenommen, daß W in dem beliebigen Punkte x, y proportional dem Krümmungshalbmesser ϱ an dieser Stelle sei, d. h.

$$W = W_b \frac{\varrho}{\varrho_b} = W_b \frac{\varrho}{\frac{a^2}{2b}}.$$

Da

$$\varrho = \pm \frac{\sqrt{1+\left(\frac{dy}{dx}\right)^2}^3}{\frac{d^2 y}{d x^2}},$$

so findet sich mit

$$\frac{dy}{dx} = -\frac{b}{a}\operatorname{tg}\varphi, \qquad \frac{d^2 y}{dx^2} = -\frac{2b}{a^2}\frac{1}{\cos^3\varphi}$$

die absolute Größe des Krümmungshalbmessers zu

$$\varrho = \frac{a^2}{2b}\sqrt{1+\left(\frac{b}{a}\right)^2 \operatorname{tg}^2\varphi}^3 \cdot \cos^3\varphi = \frac{a^2}{2b}\sqrt{\cos^2\varphi + \left(\frac{b}{a}\right)^2 \sin^2\varphi}^3$$

$$= \frac{a^2}{2b}\sqrt{1-\frac{a^2-b^2}{a^2}\sin^2\varphi}^3 = \frac{a^2}{2b}\sqrt{1-n^2\sin^2\varphi}^3.$$

Für

$$x = 0, \quad \text{d. i.} \quad \varphi = 0, \quad \text{wird} \quad \varrho = \varrho_b = \frac{a^2}{2b},$$

$$x = \frac{a}{2}, \quad \text{d. i.} \quad \varphi = \frac{\pi}{2}, \quad ,, \quad \varrho = \varrho_a = \frac{b^2}{2a},$$

wie oben bereits bemerkt.

Hiermit

$$W = W_b \frac{\varrho}{\frac{a^2}{2b}} = W_b \sqrt{1-n^2\sin^2\varphi}^3$$

und infolgedessen für die halbe Ellipse

$$M_u = \int y W ds = 2\frac{ab}{4} W_b \int_0^{\frac{\pi}{2}} (1-n^2\sin^2\varphi)^2 \cos\varphi \, d\varphi$$

$$= \frac{ab}{2} W_b \left(1 - \frac{2}{3}n^2 + \frac{1}{5}n^4\right).$$

Der Wert W_b bestimmt sich aus der Erwägung, daß die Kraft, welche die unter der Pressung p stehende Flüssigkeit auf die Hälfte der elliptischen Platte ausübt, d. i.

$$\frac{\pi a b}{8} p,$$

gleich sein muß der Summe der Widerlagskräfte für die halbe Ellipse, sofern von dem Einflusse des Eigengewichts abgesehen wird, und andere, den Widerlagsdruck beeinflussende Kräfte nicht vorhanden sind, d. h.

$$\frac{\pi a b}{8} p = \int W\, ds = 2 \frac{a}{2} W_b \int_0^{\frac{\pi}{2}} (1 - n^2 \sin^2 \varphi)^2 d\varphi$$

$$= \frac{\pi}{2} a W_b \left(1 - n^2 + \frac{3}{8} n^4\right),$$

zu

$$W_b = \frac{b}{4} p \frac{1}{1 - n^2 + \frac{3}{8} n^4}.$$

Die Einführung dieses Wertes in die Gleichung für M_u liefert

$$M_u = \frac{a b^2}{8} p \frac{1 - \frac{2}{3} n^2 + \frac{1}{5} n^4}{1 - n^2 + \frac{3}{8} n^4} = \frac{a b^2}{15} p \frac{8 + 4\left(\frac{b}{a}\right)^2 + 3\left(\frac{b}{a}\right)^4}{3 + 2\left(\frac{b}{a}\right)^2 + 3\left(\frac{b}{a}\right)^4}.$$

Hiermit ergibt sich nun die Biegungsgleichung in bezug auf den a breiten und h hohen Querschnitt der elliptischen Platte bei Einführung des Berichtigungskoeffizienten μ (vgl. § 60, Ziff. 4)

$$M_b = \frac{a b^2}{15} p \frac{8 + 4\left(\frac{b}{a}\right)^2 + 3\left(\frac{b}{a}\right)^4}{3 + 2\left(\frac{b}{a}\right)^2 + 3\left(\frac{b}{a}\right)^4} - \frac{\pi a b}{8} p \frac{2b}{3\pi} \leqq \frac{1}{6} k_b \frac{a}{\mu} h^2,$$

woraus

$$k_b \geqq \frac{1}{2} \mu \frac{3{,}4 + 1{,}2\left(\frac{b}{a}\right)^2 - 0{,}6\left(\frac{b}{a}\right)^4}{3 + 2\left(\frac{b}{a}\right)^2 + 3\left(\frac{b}{a}\right)^4} p \left(\frac{b}{h}\right)^2$$

oder

$$h \geqq \frac{1}{2} b \sqrt{2\mu \frac{3{,}4 + 1{,}2\left(\frac{b}{a}\right)^2 - 0{,}6\left(\frac{b}{a}\right)^4}{3 + 2\left(\frac{b}{a}\right)^2 + 3\left(\frac{b}{a}\right)^4} \frac{p}{k_b}}. \quad \ldots \quad 3)$$

Für $a = b = d$ gehen diese Ausdrücke über in

$$k_b \geqq \frac{1}{4} \mu \left(\frac{d}{h}\right)^2 p \quad \text{bzw.} \quad h \geqq \frac{1}{2} d \sqrt{\mu \frac{p}{k_b}},$$

d. s., wie notwendig, die Gleichungen 31, § 60, für die kreisförmige Scheibe.

Mit Annäherung werde gesetzt

$$\frac{3{,}4 + 1{,}2\left(\frac{b}{a}\right)^2 - 0{,}6\left(\frac{b}{a}\right)^4}{3 + 2\left(\frac{b}{a}\right)^2 + 3\left(\frac{b}{a}\right)^4} = \sim \frac{1}{1 + \left(\frac{b}{a}\right)^2},$$

infolgedessen

$$k_b \geqq \frac{1}{2}\mu \frac{1}{1 + \left(\frac{b}{a}\right)^2}\left(\frac{b}{h}\right)^2 p$$

oder

$$h \geqq \frac{1}{2} b \sqrt{\frac{2\mu}{1 + \left(\frac{b}{a}\right)^2}\frac{p}{k_b}} \quad \ldots\ldots\ldots 4)$$

Für den bei Mannlochverschlüssen üblichen Wert $a = \sim 1{,}5\, b$ liefern die Gleichungen 3

$$k_b \geqq \frac{1}{2}\mu \frac{3{,}4 + 1{,}2\frac{4}{9} - 0{,}6\frac{16}{81}}{3 + 2\frac{4}{9} + 3\frac{16}{81}}\left(\frac{b}{h}\right)^2 p = 0{,}425\,\mu\left(\frac{b}{h}\right)^2 p$$

bzw.

$$h \geqq 0{,}65\, b\sqrt{\mu\frac{p}{k_b}},$$

die Gleichungen 4

$$k_b \geqq \frac{1}{2}\mu \frac{1}{1 + \frac{4}{9}}\left(\frac{b}{h}\right)^2 p = 0{,}346\,\mu\left(\frac{b}{h}\right)^2 p$$

bzw.

$$h \geqq 0{,}59\, b\sqrt{\mu\frac{p}{k_b}}.$$

Demnach ergibt sich im vorliegenden Falle die Wandstärke unter Benutzung der Gleichung 4 um

$$100\,\frac{0{,}65 - 0{,}59}{0{,}65} = 9\,\%$$

geringer, als Gleichung 3 liefert.

Der Berichtigungskoeffizient μ liegt nach Versuchen des Verfassers etwa zwischen $\frac{2}{3} = 0{,}67$ und $\frac{9}{8} = 1{,}12$, je nachdem sich die Auflagerung am Umfange mehr dem Zustande des Eingespanntseins oder demjenigen des Freiaufliegens nähert.

b) **Die elliptische Platte wie unter a), lose aufliegend, jedoch nur in der Mitte mit der Kraft P belastet.**

Unter a) fand sich für das Moment der am stützenden Umfange der Platte tätigen Widerlagskräfte

$$M_u = \frac{a\,b}{2} W_b \left(1 - \frac{2}{3} n^2 + \frac{1}{5} n^4\right),$$

worin bedeutet

$$n^2 = 1 - \left(\frac{b}{a}\right)^2,$$

und worin W_b, die auf die Längeneinheit der elliptischen Stützlinie bezogene Widerlagskraft im Scheitel der kleinen Achse, hier bestimmt ist durch die Gleichung

$$\frac{P}{2} = \int W ds = 2 \frac{a}{2} W_b \int\limits_0^{\frac{\pi}{2}} (1 - n^2 \sin^2 \varphi)^2 d\varphi$$

$$= \frac{\pi}{2} a W_b \left(1 - n^2 + \frac{3}{8} n^4\right),$$

somit beträgt

$$W_b = \frac{P}{\pi a \left(1 - n^2 + \frac{3}{8} n^4\right)}.$$

Die Einsetzung dieses Wertes in die Gleichung für M_u, die unter der Voraussetzung, daß die belastende Kraft sich nur auf eine sehr kleine Fläche in der Mitte der Platte verteilt[1]), auch gleichzeitig mit Annäherung das biegende Moment liefert, führt alsdann zu

$$\frac{b}{2\pi} P \frac{1 - \frac{2}{3} n^2 + \frac{1}{5} n^4}{1 - n^2 + \frac{3}{8} n^4} \leqq k_b \frac{1}{6} \frac{a}{\mu} h^2,$$

woraus

$$k_b \geqq \frac{8}{5\pi} \mu \frac{8 + 4\left(\frac{b}{a}\right)^2 + 3\left(\frac{b}{a}\right)^4}{3 + 2\left(\frac{b}{a}\right)^2 + 3\left(\frac{b}{a}\right)^4} \frac{b}{a} \frac{P}{h^2}$$

oder

$$h \geqq \sqrt{\frac{8}{5\pi} \mu \frac{8 + 4\left(\frac{b}{a}\right)^2 + 3\left(\frac{b}{a}\right)^4}{3 + 2\left(\frac{b}{a}\right)^2 + 3\left(\frac{b}{a}\right)^4} \frac{b}{a} \frac{P}{k_b}} \quad \ldots\ldots 5)$$

---

[1]) Erscheint diese Voraussetzung nicht genügend erfüllt, so ist die Größe der Fläche, über die sich P verteilt, ins Auge zu fassen und so vorzugehen wie oben in § 60, Ziff. 4, b geschehen.

Hierin ist nach den Ergebnissen der Versuche des Verfassers

$$\mu = \frac{3}{2} = 1{,}5 \quad \text{bis} \quad \frac{5}{3} = 1{,}67$$

zu setzen. Unter sonst gleichen Verhältnissen wird μ mit b wachsen.

Mit $b = a$ ergibt sich aus Gleichung 5

$$k_b \geqq \frac{3}{\pi} \mu \frac{P}{h^2},$$

übereinstimmend mit Gleichung 33, § 60, wenn $r_0 = 0$ gesetzt wird.

§ 62. Ebene quadratische Platte, Seitenlänge *a*.

Wie in § 61, so muß auch hier zunächst die zu erwartende Linie der größten Anstrengung (Bruchlinie) festgestellt werden. Diesem Zwecke dient die folgende Betrachtung.

Um den Mittelpunkt M der noch unbelasteten Platte werde auf derjenigen Plattenfläche, deren Fasern gezogen werden, ein kleines Quadrat, Abb. 1, gezeichnet, dessen Seiten BAB parallel den Seiten der Platte laufen. Unter Einwirkung der Belastung nehmen die Strecken MA die Länge MA_1 (übertrieben und ohne genaueres Eingehen auf den Verlauf der Formänderung gezeichnet) an, vergrößern sich also um AA_1. Die Strecken AB dehnen sich als außerhalb der Mitte gelegen, woselbst die Dehnung am größten ist, etwas weniger, etwa so, daß die Punkte B nach B_1 rücken. Dabei geht dann das ursprüngliche Quadrat in die Figur $A_1B_1A_1B_1A_1B_1A_1B_1$ mit gekrümmten Seiten $B_1A_1B_1$ über.

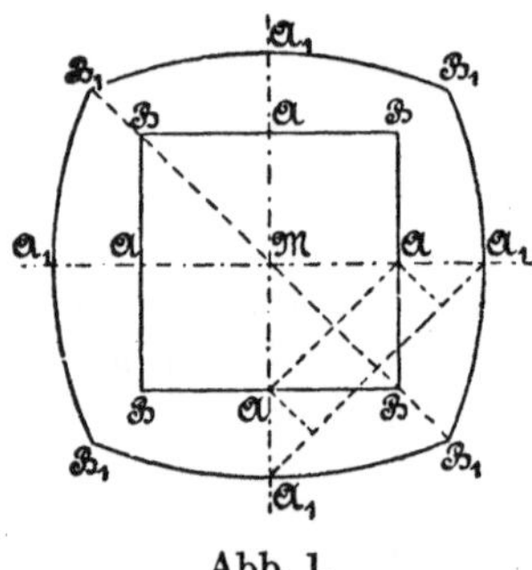

Abb. 1.

Es beträgt nun die verhältnismäßige Dehnung in Richtung von MA

$$\frac{\overline{AA_1}}{\overline{MA}}.$$

Ihr gleich erweist sich in dem kleinen (rechts unten gelegenen Vierseit $MAA_1B_1A_1A$, in welches das Quadrat $MABA$ übergegangen ist, nur die Dehnung in der Richtung A_1A_1. Dieselbe wird gemessen durch

$$\frac{\overline{A_1A_1} - \overline{AA}}{\overline{AA}} = \frac{2\left(\overline{AA_1}\sqrt{0{,}5}\right)}{\overline{MA}\sqrt{2}} = \frac{\overline{AA_1}}{\overline{MA}}.$$

Die Dehnungen nach allen übrigen Richtungen sind kleiner, wie eine einfache Betrachtung sämtlicher, im ursprünglichen Quadrate $MABA$ beim Übergange in das Vierseit $MA_1B_1A_1$ eingetretenen Längenänderungen ohne weiteres erkennen läßt. Demnach tritt die größte Anstrengung außerhalb des Punktes M nur in der Richtung AA oder A_1A_1 ein, d. h. der Verlauf der Bruchlinie wird von der Mitte aus nach der Richtung der Diagonale zu erwarten sein.

Noch deutlicher tritt das hervor, wenn auf der bezeichneten Seite der Platte ein Quadratnetz gezeichnet wird, wie in Abb. 2 gestrichelt angedeutet ist. Durch die Belastung werden diese ursprünglich geraden Netzlinien in Kurven übergehen, ungefähr wie in Abb. 2

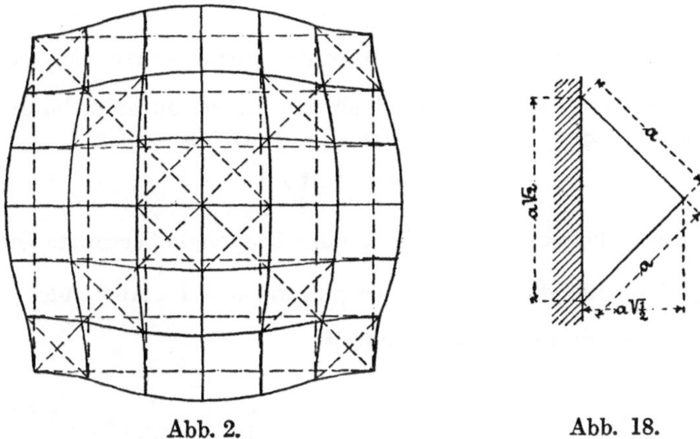

Abb. 2. Abb. 18.

übertrieben gezeichnet. Daß die Dehnungen senkrecht zur Diagonale am größten sind, somit die Bruchlinie nach dieser verlaufen wird, dürfte die Abbildung deutlich zeigen.

Recht anschaulich lassen sich die Stellen der größten Inanspruchnahme bei Versuchen mit Eisenbetonplatten verfolgen. Bei diesen stellen sich im Beton nach Erreichen genügend hoher Beanspruchung auf der Zugseite Risse ein.

Abb. 3 bis 17, Taf. XXV, lassen die in einer quadratischen, an 16 Stellen (vgl. Abb. 3) durch gleich große Kräfte belasteten Platte von $2 \cdot 2$ m Auflagerentfernung aufgetretenen Risse erkennen. Die ersten Risse (Abb. 3, 4) stellen sich in Richtung der Diagonale nahe der Plattenmitte ein. Bei Steigerung der Belastung pflanzen sich die Risse in Richtung der Diagonale fort. Später treten solche auch längs der anderen Diagonale auf. Die weitere Verfolgung der Rißbildung, auch an den Seitenflächen, gewährt lehrreichen Einblick in die Verteilung der Beanspruchung und hinsichtlich der Formänderung bei höherer Belastung. Der Bruch erfolgt schließlich (vgl. Abb. 17) in der Hauptsache längs der Diagonalen. Weiteres s. in der Schrift, die im 4. Absatz der Fußbemerkung auf S. 629 genannt ist.

a) Die quadratische Platte, am Umfange 4a aufliegend, wird durch den Flüssigkeitsdruck p über die Fläche a^2 belastet.

Mit Rücksicht auf das Erörterte werde die quadratische Platte nach Maßgabe der Abb. 18 eingespannt.

Das biegende Moment M_b ergibt sich alsdann aus der Erwägung, daß auf jede der vier Quadratseiten eine resultierende Widerlagskraft $\frac{1}{4}a^2 p$ wirkt, deren Angriffspunkt in der Seitenmitte, also im Abstande $\frac{1}{2}a\sqrt{\frac{1}{2}}$ vom Einspannungsquerschnitt anzunehmen ist, daß es sich für den letzteren um zwei solche Quadratseiten handelt, demnach um ein Moment der Widerlagskräfte von der Größe

$$2 \cdot \frac{1}{4}a^2 p \cdot \frac{1}{2}a\sqrt{\frac{1}{2}},$$

daß der Flüssigkeitsdruck auf die von der Diagonale begrenzte Quadrathälfte $\frac{1}{2}a^2 p$ beträgt und im Schwerpunkte, d. i. im Abstande $\frac{1}{3}a\sqrt{\frac{1}{2}}$ vom Einspannungsquerschnitt angreift.

Hiermit folgt

$$M_b = 2 \cdot \frac{1}{4}a^2 p \cdot \frac{1}{2}a\sqrt{\frac{1}{2}} - \frac{1}{2}a^2 p \cdot \frac{a}{3}\sqrt{\frac{1}{2}} = \frac{1}{12}a^3 p \cdot \sqrt{\frac{1}{2}}$$

und demnach die Biegungsgleichung für den $a\sqrt{2}$ breiten und h hohen Querschnitt

$$\frac{1}{12}a^3 p\sqrt{\frac{1}{2}} \leqq k_b\,\frac{1}{6}\,\frac{a\sqrt{2}}{\mu}\,h^2 = \frac{1}{3\,\mu}\sqrt{\frac{1}{2}}\,k_b\,a\,h^2,$$

woraus

$$\left.\begin{aligned} k_b &\geqq \frac{1}{4}\mu\left(\frac{a}{h}\right)^2 p \\ \text{oder}\qquad & \\ h &\geqq \frac{1}{2}a\sqrt{\mu\frac{p}{k_b}} \end{aligned}\right\} \quad \ldots\ldots\ldots\ldots \quad 1)$$

Hierin ist nach Versuchen des Verfassers

$$\mu = \frac{3}{4} = 0{,}75 \text{ bis } \frac{9}{8} = 1{,}12$$

zu setzen, je nachdem sich die Auflagerung am Umfange mehr dem Zustande des Eingespanntseins oder demjenigen des Freiaufliegens nähert.

Additional information of this book

(Elastizität und Festigkeit; 978-3-662-23791-5; 978-3-662-23791-5_OSFO1)

is provided:

http://Extras.Springer.com

Additional information of this book

(Elastizität und Festigkeit; 978-3-662-23791-5; 978-3-662-23791-5_OSFO2)

is provided:

http://Extras.Springer.com

b) Die quadratische Platte, wie unter a), lose aufliegend, jedoch nur in der Mitte durch eine Kraft P belastet.

Auf dem Wege wie unter a) findet sich

$$\frac{P}{2}\,\frac{1}{2}\,a\sqrt{\frac{1}{2}} \leq k_b\,\frac{1}{6}\,\frac{a\sqrt{2}}{\mu}\,h^2,$$

woraus

$$k_b \geqq \frac{3}{4}\,\mu\,\frac{P}{h^2}$$

oder

$$h \geqq \frac{1}{2}\sqrt{3\,\mu\,\frac{P}{k_b}} \quad \ldots\ldots\ldots\ldots \quad 2)$$

Für den Berichtigungskoeffizienten ist zu setzen (Versuche des Verfassers):

$$\mu = \frac{7}{4} = 1{,}75 \text{ bis } 2.$$

§ 63. Ebene, rechteckige Platte, Abb. 1, $a > b$.

a) Die rechteckige Platte, die im Umfange $2(a+b)$, bestimmt durch die lange Seite a und die kurze Seite b, aufliegt, ist durch den Flüssigkeitsdruck p über die Fläche ab belastet.

Die in § 61 für die elliptische Platte angestellte Betrachtung, die zu der Erkenntnis führte, daß die größte Anstrengung für den Mittelpunkt derselben in Richtung der kleinen Achse stattfindet, kann ohne weiteres auch auf die rechteckige Platte übertragen werden. Sie ergibt, daß für den Mittelpunkt der letzteren die größere Inanspruchnahme in Richtung der kleinen Seite statthat, und daß infolgedessen in der Mitte die Bruchlinie in Richtung der langen Seite verlaufen wird. Nach außen hin wird sie jedoch, wie aus dem in § 62 Erörterten zu schließen ist (vgl. auch Abb. 2, § 62), die Neigung haben müssen, in die Diagonale einzubiegen, etwa nach Abb. 1. Die Wahl unter den Diagonalen dürfte hierbei von Ungleichheiten im Material oder in der Stützung der Platte wesentlich beeinflußt werden.

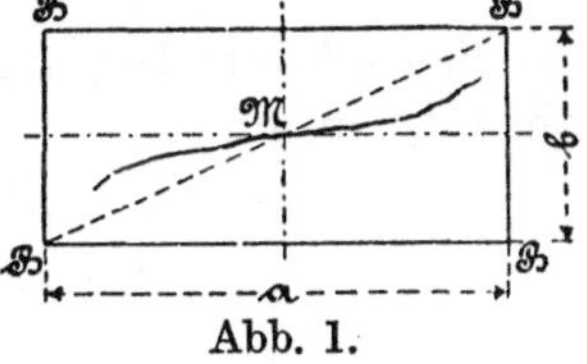

Abb. 1.

Recht anschaulich lassen sich auch hier, wie bei der quadratischen Platte (vgl. § 62), die Stellen der größten Inanspruchnahme bei Versuchen mit Eisenbetonplatten verfolgen. Abb. 2 bis 10, Taf. XXVI, zeigen die Rißbildung einer solchen Platte (Auflagerentfernung 2 · 4 m). Deutlich ist zu erkennen, daß die ersten Risse im mittleren Teil der Platte ungefähr parallel zu deren langen Seiten auftreten. Unter höheren Belastungen gesellen sich hierzu Risse, die gegen die Ecken der Platte hin verlaufen.

Unter diesen Umständen begegnet die zutreffende Annahme des Bruchquerschnitts erheblicher Unsicherheit. In Erwägung des für die Entwicklungen dieses Paragraphen allgemein gemachten und durch Einführung des Berichtigungskoeffizienten μ auch rechnerisch zum Ausdruck gebrachten Vorbehalts, die erhaltenen Gleichungen durch Versuche hinsichtlich ihrer Zuverlässigkeit zu prüfen, sowie in Anbetracht der Notwendigkeit, die praktisch wichtige Aufgabe mit einfachen Mitteln der Lösung zuzuführen, entschließen wir uns für die Einspannung nach der Diagonale BMB mit der Maßgabe, nur das für diesen Querschnitt sich ergebende biegende Moment in Rechnung zu stellen.

Der gesamte Flüssigkeitsdruck abp verteilt sich allerdings nicht gleichförmig auf die Seiten a bzw. b; vielmehr wird der Auflagerdruck in der Mitte der Seiten am größten sein und nach den Eckpunkten des Rechtecks hin abnehmen. Jedenfalls aber darf davon ausgegangen werden, daß für jede Seite der resultierende Widerlagsdruck durch die Mitte derselben geht, also um

$$\frac{b}{2}\frac{a}{\sqrt{a^2+b^2}}$$

von dem Einspannungsquerschnitt absteht. So ergibt sich das biegende Moment

$$M_b=\frac{1}{2}abp\cdot\frac{b}{2}\frac{a}{\sqrt{a^2+b^2}}-\frac{1}{2}abp\cdot\frac{1}{3}b\frac{a}{\sqrt{a^2+b^2}}=\frac{1}{12}\frac{a^2b^2}{\sqrt{a^2+b^2}}p$$

und hiermit die Biegungsgleichung für den $\sqrt{a^2+b^2}$ breiten und h hohen Querschnitt

$$\frac{1}{12}\frac{a^2b^2}{\sqrt{a^2+b^2}}p\leqq k_b\frac{1}{6}\frac{\sqrt{a^2+b^2}}{\mu}h^2,$$

$$\left.\begin{aligned} k_b &\geqq \frac{1}{2}\mu\frac{1}{1+\left(\frac{b}{a}\right)^2}\left(\frac{b}{h}\right)^2 p \\ \text{oder}\qquad & \\ h &\geqq \frac{1}{2}b\sqrt{\frac{2\mu}{1+\left(\frac{b}{a}\right)^2}\frac{p}{k_b}} \end{aligned}\right\}\quad\ldots\ldots\ldots 1)$$

Wird nach Maßgabe von Abb. 11 die Länge c des Lotes auf die Diagonale, deren Länge d ist, eingeführt, so findet sich durch unmittelbare Ableitung oder auch durch Umrechnung von Gleichung 1

$$h \geqq c\sqrt{\frac{\mu p}{2k_b}}, \quad \ldots\ldots\ldots\ldots \quad 1a)$$

woraus ersichtlich ist, daß die Höhe c allein die maßgebende Größe für die Plattenstärke ist.

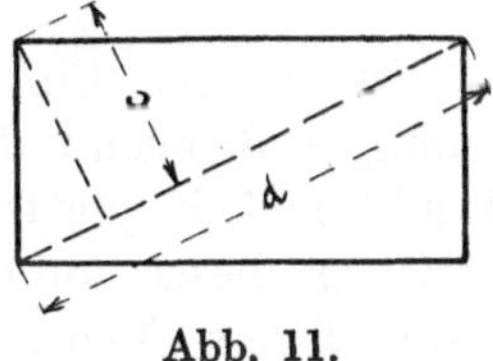
Abb. 11.

Mit $b = a$ ergibt sich

$$k_b \geqq \frac{1}{4}\mu\left(\frac{a}{h}\right)^2 p$$

oder

$$h \geqq \frac{a}{2}\sqrt{\mu\frac{p}{k_b}},$$

wie in § 62 für die quadratische Platte gefunden worden ist.

b) Die rechteckige Platte, wie unter a), am Umfange lose aufliegend, jedoch nur in der Mitte durch eine Kraft P belastet.

Auf dem unter a) beschrittenen Weg findet sich

$$\frac{P}{2}\,\frac{b}{2}\,\frac{a}{\sqrt{a^2+b^2}} \leqq k_b\,\frac{1}{6}\,\frac{\sqrt{a^2+b^2}}{\mu}\,h^2,$$

woraus

$$\left.\begin{aligned} k_b &\geqq \frac{3}{2}\mu\frac{1}{\frac{a}{b}+\frac{b}{a}}\frac{P}{h^2} \\ &\text{oder} \\ h &\geqq \sqrt{\frac{3}{2}\mu\frac{1}{\frac{a}{b}+\frac{b}{a}}\frac{P}{k_b}} \end{aligned}\right\} \quad \ldots\ldots\ldots\ldots \quad 2)$$

Hieraus folgen die Gleichungen 2, § 62, wenn $b = a$ gesetzt wird.

Mit den in Abb. 11 eingetragenen Bezeichnungen ergibt sich

$$\frac{P}{2}\,\frac{c}{2} \leqq k_b\,\frac{1}{6}\,\frac{d}{\mu}\,h^2$$

$$h \geqq \sqrt{\frac{3}{2}\mu\frac{c}{d}\frac{P}{k_b}} \quad \ldots\ldots\ldots\ldots \quad 2a)$$

Die Gleichungen 2 und 2a sind unter der Voraussetzung entwickelt, daß die belastende Kraft P in der Mitte der Platte angreift.

In der Regel wird sie auf eine mehr oder minder große Fläche wirken. Wird beispielsweise angenommen, daß P sich gleichmäßig über eine kleine Kreisfläche πr_0^2 verteilt, so lautet die Biegungsgleichung (vgl. S. 612)

$$\frac{P}{2}\frac{c}{2}-\frac{P}{2}\frac{4r_0}{3\pi}\leqq k_b\frac{1}{6}\frac{d}{\mu}h^2.$$

§ 64. Versuchsergebnisse.

Die in der Einleitung zu diesem Abschnitt erörterte Sachlage verlangte dringend die Anstellung von Versuchen über die Widerstandsfähigkeit plattenförmiger Körper. Infolgedessen unterzog sich Verfasser dieser Aufgabe und führte 1889/90 nach Konstruktion der erforderlichen Versuchseinrichtungen — solche lagen bisher nicht vor — eine große Anzahl von Versuchen mit Platten von Flußstahlblech und Gußeisen durch. Über dieselben ist in dessen Schrift: „Versuche über die Widerstandsfähigkeit ebener Platten", Berlin 1890, berichtet[1]).

---

[1]) Ergänzungen hierzu finden sich in des Verfassers Arbeiten: „Versuche über die Widerstandsfähigkeit der Wasserkammerplatten von Wasserröhrenkesseln" (Versuche über die Widerstandsfähigkeit von Kesselwandungen, Heft 1, Berlin 1893, oder auch Zeitschrift des Vereines deutscher Ingenieure 1893, S. 489 u. f., S. 526 u. f.), „Berechnung von Schieberkastendeckeln" usw. (Protokoll der 21. Delegierten- und Ingenieur-Versammlung des Internationalen Verbandes der Dampfkessel-Überwachungsvereine zu Nürnberg 1892, S. 84 u. f., oder auch Zeitschrift dieses Verbandes 1893, Berlin und Breslau, S. 1 u. f.; dieser Vortrag liefert gleichzeitig einen Beitrag zur Beurteilung des Grades der Verantwortlichkeit, die den einzelnen Ingenieur, dessen Konstruktionen infolge ungenügender Widerstandsfähigkeit ebener Wandungen zu einem Unfalle geführt haben, tatsächlich trifft), „Maschinenelemente" 1891/92 S. 512 u. f., S. 521 u. f., 1908 (10. Aufl.), S. 835 u. f., S. 856 u. f.), an letzteren beiden Stellen ist auch der Einfluß der in den Dichtungsflächen wirkenden Kräfte erörtert, „Die Berechnung flacher durch Anker- oder Stehbolzen unterstützter Kesselwandungen und die Ergebnisse der neuesten hierauf bezüglichen Versuche" (Versuche über die Widerstandsfähigkeit von Kesselwandungen, Heft 2, Berlin 1894, oder auch Zeitschrift des Vereines deutscher Ingenieure 1894, S. 341 u. f., S. 373 u. f.), „Untersuchungen über die Formänderungen und die Anstrengung flacher Böden" (Versuche über die Widerstandsfähigkeit von Kesselwandungen, Heft 3, Berlin 1897, oder auch Zeitschrift des Vereines deutscher Ingenieure 1897, S. 1157 u. f., S. 1191 u. f., S. 1218 u. f.), „Untersuchungen über die Formänderungen und die Anstrengung gewölbter Böden" (Versuche über die Widerstandsfähigkeit von Kesselwandungen, Heft 5, oder auch Zeitschrift des Vereines deutscher Ingenieure 1899, S. 1585 u. f.), „Versuche mit gewölbten Flammrohrböden" (Mitteilungen über Forschungsarbeiten, Heft 51/52). Der größte Teil der angeführten Arbeiten findet sich auch in des Verfassers „Abhandlungen und Berichte" 1897.

Hiermit verwandte Aufgaben behandelt Verfasser in den Arbeiten: „Versuche über Flanschenverbindungen" (Zeitschrift des Vereines deutscher Ingenieure

Insoweit es sich bei denselben um Scheiben von Flußstahlblech handelt, ist das Wichtigste aus den Ergebnissen in § 60, Ziff. 3, hervorgehoben, so daß hier auszugsweise nur noch der Ergebnisse zu gedenken sein wird, die mit gußeisernen Platten erzielt worden sind. Hinsichtlich der Einzelheiten darf auf die erwähnte Schrift sowie auf die in der Fußbemerkung S. 628, 629 bezeichneten Arbeiten verwiesen werden.

1899, S. 321 u. f., S. 346 u. f., oder Versuche über die Widerstandsfähigkeit von Kesselwandungen, Heft 4) und „Unfälle an Dampfgefäßen und die Beanspruchung der Zylinderwandungen solcher Gefäße auf Biegung durch die Flanschenverbindung“ (Zeitschrift des Bayerischen Dampfkessel-Revisionsvereines 1901, S. 1 u. f.).

Die Aufstellung von Vorschriften über die Wandstärken von Dampfkesseln für das Deutsche Reich veranlaßte Verfasser zu den Arbeiten: „Zur Widerstandsfähigkeit ebener Wandungen von Dampfkesseln und Dampfgefäßen“ (Zeitschrift des Vereines deutscher Ingenieure 1906, S. 1940 u. f.), „Versuche über die Formänderung und die Widerstandsfähigkeit ebener Wandungen“ (in derselben Zeitschrift 1908, S. 1781 u. f., S. 1876 u. f.). In ersterer Arbeit ist auch die „Streifenmethode“ (im Gegensatz zu der „Balkenmethode“, dem in diesem Buche benutzten Annäherungsweg) behandelt, deren man sich mit Annäherung nicht selten recht vorteilhaft bei Berechnung von ebenen Wandungen bedienen kann; in der zweiten Abhandlung ist auf die Formänderung der Platten näher eingegangen. Die Versuche, über die an letzterer Stelle berichtet ist, werden fortgesetzt; sie sind leider noch nicht so weit vorgeschritten, daß eine Behandlung an dieser Stelle mit einem gewissen, wenn auch beschränkten Abschluß möglich wäre.

Nach Aufstellung der behördlichen Bestimmungen, die als Material- und Bauvorschriften für Land- und Schiffsdampfkessel erschienen sind (und zwar je Anlage I und II zu den „Allgemeinen polizeilichen Bestimmungen über die Anlegung von Land- und von Schiffsdampfkesseln vom 17. Dezember 1908) ist die Schrift erschienen: R. Baumann, Die Grundlagen der deutschen Material- und Bauvorschriften für Dampfkessel (1912). In ihr werden auch die Balken- und Streifenmethoden behandelt.

Reiches Versuchsmaterial enthält Heft 30 der Veröffentlichungen des deutschen Eisenbeton-Ausschusses (309 Seiten Text, 512 Abbildungen): C. Bach und O. Graf, Versuche mit allseitig aufliegenden quadratischen und rechteckigen Eisenbetonplatten, 1915. Die Versuchskörper hatten Abmessungen für Auflagerentfernungen von 2000, 3000 und 4000 mm.

Über Versuche mit zweiseitig aufliegenden Eisenbetonplatten (Auflagerentfernung 2 m, Plattenbreite bis 3 m), die in der Mitte eine konzentrierte Last trugen, ist in den Heften 44 und 52 des Deutschen Ausschusses für Eisenbeton (1920 und 1923) von C. Bach und O. Graf berichtet. Diese Versuche zeigen u. a., daß die Mitwirkung der äußeren Plattenteile an der Kraftübertragung in hohem Maße von der Stärke der Bewehrung abhängt, die parallel den Widerlagern eingelegt ist und so die äußeren Plattenteile mit der Plattenmitte verbindet.

Über die Beteiligung der Druckplatten von Plattenbalken an der Kraftübertragung ist auf Grund eigener Versuche eingehend berichtet in Heft 122 und 123 (1912), ferner im Heft 254 (1922) der Forschungsarbeiten (C. Bach und O. Graf) sowie kurz in „Beton und Eisen“ 1922, S. 13 und 14 (C. Bach).

1. Verlauf der Bruchlinie. Sonstiges Verhalten.

In bezug auf den zu erwartenden Verlauf der Bruchlinie wurden in den vorhergehenden Paragraphen (§ 60, Ziff. 4, § 61, § 62 und § 63) gewisse Betrachtungen angestellt, die dazu führten, anzunehmen, daß diese Linie verlaufen werde

Zu Ziff. 1.

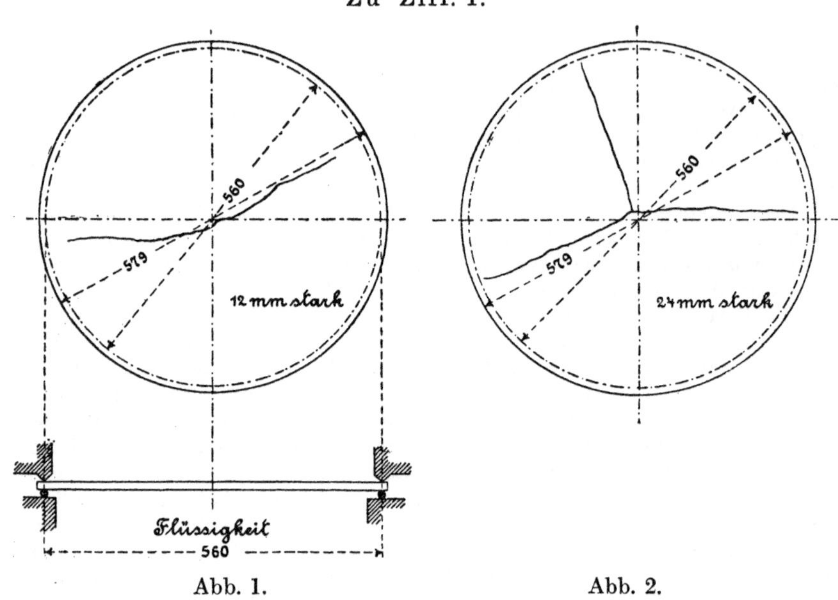

Abb. 1. Abb. 2.

Zu Ziff. 2.

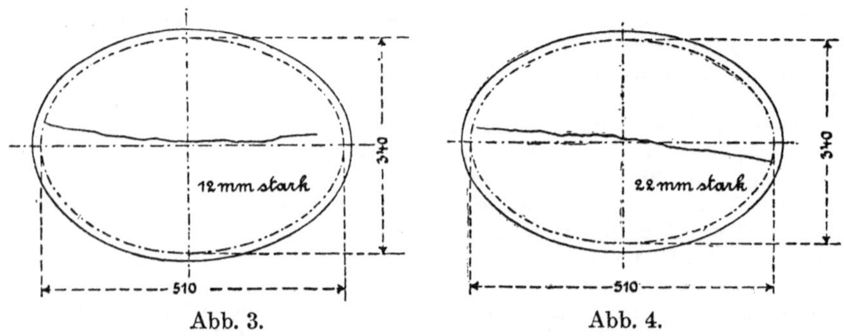

Abb. 3. Abb. 4.

1. bei der kreisförmigen Scheibe ungefähr nach einem Durchmesser,
2. „ „ elliptischen Platte ungefähr in Richtung der großen Achse,
3. „ „ quadratischen „ „ „ „ „ Diagonale,
4. „ „ rechteckigen „ „ nach Maßgabe der Abb. 1, § 63.

Über den tatsächlichen Verlauf der Bruchlinie geben die Abb. 1 bis 9 im Text und Abb. 10 auf Taf. XXVII Auskunft. Vgl. auch Taf. XXV und XXVI.

Abb. 1 zeigt die Bruchlinie einer gußeisernen Scheibe von 12 mm Stärke (immer auf der Seite der gezogenen Fasern). Andere Scheiben von derselben Stärke weisen ähnliche Bruchlinien auf. Die Scheibe ruht während des Versuchs auf einem Dichtungsring von weichem Kupfer (etwa 8 mm stark) und stützt sich oben gegen eine 2,5 mm breite Ringfläche von dem gleichen mittleren Durchmesser wie der Kupferring, nämlich 560 mm. Die Pressung zwischen der Scheibe und dem Kupferring muß natürlich so groß sein, daß die Abdichtung gesichert ist.

Zu Ziff. 3.

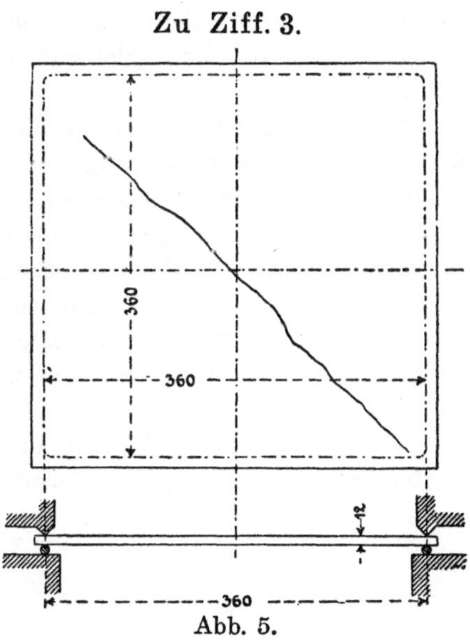

Abb. 5.

Zu Ziff. 4.

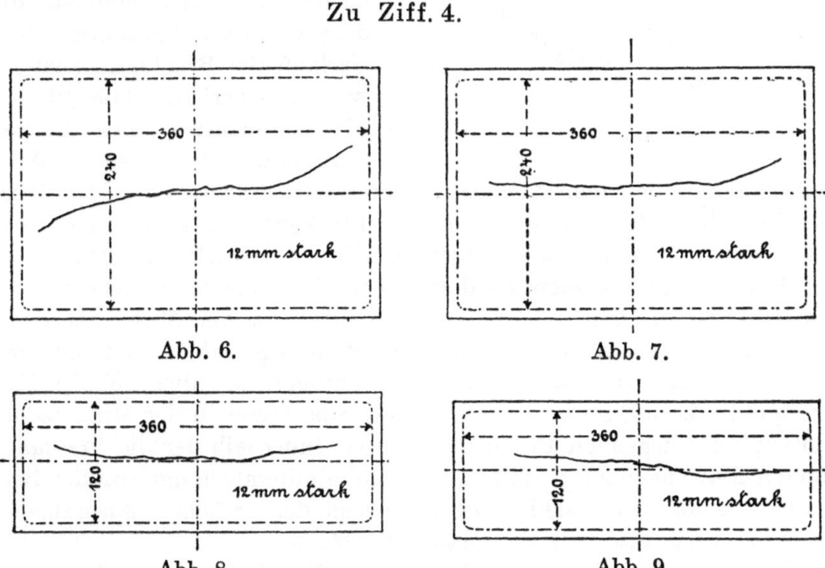

Abb. 6. Abb. 7.

Abb. 8. Abb. 9.

Abb. 2 gibt die Bruchlinie einer gußeisernen Scheibe von 24 mm Stärke wieder: sie verläuft ungefähr nach drei Halbmessern. Weitere Scheiben von dieser Stärke brachen in ähnlicher Weise.

Die der Prüfung unterworfenen Stahlscheiben bogen sich durch, ohne zu brechen.

Wie die Abb. 3 und 4 (gußeiserne Platten) erkennen lassen, entspricht der Verlauf der Bruchlinien mit befriedigender Annäherung der gemachten Annahme, gleichgültig, ob die Platte mehr oder weniger stark ist.

Abb. 5 (Gußeisen) zeigt für die quadratische Platte das Zutreffen der gemachten Voraussetzung.

Die Abb. 6 bis 9 (Gußeisen; $a:b = 2:3$ und $1:3$) entsprechen dem Ergebnis der stattgehabten Erwägung mehr oder minder.

Um ein getreues Bild der Formänderungen rechteckiger Platten zu erhalten, wurde 1887 eine solche aus Hartblei ($a = 360$ mm, $b = 240$ mm, $h = 20$ mm) hergestellt und ihre Oberfläche durch die Reißnadel mit einem Netz von Quadraten (je 10 mm Seitenlänge) versehen.

Abb. 10, Taf. XXVII, gibt in ungefähr halber Größe die obere Fläche (Seite der gezogenen Fasern) mit der Bruchlinie wieder. Die Formänderung der ursprünglichen Quadrate zeigt volle Übereinstimmung mit der in § 62 angestellten Betrachtung, ebenso mit dem Ergebnisse, zu dem wir in § 63 hinsichtlich des Verlaufs der Bruchlinie gelangt waren. Oberhalb Abb. 10 ist die Seitenansicht der Platte dargestellt. In diesen Abbildungen bietet sich dem Auge ein außerordentlich lehrreiches Bild über das Verhalten des Materials einer rechteckigen Platte an den verschiedenen Stellen bei Beanspruchung durch Flüssigkeitsdruck.

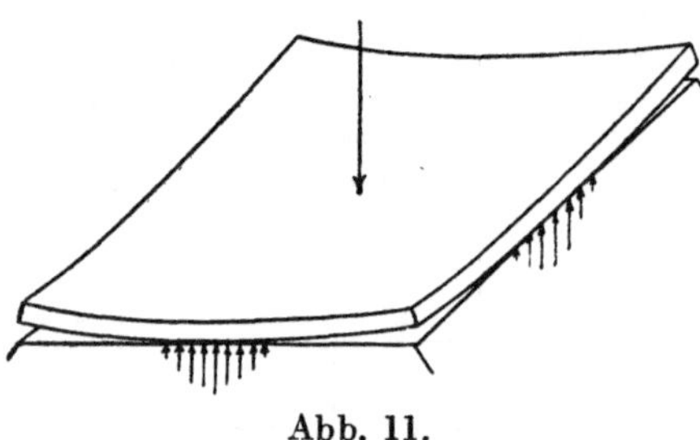

Abb. 11.

Wird eine rechteckige, sorgfältig bearbeitete Platte, die das Widerlager im ganzen Umfange $2(a + b)$ berührt, in der Mitte belastet, so heben sich die Ecken sichtbar vom Widerlager ab, derart, daß in den vier Seiten nur der mittlere Teil aufliegt, wie dies Abb. 11 für eine quadratische Platte darstellt. Die Größe dieser in der Mitte jeder Umfangsseite liegenden Berührungsstrecke, innerhalb der die Pressung von der Mitte nach außen hin bis auf Null abnimmt, hängt von der Belastung ab und wird schließlich auch von der örtlichen Zusammendrückung beeinflußt, die das Material erfährt.

Das Lichtdruckbild, Abb. 10, Taf. XXVII, zeigt durch das Auslaufen der Eindrückungen der Widerlager nach den Ecken hin deutlich die Abnahme der Pressung auch für den Fall gleichmäßig über die Platte verteilter Belastung durch Flüssigkeitsdruck; in der einen

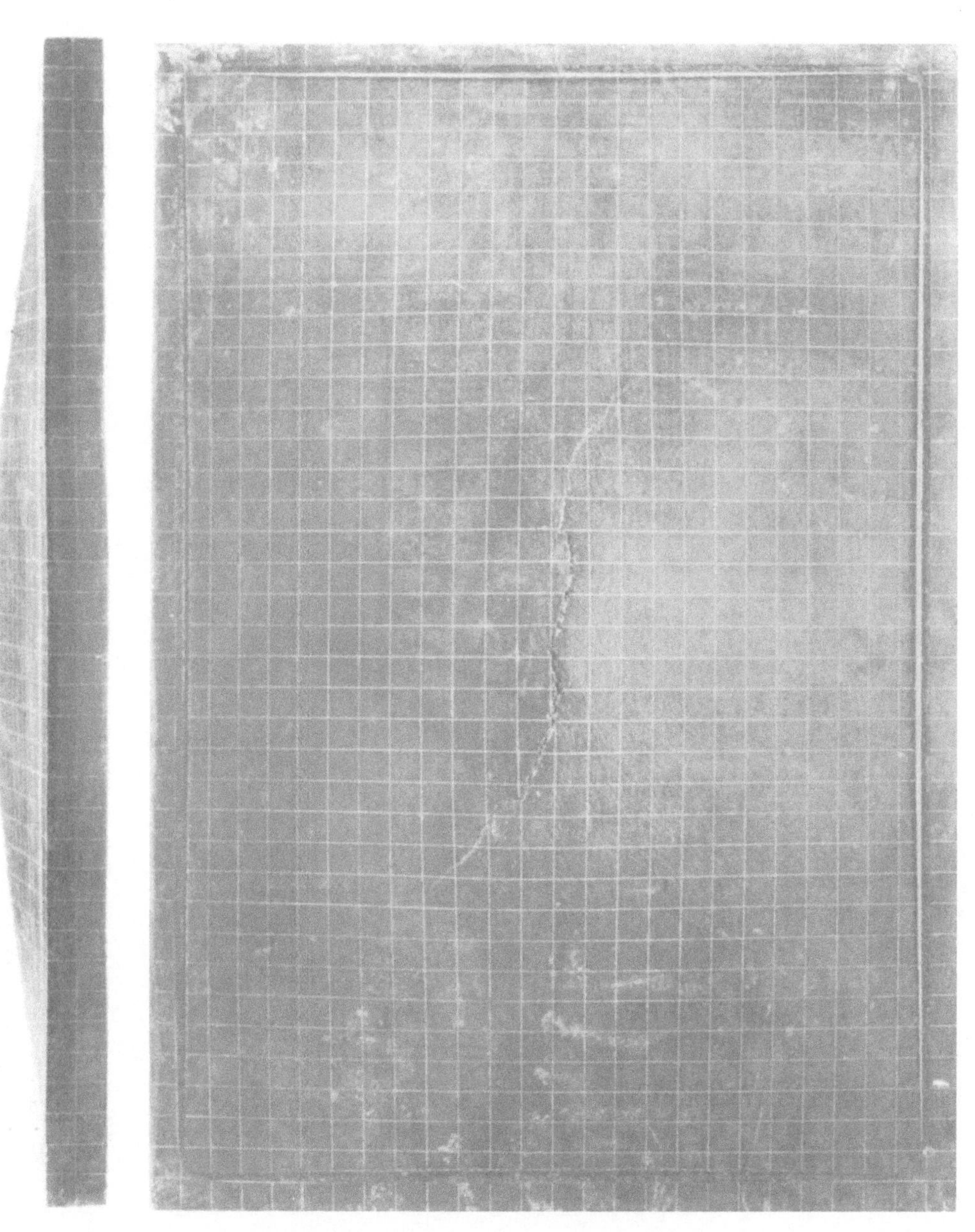

Abb. 10, § 64, S. 631.

Ecke verschwindet die Eindrückung ganz, obgleich scharfes Anziehen der Schrauben des Versuchsapparates notwendig war, um die Abdichtung zu sichern. Der Auflagerdruck selbst ist in den Mitten der langen Seiten des Rechtecks größer als in denjenigen der kurzen Seiten; je mehr a von b abweicht, um so bedeutender fällt dieser Unterschied aus. Der Anschauung zugänglich wird dieses zunächst auffallend

Abb. 12.

erscheinende Verhalten aus der Erkenntnis heraus, daß die Platte, Abb. 11, in der Mitte Neigung hat, eine Kugelschale zu bilden. Die Wölbung geht dann nach den Ecken hin mehr und mehr in eine dachförmige Gestalt über. Die Folge ist, daß die ursprünglich geraden Seiten eine Biegung erfahren, wodurch sie sich an den Ecken von den Auflagern abheben müssen.

Hinsichtlich des Einflusses, den diese Veränderlichkeit der Widerlagspressung auf die Inanspruchnahme der etwaigen Befestigungsschrauben usw. hat, sei auf die Fußbemerkung S. 616 verwiesen.

Flache Böden mit Krempe sind in der Krempung am stärksten beansprucht. Der Bruch erfolgt dann, wenn es sich um Gußeisen handelt, und schlechte Stellen oder Gußspannungen nicht einflußnehmend auftreten, in der Krempung über den ganzen Umfang derart, daß der Boden herausgeschleudert wird. Abb. 12 zeigt die Bruchfläche sowie das herausgesprungene Mittelstück und gibt in anschaulicher Weise Auskunft darüber, daß der am stärksten beanspruchte Querschnitt in der Krempung liegt[1]).

2. Gesetz der Widerstandsfähigkeit.

Die Beziehungen 18, 23, 30, 31 und 33, § 60; 3, 4 und 5, § 61; 1 und 2, § 62; 1 und 2, § 63, liefern übereinstimmend die Widerstandsfähigkeit ebener Platten proportional dem Quadrate der Stärke h. Die Versuche des Verfassers bestätigen die Richtigkeit dieses Gesetzes[2]).

Wenn sich bei Belastung von Platten durch Flüssigkeitsdruck, wobei diese zum Zwecke der Abdichtung stark angepreßt werden müssen, ergibt, daß stärkere Platten etwas weniger widerstandsfähig sind, als nach Maßgabe des quadratischen Verhältnisses der Wanddicken zu erwarten ist[3]), so liegt das in dem Einfluß der Abdichtungs-

[1]) Über diese Untersuchungen, die sich auch auf Böden von Flußeisen beziehen, s. die S. 628 in der Fußbemerkung bezeichnete Schrift „Untersuchungen über die Formänderungen und die Anstrengung flacher Böden".

Hinsichtlich gewölbter Böden liegt in rechnerischer Hinsicht eine wertvolle Arbeit von W. Schüle vor: „Festigkeit und Elastizität gewölbter Platten", Dinglers polyt. Journal 1900, Bd. 315, Heft 42. Über dahingehende Versuche s. Fußbemerkung S. 628. — Ferner sind zu erwähnen: Keller, Berechnung gewölbter Platten in Heft 124 (1912) der Mitteilungen über Forschungsarbeiten sowie dessen auf S. 603, Fußbemerkung 2, angeführte Arbeit; Frankhauser, Die Festigkeit kegel- und kugelförmiger Böden und Deckel in Heft 162 und 163 (1914) der Mitteilungen über Forschungsarbeiten; Bolle, Festigkeitsberechnung von Kugelschalen, Zürich 1916; Dubs, Berechnung gewölbter Böden, Leipzig-Berlin 1922; Hager, Berechnung ebener, rechteckiger Platten, München 1911; Stephan, Berechnung der homogenen, quadratischen Platte und deren Aufnahmeträger, Dissertation, Darmstadt 1913; Hencky, Der Spannungszustand in rechteckigen Platten, München 1913; Nádai, Die Formänderungen und die Spannungen von rechteckigen elastischen Platten, Mitt. über Forschungsarbeiten, Heft 170, 171.

[2]) Hierauf aufmerksam zu machen, erscheint angezeigt, nachdem die Clarksche Berechnungsweise ebener Wandungen auch in die deutsche Literatur (Häder, Bau und Betrieb der Dampfkessel 1893, S. 78 u. f.) übergegangen ist. Nach derselben wäre die Widerstandsfähigkeit einer ebenen Wand proportional der ersten Potenz von h. Eine Besprechung der Clarkschen Berechnung seitens des Verfassers findet sich Zeitschrift des Vereins deutscher Ingenieure 1897, S. 1225 und 1226, sowie in „Versuche über die Widerstandsfähigkeit von Kesselwandungen", Heft 3, Berlin 1897.

[3]) Vgl. z. B. das S. 98 der „Versuche über die Widerstandsfähigkeit ebener Platten" Gesagte im Zusammenhang mit der Feststellung auf S. 86 daselbst.

kraft, d. h. derjenigen Kraft, mit der die Platten behufs Abdichtung angepreßt werden müssen, wie dies bereits am Schlusse von § 60, Ziff. 3, dargelegt wurde.

Haben sich ebene, aus genügend zähem Material bestehende und am Umfange aufliegende oder derart befestigte Platten, daß die größte Anstrengung in der Plattenmitte eintritt, bleibend durchgebogen, sind sie also nicht mehr eben, sondern gewölbt, so besitzen sie in diesem gewölbten Zustande eine erheblich größere Widerstandsfähigkeit gegenüber ruhender Belastung als in ihrer ursprünglich ebenen Form. Die Zähigkeit des Materials hat jedoch durch diese Überanstrengung abgenommen.

3. Schlußbemerkung.

Ein Blick über das in den §§ 60 bis 63 angewendete Verfahren des Verfassers zur Lösung der Aufgaben dieses Abschnittes läßt erkennen, daß es darauf hinausläuft, die schwierigen Aufgaben, die sich auf dem Gebiete der Inanspruchnahme plattenförmiger Körper bieten, auf einfache Biegungsaufgaben zurückzuführen unter Schaffung und Verwendung von Berichtigungskoeffizienten, die aus Versuchen zu bestimmen sind. Die Methode ist keine streng wissenschaftliche; sie liefert aber, da sie sich in der bezeichneten Weise auf Versuche stützt, ausreichend zuverlässige Ergebnisse für die ausführende Technik und ermöglicht die Berechnung überdies jedem Techniker, der auf der technischen Mittelschule gebildet ist. Indem Verfasser diesen Weg einschlug, glaubte er den Interessen nicht bloß der Industrie, sondern der gesamten Technik wie auch denjenigen der Allgemeinheit, die ein Anrecht auf Sicherheit hat — auch dann, wenn es der Wissenschaft noch nicht gelungen ist, eine genaue Berechnung der hier zur Erörterung stehenden Anstrengung der Materialien zu liefern — am meisten zu nützen, wenigstens so lange, bis es gelingt, Vollkommeneres ausfindig zu machen.

Bei Berechnung einer Platte, eines Deckels u. dgl. wird in der großen Mehrzahl der Fälle ein gewisser, von den Verhältnissen abhängiger Zeitaufwand nicht überschritten werden sollen, namentlich dann nicht, wenn es sich um eine einmalige oder doch nicht häufige Ausführung handelt. Die Berechnung pflegt eben für den in der Industrie stehenden Konstrukteur nicht Selbstzweck, sondern nur Mittel zum Zweck zu sein. Für den Mann der Wissenschaft kann sie allerdings Selbstzweck sein. Eine Berechnungsmethode, die sich in der Technik einführen soll, muß deshalb gegenüber den tatsächlichen Verhältnissen einfach genug sein; andererseits genügt auch eine ausreichende, d. h. den Verhältnissen befriedigend gerecht werdende Annäherung.

Achter Abschnitt.

Durch die Fliehkraft beanspruchte Körper[1]).

§ 65. Ring und Arm.

1. Der frei umlaufende Ring.

Sofern die Abmessung des betrachteten Ringes in Richtung des Halbmessers im Verhältnis zur Größe des letzteren gering ist, kann die Verteilung der Spannungen über den Ringquerschnitt keine stark ungleichförmige sein (vgl. die sinngemäß gleiche Überlegung bei dem durch inneren Überdruck beanspruchten Hohlzylinder auf S. 580), so daß ohne wesentlichen Fehler gleichförmige Beanspruchung daselbst angenommen werden darf.

Von dem betrachteten Ring, der (ohne Arme) n Umdrehungen in der Minute ausführe, sei eine Scheibe von 1 cm Breite abgeschnitten gedacht und für diese die Rechnung durchgeführt. Es bedeute:

$\omega = \frac{2\pi n}{60}$ die Winkelgeschwindigkeit, bezogen auf die Sekunde,

γ das spezifische Gewicht des Ringmaterials (kg/ccm, für Gußeisen z. B. 0,0072),

g die Beschleunigung durch die Schwere (= 981 cm),

h die Höhe des Ringes in Richtung des Halbmessers (cm),

x_0 den Abstand des Schwerpunkts des Ringquerschnitts von der Achse (cm),

$v = \omega \cdot x_0$ die Umfangsgeschwindigkeit (cm/sec),

k_z die Zugspannung im Ringquerschnitt (kg/qcm).

Die Scheibe sei nach einem Durchmesser $A - B$ geteilt (vgl. Abb. 1) und der Materialzusammenhang durch die auftretende Beanspruchung k_z ersetzt.

---

[1]) Bearbeitet von R. Baumann.

Vgl. Großmann, Verhandlungen des Vereines zur Beförderung des Gewerbefleißes in Preußen 1883, S. 216 u. f.; Grübler, Zeitschrift des Vereines deutscher Ingenieure 1897, S. 860 u. f.; Lorenz und v. Sanden, ebendort 1910, S. 1397 u. f., 2063 u. f. (Trommeln), sowie insbesondere A. Stodola, Die Dampfturbinen, Berlin 1910, 4. Aufl., S. 242 u. f.

Im Schwerpunkt S des halben Ringes, dessen Abstand vom Mittelpunkt $\overline{MS} = 2\,x_0 : \pi$ beträgt, entsteht infolge der Umdrehung die Fliehkraft $\left(\text{die Masse des Ringes ist } \frac{\gamma}{g}\,(x_0 \pi h \cdot 1)\right)$.

$$Q = \left[\frac{\gamma}{g} \cdot (x_0 \pi\, h \cdot 1)\right] \frac{2 x_0}{\pi} \cdot \omega^2 = 2 \cdot \frac{\gamma}{g}\, h\, x_0^2\, \omega^2 = 2\,\frac{\gamma}{g}\, h\, v^2,$$

der entgegenwirkt die aus der Beanspruchung k_z hervorgehende Kraft

$$Q = 2\,k_z \cdot h \cdot 1,$$

so daß

$$2\,k_z\, h = 2\,\frac{\gamma}{g}\, h\, x_0^2\, \omega^2 = 2\,\frac{\gamma}{g}\, h\, v^2,$$

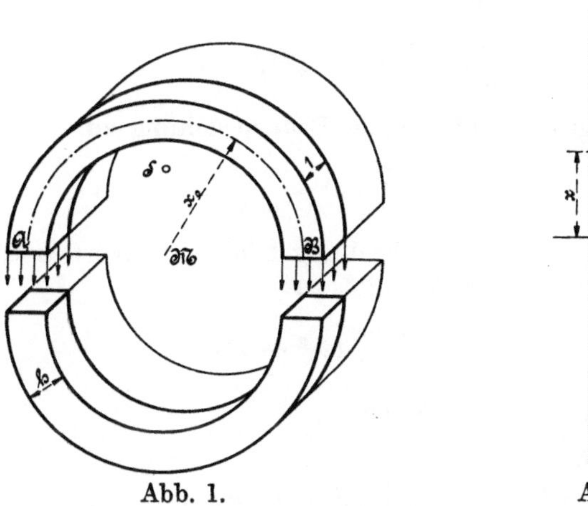

Abb. 1. Abb. 2.

woraus sich ergibt

$$k_z = \frac{\gamma}{g}\, x_0^2\, \omega^2 = \frac{\gamma}{g}\, v^2 \quad \ldots\ldots\ldots\ldots \quad 1)$$

Die Beanspruchung ist also von der Umfangsgeschwindigkeit und dem spezifischen Gewicht allein abhängig. Wird eine bestimmte Größe der Beanspruchung als zulässig erachtet, so ist damit die Umfangsgeschwindigkeit, die höchstens erreicht werden darf, gleichfalls festgesetzt.

Die Dehnung in Richtung des Umfangs und damit auch des Halbmessers beträgt

$$\varepsilon = \alpha\, k_z = \alpha\,\frac{\gamma}{g}\, v^2$$

und damit die halbe Aufweitung des Ringes infolge der Fliehkraft

$$\Delta\, x_0 = \varepsilon\, x_0 = \alpha\,\frac{\gamma}{g}\, v^2\, x_0 \quad \ldots\ldots\ldots\ldots \quad 2)$$

2. Der frei umlaufende Arm.

Betrachtet werde ein Stab vom Querschnitt f und der Länge $2x_0$, der sich um die durch M gehende Achse mit der Winkelgeschwindigkeit ω drehe (Abb. 2).

Im Abstand x von M erfolgt Beanspruchung durch die Fliehkraft des $(x_0 - x)$ langen Stückes, dessen Schwerpunktshalbmesser beträgt

$$x + \frac{1}{2}(x_0 - x) = \frac{1}{2}(x + x_0).$$

Somit ist

$$k_z \cdot f = \left[\frac{\gamma}{g} f \cdot (x_0 - x)\right] \frac{1}{2}(x + x_0) \, . \, \omega^2$$

$$= \frac{\gamma}{g} f \cdot \frac{\omega^2}{2}(x_0{}^2 - x^2),$$

woraus sich die größte auftretende Beanspruchung zu

$$k_z = \frac{\gamma}{g}\frac{\omega^2}{2} x_0{}^2 = \frac{\gamma}{g}\frac{v^2}{2}, \quad \ldots \ldots \ldots \quad 3)$$

also halb so groß wie der aus Gleichung 1 folgende Wert, und die Dehnung im betrachteten Punkt ergibt zu

$$\varepsilon = \alpha \frac{\gamma}{g}\frac{\omega^2}{2}(x_0{}^2 - x^2)$$

sowie die Verlängerung des Armes

$$\Delta x_0 = \int_0^{x_0} \varepsilon \cdot d\,x = \alpha \frac{\gamma}{g}\frac{\omega^2}{2}\int_0^{x_0}(x_0{}^2 - x^2)\,dx$$

$$= \alpha \frac{\gamma}{g}\frac{\omega^2}{2}\left(\frac{2}{3}x_0{}^3\right) = \alpha \frac{\gamma}{g}\frac{\omega^2}{3}x_0{}^3 = \alpha \frac{\gamma}{g}\frac{v^2}{3}x_0 \quad . \; . \; 4)$$

Der Arm verlängert sich also infolge der Umdrehung nur um ein Drittel des Betrages, um den der Halbmesser des Ringes zuzunehmen bestrebt ist (vgl. Gleichungen 2 und 4). Die Folge hiervon ist, daß beim Vorhandensein von Armen im Ring der letztere zurückgehalten wird und dadurch zwischen je zwei Armen zusätzliche Biegungsbeanspruchung erfährt, während die Arme, zum Tragen der Fliehkräfte des Ringes mit herangezogen, größere Kräfte auszuhalten haben. Ist der Ring im Verhältnis zu seiner Höhe breit, so erfährt er infolge der Wirkung der Arme Biegungsbeanspruchung auch in der Querrichtung.

Hinsichtlich der Gesichtspunkte, die bei der Berechnung von solchen Schwungrädern im Auge zu behalten sind, muß auf C. Bach,

Maschinenelemente, 11. Aufl. S. 490 u. f., 12. Aufl. S. 499 u. f. verwiesen werden. Über die Berechnung von Trommeln finden sich ausführliche Darlegungen in der Zeitschrift des Vereines deutscher Ingenieure 1910, S. 1397 u. f. sowie 2061 u. f.

§ 66. Umlaufende Scheiben.

1. Die Scheibe gleicher Festigkeit.

Die Scheibe, die ohne Bohrung[1]) ausgeführt sei, soll eine solche Formgebung erfahren, daß die durch die Fliehkraft hervorgerufene Beanspruchung an allen Stellen gleich groß und ebenso in Richtung des Halbmessers von derselben Größe wie in Richtung des Umfangs ist. In Hinsicht auf die Gestalt des durch sein Eigengewicht beanspruchten Stabes gleicher Festigkeit in § 6, S. 115 u. f. ist zu erwarten, daß die Dicke $2x$ der Scheibe in der Mitte am größten sein muß und gegen den Rand hin abnimmt, wie in Abb. 1 gezeichnet.

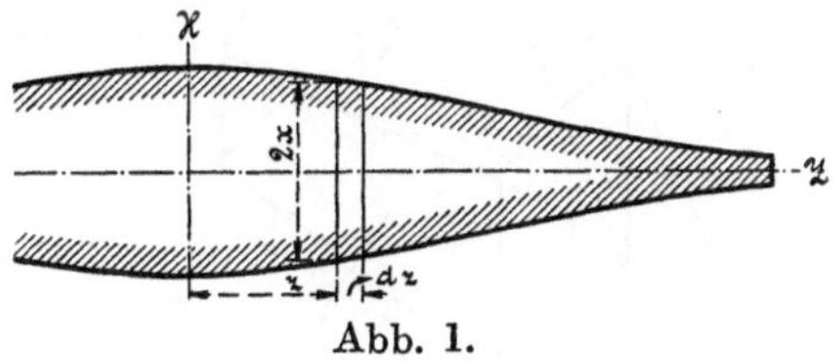

Abb. 1.

Aus der zur z-Achse symmetrischen Scheibe denken wir uns einen Sektor vom Zentriwinkel $2 \cdot d\varphi$, aus diesem ein Ringstück von der Breite dz herausgeschnitten, an den Schnittflächen, wie S. 572 für den Hohlzylinder besprochen, die wirkenden Spannungen σ und im Schwerpunkt die Massenkraft M angebracht, wie Abb. 2 zeigt. Dann beträgt die nach innen gerichtete Kraft an der Zylinderfläche vom Halbmesser z

$$\sigma \cdot 2x \cdot z \cdot 2\,d\varphi,$$

die nach außen gerichtete Kraft an der Zylinderfläche vom Halbmesser $z + dz$ und der Höhe $2x + 2\,dx$

$$\sigma \cdot (2x + 2\,dx)(z + dz)\,2\,d\varphi = \sim 2 \cdot \sigma\,(2xz + 2\,xdz + 2\,zdx)\,d\varphi,$$

der nach innen gerichtete Teil der zwei Umfangskräfte

$$2 \cdot \sigma \cdot \left(2x + \frac{2\,dx}{2}\right) \cdot dz \cdot \sin(d\varphi) = \sim 2\,\sigma \cdot 2\,x \cdot dz \cdot d\varphi,$$

die nach außen gerichtete Massenkraft M

$$\frac{\gamma}{g}\,\omega^2 \left(z + \frac{dz}{2}\right)\left(z + \frac{dz}{2}\right) \cdot \left(2x + \frac{2\,dx}{2}\right) \cdot 2\,d\varphi \cdot dz$$

$$= \sim 2\frac{\gamma}{g}\,\omega^2\,2\,xz^2 d\varphi \cdot dz.$$

---

[1]) Über den Einfluß einer Bohrung vergleiche das S. 644 u. f., S. 651, Fußbemerkung, sowie S. 652 u. f. Ausgeführte.

Aus der Bedingung, daß die Summe aller Horizontalkräfte gleich Null sein muß, folgt sodann

$$2\sigma\cdot(2xz + 2x\,dz + 2z\,dx)\,d\varphi + 2\frac{\gamma}{g}\omega^2\,2xz^2\,d\varphi\,dz$$
$$= 2\,\sigma\,2\,xz d\varphi + 2\,\sigma\,2\,x\,dz\,d\varphi \quad \ldots\ldots \quad 1)$$

$$\frac{d\,2\,x}{2\,x} = -\frac{\gamma}{g}\frac{\omega^2}{\sigma}zdz, \quad \ldots\ldots \quad 2)$$

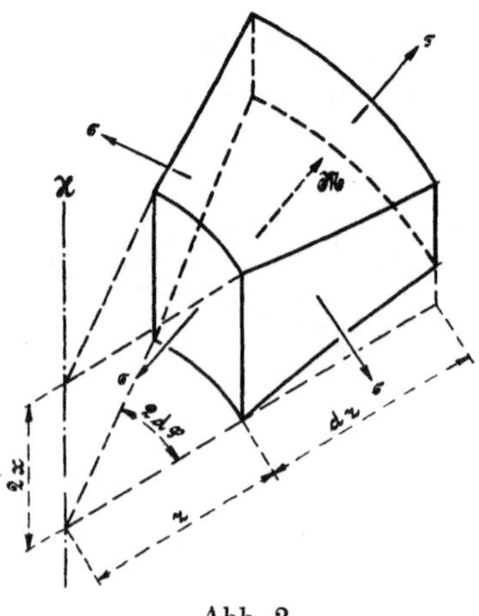

Abb. 2.

und durch Integration

$$\ln\frac{2\,x}{c} = -\frac{\gamma}{g}\frac{\omega^2}{\sigma}\frac{z^2}{2}$$

oder

$$2\,x = c\cdot e^{-\frac{\gamma}{g}\frac{\omega^2}{\sigma}\frac{z^2}{2}}$$

In der Regel wird die Scheibe mit Rücksicht auf Herstellung oder aus anderen Gründen am Umfang ($z = r_a$) eine bestimmte geringste Dicke s haben müssen[1]), so daß zur Bestimmung der Integrationskonstanten c die Gleichung besteht

$$s = c\cdot e^{-\frac{\gamma}{g}\frac{\omega^2}{\sigma}\frac{r_a^2}{2}} \quad \ldots\ldots \quad 3)$$

Somit

$$2\,x = s\cdot e^{\frac{\gamma}{g}\frac{\omega^2}{2\sigma}(r_a^2 - z^2)} \quad \ldots\ldots \quad 4)$$

Die Dicke s_m der Scheibe in der (undurchbohrten) Mitte beträgt mit $z = 0$

$$s_m = s\cdot e^{\frac{\gamma}{g}\frac{\omega^2}{2\sigma}r_a^2} = s\,e^{\frac{\gamma}{g}\frac{v^2}{2\sigma}} \quad \ldots\ldots \quad 5)$$

Es treten also hier, wie beim frei umlaufenden Ring, das spezifische Gewicht γ, die Umfangsgeschwindigkeit v und die Spannung[2]) σ Einfluß nehmend auf.

---

[1]) Dort hört die Scheibe auf, ein Körper gleicher Festigkeit zu sein, sofern nicht am äußeren Rande eine Kraft (z. B. herrührend von der Fliehkraft der Schaufeln oder übertragen durch einen Kranz) angreift. Vgl. hierzu auch Ziff. 4, a, S. 648.

[2]) Die Beanspruchung, über deren zulässige Größe Bestimmung zu treffen ist, beträgt $k_z = \frac{\varepsilon}{\alpha} = \sigma\left(1 - \frac{1}{m}\right)$, da die Spannung σ in zwei senkrecht

Ist $v^2 : \sigma$ in Gleichung 4 groß, so ergibt sich eine starke Wölbung der Meridianlinie. Damit ist eine Neigung der Spannungen gegen die z-Achse verbunden, wodurch unsere Ableitungen, die eine solche nicht annehmen, unzutreffend werden. (Vgl. auch § 6, S. 117, Ziff. 3 und 4, § 20, Ziff. 2 sowie Fußbemerkung S. 476.) Gleichung 4 gilt nur für Scheiben, deren Meridianlinien nicht zu stark gegen die z-Achse geneigt sind und keine zu scharfe Krümmung aufweisen.

2. Die Scheibe von gleicher Dicke[1]).

Wir betrachten die Scheibe als Hohlzylinder. Gemäß der Fußbemerkung 1 auf S. 572, § 58, besteht dann die Gleichung

$$\frac{d\sigma_z}{dz} = \frac{1}{z}(\sigma_y - \sigma_z) - \frac{\gamma}{g}\omega^2 z.$$

Da hier Kräfte in Richtung der x-Achse fehlen, wird $\sigma_x = 0$ und damit nach S. 573 (Gl. 4, § 7)

$$\varepsilon_1 = \alpha\left(-\frac{\sigma_y + \sigma_z}{m}\right)$$

$$\varepsilon_2 = \alpha\left(\sigma_y - \frac{\sigma_z}{m}\right)$$

$$\varepsilon_3 = \alpha\left(\sigma_z - \frac{\sigma_y}{m}\right)$$

und hieraus

$$\sigma_y + \sigma_z = \frac{m}{m-2}\frac{e}{\alpha}, \quad \ldots \ldots \ldots \quad 6)$$

sofern

$$\varepsilon_1 + \varepsilon_2 + \varepsilon_3 = e \quad \ldots \ldots \ldots \quad 7)$$

Fügt man zu Gleichung 6 die aus der ersten der Gleichungen 4, § 7 (s. o.) sich ergebende Beziehung

$$-\sigma_y - \sigma_z = m\frac{\varepsilon_1}{\alpha},$$

so wird

$$0 = \sigma_x = \frac{m}{\alpha}\left(\varepsilon_1 + \frac{e}{m-2}\right)$$

---

zueinander stehenden Richtungen auftritt. k_z und σ sind einander somit proportional.

[1]) Weitere Scheibenformen sind an der in Fußbemerkung 1, S. 636 zuletzt genannten Stelle behandelt.

und in gleicher Weise

$$\sigma_y = \frac{m}{1+m}\frac{1}{\alpha}\left(\varepsilon_2 + \frac{e}{m-2}\right),$$

$$\sigma_z = \frac{m}{1+m}\frac{1}{\alpha}\left(\varepsilon_3 + \frac{e}{m-2}\right),$$

wie auf S. 573. Ebenso kann man die dort als Gleichung 3, 4, 5 und 6 bezeichneten Beziehungen unter Beachtung, daß hier $\sigma_x = 0$ ist, übernehmen, während Gleichung 7 entfällt. Die Einführung der Gleichung 6, S. 574, in die erste Gleichung unter 2) (S. 641) für $\frac{d\sigma_z}{dz}$ führt sodann zu der Differentialgleichung

$$\frac{d^2\zeta}{dz^2} + \frac{d\zeta}{z\,dz} - \frac{\zeta}{z^2} = -\frac{m-1}{2\,m}\beta\cdot\frac{\gamma}{g}\,\omega^2 z,$$

die sich von der in § 58, S. 574, abgeleiteten nur durch die rechte Seite unterscheidet. Die Integration kann in genau gleicher Weise wie dort angegeben erfolgen und führt zu

$$\zeta z = c_1\frac{z^2}{2} + c_2 - \frac{m-1}{16\,m}\beta\frac{\gamma}{g}\,\omega^2 z^4.$$

Bestimmt man hieraus die Werte von $\frac{\zeta}{z}$ und $\frac{d\zeta}{dz}$ (vgl. S. 575) und führt diese in die Gleichung 6, § 58 (S. 574) ein, so findet sich, unter Beachtung, daß nun $\sigma_x = 0$ ist,

$$\left.\begin{aligned}
\sigma_y &= \frac{2}{m-1}\frac{1}{\beta}\left\{\frac{c_1}{2}(m+1) + \frac{c_2}{z^2}(m-1)\right\} - \frac{\gamma}{g}\frac{\omega^2 z^2}{8}\left(\frac{3}{m}+1\right)\\
\sigma_z &= \frac{2}{m-1}\frac{1}{\beta}\left\{\frac{c_1}{2}(m+1) - \frac{c_2}{z^2}(m-1)\right\} - \frac{\gamma}{g}\frac{\omega^2 z^2}{8}\left(\frac{1}{m}+3\right)
\end{aligned}\right\} \quad . \; . \quad 8)$$

Zur Bestimmung der Integrationskonstanten c_1 und c_2 dienen die Bedingungen, daß, da am äußeren und inneren Scheibenumfang äußere Kräfte nicht wirken sollen, für $z = r_i$ $\sigma_z = 0$ und ebenso für $z = r_a$ $\sigma_z = 0$ sein muß. Aus Gleichung 8 findet sich hiermit

$$c_1 = \beta\frac{m-1}{m+1}\left(\frac{1}{m}+3\right)\frac{\gamma}{g}\frac{\omega^2}{8}({r_a}^2 + {r_i}^2)$$

und

$$c_2 = \beta\left(\frac{1}{m}+3\right)\frac{\gamma}{g}\frac{\omega^2}{16}{r_a}^2{r_i}^2.$$

Damit lassen sich aus den Gleichungen 8 die Werte von σ_y und σ_z anschreiben, wodurch auch unter Zuhilfenahme der Gleichung 4, § 7 (s. o.) die Hauptdehnungen bestimmt sind.

Es findet sich

$$\left.\begin{aligned}\sigma_y &= \frac{\gamma}{g}\frac{\omega^2}{8}\left\{\left(\frac{1}{m}+3\right)\left(r_a^2+r_i^2+\frac{r_a^2 r_i^2}{z^2}\right)-\left(\frac{3}{m}+1\right)z^2\right\}\\ \sigma_z &= \frac{\gamma}{g}\frac{\omega^2}{8}\left\{\left(\frac{1}{m}+3\right)\left(r_a^2+r_i^2-\frac{r_a^2 r_i^2}{z^2}\right)-\left(\frac{1}{m}+3\right)z^2\right\}\end{aligned}\right\}\quad . \; . \quad 9)$$

und

$$\left.\begin{aligned}\frac{\varepsilon_1}{\alpha} &= -\frac{1}{m}\frac{\gamma}{g}\frac{\omega^2}{4}\left\{\left(\frac{1}{m}+3\right)(r_a^2+r_i^2)-\left(\frac{2}{m}+2\right)z^2\right\}\\ k_z = \frac{\varepsilon_2}{\alpha} &= \frac{\gamma}{g}\frac{\omega^2}{8}\left\{\left(\frac{1}{m}+3\right)\left[(r_a^2+r_i^2)\left(1-\frac{1}{m}\right)\right.\right.\\ &\qquad \left.\left.+\frac{r_a^2 r_i^2}{z^2}\left(1+\frac{1}{m}\right)\right]-\left(1-\frac{1}{m^2}\right)z^2\right\}\\ \frac{\varepsilon_3}{\alpha} &= \frac{\gamma}{g}\frac{\omega^2}{8}\left\{\left(\frac{1}{m}+3\right)\left[(r_a^2+r_i^2)\left(1-\frac{1}{m}\right)\right.\right.\\ &\qquad \left.\left.-\frac{r_a^2 r_i^2}{z^2}\left(1+\frac{1}{m}\right)\right]-\left(3-\frac{3}{m^2}\right)z^2\right\}\end{aligned}\right\}\quad . \; . \quad 10)$$

Hiermit sind die Gleichungen 9 und 10 § 58 (S. 576) zu vergleichen.

Für den inneren Rand der Scheibe beträgt nach Gleichung 10 mit $z = r_i$ und $m = \frac{10}{3}$

$$\left.\begin{aligned}\frac{\varepsilon_1}{\alpha} &= -\frac{\gamma}{g}\frac{\omega^2}{4\,m}\left\{r_a^2\left(\frac{1}{m}+3\right)+r_i^2\left(1-\frac{1}{m}\right)\right\}\\ &= -\frac{3}{40}\frac{\gamma}{g}\,\omega^2\left\{3{,}3\,r_a^2+0{,}7\,r_i^2\right\}\\ k_z = \frac{\varepsilon_2}{\alpha} &= \frac{\gamma}{g}\frac{\omega^2}{4}\left\{r_a^2\left(\frac{1}{m}+3\right)+r_i^2\left(1-\frac{1}{m}\right)\right\} = -m\frac{\varepsilon_1}{\alpha}\\ &= +\frac{1}{4}\frac{\gamma}{g}\,\omega^2\left\{3{,}3\,r_a^2+0{,}7\,r_i^2\right\}\\ \frac{\varepsilon_3}{\alpha} &= -\frac{\gamma}{g}\frac{\omega^2}{4\,m}\left\{r_a^2\left(\frac{1}{m}+3\right)+r_i^2\left(1-\frac{1}{m}\right)\right\} = \frac{\varepsilon_1}{\alpha}\\ &= -\frac{3}{40}\frac{\gamma}{g}\,\omega^2\left\{3{,}3\,r_a^2+0{,}7\,r_i^2\right\}\end{aligned}\right\}\quad . \; . \quad 11)$$

wonach der Wert von $\frac{\varepsilon_2}{\alpha}$ als maßgebend erscheint.

Ist die Bohrung sehr klein, so daß $0{,}7\,r_i^2$ gegenüber $3{,}3\,r_a^2$ vernachlässigt werden kann, so ergibt sich die maßgebende Beanspruchung am Lochrande für $z = r_i$ zu

$$k_z = \frac{\varepsilon_2}{\alpha} = \frac{\gamma}{g}\frac{\omega^2}{4} r_a^2 \left(\frac{1}{m} + 3\right) = 0{,}825 \frac{\gamma}{g} \omega^2 r_a^2 = 0{,}825 \frac{\gamma}{g} v^2 \quad . \quad 12)$$

und die Beanspruchung am äußeren Scheibenrand mit $z = r_a$

$$\frac{\varepsilon_2}{\alpha} = \frac{\gamma}{g}\frac{\omega^2}{4} r_a^2 \left(1 - \frac{1}{m}\right) = 0{,}175 \frac{\gamma}{g} \omega^2 r_a^2 = 0{,}175 \frac{\gamma}{g} v^2 \quad . \; . \; . \quad 12)$$

Ist eine **Bohrung** in der Scheibe überhaupt **nicht vorhanden**, so sind zwei neue Bedingungen zu erfüllen, die das Endergebnis der Rechnung beeinflussen:

I. Für $z = 0$ muß $\zeta = 0$ sein, da im Mittelpunkt der Scheibe keine radiale Verschiebung nach der einen oder anderen Richtung, von denen keine bevorzugt ist, erfolgen kann; dies bedingt, daß in den Gleichungen 8 sowie in der ihnen unmittelbar vorausgehenden Beziehung $c_2 = 0$ sein muß.

II. Für $z = 0$ muß $\sigma_y = \sigma_z$ sein, weil im Mittelpunkte der umlaufenden Scheibe (Pol) jeder Durchmesser auch als Tangente an den Kreis mit $z = 0$ als Halbmesser erscheint. Aus diesem Grunde muß in Gleichung 9 das Glied $\frac{r_a^2 r_i^2}{z^2}$, das für $z = 0$ den Unterschied von σ_y und σ_z hervorbringt, verschwinden, d. h.

$$\frac{r_a^2 r_i^2}{z^2} = \frac{r_a \cdot 0}{0} = \frac{0}{0} \text{ muß} = 0$$

werden.

Mit diesen zwei Bedingungen ergeben sich an Stelle der Gleichungen 9 folgende Beziehungen

$$\left.\begin{aligned} \sigma_y &= \frac{\gamma}{g}\frac{\omega^2}{8}\left\{r_a^2\left(\frac{1}{m} + 3\right) - \left(\frac{3}{m} + 1\right) z^2\right\} \\ \sigma_z &= \frac{\gamma}{g}\frac{\omega^2}{8}\left\{r_a^2\left(\frac{1}{m} + 3\right) - \left(\frac{1}{m} + 3\right) z^2\right\} \end{aligned}\right\} \quad . \; . \; . \; . \; . \quad 9a)$$

Für die maßgebenden Beanspruchungen findet sich damit in der Scheibenmitte ($z = 0$)

$$k_z = \frac{\varepsilon_2}{\alpha} = \frac{\gamma}{g}\frac{\omega^2}{8} r_a^2 \left(\frac{1}{m} + 3\right)\left(1 - \frac{1}{m}\right) = 0{,}29 \frac{\gamma}{g} \omega^2 r_a^2 \quad . \; . 12a)$$

für den äußeren Rand ($z = r_a$)

$$\frac{\varepsilon_2}{\alpha} = \frac{\gamma}{g}\frac{\omega^2}{4} r_a^2 \left(1 - \frac{1}{m}\right) = 0{,}175 \frac{\gamma}{g} \omega^2 r_a^2 \quad . \; . 12b)$$

Infolge Fehlens der kleinen Bohrung, die zu den Werten 12 geführt hatte, ist also die Beanspruchung in der Scheibenmitte im Verhältnis 0,29 : 0,825 kleiner geworden, sie hat auf weniger als die Hälfte $\left(1 : \frac{0,825}{0,29} = 1 : 2,8\right)$ abgenommen. Die Beanspruchungen am äußeren Rand der Scheibe sind, wie zu erwarten war, dieselben geblieben. Es ist jedoch im Auge zu behalten, daß die Spannungszunahme, die mit der Herstellung einer kleinen Bohrung verknüpft erscheint, bei Scheiben aus zähem Material geringer ausfallen wird, als die Rechnung ergibt, weil die sich einstellenden bleibenden Formänderungen bewirken, daß der eintretenden Dehnung (von der ein Teil bleibend wird) eine kleinere Spannung entspricht. Die Verteilung der Spannung wird also in der Tat weniger ungleichförmig, als das Ergebnis der Rechnung erwarten läßt (vgl. hierzu Fußbemerkung 1, S. 579). Dies ist um so mehr der Fall, als die Spannungen von der kleinen Bohrung nach dem Rande zu sehr rasch abnehmen[1]) und sich der Größe nähern, die sie ohne Bohrung aufweisen

[1]) Zur Erlangung eines Überblicks sind im folgenden die Beanspruchungen zusammengestellt, die sich in verschiedenen Abständen vom Mittelpunkt für eine Scheibe von 50 cm äußerem Halbmesser ergeben,

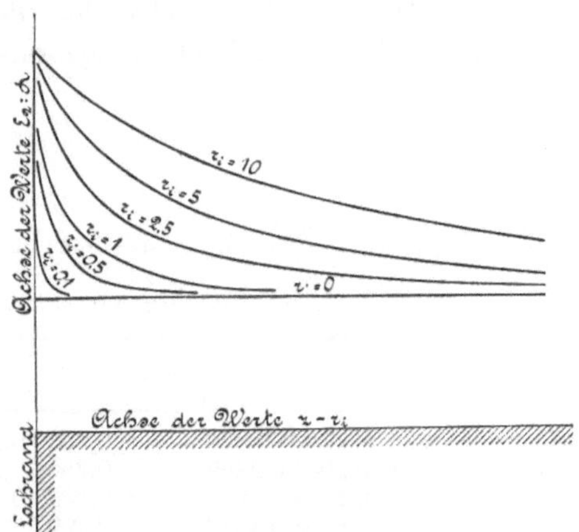

Abb. 3.

1. wenn die Scheibe voll ist ($r_i = 0$),
2. „ eine Bohrung vom Halbmesser $r_i = 0,1$ cm
3. „ „ „ „ „ $r_i = 0,5$ „
4. „ „ „ „ „ $r_i = 1,0$ „
5. „ „ „ „ „ $r_i = 2,5$ „
6. „ „ „ „ „ $r_i = 5,0$ „
7. „ „ „ „ „ $r_i = 10,0$ „

vorhanden ist.

würden. Es empfiehlt sich trotzdem, unnötige Bohrungen zu vermeiden und der erwähnten Spannungserhöhung dieselbe Aufmerksamkeit zu schenken, die auf die Vermeidung scharfer Querschnittsänderungen und Ecken zu verwenden ist (vgl. hierzu § 56, Ziff. 3, S. 560 u. f.).

3. Die Wirkung von Kräften (Spannungen), die am Rand der Scheibe von gleicher Dicke angreifen.

Durch Drücke, die in der Bohrung der Scheibe, etwa durch die eingezogene Welle, auftreten, sowie durch Kräfte, die am äußeren Umfang angreifen, wie z. B. die Fliehkraft von Schaufeln, wird die Scheibe in gleicher Weise beansprucht wie ein Hohlzylinder, der innerem und äußerem Überdruck ausgesetzt ist, ohne einer Axialkraft unterworfen zu sein. Die Beanspruchungen ergeben sich aus den Ableitungen in § 58, sofern dort $\sigma_x = 0$ gesetzt und bei Aufstellung der Bedingungsgleichungen nach Gleichung 8, S. 575, beachtet wird, daß die Spannung am äußeren Rande $\sigma_z = p_a$, bzw. am inneren Rande $\sigma_z = -p_i$ beträgt (Zug am Umfang nach außen gerichtet, bzw. Druck in der Nabe). Man erhält dann an Stelle der Gleichung 10, § 58, die im folgenden angegebenen Beziehungen. Die aus ihnen folgenden Beanspruchungen sind zu den aus Gleichung 10 bis 12 ermittelten algebraisch zu addieren. (Vgl. Ziff. 4.)

Werte von $\frac{\varepsilon_2}{\alpha} \cdot \left(\frac{g}{\gamma} \frac{1}{\omega^2 r_a^2}\right) = \frac{\varepsilon_2}{\alpha} \left(\frac{g}{\gamma v^2}\right)$ für Scheiben von $r_a = 50$ cm äußerem Halbmesser und Bohrungen von verschiedener Weite.

$z =$	0	0,1	0,5	1	2	2,5	5	10	25	50 cm
1. $r_i = 0$ cm	0,2888	—	—	0,2887	0,2886	—	0,2876	0,2842	0,2603	0,1750
2. $r_i = 0,1$ „	—	0,8250	0,3102	0,2941	0,2899	—	0,2878	0,2842	0,2603	0,1750
3. $r_i = 0,5$ „	—	—	0,8250	0,4228	0,3220	—	0,2930	0,2856	0,2606	0,1751
4. $r_i = 1,0$ „	—	—	—	0,8251	0,4228	—	0,3092	0,2897	0,2613	0,1753
5. $r_i = 2,5$ „	—	—	—	—	—	0,8254	0,4224	0,3184	0,2664	0,1771
6. $r_i = 5,0$ „	—	—	—	—	—	—	0,8268	0,4211	0,2847	0,1833
7. $r_i = 10,0$ „	—	—	—	—	—	—	—	0,8320	0,3577	0,2080

Abb. 3 gibt eine zeichnerische Darstellung des Verlaufs der Beanspruchung $\frac{\varepsilon_2}{\alpha}$ über einen Halbmesser in der Nähe der Bohrung wieder; dabei ist als Nullpunkt der innere Rand der Scheibe (bei $r_i = 0$ der Mittelpunkt) gewählt (als Abszissen treten somit die Werte $(z - r_i)$ auf), so daß die Breite, auf der die Spannungserhöhung wirkt, erkannt werden kann.

a) Beanspruchung durch die äußere Zugspannung p_a.

$$\left.\begin{aligned}\frac{\varepsilon_2}{\alpha} &= \frac{r_a^2 p_a}{r_a^2 - r_i^2}\left\{\left(1-\frac{1}{m}\right)+\frac{r_i^2}{z^2}\left(1+\frac{1}{m}\right)\right\}\\ &= \frac{r_a^2 p_a}{r_a^2 - r_i^2}\left\{0{,}7 + 1{,}3\frac{r_i^2}{z^2}\right\}\\ \frac{\varepsilon_3}{\alpha} &= \frac{r_a^2 p_a}{r_a^2 - r_i^2}\left\{\left(1-\frac{1}{m}\right)-\frac{r_i^2}{z^2}\left(1+\frac{1}{m}\right)\right\}\\ &= \frac{r_a^2 p_a}{r_a^2 - r_i^2}\left\{0{,}7 - 1{,}3\frac{r_i^2}{z^2}\right\}\end{aligned}\right\} . \quad 13)$$

Somit Beanspruchungen am inneren Rand, d. i. $z = r_i$

$$\left.\begin{aligned} k_z &= \frac{\varepsilon_2}{\alpha} = 2\frac{r_a^2 p_a}{r_a^2 - r_i^2}\\ \text{und}\quad \frac{\varepsilon_3}{\alpha} &= -\frac{2}{m}\frac{r_a^2 p_a}{r_a^2 - r_i^2} = -0{,}6\frac{r_a^2 p_a}{r_a^2 - r_i^2}\\ &\text{am äußeren Rand, d. i. } z = r_a\\ \frac{\varepsilon_2}{\alpha} &= \frac{r_a^2 p_a}{r_a^2 - r_i^2}\left\{\left(1-\frac{1}{m}\right)+\frac{r_i^2}{r_a^2}\left(1+\frac{1}{m}\right)\right\}\\ &= \frac{r_a^2 p_a}{r_a^2 - r_i^2}\left\{0{,}7 + 1{,}3\frac{r_i^2}{r_a^2}\right\}\\ \frac{\varepsilon_3}{\alpha} &= \frac{r_a^2 p_a}{r_a^2 - r_i^2}\left\{\left(1-\frac{1}{m}\right)-\frac{r_i^2}{r_a^2}\left(1+\frac{1}{m}\right)\right\}\\ &= \frac{r_a^2 p_a}{r_a^2 - r_i^2}\left\{0{,}7 - 1{,}3\frac{r_i^2}{r_a^2}\right\}\end{aligned}\right\} \quad . \; . \; . \quad 14)$$

Wird $r_i = 0$, d. h. ist die Scheibe voll ausgeführt, so muß, wie S. 644 erläutert, der Wert $r_i^2 : z^2 = 0$ werden, womit sich ergibt

$$k_z = \frac{\varepsilon_2}{\alpha} = p_a\left\{1 - \frac{1}{m}\right\} = 0{,}7\,p_a \quad \text{und} \quad \frac{\varepsilon_3}{\alpha} = \frac{\varepsilon_2}{\alpha} = 0{,}7\,p_a\,. \quad 15)$$

Da nach Gleichung 13 mit $r_i = 0$ und $r_i^2 : z^2 = 0$

$$\frac{\varepsilon_2}{\alpha} = \frac{\varepsilon_3}{\alpha},$$

ferner aber

$$\frac{\varepsilon_2}{\alpha} = \sigma_y - \frac{\sigma_z}{m} \quad \text{und} \quad \frac{\varepsilon_3}{\alpha} = \frac{\varepsilon_2}{\alpha} = \sigma_z - \frac{\sigma_y}{m},$$

so wird

$$\sigma_y = \sigma_z = \frac{m}{m-1}\frac{\varepsilon_2}{\alpha} = p_a \quad . \; . \; . \; . \; . \; . \; . \; . \quad 15')$$

Die Beanspruchung und die Spannung ist also bei der Scheibe ohne Bohrung, sofern an deren äußerem Umfang Zugkräfte p_a angreifen, unabhängig von der Lage des betrachteten Punktes und an allen Stellen gleich groß.

b) Beanspruchung durch Pressungen in der Nabe, p_i.

$$\left.\begin{aligned} k_z = \frac{\varepsilon_2}{\alpha} &= \frac{r_i^2 p_i}{r_a^2 - r_i^2}\left\{\left(1 - \frac{1}{m}\right) + \frac{r_a^2}{z^2}\left(1 + \frac{1}{m}\right)\right\} \\ &= \frac{r_i^2}{r_a^2 - r_i^2} p_i \left\{0{,}7 + 1{,}3\frac{r_a^2}{z^2}\right\} \\ \frac{\varepsilon_3}{\alpha} &= \frac{r_i^2 p_i}{r_a^2 - r_i^2}\left\{\left(1 - \frac{1}{m}\right) - \frac{r_a^2}{z^2}\left(1 + \frac{1}{m}\right)\right\} \\ &= \frac{r_i^2}{r_a^2 - r_i^2} p_i \left\{0{,}7 - 1{,}3\frac{r_a^2}{z^2}\right\} \end{aligned}\right\} \quad . \; . \; 16)$$

Die maßgebende Beanspruchung tritt somit am inneren Rande ($z = r_i$) ein.

4. Kranz und Nabe.

a) Die Scheibe gleicher Festigkeit ohne Bohrung.

Wie schon in Fußbemerkung 1, S. 640, erwähnt, muß am Rande der Scheibe gleicher Festigkeit eine Spannung angreifen, die gleich σ ist. Sind die wirkenden Kräfte geringer, so erfährt die Scheibe eine Entlastung, sind sie größer, so tritt eine Erhöhung der Beanspruchung ein. Im folgenden ist angenommen, daß die Spannung σ am Umfang $2\,\pi r_0$ tätig sein soll.

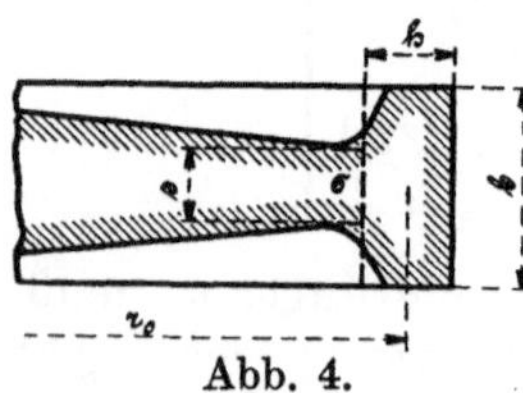

Abb. 4.

Denkt man sich zunächst den Kranz ohne Zusammenhang mit der Schreibe frei umlaufen, so erfährt er folgende Beanspruchungen (vgl. Abb. 4 hinsichtlich der Abmessungen; h sei gegenüber r_0 so klein, daß eine Unterscheidung zwischen innerem und äußerem Halbmesser unterbleiben kann):

1. Zug infolge der Fliehkraft etwa vorhandener Schaufeln, die als eine gleichförmig über den Umfang verteilte Zugkraft p_a kg/qcm betrachtet werde,

$$k_z' = \frac{2\,r_0 p_a b}{2\,bh} = \frac{p_a r_0}{h}.$$

2. Zug infolge der Fliehkraft der eigenen Masse (Gleichung 1, § 65)

$$k_z'' = \frac{\gamma v^2}{g} = \frac{\gamma r_0^2 \omega^2}{g}.$$

3. Druck infolge der Spannung σ über die Breite s

$$k_z''' = -\frac{2\,r_0\sigma s}{2\,bh} = -\frac{\sigma s r_0}{bh}.$$

Somit gesamte Beanspruchung im Kranz

$$k_z = k_z' + k_z'' + k_z''' = \frac{p_a r_0}{h} + \frac{\gamma v^2}{g} - \frac{\sigma s r_0}{bh} \quad . \; . \; . \; . \; . \quad 17)$$

Hieraus ergibt sich eine halbe Aufweitung des Kranzes um

$$\varDelta r_0 = \alpha k_z r_0 = \alpha r_0 \left(\frac{p_a r_0}{h} + \frac{\gamma v^2}{g} - \frac{\sigma s r_0}{bh}\right) \quad . \; . \; . \; . \; . \quad 18)$$

Die Scheibe erfährt an allen Stellen, also auch am Umfang eine Beanspruchung (Fußbemerkung 2, S. 640)

$$k_z = \frac{\varepsilon}{\alpha} = \sigma\left(1 - \frac{1}{m}\right),$$

somit eine Vergrößerung des äußeren Halbmessers r_0 um

$$\varDelta r_0 = r_0 \varepsilon = \alpha\sigma\left(1 - \frac{1}{m}\right) r_0 \quad . \; . \; . \; . \; . \; . \; . \; . \quad 19)$$

Da nun der äußere Scheibenrand mit dem inneren Rand des Kranzes zusammenhängt, so müssen die rechten Seiten der Gleichungen 18 und 19 einander gleich sein. Man erhält

$$\alpha\sigma r_0\left(1 - \frac{1}{m}\right) = \alpha r_0\left(\frac{p_a r_0}{h} + \frac{\gamma v^2}{g} - \frac{\sigma s r_0}{bh}\right)$$

oder mit $m = \frac{10}{3}$:

$$0{,}7\sigma = k_z = \frac{p_a r_0}{h} + \frac{\gamma v^2}{g} - \frac{\sigma s r_0}{bh}$$

oder

$$h = r_0 \frac{\dfrac{\sigma s}{b} - p_a}{\dfrac{\gamma v^2}{g} - k_z} \quad . \; . \; . \; . \; . \; . \quad 20)\,[1]$$

In Gleichung 20 sind k_z, p_a, r_0, γ, v, g und σ als gegeben anzusehen. Von den Unbekannten b und h kann also eine angenommen und sodann die andere berechnet werden. Ist z. B. eine bestimmte Breite b erforderlich, so findet sich h.

[1]) Aus Gleichung 20 folgt, da h stets ein positiver Wert sein muß, die Bedingung $\frac{\gamma v^2}{g} > k_z$ und gleichzeitig $\frac{\sigma s}{b} > p_a$. Wird h kleiner ausgeführt, als Gleichung 20 angibt, so fällt dann σ bzw. k_z kleiner aus als angenommen.

Bei der Rechnung ist stillschweigend angenommen worden, daß der Kranz nicht viel breiter ist als die Scheibe am äußeren Rand, sowie daß der Übergang zwischen Kranz und Scheibe mit sanfter Abrundung erfolgt. Andernfalls treten, da der Kranz von der Scheibe zurückgehalten wird, zusätzliche Beanspruchungen ein, die beträchtliche Größe besitzen können.

Der hier eingeschlagene Weg läßt sich auch auf Scheiben gleicher Festigkeit mit Bohrung anwenden, wenn die Nabe verhältnismäßig schwach ausfällt. Diese Rechnung stellt dann eine Vereinfachung der unter c) gegebenen dar.

b) Die Scheibe von gleicher Dicke mit Bohrung und verhältnismäßig schwacher Nabe.

Von der Nabe wird für die folgende Buchstabenrechnung der Übersichtlichkeit halber angenommen, daß sie im Verhältnis zur Bohrung geringe Wandstärke besitze, daß sie wenig breiter sei als die Scheibe und an die letztere mit sanfter Ausrundung anschließe. Aus demselben Grunde sind die Halbmesser für inneren und äußeren Nabenrand sowie inneren und äußeren Rand des Kranzes nicht unterschieden, sondern nur die mittleren Halbmesser R_0 und r_0 (vgl. Abb. 5) eingeführt. Bei Durchrechnung eines bestimmten Beispiels läßt sich erforderlichenfalls der bestehende Unterschied leicht berücksichtigen.

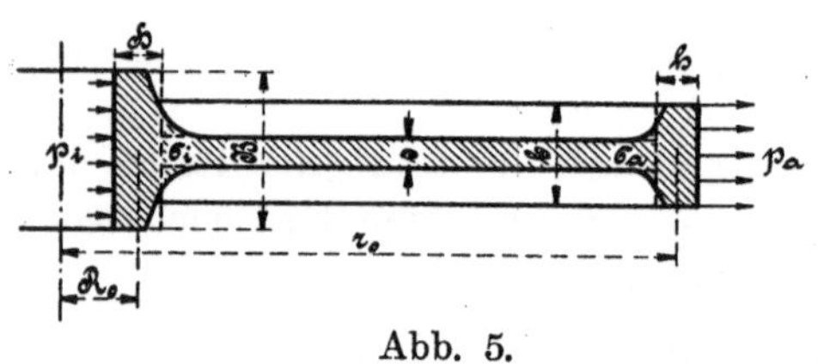

Abb. 5.

Wir betrachten Kranz, Nabe und Scheibe getrennt.

Der Kranz erfährt Beanspruchung und Aufweitung in gleicher Weise, wie vorstehend unter a) ermittelt. Die von der Scheibe auf ihn geäußerte Kraft werde durch die Spannung σ_a über die Breite s hervorgerufen. Somit beträgt seine Beanspruchung

$$k_{z,k} = \frac{p_a r_0}{h} + \frac{\gamma v^2}{g} - \frac{\sigma_a s r_0}{b h} \quad \ldots\ldots\ldots \quad 21)$$

und die halbe Aufweitung

$$\Delta r_0 = \alpha r_0 k_{z,k} = \alpha r_0 \left(\frac{p_a r_0}{h} + \frac{\gamma v^2}{g} - \frac{\sigma_a s r_0}{b h}\right) \quad \ldots\ldots \quad 22)$$

Hierin sind σ_a, b und h unbekannt. Über die Größe von $k_{z,k}$ ist unter Berücksichtigung des Materials Bestimmung zu treffen.

Die Nabe erfahre von der Welle, auf die sie aufgezogen ist, eine Pressung p_i (z. B. 50 kg/qcm), die in gleicher Weise tätig ist wie die Zugspannung p_a am Kranze. Ebenso tritt die von der Scheibe geäußerte

Spannung σ_i (über die Breite s) an die Stelle von σ_a, welches beim Kranze zu berücksichtigen war; von σ_i sei jedoch hier angenommen, daß es die Nabe zusammendrücke[1]). Somit ergibt sich die Beanspruchung der Nabe zu

$$k_{z,n} = \frac{p_i R_0}{H} + \frac{\gamma \omega^2 R_0^2}{g} - \frac{\sigma_i s R_0}{BH} \quad \ldots \ldots \ldots \quad 23)$$

Hierin sind σ_i, B und H unbekannt.

Die Scheibe erfährt Beanspruchungen, die durch die Gleichungen 10 (Wert von $\varepsilon_2 : \alpha$, hervorgebracht durch die Fliehkraft der eigenen Masse), Gleichung 13 (Wert von $\varepsilon_2 : \alpha$, herrührend von der Zugspannung σ_a am Halbmesser $z = r_0$) sowie Gleichung 16 (Wert von $\varepsilon_2 : \alpha$, hervorgerufen durch die Druckspannung σ_i am inneren Halbmesser $z = R_0$) bestimmt sind. Aus der Dehnung ε_2 ergibt sich nach Multiplikation mit αr_0 die halbe Aufweitung am äußeren Scheibenrand Δr_0.

Man erhält hiernach für den äußeren Halbmesser ($z = r_0$)

$$\Delta r_0 = \alpha r_0 \left(\frac{1}{4} \frac{\gamma}{g} \omega^2 \{3,3 R_0^2 + 0,7 r_0^2\} + \frac{\sigma_a}{r_0^2 - R_0^2} \{0,7 r_0^2 + 1,3 R_0^2\} + \frac{R_0^2}{r_0^2 - R_0^2} \sigma_i \cdot 2 \right) \quad \ldots \quad 24)$$

und für den inneren Halbmesser ($z = R_0$)

$$k_z = \frac{\varepsilon_2}{\alpha} = \frac{1}{4} \frac{\gamma}{g} \omega^2 \{3,3 r_0^2 + 0,7 R_0^2\} + \frac{\sigma_a r_0^2}{r_0^2 - R_0^2} \cdot 2 + \frac{\sigma_i}{r_0^2 - R_0^2} \{0,7 R_0^2 + 1,3 r_0^2\} \quad \ldots \ldots \quad 25)$$

In Gleichung 24 und 25 treten neue Unbekannte nicht auf. Da für k_z in Gleichung 25 der für zulässig erachtete Wert der Materialbeanspruchung einzuführen ist, so kann aus ihr σ_a oder σ_i berechnet werden.

Wie bei der Rechnung unter a), S. 648, erhält man ferner eine Bedingungsgleichung aus dem Umstand, daß die halbe Aufweitung Δr_0 aus Gleichung 22 und 24 gleich sein muß.

Zur Ermittelung der 6 Unbekannten

b, h, B, H, σ_a und σ_i

stehen zur Verfügung 4 Gleichungen: 21, 23, 25 und die Beziehung,

[1]) Ist die Nabe starkwandig im Verhältnis zu ihrer Beanspruchung, so erfährt sie allein eine geringere Ausdehnung, als sie die Scheibe ohne Nabe erleiden würde. Infolgedessen unterstützt dann die Nabe die Scheibe und vermag die Spannungserhöhung, die durch die Bohrung hervorgebracht wurde (vgl. S. 644 u. f.) ganz oder teilweise auszugleichen (vgl. auch c).

die durch Gleichsetzen der rechten Seiten von Gleichung 22 und 24 erhalten wird. Zwei der Unbekannten können infolgedessen auf Grund gebotener Erwägungen angenommen werden. Streng genommen gehört zu den unbestimmten Größen auch die Stärke s der Scheibe.

c) Die Scheibe von gleicher Festigkeit mit kräftiger Nabe und Bohrung.

Wird die Nabe so kräftig ausgeführt, daß sie, wie in der Fußbemerkung S. 651 angedeutet, den durch die Bohrung aufgehobenen Materialzusammenhang in der Scheibenmitte ersetzt, so entsteht ein Körper, der mit Annäherung als Scheibe gleicher Festigkeit betrachtet werden kann. Diese Ausführung eignet sich für rascher laufende Räder, bei denen sich bei Ausführung mit gleichbleibender Dicke nach Gleichung 11 zu große Beanspruchungen ergeben würden[1]).

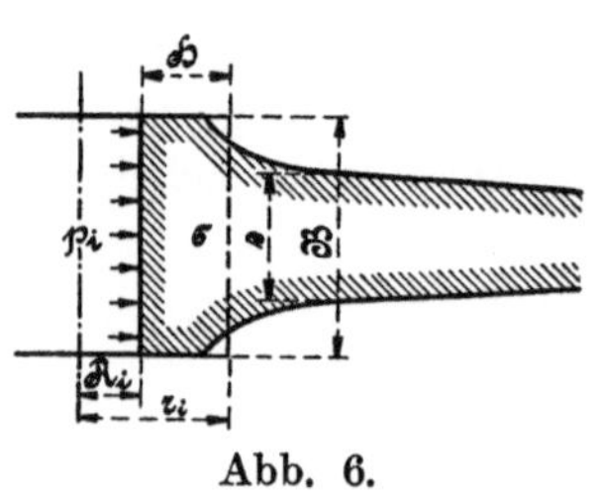

Abb. 6.

Im Gegensatz zu der Annahme unter b wirke hier die Scheibe ziehend auf die Nabe.

Unter Bezugnahme auf Abb. 6 ergibt sich an der Nabe die halbe Aufweitung außen ($z = r_i$) nach Gleichung 11, 16 und 14 unter Beachtung, daß die Spannung σ nur auf die Breite s der Scheibe, nicht über die ganze Dicke B der Nabe angreift, so daß σ zu ersetzen ist durch $\frac{\sigma s}{B}$, zu

$$\Delta r_i = \alpha r_i \left[\frac{1}{4} \frac{\gamma}{g} \omega^2 \{3{,}3 R_i^2 + 0{,}7 r_i^2\} \right.$$

$$\left. + 2 \frac{p_i R_i^2}{r_i^2 - R_i^2} + \frac{s}{B} \frac{\sigma}{r_i^2 - R_i^2} \{1{,}3 R_i^2 + 0{,}7 r_i^2\} \right] \quad . \; . \; . \; 26)$$

Die halbe Aufweitung der Scheibe gleicher Festigkeit beträgt für $z = r_i$

$$\Delta r_i = \alpha r_i k_z \; . \; . \; . \; . \; . \; . \; . \; . \; . \; . \; . \; . \; 27)$$

Somit ergibt sich zur Bestimmung der Unbekannten B die Gleichung

$$k_z = \left[\frac{1}{4} \frac{\gamma}{g} \omega^2 \{3{,}3 \, R_i^2 + 0{,}7 \, r_i^2\} \right.$$

$$\left. + 2 \frac{p_i \, R_i^2}{r_i^2 - R_i^2} + \frac{s}{B} \frac{\sigma}{r_i^2 - R_i^2} \{1{,}3 \, R_i^2 + 0{,}7 \, r_i^2\} \right]$$

---

[1]) Über den Bruch eines solchen Rades berichtet F. v. Plato in der Zeitschrift des Vereines deutscher Ingenieure 1914, S. 817 u. f.

oder

$$B = \frac{\frac{s\sigma}{r_i^2 - R_i^2}\{1{,}3\,R_i^2 + 0{,}7\,r_i^2\}}{k_z - \frac{1}{4}\frac{\gamma}{g}\omega^2\{3{,}3\,R_i^2 + 0{,}7\,r_i^2\} - 2\,\frac{p_i\,R_i^2}{r_i^2 - R_i^2}} \quad \ldots \quad 28)$$

Schließlich beträgt die maßgebende Beanspruchung am inneren Rand der Nabe ($z = R_i$)

$$\frac{\varepsilon_2}{\alpha} = \frac{1}{4}\frac{\gamma}{g}\,\omega^2\{3{,}3\,r_i^2 + 0{,}7\,R_i^2\}$$

$$+ \frac{p_i}{r_i^2 - R_i^2}\{0{,}7\,R_i^2 + 1{,}3\,r_i^2\} + 2\,\frac{\sigma s \cdot r_i^2}{B\,(r_i^2 - R_i^2)} \quad \ldots \quad 29)$$

Neunter Abschnitt.

Allgemeine Beziehungen über Spannungen und Formänderungen im Innern eines elastischen Körpers.

§ 67. Spannungen in einem beliebigen Punkte eines festen Körpers.

1. Begriff der Normal- und Tangential- oder Schubspannung.

Wir legen durch den in Abb. 1 dargestellten Körper, der von äußeren Kräften SS ergriffen ist, die sich an ihm das Gleichgewicht halten, eine Schnittfläche F. Es sei nun P ein Punkt dieser Fläche, PN die Normale im Punkte P und p die Spannung im Punkte P der Fläche F, d. h. die auf die Flächeneinheit bezogene Kraft, welche der an die Fläche F angrenzende und im Sinne der Normalen PN gelegene Körperteil im Punkte P, d. i. in dem Flächenelement, das den Punkt P enthält, auf den jenseits der Fläche F gelegenen ausübt.

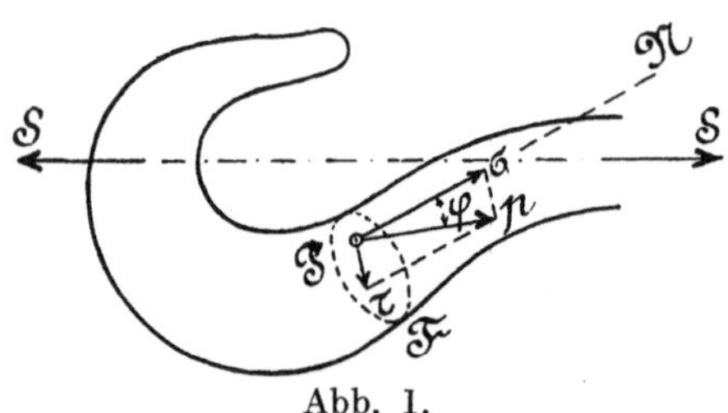

Abb. 1.

Im allgemeinen wird die Richtung der Spannung p von der Richtung der Normalen PN abweichen. Der Winkel zwischen p und PN, also $\sphericalangle pPN$, sei mit φ bezeichnet.

Die Zerlegung von p normal und tangential zur Schnittfläche liefert die beiden Komponenten

$$\sigma = p \cos \varphi \quad \text{und} \quad \tau = p \sin \varphi.$$

Die Komponente σ, in die Richtung der Normalen fallend, heißt die Normalspannung im Punkte P der Fläche F. Sie ist positiv oder negativ, je nachdem $\varphi \lesseqgtr 90^0$. Im ersteren Falle nennt man sie eine Zugspannung oder Spannung im engeren Sinne des Wortes, im letzteren eine Pressung, einem gegenseitigen Zug bzw. Druck der durch F getrennten Körperteile entsprechend.

Die zweite Komponente τ fällt in die Tangentialebene des Punktes P der Fläche F und wird deshalb als Tangential- oder Schubspannung im Punkte P der Fläche F bezeichnet.

Im allgemeinen wird die Spannung von Flächenelement zu Flächenelement sich ändern, also ein bestimmter Wert von p (bzw. σ und τ) jeweils nur für das in Betracht gezogene Flächenelement dF gelten.

2. Spannungen in drei zueinander senkrechten Ebenen.

Wir stellen uns den betrachteten Körper auf ein rechtwinkliges Koordinatensystem mit den Achsen OX, OY und OZ bezogen vor, Abb. 2. Der beliebige Punkt P des Körpers besitze die Koordinaten x, y, z. Durch P legen wir parallel zu den 3 Koordinatenebenen Schnitte, von denen die unendlich kleinen Flächenelemente

1 mit der Größe $dy\,dz$,
2 ,, ,, ,, $dz\,dx$,
3 ,, ,, ,, $dx\,dy$

ins Auge gefaßt werden sollen.

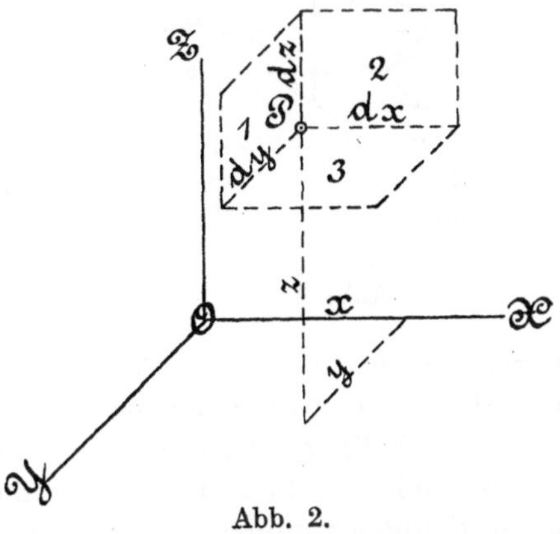

Abb. 2.

Die Spannungen in diesen Flächenelementen seien

$$p_x \qquad p_y \qquad p_z.$$

Unter Bezugnahme auf die Figuren 3—5 heißt das folgendes.

p_x ist die auf die Flächeneinheit bezogene Kraft, mit der die diesseits des Flächenelementes $dy\,dz$ gelegenen Körperteile in diesem

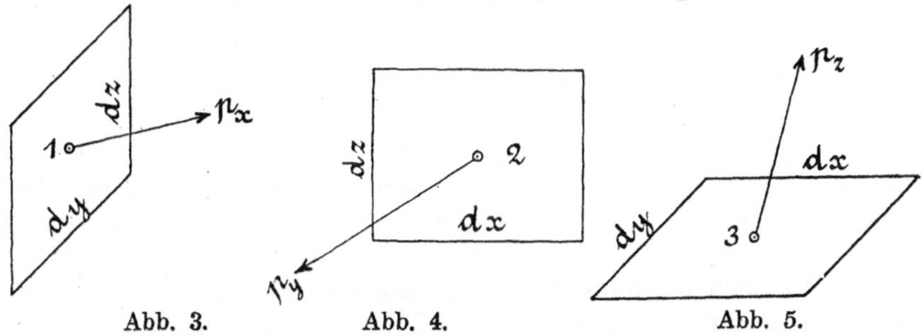

Abb. 3. Abb. 4. Abb. 5.

Element auf die jenseits gelegenen einwirken. Wie ersichtlich, deutet das Fußzeichen x von p_x an, daß das Flächenelement, in dem p_x tätig ist, senkrecht zur Richtung der x-Achse steht.

p_y ist die auf die Flächeneinheit bezogene Kraft, mit der die diesseits des Flächenelementes $dz\,dx$ gelegenen Körperteile in diesem Element auf die jenseits gelegenen einwirken. Das Fußzeichen y von p_y spricht aus, daß das Flächenelement, in dem p_y wirksam ist, senkrecht zur Richtung der y-Achse steht.

Für p_z gilt sinngemäß dasselbe wie für p_x und p_y.

Die Spannungen p_x, p_y und p_z besitzen im allgemeinen eine beliebige Neigung gegen die zugehörigen Flächenelemente; sie liefern

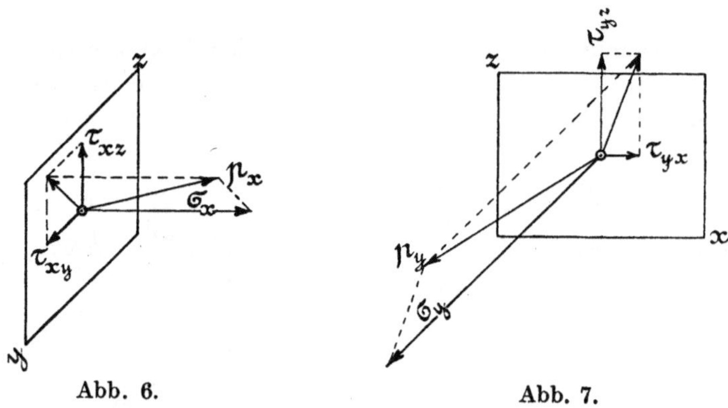

Abb. 6. Abb. 7.

demgemäß bei Zerlegung Normalspannungen und Schubspannungen, wie Abb. 6 bis 8 erkennen lassen.

p_x (Abb. 6) ergibt die Normalspannung σ_x und eine Schubspannung, die wir nach den Richtungen der y und z nochmals zerlegen. Die erstere dieser Schubspannungen sei mit τ_{xy}, die letztere mit τ_{xz} bezeichnet. Das Fußzeichen x bei diesen 3 Komponenten deutet an, daß es sich um Spannungen in demjenigen Flächenelement handelt, das senkrecht zur x-Achse steht; σ_x als Normalspannung läuft dann parallel mit der x-Achse, während τ_{xy} und τ_{xz} senkrecht dazu gerichtet sind. Das Fußzeichen y in τ_{xy} spricht aus, daß τ_{xy} parallel zur y-Achse gerichtet ist, das Fußzeichen z in τ_{xz}, daß τ_{xz} die Richtung der z-Achse besitzt. Hiernach bestimmt bei den beiden Schubspannungen das erste Fußzeichen das Flächenelement im Punkte P, für welches die Spannungen gelten, das zweite die Richtung, welche die betreffende Spannung besitzt.

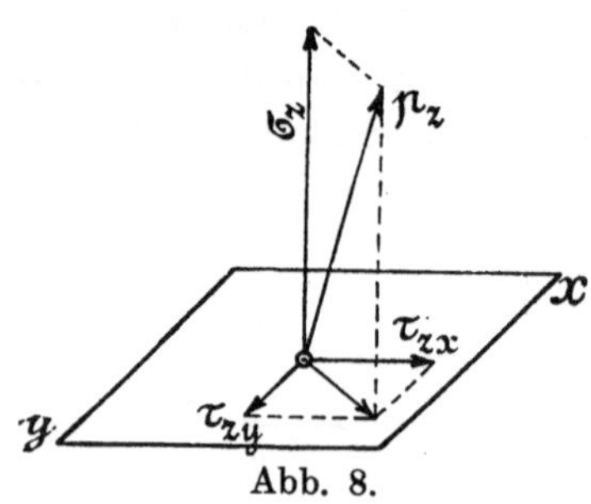

Abb. 8.

In gleicher Weise ergibt

p_y (Abb. 7) die Komponenten $\sigma_y\ \tau_{yz}\ \tau_{yx}$,

p_z (Abb. 8) ,, ,, $\sigma_z\ \tau_{zx}\ \tau_{zy}$.

Demzufolge erhalten wir

im Flächenelement	$dy\,dz$ p_x	mit den Komponenten	σ_x τ_{xy} τ_{xz},
,, ,,	$dz\,dx$ p_y	,, ,, ,,	τ_{yx} σ_y τ_{yz},
,, ,,	$dx\,dy$ p_z	,, ,, ,,	τ_{zx} τ_{zy} σ_z
nach den Richtungen der			x-, y-, z-Achse.

3. Gleichgewicht der Kräfte an einem unendlich kleinen Parallelepiped.

Mit P als Eckpunkt denken wir uns in dem betrachteten Körper ein unendlich kleines Parallelepiped, dessen Kanten dx, dy, dz sind,

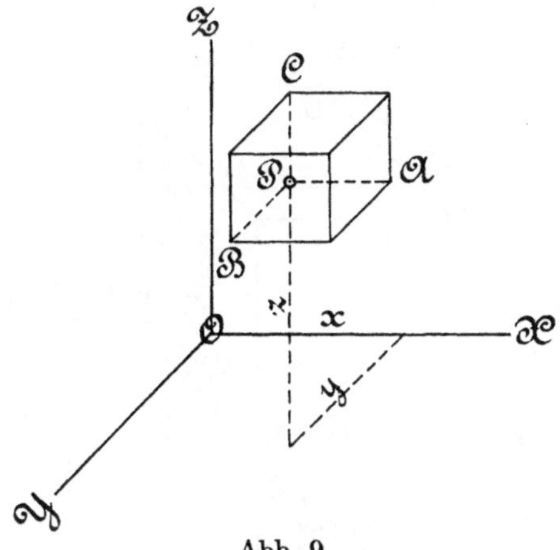

Abb. 9.

Abb. 9. Auf dasselbe werden die jenseits der Ebenen BPC, CPA und APB gelegenen Körperteile einwirken, und zwar

1. im Flächenelement	$dy\,dz$	mit den Spannungen	$-\sigma_x$ $-\tau_{xy}$ $-\tau_{xz}$,
2. ,, ,,	$dz\,dx$	,, ,, ,,	$-\tau_{yx}$ $-\sigma_y$ $-\tau_{yz}$,
3. ,, ,,	$dx\,dy$	,, ,, ,,	$-\tau_{zx}$ $-\tau_{zy}$ $-\sigma_z$;

d. h. mit den Kräften

$$1.\ -\sigma_x\,dy\,dz - \tau_{xy}\,dy\,dz - \tau_{xz}\,dy\,dz,$$
$$2.\ -\tau_{yx}\,dz\,dx - \sigma_y\,dz\,dx - \tau_{yz}\,dz\,dx,$$
$$3.\ -\tau_{zx}\,dx\,dy - \tau_{zy}\,dx\,dy - \sigma_z\,dx\,dy.$$

Da die Flächenelemente unendlich klein sind, also die soeben ermittelten Kräfte als gleichmäßig über die Flächenelemente verteilt angenommen werden dürfen, so haben wir uns die Kräfte selbst als in den Schwerpunkten der 3 Flächen BPC, CPA und APB angreifend vorzustellen. In Abb. 10 sind diese 9 Kräfte an den bezeichneten Punkten 1, 2 und 3 eingetragen. In den drei übrigen Begrenzungsflächen des Parallelepipeds, die um dx, dy, dz von den bereits behandelten abstehen, und deren Schwerpunkte in Abb. 10 mit I, II und III bezeichnet sind, wirken ebenfalls Kräfte, die von den diesseits der Flächen gelegenen Körperteilen ausgehen und deshalb in entgegengesetzter Richtung tätig anzunehmen sind. Hinsichtlich der absoluten Größe dieser Kräfte ist zu beachten, daß sich die Kräfte in I von denjenigen in 1 unterscheiden müssen um die Änderungen, welche die letzteren beim Fortschreiten lediglich um dx in dem Körper erfahren,

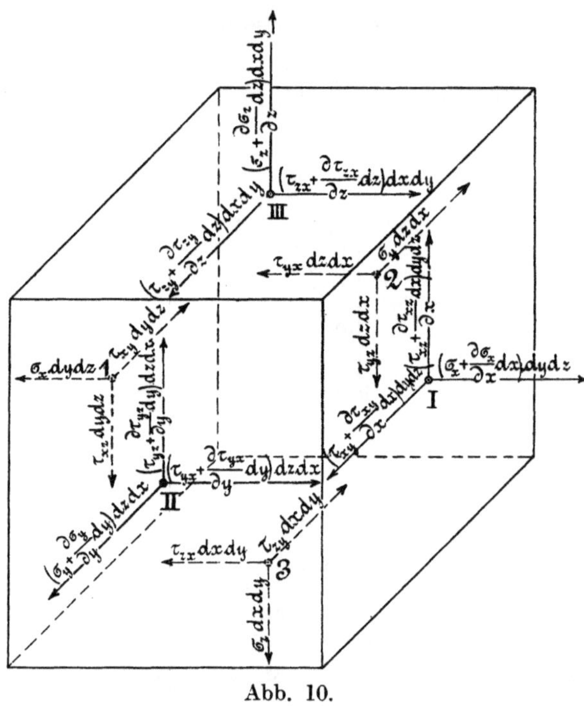

Abb. 10.

d. h. die absoluten Größen der Kräfte, die oben unter 1 angegeben wurden, werden in I betragen

$$\sigma_x\, dy\, dz + \frac{\partial\,(\sigma_x\, dy\, dz)}{\partial\, x} \cdot dx = \left(\sigma_x + \frac{\partial\,\sigma_x}{\partial\, x}\, dx\right) dy\, dz$$

$$\tau_{xy}\, dy\, dz + \frac{\partial\,(\tau_{xy}\, dy\, dz)}{\partial\, x} \cdot dx = \left(\tau_{xy} + \frac{\partial\,\tau_{xy}}{\partial\, x}\, dx\right) dy\, dz$$

$$\tau_{xz}\, dy\, dz + \frac{\partial\,(\tau_{xz}\, dy\, dz)}{\partial\, x} \cdot dx = \left(\tau_{xz} + \frac{\partial\,\tau_{xz}}{\partial\, x}\, dx\right) dy\, dz\,.$$

In ganz gleicher Weise ergeben sich die Kräfte in II, da es sich hierbei nur um ein Fortschreiten um dy handelt, und in III gemäß dem Fortschreiten um dz.

In Abb. 10 sind diese 9 Kräfte, angreifend in den Punkten I, II und III, gleichfalls eingetragen.

Außer den 18 Flächenkräften, zu denen uns die Betrachtung geführt hat, sind noch Massenkräfte zu berücksichtigen: die Schwerkraft und bei bewegten Körpern der Trägheitswiderstand, z. B. bei gleichförmig und rasch umlaufenden Zylindern oder Ringen die Fliehkraft. Die Komponenten dieser Massenkräfte nach den 3 Achsrichtungen seien für die Volumeinheit X, Y, Z, also die Seitenkräfte für das Volumen $dx\,dy\,dz$

$$X\,dx\,dy\,dz \qquad Y\,dx\,dy\,dz \qquad Z\,dx\,dy\,dz.$$

Dieselben sind als im Schwerpunkte des Parallelepipeds angreifend zu denken.

Diese 21 Kräfte müssen sich im Gleichgewicht befinden, also die bekannten 6 Gleichgewichtsbedingungen: je Summe der Kräfte in den 3 Achsrichtungen gleich Null, je Summe der Momente in bezug auf die 3 Achsen oder zu ihnen parallele Drehachsen gleich Null, erfüllen.

Die drei ersten Bedingungen führen nach Division durch $dx\,dy\,dz$ zu

$$\left.\begin{aligned} \frac{\partial \sigma_x}{\partial x} + \frac{\partial \tau_{yx}}{\partial y} + \frac{\partial \tau_{zx}}{\partial z} + X &= 0 \\ \frac{\partial \tau_{xy}}{\partial x} + \frac{\partial \sigma_y}{\partial y} + \frac{\partial \tau_{zy}}{\partial z} + Y &= 0 \\ \frac{\partial \tau_{xz}}{\partial x} + \frac{\partial \tau_{yz}}{\partial y} + \frac{\partial \sigma_z}{\partial z} + Z &= 0 \end{aligned}\right\} \quad \ldots\ldots\ldots \quad 1)$$

Bei Aufstellung der Momentengleichung in bezug auf die zur x-Achse parallele Schwerpunktachse des Parallelepipeds erkennt man, daß Momente nicht liefern:

a) sämtliche in den Punkten 1 und I angreifenden Kräfte,

b) die in den Punkten 2 und II angreifenden Kräfte:

$$-\tau_{yx}\,dz\,dx - \sigma_y\,dz\,dx \qquad \left(\tau_{yx} + \frac{\partial \tau_{yz}}{\partial y}dy\right)dz\,dx \qquad \left(\sigma_y + \frac{\partial \sigma_y}{\partial y}dy\right)dz\,dx,$$

c) die in den Punkten 3 und III angreifenden Kräfte:

$$-\tau_{zx}\,dx\,dy - \sigma_z\,dx\,dy \qquad \left(\tau_{zx} + \frac{\partial \tau_{zx}}{\partial z}dz\right)dx\,dy \qquad \left(\sigma_z + \frac{\partial \sigma_z}{\partial z}dz\right)dx\,dy,$$

d) die Massenkräfte.

Es verbleiben somit nur die in Abb. 11 (Schnitt durch den Schwerpunkt senkrecht zur x-Achse) eingetragenen Kräfte, die als Momentengleichung ergeben

$$\tau_{yz}\,dz\,dx \cdot \frac{dy}{2} + \left(\tau_{yz} + \frac{\partial \tau_{yz}}{\partial y}dy\right)dz\,dx \cdot \frac{dy}{2} - \tau_{zy}\,dx\,dy \cdot \frac{dz}{2}$$
$$-\left(\tau_{zy} + \frac{\partial \tau_{zy}}{\partial z}dz\right)dx\,dy \cdot \frac{dz}{2} = 0,$$

woraus bei Vernachlässigung der unendlich kleinen Größen vierter Ordnung gegenüber denjenigen dritter Ordnung folgt

$$\tau_{yz}\,dx\,dy\,dz - \tau_{zy}\,dx\,dy\,dz = 0,$$

$$\tau_{yz} = \tau_{zy}.$$

In gleicher Weise liefert die Aufstellung der Momentengleichungen in bezug auf die zur y- und zur x-Achse parallelen Schwerpunktsachsen die Beziehungen

$$\tau_{zx} = \tau_{xz} \qquad \tau_{xy} = \tau_{yx}.$$

Wir erkennen, daß je die beiden zu einer Kante des Parallelepipeds senkrechten Schubspannungen (vgl. Abb. 12

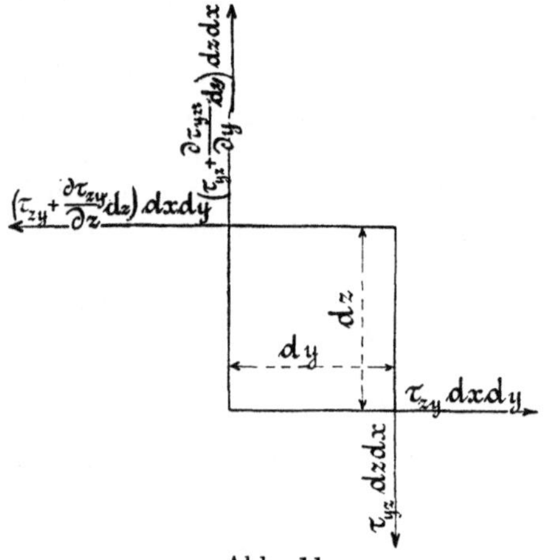

Abb. 11.

bis 14)[1] einander gleich sind, daß sie also immer paarweise auftreten und in Hinsicht auf die betreffende Kante übereinstimmend (nach derselben hin oder von ihr weg) gerichtet sind.

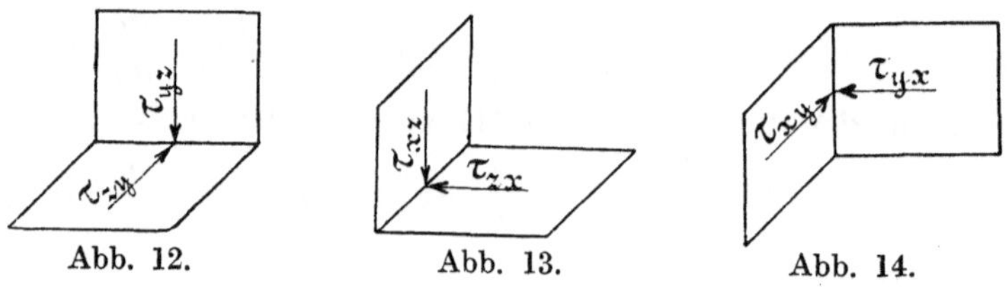

Abb. 12. Abb. 13. Abb. 14.

Wir setzen

$$\left.\begin{array}{l} \tau_{yz} = \tau_{zy} = \tau_x \\ \text{entsprechend dem Umstande, daß die beiden Schub-} \\ \text{spannungen senkrecht zur } x\text{-Kante gerichtet sind,} \\ \text{und ebenso} \\ \tau_{zx} = \tau_{xz} = \tau_y \\ \tau_{xy} = \tau_{yx} = \tau \end{array}\right\} \quad \ldots \quad 2)$$

Durch Einführung der Gleichungen 2 in die Gleichungen 1 wird

$$\left.\begin{aligned} \frac{\partial \sigma_x}{\partial x} + \frac{\partial \tau_z}{\partial y} + \frac{\partial \tau_y}{\partial z} + X = 0 \\ \frac{\partial \tau_z}{\partial x} + \frac{\partial \sigma_y}{\partial y} + \frac{\partial \tau_x}{\partial z} + Y = 0 \\ \frac{\partial \tau_y}{\partial x} + \frac{\partial \tau_x}{\partial y} + \frac{\partial \sigma_z}{\partial z} + Z = 0 \end{aligned}\right\} \quad \ldots\ldots\ldots \quad 3)$$

4. Gleichgewicht der Kräfte an einem unendlich kleinen Tetraeder.

Durch die Punkte ABC des Parallelepipeds (Abb. 9) legen wir eine Ebene und bilden so ein Tetraeder $PABC$, Abb. 15, dessen Volumen mit dV bezeichnet werde. Die Größe der Fläche ABC sei F, die Stellungswinkel derselben seien mit α, β und γ bezeichnet, d. h.

α ist der Winkel zwischen der Ebene ABC und der Ebene BPC,
β ,, ,, ,, ,, ,, ,, ,, ,, ,, ,, CPA,
γ ,, ,, ,, ,, ,, ,, ,, ,, ,, ,, APB,

so daß

$$BPC = F \cos\alpha, \qquad CPA = F\cos\beta, \qquad APB = F\cos\gamma.$$

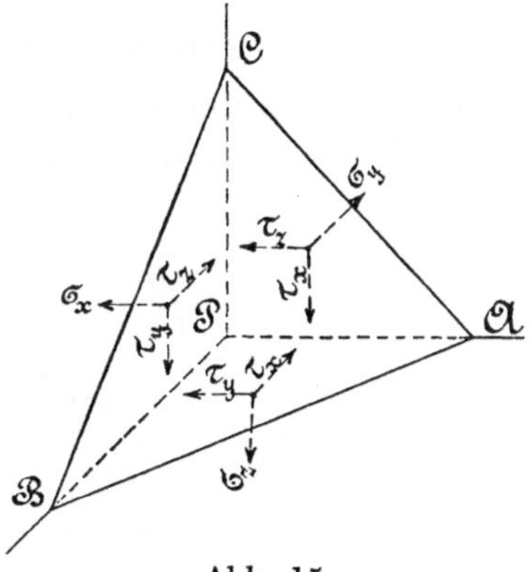

Abb. 15.

Auf diese 3 Flächenelemente wirken die jenseits derselben gelegenen Körperteile mit den in der Abb. 15 eingetragenen Spannungen ein. Die Spannung, welche die diesseits des Flächenelementes ABC gelegenen Körperteile auf das Tetraeder ausüben, sei p, ihre Richtungswinkel gegenüber den Koordinatenachsen seien λ, μ, ν. Dann ergeben sich in Richtung der letzteren die Gleichgewichtsbedingungen

$$\begin{aligned} -\sigma_x \cdot F\cos\alpha - \tau_z\, F\cos\beta - \tau_y\, F\cos\gamma + pF\cos\lambda + X dV = 0 \\ -\tau_z \cdot F\cos\alpha - \sigma_y\, F\cos\beta - \tau_x\, F\cos\gamma + pF\cos\mu + Y dV = 0 \\ -\tau_y \cdot F\cos\alpha - \tau_x\, F\cos\beta - \sigma_z\, F\cos\gamma + pF\cos\nu + Z dV = 0 \end{aligned}$$

Die 4 ersten Glieder in jeder dieser Gleichungen sind unendlich klein zweiter Ordnung, das letzte Glied wegen dV unendlich klein dritter Ordnung, kann deshalb gegenüber den 4 ersten Gliedern vernachlässigt werden, somit

$$\left.\begin{aligned} p\cos\lambda = \sigma_x\cos\alpha + \tau_z\cos\beta + \tau_y\cos\gamma \\ p\cos\mu = \tau_z\cos\alpha + \sigma_y\cos\beta + \tau_x\cos\gamma \\ p\cos\nu = \tau_y\cos\alpha + \tau_x\cos\beta + \sigma_z\cos\gamma \end{aligned}\right\} \quad \ldots\ldots \quad 4)$$

Außerdem besteht die bekannte Beziehung

$$\cos^2 \lambda + \cos^2 \mu + \cos^2 \nu = 1 .$$

Wir haben hiernach 4 Gleichungen und sind damit in der Lage, bei gegebenen Werten von σ_x, σ_y, σ_z, τ_x, τ_y, τ_z für das beliebige durch α, β, γ bestimmte Flächenelement die Spannung p und ihre Richtungswinkel λ, μ, ν zu ermitteln.

An diesen Verhältnissen ändert sich nichts, wenn wir das Flächenelement immer näher an P heranrücken und schließlich mit P zusammenfallen lassen. Dann aber wird p die Spannung im Punkte P einer beliebig durch ihn hindurchgehenden Fläche, deren Tangentialebene im Punkte P die Stellungswinkel α, β, γ besitzt, oder deren Normale im Punkte P die Richtungswinkel α, β, γ aufweist, d. h. die Spannungskomponenten σ_x, σ_y, σ_z, τ_x, τ_y, τ_z bestimmen die Größe und Richtung der Spannung p, die am Punkte P einer beliebig durch ihn hindurchgehenden Fläche herrscht.

An die Stelle der Spannungskomponenten σ_x, σ_y, σ_z, τ_x, τ_y, τ_z können auch deren Resultanten p_x, p_y, p_z treten (vgl. oben Ziff. 2).

5. Geometrische Darstellung der Spannungen.

Denken wir uns die durch den Punkt P des Körpers gehende Fläche F der vorigen Betrachtung verschiedene Lagen einnehmend, also ihre Stellungswinkel α, β, γ geändert, so wird sich auch die Spannung p im Punkte P dieser Fläche sowohl der Größe als auch der Richtung nach ändern. Um uns das Gesetz, nach dem diese Änderungen vor sich gehen, zu veranschaulichen, tragen wir auf jeder möglichen Spannungsrichtung vom Punkte P aus die Spannung $p = \overline{PQ}$ auf und bestimmen nun die Gleichung der Fläche, die den geometrischen Ort der Endpunkte Q bildet.

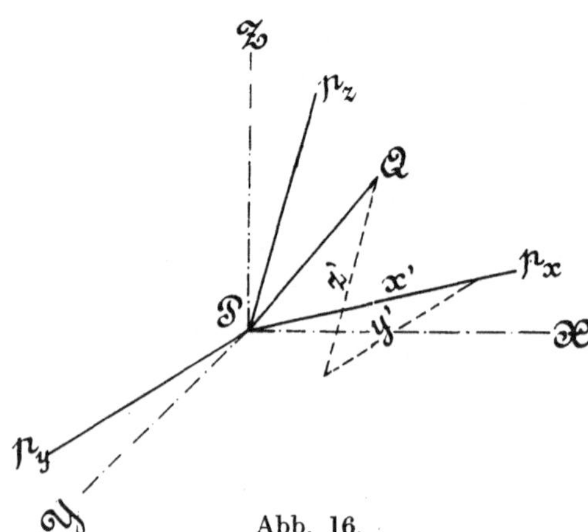

Abb. 16.

P, Abb. 16, sei der Koordinatenanfang, die Richtungen der Spannungen p_x, p_y, p_z seien die Koordinatenachsen für die gesuchte Flächengleichung. Da dieselben im allgemeinen schiefe Winkel miteinander einschließen, so wird das System ein schiefwinkliges sein. Die Koordinaten des Punktes Q seien x', y', z'. In Abb. 16 sind überdies die Richtungen PX, PY, PZ der Achsen des früher angenommenen rechtwinkligen Koordinatensystems strichpunktiert eingetragen. Es sei

λ der Winkel zwischen PX und p,
λ_x ,, ,, ,, ,, ,, p_x,
λ_y ,, ,, ,, ,, ,, p_y,
λ_z ,, ,, ,, ,, ,, p_z.

x', y' und z' geben die Komponenten von $p = PQ$ nach den Richtungen p_x, p_y und p_z. Die in der Richtung PX genommene Spannung p muß demnach gleich sein der Summe der nach PX genommenen Komponenten x', y', z', d. h.

$$p \cos \lambda = x' \cos \lambda_x + y' \cos \lambda_y + z' \cos \lambda_z .$$

Unter Beachtung der Abb. 6 bis 8 findet sich

$$\cos \lambda_x = \frac{\sigma_x}{p_x}, \qquad \cos \lambda_y = \frac{\tau_z}{p_y}, \qquad \cos \lambda_z = \frac{\tau_y}{p_z},$$

folglich

$$p \cos \lambda = \sigma_x \frac{x'}{p_x} + \tau_z \frac{y'}{p_y} + \tau_y \frac{z'}{p_z}$$

und mit Rücksicht auf die erste der Gleichungen 4

$$\sigma_x \cos \alpha + \tau_z \cos \beta + \tau_y \cos \gamma = \sigma_x \frac{x'}{p_x} + \tau_z \frac{y'}{p_y} + \tau_y \frac{z'}{p_z},$$

also

$$\cos \alpha = \frac{x'}{p_x}, \qquad \cos \beta = \frac{y'}{p_y}, \qquad \cos \gamma = \frac{z'}{p_z}$$

und wegen

$$\cos^2 \alpha + \cos^2 \beta + \cos^2 \gamma = 1$$

$$\left(\frac{x'}{p_x}\right)^2 + \left(\frac{y'}{p_y}\right)^2 + \left(\frac{z'}{p_z}\right)^2 = 1, \quad \ldots \ldots \quad 5)$$

d. i. die Mittelpunktsgleichung eines Ellipsoides in bezug auf die konjugierten Halbmesser p_x, p_y, p_z als Achsen. Wir kommen damit zu dem Satz:

Stellt man die Spannungen, die in einem Punkte P des betrachteten Körpers für alle durch diesen Punkt möglichen Schnittflächen auftreten, nach Größe und Richtung durch Gerade dar, die von P ausgehen, so liegen die Endpunkte dieser Fahrstrahlen auf einem Ellipsoid.

Die Spannungen in drei zueinander senkrechten Ebenen sind konjugierte Halbmesser des Ellipsoides.

Dieses Ellipsoid wird als Spannungsellipsoid bezeichnet[1]).

---

[1]) Siehe die Mohrsche Darstellung der Spannungen und Formänderungen in der Zeitschrift des Vereines deutscher Ingenieure 1900, S. 1524 u. f.

6. Hauptspannungen.

Weicht die Spannung p im Punkte P der Fläche F von der Normalen PN in diesem Punkte um den Winkel φ ab, so ist die Normalspannung $\sigma = p \cos \varphi$, und da zwischen φ, den Richtungswinkeln α, β, γ der Normalen und den Richtungswinkeln λ, μ, ν von p die bekannte Beziehung

$$\cos \varphi = \cos \alpha \cos \lambda + \cos \beta \cos \mu + \cos \gamma \cos \nu$$

besteht,

$$\sigma = p \cos \alpha \cos \lambda + p \cos \beta \cos \mu + p \cos \gamma \cos \nu,$$

woraus unter Berücksichtigung der Gleichungen 4 folgt

$$\sigma = \sigma_x \cos^2 \alpha + \sigma_y \cos^2 \beta + \sigma_z \cos^2 \gamma + 2 \tau_x \cos \beta \cos \gamma \\ + 2 \tau_y \cos \gamma \cos \alpha + 2 \tau_z \cos \alpha \cos \beta \quad \ldots\ldots \quad 6)$$

Zur geometrischen Deutung dieser Gleichung tragen wir auf der Normalen von P aus eine Strecke $\overline{PN} = \frac{1}{\sqrt{\pm \sigma}}$ ab, also gleich dem reziproken Wert der Quadratwurzel aus dem Absolutwert von σ. Dann sind die Koordinaten des Endpunktes N

$$x = \frac{\cos \alpha}{\sqrt{\pm \sigma}}, \qquad y = \frac{\cos \beta}{\sqrt{\pm \sigma}}, \qquad z = \frac{\cos \gamma}{\sqrt{\pm \sigma}}.$$

Die Einführung der hieraus folgenden Werte von $\cos \alpha$, $\cos \beta$ und $\cos \gamma$ in Gleichung 6 gibt

$$\pm 1 = \sigma_x x^2 + \sigma_y y^2 + \sigma_z z^2 + 2 \tau_x y z + 2 \tau_y z x + 2 \tau_z x y, \quad . . \quad 7)$$

d. i. die Mittelpunktsgleichung einer Fläche zweiten Grades. Eine derartige Fläche hat drei zueinander senkrechte Hauptachsen, für die, wenn sie zu Koordinatenachsen gewählt werden, die Glieder mit den Produkten der Koordinaten aus der Flächengleichung verschwinden, für die alsdann

$$\tau_x = 0 \qquad \tau_y = 0 \qquad \tau_z = 0$$

ist. In den drei zueinander senkrechten Ebenen, für welche die Schubspannungen Null werden, müssen alsdann die Spannungen p_x, p_y, p_z Normalspannungen sein und senkrecht zueinander stehen. Wir erkennen, daß es in jedem Punkte P des Körpers drei zueinander senkrechte Ebenen gibt, in denen keine Schubspannungen, sondern nur Normalspannungen auftreten.

Diese drei Normalspannungen werden die Hauptspannungen im Punkte P genannt; sie seien mit

$$\sigma_1 \qquad \sigma_2 \qquad \sigma_3$$

bezeichnet. Sie fallen mit den Hauptachsen des Spannungsellipsoids zusammen; denn sie wirken in drei sich rechtwinklig schneidenden Ebenen, stehen senkrecht zueinander und sind konjugierte Halbmesser des Spannungsellipsoides. Hieraus folgt weiter, daß die Hauptspannungen die größte und die kleinste Spannung im Punkte P unter sich enthalten.

Sind für ein beliebig gewähltes rechtwinkliges Koordinatensystem die Spannungen σ_x, σ_y, σ_z, τ_x, τ_y, τ_z gegeben, so lassen sich die drei Hauptspannungen σ_1, σ_2 und σ_3 auf folgende Weise bestimmen.

Wenn p im Punkte P der Fläche F eine Hauptspannung ist, so muß sie gleichzeitig Normalspannung sein; demnach müssen ihre Richtungswinkel λ, μ, ν gleich den Richtungswinkeln α, β, γ der Normalen im Punkte P der Fläche sein. Aus den Gleichungen 4 folgt dann mit

$$p = \sigma \qquad \lambda = \alpha \qquad \mu = \beta \qquad \nu = \gamma$$

$$\sigma \cos\alpha = \sigma_x \cos\alpha + \tau_z \cos\beta + \tau_y \cos\gamma,$$
$$\sigma \cos\beta = \tau_z \cos\alpha + \sigma_y \cos\beta + \tau_x \cos\gamma,$$
$$\sigma \cos\gamma = \tau_y \cos\alpha + \tau_x \cos\beta + \sigma_z \cos\gamma.$$

Nach Beseitigung von $\cos\alpha$, $\cos\beta$ und $\cos\gamma$ findet sich

$$\sigma^3 - (\sigma_x + \sigma_y + \sigma_z)\,\sigma^2 + (\sigma_y\sigma_z + \sigma_z\sigma_x + \sigma_x\sigma_y - \tau_x^2 - \tau_y^2 - \tau_z^2)\,\sigma$$
$$- \sigma_x\sigma_y\sigma_z + \sigma_x\tau_x^2 + \sigma_y\tau_y^2 + \sigma_z\tau_z^2 - 2\,\tau_x\tau_y\tau_z = 0 \quad . \; . \; . \quad 8)$$

Die 3 Wurzeln dieser kubischen Gleichung geben die Hauptspannungen σ_1, σ_2 und σ_3.

Nach der Lehre von den kubischen Gleichungen ist

$$\sigma_x + \sigma_y + \sigma_z = \sigma_1 + \sigma_2 + \sigma_3,$$

d. h. die (algebraische) Summe der Normalspannungen im Punkte P ist nach je drei sich rechtwinklig schneidenden Richtungen gleich der Summe der Hauptspannungen, somit unveränderlich.

Fällt in Gleichung 8 das Absolutglied gleich Null aus, d. h. ist

$$- \sigma_x\sigma_y\sigma_z + \sigma_x\tau_x^2 + \sigma_y\tau_y^2 + \sigma_z\tau_z^2 - 2\,\tau_x\tau_y\tau_z = 0, \quad . \; . \; . \quad 9)$$

so wird die eine Wurzel, etwa σ_3, $= 0$. Das Spannungsellipsoid schrumpft auf eine Ellipse, die Spannungsellipse, zusammen, deren Halbmesser σ_1 und σ_2 sind und als Wurzeln der Gleichung

$$\sigma^2 - (\sigma_x + \sigma_y + \sigma_z)\,\sigma + \sigma_y\sigma_z + \sigma_z\sigma_x + \sigma_x\sigma_y - \tau_x^2 - \tau_y^2 - \tau_z^2 = 0 \quad 10)$$

erhalten werden.

§ 68. Formänderungen in einem beliebigen Punkte eines festen Körpers.

Daß im allgemeinen zweierlei Formänderungen zu unterscheiden sind: Längen- und Winkeländerungen, entsprechend Dehnungen und Schiebungen oder Gleitungen, ist bereits in § 28 dargelegt worden.

1. Die Dehnungen nach einer beliebigen Richtung als Funktion von den Dehnungen dreier ursprünglich zueinander senkrechten Richtungen und von Änderungen der Winkel dreier ursprünglich sich rechtwinklig schneidenden Ebenen.

In Abb. 1 seien

P ein beliebiger Punkt des festen Körpers,

x, y, z dessen Koordinaten vor der Formänderung,

P' ein dem Punkte P unendlich nahegelegener zweiter Punkt desselben Körpers,

$x + dx, y + dy, z + dz$ dessen Koordinaten vor der Formänderung,

$\overline{PP'} = ds = \sqrt{dx^2 + dy^2 + dz^2}$ die Entfernung der beiden Punkte vor der Formänderung,

α, β, γ die Richtungswinkel der Strecke ds.

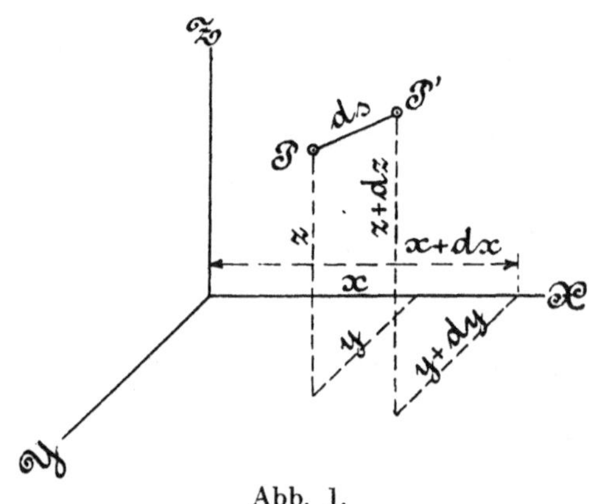

Abb. 1.

Unter Einwirkung der den Körper belastenden Kräfte werden folgende Änderungen eintreten:

ds geht über in $ds + \Delta ds$, ändert sich also um $\Delta ds = \varepsilon ds$, sofern $\varepsilon = \frac{\Delta ds}{ds}$ die verhältnismäßige (spezifische) Längenänderung oder kurz Dehnung im Punkte P nach der Richtung, in der die Strecke gemessen wurde, bedeutet;

die Koordinaten	x	y	z
gehen über in	$x + \xi$	$y + \eta$	$z + \zeta$,
ändern sich also um	ξ	η	ζ.

Die Änderungen, welche die Koordinaten des Punktes P' erfahren, seien mit ξ_1, η_1, ζ_1 bezeichnet. Für sie ergeben sich die Beziehungen:

$$\left.\begin{aligned}\xi_1 &= \xi + \frac{\partial \xi}{\partial x} dx + \frac{\partial \xi}{\partial y} dy + \frac{\partial \xi}{\partial z} dz \\ \eta_1 &= \eta + \frac{\partial \eta}{\partial x} dx + \frac{\partial \eta}{\partial y} dy + \frac{\partial \eta}{\partial z} dz \\ \zeta_1 &= \zeta + \frac{\partial \zeta}{\partial x} dx + \frac{\partial \zeta}{\partial y} dy + \frac{\partial \zeta}{\partial z} dz\end{aligned}\right\} \quad \ldots \ldots \quad 1)$$

Die Projektionen der Strecke $\overline{PP'} = ds$ waren vor der Formänderung

$$dx \qquad dy \qquad dz.$$

Sie haben sich infolge der Formänderung geändert um

$$\xi_1 - \xi \qquad \eta_1 - \eta \qquad \zeta_1 - \zeta.$$

Die Strecke ds hat sich geändert um εds, so daß aus ihr

$$ds + \varepsilon ds = (1 + \varepsilon)\, ds$$

geworden ist. Folglich muß sein

$$(1 + \varepsilon)^2 ds^2 = (dx + \xi_1 - \xi)^2 + (dy + \eta_1 - \eta)^2 + (dz + \zeta_1 - \zeta)^2.$$

Unter der Voraussetzung, daß ε ein sehr kleiner Bruch ist, darf $\varepsilon^2 ds^2$ gegenüber $2\,\varepsilon ds^2$ vernachlässigt werden. Da ferner $\xi_1 - \xi$, $\eta_1 - \eta$ und $\zeta_1 - \zeta$ als die sehr kleinen Änderungen unendlich kleiner Größen anzusehen sind, so können die Quadrate dieser Änderungen gegenüber den anderen Summanden ebenfalls vernachlässigt werden. Daraus folgt

$$\varepsilon = \frac{\xi_1 - \xi}{ds} \frac{dx}{ds} + \frac{\eta_1 - \eta}{ds} \frac{dy}{ds} + \frac{\zeta_1 - \zeta}{ds} \frac{dz}{ds}.$$

Nach Einführung der Werte von $\xi_1 - \xi$, $\eta_1 - \eta$ und $\zeta_1 - \zeta$, die sich aus den Gleichungen 1 ergeben, und mit

$$\frac{dx}{ds} = \cos\alpha, \qquad \frac{dy}{ds} = \cos\beta, \qquad \frac{dz}{ds} = \cos\gamma$$

findet sich

$$\varepsilon = \frac{\partial \xi}{\partial x}\cos^2\alpha + \frac{\partial \eta}{\partial y}\cos^2\beta + \frac{\partial \zeta}{\partial z}\cos^2\gamma + \left(\frac{\partial \eta}{\partial z} + \frac{\partial \zeta}{\partial y}\right)\cos\beta\cos\gamma$$

$$+ \left(\frac{\partial \zeta}{\partial x} + \frac{\partial \xi}{\partial z}\right)\cos\gamma\cos\alpha + \left(\frac{\partial \xi}{\partial y} + \frac{\partial \eta}{\partial x}\right)\cos\alpha\cos\beta \quad \ldots \quad 2)$$

Für $\alpha = 0$, d. h. wenn ds parallel zur x-Achse, werde ε mit ε_x bezeichnet; dann findet sich wegen $\beta = 90^0$ und $\gamma = 90^\circ$

$$\varepsilon_x = \frac{\partial \xi}{\partial x}$$

und ebenso für $\beta = 0$ bzw. $\gamma = 0$

$$\varepsilon_y = \frac{\partial \eta}{\partial y} \text{ bzw. } \varepsilon_z = \frac{\partial \zeta}{\partial z},$$

d. h. die Koeffizienten der Glieder mit den Kosinusquadraten in der Gleichung 2, also die partiellen Differentialquotienten von ξ nach x, von η nach y und ζ nach z sind die Dehnungen im Punkte P nach den Richtungen der Koordinatenachsen.

Zur Ermittlung der Bedeutung der Koeffizienten der Glieder mit den Kosinusprodukten ziehen wir in dem ursprünglichen Zustande des Körpers von dem beliebigen Punkte aus parallel zu den Koordinatenachsen Gerade und tragen auf ihnen die unendlich kleinen Strecken dx, dy, dz ab. In Abb. 2 (Schnitt senkrecht zur x-Achse) sei die ursprüngliche Lage des Punktes mit P_0 bezeichnet, seine Koordinaten seien y und z, ferner $\overline{P_0 B_0} = dy$ und $\overline{P_0 C_0} = dz$. Infolge der Formänderung ändern sich y und z um η bzw. ζ. Der Punkt P_0 rückt nach P. Die Punkte B_0 und C_0 würden, falls weitere Änderungen nicht stattfinden, nach B bzw. C gelangen ($\overline{PB} = \overline{P_0 B_0}$, $\overline{PC} = \overline{P_0 C_0}$). Im allgemeinen wird jedoch auch noch eine Verschiebung von C nach C' im Sinne der y-Achse um $\overline{CC'} = \frac{\partial \eta}{\partial z} dz$ und von B nach B' im Sinne der z-Achse um $\overline{BB'} = \frac{\partial \zeta}{\partial y} dy$ eintreten, somit eine Änderung des ursprünglich rechten Winkels BPC um die beiden sehr kleinen Winkel CPC' und BPB' statthaben. Wegen der Kleinheit der Winkel darf gesetzt werden

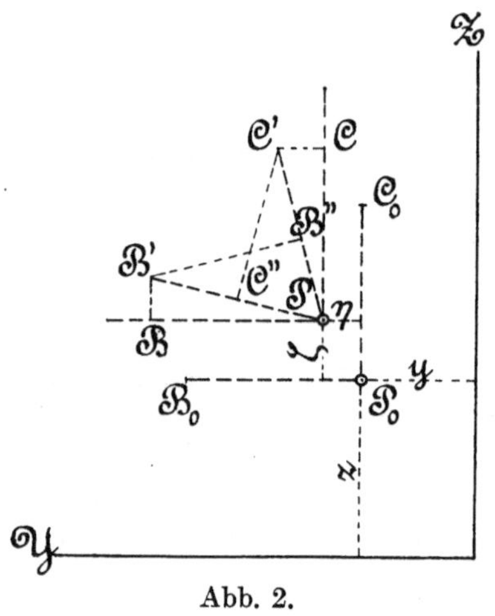

Abb. 2.

$$\frac{\overline{CC'}}{\overline{PC}} + \frac{\overline{BB'}}{\overline{PB}} = \frac{\partial \eta}{\partial z} + \frac{\partial \zeta}{\partial y} = \gamma_x,$$

d. i. die Änderung des ursprünglich rechten Winkels an der x-Kante des Parallelepipeds, also nach § 28 die Schiebung oder Gleitung.

Ebenso finden sich für die Änderungen der ursprünglich rechten Winkel an der y- und der z-Kante

$$\frac{\partial \zeta}{\partial x} + \frac{\partial \xi}{\partial z} = \gamma_y \qquad \frac{\partial \xi}{\partial y} + \frac{\partial \eta}{\partial x} = \gamma_z.$$

Hiernach bedeuten in Gleichung 2 die Koeffizienten der Glieder mit den Kosinusprodukten die Schiebungen an der x-, y- bzw. z-Kante des unendlich kleinen durch dx, dy, dz bestimmten Parallelepipeds. Damit geht die Gleichung 2 über in die folgende:

$$\varepsilon = \varepsilon_x \cos^2 \alpha + \varepsilon_y \cos^2 \beta + \varepsilon_z \cos^2 \gamma + \gamma_x \cos \beta \cos \gamma + \gamma_y \cos \gamma \cos \alpha + \gamma_z \cos \alpha \cos \beta \quad \ldots \ldots \quad 3)$$

2. Darstellung der Formänderung.

Wir denken uns in dem Körper — vor der Formänderung — eine unendlich kleine Kugel mit P als Mittelpunkt und ds als Halbmesser, Abb. 3. PA, PB und PC seien die den Achsen der x, y, z parallelen Halbmesser dieser Kugel und dx, dy, dz die Koordinaten eines beliebigen Punktes Q der Kugelfläche in Beziehung auf PA, PB und PC als Achsen. Dann ist

$$\frac{dx^2}{ds^2} + \frac{dy^2}{ds^2} + \frac{dz^2}{ds^2} = 1.$$

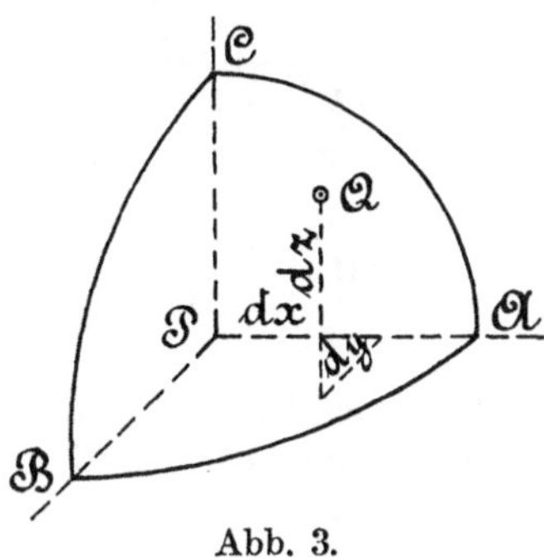

Abb. 3.

Durch die Formänderung erfahren die drei Halbmesser die Dehnungen ε_x, ε_y, ε_z, und die ursprünglich rechten Winkel an den Kanten PA, PB und PC ändern sich um γ_x, γ_y, γ_z, so daß das Achsenkreuz jetzt ein schiefwinkliges geworden ist. Der Punkt Q, auf dieses schiefwinklige System bezogen, wird die Koordinaten

$$dx_1 = dx\,(1 + \varepsilon_x), \qquad dy_1 = dy\,(1 + \varepsilon_y), \qquad dz_1 = dz\,(1 + \varepsilon_z)$$

zeigen, woraus folgt

$$dx = \frac{dx_1}{1 + \varepsilon_x}, \qquad dy = \frac{dy_1}{1 + \varepsilon_y}, \qquad dz = \frac{dz_1}{1 + \varepsilon_z}$$

und damit

$$\left(\frac{dx_1}{(1 + \varepsilon_x)\,ds}\right)^2 + \left(\frac{dy_1}{(1 + \varepsilon_y)\,ds}\right)^2 + \left(\frac{dz_1}{(1 + \varepsilon_z)\,ds}\right)^2 = 1, \quad \ldots \quad 4)$$

d. i. die Gleichung eines Ellipsoids in bezug auf die konjugierten Halbmesser $(1 + \varepsilon_x)\,ds$, $(1 + \varepsilon_y)\,ds$, $(1 + \varepsilon_z)\,ds$ als Achsen. Wir erkennen, daß eine unendlich kleine Kugel durch die Formänderung in ein Ellipsoid übergeht. Dasselbe wird als Formänderungsellipsoid bezeichnet.

Um ein möglichst klares Bild über die Bedeutung der unter Ziff. 1 enthaltenen partiellen Differentialquotienten zu erlangen, empfiehlt es sich, die Formänderung eines unendlich kleinen Parallelepipeds darzustellen.

In den Abb. 4 bis 6 ist dies in stark übertriebenem Maße geschehen; die Ableitungen sind eingetragen. So läßt z. B. Abb. 4 deutlich er-

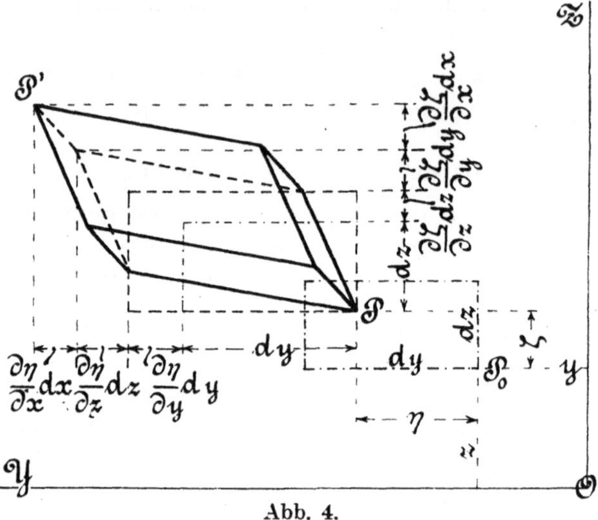

Abb. 4.

kennen, wie der ursprünglich in P_0 liegende Eckpunkt entsprechend der Änderung von y und z um η bzw. ζ nach P gerückt ist, wie die

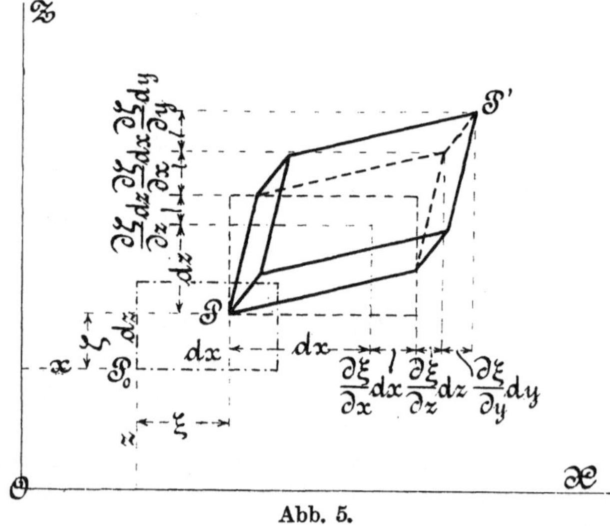

Abb. 5.

Kanten dy und dz ihre Länge um $\frac{\partial \eta}{\partial y}\,dy$ bzw. $\frac{\partial \zeta}{\partial z}\,dz$ geändert haben, und welche parallel zur YZ-Ebene gelegenen Größen die Änderung der Kantenwinkel bestimmen.

Abb. 5 und 6 zeigen das Entsprechende in bezug auf die parallel zur ZX- bzw. XY-Ebene liegenden Größen.

Die ursprüngliche, durch die Strecken dx, dy, dz gegebene Diagonale ds des Parallelepipeds ist in die Strecke PP' übergegangen und hat dabei die durch die Gleichung 3 bestimmte Dehnung erfahren.

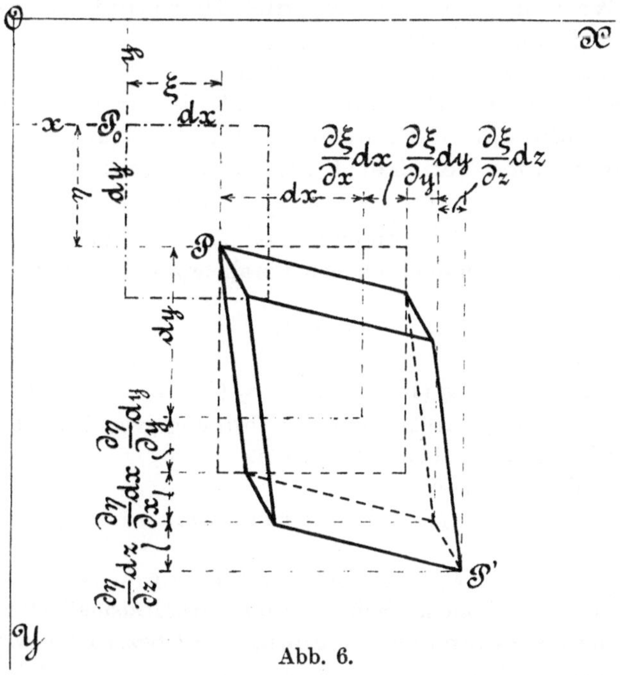

Abb. 6.

Diese Gleichung ergab die Dehnungen der angenommenen Strecke ds als Funktion von den Dehnungen in drei ursprünglich zueinander senkrechten Richtungen und von Änderungen der Winkel dreier ursprünglich sich rechtwinklig schneidenden Ebenen. Die Darstellung läßt diesen Zusammenhang zwischen der Längenänderung der Diagonale des Parallelepipeds und den Änderungen der Kantenlängen sowie der Kantenwinkel deutlich erkennen.

3. Sätze über die Formänderung.

Die Größe, welche Gleichung 3 für ε liefert, hat in Hinsicht auf α, β und γ die gleiche Form wie die Größe σ, die sich aus Gleichung 6, § 67, ergibt; der eine Ausdruck geht in den andern über, wenn ε_x durch σ_x usw. sowie $^1/_2\,\gamma_x$ durch τ_x usw. ersetzt wird. Infolgedessen können hier sinngemäß die gleichen Schlüsse gezogen werden.

In jedem Punkte des Körpers gibt es immer drei zueinander senkrechte Ebenen, in denen keine Schiebungen auftreten, also $\gamma_x = \gamma_y = \gamma_z = 0$ sind, so daß also das unendlich kleine Parallelepiped, das von diesen Ebenen begrenzt wird, dessen Kanten also die Richtungen der Durchschnittslinien dieser Ebenen besitzen, rechtwinklig bleibt.

Die Dehnungen nach diesen drei Richtungen heißen die Hauptdehnungen. Unter ihnen befindet sich der größte und der kleinste Wert der Dehnungen, die überhaupt in dem betreffenden Punkte auftreten.

Sie seien mit ε_1, ε_2 und ε_3 bezeichnet.

Die Summe der Dehnungen nach je drei beliebig zueinander senkrechten Richtungen ist konstant, und zwar gleich der Summe der drei Hauptdehnungen:

$$\varepsilon_x + \varepsilon_y + \varepsilon_z = \varepsilon_1 + \varepsilon_2 + \varepsilon_3.$$

Diese unveränderliche Summe hat eine besondere Bedeutung. Das Volumen eines unendlich kleinen Parallelepipeds ist vor der Formänderung

$$dx\, dy\, dz,$$

während derselben

$$(1 + \varepsilon_x)\, dx\, (1 + \varepsilon_y)\, dy\, (1 + \varepsilon_z)\, dz = \sim (1 + \varepsilon_x + \varepsilon_y + \varepsilon_z)\, dx\, dy\, dz$$

sofern die sehr kleinen Größen höherer Ordnung gegenüber denjenigen niederer Ordnung vernachlässigt werden.

Hiermit die Volumenzunahme

$$(\varepsilon_x + \varepsilon_y + \varepsilon_z)\, dx\, dy\, dz,$$

demnach

$$\varepsilon_x + \varepsilon_y + \varepsilon_z = \varepsilon_1 + \varepsilon_2 + \varepsilon_3 = e \quad . \quad . \quad . \quad . \quad . \quad 5)$$

die Zunahme der Volumeneinheit oder die verhältnismäßige Volumenänderung, die als Volumenausdehnungszahl bezeichnet werde.

§ 69. Beziehungen zwischen Spannungen und Formänderungen.

Die Elastizität des festen Körpers kann in den verschiedenen Punkten desselben nach allen Richtungen gleich groß, oder sie kann in den einzelnen Punkten und nach den verschiedenen Richtungen hin verschieden sein. Das erstere wird dann eintreten, wenn der Körper isotrop, d. h. in jedem seiner Punkte nach allen Richtungen hin gleich beschaffen ist, wie dies z. B. von vorzüglichem Flußstahl bei nicht zu großen Querschnittsabmessungen mit ziemlicher Annäherung[1]) erwartet werden darf. Bei Körpern von regelmäßigem

[1]) Da auch dieses Material aus Kristallkörnern zusammengesetzt ist, die ausgeprägte Achsen besitzen und sich bei Beanspruchung je nach der Richtung verschieden verhalten, so geht die Annäherung nur so weit, als diese Unterschiede durch das Zusammenarbeiten benachbarter Kristallkörner Ausgleich erfahren. Material mit gut ausgebildeten, großen Kristallen wird sich daher dem Zustand der Isotropie weniger vollkommen nähern, als feinkörniges. Vgl. hierzu Abb. 227 u. f. in „Festigkeitseigenschaften und Gefügebilder“ 2. Aufl., S. 46 u. f.

Gefüge, die nicht isotrop sind, lassen sich bestimmte Richtungen erkennen, in denen die Elastizität ausgezeichnete Werte aufweist. So z. B. besitzt ein kreiszylindrisch gewalzter Stab aus gutem, sehnigem Schweißeisen in der Walzrichtung eine solche ausgezeichnete Richtung; in allen Richtungen senkrecht zu dieser darf zwar mit Annäherung wieder ein und dieselbe Elastizität angenommen werden, deren Größe wird jedoch von derjenigen in der Walzrichtung verschieden sein. Man spricht in solchen Fällen von einer ausgezeichneten Elastizitätsachse des Materials. So zeigt Holz drei ausgezeichnete Richtungen: eine im Sinne der Fasern, die anderen zwei tangential und radial in bezug auf die Jahresringe. Man spricht dann von drei Elastizitätsachsen.

Handelt es sich um einen Stoff, der in verschiedenen Punkten nach verschiedenen Richtungen hin verschiedene Elastizität zeigt, so muß im allgemeinen die Lage der Hauptdehnungen zu den Hauptspannungen von der Veränderlichkeit der Elastizität abhängen. Diese Abhängigkeit wird im allgemeinen nur für isotropes Material verschwinden; für Material mit ausgezeichneten Elastizitätsachsen wird dies nur in besonderen Fällen eintreten können[1]).

Im Falle der Isotropie des Materials werden — wie ohne weiteres aus der Anschauung gefolgert werden darf — die Achsen des Spannungsellipsoides mit denjenigen des Formänderungsellipsoides, also die Richtungen der Hauptspannungen mit denjenigen der Hauptdehnungen zusammenfallen.

Die allgemeinen Untersuchungen der Elastizitätslehre verlangen, damit sie überhaupt durchgeführt werden können, in der Regel, daß isotropes Material vorausgesetzt wird, wie auch im folgenden geschehen soll. Die Ergebnisse solcher Betrachtungen gelten deshalb — streng genommen — auch nur für derartige Körper.

1. Die Hauptdehnungen und die Hauptspannungen.

Auf das rechtwinklige Parallelepiped $ABCD$, Abb. 1, das zu dem Koordinatensystem so gelegen sein möge, daß die Kante AC parallel zur x-Achse läuft, wirke je über die beiden Endflächen AB und CD, gleichmäßig verteilt angreifend, die gleiche Kraft P_x in Richtung der x-Achse. Hierdurch geht der Körper $ABCD$ in ein anderes Parallelepiped $A_1B_1C_1D_1$ über, und zwar in der Weise, daß die zur Richtung von P_x parallelen Kanten sich verlängern, während die anderen

[1]) Es läßt sich nachweisen, daß bei Körpern mit drei zueinander senkrechten Elastizitätsachsen die Hauptspannungen nur dann mit den Hauptdehnungen zusammenfallen, wenn die Hauptspannungs- und Hauptdehnungsrichtungen mit den Elastizitätsachsen in dem betreffenden Punkte übereinstimmen, bei Körpern mit einer Elastizitätsachse nur dann, wenn mit ihr eine der Hauptspannungs- oder Hauptdehnungsrichtungen zusammenfällt.

senkrecht dazu stehenden Kanten sich verkürzen. Die durch P_x hervorgerufene Spannung ist eine Hauptspannung σ_1, die unter der Voraussetzung, daß zwischen Spannungen und Dehnungen Proportionalität besteht, mit der zu ihr gehörigen Dehnung ε_x durch die Gleichung

$$\varepsilon_x = \alpha\sigma_1$$

verbunden erscheint, worin α die in § 2 besprochene Dehnungszahl bedeutet.

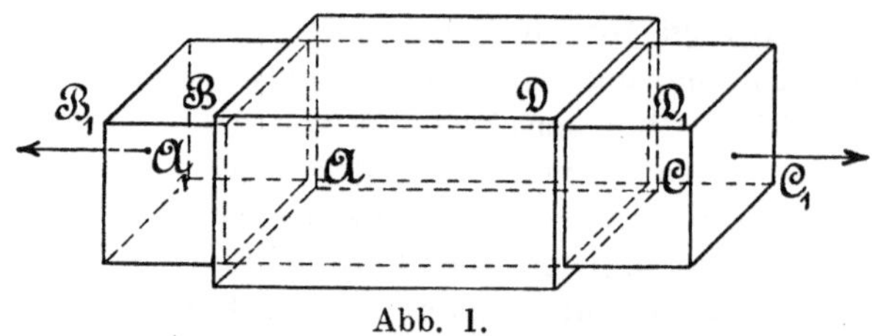

Abb. 1.

Nach den beiden dazu senkrechten Richtungen der y und z wird die Dehnung als gleich groß betrachtet und durch

$$-\frac{\varepsilon_x}{m}$$

gemessen, worin m das als unveränderlich vorausgesetzte Verhältnis der Längsdehnung zur Querzusammenziehung bedeutet (vgl. § 7). Wir haben somit

	die Spannung	die Dehnung
in Richtung der x-Achse	σ_1	$\varepsilon_x = \alpha\sigma_1$
,, ,, ,, y-Achse	0	$-\frac{\varepsilon_x}{m}$
,, ,, ,, z-Achse	0	$-\frac{\varepsilon_x}{m}$.

Würde das Parallelepiped in Richtung der y-Achse — und zwar nur in dieser — gezogen, so daß die Normalspannung σ_2 und die Dehnung $\varepsilon_y = a\sigma_2$ eintritt, so ergäbe sich

	die Spannung	die Dehnung
in Richtung der x-Achse	0	$-\frac{\varepsilon_y}{m}$
,, ,, ,, y-Achse	σ_2	$\varepsilon_y = \alpha\sigma_2$
,, ,, ,, z-Achse	0	$-\frac{\varepsilon_y}{m}$.

Würde schließlich der Zug nur in Richtung der z-Achse stattfinden, so daß die Normalspannung σ_3 und die Dehnung $\varepsilon_z = \alpha\sigma_3$ stattfindet, so fände sich

	die Spannung	die Dehnung
in Richtung der x-Achse	0	$-\frac{\varepsilon_z}{m}$
„ „ „ y-Achse	0	$-\frac{\varepsilon_z}{m}$
„ „ „ z-Achse	σ_3	$\varepsilon_z = \alpha\sigma_3$.

Wirken sämtliche Zugkräfte gleichzeitig, so bleiben σ_1, σ_2 und σ_3 Hauptspannungen, die Hauptdehnungen aber sind

$$\varepsilon_1 = \varepsilon_x - \frac{\varepsilon_y + \varepsilon_z}{m}, \quad \varepsilon_2 = \varepsilon_y - \frac{\varepsilon_z + \varepsilon_x}{m}, \quad \varepsilon_3 = \varepsilon_z - \frac{\varepsilon_x + \varepsilon_y}{m},$$

woraus nach Einführung der oben angegebenen Werte für ε_x, ε_y und ε_z

$$\left.\begin{aligned} \varepsilon_1 &= \alpha\left(\sigma_1 - \frac{\sigma_2 + \sigma_3}{m}\right) \\ \varepsilon_2 &= \alpha\left(\sigma_2 - \frac{\sigma_3 + \sigma_1}{m}\right) \\ \varepsilon_3 &= \alpha\left(\sigma_3 - \frac{\sigma_1 + \sigma_2}{m}\right) \end{aligned}\right\} \quad \ldots\ldots\ldots \quad 1)$$

Die Addition dieser Gleichungen gibt unter Beachtung von Gleichung 5, § 68,

$$\sigma_1 + \sigma_2 + \sigma_3 = \frac{m}{m-2}\,\frac{e}{\alpha} \quad \ldots\ldots\ldots \quad 2)$$

Die erste der Gleichungen 1 liefert

$$m\sigma_1 - \sigma_2 - \sigma_3 = m \cdot \frac{\varepsilon_1}{\alpha},$$

durch Addition dieser Gleichung zu Gleichung 2

$$\sigma_1(1+m) = \frac{m}{\alpha}\left(\frac{e}{m-2} + \varepsilon_1\right)$$

$$\sigma_1 = \frac{m}{1+m}\,\frac{1}{\alpha}\left(\varepsilon_1 + \frac{e}{m-2}\right),$$

nach Einführung von

$$\frac{1}{2}\,\frac{m}{1+m}\,\frac{1}{\alpha} = \frac{1}{\beta} \quad \text{oder} \quad \beta = \frac{2(1+m)}{m}\,\alpha \quad \ldots\ldots \quad 3)$$

und Ermittlung der Werte für σ_2 und σ_3

$$\left.\begin{aligned} \sigma_1 &= \frac{m}{1+m}\,\frac{1}{\alpha}\left(\varepsilon_1 + \frac{e}{m-2}\right) = \frac{2}{\beta}\left(\varepsilon_1 + \frac{e}{m-2}\right) \\ \sigma_2 &= \frac{m}{1+m}\,\frac{1}{\alpha}\left(\varepsilon_2 + \frac{e}{m-2}\right) = \frac{2}{\beta}\left(\varepsilon_2 + \frac{e}{m-2}\right) \\ \sigma_3 &= \frac{m}{1+m}\,\frac{1}{\alpha}\left(\varepsilon_3 + \frac{e}{m-2}\right) = \frac{2}{\beta}\left(\varepsilon_3 + \frac{e}{m-2}\right) \end{aligned}\right\} \ldots\ldots \quad 4)$$

2. Spannungen und Formänderungen für drei beliebige, zueinander senkrecht stehende Richtungen.

Die Gleichungen 4, § 67, gelten für das Koordinatensystem, das sich ergibt, wenn wir die Normalspannungen σ_x, σ_y und σ_z im Punkte P für drei beliebige, senkrecht zueinander stehende Ebenen zu Koordinatenachsen wählen. Nehmen wir statt dessen die drei Hauptspannungen im Punkte P zu Koordinatenachsen, also die Ebenen, in denen die Hauptspannungen wirken, zu Koordinatenebenen, so folgt, da in diesen Ebenen die Schubspannungen τ_x, τ_y und τ_z gleich Null sind, und an Stelle von σ_x, σ_y und σ_z die Größen σ_1, σ_2 und σ_3 treten, aus den Gleichungen 4, § 67,

$$p \cos \lambda = \sigma_1 \cos \alpha, \qquad p \cos \mu = \sigma_2 \cos \beta, \qquad p \cos \nu = \sigma_3 \cos \gamma.$$

Die Normalspannung σ in dem beliebigen durch den Punkt P gelegten Flächenelement bildet mit der resultierenden Spannung p einen Winkel φ, für den, da die Richtungswinkel

von σ	α	β	γ
,, p	λ	μ	ν

sind, die Beziehung

$$\cos \varphi = \cos \alpha \cos \lambda + \cos \beta \cos \mu + \cos \gamma \cos \nu$$

gilt. Somit

$$\sigma = p \cos \varphi = \sigma_1 \cos^2 \alpha + \sigma_2 \cos^2 \beta + \sigma_3 \cos^2 \gamma$$

und nach Einführung der Werte, welche die Gleichungen 4, § 69, für die Hauptspannungen liefern,

$$\sigma = \frac{2}{\beta}\left(\varepsilon_1 \cos^2 \alpha + \varepsilon_2 \cos^2 \beta + \varepsilon_3 \cos^2 \gamma + \frac{e}{m-2}\right).$$

Die Heranziehung der Gleichung 3, § 68, unter Beachtung, daß die Schiebungen wegfallen, wenn für ε_x, ε_y und ε_z die Hauptdehnungen ε_1, ε_2 und ε_3 gesetzt werden, führt zu

$$\varepsilon = \varepsilon_1 \cos^2 \alpha + \varepsilon_2 \cos^2 \beta + \varepsilon_3 \cos^2 \gamma,$$

folglich

$$\sigma = \frac{2}{\beta}\left(\varepsilon + \frac{e}{m-2}\right) \quad \ldots \ldots \ldots \quad 5)$$

Da diese Gleichung für eine ganz beliebige Richtung gilt, so muß sie auch für drei beliebige zueinander senkrecht stehende Richtungen gelten, somit

$$\left.\begin{aligned}
\sigma_x &= \frac{2}{\beta}\left(\varepsilon_x + \frac{e}{m-2}\right); & \varepsilon_x &= \alpha\left(\sigma_x - \frac{\sigma_y + \sigma_z}{m}\right)\\
\sigma_y &= \frac{2}{\beta}\left(\varepsilon_y + \frac{e}{m-2}\right); & \varepsilon_y &= \alpha\left(\sigma_y - \frac{\sigma_z + \sigma_x}{m}\right)\\
\sigma_z &= \frac{2}{\beta}\left(\varepsilon_z + \frac{e}{m-2}\right); & \varepsilon_z &= \alpha\left(\sigma_z - \frac{\sigma_x + \sigma_y}{m}\right)
\end{aligned}\right\} \quad . \; . \quad 6)$$

3. Bedeutung der Größe β.

Die Einführung des Wertes ε aus Gleichung 3, § 68, in Gleichung 5 ergibt

$$\sigma = \frac{2}{\beta}\Big[\varepsilon_x \cos^2\alpha + \varepsilon_y \cos^2\beta + \varepsilon_z \cos^2\gamma + \gamma_x \cos\beta\cos\gamma$$

$$+ \gamma_y \cos\gamma\cos\alpha + \gamma_z \cos\alpha\cos\beta + \frac{e}{m-2}(\cos^2\alpha + \cos^2\beta + \cos^2\gamma)\Big],$$

wobei der Faktor von $\frac{e}{m-2}$ am Schlusse mit Rücksicht auf das Spätere an Stelle von 1 gewählt worden ist.

Aus Gleichung 6, § 67, folgt unter Beachtung der Gleichungen 6 dieses Paragraphen

$$\sigma = \frac{2}{\beta}\Big[\varepsilon_x \cos^2\alpha + \varepsilon_y \cos^2\beta + \varepsilon_z \cos^2\gamma + \frac{e}{m-2}(\cos^2\alpha + \cos^2\beta + \cos^2\gamma)\Big]$$

$$+ 2\tau_x \cos\beta\cos\gamma + 2\tau_y \cos\gamma\cos\alpha + 2\tau_z \cos\alpha\cos\beta.$$

Da die beiden für σ gefundenen Werte einander gleich sein müssen, so ergibt sich

$$\frac{2}{\beta}(\gamma_x \cos\beta\cos\gamma + \gamma_y \cos\gamma\cos\alpha + \gamma_z \cos\alpha\cos\beta)$$

$$= 2\tau_x \cos\beta\cos\gamma + 2\tau_y \cos\gamma\cos\alpha + 2\tau_z \cos\alpha\cos\beta$$

$$(\beta\tau_x - \gamma_x)\cos\beta\cos\gamma + (\beta\tau_y - \gamma_y)\cos\gamma\cos\alpha + (\beta\tau_z - \gamma_z)\cos\alpha\cos\beta = 0.$$

Soll diese Gleichung für beliebige Werte von α, β und γ bestehen, so muß

$$\gamma_x = \beta\tau_x, \qquad \gamma_y = \beta\tau_y, \qquad \gamma_z = \beta\tau_z \quad \ldots\ldots \quad 7)$$

sein, d. h. β ist diejenige Erfahrungszahl, mit der die Schubspannungen multipliziert werden müssen, damit die Schiebungen erhalten werden, also die Schubzahl (§ 29). Zwischen ihr und der Dehnungszahl α besteht die Beziehung Gleichung 3, wie bereits § 31, Ziff. 2, unmittelbar festgestellt worden ist.

§ 70. Allgemeine Aufgabe der Elastizitätslehre und Weg zur Lösung derselben.

Die Aufgabe der Elastizitätslehre begreift in sich:

1. die Feststellung des Zusammenhanges zwischen den äußeren Kräften, die auf den in Betracht gezogenen Körper wirken, und den durch sie hervorgerufenen Formänderungen,

2. die Feststellung der Abmessungen eines solchen Körpers unter der Bedingung, daß die Formänderung, d. i. die größte Hauptdehnung, in keinem Punkte desselben die höchstens noch für zulässig erachtete Grenze überschreitet, und unter der weiteren Forderung, daß die

Gesamtformänderung des belasteten Körpers innerhalb der Grenze bleibe, die durch den besonderen Zweck desselben oder durch den Zusammenhang mit anderen Teilen gesteckt ist.

Die Lösung dieser Aufgabe fordert in erster Linie die Ermittlung der Hauptdehnungen in einem beliebigen Punkte P des Körpers; denn unter ihnen befindet sich die größte und die kleinste, welche überhaupt in dem Punkte auftritt.

Allgemein würde dabei in folgender Weise vorzugehen sein.

Für den Punkt P sind x, y und z die Koordinaten vor Eintritt der Formänderung, ξ, η und ζ deren Änderungen infolge der letzteren und damit nach den Gleichungen 6 sowie 7, § 69, und den in § 68 unter Ziff. 1 für ε_x, ε_y, ε_z, γ_x, γ_y und γ_z gefundenen Ausdrücken

$$\left.\begin{aligned} \sigma_x &= \frac{2}{\beta}\left(\frac{\partial \xi}{\partial x} + \frac{e}{m-2}\right), & \tau_x &= \frac{1}{\beta}\left(\frac{\partial \eta}{\partial z} + \frac{\partial \zeta}{\partial y}\right) \\ \sigma_y &= \frac{2}{\beta}\left(\frac{\partial \eta}{\partial y} + \frac{e}{m-2}\right), & \tau_y &= \frac{1}{\beta}\left(\frac{\partial \zeta}{\partial x} + \frac{\partial \xi}{\partial z}\right) \\ \sigma_z &= \frac{2}{\beta}\left(\frac{\partial \zeta}{\partial z} + \frac{e}{m-2}\right), & \tau_z &= \frac{1}{\beta}\left(\frac{\partial \xi}{\partial y} + \frac{\partial \eta}{\partial x}\right) \end{aligned}\right\} \quad . \; . \; 1)$$

worin

$$e = \frac{\partial \xi}{\partial x} + \frac{\partial \eta}{\partial y} + \frac{\partial \zeta}{\partial z}, \qquad \beta = \frac{2(1+m)}{m}\,\alpha.$$

Die aus den Gleichungen 1 folgenden Werte der sechs Spannungskomponenten sind in die Gleichungen 3, § 67, einzusetzen. Hierdurch werden drei simultane partielle Differentialgleichungen zweiter Ordnung für die Größen ξ, η und ζ erhalten.

$$\left.\begin{aligned} \frac{\partial^2 \xi}{\partial x^2} + \frac{\partial^2 \xi}{\partial y^2} + \frac{\partial^2 \xi}{\partial z^2} + \frac{m}{m-2}\frac{\partial e}{\partial x} + \beta X = 0 \\ \frac{\partial^2 \eta}{\partial x^2} + \frac{\partial^2 \eta}{\partial y^2} + \frac{\partial^2 \eta}{\partial z^2} + \frac{m}{m-2}\frac{\partial e}{\partial y} + \beta Y = 0 \\ \frac{\partial^2 \zeta}{\partial x^2} + \frac{\partial^2 \zeta}{\partial y^2} + \frac{\partial^2 \zeta}{\partial z^2} + \frac{m}{m-2}\frac{\partial e}{\partial z} + \beta Z = 0 \end{aligned}\right\} \; . \; . \; . \; . \; . \; 2)$$

Bei der Integration werden im allgemeinen Funktionen einzuführen sein, die in bezug auf diejenige Veränderliche, nach der jeweils integriert wird, konstant sind. Die Funktionen sind durch die Oberflächenbedingungen, d. h. dadurch bestimmt,

a) daß die Spannungskomponenten

$$p \cos \lambda \qquad p \cos \mu \qquad p \cos \nu$$

in den Gleichungen 4, § 67, für die Punkte der Körperoberfläche (durch die Belastung) gegebene Werte haben,

b) daß ξ, η, ζ für gewisse Punkte von vornherein bekannt sind oder doch ermittelt werden können (Unterstützung des Körpers).

Sind hiernach ξ, η, ζ als Funktionen von x, y, z festgestellt, so ergeben sich

$$\sigma_x, \quad \sigma_y, \quad \sigma_z, \quad \tau_x, \quad \tau_y, \quad \tau_z$$

aus den Gleichungen 1, sodann die Hauptspannungen aus Gleichung 8, § 67, und die Hauptdehnungen mittels der Gleichungen 1, § 69.

Oder es kann auch so verfahren werden, daß, nachdem ξ, η, ζ als Funktionen von x, y, z vorliegen,

$$\varepsilon_x, \quad \varepsilon_y, \quad \varepsilon_z, \quad \gamma_x, \quad \gamma_y, \quad \gamma_z$$

mittels der in § 68 unter Ziffer 1 für diese Größen gefundenen Beziehungen und aus ihnen die Hauptdehnungen berechnet werden.

In den weitaus meisten Fällen der technischen Anwendung erweist sich die Integration der partiellen Differentialgleichungen als unausführbar, infolgedessen das angedeutete Verfahren, trotz seiner Einfachheit in grundsätzlicher Hinsicht, nur in Ausnahmefällen zum Ziel führt. Unter diesen Verhältnissen geht man zweckmäßigerweise derart vor, daß zunächst einfache Fälle betrachtet und von diesen unter Benützung der gewonnenen Ergebnisse zu zusammengesetzteren fortgeschritten wird. Die hierbei auftretenden Schwierigkeiten sucht man durch geeignete Annahmen zu überwinden. Dieser Weg, der nach dem heutigen Stand für den Ingenieur — wie bereits bemerkt, mit ganz seltenen Ausnahmen — allein übrig bleibt, ist in den ersten 8 Abschnitten dieses Buches beschritten. Daß es trotzdem für den Ingenieur angezeigt ist, die allgemeinen Beziehungen dieses Abschnittes zu kennen, ergibt sich aus dem im Vorwort zur vierten Auflage Bemerkten.

§ 71. Anwendung auf den Sonderfall der Belastung eines geraden stabförmigen Körpers.

F und F', Abb. 1, seien zwei unendlich nahe gelegene Querschnitte des stabförmigen Körpers. Die auf ihn wirkenden äußeren Kräfte lassen sich für den in Betracht gezogenen Querschnitt F ersetzen: durch eine im Schwerpunkte desselben angreifende Kraft R und durch ein Kräftepaar vom Moment M, entsprechend der Paarachse $\overline{OM}$. Durch Zerlegung senkrecht zum Querschnitt und parallel zu demselben ergeben sich

die Kraftkomponenten $R_1 R_2$,

die Momentkomponenten $M_1 M_2$.

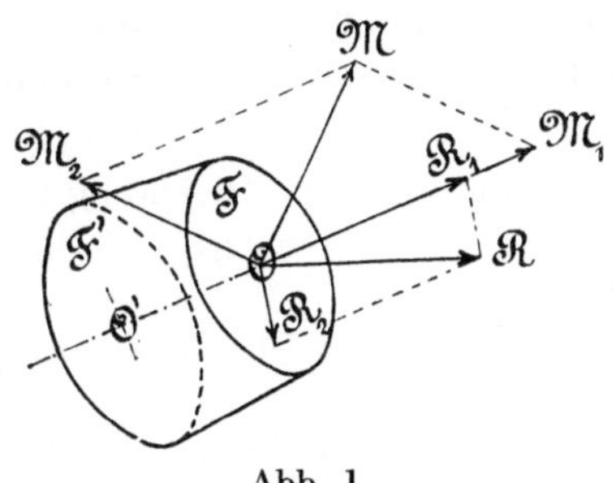

Abb. 1.

Die Kraft R_1 veranlaßt, je nachdem sie ziehend oder drückend wirkt, eine Zu- oder Abnahme der Entfernung der beiden Querschnitte F und F' voneinander, verursacht also positive oder negative Dehnungen, ruft demgemäß Normalspannungen wach: Fall der einfachen Zug- oder Druckelastizität (S. 113, bzw. 193).

Das Kräftepaar M_2 mit der Paarachse $\overline{OM_2}$ bewirkt eine Änderung der gegenseitigen Neigung von F zu F', verursacht also positive und negative Dehnungen und ruft damit positive und negative Normalspannungen wach: Fall der einfachen Biegungselastizität (S. 232).

Die Kraft R_2 veranlaßt eine Verschiebung der Flächenelemente von F gegen diejenigen von F', d. h. Schiebungen, und ruft dementsprechend Schubspannungen wach: Fall der einfachen Schubelastizität (S. 400).

Das Kräftepaar M_1 bewirkt Verdrehungen der Flächenelemente in F gegen diejenigen in F', also Schiebungen, und ruft demgemäß Schubspannungen wach: Fall der einfachen Drehungselastizität (S. 343).

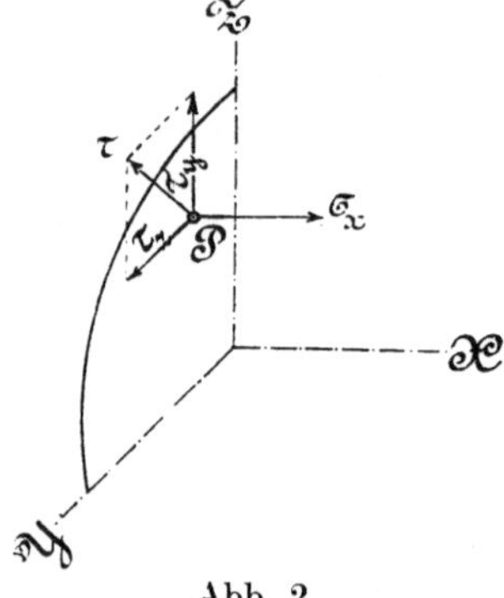

Abb. 2.

Hiernach haben wir als Hauptwirkungen von R und M erkannt: Änderung der Entfernung und der Neigung der beiden Querschnitte, Verschiebung und Verdrehung der beiden Querschnitte gegeneinander. Im allgemeinen wird noch eine Krümmung derselben eintreten, die von der Gesetzmäßigkeit abhängt, nach der sich die Dehnungen und Schiebungen im Querschnitt F von Flächenelement zu Flächenelement und von den Flächenelementen des Querschnittes F zu den gleichgelegenen von F' ändern.

In dem beliebigen Punkte P des Querschnittes F, Abb. 2, erhalten wir als Gesamtwirkung eine resultierende Normalspannung σ_x (in Richtung der Stabachse wirkend, die wir uns als x-Achse denken wollen) und eine resultierende Schubspannung τ. Letztere zerlegen wir nach Abb. 2 in zwei Komponenten parallel zur y- und zur z-Achse und erhalten somit für den Punkt P die Spannungen

$$\sigma_x, \qquad \tau_y, \qquad \tau_z.$$

Damit geht die Gleichung 8, § 67, für die Hauptspannungen wegen

$$\sigma_y = 0^{1)}, \qquad \sigma_z = 0^{1)}, \qquad \tau_x = 0^{1)}$$

über in

$$\sigma^3 - \sigma_x \sigma^2 - (\tau_y^2 + \tau_z^2)\,\sigma = 0,$$

[1]) Diese 3 Gleichungen führen zur Erfüllung der Gleichung 9, § 67, und damit — wie schon dort bemerkt — zum Übergang des Ellipsoids in eine Ellipse.

woraus die eine Wurzel $\sigma_3 = 0$ folgt (das Spannungsellipsoid wird zur Spannungsellipse), während für die beiden anderen Hauptspannungen mit

$$\tau_y^2 + \tau_z^2 = \tau^2$$

sich ergibt

$$\sigma_1 = \frac{1}{2}\left(\sigma_x + \sqrt{\sigma_x^2 + 4\,\tau^2}\right), \quad \ldots \ldots \quad 1)$$

$$\sigma_2 = \frac{1}{2}\left(\sigma_x - \sqrt{\sigma_x^2 + 4\,\tau^2}\right) \quad \ldots \ldots \quad 2)$$

Für die Hauptdehnungen folgt aus den Gleichungen 1, § 69, wegen $\sigma_3 = 0$

$$\varepsilon_1 = \alpha\left(\sigma_1 - \frac{\sigma_2}{m}\right), \qquad \varepsilon_2 = \alpha\left(\sigma_2 - \frac{\sigma_1}{m}\right), \qquad \varepsilon_3 = -\alpha\,\frac{\sigma_1 + \sigma_2}{m},$$

somit

$$\frac{\varepsilon_1}{\alpha} = \frac{m-1}{2\,m}\,\sigma_x + \frac{m+1}{2\,m}\sqrt{\sigma_x^2 + 4\,\tau^2}, \quad \ldots \ldots \quad 3)^{1)}$$

$$\frac{\varepsilon_2}{\alpha} = \frac{m-1}{2\,m}\,\sigma_x - \frac{m+1}{2\,m}\sqrt{\sigma_x^2 + 4\,\tau^2}, \quad \ldots \ldots \quad 4)^{1)}$$

$$\frac{\varepsilon_3}{\alpha} = -\frac{\sigma_x}{m} \quad \ldots \ldots \ldots \ldots \quad 5)$$

Ist σ_x positiv, einem Zug entsprechend, so wird, da in der Regel die zulässige Anstrengung gegenüber Zug kleiner zu sein pflegt als gegenüber Druck, Gleichung 3 maßgebend. Wenn σ_x negativ ist, einem Druck entsprechend, so wird Gleichung 4 einen größeren Wert ergeben als Gleichung 3; dabei ist aber immerhin zu prüfen, ob die kleinere aus Gleichung 3 folgende Zuginanspruchnahme nicht maßgebend wird.

Im übrigen ist das im zweiten Teil von § 48 Gesagte, betreffend die Einführung des Berichtigungskoeffizienten α_0, zu beachten.

Da die Gleichung 3 bzw. 4 häufige Benutzung erfährt, so erscheint es angezeigt, an dieser Stelle nochmals die Voraussetzungen zusammenzustellen, auf denen sie beruht, und das um so mehr, als diese nicht selten recht ungenügend erfüllt sind, ohne daß daran auch nur gedacht wird.

1. Die allgemeinen Voraussetzungen der Elastizitätslehre:
   a) Isotropie des Materials,
   b) Proportionalität zwischen Dehnungen und Spannungen sowie Unveränderlichkeit des Verhältnisses zwischen Längsdehnung und Querzusammenziehung,

---

[1]) In anderer Weise wurde diese Gleichung bereits in § 48 abgeleitet.

c) Formänderungen sind elastisch und klein,

d) Elastizität gegenüber Druck ist die gleiche wie gegenüber Zug.

2. Die Sondervoraussetzungen:

a)
$$\sigma_y = 0 \quad \text{und} \quad \sigma_z = 0,$$

d. h. Normalspannungen senkrecht zur Stabachse treten nicht auf. (Diese Voraussetzung ist z. B. bei einer Welle da, wo diese durch die Nabe einer Kurbel, eines Rades usw. in radialer Richtung stark gepreßt wird, nicht erfüllt.)

b)
$$\tau_x = 0,$$

d. h. Schubspannungen, welche in Ebenen wirken, die sich in Parallelen zur Stabachse rechtwinklig schneiden, sind nicht vorhanden. (Diese Voraussetzung ist beispielsweise bei einer Welle da, wo auf diese durch ein aufgekeiltes Rad oder eine aufgekeilte Kurbel ein bedeutendes Drehmoment übertragen wird, nicht erfüllt.)

Denkt man sich den geraden stabförmigen Körper aus Fasern bestehend, so kommen die Voraussetzungen

$$\sigma_y = 0 \qquad \sigma_z = 0 \qquad \tau_x = 0$$

darauf hinaus, daß diese Fasern weder einen Zug noch einen Druck noch einen Querschub aufeinander äußern, also auch nicht von außen empfangen.

Nachtrag.

Sofern bei Verwendung des auf S. 522 u. f. angeführten zeichnerischen Verfahrens das Vorzeichen der Winkel- oder Formänderung ermittelt werden soll — meist ergibt es sich aus der Anschauung ohne weiteres — so ist folgendes zu beachten.

1. Für die biegenden Momente gilt das auf S. 503 Gesagte.

2. $d\varphi$ und damit $r\,d\varphi$ ist positiv, wenn der Winkel φ mit Fortschreiten der Abwicklung zunimmt.

(Ergibt sich hiernach bei Wendepunkten der Stabmittellinie $r\,d\varphi$ ein Stück der Abwicklung $r\,d\varphi$ negativ, so empfiehlt es sich, dieses negative Vorzeichen auf das Moment zu übertragen, so daß die Abwicklung in der Zeichnung stetig fortläuft.)

3. Das Vorzeichen der Hebelarme $(x_c - x)$ (S. 523) oder $(y_c - y)$ (S. 525) folgt aus den Werten von x_c und x, bzw. y_c und y.

4. Das Verfahren liefert nach Gl. 28 auf S. 523 für Δy_c den negativen Wert, dagegen für Δx_c und für die Winkeländerung positive Werte.

So ist z. B. für die in Abb. 11 und 12 gegebene Aufgabe

M_b für Q negativ, weil es die Krümmung vermindert,

$d\varphi$ positiv nach Abb. 11,

$x_c—x$ positiv nach Abb. 11.

Somit ist das Vorzeichen der Fläche unterhalb der Linie der Werte von z^2 negativ (wegen M_b) und daher die Formänderung Δy_c positiv, wie Abb. 11 ohne weiteres angibt. Δx_c würde dagegen negativ ausfallen.

Die Winkeländerung ist negativ (wegen M_b), wie bei den Rechnungen auf S. 522 (mit $M = 0$).

Für die Meßfeder auf S. 526 ist M_b positiv, $d\varphi$ positiv, $(x_c—x)$ positiv, daher die Formänderung Δy_c negativ usf.

Bedeutung der in den Gleichungen auftretenden Buchstabengrößen.

A Formänderungsarbeit (§ 41 u. f.), Konstante.
A_k Schlagarbeit (S. 145, Fußbemerkung).
a bei elliptischen Querschnitten die große Halbachse, bei elliptischen Platten die große Achse der Ellipse; die eine Seite eines rechteckigen Querschnitts, einer rechteckigen Platte; Seite des quadratischen Querschnitts, der quadratischen Platte; Abstand (unveränderlicher).
a_0 große Halbachse der inneren Begrenzung eines Ellipsenringes.
a_1, a_2 Abstände.
B Konstante Breitenabmessung.
b bei elliptischen Querschnitten die kleine Halbachse; bei elliptischen Platten die kleine Achse der Ellipse; die andere Seite eines rechteckigen Querschnitts, einer rechteckigen Platte; Seite eines regelmäßigen Dreiecks oder Sechsecks; Breitenabmessung; Abstand (unveränderlicher).
b_0 kleine Halbachse der inneren Begrenzung eines Ellipsenringes; Breitenabmessung.
C_1, C_2 Integrationskonstanten.
c Strecke.
c_1, c_2 Integrationskonstanten.
d Durchmesser im allgemeinen, bei Hohlstäben der äußere Durchmesser; Strecke.
d_0 innerer Durchmesser eines Hohlzylinders.
d_m mittlerer „ „ „
e, e_1, e_2 Abstände, für gerade Stäbe s. § 16, für gekrümmte s. § 54.
e Kreishalbmesser; Basis der natürlichen Logarithmen.
$e = \varepsilon_1 + \varepsilon_2 + \varepsilon_3$ (§ 58, Gleichung 2, § 68, § 70).
F Größe einer Fläche.
f Querschnitt, Oberfläche des Kugeleindruckes (S. 219).
f_0, f_1 Sonderwerte von f.
f_b Querschnitt an der Bruchstelle des zerrissenen Stabes, dessen ursprünglicher Querschnitt die Größe f besaß.
G Eigengewicht.
g Beschleunigung infolge der Schwere (§ 18, 65, 66).
H Horizontalkraft. Härtezahl (S. 219).
h Höhe eines Querschnitts, eines Prisma; Stärke einer Platte.
h_0 Höhenabmessung.
i Anzahl der Windungen einer Schraubenfeder.
K_z Zugfestigkeit (§ 3).
K Druckfestigkeit (§ 11).
K_b Biegungsfestigkeit (§ 22).

K_d Drehungsfestigkeit (§ 35).
K_s Schubfestigkeit (§ 15, § 40).
k_z zulässige Anstrengung gegenüber Zug.
k „ „ „ Druck.
k_b „ „ „ Biegung.
k_d „ „ „ Drehung.
k_s „ „ „ Schub.
l Länge des Körpers, Abstand.
l_b die Länge, die das ursprünglich l lange Stabstück nach dem Zerreißen besitzt.
M Moment im allgemeinen. Massenkraft (§ 66).
M_A Moment im Punkt A (§ 18, Ziff. 3).
M_b biegendes Moment.
$\max(M_b)$ Größtwert von M_b.
M_d drehendes Moment.
M_u Moment, herrührend von den auf den Umfang einer Platte wirkenden Widerlagskräften (§ 61).

$M_\eta = \int_{\eta}^{e} 2\, y\eta\, d\eta$ statisches Moment (s. § 39).

m Exponent, der die Veränderlichkeit der Dehnung zum Ausdruck bringt (§ 4 und § 5, insbesondere Ziff. 3 daselbst); Verhältnis der Längsdehnung zur Querzusammenziehung (§ 7, § 69); Koeffizient (§ 33); Masse (§ 18).
m_1 und m_2 Sonderwerte des Exponenten m (§ 20, Ziff. 5).
N Normalkraft.
n Größe einer Strecke; Koeffizient; minutliche Umdrehungszahl (§ 18, 65).
P Zug- oder Druckkraft, Einzelkraft.
P_{max} Bruchbelastung.
P_0 Knickbelastung (§ 24).
p Belastung der Längeneinheit eines auf Biegung beanspruchten Stabes, Spannung im allgemeinen.
p, p_1, p_2, p_a, p_c Pressungen auf die Flächeneinheit (§ 60, § 53), Spannungen (§ 66, 67).
p_i Pressung im Innern eines Hohlgefäßes, für $p_a = 0$ innerer Überdruck.
p_a Pressung der das Hohlgefäß umschließenden Flüssigkeiten, für $p_i = 0$ äußerer Überdruck.
p_x, p_y, p_z Spannungen in drei zueinander senkrechten Ebenen (§ 67).
Q gleichmäßig über den gebogenen Stab verteilte Last, Einzellast (§ 55, Ziff. 1).
$2Q$ Belastung eines Hohlzylinders auf die Längeneinheit (§ 55, Ziff. 2).
r Kreishalbmesser, Krümmungshalbmesser insbesondere der Mittellinie eines gekrümmten Stabes vor der Formänderung, Trägheitshalbmesser (§ 26).
r_1, r_2 Sonderwerte von r (§ 57, Abb. 4 bis 6).
r_0 Sonderwert von r (§ 60, Abb. 17; § 66).
r_i innerer Halbmesser eines Hohlzylinders, einer Hohlkugel usw.
r_a äußerer „ „ „ „ „ „
$\mathfrak{S}$ Sicherheitskoeffizient gegenüber Knickung (§ 25).
S Schubkraft.
s Wandstärke, Strecke.
s_m Wandstärke in der Mitte einer Scheibe (§ 66).
u Umfang des Querschnittes; veränderlicher Hebelarm (§ 54, Ziff. 5).
V Volumen.
v Abstand (§ 16), Umfangsgeschwindigkeit (§ 65, 66).
x beliebige Strecke, Abszisse.
x_0 Schwerpunktsabstand (§ 65).

x' Koordinate (§ 67).
y Koordinate, insbesondere Ordinate der elastischen Linie, Querschnittsabmessung.
y_A, y_B usf. Durchbiegung im Punkte A, B usf.
y' Koordinate, Durchbiegung eines Stabes infolge des biegenden Momentes (§ 24, 52). Zusammendrückung oder Verlängerung einer Schraubenfeder (§ 57).
y'' Durchbiegung eines Stabes infolge der Schubkraft (§ 52, Ziff. 2b).
W, W_a und W_b Widerlagskräfte (§ 61).
X, Y, Z Komponenten von Massenkräften (§ 67).
$Z = \int xy\,df$ (§ 21, Gleichung 2).
z Koordinate; Abstand, Querschnittsabmessung; veränderlicher Hebelarm (§ 54, Ziff. 5, § 66, Ziff. 1).
z' Koordinate, Durchbiegung plattenförmiger Körper.
z_0' Sonderwert von z'.
z_0 Schwerpunktsabstand (S. 293).
α Dehnungszahl der Federung (§ 2, reziproker Wert des Elastizitätsmodul), Dehnung für die Spannung 1 (§ 4 und § 5); Winkel; Konstante.
α_1 und α_2 Sonderwerte der Dehnung für die Spannung 1 (§ 20, Ziff. 5).
α_0 Anstrengungsverhältnis (§ 48).
β Schubzahl (§ 29, reziproker Wert des Schubelastizitätsmodul, § 69); Winkel, insbesondere der elastischen Linie mit der ursprünglichen Stabachse (§ 18); Konstante.
$\beta_0 = \frac{k_b}{k_z}$ (§ 45, Ziff. 1).
γ Schiebung, Winkeländerung (§ 28), Gewicht der Volumeneinheit, Winkel.
γ_x, γ_y, γ_z Winkeländerung (Schiebung) an der x-, y- bzw. z-Kante (§ 68, § 69).
γ_{max} Größtwert der Schiebung γ.
ε verhältnismäßige Dehnung (§ 2).
ε' Sonderwerte von ε.
ε_q Querdehnung (§ 7).
ε_0 Dehnung der Mittellinie (§ 54).
ε_1, ε_2, ε_3 die Dehnungen in den drei Hauptrichtungen (§ 58, 66), die Hauptdehnungen (§ 68).
ε_x, ε_y, ε_z Dehnungen in Richtung der x-Achse bzw. der y- und z-Achse.
ζ Änderung von z (§ 58, § 66, § 68).
η Koordinate; Abstand, insbesondere eines Flächenelementes von der einen Hauptachse des Querschnittes, Änderung von y (§ 68).
Θ Trägheitsmoment eines Querschnitts im allgemeinen, meist jedoch in bezug auf die eine Hauptachse.
Θ' polares Trägheitsmoment eines Querschnitts.
Θ_1, Θ_2, Θ_x, Θ_y Trägheitsmomente in bezug auf besonders bezeichnete Achsen.
ϑ verhältnismäßiger Drehungswinkel (§ 33, § 43).
ι Koeffizient (§ 42).
$\varkappa$ Zerknickungskoeffizient (§ 26).
$\varkappa = \frac{1}{f}\int \frac{\eta}{r+\eta}\,df$ (§ 54, Ziff. 2).
λ Winkel (§ 67).
λ, λ', λ'' Längenänderungen eines Stabes (§ 1, § 2, § 4, § 5, § 41).
μ Koeffizient (§ 46), insbesondere Berichtigungskoeffizient (§ 60, Ziff. 4, § 61 u. f.).
μ_0 Koeffizient (§ 22, S. 293).
ν Winkel.

ξ Koordinate, Änderung von x (§ 68).
$\pi = 3{,}14159$.
ϱ Krümmungshalbmesser, insbesondere der elastischen Linie; Abstand eines beliebigen Querschnittselementes von der Drehungsachse (§ 32, Abb. 4, Gleichung 1), Ausrundungshalbmesser (§ 56).
ϱ_a, ϱ_b Sonderwerte von ϱ (§ 61).
σ Normalspannung (§ 1, § 29, erster Absatz).
σ_{max} Größtwert von σ.
σ_1, σ_2 Sonderwerte von σ.
σ_x, σ_y, σ_z Normalspannungen in Richtung der x-Achse bzw. y- und z-Achse.
σ_a, σ_b größte Normalspannung im Streifen von der Länge a bzw. b (§ 61).
σ_d, σ_z Druck- bzw. Zugspannung (§ 20, Ziff. 5).
τ Schubspannung (§ 29).
τ_{max} Größtwert von τ bei Schub (§ 38, § 39).
τ_1 Sonderwert von τ.
τ_x, τ_y, τ_z Schubspannung senkrecht zur Richtung der x-Achse und der y- bzw. z-Achse (§ 67).
τ' Schubspannung an näher bestimmter Stelle.
τ_y', τ_z' die Werte τ_y und τ_z an einer solchen Stelle.
τ_s, τ_d Schubspannungen, unterschieden je nachdem sie von der Schubkraft oder vom drehenden Moment hervorgerufen werden.
τ'_{max} Schubspannung in den Endpunkten der kleinen Halbachse eines elliptischen Querschnitts.
τ_a' Schubspannung in den Mitten der langen Seiten eines rechteckigen Querschnitts.
τ_b' Schubspannung in den Mitten der kurzen Seiten eines rechteckigen Querschnitts.
φ Dehnung des zerrissenen Stabes in Prozenten (§ 8); Winkel (von veränderlicher Größe), Koeffizient (§ 34).
ψ Querschnittsverminderung des zerrissenen Stabes in Prozenten (§ 8); Winkel, Koeffizient (§ 35, Ziff. 2, § 60, Ziff. 4).
ψ_0 Koeffizient (§ 57).
ω Befestigungskoeffizient (§ 24, § 25), Winkel.
Verhältnismäßige Änderung des Querschnittswinkels (§ 54).
Winkelgeschwindigkeit (§ 65, 66).

Festigkeitseigenschaften und Gefügebilder der Konstruktionsmaterialien. Von Dr.-Ing. **C. Bach** und **R. Baumann,** Professoren an der Technischen Hochschule Stuttgart. Zweite, stark vermehrte Auflage. Mit 936 Figuren. 1921.
Gebunden 15 Goldmark / Gebunden 3.60 Dollar

Die Grundlagen der deutschen Material- und Bauvorschriften für Dampfkessel. Von Prof. **R. Baumann,** Stuttgart. Mit einem Vorwort von Prof. Dr.-Ing. **C. Bach.** Mit 38 Textfiguren. 1912.
Kart. 2.80 Goldmark / Kart. 0.70 Dollar

Lehrbuch der technischen Mechanik für Ingenieure und Studierende. Zum Gebrauche bei Vorlesungen an Technischen Hochschulen und zum Selbststudium. Von Prof. Dr.-Ing. **Theodor Pöschl,** Prag. Mit 206 Abbildungen. 1923. 6 Goldmark; geb. 7.25 Goldmark / 1.50 Dollar; geb. 1.75 Dollar

Ed. Autenrieth, Technische Mechanik. Ein Lehrbuch der Statik und Dynamik für Ingenieure. Neu bearbeitet von Dr.-Ing. **Max Ensslin,** Eßlingen. Dritte, verbesserte Auflage. Mit 295 Textabbildungen. 1922.
Gebunden 15 Goldmark / Gebunden 3.60 Dollar

Theoretische Mechanik. Eine einleitende Abhandlung über die Prinzipien der Mechanik. Mit erläuternden Beispielen und zahlreichen Übungsaufgaben. Von Prof. **A. E. H. Love,** Oxford. Autorisierte deutsche Übersetzung der zweiten Auflage von Dr.-Ing. **Hans Polster.** Mit 88 Textfiguren. 1920. 12 Goldmark; geb. 14 Goldmark / 3 Dollar; geb. 3.35 Dollar

Grundzüge der technischen Mechanik des Maschineningenieurs. Ein Leitfaden für den Unterricht an maschinentechnischen Lehranstalten. Von Prof. Dipl.-Ing. **P. Stephan,** Regierungs-Baumeister. Mit 283 Textabbildungen. 1923. 2.50 Goldmark / 0.60 Dollar

Die technische Mechanik des Maschineningenieurs mit besonderer Berücksichtigung der Anwendungen. Von Dipl.-Ing. **P. Stephan,** Regierungs-Baumeister, Professor. In 4 Bänden.

Erster Band: **Allgemeine Statik.** Mit 300 Textfiguren. 1921.
Gebunden 4 Goldmark / Gebunden 1 Dollar

Zweiter Band: **Die Statik der Maschinenteile.** Mit 276 Textfiguren. 1921. Gebunden 7 Goldmark / Gebunden 1.80 Dollar

Dritter Band: **Bewegungslehre und Dynamik fester Körper.** Mit 264 Textfiguren. 1922. Gebunden 7 Goldmark / Gebunden 1.80 Dollar

Vierter Band: **Die Elastizität gerader Stäbe.** Mit 255 Textfiguren. 1922. Gebunden 7 Goldmark / Gebunden 1.80 Dollar

Ingenieur-Mechanik. Lehrbuch der technischen Mechanik in vorwiegend graphischer Behandlung. Von Dr.-Ing. Dr. phil. **Heinz Egerer,** Diplom-Ingenieur, vormals Professor für Ingenieur-Mechanik und Materialprüfung an der Technischen Hochschule Drontheim.

Erster Band: **Graphische Statik starrer Körper.** Mit 624 Textabbildungen sowie 238 Beispielen und 145 vollständig gelösten Aufgaben. 1919.
10.50 Goldmark / 2.55 Dollar

Band 2—4 in Vorbereitung. Der zweite und dritte Band behandeln **die gesamte Mechanik starrer und nichtstarrer Körper.**

Der vierte Band bringt **die Erweiterung der Festigkeitslehre und Dynamik für Tiefbau-, Maschinen- und Elektroingenieure.**

Lehrbuch der technischen Mechanik. Von Dr. phil. h. c. **Martin Grübler,** Professor an der Technischen Hochschule zu Dresden.

Erster Band: **Bewegungslehre.** Zweite, verbesserte Auflage. Mit 144 Textfiguren. 1921. 4.20 Goldmark / 1 Dollar

Zweiter Band: **Statik der starren Körper.** Zweite, berichtigte Auflage (Neudruck.) Mit 222 Textfiguren. 1922. 7.60 Goldmark / 1.80 Dollar

Dritter Band: **Dynamik starrer Körper.** Mit 77 Textfiguren. 1921. 4.20 Goldmark / 1 Dollar

---

Leitfaden der Mechanik für Maschinenbauer. Mit zahlreichen Beispielen für den Selbstunterricht. Von Prof. Dr.-Ing. **Karl Laudien.** Mit 229 Textfiguren. 1921. 5.60 Goldmark / 1.35 Dollar

---

Technische Elementar-Mechanik. Grundsätze mit Beispielen aus dem Maschinenbau. Von Dipl.-Ing. **Rudolf Vogdt,** Professor an der Staatlichen Höheren Maschinenbauschule in Aachen, Regierungsbaumeister a. D. Zweite, verbesserte und erweiterte Auflage. Mit 197 Textfiguren. 1922. 2.50 Goldmark / 0.65 Dollar

---

Aufgaben aus der technischen Mechanik. Von **Ferdinand Wittenbauer,** o. ö. Professor an der Technischen Hochschule in Graz.

Erster Band: **Allgemeiner Teil.** Etwa 840 Aufgaben nebst Lösungen. Fünfte, vermehrte und verbesserte Auflage bearbeitet von Dr. **Theodor Pöschl,** Professor an der Deutschen Technischen Hochschule in Prag. Mit etwa 600 Textfiguren. In Vorbereitung.

Zweiter Band: **Festigkeitslehre.** 611 Aufgaben nebst Lösungen und einer Formelsammlung. Dritte, verbesserte Auflage. Mit 505 Textfiguren. Unveränderter Neudruck. 1922. Gebunden 6.40 Goldmark / Gebunden 1.55 Dollar

Dritter Band: **Flüssigkeiten und Gase.** 634 Aufgaben nebst Lösungen und einer Formelsammlung. Dritte, vermehrte und verbesserte Auflage. Mit 433 Textfiguren. Unveränderter Neudruck. 1922. Gebunden 6.40 Goldmark / Gebunden 1.55 Dollar

---

Graphische Dynamik. Ein Lehrbuch für Studierende und Ingenieure. Mit zahlreichen Anwendungen und Aufgaben. Von **Ferdinand Wittenbauer †,** Professor an der Technischen Hochschule in Graz. Mit 745 Textfiguren. 1923. Gebunden 18 Goldmark / Gebunden 4.30 Dollar

---

Christmann-Baer, Grundzüge der Kinematik. Zweite, umgearbeitete und vermehrte Auflage von Dr.-Ing. **H. Baer,** Professor an der Technischen Hochschule in Breslau. Mit 164 Textabbildungen. 1923. 4 Goldmark; gebunden 5.50 Goldmark / 1 Dollar; gebunden 1.35 Dollar

---

Technische Thermodynamik. Von Prof. Dipl.-Ing. **W. Schüle.**

Erster Band: **Die für den Maschinenbau wichtigsten Lehren nebst technischen Anwendungen.** Vierte, neubearbeitete Auflage. Mit 225 Textfiguren und 7 Tafeln. Berichtigter Neudruck. 1923. Gebunden 15 Goldmark / Gebunden 3.60 Dollar

Zweiter Band: **Höhere Thermodynamik** mit Einschluß der chemischen Zustandsänderungen, nebst ausgewählten Abschnitten aus dem Gesamtgebiet der technischen Anwendungen. Vierte, erweiterte Auflage. Mit 228 Textfiguren und 5 Tafeln. 1923. Gebunden 15 Goldmark / Gebunden 3.60 Dollar

---

Leitfaden der technischen Wärmemechanik. Kurzes Lehrbuch der Mechanik der Gase und Dämpfe und der mechanischen Wärmelehre. Von Prof. Dipl.-Ing. **W. Schüle.** Dritte, vermehrte und verbesserte Auflage. Mit 93 Textfiguren und 3 Tafeln. 1922. 5 Goldmark / 1.20 Dollar